에듀윌과 함께 시작하면,
당신도 합격할 수 있습니다!

대학 졸업 후 취업을 위해 바쁜 시간을 쪼개며
산업안전산업기사 자격시험을 준비하는 취준생

비전공자이지만 안전 분야로 진로를 정하고
산업안전산업기사에 도전하는 수험생

낮에는 현장에서 일하면서도 더 나은 미래를 위해
산업안전산업기사 교재를 펼치는 주경야독 직장인

누구나 합격할 수 있습니다.
시작하겠다는 '다짐' 하나면 충분합니다.

마지막 페이지를 덮으면,

**에듀윌과 함께
산업안전산업기사 합격이 시작됩니다.**

산업안전산업기사 1위

꿈을 실현하는 에듀윌
Real 합격 스토리

박○○ 직장인

산업안전기사, 산업안전산업기사 동시 합격!

산업안전기사 및 산업기사는 암기력 테스트라는 사실은 익히 알고 있었지만, 그 범위가 너무 광범위했습니다. 저는 에듀윌 교재의 기출, 모의고사, 핵심정리 등을 모두 풀었습니다. 에듀윌은 저에게 '아직도 머리는 죽지 않았구나' 하는 자신감을 갖게 해 주었습니다.

조○○ 비전공자 동차 합격

비전공자도 어렵지 않게 합격!

필기시험은 시험 2달 전부터 준비했습니다. 에듀윌 강의와 교재로 평일은 퇴근 후 2시간씩, 주말에는 6시간씩 공부했습니다. 필기시험 합격 후 실기시험은 기출문제 위주로 대비하였습니다. 이 자격증은 늦은 나이에도 활용할 수 있다는 점이 좋더라고요. 에듀윌을 통해서 한 번에 합격하니 기쁩니다.

유○○ 60대 비전공자

60대 나이에도 할 수 있는, 해낸 산업안전산업기사 합격!

산업안전 부문이 활용도가 높고 재취업에도 용이하다는 조언을 듣고 에듀윌로 자격증 시험을 준비하게 되었습니다. 기출문제를 반복해서 풀 때마다 내용을 노트에 정리, 필기하는 방법으로 공부하였습니다. 실기까지 합격하고 보니 필기 공부 과정에서 기초를 튼튼히 한 것이 합격할 수 있게 된 비결인 것 같습니다.

다음 합격의 주인공은 당신입니다!

더 많은
합격 비법

* 2023 대한민국 브랜드만족도 산업안전산업기사 교육 1위(한경비즈니스)

1위 에듀윌만의
체계적인 합격 커리큘럼

원하는 시간과 장소에서, 1:1 관리까지 한번에
온라인 강의

① 전 과목 최신 교재 제공
② 업계 최강 교수진의 전 강의 수강 가능
③ 맞춤형 학습플랜 및 커리큘럼으로 효율적인 학습

회원가입하고
산업안전(산업)기사 무료체험 PACK
100% 무료로 받기

무료체험 PACK
신청하기

친구 추천 이벤트

"친구 추천하고 한 달 만에
920만원 받았어요"

친구 1명 추천할 때마다 현금 10만원 제공
추천 참여 횟수 무제한 반복 가능

친구 추천 이벤트
바로가기

※ *a*o*h**** 회원의 2021년 2월 실제 리워드 금액 기준
※ 해당 이벤트는 예고 없이 변경되거나 종료될 수 있습니다.

* 2023 대한민국 브랜드만족도 산업안전산업기사 교육 1위(한경비즈니스)

시험 직전, CBT 시험 적응을 위한
CBT 실전모의고사 3회 제공

💻 PC로 응시하기

1 | 최신 출제경향을 반영한 CBT 모의고사

실제 시험과 동일한 시험 환경 구현
CBT 시험 완벽 대비
총 3회 분량의 모의고사 제공

모의고사 입장하기

1회 | https://eduwill.kr/7Wqp
2회 | https://eduwill.kr/SWqp
3회 | https://eduwill.kr/ZWqp

2 | 학습자 맞춤형 성적분석

전체 응시생의 평균점수 비교를 통한 시험의 난이도와 합격예측 확인

과목별 점수와 난이도를 비교하여 스스로 취약한 부분 확인

STEP 1 모의고사 응시 후 [성적 분석] 클릭

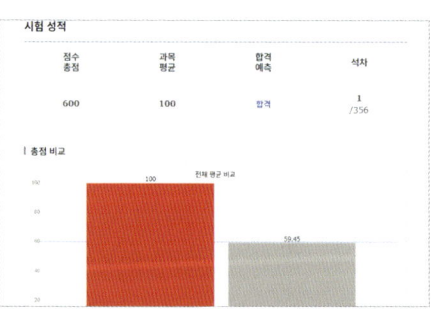

3 | 쉽고 빠르게 확인하는 오답해설

모의고사 채점을 통한 과목별 성적 및 상세한 해설 제공

문제 별 정답률을 확인하여 문제 난이도를 한눈에 파악

STEP 1 모의고사 응시 후 [채점 결과] 클릭
STEP 2 점수 확인 후 [해설 보기] 클릭

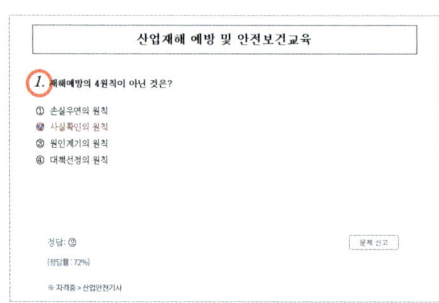

📱 Mobile로 응시하기

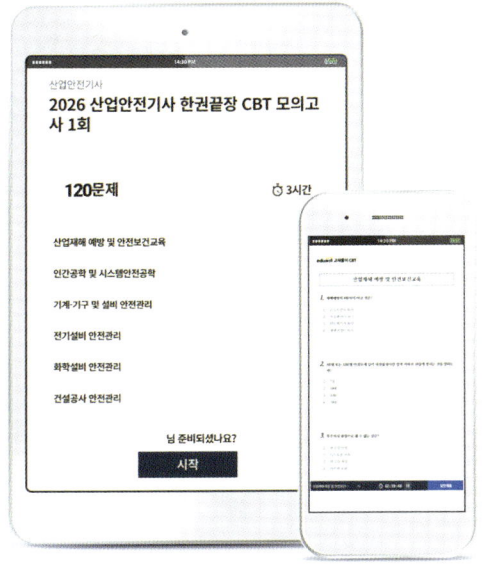

PC 버전 CBT 모의고사의 장점만을 그대로 담았습니다.
QR 코드를 스캔하여 더욱 쉽고 빠르게 서비스를 이용할 수 있습니다.

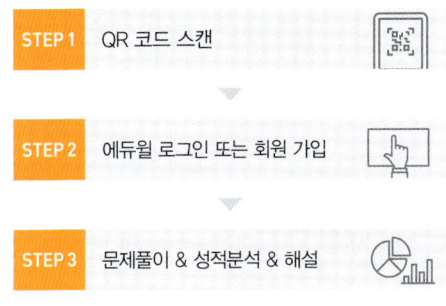

STEP 1 QR 코드 스캔

STEP 2 에듀윌 로그인 또는 회원 가입

STEP 3 문제풀이 & 성적분석 & 해설

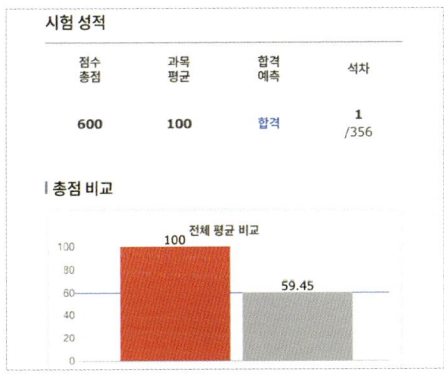

맞춤형 성적 분석

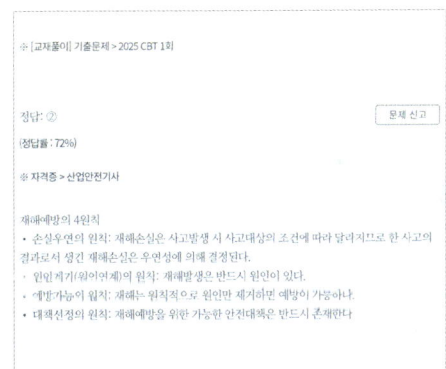

쉽고 빠른 오답해설

CBT 모의고사 3회 QR 코드

 1회 ▸  2회 ▸  3회

* CBT 모의고사는 2026년 1회차 시험 한 달 전 제공됩니다. (2026년 1월 예정)
* CBT 모의고사의 유효기간은 2027년 2월 28일까지이며, 이후 서비스 제공이 중단될 수 있습니다.

안전·보건 표지 종류 및 형태

금지 표지

출입금지	보행금지	차량통행금지	사용금지	탑승금지

금연	화기금지	물체이동금지

경고 표지

인화성물질경고	산화성물질경고	폭발성물질경고	급성독성물질경고	부식성물질경고

방사성물질경고	고압전기경고	매달린물체경고	낙하물경고	고온경고

저온경고	몸균형상실경고	레이저광선경고	발암성·변이원성·생식독성·전신독성·호흡기 과민성 물질경고	위험장소경고

지시 표지

보안경착용	방독마스크착용	방진마스크착용	보안면착용	안전모착용

귀마개착용	안전화착용	안전장갑착용	안전복착용

안내 표지

녹십자표지	응급구호표지	들것	세안장치	비상용기구

비상구	좌측비상구	우측비상구

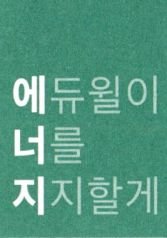

시작하는 방법은
말을 멈추고
즉시 행동하는 것이다.

– 월트 디즈니(Walt Disney)

에듀윌
산업안전기사

필기 이론편

산업안전기사 INFORMATION

1 「산업안전보건법」에 의한 고용의무 자격증

「산업안전보건법」에서 규정한 **안전관리자 자격을 취득**하기 위해서는 4년제 대학 이상의 학교에서 산업안전 관련 학과를 졸업하거나 **산업안전기사 또는 산업안전산업기사 이상의 자격증을 취득**하여야 합니다. 안전관리자는 제조 및 서비스업 등 각 산업현장에 배치되어 산업재해 예방계획의 수립에 관한 사항을 수행합니다.

산업안전보건법
제17조 【안전관리자】 ① 사업주는 사업장에 제15조 제1항 각 호의 사항 중 안전에 관한 기술적인 사항에 관하여 사업주 또는 안전보건관리책임자를 보좌하고 관리감독자에게 지도·조언하는 업무를 수행하는 사람(이하 "안전관리자"라 한다)을 두어야 한다.
② 안전관리자를 두어야 하는 사업의 종류와 사업장의 상시근로자 수, 안전관리자의 수·자격·업무·권한·선임방법, 그 밖에 필요한 사항은 대통령령으로 정한다.
③ 대통령령으로 정하는 사업의 종류 및 사업장의 상시근로자 수에 해당하는 사업장의 사업주는 안전관리자에게 그 업무만을 전담하도록 하여야 한다.

---

2 안전에 대한 중요도 증가로 지속적인 수요 증가

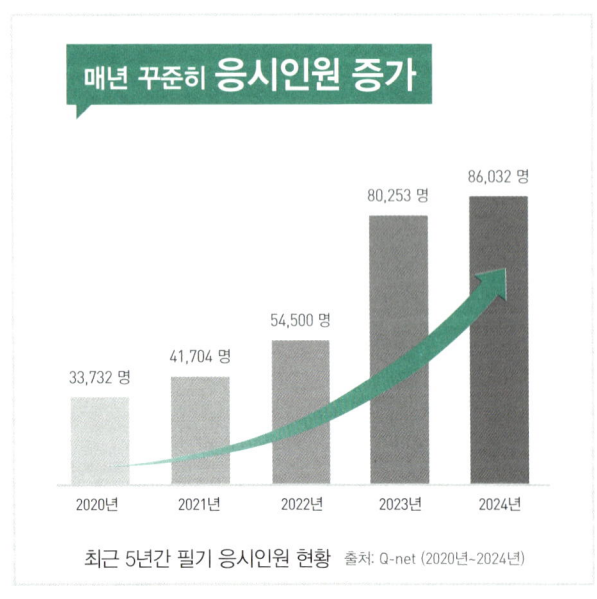

최근 5년간 필기 응시인원 현황 출처: Q-net (2020년~2024년)

2000년도 초반에는 산업안전기사 시험 응시자 수가 3천 명 정도였지만 매년 늘어나 **2024년 그 수가 8만 6천 명 이상으로 약 28배 증가하였습니다.**

최근 우리나라는 사회적으로 안전에 대한 관심이 높아지고, 법령에 의해서 안전관리자를 선임해야 하는 것이 의무화되어 있기 때문에 **앞으로도 산업안전기사 응시생 수는 꾸준히 늘어날 것으로 전망됩니다.**

3 응시자격

대학 및 전문대학의 경영·회계·사무 중 생산관리 직무분야와 관련된 학과, 보건·의료 직무분야와 관련된 학과, 건설, 광업자원, 기계, 재료, 화학, 섬유·의복, 전기·전자, 정보통신, 식품가공, 인쇄·목재·가구·공예, 농림어업, 안전관리, 환경·에너지 직무분야와 관련된 학과 졸업생, 동일 및 유사직무분야에서 4년 이상 실무에 종사한 자가 응시 가능합니다.

※ 정확한 관련 학과의 명칭, 경력 인정범위, 학점은행제 졸업생의 정확한 응시 가능 여부는 한국산업인력공단에 별도 문의해야 합니다.

4 시험일정

회차	필기시험	필기합격 (예정자)발표	실기시험	최종합격자 발표일
1회	2월~3월	3월 중	4월~5월	6월 중
2회	5월 중	6월 중	7월~8월	9월 중
3회	8월~9월	9월 중	11월 중	12월 중

※ 정확한 시험일정은 한국산업인력공단(Q-net) 참고
※ CBT 방식의 시험은 시험기간(2~3주) 중 원하는 날짜와 시간을 선택하여 응시 가능

5 검정방법 & 합격기준

- 검정방법
  - 필기: 객관식 4지 택일형 과목당 20문항(과목당 30분, 총 3시간)
  - 실기: 복합형[필답형(1시간 30분) + 작업형(1시간 정도)]
- 합격기준

필기시험	· 100점을 만점으로 하여 과목당 40점 이상, 6과목 평균 60점 이상이면 합격 · 6과목 평균 60점 이상이어도 한 과목이라도 40점 미만이면 과락
실기시험	· 필답형 55점, 작업형 45점으로 구분됨 · 필답형과 작업형 점수를 합하여 60점 이상이면 합격

2026 에듀윌 산업안전기사

합격에 필요한 이론만 담은 **이론편**

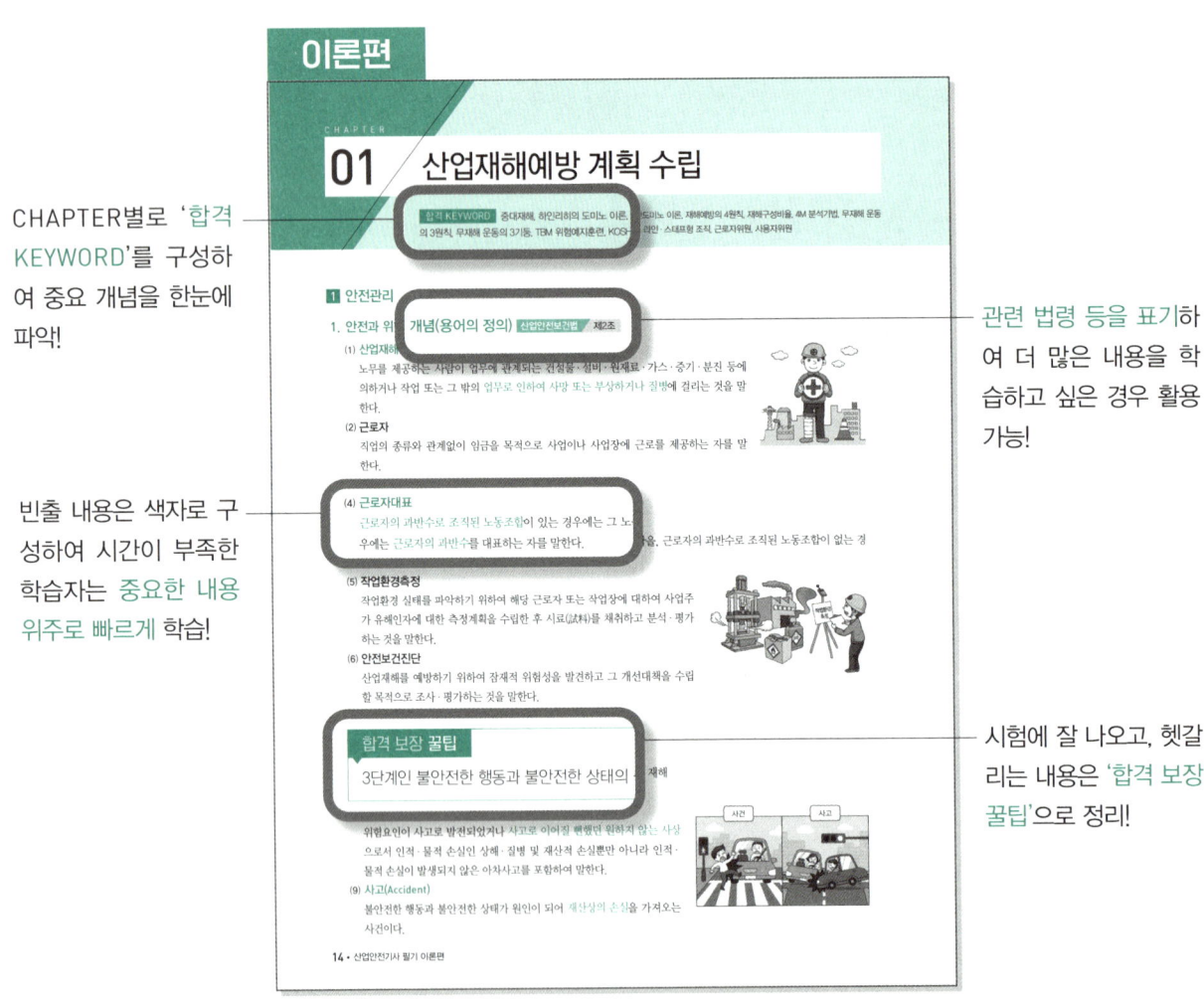

- CHAPTER별로 '합격 KEYWORD'를 구성하여 중요 개념을 한눈에 파악!
- 빈출 내용은 색자로 구성하여 시간이 부족한 학습자는 중요한 내용 위주로 빠르게 학습!
- 관련 법령 등을 표기하여 더 많은 내용을 학습하고 싶은 경우 활용 가능!
- 시험에 잘 나오고, 헷갈리는 내용은 '합격 보장 꿀팁'으로 정리!

직독직해 해설로 완벽학습이 가능한 **기출문제편**

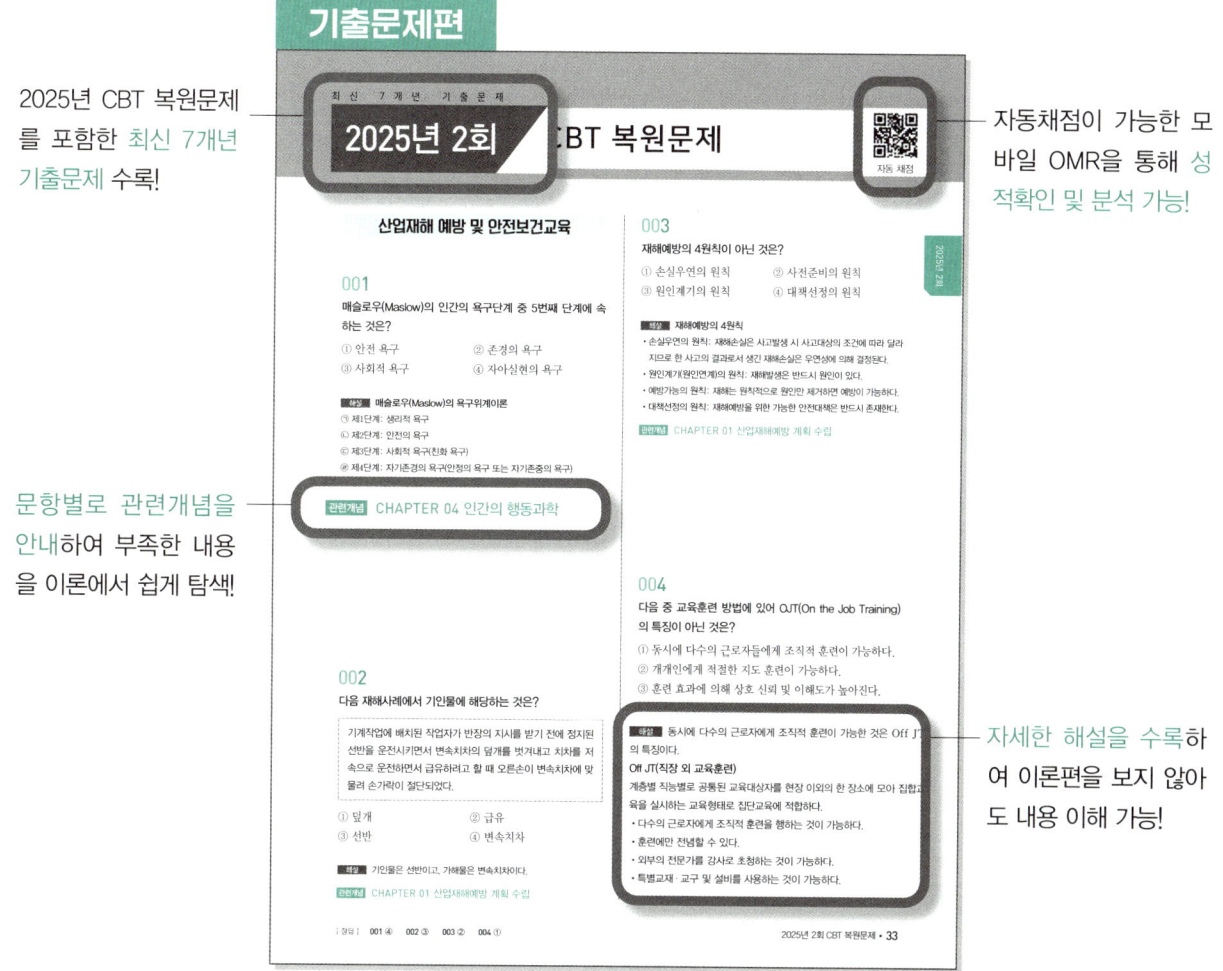

2025년 CBT 복원문제를 포함한 최신 7개년 기출문제 수록!

자동채점이 가능한 모바일 OMR을 통해 성적확인 및 분석 가능!

문항별로 관련개념을 안내하여 부족한 내용을 이론에서 쉽게 탐색!

자세한 해설을 수록하여 이론편을 보지 않아도 내용 이해 가능!

2026 에듀윌 산업안전기사

시작부터 끝까지 함께하는 **부가학습자료**

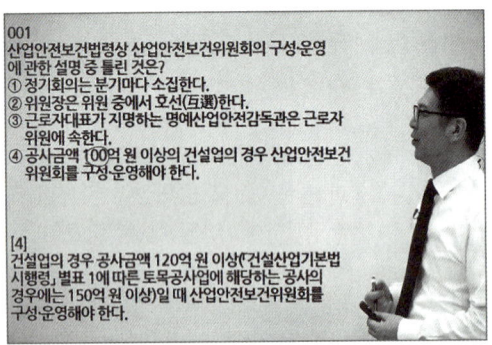

01

무료강의 | 최신 기출해설 9회

2025년 1, 2, 3회, 2024년 1, 2, 3회, 2023년 1, 2, 3회 무료강의 제공!

※ 에듀윌 도서몰 ▶ 동영상강의실 ▶ '산업안전기사' 검색
※ 2023년 강의부터 순차적으로 제공

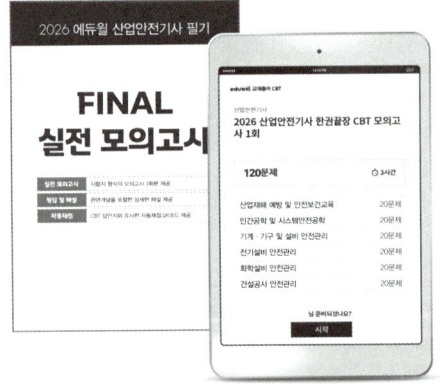

02

실전 모의고사 6회 | 별책부록 3회 + CBT 응시 3회

손으로 직접 풀어보는 FINAL 실전 모의고사 3회와 시험 환경과 유사한 상황에서 응시하는 CBT 실전 모의고사 3회, 총 6회 제공!

※ CBT 실전 모의고사: 2026년 1회 시험 1달 전 제공되며, 유효기간은 2027년 2월까지입니다.
※ 자세한 응시방법은 본교재 광고 페이지를 통해 확인하세요.

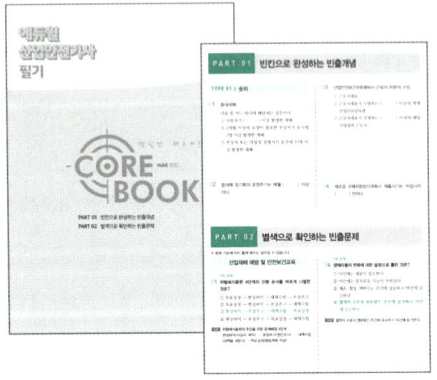

03

CORE BOOK | 빈출개념 + 빈출문제

빈출개념을 5개의 TYPE으로 분류하여 핵심이 되는 단어만 학습할 수 있도록 구성한 '빈출개념' 모음과 7개년 기출문제 중 빈출만 모아 구성한 '빈출문제' 모음을 한 권으로!
시험 직전 CORE BOOK 하나면 복습 완료!

산업안전기사 합격전략!

1 실기까지 생각하여 학습의 강약 조절

산업안전기사 자격증을 취득하기 위해서는 결국 실기까지 합격해야 합니다. 그렇기 때문에 필기를 공부할 때부터 실기에서 출제비율이 높은 산업재해 예방 및 안전보건교육, 기계·기구 및 설비 안전관리, 건설공사 안전관리 과목은 더 집중해서 공부해야 합니다.

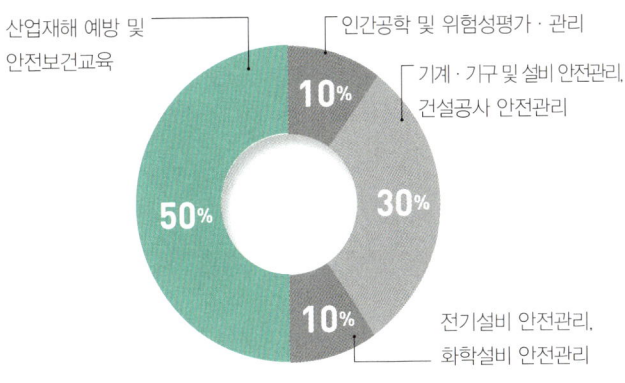

산업안전기사 실기시험 과목별 출제비율
최신 10개년 시험 분석 결과로 문항 분류 방법에 따라 비율은 달라질 수 있음

2 이론은 가볍게, 기출문제 풀이에 집중

산업안전기사 시험은 문제은행 방식으로 출제되기 때문에 기존의 기출문제만 완벽하게 공부해도 합격할 수 있습니다.
다만, 이론을 전혀 공부하지 않고 기출문제만 풀면 문제를 이해하는 데 어려움이 있을 수 있으므로 이론을 기본적인 개념과 용어를 이해할 정도로 간단하게 읽고, 기출문제를 반복해서 학습하는 것이 좋습니다.

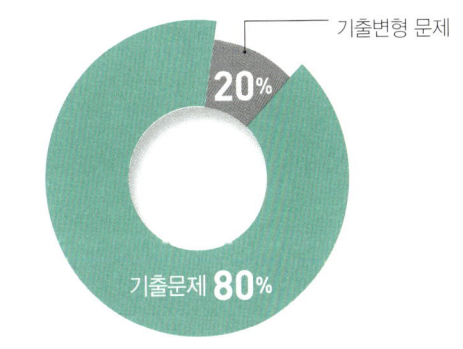

최신 10개년 기출문제 중 기출문제·유사문제 비율
최신 10개년 시험 분석 결과로 문항 분류 방법에 따라 비율은 달라질 수 있음

3 전기, 화학은 과락 주의

지난 10년간 수험생의 학습 결과를 분석해 보면 전기, 화학 과목에서 과락이 많이 발생했습니다. 산업안전기사 필기시험은 평균 60점이 넘으면 합격할 수 있지만 한 과목이라도 40점 미만을 받으면 불합격하게 되므로 시간이 부족한 수험생의 경우 전기, 화학 과목은 과락을 받지 않을 정도로 집중하여 공부하고, 다른 과목에서 높은 점수를 받는 전략을 가져갈 수 있습니다.

차례

SUBJECT 01 산업재해 예방 및 안전보건교육

CHAPTER 01	산업재해예방 계획 수립	14
CHAPTER 02	안전보호구 관리	32
CHAPTER 03	산업안전심리	44
CHAPTER 04	인간의 행동과학	51
CHAPTER 05	안전보건교육의 내용 및 방법	64
CHAPTER 06	산업안전관계법규	78

SUBJECT 02 인간공학 및 위험성평가 · 관리

CHAPTER 01	안전과 인간공학	82
CHAPTER 02	위험성 파악 · 결정	90
CHAPTER 03	위험성 감소대책 수립 · 실행	106
CHAPTER 04	근골격계질환 예방관리	110
CHAPTER 05	유해요인 관리	113
CHAPTER 06	작업환경 관리	116

SUBJECT 03 기계 · 기구 및 설비 안전관리

CHAPTER 01	기계공정의 안전, 기계안전시설 관리	140
CHAPTER 02	기계분야 산업재해 조사 및 관리	149
CHAPTER 03	공작기계의 안전	162
CHAPTER 04	프레스 및 전단기의 안전	172
CHAPTER 05	기타 산업용 기계 · 기구	177
CHAPTER 06	운반기계 및 양중기	193
CHAPTER 07	설비진단 및 검사	201

SUBJECT 04 전기설비 안전관리

CHAPTER 01	전기안전관리	208
CHAPTER 02	감전재해 및 방지대책	216
CHAPTER 03	정전기 장·재해관리	239
CHAPTER 04	전기방폭관리	249
CHAPTER 05	전기설비 위험요인관리	260

SUBJECT 05 화학설비 안전관리

CHAPTER 01	화재·폭발 검토	280
CHAPTER 02	화학물질 안전관리 실행	300
CHAPTER 03	화공안전 비상조치 계획·대응	321
CHAPTER 04	화공 안전운전·점검	323

SUBJECT 06 건설공사 안전관리

CHAPTER 01	건설공사 특성분석	336
CHAPTER 02	건설공사 위험성	340
CHAPTER 03	건설업 산업안전보건관리비 관리	347
CHAPTER 04	건설현장 안전시설 관리	349
CHAPTER 05	비계·거푸집 가시설 위험방지	362
CHAPTER 06	공사 및 작업 종류별 안전	377

SUBJECT 01

산업재해 예방 및 안전보건교육

합격 GUIDE

산업재해 예방 및 안전보건교육은 산업안전의 가장 기본이 되는 과목입니다. 산업재해 예방 및 안전보건교육은 기본 개념만 이해하면 누구든지 높은 점수를 받을 수 있는 과목입니다. 이 교재에서는 안전 분야에 처음 입문하는 수험생을 위해 이론 부분을 간략하게 정리하였습니다. 산업안전보건법과 안전 관련 이론을 중점적으로 공부하면 쉽게 고득점을 받을 수 있습니다.

기출기반으로 정리한
압축이론

최신 7개년 출제비율 분석

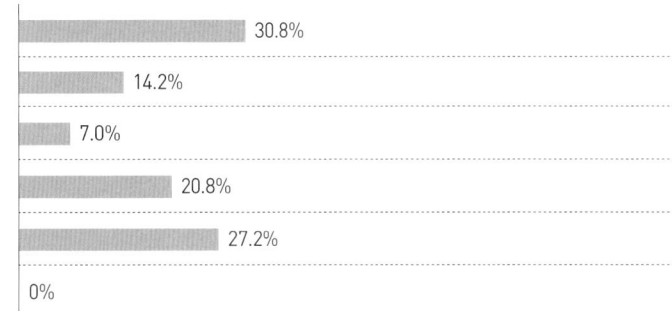

CHAPTER 01 산업재해예방 계획 수립   30.8%
CHAPTER 02 안전보호구 관리   14.2%
CHAPTER 03 산업안전심리   7.0%
CHAPTER 04 인간의 행동과학   20.8%
CHAPTER 05 안전보건교육의 내용 및 방법   27.2%
CHAPTER 06 산업안전관계법규   0%

CHAPTER 01 산업재해예방 계획 수립

합격 KEYWORD 중대재해, 하인리히의 도미노 이론, 버드의 신도미노 이론, 재해예방의 4원칙, 재해구성비율, 4M 분석기법, 무재해 운동의 3원칙, 무재해 운동의 3기둥, TBM 위험예지훈련, KOSHA GUIDE, 라인·스태프형 조직, 근로자위원, 사용자위원

1 안전관리

1. 안전과 위험의 개념(용어의 정의) 산업안전보건법 제2조

(1) 산업재해

노무를 제공하는 사람이 업무에 관계되는 건설물·설비·원재료·가스·증기·분진 등에 의하거나 작업 또는 그 밖의 업무로 인하여 사망 또는 부상하거나 질병에 걸리는 것을 말한다.

(2) 근로자

직업의 종류와 관계없이 임금을 목적으로 사업이나 사업장에 근로를 제공하는 자를 말한다.

(3) 사업주

근로자를 사용하여 사업을 하는 자를 말한다.

(4) 근로자대표

근로자의 과반수로 조직된 노동조합이 있는 경우에는 그 노동조합을, 근로자의 과반수로 조직된 노동조합이 없는 경우에는 근로자의 과반수를 대표하는 자를 말한다.

(5) 작업환경측정

작업환경 실태를 파악하기 위하여 해당 근로자 또는 작업장에 대하여 사업주가 유해인자에 대한 측정계획을 수립한 후 시료(試料)를 채취하고 분석·평가하는 것을 말한다.

(6) 안전보건진단

산업재해를 예방하기 위하여 잠재적 위험성을 발견하고 그 개선대책을 수립할 목적으로 조사·평가하는 것을 말한다.

(7) 중대재해 산업안전보건법 시행규칙 제3조

다음의 어느 하나에 해당하는 재해를 말한다.
① 사망자가 1명 이상 발생한 재해
② 3개월 이상의 요양이 필요한 부상자가 동시에 2명 이상 발생한 재해
③ 부상자 또는 직업성 질병자가 동시에 10명 이상 발생한 재해

(8) 사건(Event)

위험요인이 사고로 발전되었거나 사고로 이어질 뻔했던 원하지 않는 사상으로서 인적·물적 손실인 상해·질병 및 재산적 손실뿐만 아니라 인적·물적 손실이 발생되지 않은 아차사고를 포함하여 말한다.

(9) 사고(Accident)

불안전한 행동과 불안전한 상태가 원인이 되어 재산상의 손실을 가져오는 사건이다.

2. 안전보건관리 제이론

(1) 재해발생의 메커니즘

① 하인리히(H. W. Heinrich)의 도미노 이론(사고발생의 연쇄성)
  ㉠ 1단계: 사회적 환경 및 유전적 요소(기초 원인)
  ㉡ 2단계: 개인적 결함(간접 원인)
  ㉢ 3단계: 불안전한 행동 및 불안전한 상태(직접 원인) → 제거(효과적임)
  ㉣ 4단계: 사고
  ㉤ 5단계: 재해

> **합격 보장 꿀팁**
> 3단계인 불안전한 행동과 불안전한 상태의 중추적 요인을 제거하면 사고와 재해로 이어지지 않는다.

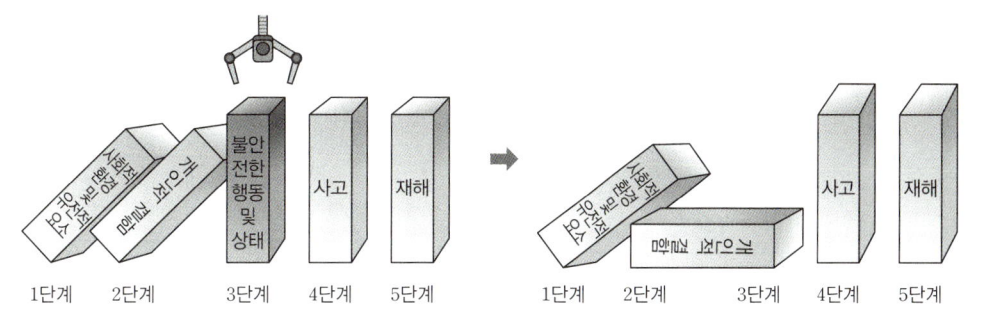

▲ 불안전한 행동 및 상태의 제거

② 버드(Frank Bird)의 신도미노 이론
  ㉠ 1단계: 통제의 부족(관리소홀) → 재해발생의 근원적 요인
  ㉡ 2단계: 기본 원인(기원) → 개인적 또는 과업과 관련된 요인
  ㉢ 3단계: 직접 원인(징후) → 불안전한 행동 및 불안전한 상태
  ㉣ 4단계: 사고(접촉)
  ㉤ 5단계: 상해(손해)

③ 애드워드 아담스(E. Adams)의 사고연쇄반응 이론
  ㉠ 1단계: 관리구조 결함
  ㉡ 2단계: 작전적 에러 → 관리자의 의사결정이 그릇되거나 행동을 안 함
  ㉢ 3단계: 전술적 에러 → 불안전 행동, 불안전 동작
  ㉣ 4단계: 사고 → 상해의 발생, 아차사고(Near Miss), 비상해사고
  ㉤ 5단계: 상해, 손해 → 대인, 대물

(2) 산업재해 발생모델(재해발생의 메커니즘)

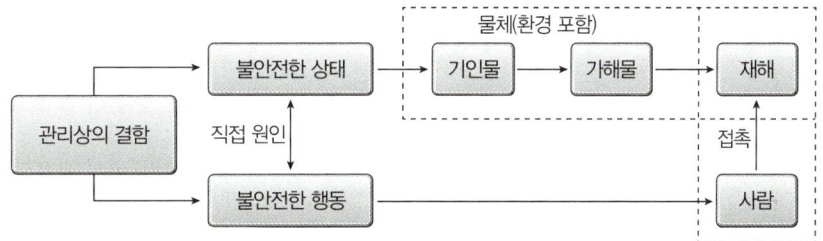

① 불안전한 행동: 작업자의 부주의, 실수, 착오, 안전조치 미이행 등
② 불안전한 상태: 기계·설비 결함, 방호장치 결함, 작업환경 결함 등

(3) **재해예방의 4원칙**

하인리히는 재해를 예방하기 위한 "재해예방의 4원칙"이란 예방이론을 제시하였다. 사고는 손실우연의 원칙에 의하여 반복적으로 발생할 수 있으므로 사고발생 자체를 예방해야 한다고 주장하였다.

① **손실우연의 원칙**: 재해손실은 사고발생 시 사고대상의 조건에 따라 달라지므로, 한 사고의 결과로서 생긴 재해손실은 우연성에 의해서 결정된다.
② **원인계기(원인연계)의 원칙**: 재해발생은 반드시 원인이 있다.
③ **예방가능의 원칙**: 재해는 원칙적으로 원인만 제거하면 예방이 가능하다.
④ **대책선정의 원칙**: 재해예방을 위한 가능한 안전대책은 반드시 존재한다.

(4) **재해구성비율**

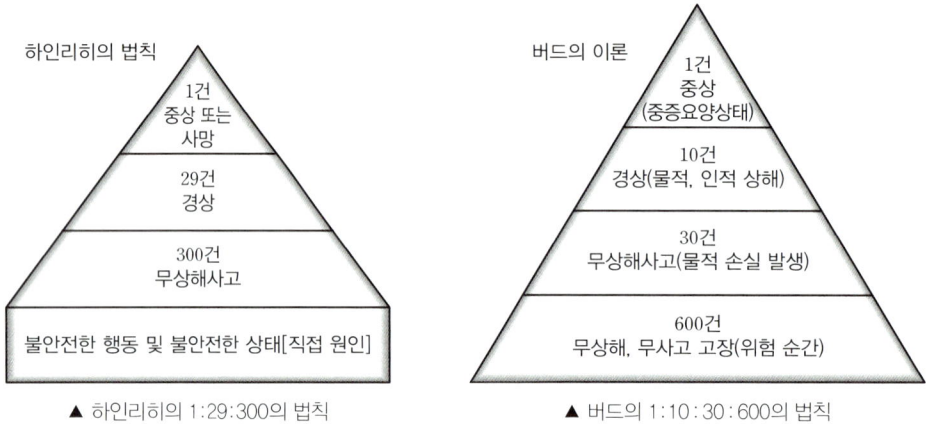

▲ 하인리히의 1:29:300의 법칙　　　　▲ 버드의 1:10:30:600의 법칙

① **하인리히의 법칙**

$$1:29:300$$

㉠ 1: 중상 또는 사망
㉡ 29: 경상
㉢ 300: 무상해사고

> **합격 보장 꿀팁**
> 하인리히의 법칙에 따르면 330회의 사고 가운데 중상 또는 사망 1회, 경상 29회, 무상해사고 300회의 비율로 사고가 발생한다.
> ① 재해의 발생 = 물적(불안전 상태) + 인적(불안전 행동) + α
> 　　　　　　 = 설비적 결함 + 관리적 결함 + α
> ② $\alpha = \dfrac{1}{1+29+300} = \dfrac{1}{330}$
> 　㉠ α: 숨은 위험한 요인(잠재된 위험의 상태)
> 　㉡ 재해건수 = 1 + 29 + 300 = 330건

② **버드의 법칙**

$$1:10:30:600$$

㉠ 1: 중상(중증요양상태) 또는 사망
㉡ 10: 경상(물적, 인적 상해)
㉢ 30: 무상해사고(물적 손실 발생)
㉣ 600: 무상해, 무사고 고장(위험 순간)

(5) 사고예방대책의 기본원리 5단계(하인리히의 사고예방원리)
　① 1단계: 조직(안전관리조직)
　　㉠ 경영층의 안전목표 설정
　　㉡ 안전관리조직 구성(안전관리자 선임 등)
　　㉢ 안전활동 및 계획 수립
　② 2단계: 사실의 발견(현상파악)
　　㉠ 사고 및 안전활동의 기록 검토
　　㉡ 작업분석
　　㉢ 안전점검, 검사 및 조사
　　㉣ 사고조사
　　㉤ 각종 안전회의 및 토의
　　㉥ 근로자의 건의 및 애로 조사
　③ 3단계: 분석·평가(원인규명)
　　㉠ 사고조사 결과의 분석
　　㉡ 불안전 상태 및 불안전 행동 분석
　　㉢ 작업공정 및 작업형태 분석
　　㉣ 교육 및 훈련의 분석
　　㉤ 안전수칙 및 안전기준 분석
　④ 4단계: 시정책의 선정
　　㉠ 기술의 개선
　　㉡ 인사조정
　　㉢ 교육 및 훈련 개선
　　㉣ 안전규정 및 수칙의 개선
　　㉤ 이행의 감독과 제재 강화
　⑤ 5단계: 시정책의 적용
　　㉠ 목표 설정
　　㉡ 3E(기술, 교육, 관리)의 적용

(6) 재해원인과 대책을 위한 기법
　① 3E 기법(하비, Harvey)
　　㉠ 기술적 측면(Engineering): 안전설계(안전기준)의 선정, 작업행정 및 환경설비의 개선
　　㉡ 교육적 측면(Education): 안전지식 교육 및 안전교육 실시, 안전훈련 및 경험훈련 실시
　　㉢ 관리적 측면(Enforcement): 안전관리조직 정비 및 적정인원 배치, 적합한 기준설정 및 각종 수칙의 준수 등
　② 4M 분석기법(휴먼에러의 배후요인)
　　㉠ 인간(Man; 자기 자신 이외의 다른 사람): 잘못된 사용, 오조작, 착오, 실수, 불안심리
　　㉡ 기계(Machine; 기계·기구·장치 등의 물적인 요인): 설계·제작 착오, 재료 피로·열화, 고장, 배치·공사 착오
　　㉢ 작업매체(Media; 인간과 기계를 연결시키는 매개체): 작업정보 부족·부적절, 작업환경 불량
　　㉣ 관리(Management; 안전에 관한 법규, 규칙 등): 안전조직 미비, 교육·훈련 부족, 계획 불량, 잘못된 지시
　③ 3S 이론
　　㉠ 단순화(Simplification)　　㉡ 표준화(Standardization)
　　㉢ 전문화(Specification)　　㉣ 총합화(Synthesization) → 4S일 경우 포함

(7) 안전관리의 적극적 대책
① 위험공정의 배제
② 위험물질의 격리 및 대체
③ 위험성평가를 통한 작업환경 개선

3. 생산성과 경제적 안전도

(1) 안전관리의 정의
안전관리란 생산성의 향상과 손실(Loss)의 최소화를 위하여 행하는 것으로 비능률적 요소인 사고가 발생하지 않는 상태를 유지하기 위한 활동이다.

(2) 안전관리가 생산성 측면에서 가져오는 효과
① 근로자의 사기진작
② 생산성 향상
③ 사회적 신뢰성 유지 및 확보
④ 비용절감(손실감소)
⑤ 이윤증대

2 무재해 운동 등 재해예방활동기법

1. 무재해의 정의
사업장에서 산업재해로 사망자가 발생하거나 부상을 입거나 질병에 걸리지 않는 것이다.

2. 무재해 운동의 목적
(1) 회사의 손실방지와 생산성 향상으로 기업에 경제적 이익을 발생시킨다.
(2) 자율적인 문제해결 능력으로서의 생산, 품질의 향상 능력을 제고한다.
(3) 전원 운동 참가로 밝고 명랑한 직장 풍토를 조성한다.
(4) 노사 간 화합분위기 조성으로 노사 신뢰도를 향상한다.

3. 무재해 운동 이론

(1) 무재해 운동의 3원칙
① 무의 원칙: 모든 잠재위험요인을 사전에 발견·파악·해결함으로써 근원적으로 산업재해를 제거한다.
② 참여의 원칙(참가의 원칙): 작업에 따르는 잠재적인 위험요인을 발견·해결하기 위하여 전원이 협력하여 문제해결 운동을 실천한다.
③ 안전제일의 원칙(선취의 원칙): 직장의 위험요인을 행동하기 전에 발견·파악·해결하여 재해를 예방한다.

(2) 무재해 운동의 3기둥(3요소)
① 소집단의 자주활동의 활성화: 일하는 한 사람 한 사람이 안전보건을 자신의 문제이며 동시에 같은 동료의 문제로 진지하게 받아들여 직장의 팀 멤버와의 협동노력을 통하여 자주적으로 추진해 가는 것이 필요하다.
② 라인관리자에 의한 안전보건의 추진: 안전보건을 추진하는 데는 라인관리자들의 생산활동 속에 안전보건을 접목시켜 실천하는 것이 꼭 필요하다.

③ 최고경영자의 경영자세
  ㉠ 안전보건은 최고경영자의 "무재해, 무질병"에 대한 확고한 경영자세로부터 시작된다.
  ㉡ "일하는 한 사람 한 사람이 중요하다."라는 최고경영자의 인간존중의 결의로 무재해 운동이 출발한다.

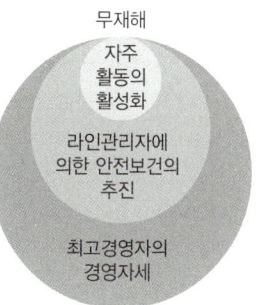

4. 무재해 소집단 활동

(1) 원포인트 위험예지훈련
위험예지훈련 4라운드 중 2R, 3R, 4R를 모두 원포인트로 요약하여 실시하는 기법으로 2~3분이면 실시가 가능한 현장 활동용 기법이다.

(2) 브레인스토밍(Brain Storming)
알렉스 오스본(A.F. Osborn)에 의해 창안된 발상법으로 6~12명의 구성원이 타인의 비판 없이 자유로운 토론을 통하여 다량의 독창적인 아이디어를 이끌어내고, 대안적 해결안을 찾기 위한 집단적 사고 기법이다.
① 비판금지: "좋다, 나쁘다" 등의 비평을 하지 않는다.
② 자유분방: 자유로운 분위기에서 발표한다.
③ 대량발언: 무엇이든지 좋으니 많이 발언한다.
④ 수정발언: 자유자재로 변하는 아이디어를 개발한다.(타인 의견의 수정발언)

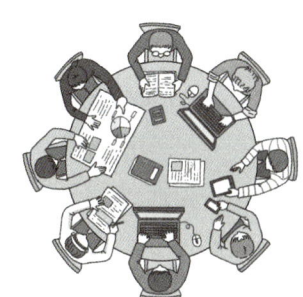

(3) 지적확인
작업의 정확성이나 안전을 확인하기 위해 오관의 감각기관을 이용하여 작업시작 전에 뇌를 자극시켜 안전을 확보하기 위한 기법으로 작업을 안전하게 오조작 없이 실시하기 위해 작업공정의 각 요소에서 자신의 행동을 「…, 좋아!」하고 대상을 지적하여 큰소리로 확인하는 것이다.

(4) 터치 앤 콜(Touch and Call)
① 왼손을 맞잡고 같이 소리치는 것으로 전원이 스킨십(Skinship)을 느끼도록 하는 것이다.
② 팀의 일체감, 연대감을 조성할 수 있다.
③ 대뇌 피질에 좋은 이미지를 불어넣어 안전행동을 하도록 하는 것이다.

(5) TBM(Tool Box Meeting) 위험예지훈련
작업 개시 전 또는 종료 후, 10명 이하의 작업원이 리더를 중심으로 둘러앉아(또는 서서) 10분 내외에 걸쳐 작업 중 발생할 수 있는 위험을 예측하고 사전에 점검하여 대책을 수립하는 등 단시간 내에 의논하는 문제해결 기법이다. 작업 현장에서 상황에 맞추어 실시할 수 있는 장점이 있다.
① TBM 실시요령
  ㉠ 작업시작 전, 중식 후, 작업종료 후 짧은 시간을 활용하여 실시한다.
  ㉡ 때와 장소에 구애받지 않고 10명 이하의 작업자가 모여서 공구나 기계 앞에서 행한다.
  ㉢ 일방적인 명령이나 지시가 아니라 잠재위험에 대해 같이 생각하고 해결한다.
  ㉣ 모두가 "이렇게 하자", "이렇게 한다"라고 합의하고 실행한다.

② TBM의 내용
  ㉠ 작업시작 전(실시순서 5단계)

도입	직장체조, 무재해기 제창, 목표제안
점검 및 정비	건강상태, 복장 및 보호구 점검, 자재 및 공구확인
작업지시	작업내용 및 안전사항 전달
위험예측	당일 작업에 대한 위험예측, 위험예지훈련
확인	위험에 대한 대책과 팀목표 확인

  ㉡ 작업종료 시
  - 실시사항의 적절성 확인: 작업시작 전 TBM에서 결정된 사항의 적절성 확인
  - 검토 및 보고: 그날 작업의 위험요인 도출, 대책 등 검토 및 보고
  - 문제 제기: 그날의 작업에 대한 문제 제기

(6) 1인 위험예지훈련
각자가 위험에 대한 감수성 향상을 도모하기 위하여 삼각 및 원포인트 위험예지훈련을 실시하는 것이다.

(7) 롤 플레잉(Role Playing)
참가자에게 일정한 역할을 주어 실제적으로 연기를 시켜봄으로써 자기의 역할을 보다 확실히 인식시키는 것이다.

5. 위험예지훈련 및 진행방법

(1) 위험예지훈련의 추진을 위한 문제해결 4단계(4라운드)
  ① 1라운드: 현상파악(사실의 파악) – 어떤 위험이 잠재하고 있는가?
  ② 2라운드: 본질추구(원인조사) – 이것이 위험의 포인트이다.
  ③ 3라운드: 대책수립(대책을 세운다) – 당신이라면 어떻게 하겠는가?
  ④ 4라운드: 목표설정(행동계획 작성) – 우리들은 이렇게 하자!

(2) 위험예지훈련의 3가지 효용
  ① 위험에 대한 감수성 향상
  ② 작업행동의 각 요소에서 집중력 증대
  ③ 문제(위험)해결의 의욕(하고자 하는 생각) 증대

3 기술지원규정 및 안전보건예산

1. 기술지원규정(KOSHA GUIDE)

(1) 기술지원규정(KOSHA GUIDE)이란?
「산업안전보건법령」에서 정한 최소한의 수준이 아니라, 사업장의 자기규율 예방체계 확립을 지원하고, 좀 더 높은 수준의 안전보건 향상을 위해 참고할 수 있는 기술적 내용을 기술한 자율적 안전보건가이드이다.
※ 법적 기준이 아닌 사업장의 이해를 돕기 위해 작성된 기술적 권고 지침으로써, 법적 구속력(효력)은 없다.

(2) 기술지원규정 번호부여 및 분류기호

① 번호부여: KOSHA GUIDE 표시, 분야별 분류기호, 세부분야별 분류기호, 일련번호, 발행연도의 순으로 번호를 부여한다.

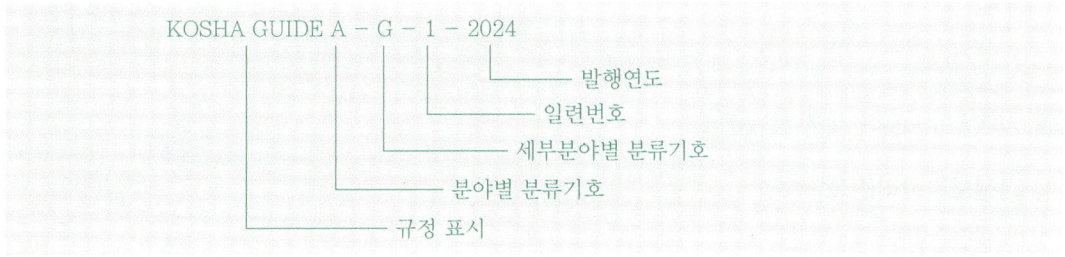

※ 기존 KOSHA GUIDE는 향후 표준제정위원회에서 심의 후 변경 예정(일련번호 동일)

② 분류기호

분야	세부분야
산업안전일반(A)	산업안전일반(G)
	리스크관리(R)
기계·전기안전(B)	기계안전(M)
	전기안전(E)
화학안전(C)	화학안전(C)
건설안전(D)	건설안전(C)
보건·위생(E)	산업보건일반(G)
	산업위생(H)
	산업의학(M)
	산업독성(T)

2. 안전보건예산 편성 및 계상

(1) 목적 중대재해처벌법 시행령 제4조

다음의 사항을 이행하는 데 필요한 예산을 편성하고 그 편성된 용도에 맞게 집행하도록 하여야 한다.

① 재해 예방을 위해 필요한 안전·보건에 관한 인력, 시설 및 장비의 구비

② 사업 또는 사업장의 특성에 따른 유해·위험요인을 확인하여 개선하는 업무절차를 마련하고, 해당 업무절차에 따라 확인된 유해·위험요인의 개선

③ 그 밖에 안전보건관리체계 구축 등을 위해 필요한 사항으로서 고용노동부장관이 정하여 고시하는 사항

(2) 예산 편성의 기본원칙

① 예산의 편성 시에는 예산 규모가 얼마인지가 중요한 것이 아니라, 유해·위험요인을 어떻게 분석하고 평가했는지 여부가 중요하다.

② 유해·위험요인 확인 절차 등에서 확인된 사항을 사업 또는 사업장의 재정 여건 등에 맞추어 제거·대체·통제 등 합리적으로 실행 가능한 수준만큼 개선하는 데 필요한 예산을 편성하여야 한다.

(3) **재해 예방을 위해 필요한 인력, 시설 및 장비**

「산업안전보건법」 등 종사자의 재해 예방을 위한 안전·보건 관계 법령 등에서 정한 인력(안전관리자, 보건관리자, 안전보건관리담당자, 산업보건의 등 전문인력 뿐만 아니라 안전·보건 관계 법령 등에 따른 필요 인력), 시설, 장비를 말한다.

4 안전보건관리 체제 및 운용

1. 안전보건관리조직

(1) 안전관리조직의 목적
기업 내에서 안전관리조직을 구성하는 목적은 근로자의 안전과 설비의 안전을 확보하여 생산의 합리화를 기하는 데 있다.

(2) 라인(LINE)형 조직(직계형 조직)
소규모 기업에 적합한 조직으로서 안전관리에 관한 계획에서부터 실시에 이르기까지 모든 안전업무가 생산라인을 통하여 수직적으로 이루어지도록 편성된 조직이다.

① 규모: 소규모(100명 미만)
② 장점
  ㉠ 안전에 관한 지시 및 명령계통이 철저하다.(생산라인을 통해 이루어짐)
  ㉡ 안전대책의 실시가 신속하다.
  ㉢ 명령과 보고가 상하관계로 일원화하여 간단 명료하다.
③ 단점
  ㉠ 안전에 대한 지식 및 기술축적이 어렵다.
  ㉡ 안전에 대한 정보수집 및 신기술 개발이 미흡하다.
  ㉢ 라인에 과중한 책임을 지우기 쉽다.

▲ 라인형 조직 구성도

(3) 스태프(STAFF)형 조직(참모형 조직)
중규모 사업장에 적합한 조직으로서 안전업무를 관장하는 참모(STAFF)를 두고 안전관리에 관한 계획 조정·조사·검토·보고 등의 업무와 현장에 대한 기술지원을 담당하도록 편성된 조직이다.

① 규모: 중규모(100명 이상 1,000명 미만)
② 장점
  ㉠ 사업장 특성에 맞는 전문적인 기술연구가 가능하다.
  ㉡ 경영자에게 조언과 자문 역할을 할 수 있다.
  ㉢ 안전정보 수집이 빠르다.
③ 단점
  ㉠ 안전 지시나 명령이 작업자에게까지 신속·정확하게 전달되지 못한다.
  ㉡ 생산부문은 안전에 대한 책임과 권한이 없다.
  ㉢ 권한다툼이나 조정 때문에 시간과 노력이 소모된다.
④ 스태프의 주된 역할
  ㉠ 실시계획의 추진
  ㉡ 안전관리 계획안의 작성
  ㉢ 정보수집과 주지, 활용

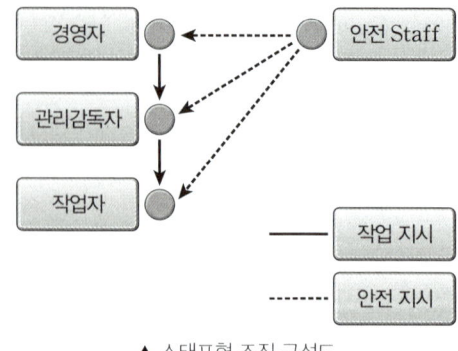

▲ 스태프형 조직 구성도

(4) 라인·스태프(LINE-STAFF)형 조직(직계참모조직)

대규모 사업장에 적합한 조직으로서 라인형과 스태프형의 장점만을 채택한 형태이며 안전업무를 전담하는 스태프를 두고 생산라인의 각 계층에서도 각 부서장으로 하여금 안전업무를 수행하도록 하여 스태프에서 안전에 관한 사항이 결정되면 라인을 통하여 실천하도록 편성된 조직이다.

① 규모: 대규모(1,000명 이상)
② 장점
　㉠ 안전에 대한 기술 및 경험축적이 용이하다.
　㉡ 사업장에 맞는 독자적인 안전개선책을 강구할 수 있다.
　㉢ 안전에 관한 명령과 지시는 생산라인을 통해 신속하게 전달한다.
③ 단점: 명령계통과 조언의 권고적 참여가 혼동되기 쉽다.
④ 특징: 라인·스태프형은 라인과 스태프형의 장점을 절충·조정한 유형으로 라인과 스태프가 협조를 이루어 나갈 수 있고 라인에게는 생산과 안전보건에 관한 책임을 동시에 지우므로 안전보건업무와 생산업무가 균형을 유지할 수 있는 이상적인 조직이다.

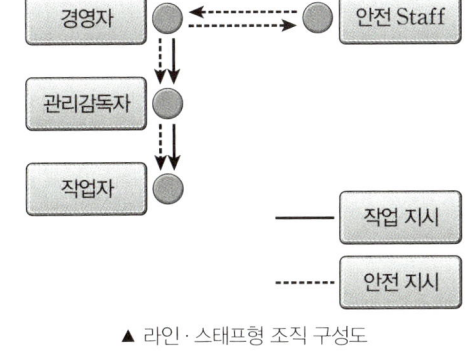

▲ 라인·스태프형 조직 구성도

2. 산업안전보건위원회 등의 법적체제

(1) 구성 산업안전보건법 시행령 제35조

사업주는 사업장의 안전 및 보건에 관한 중요 사항을 심의·의결하기 위하여 사업장에 근로자위원과 사용자위원이 같은 수로 구성되는 산업안전보건위원회를 구성·운영하여야 한다.

① 근로자위원
　㉠ 근로자대표
　㉡ 근로자대표가 지명하는 1명 이상의 명예산업안전감독관
　㉢ 근로자대표가 지명하는 9명 이내의 해당 사업장의 근로자
② 사용자위원
　㉠ 해당 사업의 대표자　　　　　　　㉡ 안전관리자 1명
　㉢ 보건관리자 1명　　　　　　　　　㉣ 산업보건의
　㉤ 해당 사업의 대표자가 지명하는 9명 이내의 해당 사업장 부서의 장(상시근로자 50명 이상 100명 미만 사업장에서는 제외 가능)

(2) 산업안전보건위원회 설치대상 산업안전보건법 시행령 별표 9

사업의 종류	사업장의 상시근로자 수
1. 토사석 광업 2. 목재 및 나무제품 제조업; 가구 제외 3. 화학물질 및 화학제품 제조업; 의약품 제외(세제, 화장품 및 광택제 제조업과 화학섬유 제조업 제외) 4. 비금속 광물제품 제조업 5. 1차 금속 제조업 6. 금속가공제품 제조업; 기계 및 가구 제외 7. 자동차 및 트레일러 제조업 8. 기타 기계 및 장비 제조업(사무용 기계 및 장비 제조업 제외) 9. 기타 운송장비 제조업(전투용 차량 제조업 제외)	상시근로자 50명 이상

10. 농업 11. 어업 12. 소프트웨어 개발 및 공급업 13. 컴퓨터 프로그래밍, 시스템 통합 및 관리업 13의2. 영상 · 오디오물 제공 서비스업 14. 정보서비스업 15. 금융 및 보험업 16. 임대업; 부동산 제외 17. 전문, 과학 및 기술 서비스업(연구개발업 제외) 18. 사업지원 서비스업 19. 사회복지 서비스업	상시근로자 300명 이상
20. 건설업	공사금액 120억 원 이상(「건설산업기본법 시행령」에 따른 토목공사업의 경우에는 150억 원 이상)
21. 1부터 20까지의 사업을 제외한 사업	상시근로자 100명 이상

(3) **회의 소집** 산업안전보건법 시행령 제37조
  ① 산업안전보건위원회의 회의는 정기회의와 임시회의로 구분하되, 정기회의는 분기마다 산업안전보건위원회의 위원장이 소집하며, 임시회의는 위원장이 필요하다고 인정할 때에 소집한다.
  ② 회의는 근로자위원 및 사용자위원 각 과반수의 출석으로 개의하고 출석위원 과반수의 찬성으로 의결한다.
  ③ 근로자대표, 명예산업안전감독관, 해당 사업의 대표자, 안전관리자 또는 보건관리자는 회의에 출석할 수 없는 경우에는 해당 사업에 종사하는 사람 중에서 1명을 지정하여 위원으로서의 직무를 대리하게 할 수 있다.
  ④ 산업안전보건위원회는 다음의 사항을 기록한 회의록을 작성하여 갖추어 두어야 한다.
    ㉠ 개최 일시 및 장소   ㉡ 출석위원
    ㉢ 심의 내용 및 의결 · 결정 사항   ㉣ 그 밖의 토의사항

(4) **회의 결과 등의 공지** 산업안전보건법 시행령 제39조
  ① 사내방송이나 사내보
  ② 게시 또는 자체 정례조회
  ③ 그 밖의 적절한 방법

3. 협의체의 구성 및 운영 산업안전보건법 시행규칙 제79조
  ① **구성**: 도급인 및 그의 수급인 전원
  ② **협의사항**
    ㉠ 작업의 시작 시간
    ㉡ 작업 또는 작업장 간의 연락 방법
    ㉢ 재해발생 위험이 있는 경우 대피 방법
    ㉣ 작업장에서의 위험성평가의 실시에 관한 사항
    ㉤ 사업주와 수급인 또는 수급인 상호 간의 연락 방법 및 작업공정의 조정
  ③ **운영 주기**: 매월 1회 이상 정기적으로 회의를 개최하고 그 결과를 기록 · 보존하여야 한다.

4. 안전보건관리규정

(1) 작성내용 `산업안전보건법` 제25조
① 안전 및 보건에 관한 관리조직과 그 직무에 관한 사항
② 안전보건교육에 관한 사항
③ 작업장의 안전 및 보건 관리에 관한 사항
④ 사고 조사 및 대책 수립에 관한 사항
⑤ 그 밖에 안전 및 보건에 관한 사항

(2) 안전보건관리규정 세부내용 `산업안전보건법 시행규칙` 별표 3

① 총칙
  ㉠ 안전보건관리규정 작성의 목적 및 적용 범위에 관한 사항
  ㉡ 사업주 및 근로자의 재해 예방 책임 및 의무 등에 관한 사항
  ㉢ 하도급 사업장에 대한 안전·보건관리에 관한 사항

② 안전·보건 관리조직과 그 직무
  ㉠ 안전·보건 관리조직의 구성방법, 소속, 업무 분장 등에 관한 사항
  ㉡ 안전보건관리책임자(안전보건총괄책임자), 안전관리자, 보건관리자, 관리감독자의 직무 및 선임에 관한 사항
  ㉢ 산업안전보건위원회의 설치·운영에 관한 사항
  ㉣ 명예산업안전감독관의 직무 및 활동에 관한 사항
  ㉤ 작업지휘자 배치 등에 관한 사항

③ 안전·보건교육
  ㉠ 근로자 및 관리감독자의 안전·보건교육에 관한 사항
  ㉡ 교육계획의 수립 및 기록 등에 관한 사항

④ 작업장 안전관리
  ㉠ 안전·보건관리에 관한 계획의 수립 및 시행에 관한 사항
  ㉡ 기계·기구 및 설비의 방호조치에 관한 사항
  ㉢ 유해·위험기계 등에 대한 자율검사프로그램에 의한 검사 또는 안전검사에 관한 사항
  ㉣ 근로자의 안전수칙 준수에 관한 사항
  ㉤ 위험물질의 보관 및 출입 제한에 관한 사항
  ㉥ 중대재해 및 중대산업사고 발생, 급박한 산업재해 발생의 위험이 있는 경우 작업중지에 관한 사항
  ㉦ 안전표지·안전수칙의 종류 및 게시에 관한 사항과 그 밖에 안전관리에 관한 사항

⑤ 작업장 보건관리
  ㉠ 근로자 건강진단, 작업환경측정의 실시 및 조치절차 등에 관한 사항
  ㉡ 유해물질의 취급에 관한 사항
  ㉢ 보호구의 지급 등에 관한 사항
  ㉣ 질병자의 근로 금지 및 취업 제한 등에 관한 사항
  ㉤ 보건표지·보건수칙의 종류 및 게시에 관한 사항과 그 밖에 보건관리에 관한 사항

⑥ 사고 조사 및 대책 수립
  ㉠ 산업재해 및 중대산업사고의 발생 시 처리 절차 및 긴급조치에 관한 사항
  ㉡ 산업재해 및 중대산업사고의 발생원인에 대한 조사 및 분석, 대책 수립에 관한 사항
  ㉢ 산업재해 및 중대산업사고 발생의 기록·관리 등에 관한 사항

⑦ 위험성평가에 관한 사항
  ㉠ 위험성평가의 실시 시기 및 방법, 절차에 관한 사항
  ㉡ 위험성 감소대책 수립 및 시행에 관한 사항
⑧ 보칙
  ㉠ 무재해운동 참여, 안전·보건 관련 제안 및 포상·징계 등 산업재해 예방을 위하여 필요하다고 판단하는 사항
  ㉡ 안전·보건 관련 문서의 보존에 관한 사항
  ㉢ 그 밖의 사항: 사업장의 규모·업종 등에 적합하게 작성하며, 필요한 사항을 추가하거나 그 사업장에 관련되지 않는 사항은 제외할 수 있다.

(3) 안전보건관리규정 작성대상 산업안전보건법 시행규칙 별표 2

사업의 종류	상시근로자 수
1. 농업 2. 어업 3. 소프트웨어 개발 및 공급업 4. 컴퓨터 프로그래밍, 시스템 통합 및 관리업 4의2. 영상·오디오물 제공 서비스업 5. 정보서비스업 6. 금융 및 보험업 7. 임대업; 부동산 제외 8. 전문, 과학 및 기술 서비스업(연구개발업 제외) 9. 사업지원 서비스업 10. 사회복지 서비스업	300명 이상
11. 1부터 10까지의 사업을 제외한 사업	100명 이상

(4) 안전보건관리규정의 작성·변경 절차 산업안전보건법 제26조

사업주는 안전보건관리규정을 작성하거나 변경할 때에는 산업안전보건위원회의 심의·의결을 거쳐야 한다. 다만, 산업안전보건위원회가 설치되어 있지 아니한 사업장의 경우에는 근로자대표의 동의를 받아야 한다.

(5) 작성 시의 유의사항

① 규정된 기준은 법정기준을 상회하도록 할 것
② 관리자층의 직무와 권한, 근로자에게 강제 또는 요청한 부분을 명확히 할 것
③ 관계법령의 제·개정에 따라 즉시 개정되도록 라인 활용이 쉬운 규정이 되도록 할 것
④ 작성 또는 개정 시에는 현장의 의견을 충분히 반영할 것
⑤ 규정의 내용은 정상 시는 물론 이상 시, 사고 시, 재해발생 시의 조치와 기준에 관해서도 규정할 것

5. 안전보건관리계획

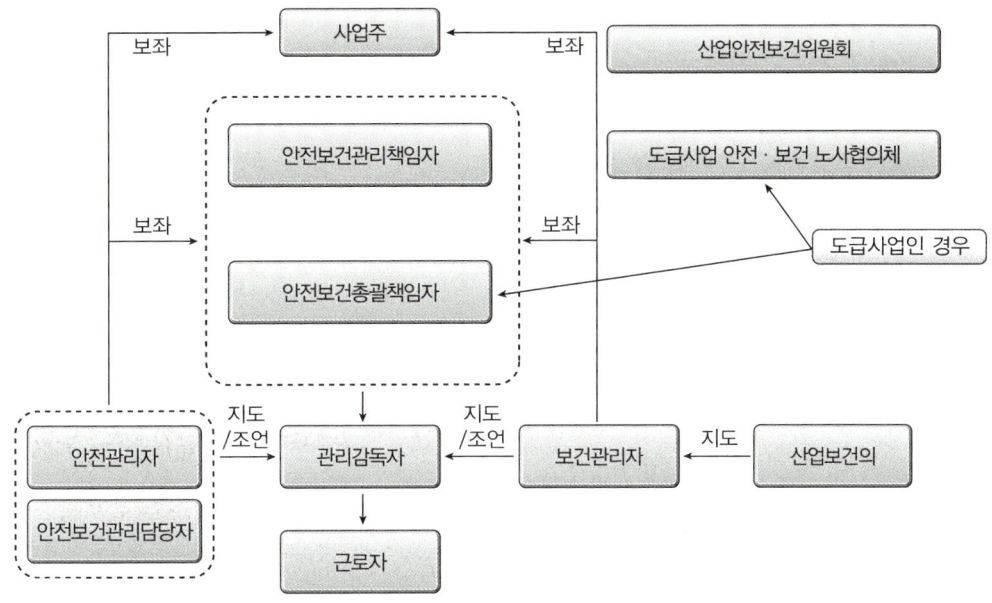

(1) 관리자의 직무 등

① 안전관리자의 업무 등 `산업안전보건법 시행령` 제18조

㉠ 산업안전보건위원회 또는 안전 및 보건에 관한 노사협의체에서 심의·의결한 업무와 해당 사업장의 안전보건관리규정 및 취업규칙에서 정한 업무
㉡ 위험성평가에 관한 보좌 및 지도·조언
㉢ 안전인증대상 기계 등과 자율안전확인대상 기계 등 구입 시 적격품의 선정에 관한 보좌 및 지도·조언
㉣ 해당 사업장 안전교육계획의 수립 및 안전교육 실시에 관한 보좌 및 지도·조언
㉤ 사업장 순회점검, 지도 및 조치 건의
㉥ 산업재해 발생의 원인 조사·분석 및 재발 방지를 위한 기술적 보좌 및 지도·조언
㉦ 산업재해에 관한 통계의 유지·관리·분석을 위한 보좌 및 지도·조언
㉧ 법 또는 법에 따른 명령으로 정한 안전에 관한 사항의 이행에 관한 보좌 및 지도·조언
㉨ 업무 수행 내용의 기록·유지
㉩ 그 밖에 안전에 관한 사항으로서 고용노동부장관이 정하는 사항

> **합격 보장 꿀팁** 안전관리자 등의 증원·교체임명 명령 `산업안전보건법 시행규칙` 제12조
>
> 지방고용노동관서의 장은 다음의 어느 하나에 해당하는 사유가 발생한 경우에는 사업주에게 안전관리자·보건관리자 또는 안전보건관리담당자를 정수 이상으로 증원하게 하거나 교체하여 임명할 것을 명할 수 있다. 다만, 4.에 해당하는 경우로서 직업성 질병자 발생 당시 사업장에서 해당 화학적 인자를 사용하지 않는 경우에는 그렇지 않다.
> 1. 해당 사업장의 연간재해율이 같은 업종의 평균재해율의 2배 이상인 경우
> 2. 중대재해가 연간 2건 이상 발생한 경우. 다만, 해당 사업장의 전년도 사망만인율이 같은 업종의 평균 사망만인율 이하인 경우는 제외한다.
> 3. 관리자가 질병이나 그 밖의 사유로 3개월 이상 직무를 수행할 수 없게 된 경우
> 4. 화학적 인자로 인한 직업성 질병자가 연간 3명 이상 발생한 경우. 이 경우 직업성 질병자의 발생일은 「산업재해보상보험법 시행규칙」에 따른 요양급여의 결정일로 한다.

② **보건관리자의 업무 등** `산업안전보건법 시행령` 제22조
　㉠ 산업안전보건위원회 또는 노사협의체에서 심의·의결한 업무와 안전보건관리규정 및 취업규칙에서 정한 업무
　㉡ 안전인증대상 기계 등과 자율안전확인대상 기계 등 중 보건과 관련된 보호구(保護具) 구입 시 적격품 선정에 관한 보좌 및 지도·조언
　㉢ 위험성평가에 관한 보좌 및 지도·조언
　㉣ 작성된 물질안전보건자료의 게시 또는 비치에 관한 보좌 및 지도·조언
　㉤ 산업보건의의 직무
　㉥ 해당 사업장 보건교육계획의 수립 및 보건교육 실시에 관한 보좌 및 지도·조언
　㉦ 해당 사업장의 근로자를 보호하기 위한 다음의 조치에 해당하는 의료행위
　　• 자주 발생하는 가벼운 부상에 대한 치료
　　• 응급처치가 필요한 사람에 대한 처치
　　• 부상·질병의 악화를 방지하기 위한 처치
　　• 건강진단 결과 발견된 질병자의 요양 지도 및 관리
　　• 상위 항목에 대한 의료행위에 따르는 의약품의 투여
　㉧ 작업장 내에서 사용되는 전체 환기장치 및 국소 배기장치 등에 관한 설비의 점검과 작업방법의 공학적 개선에 관한 보좌 및 지도·조언
　㉨ 사업장 순회점검, 지도 및 조치 건의
　㉩ 산업재해 발생의 원인 조사·분석 및 재발 방지를 위한 기술적 보좌 및 지도·조언
　㉪ 산업재해에 관한 통계의 유지·관리·분석을 위한 보좌 및 지도·조언
　㉫ 법 또는 법에 따른 명령으로 정한 보건에 관한 사항의 이행에 관한 보좌 및 지도·조언
　㉬ 업무 수행 내용의 기록·유지
　㉭ 그 밖에 보건과 관련된 작업관리 및 작업환경관리에 관한 사항으로서 고용노동부장관이 정하는 사항

③ **안전보건관리책임자의 업무** `산업안전보건법` 제15조
　㉠ 사업장의 산업재해 예방계획의 수립에 관한 사항
　㉡ 안전보건관리규정의 작성 및 변경에 관한 사항
　㉢ 안전보건교육에 관한 사항
　㉣ 작업환경측정 등 작업환경의 점검 및 개선에 관한 사항
　㉤ 근로자의 건강진단 등 건강관리에 관한 사항
　㉥ 산업재해의 원인 조사 및 재발 방지대책 수립에 관한 사항
　㉦ 산업재해에 관한 통계의 기록 및 유지에 관한 사항
　㉧ 안전장치 및 보호구 구입 시 적격품 여부 확인에 관한 사항
　㉨ 그 밖에 근로자의 유해·위험 방지조치에 관한 사항으로서 고용노동부령으로 정하는 사항

④ **관리감독자의 업무** `산업안전보건법 시행령` 제15조
　㉠ 사업장 내 관리감독자가 지휘·감독하는 작업(이하 "해당 작업")과 관련된 기계·기구 또는 설비의 안전·보건 점검 및 이상 유무의 확인
　㉡ 관리감독자에게 소속된 근로자의 작업복·보호구 및 방호장치의 점검과 그 착용·사용에 관한 교육·지도
　㉢ 해당 작업에서 발생한 산업재해에 관한 보고 및 이에 대한 응급조치
　㉣ 해당 작업의 작업장 정리·정돈 및 통로 확보에 대한 확인·감독
　㉤ 사업장의 안전관리자·보건관리자 및 안전보건관리담당자·산업보건의의 지도·조언에 대한 협조
　㉥ 위험성평가에 관한 업무에 기인하는 유해·위험요인의 파악 및 개선조치의 시행에 대한 참여
　㉦ 그 밖에 해당 작업의 안전 및 보건에 관한 사항으로서 고용노동부령으로 정하는 사항

(2) 안전보건관리계획 수립(작성) 시 고려사항
① 사업장의 실태에 맞도록 독자적으로 작성하되 실현 가능성이 있도록 한다.
② 직장 단위로 구체적으로 작성한다.
③ 계획의 목표는 점진적으로 높은 수준으로 정한다.
④ 계획의 실시 시 효과를 거둘 수 있도록 계획안에 대해 안전보건관련자의 이해를 구한다.
⑤ PDCA(Plan, Do, Check, Action) 사이클 도입으로 계획에서 실시까지의 개선 및 보완사항이 피드백되도록 작성한다.

6. 안전보건개선계획

(1) 안전보건개선계획서의 제출 `산업안전보건법 시행규칙` 제61조
안전보건개선계획의 수립·시행 명령을 받은 사업주는 안전보건개선계획서를 작성하여 그 명령을 받은 날부터 60일 이내에 관할 지방고용노동관서의 장에게 제출(전자문서로 제출하는 것 포함)하여야 한다.

(2) 안전보건개선계획서에 포함되어야 할 내용 `산업안전보건법 시행규칙` 제61조
① 시설
② 안전보건관리체제
③ 안전보건교육
④ 산업재해예방 및 작업환경의 개선을 위하여 필요한 사항

(3) 안전보건개선계획서의 중점개선 항목
① 시설
② 기계장치
③ 원료·재료
④ 작업방법
⑤ 작업환경

(4) 안전보건개선계획 수립 대상 사업장 `산업안전보건법` 제49조
① 산업재해율이 같은 업종의 규모별 평균 산업재해율보다 높은 사업장
② 사업주가 필요한 안전조치 또는 보건조치를 이행하지 아니하여 중대재해가 발생한 사업장
③ 직업성 질병자가 연간 2명 이상 발생한 사업장
④ 유해인자의 노출기준을 초과한 사업장

(5) 안전보건진단을 받아 안전보건개선계획을 수립할 대상 사업장 `산업안전보건법 시행령` 제49조
① 산업재해율이 같은 업종 평균 산업재해율의 2배 이상인 사업장
② 사업주가 필요한 안전조치 또는 보건조치를 이행하지 아니하여 중대재해가 발생한 사업장
③ 직업성 질병자가 연간 2명 이상(상시근로자 1천 명 이상 사업장의 경우 3명 이상) 발생한 사업장
④ 그 밖에 작업환경 불량, 화재·폭발 또는 누출 사고 등으로 사업장 주변까지 피해가 확산된 사업장으로서 고용노동부령으로 정하는 사업장

7. 유해위험방지계획

(1) 유해위험방지계획서 제출 대상 사업 `산업안전보건법 시행령` `제42조`

다음의 어느 하나에 해당하는 사업으로서 전기 계약용량이 300[kW] 이상인 경우이다.

① 금속가공제품 제조업; 기계 및 가구 제외
② 비금속 광물제품 제조업
③ 기타 기계 및 장비 제조업
④ 자동차 및 트레일러 제조업
⑤ 식료품 제조업
⑥ 고무제품 및 플라스틱제품 제조업
⑦ 목재 및 나무제품 제조업
⑧ 기타 제품 제조업
⑨ 1차 금속 제조업
⑩ 가구 제조업
⑪ 화학물질 및 화학제품 제조업
⑫ 반도체 제조업
⑬ 전자부품 제조업

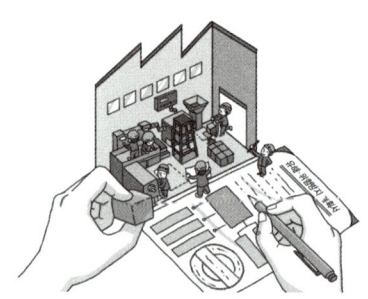

(2) 유해위험방지계획서 제출 대상 기계·기구 및 설비 `산업안전보건법 시행령` `제42조`

① 금속이나 그 밖의 광물의 용해로
② 화학설비
③ 건조설비
④ 가스집합 용접장치
⑤ 근로자의 건강에 상당한 장해를 일으킬 우려가 있는 물질로서 고용노동부령으로 정하는 물질의 밀폐·환기·배기를 위한 설비

(3) 유해위험방지계획서 제출 대상 건설공사 `산업안전보건법 시행령` `제42조`

① 다음의 어느 하나에 해당하는 건축물 또는 시설 등의 건설·개조 또는 해체(이하 "건설 등") 공사
  ㉠ 지상높이가 31[m] 이상인 건축물 또는 인공구조물
  ㉡ 연면적 30,000[m²] 이상인 건축물
  ㉢ 연면적 5,000[m²] 이상인 시설로서 다음의 어느 하나에 해당하는 시설
    • 문화 및 집회시설(전시장 및 동물원·식물원 제외)
    • 판매시설, 운수시설(고속철도의 역사 및 집배송시설 제외)
    • 종교시설
    • 의료시설 중 종합병원
    • 숙박시설 중 관광숙박시설
    • 지하도상가
    • 냉동·냉장 창고시설
② 연면적 5,000[m²] 이상인 냉동·냉장 창고시설의 설비공사 및 단열공사
③ 최대 지간길이가 50[m] 이상인 다리의 건설 등 공사
④ 터널의 건설 등 공사
⑤ 다목적댐, 발전용댐, 저수용량 2천만 톤 이상의 용수 전용 댐 및 지방상수도 전용 댐의 건설 등 공사
⑥ 깊이 10[m] 이상인 굴착공사

(4) 제출서류

① **유해위험방지계획서 제출 대상 사업** 산업안전보건법 시행규칙 제42조

제조업 등 유해위험방지계획서에 다음의 서류를 첨부하여 해당 작업 시작 15일 전까지 한국산업안전보건공단에 2부 제출하여야 한다.
㉠ 건축물 각 층의 평면도
㉡ 기계·설비의 개요를 나타내는 서류
㉢ 기계·설비의 배치도면
㉣ 원재료 및 제품의 취급, 제조 등의 작업방법의 개요
㉤ 그 밖에 고용노동부장관이 정하는 도면 및 서류

② **유해위험방지계획서 제출 대상 기계·기구 및 설비** 산업안전보건법 시행규칙 제42조

제조업 등 유해위험방지계획서에 다음의 서류를 첨부하여 해당 작업 시작 15일 전까지 한국산업안전보건공단에 2부 제출하여야 한다.
㉠ 설치장소의 개요를 나타내는 서류
㉡ 설비의 도면
㉢ 그 밖에 고용노동부장관이 정하는 도면 및 서류

③ **유해위험방지계획서 제출 대상 건설공사** 산업안전보건법 시행규칙 별표 10

건설공사 유해위험방지계획서에 다음의 서류를 첨부하여 해당 공사의 착공 전날까지 한국산업안전보건공단에 2부 제출하여야 한다.
㉠ 공사 개요 및 안전보건관리계획
  • 공사 개요서
  • 공사현장의 주변 현황 및 주변과의 관계를 나타내는 도면(매설물 현황 포함)
  • 전체 공정표
  • 산업안전보건관리비 사용계획서
  • 안전관리 조직표
  • 재해 발생 위험 시 연락 및 대피방법
㉡ 작업 공사 종류별 유해위험방지계획
  • 해당 작업공사 종류별 작업개요 및 재해예방 계획
  • 위험물질의 종류별 사용량과 저장·보관 및 사용 시의 안전작업계획

CHAPTER 02 안전보호구 관리

합격 KEYWORD 보호구의 성능기준, 안전보건표지의 종류, 안전보건표지의 색도기준 및 용도, 기본모형

1 보호구 및 안전장구 관리

1. 보호구의 개요

(1) 보호구의 개요

① 산업재해예방을 위해 작업자 개인이 착용하고 작업하는 것으로서 유해·위험상황에 따라 발생할 수 있는 재해를 예방하고, 그 유해·위험의 영향이나 재해의 정도를 감소시키기 위한 것이다.

② 보호구에 완전히 의존하여 기계·기구 및 설비의 보완이나 작업환경개선을 소홀히 해서는 안 되며, 보호구는 어디까지나 보조수단으로 사용함을 원칙으로 하여야 한다.

③ 보호구 선정 시 유의사항
  ㉠ 사용목적에 적합할 것
  ㉡ 안전인증(자율안전확인신고)을 받고 성능이 보장될 것
  ㉢ 작업에 방해가 되지 않을 것
  ㉣ 착용이 쉽고 크기 등이 사용자에게 편리할 것

(2) 자율안전확인표시

① 안전인증의 표시 `산업안전보건법 시행규칙` 제114조

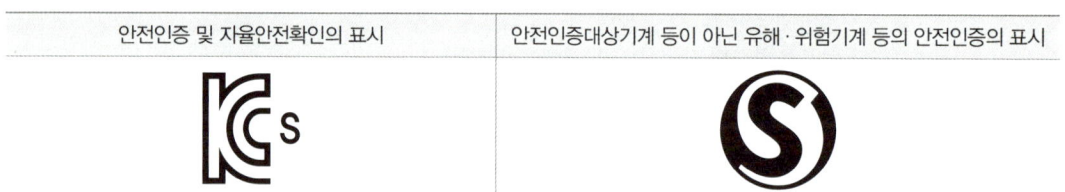

| 안전인증 및 자율안전확인의 표시 | 안전인증대상기계 등이 아닌 유해·위험기계 등의 안전인증의 표시 |

② 자율안전확인 제품표시의 붙임 `보호구 자율안전확인 고시` 제11조
  ㉠ 형식 또는 모델명   ㉡ 규격 또는 등급 등
  ㉢ 제조자명   ㉣ 제조번호 및 제조연월
  ㉤ 자율안전확인 번호

③ 자율안전확인표시의 사용 금지 등 `산업안전보건법` 제91조
  고용노동부장관은 신고된 자율안전확인대상 기계 등의 안전에 관한 성능이 자율안전기준에 맞지 아니하게 된 경우에는 신고한 자에게 6개월 이내의 기간을 정하여 자율안전확인표시의 사용을 금지하거나 자율안전기준에 맞게 시정하도록 명할 수 있다.

2. 보호구별 특성, 성능기준 및 시험방법

(1) 안전화 보호구 안전인증 고시 / 별표 2

① 안전화 각 부분의 명칭

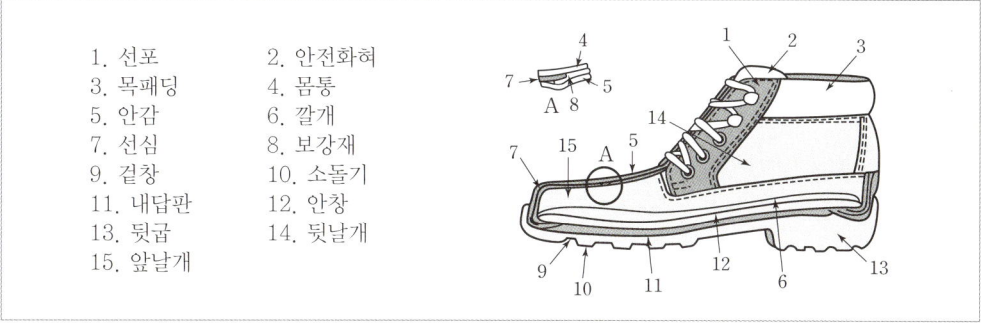

▲ 가죽제안전화 각 부분의 명칭

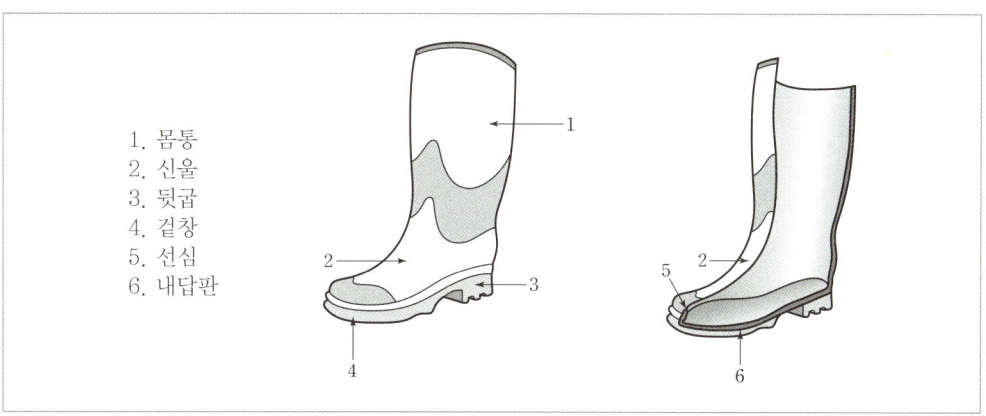

▲ 고무제안전화 각 부분의 명칭

② 안전화의 종류

종류	성능구분
가죽제 안전화	• 물체의 낙하, 충격 또는 날카로운 물체에 의한 찔림 위험으로부터 발을 보호하기 위한 것 • 성능시험: 내부시선, 내유성, 내압박성, 내충격성, 박리저항, 내답발성 시험 등
고무제 안전화	• 물체의 낙하, 충격 또는 날카로운 물체에 의한 찔림 위험으로부터 발을 보호하고 내수성을 겸한 것 • 성능시험: 인장강도, 내유성, 파열강도, 선심 및 내답판의 내부식성, 누출방지 시험
정전기 안전화	물체의 낙하, 충격 또는 날카로운 물체에 의한 찔림 위험으로부터 발을 보호하고 정전기의 인체대전을 방지하기 위한 것
발등 안전화	물체의 낙하, 충격 또는 날카로운 물체에 의한 찔림 위험으로부터 발 및 발등을 보호하기 위한 것
절연화	물체의 낙하, 충격 또는 날카로운 물체에 의한 찔림 위험으로부터 발을 보호하고 저압의 전기에 의한 감전을 방지하기 위한 것
절연장화	고압에 의한 감전을 방지 및 방수를 겸한 것
화학물질용 안전화	물체의 낙하, 충격 또는 날카로운 물체에 의한 찔림 위험으로부터 발을 보호하고 화학물질로부터 유해 위험을 방지하기 위한 것

(2) 안전모

① 안전모의 구조 보호구 안전인증 고시 / 제3조

번호	명칭	
㉠	모체	
㉡	착장체	머리받침끈
㉢		머리고정대
㉣		머리받침고리
㉤	충격흡수재	
㉥	턱끈	
㉦	챙(차양)	

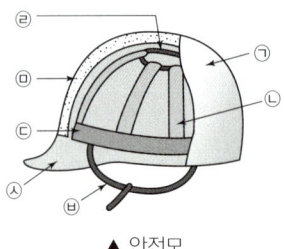
▲ 안전모

② 안전인증대상 안전모의 종류 및 사용구분 보호구 안전인증 고시 / 별표 1

종류(기호)	사용구분	비고
AB	물체의 낙하 또는 비래 및 추락에 의한 위험을 방지 또는 경감시키기 위한 것	
AE	물체의 낙하 또는 비래에 의한 위험을 방지 또는 경감하고, 머리부위 감전에 의한 위험을 방지하기 위한 것	내전압성
ABE	물체의 낙하 또는 비래 및 추락에 의한 위험을 방지 또는 경감하고, 머리부위 감전에 의한 위험을 방지하기 위한 것	내전압성

※ 내전압성이란 7,000[V] 이하의 전압에 견디는 것을 말한다.

③ 안전모의 구비조건 보호구 안전인증 고시 / 별표 1

㉠ 일반구조
- 안전모는 모체, 착장체(머리받침끈, 머리고정대, 머리받침고리) 및 턱끈을 가질 것
- 착장체의 머리고정대는 착용자의 머리부위에 적합하도록 조절할 수 있을 것
- 착장체의 구조는 착용자의 머리에 균등한 힘이 분배되도록 할 것
- 모체, 착장체 등 안전모의 부품은 착용자에게 상해를 줄 수 있는 날카로운 모서리 등이 없을 것
- 턱끈은 사용 중 탈락되지 않도록 확실히 고정되는 구조일 것
- 안전모의 착용높이는 85[mm] 이상이고 외부수직거리는 80[mm] 미만일 것
- 안전모의 내부수직거리는 25[mm] 이상 50[mm] 미만일 것
- 안전모의 수평간격은 5[mm] 이상일 것
- 머리받침끈이 섬유인 경우에는 각각의 폭이 15[mm] 이상이어야 하며, 교차지점 중심으로부터 방사되는 끈 폭의 총합은 72[mm] 이상일 것
- 턱끈의 폭은 10[mm] 이상일 것

㉡ AB종 안전모: ㉠의 조건에 적합하여야 하고 충격흡수재를 가져야 하며, 리벳(Rivet) 등 기타 돌출부가 모체의 표면에서 5[mm] 이상 돌출되지 않아야 한다.

㉢ AE종 안전모: ㉠의 조건에 적합하여야 하고 금속제의 부품을 사용하지 않고, 착장체는 모체의 내외면을 관통하는 구멍을 뚫지 않고 붙일 수 있는 구조로서 모체의 내외면을 관통하는 구멍 핀홀 등이 없어야 한다.

㉣ ABE종 안전모: 상기 ㉠, ㉢의 조건에 적합하여야 하며 충격흡수재를 부착하되, 리벳(Rivet) 등 기타 돌출부가 모체의 표면에서 5[mm] 이상 돌출되지 않아야 한다.

④ 안전인증대상 안전모의 시험성능기준 `보호구 안전인증 고시` `별표 1`

항목	시험성능기준
내관통성	AE, ABE종 안전모는 관통거리가 9.5[mm] 이하이고, AB종 안전모는 관통거리가 11.1[mm] 이하이어야 한다.
충격흡수성	최고전달충격력이 4,450[N]을 초과해서는 안 되며, 모체와 착장체의 기능이 상실되지 않아야 한다.
내전압성	AE, ABE종 안전모는 교류 20[kV]에서 1분간 절연파괴 없이 견뎌야 하고, 이때 누설되는 충전전류는 10[mA] 이하이어야 한다.
내수성	AE, ABE종 안전모는 질량 증가율이 1[%] 미만이어야 한다.
난연성	모체가 불꽃을 내며 5초 이상 연소되지 않아야 한다.
턱끈풀림	150[N] 이상 250[N] 이하에서 턱끈이 풀려야 한다.

(3) **내전압용 절연장갑** `보호구 안전인증 고시` `별표 3`

① 일반구조

　㉠ 절연장갑은 탄성중합체(Elastomer)로 제조하여야 하며 핀홀(Pin Hole), 균열, 기포 등의 물리적인 변형이 없어야 한다.
　㉡ 여러 색상의 층들로 제조된 합성 절연장갑이 마모되는 경우에는 그 아래의 다른 색상의 층이 나타나야 한다.

② 절연장갑의 등급 및 색상

등급	최대사용전압		색상
	교류([V], 실횻값)	직류[V]	
00	500	750	갈색
0	1,000	1,500	빨간색
1	7,500	11,250	흰색
2	17,000	25,500	노란색
3	26,500	39,750	녹색
4	36,000	54,000	등색

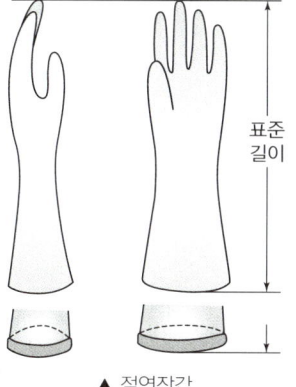
▲ 절연장갑

(4) **방진마스크** `보호구 안전인증 고시` `별표 4`

① 방진마스크의 형태별 구조분류

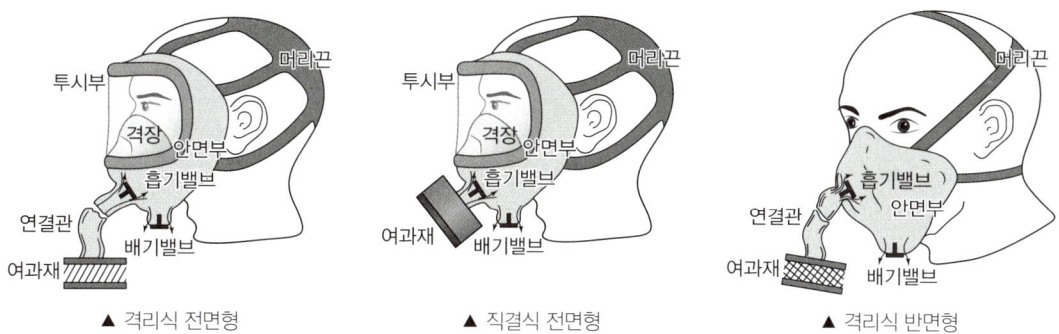

▲ 격리식 전면형　　▲ 직결식 전면형　　▲ 격리식 반면형

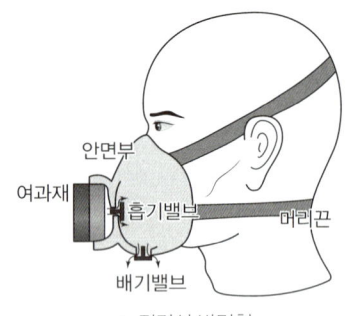
▲ 직결식 반면형

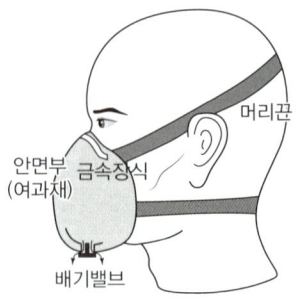
▲ 안면부 여과식

② 방진마스크의 등급 및 사용장소

등급	특급	1급	2급
사용장소	• 베릴륨 등과 같이 독성이 강한 물질들을 함유한 분진 등 발생장소 • 석면 취급장소	• 특급마스크 착용장소를 제외한 분진 등 발생장소 • 금속흄 등과 같이 열적으로 생기는 분진 등 발생장소 • 기계적으로 생기는 분진 등 발생장소(규소 등과 같이 2급 방진마스크를 착용하여도 무방한 경우 제외)	특급 및 1급 마스크 착용장소를 제외한 분진 등 발생장소
	배기밸브가 없는 안면부 여과식 마스크는 특급 및 1급 장소에 사용하여서는 안 됨		

③ 여과재 분진 등 포집효율

형태 및 등급		염화나트륨(NaCl) 및 파라핀 오일(Paraffin oil) 시험[%]
분리식	특급	99.95 이상
	1급	94.0 이상
	2급	80.0 이상
안면부 여과식	특급	99.0 이상
	1급	94.0 이상
	2급	80.0 이상

④ 일반구조
  ㉠ 착용 시 이상한 압박감이나 고통을 주지 않을 것
  ㉡ 전면형은 호흡 시에 투시부가 흐려지지 않을 것
  ㉢ 분리식 마스크에 있어서는 여과재, 흡기밸브, 배기밸브 및 머리끈을 쉽게 교환할 수 있고 착용자 자신이 안면과 분리식 마스크의 안면부와의 밀착성 여부를 수시로 확인할 수 있어야 할 것
  ㉣ 안면부 여과식 마스크는 여과재로 된 안면부가 사용기간 중 심하게 변형되지 않을 것
  ㉤ 안면부 여과식 마스크는 여과재를 안면에 밀착시킬 수 있어야 할 것

⑤ 방진마스크 선정기준(구비조건)
  ㉠ 분진포집효율(여과효율)이 좋을 것
  ㉡ 흡기, 배기저항이 낮을 것
  ㉢ 사용적이 적을 것
  ㉣ 중량이 가벼울 것
  ㉤ 시야가 넓을 것
  ㉥ 안면밀착성이 좋을 것

(5) 방독마스크 [보호구 안전인증 고시] 별표 5

① 방독마스크의 종류

종류	시험가스	정화통 흡수제(정화제)
유기화합물용	시클로헥산(C_6H_{12})	활성탄
	디메틸에테르(CH_3OCH_3)	
	이소부탄(C_4H_{10})	
할로겐용	염소가스 또는 증기(Cl_2)	소다라임, 활성탄
황화수소용	황화수소가스(H_2S)	금속염류, 알칼리제재
시안화수소용	시안화수소가스(HCN)	산화금속, 알칼리제재
아황산용	아황산가스(SO_2)	
암모니아용	암모니아가스(NH_3)	큐프라마이트

② 방독마스크의 형태 및 구조

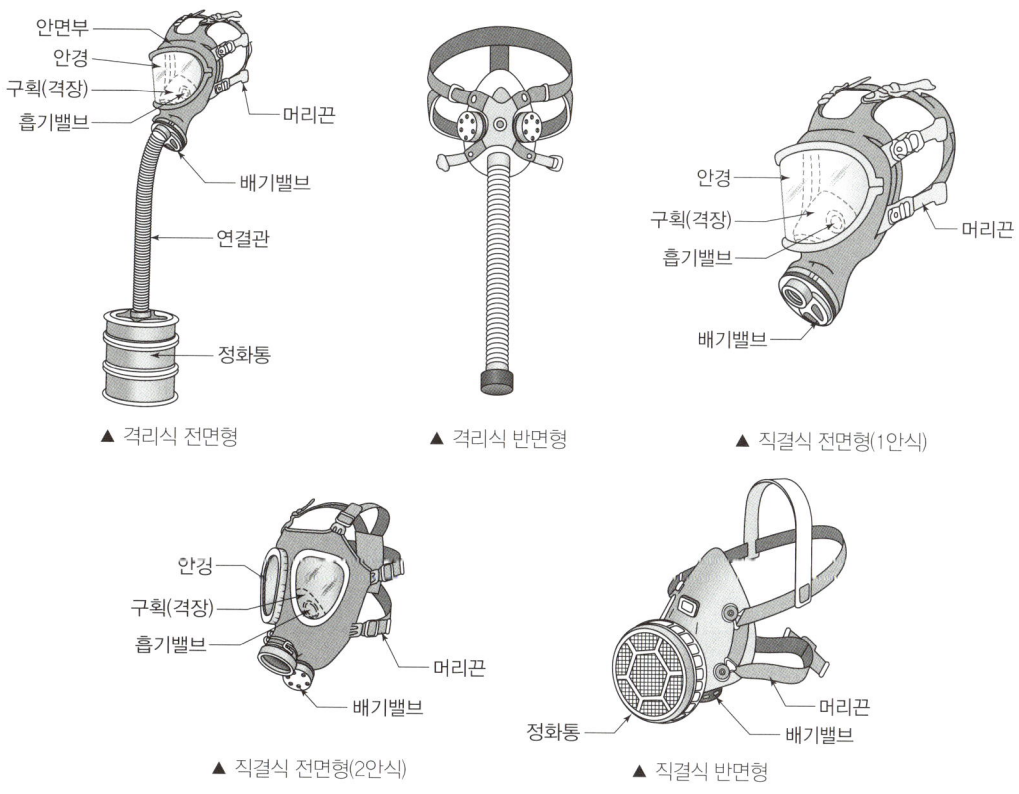

▲ 격리식 전면형　　▲ 격리식 반면형　　▲ 직결식 전면형(1안식)

▲ 직결식 전면형(2안식)　　▲ 직결식 반면형

③ 방독마스크의 등급

등급	사용장소
고농도	가스 또는 증기의 농도가 $\frac{2}{100}$(암모니아에 있어서는 $\frac{3}{100}$) 이하의 대기 중에서 사용하는 것
중농도	가스 또는 증기의 농도가 $\frac{1}{100}$(암모니아에 있어서는 $\frac{1.5}{100}$) 이하의 대기 중에서 사용하는 것
저농도 및 최저농도	가스 또는 증기의 농도가 $\frac{0.1}{100}$ 이하의 대기 중에서 사용하는 것으로서 긴급용이 아닌 것

※ 방독마스크는 산소농도가 18[%] 이상인 장소에서 사용하여야 하고, 고농도와 중농도에서 사용하는 방독마스크는 전면형(격리식, 직결식)을 사용하여야 한다.

④ 정화통 외부 측면의 표시색

종류	표시색
유기화합물용 정화통	갈색
할로겐용 정화통	회색
황화수소용 정화통	
시안화수소용 정화통	
아황산용 정화통	노란색
암모니아용 정화통	녹색
복합용 및 겸용의 정화통	• 복합용: 해당가스 모두 표시(2층 분리) • 겸용: 백색과 해당가스 모두 표시(2층 분리)

(6) 송기마스크의 종류 및 등급 보호구 안전인증 고시 / 별표 6

종류	등급		구분
호스 마스크	폐력흡인형		안면부
	송풍기형	전동	안면부, 페이스실드, 후드
		수동	안면부
에어라인마스크	일정유량형		안면부, 페이스실드, 후드
	디맨드형		안면부
	압력디맨드형		안면부
복합식 에어라인마스크	디맨드형		안면부
	압력디맨드형		안면부

(7) 안전대 보호구 안전인증 고시 / 별표 9

① 안전대의 종류 및 부품

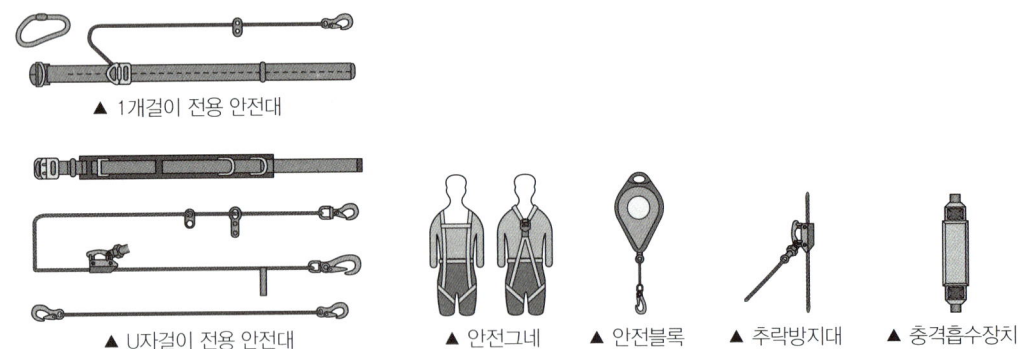

▲ 1개걸이 전용 안전대
▲ U자걸이 전용 안전대
▲ 안전그네
▲ 안전블록
▲ 추락방지대
▲ 충격흡수장치

② 안전대 부품의 재료

부품	재료
벨트, 안전그네, 지탱벨트	나일론, 폴리에스테르 및 비닐론 등의 합성섬유
죔줄, 보조죔줄, 수직구명줄 및 D링 등 부착부분의 봉합사	합성섬유(로프, 웨빙 등) 및 스틸(와이어로프 등)
링류(D링, 각링, 8자형링)	KS D 3503(일반구조용 압연강재)에 규정한 SS400 또는 이와 동등 이상의 재료

훅 및 카라비너	KS D 3503(일반구조용 압연강재)에 규정한 SS400 또는 KS D 6763(알루미늄 및 알루미늄합금봉 및 선)에 규정하는 A2017BE-T4 또는 이와 동등 이상의 재료
버클, 신축조절기, 추락방지대 및 안전블록	KS D 3512(냉간 압연강판 및 강대)에 규정하는 SCP1 또는 이와 동등 이상의 재료
신축조절기 및 추락방지대의 누름금속	KS D 3503(일반구조용 압연강재)에 규정한 SS400 또는 KS D 6759(알루미늄 및 알루미늄합금 압출형재)에 규정하는 A2014-T6 또는 이와 동등 이상의 재료
훅, 신축조절기의 스프링	KS D 3509에 규정한 스프링용 스테인리스강선 또는 이와 동등 이상의 재료

⑻ **차광보안경의 종류** `보호구 안전인증 고시` `별표 10`

종류	사용구분
자외선용	자외선이 발생하는 장소
적외선용	적외선이 발생하는 장소
복합용	자외선 및 적외선이 발생하는 장소
용접용	산소용접작업 등과 같이 자외선, 적외선 및 강렬한 가시광선이 발생하는 장소

⑼ **용접용 보안면의 형태** `보호구 안전인증 고시` `별표 11`

형태	구조
헬멧형	안전모나 착용자의 머리에 지지대나 헤드밴드 등을 이용하여 적정위치에 고정, 사용하는 형태(자동용접필터형, 일반용접필터형)
핸드실드형	손에 들고 이용하는 보안면으로 적절한 필터를 장착하여 눈 및 안면을 보호하는 형태

⑽ **방음용 귀마개 또는 귀덮개** `보호구 안전인증 고시` `별표 12`

① 방음용 귀마개 또는 귀덮개의 종류·등급

종류	등급	기호	성능	비고
귀마개	1종	EP-1	저음부터 고음까지 차음하는 것	귀마개의 경우 재사용 여부를 제조특성으로 표기
	2종	EP-2	주로 고음을 차음하고 저음(회화음영역)은 차음하지 않는 것	
귀덮개	—	EM		

▲ 폼타입 귀마개의 종류　　▲ 재사용 귀마개의 종류　　▲ 귀덮개의 종류

② 방음용 귀마개의 일반구조

㉠ 귀마개는 사용수명 동안 피부자극, 피부질환, 알레르기 반응 혹은 그 밖에 다른 건강상의 부작용을 일으키지 않을 것
㉡ 귀마개 사용 중 재료에 변형이 생기지 않을 것
㉢ 귀마개를 착용할 때 귀마개의 모든 부분이 착용자에게 물리적인 손상을 유발시키지 않을 것
㉣ 귀마개를 착용할 때 밖으로 돌출되는 부분이 외부의 접촉에 의하여 귀에 손상이 발생하지 않을 것
㉤ 귀(외이도)에 잘 맞을 것
㉥ 사용 중 심한 불쾌함이 없을 것
㉦ 사용 중에 쉽게 빠지지 않을 것

2 안전보건표지의 종류·용도 및 적용

1. 안전보건표지의 종류

(1) 종류별 색채 산업안전보건법 시행규칙 별표 7

① 금지표지
  ㉠ 위험한 행동을 금지하는 데 사용되며 8개 종류가 있다.
  ㉡ 바탕은 흰색, 기본모형은 빨간색, 관련 부호 및 그림은 검은색이다.

② 경고표지
  ㉠ 직접 위험한 것 및 장소 또는 상태에 대한 경고로서 사용되며 15개 종류가 있다.
  ㉡ 바탕은 노란색, 기본모형, 관련 부호 및 그림은 검은색이다.
  ㉢ 다만, 인화성물질 경고, 산화성물질 경고, 폭발성물질 경고, 급성독성물질 경고, 부식성물질 경고 및 발암성·변이원성·생식독성·전신독성·호흡기과민성물질 경고의 경우 바탕은 무색, 기본모형은 빨간색(검은색도 가능)이다.

③ 지시표지
  ㉠ 작업에 관한 지시, 즉 안전·보건 보호구의 착용에 사용되며 9개 종류가 있다.
  ㉡ 바탕은 파란색, 관련 그림은 흰색이다.

④ 안내표지
  ㉠ 구명, 구호, 피난의 방향 등을 분명히 하는 데 사용되며 8개 종류가 있다.
  ㉡ 바탕은 흰색, 기본모형 및 관련 부호는 녹색, 바탕은 녹색, 관련 부호 및 그림은 흰색이다.

⑤ 출입금지표지
  ㉠ 물질의 취급 및 해체·제거 작업공간에 대한 출입을 금지하는 데 사용되며 3개 종류가 있다.
  ㉡ 글자는 흰색 바탕에 흑색이고, 'ㅇㅇㅇ제조/사용/보관 중', '석면 취급/해체 중', '발암물질 취급 중' 글자는 적색이다.

(2) 종류와 형태 산업안전보건법 시행규칙 별표 6

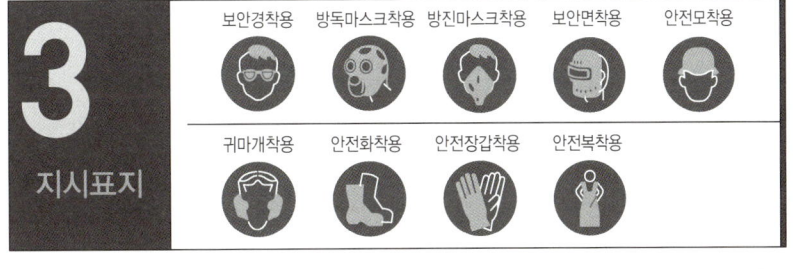

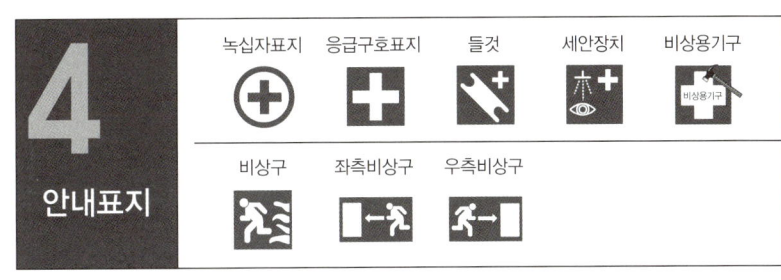

2. 안전보건표지의 설치 `산업안전보건법 시행규칙` 제39조

(1) 근로자가 쉽게 알아볼 수 있는 장소·시설 또는 물체에 설치하거나 부착하여야 한다.
(2) 흔들리거나 쉽게 파손되지 아니하도록 견고하게 설치하거나 부착하여야 한다.
(3) 설치하거나 부착하는 것이 곤란한 경우에는 해당 물체에 직접 도색할 수 있다.

3. 안전보건표지의 제작 `산업안전보건법 시행규칙` 제40조

(1) 표시내용을 근로자가 빠르고 쉽게 알아볼 수 있는 크기로 제작하여야 한다.
(2) 표지 속의 그림 또는 부호의 크기는 안전보건표지의 크기와 비례하여야 하며, 안전보건표지 전체 규격의 30[%] 이상이 되어야 한다.
(3) 쉽게 파손되거나 변형되지 않는 재료로 제작하여야 한다.
(4) 야간에 필요한 안전보건표지는 야광물질을 사용하는 등 쉽게 알아볼 수 있도록 제작하여야 한다.

3 안전보건표지의 색도기준 및 용도, 기본모형

1. 안전보건표지의 색도기준 및 용도 산업안전보건법 시행규칙 별표 8

색채	색도기준	용도	사용 예
빨간색	7.5R 4/14	금지	정지신호, 소화설비 및 그 장소, 유해행위의 금지
		경고	화학물질 취급장소에서의 유해·위험경고
노란색	5Y 8.5/12	경고	화학물질 취급장소에서의 유해·위험경고 이외의 위험경고, 주의표지 또는 기계방호물
파란색	2.5PB 4/10	지시	특정 행위의 지시 및 사실의 고지
녹색	2.5G 4/10	안내	비상구 및 피난소, 사람 또는 차량의 통행표지
흰색	N9.5		파란색 또는 녹색에 대한 보조색
검은색	N0.5		문자 및 빨간색 또는 노란색에 대한 보조색

2. 안전보건표지의 기본모형 산업안전보건법 시행규칙 별표 9

번호	기본모형	규격비율	표시사항
1	(원에 사선)	$d \geq 0.025L$ $d_1 = 0.8d$ $0.7d < d_2 < 0.8d$ $d_3 = 0.1d$	금지
2	(삼각형)	$a \geq 0.034L$ $a_1 = 0.8a$ $0.7a < a_2 < 0.8a$	경고
2	(마름모)	$a \geq 0.025L$ $a_1 = 0.8a$ $0.7a < a_2 < 0.8a$	
3	(원)	$d \geq 0.025L$ $d_1 = 0.8d$	지시
4	(사각형)	$b \geq 0.0224L$ $b_2 = 0.8b$	안내

5	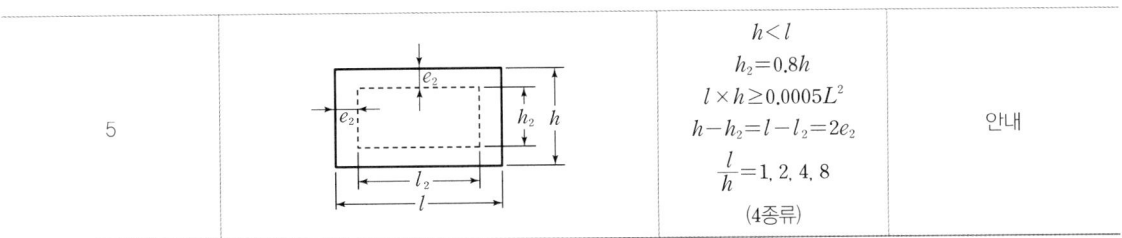	$h<l$ $h_2=0.8h$ $l \times h \geq 0.0005L^2$ $h-h_2=l-l_2=2e_2$ $\dfrac{l}{h}=1, 2, 4, 8$ (4종류)	안내

※ 1. L은 안전보건표지를 인식할 수 있거나 인식하여야 할 안전거리를 말한다.(L과 a, b, d, e, h, l은 같은 단위로 계산하여야 한다.)
 2. 점선 안쪽에는 표시사항과 관련된 부호 또는 그림을 그린다.

CHAPTER 03 산업안전심리

합격 KEYWORD 심리검사의 특성, 불안과 스트레스, 직무분석 방법, 적성배치, 불안전행동, 산업안전심리의 요소, 착오의 원인, 착시, 착각현상, 유도운동

1 산업심리와 심리검사

1. 심리검사의 종류

(1) **운동능력검사(Motor Ability Test)**
① 추적(Tracing): 아주 작은 통로에 선을 그리는 것
② 두드리기(Tapping): 가능한 빨리 점을 찍는 것
③ 점찍기(Dotting): 원 속에 점을 빨리 찍는 것
④ 복사(Copying): 간단한 모양을 베끼는 것
⑤ 위치(Location): 일정한 점들을 이어 크거나 작게 변형하는 것
⑥ 블록(Blocks): 그림의 블록 개수를 세는 것
⑦ 추적(Pursuit): 미로 속의 선을 따라가는 것

(2) **창조성검사**(상상력을 발동시켜 창조성 개발능력을 점검하는 검사)

(3) **정밀도검사**(정확성 및 기민성)
① 교환검사   ② 회전검사   ③ 조립검사   ④ 분해검사

(4) **계산에 의한 검사**
① 계산검사   ② 기록검사   ③ 수학응용검사

(5) **시각적 판단검사**
① 형태비교검사   ② 입체도판단검사   ③ 언어식별검사
④ 평면도판단검사   ⑤ 명칭판단검사   ⑥ 공구판단검사

(6) **안전검사**
① 건강진단   ② 실시시험   ③ 학과시험
④ 감각기능검사   ⑤ 전직조사 및 면접

2. 심리학적 요인

(1) **심리검사의 특성**
① 신뢰성: 한 집단에 대한 검사응답의 일관성을 말하는 신뢰도를 갖추어야 한다. 검사를 동일한 사람에게 실시했을 때 '검사조건이나 시기에 관계없이 점수들이 얼마나 일관성이 있는가, 비슷한 것을 측정하는 검사점수와 얼마나 일관성이 있는가' 하는 것 등이다.
② 객관성: 채점이 객관적인 것을 의미한다.

③ **표준화**: 검사의 관리를 위한 조건, 절차의 일관성과 통일성에 대한 심리검사의 표준화가 마련되어야 한다. 검사의 재료, 검사받는 시간, 피검사자에게 주어지는 지시, 피검사자의 질문에 대한 검사자의 처리, 검사 장소 및 분위기까지도 모두 통일되어 있어야 한다.
④ **타당성**: 특정한 시기에 모든 근로자를 검사하고, 그 검사 점수와 근로자의 직무평정 척도를 상호 연관시키는 예언적 타당성을 갖추어야 한다.
⑤ **실용성**: 실시가 쉬운 검사이다.

(2) **내용별 심리검사 분류**
① 인지적 검사(능력검사)
  ㉠ 지능검사: 한국판 웩슬러 성인용 지능검사(K-WAIS), 한국판 웩슬러 지능검사(K-WIS)
  ㉡ 적성검사: GATB 일반적성검사, 기타 다양한 특수적성검사
  ㉢ 성취도 검사: 토익, 토플 등의 시험
② 정서적 검사(성격검사)
  ㉠ 성격검사: 직업선호도 검사 중 성격검사(BIG FIVE), 다면적 인성검사(MMPI), 캘리포니아 성격검사(CPI), 성격유형검사(MBTI), 이화방어기제검사(EDMT)
  ㉡ 흥미검사: 직업선호도 검사 중 흥미검사
  ㉢ 태도검사: 구직욕구검사, 직무만족도검사 등

3. 지각과 정서

(1) **지각과 정서의 정의**
① 지각(Perception, 知覺): 지각의 사전적인 의미는 '사물의 이치를 알아서 깨닫는 능력'을 말한다. 이것을 좀 더 구체적으로 말하자면 '사람이 오관을 통하여 외부의 사람, 사물, 사건에 대한 정보를 선택하고 해석하며 판단하는 과정'을 지각이라고 할 수 있다. 이 지각이라는 것은 심히 개인적이고 주관적이며 심리적인 요소가 큰 영향을 미치는 과정이다.
② 정서(Emotion, 情緒): 정서란 생리적 각성, 표현적 행동, 그리고 사고와 감정을 포함한 의식적 경험의 혼합체이다. 정서는 우리의 생존을 증진시키기 위해 존재하는 것으로, 인간 내부에서 진행되는 일시적인 혹은 장기적인 느낌이나 감정을 의미한다. 머리 부분의 활동을 인지라고 한다면, 정서는 가슴 부분의 활동이라 할 수 있다. 즉, 기쁨, 분노, 두려움과 같은 것은 물론, 두뇌 없이 시행될 수는 없지만 주로 생리적인 반응과 직결되어 있어 가슴이나 피부로 경험하기 때문에 머리에서만 진행되는 인지활동과 대비해 볼 수 있다.

(2) **지각의 과정**
① 현상의 입력/투입: 이 단계는 사람이 지닌 감각기관을 통해 접수하게 되는 여러 가지 정보를 모으는 것을 뜻한다. 어떠한 사람이나 물건, 이야기, 사건 등에 대한 외부로부터의 정보를 얻는 과정이다.
② 지각 메커니즘: 앞 단계에서 자신에게 감각을 통해 입력된 여러 가지 정보를 자신의 입장에서 나름대로의 의미를 부여하며 정보마다의 의미를 규합하여 조직하고 해석하는 과정이다.
③ 지각에 영향을 미치는 요인들: 지각에 영향을 미치는 요인에는 크게 외적인 것과 내적인 것 두 가지가 있다. 외적 요인은 지각 대상의 특성에 관련된 요인이다. 예를 들어 대상의 크기, 가격, 형태, 색, 냄새, 동작 등을 들 수 있다. 내적요인은 지각의 주체 내면에 존재하는 요인들이다. 예를 들어 컨디션, 성격, 과거의 경험, 욕구 등을 들 수 있다. 이런 요인들이 복합적으로 작용하여 지각의 과정에 영향을 미친다.
④ 지각산출: 지각 메커니즘은 여러 가지 지각에 영향을 미치는 요소들의 작용을 거쳐 현재 직면한 사물이나, 사람, 상황에 상응하는 태도와 의견, 감정을 산출하게 된다. 이 지각산출은 지각자의 반응으로서 일어날 행동과 미래에 일어날 다음 단계의 지각 투입 과정에 영향을 미치게 된다.

⑤ **행동**: 지각의 산출결과 일정한 태도, 견해, 감정 등에 따라 상황에 맞추어 반응을 내보이게 된다. 이렇게 행해지는 행동 또한 지각 결정의 요인이 되어 다음 지각 과정과 그 결과에 영향을 미치게 된다.

4. 동기·좌절·갈등

(1) 동기
① **의미**: 유기체로 하여금 어떤 행동의 준비 또는 일련의 행동을 지속시키도록 하는 유기체의 내적, 외적 조건들을 지칭한다.
② **유형**: 생리적 동기, 심리적 동기, 내재적 동기, 외재적 동기

(2) 좌절
① **의미**: 동기 혹은 목표의 성취나 욕구의 충족이 이루어지지 못한 결과로 생기는 주관적 경험이다.
② 좌절의 요인: 행동과정의 지연, 자원의 결핍, 상실, 실패, 인생에 대한 무의미감

(3) 갈등
① **의미**: 개인의 정서나 동기가 다른 정서나 동기와 모순되어 그 표현이 저지되는 현상을 말한다.
② **사례**
  ㉠ 두 개의 플러스의 유의성(誘意性; 끌어당기는 힘)이 거의 같은 세기로 동시에 반대방향으로 작용하는 경우, 즉 다 같이 매력 있는 목표가 있는데 어느 쪽을 택하면 좋을지 결정하지 못하는 경우를 말한다.
  ㉡ 두 개의 마이너스의 유의성이 거의 같은 세기로 동시에 작용하는 경우이다.
  ㉢ 플러스의 유의성이 동시에 마이너스의 유의성을 수반하는 경우이다.

5. 불안과 스트레스

(1) 스트레스의 정의
스트레스란 적응하기 어려운 환경에 처할 때 느끼는 심리적·신체적 긴장 상태로 직무몰입과 생산성 감소의 직접적인 원인이 된다. 직무특성 스트레스 요인은 작업속도, 근무시간, 업무의 반복성 등이 있다.

(2) 스트레스의 자극요인
① **내적요인**: 자존심의 손상, 업무상의 죄책감, 현실에서의 부적응
② **외적요인**: 대인관계의 갈등과 대립, 가족의 죽음·질병, 경제적 어려움

(3) 스트레스 해소법
① 자기 자신을 돌아보는 반성의 기회를 가끔씩 가진다.
② 주변 사람과의 대화를 통해서 해결책을 모색한다.
③ 스트레스는 가급적 빨리 푼다.
④ 출세에 조급한 마음을 가지지 않는다.

2 직업적성과 배치

1. 직업적성의 분류

(1) **기계적 적성(기계 작업에 성공하기 쉬운 특성)**
① 손과 팔의 솜씨: 신속하고 정확한 능력
② 공간 시각화: 형상, 크기의 판단능력
③ 기계적 이해: 공간지각능력, 지각속도, 경험, 기술적 지식 등 복합적 인자가 합쳐져 만들어진 적성

(2) **사무적 적성**
① 지능 ② 지각속도 ③ 정확성

(3) **작업자 적성의 요인**
① 직업적성 ② 지능 ③ 흥미 ④ 인간성

(4) **적성배치 시 작업자의 특성**
① 지적 능력 ② 성격 ③ 기능 ④ 업무수행력
⑤ 연령적 특성 ⑥ 신체적 특성 ⑦ 태도 ⑧ 업무경력

(5) **직업적성 검사**
① 지능 ② 형태식별능력 ③ 운동속도

2. 적성검사의 종류

(1) 시각적 판단검사
(2) 정확도 및 기민성 검사(정밀성 검사)
(3) 계산에 의한 검사
(4) 속도에 의한 검사

3. 직무분석 및 직무평가(직무분석 방법)

(1) 면접법
(2) 설문지법
(3) 직접관찰법
(4) 일지작성법
(5) 결정사건기법

4. 선발 및 배치

(1) **적성배치의 효과**
① 근로의욕 고취
② 재해의 예방
③ 근로자 자신의 자아실현
④ 생산성 및 능률 향상

(2) **적성배치에 있어서 고려되어야 할 기본사항**
① 적성검사를 실시하여 개인의 능력을 파악한다.
② 직무평가를 통하여 자격수준을 정한다.
③ 객관적인 감정 요소에 따른다.
④ 인사관리의 기준원칙을 고수한다.

5. 인사관리의 기초

(1) 조직과 리더십(Leadership)
(2) 선발(적성검사 및 시험)
(3) 배치
(4) 작업분석과 업무평가
(5) 상담 및 노사 간의 이해

3 인간의 특성과 안전과의 관계

1. 안전사고요인

(1) **생리적 요소**
　① 극도의 피로
　② 시력 및 청각기능의 이상
　③ 근육운동의 부적합
　④ 생리 및 신경계통의 이상

(2) **정신적 요소**
　① 안전의식 부족
　② 주의력 부족
　③ 방심, 공상
　④ 판단력 부족

(3) **불안전행동**
　① **직접적인 원인**: 지식의 부족, 기능 미숙, 태도불량, 인간에러 등
　② **간접적인 원인**
　　㉠ 망각: 학습된 행동이 지속되지 않고 소멸되는 것으로 기억된 내용의 망각은 시간의 경과에 비례하여 급격히 이루어진다.
　　㉡ 의식의 우회: 공상, 회상 등이 있다.
　　㉢ 생략행위: 정해진 순서를 빠뜨리는 것이다.
　　㉣ 억측판단: 자기 멋대로 하는 주관적인 판단 후 행동에 옮기는 것이다.
　　㉤ 4M 요인: 인간(Man), 설비(Machine), 작업환경(Media), 관리(Management)

(4) **억측판단이 발생하는 배경**
　① 희망적 관측: '그때도 그랬으니까 괜찮겠지'하는 관측이다.
　② **불확실한 정보나 지식**: 위험에 대한 정보의 불확실 및 지식의 부족이다.
　③ 과거의 성공한 경험: 과거에 그 행위로 성공한 경험의 선입관이다.
　④ 초조한 심정: 일을 빨리 끝내고 싶은 초조한 심정이다.

2. 산업안전심리의 요소

(1) **동기(Motive)**
　능동적인 감각에 의한 자극에서 일어나는 사고의 결과로서 사람의 마음을 움직이는 원동력이다.

(2) **기질(Temper)**
　인간의 성격, 능력 등 개인적인 특성을 말하는 것으로 생활환경에 영향을 받는다.

(3) **감정(Emotion)**
　희로애락의 의식으로 외부 자극이나 내적 사건에 대한 주관적인 느낌이나 반응이다.

(4) 습성(Habits)

동기, 기질, 감정 등이 밀접한 관계를 형성하여 인간의 행동에 영향을 미칠 수 있도록 하는 것이다.

(5) 습관(Custom)

자신도 모르게 습관화된 현상을 말하며 습관에 영향을 미치는 요소는 동기, 기질, 감정, 습성이다.

3. 착상심리

인간 판단의 과오로 사람의 생각이 항상 건전하고 올바르다고 볼 수는 없다.

4. 착오

(1) **착오의 종류**
   ① 위치착오
   ② 순서착오
   ③ 패턴의 착오
   ④ 기억의 착오
   ⑤ 형(모양)의 착오

(2) **착오의 원인**
   ① 인지과정 착오의 요인
      ㉠ 생리·심리적 능력한계
      ㉡ 감각차단현상
      ㉢ 정보량(정보 수용능력)의 한계
      ㉣ 정서불안정
   ② 판단과정 착오의 요인
      ㉠ 자기합리화
      ㉡ 작업조건불량
      ㉢ 정보부족
      ㉣ 능력부족
      ㉤ 과신(자신 과잉)
   ③ 조치과정 착오의 요인
      ㉠ 기능 미숙
      ㉡ 작업경험 부족
      ㉢ 피로

5. 착시

물체의 물리적인 구조가 인간의 감각기관인 시각을 통해 인지한 구조와 일치되지 않게 보이는 현상이다.

학설	그림	현상
Müller-Lyer의 착시	(a) (b)	(a)가 (b)보다 길게 보이지만 실제로는 (a)=(b)이다.
Köhler의 착시(윤곽착오)		우선 평형의 호를 본 후 즉시 직선을 본 경우에 직선은 호의 반대방향으로 굽어보인다.
Hering의 착시	(a) (b)	(a)는 양단이 벌어져 보이고, (b)는 중앙이 벌어져 보인다.

Orbison의 착시		안쪽 원이 찌그러져 보인다.
Sander의 착시		두 점선의 길이가 다르게 보인다.
Zöllner의 착시		세로의 선이 굽어 보인다.
Ponzo의 착시		두 수평선의 길이가 다르게 보인다.
Helmholtz의 착시	(a) (b)	(a)는 세로로 길어 보이고, (b)는 가로로 길어 보인다.
Poggendorff의 착시	(a) (c) (b)	(a)와 (c)가 일직선으로 보이지만 실제로는 (a)와 (b)가 일직선이다.

6. 착각현상

착각은 물리현상을 왜곡하는 지각현상을 말한다.

(1) 자동운동
① 암실 내에서 정지된 작은 빛을 응시하고 있으면 그 빛이 움직이는 것을 볼 수 있는데 이것을 자동운동이라 한다.
② 자동운동이 생기기 쉬운 조건
  ㉠ 광점이 작을 것
  ㉡ 시야의 다른 부분이 어두울 것
  ㉢ 광의 강도가 작을 것
  ㉣ 대상이 단순할 것

(2) 유도운동
실제로 움직이지 않는 것이 어느 기준의 이동에 유도되어 움직이는 것처럼 느껴지는 현상을 말한다.

(3) 가현운동(β 운동)
객관적으로 정지하고 있는 대상물이 급속히 나타나든가 소멸하는 것으로 인하여 일어나는 운동으로 마치 대상이 운동하는 것처럼 인식되는 현상을 말한다.(영화·영상의 방법)

CHAPTER 04 인간의 행동과학

합격 KEYWORD 호손의 실험, 인간의 의식 Level의 단계별 신뢰성, 인간관계 메커니즘, 레윈의 법칙, 매슬로우의 욕구위계이론, 맥그리거의 X 이론과 Y 이론, 허즈버그의 2요인 이론, 알더퍼의 ERG 이론, 부주의, 관리 그리드, 생체리듬

■ 조직과 인간행동

1. 인간관계

(1) 호손(Hawthorne)의 실험
① 미국 호손공장에서 실시된 실험으로 종업원의 인간성을 과학적으로 연구한 실험이다.
② 물리적인 조건(조명, 휴식시간, 근로시간 단축, 임금 등)이 생산성에 영향을 주는 것이 아니라 인간관계가 절대적인 요소로 작용함을 강조한다.

(2) 소시오메트리(Sociometry)
① 사회 측정법으로 집단에 있어 각 구성원 사이의 견인과 배척관계를 조사하여 어떤 개인의 집단 내에서의 관계나 위치를 발견하고 평가하는 방법으로 집단의 인간관계(선호도)를 조사하는 방법이다.
② 소시오그램(교우도식): 소시오메트리를 복잡한 도면(상호 간의 관계를 선으로 연결)으로 나타내는 것이다.

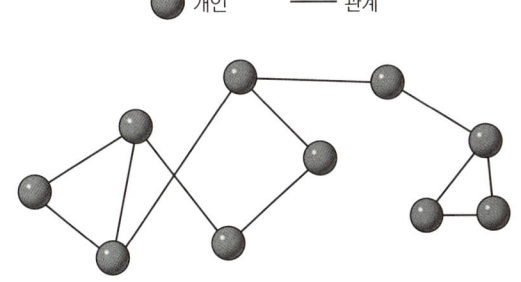

(3) 인간관계 관리방식
① 종업원의 경영참여 기회 제공 및 자율적인 협력체계를 형성한다.
② 종업원의 윤리경영의식 함양 및 동기를 부여한다.

2. 사회행동의 기초

(1) 적응의 개념
적응이란 개인의 심리적 요인과 환경적 요인이 작용하여 조화를 이룬 상태이다. 일반적으로 유기체가 장애를 극복하고 욕구를 충족하기 위해 변화시키는 활동뿐만 아니라 신체적·사회적 환경과 조화로운 관계를 수립하는 것이다.

(2) 부적응
사람들은 누구나 자기의 행동이나 욕구, 감정, 사상 등이 사회의 요구·규범·질서에 비추어 용납되지 않을 때는 긴장, 스트레스, 압박, 갈등이 일어나며 이로 인해 대인관계나 사회생활에 조화를 잘 이루지 못하는 행동이나 상태를 부적응 또는 부적응 상태라 이른다.

① 부적응의 현상: 능률저하, 사고, 불만 등
② 부적응의 원인
　㉠ 신체 장애: 감각기관 장애, 지체부자유, 허약, 언어 장애, 기타 신체상의 장애
　㉡ 정신적 결함: 지적 우수, 지적 지체, 정신이상, 성격 결함 등
　㉢ 가정·사회 환경의 결함: 가정환경 결함, 사회·경제적·정치적 조건의 혼란과 불안정 등

(3) 인간의 의식 Level의 단계별 신뢰성

단계	의식의 상태	신뢰성	의식의 작용	생리적 상태
Phase 0	무의식, 실신	0	없음	수면, 뇌발작
Phase I	의식의 둔화	0.9 이하	부주의	피로, 단조로움, 졸음, 술취함
Phase II	이완 상태	0.99~0.99999	마음이 안쪽으로 향함 (Passive)	안정기거, 휴식 시, 정례작업 시
Phase III	명료한 상태	0.99999 이상	전향적(Active)	적극활동 시
Phase IV	과긴장 상태	0.9 이하	한점에 집중, 판단 정지	당황, 패닉

3. 인간관계 메커니즘

(1) **동일화**(Identification)
다른 사람의 행동양식이나 태도를 투입시키거나 다른 사람 가운데서 자기와 비슷한 점을 발견하는 것이다.

(2) **투사**(Projection)
자기 속의 억압된 것을 다른 사람의 것으로 생각하는 것이다.

(3) **커뮤니케이션**(Communication)
갖가지 행동양식이나 기호를 매개로 하여 어떤 사람으로부터 다른 사람에게 전달하는 과정이다.

(4) **모방**(Imitation)
남의 행동이나 판단을 표본으로 하여 그것과 같거나 또는 그것에 가까운 행동 또는 판단을 취하려는 것이다.

(5) **암시**(Suggestion)
다른 사람으로부터의 판단이나 행동을 무비판적으로 논리적, 사실적 근거 없이 받아들이는 것이다.

4. 집단행동

(1) **통제가 있는 집단행동**(규칙이나 규율이 존재함)
① 관습: 풍습(Folkways), 예의(Ritual), 금기(Taboo) 등으로 나누어진다.
② 제도적 행동(Institutional Behavior): 합리적으로 성원의 행동을 통제하고 표준화함으로써 집단의 안정을 유지하려는 것이다.
③ 유행(Fashion): 공통적인 행동양식이나 태도 등을 말한다.

(2) **통제가 없는 집단행동**(성원의 감정, 정서에 의해 좌우되고 연속성이 희박함)
① 군중(Crowd): 성원 사이에 지위나 역할의 분화가 없고 성원 각자는 책임감을 가지지 않으며 비판력도 가지지 않는다.
② 모브(Mob): 폭동과 같은 것을 말하며 군중보다 합의성이 없고 감정에 의해 행동하는 것이다.

③ 패닉(Panic): 모브가 공격적인데 반해 패닉은 방어적인 특징이 있다.
④ 심리적 전염(Mental Epidemic): 어떤 사상이 상당 기간에 걸쳐 광범위하게 논리적 근거 없이 무비판적으로 받아들여지는 것이다.

5. 인간의 일반적인 행동특성

(1) 레윈(Lewin.K)의 법칙
레윈은 인간의 행동(B)은 그 사람이 가진 자질 즉, 개체(P)와 환경(E)과의 상호함수관계에 있다고 하였다.

$$B = f(P \cdot E)$$
여기서, B: Behavior(인간의 행동)
f: function(함수관계)
P: Person(개체: 연령, 경험, 심신상태, 성격, 지능 등)
E: Environment(환경: 인간관계, 작업조건, 감독, 직무의 안정 등)

(2) 안전수단을 생략(단락)하는 경우 3가지
① 의식과잉이 있는 경우
② 피로하거나 과로한 경우
③ 조명, 소음 등 주변 환경의 영향이 있는 경우

6. 사회행동의 기본형태
(1) 협력(Cooperation) → 조력, 분업
(2) 대립(Opposition) → 공격, 경쟁
(3) 도피(Escape) → 고립, 정신병, 자살
(4) 융합(Accommodation) → 강제, 타협, 통합

2 재해 빈발성 및 행동과학

1. 사고경향
사고의 대부분은 소수에 의해 발생되고 있으며 사고를 낸 사람이 또다시 사고를 발생시키는 경향이 있다.

2. 성격의 유형(재해누발자 유형)

(1) 미숙성 누발자
환경에 익숙하지 못하거나 기능 미숙으로 인한 재해누발자이다.

(2) 상황성 누발자
작업이 어렵거나, 기계설비의 결함, 환경상 주의력의 집중이 혼란된 경우, 심신의 근심으로 사고경향자가 되는 경우이다. 이 경우, 상황이 변하면 안전한 성향으로 바뀐다.

(3) 습관성 누발자
재해의 경험으로 신경과민이 되거나 슬럼프에 빠져 불안전 행동을 수행하게 되어 사고 또는 재해를 습관적으로 발생시키는 경우이다.

(4) **소질성 누발자**
지능, 성격, 감각운동 등에 의한 소질적 요소에 의해서 결정되는 특수성격 소유자이다.

3. 재해 빈발성

(1) **기회설**
개인의 문제가 아니라 작업 자체에 문제가 있어 재해가 빈발한다.

(2) **암시설**
재해를 한 번 경험한 사람은 심리적 압박을 받게 되어 대처능력이 떨어져 재해가 빈발한다.

(3) **빈발경향자설**
재해를 자주 일으키는 소질을 가진 근로자가 있다는 설이다.

4. 동기부여

동기부여란 동기를 불러일으키게 하고 일어난 행동을 유지시켜 일정한 목표로 이끌어 가는 과정을 말한다.

(1) **매슬로우(Maslow)의 욕구위계이론**
① 제1단계: 생리적 욕구-기아, 갈증, 호흡, 배설, 성욕 등
② 제2단계: 안전의 욕구-안전을 기하려는 욕구
③ 제3단계: 사회적 욕구-소속 및 애정에 대한 욕구(친화 욕구)
④ 제4단계: 자기존경의 욕구-자존심, 명예, 성취, 지위에 대한 욕구(안정의 욕구 또는 자기존중의 욕구)
⑤ 제5단계: 자아실현의 욕구-잠재적인 능력을 실현하고자 하는 욕구(성취욕구)

▲ 매슬로우의 욕구위계이론

(2) **맥그리거(Mcgregor)의 X 이론과 Y 이론**
① X 이론에 대한 가정
㉠ 원래 종업원들은 일하기 싫어하며 가능하면 일하는 것을 피하려고 한다.
㉡ 종업원들은 일하는 것을 싫어하므로 바람직한 목표를 달성하기 위해서는 그들을 통제하고 위협하여야 한다.
㉢ 종업원들은 책임을 회피하고 가능하면 공식적인 지시를 바란다.
㉣ 인간은 명령되는 쪽을 좋아하며 무엇보다 안전을 바라고 있다는 인간관이다.

② Y 이론에 대한 가정
㉠ 종업원들은 일하는 것을 놀이나 휴식과 동일한 것으로 볼 수 있다.
㉡ 종업원들은 조직의 목표에 관여하는 경우에 자기지향과 자기통제를 행한다.
㉢ 보통 인간들은 책임을 수용하고 심지어는 구하는 것을 배울 수 있다.
㉣ 작업에서 몸과 마음을 구사하는 것은 인간의 본성이라는 인간관이다.
㉤ 인간은 조건에 따라 자발적으로 책임을 지려고 한다는 인간관이다.
㉥ 매슬로우의 욕구체계 중 자아실현의 욕구에 해당한다.

합격 보장 꿀팁	X 이론과 Y 이론에 대한 관리 처방	
	X 이론	Y 이론
	① 경제적 보상체제의 강화 ② 권위주의적 리더십의 확립 ③ 면밀한 감독과 엄격한 통제 ④ 상부책임제도의 강화 ⑤ 통제에 의한 관리	① 민주적 리더십의 확립 ② 분권화 및 권한의 위임 ③ 직무의 확장 ④ 자율적인 통제 ⑤ 목표에 의한 관리

(3) **허즈버그(Herzberg)의 2요인 이론(위생요인, 동기요인)**
  ① **위생요인(Hygiene)**: 작업조건, 급여, 직무환경, 감독 등 일의 조건, 보상에서 오는 욕구(충족되지 않을 경우 조직의 성과가 떨어지나, 충족되었다고 성과가 향상되지 않음)
  ② **동기요인(Motivation)**: 책임감, 성취, 인정, 개인발전 등 일 자체에서 오는 심리적 욕구(충족될 경우 조직의 성과가 향상되며 충족되지 않아도 성과가 떨어지지 않음)

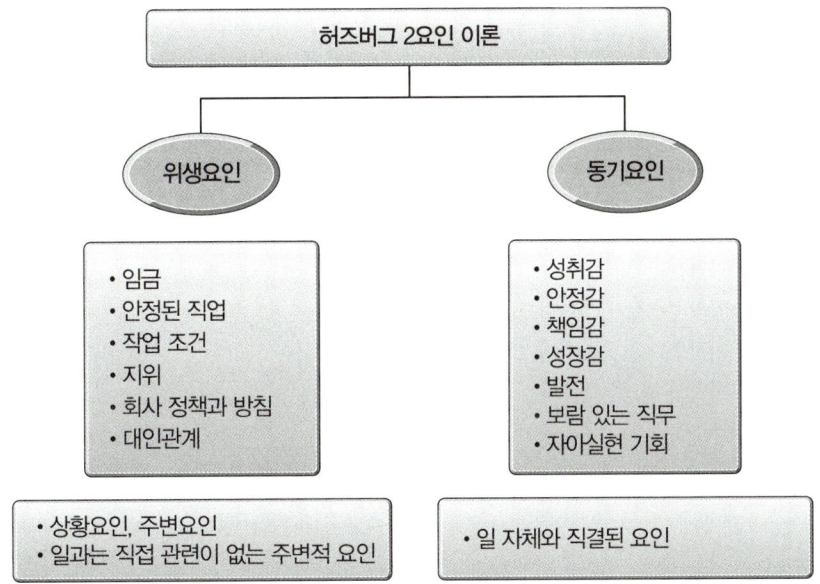

(4) **알더퍼(Alderfer)의 ERG 이론**
  ① **E(Existence, 존재욕구)**: 생리적 욕구나 안전의 욕구와 같이 인간이 자신의 존재를 확보하는 데 필요한 욕구이다. 여기에는 급여, 부가급, 육체적 작업에 대한 욕구 그리고 물질적 욕구가 포함된다.
  ② **R(Relatedness, 관계욕구)**: 개인이 주변사람들(가족, 감독자, 동료작업자, 하위자, 친구 등)과 상호작용을 통하여 만족을 추구하고 싶어하는 욕구로서 매슬로우 욕구위계 중 사회적 욕구에 속한다.
  ③ **G(Growth, 성장욕구)**: 매슬로우의 자기존중의 욕구와 자아실현의 욕구를 포함하는 것으로서, 개인의 잠재력 개발과 관련되는 욕구이다.
  ④ ERG 이론에 따르면 경영자가 종업원의 고차원 욕구를 충족시켜야 하는 것은 동기부여를 위해서만이 아니라 발생할 수 있는 직·간접비용을 절감한다는 차원에서도 중요하다는 것을 밝히고 있다.
  ⑤ 매슬로우의 욕구위계이론을 심화시킨 것으로서 하위욕구가 충족되면 상위욕구로 진행한다는 점은 유사하나 각 단계별로 퇴행도 고려하여 상위욕구가 좌절되면 하위욕구의 중요성이 더욱 커지고 강조된다는 점이 매슬로우의 욕구위계이론과의 차이점이다.

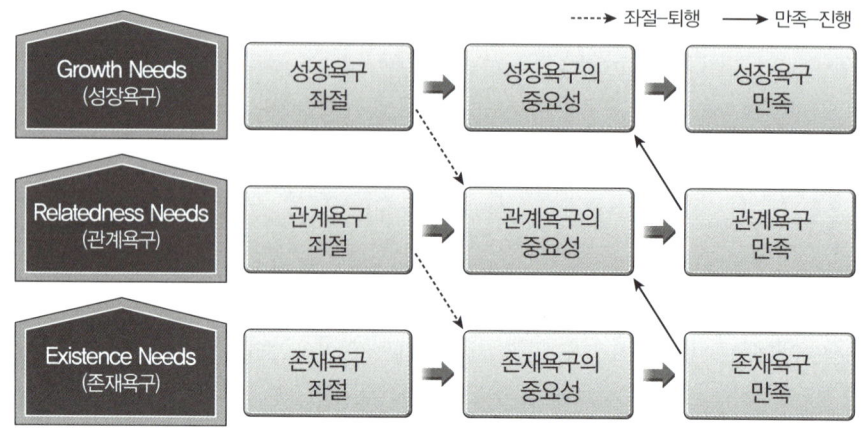

▲ ERG 이론의 작동원리

(5) 데이비스(K.Davis)의 동기부여 이론
① 지식(Knowledge)×기능(Skill)=능력(Ability)
② 상황(Situation)×태도(Attitude)=동기유발(Motivation)
③ 능력(Ability)×동기유발(Motivation)=인간의 성과(Human Performance)
④ 인간의 성과×물질적 성과=경영의 성과

(6) 안전에 대한 동기유발 방법
① 안전의 근본이념을 인식시킨다.
② 상벌제도를 합리적으로 시행한다.
③ 동기유발의 최적수준을 유지한다.
④ 안전목표를 명확히 설정한다.
⑤ 결과를 알려준다.
⑥ 경쟁과 협동을 유발시킨다.

5. 주의와 부주의

(1) 주의의 특성
① 선택성(한 번에 많은 종류의 자극을 받을 때 소수의 특정한 것에만 반응하는 성질)
  ㉠ 인간은 어떤 사물을 기억하는 데에 3단계의 과정을 거친다. 첫째 단계는 감각보관(Sensory Storage)으로 시각적인 잔상(殘像)과 같이 자극이 사라진 후에도 감각기관에 그 자극감각이 잠시 지속되는 것을 말한다. 둘째 단계는 단기기억(Short-term Memory)으로 누구에게 전해야 할 메시지를 잠시 기억하는 것처럼 관련 정보를 잠시 기억하는 것인데, 감각보관으로부터 정보를 암호화하여 단기기억으로 이전하기 위해서는 인간이 그 과정에 주의를 집중하여야 한다. 셋째 단계인 장기기억(Long-term Memory)은 단기기억 내의 정보를 의미론적으로 암호화하여 보관하는 것이다.
  ㉡ 인간의 정보처리능력은 한계가 있으므로 모든 정보가 단기기억으로 입력될 수는 없다. 따라서 입력정보들 중 필요한 것만을 골라내는 기능을 담당하는 선택여과기(Selective Filter)가 있는 셈인데, 브로드벤트(Broadbent)는 이러한 주의의 특성을 선택적 주의(Selective Attention)라 하였다.

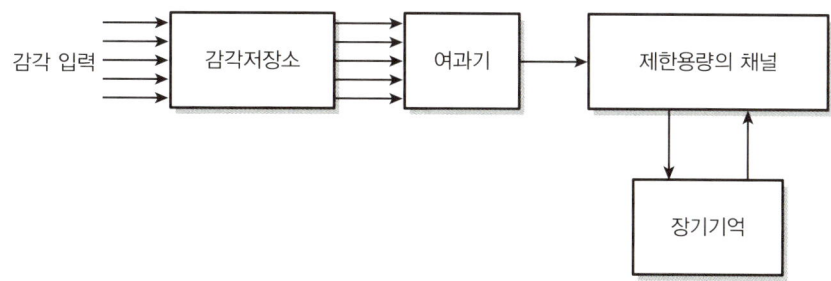

▲ 브로드벤트(Broadbent)의 선택적 주의 모형

② **방향성(시선의 초점이 맞았을 때 쉽게 인지됨)**: 주의의 초점에 합치된 것은 쉽게 인식되지만 초점으로부터 벗어난 부분은 무시되는 성질을 말하는데, 얼마나 집중하였느냐에 따라 무시되는 정도도 달라진다. 정보를 입수할 때에 중요한 정보의 발생방향을 선택하여 그곳으로부터 중점적인 정보를 입수하고 그 이외의 것을 무시하는 이러한 주의의 특성을 집중적 주의(Focused Attention)라고 하기도 한다.

③ **변동성**: 인간은 한 점에 계속하여 주의를 집중할 수는 없다. 주의를 계속하는 사이에 언제인가 자신도 모르게 다른 일을 생각하게 된다. 이것을 다른 말로 '의식의 우회'라고 표현하기도 한다. 대체적으로 변화가 없는 한 가지 자극에 명료하게 의식을 집중할 수 있는 시간은 불과 수초에 지나지 않고, 주의집중 작업 혹은 각성을 요하는 작업(Vigilance Task)은 30분을 넘어서면 작업성능이 현저하게 저하된다.

(2) 부주의 원인(현상)

① **의식의 우회**: 의식의 흐름이 옆으로 빗나가 발생하는 것(걱정, 고민, 욕구불만 등에 의하여 정신을 빼앗기는 것)이다.
② **의식수준의 저하**: 혼미한 정신상태에서 심신이 피로할 경우나 단조로운 반복작업 등의 경우에 일어나기 쉽다.
③ **의식의 단절**: 지속적인 의식의 흐름에 단절이 생기고 공백의 상태가 나타나는 것으로 주로 질병의 경우에 나타난다.
④ **의식의 과잉**: 돌발사태에 직면하면 공포를 느끼게 되고 주의가 일점(주시점)에 집중되어 판단정지 및 긴장 상태에 빠지게 되어 유효한 대응을 못하게 된다.
⑤ **의식의 혼란**: 외부의 자극이 애매모호하거나, 자극이 강할 때 및 약할 때 등과 같이 외적 조건에 의해 의식이 혼란하거나 분산되어 위험요인에 대응할 수 없을 때 발생한다.

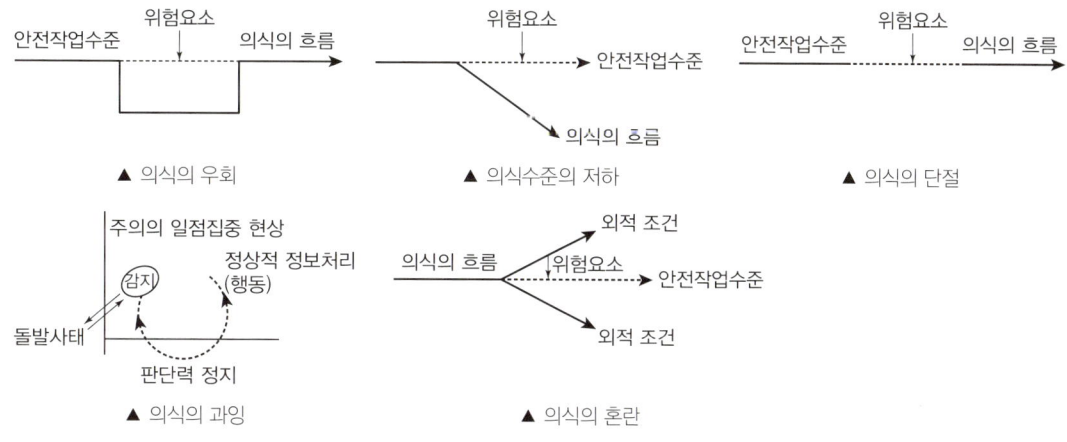

▲ 의식의 우회　　　▲ 의식수준의 저하　　　▲ 의식의 단절

▲ 의식의 과잉　　　▲ 의식의 혼란

⑥ **부주의 발생원인 및 대책**

　㉠ **내적 원인 및 대책**
　　• 소질적 조건: 적성배치
　　• 경험 및 미경험: 교육
　　• 의식의 우회: 상담

ⓒ 외적 원인 및 대책
　　　　　• 작업환경조건 불량: 환경정비　　　　• 작업순서의 부적당: 작업순서 변경
　　　ⓒ 정신적 측면에 대한 대책
　　　　　• 주의력의 집중 훈련　　　　　　　• 스트레스의 해소
　　　　　• 안전의식의 제고　　　　　　　　• 작업의욕의 고취
　　　ⓔ 기능 및 작업적 측면에 대한 대책
　　　　　• 적성 배치　　　　　　　　　　　• 안전작업 방법 습득
　　　　　• 표준작업 동작의 습관화
　　　ⓜ 설비 및 환경적 측면에 대한 대책
　　　　　• 설비 및 작업환경의 안전화　　　　• 표준작업제도의 도입
　　　　　• 긴급 시의 안전대책

3 집단관리와 리더십

1. 리더십의 유형

(1) 리더십의 정의
① 주어진 상황 속에서 목표 달성을 위해 개인 또는 집단의 활동에 영향을 미치는 과정이다.
② 어떤 특정한 목표달성을 지향하고 있는 상황에서 행사되는 대인 간의 영향력이다.
③ 공통된 목표달성을 지향하도록 사람에게 영향을 미치는 것이다.

(2) 리더십의 유형
① 독재형(권위형)
　　ⓐ 부하직원을 강압적으로 통제한다.
　　ⓑ 의사결정권은 경영자가 가지고 있다.
② 민주형
　　ⓐ 발생 가능한 갈등은 의사소통을 통해 조정한다.
　　ⓑ 부하직원의 고충을 해결할 수 있도록 지원한다.
③ 자유방임형
　　ⓐ 의사결정의 책임을 부하직원에게 전가한다.
　　ⓑ 업무회피 현상이 발생한다.
　　ⓒ 경험이나 자율성이 부족한 부하직원에게는 적합하지 않다.
④ 위임형
　　ⓐ 부하직원에게 권한을 준다.
　　ⓑ 의사결정 시 개인의 통찰력보다 팀의 통찰력을 존중한다.

(3) 리더십에 있어서의 권한
① 조직이 리더에게 부여한 권한
　　ⓐ 합법적 권한: 군대, 교사, 정부기관 등 법적으로 부여된 권한
　　ⓑ 보상적 권한: 부하에게 노력에 대한 물리적 보상을 할 수 있는 권한
　　ⓒ 강압적 권한: 부하에게 명령할 수 있는 권한

② 조직이 부여하지 않았지만 부하(Followers)가 부여해 주는 리더의 권한
　　㉠ 전문성의 권한: 지도자가 전문지식을 가지고 있는가와 관련된 권한
　　㉡ 위임된 권한: 부하직원이 지도자의 생각과 목표를 얼마나 잘 따르는지와 관련된 권한
③ 특성
　　㉠ 지휘형태가 민주적이다.　　　　　　　　㉡ 협동과 의사소통을 통해 사회적 간격이 좁다.
　　㉢ 밑으로부터의 동의에 의한 권한을 부여한다.　㉣ 개인적 영향에 의해 부하와의 관계가 유지된다.

(4) 특성이론
① 개념: 리더의 개인적인 자질에 의해 리더십의 성공이 좌우된다고 보는 이론으로 사회적으로 훌륭한 것으로 정평이 난 인물들을 중심으로 리더의 선천적 자질을 탐구했다는 점에서 '위인이론' 또는 '자연적 리더십 이론'이라고 불린다.
② 주요 내용
　　㉠ 리더는 일반인이 가지지 않는 특성을 가진다.
　　㉡ 실제로 혈통적 배경이나 제한된 몇 가지 개인적 특성이 리더십 발휘 능력과 상관관계가 있다는 일관된 증거가 존재하지 않아 한계를 가지는 이론이다.

(5) 리더가 가지고 있는 세력의 유형
① 보상세력　　② 합법세력　　③ 전문세력　　④ 강압세력　　⑤ 참조세력

2. 리더십과 헤드십

(1) 리더십과 헤드십의 차이
① 리더십(Leadership): 집단 구성원에 의해 내부적으로 선출된 지도자로 권한을 대행한다.
② 헤드십(Headship): 집단 구성원이 아닌 외부에 의해 선출(임명)된 지도자로 권한을 행사한다.

(2) 헤드십(Headship)
① 개념: 외부로부터 임명된 헤드(Head)가 조직 체계나 직위를 이용, 권한을 행사하는 것이다. 지도자와 집단 구성원 사이에 공통의 감정이 생기기 어려우며 항상 일정한 거리가 있다.
② 특성
　　㉠ 부하직원의 활동을 감독한다.　　　　　㉡ 상사와 부하와의 관계가 종속적이다.
　　㉢ 부하와의 사회적 간격이 넓다.　　　　㉣ 지휘형태가 권위적이다.
　　㉤ 법적 또는 규정에 의한 권한을 가지며 조직으로부터 위임받는다.

3. 사기와 집단역학

(1) 집단의 적응
① 집단의 기능
　　㉠ 응집력: 집단 내부에 머물도록 하는 내부의 힘이다.
　　㉡ 행동규범: 집단을 유지·통제하고 목표를 달성하기 위한 것으로 집단에 의해 지지되며 통제가 행해진다.
　　㉢ 집단 목표: 집단이 하나의 집단으로서의 역할을 다하기 위해서는 집단 목표가 있어야 한다.
② 집단에서의 인간관계
　　㉠ 경쟁: 상대보다 목표에 빨리 도달하려고 하는 것
　　㉡ 도피, 고립: 열등감으로 소속된 집단에서 이탈하는 것
　　㉢ 공격: 상대방을 압도하여 목표를 달성하려고 하는 것

③ 집단관리 시 유의해야 할 사항
　　㉠ 집단 규범(Group norm): 집단이 존속하고 멤버의 상호작용이 이루어지고 있는 동안 집단 규범은 그 집단을 유지하며, 집단의 목표를 달성하는 데 필수적인 것으로서 자연 발생적으로 성립되는 것이다.(변화 가능, 유동적)
　　㉡ 집단 참여(Participation): 구성원이 그 집단에 기여하는 공헌도는 중요한 역할을 맡는 지위의 높이만큼 크며, 이것이 소속 집단에 대한 참가감과 결부되어 목적달성을 위한 근무 의욕을 향상시킨다.
④ 슈퍼(Super)의 역할이론
　　㉠ 역할 갈등(Role Conflict): 작업 중에 상반된 역할이 기대되는 경우가 있으며, 그럴 때 갈등이 생긴다.
　　㉡ 역할 기대(Role Expectation): 자기의 역할을 기대하고 감수하는 수단이다.
　　㉢ 역할 조성(Role Shaping): 개인에게 여러 개의 역할 기대가 있을 경우 그중의 어떤 역할 기대는 불응, 거부할 수도 있으며 혹은 다른 역할을 해내기 위해 다른 일을 구할 때도 있다.
　　㉣ 역할 연기(Role Playing): 자아탐색인 동시에 자아실현의 수단이다.

(2) 욕구저지
① 욕구저지의 상황적 요인
　　㉠ 외적 결여: 욕구만족의 대상이 존재하지 않는다.
　　㉡ 외적 상실: 욕구를 만족해오던 대상이 사라진다.
　　㉢ 외적 갈등: 외부조건으로 인해 심리적 갈등이 발생한다.
　　㉣ 내적 결여: 개체에 욕구만족의 능력과 자질이 부족하다.
　　㉤ 내적 상실: 개체의 능력을 상실한다.
　　㉥ 내적 갈등: 개체 내 압력으로 인해 심리적 갈등이 발생한다.
② 갈등상황의 3가지 기본형
　　㉠ 접근 – 접근형　　㉡ 접근 – 회피형　　㉢ 회피 – 회피형

(3) 관리 그리드(Managerial Grid)
① 무관심형(1, 1): 생산과 인간에 대한 관심이 모두 낮은 무관심한 유형으로서 리더 자신의 직분을 유지하는 데 필요한 최소의 노력만을 투입하는 리더 유형이다.
② 인기형(1, 9): 인간에 대한 관심은 매우 높고 생산에 대한 관심은 매우 낮아서 부서원들과의 만족스런 관계와 친밀한 분위기를 조성하는 데 역점을 기울이는 리더 유형이다.
③ 과업형(9, 1): 생산에 대한 관심은 매우 높지만 인간에 대한 관심은 매우 낮아서 인간적인 요소보다도 과업수행에 대한 능력을 중요시하는 리더 유형이다.

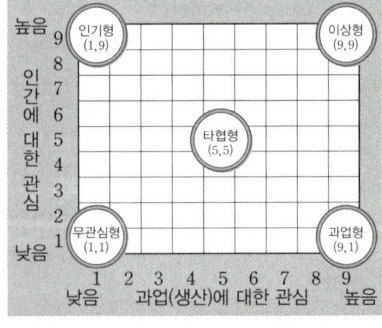
▲ 관리 그리드

④ 타협형(5, 5): 중간형으로 과업의 생산성과 인간적 요소를 절충하여 적당한 수준의 성과를 지향하는 유형이다.
⑤ 이상형(9, 9): 팀형으로 인간에 대한 관심과 생산에 대한 관심이 모두 높으며 구성원들에게 공동목표 및 상호의존관계를 강조하고, 상호신뢰적이고 상호존중관계 속에서 구성원들의 몰입을 통하여 과업을 달성하는 리더 유형이다.

(4) 모랄 서베이(Morale Survey)
　구성원의 사기, 만족도, 업무 환경에 대한 의견을 조사하는 것으로 근로의욕 조사라고도 한다. 근로자의 감정과 기분을 과학적으로 고려하고 이에 따른 경영의 관리활동을 개선하려는 데 목적이 있다.

① 실시방법
  ㉠ 통계에 의한 방법: 사고 상해율, 생산성, 지각, 조퇴, 이직 등을 분석하여 파악하는 방법이다.
  ㉡ 사례연구(Case Study)법: 관리상의 여러 가지 제도에 나타나는 사례에 대해 연구함으로써 현상을 파악하는 방법이다.
  ㉢ 관찰법: 종업원의 근무 실태를 계속 관찰함으로써 문제점을 찾아내는 방법이다.
  ㉣ 실험연구법: 실험그룹과 통제그룹으로 나누고 정황, 자극을 주어 태도 변화를 조사하는 방법이다.
  ㉤ 태도조사법: 질문지(문답)법, 면접법, 집단토의법, 투사법 등에 의해 의견을 조사하는 방법이다.
② 모랄 서베이의 효용
  ㉠ 업무환경 보상, 커뮤니케이션 등 다양한 요인을 분석하여 개선 방향을 제시한다.
  ㉡ 근로자의 심리·욕구를 파악하여 불만을 해소한다.
  ㉢ 조직이 직원들을 중요하게 생각한다는 것을 보여주고, 직원들의 가치를 높여 노동 의욕을 높인다.
  ㉣ 경영관리를 개선하는 데 필요한 자료를 얻는다.
  ㉤ 종업원의 정화작용을 촉진시킨다.

4 생체리듬과 피로

1. 피로의 증상 및 대책

(1) **피로의 발생원인**
  ① 피로의 요인
    ㉠ 작업조건: 작업강도, 작업속도, 작업시간 등
    ㉡ 환경조건: 온도, 습도, 소음, 조명 등
    ㉢ 생활조건: 수면, 식사, 취미활동 등
    ㉣ 사회적 조건: 대인관계, 생활수준 등
    ㉤ 신체적, 정신적 조건
  ② 기계적 요인과 인간적 요인
    ㉠ 기계적 요인: 기계의 종류, 조작부분의 배치, 색채, 조작부분의 감촉 등
    ㉡ 인간적 요인: 신체상태, 정신상태, 작업내용, 작업시간, 사회환경, 작업환경 등

(2) **피로의 종류**
  ① 정신적(주관적) 피로: 피로감을 느끼는 자각증세이다.
  ② 육체적(객관적) 피로: 작업피로가 질적, 양적 생산성의 저하로 나타난다.
  ③ 생리적 피로: 작업능력 또는 생리적 기능의 저하이다.

(3) **피로의 예방과 회복대책**
  ① 작업부하를 적게 할 것
  ② 정적 동작을 피할 것
  ③ 작업속도를 적절하게 할 것
  ④ 근로시간과 휴식을 적절하게 할 것
  ⑤ 목욕이나 가벼운 체조를 할 것
  ⑥ 수면을 충분히 취할 것

2. 피로의 측정법

(1) 신체활동의 생리학적 측정분류
작업을 할 때 인체가 받는 부담은 작업의 성질에 따라 상당한 차이가 있다. 이 차이를 연구하기 위한 방법이 생리적 변화를 측정하는 것이다. 즉, 산소소비량, 근전도, 플리커치 등으로 인체의 생리적 변화를 측정한다.
① 근전도(EMG): 근육활동의 전위차를 기록하여 측정한다.
② 심전도(ECG): 심장의 근육활동의 전위차를 기록하여 측정한다.
③ 산소소비량
④ 정신적 작업부하에 관한 생리적 측정치
  ㉠ 점멸융합주파수(플리커법): 사이가 벌어져 회전하는 원판으로 들어오는 광원의 빛을 단속시켜 연속광으로 보이는지 단속광으로 보이는지 경계에서의 빛의 단속주기를 플리커치라고 한다. 정신적으로 피로한 경우에는 주파수 값이 내려가는 것으로 알려져 있다.
  ㉡ 기타 정신부하에 관한 생리적 측정치: 눈꺼풀의 깜박임률(Blink Rate), 동공지름(Pupil Diameter), 뇌의 활동전위를 측정하는 뇌파도(EEG; Electro Encephalo Gram), 부정맥 지수

(2) 피로의 측정방법
① 생리학적 측정: 근력 및 근활동(EMG), 대뇌활동(EEG), 호흡(산소소비량), 순환기(ECG), 부정맥 지수
② 생화학적 측정: 혈액농도 측정, 혈액수분 측정, 요전해질, 요단백질 측정
③ 심리학적 측정: 피부저항, 동작분석, 연속반응시간, 집중력

3. 작업강도와 피로

(1) 작업강도(RMR; Relative Metabolic Rate) → 에너지 대사율

$$RMR = \frac{작업\ 시\ 소비에너지 - 안정\ 시\ 소비에너지}{기초대사\ 시\ 소비에너지} = \frac{작업대사량}{기초대사량}$$

① 작업 시 소비에너지: 작업 중 소비한 산소량이다.
② 안정 시 소비에너지: 의자에 앉아서 호흡하는 동안 소비한 산소량이다.

(2) 에너지 대사율(RMR)에 의한 작업강도
① 경작업: 0~2RMR – 사무실 작업, 정신작업 등
② 중(中)작업(보통작업): 2~4RMR – 힘이나 동작, 속도가 작은 하체작업 등
③ 중(重)작업: 4~7RMR – 전신작업 등
④ 초중(超重)작업: 7RMR 이상 – 과격한 전신작업

4. 생체리듬

(1) 생체리듬(바이오리듬)의 종류
① 육체적(신체적) 리듬(P, Physical): 신체의 물리적인 상태를 나타내는 리듬, 청색 실선으로 표시하며 23일의 주기이다.
② 감성적 리듬(S, Sensitivity): 기분이나 신경계통의 상태를 나타내는 리듬, 적색 점선으로 표시하며 28일의 주기이다.
③ 지성적 리듬(I, Intellectual): 기억력, 인지력, 판단력 등을 나타내는 리듬, 녹색 일점쇄선으로 표시하며 33일의 주기이다.

(2) **생체리듬(바이오리듬)의 변화**
  ① 야간에는 체중이 감소한다.
  ② 야간에는 말초운동 기능이 저하되고, 피로의 자각증상이 증대한다.
  ③ 혈액의 수분과 염분량은 주간에 감소하고 야간에 증가한다.
  ④ 체온, 혈압, 맥박은 주간에 상승하고 야간에 감소한다.

5. 위험일

(1) **개념**

3가지 생체리듬은 안정기(+)와 불안정기(-)를 반복하면서 사인(Sine) 곡선을 그리는데 (+) → (-) 또는 (-) → (+)로 변하는 지점을 영(Zero) 또는 위험일이라 한다. 위험일에는 평소보다 뇌졸중이 5.4배, 심장질환이 5.1배, 자살이 6.8배나 높게 나타난다고 한다.

(2) **사고발생률이 가장 높은 시간대**
  ① 24시간 중: 03~05시 사이
  ② 주간업무 중: 오전 10~11시, 오후 15~16시

CHAPTER 05 안전보건교육의 내용 및 방법

합격 KEYWORD 학습지도 이론, 교육심리학의 연구방법, 손다이크의 시행착오설, 파블로프의 조건반사설, 적응기제, TWI, OJT, Off JT, 강의법, 프로그램 학습법, 안전교육의 3단계, 교육법의 4단계, 안전보건교육계획, 안전보건교육

1 교육의 필요성과 목적

1. 교육목적

피교육자의 발달을 효과적으로 도와줌으로써 이상적인 상태가 되도록 하는 것을 말한다.

2. 교육의 개념

(1) 재해, 기계설비의 소모 등의 감소에 유효하며 산업재해를 예방한다.
(2) 새로 도입된 신기술에 대한 종업원의 적응을 원활하게 한다.
(3) 직무에 대한 지도를 받아 질과 양이 모두 표준에 도달하고 임금의 증가를 도모한다.
(4) 직원의 불만과 결근, 이동을 방지한다.
(5) 내부 이동에 대비한 능력의 다양화 및 승진에 대비한 능력 향상을 도모한다.
(6) 신입직원은 기업의 내용, 방침과 규정을 파악함으로써 친근감과 안정감을 준다.

3. 학습지도 이론

개별화의 원리	학습자가 가지고 있는 각각의 요구 및 능력에 맞게 지도하여야 한다는 원리
통합의 원리	학습을 종합적으로 지도하는 것으로 학습자의 능력을 조화있게 발달시키는 원리
사회화의 원리	공동학습을 통해 협력과 사회화를 도와준다는 원리
자발성의 원리	학습자 스스로 학습에 참여하여야 한다는 원리
직관의 원리	구체적인 사물을 제시하거나 경험 등을 통해 학습효과를 거둘 수 있다는 원리

4. 교육심리학의 이해

(1) **교육심리학의 정의 및 특징**
① 정의: 교육의 과정에서 일어나는 여러 문제를 심리학적 측면에서 연구하여 원리를 정립하고 방법을 제시함으로써 교육의 효과를 극대화하려는 교육학의 한 분야이다.
② 특징
㉠ 교육심리학에서 심리학적 측면을 강조하는 경우에는 학습자의 발달과정이나 학습방법과 관련된 법칙정립이 그 핵심이 되어 가치중립적인 과학적 연구가 된다.
㉡ 바람직한 방향으로 학습자를 성장하도록 도와준다는 교육적 측면이 중요시되는 경우에는 교육적인 측면에 가치가 개입된다.

(2) 교육심리학의 연구방법

실험법	관찰 대상을 교육목적에 맞게 계획하고 조작하여 나타나는 결과를 관찰하는 방법
관찰법	현재의 상태를 있는 그대로 관찰하는 방법
투사법	다양한 종류의 상황을 가정하거나 상상하여 관찰 대상의 심리상태를 파악하는 방법
면접법	관찰자가 직접 면접을 통해서 관찰 대상의 심리상태를 파악하는 방법
사례연구법	여러 가지 사례를 조사하여 결과를 도출하는 방법. 원칙과 규정의 체계적 습득이 어려움
질문지법	관찰 대상에게 질문지를 나누어 주고 이에 대한 답을 작성하게 해서 알아보는 방법
카운슬링	• 심리학적 교양과 기술을 익힌 전문가인 카운슬러가 적응상의 문제를 가진 내담자와 면접하여 대화를 거듭하고, 이를 통하여 내담자가 자신의 문제를 해결해 나가는 인격적 발달을 도울 수 있도록 하는 것 • 카운슬링의 순서: 장면구성 → 내담자와의 대화 → 의견 재분석 → 감정 표출 → 감정의 명확화 • 개인적 카운슬링 방법: 직접적 충고, 설명적 방법, 설득적 방법

(3) 성장과 발달

① 발달(Development)의 의미

발달이란 성숙, 성장, 경험에 의하여 이루어지는데, 이는 심신의 구조·형태 및 기능이 변화하는 과정을 의미한다. 또한 인간의 행동이 상향적으로 또는 지향적으로 변화할 때 발달이라고 할 수 있다.

② 성장과 성숙의 차이

㉠ 성장(Growth): 신체적으로 키가 커지거나 몸무게가 늘어나는 등의 양적으로 변화하는 현상이다.
㉡ 성숙(Maturation): 운동기능이라든가, 감각기능과 여러 내분비선의 변화에 의하여 질적으로 변화하는 현상이다.

(4) 학습이론

① 자극과 반응(S－R, Stimulus & Response) 이론

㉠ 손다이크(Thorndike)의 시행착오설

인간과 동물은 차이가 없다고 보고 동물연구를 통해 인간심리를 발견하고자 했으며 동물의 행동은 자극 S와 반응 R의 연합에 의해 결정된다고 볼 수 있다. 학습 또한 지식의 습득이 아니라 새로운 환경에 적응하는 행동의 변화이다.

• 준비성의 법칙: 학습이 이루어지기 전의 학습자의 상태에 따라 그것이 만족스러운가 불만족스러운가에 관한 것이다.
• 연습의 법칙: 일정한 목적을 가지고 있는 작업을 반복하는 과정 및 효과를 포함한 전체 과정이다.
• 효과의 법칙: 목표에 도달했을 때 만족스러운 보상을 주면 반응과 결합이 강해져 조건화가 잘 이루어진다.

㉡ 파블로프(Pavlov)의 조건반사설

종소리를 통해 개의 소화작용에 대한 실험을 실시함으로써 훈련을 통해 반응이나 새로운 행동에 적응한다고 볼 수 있다.

• 계속성의 원리(The Continuity Principle): 자극과 반응의 관계는 횟수가 거듭될수록 강화가 잘 된다.
• 일관성의 원리(The Consistency Principle): 일관된 자극을 사용하여야 한다.
• 강도의 원리(The Intensity Principle): 먼저 준 자극보다 같거나 강한 자극을 주어야 강화가 잘 된다.
• 시간의 원리(The Time Principle): 조건자극을 무조건자극보다 조금 앞서거나 동시에 주어야 강화가 잘 된다.

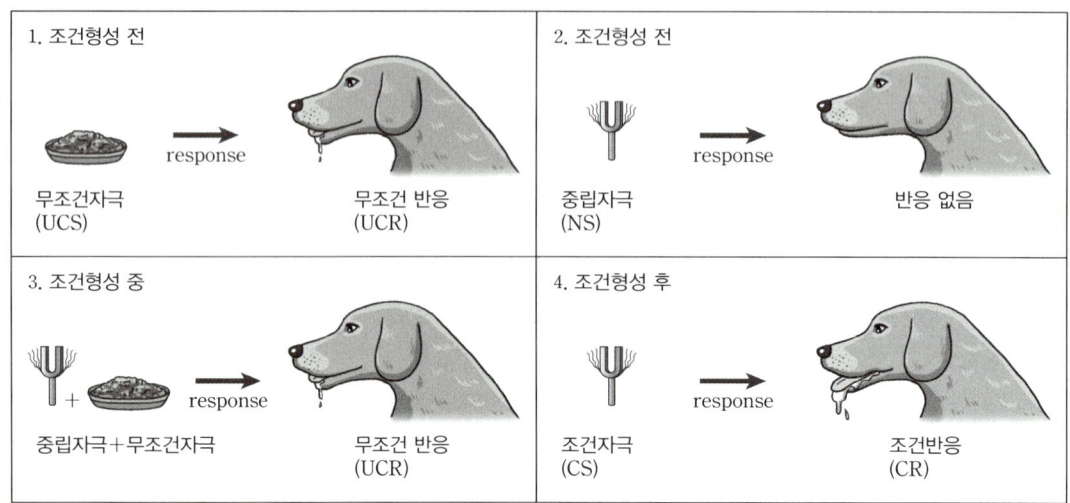

ⓒ 파블로프의 계속성의 원리와 손다이크의 연습의 법칙 비교
  • 파블로프의 계속성 원리: 같은 행동을 단순히 반복하고, 행동의 양적 측면에 관심을 가진다.
  • 손다이크의 연습의 법칙: 단순동일행동의 반복이 아니고, 최종행동의 형성을 위해 점차적인 변화를 꾀하는 목적 있는 진보를 의미한다.

ⓔ 스키너(Skinner)의 조작적 조건형성 이론
  쥐를 상자에 넣고 쥐의 행동에 따라 음식을 떨어뜨리는 실험을 실시함으로써 특정 반응에 대해 체계적이고 선택적인 강화를 통해 그 반응이 반복해서 일어날 확률을 증가시킨다고 볼 수 있다.

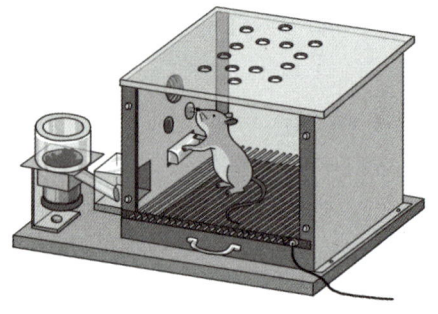

  • 강화(Reinforcement)의 원리: 어떤 행동의 강도와 발생빈도를 증가시키는 것
  • 소거의 원리
  • 조형의 원리
  • 변별의 원리
  • 자발적 회복의 원리

② 인지이론
  ㉠ 톨만(Tolman)의 기호형태설: 학습자의 머리 속에 인지적 지도 같은 인지구조를 바탕으로 학습하려는 것이다.
  ㉡ 쾰러(Köhler)의 통찰설
  ㉢ 레윈(Lewin)의 장이론(Field Theory)

③ 기억과 망각
  ㉠ 기억: 과거의 경험이 어떠한 형태로 미래의 행동에 영향을 주는 작용이다.
  ㉡ 기억의 4단계: 기명(Memorizing) → 파지(Retention) → 재생(Recall) → 재인(Recognition)
    • 기명: 사물, 현상, 정보 등을 마음에 간직하는 것
    • 파지: 사물, 현상, 정보 등이 보존(지속)되는 것
    • 재생: 보존된 인상이 다시 의식으로 떠오르는 것
    • 재인: 과거에 경험했던 것과 비슷한 상태에 부딪혔을 때 떠오르는 것
  ㉢ 망각: 학습경험이 시간의 경과와 불사용 등으로 약화되고 소멸되어 재생 또는 재인되지 않는 현상(현재의 학습경험과 결합되지 않아 생각해 낼 수 없는 상태)이다.

ㄹ) 에빙하우스(Hermann Ebbinghaus)의 망각곡선: 독일의 과학자 에빙하우스의 연구에 의하면 학습 후 바로 망각이 시작되어 20분이 지나면 58[%]를 기억하고 1시간이 지나면 44[%], 하루가 지나면 33[%], 한 달이 지나면 21[%]만 기억된다고 한다.

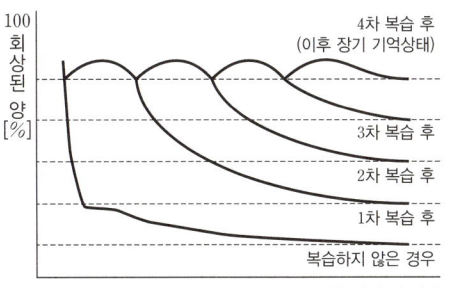

▲ 에빙하우스의 망각곡선

(5) 학습조건

① 먼저 실시한 학습이 뒤의 학습을 방해하는 조건
   ㄱ) 앞의 학습이 불완전한 경우
   ㄴ) 앞의 학습 내용과 뒤의 학습 내용이 같은 경우
   ㄷ) 뒤의 학습을 앞의 학습 직후에 실시하는 경우
   ㄹ) 앞의 학습에 대한 내용을 재생(再生)하기 직전에 실시하는 경우

② 학습의 전이
   어떤 내용을 학습한 결과가 다른 학습이나 반응에 영향을 주는 현상이다. 학습전이의 조건으로는 학습정도의 요인, 학습자의 지능 요인, 학습자의 태도 요인, 유사성의 요인, 시간적 간격의 요인이 있다.

③ 학습정도(Level of Learning)
   ㄱ) 인지(Recognition): 주변 환경이나 사물을 처음 인지하고 구분하는 단계
   ㄴ) 지각(Knowledge): 인지된 정보를 기억하고 저장하는 단계
   ㄷ) 이해(Understanding): 기억된 정보를 논리적으로 연결하고 의미를 파악하는 단계
   ㄹ) 적용(Application): 학습된 지식과 기술을 실제 상황에 적용하는 단계

(6) 적응기제

욕구 불만에서 합리적인 반응을 하기가 곤란할 때 일어나는 여러 가지의 비합리적인 행동으로 자신을 보호하려고 하는 것이다. 문제의 직접적인 해결을 시도하지 않고, 현실을 왜곡시켜 자기를 보호함으로써 심리적 균형을 유지하려는 '행동 기제'이다.

① 방어적 기제(Defense Mechanism)
   자신의 약점을 위장하여 유리하게 보임으로써 자기를 보호하려는 것이다.
   ㄱ) 보상: 계획한 일을 성공하는 데에서 오는 자존감이다.
   ㄴ) 합리화(변명): 너무 고통스럽기 때문에 인정할 수 없는 실제 이유 대신에 자기 행동에 그럴듯한 이유를 붙이는 방법이다.
   ㄷ) 승화: 억압당한 욕구가 사회적·문화적으로 가치 있는 목적으로 향하도록 노력함으로써 욕구를 충족하는 방법이다.
   ㄹ) 동일시: 자기가 되고자 하는 인물을 찾아내어 동일시하여 만족을 얻는 행동이다.
   ㅁ) 투사: 자기 속의 억압된 것을 다른 사람의 것으로 생각하는 것이다.

② 도피적 기제(Escape Mechanism)
   욕구불만이나 압박으로부터 벗어나기 위해 현실을 벗어나 마음의 안정을 찾으려는 것이다.
   ㄱ) 고립: 자기의 열등감을 의식하여 다른 사람과의 접촉을 피해 자기의 내적 세계로 들어가 현실의 억압에서 피하려는 것이다.
   ㄴ) 퇴행: 신체적으로나 정신적으로 정상 발달되어 있으면서도 위협이나 불안을 일으키는 상황에는 생애 초기에 만족했던 시절을 생각하는 것이다.
   ㄷ) 억압: 나쁜 무엇을 잊고 더 이상 행하지 않겠다는 해결 방어기제이다.
   ㄹ) 백일몽: 현실에서 만족할 수 없는 욕구를 상상의 세계에서 얻으려는 행동이다.

③ 공격적 기제(Aggressive Mechanism)
욕구불만이나 압박에 대해 반항하여 적대시 하는 감정이나 태도를 취하는 것이다.
　㉠ 직접적 공격기제: 폭행, 싸움, 기물파손 등
　㉡ 간접적 공격기제: 욕설, 비난, 조소 등

2 교육방법

1. 교육훈련기법

(1) 강의법

안전지식을 강의식으로 전달하는 방법으로 초보적인 단계에서 효과적이다.
① 강사의 입장에서 시간의 조정이 가능하다.
② 다수의 수강자를 대상으로 동시에 교육할 수 있다.
③ 단시간에 비교적 많은 내용을 전달할 수 있다.
④ 다른 교육방법에 비해 수강자의 참여가 제약된다.

(2) 시범: 필요한 내용을 직접 제시하는 방법이다.

(3) 안전보건교육 동기유발요인

　① 안정　　　② 기회　　　③ 참여　　　④ 인정　　　⑤ 경제
　⑥ 성과　　　⑦ 부여권한(권력)　⑧ 적응도　　⑨ 독자성　　⑩ 의사소통

(4) 존 듀이(John Dewey)의 5단계 사고과정

존 듀이는 미국 실용주의 철학자·교육자로서 대표적인 형식적 교육은 학교안전교육이라고 주장하였다.
① 제1단계: 시사(Suggestion)를 받는다.
② 제2단계: 지식화(Intellectualization)한다.
③ 제3단계: 가설(Hypothesis)을 설정한다.
④ 제4단계: 추론(Reasoning)한다.
⑤ 제5단계: 행동에 의하여 가설을 검토한다.

2. 안전보건교육방법(TWI, OJT, Off JT 등)

(1) TWI

① TWI(Training Within Industry): 주로 관리감독자를 대상으로 하며 전체 교육시간은 10시간 정도 소요된다. 한 그룹에 10명 내외로 토의법과 실연법 중심으로 강의가 실시되며 훈련의 종류는 다음과 같다.
　㉠ 작업지도훈련(JIT; Job Instruction Training)　　㉡ 작업방법훈련(JMT; Job Method Training)
　㉢ 인간관계훈련(JRT; Job Relation Training)　　㉣ 작업안전훈련(JST; Job Safety Training)

② ATT(American Telephone & Telegraph Co.): 대상층이 한정되어 있지 않고 토의식으로 진행되며, 한 번 훈련을 받은 관리자는 그 부하인 감독자에 대해 지도원이 될 수 있다. 1차 훈련의 교육시간은 1일 8시간씩 2주간, 2차 과정은 문제 발생 시 하도록 되어 있다.

(2) OJT 및 Off JT

① **OJT(직장 내 교육훈련)**: 직속상사가 직장 내에서 작업표준을 가지고 업무상의 개별교육이나 지도훈련을 하는 것으로 개별교육에 적합하다.
  ㉠ 개개인에게 적절한 지도훈련이 가능하다.
  ㉡ 직장의 실정에 맞게 실제적 훈련이 가능하다.
  ㉢ 효과가 곧 업무에 나타나며 훈련의 좋고 나쁨에 따라 개선이 쉽다.
  ㉣ 직장의 직속상사에 의한 교육이 가능하고, 훈련 효과에 의해 서로의 신뢰 및 이해도가 높아진다.

② **Off JT(직장 외 교육훈련)**: 계층별 직능별로 공통된 교육대상자를 현장 이외의 한 장소에 모아 집합교육을 실시하는 교육형태로 집단교육에 적합하다.
  ㉠ 다수의 근로자에게 조직적 훈련을 행하는 것이 가능하다.
  ㉡ 훈련에만 전념할 수 있다.
  ㉢ 외부의 전문가를 강사로 초청하는 것이 가능하다.
  ㉣ 특별교재·교구 및 설비를 사용하는 것이 가능하다.
  ㉤ Off JT 안전교육 4단계
    • 1단계: 학습할 준비를 시킨다.   • 2단계: 작업을 설명한다.
    • 3단계: 작업을 시켜본다.   • 4단계: 가르친 뒤 이를 살펴본다.

(3) 하버드 학파의 5단계 교수법(사례연구 중심)

① 1단계: 준비시킨다.(Preparation)
② 2단계: 교시한다.(Presentation)
③ 3단계: 연합한다.(Association)
④ 4단계: 총괄한다.(Generalization)
⑤ 5단계: 응용시킨다.(Application)

3. 교육의 3요소

(1) **주체**: 강사   (2) **객체**: 수강자(학생)   (3) **매개체**: 교재(교육내용)

4. 교육법의 4단계

(1) **1단계**: 도입(준비단계)   (2) **2단계**: 제시(일을 해 보이는 단계)
(3) **3단계**: 적용(일을 시켜보는 단계)   (4) **4단계**: 확인(보습 지도의 단계)

5. 교육훈련의 평가방법

(1) 학습평가의 기본적인 기준
① 타당성   ② 신뢰성   ③ 객관성   ④ 실용성

(2) 교육훈련평가의 4단계
① 반응 → ② 학습 → ③ 행동 → ④ 결과

(3) 교육훈련의 평가방법
① 관찰   ② 면접   ③ 자료분석   ④ 과제
⑤ 설문   ⑥ 감상문   ⑦ 상호평가   ⑧ 시험

3 교육실시 방법

1. 강의법

강의식	집단교육방법으로 많은 인원을 단시간에 교육할 수 있으며 교육내용이 많을 때 효과적인 방법
문제 제시식	주어진 과제에 대처하는 문제해결방법
문답식	서로 묻고 대답하는 방식

2. 토의법

10~20인 정도가 모여서 토의하는 방법으로 태도교육의 효과를 높이기 위한 교육방법이다. 집단을 대상으로 한 안전교육 중 가장 효율적인 교육방법이며 안전지식을 가진 사람에게 효과적이다.

(1) 대집단 토의

① 패널디스커션(배심원토의법; Panel Discussion): 교육과제에 정통한 전문가 4~5명이 피교육자 앞에서 자유로이 토의를 하고, 그 다음에 피교육자 전원이 참가하여 사회자의 사회에 따라 토의하는 방법이다.

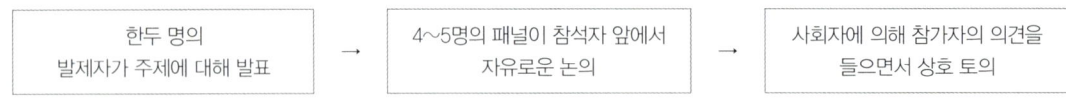

▲ 패널디스커션

② 포럼(Forum): 새로운 자료나 교재를 제시하고 거기서의 문제점을 피교육자로 하여금 제기하게 하거나 의견을 여러 가지 방법으로 발표하게 하고 다시 깊이 파고들어 토의하는 방법이다.

③ 심포지엄(Symposium): 몇 사람의 전문가가 과제에 관한 견해를 발표하게 한 뒤 참가자로 하여금 의견이나 질문을 하게 하여 토의하는 방법이다.

④ 문제법(Problem Method): 문제법은 '문제의 인식 → 해결방법의 연구계획 → 자료의 수집 → 해결방법의 실시 → 정리와 결과'의 검토 단계를 거친다.(지식, 기능, 태도, 기술 종합교육 등)

⑤ 사례연구법(Case Study 또는 Case Method): 먼저 사례를 제시하고 문제적 사실들과 그의 상호관계에 대해서 검토하고 대책을 토의한다.

⑥ 버즈세션(Buzz Session): 6-6회의라고도 하며, 먼저 사회자와 기록계를 선출한 후 나머지 사람은 6명씩 소집단으로 구분하고, 소집단별로 각각 사회자를 선발하여 6분씩 자유토의를 행하여 의견을 종합하는 방법이다.

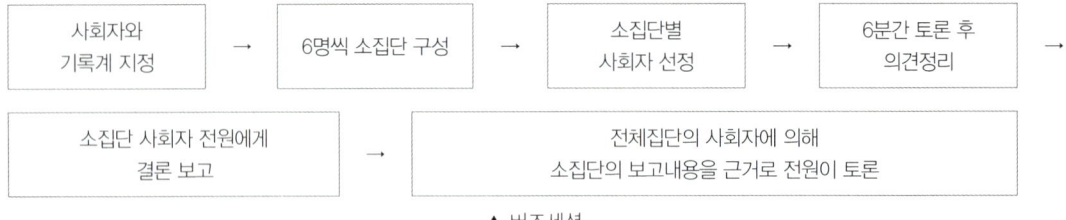

▲ 버즈세션

(2) 소집단 토의

① 브레인스토밍　　　　　　　　② 개별지도 토의

3. 실연법

학습자가 이미 설명을 듣거나 시범을 보고 알게 된 지식이나 기능을 강사의 감독 아래 직접적으로 연습하여 적용해 보게 하는 교육방법이다. 다른 방법보다 교사 대 학습자의 비가 높다.

4. 프로그램 학습법

학습자가 프로그램을 통해 단독으로 학습하는 방법으로 개발된 프로그램은 변경이 어렵다.

(1) **장점**
① 학습자의 학습과정을 쉽게 알 수 있다.
② 학습자가 자신의 능력과 학습속도에 맞추어 학습을 진행할 수 있다.
③ 자율학습이 가능하므로 자기가 원하는 시간, 원하는 장소에서 학습을 할 수 있다.
④ 즉각적인 피드백이 제공되므로 학습의 효과를 높일 수 있다.

(2) **단점**
① 프로그램 자료를 개발하는 데 상당한 시간과 노력, 비용이 든다.
② 주어진 프로그램에 따라 나아가다 보면 학습자의 소극적인 순응을 조장하여, 창의력 증진이나 자기표현의 기회를 갖지 못하게 된다.
③ 구성원 간의 상호작용적인 의사소통을 촉진하지 못한다.

5. 모의법

실제 상황을 만들어 두고 학습하는 방법이다.

(1) **제약조건**
① 단위 교육비가 비싸고, 시간의 소비가 많다.
② 시설의 유지비가 높다.
③ 다른 방법에 비하여 학습자 대 교사의 비가 높다.

(2) **모의법 적용의 경우**
① 수업의 모든 단계
② 학교수업 및 직업훈련 등
③ 실제사태는 위험성이 따르는 경우
④ 직접 조작을 중요시하는 경우

6. 시청각교육법 등

시청각교육자료를 가지고 학습하는 방법이다.

4 안전보건교육계획 수립 및 실시

1. 안전보건교육의 기본방향

(1) **안전교육의 내용(안전교육계획 수립 시 포함되어야 할 사항)**
① 교육대상(가장 먼저 고려)
② 교육의 종류
③ 교육과목 및 교육내용
④ 교육기간 및 시간
⑤ 교육장소
⑥ 교육방법
⑦ 교육담당자 및 강사
⑧ 교육목표 및 목적

(2) **교육준비계획에 포함되어야 할 사항**
① 교육목표 설정
② 교육대상자 범위 결정
③ 교육과정의 결정
④ 교육방법의 결정
⑤ 강사, 조교 편성
⑥ 교육보조자료의 선정

(3) 안전보건교육계획 수립 시 고려사항
① 필요한 정보를 수집한다.
② 현장의 의견을 충분히 반영한다.
③ 안전교육 시행 체계와의 관련을 고려한다.
④ 법 규정에 의한 교육에만 그치지 않는다.

(4) 교육지도의 8원칙
① 상대방의 입장고려
② 동기부여
③ 쉬운 것에서 어려운 것 순으로
④ 반복
⑤ 한 번에 하나씩
⑥ 인상의 강화
⑦ 오감의 활용
⑧ 기능적인 이해

(5) 학습경험 선정의 원리
① 동기유발의 원리
② 가능성의 원리
③ 다목적 달성의 원리

(6) 성인학습의 원리
① **자발적 학습의 원리**: 강제적인 학습이 아니다.
② **자기주도적 학습의 원리**: 자기가 설계한 목적 및 방법으로 학습한다.
③ **상호학습의 원리**: 교학상장(敎學相長)을 기하는 학습이다.
④ **생활적응의 원리**: 이론보다 실생활에 적용되는 학습이어야 한다.

2. 안전보건교육의 단계별 교육과정

(1) 안전교육의 3단계
① 1단계: 지식교육
  ㉠ 강의, 시청각 교육을 통한 지식을 전달하고 이해시킨다.
  ㉡ 작업의 종류나 내용에 따라 교육범위가 다르다.
② 2단계: 기능교육
  ㉠ 교육대상자가 그것을 스스로 행함으로 얻어진다.
  ㉡ 개인의 반복적 시행착오에 의해서만 얻어진다.
  ㉢ 시험, 견학, 실습, 현장실습 교육을 통한 경험 체득과 이해를 한다.
③ 3단계: 태도교육 – 생활지도, 작업 동작 지도, 적성배치 등을 통한 안전의 습관화
  ㉠ 청취(들어본다) → ㉡ 이해, 납득(이해시킨다) → ㉢ 모범(시범을 보인다) → ㉣ 권장(평가한다) → ㉤ 칭찬한다 또는 ㉥ 벌을 준다

(2) 교육법의 4단계
① 1단계: 도입 – 학습할 준비를 시킨다. (배우고자 하는 마음가짐을 일으키는 단계)
② 2단계: 제시 – 작업을 설명한다. (내용을 확실하게 이해시키고 납득시키는 단계)
③ 3단계: 적용 – 작업을 지휘한다. (이해시킨 내용을 활용시키거나 응용시키는 단계)
④ 4단계: 확인 – 가르친 뒤 살펴본다. (교육내용을 정확하게 이해하였는가를 평가하는 단계)

(3) 교육방법에 따른 교육시간

교육법의 4단계	강의식	토의식
1단계 – 도입(준비)	5분	5분
2단계 – 제시(설명)	40분	10분
3단계 – 적용(응용)	10분	40분
4단계 – 확인(총괄)	5분	5분

(4) **구안법(Project Method)의 학습단계**
학습자가 마음 속에 생각하고 있는 것을 외부로 나타냄으로써 구체적으로 실천하고 객관화시키기 위하여 스스로 계획을 세워 수행하는 학습활동. 즉 문제해결학습이 발전한 형태를 말한다.
① 목적의 단계
  ㉠ 학생: 프로젝트(Project)를 선택하여 프로젝트에 대해 흥미와 관심을 갖는다.
  ㉡ 교사: 학생의 능력에 따라 적절한 프로젝트가 선정되도록 조직한다.
② 계획의 단계
  ㉠ 가장 어려운 단계이다.
  ㉡ 교사의 지도 아래 학생이 스스로 계획을 수립한다.
③ 실행(활동)의 단계
  ㉠ 학생: 실제의 학습활동을 전개한다.
  ㉡ 교사: 학습이 원활하게 진행되도록 조력한다.
④ 비판(평가)의 단계
  ㉠ 학생: 학습의 결과를 스스로 평가한다.(진단평가)
  ㉡ 교사: 객관적 평가가 될 수 있도록 지도하여 비판적 태도를 기르도록 한다.

3. 안전보건교육계획

(1) **학습목적과 학습성과의 설정**
  ① 학습목적의 3요소
    ㉠ 주제: 목표 달성을 위한 중점 사항
    ㉡ 학습정도: 주제를 학습시킬 범위와 내용의 정도
    ㉢ 학습 목표: 학습목적의 핵심, 학습을 통해 달성하려는 지표
  ② 학습성과: 학습목적을 세분하여 구체적으로 결정하는 것이다.
  ③ 학습성과 설정 시 유의할 사항
    ㉠ 주제와 학습정도가 포함되어야 한다.
    ㉡ 학습목적에 적합하고 타당하여야 한다.
    ㉢ 구체적으로 서술하여야 한다.
    ㉣ 수강자의 입장에서 기술하여야 한다.

(2) **학습자료의 수집 및 체계화**

(3) **교수방법의 선정**

(4) **강의안 작성**

5 교육내용

1. 근로자 안전보건교육

(1) 정기교육내용 `산업안전보건법 시행규칙` `별표 5`

교육내용
• 산업안전 및 산업재해 예방에 관한 사항(화재·폭발 사고 발생 시 대피에 관한 사항 포함) • 산업보건 및 건강장해 예방에 관한 사항(폭염·한파작업으로 인한 건강장해 발생 시 응급조치에 관한 사항 포함) • 건강증진 및 질병 예방에 관한 사항 • 「산업안전보건법령」 및 산업재해보상보험 제도에 관한 사항 • 위험성평가에 관한 사항 • 유해·위험 작업환경 관리에 관한 사항 • 직무스트레스 예방 및 관리에 관한 사항 • 직장 내 괴롭힘, 고객의 폭언 등으로 인한 건강장해 예방 및 관리에 관한 사항

(2) 채용 시 교육 및 작업내용 변경 시 교육내용 `산업안전보건법 시행규칙` `별표 5`

교육내용
• 산업안전 및 산업재해 예방에 관한 사항(화재·폭발 사고 발생 시 대피에 관한 사항 포함) • 산업보건 및 건강장해 예방에 관한 사항 • 위험성평가에 관한 사항 • 「산업안전보건법령」 및 산업재해보상보험 제도에 관한 사항 • 직무스트레스 예방 및 관리에 관한 사항 • 직장 내 괴롭힘, 고객의 폭언 등으로 인한 건강장해 예방 및 관리에 관한 사항 • 기계·기구의 위험성과 작업의 순서 및 동선에 관한 사항 • 작업 개시 전 점검에 관한 사항 • 정리정돈 및 청소에 관한 사항 • 사고 발생 시 긴급조치에 관한 사항 • 물질안전보건자료에 관한 사항

(3) 안전보건교육 교육과정별 교육시간 `산업안전보건법 시행규칙` `별표 4`

교육과정	교육대상		교육시간
가. 정기교육	사무직 종사 근로자		매반기 6시간 이상
	그 밖의 근로자	판매업무에 직접 종사하는 근로자	매반기 6시간 이상
		판매업무에 직접 종사하는 근로자 외의 근로자	매반기 12시간 이상
나. 채용 시 교육	일용근로자 및 근로계약기간이 1주일 이하인 기간제근로자		1시간 이상
	근로계약기간이 1주일 초과 1개월 이하인 기간제근로자		4시간 이상
	그 밖의 근로자		8시간 이상
다. 작업내용 변경 시 교육	일용근로자 및 근로계약기간이 1주일 이하인 기간제근로자		1시간 이상
	그 밖의 근로자		2시간 이상
라. 특별교육	일용근로자 및 근로계약기간이 1주일 이하인 기간제근로자: 「산업안전보건법령」상 특별교육 대상(타워크레인 신호작업 제외) 작업에 종사하는 근로자 한정		2시간 이상

일용근로자 및 근로계약기간이 1주일 이하인 기간제근로자: 타워크레인 신호작업에 종사하는 근로자 한정	8시간 이상
일용근로자 및 근로계약기간이 1주일 이하인 기간제근로자를 제외한 근로자: 「산업안전보건법령」상 특별교육 대상 작업에 종사하는 근로자 한정	• 16시간 이상(최초 작업에 종사하기 전 4시간 이상 실시하고 12시간은 3개월 이내에서 분할하여 실시 가능) • 단기간 작업 또는 간헐적 작업인 경우에는 2시간 이상
마. 건설업 기초안전·보건교육 건설 일용근로자	4시간 이상

2. 관리감독자 안전보건교육

(1) 정기교육내용 산업안전보건법 시행규칙 별표 5

교육내용
• 산업안전 및 산업재해 예방에 관한 사항(화재·폭발 사고 발생 시 대피에 관한 사항 포함) • 산업보건 및 건강장해 예방에 관한 사항(폭염·한파작업으로 인한 건강장해 발생 시 응급조치에 관한 사항 포함) • 위험성평가에 관한 사항   • 유해·위험 작업환경 관리에 관한 사항 • 「산업안전보건법령」 및 산업재해보상보험 제도에 관한 사항   • 직무스트레스 예방 및 관리에 관한 사항 • 직장 내 괴롭힘, 고객의 폭언 등으로 인한 건강장해 예방 및 관리에 관한 사항 • 작업공정의 유해·위험과 재해 예방대책에 관한 사항 • 사업장 내 안전보건관리체제 및 안전·보건조치 현황에 관한 사항 • 표준안전 작업방법 결정 및 지도·감독 요령에 관한 사항 • 현장 근로자와의 의사소통능력 및 강의능력 등 안전보건교육 능력 배양에 관한 사항 • 비상시 또는 재해 발생 시 긴급조치에 관한 사항   • 그 밖의 관리감독자의 직무에 관한 사항

(2) 채용 시 교육 및 작업내용 변경 시 교육내용 산업안전보건법 시행규칙 별표 5

교육내용
• 산업안전 및 산업재해 예방에 관한 사항(화재·폭발 사고 발생 시 대피에 관한 사항 포함) • 산업보건 및 건강장해 예방에 관한 사항 • 위험성평가에 관한 사항 • 「산업안전보건법령」 및 산업재해보상보험 제도에 관한 사항 • 직무스트레스 예방 및 관리에 관한 사항 • 직장 내 괴롭힘, 고객의 폭언 등으로 인한 건강장해 예방 및 관리에 관한 사항 • 기계·기구의 위험성과 작업의 순서 및 동선에 관한 사항   • 작업 개시 전 점검에 관한 사항 • 물질안전보건자료에 관한 사항   • 사업장 내 안전보건관리체제 및 안전·보건조치 현황에 관한 사항 • 표준안전 작업방법 결정 및 지도·감독 요령에 관한 사항   • 비상시 또는 재해 발생 시 긴급조치에 관한 사항 • 그 밖의 관리감독자의 직무에 관한 사항

(3) 안전보건교육 교육과정별 교육시간 [산업안전보건법 시행규칙] [별표 4]

교육과정	교육시간
가. 정기교육	연간 16시간 이상
나. 채용 시 교육	8시간 이상
다. 작업내용 변경 시 교육	2시간 이상
라. 특별교육	• 16시간 이상(최초 작업에 종사하기 전 4시간 이상 실시하고, 12시간은 3개월 이내에서 분할하여 실시 가능) • 단기간 작업 또는 간헐적 작업인 경우에는 2시간 이상

3. 안전보건관리책임자 등에 대한 교육시간 [산업안전보건법 시행규칙] [별표 4]

교육대상	교육시간	
	신규교육	보수교육
가. 안전보건관리책임자	6시간 이상	6시간 이상
나. 안전관리자, 안전관리전문기관의 종사자	34시간 이상	24시간 이상
다. 보건관리자, 보건관리전문기관의 종사자	34시간 이상	24시간 이상
라. 건설재해예방전문지도기관의 종사자	34시간 이상	24시간 이상
마. 석면조사기관의 종사자	34시간 이상	24시간 이상
바. 안전보건관리담당자	–	8시간 이상
사. 안전검사기관, 자율안전검사기관의 종사자	34시간 이상	24시간 이상

4. 특별교육 대상 작업별 교육내용 [산업안전보건법 시행규칙] [별표 5]

작업명	교육내용
〈공통내용〉	채용 시 교육 및 작업내용 변경 시 교육과 같은 내용
아세틸렌 용접장치 또는 가스집합 용접장치를 사용하는 금속의 용접·용단 또는 가열작업(발생기·도관 등에 의하여 구성되는 용접장치만 해당)	• 용접 흄, 분진 및 유해광선 등의 유해성에 관한 사항 • 가스용접기, 압력조정기, 호스 및 취관두 등의 기기 점검에 관한 사항 • 작업방법·순서 및 응급처치에 관한 사항 • 안전기 및 보호구 취급에 관한 사항 • 화재예방 및 초기대응에 관한 사항 • 그 밖에 안전·보건관리에 필요한 사항
밀폐된 장소(탱크 내 또는 환기가 극히 불량한 좁은 장소)에서 하는 용접작업 또는 습한 장소에서 하는 전기용접 작업	• 작업순서, 안전작업방법 및 수칙에 관한 사항 • 환기설비에 관한 사항 • 전격 방지 및 보호구 착용에 관한 사항 • 질식 시 응급조치에 관한 사항 • 작업환경 점검에 관한 사항 • 그 밖에 안전·보건관리에 필요한 사항
전압이 75[V] 이상인 정전 및 활선작업	• 전기의 위험성 및 전격 방지에 관한 사항 • 해당 설비의 보수 및 점검에 관한 사항 • 정전작업·활선작업 시의 안전작업방법 및 순서에 관한 사항 • 절연용 보호구, 절연용 방호구 및 활선작업용 기구 등의 사용에 관한 사항 • 그 밖에 안전·보건관리에 필요한 사항

작업	교육내용
방사선 업무에 관계되는 작업(의료 및 실험용 제외)	• 방사선의 유해·위험 및 인체에 미치는 영향 • 방사선의 측정기기 기능의 점검에 관한 사항 • 방호거리·방호벽 및 방사선물질의 취급 요령에 관한 사항 • 응급처치 및 보호구 착용에 관한 사항 • 그 밖에 안전·보건관리에 필요한 사항
밀폐공간에서의 작업	• 산소농도 측정 및 작업환경에 관한 사항 • 사고 시의 응급처치 및 비상 시 구출에 관한 사항 • 보호구 착용 및 보호 장비 사용에 관한 사항 • 작업내용·안전작업방법 및 절차에 관한 사항 • 장비·설비 및 시설 등의 안전점검에 관한 사항 • 그 밖에 안전·보건관리에 필요한 사항
석면해체·제거작업	• 석면의 특성과 위험성 • 석면해체·제거의 작업방법에 관한 사항 • 장비 및 보호구 사용에 관한 사항 • 그 밖에 안전·보건관리에 필요한 사항
타워크레인을 사용하는 작업 시 신호업무를 하는 작업	• 타워크레인의 기계적 특성 및 방호장치 등에 관한 사항 • 화물의 취급 및 안전작업방법에 관한 사항 • 신호방법 및 요령에 관한 사항 • 인양 물건의 위험성 및 낙하·비래·충돌재해 예방에 관한 사항 • 인양물이 적재될 지반의 조건, 인양하중, 풍압 등이 인양물과 타워크레인에 미치는 영향 • 그 밖에 안전·보건관리에 필요한 사항

CHAPTER

06 산업안전관계법규

합격 KEYWORD 산업안전보건법, 산업안전보건법 시행령, 산업안전보건법 시행규칙, 산업안전보건기준에 관한 규칙

「산업안전보건법령」은 1개의 법률과 1개의 시행령 및 3개의 시행규칙으로 이루어져 있으며, 하위 규정으로서 고시, 예규, 훈령 및 각종 기술상의 지침 및 작업환경 표준 등이 있다.
일반적으로 다른 행정법령의 시행규칙은 1개로 구성되어 있으나 시행규칙이 3개로 구성된 것은 그 내용이 1개의 규칙에 담기에는 지나치게 복잡하고 기술적인 사항으로 이루어져 있기 때문이다.

1 산업안전보건법령

1. 산업안전보건법

「산업안전보건법」은 산업재해예방을 위한 각종 제도를 설정하고 그 시행근거를 확보하며 정부의 산업재해예방정책 및 사업수행의 근거를 설정한 것으로써 175개 조문과 부칙으로 구성되어 있다.

2. 산업안전보건법 시행령

「산업안전보건법 시행령」은 법에서 위임된 사항, 즉 제도의 대상·범위·절차 등을 설정한 것이다.

3. 산업안전보건법 시행규칙

「산업안전보건법 시행규칙」은 크게 법에 부속된 시행규칙과 「산업안전보건기준에 관한 규칙」, 「유해·위험작업의 취업 제한에 관한 규칙」으로 구분되며 법률과 시행령에서 위임된 사항을 규정하고 있다.

4. 산업안전보건기준에 관한 규칙

「산업안전보건법」에서 위임한 산업안전보건기준에 관한 사항과 그 시행에 필요한 사항을 규정하고 있다. 「안전보건규칙」이라고도 한다.

5. 관련 고시 및 지침에 관한 사항

일반사항분야, 검사·인증분야, 기계·전기분야, 화학분야, 건설분야, 보건·위생분야 및 교육 분야별로 약 80여개가 있다.
고시는 각종 검사·검정 등에 필요한 일반적이고 객관적인 사항을 널리 알리어 활용할 수 있는 수치적·표준적 내용이고, 예규는 정부와 실시기관 및 의무대상자 간에 일상적·반복적으로 이루어지는 업무절차 등을 모델화하여 조문형식으로 규정화한 내용이며, 훈령은 상급기관, 즉 고용노동부장관이 하급기관, 즉 지방고용노동관서의 장에게 어떤 업무 수행을 위한 훈시·지침 등을 시달할 때 조문의 형식으로 알리는 내용이다.
기술상의 지침 및 작업환경표준은 안전작업을 위한 기술적인 지침을 규범형식으로 작성한 기술상의 지침과 작업장 내의

유해(불량한) 환경요소 제거를 위한 모델을 규정한 작업환경표준이 마련되어 있으며 이는 고시의 범주에 포함되는 것으로 볼 수 있으나 법률적 위임근거에 따라 마련된 규정이 아니므로 강제적 효력은 없고 지도·권고적 성격을 띤다.

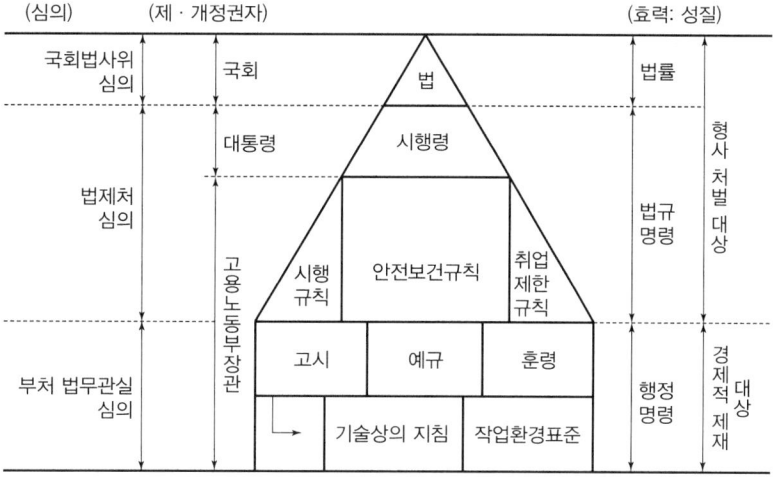

▲ 「산업안전보건법령」의 체계

SUBJECT 02

인간공학 및 위험성평가 · 관리

합격 GUIDE

인간공학 및 위험성평가 · 관리는 시험의 난이도가 많이 변하는 과목입니다. 따라서 수험생도 이러한 출제경향에 맞춰 공부해야 합니다. 세부적으로는 인간공학과 관련된 문제는 평이하게 출제되고, 위험성평가 · 관리는 2024 출제기준 변경에 따라 새롭게 출제되고 있는 부분입니다. 이론 부분을 공부할 때 색자 부분 위주로 공부하면 빠르게 합격 점수에 도달할 수 있습니다. 특히, 계산문제, 컷셋, 신뢰도 등은 자주 출제되므로 완벽하게 이해해야 합니다.

기출기반으로 정리한
압축이론

최신 7개년 출제비율 분석

CHAPTER 01 안전과 인간공학 19.0%
CHAPTER 02 위험성 파악 · 결정 34.2%
CHAPTER 03 위험성 감소대책 수립 · 실행 4.5%
CHAPTER 04 근골격계질환 예방관리 1.9%
CHAPTER 05 유해요인 관리 0.2%
CHAPTER 06 작업환경 관리 40.2%

CHAPTER 01 안전과 인간공학

합격 KEYWORD 인간공학, 인간-기계 통합체계의 특성, 인간과 기계의 상대적 기능, 인간-기계 시스템 설계과정, 인간실수의 분류

1 인간공학의 정의

1. 정의 및 목적

(1) 정의
① 인간의 신체적, 정신적 능력 한계를 고려해 기계, 기구, 환경 등의 물적인 조건을 인간과 잘 조화하도록 설계하기 위한 수단을 연구하는 학문이다. 인간공학의 목표는 설비, 환경, 직무, 도구, 장비, 공정 그리고 훈련방법을 평가하고 디자인하여 특정한 작업자의 능력에 접합시킴으로써 직업성 장해를 예방하고 피로, 실수, 불안전한 행동의 가능성을 감소시키는 것이다.
② Ergonomics(인간공학)
㉠ Ergon(일, 작업) + Nomos(자연의 원리, 법칙)
㉡ 자스트러제보스키(Jastrzebowski)가 처음 조합

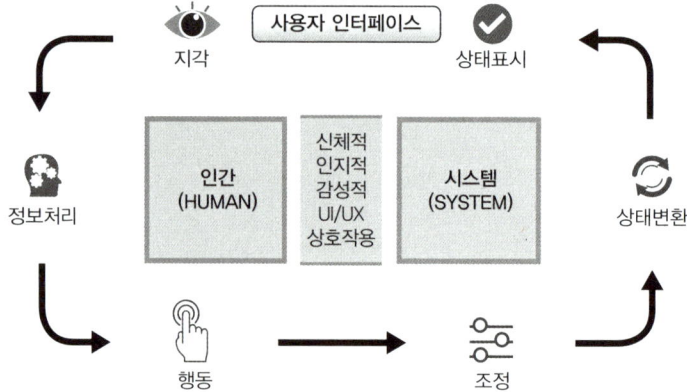

(2) 목적
① 작업장의 배치, 작업방법, 기계설비, 전반적인 작업환경 등에서 작업자의 신체적인 특성이나 행동하는 데 받는 제약조건 등이 고려된 시스템을 디자인하는 것이다.
② 인간과 기계 및 작업환경과의 조화가 잘 이루어질 수 있도록 하는 것이다.
㉠ 작업자의 안전성의 향상과 사고를 방지한다.
㉡ 기계조작의 능률성과 생산성을 향상시킨다.
㉢ 편리성, 쾌적성(만족도)을 향상시킨다.

2. 배경 및 필요성

(1) 인간공학의 배경
① 초기(1940년 이전): 기계 위주의 설계 철학이었다.

⊙ 길브레스(Gilbreth): 벽돌쌓기 작업의 동작연구(Motion Study)
ⓒ 테일러(Tailor): 시간연구
② 체계수립과정(1945~1960년): 기계에 맞는 인간선발 또는 훈련을 통해 기계에 적합하도록 유도했다.
③ 급성장기(1960~1980년): 우주경쟁과 더불어 군사, 산업분야에서 주요분야로 위치, 산업현장의 작업장 및 제품설계에 있어서 인간공학의 중요성 및 기여도를 인식했다.
④ 성숙의 시기(1980년 이후): 인간요소를 고려한 기계 시스템의 중요성을 부각하고 인간공학분야로 지속적으로 성장하고 있다.

(2) 필요성
① 산업재해의 감소
② 생산원가의 절감
③ 재해로 인한 손실 감소
④ 직무만족도의 향상
⑤ 기업의 이미지와 상품선호도 향상
⑥ 노사 간의 신뢰 구축

3. 사업장에서의 인간공학 적용분야
(1) 작업관련성 유해·위험 작업 분석(작업환경개선)
(2) 제품설계에 있어 인간에 대한 안전성 평가(장비, 공구 설계)
(3) 작업공간의 설계
(4) 인간–기계 인터페이스 디자인
(5) 재해 및 질병 예방

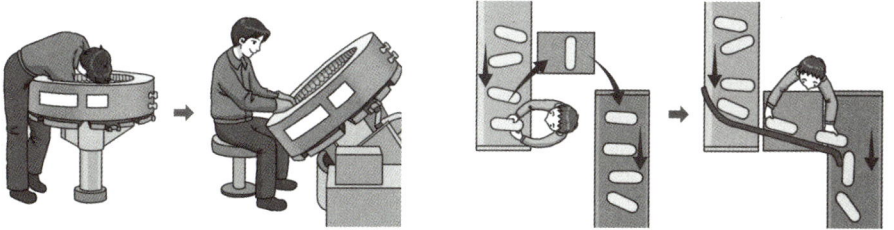

▲ 산업현장에서 작업물의 각도를 조절가능한 것으로 만들거나 재배치하면 허리와 목의 부상 위험을 최소화할 수 있음

4. 산업인간공학
(1) 산업인간공학
인간의 능력과 관련된 특성이나 한계점을 체계적으로 응용하여 작업체계의 개선에 활용하는 연구분야이다.

(2) 산업인간공학의 가치
① 인력 이용률의 향상
② 훈련비용의 절감
③ 사고 및 오용으로부터의 손실 감소
④ 생산성(성능)의 향상
⑤ 사용자의 수용도 향상
⑥ 생산 및 보전의 경제성 증대

- 임직원 복지 향상
- 팀내/간 소통 향상
- 안전하고 효율적인 근무조건

- 생산성, 효율성 향상
- 제품 수준 향상, 매출 및 브랜드 가치 증대
- 안전사고 등 경영 위험 요인 감소
- 효과적인 인력 선발, 양성
- 임직원 사기 진작

직원 / 조직/기업 / 업무
인간공학의 혜택
환경 / 사용자/고객 / 제품/서비스

- 효율적, 효과적인 작업
- 배우고 사용하기 쉬운 기계 설비와 도구
- 작업 절차, 훈련 프로그램 효과 향상
- 인적 오류 위험 감소

- 임직원 및 고객 친화적인 업무 환경
- 안전성, 효율, 생산성 향상

- 고객 충성도 향상
- 지속 사용 고객 증가

- 편하고 쓰기 쉬우며 쓸수록 더 애착이 가는 제품/서비스
- 좋은 제품/서비스를 통해 더 편리하고 안전한 생활

2 인간 – 기계 체계(시스템, System)

1. 인간 – 기계 체계의 정의 및 유형
인간 – 기계 통합체계는 인간과 기계의 상호작용으로 인간의 역할에 중점을 두고 시스템을 설계하는 것이 바람직하다.

(1) 인간 – 기계 체계의 기본기능

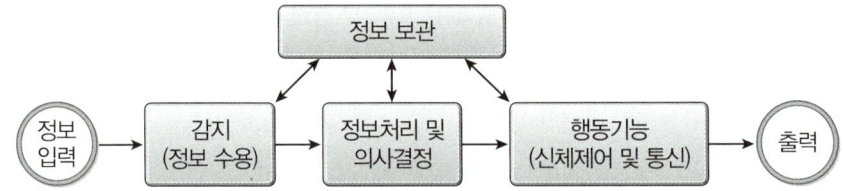

▲ 인간 – 기계 체계에서의 인터페이스 설계

① 감지기능(Sensing)
  ㉠ 인간: 시각, 청각, 촉각 등의 감각기관
  ㉡ 기계: 전자, 사진, 음파탐지기 등 기계적인 감지장치
② 정보저장기능(Information Storage)
  ㉠ 인간: 기억된 학습 내용
  ㉡ 기계: 펀치카드(Punch Card), 자기테이프, 형판(Template), 기록표 등 물리적 기구
③ 정보처리 및 의사결정기능(Information Processing and Decision)
  ㉠ 인간: 행동을 한다는 결심
  ㉡ 기계: 입력된 모든 정보에 대해 미리 정해진 방식으로 반응하게 하는 프로그램(Program)
④ 행동기능(Acting Function)
  ㉠ 물리적인 조정행위: 조종장치 작동, 물체나 물건을 취급·이동·변경·개조 등
  ㉡ 통신행위: 음성(사람의 경우), 신호, 기록 등

(2) 인간의 정보처리능력
① 밀러(Miller)의 신비의 수(Magical Number): 인간이 신뢰성 있게 정보 전달을 할 수 있는 기억은 5가지 미만이며 감각에 따라 정보를 신뢰성 있게 전달할 수 있는 한계 개수는 5~9가지로 '신비의 수 7±2(5~9)'를 발표했다.
② 정보량 계산

정보량 $H = \log_2 n = \log_2 \dfrac{1}{p}$, $p = \dfrac{1}{n}$

여러 개의 실현가능한 대안이 있는 경우 평균정보량 $H = \sum\limits_{i=1}^{n} P_i \log_2 n \left(\dfrac{1}{P_i} \right)$

여기서, 정보량의 단위는 bit(Binary Digit)
  p: 실현 확률, n: 대안 수

(3) 시배분(Time-Sharing)
사람이 주의를 번갈아 가며 두 가지 이상을 돌보아야 하는 상황을 시배분이라 하며, 사람은 동시에 두 가지 이상에 주의를 기울일 수 없기 때문에 시배분 작업은 처리해야 하는 정보의 가짓수와 속도에 의하여 영향을 받는다.(시청각 시배분: 청각이 우월함)

(4) 정보이론

① 정보경로: 자극과 관련된 정보가 입력되면 제대로 해석되어 올바른 반응이 되기도 하지만 입력 정보가 손실되어 출력에 반영되지 않거나, 불필요한 소음정보가 추가되어 반응이 일어나기도 한다.

② 자극과 반응에 관련된 정보량

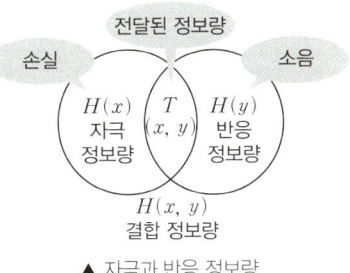

▲ 자극과 반응 정보량

㉠ 자극 정보량을 $H(x)$, 반응 정보량을 $H(y)$, 자극과 반응 정보량의 합집합을 결합 정보량 $H(x, y)$라 하면 전달된 정보량(Transmitted Information) $T(x, y)$, 손실 정보량과 소음 정보량은 다음 수식으로 표현된다.

전달된 정보량 $T(x, y) = H(x) + H(y) - H(x, y)$
손실 정보량 $H(x) - T(x, y) = H(x, y) - H(y)$
소음 정보량 $H(y) - T(x, y) = H(x, y) - H(x)$

㉡ 제품의 사용과 관련된 정보전달체계에서는 자극 정보량과 반응 정보량이 일치하도록 손실 정보량과 소음 정보량을 줄이고 전달된 정보량을 늘릴 수 있도록 제품을 설계하여야 한다.

2. 인간-기계 통합체계(시스템)의 특성

수동체계	자신의 신체적인 힘을 동력원으로 사용하여 작업을 통제하는 인간 사용자와 결합(수공구 또는 그 밖의 보조물 사용)
기계화 또는 반자동체계	운전자가 조종장치를 사용하여 통제하며, 동력은 전형적으로 기계가 제공
자동체계	기계가 감지, 정보처리, 의사결정 등 행동을 포함한 모든 임무를 수행하고, 인간은 감시, 프로그래밍, 정비유지 등의 기능을 수행하는 체계

3 체계설계와 인간요소

1. 체계설계 시 고려사항

인간요소적인 면, 신체의 역학적 특성 및 인체측정학적 요소를 고려한다.

2. 인간기준(Human Criteria)의 유형

인간성능 (Human Performance) 척도	감각활동, 정신활동, 근육활동 등
생리학적(Physiological) 지표	혈압, 뇌파, 혈액성분, 심박수, 근전도(EMG), 뇌전도(EEG), 산소소비량, 에너지소비량 등
주관적 반응 (Subjective Response)	피실험자의 개인적 의견, 평가, 판단 등
사고빈도 (Accident Frequency)	재해발생의 빈도

3. 체계기준의 구비조건(연구조사의 기준척도)

실제적 요건	객관적, 정량적이고 수집 또는 연구가 쉬우며, 특수한 자료 수집기법이나 기기가 필요 없어 돈이나 실험자의 수고가 적게 드는 것
신뢰성(반복성)	시간이나 대표적 표본의 선정에 관계없이, 변수 측정의 일관성이나 안정성이 있는 것
타당성(적절성)	어느 것이나 공통적으로 변수가 실제로 의도하는 바를 어느 정도 측정하는가를 결정하는 것(시스템의 목표를 잘 반영하는가를 나타내는 척도)
순수성(무오염성)	측정하는 구조 외적인 변수의 영향을 받지 않는 것
민감도	피검자 사이에서 볼 수 있는 예상 차이점에 비례하는 단위로 측정하는 것

4. 인간과 기계의 상대적 기능

(1) 인간이 현존하는 기계를 능가하는 기능
① 매우 낮은 수준의 시각, 청각, 촉각, 후각, 미각적인 자극 감지(복잡한 자극의 형태 식별)
② 주위의 이상하거나 예기치 못한 사건 감지
③ 다양한 경험을 토대로 의사결정(상황에 따른 적절한 결정)
④ 관찰을 통해 일반화하고 귀납적(Inductive)으로 추리
⑤ 주관적으로 추산하고 평가하는 것
⑥ 완전히 새로운 해결책 도출 가능
⑦ 원칙을 적용하여 다양한 문제 해결

(2) 현존하는 기계가 인간을 능가하는 기능
① 인간의 정상적인 감지범위 밖에 있는 자극을 감지
② 자극을 연역적(Deductive)으로 추리
③ 암호화(Coded)된 정보를 신속하게, 대량으로 보관
④ 명시된 절차에 따라 신속하고 정량적인 정보처리
⑤ 과부하 시에도 효율적으로 작동(여러 개의 프로그램 동시 수행)

(3) 인간 – 기계 시스템에서 유의하여야 할 사항
① 인간과 기계의 비교가 항상 적용되지는 않는다. 컴퓨터는 단순반복 처리가 우수하나 일이 적은 양일 때는 사람의 암산 이용이 더 용이하다.
② 과학기술의 발달로 인하여 현재 기계가 열세한 점이 극복될 수 있다.
③ 인간은 감성을 지닌 존재이다.
④ 인간이 기능적으로 기계보다 못하다고 해서 항상 기계가 선택되지는 않는다.

5. 인간–기계 시스템 설계과정 6가지 단계

목표 및 성능명세 결정	시스템 설계 전 그 목적이나 존재 이유가 있어야 함(인간요소적인 면, 신체의 역학적 특성 및 인체측정학적 요소 고려)
시스템(체계)의 정의	목적을 달성하기 위한 특정한 기본기능들이 수행되어야 함
기본설계	시스템의 형태를 갖추기 시작하는 단계(직무분석, 작업설계, 기능할당)
인터페이스(계면) 설계	사용자 편의와 시스템 성능에 관여
촉진물 설계	인간의 성능을 증진시킬 보조물 설계
시험 및 평가	시스템 개발과 관련된 평가와 인간적인 요소 평가 실시

6. 인간의 특성과 안전

(1) 인간성능(Human Performance) 연구에 사용되는 변수
① 독립변수: 관찰하고자 하는 현상에 대한 변수
② 종속변수: 평가척도나 기준이 되는 변수
③ 통제변수: 종속변수에 영향을 미칠 수 있지만 독립변수에 포함되지 않은 변수

(2) 성능신뢰도
① 인간의 신뢰성 요인: 주의력 수준, 의식 수준(경험, 지식, 기술), 긴장 수준
② 기계의 신뢰성 요인: 재질, 기능, 작동방법
③ 설비의 신뢰도
  ㉠ 직렬(Series System)

$$R = R_1 \times R_2 \times R_3 \times \cdots \times R_n = \prod_{i=1}^{n} R_i$$

  ㉡ 병렬(Parallel System)

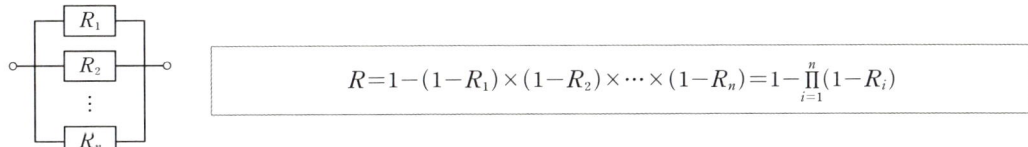

$$R = 1 - (1-R_1) \times (1-R_2) \times \cdots \times (1-R_n) = 1 - \prod_{i=1}^{n}(1-R_i)$$

4 인간요소와 휴먼에러

1. 휴먼에러(인적오류)

(1) 휴먼에러의 관계

$SP = K(H \cdot E) = f(H \cdot E)$
여기서, SP: 시스템퍼포먼스(체계성능), H · E: 인간과오(Human Error)
  K: 상수, f: 함수
※ K≒1: 중대한 영향, K<1: 위험, K≒0: 무시

(2) 인적오류의 분류

① 행위에 의한 분류(Swain)
㉠ 생략(부작위적)에러(Omission Error): 작업 내지 필요한 절차를 수행하지 않는 데서 기인한 에러
㉡ 실행(작위적)에러(Commission Error): 작업 내지 절차를 수행했으나 잘못한 실수(선택착오, 순서착오, 시간착오)에서 기인한 에러
㉢ 과잉행동에러(Extraneous Error): 불필요한 작업 내지 절차를 수행함으로써 기인한 에러
㉣ 순서에러(Sequential Error): 작업수행의 순서를 잘못한 실수
㉤ 시간(지연)에러(Timing Error): 소정의 기간에 수행하지 못한 실수(너무 빨리 혹은 늦게)

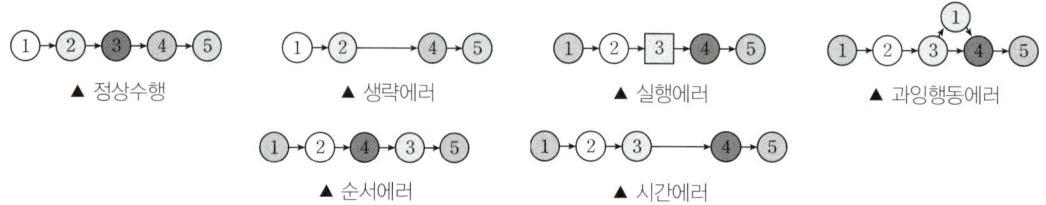

② 원인 레벨(level)적 분류
㉠ 1차 실수(Primary Error; 주과오): 작업자 자신으로부터 발생한 에러(안전교육을 통하여 제거)
㉡ 2차 실수(Secondary Error; 2차과오): 작업형태나 작업조건 중에서 다른 문제가 생겨 그 때문에 필요한 사항을 실행할 수 없는 오류나 어떤 결함으로부터 파생하여 발생하는 에러
㉢ 지시과오(Command Error): 요구되는 것을 실행하고자 하여도 필요한 정보, 에너지 등이 공급되지 않아 작업자가 움직이려 해도 움직이지 않는 에러

③ 제임스 리즌(James Reason)의 불안전한 행동 분류
라스무센(Rasmussen)의 인간행동모델에 따른 원인기준에 의한 휴먼에러 분류 방법이다. 인간의 불안전한 행동을 비의도적인 경우와 의도적인 경우로 나누었다. 비의도적 행동은 모두 숙련기반의 에러, 의도적 행동은 규칙기반착오와 지식기반착오, 고의사고로 분류할 수 있다.

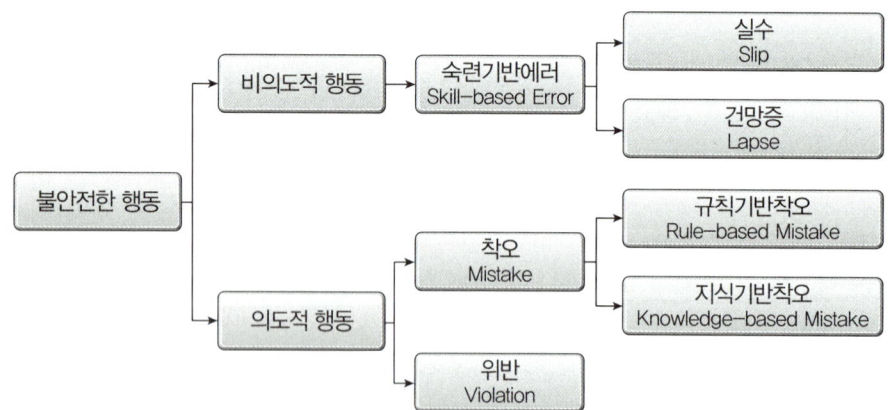

▲ 라스무센의 SRK 모델을 재정립한 리즌의 불안전한 행동 분류(원인기준)

④ 인간의 오류모형
㉠ 착오(Mistake): 상황해석을 잘못하거나 목표를 잘못 이해하고 착각하여 행하는 경우
㉡ 실수(Slip): 상황이나 목표의 해석을 제대로 했으나 의도와는 다른 행동을 하는 경우
㉢ 건망증(Lapse): 여러 과정이 연계적으로 일어나는 행동 중에서 일부를 잊어버리고 하지 않거나 또는 기억의 실패에 의하여 발생하는 오류
㉣ 위반(Violation): 정해진 규칙을 알고 있음에도 고의로 따르지 않거나 무시하는 행위

⑤ 인간실수(휴먼에러) 확률에 대한 추정기법

인간의 잘못은 피할 수 없다. 하지만 인간오류의 가능성이나 부정적 결과는 인력선정, 훈련절차, 환경설계 등을 통해 줄일 수 있다.

㉠ 인간실수 확률(HEP; Human Error Probability): 특정 직무에서 하나의 착오가 발생할 확률이다.

$$HEP = \frac{인간실수의 수}{실수발생의 전체 기회 수}$$

$$인간의 신뢰도(R) = 1 - HEP = 1 - P$$

㉡ THERP(Technique for Human Error Rate Prediction): 인간실수 확률(HEP)에 대한 정량적 예측기법으로 분석하고자 하는 작업을 기본행위로 하여 각 행위의 성공, 실패확률을 계산하는 방법이다.

㉢ 결함수분석(FTA; Fault Tree Analysis): 복잡하고 대형화된 시스템의 신뢰성 분석에 이용되는 기법으로 시스템의 각 단위 부품의 고장을 기본 고장(Primary Failure or Basic Event)이라 하고, 시스템의 결함 상태를 시스템 고장(Top Event or System Failure)이라 하여 이들의 관계를 정량적으로 평가하는 방법이다.

⑥ 인간행동 관계요소(레윈의 법칙)

$$B = f(P \cdot E)$$

여기서, B: 행동, f: 함수관계, P: 인간특성(개성), E: 환경

CHAPTER 02 / 위험성 파악·결정

> **합격 KEYWORD** 위험성평가, 작업위험분석, 4M 위험성평가, THERP, HAZOP, 유인어, FTA, 컷셋, 패스셋, 안전성 평가 6단계, 신뢰도, 고장률, 욕조곡선, 페일 세이프, 풀 프루프

1 위험성평가

1. 위험성평가의 정의 및 개요

(1) 정의 _{사업장 위험성평가에 관한 지침 제3조}

사업주가 스스로 사업장의 유해·위험요인을 파악하고 해당 유해·위험요인의 위험성 수준을 결정하여, 위험성을 낮추기 위한 적절한 조치를 마련하고 실행하는 과정을 말한다.

(2) 실시 주체

사업주 주도 하에 안전보건관리책임자, 관리감독자, 안전관리자·보건관리자 또는 안전보건관리담당자, 대상 작업의 근로자가 위험성평가 전 과정에 참여하여 각자의 역할에 따라 실시하여야 한다.

※ 현장의 유해·위험요인을 제대로 파악하기 위해서는 관리감독자와 근로자의 적극적인 참여가 무엇보다 중요하다.

2. 위험성평가의 대상 및 절차

(1) 평가대상 _{사업장 위험성평가에 관한 지침 제5조의2}

① 업무 중 근로자에게 노출된 것이 확인되었거나 노출될 것이 합리적으로 예견 가능한 모든 유해·위험요인
  ㉠ 매우 경미한 부상 및 질병만을 초래할 것으로 명백히 예상되는 유해·위험요인은 평가 대상에서 제외할 수 있다.
  ㉡ 근로자: 기간제, 단시간, 파견 등 고용형태 및 국적과 관계없이 임금을 목적으로 사업이나 사업장에 근로를 제공하는 사람을 말한다.
② 아차사고의 원인이 된 유해·위험요인
③ 중대재해의 원인이 된 유해·위험요인

(2) 평가절차

① 1단계: 사전준비 – 위험성평가 실시규정 작성, 위험성의 수준 등 확정, 평가에 필요한 각종 자료 수집
② 2단계: 유해·위험요인 파악 – 사업장 순회점검 및 근로자들의 상시적 제안 등을 활용하여 사업장 내 유해·위험요인 파악
③ 3단계: 위험성 결정 – 사업장에서 설정한 허용 가능한 위험성의 기준과 비교하여 판단된 위험성의 수준이 허용 가능한지 여부를 결정
④ 4단계: 위험성 감소대책 수립 및 실행 – 위험성의 결정 결과 허용 불가능한 위험성을 합리적으로 실천 가능한 범위에서 가능한 낮은 수준으로 감소시키기 위한 대책을 수립하고 실행
⑤ 5단계: 위험성평가의 공유 – 근로자에게 위험성평가 결과를 게시, 주지 등의 방법으로 알리고, 작업 전 안전점검 회의(TBM) 등을 통해 상시적으로 주지
⑥ 6단계: 기록 및 보존 – 위험성평가의 유해·위험요인 파악, 위험성 결정의 내용 및 그에 따른 조치사항 등을 기록 및 보존(3년간 보존)

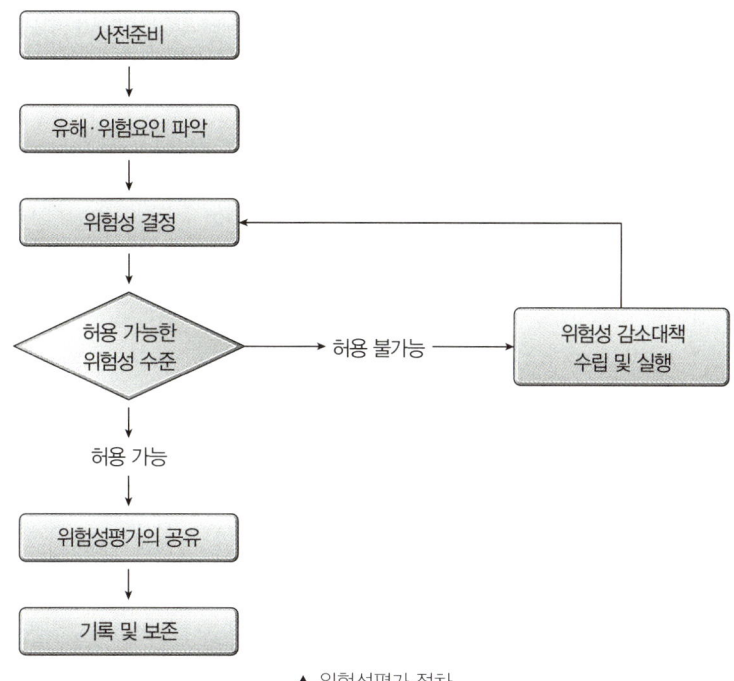

▲ 위험성평가 절차

3. 유해위험방지계획서

(1) **유해위험방지계획서 제출 대상** 산업안전보건법 제42조

사업주는 다음의 어느 하나에 해당하는 경우에는 유해·위험 방지에 관한 사항을 적은 계획서(이하 "유해위험방지계획서")를 작성하여 고용노동부령으로 정하는 바에 따라 고용노동부장관에게 제출하고 심사를 받아야 한다.

① 대통령령으로 정하는 사업의 종류 및 규모에 해당하는 사업으로서 해당 제품의 생산 공정과 직접적으로 관련된 건설물·기계·기구 및 설비 등 전부를 설치·이전하거나 그 주요 구조부분을 변경하려는 경우

"대통령령으로 정하는 사업의 종류 및 규모에 해당하는 사업"이란 다음의 어느 하나에 해당하는 사업으로서 전기 계약용량이 300[kW] 이상인 경우를 말한다.

㉠ 금속가공제품 제조업(기계 및 가구 제외)
㉡ 비금속 광물제품 제조업
㉢ 기타 기계 및 장비 제조업
㉣ 자동차 및 트레일러 제조업
㉤ 식료품 제조업
㉥ 고무제품 및 플라스틱제품 제조업
㉦ 목재 및 나무제품 제조업
㉧ 기타 제품 제조업
㉨ 1차 금속 제조업
㉩ 가구 제조업
㉪ 화학물질 및 화학제품 제조업
㉫ 반도체 제조업
㉬ 전자부품 제조업

② 유해하거나 위험한 작업 또는 장소에서 사용하거나 건강장해를 방지하기 위하여 사용하는 기계·기구 및 설비로서 대통령령으로 정하는 기계·기구 및 설비를 설치·이전하거나 그 주요 구조부분을 변경하려는 경우

"대통령령으로 정하는 기계·기구 및 설비"란 다음의 어느 하나에 해당하는 기계·기구 및 설비를 말한다. 이 경우 다음에 해당하는 기계·기구 및 설비의 구체적인 범위는 고용노동부장관이 정하여 고시한다.
㉠ 금속이나 그 밖의 광물의 용해로
㉡ 화학설비
㉢ 건조설비
㉣ 가스집합 용접장치
㉤ 근로자의 건강에 상당한 장해를 일으킬 우려가 있는 물질로서 고용노동부령으로 정하는 물질의 밀폐·환기·배기를 위한 설비

③ 대통령령으로 정하는 크기, 높이 등에 해당하는 건설공사를 착공하려는 경우

"대통령령으로 정하는 크기, 높이 등에 해당하는 건설공사"란 다음의 어느 하나에 해당하는 공사를 말한다.
㉠ 다음의 어느 하나에 해당하는 건축물 또는 시설 등의 건설·개조 또는 해체(이하 "건설 등") 공사
 • 지상높이가 31[m] 이상인 건축물 또는 인공구조물
 • 연면적 30,000[m^2] 이상인 건축물
 • 연면적 5,000[m^2] 이상인 시설로서 다음의 어느 하나에 해당하는 시설
  − 문화 및 집회시설(전시장 및 동물원·식물원 제외)
  − 판매시설, 운수시설(고속철도의 역사 및 집배송시설 제외)
  − 종교시설
  − 의료시설 중 종합병원
  − 숙박시설 중 관광숙박시설
  − 지하도상가
  − 냉동·냉장 창고시설
㉡ 연면적 5,000[m^2] 이상인 냉동·냉장 창고시설의 설비공사 및 단열공사
㉢ 최대 지간길이가 50[m] 이상인 다리의 건설 등 공사
㉣ 터널의 건설 등 공사
㉤ 다목적댐, 발전용댐, 저수용량 2천만 톤 이상의 용수 전용 댐 및 지방상수도 전용 댐의 건설 등 공사
㉥ 깊이 10[m] 이상인 굴착공사

(2) 유해위험방지계획서 제출서류 등 `산업안전보건법 시행규칙` `제42조`

사업주가 유해위험방지계획서를 제출할 때에는 사업장별로 제조업 등 유해위험방지계획서에 다음의 서류를 첨부하여 해당 작업 시작 15일 전까지 한국산업안전보건공단에 2부를 제출하여야 한다. 이 경우 유해위험방지계획서의 작성기준, 작성자, 심사기준, 그 밖에 심사에 필요한 사항은 고용노동부장관이 정하여 고시한다.
① 건축물 각 층의 평면도
② 기계·설비의 개요를 나타내는 서류
③ 기계·설비의 배치도면
④ 원재료 및 제품의 취급, 제조 등의 작업방법의 개요
⑤ 그 밖에 고용노동부장관이 정하는 도면 및 서류

(3) **유해위험방지계획서 확인사항** 산업안전보건법 시행규칙 제46조

유해위험방지계획서를 제출한 사업주는 해당 건설물·기계·기구 및 설비의 시운전단계에서, 건설공사의 경우 6개월 이내마다 다음의 사항에 관하여 한국산업안전보건공단의 확인을 받아야 한다.
① 유해위험방지계획서의 내용과 실제공사 내용이 부합하는지 여부
② 유해위험방지계획서 변경내용의 적정성
③ 추가적인 유해·위험요인의 존재 여부

2 시스템 위험성 추정 및 결정

1. 시스템 위험분석 및 관리

(1) **시스템의 의미**

요소의 집합에 의해 구성되고, System 상호 간의 관계를 유지하며 정해진 조건 아래서 어떤 목적을 위하여 작용하는 집합체이다.

(2) **시스템의 안전성 확보방법**
① 위험 상태의 존재 최소화
② 안전장치의 채용
③ 경보장치의 채택
④ 특수 수단 개발과 표시 등의 규격화
⑤ 중복(Redundancy)설계
⑥ 부품의 단순화와 표준화
⑦ 인간공학적 설계와 보전성 설계

(3) **시스템 위험성의 분류**

① 미국방성 위험성평가의 위험도 기준(MIL-STD-882B)에 따른 심각도 분류

범주(Category) Ⅰ 파국(Catastrophic)	인원의 사망 또는 중상, 완전한 시스템의 손상을 일으킴
범주(Category) Ⅱ 중대(위기)(Critical)	인원의 상해 또는 주요 시스템의 생존을 위해 즉시 시정조치 필요
범주(Category) Ⅲ 한계(Marginal)	시스템의 성능 저하나 인원의 상해 또는 중대한 시스템의 손상 없이 배제 또는 제거 가능
범주(Category) Ⅳ 무시가능(Negligible)	인원의 손상이나 시스템의 성능 기능에 손상이 일어나지 않음

② 발생빈도(확률) 분류

수준 A. 자주 발생(frequent)	한 항목의 수명 중 발생확률 10^{-1} 이상의 확률로 자주 일어남
수준 B. 빈번히 발생(probable)	한 항목의 수명 중 발생확률 10^{-2} 이상 10^{-1} 미만의 확률로 수 회 일어남
수준 C. 가끔 발생(occasional)	한 항목의 수명 중 발생확률 10^{-3} 이상 10^{-2} 미만의 확률로 가끔 일어남
수준 D. 거의 발생하지 않음(remote)	한 항목의 수명 중 발생확률 10^{-6} 이상 10^{-3} 미만의 확률로 일어남. 일어날 것 같지 않지만 일어날 가능성 있음
수준 E. 발생가능성 없음(improbable)	한 항목의 수명 중 발생확률 10^{-6} 미만의 확률로 일어남. 거의 일어날 것 같지 않음
수준 F. 위험요인 제거됨(eliminated)	위험요인을 확인하였고 제거함

(4) 작업위험분석 및 표준화
① 작업표준의 목적
　㉠ 작업의 효율화　　　　　　　　　㉡ 위험요인의 제거
　㉢ 손실요인의 제거
② 작업표준의 작성절차
　㉠ 작업의 분류정리　　　　　　　　㉡ 작업분해
　㉢ 작업분석 및 연구토의(동작순서와 급소를 정함)　　㉣ 작업표준안 작성
　㉤ 작업표준의 제정
③ 작업표준의 구비조건
　㉠ 작업의 실정에 적합할 것　　　　㉡ 표현은 구체적으로 나타낼 것
　㉢ 이상 시의 조치기준에 대해 정해둘 것　　㉣ 좋은 작업의 표준일 것
　㉤ 생산성과 품질의 특성에 적합할 것　　㉥ 다른 규정 등에 위배되지 않을 것
④ 작업방법의 개선원칙 ECRS
　㉠ 제거(Eliminate)　　　　　　　　㉡ 결합(Combine)
　㉢ 재배치, 재조정(Rearrange)　　　㉣ 단순화(Simplify)

2. 4M 위험성평가 KOSHA X-14

공정(작업) 내 잠재하고 있는 유해·위험요인을 4가지 분야로 위험성을 파악하여 위험제거 대책을 제시하는 방법이다.

(1) **Man(인간)**: 작업자의 불안전 행동을 유발시키는 인적 위험 평가
　예 작업자의 불안전 행동, 작업방법의 부적절, 보호구 미착용 등

(2) **Machine(기계)**: 생산설비의 불안전 상태를 유발시키는 설계·제작·안전장치 등을 포함한 기계 자체 및 기계 주변의 위험 평가 예 위험기계의 본질안전 설계의 부족, 기계·설비의 구조상 결함 등

(3) **Media(물질·환경)**: 소음, 분진, 유해물질 등 작업환경 평가 예 작업공간의 불량, 취급 화학물질에 대한 중독 등

(4) **Management(관리)**: 안전의식 해이로 사고를 유발시키는 관리적인 사항 평가
　예 규정, 매뉴얼의 미작성 및 교육·훈련의 부족, 안전보건표지 미게시 등

3. 위험분석기법

(1) **시스템 수명주기**: 구상단계 → 정의 → 개발 → 생산 → 운전

(2) **예비위험분석(PHA; Preliminary Hazards Analysis)**
① 의미
　시스템 내의 위험요소가 얼마나 위험한 상태에 있는가를 평가하는 시스템 안전프로그램의 최초단계(시스템 구상단계)의 정성적인 분석 방식이다.
② PHA에 의한 위험등급
　㉠ Class-1: 파국(Catastrophic)[사망, 시스템 손상]
　㉡ Class-2: 중대(위기)(Critical)[심각한 상해, 시스템 중대 손상]
　㉢ Class-3: 한계적(Marginal)[경미한 상해, 시스템 성능 저하]
　㉣ Class-4: 무시가능(Negligible)[경미한 상해, 시스템 손상 없음]

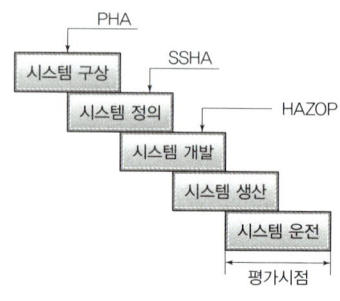

▲ 시스템 수명주기에서의 PHA

(3) 결함위험분석(FHA; Fault Hazards Analysis)

① 의미

분업에 의해 여럿이 분담 설계한 서브시스템 간의 인터페이스를 조정하여 각각의 서브시스템 및 전체 시스템에 악영향을 미치지 않게 하기 위한 분석 방식으로 시스템 정의단계와 시스템 개발단계에서 적용한다.

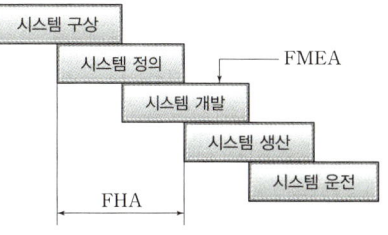

▲ 시스템 수명주기에서의 FHA

② FHA의 기재사항

프로그램: 시스템:

#1 구성요소 명칭	#2 구성요소 위험방식	#3 시스템 작동방식	#4 서브시스템에서 위험영향	#5 서브시스템, 대표적 시스템 위험영향	#6 환경적 요인	#7 위험영향을 받을 수 있는 2차 요인	#8 위험수준	#9 위험관리

(4) 고장형태와 영향분석법(FMEA; Failure Mode and Effect Analysis)

시스템에 영향을 미치는 모든 요소의 고장을 형태별로 분석하고, 그 고장이 미치는 영향을 분석하는 귀납적, 정성적인 방법으로 치명도 해석을 추가할 수 있다.

① 특징
   ㉠ FTA보다 서식이 간단하고 적은 노력으로 분석이 가능하다.
   ㉡ 논리성이 부족하고, 특히 각 요소 간의 영향을 분석하기 어렵기 때문에 동시에 두 가지 이상의 요소가 고장이 날 경우에 분석이 곤란하다.
   ㉢ 요소가 물체로 한정되어 있기 때문에 인적 원인을 분석하는 데는 곤란하다.

② 시스템에 영향을 미치는 고장형태
   ㉠ 폐로 또는 폐쇄된 고장
   ㉡ 개로 또는 개방된 고장
   ㉢ 기동 및 정지의 고장
   ㉣ 운전계속의 고장
   ㉤ 오동작

③ 순서
   ㉠ 1단계: 대상시스템의 분석
      • 기본방침의 결정
      • 시스템의 구성 및 기능의 확인
      • 분석레벨의 결정
      • 기능별 블록도와 신뢰성 블록도 작성
   ㉡ 2단계: 고장형태와 그 영향의 해석
      • 고장형태의 예측과 설정
      • 고장형태에 대한 추정원인 열거
      • 상위 아이템의 고장영향의 검토
      • 고장등급의 평가
   ㉢ 3단계: 치명도 해석과 그 개선책의 검토
      • 치명도 해석
      • 해석결과의 정리 및 설계개선 제안

④ 고장등급의 결정
   ㉠ 고장 평점법

$$C = (C_1 \times C_2 \times C_3 \times C_4 \times C_5)^{\frac{1}{5}}$$

여기서, C_1: 기능적 고장 영향의 중요도, C_2: 영향을 미치는 시스템의 범위, C_3: 고장발생의 빈도, C_4: 고장방지의 가능성, C_5: 신규 설계의 정도

ⓒ 고장등급의 결정
- 고장등급 Ⅰ(치명고장): 임무수행 불능, 인명손실(설계변경 필요)
- 고장등급 Ⅱ(중대고장): 임무의 중대부분 미달성(설계의 재검토 필요)
- 고장등급 Ⅲ(경미고장): 임무의 일부 미달성(설계변경 불필요)
- 고장등급 Ⅳ(미소고장): 영향 없음(설계변경 불필요)

⑤ FMEA 서식

1. 항목	2. 기능	3. 고장의 형태	4. 고장 반응시간	5. 사명 또는 운용단계	6. 고장의 영향	7. 고장의 발견방식	8. 시정 활동	9. 위험성 분류	10. 소견

㉠ 고장의 영향분류

영향	발생확률
실제의 손실	$\beta = 1.00$
예상되는 손실	$0.10 \leq \beta < 1.00$
가능한 손실	$0 < \beta < 0.10$
영향 없음	$\beta = 0$

ⓒ FMEA의 위험성 분류의 표시
- Category 1: 생명 또는 가옥의 상실
- Category 2: 사명(작업) 수행의 실패
- Category 3: 활동의 지연
- Category 4: 영향 없음

(5) **위험성 분석법(CA; Criticality Analysis)**

고장이 시스템의 손해와 인원의 사상에 직접적으로 연결되는 높은 위험도를 가지는 경우에 위험도를 가져오는 요소 또는 고장의 형태에 따라 위험성을 정량적으로 분석하는 것이다. 항공기의 안전성 평가에 널리 사용되는 기법으로서 각 중요 부품의 고장률, 운용형태, 보정계수, 사용시간비율 등을 고려하여 정량적, 귀납적으로 부품의 위험도를 평가하는 분석기법이다.

$C_r = C_1 \times C_2 \times C_3 \times C_4 \times C_5$
여기서, C_1: 고장영향의 중대도, C_2: 고장의 발생빈도, C_3: 고장검출의 곤란도, C_4: 고장방지의 곤란도, C_5: 고장 시정시간의 여유도

(6) **인간과오율 추정법(THERP; Technique of Human Error Rate Prediction)**

Swain 등에 의해 개발된 것으로 확률론적 안전기법으로서 인간의 과오(Human Error)에 기인된 사고원인을 분석하기 위하여 100만 운전시간당 과오도 수를 기본 과오율로 하여 인간의 과오율을 평가하는 정량적인 분석 기법이다.

① 인간의 동작이 시스템에 미치는 영향을 나타내는 그래프적 방법으로 인간 실수율(HEP)을 예측하는 기법이다.
② 사건들을 일련의 Binary 의사결정 분기들로 모형화해서 예측한다.
③ 사건수 분석의 변형으로 나무형태의 그래프를 통한 각 경로의 확률을 계산한다.

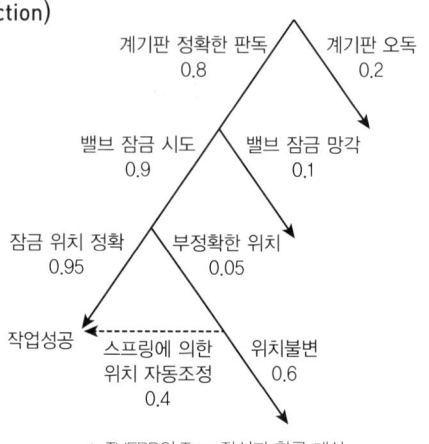

▲ THERP의 Tree 작성과 확률 계산

(7) 모트(MORT; Management Oversight and Risk Tree)

미국의 W. G. Johnson에 의해 개발된 것으로 원자력 산업과 같이 안전이 확보되어 있는 장소에서 추가적인 고도의 안전 달성을 목적으로, FTA와 같은 논리기법을 이용하여 관리, 설계, 생산, 보전 등에 대해서 광범위하게 안전성을 확보하기 위한 기법이다.

(8) 결함수분석법(FTA; Fault Tree Analysis)

기계, 설비 또는 인간 – 기계 시스템의 고장이나 재해의 발생요인을 논리적 도표에 의하여 분석하는 정량적, 연역적 기법이다.

(9) 운영 및 지원위험 분석(O&SHA; Operation and Support Hazards Analysis)

시스템의 모든 사용단계에서 생산, 보전, 시험, 저장, 운전, 비상탈출, 구조 훈련 및 폐기 등에 사용되는 인원, 순서, 설비에 대한 위험을 평가하고 안전요건을 결정하기 위한 해석방법이며, 위험에 초점을 맞춘 위험분석 차트이다.

(10) DT(Decision Tree)

요소의 신뢰도를 이용하여 시스템의 신뢰도를 나타내는 시스템 모델의 하나로 귀납적이고 정량적인 분석 방식이며, 성공사상은 상방에, 실패사상은 하방에 분기된다. 재해사고의 분석에 이용될 때는 Event Tree라고 한다.

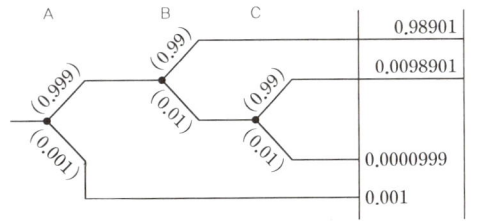

▲ Decision Tree의 예

(11) 사건수 분석(ETA; Event Tree Analysis)

정량적, 귀납적 분석(정상 또는 고장)으로 발생경로를 파악하는 기법으로 DT에서 변천해 온 것이다. 재해의 확대 요인의 분석(나뭇가지가 갈라지는 형태)에 적합하며 각 사상의 확률합은 1.0이다. 설비의 설계, 심사, 제작, 검사, 보전, 운전, 안전대책의 과정에서 그 대응조치가 성공인가 실패인가를 확대해 가는 과정을 검토한다.

(12) FAFR(Fatality Accident Frequency Rate)

Kletz(클레츠)가 고안한 것으로 위험도를 표시하는 단위로 10^8시간당 사망자수를 나타낸다. 즉, 일정한 업무 또는 작업행위에 직접 노출된 10^8시간(1억 시간)당 사망확률로 10^8시간은 근로자 수가 1,000명인 사업장에서 50년간 근로한 총시간을 의미하기도 한다.

(13) 위험 및 운전성 검토(HAZOP; Hazards and Operability Study)

① 위험 및 운전성 검토

각각의 장비에 대해 잠재된 위험이나 기능저하, 운전 잘못 등과 전체로서의 시설에 결과적으로 미칠 수 있는 영향 등을 평가하기 위해서 공정이나 설계도 등에 체계적이고 비판적인 검토를 행하는 것을 말한다.

② 위험 및 운전성 검토의 성패를 좌우하는 요인

㉠ 팀의 기술능력과 통찰력
㉡ 사용된 도면, 자료 등의 정확성
㉢ 발견된 위험의 심각성을 평가할 때 팀의 균형감각 유지 능력
㉣ 이상(Deviation), 원인(Cause), 결과(Consequence) 등을 발견하기 위해 상상력을 동원하는 데 보조수단으로 사용할 수 있는 팀의 능력

③ 위험 및 운전성 검토 절차

㉠ 1단계: 목적의 범위 결정
㉡ 2단계: 검토팀의 선정
㉢ 3단계: 검토 준비
㉣ 4단계: 검토 실시
㉤ 5단계: 후속 조치 후 결과기록

④ 위험 및 운전성 검토 목적
  ㉠ 기존시설(기계설비 등)의 안전도 향상
  ㉡ 설비 구입 여부 결정
  ㉢ 설계의 검사
  ㉣ 작업수칙의 검토
  ㉤ 공장 건설 여부와 건설장소의 결정
⑤ 위험 및 운전성 검토 시 고려해야 할 위험의 형태
  ㉠ 공장 및 기계설비에 대한 위험
  ㉡ 작업 중인 인원 및 일반대중에 대한 위험
  ㉢ 제품 품질에 대한 위험
  ㉣ 환경에 대한 위험
⑥ 위험을 억제하기 위한 일반적인 조치사항
  ㉠ 공정의 변경(원료, 방법 등)
  ㉡ 공정 조건의 변경(압력, 온도 등)
  ㉢ 설계 외형의 변경
  ㉣ 작업방법의 변경
⑦ 유인어(Guide Words) KOSHA P-82
  간단한 용어로서 창조적 사고를 유도하고 자극하여, 이상을 발견하고 의도를 한정하기 위하여 사용되는 것이다.
  ㉠ NO 또는 NOT : 설계의도에 완전히 반하여 변수의 양이 없는 상태
  ㉡ MORE 또는 LESS : 변수가 양적으로 증가 또는 감소되는 상태
  ㉢ AS WELL AS : 설계의도 외의 다른 변수가 부가되는 상태(성질상의 증가)
  ㉣ PART OF : 설계의도대로 완전히 이루어지지 않는 상태(성질상의 감소)
  ㉤ REVERSE : 설계의도와 정반대로 나타나는 상태
  ㉥ OTHER THAN : 설계의도대로 설치되지 않거나 운전 유지되지 않는 상태(완전한 대체)

4. 결함수분석법(FTA; Fault Tree Analysis)

(1) **FTA의 정의 및 특징**
  ① 정의
    시스템의 고장을 논리게이트로 찾아가는 연역적, 정성적, 정량적 분석기법이다.
    ㉠ 1962년 미국 벨 연구소의 H. A. Watson에 의해 개발된 기법으로 최초에는 미사일 발사사고를 예측하는 데 활용해오다 점차 우주선, 원자력산업, 산업안전 분야로 확장되었다.
    ㉡ 시스템의 고장을 발생시키는 사상(Event)과 그 원인과의 관계를 논리기호(AND 게이트, OR 게이트 등)를 활용하여 나뭇가지 모양(Tree)의 고장 계통도를 작성하고, 이를 기초로 시스템의 고장확률을 구한다.
  ② 특징
    ㉠ Top down(하향식) 방법이다.
    ㉡ 정성적, 정량적(컴퓨터 처리 가능) 분석기법이다.
    ㉢ 논리기호를 사용한 특정사상에 대한 해석이다.
    ㉣ 서식이 간단해서 비전문가도 짧은 훈련으로 사용할 수 있다.
    ㉤ 복잡하고 대형화된 시스템에 사용할 수 있다.
    ㉥ 기능적 결함의 원인을 분석하는 데 용이하다.
    ㉦ Human Error의 검출이 어렵다.

③ FTA의 기본적인 가정
    ㉠ 기본사상들의 발생은 독립적이다.
    ㉡ 모든 기본사상은 정상사상과 관련되어 있다.
    ㉢ 기본사상의 조건부 발생확률은 이미 알고 있다.

④ FTA의 기대효과
    ㉠ 사고원인 규명의 간편화
    ㉡ 사고원인 분석의 일반화
    ㉢ 사고원인 분석의 정량화
    ㉣ 노력, 시간의 절감
    ㉤ 시스템의 결함 진단
    ㉥ 안전점검 체크리스트 작성

(2) **FTA에 사용되는 논리기호 및 사상기호**

번호	기호	명칭	설명
1	(직사각형)	결함사상(중간사상)	고장 또는 결함으로 나타나는 비정상적인 사건
2	(원)	기본사상	더 이상 전개되지 않는 기본사상
3	(마름모)	생략사상(최후사상)	정보부족, 해석기술 불충분으로 더 이상 전개할 수 없는 사상
4	(집모양)	통상사상	통상발생이 예상되는 사상
5	(AND 게이트)	AND 게이트(논리곱)	모든 입력사상이 공존일 때 출력사상이 발생
6	(OR 게이트)	OR 게이트(논리합)	입력사상 중 어느 하나가 존재할 때 출력사상이 발생
7	A_i, A_j, A_k 순으로	우선적 AND 게이트	입력사상 중 어떤 현상이 다른 현상보다 먼저 일어날 경우에만 출력사상이 발생

8		조합 AND 게이트	3개 이상의 입력현상 중 2개가 일어나면 출력사상이 발생
9		위험 지속 AND 게이트	입력현상이 생겨서 어떤 일정한 기간이 지속될 때에 출력사상이 발생
10		배타적 OR 게이트	OR 게이트이지만 2개 또는 2개 이상의 입력이 동시에 존재하는 경우에는 출력사상이 발생하지 않음

(3) **FTA의 순서 및 작성방법**
  ① FTA의 실시순서
    ㉠ 분석 대상 시스템의 파악
    ㉡ 정상사상의 선정
    ㉢ FT도의 작성과 단순화
    ㉣ 정량적 평가
      • 재해발생 확률 목표치 설정
      • 고장발생 확률과 인간에러 확률 계산
      • 재검토
      • 실패 대수 표시
      • 재해발생 확률 계산
    ㉤ 종결(평가 및 개선권고)
  ② FTA에 의한 재해사례 연구순서(D. R. Cheriton)
    ㉠ Top(정상)사상의 선정
    ㉡ 각 사상의 재해원인 규명
    ㉢ FT도의 작성 및 분석
    ㉣ 개선계획의 작성

(4) **컷셋 및 패스셋**

컷셋 (Cut Set)	정상사상을 발생시키는 기본사상의 집합으로 그 안에 포함되는 모든 기본사상이 발생할 때 정상사상을 발생시키는 기본사상의 집합
패스셋 (Path Set)	포함되어 있는 모든 기본사상이 일어나지 않을 때 정상사상이 일어나지 않는 기본사상의 집합

5. 정성적, 정량적 분석

(1) **확률사상의 계산**
  ① 논리곱의 확률(독립사상)

  $$A(x_1 \cdot x_2 \cdot x_3) = Ax_1 \cdot Ax_2 \cdot Ax_3$$
  $$G_1 = ① \times ② = 0.2 \times 0.1 = 0.02$$

  ② 논리합의 확률(독립사상)

  $$A(x_1 + x_2 + x_3) = 1 - (1 - Ax_1) \times (1 - Ax_2) \times (1 - Ax_3)$$

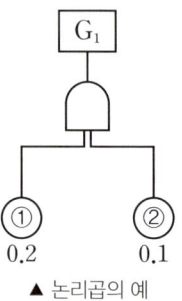

▲ 논리곱의 예

③ 불 대수의 법칙
  ㉠ 동정법칙: A+A=A, A·A=A
  ㉡ 교환법칙: A·B=B·A, A+B=B+A
  ㉢ 흡수법칙: A(A·B)=(A·A)B, A(A+B)=A
     A+A·B=A∪(A∩B)=(A∪A)∩(A∪B)=A∩(A∪B)=A
  ㉣ 분배법칙: A(B+C)=A·B+A·C, A+(B·C)=(A+B)·(A+C)
  ㉤ 결합법칙: A(B·C)=(A·B)C, A+(B+C)=(A+B)+C
  ㉥ 기타: A·0=0, A+1=1, A·1=A, A+$\overline{A}$=1, A·$\overline{A}$=0

④ 드 모르간의 법칙

$$\overline{A \cdot B} = \overline{A} + \overline{B}$$
$$\overline{A + B} = \overline{A} \cdot \overline{B}$$

⑤ 발생확률 계산 예
  ①의 발생확률은 0.3
  ②의 발생확률은 0.4
  ③의 발생확률은 0.3
  ④의 발생확률은 0.5
  $G_1 = G_2 \times G_3$
    $= ① \times ② \times \{1-(1-③) \times (1-④)\}$
    $= 0.3 \times 0.4 \times \{1-(1-0.3) \times (1-0.5)\} = 0.078$

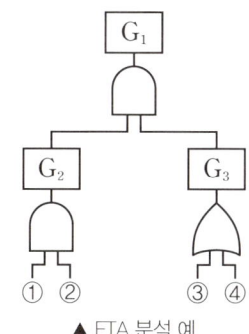

▲ FTA 분석 예

(2) 미니멀 컷셋(최소 컷셋)과 미니멀 패스셋(최소 패스셋)
  ① 컷셋과 미니멀 컷셋
    컷셋이란 그 속에 포함되어 있는 모든 기본사상이 일어났을 때 정상사상을 일으키는 기본사상의 집합으로 미니멀 컷셋은 정상사상을 일으키기 위한 최소한의 컷셋을 말한다. 즉 미니멀 컷셋은 컷셋 중에 타 컷셋을 포함하고 있는 것을 배제하고 남은 컷셋들을 의미한다.(시스템의 위험성 또는 안전성)
  ② 패스셋과 미니멀 패스셋
    패스셋이란 그 속에 포함되어 있는 기본사상이 일어나지 않을 때 정상사상이 일어나지 않는 기본사상의 집합으로 미니멀 패스셋은 그 필요한 최소한의 셋을 말한다.(시스템의 신뢰성)

(3) 미니멀 컷셋 구하는 법
  ① 정상사상에서 차례로 하단의 사상으로 치환하면서 AND 게이트는 가로로, OR 게이트는 세로로 나열한다.
  ② 중복사상이나 컷을 제거하면 미니멀 컷셋이 된다.
    ㉠ $T = A_1 \cdot A_2 = (X_1\ X_2)\binom{X_3}{X_4} = \frac{(X_1\ X_2\ X_3)}{(X_1\ X_2\ X_4)}$

    즉, 컷셋은 $(X_1\ X_2\ X_3)$, $(X_1\ X_2\ X_4)$이므로
    미니멀 컷셋은 $(X_1\ X_2\ X_3)$ 또는 $(X_1\ X_2\ X_4)$ 중 1개이다.

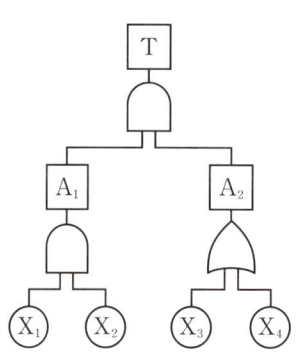

ⓒ $T = A \cdot B = \begin{pmatrix} X_1 \\ X_2 \end{pmatrix}(X_1\ X_3) = \begin{matrix}(X_1\ X_1\ X_3)\\(X_1\ X_2\ X_3)\end{matrix} = \begin{matrix}(X_1\ X_3)\\(X_1\ X_2\ X_3)\end{matrix}$

즉, 컷셋은 ($X_1\ X_3$), ($X_1\ X_2\ X_3$)이므로 미니멀 컷셋은 ($X_1\ X_3$)이다.

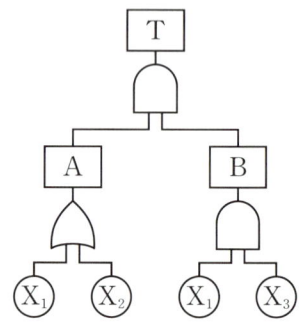

6. 안전성 평가

(1) 정의
설비나 제품의 제조, 사용 등에 있어 안전성을 사전에 평가하고, 적절한 대책을 강구하기 위한 평가행위이다.

(2) 안전성 평가의 종류
① 테크놀로지 어세스먼트(Technology Assessment): 기술 개발과정에서의 효율성과 위험성을 종합적으로 분석, 판단하는 프로세스
② 세이프티 어세스먼트(Safety Assessment): 인적, 물적 손실을 방지하기 위한 설비 전공정에 걸친 안전성 평가
③ 리스크 어세스먼트(Risk Assessment): 생산활동에 지장을 줄 수 있는 리스크(Risk)를 파악하고 제거하는 활동
④ 휴먼 어세스먼트(Human Assessment): 인적오류, 인간과 관련된 사고 상의 평가

(3) 안전성 평가 6단계
① 제1단계: 관계 자료의 정비검토
  ㉠ 입지조건
  ㉡ 화학설비 배치도
  ㉢ 건조물·기계실·전기실의 평면도, 단면도 및 입면도
  ㉣ 제조공정 개요
  ㉤ 공정 계통도
  ㉥ 운전요령, 요원배치 계획
  ㉦ 배관이나 계장 등의 계통도
  ㉧ 안전설비의 종류와 설치장소 등
② 제2단계: 정성적 평가(안전확보를 위한 기본적인 자료의 검토)
  ㉠ 설계관계: 입지조건, 공장 내 배치, 건조물, 소방설비, 공정기기 등
  ㉡ 운전관계: 원재료, 운송, 저장 등
③ 제3단계: 정량적 평가(재해중복 또는 가능성이 높은 것에 대한 위험도 평가)
  ㉠ 평가항목(5가지 항목): 취급물질, 온도, 압력, 해당설비용량, 조작
  ㉡ 화학설비 정량평가 등급
    • 위험등급 Ⅰ: 합산점수 16점 이상
    • 위험등급 Ⅱ: 합산점수 11~15점
    • 위험등급 Ⅲ: 합산점수 10점 이하

④ 제4단계: 안전대책 수립
  ㉠ 보전: 설비나 시스템을 최적의 상태로 유지하기 위한 활동이다.
  ㉡ 설비적 대책: 안전장치 및 방재 장치에 관하여 대책을 세운다.
  ㉢ 관리적 대책: 인원배치, 교육훈련 등에 관하여 대책을 세운다.
⑤ 제5단계: 재해정보에 의한 재평가
⑥ 제6단계: FTA에 의한 재평가
  위험등급 I (16점 이상)에 해당하는 화학설비에 대해 FTA에 의한 재평가를 실시한다.

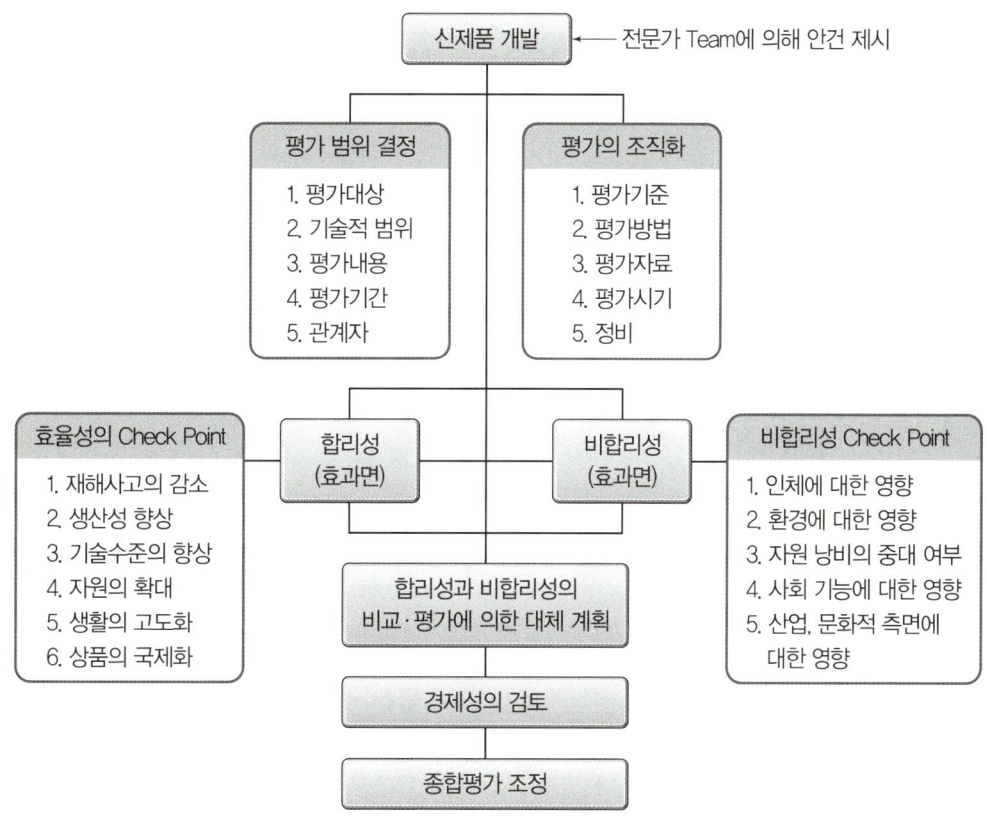

▲ 기술개발이 종합평가도

(4) 안전성 평가 4가지 기법
  ① 위험의 예측평가(Layout의 검토) ② 체크리스트(Check-list)에 의한 방법
  ③ 고장형태와 영향분석법(FMEA법) ④ 결함수분석법(FTA법)

(5) 기계, 설비의 레이아웃(Layout)의 원칙
  ① 이동거리를 단축하고 기계배치를 집중화한다.
  ② 인력활동이나 운반작업을 기계화한다.
  ③ 중복 부분을 제거한다.
  ④ 인간과 기계의 흐름을 라인화한다.

7. 신뢰도 및 안전도 계산

(1) 신뢰도
체계 혹은 부품이 주어진 운용조건 하에서 의도되는 사용기간 중에 의도한 목적에 만족스럽게 작동할 확률이다.

(2) 기계의 신뢰도

$$R(t) = e^{-\lambda t} = e^{-\frac{t}{t_0}}$$

여기서, λ: 고장률, t: 가동시간, t_0: 평균수명

> **합격 보장 꿀팁** 고장률이 0.004일 경우
> ① 평균고장간격(MTBF) = $\frac{1}{\lambda} = \frac{1}{0.004} = 250[hr]$
> ② 10시간 가동 시 신뢰도: $R(t) = e^{-\lambda t} = e^{-0.004 \times 10} = e^{-0.04} = 0.961$
> ③ 고장발생확률: $F(t) = 1 - R(t) = 1 - 0.961 = 0.039$

(3) 고장률의 유형
① **초기고장(감소형)**: 제조가 불량하거나 생산과정에서 품질관리가 안 되어서 생기는 고장이다.
  ㉠ 디버깅(Debugging) 기간: 결함을 찾아내어 고장률을 안정시키는 기간이다.
  ㉡ 번인(Burn-in) 기간: 장시간 움직여보고 그동안에 고장 난 것을 스크리닝(Screening)하여 제거시키는 기간이다.
② **우발고장(일정형)**: 실제 사용하는 상태에서 발생하는 고장으로 예측할 수 없는 랜덤의 간격으로 생기는 고장이다.
③ **마모고장(증가형)**: 설비 또는 장치가 수명을 다하여 생기는 고장으로, 이 시기의 예방대책은 예방보전(PM)이다.

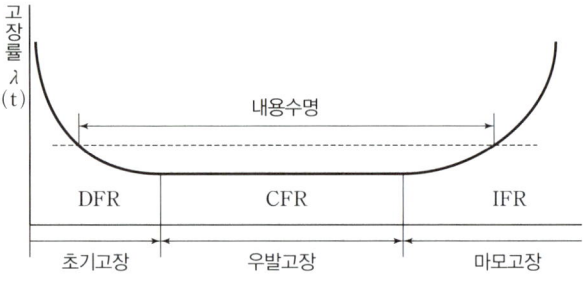

▲ 기계의 고장률(욕조곡선, Bathtub Curve)

(4) Lock System의 종류

Interlock System	기계 설계 시 불안전한 요소에 대하여 통제를 가함
Intralock System	인간의 불안전한 요소에 대하여 통제를 가함
Translock System	Interlock과 Intralock 사이에 두어 불안전한 요소에 대하여 통제를 가함

(5) 시스템 안전관리업무를 수행하기 위한 내용
① 시스템 안전에 필요한 사항의 식별
② 안전활동의 계획, 조직 및 관리
③ 시스템 안전에 대한 목표를 유효하게 실현하기 위한 프로그램의 해석 검토
④ 시스템 안전활동 결과의 평가

(6) 인간에 대한 Monitoring 방식

셀프 모니터링 방법(자기감지)	자극, 고통, 피로, 권태, 이상감각 등의 지각에 의해서 자신의 상태를 알고 행동하는 감시방법
생리학적 모니터링 방법	맥박수, 체온, 호흡 속도, 혈압, 뇌파 등으로 인간 자체의 상태를 생리적으로 모니터링하는 방법
비주얼 모니터링 방법(시각적 감지)	작업자의 태도를 보고 작업자의 상태를 파악하는 방법
반응에 의한 모니터링 방법	자극(청각 또는 시각에 의한 자극)을 가하여 이에 대한 반응을 보고 정상 또는 비정상을 판단하는 방법
환경의 모니터링 방법	간접적인 감시방법으로서 환경조건의 개선으로 인체의 안락과 기분을 좋게 하여 정상작업을 할 수 있도록 만드는 방법

(7) 페일 세이프(Fail-safe) 정의 및 기능면 3단계

① 정의
  ㉠ 기계나 그 부품에 고장이나 기능불량이 생겨도 항상 안전을 유지하는 구조와 기능이다.
  ㉡ 인간 또는 기계의 과오나 오작동이 있어도 사고 및 재해가 발생하지 않도록 2중, 3중으로 안전장치를 한 시스템(System)이다.

② Fail-safe의 종류
  ㉠ 다경로 하중 구조 ㉡ 하중 경감 구조
  ㉢ 교대 구조   ㉣ 중복 구조

③ Fail-safe의 기능분류
  ㉠ Fail Passive: 부품이 고장나면 통상 정지하는 방향으로 이동한다.
  ㉡ Fail Active: 부품이 고장나면 기계는 경보를 울리며 짧은 시간 동안 운전이 가능하다.
  ㉢ Fail Operational: 부품에 고장이 있더라도 추후 보수가 있을 때까지 안전한 기능을 유지한다.

④ Fail-safe의 예
  ㉠ 승강기 정전 시 마그네틱 브레이크가 작동하여 운전을 정지시키는 경우와 정격속도 이상의 주행 시 조속기가 작동하여 긴급 정지시키는 것
  ㉡ 석유난로가 일정각도 이상 기울어지면 자동적으로 불이 꺼지도록 소화기구를 내장시킨 것
  ㉢ 한쪽 밸브 고장 시 다른 쪽 브레이크의 압축공기를 배출시켜 급정지시키도록 한 것

(8) 풀 프루프(Fool-proof)

기계장치 설계단계에서 안전화를 도모하는 것으로 근로자가 기계 등의 취급을 잘못해도 사고로 연결되는 일이 없도록 하는 안전기구이다. 즉, 인간과오(Human Error)를 방지하기 위한 것으로 가드, 록(Lock, 잠금) 장치, 오버런 기구 등이 있다.

(9) 리던던시(Redundancy)

시스템 일부에 고장이 나더라도 전체가 고장이 나지 않도록 기능적인 부분을 부가해서 신뢰도를 향상시키는 중복설계로 병렬 리던던시, 대기 리던던시, M out of N 리던던시, 스페어에 의한 교환, Fail-safe 등이 있다.

CHAPTER 03 위험성 감소대책 수립·실행

합격 KEYWORD 위험성 감소대책 고려순서, 예방보전, 평균고장간격(MTBF), 평균동작시간(MTTF), 평균수리시간(MTTR)

1 위험성 감소대책 수립 및 실행

1. 위험성 감소대책 실행

각 유해·위험요인에 대해 위험성을 결정하고, 허용 가능하지 않은 수준의 위험성을 가진 유해·위험요인들에 대해서는 허용 가능한 수준으로 위험성을 낮추는 대책이 필요하다.

(1) 위험성 감소대책의 정의
① 작업장 내 유해·위험요인으로 인한 위험성을 허용 가능한 수준으로 낮추기 위해 수립하고 실행하는 일련의 조치를 말한다.
② 위험성 평가 결과를 바탕으로 수립되며, 근로자의 안전과 건강을 보호하는 것을 목적으로 한다.

(2) 위험성 감소대책 고려순서
① 「산업안전보건법령」 등에 규정된 사항이 있는지를 검토하여 법령에 규정된 방법으로 조치한다.
② 위험한 작업을 아예 폐지하거나 기계·기구, 물질의 변경 또는 대체를 통해 위험을 본질적으로 제거하는 방안을 우선적으로 고려한다.
③ ①, ②의 방법으로 위험성을 줄이기 어렵다면 인터록, 안전장치, 방호문, 국소배기장치 설치 등 유해·위험요인의 유해성이나 위험에의 접근 가능성을 줄이는 공학적 방법을 검토한다.
④ ①, ②, ③의 방법들로도 위험이 다 줄어들지 않는다면 작업 매뉴얼을 정비하거나 출입금지·작업허가 제도를 도입하고 근로자들에게 주의사항을 교육하는 등 관리적 방법 적용을 검토한다.
⑤ 상기 모든 조치들로도 줄이기 어려운 위험에 대해 최후의 방법으로 개인보호구의 사용 검토를 검토한다.

2. 설비관리

(1) 중요설비의 분류
설비란 유형고정자산을 총칭하는 것으로 기업 전체의 효율성을 높이기 위해서는 설비를 유효하게 사용하는 것이 중요하다. 설비의 예로는 토지, 건물, 기계, 공구, 비품 등이 있다.

(2) 보전
설비 또는 제품의 고장이나 결함을 회복시키기 위한 수리, 교체 등을 통해 시스템을 사용가능한 상태로 유지시키는 것이다.
① 예방보전(Preventive Maintenance): 설비를 항상 정상, 양호한 상태로 유지하기 위한 정기적인 검사와 초기의 단계에서 성능의 저하나 고장을 제거하든가 조정 또는 수복하기 위한 설비의 보수 활동을 의미한다.
  ㉠ 시간계획보전: 예정된 시간계획에 의한 보전 활동이다.
  ㉡ 상태감시보전: 설비의 이상상태를 미리 검출하여 설비의 상태에 따라 행하는 보전 활동이다.
  ㉢ 수명보전(Age-based Maintenance): 부품 등이 예정된 동작시간(수명)에 달하였을 때 행하는 보전 활동이다.

② **일상보전**(Routine Maintenance): 설비의 열화를 방지하고 그 진행을 지연시켜 수명을 연장하기 위한 보전으로 점검, 청소, 주유 및 교체 등의 활동을 말한다.

③ **사후보전**(Breakdown Maintenance): 고장이 발생한 이후에 시스템을 원래 상태로 되돌리는 것이다.

3. 설비의 운전 및 유지관리

(1) 교체주기

수명교체	부품고장 시 즉시 교체하고 고장이 발생하지 않을 경우에도 교체주기(수명)에 맞추어 교체하는 방법
일괄교체	부품이 고장나지 않아도 관련부품을 일괄적으로 교체하는 방법으로 교체비용을 줄이기 위해 사용

(2) 청소 및 청결

청소	쓸데없는 것을 버리고 더러워진 것을 깨끗하게 하는 것
청결	청소 후 깨끗한 상태를 유지하는 것

(3) 평균고장간격(MTBF; Mean Time Between Failure)

시스템, 부품 등의 고장 간의 동작시간 평균치이다.

① $MTBF = \dfrac{1}{\lambda}$, $\lambda(평균고장률) = \dfrac{고장건수}{총가동시간}$

② $MTBF = \dfrac{1}{\lambda_1} + \dfrac{1}{\lambda_2} + \cdots + \dfrac{1}{\lambda_n} = 평균동작시간(MTTF) + 평균수리시간(MTTR)$

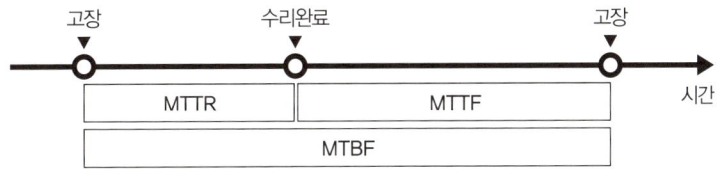

(4) 평균동작시간(MTTF; Mean Time To Failure)

시스템, 부품 등이 고장나기까지 동작시간의 평균치로 평균수명이라고도 한다.

① 직렬계

$$System의\ 수명 = \dfrac{MTTF}{n} = \dfrac{1}{\lambda}$$

② 병렬계

$$System의\ 수명 = MTTF\left(1 + \dfrac{1}{2} + \dfrac{1}{3} + \cdots + \dfrac{1}{n}\right)$$

※ 여기서, n: 직렬 또는 병렬계의 요소 수

(5) 평균수리시간(MTTR; Mean Time To Repair)

총 수리시간을 그 기간의 수리횟수로 나눈 시간으로 사후보전에 필요한 수리시간의 평균치를 나타낸다.

$$MTTR = \dfrac{1}{U(평균수리율)} = \dfrac{수리시간합계}{수리횟수}[시간]$$

(6) **가용도(Availability, 이용률)**

일정 기간에 시스템이 고장 없이 가동될 확률이다.

① 가용도(A) = $\dfrac{\text{MTTF}}{\text{MTTF}+\text{MTTR}} = \dfrac{\text{MTTF}}{\text{MTBF}}$

② 가용도(A) = $\dfrac{\mu}{\lambda+\mu}$ (여기서, λ: 평균고장률, μ: 평균수리율)

2 평가 방법별 허용 가능한 위험수준 분석(빈도·강도법)

위험성의 빈도(가능성)와 강도(중대성)를 곱셈, 덧셈, 행렬 등의 방법으로 조합하여 위험성의 크기(수준)를 산출하고, 이 위험성의 크기가 허용 가능한 수준인지 여부를 살펴보는 방법이다.

1. 빈도

유해·위험요인에 얼마나 자주 노출되는지, 얼마나 오래 노출되는지, 며칠에 한 번 아차사고가 발생하는지 등을 고려하여 숫자로 나타낸 크기이다.

예) 빈번하게 발생하는 경우 "3", 가끔 발생하는 경우 "2", 거의 발생 않는 경우 "1" 등

2. 강도

위험한 사고로 인해 누구에게 얼마나 큰 피해가 있었는지를 나타내는 척도이다.

예) 사망이나 장애 발생 "3", 휴업이 필요한 경우 "2", 치료가 불필요한 경우 "1" 등

3. 위험성 결정

(1) 빈도와 강도를 곱하거나 더해서 나온 위험성의 크기를 다양한 숫자로 나타낸다.
(2) 사전에 근로자들과 상의하여 준비한 "허용 가능한 위험성의 크기"와 비교한다.
(3) 산출된 유해·위험요인의 위험성 크기에 따라 "허용 가능/불가능" 여부를 판단한다.

3 휴먼에러 대책

1. 배타설계(Exclusion Design)

설계 단계에서 사용하는 재료나 기계 작동 메커니즘 등 모든 면에서 휴먼에러 요소를 근원적으로 제거하도록 하는 디자인 원칙이다.

예) 유아용 완구의 표면을 칠하는 도료를 위험한 화학물질에서 먹어도 무해한 도료로 대체

2. 보호설계(Preventive Design)

에러를 근원적으로 제거하는데 경제적, 기술적으로 어려운 경우 가능한 에러 발생 확률을 최대한 낮추어 주는 설계를 한다. 즉, 신체적 조건이나 정신적 능력이 낮은 사용자 또는 사용자가 조작실수를 하더라도 사고를 낼 확률을 낮게 설계해 주는 것을 에러 예방 디자인, 혹은 풀-푸르프(Fool-proof) 디자인이라고 한다.

예) 아이들이 세제나 약병의 뚜껑을 함부로 열 수 없도록 힘을 아래 방향으로 가해 돌려야 열 수 있도록 병뚜껑을 디자인 한다. 자동차 기어가 D에 물려있는 경우 시동을 걸어도 시동이 걸리지 않는다.

3. 이중-안전설계(Fail-safe Design)

안전장치 등의 부착을 통한 디자인 원칙을 페일-세이프(Fail-safe) 디자인이라고 한다. Fail-safe 설계를 위해서는 보통 시스템 설계 시 부품의 병렬체계설계나 대기체계설계와 같은 중복설계를 한다.

> **합격 보장 꿀팁 | 병렬체계설계의 특성**
>
> ① 요소의 어느 하나라도 정상이면 시스템은 정상이다.
> ② 요소의 중복도가 늘어날수록 시스템의 수명은 늘어난다.
> ③ 요소의 수가 많을수록 고장의 기회는 줄어든다.
> ④ 시스템의 수명은 요소 중 수명이 가장 긴 것으로 정해진다.
>   예) 비행기 각 날개에 엔진이 두 개씩 배치되어 하나가 고장나더라도 비상착륙이 가능하도록 한다.

CHAPTER 04 근골격계질환 예방관리

합격 KEYWORD 근골격계질환의 정의, 근골격계부담작업의 범위, 유해요인조사

1 근골격계 유해요인

1. 근골격계질환의 정의 〔안전보건규칙 제656조〕

반복적인 동작, 부적절한 작업자세, 무리한 힘의 사용, 날카로운 면과의 신체접촉, 진동 및 온도 등의 요인에 의하여 발생하는 건강장해로서 목, 어깨, 허리, 팔·다리의 신경·근육 및 그 주변 신체조직 등에 나타나는 질환을 말한다.

 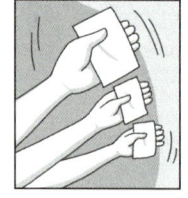   

▲ 무리한 힘 ▲ 반복동작 ▲ 부적절한 자세 ▲ 휴식부족 ▲ 근골격계질환

2. 근골격계부담작업의 범위

(1) 단기간 작업과 간헐적인 작업 〔근골격계부담작업의 범위 및 유해요인조사 방법에 관한 고시 제2조〕
① 단기간 작업: 2개월 이내에 종료되는 1회성 작업
② 간헐적인 작업: 연간 총 작업일수가 60일을 초과하지 않는 작업

(2) 근골격계부담작업의 범위 〔근골격계부담작업의 범위 및 유해요인조사 방법에 관한 고시 제3조〕
근골격계부담작업이란 다음의 어느 하나에 해당하는 작업을 말한다. 다만, 단기간 작업 또는 간헐적인 작업은 제외한다.
① 하루에 4시간 이상 집중적으로 자료입력 등을 위해 키보드 또는 마우스를 조작하는 작업
② 하루에 총 2시간 이상 목, 어깨, 팔꿈치, 손목 또는 손을 사용하여 같은 동작을 반복하는 작업
③ 하루에 총 2시간 이상 머리 위에 손이 있거나, 팔꿈치가 어깨 위에 있거나, 팔꿈치를 몸통으로부터 들거나, 팔꿈치를 몸통 뒤쪽에 위치하도록 하는 상태에서 이루어지는 작업
④ 지지되지 않은 상태이거나 임의로 자세를 바꿀 수 없는 조건에서, 하루에 총 2시간 이상 목이나 허리를 구부리거나 트는 상태에서 이루어지는 작업
⑤ 하루에 총 2시간 이상 쪼그리고 앉거나 무릎을 굽힌 자세에서 이루어지는 작업
⑥ 하루에 총 2시간 이상 지지되지 않은 상태에서 1[kg] 이상의 물건을 한손의 손가락으로 집어 옮기거나, 2[kg] 이상에 상응하는 힘을 가하여 한손의 손가락으로 물건을 쥐는 작업
⑦ 하루에 총 2시간 이상 지지되지 않은 상태에서 4.5[kg] 이상의 물건을 한 손으로 들거나 동일한 힘으로 쥐는 작업
⑧ 하루에 10회 이상 25[kg] 이상의 물체를 드는 작업
⑨ 하루에 25회 이상 10[kg] 이상의 물체를 무릎 아래에서 들거나, 어깨 위에서 들거나, 팔을 뻗은 상태에서 드는 작업
⑩ 하루에 총 2시간 이상, 분당 2회 이상 4.5[kg] 이상의 물체를 드는 작업

⑪ 하루에 총 2시간 이상 시간당 10회 이상 손 또는 무릎을 사용하여 반복적으로 충격을 가하는 작업

2 인간공학적 유해요인 평가

1. OWAS(Ovako Working-posture Analysis System)

(1) 평가방법

작업자의 자세를 관찰하여 허리, 팔, 다리, 하중/힘에 해당하는 OWAS 코드를 찾아 AC(Action Level) 판정표에서 점수를 확인한다.

(2) 한계점

작업자세 특성이 정적인 자세에 초점이 맞추어져 있고, 중량물 취급 작업 외에는 작업에 소요되는 힘과 반복성에 대한 위험성이 평가에 반영되지 않는다.

2. RULA(Rapid Upper Limb Assessment)

(1) 평가방법

팔(위팔 및 아래팔), 손목, 목, 몸통(허리), 다리 부위에 대해 각각의 기준에서 정한 값을 표에서 찾고, 근육의 사용 정도와 사용 빈도를 정해진 표에서 찾아 점수를 더하여 최종점수를 계산한다.

(2) 한계점

팔의 분석에만 초점을 맞추고 있어 전신의 작업자세 분석에는 한계가 있다. 예를 들어, 쪼그려 앉은 작업자세는 분석이 어렵다.

3. REBA(Rapid Entire Body Assessment)

(1) 평가방법

평가방법은 크게 신체부위별로 A(허리, 목, 다리)와 B(위팔, 아래팔, 손목) 그룹의 자세를 각각 평가한 뒤 도출된 점수에 A 그룹은 무게/힘을 고려한 점수 A를, B 그룹은 손잡이를 고려한 점수 B를 도출한 뒤 점수 A, B를 더한 점수 C를 산출한다. 산출된 점수 C에 행동점수를 고려하여 산출된 최종점수인 REBA 점수를 통해 작업의 위험수준과 조치사항을 결정할 수 있다.

(2) 한계점

RULA의 한계점을 보완한 도구로써, 전신의 작업자세, 작업물이나 공구의 무게도 고려하나 RULA에 비하여 자세분석에 사용된 사례가 부족하다.

3 근골격계 유해요인 관리

1. 작업관리의 목적
(1) 인간공학적 작업환경 조성(생산성 증대)
(2) 신체부담 감소를 위한 작업 개선
(3) 방법, 재료, 설비, 공구 등의 표준화
(4) 제품의 품질 균일화
(5) 생산비 절감
(6) 새로운 방법의 작업 지도
(7) 안전성 향상

2. 방법연구(작업방법의 개선)
(1) **정의**
작업 중에 포함된 불필요한 동작을 제거하기 위해 작업을 과학적으로 분석하여 필요한 동작만으로 구성된 효과적, 합리적인 작업방법 설계 기법(공정분석, 작업분석, 동작분석)을 말한다.

(2) **절차**
① 문제 발견 → ② 현장분석 → ③ 중요도 발견 → ④ 검토 → ⑤ 개선안 수립 및 실시 → ⑥ 결과평가 → ⑦ 표준작업과 표준시간 설정 → ⑧ 표준의 유지

3. 문제해결절차(기본형 5단계)
(1) **1단계**: 연구대상 선정(경제성 기술 및 인간적인 면 고려)
(2) **2단계**: 분석과 기록(차트와 도표 사용)
(3) **3단계**: 자료의 검토(5W1H의 설문방식 도입, 개선의 ECRS)
(4) **4단계**: 개선안의 수립
(5) **5단계**: 개선안의 도입

4. 유해요인조사 안전보건규칙 제657조
사업주는 근로자가 근골격계부담작업을 하는 경우에 3년마다 다음 각 사항에 대한 유해요인조사를 하여야 한다. 다만, 신설되는 사업장의 경우에는 신설일부터 1년 이내에 최초의 유해요인조사를 하여야 한다.
(1) 설비·작업공정·작업량·작업속도 등 작업장 상황
(2) 작업시간·작업자세·작업방법 등 작업조건
(3) 작업과 관련된 근골격계질환 징후와 증상 유무 등

CHAPTER 05 유해요인 관리

> 합격 KEYWORD 물리적 유해요인, 화학적 유해요인, 생물학적 유해요인

1 물리적 유해요인 관리 〔산업안전보건법 시행규칙 별표 18〕

1. 소음
소음성난청을 유발할 수 있는 85[dB(A)] 이상의 시끄러운 소리
(1) **소음 발생원 대책**: 발생원 저감화, 제거, 차음, 방진, 운전 방법 개선 등
(2) **전파 경로 대책**: 거리 이격, 차폐, 흡음, 지향성 등
(3) **수음자 대책**: 작업 방법의 개선, 보호구 착용 등

2. 진동
착암기, 손망치 등의 공구를 사용함으로써 발생되는 백랍병·레이노 현상·말초순환장애 등의 국소 진동 및 차량 등을 이용함으로써 발생되는 관절통·디스크·소화장애 등의 전신 진동
(1) **발생원에서의 진동 감소**: 진동 댐핑, 진동 격리 등
(2) **작업 방법 개선**: 진동 공구의 적절한 유지 보수, 가능한 공구는 낮은 속력에서 작동, 정기휴식 제공, 교육 등
(3) 방진 장갑 등 개인 보호구 착용

3. 방사선
직접·간접으로 공기 또는 세포를 전리하는 능력을 가진 알파선·베타선·감마선·엑스선·중성자선 등의 전자파나 입자선
(1) 방사선 노출 시간 단축(피폭량=선량률×시간)
(2) 방사선원으로부터 가능한 거리는 멀게(거리의 제곱에 반비례)
(3) 차폐 시설 설치 및 개인 보호구 착용

4. 이상기압
게이지 압력이 $1[kg/cm^2]$ 초과 또는 미만인 기압
(1) **고기압에 대한 대책**: 잠함 작업 시 시설 점검, 고압 하의 작업시간 규정 준수 철저 등
(2) **저기압에 대한 대책**: 환기, 산소농도 측정, 보호구 착용, 근로자 건강을 고려한 작업배치 등

5. 이상기온

고열·한랭·다습으로 인하여 열사병·동상·피부질환 등을 일으킬 수 있는 기온

(1) 고열장해 예방 및 관리대책
① 발생원에 대한 공학적 대책: 방열, 환기, 복사열 차단, 냉방 등
② 작업자에 대한 대책: 적성배치, 고온순화, 작업량 및 작업주기 조절, 물과 소금 공급 등

(2) 저열장해 예방 및 관리대책
① 발생원에 대한 공학적 대책: 전신 온도 상승, 기류 속도 감소, 난방, 열전도 높은 물질 사용 권고 등
② 작업자에 대한 대책: 단열의복 착용, 작업량 및 작업시간 조절, 한랭순화 등

2 화학적 유해요인 관리

1. 화학적 유해요인 파악

(1) 화학물질의 분류기준 [산업안전보건법 시행규칙 / 별표 18]
① 물리적 위험성 분류기준: 폭발성 물질, 인화성 가스, 인화성 액체, 인화성 고체 등
② 건강 및 환경 유해성 분류기준: 급성 독성 물질, 피부 부식성 또는 자극성 물질, 발암성 물질, 생식세포 변이원성 물질 등

(2) 관리대상 유해물질 [안전보건규칙 / 제420조]
① 근로자에게 상당한 건강장해를 일으킬 우려가 있어 건강장해를 예방하기 위한 보건상의 조치가 필요한 원재료·가스·증기·분진·흄, 미스트
② 유기화합물(123종), 금속류(25종), 산·알칼리류(18종), 가스 상태 물질류(15종)

(3) 작업환경관리상 화학적 유해인자의 분류
① 입자상물질(분진, 미스트)
② 가스상물질(가스, 증기)

2. 화학적 유해요인 관리대책 수립

(1) 공학적 대책
① 대체(물질, 공정, 시설 등) ② 격리 ③ 밀폐
④ 차단 ⑤ 환기(전체환기, 국소배기)

(2) 관리적 대책
① 작업시간 및 휴식시간 조정 ② 교대근무 ③ 작업전환
④ 교육 ⑤ 명칭 등의 게시 ⑥ 출입 또는 작업금지

(3) 개인 보호구 착용

3 생물학적 유해요인 관리

1. 생물학적 유해요인 파악 산업안전보건법 시행규칙 별표 18

(1) **혈액매개 감염인자**

인간면역결핍바이러스, B형·C형간염바이러스, 매독바이러스 등 혈액을 매개로 다른 사람에게 전염되어 질병을 유발하는 인자

(2) **공기매개 감염인자**

결핵·수두·홍역 등 공기 또는 비말감염 등을 매개로 호흡기를 통하여 전염되는 인자

(3) **곤충 및 동물매개 감염인자**

① 동물의 배설물 등에 의해 전염되는 인자: 쯔쯔가무시증, 렙토스피라증, 유행성출혈열 등
② 가축 또는 야생동물로부터 사람에게 감염되는 인자: 탄저병, 브루셀라병 등

2. 생물학적 유해요인 관리대책 수립

(1) 감염병 예방을 위한 계획수립, 보호구 지급, 예방접종 등
(2) 감염병 예방을 위한 유해성 주지, 감염병의 종류와 원인, 전파 및 감염경로 파악 등
(3) 보안경, 보호마스크, 보호장갑, 보호앞치마 등 개인보호구 지급 및 착용

CHAPTER 06 작업환경 관리

> **합격 KEYWORD** 인체계측자료의 응용원칙, 정량적 표시장치, Phon, Sone, 시각장치와 청각장치의 비교, 조정-반응 비율, 양립성, 신체활동의 에너지 소비, 휴식시간 산정, 부품배치의 원칙, 실효온도, 저온스트레스, 작업별 조도기준, 강렬한 소음작업, 동작경제의 3원칙

1 인체계측 및 체계제어

1. 인체측정(계측) 방법

(1) 구조적 인체치수
① 표준 자세에서 움직이지 않는 피측정자를 인체측정기로 측정한다.
② 설계의 표준이 되는 기초적인 치수를 결정한다.
③ 마틴측정기, 실루엣 사진기

(2) 기능적 인체치수
① 움직이는 몸의 자세로부터 측정한다.
② 사람은 일상생활 중에 항상 몸을 움직이기 때문에 어떤 설계 문제에는 기능적 치수가 더 널리 사용된다.
③ 사이클그래프, 마르티스트로브, 시네필름, VTR

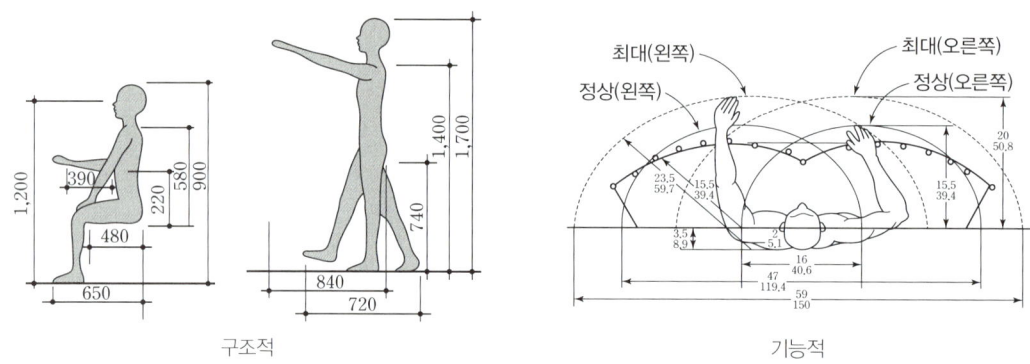

▲ 구조적 인체치수 및 기능적 인체치수 예

2. 인체계측자료의 응용원칙

(1) 극단치 설계
특정한 설비를 설계할 때, 거의 모든 사람을 수용할 수 있도록 설계한다.
① 최소치 설계: 하위 백분위 수 기준 1, 5, 10[%tile]
  ㉮ 선반의 높이, 조종장치까지의 거리 등
② 최대치 설계: 상위 백분위 수 기준 90, 95, 99[%tile]
  ㉮ 문, 통로, 탈출구 등

(2) 조절식 설계(5~95[%tile])
체격이 다른 여러 사람에 맞도록 조절식으로 만드는 것이다.
  ㉮ 자동차 좌석의 전후 조절, 사무실 의자의 상하 조절 등

(3) **평균치 설계**

최대치수나 최소치수를 기준 또는 조절식으로 설계하기 부적절한 경우, 평균치를 기준으로 설계한다.
   예) 손님의 평균 신장을 기준으로 만든 은행의 계산대 등

3. 신체반응의 측정

(1) **작업의 종류에 따른 측정**
   ① 정적 근력작업: 에너지 대사량과 심박수의 상관관계, 시간적 경과, 근전도 등
   ② 동적 근력작업: 에너지 대사량과 산소소비량, CO_2 배출량, 호흡량, 심박수, 근전도 등
   ③ 신경적 작업: 매회 평균호흡진폭, 맥박수, 피부전기반사(GSR) 등
   ④ 심적작업: 플리커값 등

(2) **심장활동의 측정**
   ① 심장주기: 수축기(약 0.3초), 확장기(약 0.5초)의 주기를 측정한다.
   ② 심박수: 분당 심장 주기수를 측정(분당 75회)한다.
   ③ 심전도(ECG): 심장근 수축에 따른 전기적 변화를 피부에 부착한 전극으로 측정한다.

(3) **산소소비량 측정**
   ① 더글러스 백(Douglas Bag)을 사용하여 배기가스를 수집한다.
   ② 배기가스의 성분을 분석하고 부피를 측정한다.

4. 시각적 표시장치

(1) **눈의 구조**
   ① 각막: 빛이 통과하는 곳이다.
   ② 홍채: 눈으로 들어가는 빛의 양을 조절(카메라 조리개 역할)한다.
   ③ 모양체: 수정체의 두께를 조절하는 근육이다.
   ④ 수정체: 빛을 굴절시켜 망막에 상이 맺히도록 하는 역할(카메라 렌즈 역할)을 한다.
   ⑤ 망막: 상이 맺히는 곳(카메라 필름 역할)으로, 감광세포가 존재한다.
   ⑥ 시신경: 망막으로부터 받은 정보를 뇌로 전달한다.
   ⑦ 맥락막: 망막을 둘러싼 검은 막(카메라 어둠상자 역할)이다.
   ⑧ 황반: 망막 중 시신경 세포가 밀집된 부위이다.
   ⑨ 맹점: 시신경 섬유가 모이는 곳으로 시각 세포가 없다.

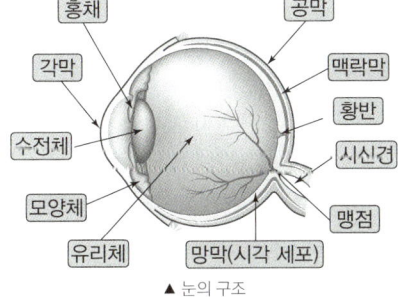

▲ 눈의 구조

(2) **시력**
   ① 디옵터(Diopter)

   수정체의 초점조절 능력을 나타내는 것으로, 초점거리를 [m]로 표시했을 때의 굴절률이다. (단위: [D])

   $$\text{렌즈의 굴절률 Diopter}[D] = \frac{1}{[m] \text{ 단위의 초점거리}}$$

   $$\text{사람의 굴절률} = \frac{1}{0.017} = 59[D]$$

   ※ 사람의 눈은 수정체의 1.7[cm](0.017[m]) 뒤쪽에 있는 망막에 물체의 초점이 맺히도록 함

② 시각과 시력
  ㉠ 시각(Visual Angle): 보는 물체에 대한 눈의 대각이다.

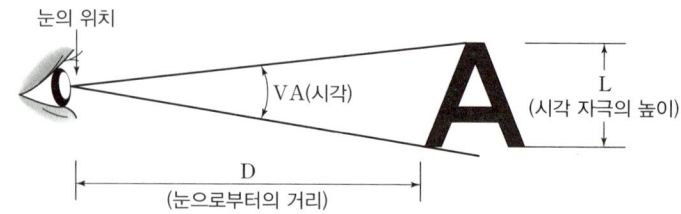

$$시각[분] = \frac{180}{\pi} \times 60 \times \frac{시각\ 자극의\ 높이(L[mm])}{눈으로부터의\ 거리(D[mm])} = L \times 57.3 \times \frac{60}{D}$$

  ㉡ 시력 = $\frac{1}{시각}$

③ 눈의 이상
  ㉠ 원시: 가까운 물체의 상이 망막 뒤에 맺히는 것으로 멀리 있는 물체는 잘 볼 수 있으나 가까운 물체는 보기 어렵다.
  ㉡ 근시: 먼 물체의 상이 망막 앞에 맺히는 것으로 가까운 물체는 잘 볼 수 있으나 멀리 있는 물체는 보기 어렵다.

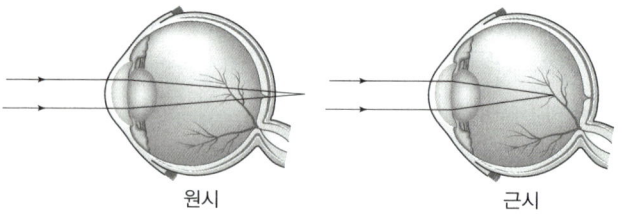

원시   근시

④ 순응(조응)
  갑자기 어두운 곳에 들어가면 보이지 않거나 밝은 곳에 갑자기 노출되면 눈이 부시나 시간이 지나면 점차 사물의 형상을 알 수 있는데, 이러한 광도수준에 대한 적응을 순응(Adaption) 또는 조응이라고 한다.
  ㉠ 암순응(암조응): 우리 눈이 어둠에 적응하는 과정으로 로돕신(Rhodopsin)이 증가하여 간상세포의 감도가 높아진다.(약 30~40분 정도 소요)
  ㉡ 명순응(명조응): 우리 눈이 밝음에 적응하는 과정으로 로돕신이 감소하여 원추세포가 기능하게 된다.(약 수초 내지 1~2분 소요)

⑤ 푸르키네(퍼킨지) 현상(Purkinje Effect)
  조명수준이 감소하면 장파장에 대한 시감도가 감소하는 현상이다. 즉, 밤에는 같은 밝기를 가진 장파장의 적색보다 단파장인 청색이 더 잘 보인다.

⑥ 시성능
  인간의 정상적인 시계는 200°이고 그중에서도 색채를 식별할 수 있는 범위는 70°이다. 또한 시성능은 연령에 따라 감퇴되는 특성을 갖고 있기 때문에 젊은이에게 충분한 조명수준이라도 노인에게는 부족할 수 있다. 20세의 시성능을 1.0이라 할 때 40세는 1.17배, 50세는 1.58배, 65세는 2.66배의 조명이 필요하다.

(3) **정량적 표시장치**
온도나 속도 같은 동적으로 변하는 변수나 자로 재는 길이 같은 계량치에 관한 정보를 제공하는 데 사용한다.
① 동침형(Moving Pointer): 고정된 눈금상에서 지침이 움직이면서 값을 나타내는 방법으로 지침의 위치가 일종의 인식상의 단서로 작용하는 이점이 있다.
② 동목형(Moving Scale): 동침형과 달리 표시장치의 공간을 적게 차지하는 이점이 있으나, "이동부분의 원칙"과 "동작방향의 운동양립성"을 동시에 만족시킬 수가 없으므로 지침의 빠른 인식을 요구하는 작업에 부적합하다.

③ 계수형(Digital Display): 수치를 정확히 읽어야 하며, 지침의 위치를 추정할 필요가 없는 경우에 적합하다. 수치가 빨리 변하는 경우 판독이 곤란하며 시각피로 유발도가 높다.

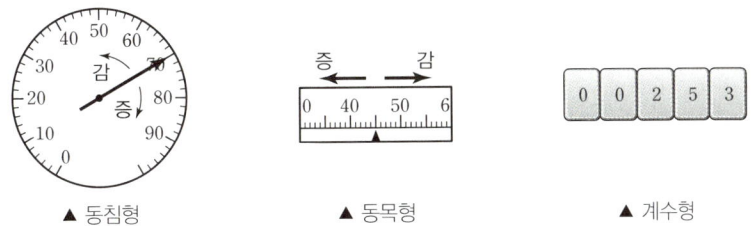

▲ 동침형   ▲ 동목형   ▲ 계수형

(4) **정성적 표시장치**

온도, 압력, 속도와 같이 연속적으로 변하는 변수의 대략적인 값이나 변화추세 또는 현재 상태의 정상·비정상 여부 등을 알고자 할 때 사용한다.

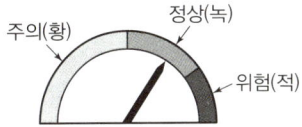

> **합격 보장 꿀팁**
> ① 시각 표시장치의 목적
>   ㉠ 정량적 판독: 눈금을 사용하는 경우와 같이 정확한 정량적 값을 얻으려는 경우이다.
>   ㉡ 정성적 판독: 기계가 작동되는 상태나 조건 등을 결정하기 위한 것으로 보통 허용범위 이상, 이내, 미만 등과 같이 세 가지 조건에 대하여 사용한다.
>   ㉢ 이분적 판독: On-Off와 같이 작업을 확인하거나 상태를 규정하기 위해 사용한다.
> ② 정량적 자료를 정성적 판독의 근거로 사용하는 경우
>   ㉠ 변수의 상태나 조건이 미리 정해놓은 몇 개의 범위 중 어디에 속하는가를 판정할 때
>   ㉡ 바람직한 어떤 범위의 값을 대략 유지하고자 할 때(자동차의 시속을 50~60[km]로 유지할 때)
>   ㉢ 변화 추세나 변화율을 관찰하고자 할 때(비행고도의 변화율을 볼 때)

(5) **상태표시기**

정성적 계기를 다른 목적으로 사용하지 않고 상태점검용이나 확인용으로만 사용할 경우 이를 상태지시계(상태표시기)라 한다. 가장 대표적인 예가 신호등인데 대개 적색, 황색, 녹색 등으로 코드화한다.

정적(Static) 표시장치	간판, 도표, 그래프, 인쇄물, 필기물 같이 시간에 따라 변하지 않는 것
동적(Dynamic) 표시장치	온도계, 기압계, 속도계, 고도계, 레이더 등 어떤 변수를 조정하거나 맞추는 것을 돕기 위한 것

(6) **신호 및 경보등**

① 광원의 크기, 광도 및 노출시간

광원의 크기가 작으면 시각이 작아지며, 광원의 크기가 작을수록 광속발산도가 커야 한다.

② 색광

㉠ 반응시간이 빠른 순서는 적색>녹색>황색>백색 순이다.

㉡ 가볍고 경쾌한 색에서 느리고 둔한 색의 순서를 나타내면 백색>황색>녹색>등색>자색>청색>흑색이다.

③ 점멸속도

점멸 융합주파수(약 30[Hz])보다 작아야 하며, 주의를 끌기 위해서는 초당 3~10회의 점멸속도에 지속시간은 0.05초 이상이 적당하다.

④ 배경광(불빛)

배경의 불빛이 신호등과 비슷할 경우 신호광 식별이 곤란하며, 배경 잡음의 광이 점멸일 경우 점멸신호등의 기능을 상실한다.

(7) 묘사적 표시장치

① 묘사적 표시장치의 이동표시(예 항공기 표시장치)
   배경이 변화하는 상황을 중첩하여 나타내는 표시장치로 효과적인 상황 판단을 위해 사용한다.

② 형태
   ㉠ 항공기 이동형(외견형): 지평선이 고정되고 항공기가 움직이는 형태
   ㉡ 지평선 이동형(내견형): 항공기가 고정되고 지평선이 이동되는 형태로 대부분의 항공기의 표시장치가 이에 속함
   ㉢ 빈도 분리형: 외견형과 내견형의 혼합형

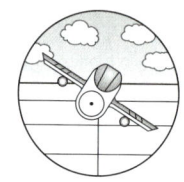 
▲ 항공기 이동형   ▲ 지평선 이동형

(8) 문자 – 숫자 표시장치

문자 – 숫자 체계에서 인간공학적 판단기준은 가시성(Visibility), 식별성(Legibility), 판독성(Readability)이다.

① 획폭비
   문자나 숫자의 높이에 대한 획 굵기의 비율이다.

② 종횡비
   문자나 숫자의 폭에 대한 높이의 비율이다.
   ㉠ 문자의 경우 최적 종횡비는 1:1 정도
   ㉡ 숫자의 경우 최적 종횡비는 3:5 정도

(9) 시각적 암호, 부호, 기호

묘사적 부호	사물이나 행동을 단순하고 정확하게 묘사한 것 예 도로표지판의 보행신호
추상적 부호	메시지의 기본요소를 도식적으로 압축한 부호로 원래의 개념과는 약간의 유사성이 있음
임의적 부호	부호가 이미 고안되어 사용자가 이를 배워야 하는 것 예 산업안전표지의 원형 → 금지표지, 사각형 → 안내표지 등

> **합격 보장 꿀팁** 암호(코드)체계 사용상의 일반적 지침
> ① 암호의 검출성: 타 신호가 존재하더라도 검출이 가능하여야 한다.
> ② 암호의 변별성: 다른 암호표시와 구분이 되어야 한다.
> ③ 암호의 표준화: 표준화되어야 한다.
> ④ 부호의 양립성: 인간의 기대와 모순되지 않아야 한다.
> ⑤ 부호의 의미: 사용자가 부호의 의미를 알 수 있어야 한다.
> ⑥ 다차원 암호의 사용: 2가지 이상의 암호를 조합해서 사용하면 정보전달이 촉진된다.

(10) 작업장 내부 및 외부색의 선택

작업장 색채조절은 사람에 대한 감정적 효과, 피로방지 등을 통하여 생산능률 향상에 도움을 주려는 목적과 사고방지를 위한 표식의 명확화 등을 위해 사용한다.

내부	천장은 75[%] 이상의 반사율을 가진 백색, 바닥 색은 광선의 반사를 피해 명도 4~5 정도 유지
외부	벽면은 주변 명도의 2배 이상. 창틀은 명도나 채도를 벽보다 1~2배 높게
기계	녹색(10G 6/2)과 회색을 혼합해서 사용 또는 청록색(7.5BG 6/15) 사용
바닥	추천 반사율은 20~40[%]
색의 심리적 작용	색의 명도, 채도에 따라 사물의 크기, 원근감, 온도감, 경중(輕重)감, 속도감 등을 각각 다르게 느낄 수 있음

5. 청각적 표시장치

(1) 청각과정

① 귀의 구조
  ㉠ 바깥귀(외이): 소리를 모으는 역할을 한다.
  ㉡ 가운데귀(중이): 고막의 진동을 속귀로 전달하는 역할을 한다.
  ㉢ 속귀(내이): 달팽이관에 청세포가 분포되어 있어 소리자극을 청신경으로 전달한다.

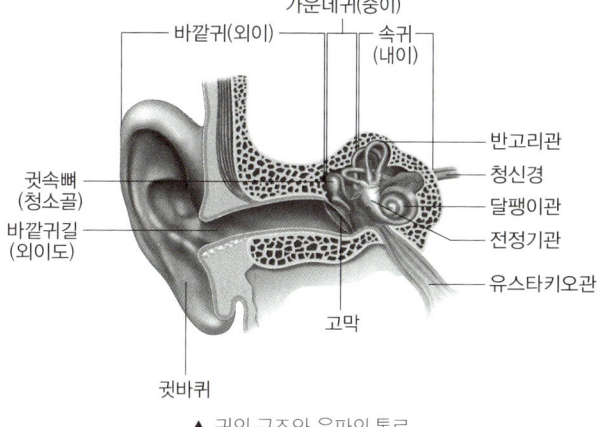

▲ 귀의 구조와 음파의 통로

② 음의 특성 및 측정
  ㉠ 음파의 진동수(Frequency of Sound Wave)
    • 인간이 감지하는 음의 높낮이다.
    • 음원의 진동이 주변 공기의 압력을 증가 또는 감소시키는 데 1초당 증감 사이클 수를 음의 진동수(주파수)라 하며 [Hz](herz) 또는 CPS[cycle/s]로 표시한다.
  ㉡ 음의 강도(Sound Intensity)
    • 인간이 감지하는 음의 세기(진폭)이다.
    • 음의 강도는 단위면적당 동력[W/m^2]으로 정의되는데 그 범위가 매우 넓기 때문에 로그(log)를 사용한다. [B](Bell, 두 음의 강도비의 로그값)를 기본측정 단위로 사용하고 보통은 [dB](Decibel)을 사용한다. (1[dB]=0.1[B])
    • 음압수준(SPL, Sound Pressure Level): $SPL[dB] = 20\log\frac{P_1}{P_0}$, P_1: 음압, P_0: 기준음압(20[μN/m^2])
    • 두 음압 P_1, P_2의 강도차: $SPL_2 - SPL_1 = 20\log\frac{P_2}{P_1}$
    • 두 거리 d_1, d_2에 따른 음의 변화: $dB_2 = dB_1 - 20\log\frac{d_2}{d_1}$
  ㉢ 소음이 합쳐질 경우 음압수준

  $$SPL[dB] = 10\log(10^{\frac{A_1}{10}} + 10^{\frac{A_2}{10}} + 10^{\frac{A_3}{10}} + \cdots)$$
  여기서, A_1, A_2, A_3, $\cdots$: 각 소음의 음압수준

③ 음량(Loudness)
  ㉠ Phon 음량수준: 정량적 평가를 위한 음량 수준 척도이다. [phon]으로 표시한 음량 수준은 이 음과 같은 크기로 들리는 1,000[Hz] 순음의 음압수준[dB]이다.
  ㉡ Sone 음량수준: 다른 음의 상대적인 주관적 크기 비교이다. 40[dB]의 1,000[Hz] 순음 크기(=40[phon])를 1[sone]으로 정의하고, 기준음보다 10배 크게 들리는 음이 있다면 이 음의 음량은 10[sone]이다.

  $$[sone]치 = 2^{\frac{[phon]-40}{10}}$$

④ 은폐(Masking) 효과
음의 한 성분이 다른 성분에 대한 귀의 감수성을 감소시키는 상황으로 피은폐된 한 음의 가청 역치가 다른 은폐된 음 때문에 높아지는 현상을 말한다. ⓔ 사무실의 키보드 소리 때문에 말소리가 묻히는 경우

⑤ 등감곡선(등청감곡선)

음의 물리적 강약은 음압에 따라 변화하지만 사람의 귀로 듣는 음의 감각적 강약은 음압뿐만 아니라 주파수에 따라 변한다. 따라서 같은 크기로 느끼는 순음을 주파수별로 구하여 그래프로 작성한 것을 말한다. 등청감곡선에 따르면 사람의 귀로는 주파수 범위 20~20,000[Hz]의 음압레벨 0~130[dB] 정도를 가청할 수 있고, 이 청감은 4,000[Hz] 주위의 음에서 가장 예민하며 100[Hz] 이하의 저주파음에서는 둔하다.

⑥ 통화이해도

통화이해도란 음성 메시지를 수화자가 얼마나 정확하게 인지할 수 있는가 하는 것이다.

㉠ 통화이해도(Speech Intelligibility) 시험: 통화의 이해도를 측정하는 가장 간단한 방법은 실제로 말을 들려주고 이를 복창하게 하거나 물어보는 것이다. 측정에 소요되는 시간과 노력을 고려해 볼 때 통신 시스템이나 잡음의 영향을 평가하는 데는 실용적이지 못하다.

㉡ 명료도 지수(Articulation Index): 명료도 지수란 각 옥타브(Octave)대의 음성과 잡음의 [dB]값에 가중치를 주어 그 합계를 구하는 것이다. 통화이해도를 추정하기 위해 사용된다.

㉢ 이해도 점수(Intelligibility Score): 수화자가 통화내용을 얼마나 알아들었는가의 비율[%]이다. 명료도 지수는 직접적으로 이해도를 나타내지는 않지만 여러 종류의 통화 자료의 이해도 추산치로 전환하여 사용될 수 있다.

㉣ 통화 간섭 수준(SIL; Speech Interference Level): 통화 간섭 수준이란 잡음이 통화이해도에 미치는 영향을 추정하는 하나의 지수이다. 잡음의 주파수별 분포가 평평할 경우 유용한 지표로서 500[Hz], 1,000[Hz], 2,000[Hz]에 중심을 둔 3옥타브 잡음 [dB] 수준의 평균치이다.

㉤ 소음 기준(NC; Noise Criteria) 곡선: 사무실, 회의실, 공장 등에서의 통화를 평가할 때 사용하는 것이 소음 기준이다. 어떤 주어진 통화 환경에서 배경 소음 수준을 각 옥타브별로 측정하고 그래프를 중첩시켜 보았을 때 가장 높은 값을 갖는 N값이 소음 기준치이다.

(2) 청각적 표시장치의 선택

① 시각장치와 청각장치의 비교

시각장치 사용이 유리한 경우	청각장치 사용이 유리한 경우
㉠ 메시지가 복잡한 경우	㉠ 메시지가 간단한 경우
㉡ 메시지가 긴 경우	㉡ 메시지가 짧은 경우
㉢ 메시지가 후에 재참조되는 경우	㉢ 메시지가 후에 재참조되지 않는 경우
㉣ 메시지가 공간적인 위치를 다루는 경우	㉣ 메시지가 시간적인 사건을 다루는 경우
㉤ 메시지가 즉각적인 행동을 요구하지 않는 경우	㉤ 메시지가 즉각적인 행동을 요구하는 경우
㉥ 수신자의 청각 계통이 과부하 상태인 경우	㉥ 수신자의 시각 계통이 과부하 상태인 경우
㉦ 수신 장소가 너무 소란스러운 경우	㉦ 수신장소가 너무 밝거나 암순응이 요구될 경우
㉧ 직무상 수신자가 한 곳에 머무르는 경우	㉧ 직무상 수신자가 자주 움직이는 경우

② 경계 및 경보신호 선택 시 지침

㉠ 귀는 중음역에 가장 민감하므로 500~3,000[Hz]를 사용한다.

㉡ 300[m] 이상 장거리용 신호에는 1,000[Hz] 이하의 진동수를 사용한다.

㉢ 칸막이를 돌아가는 신호는 500[Hz] 이하의 진동수를 사용한다.

㉣ 배경소음과 다른 진동수를 갖는 신호를 사용하고, 신호는 최소 0.5~1초 지속한다.

㉤ 주의를 끌기 위해서는 변조된 신호를 사용한다.

㉥ 경보효과를 높이기 위해서는 개시시간이 짧은 고강도의 신호를 사용한다.

6. 촉각 및 후각적 표시장치

(1) 피부감각

통각	아픔을 느끼는 감각
압각	압박이나 충격이 피부에 주어질 때 느끼는 감각
감각점의 분포량 순서	① 통점 → ② 압점 → ③ 냉점 → ④ 온점

(2) 조정장치의 촉각적 암호화
① 표면촉감을 사용하는 경우
② 형상을 구별하는 경우
③ 크기를 구별하는 경우
※ 조정장치(제어장치)의 암호화 방법(코드화): 형상, 크기, 색채, 촉감, 위치, 레벨, 조작방법

(3) 동적인 촉각적 표시장치

기계적 진동 (Mechanical Vibration)	① 진동기를 사용하여 피부에 전달 ② 진동장치의 위치, 주파수, 세기, 지속시간 등 물리적 매개변수
전기적 임펄스 (Electrical Impulse)	① 전류자극을 사용하여 피부에 전달 ② 전극위치, 펄스속도, 지속시간, 강도 등

(4) 후각적 표시장치
후각은 사람의 감각기관 중 가장 예민하고 빨리 피로해지기 쉬운 기관으로 사람마다 개인차가 심하다. 코가 막히면 감도도 떨어지고 냄새에 순응하는 속도가 빠르다.

(5) 웨버(Weber)의 법칙
특정 감각의 변화감지역(ΔI)은 사용되는 표준자극의 크기(I)에 비례한다.

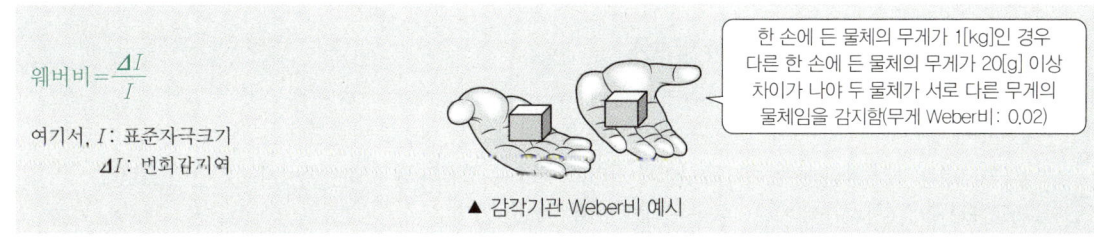

웨버비 $= \dfrac{\Delta I}{I}$

여기서, I: 표준자극크기
ΔI: 변화감지역

한 손에 든 물체의 무게가 1[kg]인 경우 다른 한 손에 든 물체의 무게가 20[g] 이상 차이가 나야 두 물체가 서로 다른 무게의 물체임을 감지함(무게 Weber비: 0.02)

▲ 감각기관 Weber비 예시

① 감각기관의 웨버(Weber)비
  ㉠ 웨버(Weber)비가 작을수록 인간의 분별력이 좋아진다.
  ㉡ 감각별 웨버(Weber)비

감각	시각	청각	무게	후각	미각
Weber비	$\dfrac{1}{60}$	$\dfrac{1}{10}$	$\dfrac{1}{50}$	$\dfrac{1}{4}$	$\dfrac{1}{3}$

② 인간의 감각기관의 자극에 대한 반응속도
청각(0.17초) > 촉각(0.18초) > 시각(0.20초) > 미각(0.29초) > 통각(0.70초)

7. 제어장치의 종류

(1) 개폐에 의한 제어(On-Off 제어)
$\frac{C}{D}$비로 동작을 제어하는 제어장치이다.
- 예) 누름단추(Push Button), 발(Foot) 푸시, 토글 스위치(Toggle Switch), 로터리 스위치(Rotary Switch)

(2) 양의 조절에 의한 통제
연료량, 전기량 등 양을 조절하는 통제장치이다.
- 예) 노브(Knob), 핸들(Hand Wheel), 페달(Pedal), 크랭크

(3) 반응에 의한 통제
계기, 신호, 감각에 의한 통제 또는 자동경보 시스템이다.

8. 조정–반응 비율(통제비, $\frac{C}{D}$비, $\frac{C}{R}$비, Control Display Ratio, Control Response Ratio)

(1) 통제표시비(선형조정장치)

$$\frac{X}{Y} = \frac{C}{R} = \frac{통제기기의 변위량}{표시계기지침의 변위량}$$

(2) 조종구의 통제비

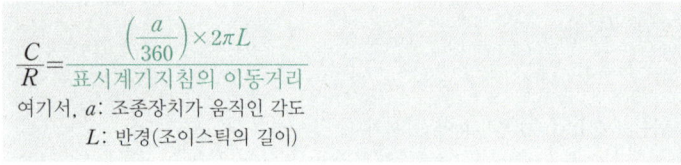

▲ 선형표시장치를 움직이는 조정구에서의 $\frac{C}{R}$비

(3) 통제표시비의 설계 시 고려하여야 할 요소
① 계기의 크기: 조절시간이 짧게 소요되는 사이즈를 선택하되 너무 작으면 오차가 클 수 있다.
② 공차: 짧은 주행시간 내에 공차의 인정범위를 초과하지 않는 계기를 마련한다.
③ 목시거리: 목시거리(눈과 계기표 사이의 거리)가 길수록 조절의 정확도는 떨어지고 시간이 걸린다.
④ 조작시간: 조작시간이 지연되면 통제비가 크게 작용한다.
⑤ 방향성: 계기의 방향성은 안전과 능률에 영향을 미친다.

(4) 통제비의 3요소
① 시각감지시간　　② 조절시간　　③ 통제기기의 주행시간

(5) 최적 $\frac{C}{R}$비
① $\frac{C}{R}$비가 증가함에 따라 조정시간은 급격히 감소하다가 안정되며, 이동시간은 이와 반대가 된다.
② $\frac{C}{R}$비가 작을수록 이동시간이 짧고 조정이 어려워 조정장치가 민감하다.

(6) 사정효과(Range Effect)
① 인간의 위치 동작에 있어 눈으로 보지 않고 손을 수평면상에서 움직이는 경우 짧은 거리는 지나치고 긴 거리는 못 미치는 경향을 말한다.
② 조작자는 작은 오차에는 과잉반응, 큰 오차에는 과소반응을 한다.

9. 양립성(Compatibility)
안전을 근원적으로 확보하기 위한 전략으로서 외부의 자극과 인간의 기대가 서로 모순되지 않아야 하는 것이고 제어장치와 표시장치 사이의 연관성이 인간의 예상과 어느 정도 일치하는가 여부이다.

(1) 공간적 양립성
어떤 사물들, 특히 표시장치나 조정장치의 물리적 형태나 공간적인 배치의 양립성을 말한다.

(2) 운동적 양립성
표시장치, 조정장치, 체계반응 등의 운동방향의 양립성을 말한다.

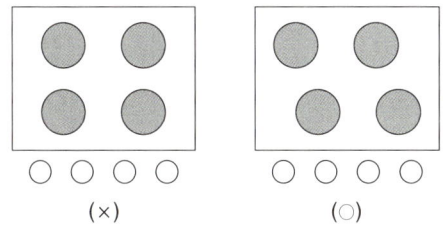
▲ 공간적 양립성에 따른 설계 예

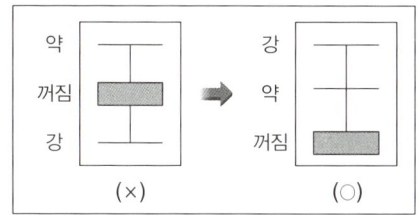
▲ 운동적 양립성에 따른 설계 예

(3) 개념적 양립성
외부로부터의 자극에 대해 인간이 가지고 있는 개념적 연상의 일관성을 말하는데, 예를 들어 파란색 수도꼭지와 빨간색 수도꼭지가 있는 경우 빨간색 수도꼭지를 보고 따뜻한 물이라고 연상하는 것을 말한다.

▲ 개념적 양립성이 적용된 정수기 출수 레버

(4) 양식 양립성
언어 또는 문화적 관습이나 특정 신호에 따라 적합하게 반응하는 것을 말하는데, 예를 들어 한국어로 질문하면 한국어로 대답하거나, 기계가 특정 음성에 대해 정해진 반응을 하는 것을 말한다.

10. 수공구와 장치 설계의 원리
(1) 손목을 곧게 유지한다.
(2) 조직의 압축응력을 피한다.
(3) 반복적인 손가락 움직임을 피한다.(모든 손가락 사용)
(4) 안전작동을 고려하여 설계한다.
(5) 손잡이는 손바닥의 접촉면적이 크도록 설계한다.

2 신체활동의 생리학적 측정방법

1. 신체반응의 측정

(1) **근전도**(EMG; Electromyogram)
근육활동의 전위차를 기록한 것으로 심장근의 근전도를 특히 심전도(ECG; Electrocardiogram)라 한다.(정신활동의 부담을 측정하는 방법이 아님)

(2) **피부전기반사**(GSR; Galvanic Skin Reflex)
작업부하의 정신적 부담도가 피로와 함께 증대하는 양상을 전기저항의 변화에서 측정하는 것이다.

(3) **플리커값**(Flicker Frequency of Fusion Light)
뇌의 피로 정도를 빛의 성질을 이용하여 측정하는 것이다. 빛의 단락(On-off) 주파수를 차츰 높이면 깜박거림이 없어지고 빛이 지속적으로 켜진 것처럼 보이는데, 일반적으로 피로도가 높을수록 낮은 주파수에서 빛이 지속적으로 켜진 것처럼 보인다.

2. 신체역학

인간은 근육, 뼈, 신경, 에너지 대사 등을 바탕으로 물리적인 활동을 수행하게 되는데 이러한 활동에 대하여 생리적 조건과 역학적 특성을 고려한 접근방법이다.

> **합격 보장 꿀팁**
> 뼈의 주요기능: 인체의 지주, 장기의 보호, 골수의 조혈기능 등

(1) **신체부위의 운동**
① 팔(어깨관절), 다리(고관절)
  ㉠ 외전(벌림)(Abduction): 몸의 중심선으로부터 멀리 떨어지게 하는 동작 예 좌우로 나란히
  ㉡ 내전(모음)(Adduction): 몸의 중심선으로의 이동 예 차렷 자세
② 팔(팔꿈치관절), 다리(무릎관절)
  ㉠ 굴곡(굽힘)(Flexion): 관절이 만드는 각도가 감소하는 동작 예 팔꿈치 굽히기
  ㉡ 신전(폄)(Extension): 관절이 만드는 각도가 증가하는 동작 예 팔꿈치 펴기

(2) **근력 및 지구력**
① 근력: 근육이 낼 수 있는 최대 힘으로 정적 조건에서 힘을 낼 수 있는 근육의 능력이다.
② 지구력: 근육을 사용하여 특정한 힘을 유지할 수 있는 시간이다.

3. 신체활동의 에너지 소비

(1) **에너지 대사율**(RMR; Relative Metabolic Rate)

$$RMR = \frac{작업대사량}{기초대사량} = \frac{작업 시 소비에너지 - 안정 시 소비에너지}{기초대사 시 소비에너지}$$

(2) **에너지 대사율(RMR)에 의한 작업강도**
① 경작업(輕作業): 0~2
② 중(보통)작업(中作業): 2~4
③ 중(무거운)작업(重作業): 4~7
④ 초중작업(超重作業): 7 이상

(3) 휴식시간 산정

$$R[\min] = \frac{60(E-5)}{E-1.5} (60분\ 기준)$$

여기서, E: 작업의 평균 에너지소비량[kcal/min], 에너지 값의 상한: 5[kcal/min]

(4) 에너지 소비량에 영향을 미치는 인자
① **작업방법**: 특정 작업에서의 에너지 소비는 작업의 수행방법에 따라 달라진다.
② **작업자세**: 손과 무릎을 바닥에 댄 자세와 쪼그려 앉는 자세가 다른 자세에 비해 에너지 소비량이 적은 등 에너지 소비량은 자세에 따라 달라진다.
③ **작업속도**: 적절한 작업속도에서는 별다른 생리적 부담이 없으나 작업속도가 **빠른** 경우 작업부하가 증가하기 때문에 생리적 스트레스도 증가한다.
④ **도구설계**: 도구가 얼마나 작업에 적절하게 설계되었느냐가 작업의 효율을 결정한다.

3 작업공간 및 작업자세

1. 부품배치의 원칙

중요성의 원칙	부품의 작동성능이 목표달성에 중요한 정도에 따라 우선순위를 결정
사용빈도의 원칙	부품이 사용되는 빈도에 따른 우선순위를 결정
기능별 배치의 원칙	기능적으로 관련된 부품을 모아서 배치
사용순서의 원칙	사용순서에 맞게 순차적으로 부품들을 배치

2. 개별 작업공간 설계지침

(1) **설계지침**
① 주된 시각적 임무
② 주 시각임무와 상호 교환되는 주 조정장치
③ 조정장치와 표시장치 간의 관계(양립성)
④ 사용순서에 따른 부품의 배치(사용순서의 원칙)
⑤ 자주 사용되는 부품을 편리한 위치에 배치(사용빈도의 원칙)
⑥ 체계 내 또는 다른 체계와의 일관성 있는 배치
⑦ 팔꿈치 높이에 따라 작업면의 높이 결정
⑧ 과업수행에 따라 작업면의 높이 조정
⑨ 높이 조절이 가능한 의자 제공
⑩ 서 있는 작업자를 위해 바닥에 피로예방 매트 사용
⑪ 정상 작업영역 안에 공구 및 재료 배치

(2) 작업공간

① **작업공간 포락면(Envelope)**: 한 장소에 앉아서 수행하는 작업활동에서 사람이 작업하는 데 사용하는 공간으로 작업에 특성에 따라 포락면이 변경될 수 있다.

② **파악한계(Grasping Reach)**: 앉은 작업자가 특정한 수작업을 편히 수행할 수 있는 공간의 외곽한계이다.

③ **특수작업역**: 특정 공간에서 작업하는 구역이다.

(3) 수평작업대의 정상 작업영역과 최대 작업영역

① **정상 작업영역**: 위팔(상완)을 자연스럽게 수직으로 늘어뜨린 채, 아래팔(전완) 만으로 편하게 뻗어 파악할 수 있는 구역(34~45[cm])이다.

② **최대 작업영역**: 아래팔(전완)과 위팔(상완)을 곧게 펴서 파악할 수 있는 구역 (55~65[cm])이다.

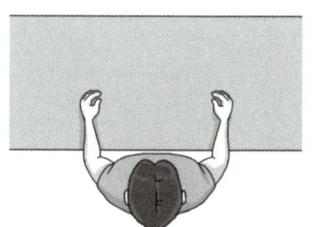
▲ 정상 작업영역

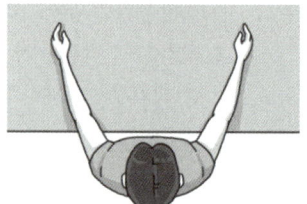
▲ 최대 작업영역

(4) 작업대 높이

① **최적높이 설계지침**: 작업대의 높이는 상완을 자연스럽게 수직으로 늘어뜨리고 전완은 수평 또는 약간 아래로 편안하게 유지할 수 있는 수준이다.

② **착석식(의자식) 작업대 높이**
  ㉠ 의자의 높이를 조절할 수 있도록 설계하는 것이 바람직하다.
  ㉡ 섬세한 작업은 작업대를 약간 높게, 거친 작업은 작업대를 약간 낮게 설계한다.
  ㉢ 작업면 하부 여유공간은 대퇴부가 가장 큰 사람이 자유롭게 움직일 수 있을 정도로 설계한다.

③ **입식 작업대 높이**(팔꿈치 높이 기준)
  ㉠ 정밀작업: 팔꿈치 높이보다 5~10[cm] 높게 설계
  ㉡ 일반작업: 팔꿈치 높이보다 5~10[cm] 낮게 설계
  ㉢ 힘든작업(重작업): 팔꿈치 높이보다 10~20[cm] 낮게 설계

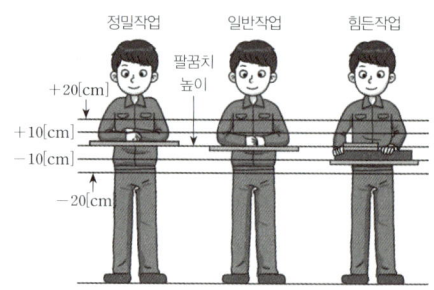
▲ 팔꿈치 높이와 작업대 높이의 관계

3. 의자설계 원칙

(1) 등받이는 요추 전만(앞으로 굽힘)자세를 유지하며, 추간판의 압력 및 등근육의 정적부하를 감소시킬 수 있도록 설계한다.

(2) 의자 좌판의 높이는 좌판 앞부분이 무릎 높이보다 높지 않게(치수는 5[%tile] 되는 사람까지 수용할 수 있게) 설계한다.

(3) 의자 좌판의 깊이와 폭은 작업자의 등이 등받이에 닿을 수 있도록 설계하며 골반 너비보다 넓게 설계한다.

(4) 몸통의 안정은 체중이 골반뼈에 실려야 몸통안정이 쉬워진다.

(5) 고정된 자세가 장시간 유지되지 않도록 설계한다.

▲ 신체치수와 작업대 및 의자높이의 관계

▲ 인간공학적 좌식 작업환경

4 작업측정

1. 작업측정의 목적과 기법

(1) **작업측정 정의**: 제품과 서비스를 생산하는 작업 시스템을 과학적으로 계획·관리하기 위해 그 활동에 소요되는 시간과 자원을 측정 또는 추정하는 것을 말한다.

(2) **목적**
① 표준시간의 설정 ② 유휴시간의 제거 ③ 작업성과의 측정

(3) **작업측정 기법**
① 직접측정법: 시간연구법(스톱워치법, 촬영법, VTR 분석법, 컴퓨터 분석법 등), 워크샘플링법
② 간접측정법: 표준자료법, PTS(Predetermined Time Standards)법

2. 표준시간 및 연구

(1) **표준시간의 계산**

$$표준시간(ST) = 정미시간(NT) + 여유시간(AT)$$

① 정미시간(NT; Normal Time): 정상시간이라고도 하며, 매회 또는 일정한 주기로 발생하는 작업요소의 수행시간이다.
② 여유시간(AT; Allowance Time): 작업자의 생리적 원인 내지 피로 등에 의한 작업지연이나 기계고장, 가공재료의 부족 등으로 작업을 중단할 경우, 이로 인한 소요시간을 정미시간에 더하는 형식으로 보상하는 시간 값이다.

(2) **외경법**: 정미시간에 대한 비율을 여유율로 사용한다.

① 여유율(A) = $\dfrac{여유시간의\ 총계}{정미시간의\ 총계} \times 100$

② 표준시간(ST) = 정미시간 × (1 + 여유율)

(3) **내경법**: 근무시간에 대한 비율을 여유율로 사용한다.

① 여유율(A) = $\dfrac{여유시간}{실동시간} \times 100 = \dfrac{여유시간}{정미시간 + 여유시간} \times 100$

② 표준시간(ST) = 정미시간 × $\left(\dfrac{1}{1-여유율}\right)$

3. 워크샘플링

(1) **정의**: 관측 대상을 무작위로 선정한 시점에서 작업자나 기계의 가동상태를 순간적으로 눈으로 관측하여 그 상황을 비율로 추정(이항분포)하는 방법이다.(확률의 법칙)

(2) **목적**
① 여유율 산정 ② 가동률 산정 ③ 표준시간의 산정
④ 업무개선 ⑤ 정원설정 등

(3) **장·단점**: 한 평가자가 동시에 여러 작업을 측정할 수 있는 등 측정방법이 간단하고 별도의 측정 장치가 필요 없으나, 시간연구법보다 부정확하고 짧은 주기나 반복 작업인 경우에는 적절하지 않다.

4. 표준자료법

(1) **정의**: 시간연구법 또는 PTS법 등 과거에 측정된 기록을 검토, 가공한 뒤 요소별 표준자료들을 다중회귀분석법을 이용하여 표준시간을 산출하는 방법으로 합성법(Synthetic Method)이라고도 한다.

(2) **단점**: 표준시간의 정도가 떨어지며, 계측을 하지 않기 때문에 작업개선의 기회나 의욕이 상실되고, 초기비용이 큰 단점과 함께 작업조건이 불안정하거나 표준화가 어려운 경우에는 표준자료 설정이 곤란하다.

5. PTS법(Predetermined Time Standards)

(1) **정의**
  ① 기본동작 요소(Therblig)와 같은 요소동작이나 운동에 대해 미리 정해 놓은 일정한 표준요소 시간 값을 나타낸 표를 적용하여 각 작업을 수행하는 데 소요되는 시간 값을 합성하여 산출하는 방법으로 기정시간표준법이라고도 한다.
  ② 기본원리(PTS법의 가정)로써 언제, 어디서든 동작의 변동요인이 같으면 소요시간은 기준시간 값과 동일하다.

(2) **장점**
  ① 표준시간 설정과정에 있어서 현재 방법보다 합리적인 개선이 가능하다.
  ② 정확한 원가의 견적이 용이하다.
  ③ 작업방법만 알고 있으면 그 작업을 행하기 전 표준시간을 예측할 수 있다.
  ④ 라인밸런싱의 고도화가 가능하다.

(3) **단점**
  ① 수작업에만 적용이 가능하다.
  ② 분석에 많은 시간이 소요된다.
  ③ 도입초기에 전문가의 자문 또는 적용을 위한 교육·훈련비용이 크다.
  ④ 여러 종류의 PTS기법 중 회사 실정에 맞는 기법 선정이 용이하지 않아 조율이 필요하다.

(4) **WF법(Work Factor System)**
  ① 시간단위
    ㉠ Detailed WF(DWF): 1[WFU](Work Factor Unit) = 0.0001분(1/10,000분)
    ㉡ Ready WF(RWF): 1[RU](Ready WF Unit) = 0.001분(1/1,000분)
  ② 8가지 표준요소
    ㉠ 동작-이동(T)   ㉡ 쥐기(Gr)   ㉢ 미리놓기(PP)   ㉣ 조립(Asy)
    ㉤ 사용(US)   ㉥ 분해(Dsy) ㉦ 내려놓기(RI)   ㉧ 해석(MP)

(5) **MTM법(Method Time Measurement)**
  ① 1[TMU](Time Measurement Unit) = 0.00001시간 = 0.0006분 = 0.036초
  ② 기본동작
    ㉠ 손을 뻗음(R)   ㉡ 운반(M)   ㉢ 회전(T)   ㉣ 누름(AP)
    ㉤ 쥐기(G)   ㉥ 위치(P)   ㉦ 놓음(RL)   ㉧ 떼어놓음(D)
    ㉨ 크랭크(K)   ㉩ 눈의 이동(ET) ㉪ 눈의 초점 맞추기(EF)

5 작업환경과 인간공학

1. 반사율과 휘광

(1) 반사율[%]
반사광의 에너지와 입사광의 에너지의 비율이다.

$$\text{반사율}[\%] = \frac{\text{광도}[fL]}{\text{조도}[fC]} \times 100 = \frac{[\text{cd/m}^2] \times \pi}{[\text{lux}]} \times 100 = \frac{\text{광속 발산도}}{\text{소요조명}} \times 100$$

> **합격 보장 꿀팁** 옥내 추천 반사율
> ① 천장: 80~90[%] ② 벽: 40~60[%]
> ③ 가구: 25~45[%] ④ 바닥: 20~40[%]
> ※ 천장과 바닥 반사비율은 최소한 3:1 이상으로 유지하여야 한다.

(2) 휘광(Glare, 눈부심)
시야 내 어떤 광도로 인하여 불쾌감, 고통, 눈의 피로 또는 시력의 일시적인 감퇴를 초래하는 현상이다.

① 휘광의 발생원인
  ㉠ 눈에 들어오는 광속이 너무 많을 때
  ㉡ 광원을 너무 오래 바라볼 때
  ㉢ 광원과 배경 사이의 휘도 대비가 클 때
  ㉣ 순응이 잘 안 될 때

② 광원으로부터의 휘광(Glare)의 처리방법
  ㉠ 광원의 휘도를 줄이고, 광원의 수를 늘린다.
  ㉡ 광원을 시선에서 멀리 위치시킨다.
  ㉢ 휘광원 주위를 밝게 하여 광도비를 줄인다.
  ㉣ 가리개(Blind), 갓(Hood) 혹은 차양(Visor)을 사용한다.

③ 창문으로부터의 직사휘광 처리방법
  ㉠ 창문을 높이 단다.
  ㉡ 창 위에 드리우개(Overhang)를 설치한다.
  ㉢ 차양(Shade) 혹은 발(Blind)을 사용한다.

④ 반사휘광의 처리방법
  ㉠ 일반(간접) 조명 수준을 높인다.
  ㉡ 산란광, 간접광, 조절판(Baffle), 창문에 차양(Shade) 등을 사용한다.
  ㉢ 반사광이 눈에 비치지 않게 광원을 위치시킨다.
  ㉣ 무광택 도료, 빛을 산란시키는 표면색을 한 사무용 기기 등을 사용한다.

2. 조도와 광도

(1) 조도(Illuminance)
어떤 물체나 대상면에 도달하는 빛의 양(단위: [lux])

$$\text{조도}[\text{lux}] = \frac{\text{광속}[\text{lumen}]}{(\text{거리}[\text{m}])^2}$$

(2) 광속(Luminous Flux)
광원에서 방출되는 빛의 총량(단위: [lm])

(3) 광도(Luminous Intensity)
광원에서 어느 특정 방향으로 나오는 빛의 세기
(단위: [cd])

(4) 휘도(Luminance)
빛이 어떤 물체에서 반사되어 나오는 양(단위: [nit])

(5) 대비(Contrast)
표적의 광속 발산도와 배경의 광속 발산도의 차이

$$대비 = 100 \times \frac{L_b - L_t}{L_b}$$

여기서, L_b: 배경의 광속 발산도, L_t: 표적의 광속 발산도

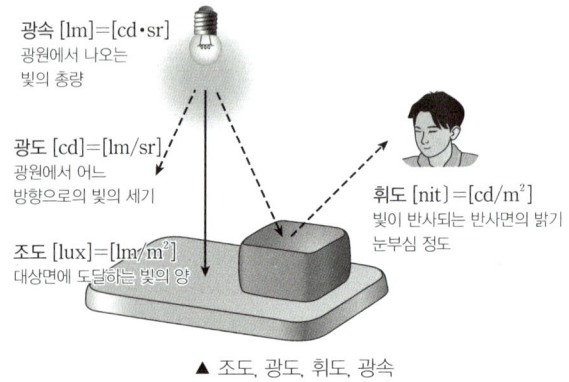

▲ 조도, 광도, 휘도, 광속

(6) 광속 발산도(Luminance Exitance)
단위면적당 표면에서 반사 또는 방출되는 빛의 양(단위: [lm/m²])

3. 소요조명

$$소요조명[fc] = \frac{광속 발산도[fL]}{반사율[\%]} \times 100$$

4. 소음과 청력손실

(1) 소음(Noise)
바람직하지 않은 소리를 의미하며 음성, 음악 등의 전달을 방해하거나 생활에 장애, 고통을 주거나 하는 소리를 말한다.
① 가청주파수: 20~20,000[Hz]
② 유해주파수: 4,000[Hz]

(2) 소음의 영향
① 일반적인 영향: 불쾌감을 주거나 대화, 마음의 집중, 수면, 휴식을 방해하며 피로를 가중시킨다.
② 청력손실: 진동수가 높아짐에 따라 청력손실이 증가한다. 청력손실은 4,000[Hz](C5-dip 현상)에서 크게 나타난다.
  ㉠ 청력손실의 정도는 노출 소음수준에 따라 증가한다.
  ㉡ 약한 소음에 대해서는 노출기간과 청력손실의 관계가 없다.
  ㉢ 강한 소음에 대해서는 노출기간에 따라 청력손실도 증가한다.

(3) 소음을 통제하는 방법(소음대책)
① 소음원의 통제
② 소음의 격리
③ 차폐장치 및 흡음재 사용
④ 음향처리제 사용
⑤ 적절한 배치

5. 열교환 과정과 열압박

(1) 열균형 방정식

$$S(열축적) = M(대사율) - W(한 일) \pm R(복사) \pm C(대류) - E(증발)$$

(2) 열압박 지수(HSI)

$$HSI = \frac{E_{req}(요구되는 증발량)}{E_{max}(최대 증발량)} \times 100$$

(3) 열손실률(R)

37[℃] 물 1[g] 증발 시 필요에너지는 2,410[J/g](575.5[cal/g])이다.

$$R = \frac{Q}{t}$$

여기서, R: 열손실률, Q: 증발에너지, t: 증발시간[sec]

6. 실효온도(Effective Temperature, 감각온도, 실감온도)

온도, 습도, 기류 등의 조건에 따라 인간의 감각을 통해 느껴지는 온도로 상대습도 100[%]일 때의 건구온도에서 느끼는 것과 동일한 온도감이다.

(1) 옥스퍼드(Oxford) 지수(습건지수)

$$W_D = 0.85W(습구온도) + 0.15D(건구온도)$$

(2) 습구흑구온도지수(WBGT[℃])

① 옥내 또는 옥외(태양광선이 내리쬐지 않는 장소)

$$WBGT = 0.7 \times 자연습구온도(NWB) + 0.3 \times 흑구온도(GT)$$

② 옥외(태양광선이 내리쬐는 장소)

$$WBGT = 0.7 \times 자연습구온도(NWB) + 0.2 \times 흑구온도(GT) + 0.1 \times 건구온도(DT)$$

(3) 불쾌지수

① 불쾌지수 = 섭씨(건구온도 + 습구온도) × 0.72 + 40.6[℃]
② 불쾌지수 = 화씨(건구온도 + 습구온도) × 0.4 + 15[℉]
③ 불쾌지수가 80 이상일 때는 모든 사람이 불쾌감을 가지기 시작하고, 75의 경우에는 절반 정도가 불쾌감을 가지며, 70~75에서는 불쾌감을 느끼기 시작한다. 70 이하에서는 모두가 쾌적하다.

(4) 작업환경의 온열요소

온도, 습도, 기류(공기유동), 복사열

(5) 추운 환경으로 변할 때 신체 조절작용(저온스트레스)

① 피부온도가 내려간다.
② 피부를 경유하는 혈액순환량이 감소한다.
③ 많은 양의 혈액이 몸의 중심부를 순환한다.

④ 직장(直腸)온도가 약간 올라간다.
⑤ 소름이 돋고 몸이 떨린다.

7. 진동

(1) 진동의 생리적 영향
① 단시간 노출 시: 과다호흡, 혈액이나 내분비 성분은 불변
② 장기간 노출 시: 근육긴장의 증가

(2) 국소진동
착암기, 임펙트, 그라인더 등의 사용으로 손에 영향을 주어 백색수지증(레이노증후군)을 유발한다.

(3) 전신 진동이 인간성능에 끼치는 영향
① 시성능: 진동은 진폭에 비례하여 시력을 손상하며, 10~25[Hz]의 경우에 가장 심하다.
② 운동성능: 진동은 진폭에 비례하여 추적능력(Tracking)을 손상하며, 5[Hz] 이하의 낮은 진동수에서 가장 심하다.
③ 신경계: 반응시간, 감시, 형태식별 등 주로 중앙신경처리에 달린 임무는 진동의 영향을 덜 받는다.
④ 안정되고, 정확한 근육조절을 요하는 작업은 진동에 의해서 저하된다.

8. 작업별 조도기준 및 소음기준

(1) 작업별 조도기준 안전보건규칙 제8조
① 초정밀작업: 750[lux] 이상
② 정밀작업: 300[lux] 이상
③ 보통작업: 150[lux] 이상
④ 그 밖의 작업: 75[lux] 이상

(2) 조명의 적절성을 결정하는 요소
① 과업의 형태
② 작업시간
③ 작업을 진행하는 속도 및 정확도
④ 작업조건의 변동
⑤ 작업에 내포된 위험 정도

(3) 인공조명 설계 시 고려사항
① 조도는 작업상 충분할 것
② 광색은 주광색에 가까울 것
③ 유해가스를 발생하지 않을 것
④ 폭발과 발화성이 없을 것
⑤ 취급이 간단하고 경제적일 것
⑥ 작업장의 경우 공간 전체에 빛이 골고루 퍼지게 할 것(전반조명 방식)

(4) VDT를 위한 조명
① 조명수준: VDT 조명은 화면에서 반사하여 화면상의 정보를 더 어렵게 할 수 있으므로 대부분 300~500[lux]를 지정한다.
② 광도비: 화면과 극 인접 주변 간에는 1:3의 광도비가, 화면과 화면에서 먼 주위 간에는 1:10의 광도비가 추천된다.
③ 화면반사: 화면반사는 화면으로부터 정보를 읽기 어렵게 하므로 다음의 방법으로 화면반사를 줄일 수 있다.
　㉠ 창문을 가린다.
　㉡ 반사원의 위치를 바꾼다.
　㉢ 광도를 줄인다.
　㉣ 산란된 간접조명을 사용한다.

(5) 소음기준 안전보건규칙 제512조

① **소음작업**: 1일 8시간 작업을 기준으로 85[dB] 이상의 소음이 발생하는 작업
② **강렬한 소음작업**
  ㉠ 90[dB] 이상의 소음이 1일 8시간 이상 발생하는 작업
  ㉡ 95[dB] 이상의 소음이 1일 4시간 이상 발생하는 작업
  ㉢ 100[dB] 이상의 소음이 1일 2시간 이상 발생하는 작업
  ㉣ 105[dB] 이상의 소음이 1일 1시간 이상 발생하는 작업
  ㉤ 110[dB] 이상의 소음이 1일 30분 이상 발생하는 작업
  ㉥ 115[dB] 이상의 소음이 1일 15분 이상 발생하는 작업
③ **충격소음작업**: 소음이 1초 이상의 간격으로 발생하는 작업
  ㉠ 120[dB]을 초과하는 소음이 1일 1만 회 이상 발생하는 작업
  ㉡ 130[dB]을 초과하는 소음이 1일 1천 회 이상 발생하는 작업
  ㉢ 140[dB]을 초과하는 소음이 1일 1백 회 이상 발생하는 작업

9. 작업환경 개선의 4원칙

대체	유해물질을 유해하지 않은 물질로 대체
격리	유해요인에 접촉하지 않게 격리
환기	유해분진이나 가스 등을 환기
교육	위험성 개선방법에 대한 교육

10. 인간공학적 설계의 일반적인 원칙

(1) 인간의 특성을 고려한다.
(2) 시스템을 인간의 예상과 양립시킨다.(양립성)
(3) 표시장치나 제어장치의 중요성, 사용빈도, 사용순서, 기능에 따라 배치하도록 한다.
(4) 작업의 흐름에 따라 배치한다.

11. 동작경제의 3원칙

(1) 신체사용에 관한 원칙
① 두 손의 동작은 같이 시작하고 같이 끝나도록 한다.
② 휴식시간을 제외하고는 양손이 동시에 쉬지 않도록 한다.
③ 두 팔의 동작은 동시에 서로 반대방향으로 대칭적으로 움직이도록 한다.
④ 자연스러운 리듬이 생기도록 손의 동작은 유연하고 연속적이어야 한다.(관성 이용)
⑤ 손과 신체의 동작은 작업을 원만하게 처리할 수 있는 범위 내에서 가장 낮은 동작등급을 사용하도록 한다.

(2) 작업장 배치에 관한 원칙
① 모든 공구나 재료는 정해진 위치에 있도록 한다.
② 공구, 재료 및 제어장치는 사용위치에 가까이 두도록 한다.(정상 작업영역, 최대 작업영역)
③ 공구나 재료는 작업동작이 원활하게 수행되도록 그 위치를 정해준다.
④ 가급적이면 낙하시켜 전달하는 방법을 따른다.

(3) 공구 및 설비 설계(디자인)에 관한 원칙

① 치구나 족답장치(Foot-operated Device)를 효과적으로 사용할 수 있는 작업에서는 이러한 장치를 사용하도록 하여 양손이 다른 일을 할 수 있도록 한다.
② 가능하면 공구 기능을 결합하여 사용하도록 한다.
③ 공구와 자세는 가능한 한 사용하기 쉽도록 미리 위치를 잡아준다.(Pre-position)

6 중량물 취급 작업

1. 중량물 취급 방법

(1) 중량물에 몸의 중심을 가깝게 한다.
(2) 발을 어깨너비 정도로 벌리고 몸은 정확하게 균형을 유지한다.
(3) 무릎을 굽힌다.
(4) 가능하면 중량물을 양손으로 잡는다.
(5) 목과 등이 거의 일직선이 되도록 한다.
(6) 등을 반듯이 유지하면서 무릎의 힘으로 일어난다.

2. NIOSH 들기작업 안전 작업지침(NLE; NIOSH Lifting Equation)

(1) 권장무게한계(RWL; Recommended Weight Limit)

$$RWL[kg] = LC \times HM \times VM \times DM \times AM \times FM \times CM$$
여기서, LC: 부하상수(23[kg]), HM: 수평계수, VM: 수직계수, DM: 거리계수, AM: 비대칭계수, FM: 빈도계수, CM: 커플링계수

(2) 한계점

한손취급 작업, 8시간 이상 작업, 앉거나 무릎을 굽힌 자세의 작업, 작업공간제약, 불균형 작업, 밀거나 끄는 작업, 손수레 등을 이용한 작업 등에는 NLE를 적용할 수 없다.

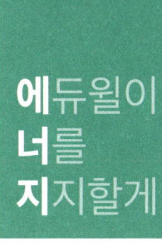

자신의 능력을 믿어야 한다.
그리고 끝까지 굳세게 밀고 나가라.

– 엘리너 로절린 스미스 카터(Eleanor Rosalynn Smith Carter)

SUBJECT 03

기계·기구 및 설비 안전관리

합격 GUIDE

기계·기구 및 설비 안전관리는 전공자가 아닌 수험생이 공부를 해도 평균 70점 이상을 받을 수 있는 비교적 쉬운 과목입니다. 처음 공부하는 수험생을 위하여 삽화와 사진을 많이 넣었습니다. 이론 부분에서 시험에 자주 출제되는 부분은 색자로 표시해 놓았고, 실제로 이 부분만 공부해도 높은 점수를 받을 수 있습니다. 특히, 최근의 출제경향을 분석해 보면 산업안전보건기준에 관한 규칙의 기계 부분에서 문제가 많이 출제되고 있습니다.

기출기반으로 정리한
압축이론

최신 7개년 출제비율 분석

CHAPTER 01 기계공정의 안전, 기계안전시설 관리   11.9%
CHAPTER 02 기계분야 산업재해 조사 및 관리   19.6%
CHAPTER 03 공작기계의 안전   16.0%
CHAPTER 04 프레스 및 전단기의 안전   9.0%
CHAPTER 05 기타 산업용 기계 · 기구   22.2%
CHAPTER 06 운반기계 및 양중기   15.1%
CHAPTER 07 설비진단 및 검사   6.2%

CHAPTER 01 기계공정의 안전, 기계안전시설 관리

> **합격 KEYWORD** 기계설비의 위험점, 끼임점, 절단점, 묻힘형이나 덮개의 설치, 구조적 안전화, Fool Proof, Fail Safe, 인터록 장치, 안전장치의 설치

1 기계의 위험 및 안전조건

1. 기계의 위험요인

(1) **기계설비의 위험점 종류**

① **협착점(끼임점)(Squeeze Point)**: 왕복운동을 하는 동작부분과 움직임이 없는 고정부분 사이에 형성되는 위험점이다. 예 프레스, 전단기

② **끼임점(Shear Point)**: 기계의 고정부분과 회전 또는 직선운동 부분 사이에 형성되는 위험점이다.
예 회전 풀리와 베드 사이, 연삭숫돌과 작업대, 교반기의 날개와 하우스

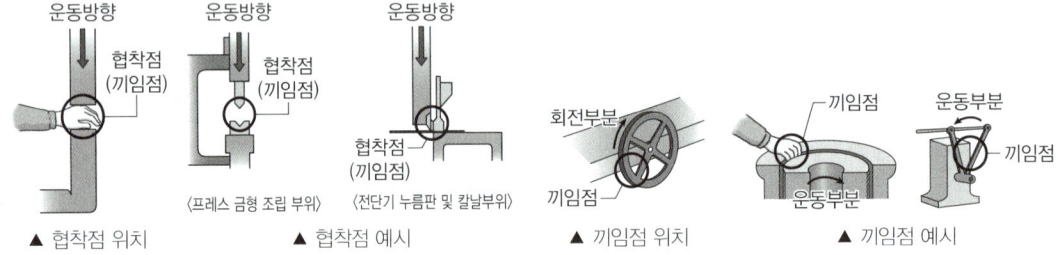

▲ 협착점 위치　　▲ 협착점 예시　　▲ 끼임점 위치　　▲ 끼임점 예시

③ **절단점(Cutting Point)**: 회전하는 운동부분 자체의 위험이나 운동하는 기계부분 자체의 위험에서 초래되는 위험점이다. 예 목공용 띠톱 부분, 밀링커터, 둥근톱날

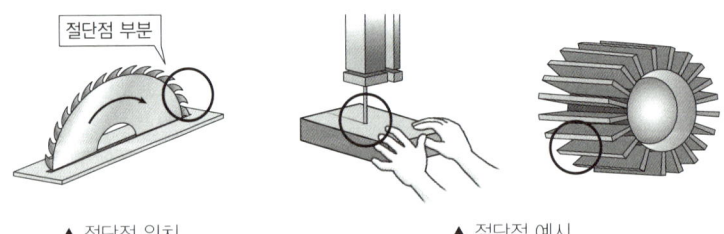

▲ 절단점 위치　　▲ 절단점 예시

④ **물림점(Nip Point)**: 회전하는 두 개의 회전체가 맞닿아서 위험성이 있는 곳을 말하며, 위험점이 발생되는 조건은 회전체가 서로 반대방향으로 맞물려 회전되어야 한다. 예 기어, 롤러

⑤ **접선물림점(Tangential Nip Point)**: 회전하는 부분의 접선방향으로 물려 들어갈 위험이 존재하는 위험점이다.
예 풀리와 벨트, 체인과 스프라켓

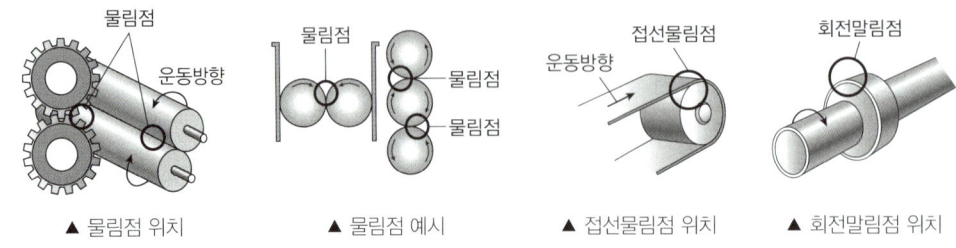

▲ 물림점 위치　　▲ 물림점 예시　　▲ 접선물림점 위치　　▲ 회전말림점 위치

⑥ 회전말림점(Trapping Point): 회전하는 물체의 길이, 굵기, 속도 등이 불규칙한 부위와 돌기 회전부위에 작업복 등이 말려드는 위험이 존재하는 점이다. 예 회전축, 드릴

(2) 사고 체인(Accident Chain)의 5요소
① 1요소(함정; Trap): 기계의 운동에 의해서 회전말림점(Trapping Point)이 발생할 가능성이 있는가?
② 2요소(충격; Impact): 운동하는 어떤 기계 요소들과 사람이 부딪혀 그 요소의 운동에너지에 의해 사고가 일어날 가능성이 없는가?
③ 3요소(접촉; Contact): 날카롭거나, 뜨겁거나 또는 전류가 흐름으로써 접촉 시 상해가 일어날 요소들이 있는가?
④ 4요소(얽힘, 말림; Entanglement): 작업자의 신체일부가 기계설비에 말려 들어갈 염려가 없는가?
⑤ 5요소(튀어나옴; Ejection): 기계요소나 피(被)가공재가 기계로부터 튀어나올 염려가 없는가?

2. 기계의 일반적인 안전사항

(1) **피로파괴**: 기계나 구조물에 인장과 압축을 되풀이해서 받는 부분이 있는데, 이러한 경우 그 응력이 인장(또는 압축) 강도보다 훨씬 작다 하더라도 이것을 오랜 시간에 걸쳐서 연속적으로 되풀이하여 작용시키면 결국엔 파괴되는 현상을 재료가 "피로"를 일으켰다고 하며 이 파괴현상을 "피로파괴"라 한다. 피로파괴에 영향을 주는 인자로는 치수효과(Size Effect), 노치효과(Notch Effect), 부식(Corrosion), 표면효과(Skin Effect) 등이 있다.

(2) **크리프(Creep)**: 금속이나 합금에 외력이 일정하게 작용할 경우 온도가 높은 상태에서는 시간이 경과함에 따라 연신율이 일정한도 늘어나다가 파괴되는 현상이다. 금속재료를 고온에서 긴 시간 외력을 걸고 시간이 경과됨에 따라 서서히 변형의 정도를 측정하는 시험을 크리프시험이라 한다.

(3) **인장시험 및 인장응력**
① 인장시험: 재료의 항복점, 인장강도, 신장 등을 알 수 있는 시험이다.
② 인장응력

$$\sigma_t(\text{인장응력}) = \frac{P_t(\text{인장하중})}{A(\text{면적})}$$

(4) **푸아송비(Poisson's Ratio)**
종변형률에 대한 횡변형률의 비를 푸아송의 비라 하고 ν로 표시한다.

$$\nu = \frac{1}{m} = \frac{\varepsilon'}{\varepsilon}$$

여기서, m: 푸아송 수, $\varepsilon = \frac{l'-l}{l} \times 100[\%]$ (l: 원래의 길이, l': 늘어난 길이)

3. 통행과 통로

(1) **통로의 설치** 안전보건규칙 제22조
① 작업장으로 통하는 장소 또는 작업장 내에 근로자가 사용할 안전한 통로를 설치하고 항상 사용할 수 있는 상태로 유지하여야 한다.
② 통로의 주요 부분에 통로표시를 하고, 근로자가 안전하게 통행할 수 있도록 하여야 한다.
③ 통로면으로부터 높이 2[m] 이내에는 장애물이 없도록 하여야 한다.

(2) **작업장 내 통로의 안전** 안전보건규칙 제21조, 제24조

① 사다리식 통로의 구조

㉠ 견고한 구조로 할 것

㉡ 심한 손상·부식 등이 없는 재료를 사용할 것

㉢ 발판의 간격은 일정하게 할 것

㉣ 발판과 벽과의 사이는 15[cm] 이상의 간격을 유지할 것

㉤ 폭은 30[cm] 이상으로 할 것

㉥ 사다리가 넘어지거나 미끄러지는 것을 방지하기 위한 조치를 할 것

㉦ 사다리의 상단은 걸쳐놓은 지점으로부터 60[cm] 이상 올라가도록 할 것

㉧ 사다리식 통로의 길이가 10[m] 이상인 경우에는 5[m] 이내마다 계단참을 설치할 것

㉨ 사다리식 통로의 기울기는 75° 이하로 할 것. 다만, 고정식 사다리식 통로의 기울기는 90° 이하로 하고, 그 높이가 7[m] 이상인 경우에는 다음의 구분에 따른 조치를 할 것

  • 등받이울이 있어도 근로자 이동에 지장이 없는 경우 : 바닥으로부터 높이가 2.5[m] 되는 지점부터 등받이울을 설치할 것

  • 등받이울이 있으면 근로자가 이동이 곤란한 경우 : 한국산업표준에서 정하는 기준에 적합한 개인용 추락 방지 시스템을 설치하고 근로자로 하여금 한국산업표준에서 정하는 기준에 적합한 전신안전대를 사용하도록 할 것

㉩ 접이식 사다리 기둥은 사용 시 접혀지거나 펼쳐지지 않도록 철물 등을 사용하여 견고하게 조치할 것

② **통로의 조명** : 근로자가 안전하게 통행할 수 있도록 통로에 75[lux] 이상의 채광 또는 조명시설을 하여야 한다. 다만, 갱도 또는 상시통행을 하지 아니하는 지하실 등을 통행하는 근로자에게 휴대용 조명기구를 사용하도록 한 경우에는 그러하지 아니하다.

(3) **계단의 안전** 안전보건규칙 제26~30조

① 계단 및 계단참을 설치하는 경우 500[kg/m²] 이상의 하중에 견딜 수 있는 강도를 가진 구조로 설치하여야 하며, 안전율은 4 이상으로 하여야 한다.

② 계단을 설치하는 경우 그 폭은 1[m] 이상으로 하여야 한다. 다만, 급유용·보수용·비상용 계단 및 나선형 계단이거나 높이 1[m] 미만의 이동식 계단인 경우에는 그러하지 아니하다.

③ 높이가 3[m]를 초과하는 계단에 높이 3[m] 이내마다 진행방향으로 길이 1.2[m] 이상의 계단참을 설치하여야 한다.

④ 계단을 설치하는 경우 바닥면으로부터 높이 2[m] 이내의 공간에 장애물이 없도록 하여야 한다.

⑤ 높이 1[m] 이상인 계단의 개방된 측면에 안전난간을 설치하여야 한다.

4. 기계의 안전조건

(1) **외형의 안전화**

① 묻힘형이나 덮개의 설치 안전보건규칙 제87조

㉠ 기계의 원동기·회전축·기어·풀리·플라이휠·벨트 및 체인 등 근로자가 위험에 처할 우려가 있는 부위에 덮개·울·슬리브 및 건널다리 등을 설치하여야 한다.

㉡ 회전축·기어·풀리 및 플라이휠 등에 부속되는 키·핀 등의 기계요소는 묻힘형으로 하거나 해당 부위에 덮개를 설치하여야 한다.

㉢ 벨트의 이음 부분에 돌출된 고정구를 사용하여서는 아니 된다.

㉣ ㉠의 건널다리에는 안전난간 및 미끄러지지 아니하는 구조의 발판을 설치하여야 한다.

② **별실 또는 구획된 장소에의 격리**: 원동기 및 동력전달장치(벨트, 기어, 샤프트, 체인 등)
③ **안전색채 사용**: 기계설비의 위험 요소를 쉽게 인지할 수 있도록 주의를 요하는 안전색채를 사용한다.
　　예) 시동 스위치는 녹색, 급정지 스위치는 적색

(2) 작업의 안전화
작업 중의 안전은 그 기계설비의 제어방법(자동, 반자동, 수동)에 따라 다르며 기계 또는 설비의 작업환경과 작업방법을 검토하고 작업위험분석을 하여 작업을 표준화할 수 있도록 한다.

(3) 작업점의 안전화
일이 물체에 행해지는 점 혹은 일감이 직접 가공되는 부분을 작업점(Point of Operation)이라 하며, 이와 같은 작업점은 특히 위험하므로 방호장치나 자동제어 및 원격장치를 설치할 필요가 있다.

(4) 기능상의 안전화
최근 기계는 반자동 또는 자동 제어장치를 갖추고 있어서 에너지 변동에 따라 오동작이 발생하여 주요 문제로 대두되므로 이에 따른 기능의 안전화가 요구되고 있다.
　　예) 전압 강하 및 정전에 따른 오작동, 사용압력 변동 시의 오작동, 단락 또는 스위치 고장 시의 오작동

(5) 구조적 안전화(강도적 안전화)
① 재료에 있어서의 결함 방지
② 설계에 있어서의 결함 방지
③ 가공에 있어서의 결함 방지: 최근에 고급강을 재료로 사용하는 경우는 필요한 기계적 특성을 얻기 위하여 적절한 열처리를 필요로 한다.
④ 안전율
　　㉠ 안전율(안전계수, Safety Factor)
　　　• 안전율은 응력계산 및 재료의 불균질 등에 대한 부정확을 보충하고 각 부분의 불충분한 안전율과 더불어 경제적 치수결정에 대단히 중요한 것으로서 다음과 같이 표시된다.

$$\text{안전율}(S) = \frac{\text{극한(인장)강도}}{\text{허용응력}} = \frac{\text{파단(최대)하중}}{\text{안전(정격)하중}}$$

　　　• 안전율이나 허용응력을 결정하려면 재질, 하중의 성질, 하중과 응력계산의 정확성, 공작방법 및 정밀도, 부품형상 및 사용장소 등을 고려하여야 한다.
　　㉡ 와이어로프의 안전율

$$S = \frac{N \times P}{Q}$$

여기서, N: 로프의 가닥 수, P: 와이어로프의 파단하중, Q: 최대사용하중

5. 기계설비의 본질적 안전

(1) 본질안전조건
근로자가 동작상 과오나 실수를 하여도, 혹은 기계설비에 이상이 발생하여도 안전성이 확보되어 재해나 사고가 발생하지 않도록 설계되는 기본적 개념이다.

(2) 풀 프루프(Fool Proof)
① 정의: 근로자가 기계를 잘못 취급하여 불안전한 행동이나 실수를 하여도 기계설비의 안전기능이 작용하여 재해를 방지할 수 있는 기능이다.

② **가드의 종류**: 인터록가드(Interlock Guard), 조절가드(Adjustable Guard), 고정가드(Fixed Guard)

(3) **페일 세이프(Fail Safe)**

기계나 그 부품에 고장이나 기능불량이 생겨도 항상 안전하게 작동하는 구조와 기능을 추구하는 본질적 안전과 관련된 것이다.

(4) **인터록(Interlock) 장치**

기계의 각 작동부분 상호 간을 전기적, 기구적, 유공압장치 등으로 연결하여 기계의 각 작동부분이 정상으로 작동하기 위한 조건이 만족되지 않을 경우 자동적으로 그 기계를 작동할 수 없도록 하는 것이다.

2 기계의 방호

1. 안전장치의 설치(방호장치의 종류)

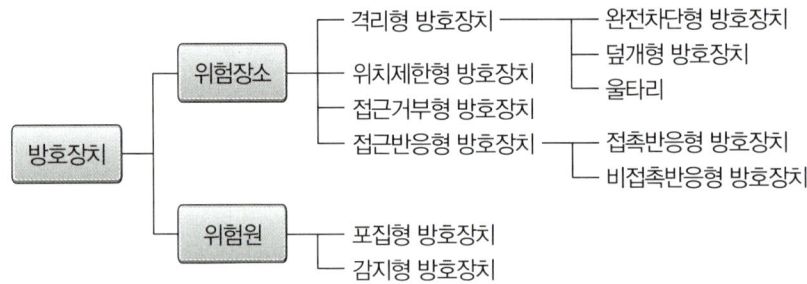

(1) **격리형 방호장치**

작업자가 작업점에 접촉되어 재해를 당하지 않도록 기계설비 외부에 차단벽이나 방호망을 설치하는 것으로 작업장에서 가장 많이 사용하는 방식(덮개)이다. 예 완전차단형 방호장치, 덮개형 방호장치, 울타리

(2) **위치제한형 방호장치**

작업자의 신체부위가 위험한계 밖에 있도록 기계의 조작장치를 위험구역에서 일정거리 이상 떨어지게 한 방호장치(양수조작식 안전장치)이다.

(3) **접근거부형 방호장치**

작업자의 신체부위가 위험한계 내로 접근하면 기계의 동작위치에 설치해 놓은 기구가 접근하는 신체부위를 안전한 위치로 되돌리는 것(손쳐내기식 안전장치)이다.

(4) **접근반응형 방호장치**

작업자의 신체부위가 위험한계 내로 접근하면 이를 감지하여 작동 중인 기계를 즉시 정지시키거나 스위치가 꺼지도록 하는 것(광전자식 안전장치)이다. 예 접촉반응형 방호장치, 비접촉반응형 방호장치

(5) **포집형 방호장치**

목재가공기의 반발예방장치와 같이 위험장소에 설치하여 위험원이 비산하거나 튀는 것을 방지하는 등 작업자로부터 위험원을 차단하는 방호장치이다.

2. 작업점의 방호

(1) 방호장치를 설치할 때 고려할 사항
① 신뢰성　　　　　　　② 작업성　　　　　　　③ 보수성

(2) 작업점의 방호방법
작업점과 작업자 사이에 장애물(차단벽이나 망 등)을 설치하여 접근을 방지한다.

(3) 동력기계의 표준방호덮개 설치목적
① 가공물 등의 낙하에 의한 위험방지
② 위험부위와 신체의 접촉방지
③ 방음이나 집진

3 기능적 안전

1. 소극적 대책

(1) 소극적(1차적) 대책
이상 발생 시 기계를 급정지시키거나 방호장치가 작동하도록 하는 대책이다.

(2) 유해하거나 위험한 기계·기구 등에 대한 방호조치 산업안전보건법 제80조
① 누구든지 동력으로 작동하는 기계·기구로서 대통령령으로 정하는 것은 고용노동부령으로 정하는 유해·위험 방지를 위한 방호조치를 하지 아니하고는 양도, 대여, 설치 또는 사용에 제공하거나 양도·대여의 목적으로 진열해서는 아니 된다.
② 대통령령으로 정하는 기계·기구
　　㉠ 예초기　　　　　　　　　　　　㉡ 원심기
　　㉢ 공기압축기　　　　　　　　　　㉣ 금속절단기
　　㉤ 지게차　　　　　　　　　　　　㉥ 포장기계(진공포장기, 래핑기로 한정)

2. 적극적 대책

(1) 적극적(2차적) 대책
회로를 개선하여 오작동을 사전에 방지하거나 별도의 안전한 회로에 의한 정상기능을 찾도록 하는 대책이다.

(2) 기능적 안전
① Fail Safe의 기능면에서의 분류
　　㉠ Fail Passive: 부품이 고장났을 경우 통상 기계는 정지하는 방향으로 이동한다.(일반적인 산업기계)
　　㉡ Fail Active: 부품이 고장났을 경우 기계는 경보를 울리는 가운데 짧은 시간 동안 운전이 가능하다.
　　㉢ Fail Operational: 부품의 고장이 있더라도 기계는 추후 보수가 이루어질 때까지 안전한 기능을 유지한다.
② 기능적 Fail Safe 적용 사례: 철도신호의 경우 고장 발생 시 청색신호가 적색신호로 변경되어 열차가 정지할 수 있도록 하여야 하며, 신호가 바뀌지 못하고 청색으로 있다면 사고 발생의 원인이 될 수 있으므로 철도신호 고장 시에 반드시 적색신호로 바뀌도록 하는 제도가 있다.

4 관련 공정 특성 분석(위험요인 도출)

1. 공정관리의 정의
품질·수량·가격의 제품을 일정한 시간 동안 가장 효율적으로 생산하기 위해 총괄 관리하는 활동으로 협의의 생산관리인 생산통제로 쓰이기도 한다. 즉, 부품 조립의 흐름을 순서 정연하게 능률적 방법으로 계획하고, 처리하는 절차를 말한다.

2. 공정관리의 목표
(1) 대내적인 목표
① 설비의 유휴에 의한 손실시간을 감소시킴으로써 가동률을 향상시킨다.
② 자재의 투입부터 제품 출하까지의 시간을 단축함으로써 재공품의 감소와 생산 속도를 향상시킨다.

(2) 대외적인 목표
수요자의 요건 충족 및 생산량의 요구 조건을 준수하기 위해 생산과정을 합리화시킨다.

3. 공정관리의 기능
(1) 계획 기능
생산계획을 통칭하는 것으로 공정계획을 행하여 작업의 순서와 방법을 결정하고, 일정계획을 통해 공정별 부하를 고려한 각 작업의 착수 시기와 완성 일자를 결정하여 납기를 준수하고 유지하게 한다.

(2) 통제 기능
계획 기능에 따른 실제 과정의 지도, 조정 및 결과와 계획을 비교하고 측정, 통제하는 것을 말한다.

(3) 감사 기능
계획과 실행의 결과를 비교 검토하여 차이를 찾아내고 그 원인을 분석하여 적절한 조치를 취하며, 개선해 나감으로써 생산성을 향상하는 기능을 갖는다.

4. 공정(절차) 계획
(1) 절차 계획(Routing)
특정 제품을 만드는 데 필요한 공정순서를 정의한 것으로 작업의 순서, 표준시간, 각 작업이 행해질 장소를 결정하고 할당한다. 즉 리드타임(Lead Time) 및 자원의 양을 계산하고, 원가 계산 시 기초자료로 활용할 수 있다.

(2) 공수 계획
① **부하 계획**: 일반적으로 할당된 작업에 대해 최대 작업량과 평균 작업량의 비율인 부하율을 최적으로 유지할 수 있는 작업량의 할당을 계획한다.
② **능력 계획**: 작업 수행 상의 능력에 대해 기준 조업도와 실제 조업도와의 비율을 최적으로 유지하기 위해 현유능력을 계획한다.

(3) 일정 계획
① **대일정 계획**: 납기에 따른 월별생산량이 예정되면 기준일정표에 의거한 각 직장·제품·부분품별로 작업개시일과 작업시간 및 완성 기일을 지시할 수 있다.
② **중일정 계획**: 제작에 필요한 세부 작업 즉, 공정·부품별 일정 계획으로 일정 계획의 기본이 된다.
③ **소일정 계획**: 특정 기계 또는 작업자에게 할당될 작업을 결정하고, 그 작업의 개시일과 종료일을 나타내며, 진도관리 및 작업분배가 이루어진다.

5. 공정 분석

(1) **공정 분석의 정의**

원재료가 출고되면서부터 제품으로 출하될 때까지 다양한 경로에 따른 경과 시간과 이동 거리를 공정 도시 기호를 이용하여 계통적으로 나타냄으로써 공정계열의 합리화를 위한 개선방안을 모색할 때 쓰는 방법이다.

(2) **요소 공정 분류 및 기호**

① 가공 공정: ○

　　제조의 목적을 직접적으로 달성하는 공정

② 운반 공정: ⇨

　　제품이나 부품이 하나의 작업 장소에서 다른 작업 장소로 이동하기 위해 발생하는 작업

③ 검사 공정: ◇(품질 검사), □(수량 검사)

　　㉠ 양의 검사: 수량, 중량
　　㉡ 질적 검사: 가공부품의 가공정도, 품질, 등급별 분류

④ 정체 공정: ▽(저장), D(대기, 정체)

　　㉠ 대기: 부품의 다음 가공, 조립을 일시적으로 기다림
　　㉡ 저장: 계획적인 보관

5 표준안전작업절차서

1. 표준안전작업방법의 정의

(1) 작업 현장에서 특정 작업을 수행할 때 안전하고 효율적으로 작업하기 위해 따라야 할 구체적인 절차와 지침을 의미한다.

(2) 작업자들이 일관되게 안전한 작업방법으로 작업을 수행할 수 있도록 가이드라인을 제공하며, 다양한 산업과 작업환경에서 적용될 수 있다.

2. 표준안전작업방법의 필요성

(1) 현장의 안전한 작업을 유지하고, 새로운 작업에 대해 학습·시도하기 위한 교재로 활용하기 위하여 표준안전작업지침이 필요하다.

(2) 표준안전작업지침은 현장에서 올바르게 작업하는 방법을 가장 쉽고 안전하게 실행할 수 있도록 제시한 것으로, 작업의 순서를 정하여 능률적으로 행할 수 있도록 단위 요소별 작업 순서, 작업 조건, 작업 방법, 위험 요소, 보수 방법 등을 제시하는 것이다. 그러므로 표준화된 작업 순서는 근로자로서 반드시 지켜야 하는 것이다.

(3) 반복 작업, 정확도를 요구하는 작업, 위험하거나 사고가 우려되는 작업, 개인에 따라 불규칙적인 방법을 취하고 있는 작업 등에는 사고 예방을 위해서 반드시 표준안전작업지침이 마련되어 있어야 한다.

3. 표준안전작업방법의 구성요소

(1) **목적:** 작업방법서의 목적과 필요성

(2) **적용범위:** 절차가 적용되는 작업의 범위와 대상 명시

(3) **책임과 권한:** 각 작업단계에서의 책임과 권한을 명확히 구분하여 기술

(4) **작업절차:** 각 작업단계별로 필요한 절차와 세부지침을 상세히 기술

(5) **안전지침:** 작업 중 따라야 할 안전지침과 주의사항 포함

(6) **비상대응절차:** 비상상황 발생 시 대응 절차 명시

(7) **필요한 도구 및 장비:** 작업에 필요한 도구와 장비의 나열 및 사용법 제시

(8) **관련 문서:** 참고할 수 있는 관련 문서나 규정

6 KS 규격과 ISO 규격

1. KS 규격(Korean Industrial Standards)

(1) 한국산업표준은 산업표준화를 위해 제정된 산업 규격을 활용 및 보급하여 생산능률 향상, 품질 개선, 소비자 보호 및 공정화를 위해서 만든 제도이다.

(2) 「산업표준화법」에 의거하여 산업표준심의회의 심의를 거쳐 국가기술표준원장이 고시함으로써 확정된다.

2. ISO 규격(International Organization for Standardization)

국제표준화기구는 전 세계 여러 나라의 표준제정단체들의 대표들로 이루어진 국제적인 표준화 기구로 나라마다 다른 산업, 통상 표준의 문제점을 해결하기 위해 세계 공통적으로 통용되는 표준을 개발·보급한다. ISO 9001(품질경영시스템), ISO 14001(환경경영시스템), ISO 45001(안전보건경영시스템) 등이 있다.

CHAPTER 02 / 기계분야 산업재해 조사 및 관리

> **합격 KEYWORD** 재해사례연구, 재해예방의 4원칙, 연천인율, 도수율, 강도율, 요양근로손실일수, 재해손실비, 안전점검의 종류, 안전인증 대상 기계 등, 안전검사대상 기계 등

1 재해조사

1. 재해조사의 목적

(1) 산업재해 기록 `산업안전보건법 시행규칙` `제72조`

사업주는 산업재해가 발생한 때에는 다음의 사항을 기록·보존하여야 한다. 다만, 산업재해조사표의 사본을 보존하거나 요양신청서의 사본에 재해 재발방지 계획을 첨부하여 보존한 경우에는 그러하지 아니하다.
① 사업장의 개요 및 근로자의 인적사항
② 재해발생의 일시 및 장소
③ 재해발생의 원인 및 과정
④ 재해 재발방지 계획

(2) 목적
① 재해예방 자료수집
② 동종 및 유사재해 재발방지
③ 재해발생 원인 및 결함 규명

(3) 재해조사에서 방지대책까지의 순서(재해사례연구)
① 1단계: 사실의 확인(사람, 물건, 관리, 재해발생까지의 경과)
② 2단계: 직접 원인과 문제점의 발견
③ 3단계: 근본적 문제점의 결정
④ 4단계: 대책 수립

(4) 산업재해 발생 보고 `산업안전보건법 시행규칙` `제73조`
① 사업주는 산업재해로 사망자가 발생하거나 3일 이상의 휴업이 필요한 부상을 입거나 질병에 걸린 사람이 발생한 경우에는 해당 산업재해가 발생한 날부터 1개월 이내에 산업재해조사표를 작성하여 관할 지방고용노동관서의 장에게 제출(전자문서로 제출하는 것 포함)하여야 한다.
② 사업주는 산업재해조사표에 근로자대표의 확인을 받아야 하며, 그 기재 내용에 대하여 근로자대표의 이견이 있는 경우에는 그 내용을 첨부하여야 한다. 다만, 근로자대표가 없는 경우에는 재해자 본인의 확인을 받아 산업재해조사표를 제출할 수 있다.

(5) 중대재해 발생 보고 `산업안전보건법 시행규칙` `제67조`

사업주는 중대재해가 발생한 사실을 알게 된 경우에는 지체 없이 다음의 사항을 관할 지방고용노동관서의 장에게 전화·팩스 또는 그 밖에 적절한 방법으로 보고하여야 한다.
① 발생 개요 및 피해 상황
② 조치 및 전망
③ 그 밖의 중요한 사항

2. 재해조사 시 유의사항

(1) 사실을 수집한다.
(2) 목격자 등이 증언하는 사실 이외의 추측의 말은 참고로만 한다.
(3) 조사는 신속하게 행하고, 긴급조치를 하여 2차 재해의 방지를 도모한다.
(4) 사람, 기계설비, 환경의 측면에서 재해요인을 모두 도출한다.
(5) 객관적인 입장에서 공정하게 조사하며, 조사는 2인 이상이 한다.
(6) 책임추궁보다 재발방지를 우선하는 기본 태도를 갖는다.

3. 재해발생 시 조치순서

(1) 긴급처리
  ① 재해발생기계의 정지 및 피해확산 방지
  ② 재해자의 구조 및 응급조치
  ③ 관계자에게 통보
  ④ 2차 재해방지
  ⑤ 현장보존

(2) 재해조사
  누가, 언제, 어디서, 어떤 작업을 하고 있을 때, 어떤 환경에서, 불안전 행동이나 상태는 없었는지 등에 대한 조사를 실시한다.

(3) 원인강구
  인간(Man), 기계(Machine), 작업매체(Media), 관리(Management) 측면에서의 원인을 분석한다.

(4) 대책수립
  유사한 재해를 예방하기 위한 기술적(Engineering), 교육적(Education), 관리적(Enforcement) 측면에서의 대책을 수립한다.

(5) 실시

(6) 평가

4. 재해의 원인분석 및 조사기법

(1) 재해예방의 4원칙
  ① 손실우연의 원칙: 재해손실은 사고발생 시 사고대상의 조건에 따라 달라지므로 한 사고의 결과로서 생긴 재해손실은 우연성에 의해서 결정된다.
  ② 원인계기의 원칙: 재해발생은 반드시 원인이 있다.
  ③ 예방가능의 원칙: 재해는 원칙적으로 원인만 제거하면 예방이 가능하다.
  ④ 대책선정의 원칙: 재해예방을 위한 가능한 안전대책은 반드시 존재한다.

(2) 애드워드 아담스의 사고연쇄반응 이론
  세인트루이스 석유회사의 손실방지 담당 중역인 애드워드 아담스(Edward Adams)는 사고의 직접 원인을 불안전한 행동의 특성에 달려 있는 것으로 보고 전술적 에러(Tactical Error)와 작전적 에러로 구분하여 설명하였다.

① 관리구조 결함
② 작전적 에러: 관리자의 의사결정이 그릇되거나 행동을 안 함
③ 전술적 에러: 불안전 행동, 불안전 동작
④ 사고: 상해의 발생, 아차사고(Near Miss), 비상해사고
⑤ 상해, 손해: 대인, 대물

(3) 재해(사고)발생 시의 유형(모델)
① **단순자극형(집중형)**: 상호자극에 의하여 순간적으로 재해가 발생하는 유형으로 재해가 일어난 장소나 그 시점에 일시적으로 요인이 집중된다.
② **연쇄형(사슬형)**: 하나의 사고요인이 또 다른 요인을 발생시키면서 재해를 발생시키는 유형이다. 단순 연쇄형과 복합 연쇄형이 있다.
③ **복합형**: 단순자극형과 연쇄형의 복합적인 발생유형이다. 일반적으로 대부분의 산업재해는 재해원인들이 복잡하게 결합되어 있는 복합형이다.
④ 연쇄형의 경우에는 원인들 중에 하나를 제거하면 재해가 일어나지 않는다. 그러나 단순 자극형이나 복합형은 하나를 제거하더라도 재해가 일어나지 않는다는 보장이 없으므로 도미노 이론이 적용되지 않는다. 이런 요인들은 부속적인 요인들에 불과하다. 따라서 재해조사에 있어서는 가능한 한 모든 요인들을 파악하도록 하여야 한다.

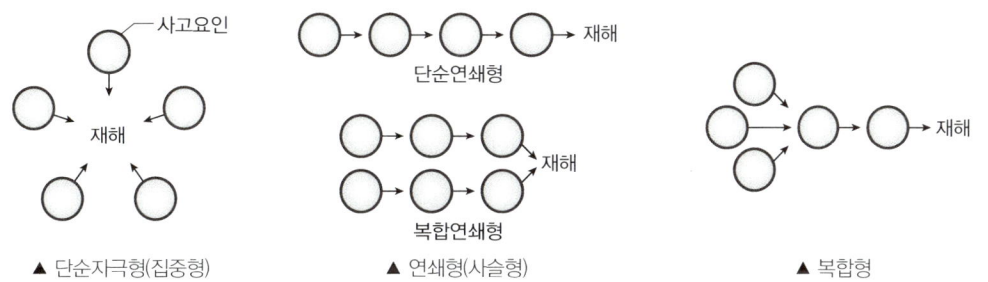

▲ 단순자극형(집중형)   ▲ 연쇄형(사슬형)   ▲ 복합형

(4) **산업재해의 직·간접 원인**
① 직접 원인
㉠ 불안전한 행동(인적 원인, 전체 재해발생 원인의 88[%] 정도)
- 위험장소 접근
- 복장·보호구의 잘못된 사용
- 운전 중인 기계 장치의 점검
- 위험물 취급 부주의
- 불안전한 자세나 동작
- 안전장치의 기능 제거
- 기계·기구의 잘못된 사용
- 불안전한 속도 조작
- 불안전한 상태 방치
- 감독 및 연락 불충분

㉡ 불안전한 행동을 일으키는 내적요인과 외적요인의 발생형태 및 대책
- 내적요인
  - 소질적 조건: 적성배치
  - 의식의 우회: 상담
  - 경험 및 미경험: 교육
- 외적요인
  - 작업 및 환경조건 불량: 환경정비
  - 작업순서의 부적당: 작업순서정비
- 적성배치에 있어서 고려되어야 할 기본사항
  - 적성검사를 실시하여 개인의 능력을 파악한다.

- 직무평가를 통하여 자격수준을 정한다.
- 인사관리의 기준원칙을 고수한다.
ⓒ 불안전한 상태(물적 원인)
- 물건 자체의 결함
- 안전방호장치의 결함
- 복장·보호구의 결함
- 기계의 배치 및 작업장소의 결함
- 작업환경의 결함(부적당한 조명, 부적당한 온·습도, 과다한 소음, 부적당한 배기)
- 생산공정의 결함
- 경계표시 및 설비의 결함

② 간접 원인
㉠ 기술적 원인: 기계·기구·설비 등의 방호 설비, 경계 설비, 보호구 정비, 구조재료의 부적당 등의 기술적 결함
㉡ 교육적 원인: 무지, 경시, 불이해, 훈련 미숙, 나쁜 습관 등
㉢ 신체적 원인: 각종 질병, 스트레스, 피로, 수면 부족 등
㉣ 정신적 원인: 태만, 반항, 불만, 초조, 긴장, 공포 등
㉤ 관리적 원인: 책임감의 부족, 부적절한 인사 배치, 작업기준의 불명확, 점검·보건 제도의 결함, 근로 의욕 침체, 작업지시 부적절 등

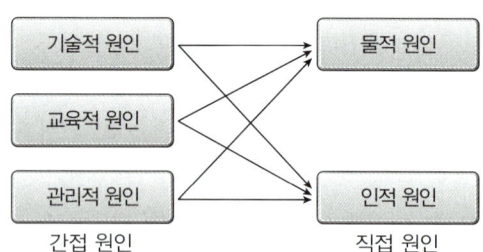

2 산재분류 및 통계분석

1. 재해관련 통계

(1) 재해조사의 목적
① 동종 및 유사한 재해의 재발을 방지한다.
② 재해발생의 원인을 분석한다.
③ 재해예방의 적절한 대책을 수립한다.
④ 불안전한 상태와 행동 등을 파악하기 위한 것이다.

(2) 재해통계의 역할
① 재해원인을 분석하고, 위험한 작업 및 여건을 도출한다.
② 합리적이고 경제적인 재해예방 정책방향을 설정한다.
③ 재해실태를 파악하여 예방활동에 필요한 기초자료 및 지표를 제공한다.
④ 재해예방사업 추진실적을 평가하는 측정 수단이다.

(3) 재해통계의 활용
① 제도의 개선 및 시정
② 재해의 경향파악
③ 동종 업종과의 비교

(4) 재해통계 작성 시 유의할 점
① 활용목적을 수행할 수 있도록 충분한 내용이 포함되어야 한다.
② 재해통계는 구체적으로 표시되고, 그 내용은 용이하게 이해되며 이용할 수 있어야 한다.
③ 재해통계는 항목 내용 등 재해요소가 정확히 파악될 수 있도록 예방대책이 수립되어야 한다.
④ 재해통계는 정량적으로 정확하게 수치적으로 표시되어야 한다.
⑤ 산업재해통계를 기반으로 안전조건이나 상태를 추측해서는 안 된다.
⑥ 산업재해통계 그 자체보다는 재해통계에 나타난 경향과 성질의 활용을 중요시하여야 한다.
⑦ 이용 및 활용가치가 없는 산업재해통계는 그 작성에 따른 시간과 경비의 낭비임을 인지하여야 한다.

(5) 산업재해 용어 KOSHA A-G-8

떨어짐(추락)	사람이 인력(중력)에 의하여 건축물, 구조물, 가설물, 수목, 사다리 등의 높은 장소에서 떨어지는 것
넘어짐(전도)	사람이 거의 평면 또는 경사면, 층계 등에서 구르거나 넘어지는 경우
깔림·뒤집힘(전도·전복)	기대어져 있거나 세워져 있는 물체 등이 쓰러져 깔린 경우 및 지게차 등의 건설기계 등이 운행 또는 작업 중 뒤집어진 경우
부딪힘·접촉(충돌)	재해자 자신의 움직임·동작으로 인하여 기인물에 접촉 또는 부딪히거나, 물체가 고정부에서 이탈하지 않은 상태로 움직임(규칙, 불규칙) 등에 의하여 부딪히거나 접촉한 경우
맞음(낙하·비래)	구조물, 기계 등에 고정되어 있던 물체가 중력, 원심력, 관성력 등에 의하여 고정부에서 이탈하거나 또는 설비 등으로부터 물질이 분출되어 사람을 가해하는 경우
끼임(협착)	두 물체 사이의 움직임에 의하여 일어난 것으로 직선 운동하는 물체 사이의 끼임, 회전부와 고정체 사이의 끼임, 롤러 등 회전체 사이에 물리거나 또는 회전체·돌기부 등에 감긴 경우
무너짐(붕괴·도괴)	토사, 적재물, 구조물, 건축물, 가설물 등이 전체적으로 허물어져 내리거나 또는 주요 부분이 꺾여져 무너지는 경우

2. 재해관련 통계의 종류 및 계산

(1) 재해율 산업재해통계업무처리규정 제3조
산재보험적용 근로자 수 100명당 발생하는 재해자 수의 비율이다.

$$재해율 = \frac{재해자\ 수}{산재보험적용\ 근로자\ 수} \times 100$$

※ 산재보험적용 근로자 수란 「산업재해보상보험법」이 적용되는 근로자 수를 말한다.

(2) 연천인율
1년간 평균 임금근로자 1,000명당 재해자 수이다.

$$연천인율 = \frac{연간\ 재해(사상)자\ 수}{연평균\ 근로자\ 수} \times 1,000$$

$$연천인율 = 도수율(빈도율) \times 2.4$$

(3) 도수율(빈도율)(F.R; Frequency Rate of Injury) 산업재해통계업무처리규정 제3조
100만 근로시간당 발생하는 재해건수이다.

$$도수율(빈도율) = \frac{재해건수}{연근로시간\ 수} \times 1,000,000$$

※ 연근로시간 수 = 근로자 수 × 1일 근로시간(8시간) × 1년(300일)

(4) 강도율(S.R; Severity Rate of Injury) [산업재해통계업무처리규정 제3조]

근로시간 1,000시간당 요양재해로 인해 발생하는 근로손실일수이다.

$$강도율 = \frac{총\ 요양근로손실일수}{연근로시간\ 수} \times 1,000$$

> **합격 보장 꿀팁** 총 요양근로손실일수 [산업재해통계업무처리규정 별표 1]
> ① 총 요양근로손실일수는 재해자의 총 요양기간을 합산하여 산출하되, 사망, 부상 또는 질병이나 장해자의 등급별 요양근로손실일수는 아래 표와 같다. 사망, 1~3등급일 때 요양근로손실일수는 7,500일이다.
>
> | 등급 | 4 | 5 | 6 | 7 | 8 | 9 | 10 | 11 | 12 | 13 | 14 |
> |---|---|---|---|---|---|---|---|---|---|---|---|
> | 일수 | 5,500 | 4,000 | 3,000 | 2,200 | 1,500 | 1,000 | 600 | 400 | 200 | 100 | 50 |
>
> ② 일시 전노동 불능(의사의 진단에 따라 일정기간 노동에 종사할 수 없는 상해)의 경우, 휴업일수 $\times \frac{300}{365}$으로 산출한다.

(5) 종합재해지수(F.S.I; Frequency Severity Indicator)

재해 빈도의 다수와 상해 정도의 강약을 종합한다.

$$종합재해지수(FSI) = \sqrt{도수율(FR) \times 강도율(SR)}$$

(6) 환산강도율

근로자가 입사하여 퇴직할 때까지(40년=10만 시간) 잃을 수 있는 근로손실일수이다.

$$환산강도율 = 강도율 \times 100$$

(7) 환산도수율

근로자가 입사하여 퇴직할 때까지(40년=10만 시간) 당할 수 있는 재해건수이다.

$$환산도수율 = \frac{도수율}{10}$$

(8) 평균강도율

재해 1건당 평균 근로손실일수이다.

$$평균강도율 = \frac{강도율}{도수율} \times 1,000$$

(9) 사망만인율 [산업재해통계업무처리규정 제3조]

임금근로자 수 10,000명당 발생하는 사망자 수의 비율이다.

$$사망만인율 = \frac{사망자\ 수}{산재보험적용\ 근로자\ 수} \times 10,000$$

(10) 세이프티스코어(Safe T. Score)

① 과거와 현재의 안전성적을 비교, 평가하는 방법으로 단위가 없으며 계산결과가 (+)이면 과거에 비해 나쁜 기록, (−)이면 과거에 비해 좋은 기록으로 본다.

$$Safe\ T.\ Score = \frac{도수율(현재) - 도수율(과거)}{\sqrt{\frac{도수율(과거)}{현재\ 총\ 근로시간\ 수} \times 1,000,000}}$$

② 평가방법
　㉠ +2.0 이상인 경우: 과거보다 심각하게 나쁘다.
　㉡ +2.0~-2.0인 경우: 심각한 차이가 없다.
　㉢ -2.0 이하인 경우: 과거보다 좋다.

(11) 안전활동률(R.P.Blake, 미국)
100만 근로시간당 안전활동건수를 말한다.

$$안전활동률 = \frac{안전활동건수}{평균\ 근로자\ 수 \times 근로시간\ 수} \times 1,000,000$$

※ 안전활동건수는 일정 기간 내에 행한 안전개선 권고 수, 안전조치한 불안전 작업 수, 불안전한 행동 적발 수, 불안전한 상태 지적 수, 안전회의 건수 및 안전홍보건수를 합한 수이다.

3. 재해손실비의 종류 및 계산

업무상 재해로서 인적재해를 수반하는 재해에 의해 생기는 비용으로 재해가 발생하지 않았다면 발생하지 않아도 되는 직·간접 비용이다.

(1) 하인리히 방식
총 재해코스트 = 직접비 + 간접비
① 직접비: 법령으로 지급되는 산재보상비 **산업재해보상보험법** 제36조
　㉠ 요양급여　　　㉡ 휴업급여　　　㉢ 장해급여
　㉣ 간병급여　　　㉤ 유족급여　　　㉥ 상병보상연금
　㉦ 장례비　　　　㉧ 직업재활급여
② 간접비: 재산손실, 생산중단 등으로 기업이 입은 손실
　㉠ 인적손실: 본인 및 제3자에 관한 것을 포함한 시간손실
　㉡ 물적손실: 기계, 공구, 재료, 시설의 복구에 소비된 시간손실 및 재산손실
　㉢ 생산손실: 생산감소, 생산중단, 판매감소 등에 의한 손실
　㉣ 특수손실
　㉤ 기타손실
③ 직접비 : 간접비 = 1 : 4
※ 우리나라의 재해손실비용은 「경제적 손실 추정액」이라 칭하며 하인리히 방식으로 산정한다.

(2) 시몬즈 방식
① 총 재해코스트
　㉠ 총 재해코스트 = 보험코스트 + 비보험코스트
　㉡ 비보험코스트 = 휴업상해건수 × A + 통원상해건수 × B + 응급조치건수 × C + 무상해사고건수 × D
　㉢ A, B, C, D는 장해정도별에 의한 비보험코스트의 평균치
② 상해의 종류
　㉠ 휴업상해: 영구 부분노동 불능 및 일시 전노동 불능
　㉡ 통원상해: 일시 부분노동 불능 및 의사의 통원조치를 필요로 하는 상해
　㉢ 응급조치상해: 응급조치상해 또는 8시간 미만의 휴업 의료조치 상해
　㉣ 무상해사고: 의료조치를 필요로 하지 않는 상해사고

(3) 버드의 방식

> 총 재해코스트 = 보험비(1) + 비보험비(5~50) + 비보험 기타비용(1~3)

① 보험비: 의료, 보상금
② 비보험 재산비용: 건물손실, 기구 및 장비손실, 조업중단 및 지연
③ 비보험 기타비용: 조사시간, 교육 등

(4) 콤패스 방식

> 총 재해코스트 = 공동비용비 + 개별비용비

① 공동비용: 보험료, 안전보건팀 유지비용
② 개별비용: 작업손실비용, 수리비, 치료비 등

4. 재해사례 분석절차

(1) 상해정도별 구분
① 사망
② 영구 전노동 불능 상해(신체장해등급 1~3급)
③ 영구 일부노동 불능 상해(신체장해등급 4~14급)
④ 일시 전노동 불능 상해: 장해가 남지 않는 휴업상해
⑤ 일시 일부노동 불능 상해: 일시 근무 중에 업무를 떠나 치료를 받는 정도의 통원상해
⑥ 구급처치상해: 응급처치 후 정상작업을 할 수 있는 정도의 상해

(2) 통계적 분류
① 사망: 노동 손실일수 7,500일
② 중상해: 부상으로 8일 이상 노동 손실을 가져온 상해
③ 경상해: 부상으로 1일 이상 7일 이하의 노동 손실을 가져온 상해
④ 경미상해: 8시간 이하의 휴무 또는 작업에 종사하면서 치료를 받는 상해(통원치료)

(3) 상해의 종류
① 골절: 뼈에 금이 가거나 부러진 상해
② 동상: 저온물 접촉으로 생긴 동상 상해
③ 부종: 국부의 혈액순환의 이상으로 몸이 퉁퉁 부어오르는 상해
④ 자상(찔림): 칼날 등 날카로운 물건에 찔린 상해
⑤ 좌상(타박상): 타박, 충돌, 추락 등으로 피부의 표면보다는 피하조직 또는 근육부를 다친 상해(삔 것 포함)
⑥ 절상(절단): 뼈가 부러지거나 뼈마디가 어긋나 다침 또는 그런 부상
⑦ 중독, 질식: 음식, 약물, 가스 등에 의해 중독이나 질식된 상태
⑧ 찰과상: 스치거나 문질러서 벗겨진 상태
⑨ 창상(베임): 창, 칼 등에 베인 상처
⑩ 청력 장해: 청력이 감퇴 또는 난청이 된 상태
⑪ 시력 장해: 시력이 감퇴 또는 실명이 된 상태
⑫ 화상: 화재 또는 고온물 접촉으로 인한 상해

(4) 재해의 통계적 원인분석 방법
  ① 파레토도: 분류항목을 큰 순서대로 도표화한 분석법이다.
  ② 특성요인도: 특성과 요인관계를 도표로 하여 어골상으로 세분화한 분석법으로 원인과 결과를 연계하여 상호관계를 파악한다.
  ③ 클로즈(Close)분석도: 데이터(Data)를 집계하고 표로 표시하여 요인별 결과 내역을 교차한 클로즈 그림을 작성하여 분석하는 방법이다.
  ④ 관리도: 재해발생 건수 등의 추이를 파악하여 목표관리를 행하는 데 필요한 월별 재해발생수를 그래프화하여 관리선을 설정하고 관리하는 방법이다.

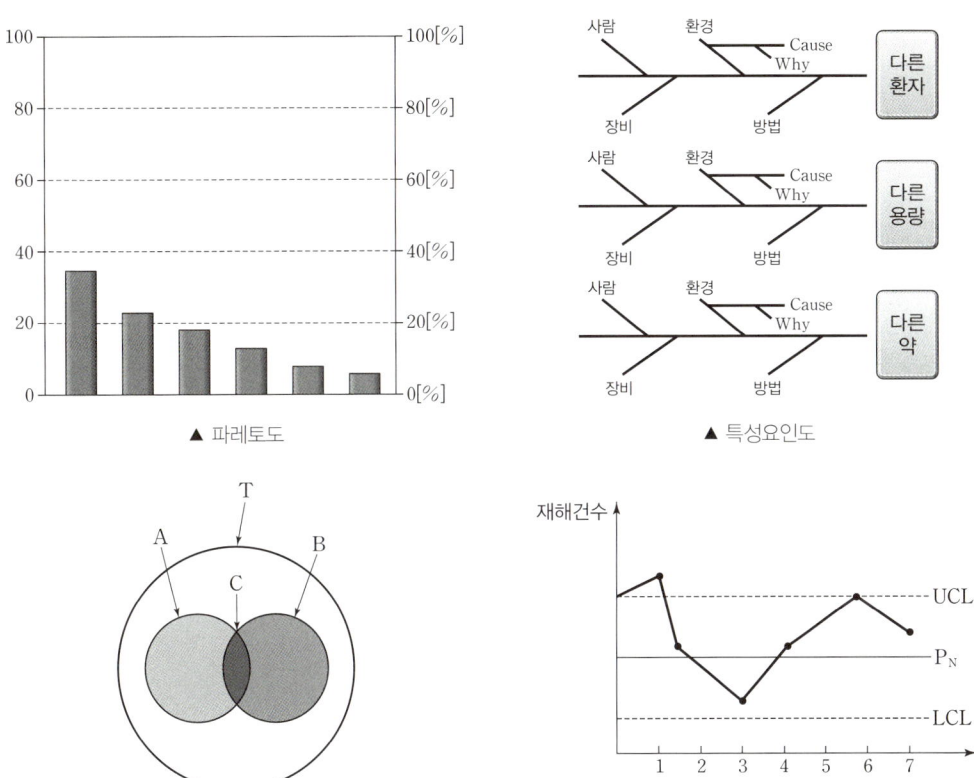

▲ 파레토도   ▲ 특성요인도
▲ 클로즈분식도   ▲ 관리도

(5) 재해사례 연구의 진행 단계
  ① 전제 조건 – 재해상황의 파악: 사례연구의 전제 조건인 재해상황의 파악은 다음의 항목에 관하여 실시한다.
    ㉠ 재해발생 일시, 장소   ㉡ 업종, 규모   ㉢ 상해의 상황
    ㉣ 물적 피해상황   ㉤ 피해 근로자의 특성   ㉥ 사고형태
    ㉦ 기인물과 가해물   ㉧ 조직 계통도   ㉨ 재현현황 도면
  ② 제1단계 – 사실의 확인: 작업의 개시에서 재해의 발생까지의 경과 가운데 재해와 관계가 있는 사실 및 재해요인으로 알려진 사실을 객관적으로 확인한다. 이상 시, 사고 시 또는 재해발생 시의 조치도 포함된다.
  ③ 제2단계 – 문제점의 발견: 파악된 사실로부터 판단하여 각종 기준에서 차이의 문제점을 발견한다.(직접 원인)
  ④ 제3단계 – 근본적 문제점의 결정: 문제점 가운데 재해의 중심이 된 근본적 문제점을 결정하고 그 다음에 재해원인을 결정한다.(기본 원인)
  ⑤ 제4단계 – 대책수립: 사례를 해결하기 위한 대책을 세운다.

3 안전점검 · 검사 · 인증 및 진단

1. 안전점검의 정의 및 목적

(1) 정의
안전점검은 설비의 불안전한 상태나 인간의 불안전한 행동으로부터 일어나는 결함을 발견하여 안전대책을 세우기 위한 활동을 말한다.

(2) 안전점검의 목적
① 기기 및 설비의 결함이나 불안전한 상태의 제거로 사전에 안전성을 확보하기 위함이다.
② 기기 및 설비의 안전상태 유지 및 본래의 성능을 유지하기 위함이다.
③ 재해방지를 위한 대책을 계획적으로 실시하기 위함이다.

2. 안전점검의 종류

종류	내용
일상점검(수시점검)	작업 전·중·후 수시로 실시하는 점검
정기점검	정해진 기간에 정기적으로 실시하는 점검
특별점검	기계·기구의 신설 및 변경 또는 고장, 수리 등에 의해 부정기적으로 실시하는 점검, 안전강조기간에 실시하는 점검 등
임시점검	이상 발견 시 또는 재해발생 시 임시로 실시하는 점검

3. 안전점검표의 작성

(1) 안전점검표(체크리스트)에 포함되어야 할 사항
① 점검대상
② 점검부분(점검개소)
③ 점검항목(점검내용 : 마모, 균열, 부식, 파손, 변형 등)
④ 점검주기 또는 기간(점검시기)
⑤ 점검방법(육안점검, 기능점검, 기기점검, 정밀점검)
⑥ 판정기준(안전검사기준, 법령에 의한 기준, KS기준 등)
⑦ 조치사항(점검결과에 따른 결과의 시정)

(2) 안전점검표(체크리스트) 작성 시 유의사항
① 위험성이 높은 순이나 긴급을 요하는 순으로 작성할 것
② 정기적으로 검토하여 설비나 작업방법이 타당성 있게 개조된 내용일 것
③ 점검항목을 이해하기 쉽게 구체적으로 표현할 것
④ 사업장에 적합한 독자적 내용을 가지고 작성할 것

(3) 안전점검보고서에 수록될 내용
① 작업현장의 현 배치 상태와 문제점
② 안전교육 실시현황 및 추진방향
③ 안전방침과 중점개선 계획
④ 재해다발요인과 유형분석 및 비교 데이터 제시
⑤ 보호구, 방호장치 작업환경 실태와 개선 제시

(4) **작업시작 전 점검사항** 안전보건규칙 / 별표 3

작업의 종류	점검내용
프레스 등을 사용하여 작업을 할 때	가. 클러치 및 브레이크의 기능 나. 크랭크축·플라이휠·슬라이드·연결봉 및 연결 나사의 풀림 여부 다. 1행정 1정지기구·급정지장치 및 비상정지장치의 기능 라. 슬라이드 또는 칼날에 의한 위험방지 기구의 기능 마. 프레스의 금형 및 고정볼트 상태 바. 방호장치의 기능 사. 전단기의 칼날 및 테이블의 상태
로봇의 작동 범위에서 그 로봇에 관하여 교시 등(로봇의 동력원을 차단하고 하는 것 제외)의 작업을 할 때	가. 외부 전선의 피복 또는 외장의 손상 유무 나. 매니퓰레이터(Manipulator) 작동의 이상 유무 다. 제동장치 및 비상정지장치의 기능
공기압축기를 가동할 때	가. 공기저장 압력용기의 외관 상태 나. 드레인밸브(Drain Valve)의 조작 및 배수 다. 압력방출장치의 기능 라. 언로드밸브(Unloading Valve)의 기능 마. 윤활유의 상태 바. 회전부의 덮개 또는 울 사. 그 밖의 연결 부위의 이상 유무
크레인을 사용하여 작업을 하는 때	가. 권과방지장치·브레이크·클러치 및 운전장치의 기능 나. 주행로의 상측 및 트롤리(Trolley)가 횡행하는 레일의 상태 다. 와이어로프가 통하고 있는 곳의 상태
이동식 크레인을 사용하여 작업을 할 때	가. 권과방지장치나 그 밖의 경보장치의 기능 나. 브레이크·클러치 및 조정장치의 기능 다. 와이어로프가 통하고 있는 곳 및 작업장소의 지반상태
지게차를 사용하여 작업을 하는 때	가. 제동장치 및 조종장치 기능의 이상 유무 나. 하역장치 및 유압장치 기능의 이상 유무 다. 바퀴의 이상 유무 라. 전조등·후미등·방향지시기 및 경보장치 기능의 이상 유무
구내운반차를 사용하여 작업을 할 때	가. 제동장치 및 조종장치 기능의 이상 유무 나. 하역장치 및 유압장치 기능의 이상 유무 다. 바퀴의 이상 유무 라. 전조등·후미등·방향지시기 및 경음기 기능의 이상 유무 마. 충전장치를 포함한 홀더 등의 결합상태의 이상 유무
컨베이어 등을 사용하여 작업을 할 때	가. 원동기 및 풀리(Pulley) 기능의 이상 유무 나. 이탈 등의 방지장치 기능의 이상 유무 다. 비상정지장치 기능의 이상 유무 라. 원동기·회전축·기어 및 풀리 등의 덮개 또는 울 등의 이상 유무

4. 안전검사 및 안전인증

(1) **안전인증대상 기계 등** 산업안전보건법 시행령 / 제74조

① 안전인증대상 기계 또는 설비
- ㉠ 프레스
- ㉡ 전단기 및 절곡기
- ㉢ 크레인
- ㉣ 리프트
- ㉤ 압력용기
- ㉥ 롤러기
- ㉦ 사출성형기
- ㉧ 고소작업대
- ㉨ 곤돌라

② 안전인증대상 방호장치
　㉠ 프레스 및 전단기 방호장치
　㉡ 양중기용 과부하방지장치
　㉢ 보일러 압력방출용 안전밸브
　㉣ 압력용기 압력방출용 안전밸브
　㉤ 압력용기 압력방출용 파열판
　㉥ 절연용 방호구 및 활선작업용 기구
　㉦ 방폭구조 전기기계·기구 및 부품
　㉧ 추락·낙하 및 붕괴 등의 위험 방지 및 보호에 필요한 가설기자재로서 고용노동부장관이 정하여 고시하는 것
　㉨ 충돌·협착 등의 위험 방지에 필요한 산업용 로봇 방호장치로서 고용노동부장관이 정하여 고시하는 것

③ 안전인증대상 보호구
　㉠ 추락 및 감전 위험방지용 안전모
　㉡ 안전화
　㉢ 안전장갑
　㉣ 방진마스크
　㉤ 방독마스크
　㉥ 송기마스크
　㉦ 전동식 호흡보호구
　㉧ 보호복
　㉨ 안전대
　㉩ 차광 및 비산물 위험방지용 보안경
　㉪ 용접용 보안면
　㉫ 방음용 귀마개 또는 귀덮개

(2) **자율안전확인대상 기계 등** 산업안전보건법 시행령 제77조
① 자율안전확인대상 기계 또는 설비
　㉠ 연삭기 또는 연마기(휴대형 제외)
　㉡ 산업용 로봇
　㉢ 혼합기
　㉣ 파쇄기 또는 분쇄기
　㉤ 식품가공용 기계(파쇄·절단·혼합·제면기만 해당)
　㉥ 컨베이어
　㉦ 자동차정비용 리프트
　㉧ 공작기계(선반, 드릴기, 평삭·형삭기, 밀링만 해당)
　㉨ 고정형 목재가공용 기계(둥근톱, 대패, 루타기, 띠톱, 모떼기 기계만 해당)
　㉩ 인쇄기

② 자율안전확인대상 방호장치
　㉠ 아세틸렌 용접장치용 또는 가스집합 용접장치용 안전기
　㉡ 교류 아크용접기용 자동전격방지기
　㉢ 롤러기 급정지장치
　㉣ 연삭기 덮개
　㉤ 목재가공용 둥근톱 반발예방장치와 날접촉예방장치
　㉥ 동력식 수동대패용 칼날 접촉 방지장치
　㉦ 추락·낙하 및 붕괴 등의 위험 방지 및 보호에 필요한 가설기자재로서 고용노동부장관이 정하여 고시하는 것

③ 자율안전확인대상 보호구
　㉠ 안전모(추락 및 감전 위험방지용 안전모 제외)
　㉡ 보안경(차광 및 비산물 위험방지용 보안경 제외)
　㉢ 보안면(용접용 보안면 제외)

(3) 안전검사대상 기계 등
  ① 안전검사대상 유해·위험기계 등 `산업안전보건법 시행령` 제78조
    ㉠ 프레스
    ㉡ 전단기
    ㉢ 크레인(정격 하중이 2톤 미만인 것 제외)
    ㉣ 리프트
    ㉤ 압력용기
    ㉥ 곤돌라
    ㉦ 국소배기장치(이동식 제외)
    ㉧ 원심기(산업용만 해당)
    ㉨ 롤러기(밀폐형 구조 제외)
    ㉩ 사출성형기(형 체결력 294[kN] 미만 제외)
    ㉪ 고소작업대(화물자동차 또는 특수자동차에 탑재한 고소작업대로 한정)
    ㉫ 컨베이어
    ㉬ 산업용 로봇
  ② 안전검사의 신청 `산업안전보건법 시행규칙` 제124조, 제127조
    ㉠ 안전검사를 받아야 하는 자는 안전검사 신청서를 검사 주기 만료일 30일 전에 안전검사 업무를 위탁받은 기관(이하 "안전검사기관")에 제출(전자문서로 제출하는 것 포함)하여야 한다.
    ㉡ 안전검사 신청을 받은 안전검사기관은 검사 주기 만료일 전후 각각 30일 이내에 해당 기계·기구 및 설비별로 안전검사를 하여야 한다.
    ㉢ 고용노동부장관은 안전검사에 합격한 사업주에게 안전검사대상 기계 등에 직접 부착 가능한 안전검사합격증명서를 발급하고, 부적합한 경우에는 해당 사업주에게 안전검사 불합격 통지서에 그 사유를 밝혀 통지하여야 한다.
  ③ 안전검사의 주기 `산업안전보건법 시행규칙` 제126조
    ㉠ 크레인(이동식 크레인 제외), 리프트(이삿짐운반용 리프트 제외) 및 곤돌라: 사업장에 설치가 끝난 날부터 3년 이내에 최초 안전검사를 실시하되, 그 이후부터 2년마다(건설현장에서 사용하는 것은 최초로 설치한 날부터 6개월마다) 실시한다.
    ㉡ 이동식 크레인, 이삿짐운반용 리프트 및 고소작업대: 신규등록 이후 3년 이내에 최초 안전검사를 실시하되, 그 이후부터 2년마다 실시한다.
    ㉢ 프레스, 전단기, 압력용기, 국소배기장치, 원심기, 롤러기, 사출성형기, 컨베이어 및 산업용 로봇: 사업장에 설치가 끝난 날부터 3년 이내에 최초 안전검사를 실시하되, 그 이후부터 2년마다(공정안전보고서를 제출하여 확인을 받은 압력용기는 4년마다) 실시한다.
  ④ 사업주가 자율검사프로그램을 인정받기 위한 충족 요건 `산업안전보건법 시행규칙` 제132조
    ㉠ 검사원을 고용하고 있을 것
    ㉡ 검사를 할 수 있는 장비를 갖추고 이를 유지·관리할 수 있을 것
    ㉢ 안전검사 주기의 $\frac{1}{2}$에 해당하는 주기(크레인 중 건설현장 외에서 사용하는 크레인의 경우에는 6개월)마다 검사를 할 것
    ㉣ 자율검사프로그램의 검사기준이 안전검사기준을 충족할 것

CHAPTER 03 공작기계의 안전

합격 KEYWORD 칩 브레이커, 선반작업 시 안전대책, 밀링작업 시 안전대책, 숫돌의 원주속도, 플랜지의 지름, 연삭기의 방호장치

1 절삭가공기계의 종류 및 방호장치

1. 선반의 안전장치 및 작업 시 유의사항

(1) 선반의 종류
① 보통선반 ② 터릿선반 ③ 탁상선반 ④ 자동선반

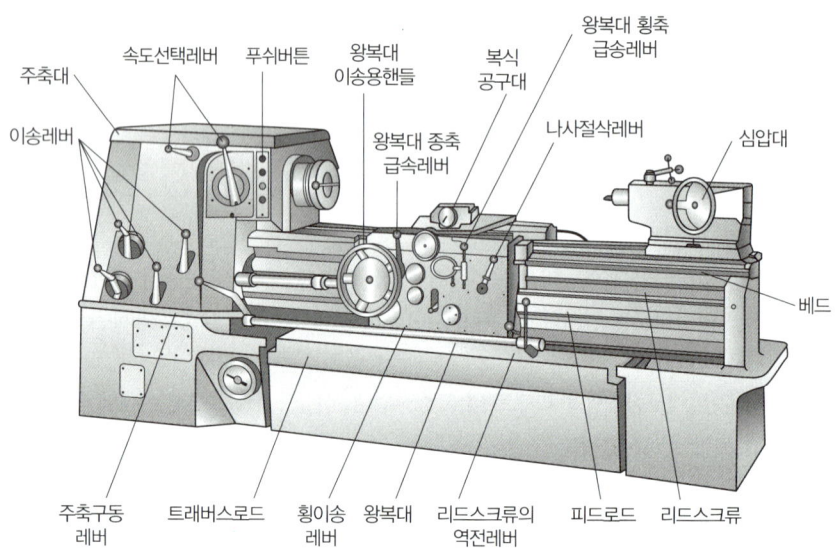

(2) 선반작업의 종류
총형깎기, 원통깎기, 테이퍼깎기, 보링, 숫나사깎기 등

(3) 선반의 방호장치
① 칩 브레이커(Chip Breaker): 칩을 짧게 끊어지도록 하는 장치
② 덮개(Shield): 가공재료의 칩이나 절삭유 등이 비산되어 나오는 위험으로부터 작업자의 보호를 위하여 이동이 가능한 장치
③ 브레이크(Brake): 가공 작업 중 선반을 급정지시킬 수 있는 장치
④ 척 커버(Chuck Cover): 척에 고정한 가공물의 돌출부에 작업자가 접촉하여 발생하는 위험을 방지하는 장치

(4) 선반의 크기 및 주요구조부분
① 선반의 크기: 베드 위의 스윙, 왕복대 위의 스윙, 양 센터 사이의 최대 거리, 관습상 베드의 길이
② 선반의 주요구조부분: 주축대, 심압대, 왕복대, 베드

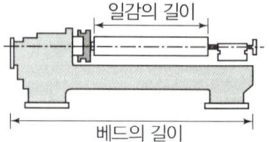

(5) **선반용 부품**
  ① 센터(Center) ② 돌리개(Lathe dog or Carrier)
  ③ 면판(Face Plate) ④ 심봉(Mandrel)
  ⑤ 방진구(Center Rest): 가늘고 긴 일감은 절삭력과 자중으로 휘거나 처짐이 일어나는데 이를 방지하기 위한 장치로 일감의 길이가 직경의 12배 이상일 때 사용한다.
  ⑥ 척(Chuck): 선반의 주축 끝에 장치하여 공작물을 유지하는 부속장치이다.

(6) **선반작업 시 안전대책**
  ① 긴 물건 가공 시 주축대 쪽으로 돌출된 회전가공물에는 덮개를 설치하고, 심압대로 지지하고 가공한다.
  ② 바이트는 끝을 짧게 장치하고 일감의 길이가 직경의 12배 이상일 때 방진구를 사용한다.
  ③ 절삭 중 일감에 손을 대서는 안 되며 손이 말려 들어갈 위험이 있는 장갑을 착용하지 않는다.
  ④ 바이트에는 칩 브레이커를 설치하고, 보안경을 착용한다.
  ⑤ 치수 측정, 주유, 청소 시에는 반드시 기계를 정지한다.
  ⑥ 기계 운전 중 백기어 사용은 금지된다.
  ⑦ 가공물은 전원스위치를 끄고 바이트를 충분히 멀리 위치시킨 후 설치한다.
  ⑧ 가공물 장착 후에는 척 렌치를 바로 벗겨 놓는다.
  ⑨ 무게가 편중된 가공물은 균형추를 부착한다.
  ⑩ 상의는 옷자락 안으로 넣고, 소맷자락을 묶을 때에는 끈을 사용하지 않는다.
  ⑪ 돌리개는 적정 크기의 것을 선택하고, 심압대 스핀들은 지나치게 길게 나오지 않도록 한다.
  ⑫ 시동 전에 척 핸들은 빼어 둔다.
  ⑬ 절삭 칩의 제거는 반드시 브러시 등의 도구를 사용한다.
  ⑭ 작업 시 공구는 항상 정리해두고, 베드 위에 공구를 올려놓지 않아야 한다.

(7) **기계의 동력차단장치** 안전보건규칙 제88조
  동력차단장치(비상정지장치)를 설치할 때에는 기계 중 절단·인발·압축·꼬임·타발 또는 굽힘 등의 가공을 하는 기계에 설치하되, 근로자가 작업위치를 이동하지 아니하고 조작할 수 있는 위치에 설치하여야 한다.

2. 밀링작업 시 안전수칙

(1) **밀링미신**
  밀링머신은 회전하는 절삭공구에 가공물을 이송하여 원하는 형상으로 가공하는 공작기계이다.

(2) **밀링절삭작업**
  ① 상향절삭: 일감의 이송방향과 커터의 회전방향이 반대이다.
  ② 하향절삭: 일감의 이송방향과 커터의 회전방향이 일치한다.
    ㉠ 일감의 고정이 간편하다.
    ㉡ 가공면이 깨끗하다.
    ㉢ 밀링커터의 날이 마찰작용을 하지 않으므로 수명이 길다.
    ㉣ 백래시(Backlash) 제거 장치가 없으면 작업을 할 수 없다.

▲ 밀링머신

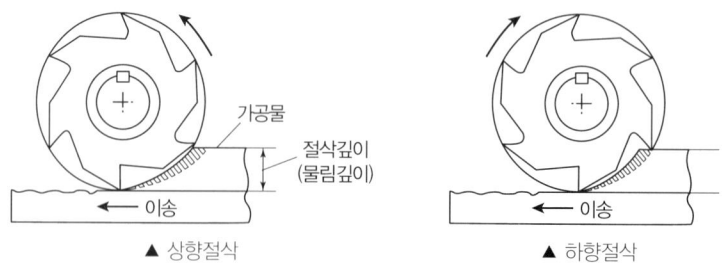

▲ 상향절삭　　　　　　　　▲ 하향절삭

(3) 밀링작업의 공식

① 절삭속도

$$V = \frac{\pi DN}{1,000}$$

여기서, V: 절삭속도[m/min], D: 밀링커터의 지름[mm], N: 밀링커터의 회전수[rpm]

② 이송속도

$$f = f_z \times z \times N$$

여기서, f: 테이블의 이송속도[mm/min], f_z: 밀링커터의 날 1개마다의 이송거리[mm]
z: 밀링커터의 날 수, N: 밀링커터의 회전수[rpm]

(4) 방호장치의 덮개

밀링커터 작업 시 작업자의 옷 소매가 커터에 감겨 들어가거나 칩이 작업자의 눈에 들어가는 것을 방지하기 위하여 상부의 암에 덮개를 설치한다.

(5) 밀링작업 시 안전대책

① 밀링커터에 작업복의 소매나 작업모가 말려 들어가지 않도록 한다.
② 칩은 기계를 정지시킨 후 브러시 등으로 제거한다.
③ 커터를 끼울 때에는 아버를 깨끗이 닦는다.
④ 상하, 좌우 이송장치의 핸들은 사용 후 반드시 빼어 둔다.
⑤ 일감 또는 부속장치 등을 설치하거나 제거할 때 또는 일감을 측정할 때에는 반드시 정지시킨 다음에 작업한다.
⑥ 커터를 교환할 때는 반드시 테이블 위에 목재를 받쳐 놓는다.
⑦ 커터는 될 수 있는 한 칼럼에 가깝게 설치한다.
⑧ 테이블이나 암 위에 공구나 커터 등을 올려놓지 않고 공구대 위에 놓는다.
⑨ 가공 중에는 손으로 가공면을 점검하지 않는다.
⑩ 강력절삭을 할 때는 일감을 바이스에 깊게 물린다.
⑪ 손이 말려 들어갈 위험이 있는 장갑을 착용하지 않는다.
⑫ 밀링작업에서 생기는 칩은 가늘고 예리하며 부상을 입히기 쉬우므로 보안경을 착용한다.
⑬ 주축속도를 변속시킬 때에는 반드시 주축이 정지한 후에 변환한다.
⑭ 정면 밀링커터 작업 시 날 끝 위쪽 높이에서 확인하며 작업한다.

3. 플레이너와 셰이퍼의 방호장치 및 안전수칙

(1) **플레이너(Planer)**

① 플레이너의 개요
  ㉠ 플레이너 작업에서 공구는 고정되어 있고 일감이 직선운동을 하며 공구는 이송운동을 할 뿐이다.
  ㉡ 셰이퍼에 비하여 큰 일감을 가공하는 데 사용된다.

▲ 플레이너(Planer)

② 플레이너의 안전작업수칙
  ㉠ 반드시 스위치를 끄고 일감의 고정작업을 하고, 일감의 고정작업 시 균일한 힘을 유지한다.
  ㉡ 바이트는 되도록 짧게 설치한다.
  ㉢ 기계작동 중 테이블 위에는 절대로 올라가지 않는다.
  ㉣ 프레임 중앙부에 있는 피트에는 뚜껑을 설치한다.
  ㉤ 베드 위에는 물건을 올려놓지 않는다.
  ㉥ 테이블과 고정벽 또는 다른 기계와의 최소 거리가 40[cm] 이하가 될 때는 기계의 양쪽에 울타리를 설치하여 통행을 차단한다.

③ 절삭속도

$$v_m = \frac{2L}{t} = \frac{2v_s}{1+\frac{1}{n}}, \quad t = \frac{L}{v_s} + \frac{L}{v_r}$$

여기서, v_m: 평균속도[m/min], v_s: 절삭속도[m/min], v_r: 귀환속도[m/min]
L: 행정[m], t: 1회 왕복시간[min], n: 속도비 $= \frac{v_r}{v_s}$(보통 3~4)

(2) **셰이퍼(Shaper)**

① 셰이퍼의 개요
  ㉠ 셰이퍼(Shaper)는 램(Ram)의 왕복운동에 의한 바이트의 직선절삭운동과 절삭운동에 수직방향인 테이블의 운동으로 일감이 이송되어 평면을 주로 가공하는 공작기계이다.
  ㉡ 셰이퍼의 크기는 수로 램의 최대행정으로 표시할 때가 많고 테이블의 크기와 이송거리를 표시하는 경우도 있다.

▲ 셰이퍼(Shaper)

② 셰이퍼의 안전작업수칙
  ㉠ 보안경을 착용한다.
  ㉡ 가공품을 측정하거나 청소를 할 때는 기계를 정지한다.
  ㉢ 램 행정은 공작물 길이보다 20~30[mm] 길게 한다.
  ㉣ 시동하기 전에 행정조정용 핸들을 빼놓는다.
  ㉤ 가공 중에는 다듬질 면을 손으로 만지지 않고, 바이트의 운동방향에 서지 않는다.
  ㉥ 가공 중에 기계의 점검 및 주유를 하지 않는다.
  ㉦ 일감가공 중 바이트와 부딪혀 떨어지는 경우가 있으므로 일감은 견고하게 물린다.

③ 셰이퍼의 안전장치: 울타리(방책), 칩받이, 칸막이(방호울)

④ 위험요인: 가공칩(Chip) 비산, 램(Ram) 말단부 충돌, 바이트(Bite)의 이탈

⑤ 셰이퍼 바이트(Shaper Bite)의 설치: 가능한 범위 내에서 짧게 고정하고, 날 끝은 생크(Shank)의 뒷면과 일직선 상에 있게 한다.

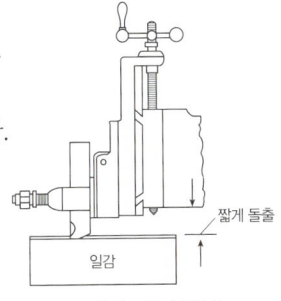
▲ 바이트의 설치법

(3) 슬로터(Slotter)
① 슬로터 작업
㉠ 슬로터는 구조가 셰이퍼를 수직으로 세워 놓은 것과 비슷하여 수직셰이퍼라고도 한다.
㉡ 주로 보스에 Key Way를 절삭하기 위한 기계로서 일감을 베드 위에 고정하고 베드에 수직인 하향으로 절삭함으로써 중절삭을 할 수 있다.
② 슬로터 안전작업수칙
㉠ 일감을 견고하게 고정한다.
㉡ 근로자의 탑승을 금지시킨다.
㉢ 바이트는 가급적 짧게 물린다.
㉣ 작업 중 바이트의 운동방향에 서지 않는다.

4. 드릴링 머신(Drilling Machine)

(1) 드릴 가공의 종류
① 드릴 가공(Drilling): 드릴로 구멍을 뚫는 작업이다.
② 리머 가공(Reaming): 리머를 사용하여 드릴로 뚫은 구멍의 치수를 정확히 하며 정밀가공을 한다.
③ 보링(Boring): 이미 뚫린 구멍이나 주조한 구멍을 각각 용도에 따른 크기나 정밀도로 넓히는 작업이고 구멍의 형상을 바로잡기도 한다.
④ 카운터 보링(Counter Boring): 작은 나사머리, 볼트의 머리를 일감에 묻히게 하기 위한 턱이 있는 구멍뚫기의 가공이다.
⑤ 카운터 싱킹(Counter Sinking): 접시머리 나사의 머리부를 묻히게 하기 위하여 원뿔자리를 내는 가공이다.

▲ 드릴링 머신

(2) 드릴의 절삭속도

$$v = \frac{\pi d N}{1,000}$$

여기서, v: 절삭속도[m/min], d: 드릴의 직경[mm], N: 드릴의 회전수[rpm]

(3) 드릴링 머신의 안전작업수칙
① 일감은 견고하게 고정시켜야 하며, 손으로 쥐고 구멍을 뚫는 것은 위험하다.
② 작업시작 전 척 렌치(Chuck Wrench)를 반드시 뺀다.
③ 장갑을 끼고 작업을 하지 않아야 하고, 회전하는 드릴에 걸레 등을 가까이 하지 않는다.
④ 구멍을 뚫을 때 관통된 것을 확인하기 위하여 손을 집어넣지 않아야 한다.
⑤ 칩은 회전을 중지시킨 후 브러시로 제거하여야 한다.
⑥ 드릴작업 중 물건은 바이스나 클램프를 사용하여 고정한다.
⑦ 드릴을 장치에서 제거할 경우에는 회전이 완전히 멈춘 후 작업한다.
⑧ 균열이 심한 드릴은 사용할 수 없고, 가공 중 이상한 소리가 나면 즉시 드릴을 연마하거나 다른 드릴로 교환한다.
⑨ 큰 구멍을 뚫을 때에는 작은 구멍을 먼저 뚫고 그 위에 큰 구멍을 뚫는다.
⑩ 작업모를 착용하고, 옷소매가 길거나 찢어진 옷은 입지 않는다.
⑪ 공작물을 먼저 고정시킨 후 드릴을 회전시킨다.
⑫ 보안경을 쓰거나 안전덮개를 설치한다.

(4) 휴대용 동력드릴의 안전한 작업방법

① 드릴의 손잡이를 견고하게 잡고 작업하여 드릴손잡이 부위가 회전하지 않고 확실하게 제어 가능하도록 한다.
② 절삭하기 위하여 구멍에 드릴날을 넣거나 뺄 때 반발에 의하여 손잡이 부분이 튀거나 회전하여 위험을 초래하지 않도록 팔을 드릴과 직선으로 유지한다.
③ 드릴이나 리머를 고정시키거나 제거하고자 할 때 공구를 사용하고 해머 등으로 두드려서는 안 된다.
④ 드릴을 구멍에 맞추거나 스핀들의 속도를 낮추기 위해서 드릴날을 손으로 잡아서는 안 된다.

5. 연삭기

동력에 의해 회전하는 연삭숫돌을 사용해서 금속이나 그 밖의 공작물을 연삭하거나 절단하는 기계로서 크게 분류하면 공작물을 기계적 장치로 이송하는 기계식 연삭기와 공작물을 손으로 이송하거나 연삭기계를 손으로 잡고 가공하는 자유식 연삭기가 있다.

(1) 연삭기의 종류

숫돌차를 고속회전시켜 공작물이나 공구 등을 연삭하는 연삭용으로는 원통 연삭기, 내면 연삭기, 평면 연삭기, 만능 연삭기, 센터리스 연삭기, 나사 연삭기, 기어 연삭기 등이 있고, 공구 연삭용으로는 공구 연삭기, 드릴링 연삭기, 초경 공구 연삭기, 만능 공구 연삭기 등이 있다.

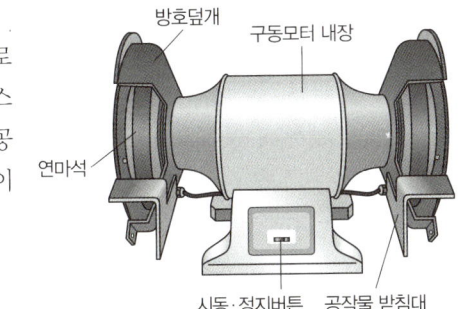

(2) 연삭숫돌의 구성

① 숫돌입자(Abrasive Grain)

연삭재		숫돌입자의 기호	성분
인조산	알루미나(Al_2O_3)	A	알루미나 약 95[%]
		WA	알루미나 약 99.5[%] 이상

② 입도(Grain Size)

숫돌입자는 메시(Mesh)로 선별하며 숫돌입자 크기의 굵기를 표시하는 숫자이다.

호칭	거친 것	중간 것	고운 것	매우 고운 것
입도(번)	10, 12, ⋯, 24	30, 36, 46, 54, 60	70, 80, ⋯, 220	240, 280, ⋯, 800

③ 결합도(Grade)

숫돌입자의 결합상태를 나타낸다.

호칭	극히 연한 것	연한 것	중간 것	단단한 것	매우 단단한 것
결합도	E, F, G	H, I, J, K	L, M, N, O	P, Q, R, S	T, U, V, W, X, Y, Z

④ 조직(Structure)

숫돌의 단위 용적당 입자의 양, 즉 입자의 조밀상태를 나타낸다.

호칭	조직	숫돌입자율[%]	기호
치밀한 것	0, 1, 2, 3	50 이상	c
중간 것	4, 5, 6	42 이상 50 미만	m
거친 것	7, 8, 9, 10, 11, 12	42 미만	w

⑤ 결합제(Bond)

숫돌입자를 결합하여 숫돌을 형성하는 재료이다.
㉠ 비트리파이드 결합제(V; Vitrified Bond)
㉡ 실리케이트 결합제(S; Silicate Bond)

> **합격 보장 꿀팁** 표시의 보기
>
> | WA | 60 | K | m | V |
> |---|---|---|---|---|
> | (숫돌입자) | (입도) | (결합도) | (조직) | (결합제) |
> | 1호 | A | 203 × | 16 × | 19.1 |
> | (모양) | (연삭면 모양) | (바깥지름) | (두께) | (구멍지름) |
> | 300[m/min] | | 1,700~2,000[m/min] | | |
> | (회전시험 원주속도) | | (사용원주 속도범위) | | |

(3) 숫돌의 원주속도 및 플랜지의 지름

① 숫돌의 원주속도 위험기계·기구 자율안전확인 고시 제4조

$$V = \frac{\pi DN}{60 \times 1,000}[\text{m/s}]$$

여기서, D: 지름[mm], N: 회전수[rpm]

② 플랜지의 지름: 플랜지의 지름은 숫돌 직경의 $\frac{1}{3}$ 이상인 것이 적당하다.

(4) 연삭숫돌의 파괴 및 재해원인

① 숫돌에 균열이 있는 경우
② 숫돌이 고속으로 회전하는 경우
③ 회전력이 결합력보다 큰 경우
④ 무거운 물체가 충돌한 경우(외부의 큰 충격을 받은 경우)
⑤ 숫돌의 측면을 일감으로써 심하게 가압했을 경우(특히 숫돌이 얇을 때 위험)
⑥ 베어링이 마모되어 진동을 일으키는 경우
⑦ 플랜지 지름이 현저하게 작은 경우
⑧ 회전중심이 잡히지 않은 경우

(5) 연삭숫돌의 수정

① 드레싱(Dressing): 숫돌면의 표면층을 깎아내어 절삭성이 나빠진 숫돌의 면에 새롭고 날카로운 날 끝을 발생시켜 주는 방법이다.
   ㉠ 눈메꿈(Loading): 결합도가 높은 숫돌에 구리와 같이 연한 금속을 연삭하였을 때 숫돌 표면의 기공에 칩이 메워져 연삭이 잘 안 되는 현상이다.
   ㉡ 글레이징(Glazing): 숫돌의 결합도가 높아 무디어진 입자가 탈락하지 않아 절삭이 어렵고, 일감을 상하게 하고 표면이 변질되는 현상이다.
   ㉢ 입자탈락: 숫돌바퀴의 결합도가 그 작업에 대하여 지나치게 낮을 경우 숫돌입자의 파쇄가 일어나기 전에 결합체가 파쇄되어 숫돌입자가 입자 그대로 떨어져 나가는 것이다.

▲ 정상연삭　　　▲ 눈메꿈　　　▲ 글레이징

② 트루잉(Truing): 숫돌의 연삭면을 숫돌과 축에 대하여 평행 또는 정확한 모양으로 성형시켜 주는 방법이다.
  ㉠ 크러시 롤러(Crush Roller): 총형 연삭을 할 때 숫돌을 일감의 반대모양으로 성형하며 드레싱하기 위한 강철롤러로 저속회전하는 숫돌바퀴에 접촉시켜 숫돌면을 부수며 총형으로 드레싱과 트루잉을 할 수 있다.
  ㉡ 자생작용: 연삭작업을 할 때 무디어진 연삭숫돌의 입자가 떨어져 나가고 새로운 입자가 나타나 연삭을 함으로써 마모, 파쇄, 탈락, 생성의 과정을 숫돌 스스로 반복하면서 연삭하여 주는 현상이다.

(6) 연삭기의 방호장치
① 연삭숫돌의 덮개 등 `안전보건규칙` 제122조

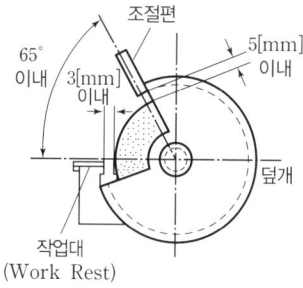

  ㉠ 회전 중인 연삭숫돌(지름이 5[cm] 이상인 것으로 한정)이 근로자에게 위험을 미칠 우려가 있는 경우에 그 부위에 덮개를 설치하여야 한다.
  ㉡ 연삭숫돌을 사용하는 작업의 경우 작업을 시작하기 전에는 1분 이상, 연삭숫돌을 교체한 후에는 3분 이상 시험운전을 하고 해당 기계에 이상이 있는지를 확인하여야 한다.
  ㉢ 시험운전에 사용하는 연삭숫돌은 작업시작 전에 결함이 있는지를 확인한 후 사용하여야 한다.
  ㉣ 연삭숫돌의 최고 사용회전속도를 초과하여 사용하도록 해서는 아니 된다.
  ㉤ 측면을 사용하는 것을 목적으로 하지 않는 연삭숫돌을 사용하는 경우 측면을 사용하도록 해서는 아니 된다.

▲ 탁상용 연삭기의 덮개

② 안전덮개의 각도 `방호장치 자율안전기준 고시` 별표 4
  ㉠ 탁상용 연삭기의 덮개
    • 일반 연삭작업 등에 사용하는 것을 목적으로 하는 경우의 노출각도: 125° 이내
    • 연삭숫돌의 상부사용을 목적으로 하는 경우의 노출각도: 60° 이내
  ㉡ 원동 연삭기, 만능 연삭기 등 덮개의 노출각도: 180° 이내
  ㉢ 휴대용 연삭기, 스윙(Swing) 연삭기 등 덮개의 노출각도: 180° 이내
  ㉣ 평면 연삭기, 절단 연삭기 등 덮개의 노출각도: 150° 이내

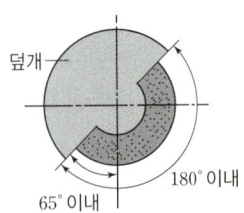
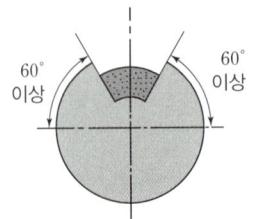
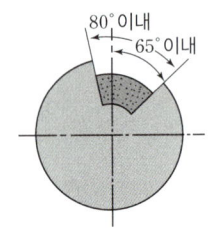

㉮ 원통 연삭기, 센터리스 연삭기, 공구 연삭기, 만능 연삭기, 기타 이와 비슷한 연삭기

㉯ 연삭숫돌의 상부를 사용하는 것을 목적으로 하는 탁상용 연삭기

㉰ ㉯ 및 ㉱ 이외의 탁상용 연삭기, 기타 이와 비슷한 연삭기

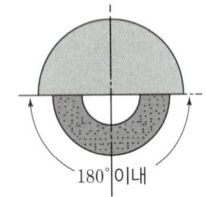
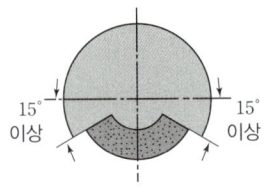
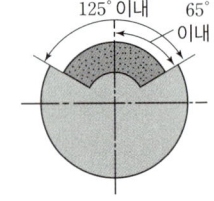

㉱ 휴대용 연삭기, 스윙 연삭기, 슬라브 연삭기, 기타 이와 비슷한 연삭기

㉲ 평면 연삭기, 절단 연삭기, 기타 이와 비슷한 연삭기

㉳ 일반 연삭작업 등에 사용하는 것을 목적으로 하는 탁상용 연삭기

(7) 래핑(Lapping)

일감과 랩공구 사이에 미분말상태의 래핑제와 랩제(연마제)를 넣고 이들 사이에 상대운동을 시켜 표면을 매끈하게 하는 가공이다.

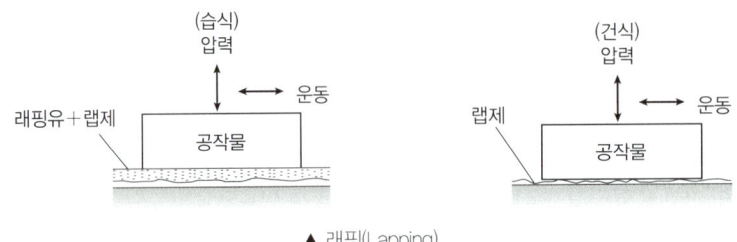

▲ 래핑(Lapping)

2 소성가공 및 방호장치

1. 소성가공의 종류

소성가공은 금속이나 합금에 소성 변형을 하는 것으로 가공 종류는 단조, 압연, 선뽑기, 밀어내기 등이 있다.

(1) 작업 방법에 따른 분류

① **단조가공(Forging)**: 보통 열간가공에서 적당한 단조기계로 재료를 소성가공하여 조직을 미세화시키고, 균질상태에서 성형하며, 자유단조와 형단조(Die Forging)가 있다.

② **압연가공(Rolling)**: 재료를 열간 또는 냉간가공하기 위하여 회전하는 롤러 사이를 통과시켜 예정된 두께, 폭 또는 직경으로 가공한다.

③ **인발가공(Drawing)**: 금속 파이프 또는 봉재를 다이(Die)에 통과시켜, 축 방향으로 인발하여 외경을 감소시키면서 일정한 단면을 가진 소재로 가공하는 방법이다.

④ **압출가공(Extruding)**: 상온 또는 가열된 금속을 실린더 형상을 한 컨테이너에 넣고, 한쪽에 있는 램에 압력을 가하여 압출한다.

⑤ 판금가공(Sheet Metal Working): 판상 금속재료를 형틀로써 프레스(Press), 펀칭, 압축, 인장 등으로 가공하여 목적하는 형상으로 변형 가공하는 것이다.
⑥ 전조가공: 압연과 유사한 작업으로 전조 공구를 이용하여 나사(Thread), 기어(Gear) 등을 성형하는 방법이다.

(2) 냉간가공 및 열간가공
① 냉간가공(상온가공, Cold Working): 재결정 온도 이하에서 금속의 인장강도, 항복점, 탄성한계, 경도, 연신율, 단면수축률 등과 같은 기계적 성질을 변화시키는 가공이다.
② 열간가공(고온가공, Hot Working): 재결정 온도 이상에서 하는 가공이다.

2. 단조작업의 종류

자유단조	개방형 형틀을 사용하여 소재를 변형시키는 것
형단조(Die Forging)	2개의 다이(Die) 사이에 재료를 넣고 가압하여 성형하는 방법
업셋단조 (Upset Forging)	가열된 재료를 수평으로 형틀에 고정하고, 한쪽 끝을 돌출시켜 돌출부를 축방향으로 헤딩공구(Heading Tool)로 타격을 주어 성형하는 방법
압연단조	한 쌍의 반원통 롤러 표면 위에 형을 조각하여 롤러를 회전시키면서 성형하는 것으로, 봉재에 가늘고 긴 것을 성형할 때 이용

3. 수공구

(1) 수공구의 종류
① 앤빌(Anvil): 연강으로 만들고 표면에 경강으로 단접한 것이 많으나 주강으로 만든 것도 있다.
② 표준대 또는 정반: 기준 치수를 맞추는 대로서 두꺼운 철판 또는 주물로 만든다. 단조용은 때로는 앤빌 대용으로 사용된다.
③ 이형공대(Swage Block): 300~350[mm] 각(角) 정도의 크기로 앤빌 대용으로 사용되며, 여러 가지 형상의 이형틀이 있어 조형용으로 사용된다.
④ 해머(Hammer): 망치는 경강으로 만들며 내부는 점성이 크고 두부는 열처리로 경화하여 사용한다.
⑤ 집게(Tong): 가공품을 집는 공구로서 그 형상은 여러 가지가 있어 각종 목적에 사용하기에 편리하다.
⑥ 정(Chisel): 재료를 절단할 때 사용하는 것으로 직선절단용, 곡선절단용이 있다. 정의 각은 상온재 절단용에는 60°, 고온재의 절단용에는 30°를 사용한다.
  ㉠ 칩이 튀는 작업에는 보안경을 착용할 것
  ㉡ 정으로 담금질된 재료를 가공하지 아니할 것
  ㉢ 자르기 시작할 때와 끝날 무렵에는 세게 치지 아니할 것
  ㉣ 철강재를 정으로 절단할 때에는 철편이 날아 튀는 것에 주의할 것

(2) 수공구 취급 시 안전수칙
① 해머는 처음부터 힘을 주어 치지 않는다.
② 렌치(Wrench)는 올바르게 끼우고 몸 쪽으로 당기면서 작업한다.
③ 줄의 눈이 막힌 것은 반드시 와이어 브러시로 제거한다.
④ 정으로는 담금질된 재료를 가공하여서는 아니 된다.

CHAPTER 04 프레스 및 전단기의 안전

합격 KEYWORD No-hand In Die 방식, Hand In Die 방식, 프레스의 방호장치, 안전거리, 프레스 작업시작 전 점검사항

1 프레스 재해방지의 근본적인 대책

1. 프레스의 종류 및 가공

(1) **인력 프레스**

수동 프레스로서 족답(足踏)프레스가 있으며 얇은 판의 펀칭 등에 주로 사용한다.

(2) **동력 프레스**

① 파워 프레스(Power Press)
  ㉠ 크랭크 프레스(Crank Press) : 크랭크축과 커넥팅로드와의 조합으로 축의 회전 운동을 직선운동으로 전환시켜 프레스에 필요한 램의 운동을 시키는 것이다.
  ㉡ 익센트릭 프레스(Eccentric Press) : 페달을 밟으면 클러치가 작용하여 주축에 회전이 전달된다. 편심주축의 일단에는 상하운동하는 램이 있고, 여기에 형틀을 고정하여 작업한다.
  ㉢ 토글 프레스(Toggle Press) : 플라이휠의 회전운동을 크랭크장치로써 왕복운동으로 변환시키고 이것을 다시 토글(Toggle)기구로써 직선운동을 하는 프레스로 배력장치를 이용한다.
  ㉣ 마찰 프레스(Friction Press) : 회전하는 마찰차를 좌우로 이동시켜 수평마찰차와 교대로 접촉시킴으로써 작업한다. 판금의 두께가 일정하지 않을 때 하강력의 조절이 잘 되는 프레스이다.
② 유압 프레스 : 용량이 큰 프레스로 수압 또는 유압으로 기계를 작동시킨다.

▲ 파워 프레스

▲ 유압 프레스

(3) **프레스 가공의 종류**

① 블랭킹(Blanking) : 판재를 펀치로써 뽑는 작업을 말하며 그 제품을 블랭크(Blank)라고 하고 남은 부분을 스크랩(Scrap)이라 한다.
② 펀칭(Punching) : 원판 소재에서 제품을 펀칭하면 이때 뽑힌 부분이 스크랩으로 되고 남은 부분은 제품이 된다.
③ 전단(Shearing) : 소재를 직선, 원형, 이형의 소재로 잘라내는 것을 말한다.
④ 분단(Parting) : 제품을 분리하는 가공이며 다이나 펀치에 Shear를 둘 수 없으며 2차 가공에 속한다.
⑤ 노칭(Notching) : 소재의 단부에 거쳐 직선 또는 곡선상으로 절단한다.
⑥ 트리밍(Trimming) : 지느러미(Fin) 부분을 절단해 내는 작업이다. Punch와 Die로 Drawing 제품의 Flange를 소요의 형상과 치수로 잘라내는 것이며 2차 가공에 속한다.

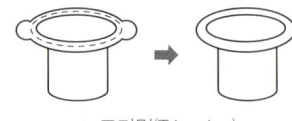

▲ 트리밍(Trimming)

2. 프레스의 작업점에 대한 방호방법

(1) No-hand In Die 방식(금형 안에 손이 들어가지 않는 구조)
① 방호울 설치 ② 안전금형 설치 ③ 자동화 또는 전용프레스 사용

(2) Hand In Die 방식(금형 안에 손이 들어가는 구조)
① 가드식 ② 수인식 ③ 손쳐내기식 ④ 양수조작식 ⑤ 광전자식

3. 프레스의 방호장치 설치기준 및 설치방법

(1) 가드식(Guard) 방호장치

① 정의 KOSHA M-122

가드의 개폐를 이용한 방호장치로서 기계의 작동을 서로 연동하여 가드가 열려 있는 상태에서는 기계의 위험부분이 가동되지 않고, 또한 기계가 작동하여 위험한 상태로 있을 때에는 가드를 열 수 없게 한 장치를 말한다.

② 종류: 가드방식, 게이트 가드방식

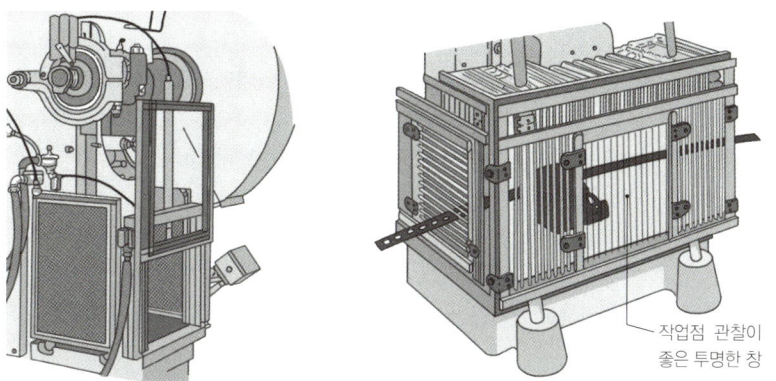

▲ 가드식 방호장치

(2) 양수조작식(Two-hand Control) 방호장치

① 양수조작식

㉠ 정의 KOSHA M-122

기계의 조작을 양손으로 동시에 하지 않으면 기계가 가동하지 않으며 한 손이라도 떼어내면 기계가 급정지 또는 급상승하게 하는 장치를 말한다. 급정지기구가 있는 마찰프레스에 적합하다.

▲ 양수조작식 방호장치

㉡ 안전거리 KOSHA M-122

$$D = 1,600 \times (T_L + T_S)[mm]$$

여기서, T_L: 방호장치의 작동시간(누름버튼에서 손을 떼는 순간부터 급정지기구가 작동 개시하기까지의 시간)[초]
T_S: 프레스의 급정지시간(급정지기구가 작동을 개시할 때부터 슬라이드가 정지할 때까지의 시간)[초]
※ $T_L + T_S$: 최대정지시간

㉢ 양수조작식 방호장치의 일반구조 방호장치 안전인증 고시 별표 1
- 정상동작표시등은 녹색, 위험표시등은 붉은색으로 하며, 쉽게 근로자가 볼 수 있는 곳에 설치하여야 한다.
- 방호장치는 릴레이, 리미트스위치 등의 전기부품의 고장, 전원전압의 변동 및 정전에 의해 슬라이드가 불시에 동작하지 않아야 하며, 사용전원전압의 ±20[%]의 변동에 대하여 정상으로 작동되어야 한다.
- 1행정 1정지기구에 사용할 수 있어야 한다.

- 누름버튼을 양손으로 동시에 조작하지 않으면 작동시킬 수 없는 구조이어야 하며, 양쪽버튼의 작동시간 차이는 최대 0.5초 이내일 때 프레스가 동작되도록 하여야 한다.
- 누름버튼의 상호 간 내측거리는 300[mm] 이상이어야 한다.
- 누름버튼(레버 포함)은 매립형의 구조로 한다.

② 양수기동식
 ㉠ 정의: 양손으로 누름단추 등의 조작장치를 동시에 1회 누르면 기계가 작동을 개시하는 것을 말한다. 급정지기구가 없는 확동식 프레스에 적합하다.
 ㉡ 안전거리 KOSHA M-122

$$D_m = 1,600 \times T_m [\text{mm}]$$
$$T_m = \left(\frac{1}{2} + \frac{1}{\text{클러치 개소 수}}\right) \times \frac{60}{\text{분당 행정수[SPM]}}$$

여기서, T_m: 누름버튼을 누른 때부터 사용하는 프레스의 슬라이드가 하사점에 도달할 때까지의 소요 최대시간[초]

(3) 손쳐내기식(Push Away, Sweep Guard) 방호장치

① 정의 KOSHA M-122
기계의 작동에 연동시켜 위험상태로 되기 전에 손을 위험 영역에서 밀어내거나 쳐냄으로써 위험을 배제하는 장치를 말한다.

② 손쳐내기식 방호장치의 일반구조 및 설치 방호장치 안전인증 고시 별표 1
 ㉠ 슬라이드 행정수가 100[SPM] 이하, 행정길이가 40[mm] 이상의 것에 사용한다.
 ㉡ 슬라이드 하행정거리의 $\frac{3}{4}$ 위치에서 손을 완전히 밀어내야 한다.
 ㉢ 손쳐내기봉의 행정(Stroke) 길이를 금형의 높이에 따라 조정할 수 있고 진동폭은 금형 폭 이상이어야 한다.
 ㉣ 방호판의 폭은 금형 폭의 $\frac{1}{2}$ 이상이어야 하고, 행정길이 300[mm] 이상의 프레스 기계에는 방호판의 폭을 300[mm]로 하여야 한다.
 ㉤ 부착볼트 등의 고정 금속부분은 예리하게 돌출되지 않아야 한다.

▲ 손쳐내기식 방호장치

(4) 수인식(Pull Out) 방호장치

① 정의 KOSHA M-122
슬라이드와 작업자 손을 끈으로 연결하여 슬라이드 하강 시 작업자 손을 당겨 위험영역에서 빼낼 수 있도록 한 장치를 말한다.

② 수인식 방호장치의 일반구조 및 설치 방호장치 안전인증 고시 별표 1
 ㉠ 슬라이드 행정수가 100[SPM] 이하, 행정길이가 50[mm] 이상의 것에 사용한다.
 ㉡ 손목밴드(Wrist Band)의 재료는 유연한 내유성 피혁 또는 이와 동등한 재료를 사용하여야 한다.
 ㉢ 수인끈의 재료는 합성섬유로 직경이 4[mm] 이상이어야 한다.
 ㉣ 수인끈은 작업자와 작업공정에 따라 그 길이를 조정할 수 있어야 한다.
 ㉤ 수인끈의 안내통은 끈의 마모와 손상을 방지할 수 있는 조치를 하여야 한다.

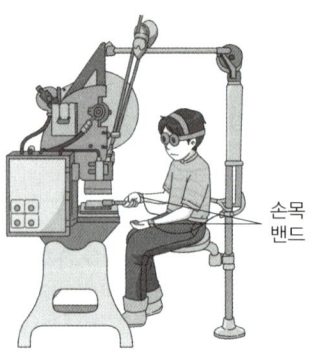
▲ 수인식 방호장치

(5) 광전자식(감응식)(Photosensor Type) 방호장치

① 정의 `KOSHA M-122`

광선 검출트립기구를 이용한 방호장치로서 신체의 일부가 광선을 차단하면 기계를 급정지 또는 급상승시켜 안전을 확보하는 장치를 말한다.

② 안전거리 `KOSHA M-122`

$$D = 1,600 \times (T_L + T_S)[mm]$$

여기서, T_L: 방호장치의 작동시간(신체가 광선을 차단한 순간부터 급정지기구가 작동 개시하기까지의 시간)[초]
T_S: 프레스의 급정지시간(급정지기구가 작동을 개시할 때부터 슬라이드가 정지할 때까지의 시간)[초]

※ $T_L + T_S$: 최대정지시간

▲ 광전자식 방호장치

③ 광전자식 방호장치의 일반구조 `방호장치 안전인증 고시` `별표 1`
  ㉠ 정상동작표시램프는 녹색, 위험표시램프는 붉은색으로 하며, 쉽게 근로자가 볼 수 있는 곳에 설치하여야 한다.
  ㉡ 슬라이드 하강 중 정전 또는 방호장치의 이상 시에 정지할 수 있는 구조이어야 한다.
  ㉢ 방호장치의 정상작동 중에 감지가 이루어지거나 공급전원이 중단되는 경우 적어도 두 개 이상의 독립된 출력신호 개폐장치가 꺼진 상태로 되어야 한다.
  ㉣ 방호장치의 감지기능은 규정한 검출영역 전체에 걸쳐 유효하여야 한다.

④ 광전자식 방호장치의 특징
  ㉠ 핀클러치 구조의 프레스에는 사용할 수 없다.
  ㉡ 연속 운전작업에 사용할 수 있다.
  ㉢ 기계적 고장에 의한 2차 낙하에는 효과가 없다.
  ㉣ 시계를 차단하지 않기 때문에 작업에 지장을 주지 않는다.

4. 프레스 작업 시 안전수칙

(1) 금형조정작업의 위험 방지 `안전보건규칙` `제104조`

프레스 등의 금형을 부착·해체 또는 조정하는 작업을 할 때에 해당 작업에 종사하는 근로자의 신체가 위험한계 내에 있는 경우 슬라이드가 갑자기 작동함으로써 근로자에게 발생할 우려가 있는 위험을 방지하기 위하여 안전블록을 사용하는 등 필요한 조치를 하여야 한다.

(2) 작업시작 전 점검사항 `안전보건규칙` `별표 3`

① 클러치 및 브레이크의 기능
② 크랭크축·플라이휠·슬라이드·연결봉 및 연결 나사의 풀림 여부
③ 1행정 1정지기구·급정지장치 및 비상정지장치의 기능
④ 슬라이드 또는 칼날에 의한 위험방지 기구의 기능
⑤ 프레스의 금형 및 고정볼트 상태
⑥ 방호장치의 기능
⑦ 전단기의 칼날 및 테이블의 상태

(3) 프레스 기계의 위험을 방지하기 위한 본질안전화

① 금형에 방호울 설치   ② 안전금형의 사용   ③ 전용프레스 사용

2 금형의 안전화

1. 위험방지 방법
(1) 금형의 사이에 신체의 일부가 들어가지 않도록 안전망을 설치한다.
(2) 상사점에 있어서 상형과 하형과의 간격, 가이드 포스트와 부쉬의 간격이 각각 8[mm] 이하가 되도록 설치한다.
(3) 금형 사이에 손을 넣을 필요가 없도록 조치를 강구한다.

2. 금형파손에 따른 위험방지
(1) 금형의 조립에 이용하는 볼트 또는 너트는 스프링와셔, 조립너트 등으로 헐거움 방지를 한다.
(2) 금형은 그 하중 중심이 원칙적으로 프레스 기계의 하중 중심과 일치하도록 한다.
(3) 캠, 기타 충격이 반복해서 가해지는 부품에는 완충장치를 설치한다.
(4) 금형에서 사용하는 스프링은 압축형으로 한다.

3. 금형의 탈착 및 운반에 의한 위험방지 KOSHA M-138

(1) **금형의 탈착 시**
① 금형의 설치용구는 프레스의 구조에 적합한 형태로 한다.
② 금형을 설치하는 프레스의 T홈 안길이는 설치볼트 직경의 2배 이상으로 한다.
③ 고정볼트는 고정 후 가능하면 나사산을 3~4개 정도 짧게 남겨 슬라이드 면과의 사이에 협착이 발생하지 않도록 하여야 한다.
④ 금형 고정용 브래킷(물림판)을 고정시킬 때 고정용 브래킷은 수평이 되게 하고 고정볼트는 수직이 되게 고정하여야 한다.

(2) **금형의 운반 시**
① 상부금형과 하부금형이 닿을 위험이 있을 때는 고정패드를 이용한 스트랩, 금속재질이나 우레탄 고무의 블록 등을 사용한다.
② 금형을 안전하게 취급하기 위해 아이볼트를 사용할 때는 반드시 숄더형으로서 완전하게 고정되어 있어야 한다.
③ 관통 아이볼트가 사용될 때는 구멍 틈새가 최소화되도록 한다. 아이볼트 고정을 위한 탭(Tap)이 있는 구멍들은 볼트 크기가 섞이지 않도록 한다.
④ 운반하기 위해 꼭 들어 올려야 할 때는 다이(Die)를 최소한의 간격을 유지하기 위해 필요한 높이 이상으로 들어 올려서는 안 된다.

4. 재료 또는 가공품 이송방법의 자동화
재료를 자동적으로 또는 위험한계 밖으로 송급하기 위한 롤피더, 슬라이딩 다이 등을 설치하여 금형 사이에 손을 넣을 필요가 없도록 한다.

5. 수공구의 활용
(1) 핀셋류
(2) 플라이어(집게)류
(3) 자석(마그넷)공구류
(4) 진공컵류(재료를 꺼내는 것밖에 사용할 수 없음)

CHAPTER 05 기타 산업용 기계·기구

합격 KEYWORD 개구부의 간격, 롤러기의 급정지거리, 앞면 롤러의 표면속도, 발생기실의 설치장소, 용접부의 결함, 보일러 안전장치

1 롤러기(Roller)

1. 가드(Guard) 설치

(1) 개구부의 간격 KOSHA M-135

① 가드를 설치할 때 일반적인 개구부의 간격은 다음의 식으로 계산한다.

$$Y = 6 + 0.15X \, (X < 160[\text{mm}])$$

여기서, Y: 개구부의 간격[mm], X: 개구부에서 위험점까지의 최단거리[mm]

단, $X \geq 160[\text{mm}]$이면 $Y = 30[\text{mm}]$이다.

② 위험점이 전동체인 경우 개구부의 간격은 다음의 식으로 계산한다.

$$Y = 6 + 0.1X \, (단, X < 760[\text{mm}]에서 유효)$$

▲ 롤러기

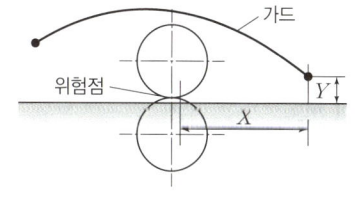

▲ 안전개구부

(2) 롤러기의 급정지거리 방호장치 자율안전기준 고시 별표 3

① 급정지장치의 성능

앞면 롤러의 표면속도[m/min]	급정지거리
30 미만	앞면 롤러 원주의 $\dfrac{1}{3}$ 이내
30 이상	앞면 롤러 원주의 $\dfrac{1}{2.5}$ 이내

② 앞면 롤러의 표면속도

$$V = \frac{\pi DN}{1,000}[\text{m/min}]$$

여기서, D: 롤러의 지름[mm], N: 분당회전수[rpm]

2. 방호장치의 설치방법 및 성능조건

(1) 방호장치의 종류
① 급정지장치
  ㉠ 손조작식: 비상안전제어로프(Safety Trip Wire Cable)장치는 송급 및 인출 컨베이어, 슈트 및 호퍼 등에 의해서 제한이 되는 밀기에 사용한다.
  ㉡ 복부조작식
  ㉢ 무릎조작식
  ㉣ 급정지장치 조작부의 위치 〔방호장치 자율안전기준 고시 / 별표 3〕

종류	설치위치	비고
손조작식	밑면에서 1.8[m] 이내	위치는 급정지장치 조작부의 중심점을 기준으로 함
복부조작식	밑면에서 0.8[m] 이상 1.1[m] 이내	
무릎조작식	밑면에서 0.6[m] 이내	

② 가드: 공간함정(Trap)을 막기 위한 가드와 손가락과의 최소 틈새는 25[mm]이다.
③ 발광다이오드 광선식 장치

(2) 급정지장치의 설치기준 〔위험기계·기구 안전인증 고시 / 별표 5〕
① 손으로 조작하는 급정지장치의 조작부는 롤러기의 전면 및 후면에 각각 1개씩 수평으로 설치하여야 하며 그 길이는 롤러의 길이 이상이어야 한다.
② 조작부에 사용하는 줄은 사용 중에 늘어져서는 안 되며, 충분한 인장강도를 가져야 한다.

(3) 롤러기의 작업안전수칙
① 롤러기의 주위 바닥은 평탄하고 돌출물이나 장애물이 있으면 안 되며, 바닥에 기름이 있으면 제거한다.
② 롤러기 청소 시에는 정지시키고 난 후 작업을 한다.

2 원심기

1. 원심기의 사용방법 〔안전보건규칙 / 제87조, 제111~112조〕

(1) 원심기의 정의
원심기는 원심력을 이용하여 물질을 분리하거나 추출하는 일련의 작업을 행하는 기기를 말한다.

(2) 운전의 정지
원심기 또는 분쇄기 등으로부터 내용물을 꺼내거나 원심기 또는 분쇄기 등의 정비·청소·검사·수리 또는 그 밖에 이와 유사한 작업을 하는 경우에 그 기계의 운전을 정지하여야 한다.

(3) 최고사용회전수의 초과 사용 금지
원심기의 최고사용회전수를 초과하여 사용해서는 아니 된다.

2. 원심기의 방호장치 〔안전보건규칙 / 제87조〕
원심기에는 덮개를 설치하여야 한다.

3. 안전검사 내용
원심기의 표면 및 내면, 작업용 발판, 금속부분, 도장, 원심기의 구조 등

3 아세틸렌 용접장치 및 가스집합 용접장치

1. 용접장치의 구조

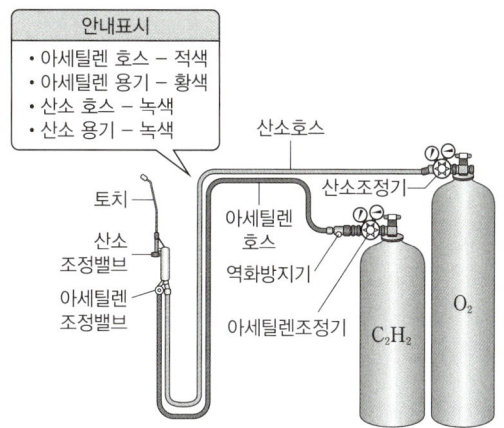

(1) 아세틸렌가스

아세틸렌가스 발생기는 카바이드(탄화칼슘, CaC_2)에 물을 작용시켜 아세틸렌(C_2H_2)가스를 발생시키고 동시에 아세틸렌가스를 저장하는 장치를 말한다.

① **아세틸렌가스의 화학반응**: 카바이드(탄화칼슘, CaC_2)에 물을 작용시킨다.

$$CaC_2 + 2H_2O \rightarrow C_2H_2 + Ca(OH)_2 + 31.872[kcal]$$

② **아세틸렌가스 발생기의 종류**
- ㉠ 투입식: 많은 양의 물 속에 카바이드를 소량씩 투입하여 비교적 많은 양의 아세틸렌가스를 발생시키며, 카바이드 1[kg]에 대하여 6~7[L]의 물을 사용한다.
- ㉡ 주수식: 발생기 안에 들어 있는 카바이드에 필요한 양의 물을 주수하여 가스를 발생시키는 방식으로 소량의 가스를 필요로 할 때 사용된다.
- ㉢ 침지식: 투입식과 주수식의 절충형으로 카바이드를 물에 침지시켜 가스를 발생시키며 이동식 발생기로서 널리 사용된다.

③ **산소-아세틸렌불꽃**
- ㉠ 중성불꽃: 표준불꽃(Neutral Flame)이라고 하며, 산소와 아세틸렌의 혼합비율이 1:1인 것으로 일반 용접에 쓰인다.
- ㉡ 탄화불꽃: 산소가 적고 아세틸렌이 많은 때의 불꽃(아세틸렌 과잉불꽃)으로서 불완전 연소로 인하여 온도가 낮다. 스테인리스 강판의 용접에 쓰인다.
- ㉢ 산화불꽃: 중성불꽃에서 산소의 양을 많이 공급했을 때 생기는 불꽃으로서 산화성이 강하여 황동용접에 많이 쓰인다. 용접부에 기공이 많이 생긴다.

(2) 용해 아세틸렌 용기

아세틸렌을 2기압 이상으로 압축하면 폭발할 위험이 있다. 아세톤에 잘 용해되므로 석면과 같은 다공질 물질에 흡수시킨 아세톤에 아세틸렌을 고압으로 용해시켜 용기에 충전한다.

(3) 가스 등의 용기 안전보건규칙 제234조

금속의 용접·용단 또는 가열에 사용되는 가스 등의 용기를 취급하는 경우에 다음의 사항을 준수하여야 한다.

① 다음의 어느 하나에 해당하는 장소에서 사용하거나 해당 장소에 설치·저장 또는 방치하지 않도록 할 것
- ㉠ 통풍이나 환기가 불충분한 장소

　　　　ⓒ 화기를 사용하는 장소 및 그 부근
　　　　ⓓ 위험물 또는 인화성 액체를 취급하는 장소 및 그 부근
　② 용기의 온도는 40[℃] 이하로 유지할 것
　③ 전도의 위험이 없도록 할 것
　④ 충격을 가하지 않도록 할 것
　⑤ 운반하는 경우에는 캡을 씌울 것
　⑥ 사용하는 경우에는 용기의 마개에 부착되어 있는 유류 및 먼지를 제거할 것
　⑦ 밸브의 개폐는 서서히 할 것
　⑧ 사용 전 또는 사용 중인 용기와 그 밖의 용기를 명확히 구별하여 보관할 것
　⑨ 용해아세틸렌의 용기는 세워 둘 것
　⑩ 용기의 부식·마모 또는 변형상태를 점검한 후 사용할 것

(4) 압력조정기
고압의 산소, 아세틸렌을 용접에 사용할 수 있게 임의의 사용압력으로 감압하고 항상 일정한 압력을 유지할 수 있게 하는 장치이다.

(5) 토치(Torch)
프랑스식에서 팁100이란 1시간 동안 표준불꽃으로 용접할 때 아세틸렌 소비량 100[L]를 말하며, 독일식은 연강판 두께 1[mm]의 용접에 적당한 팁의 크기를 1번이라고 한다.

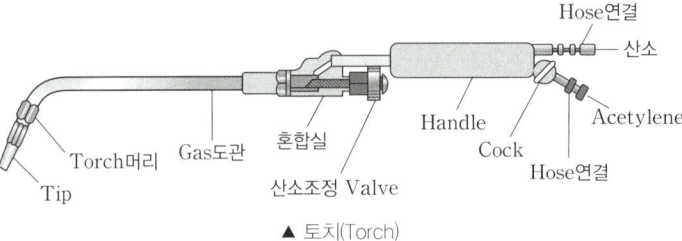

▲ 토치(Torch)

2. 방호장치의 종류 및 설치방법

(1) 수봉식 안전기
용접 중 역화현상이 생기거나, 토치(Torch)가 막혀 산소가 아세틸렌가스 쪽으로 역류하여 가스 발생장치에 도달하면 폭발사고가 일어날 위험이 있으므로 가스발생기와 토치 사이에 수봉식 안전기를 설치한다. 즉, 발생기에서 발생한 아세틸렌가스가 수중을 통과하여 토치에 도달하고(그림 a), 고압의 산소가 토치로부터 아세틸렌 발생기를 향하여 역류(역화)할 때 물이 아세틸렌가스 발생기로의 진입을 차단하여 위험을 방지한다(그림 b).

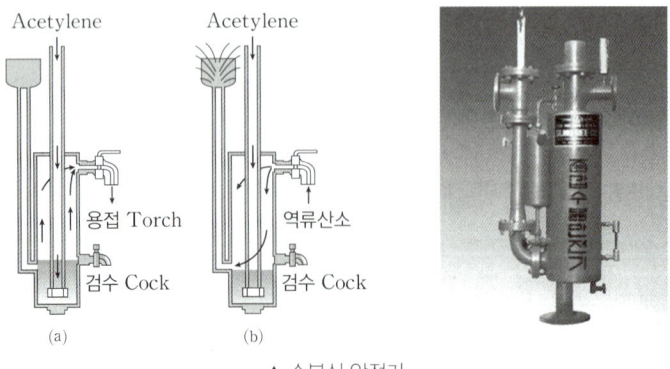

▲ 수봉식 안전기

① **저압용 수봉식 안전기**: 게이지압력이 0.07[kg/cm^2] 이하인 저압식 아세틸렌 용접장치 안전기의 성능기준은 다음과 같다.
  ㉠ 주요부분은 두께 2[mm] 이상의 강판 또는 강관을 사용하여 내부압력에 견디어야 한다.
  ㉡ 도입부는 수봉식이어야 한다.
  ㉢ 수봉배기관을 갖추어야 한다.
  ㉣ 도입부 및 수봉배기관은 가스가 역류하고 역화폭발을 할 때 위험을 확실히 방호할 수 있는 구조이어야 한다.
  ㉤ 유효수주는 25[mm] 이상으로 유지하여 만일의 사태에 대비하여야 한다.
  ㉥ 수위를 용이하게 점검할 수 있어야 한다.
  ㉦ 물의 보급 및 교환이 용이한 구조로 하여야 한다.
  ㉧ 아세틸렌과 접촉하는 부분은 동관을 사용하지 않아야 한다.

② **중압용 수봉식 안전기**: 게이지압력 0.07[kg/cm^2] 이상 1.3[kg/cm^2] 이하의 아세틸렌을 사용하는 중압용에도 저압용과 동일한 모양의 수봉배기관을 이용할 수 있지만 그 높이가 13[mm] 필요하게 되므로 실용적이 아니어서 거의 사용되고 있지 않다. 실제로는 기계적 역류방지밸브, 안전밸브 등을 갖춘 것이 이용되고 유효수주는 50[mm] 이상이어야 한다.

(2) 건식 안전기(역화방지기)

최근에는 아세틸렌 용접장치를 이용하는 것이 극히 드물고 용해아세틸렌, LP가스 등의 용기를 이용하는 일이 많아지고 있다. 여기에 이용하는 것이 건식 안전기이다.

▲ 역화방지기

① **우회로식 건식 안전기**: 우회로식 건식 안전기는 역화의 압력파를 분리시켜 이중 연소파는 우회로를 통과하며, 압력파에 의해서 폐쇄압착자를 작동시켜 가스통로를 폐쇄시키고 역화를 방지하는 장치이다.

② **소결금속식 건식 안전기**: 소결금속식 건식 안전기는 역행되어 온 화염이 소결금속에 의하여 냉각소화되고, 역화압력에 의하여 폐쇄밸브가 작동해서 가스통로를 닫게 되는 장치이다.

③ **역화의 원인**
  ㉠ 토치 팁에 이물질이 묻은 경우 ㉡ 팁과 모재의 접촉
  ㉢ 토치의 성능 불량 ㉣ 토치 팁의 과열
  ㉤ 압력조정기의 고장

(3) 방호장치의 설치방법 안전보건규칙 제289조, 제293조

① **아세틸렌 용접장치**
  ㉠ 아세틸렌 용접장치의 취관마다 안전기를 설치한다. 다만, 주관 및 취관에 가장 가까운 분기관마다 안전기를 부착한 경우에는 그러하지 아니하다.
  ㉡ 가스용기가 발생기와 분리되어 있는 아세틸렌 용접장치에 대하여 발생기와 가스용기 사이에 안전기를 설치하여야 한다.

② **가스집합 용접장치**
  주관 및 분기관에는 안전기를 설치하여야 한다. 이 경우에 하나의 취관에 2개 이상의 안전기를 설치하여야 한다.

3. 아세틸렌 용접장치 안전보건규칙 제285~287조

(1) 용접법의 분류 및 압력의 제한
① 용접법의 분류
  ㉠ 가스용접법(Gas Fusion Welding): 용접할 부분을 가스로 가열하여 접합
  ㉡ 가스압접법(Gas Pressure Welding): 용접부에 압력을 가하여 접합
② 압력의 제한
  아세틸렌 용접장치를 사용하여 금속의 용접·용단 또는 가열 작업을 하는 경우에는 게이지압력이 127[kPa](1.3[kg/cm²])을 초과하는 압력의 아세틸렌을 발생시켜 사용해서는 아니 된다.

(2) 발생기실의 설치장소 및 발생기실의 구조
① 발생기실의 설치장소
  ㉠ 아세틸렌 용접장치의 아세틸렌 발생기를 설치하는 경우에는 전용의 발생기실에 설치하여야 한다.
  ㉡ 발생기실은 건물의 최상층에 위치하여야 하며, 화기를 사용하는 설비로부터 3[m]를 초과하는 장소에 설치하여야 한다.
  ㉢ 발생기실을 옥외에 설치한 경우에는 그 개구부를 다른 건축물로부터 1.5[m] 이상 떨어지도록 하여야 한다.
② 발생기실의 구조
  ㉠ 벽은 불연성 재료로 하고 철근 콘크리트 또는 그 밖에 이와 같은 수준이거나 그 이상의 강도를 가진 구조로 할 것
  ㉡ 지붕과 천장에는 얇은 철판이나 가벼운 불연성 재료를 사용할 것
  ㉢ 바닥 면적의 $\frac{1}{16}$ 이상의 단면적을 가진 배기통을 옥상으로 돌출시키고 그 개구부를 창이나 출입구로부터 1.5[m] 이상 떨어지도록 할 것
  ㉣ 출입구의 문은 불연성 재료로 하고 두께 1.5[mm] 이상의 철판이나 그 밖에 그 이상의 강도를 가진 구조로 할 것
  ㉤ 벽과 발생기 사이에는 발생기의 조정 또는 카바이드 공급 등의 작업을 방해하지 않도록 간격을 확보할 것

4. 가스용접 작업의 안전

(1) 아세틸렌 용접장치의 관리 안전보건규칙 제290조
① 발생기(이동식 아세틸렌 용접장치의 발생기 제외)의 종류, 형식, 제작업체명, 매시 평균 가스발생량 및 1회 카바이드 공급량을 발생기실 내의 보기 쉬운 장소에 게시할 것
② 발생기실에는 관계 근로자가 아닌 사람이 출입하는 것을 금지할 것
③ 발생기에서 5[m] 이내 또는 발생기실에서 3[m] 이내의 장소에서는 흡연, 화기의 사용 또는 불꽃이 발생할 위험한 행위를 금지시킬 것
④ 도관에는 산소용과 아세틸렌용의 혼동을 방지하기 위한 조치를 할 것
⑤ 아세틸렌 용접장치의 설치장소에는 소화기 한 대 이상을 갖출 것

⑥ 이동식 아세틸렌 용접장치의 발생기는 고온의 장소, 통풍이나 환기가 불충분한 장소 또는 진동이 많은 장소 등에 설치하지 않도록 할 것

(2) 가스집합 용접장치의 관리 _{안전보건규칙 제295조}
① 사용하는 가스의 명칭 및 최대가스저장량을 가스장치실의 보기 쉬운 장소에 게시할 것
② 가스용기를 교환하는 경우에는 관리감독자가 참여한 가운데 할 것
③ 밸브·콕 등의 조작 및 점검요령을 가스장치실의 보기 쉬운 장소에 게시할 것
④ 가스장치실에는 관계 근로자가 아닌 사람의 출입을 금지할 것
⑤ 가스집합장치로부터 5[m] 이내의 장소에서는 흡연, 화기의 사용 또는 불꽃을 발생할 우려가 있는 행위를 금지할 것
⑥ 도관에는 산소용과의 혼동을 방지하기 위한 조치를 할 것
⑦ 가스집합장치의 설치장소에는 「소방시설법 시행령」에 따른 소화설비(간이소화용구 제외) 중 어느 하나 이상을 갖출 것
⑧ 이동식 가스집합용접장치의 가스집합장치는 고온의 장소, 통풍이나 환기가 불충분한 장소 또는 진동이 많은 장소에 설치하지 않도록 할 것
⑨ 해당 작업을 행하는 근로자에게 보안경과 안전장갑을 착용시킬 것

(3) 용접작업의 안전관리
① 일반적으로 장갑을 착용하고 작업할 것
② 용접하기 전에 반드시 소화기, 소화수의 위치를 확인할 것
③ 작업 전에 안전기와 산소조정기의 상태를 점검할 것
④ 보안경을 반드시 착용할 것
⑤ 토치 내에서 소리가 날 때 또는 과열되었을 때는 역화를 주의할 것
⑥ 산소호스(녹색)와 아세틸렌호스(적색)의 색깔을 구분하여 사용할 것

(4) 산소 – 아세틸렌 가스용접에 의해 발생되는 재해
① 화재 ② 폭발 ③ 화상 ④ 가스중독 ⑤ 질식

5. 용접부의 결함

명칭	상태
언더컷(Under Cut)	용접부에서 전류가 과대하고, 용접속도가 너무 빨라 용접부의 일부에 홈 또는 오목한 부분이 생기는 결함
오버랩(Over Lap)	용접봉의 운행이 불량하거나 용접봉의 용융 온도가 모재보다 낮을 때 과잉 용착금속이 남아있는 부분
기공(Blow Hole)	용착금속에 남아있는 가스로 인해 기포가 생기는 것
스패터(Spatter)	용융된 금속의 작은 입자가 튀어나와 모재에 묻은 것
슬래그 섞임(Slag Inclusion)	녹은 피복제가 용착금속 표면에 떠 있거나 용착금속 속에 남아있는 것
용입불량(Incomplete Penetration)	용융금속이 불균일하게 주입되는 것

4 보일러 및 압력용기

1. 보일러의 구조와 종류

(1) 보일러의 구조
보일러는 일반적으로 연료를 연소시켜 얻어진 열을 이용해서 보일러 내의 물을 가열하여 필요한 증기 또는 온수를 얻는 장치로서 본체, 연소장치와 연소실, 과열기(Superheater), 절탄기(Economizer), 공기예열기(Air Preheater), 급수장치 등으로 구성되어 있다.

(2) 보일러의 종류
① **원통 보일러(Cylindrical Boiler)**: 노통이나 연관 또는 노통과 연관이 함께 설치된 구조로 구조가 간단하여 취급이 용이한 반면 보유수량이 많아 증기발생시간이 길고 파열 시 피해가 크다.
② **수관 보일러(Water Tube Boiler)**: 전열면이 지름이 작은 다수의 수관으로 되어 있어 수관 외부의 고온가스로부터 보일러수가 열을 받아 증발된다. 시동시간이 짧고 과열의 위험성이 적어 고압 대용량에 적합하다.
③ **특수보일러**: 열원, 연료, 유체의 종류 그리고 가열방법이 보통 보일러와 다르게 되어 있는 보일러로 폐열보일러, 전기보일러, 특수연료보일러 등이 있다.

2. 보일러의 사고형태

(1) 사고형태
수위의 이상(저수위일 때)

(2) 발생증기의 이상
① **프라이밍(Priming)**: 보일러가 과부하로 사용될 경우 수위가 상승하거나 드럼 내의 부착품에 기계적 결함이 있으면 보일러수가 극심하게 끓어서 수면에서 물방울이 끊임없이 격심하게 비산하고 증기부가 물방울로 충만하여 수위가 불안정하게 되는 현상을 말한다.
② **포밍(Foaming)**: 보일러수에 불순물이 많이 포함되었을 경우 보일러수의 비등과 함께 수면부 위에 거품층을 형성하여 수위가 불안정하게 되는 현상을 말한다.
③ **캐리오버(Carry Over)**: 보일러 증기관 쪽에 보내는 증기에 대량의 물방울이 포함되는 경우가 있는데 이것을 캐리오버라 하며, 프라이밍이나 포밍이 생기면 필연적으로 캐리오버가 발생한다.

(3) 수격작용(워터해머, Water Hammer)
물을 보내는 관로에서 유속의 급격한 변화에 의해 관내 압력이 상승하거나 하강하여 압력파가 발생하는 현상을 말한다. 관내의 유동, 밸브의 개폐, 압력파 등과 관련이 있다.

(4) 이상연소
이상연소현상으로는 불완전연소, 이상소화, 2차 연소, 역화, 선화 등이 있다.

3. 보일러 사고원인

(1) 저수위의 원인
① 분출밸브 등의 누수 ② 급수관의 이물질 축적 ③ 급수장치 및 수면계의 고장

(2) 보일러 압력상승의 원인
① 압력계의 눈금을 잘못 읽거나 감시가 소홀했을 때
② 압력계의 고장으로 압력계의 기능이 불안정할 때
③ 안전밸브의 기능이 정확하지 않을 때

(3) 보일러 부식의 원인
① 급수처리를 하지 않은 물을 사용할 때
② 불순물을 사용하여 수관이 부식되었을 때
③ 급수에 해로운 불순물이 혼입되었을 때

(4) 보일러 과열의 원인
① 수관과 본체의 청소 불량
② 관수 부족 시 보일러의 가동
③ 수면계의 고장으로 드럼 내 물의 감소

(5) 보일러 파열
보일러의 파열에는 압력이 규정압력 이상으로 상승하여 파열하는 경우와 최고사용압력 이하이더라도 파열하는 경우가 있다.

4. 보일러 안전장치의 종류 안전보건규칙 제116~119조

보일러의 폭발사고를 예방하기 위하여 압력방출장치, 압력제한스위치, 고저수위 조절장치, 화염검출기 등의 기능이 정상적으로 작동될 수 있도록 유지·관리하여야 한다.

(1) 고저수위 조절장치
고저수위 조절장치의 동작 상태를 작업자가 쉽게 감시하도록 하기 위하여 고저수위지점을 알리는 경보등·경보음장치 등을 설치하여야 하며, 자동으로 급수되거나 단수되도록 설치하여야 한다.

(2) 압력방출장치(안전밸브)
보일러의 안전한 가동을 위하여 보일러 규격에 맞는 압력방출장치를 1개 또는 2개 이상 설치하고 최고사용압력(설계압력 또는 최고허용압력) 이하에서 작동되도록 하여야 한다. 다만, 압력방출장치가 2개 이상 설치된 경우에는 최고사용압력 이하에서 1개가 작동되고, 다른 압력방출장치는 최고사용압력 1.05배 이하에서 작동되도록 부착하여야 한다.

(3) 압력제한스위치
보일러의 과열을 방지하기 위하여 최고사용압력과 상용압력 사이에서 보일러의 버너연소를 차단할 수 있도록 압력제한스위치를 부착하여 사용하여야 한다. 압력제한스위치는 상용운전압력 이상으로 압력이 상승할 경우 보일러의 파열을 방지하기 위하여 버너연소를 차단하여 열원을 제거함으로써 정상압력으로 유도하는 장치이다.

5. 보일러 운전 시 안전수칙

(1) 가동 중인 보일러에는 작업자가 항상 정위치를 떠나지 아니한다.
(2) 보일러의 각종 부속장치의 누설상태를 점검한다.
(3) 노내의 환기 및 통풍장치를 점검한다.
(4) 압력방출장치는 매년마다 정기적으로 작동시험을 한다.

6. 압력용기의 정의 위험기계·기구 안전인증 고시 / 제10조

용기의 내면 또는 외면에서 일정한 유체의 압력을 받는 밀폐된 용기를 말한다.

7. 압력용기의 방호장치

(1) 안전밸브 등의 설치 안전보건규칙 / 제261조

① 압력용기 등에 대해서는 과압에 따른 폭발을 방지하기 위하여 폭발 방지 성능과 규격을 갖춘 안전밸브 또는 파열판(이하 "안전밸브 등")을 설치하여야 한다.
② 다단형 압축기 또는 직렬로 접속된 공기압축기에 대해서는 각 단 또는 각 공기압축기별로 안전밸브 등을 설치하여야 한다.
③ 안전밸브에 대해서는 다음의 구분에 따른 검사주기마다 국가교정기관에서 교정을 받은 압력계를 이용하여 설정압력에서 안전밸브가 적정하게 작동하는지를 검사한 후 납으로 봉인하여 사용하여야 한다. 다만, 공기나 질소취급용기 등에 설치된 안전밸브 중 안전밸브 자체에 부착된 레버 또는 고리를 통하여 수시로 안전밸브가 적정하게 작동하는지를 확인할 수 있는 경우에는 검사하지 아니할 수 있고 납으로 봉인하지 아니할 수 있다.
  ㉠ 화학공정 유체와 안전밸브의 디스크 또는 시트가 직접 접촉될 수 있도록 설치된 경우: 2년마다 1회 이상
  ㉡ 안전밸브 전단에 파열판이 설치된 경우: 3년마다 1회 이상
  ㉢ 공정안전보고서 제출 대상으로서 고용노동부장관이 실시하는 공정안전보고서 이행상태 평가결과가 우수한 사업장의 안전밸브의 경우: 4년마다 1회 이상

(2) 압력용기에 표시하여야 할 사항 안전보건규칙 / 제120조

압력용기 등을 식별할 수 있도록 하기 위하여 그 압력용기 등의 최고사용압력, 제조연월일, 제조회사명 등이 지워지지 않도록 각인 표시된 것을 사용하여야 한다.

5 산업용 로봇

산업용 로봇(Industrial Robot)은 사람의 팔과 손의 동작기능을 가지고 있는 기계 또는 인식기능과 감각기능을 가지고 자율적으로 행동하거나 프로그램에 따라 동작하는 기기로서 자동제어에 의해서 여러 가지 작업을 수행하거나 이동하도록 프로그램할 수 있는 다목적용 기계이다. 로봇은 작업에 알맞도록 고안된 도구를 팔 끝 부분의 손에 부착하고 제어장치에 내장된 프로그램의 순서대로 작업을 수행한다.

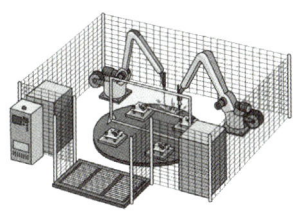

1. 산업용 로봇의 종류

(1) 기능수준에 따른 분류

구분	특징
매니퓰레이터형	인간의 팔이나 손의 기능과 유사한 기능을 가지고 대상물을 공간적으로 이동시킬 수 있는 로봇
시퀀스 로봇	미리 설정된 순서와 조건 및 위치에 따라 동작의 각 단계를 점차 진행해 가는 로봇
플레이백 로봇	미리 사람이 작업의 순서, 위치 등의 정보를 기억시켜 그것을 필요에 따라 읽어내어 작업을 할 수 있는 로봇
수치제어(NC) 로봇	로봇을 움직이지 않고 순서, 조건, 위치 및 기타 정보를 수치, 언어 등에 의해 교시하고, 그 정보에 따라 작업을 할 수 있는 로봇(입력정보교시에 의한 분류)
지능로봇	감상기능 및 인식기능에 의해 행동 결정을 할 수 있는 로봇

(2) 동작형태에 의한 분류
  ① **직각좌표 로봇**: 팔의 자유도가 주로 직각좌표 형식인 로봇
  ② **원통좌표 로봇**: 팔의 자유도가 주로 원통좌표 형식인 로봇
  ③ **극좌표 로봇**: 팔의 자유도가 주로 극좌표 형식인 로봇
  ④ **관절 로봇**: 자유도가 주로 다관절인 로봇

2. 산업용 로봇의 안전관리

(1) **매니퓰레이터와 가동범위**

산업용 로봇에 있어서 인간의 팔에 해당하는 암(Arm)이 기계 본체의 외부에 조립되어 암의 끝부분으로 물건을 잡기도 하고 도구를 잡고 작업을 행하기도 하는데, 이와 같은 기능을 갖는 암을 매니퓰레이터라고 한다. 산업용 로봇에 의한 재해는 주로 이 매니퓰레이터에서 발생하고 있다. 매니퓰레이터가 움직이는 영역을 가동범위라 하고, 이때 매니퓰레이터가 동작하여 사람과 접촉할 수 있는 범위를 위험범위라 한다.

(2) **방호장치**
  ① 동력차단장치
  ② 비상정지기능
  ③ 안전방호 울타리(방책)
  ④ 안전매트

(3) **교시 등** 안전보건규칙 제222조

산업용 로봇의 작동범위에서 해당 로봇에 대하여 교시 등(매니퓰레이터(Manipulator)의 작동순서, 위치·속도의 설정·변경 또는 그 결과를 확인하는 것)의 작업을 하는 경우에는 해당 로봇의 예기치 못한 작동 또는 오조작에 의한 위험을 방지하기 위하여 다음의 조치를 하여야 한다. 다만, 로봇의 구동원을 차단하고 작업을 하는 경우에는 ②, ③의 조치를 하지 아니할 수 있다.

① 다음의 사항에 관한 지침을 정하고 그 지침에 따라 작업을 시킬 것
  ㉠ 로봇의 조작방법 및 순서
  ㉡ 작업 중의 매니퓰레이터의 속도
  ㉢ 2명 이상의 근로자에게 작업을 시킬 경우의 신호방법
  ㉣ 이상을 발견한 경우의 조치
  ㉤ 이상을 발견하여 로봇의 운전을 정지시킨 후 이를 재가동시킬 경우의 조치
  ㉥ 그 밖에 로봇의 예기치 못한 작동 또는 오조작에 의한 위험을 방지하기 위하여 필요한 조치
② 작업에 종사하고 있는 근로자 또는 그 근로자를 감시하는 사람은 이상을 발견하면 즉시 로봇의 운전을 정지시키기 위한 조치를 할 것
③ 작업을 하고 있는 동안 로봇의 기동스위치 등에 작업 중이라는 표시를 하는 등 작업에 종사하고 있는 근로자가 아닌 사람이 그 스위치 등을 조작할 수 없도록 필요한 조치를 할 것

(4) **작업시작 전 점검사항**(로봇의 작동범위에서 그 로봇에 관하여 교시 등의 작업을 할 때) 안전보건규칙 별표 3
  ① 외부 전선의 피복 또는 외장의 손상 유무
  ② 매니퓰레이터(Manipulator) 작동의 이상 유무
  ③ 제동장치 및 비상정지장치의 기능

(5) **운전 중 위험 방지** 안전보건규칙 제223조
  로봇의 운전으로 인하여 근로자에게 발생할 수 있는 부상 등의 위험을 방지하기 위하여 높이 1.8[m] 이상의 울타리를 설치하여야 하며, 컨베이어 시스템의 설치 등으로 울타리를 설치할 수 없는 일부 구간에 대해서는 안전매트 또는 광전자식 방호장치 등 감응형(感應形) 방호장치를 설치하여야 한다.

(6) **공기압 구동식 산업용 로봇의 경우 이상 시 조치사항**
  ① 공기누설의 유무 확인
  ② 물방울의 혼입 유무 확인
  ③ 압력저하 유무 확인

6 목재가공용 기계

1. 둥근톱기계의 방호장치 [방호장치 자율안전기준 고시] 별표 5

톱날접촉예방장치	반발예방장치	
가동식 덮개	분할날	
	겸형식 분할날	현수식 분할날
덮개의 하단이 항상 가공재 또는 테이블에 접한다. / 분할날은 대면해 있는 부분의 날이다.	12[mm] 이내, $\frac{2}{3}l$	분할날 폭 12[mm] 이내
고정식 덮개	반발방지기구	
스토퍼, 조절나사, 최대 8[mm], 최대 25[mm]	송급위치에 부착한다.	

2. 톱날접촉예방장치의 구조

(1) 둥근톱기계의 톱날접촉예방장치 [안전보건규칙] 제106조

목재가공용 둥근톱기계(휴대용 둥근톱을 포함하되, 원목제재용 둥근톱기계 및 자동이송장치를 부착한 둥근톱기계는 제외)에는 톱날접촉예방장치를 설치하여야 한다.

(2) 고정식 접촉예방장치

박판가공의 경우에만 사용할 수 있는 것이다.

(3) 가동식 접촉예방장치

본체덮개 또는 보조덮개가 항상 가공재에 자동적으로 접촉되어 톱니를 덮을 수 있도록 되어 있는 것이다.

3. 반발예방장치의 구조 및 기능

(1) 둥근톱기계의 반발예방장치 [안전보건규칙] 제105조

목재가공용 둥근톱기계(가로 절단용 둥근톱기계 및 반발에 의하여 근로자에게 위험을 미칠 우려가 없는 것은 제외)에 분할날 등 반발예방장치를 설치하여야 한다.

(2) 분할날(Spreader)

① 분할날의 두께

㉠ 분할날은 톱 뒷(Back)날 바로 가까이에 설치되고 절삭된 가공재의 홈 사이로 들어가면서 가공재의 모든 두께에 걸쳐서 쐐기작용을 하여 가공재가 톱날을 조이지 않게 하는 것을 말한다.

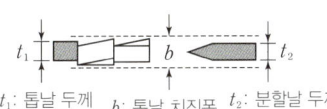

t_1: 톱날 두께 b: 톱날 치진폭 t_2: 분할날 두께

ⓒ 분할날의 두께는 톱날 두께의 1.1배 이상이고 톱날의 치진폭 미만으로 하여야 한다. → $1.1t_1 \leq t_2 < b$

② 분할날의 길이

$$l = \frac{\pi D}{4} \times \frac{2}{3} = \frac{\pi D}{6}$$

여기서, D: 톱날의 지름

③ 톱의 후면날과 12[mm] 이내가 되도록 설치한다.
④ 재료는 탄성이 큰 탄소공구강 5종에 상당하는 재질이어야 한다.
⑤ 표준 테이블 위 톱의 후면날 $\frac{2}{3}$ 이상을 덮어야 한다.
⑥ 설치부는 둥근톱니와 분할날과의 간격 조절이 가능한 구조여야 한다.
⑦ 둥근톱 직경이 610[mm] 이상일 때의 분할날은 양단 고정식의 현수식이어야 한다.

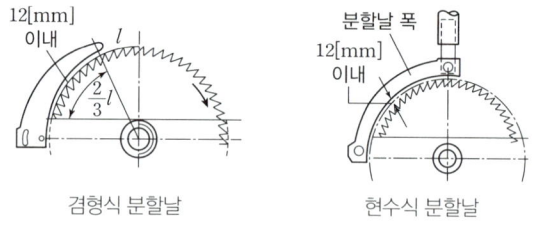

▲ 둥근톱 분할날의 종류

(3) **반발방지기구(Finger)**
① 가공재가 톱날 후면에서 조금 들뜨고 역행하려고 할 때에 가공재면 사이에서 쐐기작용을 하여 반발을 방지하기 위한 기구를 반발방지기구(Finger)라고 한다.
② 작동할 때의 충격하중을 고려하여 일단 구조용 압연강재 2종 이상을 사용한다.
③ 기구의 형상은 가공재가 반발할 경우에 먹혀 들어가기 쉽도록 한다.

(4) **반발방지롤(Roll)**
① 가공재가 톱 후면에서 들뜨는 것을 방지하기 위한 장치를 말한다.
② 가공재의 위쪽 면을 언제나 일정하게 누르고 있어야 한다.
③ 가공재의 두께에 따라 자동적으로 그 높이를 조절할 수 있어야 한다.

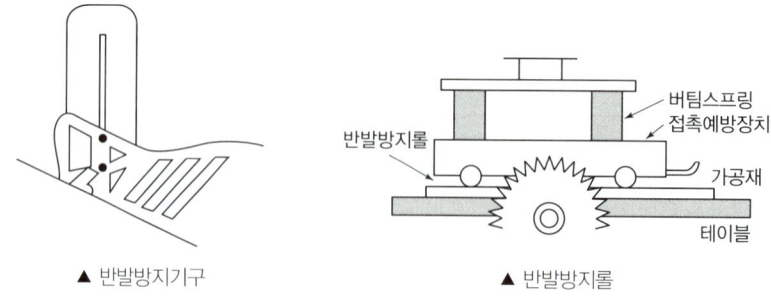

▲ 반발방지기구   ▲ 반발방지롤

(5) **보조안내판**
주안내판과 톱날 사이의 공간에서 나무가 퍼질 수 있게 하여 죄임으로 인한 반발을 방지하는 것이다.

(6) 반발예방장치의 설치요령
　① 분할날에 대면하고 있는 부분과 가공재를 절단하는 부분 이외의 톱날을 덮을 수 있는 구조로 날접촉예방장치를 설치할 것
　② 목재의 반발을 충분히 방지할 수 있도록 반발방지기구를 설치할 것
　③ 분할날의 두께는 둥근톱 두께의 1.1배 이상일 것(톱날과의 간격 12[mm] 이내)
　④ 표준 테이블 위의 톱 후면날을 $\frac{2}{3}$ 이상 덮을 수 있도록 분할날을 설치할 것

4. 둥근톱기계의 안전작업수칙

(1) 손이 말려 들어갈 위험이 있는 장갑을 끼고 작업하지 않는다.
(2) 작업 전에 공회전시켜서 이상 유무를 점검한다.
(3) 두께가 얇은 재료의 절단에는 압목 등의 적당한 도구를 사용한다.
(4) 톱날이 재료보다 너무 높게 솟아나지 않게 한다.
(5) 작업자는 작업 중에 톱날 회전방향의 정면에 서지 않는다.

5. 모떼기기계의 날접촉예방장치 안전보건규칙 제110조

모떼기기계(자동이송장치를 부착한 것 제외)에 날접촉예방장치를 설치하여야 한다. 다만, 작업의 성질상 날접촉예방장치를 설치하는 것이 곤란하여 해당 근로자에게 적절한 작업공구 등을 사용하도록 한 경우에는 그러하지 아니하다.

7 고속회전체

1. 회전시험 중의 위험방지 안전보건규칙 제114조

고속회전체(터빈로터·원심분리기의 버킷 등의 회전체로서 원주속도가 25[m/s]를 초과하는 것으로 한정)의 회전시험을 하는 경우 고속회전체의 파괴로 인한 위험을 방지하기 위하여 전용의 견고한 시설물의 내부 또는 견고한 장벽 등으로 격리된 장소에서 하여야 한다.

2. 비파괴검사 실시 안전보건규칙 제115조

고속회전체(회전축의 중량이 1톤을 초과하고 원주속도가 120[m/s] 이상인 것으로 한정)의 회전시험을 하는 경우 미리 회전축의 재질 및 형상 등에 상응하는 종류의 비파괴검사를 해서 결함 유무를 확인하여야 한다.

8 사출성형기

1. 사출성형기 구조

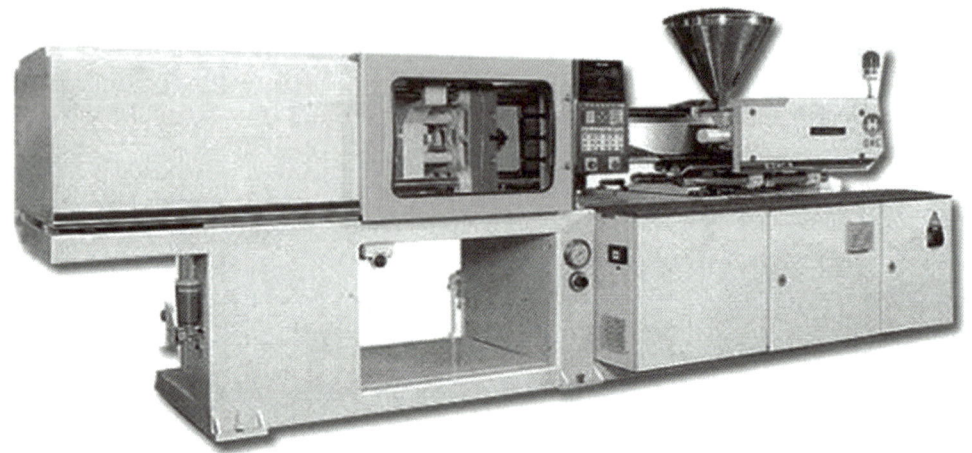

2. 사출성형기 방호장치 [안전보건규칙 제121조]

(1) 사출성형기·주형조형기 및 형단조기 등에 근로자의 신체 일부가 말려들어갈 우려가 있는 경우 게이트가드(Gate Guard) 또는 양수조작식 등에 의한 방호장치, 그 밖에 필요한 방호조치를 하여야 한다.
(2) 게이트가드는 닫지 아니하면 기계가 작동되지 아니하는 연동구조이어야 한다.
(3) 기계의 히터 등의 가열 부위 또는 감전 우려가 있는 부위에는 방호덮개를 설치하는 등 필요한 안전조치를 하여야 한다.

CHAPTER 06 운반기계 및 양중기

> **합격 KEYWORD** 지게차 안정도, 컨베이어 방호장치, 양중기, 방호장치의 조정, 달기구의 안전계수, 와이어로프의 사용금지기준, 늘어난 체인 등의 사용금지

1 지게차

1. 지게차 취급 시 안전대책

(1) 지게차의 정의

지게차는 하물 적재장치인 포크(Fork), 램(Ram), 승강장치인 마스트(Mast) 등이 차의 전면에 장착된 하역용 자동차로서 포크리프트(Fork Lift)라고도 부른다.

(2) 지게차 안전기준

① 지게차에 전조등, 후미등 및 규정에 적합한 헤드가드, 백레스트 설치
② 지게차 충돌방지장치, 후방확인장치 설치
③ 충분한 강도를 갖추고 손상, 변형, 부식이 없는 팰릿(Pallet) 또는 스키드(Skid) 사용
④ 편하중 적재 또는 지게차 능력을 초과한 적재 금지

2. 지게차 안정도 KOSHA B-M-11

(1) 지게차는 화물 적재 시에 지게차의 카운터밸런스(Counter Balance) 무게에 의하여 안정된 상태를 유지할 수 있도록 최대하중 이하로 적재하여야 한다.

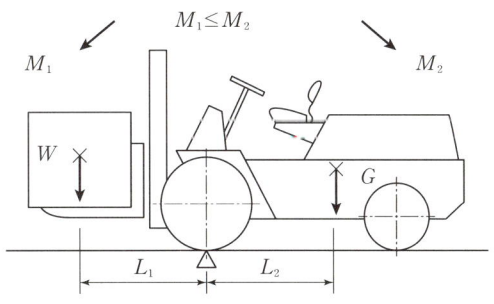

▲ 지게차의 안정조건

$M_1 \leq M_2$
화물의 모멘트 $M_1 = W \times L_1$, 지게차의 모멘트 $M_2 = G \times L_2$
여기서, W: 화물의 중량[kgf]
      G: 지게차 중량[kgf]
      L_1: 앞바퀴에서 화물 중심까지의 최단거리[cm]
      L_2: 앞바퀴에서 지게차 중심까지의 최단거리[cm]

(2) **지게차의 주행·하역작업 시 안정도 기준**

안정도	지게차의 상태	
	옆에서 본 경우	위에서 본 경우
하역작업 시의 전후 안정도: 4[%] 이내 (5톤 이상은 3.5[%] 이내) (최대하중상태에서 포크를 가장 높이 올린 경우)	A B	
주행 시의 전후 안정도: 18[%] 이내 (기준 부하상태)	A B	Y A B X
하역작업 시의 좌우 안정도: 6[%] 이내 (최대하중상태에서 포크를 가장 높이 올리고 마스트를 가장 뒤로 기울인 경우)	X Y	
주행 시의 좌우 안정도: (15+1.1V)[%] 이내 (V는 구내 최고속도[km/h]) (기준 무부하상태)	X Y	

안정도 $= \dfrac{h}{l} \times 100[\%]$ 전도구배 $\dfrac{h}{l}$

3. 헤드가드(Head Guard)

(1) **헤드가드의 정의** 위험기계·기구 방호조치 기준 제3조

지게차를 이용한 작업 중에 위쪽으로부터 떨어지는 물건에 의한 위험을 방지하기 위하여 운전자의 머리 위쪽에 설치하는 덮개를 말한다.

(2) **헤드가드의 구비조건** 안전보건규칙 제180조

① 강도는 지게차의 최대하중의 2배 값(4톤을 넘는 값에 대해서는 4톤)의 등분포정하중에 견딜 수 있을 것
② 상부틀의 각 개구의 폭 또는 길이가 16[cm] 미만일 것
③ 운전자가 앉아서 조작하거나 서서 조작하는 지게차의 헤드가드는 한국산업표준에서 정하는 높이 기준 이상일 것(입승식: 1.88[m] 이상, 좌승식: 0.903[m] 이상)

2 컨베이어(Conveyor)

1. 컨베이어의 종류 및 용도
컨베이어란 재료나 화물을 일정한 거리 사이를 두고 자동으로 연속 운반하는 기계장치를 말하며, 중량물이나 다루기 힘든 형태의 제품을 정해진 속도로 원하는 위치까지 이동하는 경우에 사용한다.

(1) **벨트 컨베이어(Belt Conveyor)**
두 개의 바퀴에 벨트를 걸어 돌리면서 그 위에 물건을 올려 연속적으로 운반하는 컨베이어이다.

(2) **롤러 컨베이어 및 휠 컨베이어(Roller Conveyor and Wheel Conveyor)**
나란히 배열한 여러 개의 롤을 비스듬히 놓거나 기어를 회전시켜 그 위에 실려 있는 물건을 운반하는 컨베이어이다.

(3) **스크루 컨베이어(Screw Conveyor)**
반원통 속에서 나선 모양의 날개가 달린 축이 돌면서 물건을 운반하는 컨베이어이다.

(4) **기타**
셔틀 컨베이어, 포터블 벨트 컨베이어, 피킹 테이블 컨베이어, 에이프런 컨베이어 등이 있다.

2. 컨베이어의 안전조치사항
(1) 인력으로 적하하는 컨베이어에는 하중 제한 표시를 할 것
(2) 기어·체인 또는 이동 부위에는 덮개를 설치할 것
(3) 지면으로부터 2[m] 이상 높이에 설치된 컨베이어에는 승강 계단을 설치할 것
(4) 컨베이어는 마지막 쪽의 컨베이어부터 시동하고, 처음 쪽의 컨베이어부터 정지할 것

3. 안전작업수칙
(1) 컨베이어 이송속도는 임의로 변경하지 않는다.
(2) 운반물의 편중현상을 방지한다.
(3) 사용 전 소음 등 기기 이상 여부를 확인한다.

4. 컨베이어 방호장치의 종류 안전보건규칙 제191~193조, 제195조

(1) **이탈 등의 방지**
컨베이어, 이송용 롤러(이하 "컨베이어 등") 등을 사용하는 경우에는 정전·전압강하 등에 따른 화물 또는 운반구의 이탈 및 역주행을 방지하는 장치를 갖추어야 한다. 역주행방지장치의 형식으로는 기계식(롤러식, 라쳇식, 밴드식)과 전기브레이크가 있다.

(2) **비상정지장치**
컨베이어 등에 해당 근로자의 신체의 일부가 말려드는 등 근로자가 위험해질 우려가 있는 경우 및 비상시에는 즉시 컨베이어 등의 운전을 정지시킬 수 있는 장치를 설치하여야 한다.

(3) 낙하물에 의한 위험 방지

컨베이어 등으로부터 화물이 떨어져 근로자가 위험해질 우려가 있는 경우에는 해당 컨베이어 등에 덮개 또는 울을 설치하는 등 낙하 방지를 위한 조치를 하여야 한다.

(4) 건널다리

운전 중인 컨베이어 등의 위로 근로자를 넘어가도록 하는 경우에는 위험을 방지하기 위하여 건널다리를 설치하는 등 필요한 조치를 하여야 한다.

3 크레인 등 양중기

1. 양중기

작업장에서 화물 또는 사람을 올리고 내리는 데 사용하는 기계로서 크레인, 이동식 크레인, 리프트, 곤돌라 및 승강기를 포함하여 말한다.

(1) 크레인(호이스트(Hoist) 포함) `안전보건규칙` 제132조, 제137조, 제139~140조, 제144조, 제146조

동력을 사용하여 중량물을 매달아 상하 및 좌우(수평 또는 선회)로 운반하는 것을 목적으로 하는 기계 또는 기계장치를 말하며, "호이스트"란 훅이나 그 밖의 달기구 등을 사용하여 화물을 권상 및 횡행 또는 권상동작만을 하여 양중하는 것을 말한다.

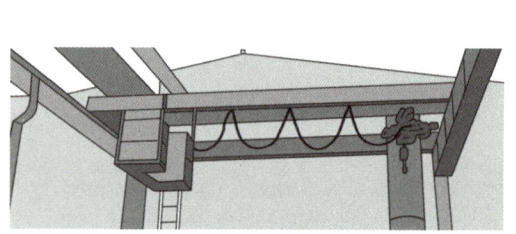

▲ 천장크레인

▲ 이동식 크레인

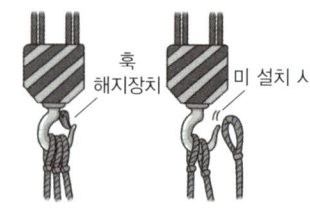

① **해지장치의 사용**: 훅걸이용 와이어로프 등이 훅으로부터 벗겨지는 것을 방지하기 위한 장치(이하 "해지장치")를 구비한 크레인을 사용하여야 하며, 그 크레인을 사용하여 짐을 운반하는 경우에는 해지장치를 사용하여야 한다.

② **크레인의 수리 등의 작업**: 갠트리 크레인 등과 같이 작업장 바닥에 고정된 레일을 따라 주행하는 크레인의 새들(Saddle) 돌출부와 주변 구조물 사이의 안전공간이 40[cm] 이상 되도록 바닥에 표시를 하는 등 안전공간을 확보하여야 한다.

③ **폭풍에 의한 이탈방지**: 순간풍속이 30[m/s]를 초과하는 바람이 불어올 우려가 있는 경우 옥외에 설치되어 있는 주행 크레인에 대하여 이탈방지장치를 작동시키는 등 이탈방지를 위한 조치를 하여야 한다.

④ **건설물 등과의 사이 통로**: 주행 크레인 또는 선회 크레인과 건설물 또는 설비와의 사이에 통로를 설치하는 경우 그 폭을 0.6[m] 이상으로 하여야 한다. 다만, 그 통로 중 건설물의 기둥에 접촉하는 부분에 대해서는 0.4[m] 이상으로 할 수 있다.

⑤ 크레인 작업 시의 조치
  ㉠ 인양할 하물(荷物)을 바닥에서 끌어당기거나 밀어내는 작업을 하지 아니할 것
  ㉡ 유류드럼이나 가스통 등 운반 도중에 떨어져 폭발하거나 누출될 가능성이 있는 위험물 용기는 보관함(또는 보관고)에 담아 안전하게 매달아 운반할 것
  ㉢ 고정된 물체를 직접 분리·제거하는 작업을 하지 아니할 것
  ㉣ 미리 근로자의 출입을 통제하여 인양 중인 하물이 작업자의 머리 위로 통과하지 않도록 할 것
  ㉤ 인양할 하물이 보이지 아니하는 경우에는 어떠한 동작도 하지 아니할 것(신호하는 사람에 의하여 작업을 하는 경우 제외)

(2) **이동식 크레인** 안전보건규칙 제132조

원동기를 내장하고 있는 것으로서 불특정 장소에 스스로 이동할 수 있는 크레인으로 동력을 사용하여 중량물을 매달아 상하 및 좌우(수평 또는 선회)로 운반하는 설비로서 「건설기계관리법」을 적용 받는 기중기 또는 「자동차관리법」에 따른 화물·특수자동차의 작업부에 탑재하여 화물운반 등에 사용하는 기계 또는 기계장치를 말한다.

(3) **리프트(이삿짐운반용 리프트의 경우에는 적재하중이 0.1톤 이상인 것)** 안전보건규칙 제132조, 제151조, 제154조
  ① 리프트의 종류: 동력을 사용하여 사람이나 화물을 운반하는 것을 목적으로 하는 기계설비로서 다음의 것을 말한다.
    ㉠ 건설용 리프트: 동력을 사용하여 가이드레일을 따라 상하로 움직이는 운반구를 매달아 사람이나 화물을 운반할 수 있는 설비 또는 이와 유사한 구조 및 성능을 가진 것으로 건설현장에서 사용하는 것
    ㉡ 산업용 리프트: 동력을 사용하여 가이드레일을 따라 상하로 움직이는 운반구를 매달아 화물을 운반할 수 있는 설비 또는 이와 유사한 구조 및 성능을 가진 것으로 건설현장 외의 장소에서 사용하는 것
    ㉢ 자동차정비용 리프트: 동력을 사용하여 가이드레일을 따라 움직이는 지지대로 자동차 등을 일정한 높이로 올리거나 내리는 구조의 리프트로서 자동차 정비에 사용하는 것
    ㉣ 이삿짐운반용 리프트: 연장 및 축소가 가능하고 끝단을 건축물 등에 지지하는 구조의 사다리형 붐에 따라 동력을 사용하여 움직이는 운반구를 매달아 화물을 운반하는 설비로서 화물자동차 등 차량 위에 탑재하여 이삿짐운반 등에 사용하는 것

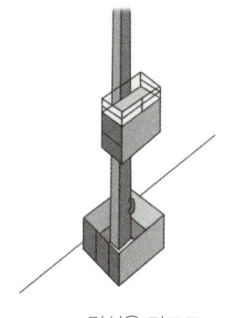
▲ 건설용 리프트

▲ 곤돌라

② **리프트의 방호장치**: 리프트(자동차정비용 리프트 제외)의 운반구 이탈 등의 위험을 방지하기 위하여 권과방지장치, 과부하방지장치, 비상정지장치 등을 설치하는 등 필요한 조치를 하여야 한다.

③ **붕괴 등의 방지**: 순간풍속이 35[m/s]를 초과하는 바람이 불어올 우려가 있는 경우 건설용 리프트(지하에 설치되어 있는 것 제외)에 대하여 받침의 수를 증가시키는 등 그 붕괴 등을 방지하기 위한 조치를 하여야 한다.

(4) 곤돌라 〔안전보건규칙 제132조〕

달기발판 또는 운반구, 승강장치, 그 밖의 장치 및 이들에 부속된 기계부품에 의하여 구성되고, 와이어로프 또는 달기강선에 의하여 달기발판 또는 운반구가 전용 승강장치에 의하여 오르내리는 설비를 말한다.

(5) 승강기 〔안전보건규칙 제132조〕

건축물이나 고정된 시설물에 설치되어 일정한 경로에 따라 사람이나 화물을 승강장으로 옮기는 데에 사용되는 설비로서 다음의 것을 말한다.

① **승객용 엘리베이터**: 사람의 운송에 적합하게 제조·설치된 엘리베이터
② **승객화물용 엘리베이터**: 사람의 운송과 화물 운반을 겸용하는 데 적합하게 제조·설치된 엘리베이터
③ **화물용 엘리베이터**: 화물 운반에 적합하게 제조·설치된 엘리베이터로서 조작자 또는 화물취급자 1명은 탑승할 수 있는 것(적재용량이 300[kg] 미만인 것은 제외)
④ **소형화물용 엘리베이터**: 음식물이나 서적 등 소형 화물의 운반에 적합하게 제조·설치된 엘리베이터로서 사람의 탑승이 금지된 것
⑤ **에스컬레이터**: 일정한 경사로 또는 수평로를 따라 위·아래 또는 옆으로 움직이는 디딤판을 통해 사람이나 화물을 승강장으로 운송시키는 설비

2. 양중기 방호장치의 종류 〔안전보건규칙 제134~135조〕

(1) 방호장치의 조정

다음의 양중기에 과부하방지장치, 권과방지장치, 비상정지장치 및 제동장치, 그 밖의 방호장치[승강기의 파이널 리미트 스위치(Final Limit Switch), 속도조절기, 출입문 인터 록(Inter Lock) 등]가 정상적으로 작동될 수 있도록 미리 조정해 두어야 한다.

① 크레인　　② 이동식 크레인　　③ 리프트
④ 곤돌라　　⑤ 승강기

방호장치를 부착하여 미리 조정해 두어야

(2) 권과방지장치

① 크레인, 이동식 크레인에 대한 권과방지장치는 훅·버킷 등 달기구의 윗면이 드럼, 상부 도르래, 트롤리프레임 등 권상장치의 아랫면과 접촉할 우려가 있는 경우에 그 간격이 0.25[m] 이상(직동식 권과방지장치는 0.05[m] 이상)이 되도록 조정하여야 한다.
② 권과방지장치를 설치하지 않은 크레인에 대해서는 권상용 와이어로프에 위험표시를 하고 경보장치를 설치하는 등 권상용 와이어로프가 지나치게 감겨서 근로자가 위험해질 상황을 방지하기 위한 조치를 하여야 한다.

(3) 과부하의 제한

양중기에 그 적재하중을 초과하는 하중을 걸어서 사용하도록 해서는 아니 된다.

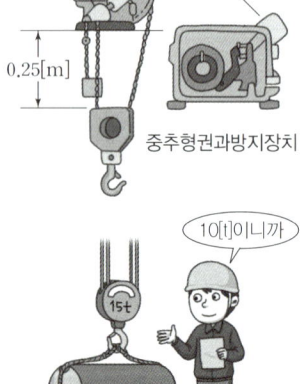

3. 양중기의 와이어로프

양질의 탄소강의 소재를 인발한 많은 소선(Wire)을 집합하여 꼬아서 스트랜드(Strand)를 만들고 이 스트랜드를 심(Core) 주위에 일정한 피치(Pitch)로 감아서 제작한 일종의 로프이다.

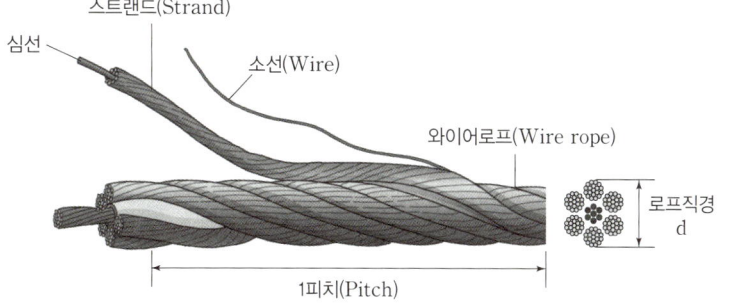

(1) 와이어로프의 구성

로프의 구성은 로프의 "스트랜드 수(꼬임의 수량)×소선의 개수"로 표시하며, 크기는 단면 외접원의 지름으로 나타낸다.

(2) 와이어로프의 꼬임모양과 꼬임방향

로프의 꼬임방법은 다음과 같다.
① 보통 꼬임(Regular Lay) : 스트랜드의 꼬임방향과 소선의 꼬임방향이 반대인 것이다.
② 랭 꼬임(Lang's Lay) : 스트랜드의 꼬임방향과 소선의 꼬임방향이 같은 것이다.

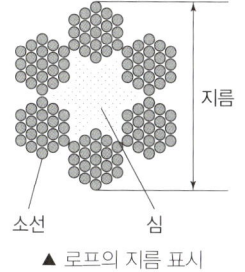

▲ 로프의 지름 표시

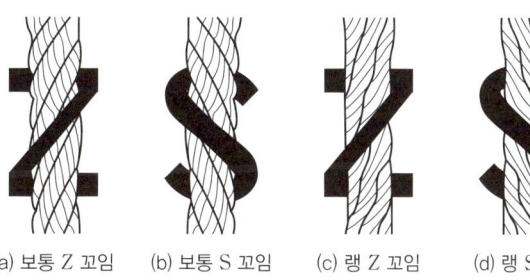

(a) 보통 Z 꼬임 (b) 보통 S 꼬임 (c) 랭 Z 꼬임 (d) 랭 S 꼬임
▲ 와이어로프의 꼬임명칭

(3) 와이어로프 등 달기구의 안전계수 [안전보건규칙 제163조]

양중기의 와이어로프 등 달기구의 안전계수(달기구 절단하중의 값을 그 달기구에 걸리는 하중의 최대값으로 나눈 값)가 다음 구분에 따른 기준에 맞지 아니한 경우에는 이를 사용해서는 아니 된다.

① 근로자가 탑승하는 운반구를 지지하는 달기와이어로프 또는 달기체인의 경우 : 10 이상
② 화물의 하중을 직접 지지하는 달기와이어로프 또는 달기체인의 경우 : 5 이상
③ 훅, 샤클, 클램프, 리프팅 빔의 경우 : 3 이상
④ 그 밖의 경우 : 4 이상

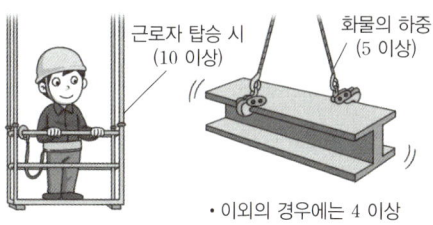

(4) 와이어로프의 절단방법 [안전보건규칙 제165조]

와이어로프를 절단하여 양중작업용구를 제작하는 경우 반드시 기계적인 방법으로 절단하여야 하며, 가스용단 등 열에 의한 방법으로 절단해서는 아니 된다.

(5) 와이어로프의 사용금지기준 `안전보건규칙` 제166조

① 이음매가 있는 것
② 와이어로프의 한 꼬임(Strand)에서 끊어진 소선의 수가 10[%] 이상인 것
③ 지름의 감소가 공칭지름의 7[%]를 초과하는 것
④ 꼬인 것
⑤ 심하게 변형되거나 부식된 것
⑥ 열과 전기충격에 의해 손상된 것

이음매가 있는 것 / 소선수가 10[%] 이상 절단된 것 / 지름의 감소가 공칭지름의 7[%]를 초과하는 것 / 꼬인 것 / 심하게 변형, 부식된 것

(6) 늘어난 체인 등의 사용금지 `안전보건규칙` 제167조

① 달기 체인의 길이가 달기 체인이 제조된 때의 길이의 5[%]를 초과한 것
② 링의 단면지름이 달기 체인이 제조된 때의 해당 링의 지름의 10[%]를 초과하여 감소한 것
③ 균열이 있거나 심하게 변형된 것

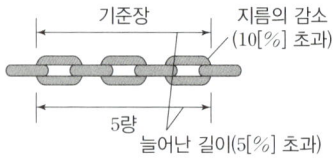

4 구내운반기계

1. 구조와 종류

작업장 내에 운반을 주목적으로 하는 차량으로 보통 길이 4.7[m] 이하, 폭 1.7[m] 이하, 높이 2.0[m] 이하이며, 최고속도가 15[km/h] 이하의 것을 말한다. 「도로운송차량법」의 소형차량 기준에 따르며, 플랫폼 트럭이라고 부르는 경우도 있고 3륜 소형 구내운반차, 궤도식 운반차, 견인차(Towing Tractor), 구내용 대형 트레일러, 전동운반차 등이 있다.

▲ 구내운반차

2. 구내운반기계의 방호장치 `안전보건규칙` 제184~185조

(1) 제동장치 등

구내운반차를 사용하는 경우에 다음의 사항을 준수하여야 한다.
① 주행을 제동하거나 정지상태를 유지하기 위하여 유효한 제동장치를 갖출 것
② 경음기를 갖출 것
③ 운전석이 차 실내에 있는 것은 좌우에 한 개씩 방향지시기를 갖출 것
④ 전조등과 후미등을 갖출 것

(2) 연결장치

구내운반차에 피견인차를 연결하는 경우에는 적합한 연결장치를 사용하여야 한다.

CHAPTER 07 설비진단 및 검사

합격 KEYWORD 비파괴검사, 침투탐상검사, 초음파탐상검사, 방사선투과검사, 진동작업, 강렬한 소음작업

1 비파괴검사의 종류 및 특징

1. 비파괴검사의 정의

비파괴검사(NDT; Non Destructive Testing)란 재료나 제품을 원형과 기능에 변화를 주지 않고 실시하여 원하는 것을 알 수 있는 검사를 말한다. 즉 재료나 제품을 물리적 현상을 이용한 특수방법으로 검사 대상물을 파괴, 분리 또는 손상을 입히지 않고 결함의 유무와 상태 또는 그것의 성질, 상태, 내부구조 등을 알아내는 모든 검사를 말한다.

2. 비파괴검사의 종류 및 특징

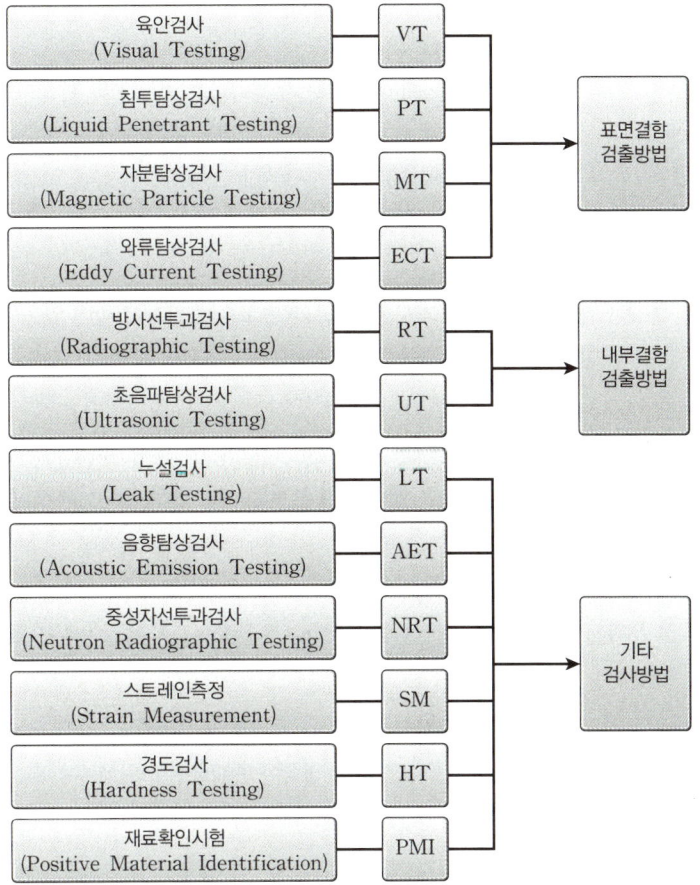

(1) **육안검사**(VT; Visual Testing)

재료, 제품 또는 구조물(시험체)을 직접 또는 간접적으로 관찰하여 표면결함이 존재하는지 그 유무를 알아내는 비파괴검사방법이다.

(2) **누설검사**(LT; Leak Testing)

시험체의 내부와 외부의 압력차를 이용하여 유체가 결함을 통해 흘러 들어가거나 흘러나오는 것을 감지하는 방법으로 압력용기검사, 배관검사 등에 사용된다.

(3) **침투탐상검사**(PT; Liquid Penetrant Testing)

시험체 표면에 침투제를 적용시켜 침투제가 표면에 열려있는 불연속부에 침투할 수 있는 충분한 시간이 경과한 후, 불연속부에 침투하지 못하고 시험체 표면에 남아있는 과잉의 침투제를 제거하고 그 위에 현상제를 도포하여 불연속부에 들어있는 침투제를 빨아올림으로써 불연속의 위치, 크기 및 지시모양을 검출하는 검사방법이다.

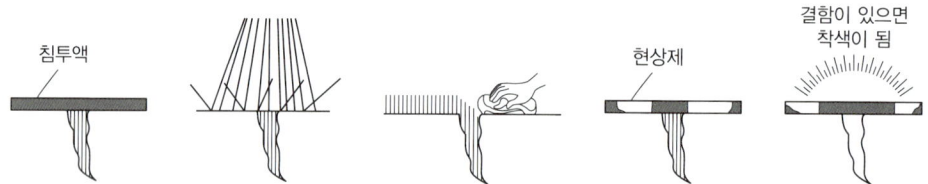

(4) **초음파탐상검사**(UT; Ultrasonic Testing)

① 시험체 내부결함의 검출에 주로 이용되며 시험체에 초음파를 전달하여 내부에 존재하는 불연속으로부터 반사한 초음파의 에너지양, 초음파의 진행시간 등을 CRT Screen에 표시, 분석하여 불연속의 위치 및 크기를 알아내는 검사방법으로 균열 등 면상결함의 검출능력이 방사선투과검사보다 우수하다.

② 초음파탐상검사의 종류로는 투과법, 펄스반사법, 공진법 등이 있다.

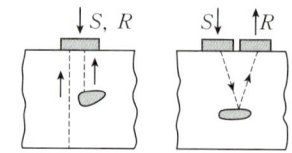

S: 송신용 진동자 R: 수신용 진동자

(5) **자분탐상검사**(MT; Magnetic Particle Testing)

강자성체의 결함을 찾을 때 사용하는 비파괴시험법으로 표면 또는 표층에 결함이 있을 경우 누설자속을 이용하여 육안으로 결함을 검출하는 검사방법이다.

(6) **음향탐상검사**(AET; Acoustic Emission Testing)

하중을 받고 있는 재료의 결함부에서 방출되는 응력파(Stress Wave)를 분석하여 소성변형, 균열의 생성 및 진전 감시 등 동적거동을 파악하고 결함부의 취이판정 및 재료의 특성평가에 이용한다. 재료의 종류나 물성 등의 특성에 많은 영향을 받는다.

(7) **방사선투과검사**(RT; Radiographic Testing)

목적물에 방사선을 투과시켜 필름에 감광시킨 후 현상하여 관찰함으로써 재료 내부 또는 외부의 불연속 유무를 검사하는 비파괴검사방법이다.

(8) **와류탐상검사**(ECT; Eddy Current Testing)

금속 등의 도체에 교류를 통한 코일을 접근시켰을 때, 결함이 존재하면 코일에 유기되는 전압이나 전류가 변하는 것을 이용한 검사방법이다.

2 진동방지기술

1. 진동작업의 정의

(1) 진동(Vibration)

물체가 일정한 시간 간격으로 같은 운동을 되풀이하는 현상을 말한다.

(2) 진동작업 안전보건규칙 제512조

다음의 어느 하나에 해당하는 기계·기구를 사용하는 작업을 말한다.
① 착암기(鑿巖機)
② 동력을 이용한 해머
③ 체인톱
④ 엔진 커터(Engine Cutter)
⑤ 동력을 이용한 연삭기
⑥ 임팩트 렌치(Impact Wrench)
⑦ 그 밖에 진동으로 인하여 건강장해를 유발할 수 있는 기계·기구

2. 진동작업 관리 안전보건규칙 제518~519조, 제521조

(1) 진동보호구의 지급 등

진동작업에 근로자를 종사하도록 하는 경우에 방진장갑 등 진동보호구를 지급하여 착용하도록 하여야 한다.

(2) 유해성 등의 주지

근로자가 진동작업에 종사하는 경우에 다음의 사항을 근로자에게 충분히 알려야 한다.
① 인체에 미치는 영향과 증상
② 보호구의 선정과 착용방법
③ 진동 기계·기구 관리 및 사용방법
④ 진동 장해 예방방법

(3) 진동 기계·기구의 관리

진동 기계·기구가 정상적으로 유지될 수 있도록 상시 점검하여 보수하는 등 관리를 하여야 한다.

3 소음방지기술

1. 소음작업의 정의 안전보건규칙 제512조

(1) 소음(Noise)

바람직하지 않은 소리를 의미하며 음성, 음악 등의 전달을 방해하거나 생활에 장애, 고통을 주거나 하는 소리를 말한다.

(2) 소음작업

1일 8시간 작업을 기준으로 85[dB] 이상의 소음이 발생하는 작업을 말한다.

(3) 강렬한 소음작업

① 90[dB] 이상의 소음이 1일 8시간 이상 발생하는 작업
② 95[dB] 이상의 소음이 1일 4시간 이상 발생하는 작업
③ 100[dB] 이상의 소음이 1일 2시간 이상 발생하는 작업
④ 105[dB] 이상의 소음이 1일 1시간 이상 발생하는 작업
⑤ 110[dB] 이상의 소음이 1일 30분 이상 발생하는 작업
⑥ 115[dB] 이상의 소음이 1일 15분 이상 발생하는 작업

(4) 청력보존 프로그램

다음의 사항이 포함된 소음성 난청을 예방·관리하기 위한 종합적인 계획을 말한다.
① 소음노출 평가
② 소음노출에 대한 공학적 대책
③ 청력보호구의 지급과 착용
④ 소음의 유해성 및 예방 관련 교육
⑤ 정기적 청력검사
⑥ 청력보존 프로그램 수집 및 시행 관련 기록·관리체계
⑦ 그 밖에 소음성 난청 예방·관리에 필요한 사항

2. 소음 감소 조치 안전보건규칙 제513조

사업주는 강렬한 소음작업이나 충격소음작업 장소에 대하여 기계·기구 등의 대체, 시설의 밀폐·흡음 또는 격리 등 소음 감소를 위한 조치를 하여야 한다.

에듀윌이
너를
지지할게
ENERGY

벽을 내려치느라 시간을 낭비하지 마라.
그 벽이 문으로 바뀔 수 있도록 노력하라.

– 가브리엘 "코코" 샤넬(Gabrielle "Coco" Chanel)

SUBJECT 04

전기설비 안전관리

합격 GUIDE

전기설비 안전관리는 전공자가 아닌 수험생이 공부하기 어려워 실제로도 점수가 가장 낮게 나오는 과목입니다. 또한 2021년부터 한국전기설비규정(KEC)이 적용(개정)되며 가장 많은 변화가 있는 과목입니다. 따라서 처음 공부를 시작하는 수험생은 전기설비 안전관리에서 과락을 받지 않도록 주의해야 합니다. 이 교재의 이론은 전기 안전 관련 기초지식이 부족하여도 쉽게 이해할 수 있도록 구성하였습니다. 어려운 과목일수록 시험에 반복적으로 출제되는 부분은 완벽하게 이해를 해야 합니다. 특히 색자로 표기된 부분을 집중적으로 공부하면 짧은 시간 내에 합격점수를 받을 수 있습니다.

기출기반으로 정리한
압축이론

최신 7개년 출제비율 분석

CHAPTER 01 전기안전관리   7.2%
CHAPTER 02 감전재해 및 방지대책   39.3%
CHAPTER 03 정전기 장·재해관리   16.8%
CHAPTER 04 전기방폭관리   17.5%
CHAPTER 05 전기설비 위험요인관리   19.2%

CHAPTER 01 전기안전관리

합격 KEYWORD 단로기, 유입차단기, 누전차단기

1 전기설비 및 기기

1. 배전반 및 분전반

분기회로에는 감전보호용 지락과 과부하 겸용의 누전차단기를 설치, 철제 분전함의 외함은 반드시 접지 실시하고, 문에는 시건장치를 하고 "취급자 외 조작금지" 표지를 부착한다.

> **합격 보장 꿀팁** 수전반, 분전반, 배전반의 차이
> ① 수전반: 한전으로부터 전기를 인수받는 곳
> ② 배전반: 수전한 전기를 계통별 또는 용도별로 나누어 주는 곳
> ③ 분전반: 부하별로 분기해 주는 곳
> ④ 부하(전기제품)와 연결되면 분전반이고, 분전반에 전원을 공급해 주는 것이 배전반이다.
>
> 분전반과 같이 충전부가 있는 전기설비를 내부에 설치하는 기구를 폐쇄형 외함이라 한다.

2. 개폐기

(1) 개폐기는 전로의 개폐에만 사용되고, 통전상태에서 차단능력이 없다.

(2) **개폐기의 시설** KEC / 341.9

고압용 또는 특고압용의 개폐기로서 부하전류를 차단하기 위한 것이 아닌 개폐기는 부하전류가 통하고 있을 경우에는 회로가 열리지 않도록 시설하여야 한다.

(3) **개폐기의 종류**

① 주상유입개폐기(PCS: Primary Cutout Switch 또는 COS: Cut Out Switch)
  ㉠ 고압컷아웃스위치라 부르고 있는 기기로서 주로 3[kV] 또는 6[kV]용 300[kVA]까지 용량의 1차 측 개폐기로 사용하고 있다.
  ㉡ 배전선로의 개폐, 고장구간의 구분, 타 계통으로의 변환, 접지사고의 차단 및 콘덴서의 개폐 등에 사용한다.

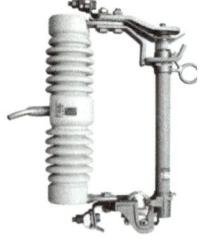
▲ 고압컷아웃스위치

▲ 설치사진

② 단로기(DS: Disconnection Switch)
  ㉠ 단로기는 개폐기의 일종으로 수용가 구내 인입구에 설치하여 무부하 상태의 전로를 개폐하는 역할을 하거나 차단기, 변압기, 피뢰기 등 고전압 기기의 1차 측에 설치하여 기기를 점검, 수리할 때 전원으로부터 이들 기기를 분리한다.

▲ 단로기

ⓒ 다른 개폐기가 전류 개폐 기능을 가지고 있는 반면에, 단로기는 전압 개폐 기능(부하전류 차단능력 없음)만 가진다. 그러므로 부하전류가 흐르는 상태에서 차단(개방)하면 매우 위험하고, 반드시 무부하 상태에서 개폐해야 한다.

ⓒ 단로기 및 차단기의 투입, 개방 시의 조작순서
- 전원 투입 시: 단로기를 투입한 후에 차단기 투입(ⓐ ▶ ⓑ ▶ ⓒ)
- 전원 개방 시: 차단기를 개방한 후에 단로기 개방(ⓒ ▶ ⓑ ▶ ⓐ)

③ 부하개폐기(LBS; Load Breaker Switch)
수변전설비의 인입구 개폐기로 많이 사용되며 부하전류를 개폐할 수는 있으나, 고장전류는 차단할 수 없어 전력퓨즈를 함께 사용한다.

④ 자동개폐기(AS; Automatic Switch)

⑤ 저압개폐기(스위치 내에 퓨즈 삽입)

▲ 부하개폐기

▲ 설치사진

3. 보호계전기

발전기, 변압기, 모선, 선로 및 기타 전력계통의 구성요소를 항상 감시하여 이들에 고장이 발생하거나 계통의 운전에 이상이 있을 때는 즉시 이를 검출 동작하여 고장부분을 분리시킴으로써 전력 공급지장을 방지하고 고장기기나 시설의 손상을 최소화한다.

4. 과전류차단기

(1) 차단기의 개요

차단기는 전선로에 전류가 흐르고 있는 상태에서 그 선로를 개폐하며, 차단기 부하 측에서 과부하, 단락 및 지락사고가 발생했을 때 각종 계전기와의 조합으로 신속히 선로를 차단하는 역할을 한다.

> **합격 보장 꿀팁**
> 과전류의 종류: 단락전류, 과부하전류, 과도전류

(2) 차단기의 종류

차단기의 종류	사용장소
배선용 차단기(MCCB), 기중차단기(ACB)	저압전기설비
① 종래: 유입차단기(OCB) ② 최근: 진공차단기(VCB), 가스차단기(GCB)	변전소 및 자가용 고압 및 특고압 전기설비
공기차단기(ABB), 가스차단기(GCB)	특고압 및 대전류 차단용량을 필요로 하는 대규모 전기설비

(3) 유입차단기의 작동(투입 및 차단)순서

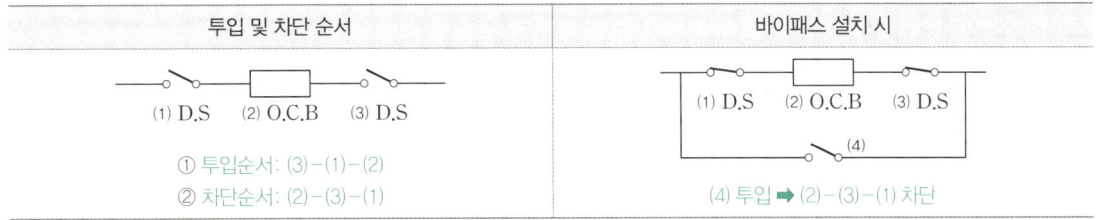

(4) 차단기의 차단용량(정격차단용량) `KEC 212.5.5`

정격차단용량은 단락전류보호장치 설치 점에서 예상되는 최대 크기의 단락전류보다 커야 한다. 다만, 전원 측 전로에 단락고장전류 이상의 차단능력이 있는 과전류차단기가 설치되는 경우에는 그러하지 아니하다. 이 경우에 두 장치를 통과하는 에너지가 부하 측 장치와 이 보호장치로 보호를 받는 도체가 손상을 입지 않고 견뎌낼 수 있는 에너지를 초과하지 않도록 양쪽 보호장치의 특성이 협조되도록 하여야 한다.

① 단상: 정격차단용량 = 정격차단전압×정격차단전류
② 3상: 정격차단용량 = $\sqrt{3}$×정격차단전압×정격차단전류

(5) 퓨즈

① 과전류차단기로 전압전로에 사용하는 퓨즈는 아래 표에 적합한 것이어야 한다. `KEC 212.3.4`

정격전류의 구분[A]	시간[분]	정격전류의 배수	
		불용단전류	용단전류
4 이하	60	1.5배	2.1배
4 초과 16 미만	60	1.5배	1.9배
16 이상 63 이하	60	1.25배	1.6배
63 초과 160 이하	120	1.25배	1.6배
160 초과 400 이하	180	1.25배	1.6배
400 초과	240	1.25배	1.6배

② 고압용 Fuse `KEC 341.10`
  ㉠ 포장퓨즈: 정격전류의 1.3배의 전류에 견디고, 2배의 전류로 120분 안에 용단되는 것
  ㉡ 비포장퓨즈: 정격전류의 1.25배의 전류에 견디고, 2배의 전류로 2분 안에 용단되는 것

(6) 전력퓨즈

① 고압 및 특고압 선로와 기기의 단락보호용으로 단락전류 차단이 주목적이다.
② 부하전류를 안전하게 통전하고, 일정치 이상의 과전류(단락전류)는 차단하여 전선로나 기기를 보호한다.
③ 가격이 싸고 소형경량이나, 재투입이 불가능하고 과도전류에 용단되기 쉽다.

(7) 저압전로 중의 과전류차단기의 시설 `KEC 212.3.4`

① 과전류차단기로 저압전로에 사용하는 산업용 배선차단기(「전기용품 및 생활용품 안전관리법」에서 규정하는 것 제외) 및 주택용 배선차단기는 아래 표에 적합한 것이어야 한다. 다만, 일반인이 접촉할 우려가 있는 장소(세대 내 분전반 및 이와 유사한 장소)에는 주택용 배선차단기를 시설하여야 한다.

정격전류의 구분[A]	시간[분]	정격전류의 배수(모든 극에 통전)			
		부동작 전류		동작 전류	
		산업용	주택용	산업용	주택용
63 이하	60	1.05배	1.13배	1.3배	1.45배
63 초과	120	1.05배	1.13배	1.3배	1.45배

② 주택용 배선차단기의 경우 아래 표에 적합한 것이어야 한다.

형	순시트립범위
B	$3I_n$ 초과 ~ $5I_n$ 이하
C	$5I_n$ 초과 ~ $10I_n$ 이하
D	$10I_n$ 초과 ~ $20I_n$ 이하

여기서, B, C, D: 순시트립전류에 따른 차단기 분류
I_n: 차단기 정격전류

5. 누전차단기

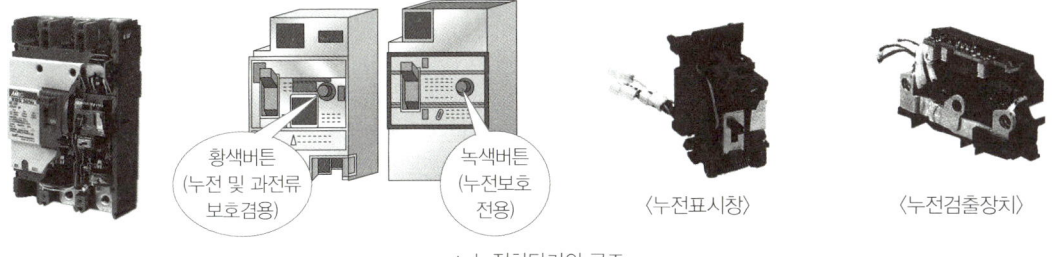

▲ 누전차단기의 구조

(1) 기능

누전차단기는 저압 전로에 있어서 인체의 감전사고 및 누전에 의한 화재를 방지하기 위해 사용한다.
① 누전이 발생하지 않을 경우: $I_a + I_b = 0$ (I_a: 유입 전류, I_b: 유출 전류)
② 누전이 발생할 경우: $I_a + I_b = I_g$ (I_g: 지락 전류)
  ㉠ 그림(a)와 같이 회로가 정상상태에서는 영상변류기(ZCT)를 통과하는 부하전류(I_L)가 평형을 이루게 되어 ZCT 2차 측에 출력이 나타나지 않게 된다.
  ㉡ 그림(b)와 같이 지락이 발생한 상태에서는 지락전류(I_g)가 흐르게 되어 ZCT를 통과하는 부하전류(I_L)는 불평형 상태로 되고 이로 인하여 ZCT 2차 측에 유도전류(I_t)가 나타나게 되어 Trip Coil을 여자시켜 회로를 차단한다.

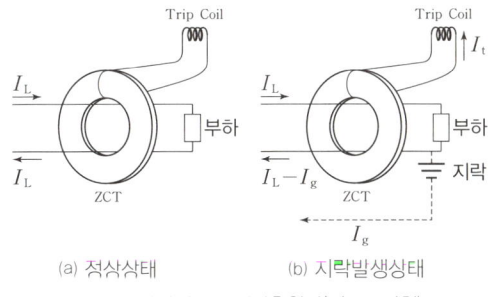

(a) 정상상태 (b) 지락발생상태
▲ 누전차단기의 누전검출원리(전류동작형)

(2) 누전차단기의 종류

구분		정격감도전류[mA]	동작시간
고감도형	고속형	5, 10, 15, 30	정격감도전류에서 0.1초 이내
	시연형		정격감도전류에서 0.1초 초과 2초 이내
	반한시형		① 정격감도전류에서 0.2초 초과 2초 이내 ② 정격감도전류의 1.4배에서 0.1초 초과 0.5초 이내 ③ 정격감도전류의 4.4배에서 0.05초 이내
중감도형	고속형	50, 100, 200, 500, 1,000	정격감도전류에서 0.1초 이내
	시연형		정격감도전류에서 0.1초 초과 2초 이내

※ 감전 보호용 누전차단기: 정격감도전류 30[mA] 이하, 동작시간 0.03초 이내

> **합격 보장 꿀팁** · 변압기 절연유
>
> ① 절연유의 조건
>   ㉠ 절연내력이 클 것
>   ㉡ 절연재료 및 금속에 화학작용을 일으키지 않을 것
>   ㉢ 인화점이 높고 응고점이 낮을 것
>   ㉣ 점도가 낮고(유동성이 풍부), 비열이 커서 냉각효과가 클 것
>   ㉤ 저온에서 석출물이 생기거나 산화하지 않을 것
>   ㉥ 고온에서 침전물이 생기거나 산화하지 않을 것
> ② 열화 판정시험
>   ㉠ 절연파괴 시험법: 신유(30[kV] 10분), 사용유(25[kV] 10분)
>   ㉡ 산가 시험법: 신유(0.2 정도), 불량(0.4 이상)
> ③ 절연유의 열화원인: 수분흡수에 따른 산화 작용, 금속접촉, 절연재료, 직사광선, 이종절연유의 혼합 등

2 전기안전관련법령

1. 정기검사 대상 전기설비 및 시기 `전기안전관리법 시행규칙` `별표 4`

구 분	대 상	시 기	비 고
1. 전기사업용전기설비 기력, 내연력, 가스터빈, 복합화력, 수력(양수), 풍력, 태양광, 연료전지, 전기저장장치 및 무정전전원장치발전소(구역전기사업자의 송전·변전 및 배전설비 포함)	(1) 증기터빈 및 내연기관 계통	4년 이내	(1)부터 (4)까지의 설비에 부속되는 전기설비로서 사용압력이 0[kg/cm²] 이상의 내압부분이 있는 것을 포함한다.
	(2) 가스터빈·보일러·열교환기(「집단에너지사업법」을 적용받는 보일러 및 압력용기 제외), 공해방지설비 및 발전기 계통	2년 이내	
	(3) 수차·발전기 계통		
	(4) 풍차·발전기 계통(토목 기초 포함)	4년 이내	
	(5) 태양광설비	3년 이내	
	① 태양광·전기설비 계통		
	② 「전기사업법」에 따른 전기사업 허가 당시 「공간정보의 구축 및 관리 등에 관한 법률」에 따른 전, 답, 과수원, 임야 또는 염전 지역(간척지였던 경우에는 「전기사업법」에 따른 전기사업의 허가를 받은 날을 기준으로 「공간정보의 구축 및 관리 등에 관한 법률」에 따른 전, 답, 과수원, 임야 또는 염전으로 등록된 지 30년이 지나지 않은 지역으로 한정)에 설치된 태양광발전소의 부지 및 구조물	4년 이내 2년 이내	
	(6) 연료전지·전기설비 계통		
	(7) 전기저장장치·전기설비 계통(전기저장장치 중 변전소에 설치되는 주파수조정용 전기저장장치 제외)	4년 이내	
	① 여러 사람이 이용할 수 있는 건물 안에 설치된 설비 또는 이차전지 용량 1,000[kWh] 이상인 설비(차량에 탑재하여 이동이 가능한 설비 포함)	1년 이내	
	② ① 외의 설비		
	(8) 구역전기사업자의 송전·변전 및 배전설비	2년 이내	
	(9) 신재생에너지 발전사업용인 송전선로·변전소	2년 이내	
	(10) 무정전전원장치·전기설비 계통	4년 이내	
	① 여러 사람이 이용할 수 있는 건물 안에 설치된 설비 또는 이차전지 용량 1,000[kWh] 이상인 설비	1년 이내	
	② ① 외의 설비(20[kWh] 이하의 리튬·나트륨계 배터리 및 70[kWh] 이하의 납계 배터리를 사용하는 무정전전원장치 제외)	2년 이내	

2. 자가용전기설비			
가. 발전설비기력, 내연력, 가스터빈, 복합화력 및 수력, 태양광, 연료전지, 전기저장장치 및 무정전전원장치발전소(비상예비발전설비 제외)	(1) 증기터빈 및 내연기관 계통(공해방지설비 및 발전기 계통 포함)	4년 이내	(1)과 (2)에 부속되는 전기설비로서 사용압력이 0[kg/cm²] 이상의 내압부분이 있는 것을 포함한다.
	(2) 가스터빈(공해방지설비 및 발전기 계통 포함), 보일러, 열교환기(보일러 및 열교환기 중 「에너지이용 합리화법」에 따라 검사를 받는 것 제외)	2년 이내	
	(3) 수차 · 발전기 계통	4년 이내	
	(4) 풍차 · 발전기 계통	4년 이내	
	(5) 태양광 · 전기설비 계통	4년 이내	
	(6) 연료전지 · 전기설비 계통	4년 이내	
	(7) 전기저장장치 · 전기설비 계통		
	① 여러 사람이 이용할 수 있는 건물 안에 설치된 설비 또는 이차전지 용량 1,000[kWh] 이상인 설비	1년 이내	
	② ① 외의 설비	2년 이내	
	(8) 무정전전원장치 · 전기설비 계통		
	① 여러 사람이 이용할 수 있는 건물 안에 설치된 설비 또는 이차전지 용량 1,000[kWh] 이상인 설비	1년 이내	
	② ① 외의 설비(20[kWh] 이하의 리튬 · 나트륨계 배터리 및 70[kWh] 이하의 납계 배터리를 사용하는 무정전전원장치 제외)	2년 이내	
나. 전기수용설비 및 비상용 예비발전설비 및 전기자동차 충전설비	(1) 의료기관, 공연장, 호텔, 대규모 점포, 전통시장, 예식장, 지정 문화재, 단란주점, 유흥주점, 목욕장, 노래연습장에 설치한 고압 이상의 전기수용설비, 비상용 예비발전설비 및 전기자동차 충전설비	2년마다 2개월 전후	
	(2) 전기안전관리자의 선임이 면제된 제조업자 또는 제조업 관련 서비스업자의 전기수용설비, 비상용 예비발전설비 및 전기자동차 충전설비	2년마다 2개월 전후	
	(3) (1) 및 (2)의 설비 외의 수용가에 설치한 고압 이상의 전기수용설비, 비상용 예비발전설비 및 전기자동차 충전설비(단독으로 설치된 경우 포함)	3년마다 2개월 전후	
	(4) (3)의 규정에도 불구하고 공정안전보고서 또는 안전성향상계획서를 제출하거나 갖춰 둔 자의 고압 이상의 전기수용설비, 비상용 예비발전설비 및 전기자동차 충전설비	4년 이내	

※ 1. 발전설비의 검사는 발전설비의 가동정지기간 중에 하며, 설비 고장 등 검사시기 조정 사유 발생 시 검사기관과 협의하여 2개월 이내의 범위에서 검사시기를 조정할 수 있다.
 2. 비상용 예비발전설비는 이와 연계된 비상부하설비를 포함한다.

2. 전기안전관리자의 선임기준 및 세부기술자격 전기안전관리법 시행규칙 | 별표 8

구분	안전관리 대상	안전관리자 자격기준	안전관리보조원인력
1. 발전설비 　가. 전기설비(수력, 기력, 가스터빈, 복합화력, 원자력 및 그 밖의 발전소 공통)	(1) 모든 전기설비의 공사·유지 및 운용 (2) 전압 10만[V] 미만 전기설비의 공사·유지 및 운용 (3) 전압 10만[V] 미만으로서 전기설비용량 2,000[kW] 미만 전기설비의 공사·유지 및 운용 (4) 전압 10만[V] 미만으로서 전기설비용량 1,500[kW] 미만 전기설비의 공사·유지 및 운용	(1) 전기·안전관리(전기안전) 분야 기술사 자격소지자, 전기기사 또는 전기기능장 자격 취득 이후 실무경력 2년 이상인 사람 (2) 전기산업기사 자격 취득 이후 실무경력 4년 이상인 사람 (3) 전기기사 또는 전기기능장 자격 취득 이후 실무경력 1년 이상인 사람 또는 전기산업기사 자격 취득 이후 실무경력 2년 이상인 사람 (4) 전기산업기사 이상 자격소지자	(1) 용량 50만[kW] 이상은 전기 및 기계 분야 각 2명 (2) 용량 10만[kW] 이상 50만[kW] 미만은 전기 분야 2명, 기계 분야 1명 (3) 용량 1만[kW] 이상 10만[kW] 미만은 전기 및 기계 분야 각 1명
나. 기계설비(기력, 가스터빈, 복합화력, 원자력 발전소만 해당)	(1) 기력설비, 가스터빈설비 및 원자력설비(「원자력법」에 따라 규제를 받는 부분 제외)의 공사·유지 및 운용(전기설비에 관한 것 제외) (2) 압력이 100[kg/cm²] 미만의 기력설비, 가스터빈설비 및 원자력설비(「원자력법」에 따라 규제를 받는 부분 제외)의 공사·유지 및 운용(전기설비에 관한 것 제외)	(1) 산업기계설비, 공조냉동기계, 건설기계기술사 자격소지자 또는 일반기계기사, 건설기계설비기사 자격 취득 이후 실무경력 2년 이상인 사람 (2) 일반기계기사, 건설기계설비기사 자격 취득 이후 실무경력 2년 이상인 사람 또는 컴퓨터응용가공산업기사, 생산기계산업기사, 건설기계설비산업기사 자격 취득 이후 실무경력 4년 이상인 사람	
다. 토목설비(수력발전소만 해당)	(1) 모든 수력설비의 공사·유지 및 운용(전기설비에 관한 것 제외) (2) 높이 70[m] 미만의 댐, 압력이 6[kg/cm²] 미만의 도수로, 압력 조정용 용기 및 방수로, 그 밖의 수력설비의 공사·유지 및 운용(전기설비에 관한 것 제외)	(1) 토목구조·토목시공기술사 자격소지자 또는 토목기사 자격 취득 이후 실무경력 2년 이상인 사람 (2) 토목기사 자격 취득 이후 실무경력 2년 이상인 사람 또는 토목산업기사 자격 취득 이후 실무경력 4년 이상인 사람	
2. 송전·변전설비 및 배전설비 또는 그 설비를 관할하는 사업장	(1) 모든 송전·변전설비 및 배전설비의 공사·유지 및 운용 (2) 전압 10만[V] 미만 전기설비의 공사·유지 및 운용 (3) 전압 10만[V] 미만으로서 전기설비용량 2,000[kW] 미만 전기설비의 공사·유지 및 운용 (4) 전압 10만[V] 미만으로서 전기설비용량 1,500[kW] 미만 전기설비의 공사·유지 및 운용	(1) 전기·안전관리(전기안전) 분야 기술사 자격소지자, 전기기사 또는 전기기능장 자격 취득 이후 실무경력 2년 이상인 사람 (2) 전기산업기사 자격 취득 이후 실무경력 4년 이상인 사람 (3) 전기기사 또는 전기기능장 자격 취득 이후 실무경력 1년 이상인 사람 또는 전기산업기사 자격 취득 이후 실무경력 2년 이상인 사람 (4) 전기산업기사 이상 자격소지자	(1) 용량 50만[kW] 이상은 전기 분야 3명 (2) 용량 10만[kW] 이상 50만[kW] 미만은 전기 분야 2명 (3) 용량 1,000[kW] 이상 10만[kW] 미만은 전기 분야 1명

3. 전기수용설비 및 비상용 예비발전 설비	(1) 모든 전기설비의 공사·유지 및 운용 (2) 전압 10만[V] 미만 전기설비의 공사·유지 및 운용 (3) 전압 10만[kV] 미만으로서 전기설비용량 2,000[kW] 미만 전기설비의 공사·유지 및 운용 (4) 전압 10만[V] 미만으로서 전기설비용량 1,500[kW] 미만 전기설비의 공사·유지 및 운용	(1) 전기·안전관리(전기안전) 분야 기술사 자격소지자, 전기기사 또는 전기기능장 자격 취득 이후 실무경력 2년 이상인 사람 (2) 전기산업기사 자격 취득 이후 실무경력 4년 이상인 사람 (3) 전기기사 또는 전기기능장 자격 취득 이후 실무경력 1년 이상인 사람 또는 전기산업기사 자격취득 이후 실무경력 2년 이상인 사람 (4) 전기산업기사 이상 자격소지자	(1) 용량 1만[kW] 이상은 전기 분야 2명 (2) 용량 5,000[kW] 이상 1만[kW] 미만은 전기 분야 1명

※ 1. 「전기안전관리법」 제22조제2항 후단에 따라 선임된 전기안전관리자와 같은 조 제3항제1호 및 제2호에 따라 전기안전관리자로 선임된 안전공사 및 대행사업자의 소속 기술인력은 전기수용설비의 안전관리자 자격기준 중 (1)·(2)의 어느 하나에 해당하는 사람이어야 한다.
2. 안전관리보조원의 자격은 해당 분야 기능사 이상의 자격소지자이거나 같은 분야 5년 이상 실무 경력자를 말한다.
3. 같은 사업장에 발전설비와 송전·변전설비 및 배전설비, 전기수용설비가 설치된 경우에는 선임되는 안전관리자가 분야별로 서로 중복되지 않도록 선임할 수 있다. 이 경우 선임 인원을 설비마다 산출한 선임 인원에서 많은 인원으로 한다.
4. 「전기안전관리법」 제22조제1항에 따라 선임해야 할 전기안전관리자의 분야는 다음과 같다.
   가. 수력발전소: 전기 및 토목 분야. 다만, 다음의 경우에는 토목 분야 전기안전관리자를 선임하지 않을 수 있다.
     ① 수력발전소의 출력이 1,000[kW] 미만인 경우
     ② 원격감시·제어기능을 갖추고 발전 출력이 3,000[kW] 미만인 월류형 보의 경우
   나. 기력·가스터빈·복합화력·원자력발전소: 전기 및 기계 분야(출력 1,000[kW] 미만의 가스터빈발전소는 기계 분야 제외)
   다. 가. 및 나. 외의 발전소, 전기수용설비 및 비상용 예비발전설비, 송전·변전·배전설비: 전기 분야

CHAPTER 02 감전재해 및 방지대책

합격 KEYWORD 허용접촉전압, 전격의 위험, 통전전류와 인체반응, 심실세동전류, 감전사고 시 응급조치, 1차적 감전요소, 감전보호용 누전차단기, 누전차단기의 적용범위, 전격방지장치의 기능, 교류아크용접기의 재해 및 보호구

1 감전재해 예방 및 조치

1. 안전전압
회로의 정격전압이 일정 수준 이하의 낮은 전압으로 절연파괴 등의 사고 시에도 인체에 위험을 주지 않는 전압을 말한다.(「산업안전보건법령」에서 30[V]로 규정)

2. 허용접촉전압 및 허용보폭전압

(1) 허용전압
① **허용접촉전압**: 대지에 접촉하고 있는 발과 발 이외의 다른 신체부분 사이에서 인가되는 전압이다.

합격 보장 꿀팁 허용접촉전압

종별	접촉상태	허용접촉전압
제1종	인체의 대부분이 수중에 있는 상태	2.5[V] 이하
제2종	• 인체가 현저히 젖어 있는 상태 • 금속성의 전기기계·기구나 구조물에 인체의 일부가 상시 접촉되어 있는 상태	25[V] 이하
제3종	제1종, 제2종 이외의 경우로서 통상의 인체상태에서 접촉전압이 가해지면 위험성이 높은 상태	50[V] 이하
제4종	• 제1종, 제2종 이외의 경우로서 통상의 인체상태에 접촉전압이 가해지더라도 위험성이 낮은 상태 • 접촉전압이 가해질 우려가 없는 경우	제한 없음

② **허용보폭전압**: 사람의 양발 사이에 인가되는 전압으로, 접지극을 통하여 대지로 전류가 흘러갈 때 접지극 주위의 지표면에 형성되는 전위분포로 인해 양발 사이에 인가되는 전위차(ΔV)를 말한다.

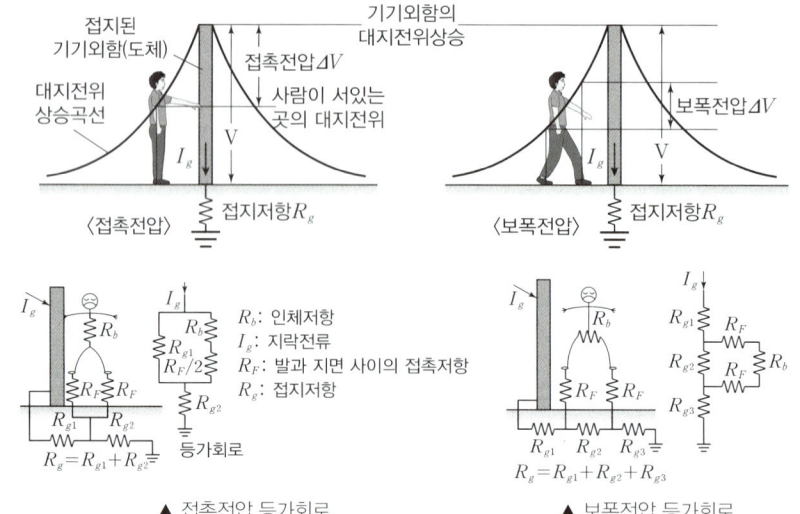

▲ 접촉전압 등가회로 　　▲ 보폭전압 등가회로

(2) 허용접촉전압과 허용보폭전압

허용접촉전압	허용보폭전압
$E = \left(R_b + \dfrac{3\rho_s}{2}\right) \times I_k$	$E = (R_b + 6\rho_s) \times I_k$

여기서, I_k: 통전전류$\left(\dfrac{0.165}{\sqrt{T}}\right)$[A], R_b: 인체저항[Ω], ρ_s: 지표상층 저항률[Ω·m]

3. 인체의 전기저항

통전전류의 크기는 인체의 전기저항, 즉 임피던스의 값에 의해 결정되며, 임피던스는 인체의 각 부위(피부, 혈액 등)의 저항성분과 용량성분이 합성된 값이 되며, 이 값은 여러 인자 특히 접촉전압, 통전시간, 접촉면적 등에 따라 변화한다.

(1) 인체임피던스의 등가회로
인체의 임피던스는 내부임피던스와 피부임피던스의 합성임피던스로 구성된다.

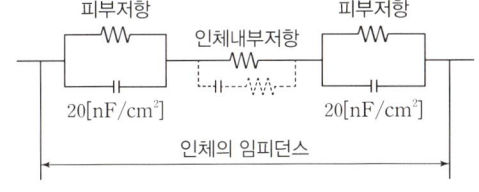

(2) 인체 각부의 저항
보통 인체의 전기저항은 전체저항을 약 5,000[Ω]으로 보고 있다. 이 저항 값은 피부가 젖은 정도, 인가전압 등에 의해 크게 변화한다. 따라서 인가전압이 커짐에 따라 약 500[Ω] 이하까지 감소하고, 피부에 땀이 있을 때에는 건조 시의 약 $\dfrac{1}{12} \sim \dfrac{1}{20}$, 물에 젖어 있을 때는 약 $\dfrac{1}{25}$로 감소한다.

인체의 전기저항	저항치[Ω]	비고
전체저항	약 5,000	피부가 젖은 정도, 인가전압 등에 의해 크게 변화하며 인가전압이 커짐에 따라 약 500[Ω]까지 감소
① 피부저항	약 2,500	피부에 땀이 있을 경우 건조 시의 $\dfrac{1}{12} \sim \dfrac{1}{20}$, 물에 젖어 있을 경우 $\dfrac{1}{25}$로 저항 감소
② 인체내부저항	약 300	교류, 직류에 따라 거의 일정하지만 통전시간이 길어지면 인체의 온도상승에 의해 저항치 감소
③ 발과 신발 사이의 저항	약 1,500	
④ 신발과 대지 사이의 저항	약 700	

- 인체 부위별 저항률: 피부>뼈>근육>혈액>내부 조직
- 피전점: 인체의 전기저항이 약한 부분(턱, 볼, 손등, 정강이 등)

4. 전압의 구분

구분	변경 전	변경 후
저압	교류: 600[V] 이하 직류: 750[V] 이하	교류: 1[kV] 이하 직류: 1.5[kV] 이하
고압	교류: 600[V] 초과 7[kV] 이하 직류: 750[V] 초과 7[kV] 이하	교류: 1[kV] 초과 7[kV] 이하 직류: 1.5[kV] 초과 7[kV] 이하
특고압	교류, 직류: 7[kV] 초과	교류, 직류: 7[kV] 초과

2 전기의 위험성

1. 감전의 위험요소

(1) 감전(전격)의 위험을 결정하는 주된 인자

① 통전전류의 크기(가장 근본적인 원인이며 감전피해의 위험도에 가장 큰 영향을 미침)
② 통전시간 ③ 통전경로 ④ 전원의 종류(교류 또는 직류) ⑤ 주파수 및 파형
⑥ 전격인가위상(심장 맥동주기의 어느 위상에서의 통전 여부)
⑦ 기타 간접적으로는 인체저항과 전압의 크기 등이 관련 있다.

> **합격 보장 꿀팁 감전**
>
> ① 감전 및 감전재해의 정의
>   ㉠ 감전(感電, Electric Shock): 인체의 일부 또는 전체에 전류가 흐르는 현상을 말하며, 이로 인해 인체가 받게 되는 충격을 전격(電擊, Electric Shock)이라고 한다.
>   ㉡ 감전(전격)에 의한 재해: 인체의 일부 또는 전체에 전류가 흘렀을 때 인체 내에서 일어나는 생리적인 현상인 근육의 수축, 호흡곤란, 심실세동 등으로 부상·사망하거나 추락·전도 등의 2차적 재해가 일어나는 것을 말한다.
> ② 심장의 맥동주기: 전격이 인가되면 심실세동을 일으키는 확률이 가장 크고 위험한 부분은 심실이 수축 종료하는 T파 부분이다.
>   ㉠ P파: 심방수축에 따른 파형
>   ㉡ Q-R-S파: 심실수축에 따른 파형
>   ㉢ T파: 심실의 수축 종료 후 심실의 휴식 시 발생하는 파형
>   ㉣ R-R: 심장의 맥동주기

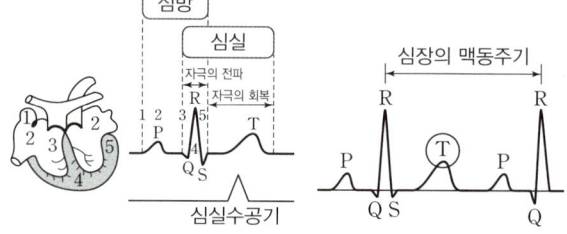

(2) 통전경로별 위험도

통전경로별 위험도는 숫자가 클수록 높아진다.

통전경로	위험도	통전경로	위험도
왼손-가슴	1.5	왼손-등	0.7
오른손-가슴	1.3	한손 또는 양손-앉아 있는 자리	0.7
왼손-한발 또는 양발	1.0	왼손-오른손	0.4
양손-양발	1.0	오른손-등	0.3
오른손-한발 또는 양발	0.8		

2. 통전전류의 세기 및 그에 따른 영향

(1) 통전전류와 인체반응

통전전류 구분	통전전류의 세기 [통전전류(교류) 값]	전격의 영향
최소감지전류	상용주파수 60[Hz]에서 성인남자의 경우 1[mA]	고통을 느끼지 않으면서 짜릿하게 전기가 흐르는 것을 감지할 수 있는 최소전류
고통한계전류	상용주파수 60[Hz]에서 7~8[mA]	통전전류가 최소감지전류보다 커지면 어느 순간부터 고통을 느끼게 되지만 참을 수 있는 전류
가수전류 (이탈전류)	상용주파수 60[Hz]에서 10~15[mA] (최저가수전류치 남: 9[mA], 여: 6[mA])	자력으로 이탈 가능한 전류(마비한계전류라고도 함)

불수전류 (교착전류)	상용주파수 60[Hz]에서 20~50[mA]	통전전류가 고통한계전류보다 커지면 인체 각부의 근육이 수축현상을 일으키고 신경이 마비되어 신체를 자유로이 움직일 수 없는 전류(자력으로 이탈 불가능)
심실세동전류 (치사전류)	$I = \dfrac{165}{\sqrt{T}}$ I: 심실세동전류[mA] T: 통전시간[s]	심근의 미세한 진동으로 혈액을 송출하는 펌프의 기능이 장애를 받는 때의 전류

합격 보장 꿀팁 통전전류별 인체반응

1[mA]	5[mA]	10[mA]	15[mA]	50~100[mA]
약간 느낄 정도	경련을 일으킴	불편해짐(통증)	격렬한 경련을 일으킴	심실세동으로 사망위험

(2) 심실세동전류

① 통전전류가 더욱 증가하면 전류의 일부가 심장부분을 흐르게 된다. 이렇게 되면 심장이 정상적인 맥동을 하지 못하며 불규칙적으로 세동하게 되어 결국 혈액의 순환에 큰 장애를 가져오게 되고, 산소의 공급 중지로 인해 뇌에 치명적인 손상을 입히게 된다.

② 이와 같이 심근의 미세한 진동으로 혈액을 송출하는 펌프의 기능이 장애를 받는 현상을 심실세동이라 하며, 이때의 전류를 심실세동전류라 한다.

③ 심실세동상태가 되면 전류를 제거하여도 자연적으로는 건강을 회복하지 못하며, 그대로 방치하여 두면 수 분 내에 사망한다.

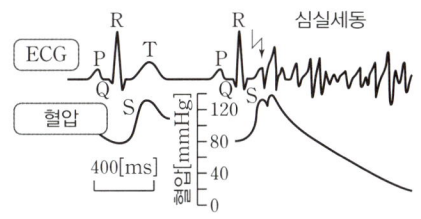

▲ 심전도(ECG)와 심실세동의 발생

(3) 심실세동전류와 통전시간과의 관계

$$I = \dfrac{165}{\sqrt{T}}$$

여기서, I: 심실세동전류(1,000명 중 5명 정도가 심실세동을 일으키는 값)[mA], T: 통전시간[s]

(4) 위험한계에너지

① 심실세동을 일으키는 위험한 전기에너지이다.

② 인체의 전기저항 R을 500[Ω]으로 본 경우

13.6[W]의 전력이 1초간 공급되는 아주 미약한 전기에너지이지만 인체에 직접 가해지면 생명이 위험할 정도로 위험한 상태가 된다.

$$W = I^2 RT = \left(\dfrac{165}{\sqrt{T}} \times 10^{-3}\right)^2 \times 500T = (165^2 \times 10^{-6}) \times 500$$
$$= 13.6[\text{W} \cdot \text{s}] = 13.6[\text{J}]$$
$$= 13.6 \times 0.24[\text{cal}] = 3.3[\text{cal}]$$

3 감전사고 방지대책

1. 감전사고에 대한 원인 및 방지대책

> **합격 보장 꿀팁** 감전사고방지 일반대책
> ① 전기설비의 점검 철저
> ② 전기기기 및 설비의 정비
> ③ 전기기기 및 설비의 위험부에 위험표시
> ④ 설비의 필요부분에 보호접지 실시
> ⑤ 충전부가 노출된 부분에는 절연방호구 사용
> ⑥ 고전압 선로 및 충전부에 근접하여 작업하는 작업자에게는 보호구를 착용시킬 것
> ⑦ 유자격자 이외는 전기기계 및 기구에 전기적인 접촉 금지
> ⑧ 관리감독자는 작업에 대한 안전교육 시행
> ⑨ 사고발생 시의 처리순서를 미리 작성하여 둘 것

[대책 1] 전기기계·기구 등에 의한 감전사고에 대한 방지대책

(1) 직접접촉에 의한 감전방지대책 안전보건규칙 제301조

① 충전부가 노출되지 않도록 폐쇄형 외함이 있는 구조로 할 것
② 충전부에 충분한 절연효과가 있는 방호망이나 절연덮개를 설치할 것
③ 충전부는 내구성이 있는 절연물로 완전히 덮어 감쌀 것
④ 발전소·변전소 및 개폐소 등 구획되어 있는 장소로서 관계근로자가 아닌 사람의 출입이 금지되는 장소에 충전부를 설치하고, 위험표시 등의 방법으로 방호를 강화할 것
⑤ 전주 위 및 철탑 위 등 격리되어 있는 장소로서 관계근로자가 아닌 사람이 접근할 우려가 없는 장소에 충전부를 설치할 것

(2) 간접접촉(누전)에 의한 감전방지대책

① 안전전압(「산업안전보건법」에서 30[V]로 규정) 이하 전원의 기기 사용
② 보호접지

접지대상	개정 전 접지방식	KEC 접지방식
(특)고압설비	1종: 접지저항 10[Ω]	• 계통접지: TN, TT, IT 계통 • 보호접지: 등전위본딩 등 • 피뢰시스템접지
600[V] 이하 설비	특별3종: 접지저항 10[Ω]	
400[V] 이하 설비	3종: 접지저항 100[Ω]	
변압기	2종: (계산요함)	"변압기 중성점 접지"로 명칭 변경

③ **누전차단기의 설치**: 누전차단기는 누전을 자동적으로 검출하여 누전전류가 감도전류 이상이 되면 전원을 자동으로 차단하는 장치를 말하며 저압전로에서 감전화재 및 전기기계·기구의 손상 등을 방지하기 위해 사용한다.

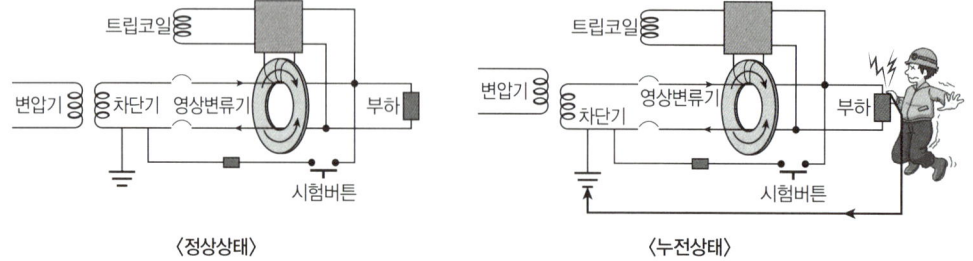

▲ 누전차단기의 동작원리

④ 이중절연기기의 사용: 「전기용품 및 생활용품 안전관리법」이 적용되는 이중절연구조 또는 이와 동등 이상으로 보호되는 전기기계·기구를 사용한다.

⑤ 비접지식 전로의 채용
  ㉠ 저압배전선로는 일반적으로 고압을 저압으로 변환시키는 변압기의 일단이 접지되어 누전 시에 작업자가 접촉하게 되면 감전사고가 발생하게 되므로 변압기의 저압 측을 비접지식 전로로 할 경우 기기가 누전된다 하더라도 전기회로가 구성되지 않기 때문에 안전하다.(감전사고 방지책으로 가장 좋은 방법)
  ㉡ 비접지식 전로는 선로의 길이가 길지 않고 용량이 적은 3[kVA] 이하인 전로에서 안정적으로 사용할 수 있다.
  ㉢ 비접지 방식의 종류: 비접지 방식의 경우 변압기 내부에서 고·저압 권선의 혼촉에 의해 고전압이 저압 측에 인가될 위험성이 있으므로 저압전로 중간에 절연변압기를 사용하는 방법이나 고압 측 권선과 저압 측 권선 사이에 혼촉방지판을 넣어 이를 접지시킨 혼촉방지판 부착변압기를 사용하는 방법이 있다.

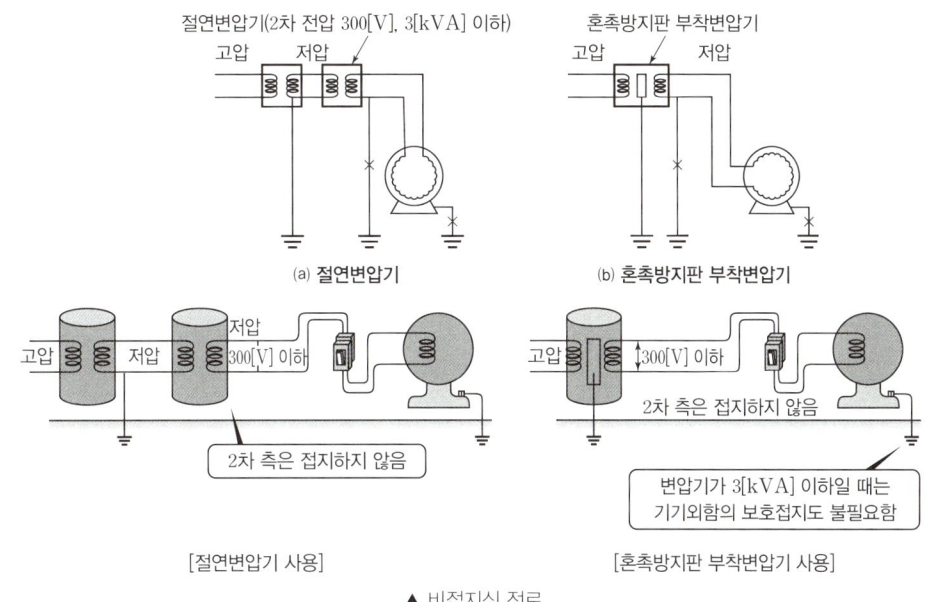

▲ 비접지식 전로

(3) **전기기계·기구의 조작 시 등의 안전조치** 안전보건규칙 제310조
  ① 전기기계·기구의 조작부분을 점검하거나 보수하는 경우에는 근로자가 안전하게 작업할 수 있도록 전기기계·기구로부터 폭 70[cm] 이상의 작업공간을 확보하여야 한다. 다만, 작업공간의 확보가 곤란한 때에는 절연용 보호구를 착용한다.
  ② 전기적 불꽃 또는 아크에 의한 화상의 우려가 있는 고압 이상의 충전전로 작업에 종사하는 근로자는 방염처리된 작업복 또는 난연성능을 가진 작업복을 착용한다.

[대책 2] 배선 및 이동전선에 의한 감전사고에 대한 방지대책

(1) 배선 등의 절연피복 및 접속

① 절연전선에는 「전기용품 및 생활용품 안전관리법」의 적용을 받은 것을 제외하고는 규격에 적합한 고압절연전선, 600[V] 폴리에틸렌절연전선, 600[V] 불소수지절연전선, 600[V] 고무절연전선 또는 옥외용 비닐절연전선을 사용하여야 한다.

전선의 종류	주요용도
옥외용 비닐절연전선(OW)	저압가공 배전선로에 사용
인입용 비닐절연전선(DV)	저압가공 인입선에 사용
600[V] 비닐절연전선(IV)	습기, 물기가 많은 곳, 금속관 공사용
옥외용 가교 폴리에틸렌절연전선(OC)	고압가공 전선로에 사용

② 전선을 서로 접속하는 때에는 해당 전선의 절연성능 이상으로 절연될 수 있도록 충분히 피복하거나 적합한 접속기구를 사용하여야 한다.

전로의 사용전압	DC 시험전압[V]	절연저항[MΩ]
SELV 및 PELV	250	0.5 이상
FELV, 500[V] 이하	500	1 이상
500[V] 초과	1,000	1 이상

※ 특별저압(Extra Low Voltage: 2차 전압이 AC 50[V], DC 120[V] 이하)으로 SELV(비접지회로 구성) 및 PELV(접지회로 구성)는 1차와 2차가 전기적으로 절연된 회로, FELV는 1차와 2차가 전기적으로 절연되지 않은 회로

(2) 습윤한 장소의 이동전선 안전보건규칙 제314조

물 등의 도전성이 높은 액체가 있는 습윤한 장소에서 근로자가 작업 중에나 통행하면서 이동전선 및 이에 부속하는 접속기구(이하 "이동전선 등")에 접촉할 우려가 있는 경우에는 충분한 절연효과가 있는 것을 사용하여야 한다.

(3) 통로바닥에서의 전선 안전보건규칙 제315조

통로바닥에 전선 또는 이동전선 등을 설치하여 사용해서는 아니 된다.(차량이나 그 밖의 물체의 통과 등으로 인하여 해당 전선의 절연피복이 손상될 우려가 없거나 손상되지 않도록 적절한 조치를 한 경우 제외)

(4) 꽂음접속기의 설치·사용 시 준수사항 안전보건규칙 제316조

① 서로 다른 전압의 꽂음접속기는 서로 접속되지 아니한 구조의 것을 사용할 것
② 습윤한 장소에 사용되는 꽂음접속기는 방수형 등 그 장소에 적합한 것을 사용할 것
③ 근로자가 해당 꽂음접속기를 접속시킬 경우에는 땀 등으로 젖은 손으로 취급하지 않도록 할 것
④ 해당 꽂음접속기에 잠금장치가 있는 경우에는 접속 후 잠그고 사용할 것

[대책 3] 전기설비의 점검사항

(1) 발전소 · 변전소 · 개폐소 또는 이에 준하는 곳의 시설 `KEC 351.1`

① 울타리 · 담 등을 시설할 것

㉠ 울타리 · 담 등의 높이는 2[m] 이상으로 하고 지표면과 울타리 · 담 등의 하단 사이의 간격은 0.15[m] 이하로 할 것

㉡ 울타리 · 담 등과 고압 및 특고압의 충전부분이 접근하는 경우에는 울타리 · 담 등의 높이와 울타리 · 담 등으로부터 충전부분까지 거리의 합계는 아래 표에서 정한 값 이상으로 할 것

사용전압의 구분	울타리 · 담 등의 높이와 울타리 · 담 등으로부터 충전부분까지의 거리의 합계
35[kV] 이하	5[m]
35[kV] 초과 160[kV] 이하	6[m]
160[kV] 초과	6[m]에 160[kV]를 초과하는 10[kV] 또는 그 단수마다 0.12[m]를 더한 값

② 견고한 벽을 시설하고 그 출입구에 출입금지의 표시와 자물쇠장치 등의 장치를 할 것

(2) 아크를 발생시키는 기구와 목재의 벽 또는 천장과의 간격 `KEC 341.7`

아크를 발생시키는 기구	간격
개폐기, 차단기, 피뢰기, 기타 유사한 기구	고압용의 것은 1[m] 이상
	특고압용의 것은 2[m] 이상 (사용전압이 35[kV] 이하의 특고압용의 기구 등으로서 동작할 때에 생기는 아크의 방향과 길이를 화재가 발생할 우려가 없도록 제한하는 경우에는 1[m] 이상)

(3) 고압 옥내배선 `KEC 342.1`

① 애자사용 공사인 경우

㉠ 전선은 공칭단면적 6[mm^2] 이상의 연동선 또는 이와 동등 이상의 세기 및 굵기의 고압 절연전선이나 특고압 절연전선 또는 인하용 고압 절연전선을 사용한다.

㉡ 전선의 지지점 간 거리는 6[m] 이하, 전선을 조영재의 면을 따라 붙이는 경우에는 2[m] 이하이어야 한다.

㉢ 전선 상호간의 간격은 0.08[m] 이상, 전선과 조영재 사이의 간격은 0.05[m] 이상이어야 한다.

② 케이블공사인 경우

㉠ 케이블이 중량물의 압력 또는 현저한 기계적 충격을 받을 우려가 있는 곳에 포설할 때는 방호장치를 시설한다.

저압 및 고압선의 매설깊이	
중량물의 압력을 받지 않는 장소	중량물의 압력을 받는 장소
0.6[m] 이상	1[m] 이상
지중전선로를 암거식에 의하여 시설하는 경우에는 견고하고 차량, 기타 중량물의 압력에 견디는 것을 사용할 것	

㉡ 케이블을 조영재의 아랫면 또는 옆면을 따라 붙이는 경우에는 지지점 간의 거리가 2[m] 이하로 하고 그 피복을 손상하지 않도록 붙여야 한다.

(4) 저압 옥내배선

① 사용 케이블: 저압 옥내배선은 단면적 2.5[mm^2]의 연동선 또는 이와 동등 이상의 강도 및 굵기의 것을 사용한다.

② 애자사용 공사인 경우 전선과 조영재 사이의 간격 `KEC 232.56.1`

㉠ 사용전압이 400[V] 이하인 경우에는 25[mm] 이상

㉡ 400[V] 초과인 경우에는 45[mm](건조한 장소에 시설하는 경우에는 25[mm]) 이상

(5) 전로의 절연저항 및 절연내력

① 저압전선로 중 절연부분의 전선과 대지 사이 및 심선 상호 간의 절연저항은 사용전압에 대한 누설전류가 최대 공급전류의 $\frac{1}{2,000}$이 넘지 않도록 하여야 한다.

② 개폐기·차단기·전력용 커패시터·유도전압조정기·계기용변성기·기타의 기구의 전로 및 발전소·변전소·개폐소 또는 이에 준하는 곳에 시설하는 기계·기구의 접속선 및 모선(전로를 구성하는 것에 한함. 이하 "기구 등의 전로")은 아래 표에서 정하는 시험전압을 충전 부분과 대지 사이(다심케이블은 심선 상호 간 및 심선과 대지 사이)에 연속하여 10분간 가하여 절연내력을 시험하였을 때에 이에 견디어야 한다. 다만, 접지형계기용변압기·전력선 반송용 결합커패시터·뇌서지 흡수용 커패시터·지락검출용 커패시터·재기전압 억제용 커패시터·피뢰기 또는 전력선반송용 결합리액터로서 다음에 따른 표준에 적합한 것 혹은 전선에 케이블을 사용하는 기계·기구의 교류의 접속선 또는 모선으로서 아래 표에서 정한 시험전압의 2배의 직류전압을 충전부분과 대지 사이(다심케이블에서는 심선 상호 간 및 심선과 대지 사이)에 연속하여 10분간 가하여 절연내력을 시험하였을 때에 이에 견디도록 시설할 때에는 그러하지 아니하다. **KEC 136**

종류	시험전압
① 최대 사용전압이 7[kV] 이하인 기구 등의 전로	최대 사용전압의 1.5배의 전압(직류의 충전 부분에 대하여는 최대 사용전압의 1.5배의 직류전압 또는 1배의 교류전압) (500[V] 미만으로 되는 경우에는 500[V])
② 최대 사용전압이 7[kV]를 초과하고 25[kV] 이하인 기구 등의 전로로서 중성점 접지식 전로(중성선을 가지는 것으로서 그 중성선에 다중접지하는 것에 한함)에 접속하는 것	최대 사용전압의 0.92배의 전압
③ 최대 사용전압이 7[kV]를 초과하고 60[kV] 이하인 기구 등의 전로(②의 것 제외)	최대 사용전압의 1.25배의 전압 (10.5[kV] 미만으로 되는 경우에는 10.5[kV])
④ 최대 사용전압이 60[kV]를 초과하는 기구 등의 전로로서 중성점 비접지식 전로(전위변성기를 사용하여 접지하는 것 포함. ⑧의 것 제외)에 접속하는 것	최대 사용전압의 1.25배의 전압
⑤ 최대 사용전압이 60[kV]를 초과하는 기구 등의 전로로서 중성점 접지식 전로(전위변성기를 사용하여 접지하는 것 제외)에 접속하는 것(⑦과 ⑧의 것 제외)	최대 사용전압의 1.1배의 전압 (75[kV] 미만으로 되는 경우에는 75[kV])
⑥ 최대 사용전압이 170[kV]를 초과하는 기구 등의 전로로서 중성점 직접접지식 전로에 접속하는 것(⑦과 ⑧의 것 제외)	최대 사용전압의 0.72배의 전압
⑦ 최대 사용전압이 170[kV]를 초과하는 기구 등의 전로로서 중성점 직접접지식 전로 중 중성점이 직접접지 되어 있는 발전소 또는 변전소 혹은 이에 준하는 장소의 전로에 접속하는 것(⑧의 것 제외)	최대 사용전압의 0.64배의 전압
⑧ 최대 사용전압이 60[kV]를 초과하는 정류기의 교류측 및 직류측 전로에 접속하는 기구 등의 전로	교류측 및 직류 고전압측에 접속하는 기구 등의 전로는 교류측의 최대 사용전압의 1.1배의 교류전압 또는 직류측의 최대 사용전압의 1.1배의 직류전압 직류 저압측전로에 접속하는 기구 등의 전로는 규정하는 계산식으로 구한 값

[대책 4] 교류아크용접기의 감전사고 방지대책

(1) **자동전격방지장치의 사용**
(2) **절연 용접봉 홀더의 사용**
(3) **적정한 케이블의 사용**

용접기 출력 측 회로의 배선에는 일반적으로 캡타이어 케이블 및 용접용 케이블이 쓰이지만 출력 측 케이블은 일반적으로 기름에 의해 쉽게 손상되므로 클로로프렌 캡타이어 케이블을 사용하는 것이 좋다.

(4) **2차 측 공통선의 연결**

2차 측 전로 중 피용접 모재와 공통선의 단자를 연결하는 데에는 용접용 케이블이나 캡타이어 케이블을 사용하여야 하며, 이를 사용하지 않고 철근을 연결하여 사용하면 전력손실과 감전위험이 커질 뿐만 아니라 용접부분에 전력이 집중되지 않으므로 용접하기도 어렵게 된다.

(5) **용접용 가죽장갑의 사용**
(6) **기타**
　① **케이블 커넥터**: 커넥터는 충전부가 고무 등의 절연물로 완전히 덮힌 것을 사용하여야 하며, 작업바닥에 물이 고일 우려가 있을 경우에는 방수형을 사용한다.
　② **용접기 단자와 케이블의 접속**: 접속단자 부분은 충전부분이 노출되어 있는 경우 감전의 위험이 있을 뿐만 아니라 그 사이에 금속 등이 접촉하여 단락사고가 일어나 용접기를 파손시킬 위험이 뒤따르므로 완전하게 절연하여야 한다.
　③ **접지**: 용접기 외함 및 피용접모재에는 보호접지를 실시한다.

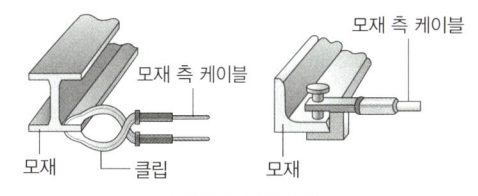

▲ 용접기 모재 접지

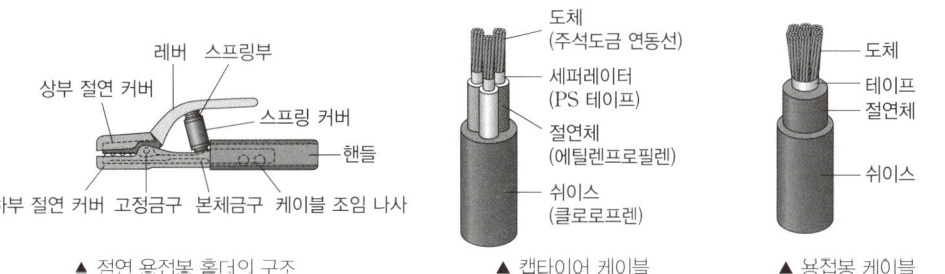

▲ 절연 용접봉 홀더의 구조　　▲ 캡타이어 케이블　　▲ 용접봉 케이블

[대책 5] 정전작업의 안전

정전전로에서의 전기작업 | 안전보건규칙 | 제319조

① 근로자가 노출된 충전부 또는 그 부근에서 작업함으로써 감전될 우려가 있는 경우에는 작업에 들어가기 전에 해당 전로를 차단하여야 한다. 다만, 다음의 경우에는 그러하지 아니하다.
　1. 생명유지장치, 비상경보설비, 폭발위험장소의 환기설비, 비상조명설비 등의 장치·설비의 가동이 중지되어 사고의 위험이 증가되는 경우
　2. 기기의 설계상 또는 작동상 제한으로 전로 차단이 불가능한 경우
　3. 감전, 아크 등으로 인한 화상, 화재·폭발의 위험이 없는 것으로 확인된 경우
② 전로 차단은 다음의 절차에 따라 시행하여야 한다.
　1. 전기기기 등에 공급되는 모든 전원을 관련 도면, 배선도 등으로 확인할 것
　2. 전원을 차단한 후 각 단로기 등을 개방하고 확인할 것
　3. 차단장치나 단로기 등에 잠금장치 및 꼬리표를 부착할 것
　4. 개로된 전로에서 유도전압 또는 전기에너지가 축적되어 근로자에게 전기위험을 끼칠 수 있는 전기기기 등은 접촉하기 전에 잔류전하를 완전히 방전시킬 것

작업 전 전로 차단해야

5. 검전기를 이용하여 작업 대상 기기가 충전되었는지를 확인할 것
6. 전기기기 등이 다른 노출 충전부와의 접촉, 유도 또는 예비동력원의 역송전 등으로 전압이 발생할 우려가 있는 경우에는 충분한 용량을 가진 단락 접지기구를 이용하여 접지할 것

③ ① 외의 본문에 따른 작업 중 또는 작업을 마친 후 전원을 공급하는 경우에는 작업에 종사하는 근로자 또는 그 인근에서 작업하거나 정전된 전기기기 등(고정 설치된 것으로 한정)과 접촉할 우려가 있는 근로자에게 감전의 위험이 없도록 다음의 사항을 준수하여야 한다.
1. 작업기구, 단락 접지기구 등을 제거하고 전기기기 등이 안전하게 통전될 수 있는지를 확인할 것
2. 모든 작업자가 작업이 완료된 전기기기 등에서 떨어져 있는지를 확인할 것
3. 잠금장치와 꼬리표는 설치한 근로자가 직접 철거할 것
4. 모든 이상 유무를 확인한 후 전기기기 등의 전원을 투입할 것

> **합격 보장 꿀팁** 단락접지를 하는 이유
>
> 전로가 정전된 경우에도 오통전, 다른 전로와의 접촉(혼촉) 또는 다른 전로에서의 유도작용 및 비상용 발전기의 가동 등으로 정전전로가 갑자기 충전되는 경우가 있으므로 이에 따른 감전위험을 제거하기 위해 작업개소에 근접한 지점에 충분한 용량을 갖는 단락접지기구를 사용하여 정전전로를 단락접지하는 것이 필요하다.(3상 3선식 전선로의 보수를 위하여 정전작업 시에는 3선을 단락접지)

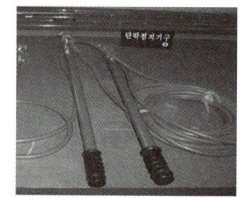

▲ 단락접지기구

(1) 오조작 방지

개폐기는 오조작에 의하여 부하전류를 차단하여 아크발생에 따른 재해가 발생하지 않도록 다음과 같은 조치를 강구하여야 한다.

① 무부하 상태를 표시하는 파일럿 램프 설치(단로기 등에 전로가 무부하로 되지 아니하면 개로·폐로할 수 없도록 하는 연동장치를 설치한 경우 제외)
② 전선로의 계통을 판별하기 위하여 더블릿 시설
③ 개폐기에 전선로가 무부하 상태가 아니면 개로할 수 없도록 인터록 장치 설치

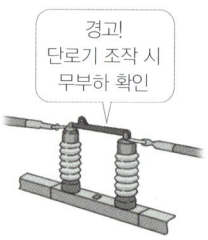

(2) 정전절차

국제사회안전협회(ISSA)에서 제시하는 정전작업의 5대 안전수칙이다.

① **첫째**: 작업 전 전원차단
② **둘째**: 전원투입의 방지
③ **셋째**: 작업장소의 무전압 여부 확인
④ **넷째**: 단락접지
⑤ **다섯째**: 작업장소의 보호

[대책 6] 활선작업 및 활선근접작업의 안전

> 충전전로에서의 전기작업 **안전보건규칙** 제321조

① 근로자가 충전전로를 취급하거나 그 인근에서 작업하는 경우에는 다음의 조치를 하여야 한다.
1. 충전전로를 정전시키는 경우에는 [대책 5]에 따른 조치를 할 것

2. 충전전로를 방호, 차폐하거나 절연 등의 조치를 하는 경우에는 근로자의 신체가 전로와 직접 접촉하거나 도전재료, 공구 또는 기기를 통하여 간접 접촉되지 않도록 할 것
3. 충전전로를 취급하는 근로자에게 그 작업에 적합한 절연용 보호구를 착용시킬 것
4. 충전전로에 근접한 장소에서 전기작업을 하는 경우에는 해당 전압에 적합한 절연용 방호구를 설치할 것. 다만, 저압인 경우에는 해당 전기작업자가 절연용 보호구를 착용하되, 충전전로에 접촉할 우려가 없는 경우에는 절연용 방호구를 설치하지 아니할 수 있다.
5. 고압 및 특고압의 전로에서 전기작업을 하는 근로자에게 활선작업용 기구 및 장치를 사용하도록 할 것
6. 근로자가 절연용 방호구의 설치·해체작업을 하는 경우에는 절연용 보호구를 착용하거나 활선작업용 기구 및 장치를 사용하도록 할 것
7. 유자격자가 아닌 근로자가 충전전로 인근의 높은 곳에서 작업할 때에 근로자의 몸 또는 긴 도전성 물체가 방호되지 않은 충전전로에서 대지전압이 50[kV] 이하인 경우에는 300[cm] 이내로, 대지전압이 50[kV]를 넘는 경우에는 10[kV]당 10[cm]씩 더한 거리 이내로 각각 접근할 수 없도록 할 것
8. 유자격자가 충전전로 인근에서 작업하는 경우에는 다음의 경우를 제외하고는 노출 충전부에 다음 표에 제시된 접근한계거리 이내로 접근하거나 절연 손잡이가 없는 도전체에 접근할 수 없도록 할 것
   가. 근로자가 노출 충전부로부터 절연된 경우 또는 해당 전압에 적합한 절연장갑을 착용한 경우
   나. 노출 충전부가 다른 전위를 갖는 도전체 또는 근로자와 절연된 경우
   다. 근로자가 다른 전위를 갖는 모든 도전체로부터 절연된 경우

충전전로의 선간전압[kV]	충전전로에 대한 접근한계거리[cm]
0.3 이하	접촉금지
0.3 초과 0.75 이하	30
0.75 초과 2 이하	45
2 초과 15 이하	60
15 초과 37 이하	90
37 초과 88 이하	110
88 초과 121 이하	130
121 초과 145 이하	150
145 초과 169 이하	170
169 초과 242 이하	230
242 초과 362 이하	380
362 초과 550 이하	550
550 초과 800 이하	790

[대책 7] 전선로에 근접한 전기작업 안전

충전전로 인근에서 차량·기계장치 작업 안전보건규칙 제322조

① 충전전로 인근에서 차량, 기계장치 등(이하 "차량 등")의 작업이 있는 경우에는 차량 등을 충전전로의 충전부로부터 300[cm] 이상 이격시켜 유지시키되, 대지전압이 50[kV]를 넘는 경우 이격시켜 유지하여야 하는 거리(이하 "이격거리")는 10[kV] 증가할 때마다 10[cm]씩 증가시켜야 한다. 다만, 차량 등의 높이를 낮춘 상태에서 이동하는 경우에는 이격거리를 120[cm] 이상(대지전압이 50[kV]를 넘는 경우에는 10[kV] 증가할 때마다 이격거리를 10[cm]씩 증가)으로 할 수 있다.
② ①에도 불구하고 충전전로의 전압에 적합한 절연용 방호구 등을 설치한 경우에는 이격거리를 절연용 방호구 앞면까지로 할 수 있으며, 차량 등의 가공 붐대의 버킷이나 끝부분 등이 충전전로의 전압에 적합하게 절연되어 있고 유자격자가 작업을 수행하는 경우에는 붐대의 절연되지 않은 부분과 충전전로 간의 이격거리는 [대책 6]의 표에 따른 접근한계거리까지로 할 수 있다.
③ 다음의 경우를 제외하고는 근로자가 차량 등의 그 어느 부분과도 접촉하지 않도록 울타리를 설치하거나 감시인 배치 등의 조치를 하여야 한다.
   1. 근로자가 해당 전압에 적합한 절연용 보호구 등을 착용하거나 사용하는 경우
   2. 차량 등의 절연되지 않은 부분이 [대책 6]의 표에 따른 접근한계거리 이내로 접근하지 않도록 하는 경우
④ 충전전로 인근에서 접지된 차량 등이 충전전로와 접촉할 우려가 있을 경우에는 지상의 근로자가 접지점에 접촉하지 않도록 조치하여야 한다.

접지점 접속 위험

(1) 가공전선로의 시설기준(저압 가공전선의 높이) KEC 222.7

시설 구분	높이
도로를 횡단하는 경우	지표상 6[m] 이상(농로 기타 교통이 번잡하지 않은 도로 및 횡단보도교 제외)
철도 또는 궤도를 횡단하는 경우	레일면상 6.5[m] 이상

2. 감전사고 시 응급조치

(1) 감전(전격)에 의한 인체상해

감전 시 생성된 열에 의해서 피부조직의 손상을 초래하는 경우도 있으며, 피부의 손상은 50[℃] 이상에서 세포의 단백질이 변질되고 80[℃]에 이르면 피부세포가 파괴된다.

> **합격 보장 꿀팁**
> ① 전류에 의해 생기는 열량 Q는 전류의 세기 I의 제곱과, 도체의 전기저항 R, 전류를 통한 시간 t에 비례한다.
> 　열량 $Q=0.24I^2Rt$
> ② 전격현상의 메커니즘
> 　㉠ 심실세동에 의한 혈액 순환기능 상실
> 　㉡ 호흡중추신경 마비에 따른 호흡 중지
> 　㉢ 흉부수축에 의한 질식

① 감전사: 심장·호흡의 정지(심장사), 뇌사, 출혈사
② 감전지연사: 전기화상, 급성신부전, 패혈증, 소화기 합병증, 2차적 출혈, 암의 발생
③ 감전에 의한 국소증상: 피부의 광성변화, 표피박탈, 전문, 전류반점, 감전성 궤양
④ 감전 후유증: 심근경색, 뇌의 파손 또는 경색(연화)에 의한 운동 및 언어 등의 장애

(2) 감전사고 시 응급조치

① 감전쇼크에 의하여 호흡이 정지되었을 경우 혈액 중의 산소 함유량이 약 1분 이내에 감소하기 시작하여 산소결핍 현상이 나타나기 시작한다. 그러므로 단시간 내에 인공호흡 등 응급조치를 실시할 경우 감전사망자의 95[%] 이상 소생시킬 수 있다.(1분 이내 95[%], 3분 이내 75[%], 4분 이내 50[%], 5분 이내이면 25[%]로 크게 감소)
② 응급조치 요령
　㉠ 전원을 차단하고 피재자를 위험지역에서 신속히 대피(2차 재해예방)시킨다.
　㉡ 피재자의 상태 확인
　　• 의식, 호흡, 맥박의 상태를 확인한다.
　　• 높은 곳에서 추락한 경우 출혈의 상태, 골절의 이상 유무를 확인한다.
　　• 관찰 결과 의식이 없거나 호흡 및 심장이 정지해 있거나 출혈이 심할 경우 관찰을 중지하고 바로 응급조치를 한다.

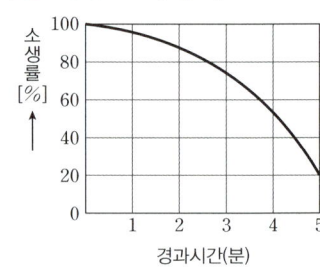

▲ 감전사고 후 응급조치 개시시간에 따른 소생률

합격 보장 꿀팁 성인 심폐소생술 흐름도

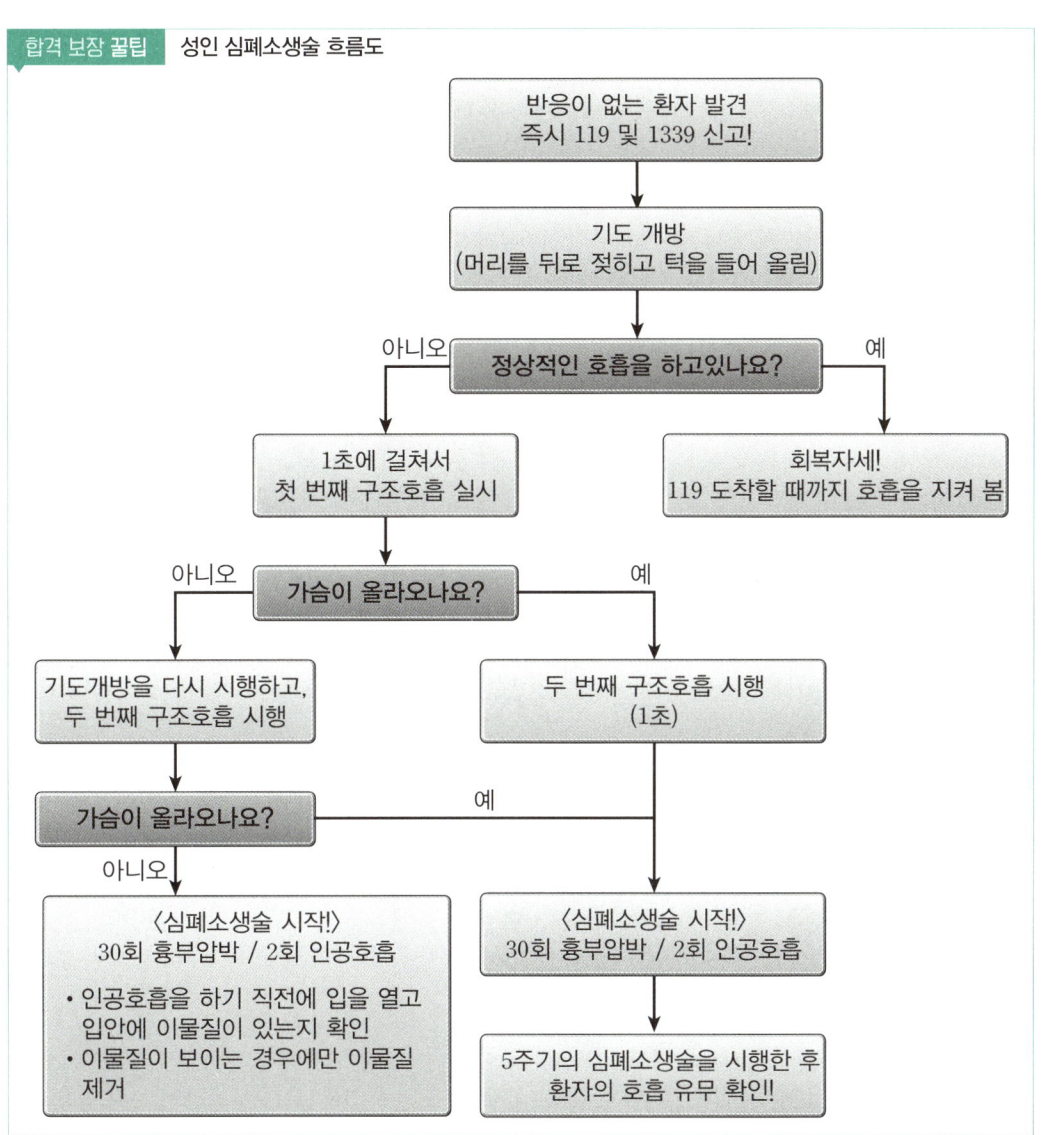

4 감전재해 예방

1. 감전재해의 요인

(1) **1차적 감전요소**

① 통전전류의 크기

㉠ 통전전류가 인체에 미치는 영향은 통전전류의 크기와 통전시간에 의해 결정(통전전류가 클수록 위험하고, 감전피해의 위험도에 가장 큰 영향을 미침)된다.

㉡ 전류(I) = $\dfrac{전압(V)}{저항(R)}$ (통전전류는 인가전압에 비례하고 인체저항에 반비례)

▲ 인체접촉 시 누설전류 경로

② 통전경로

전류의 경로에 따라 그 위험성은 달라지며 전류가 심장 또는 그 주위를 통과하면 심장에 영향을 주어 더욱 위험하다.

③ 통전시간: 길수록 위험하다.

④ 전원의 종류

전압이 동일한 경우 교착성 때문에 교류가 직류보다 더 위험하고, 통전전류가 크고 신체의 중요부분에 흐르거나 오랜시간 흐를수록 전격에 대한 위험성은 커진다.

(2) **2차적 감전요소**

① 인체의 조건(인체의 저항)

피부가 젖은 정도, 인가전압 등에 의해 크게 변화하며 인가전압이 커짐에 따라 약 500[Ω]까지 감소한다.

② 전압의 크기: 클수록 위험하다.

③ 계절 등 주위환경

계절, 작업장 등 주위환경에 따라 인체의 저항이 변화하므로 전격에 대한 위험도에 영향을 미친다.

(3) **감전사고의 형태**

① 직접접촉(충전부 감전)

㉠ 전기회로에 인체가 단락회로의 일부를 형성하는 경우: 전압이 걸려있는 두 전선 사이에 전도성이 있는 물체를 통하거나 인체가 직접 접촉하여 단락회로의 일부를 형성하는 경우 감전전류는 전압선 → 인체 → 전압선 또는 중성선을 따라 흐른다.

㉡ 충전된 전선로에 인체가 접촉하는 경우: 전선 등의 전압선에 인체가 접촉되어 인체를 통해 지락전류가 흘러가 감전되는 경우로서 전기작업이나 일반작업 중에 발생하는 대부분의 감전사고가 여기에 속한다. 감전경로는 아래 그림과 같이 '손 → 발, 손 → 손'의 경로가 가장 많다.

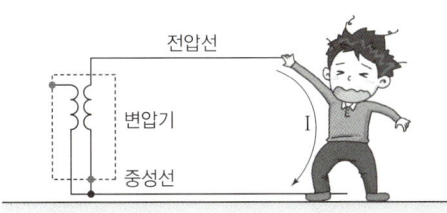
▲ 전기회로에 인체가 단락회로의 일부를 형성하는 경우

▲ 충전된 전선로에 인체가 접촉하는 경우

② 간접접촉(비충전부 감전)

전기기기의 정상운전 중 내부의 코일과 접지된 외부의 비충전부 사이에 절연이 파괴된 기계·기구 또는 불량 전기 설비가 시설된 철 구조물 접촉 시 인체를 통하여 감전 전류가 흐르게 된다.

③ 고전압 전선로에서의 감전사고 형태
  ㉠ 고전압의 전선로에 인체가 근접하여 공기의 절연파괴현상으로 아크가 발생하면서 화상을 입거나 전류가 흘러 감전되는 경우
  ㉡ 초고압의 전선로에 인체가 근접하여 정전유도작용에 의해 대전된 전하가 접지된 금속체를 통해 방전하면서 감전되는 경우

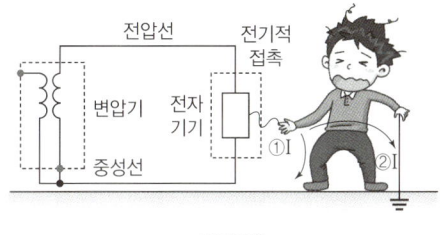
▲ 간접접촉

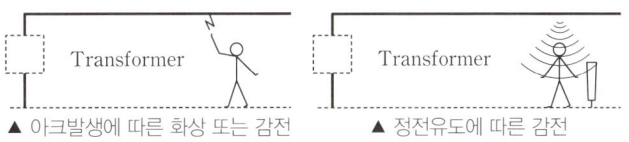
▲ 아크발생에 따른 화상 또는 감전   ▲ 정전유도에 따른 감전

2. 누전차단기 감전예방

누전차단기는 저압 전로에 있어서 인체의 감전사고 및 누전에 의한 화재를 방지하기 위해 사용한다. 누전차단기는 누전사고 발생 시 차단하고, 배선용 차단기는 누전을 차단하지 않고 과부하 및 단락(합선) 등의 과전류만 차단한다.
영상변류기, 누전검출부, 트립코일, 차단장치 및 시험버튼으로 구성되어 정상 상태에서는 영상변류기의 유입전류(I_a) 및 유출전류(I_b)가 같기 때문에 차단기가 동작하지 않는다. 지락사고 시에는 영상변류기를 관통하는 유출·입전류가 지락사고 전류(I_g)만큼 달라지는데, 검출기가 이 차이를 검출하여 차단기를 동작시켜 인체가 감전되는 것을 방지한다.

▲ 배선차단기

▲ 누전차단기

합격 보장 꿀팁
① 누전이 발생하지 않을 경우: $I_a + I_b = 0$
② 누전이 발생할 경우: $I_a + I_b = I_g$

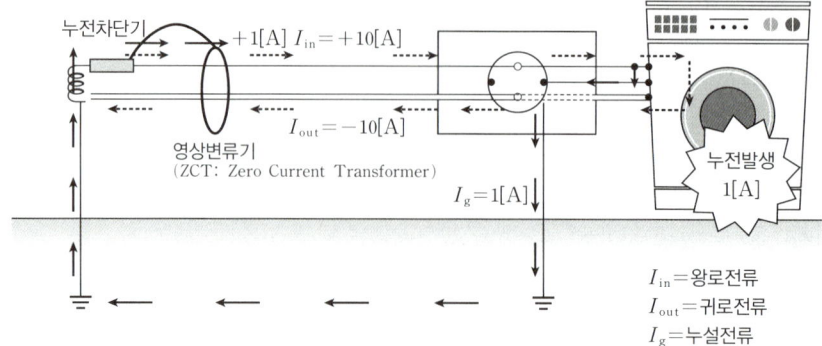

▲ 누전차단기의 동작원리(전류동작형)

(1) **누전차단기의 종류**
  ① 전기방식 및 극수
    ㉠ 단상 2선식 2극   ㉡ 단상 3선식 3극   ㉢ 3상 3선식 3극   ㉣ 3상 4선식 4극
  ② 보호목적
    ㉠ 지락보호 전용   ㉡ 지락보호 및 과부하보호 겸용   ㉢ 지락보호, 과부하보호 및 단락보호 겸용
  ③ 동작시간
    ㉠ 고속형: 정격감도전류에서 동작시간이 0.1초 이내의 누전차단기
    ㉡ 저속형: 정격감도전류에서 동작시간이 0.1초 초과 2초 이내의 누전차단기
    ㉢ 반한시형
      • 정격감도전류에서 0.2초 초과 1초 이내
      • 정격감도전류의 1.4배에서 0.1초 초과 0.5초 이내
      • 정격감도전류의 4.4배에서 0.05초 이내의 누전차단기(전류치가 증가할수록 빨리 동작)
  ④ 감전보호용 누전차단기 안전보건규칙 제304조
    정격감도전류 30[mA] 이하, 동작시간 0.03초 이내

(2) **누전차단기의 점검**
  ① 검사내용(전기취급자가 행함)
    ㉠ 차단기와 그 접속대상 전동기기의 정격이 적합할 것
    ㉡ 차단기 단자의 전로 접속상태가 확실할 것
    ㉢ 전동기기의 금속제 외함 등 금속부분의 접지 유무
    ㉣ 통전 중에 차단기가 이상음이 발생하지 않을 것
    ㉤ 케이스의 일부가 파손되지 않고 개폐가 가능할 것
  ② 측정내용
    ㉠ 정격감도전류용   ㉡ 동작시간   ㉢ 절연저항

(3) **누전차단기 선정 시 주의사항**
  ① 누전차단기 선정 시 주의사항
    ㉠ 누전차단기는 전로의 전기방식에 따른 차단기의 극수를 보유하여야 하고, 그 해당전로의 전압, 전류 및 주파수에 적합하도록 사용할 것
    ㉡ 다음의 성능을 가진 누전차단기를 사용할 것
      • 장소 및 부하에 적합한 정격전류를 갖출 것

- 전로에 적합한 차단용량을 갖출 것
- 해당 전로의 정격전압이 공칭전압의 85~110[%] 이내일 것
- 누전차단기와 접속되어 있는 각각의 전기기계 · 기구에 대하여 정격감도전류가 30[mA] 이하이고 동작시간은 0.03초 이내일 것. 다만, 정격전부하전류가 50[A] 이상인 전기기계 · 기구에 설치되는 누전차단기는 오동작을 방지하기 위하여 정격감도전류가 200[mA] 이하인 경우 동작시간은 0.1초 이내일 것
- 정격부동작전류가 정격감도전류의 50[%] 이상이어야 하고 이들의 전류값은 가능한 한 작을 것
- 절연저항이 5[MΩ] 이상일 것

② 누전차단기 설치방법
  ㉠ 전기기계 · 기구의 금속제 외함, 금속제 외피 등 금속부분은 누전차단기를 접속한 경우에도 접지할 것
  ㉡ 누전차단기는 분기회로 또는 전기기계 · 기구마다 설치를 원칙으로 할 것. 다만, 정상운전 시 누설전류가 매우 적은 소용량 부하의 전로에는 분기회로에 일괄하여 설치할 수 있다.
  ㉢ 누전차단기는 배전반 또는 분전반에 설치하는 것을 원칙으로 할 것. 다만, 꽂음접속기형 누전차단기는 콘센트에 연결 또는 부착하여 사용할 수 있다.
  ㉣ 지락보호전용 누전차단기는 반드시 과전류를 차단하는 퓨즈 또는 차단기 등과 조합하여 설치할 것
  ㉤ 누전차단기의 영상변류기에 접지선을 관통하지 않도록 할 것
  ㉥ 누전차단기의 영상변류기에 서로 다른 2회 이상의 배선을 일괄하여 관통하지 않도록 할 것
  ㉦ 서로 다른 누전차단기의 중성선이 누전차단기 부하 측에서 공유되지 않도록 할 것
  ㉧ 중성선은 누전차단기 전원 측에 접지시키고, 부하 측에는 접지되지 않도록 할 것
  ㉨ 누전차단기의 부하 측에는 전로의 부하 측이 연결되고, 누전차단기의 전원 측에 전로의 전원 측이 연결되도록 설치할 것
  ㉩ 설치 전에는 반드시 누전차단기를 개로시키고, 설치 후에는 누전차단기를 폐로시킨 후 동작 위치로 할 것

(4) **누전차단기의 적용범위** 안전보건규칙 / 제304조

적용대상	적용비대상
① 대지전압이 150[V]를 초과하는 이동형 또는 휴대형 전기기계 · 기구 ② 물 등 도전성이 높은 액체가 있는 습윤장소에서 사용하는 저압용 전기기계 · 기구 ③ 철판 · 철골 위 등 도전성이 높은 장소에서 사용하는 이동형 또는 휴대형 전기기계 · 기구 ④ 임시배선의 전로가 설치되는 장소에서 사용하는 이동형 또는 휴대형 전기기계 · 기구	①「전기용품 및 생활용품 안전관리법」이 적용되는 이중절연 또는 이와 같은 수준 이상으로 보호되는 전기기계 · 기구 ② 절연대 위 등과 같이 감전위험이 없는 장소에서 사용하는 전기기계 · 기구 ③ 비접지방식의 전로

> **합격 보장 꿀팁**　**누전차단기의 시설**　KEC 211.2.4

(1) 전원의 자동차단에 의한 저압전로의 보호대책으로 누전차단기를 시설해야 할 대상은 다음과 같다. 누전차단기의 정격 동작전류, 정격 동작시간 등은 적용대상의 전로, 기기 등에서 요구하는 조건에 따라야 한다.
  ① 금속제 외함을 가지는 사용전압이 50[V]를 초과하는 저압의 기계 · 기구로서 사람이 쉽게 접촉할 우려가 있는 곳에 시설하는 것에 전기를 공급하는 전로. 다만, 다음의 어느 하나에 해당하는 경우에는 적용하지 않는다.
    ㉠ 기계 · 기구를 발전소, 변전소, 개폐소 또는 이에 준하는 곳에 시설하는 경우
    ㉡ 기계 · 기구를 건조한 곳에 시설하는 경우
    ㉢ 대지전압이 150[V] 이하인 기계 · 기구를 물기가 있는 곳 이외의 곳에 시설하는 경우
    ㉣「전기용품 및 생활용품 안전관리법」의 적용을 받는 이중절연구조의 기계 · 기구를 시설하는 경우
    ㉤ 그 전로의 전원측에 절연변압기(2차 전압이 300[V] 이하인 경우에 한함)를 시설하고 또한 그 절연변압기의 부하측의 전로에 접지하지 아니하는 경우
    ㉥ 기계 · 기구가 고무 · 합성수지 · 기타 절연물로 피복된 경우
    ㉦ 기계 · 기구가 유도전동기의 2차측 전로에 접속되는 것일 경우

◎ 기계·기구가 KEC 131의 8에 규정하는 것일 경우
㊈ 기계·기구 내에「전기용품 및 생활용품 안전관리법」의 적용을 받는 누전차단기를 설치하고 또한 기계·기구의 전원 연결선이 손상을 받을 우려가 없도록 시설하는 경우
② 주택의 인입구 등 이 규정에서 누전차단기 설치를 요구하는 전로
③ 특고압전로, 고압전로 또는 저압전로와 변압기에 의하여 결합되는 사용전압 400[V] 초과의 저압전로 또는 발전기에서 공급하는 사용전압 400[V] 초과의 저압전로(발전소 및 변전소와 이에 준하는 곳에 있는 부분의 전로 제외)
④ 다음의 전로에는 전기용품안전기준의 적용을 받는 자동복구 기능을 갖는 누전차단기를 시설할 수 있다.
㉠ 독립된 무인 통신중계소·기지국
㉡ 관련법령에 의해 일반인의 출입을 금지 또는 제한하는 곳
㉢ 옥외의 장소에 무인으로 운전하는 통신중계기 또는 단위기기 전용회로. 단, 일반인이 특정한 목적을 위해 지체하는(머물러 있는) 장소로서 버스정류장, 횡단보도 등에는 시설할 수 없다.
(2) 저압용 비상용 조명장치·비상용승강기·유도등·철도용 신호장치, 비접지 저압전로, KEC 322.5의 6에 의한 전로, 기타 그 정지가 공공의 안전 확보에 지장을 줄 우려가 있는 기계·기구에 전기를 공급하는 전로의 경우, 그 전로에서 지락이 생겼을 때에 이를 기술원 감시소에 경보하는 장치를 설치한 때에는 (1)에서 규정하는 장치를 시설하지 않을 수 있다.
(3) IEC 표준을 도입한 누전차단기를 저압전로에 사용하는 경우 일반인이 접촉할 우려가 있는 장소(세대 내 분전반 및 이와 유사한 장소)에는 주택용 누전차단기를 시설하여야 하고, 주택용 누전차단기를 정방향(세로)으로 부착할 경우에는 차단기의 위쪽이 켜짐(on)으로, 차단기의 아래쪽은 꺼짐(off)으로 시설하여야 한다.

(5) **누전차단기의 설치 환경조건**
① 주위 온도(-10~40[℃] 범위 내)에 유의할 것
② 표고 1,000[m] 이하의 장소로 할 것
③ 비나 이슬에 젖지 않는 장소로 할 것
④ 먼지가 적은 장소로 할 것
⑤ 이상한 진동 또는 충격을 받지 않는 장소로 할 것
⑥ 습도가 적은 장소로 할 것
⑦ 전원전압의 변동(정격전압의 85~110[%] 사이)에 유의할 것
⑧ 배선상태를 건전하게 유지할 것
⑨ 불꽃 또는 아크에 의한 폭발의 위험이 없는 장소(비방폭지역)에 설치할 것

5 아크용접장치

(1) **용접장치의 구조 및 특성**

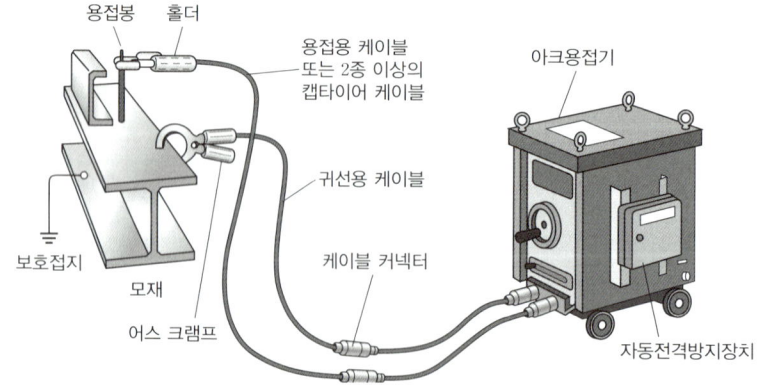

① **교류아크용접작업의 안전**
교류아크용접작업 중에 발생하는 감전사고는 주로 출력 측 회로에서 발생하고 있으며, 특히 무부하일 때 그 위험도는 더욱 증가하나, 안정된 아크를 발생시키기 위해서는 어느 정도 이상의 무부하 전압이 필요하다. 아크를 발생시키지 않는 상태의 출력 측 전압을 무부하 전압이라고 하고, 이 무부하 전압이 높을 경우 아크가 안정되고 용접

작업이 용이하지만 무부하 전압이 높아지게 되면 전격에 대한 위험성이 증가하므로 이러한 재해를 방지하기 위해 교류아크용접기에 자동전격방지장치(이하 "전격방지장치")를 설치하여 전격의 위험을 방지하고 있다.

② 자동전격방지장치
  ㉠ 전격방지장치의 기능: 전격방지장치라 불리는 교류아크용접기의 안전장치는 용접기의 1차 측 또는 2차 측에 부착시켜 용접기의 주회로를 제어하는 기능을 보유함으로써 용접봉의 조작, 모재에의 접촉 또는 분리에 따라, 원칙적으로 용접을 할 때에만 용접기의 주회로를 폐로(ON)시키고, 용접을 행하지 않을 때에는 용접기의 주회로를 개로(OFF)시켜 용접기 2차(출력) 측의 무부하 전압(보통 60~95[V])을 25[V] 이하로 저하시켜 용접기 무부하 시(용접을 행하지 않을 시)에 작업자가 용접봉과 모재 사이에 접촉함으로써 발생하는 감전의 위험을 방지(용접작업 중단 직후부터 다음 아크 발생 시까지 유지)하고, 아울러 용접기 무부하 시 전력손실을 격감시키는 2가지 기능을 보유한 것이다.(용접선의 수명증가와는 무관)

▲ 교류아크용접기   ▲ 자동전격방지기

  ㉡ 전격방지장치의 구성 및 동작원리

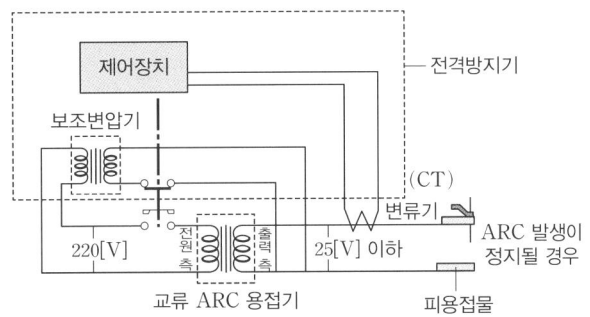

▲ 교류아크용접기의 전기회로도

  • 용접상태와 용접휴지상태를 감지하는 감지부
  • 감지신호를 제어부로 보내기 위한 신호증폭부
  • 증폭된 신호를 받아서 주제어장치를 개폐하도록 제어하는 제어부 및 주제어장치

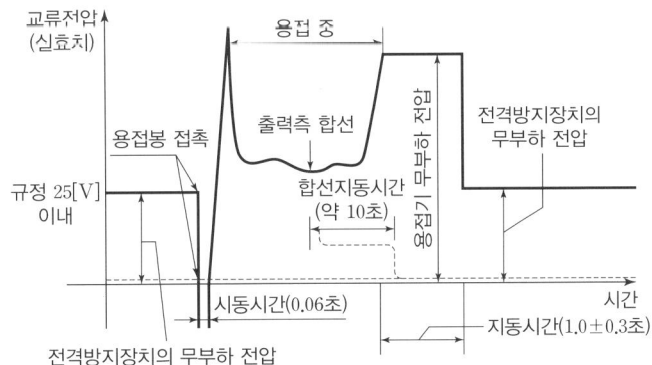

▲ 전격방지장치의 동작특성

    - 시동시간: 용접봉이 모재에 접촉하고 나서 주제어장치의 주접점이 폐로되어 용접기 2차 측에 순간적인 높은 전압(용접기 2차 무부하 전압)을 유지시켜 아크를 발생시키는 데까지 소요되는 시간(0.06초 이내)
    - 지동시간: 시동시간과 반대되는 개념으로 용접봉을 모재로부터 분리시킨 후 주접점이 개로되어 용접기 2차 측의 무부하 전압이 전격방지장치의 무부하 전압(25[V] 이하)으로 될 때까지의 시간(접점(Magnet) 방식: 1±0.3초, 무접점(SCR, TRIAC)방식: 1초 이내)

- 시동감도: 용접봉을 모재에 접촉시켜 아크를 시동시킬 때 전격방지장치가 동작할 수 있는 용접기의 2차측의 최대저항[Ω](용접봉과 모재 사이의 접촉저항)
- 정격사용률 = $\dfrac{\text{아크발생시간}}{\text{아크발생시간} + \text{무부하 시간}}$
- 허용사용률 = $\dfrac{(\text{정격2차전류})^2}{(\text{실제용접전류})^2} \times \text{정격사용률}$

> **합격 보장 꿀팁**
> 300[A]의 용접기를 200[A]로 사용할 경우의 허용사용률 = $\left(\dfrac{300}{200}\right)^2 \times 50(\text{정격사용률}) = 112[\%]$

(2) 감전방지 대책

① 교류아크용접기의 재해 및 보호구

재해의 구분		보호구
눈	아크에 의한 장애(가시광선, 적외선, 자외선)	차광보호구(보안경과 보호면)
피부	화상	가죽제품의 장갑, 앞치마, 각반, 안전화
	용접흄 및 가스(CO_2, H_2O)에 의한 재해	방진마스크, 방독마스크, 송기마스크

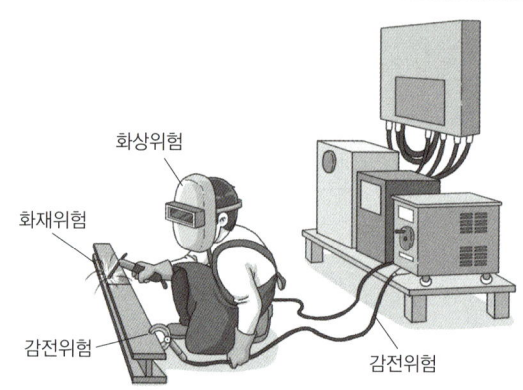

▲ 교류아크용접기의 주요 위험요인

② 교류아크용접기의 안전점검 항목

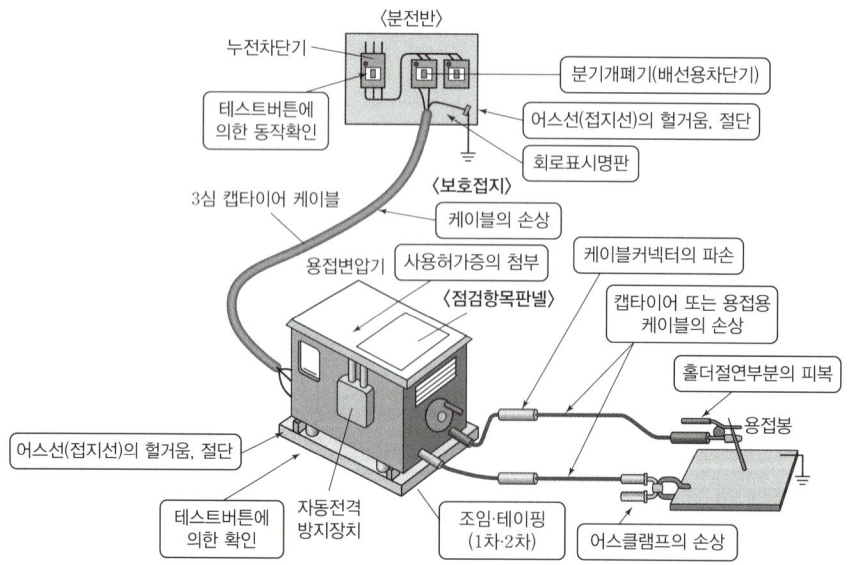

6 절연용 안전장구

전기작업용(절연용) 안전장구에는 절연용 보호구, 절연용 방호구, 표시용구, 검출용구, 접지용구, 활선장구 등이 있다.

1. 절연용 안전보호구

(1) 절연용 보호구는 작업자가 전기작업에 임하여 위험으로부터 작업자가 자신을 보호하기 위하여 착용하는 것이다.

(2) **종류**

① 전기안전모(절연모)
   ㉠ 머리의 감전사고 및 물체의 낙하에 의한 머리의 상해를 방지하기 위해서 사용한다.
   ㉡ 안전모의 종류 보호구 안전인증 고시 / 별표 1

종류(기호)		사용구분	비고
일반 작업용	AB	물체의 낙하 또는 비래 및 추락에 의한 위험을 방지 또는 경감시키기 위한 것	
전기 작업용	AE	물체의 낙하 또는 비래에 의한 위험을 방지 또는 경감하고, 머리부위 감전에 의한 위험을 방지하기 위한 것	내전압성
	ABE	물체의 낙하 또는 비래 및 추락에 의한 위험을 방지 또는 경감하고, 머리부위 감전에 의한 위험을 방지하기 위한 것	내전압성

※ 내전압성이란 7[kV] 이하의 전압에 견디는 것을 말한다.

② 절연고무장갑(절연장갑)
   ㉠ 전기작업 시 손이 활선부위에 접촉되어 인체가 감전되는 것을 방지하기 위해 사용(고무장갑의 손상 우려가 있을 경우에는 반드시 가죽장갑을 외부에 착용)한다.
   ㉡ 절연장갑의 기준 보호구 안전인증 고시 / 별표 3

구분	기준
인장강도	1,400[N/cm²] 이상(평균값)
신장율	100분의 600 이상(평균값)
영구신장율	100분의 15 이하

③ 절연고무장화(절연장화)
   전기를 취급하는 작업 시 전기에 의한 감전으로부터 인체를 보호하기 위해 사용한다.
④ 절연복(절연상의 및 하의, 어깨받이 등) 및 절연화
⑤ 도전성 작업복 및 작업화

2. 절연용 안전방호구

의미	위험설비에 시설하여 작업자 및 공중에 대한 안전을 확보하기 위한 용구
종류	① 방호관 ② 점퍼호스 ③ 건축지장용 방호관 ④ 고무블랭킷 ⑤ 컷아웃 스위치 커버 ⑥ 애자후드 ⑦ 완금커버

3. 표시용구

의미	설비 또는 작업으로 인한 위험을 경고하고 그 상태를 표시하여 주위를 환기시킴으로써 안전을 확보하기 위한 용구
종류	① 작업장 구획표시용구 ② 상태표시용구 ③ 고정표시용구 ④ 교통보안표시용구 ⑤ 완장

4. 검출용구

의미	정전작업 착수 전 작업하고자 하는 설비(전로)의 정전 여부를 확인하기 위한 용구
종류	① 저압 및 고압용 검전기 ② 특고압용 검전기 ③ 활선접근 경보기

5. 접지(단락접지)용구

의미	정전작업 착수 전 작업하고자 하는 전로의 정해진 개소에 설치(접지용구의 철거는 설치의 역순으로 실시)하여 오송전 또는 근접활선의 유도에 의해 충전되는 경우 작업자가 감전되는 것을 방지하기 위한 용구
종류	① 갑종 접지용구(발·변전소용) ② 을종 접지용구(송전선로용) ③ 병종 접지용구(배전선로용)

6. 활선장구

의미	활선작업 시 감전의 위험을 방지하고 안전한 작업을 하기 위한 공구 및 장치
종류	① 활선시메라 ② 활선커터 ③ 가완목 ④ 컷아웃 스위치 조작봉(배선용 후크봉) ⑤ 디스콘스위치 조작봉(D·S조작봉) ⑥ 활선작업대 ⑦ 주상작업대 ⑧ 점퍼선 ⑨ 활선애자 청소기 ⑩ 활선작업차 ⑪ 염해세제용 펌프 ⑫ 활선사다리 ⑬ 기타 활선공구

합격 보장 꿀팁 활선장구의 사용목적 및 사용 시 주의사항

종류	사용목적 및 범위	사용 시 주의사항
활선시메라	① 충전 중인 전선의 변경작업 시 ② 활선작업으로 애자 등 교환 시 ③ 기타 충전 중인 전선 장선 시	① 반드시 고압 고무장갑을 착용 ② 사용 시 주의하여 손잡이를 돌리고 타 충전부에 접촉되지 않도록 함
컷아웃 스위치 조작봉 (배선용 후크봉)	충전 중인 고압 컷아웃 스위치 개폐 시에 섬광에 의한 화상 등의 재해발생 방지	① 조작 시 안전허리띠 및 고무장갑을 반드시 착용 ② 정면에서의 조작 금지
점퍼선	고압 이하의 활선작업 시 부하전류를 일시적으로 측로 통과시키기 위해 사용	① 점퍼선의 설치 및 철거 시 작업자 2명이 상호 신호하면서 신중하게 작업실시 ② 부설 전에 반드시 커넥터의 리드선과의 접속부를 확인하고 작업실시
활선장선기	충전 중에 고저압 전선을 조정하는 작업 등에 사용 ① 충전 중의 전선을 변경하는 경우 ② 애자의 교체를 활선으로 행하는 경우 ③ 기타 충전 중의 전선 등을 조정하는 경우	① 고압선의 경우에는 반드시 고압 고무장갑을 착용할 것 ② 사용 시 핸들을 천천히 돌리고 충전부에 접촉되지 않도록 주의할 것 ③ 장선기 로프 및 핸들시트는 중요하게 취급하고 오손·파손 등에 충분히 주의할 것 ④ 장선기 본체 및 회전바이스 부분의 안전을 충분히 확인 후 사용할 것

CHAPTER 03 정전기 장·재해관리

> **합격 KEYWORD** 정전기의 정의, 정전기 발생에 영향을 주는 요인, 정전기의 발생현상, 정전기 방전, 정전기 발생방지 대책, 배관 내 액체의 유속제한

1 정전기의 발생 및 영향

1. 정전기 발생원리

(1) 정전기의 정의
① 문자적 정의: 공간의 모든 장소에서 전하의 이동이 전혀 없는 전기
② 구체적 정의: 전하의 공간적 이동이 적고, 그 전류에 의한 자계의 효과가 정전기 자체가 보유하고 있는 전계의 효과에 비해 무시할 정도의 작은 전기

(2) 정전기 발생원리

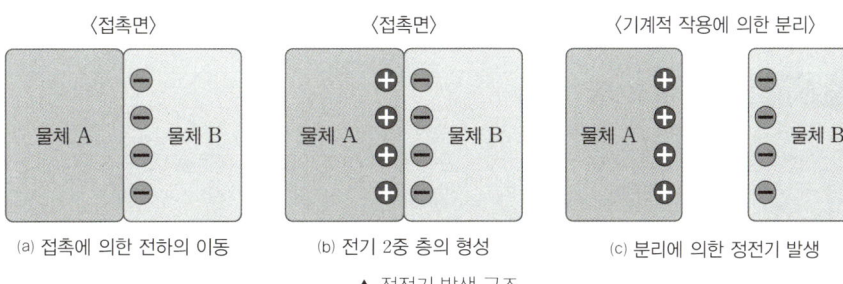

▲ 정전기 발생 구조

① 두 종의 다른 물질이 접촉할 때 한 물질에서 다른 물질로 전자의 이동이 일어나고, 그 결과 한 물질은 (+)전하, 다른 물질은 (−)전하가 발생(전하2중 층 형성)한다.
② 마찰 또는 분리를 가하면 전자의 이동이 일어나고, 원자가 전자를 잃은 쪽은 양전하(+), 전자를 얻은 쪽은 음전하(−)를 띠고 자유전자가 되며, 이러한 상태를 정전기라고 한다.
③ 두 물체 접촉 시 정전기 발생원인(접촉전위 발생원인): 일반적으로 물질 내부에는 그 물질을 구성하는 입자(원자) 사이를 자유롭게 이동하는 자유전자가 있으며, 그 입자들 사이에서 전기적인 힘에 의하여 속박되어 있는 구속전자가 있다. 그러나 실제로 정전기 발생에 기여하는 전자는 자유전자로서 물체에 빛을 쪼이거나 가열하는 등 외부에서 물리적 힘을 가하면 이 자유전자는 입자 외부로 방출되는데 이때 필요한 최소에너지를 일함수(Work Function)라 하며 물체의 종류에 따라 서로 다른 고유한 값을 가지고 [V] 단위를 사용한다. 그리고 두 종류의 다른 물체를 접촉시키면 그 접촉면에는 두 물체의 일함수의 차로 인하여 접촉전위가 발생된다.

(3) 정전기 발생에 영향을 주는 요인
① 물체의 특성
 ㉠ 일반적으로 대전량은 접촉이나 분리하는 두 물체가 대전서열 내에서 가까운 위치에 있으면 적고, 먼 위치에 있으면 대전량이 큰 경향이 있다.
 ㉡ 물체가 불순물을 포함하고 있으면 이 불순물로 인해 정전기 발생량이 커진다.

+

아스베스토스				셀로판	
머리털				젤라틴	
유리	유리			유리	
운모	나일론			산화셀룰로오스	
양모	양모	양모		폴리메틸	
견	견	나일론		메타크릴레이트	Cd
아연	레이온			폴리카보네이트	Zn
종이	면	면		폴리스틸렌	Al
에보나이트	마	아세테이트		매연가루	Fe
동	동	루이사이트		폴리에틸렌	Cu
유황		폴리스틸렌		염화비닐	Ag
고무	합성고무	폴리에틸렌		테프론	Au
	폴리에틸렌	테프론		사란	Pt

−

▲ 물질에 따른 대전서열

② **물체의 표면상태**: 물체의 표면이 원활하면 발생이 적고, 수분이나 기름 등에 의해 오염되었을 때에는 산화, 부식에 의해 정전기 발생이 크다.
③ **물질의 이력**: 정전기 발생은 일반적으로 처음 접촉·분리가 일어날 때 최대가 되며, 이후 접촉·분리가 반복됨에 따라 발생량도 점차 감소된다.
④ **접촉면적 및 압력**: 접촉면적 및 압력이 클수록 정전기 발생량도 증가한다.
⑤ **분리속도**: 일반적으로 분리속도가 빠를수록 정전기의 발생량은 커진다.

> **합격 보장 꿀팁** 완화시간(시정수)
>
> 일반적으로 절연체에 발생한 정전기는 일정장소에 축적되었다가 점차 소멸되는데 처음 값의 36.8[%]로 감소되는 시간을 그 물체에 대한 시정수 또는 완화시간이라고 하며, 이 값은 대전체의 저항 $R[\Omega]$과 정전용량 $C[F]$, 고유저항 $\rho[\Omega \cdot m]$와 유전율 $\varepsilon[F/m]$의 곱($RC=\varepsilon\rho$)으로 결정된다.

(4) **정전기의 물리적 현상**
① **역학현상**: 대전체 가까이에 있는 물체를 흡인하거나 반발하게 하는 성질이다.
② **유도현상**: 대전체 부근에 절연된 도체가 있을 경우에는 정전계에 의해 대전체 가까운 쪽의 도체 표면에는 대전체와 반대극성의 전하가, 반대쪽에는 같은 극성의 전하가 대전되게 되는데, 이를 정전유도현상이라고 한다.
③ **방전현상**: 물체의 대전량이 점점 커지게 되어 결국, 공기의 절연파괴강도(약 30[kV/cm])에 도달하게 되면 공기의 절연파괴현상, 즉 방전이 일어나게 된다.

2. 정전기의 발생현상

대전종류	대전현상	
마찰대전	두 물체의 마찰이나 마찰에 의한 접촉위치의 이동으로 전하의 분리 및 재배열이 일어나서 정전기 발생	
박리대전	① 서로 밀착되어 있는 물체가 떨어질 때 전하의 분리가 일어나 정전기 발생 ② 접촉면적, 접촉면의 밀착력, 박리속도 등에 의해서 정전기 발생량이 변화하며 일반적으로 마찰에 의한 것보다 더 큰 정전기 발생	

구분	설명	
유동대전	① 액체류가 파이프 등 내부에서 유동할 때 액체와 관벽 사이에 정전기 발생 ② 정전기 발생에 가장 크게 영향을 미치는 요인은 유동속도이나 흐름의 상태, 배관의 굴곡, 밸브 등과 관계가 있음	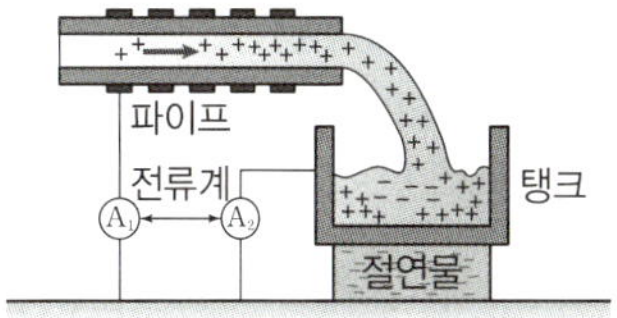
분출대전	분체류, 액체류, 기체류가 단면적이 작은 분출구를 통해 공기 중으로 분출될 때 분출하는 물질과 분출구와의 마찰로 정전기 발생	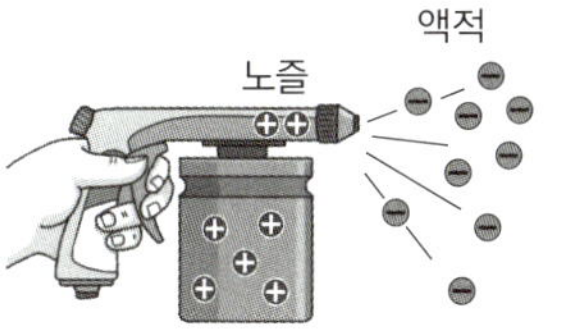
충돌대전	분체류와 같은 입자상호 간이나 입자와 고체와의 충돌에 의해 빠른 접촉, 분리가 행하여짐으로써 정전기 발생	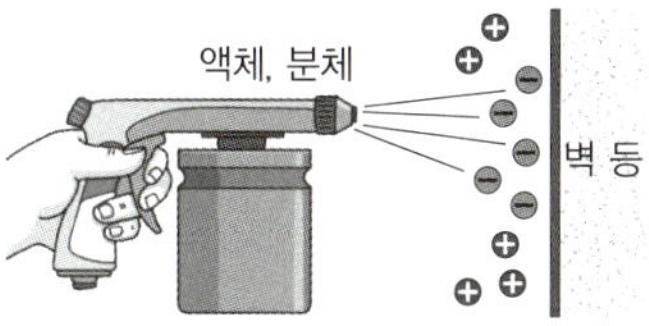
파괴대전	고체나 분체류와 같은 물체가 파괴되었을 때 전하분리 또는 부전하의 균형이 깨지면서 정전기 발생	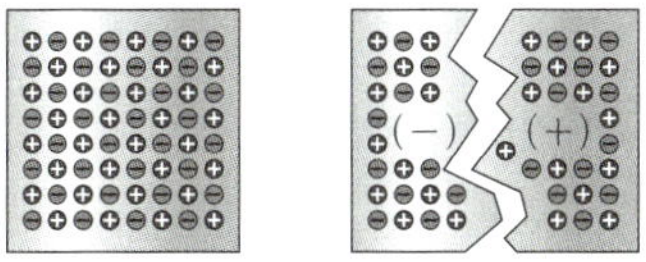

3. 정전기 방전의 형태 및 영향

구분(형태)	방전현상 및 대상	영향(위험성)
코로나 방전	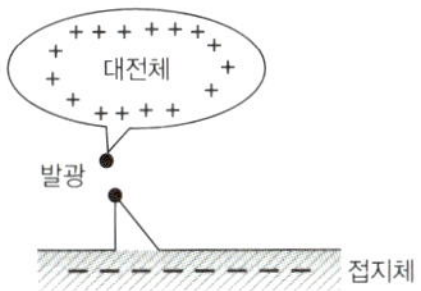 ① 돌기형 도체와 평판 도체 사이에 전압이 상승하면 그림과 같은 모양의 코로나 방전이 발생 ② 정코로나>부코로나 ③ 코로나 방전 발생 시 공기 중에 생성되는 물질: 오존(O_3)	방전에너지가 작기 때문에 재해 원인이 될 확률이 비교적 낮음
스트리머 방전	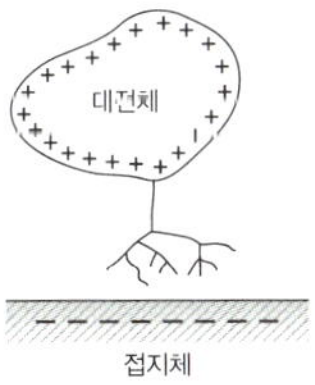 ① 일반적으로 불꽃 코로나가 강해서 파괴음과 발광을 수반하는 방전 ② 공기 중에서 나뭇가지 형태의 발광현상 동반	코로나 방전에 비해시 점화원 및 전격의 확률이 높음
불꽃방전	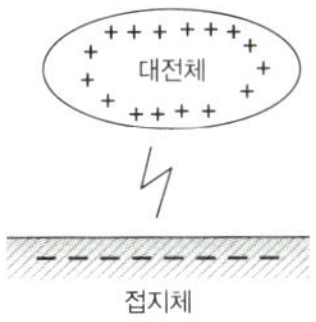 전극 간의 전압을 더욱 상승시키면 코로나 방전에 의한 도전로를 통하여 강한 빛과 큰 소리가 발생되며, 공기절연을 완전 파괴하거나 단락하는 과도현상	점화원 및 전격의 확률이 대단히 높음
연면방전	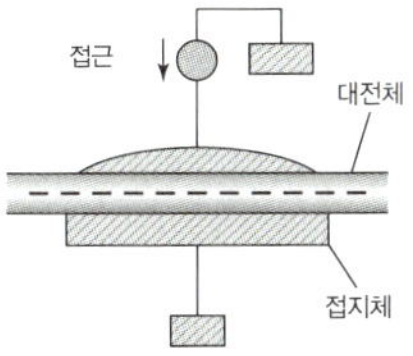 ① 정전기로 대전되어 있는 부도체에 접지체가 접근할 경우 대전체와 접지체 사이에서 발생하는 방전과 부도체 표면을 따라 발생 ② 나뭇가지 형태의 발광을 수반하는 방전	점화원 및 전격의 확률이 대단히 높음

> **합격 보장 꿀팁** 코로나 방전의 진행과정
>
> 글로우코로나(Glow Corona) – 브러시코로나(Brush Corona) – 스트리머코로나(Streamer Corona)

4. 정전기의 장해

(1) 전격

대전된 인체에서 도체로 또는 대전체에서 인체로 방전되는 현상에 의해 인체 내로 전류가 흘러 나타나는 현상이다.

(2) 생산장해

① **역학현상에 의한 장해**: 정전기의 흡인력 또는 반발력에 의해 발생되는 것으로, 분진의 막힘, 실의 엉킴, 인쇄의 얼룩, 제품의 오염 등이 있다.

② **방전현상에 의한 장해**: 정전기의 방전 시 발생하는 방전전류, 전자파, 발광에 의한 것이 있다.
  ㉠ 방전전류: 반도체 소자 등의 전자부품의 파괴, 오동작 등
  ㉡ 전자파: 전자기기, 장치 등의 오동작, 잡음 발생
  ㉢ 발광: 사진 필름 등의 감광

> **합격 보장 꿀팁**
>
> **정전기 방전에너지와 착화한계**
> ① 정전기에 의한 방전에너지가 최소착화에너지보다 큰 경우
>   가연성 또는 폭발성 물질이 존재할 경우에 화재 및 폭발이 발생할 수 있다. 정전기에 의한 화재, 폭발이 일어나기 위해서는 다음과 같은 조건이 필요하다.
>   ㉠ 가연성 물질이 폭발한계 이내일 것
>   ㉡ 정전기에너지가 가연성 물질의 최소착화에너지 이상일 것
>   ㉢ 방전하기에 충분한 전위차가 있을 것
> ② 대전체가 도체인 경우의 발생한계
>   ㉠ 대전체가 도체인 경우 대전체가 방전을 일으켰을 때 정전기에너지의 거의 전부가 방전에너지로 되어 방출
>   ㉡ 도체의 경우는 대전체에 축적되어 있는 정전기에너지가 최소착화에너지와 같으면 폭발, 화재 발생
>   ㉢ 정전기 방전에너지 W는 다음과 같이 주어진다.
>
> $$W = \frac{1}{2}CV^2 = \frac{1}{2}QV = \frac{1}{2}\frac{Q^2}{C}$$
>
>   여기서, C: 도체의 정전용량[F], V: 대전전위[V], Q: 대전전하량[C] → $Q=CV$
>
> ③ 대전체가 정전기상의 부도체인 경우 발생한계
>   ㉠ 부도체인 대전체에서 방전이 발생하여도 일반적으로는 이것에 축적되어 있는 전체 에너지가 방전에너지로 되어 방출되지 않는다.
>   ㉡ 부도체에서 방전에 의한 폭발, 화재의 발생한계는 대전전위가 30[kV]로 되어 있는 대전체가 있으면 기중방전이 발생했을 때 수백 [μJ]의 방전에너지가 방출되어 착화원으로 되기도 한다.
>
> **부도체 대전에 의한 폭발 · 화재의 발생한계 추정 시 유의사항**
> ① 대전 상태가 매우 불균일한 경우
> ② 대전량 또는 대전의 극성이 매우 변화하는 경우
> ③ 부도체 중에 국부적으로 도전율이 높은 곳이 있고, 이것이 대전한 경우

2 정전기 재해의 방지대책

정전기 재해를 방지하기 위한 기본적인 단계는 첫째, 정전기 발생 억제(방지), 둘째, 발생된 전하의 대전방지, 셋째, 대전·축적된 전하의 위험분위기 하에서 방전 방지의 3단계로 이루어진다.

> **합격 보장 꿀팁** 정전기 재해의 방지대책에 대한 관리 시스템
> ① 발생 전하량 예측
> ② 대전체의 축적 전하 파악
> ③ 위험성 방전을 발생시키는 물리적 조건 파악

1. 정전기 발생방지 대책
(1) 설비와 물질 또는 물질 상호 간의 접촉면적 및 압력 감소
(2) 접촉횟수의 감소
(3) 접촉·분리 속도의 저하(속도의 변화는 서서히)
(4) 접촉물의 급속 박리방지
(5) 표면상태의 청정·원활화
(6) 불순물 등의 이물질 혼입방지
(7) 정전기 발생이 적은 재료 사용(대전서열이 가까운 재료의 사용)

2. 정전기 대전방지 대책
(1) **도체와 부도체의 대전방지**
 ① 도체의 대전방지
  ㉠ 정전기 장해·재해의 대부분은 도체가 대전된 결과로 인한 불꽃방전에 의해 발생되므로 도체의 대전방지를 위해서는 도체와 대지와의 사이를 전기적으로 접속하여 대지와 등전위화(접지)함으로써 정전기 축적을 방지하는 방법이다.
  ㉡ 접지에 의한 대전방지 대책은 도체에만 적용되며 부도체에는 적용이 불가능하다.
 ② **부도체의 대전방지**: 부도체에 발생한 정전기는 다른 곳으로 이동하지 않기 때문에 접지에 의하여 대전방지를 하기 어려우므로 다음과 같은 방법으로 대전방지가 가능하나.(도전성 향상)
  ㉠ 부도체의 사용제한(금속재료 또는 도전성 재료의 사용)
  ㉡ 대전방지제의 사용
  ㉢ 가습
  ㉣ 도전성 섬유의 사용
  ㉤ 대전체의 차폐
  ㉥ 제전기 사용 등

(2) **접지에 의한 대전방지**
 ① 접지의 목적
  ㉠ 정전기의 축적 및 대전 방지
  ㉡ 대전체 주위의 물체 또는 이와 접촉되어 있는 물체 사이의 정전유도 방지
  ㉢ 대전체의 전위 상승 및 정전기 방전 억제

② 접지대상(금속도체)
　㉠ 정전기의 발생 및 대전 우려가 있는 금속도체
　㉡ 정전유도에 의해 대전 우려가 있는 도체
　㉢ 부도체로 지지되어 대지로부터 절연되어 있는 경우(각 도체마다 접지 또는 본딩(Bonding)하여 접지시킴)
　㉣ 본딩의 대상은 금속도체 상호 간, 대지에 대해서 전기적으로 절연되어 있는 2개 이상의 금속이 접촉된 금속도체이며, 본딩이란 전기적으로 접속하여 서로 같은 전위로 만드는 것을 말한다.
③ 접지저항: 정전기 대책을 위한 접지는 $1 \times 10^6[\Omega]$ 이하이면 충분하나, 확실한 안정을 위해서는 $1 \times 10^3[\Omega]$ 미만으로 하되, 타 목적의 접지와 공용으로 할 경우에는 그 접지저항 값으로 한다. 본딩의 저항은 $1 \times 10^3[\Omega]$ 미만으로 유지시켜야 한다.

> **합격 보장 꿀팁**   접지에 의한 대전방지 효과
>
> ① 고체(금속 제외)의 대전방지 효과
> 　㉠ 도전율이 $1 \times 10^{-6}[S/m]$ 이상인 도체(필름, 시트 포함)나 표면 고유저항이 $1 \times 10^9[\Omega]$ 이하인 고체의 표면은 금속도체를 밀착시켜 간접접지를 시킴으로써 대전을 방지한다.
> 　㉡ 도전율이 $1 \times 10^{-6} \sim 1 \times 10^{-10}[S/m]$인 중간영역의 도체나 표면 고유저항이 $1 \times 10^9 \sim 1 \times 10^{11}[\Omega]$인 고체의 표면은 간접접지에 의하여 대전을 방지한다.
> ② 분체류의 대전방지 효과
> 　㉠ 도전율이 $1 \times 10^{-10} \sim 1 \times 10^{-12}[S/m]$인 분체류가 정지 또는 퇴적되어 있을 때 그 금속관이나 용기를 접지하면 분체류의 대전을 간접적으로 방지할 수 있다.
> 　㉡ 대전된 정전기가 대지로 누설하는 시간이 필요하므로 정치시간을 설정한다.
> ③ 액체류의 대전방지 효과
> 　㉠ 도전율이 $1 \times 10^{-10} \sim 1 \times 10^{-12}[S/m]$인 액체가 정지하고 있을 때 금속도체(액 중에 담가놓은 금속판이나 금속제 용기 등)를 간접접지하여 대전을 방지한다.
> 　㉡ 대전된 정전기가 대지로 누설하는 시간이 필요하므로 정치시간을 설정한다.

(3) 유속제한 및 정치시간에 의한 대전방지

① 배관 내 액체의 유속제한

불활성화할 수 없는 탱크, 탱커, 탱크로리, 탱크차, 드럼통 등에 위험물을 주입하는 배관은 다음과 같은 관 내 유속 이하이어야 한다.

　㉠ 저항률 $10^{10}[\Omega \cdot cm]$ 미만의 도전성 위험물: 7[m/s] 이하
　㉡ 에테르, 이황화탄소 등과 같이 유동대전이 심하고 폭발 위험성이 높은 것: 1[m/s] 이하
　㉢ 물이나 기체를 혼합한 비수용성 위험물: 1[m/s] 이하
　㉣ 저항률 $10^{10}[\Omega \cdot cm]$ 이상인 위험물의 배관 내 유속은 아래 표의 값 이하. 단, 주입구가 액면 밑에 충분히 침하할 때까지는 1[m/s] 이하

관내경 D[m]	유속 V[m/s]	$V^2[m^2/s^2]$	$V^2D[m^3/s^2]$
0.01	8	64	0.64
0.025	4.9	24	0.6
0.05	3.5	12.25	0.61
0.1	2.5	6.25	0.63
0.2	1.8	3.25	0.64
0.4	1.3	1.6	0.67
0.6	1.0	1.0	0.6

② **정치시간과 대전방지 효과**: 물체에 대전해 있는 정전기를 대지에 누설시켜 대전량을 적게 하기 위하여 아래 표에서 표시한 정치시간을 두어 누설시켜야 한다.

대전체의 도전율[S/m]	대전체의 용적[m³]			
	10 미만	10 이상 50 미만	50 이상 5,000 미만	5,000 이상
10^{-8} 이상	1분	1분	1분	2분
10^{-12} 이상 10^{-8} 미만	2분	3분	10분	30분
10^{-14} 이상 10^{-12} 미만	4분	5분	60분	120분
10^{-14} 미만	10분	15분	120분	240분

> **합격 보장 꿀팁** 정치시간
>
> 접지상태에서 정전기 발생이 끝난 후 다음 정전기 발생이 시작될 때까지의 시간 또는 정전기 발생 후 접지에 의해 대전된 정전기가 누설될 때까지의 시간으로 물체에 대전해 있는 정전기를 대지에 누설시켜 대전량을 적게 하기 위한 목적으로 설정하는 것이지만 도전율이 10^{-12}[S/m] 이하인 경우 정치시간을 설정하더라도 반드시 대전량이 감소한다고 할 수 없다. 그러나 대전된 물체가 가연성 물질이고, 위험한 분위기를 조성할 가능성이 있는 경우 정치시간을 설정하여 정전기를 대지로 누설시켜야 한다.

(4) 대전방지제의 사용

대전방지제는 섬유나 수지의 표면에 흡습성, 이온성과 함께 도전성을 증가시켜 대전방지를 하는 것이며, 대전방지제에 주로 많이 사용하는 물질은 계면활성제이다.

대전방지제		특성
외부용 일시성	음이온계	① 값이 싸고 독성이 없으므로 섬유의 원사 등에 사용 ② 섬유에의 균일 부착성과 열안전성도 양호한 편
	양이온계	① 대전방지 성능이 뛰어난 반면 비교적 고가 ② 피부에 여러 가지 장해를 줌
	비이온계	① 단독사용 시 효과가 적지만 열안전성 우수 ② 음이온계나 양이온계 또는 무기염과 병용하여 사용 시 대전방지 효과 뛰어남
	양성이온계	① 대전방지 성능 매우 우수(양이온계와 비슷) ② 특히 베타인계는 그 효과가 대단히 높으며 다른 이온계 활성제와 병용 가능

(5) 가습
① 대부분의 물체는 습도가 증가하면 전기저항치가 저하하고 이에 따라 대전성이 저하된다.
② 일반사업장에서는 작업장 내의 습도를 70[%] 정도로 유지하는 것이 바람직하다.

(6) 도전성 섬유의 사용

(7) 대전체의 차폐
대전체의 표면을 금속 또는 도전성 물질로 덮는 것을 차폐라 하며, 차폐의 주목적은 부도체의 정전기 대전을 방지하는 것보다는 대전에 의해 발생하는 대전체 주위의 전기적 작용을 억제하는 것이며 결과적으로는 부도체의 대전에 의해 대전체 주위에 발생하는 역학현상 및 방전현상을 억제하는 것이다.

(8) 제전기 사용

(9) 보호구 착용

> **합격 보장 꿀팁** 대전방지
>
> **인체의 대전방지**
> 대전되어 있는 인체에서의 방전 시에는 생체장애 등의 전격재해뿐만 아니라 폭발위험분위기에서는 점화원이 될 수도 있으며, 미소한 반도체 소재를 다루는 작업에서는 이들 부품을 파괴하거나 손상을 일으키는 등 생산장애를 가져올 수 있으므로 안전화, 손목접지대 등을 이용하여 인체에 접지한다.
> ① 보호구 착용
>   ㉠ 손목 접지대(Wrist Strap)
>   ㉡ 정전기 대전방지용 안전화
>   ㉢ 발 접지대
>   ㉣ 대전방지용 작업복(제전복)
> ② 대전체 차폐
> ③ 바닥의 재료 등에 고유저항이 큰 물질의 사용 금지(작업장 바닥에 도전성을 갖추도록 할 것)
>
>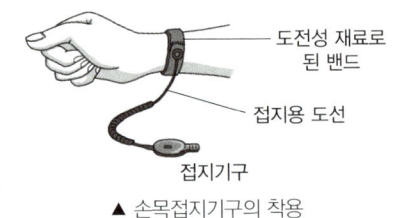
> ▲ 손목접지기구의 착용
>
> **전격의 발생한계전위**
> 인체에 대전되어 있는 전하량이 $2 \sim 3 \times 10^{-7}$[C] 이상이 되면 이 전하가 방전하는 경우 통증을 느끼게 되는데(전격발생), 이것을 실용적인 인체의 대전전위로 표현하면 약 3[kV]이고, 이 수치는 인체의 정전용량이 100[pF]인 경우이다.

① **손목 접지대(Wrist Strap)**: 앉아서 작업할 때 유효한 것으로 손목에 가요성이 있는 밴드를 차고 그 밴드는 도선을 이용하여 접지선에 연결함으로써 인체를 접지하는 기구로, 이 접지대에는 1[MΩ](10^6[Ω]) 정도의 저항을 직렬로 삽입하여 동전기의 누설로 인한 감전사고가 일어나지 않도록 하고 있다.

② **정전기 대전방지용 안전화**: 인체의 대전은 신고 있는 구두와 밀접한 관련이 있는데, 보통 구두의 바닥저항은 약 10^{12}[Ω] 정도로 정전기 대전이 잘 일어난다. 대전방지용 안전화는 구두 바닥의 저항을 $10^8 \sim 10^5$[Ω]로 유지하여 도전성 바닥과 전기적으로 연결시킴으로써, 정전기의 발생방지는 물론 대전방지의 목적도 가하는 것으로 효과가 매우 크다.

③ **발 접지대**: 서서 하는 작업자와 이동하면서 하는 작업자에게 적합한 인체대전 방지기구로는 Heelstrap, Toestrap, Footstrap과 같은 발 접지대가 있다. 발 접지대는 양발 모두에 착용하되 발목 위의 피부가 접지될 수 있도록 하여야 한다.

④ **대전방지용 작업복(제전복)**
  ㉠ 제전복은 폭발위험분위기(가연성 가스, 증기, 분진)의 발생 우려가 있는 작업장에서 작업복 대전에 의한 착화를 방지하기 위한 것으로, 인체 대전방지 효과도 있으며 이는 일반 화학섬유 중간에 일정한 간격으로 도전성 섬유를 짜 넣은 것이다.
  ㉡ 제전복을 착용하지 않아도 되는 장소: 전산실 등 전자기계 취급 장소

3. 제전기에 의한 대전방지

(1) 제전기에 의한 대전방지 일반
  ① 제전의 원리: 제전기를 대전물체에 가까이 설치하면 제전기에서 생성된 이온(양이온, 음이온) 중 대전체와 반대극성의 이온이 대전체의 방향으로 이동하여 그 이온과 대전체의 전하가 재결합 또는 중화됨으로써 대전체의 정전기가 제거되는 것이다.
  ② 제전의 목적
    ㉠ 주로 부도체의 정전기 대전을 방지한다.
    ㉡ 대전체의 정전기를 완전히 제전하는 것이 아니라 재해 및 장해가 발생하지 않을 정도만 제전한다.

③ 제전기의 제전효과에 영향을 미치는 요인
  ㉠ 제전기의 이온생성 능력
  ㉡ 제전기의 설치위치, 설치각도 및 설치거리
  ㉢ 대전체의 대전전위 및 대전분포
  ㉣ 제전기를 설치한 환경의 상대습도, 기온
  ㉤ 대전물체와 제전기 사이의 기류속도

(2) **제전기의 종류 및 특성**

제전기의 종류는 제전에 필요한 이온의 생성방법에 따라 전압인가식 제전기, 자기방전식 제전기, 방사선식 제전기가 있다.

① **전압인가식 제전기**

  ㉠ 이온(ion) 생성방법: 금속세침이나 세선 등을 전극으로 하는 제전전극에 고전압(약 7[kV])을 인가하여 전극의 선단에 코로나 방전을 일으켜 제전에 필요한 이온을 발생시키는 것으로서 코로나 방전식 제전기라고도 한다.
  ㉡ 특징
    • 제전전극의 형상, 구조 등에 따라 그 기종이 풍부하므로 대전체, 사용목적 등에 따라 적절한 것이 선택 가능하다.
    • 다른 제전기에 비해 제전능력이 크므로 단시간에 제전 가능하며, 이동하는 대전체의 제전에 유효하다.
    • 대전전하량, 발생전하량이 큰 대전체의 제전에 유효하다.
    • 설치 및 취급이 다른 제전기에 비해 복잡하다.

② **자기방전식 제전기**

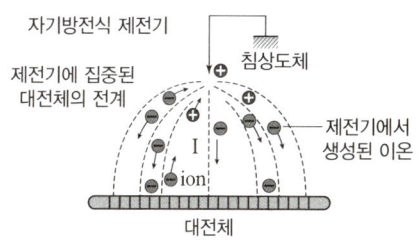

  ㉠ 이온(ion) 생성방법: 접지된 도전성의 침상이나 세선 상의 전극에 제전하고자 하는 물체의 발산정전계를 모으고 이 정전계에 의해 제전에 필요한 이온을 만드는 제전기이다. (작은 코로나 방전을 일으켜 공기 이온화하는 방식)
  ㉡ 특징
    • 전원을 사용하지 않으며, 간단한 구조의 제전 전극만으로 구성되어 있으므로 설치가 용이하고, 협소한 공간에서도 실시가 가능하다.
    • 전압인가식 제전기처럼 제전기로 인한 착화원이 되는 경우가 적어서 안정성이 높다.
    • 제전기의 설치방법에 따라 제전효율이 크게 변화하므로 설치하는 데에는 세심한 주의가 필요하다.
    • 제전능력은 피제전물체의 대전전위에 크게 영향을 받으므로 만일 대전전위가 낮으면 제전이 불가능하다.

③ **방사선식 제전기**

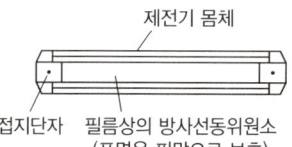

  ㉠ 이온(ion) 생성방법: 방사선 동위원소의 전리작용에 의해 제전에 필요한 이온을 만들어내는 제전기이다.
  ㉡ 특징
    • 착화원으로 될 위험은 적지만 방사선 동위원소를 내장하고 있기 때문에 취급하는 데 있어서 충분한 주의가 필요하다.
    • 대전체(피제전체)가 방사선의 영향을 받아 변화할 위험이 있다.
    • 제전능력이 작기 때문에 제전에 시간을 요하며 이동하는 대전체의 제전에 부적합하다.

4. 대전·축적된 전하의 위험조건 하에서 방전 방지대책

정전기 방전이 원인이 되어 발생하는 화재·폭발에는 다음 2가지 조건이 만족되어야 한다.
다음 두 가지 조건 중 한 가지만 제거하면 정전기 방전에 의한 화재·폭발을 방지할 수 있다.
(1) 가연성 가스와 지연성 가스의 혼합에 의해 폭발 혼합기체 생성
(2) 가연성 물질의 착화원이 되는 정전기 방전의 발생

5. 정전기로 인한 화재·폭발 등 방지 〔안전보건규칙 제325조〕

(1) 다음의 설비를 사용할 때에 정전기에 의한 화재 또는 폭발 등의 위험이 발생할 우려가 있는 경우에는 해당 설비에 대하여 확실한 방법으로 접지를 하거나, 도전성 재료를 사용하거나 가습 및 점화원이 될 우려가 없는 제전장치를 사용하는 등 정전기의 발생을 억제하거나 제거하기 위하여 필요한 조치를 하여야 한다.
① 위험물을 탱크로리·탱크차 및 드럼 등에 주입하는 설비
② 탱크로리·탱크차 및 드럼 등 위험물저장설비
③ 인화성 액체를 함유하는 도료 및 접착제 등을 제조·저장·취급 또는 도포하는 설비
④ 위험물 건조설비 또는 그 부속설비
⑤ 인화성 고체를 저장하거나 취급하는 설비
⑥ 드라이클리닝설비, 염색가공설비 또는 모피류 등을 씻는 설비 등 인화성유기용제를 사용하는 설비
⑦ 유압, 압축공기 또는 고전위정전기 등을 이용하여 인화성 액체나 인화성 고체를 분무하거나 이송하는 설비
⑧ 고압가스를 이송하거나 저장·취급하는 설비
⑨ 화약류 제조설비
⑩ 발파공에 장전된 화약류를 점화시키는 경우에 사용하는 발파기(발파공을 막는 재료로 물을 사용하거나 갱도발파를 하는 경우 제외)

(2) 인체에 대전된 정전기에 의한 화재 또는 폭발 위험이 있는 경우에는 정전기 대전방지용 안전화 착용, 제전복 착용, 정전기 제전용구 사용 등의 조치를 하거나 작업장 바닥 등에 도전성을 갖추도록 하는 등 필요한 조치를 하여야 한다.

CHAPTER 04 전기방폭관리

합격 KEYWORD 폭발성 가스 또는 증기에 대한 방폭구조, 화염일주한계, 발화도, 가스폭발 위험장소, 방폭화 이론, 전기설비 방폭화, 기기보호등급

1 방폭구조의 종류

1. 폭발성 가스 또는 증기에 대한 방폭구조

방폭구조(Ex) 종류	구조의 원리
내압방폭 (d)	용기 내부에 폭발성 가스 및 증기가 폭발하였을 때 용기가 그 압력에 견디며 또한 접합면, 개구부 등을 통해서 외부의 폭발성 가스·증기에 인화되지 않도록 한 구조(점화원 격리) ① 내부에서 폭발할 경우 그 압력에 견딜 것 ② 폭발화염이 외부로 유출되지 않을 것 ③ 외함 표면온도가 주위의 가연성 가스를 점화하지 않을 것 ④ 가스 그룹에 따른 내압접합면과 장애물과의 최소 거리 | 가스 그룹	최소 거리[mm] | |---|---| | ⅡA | 10 | | ⅡB | 30 | | ⅡC | 40 |
압력방폭 (p)	① 용기 내부에 보호가스(신선한 공기 또는 불연성 기체)를 압입하여 내부압력을 유지함으로써 폭발성 가스 또는 증기가 내부로 유입되지 않도록 한 구조(점화원 격리) ② 종류: 통풍식, 봉입식, 밀봉식
유입방폭 (o)	전기 불꽃, 아크 또는 고온이 발생하는 부분을 기름 속에 넣고, 기름면 위에 존재하는 폭발성 가스 또는 증기에 인화되지 않도록 한 구조(점화원 격리)
안전증방폭 (e)	① 정상운전 중에 폭발성 가스 또는 증기에 점화원이 될 전기불꽃, 아크 또는 고온 부분 등의 발생을 방지하기 위하여 기계적, 전기적 구조상 또는 온도상승에 대해서 특히 안전도를 증가시킨 구조(점화원 격리와 무관, 전기설비의 안전도 증강) ② 정상적으로 운전되고 있을 때 내부에서 불꽃이 발생하지 않도록 절연성능을 강화하고, 또 고온으로 인해 외부 가스에 착화되지 않도록 표면온도 상승을 더 낮게 설계한 구조
본질안전방폭 (i)	정상 시 및 사고 시(단선, 단락, 지락 등)에 발생하는 전기불꽃, 아크 또는 고온에 의하여 폭발성 가스 또는 증기에 점화되지 않는 것이 점화시험, 기타에 의하여 확인된 구조(점화원 격리와 무관, 점화원의 본질적 억제)

특수방폭 (s)	상기 이외의 방폭구조로서 폭발성 가스 또는 증기에 점화 또는 위험분위기로 인화를 방지할 수 있는 것이 시험, 기타에 의하여 확인된 구조	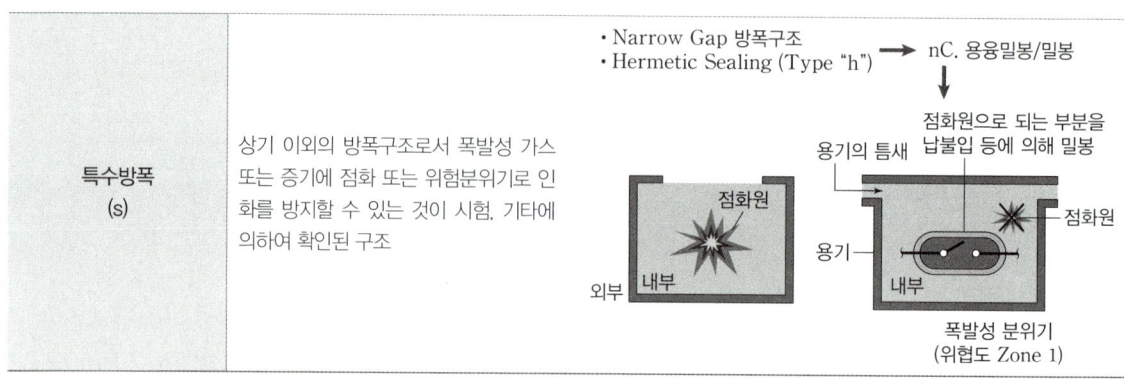

2. 분진에 대한 방폭구조

방폭구조(Ex) 종류	구조의 원리
특수분진방폭구조 (SDP)	전폐구조로 접합면 깊이를 일정치 이상으로 하거나 접합면에 일정치 이상의 깊이를 갖는 패킹을 사용하여 분진이 용기 내에 침입하지 않도록 한 구조
보통방진방폭구조 (DP)	전폐구조로 접합면 깊이를 일정치 이상으로 하거나 접합면에 패킹을 사용하여 분진이 침입하기 어렵게 한 구조
방진특수방폭구조 (XDP)	SDP 및 DP 이외의 구조로 분진방폭성능이 있는 것이 시험, 기타에 의하여 확인된 구조

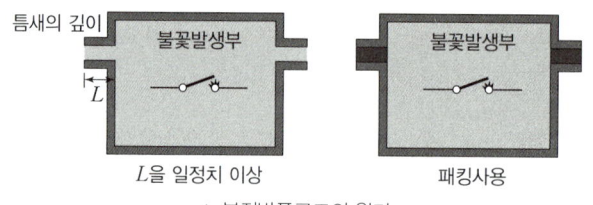

▲ 분진방폭구조의 원리

2 전기설비의 방폭 및 대책

1. 폭발등급

(1) 폭발등급의 개요

① 혼합가스폭발에 의한 화염은 좁은 틈을 통과하면 냉각되어 소멸하게 되는데 이것은 틈의 폭, 길이, 혼합가스의 성질에 따라 달라진다. 표준용기에 의해 외부가스가 폭발하지 않는 값인 화염일주한계값에 따라 폭발성 가스를 분류하여 등급을 정한 것을 폭발등급이라고 한다.

> **합격 보장 꿀팁** 화염일주한계(최대안전틈새, MESG; Maximum Experimental Safe Gap)
> 폭발성 분위기 내에 방치된 표준용기의 접합면 틈새를 통하여 폭발화염이 내부에서 외부로 전파되는 것을 저지(최소점화에너지 이하)할 수 있는 틈새의 최대간격치이며 폭발성 가스의 종류에 따라 다르다.

② 폭발등급에 따른 해당물질

폭발등급	해당물질
1등급	메탄, 에탄, 프로판, n-부탄, 가솔린, 일산화탄소, 암모니아, 아세톤, 벤젠, 에틸에테르
2등급	에틸렌, 석탄가스, 이소프렌, 산화에틸렌
3등급	수소, 아세틸렌, 이황화탄소, 수성가스

(2) **폭발등급 측정에 사용되는 표준용기**

내용적이 8[L], 틈새의 안길이 L이 25[mm]인 용기로서 틈이 폭 W[mm]를 변환시켜서 화염일주한계를 측정하도록 한 것이다.

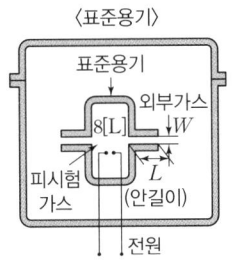

〈표준용기〉

Ex. Grade/Group	노동부 고시/IEC				(구) KS/JIS			NEC/UL			
	I	IIA	IIB	IIC	1	2	3	A	B	C	D
MESG [mm]	광산용	0.9 이상	~	0.5 이하	0.6 초과	~	0.4 미만	C_2H_2	0.45 미만	~	0.75 초과

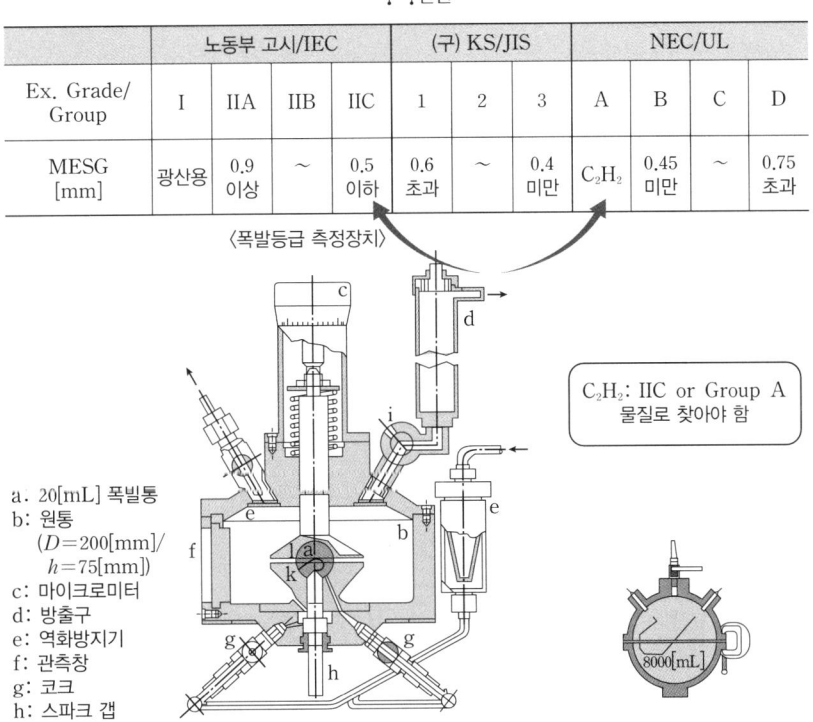

〈폭발등급 측정장치〉

a. 20[mL] 폭빌통
b: 원통 (D=200[mm]/ h=75[mm])
c: 마이크로미터
d: 방출구
e: 역화방지기
f: 관측창
g: 코크
h: 스파크 갭

C_2H_2: IIC or Group A 물질로 찾아야 함

▲ 표준용기와 폭발등급 측정장치

(3) **폭발성 가스와 방폭전기기기의 분류**

① 내압방폭구조를 대상으로 하는 가스 또는 증기의 분류

최대안전틈새(MESG)	가스 또는 증기의 분류	내압방폭구조 전기기기의 분류
0.9[mm] 이상	A	ⅡA
0.5[mm] 초과 0.9[mm] 미만	B	ⅡB
0.5[mm] 이하	C	ⅡC

② 본질안전방폭구조를 대상으로 하는 가스 또는 증기의 분류

최소점화전류비(MIC)	가스 또는 증기의 분류	본질안전방폭구조 전기기기의 분류
0.8 초과	A	ⅡA
0.45 이상 0.8 이하	B	ⅡB
0.45 미만	C	ⅡC

※ 최소점화전류비는 메탄(CH_4)가스의 최소점화전류를 기준으로 나타낸다.

2. 발화도

가스·증기의 발화온도 및 전기기기의 온도등급과의 관계는 아래 표와 같다.

폭발위험장소 구분에 따른 온도등급	가스·증기의 발화온도[℃]	전기기기의 최고표면온도[℃]
T1	450 초과	300 초과 450 이하
T2	300 초과 450 이하	200 초과 300 이하
T3	200 초과 300 이하	135 초과 200 이하
T4	135 초과 200 이하	100 초과 135 이하
T5	100 초과 135 이하	85 초과 100 이하
T6	85 초과 100 이하	85 이하

합격 보장 꿀팁 방폭구조의 표시방법

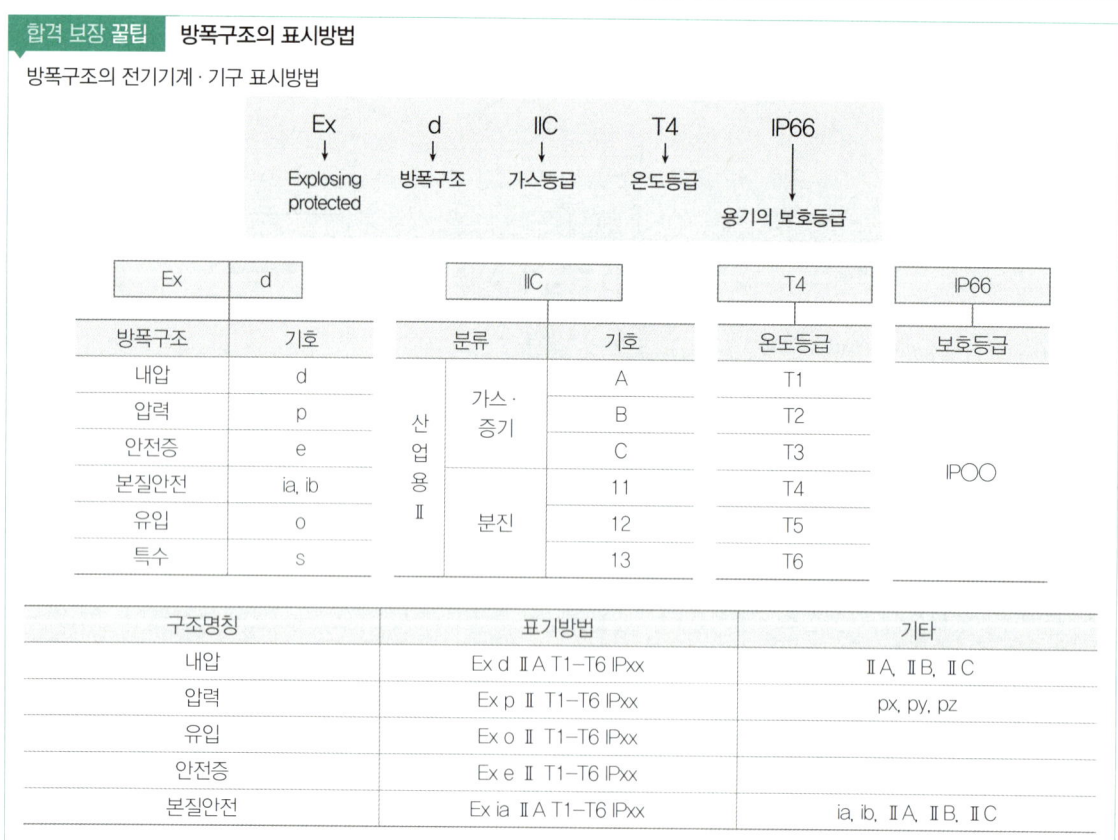

발화도와 폭발 등급에 따른 인화성 가스 분류

구분	T1	T2	T3	T4	T5	T6
ⅡA	아세톤 암모니아 일산화탄소 에탄 초산 초산에틸 톨루엔 프로판 벤젠 메탄올 메탄	에탄올 초산인펜틸 1-부탄올 무수초산 부탄 클로로벤젠 에틸렌 초산비닐 프로필렌	가솔린 헥산 2-부탄올 이소프렌 헵탄 염화부틸	아세트알데히드 디에틸에테르		아질산에틸
ⅡB	석탄가스 부타디엔	에틸렌 에틸렌옥시드	황화수소			
ⅡC	수성가스 수소	아세틸렌			이황화탄소	질산에틸

3. 위험장소의 선정

위험분위기가 존재하는 시간과 빈도에 따라 구분한다.

폭발위험이 있는 장소의 설정 및 관리 안전보건규칙 제230조

① 다음의 장소에 대하여 폭발위험장소의 구분도를 작성하는 경우에는 한국산업표준으로 정하는 기준에 따라 가스폭발 위험장소 또는 분진폭발 위험장소로 설정하여 관리하여야 한다.
   1. 인화성 액체의 증기나 인화성 가스 등을 제조·취급 또는 사용하는 장소
   2. 인화성 고체를 제조·사용하는 장소
② ①에 따른 폭발위험장소의 구분도를 작성·관리하여야 한다.

(1) 가스폭발 위험장소

분류	적요	장소
0종 장소	인화성 액체의 증기 또는 가연성 가스에 의한 폭발위험이 지속적으로 또는 장기간 존재하는 장소	용기·장치·배관 등의 내부 등
1종 장소	정상 작동상태에서 인화성 액체의 증기 또는 가연성 가스에 의한 폭발위험분위기가 존재하기 쉬운 장소	맨홀·벤트·피트 등의 주위
2종 장소	정상 작동상태에서 인화성 액체의 증기 또는 가연성 가스에 의한 폭발위험분위기가 존재할 우려가 없으나, 존재할 경우 그 빈도가 아주 적고 단기간만 존재할 수 있는 장소	개스킷·패킹 등의 주위

(2) 분진폭발 위험장소

분진폭발 위험장소란 공장, 기타의 사업장에서 폭발을 일으킬 수 있는 충분한 양의 분진이 공기 중에 부유하여 위험 분위기가 생성될 우려가 있거나 분진이 퇴적되어 있어 부유할 우려가 있는 장소이다.

① 분진의 분류 예 및 발화의 분류

발화도	분진	폭연성 분진	가연성 분진	
			도전성	비도전성
11		마그네슘, 알루미늄, 알루미늄 브론즈	아연, 코크스, 카본블랙	소맥, 고무, 염료, 페놀수지, 폴리에틸렌
12		알루미늄(수지)	철, 석탄	코코아, 리그닌
13				유황

② 분진의 폭발한계(공기 중)

분진의 종류	발화점[℃]	폭발하한계[kg/m³]	최소점화에너지[mJ]
유황	190	35	15
펄프	480	60	80
에폭시	540	20	15
폴리에틸렌	410	20	10

③ 위험장소 구분 방호장치 안전인증 고시 / 제31조

분류	적요	장소
20종 장소	분진운 형태의 가연성 분진이 폭발농도를 형성할 정도로 충분한 양이 정상 작동 중에 연속적으로 또는 자주 존재하거나, 제어할 수 없을 정도의 양 및 두께의 분진층이 형성될 수 있는 장소	호퍼 · 분진저장소 · 집진장치 · 필터 등의 내부
21종 장소	20종 장소 밖으로서 분진운 형태의 가연성 분진이 폭발농도를 형성할 정도의 충분한 양이 정상 작동 중에 존재할 수 있는 장소	집진장치 · 백필터 · 배기구 등의 주위, 이송벨트의 샘플링 지역 등
22종 장소	21종 장소 밖으로서 가연성 분진운 형태가 드물게 발생 또는 단기간 존재할 우려가 있거나, 이상 작동 상태 하에서 가연성 분진운이 형성될 수 있는 장소	21종 장소에서 예방조치가 취하여진 지역, 환기설비 등과 같은 안전장치 배출구 주위 등

(3) 위험장소 판정기준

① 위험증기의 양
② 위험가스 현존 가능성
③ 가스의 특성(공기와의 비중차)
④ 통풍의 정도
⑤ 작업자에 의한 영향

4. 방폭화 이론

(1) 폭발의 기본조건

폭발이 성립되기 위한 기본조건은 다음과 같은 3가지 요소가 동시에 존재하여야 하며 이중 한 가지라도 결핍되면 연소 혹은 폭발이 일어나지 않는다.

① 가연성 가스 또는 증기의 존재
② 폭발위험분위기의 조성(가연성 물질+지연성 물질)
③ 최소착화에너지 이상의 점화원 존재

(2) 방폭이론

전기설비로 인한 화재·폭발 방지를 위하여는 위험분위기 생성확률과 전기설비가 점화원으로 되는 확률의 곱이 0에 가까운 아주 작은 값을 갖도록 하여야 한다.

① 위험분위기 생성방지: 가연성 물질 누설 및 방출방지, 가연성 물질의 체류방지

② 전기설비의 점화원 억제

    ㉠ 전기설비의 점화원

현재적(정상상태에서) 점화원	잠재적(이상상태에서) 점화원
• 직류전동기의 정류자, 권선형 유도전동기의 슬립링 등 • 고온부로서 전열기, 저항기, 전동기의 고온부 등 • 개폐기 및 차단기류의 접점, 제어기기 및 보호계전기의 전기접점 등	전동기의 권선, 변압기의 권선, 마그넷 코일, 전기적 광원, 케이블, 기타 배선 등

    ㉡ 전기설비 방폭화

방폭화 기본	적요	방폭구조
점화원의 방폭적 격리	전기설비에서는 점화원으로 되는 부분을 가연성 물질과 격리시켜 서로 접촉하지 못하도록 하는 방법	압력방폭구조, 유입방폭구조
	전기설비 내부에서 발생한 폭발이 설비 주변에 존재하는 가연성 물질로 파급되지 않도록 실질적으로 격리하는 방법	내압방폭구조
전기설비의 안전도 증강	정상상태에서 점화원으로 되는 전기불꽃의 발생부 및 고온부가 존재하지 않는 전기설비에 대하여 특히 안전도를 증가시켜 고장이 발생할 확률을 0에 가깝게 하는 방법	안전증방폭구조
점화능력의 본질적 억제	약전류회로의 전기설비와 같이 정상상태뿐만 아니라 사고 시에도 발생하는 전기불꽃 고온부가 최소착화에너지 이하의 값으로 되어 가연물에 착화할 위험이 없는 것으로 충분히 확인된 것은 본질적으로 점화능력이 억제된 것으로 봄	본질안전방폭구조

5. 방폭형 전기기기 선정 KOSHA E-190

(1) 폭발위험장소 방폭형 전기기기 선정 시 요구사항

① 폭발위험장소 구분도(기기보호등급 요구사항 포함)

② 요구되는 전기기기 그룹 또는 세부 그룹에 적용되는 가스·증기 또는 분진 등급 구분

③ 가스나 증기의 온도등급 또는 최저발화온도

④ 분진운의 최저발화온도, 분진 층의 최저발화온도

⑤ 기기의 용도

⑥ 외부 영향 및 주위온도

⑦ 기타(피해 결과에 대한 위험성 평가 등)

(2) 기기보호등급(EPL)과 허용장소

종별 장소	기기보호등급(EPL)
0	"Ga"
1	"Ga" 또는 "Gb"
2	"Ga", "Gb" 또는 "Gc"
20	"Da"
21	"Da" 또는 "Db"
22	"Da", "Db" 또는 "Dc"

(3) 기기 그룹과 가스, 증기 또는 분진 간의 허용장소

가스, 증기 또는 분진 분류 장소	허용 기기 그룹
IIA	II, IIA, IIB 또는 IIC
IIB	II, IIB 또는 IIC
IIC	II 또는 IIC
IIIA	IIIA, IIIB 또는 IIIC
IIIB	IIIB 또는 IIIC
IIIC	IIIC

3 방폭설비의 공사 및 보수

1. 방폭구조 선정 및 유의사항

(1) 방폭구조의 선정

① 가스폭발 위험장소

폭발위험장소 분류	방폭구조 전기기계·기구의 선정기준
0종 장소	㉠ 본질안전방폭구조(ia) ㉡ 그 밖에 관련 공인 인증기관이 0종 장소에서 사용이 가능한 방폭구조로 인증한 방폭구조
1종 장소	㉠ 내압방폭구조(d)　　㉡ 압력방폭구조(p) ㉢ 충전방폭구조(q)　　㉣ 유입방폭구조(o) ㉤ 안전증방폭구조(e)　㉥ 본질안전방폭구조(ia, ib) ㉦ 몰드방폭구조(m) ㉧ 그 밖에 관련 공인 인증기관이 1종 장소에서 사용이 가능한 방폭구조로 인증한 방폭구조
2종 장소	㉠ 0종 장소 및 1종 장소에 사용 가능한 방폭구조 ㉡ 비점화방폭구조(n) ㉢ 그 밖에 2종 장소에서 사용하도록 특별히 고안된 비방폭형 구조

② 분진폭발 위험장소

폭발위험장소 분류	방폭구조 전기기계·기구의 선정기준
20종 장소	㉠ 밀폐방진방폭구조(DIP A20 또는 B20) ㉡ 그 밖에 관련 공인 인증기관이 20종 장소에서 사용이 가능한 방폭구조로 인증한 방폭구조
21종 장소	㉠ 밀폐방진방폭구조(DIP A20 또는 A21, DIP B20 또는 B21) ㉡ 특수분진방폭구조(SDP) ㉢ 그 밖에 관련 공인 인증기관이 21종 장소에서 사용이 가능한 방폭구조로 인증한 방폭구조
22종 장소	㉠ 20종 장소 및 21종 장소에 사용 가능한 방폭구조 ㉡ 일반방진방폭구조(DIP A22 또는 B22) ㉢ 보통방진방폭구조(DP) ㉣ 그 밖에 22종 장소에서 사용하도록 특별히 고안된 비방폭형 구조

③ 방폭기기 합격품 표시방법

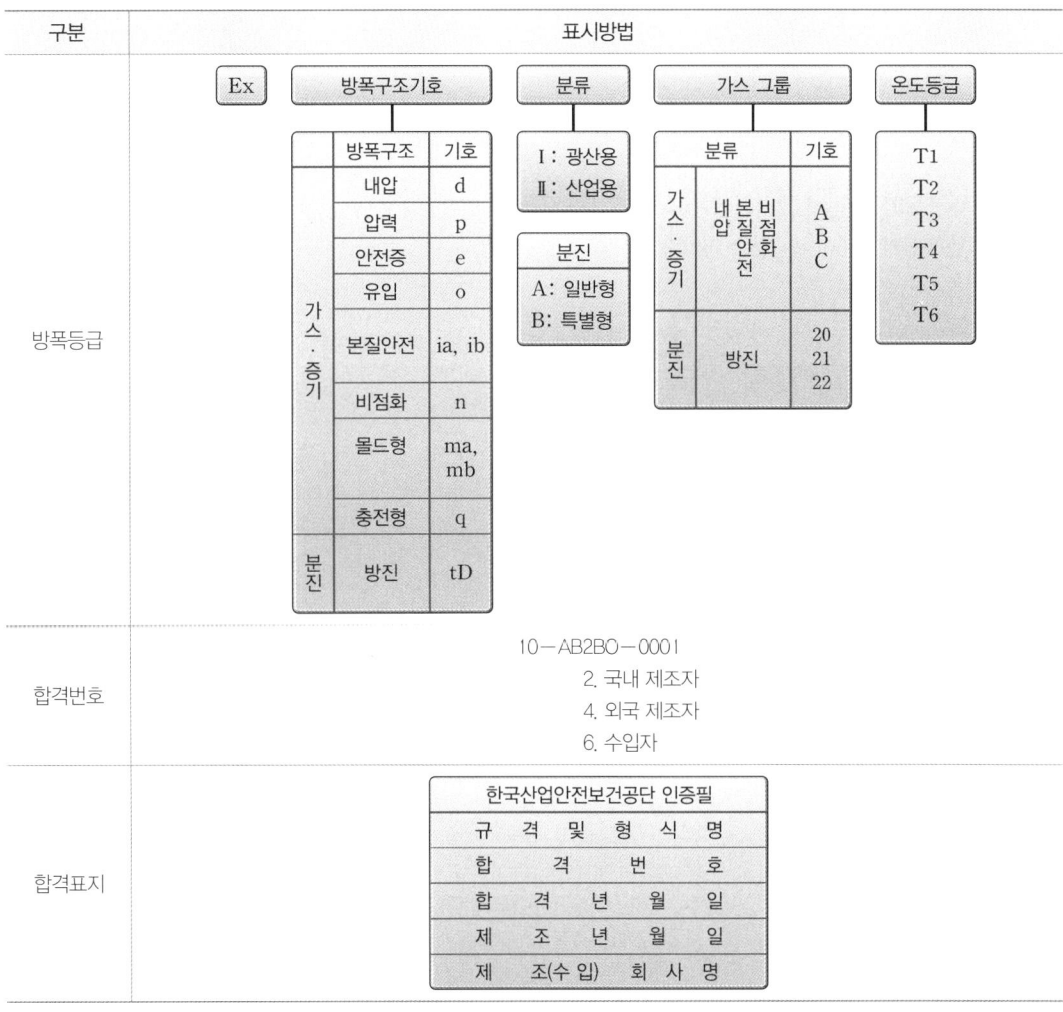

④ 인증번호 표시 예

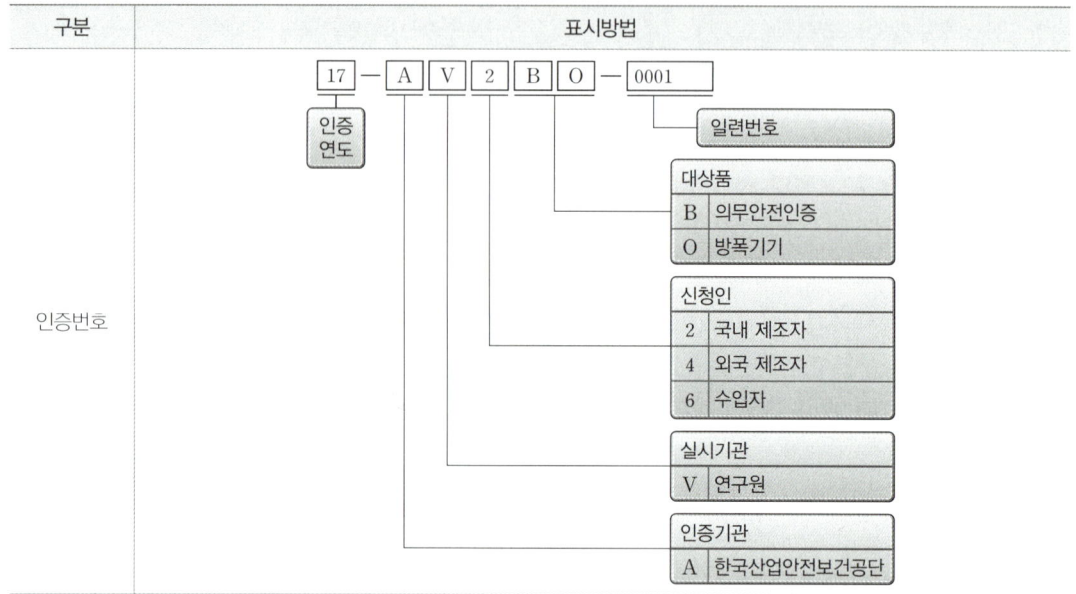

(2) **방폭구조의 선정 시 고려사항**
 ① 방폭전기기기가 설치될 지역의 방폭지역 등급 구분
 ② 가스 등의 발화온도
 ③ 내압방폭구조의 경우 최대안전틈새
 ④ 본질안전방폭구조의 경우 최소점화전류
 ⑤ 압력방폭구조, 유입방폭구조, 안전증방폭구조의 경우 최고표면온도
 ⑥ 방폭전기기기가 설치될 장소의 주변 온도, 표고 또는 상대습도, 먼지, 부식성 가스 또는 습기 등의 환경조건
 ⑦ 모든 방폭전기기기는 가스 등의 발화온도의 분류와 적절히 대응하는 온도등급의 것을 선정하여야 한다.
 ⑧ 사용장소에 가스 등의 2종류 이상이 존재할 수 있는 경우에는 가장 위험도가 높은 물질의 위험특성과 적절히 대응하는 방폭전기기기를 선정하여야 한다. 단, 가스 등의 2종 이상의 혼합물인 경우에는 혼합물의 위험특성에 적절히 대응하는 방폭전기기기를 선정하여야 한다.
 ⑨ 사용 중에 전기적 이상상태에 의하여 방폭성능에 영향을 줄 우려가 있는 전기기기는 사전에 적절한 전기적 보호장치를 설치하여야 한다.

(3) **방폭전기설비의 보수**

보수작업 시의 단계	보수작업 시의 준비사항 및 유의사항
보수작업 전 준비사항	보수내용의 명확화, 공구, 재료, 교체부품의 준비 등
보수작업 중 유의사항	• 통전 중에 점검작업을 할 경우에는 방폭전기기기의 본체, 단자함, 점검창 등을 열어서는 안 됨 (단, 본질안전방폭구조의 전기설비 예외) • 방폭지역에서 보수를 행할 경우에는 공구 등에 의한 충격불꽃을 발생시키지 않도록 실시해야 함
보수작업 후 유의사항	방폭전기설비 전체로서의 방폭성능을 복원시켜야 함

(4) **전원 및 환경의 영향에 대한 유의사항**
 ① 전원 전압 및 주파수   ② 주변 온도 및 습도   ③ 수분 및 먼지
 ④ 부식성 가스 및 액체   ⑤ 설치장소의 진동

(5) 방폭전기설비의 전기적 보호(자동차단장치 등)

① 과부하, 단락 또는 지락 등의 사고 시 자동차단장치를 다음의 경우를 제외하고는 설치하여야 한다.
  ㉠ 본질안전회로인 경우
  ㉡ 자동차단이 점화의 위험보다 더 큰 위험을 발생시킬 우려가 있는 경우
② 3상 전동기가 단상운전이 됨으로 인하여 과전류가 흐를 우려가 있는 경우에는 열동과 전류 전기를 각 상마다 사용하거나 결상계전기를 사용하는 등 이에 관한 적합한 보호장치를 하여야 한다.
③ 자동차단장치는 사고가 제거되지 않은 상태에서 자동 복귀되지 않는 구조이어야 한다. 단, 2종 장소에 설치된 설비의 과부하방지장치에는 적용하지 아니한다.

2. 방폭구조 전기배선

(1) 전선관의 접속 등

① 전선관과 전선관용 부속품 또는 전기기기와의 접속, 전선관용 부속품 상호의 접속 또는 전기기기와의 접속은 규정에 따른 관용 평형나사에 의해 나사산이 5산 이상 결합되도록 하여야 한다.
② ①의 나사결합 시에는 전선관과 전선관용 부속품 또는 전기기기와의 접속부분에 로크너트를 사용하여 결합부분이 유효하게 고정되도록 하여야 한다.
③ 전선관을 상호 접속 시에는 유니온 커플링을 사용하여 5산 이상 유효하게 접속되도록 하여야 한다.
④ 가요성을 요하는 접속부분에는 내압방폭성능을 가진 가요전선관을 사용하여 접속하여야 한다.
⑤ ④의 가요전선관 공사 시에는 구부림 내측반경은 가요전선관 외경의 5배 이상으로 하여 비틀림이 없도록 하여야 한다.

(2) 저압 케이블의 선정

방폭지역에서 저압 케이블 공사 시에는 다음의 케이블이나 이와 동등 이상의 성능을 가진 케이블을 선정하여야 한다. 다만, 시스가 없는 단심 절연전선을 사용하여서는 아니 된다.

① MI 케이블
② 600[V] 폴리에틸렌 외장 케이블(EV, EE, CV, CE)
③ 600[V] 비닐 절연 외장 케이블(VV)
④ 600[V] 콘크리트 직매용 케이블(CB-VV, CB-EV)
⑤ 제어용 비닐절연 비닐 외장 케이블(CVV)
⑥ 연피케이블
⑦ 약전 계장용 케이블
⑧ 보상도선
⑨ 시내대 폴리에틸렌 절연 비닐 외장 케이블(CPEV)
⑩ 시내대 폴리에틸렌 절연 폴리에틸렌 외장 케이블(CPEE)
⑪ 강관 외장 케이블
⑫ 강대 외장 케이블

> **합격 보장 꿀팁**
> 방폭지역에서 저압케이블 공사 시 0.6/1[kV] 고무캡타이어 케이블은 사용하여서는 아니 된다.

CHAPTER 05 전기설비 위험요인관리

> 합격 KEYWORD | 전기화재의 원인, 과전류, 전기 화재예방대책, 접지공사, 접지도체의 굵기, 피뢰기, 피뢰기의 설치장소

1 전기화재의 원인

전기화재의 경우는 발화원과 출화의 경과(발화형태)로 분류하고 있으며, 출화의 경과에 의한 전기화재의 원인은 다음과 같다.

> **합격 보장 꿀팁**
> 화재 발생 시 조사해야 할 사항(전기화재의 원인): 발화원, 착화물, 출화의 경과(발화형태)

1. 단락(합선)

(1) 의미

전선의 피복이 벗겨지거나 전선에 압력이 가해지게 되면 두 가닥의 전선이 직접 또는 낮은 저항으로 접촉되는 경우에 전류가 전선에 연결된 전기기기 쪽보다는 저항이 적은 접촉부분으로 집중적으로 흐르게 되는데 이러한 현상을 단락(합선, Short)이라고 한다.

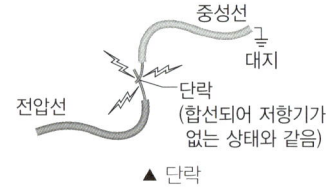
▲ 단락

(2) 발화의 원인(형태)
① 단락점에서 발생한 스파크가 주위의 인화성 가스나 물질에 연소한 경우
② 단락순간의 가열된 전선이 주위의 인화성 물질 또는 가연성 물질에 접촉할 경우
③ 단락점 이외의 전선피복이 연소하는 경우

2. 누전(지락)

(1) 의미

전선의 피복 또는 전기기기의 절연물이 열화되거나 기계적인 손상 등을 입게 되면 전류가 금속체를 통하여 대지로 새어나가게 되는데 이러한 현상을 누전이라 하며, 이로 인하여 주위의 인화성 물질이 발화되는 현상을 누전화재라고 한다.

(2) 발화의 원인

충전부와 대지 사이에 누전경로가 형성되면 그 누설전류로 인하여 열이 발생하면서 절연물을 국부적으로 파괴시키게 되므로 누전상태는 점점 더 악화되고, 이 누설전류가 장시간 흐르게 되면 발열량이 누적되어 주위의 가연성 물질에 발화하게 된다.

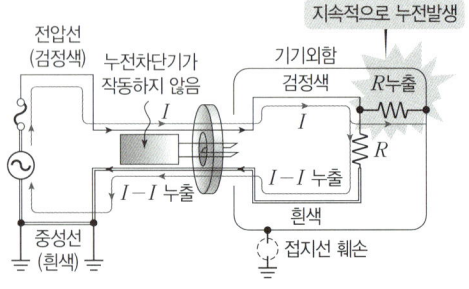
▲ 전기기기 및 설비에서 누전 발생

(3) **발화까지 이를 수 있는 누전전류의 최소치:** 300~500[mA]

누전화재의 요인		
누전점	발화점	접지점
전류의 유입점	발화된 장소	접지점의 소재

3. 과전류

(1) **의미**

전선에 전류가 흐르면 전류의 제곱과 전선의 저항값의 곱(I^2R)에 비례하는 열(H)이 발생($H=I^2RT$[J]$=0.24I^2RT$[cal])하며 이때 발생하는 열량과 주위 공간에 빼앗기는 열량이 서로 같은 점에서 전선의 온도는 일정하게 된다. 이 일정하게 되는 온도(최고허용온도)는 전선의 피복을 상하지 않는 범위 이내로 제한되어야 하고, 그때의 전류를 전선의 허용전류라 하며 이 허용전류를 초과하는 전류를 과전류라 한다.

(2) **발화의 원인**

허용전류를 초과하여 전류가 계속 흐르면 전선이 과열되어 피복이 열화될 우려가 있으며, 과전류가 심해지면 급격히 과열되어 순식간에 발화한다.

과전류 단계	인화단계	착화단계	발화단계		순간용단단계
			발화 후 용단	용단과 동시발화	
전선전류밀도[A/mm²]	40~43	43~60	60~70	75~120	120

4. 스파크(Spark, 전기불꽃)

(1) **발생**

개폐기로 전기회로를 개폐할 때 또는 퓨즈가 용단될 때 스파크가 발생하는데 특히 회로를 끊을 때 심하게 발생한다. 직류인 경우는 더욱 심하며 또한 아크가 연속되기 쉽다.

(2) **발화의 원인**

스파크 발생 시 가연성 물질 또는 인화성 가스가 있으면 착화, 인화된다.

5. 접촉부 과열

(1) **발생**

전선과 전선, 전선과 단자 또는 접속편 등의 도체에 있어서 접촉이 불완전한 상태에서 전류가 흐르면 접촉저항에 의해서 접촉부가 발열된다.

(2) **발화의 원인**

접촉부 발열은 국부적이고, 특히 접촉면이 거칠어지면 접촉저항은 더욱 증가되어 적열상태에 이르러 주위의 절연물을 발화한다.

> **합격 보장 꿀팁 아산화동 현상**
> ① 동선과 단자의 접속부분에 접촉불량이 있을 때, 이 부분의 동이 산화 및 발열하여 주위의 동을 용해하면서 아산화동(Cu_2O)이 증식되어 발열하는 현상이다.
> ② 발생부위는 스위치 등 스파크 발생개소, 코일의 층간단락, 반단선 등이다.

6. 절연열화(탄화)에 의한 발열

(1) 트래킹(Tracking) 현상

배선 또는 기구의 절연체는 그 대부분이 유기질로 되어 있는데 일반적으로 유기질은 장시일이 경과하면 열화하여 그 절연저항이 떨어진다. 또한, 유기질 절연체는 고온상태에서 공기의 유동이 나쁜 곳에서 가열되면 탄화과정을 거쳐 도전성을 띠게 되며 이것에 전압이 걸리면 전류로 인한 발열로 탄화현상이 누진적으로 촉진되어 유기질 자체가 타거나 주위의 가연물에 착화하게 되는데 이 현상을 트래킹(Tracking) 현상이라고 한다.

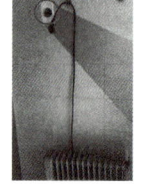

▲ 전열기의 높은 전력으로 인한 전기기구의 탄화

(2) 가네하라 현상과 트래킹 현상의 비교

구분	가네하라 현상	트래킹 현상
개념	누전회로에 발생하는 스파크 등에 의하여 목재 등에 탄화도전로가 생성되어 증식, 확대되면서 발열량이 증대, 발화하는 현상	전기제품 등에서 충전 전극 사이의 절연물 표면에 경년 변화나 먼지 등 어떤 원인으로 탄화도전로가 생성되어 지락, 단락으로 진전되면서 발화하는 현상
발생 대상물	유기물질의 전기절연체	전기기계·기구
발화 여부	저압 누전화재의 발화과정(기구) - 발화까지 포함한 의미	전기재료의 절연성능, 열화의 일종 - 발화 미포함

7. 낙뢰

낙뢰는 일종의 정전기로서 구름과 대지 간의 방전현상으로, 낙뢰가 생기면 전기회로에 이상전압이 유기되어 절연을 파괴시킬 뿐만 아니라 이때 흐르는 대전류가 화재의 원인이 된다.

> **합격 보장 꿀팁**
> 낙뢰 시 발생하는 대전류가 땅에 이르는 사이에 순간적으로 방대한 열을 발생하여 가연물을 발화시킨다.

8. 정전기 스파크

(1) 발생

정전기는 물질의 마찰에 의하여 발생되는 것으로서 정전기의 크기 및 구성은 대전서열에 의해 결정되며 대전된 도체 사이에서 방전이 생길 경우 스파크가 발생한다.

(2) 발화의 원인

정전기 방전 시 발생하는 스파크에 의하여 주위에 있던 가연성 가스 및 증기에 인화되는 경우로 다음의 조건 등이 만족되어야 한다.
① 가연성 가스 및 증기가 폭발한계 내에 있을 것
② 정전기 스파크의 에너지가 가연성 가스 및 증기의 최소착화에너지 이상일 것
③ 방전하기에 충분한 전위가 나타나 있을 것

2 전기누전화재경보기

전기누전화재경보기는 건축물 내에 들어 있는 금속재에 전류가 흐르게 되면 이를 검지하여 건축물 내에 수용되어 있는 사람들에게 경보를 알려주는 역할을 하는 경보설비이다.

1. 전기누전화재경보기의 구성
(1) 누설전류를 검출하는 영상 변류기(ZCT)
(2) 누설전류를 증폭하는 증폭기
(3) 경보를 발하는 음향장치(수신부)

2. 전기누전화재경보기의 설치대상
(1) 계약전류용량 100[A]를 초과하는 특정소방대상물(내화구조가 아닌 건축물로서 벽·바닥 또는 반자의 전부나 일부를 불연재료 또는 준불연재료가 아닌 재료에 철망을 넣어 만든 것에 한함)
(2) 계약전류용량은 같은 건축물에 계약종류가 다른 전기가 공급되는 경우에는 그 중 최대계약전류용량을 말한다.

3. 전기누전화재경보기의 작동원리
(1) **단상식**

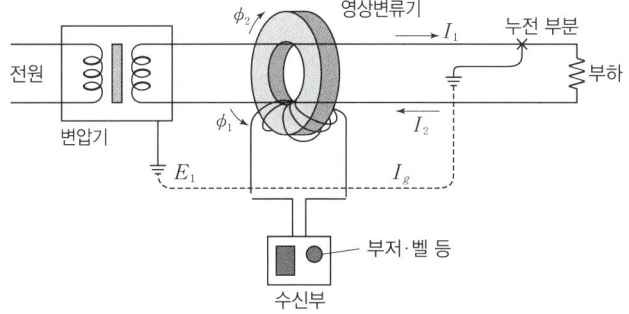

▲ 단상식 전기화재경보기

① **누설전류가 없는 경우**: 회로에 흐르는 왕로전류 I_1과 귀로전류 I_2는 동일하고 왕로전류 I_1에 의한 자속 ϕ_1과 귀로전류 I_2에 의한 자속 ϕ_2는 동일하다. 즉, 왕로전류의 자속(ϕ_1)=귀로전류의 자속(ϕ_2)이므로 서로 상실되어 유기기전력은 발생하지 않는다.

② **누설전류가 발생하는 경우**: 전로에 누설전류가 발생되면 누설전류 I_g가 흐르므로 왕로전류는 I_1+I_g가 되고 귀로전류 I_2는 왕로전류 I_1+I_g보다 작아져서 누설전류 I_g에 의한 자속이 생성되어 영상 변류기에 유기전압(Induced Voltage)을 유도시킨다. 이 전압을 증폭해서 입력 신호로 하여 릴레이(Relay)를 작동시켜 경보를 발하게 한다. 이때 누설전류 I_g에 의한 자속으로 유기전압의 식은 다음과 같다.

$$E[V]=\frac{E_m}{\sqrt{2}}=\frac{2\pi f}{\sqrt{2}}N\phi_{gm}=4.44fN\phi_{gm}$$

여기서, E: 유기전압(실효치), E_m: 유기전압의 최댓값, N: 2차 권선수, ϕ_{gm}: 누설전류에 의한 자속의 최대치, f: 주파수

(2) 3상식

△결선으로 된 부하의 상전류 I_a, I_b, I_c의 방향을 아래의 그림과 같이 정한다.

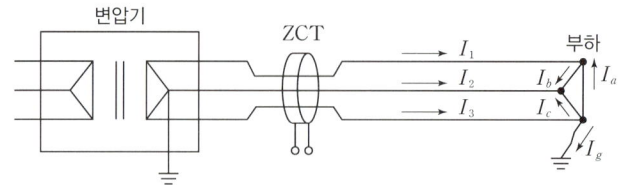

▲ 3상식 전기누전화재경보기

① 누설전류가 없는 경우: $I_1=I_b-I_a$, $I_2=I_c-I_b$, $I_3=I_a-I_c$가 되며 $I_1+I_2+I_3=I_b-I_a+I_c-I_b+I_a-I_c=0$이 된다. 즉, 변류기 내를 흐르는 전류의 총합은 0이 되어 유기전압이 유도되지 않는다.

② 전로에 누설전류가 발생하는 경우: 전로에 누설전류가 발생하면 $I_1=I_b-I_a$, $I_2=I_c-I_b$, $I_3=I_a-I_c+I_g$가 되므로 변류기를 관통하여 흐르는 전류는 $I_1+I_2+I_3=I_g$가 된다.

이 누설전류 I_g는 ϕ_g라는 자속을 발생시켜 주는 단상의 경우와 같이 영상변류기에 유기전압이 유도되며 이를 증폭(Amplification)하여 경보를 발하게 된다. 이 경우 누설전류(Leakage Current)에 의한 유기전압은 단상식의 경우와 동일하게 유도된다.

$$E[\text{V}] = 4.44 f N \phi_{gm}$$

4. 전기누전화재경보기의 회로 결선방법

전기누전화재경보기의 회로 결선방법은 변압기 중성점 접지방식과 경계전로 연결방식이 있으며, 검출 누설전류의 설정값은 일반적인 경우에 경계전로에 시설하는 것은 200[mA], 변압기 중성점 접지선에 시설하는 것은 500[mA]이다.

5. 전기누전화재경보기의 시험방법

(1) 전류특성시험   (2) 전압특성시험   (3) 주파수특성시험
(4) 온도특성시험   (5) 온도상승시험   (6) 노화시험
(7) 전로개폐시험   (8) 과전류시험   (9) 차단기구의 개폐 자유시험
(10) 개폐시험   (11) 단락전류시험   (12) 과누전시험
(13) 진동시험   (14) 충격시험   (15) 방수시험
(16) 절연저항시험   (17) 절연내력시험   (18) 전압강하의 방지

> **합격 보장 꿀팁**
> 접지저항시험은 전기누전화재경보기의 시험방법에 속하지 않는다.

3 전기화재 예방대책

1. 전기화재 예방대책

(1) 전기기기 등의 화재예방대책

발화원 구분		화재예방대책
전기배선		① 코드의 연결 금지 ② 코드의 고정사용 금지 ③ 사용전선의 적정 굵기 사용: 허용전류 이하로 사용

옥내배선 등		① 시설장소에 적합한 공사방법 시행
		② 공사방법에 따른 적당한 전선의 종류 및 굵기 설정
		③ 누전방지를 위하여 다음의 사항을 따른다.
		   ㉠ 절연파괴의 원인 제거(전기·기계·화학·열적 요인 제거)
		   ㉡ 배선피복의 손상 유무, 배선과 조영재의 거리, 접지 등의 정기적인 점검 및 절연저항 측정
		   ㉢ 누전화재경보기 설치

배선기구		배선기구는 정격전압과 정격전류가 있는데 이 범위 내에서 사용하는 것이 바람직하며 전선의 연결 부분이나 접촉부분의 과열방지를 위하여 다음 사항을 유의하여 사용하여야 한다. ① 개폐기의 전선 조임부분이나 접촉면의 상태 ② 콘센트, 플러그의 접촉상태 및 취급방법 ③ 적정용량의 퓨즈 사용
전기기기 및 장치	전기로 및 전기 건조장치 (이동형)	① 전기로나 건조장치의 발열부 주위에 가연성 물질 방치 금지 ② 피건조물의 종류에 따라서 설비 내부의 조제, 건조물의 낙하방지, 열원과의 거리를 충분히 띄울 것 ③ 전기로 내의 온도가 이상 상승 시 자동적으로 전원을 차단하는 장치 시설
	전열기 (고정형)	① 열판의 밑부분에는 차열판이 있는 것을 사용할 것 ② 점멸을 확실하게 할 것(표시등 부착) ③ 인조석, 석면, 벽돌 등 단열성 불연재료로 받침대를 만들 것 ④ 주위 0.3~0.5[m], 상방 1.0~1.5[m] 이내에는 가연성 물질 접근 방지
전기기기 및 장치	개폐기 등 (아크를 발생하는 시설)	개폐기 개폐 시 발생하는 스파크에 의한 발열 등으로 발생하는 화재를 예방하기 위해서는 다음과 같이 하여야 한다. ① 개폐기를 설치할 경우 목재벽이나 천장으로부터 고압용은 1[m] 이상, 특고압은 2[m] 이상 떨어져야 함 ② 가연성 증기 및 분진 등 위험한 물질이 있는 곳에서는 방폭형 개폐기 사용
	전등	전등에 가연성 물질의 접촉 또는 가연성 증기나 분진이 있는 작업장에서 전등의 파손에 의한 필라멘트(최고 2,500[℃])의 노출로 화재가 발생될 수 있으므로 다음과 같이 하여야 한다. ① 전구는 그로브 및 금속제 가드를 취부하여 보호할 것 ② 위험물 창고 등에서는 조명설비를 줄이거나 생략(방폭형 설치, 창고 내 스위치 취부 금지)

(2) **출화의 경과에 의한 화재예방대책**

구분	예방대책
단락 및 혼촉방지	① 이동전선의 관리 철저 ② 전선 인출부 보강 ③ 규격전선의 사용 ④ 전원스위치 차단 후 작업

누전방지	① 절연파괴의 원인 제거
	② 퓨즈나 누전차단기를 설치하여 누전 시 전원차단
	③ 누전화재경보기 설치 등
	   ㉠ 절연불량(파괴의 주요원인)
	     • 높은 이상전압 등에 의한 전기적 요인
	     • 진동, 충격 등에 의한 기계적 요인
	     • 산화 등에 의한 화학적 요인
	     • 온도상승에 의한 열적 요인
	   ㉡ 절연물의 절연계급
	
	| 종별
		Y	A	E	B	F	H	C |
								|---|---|---|---|---|---|---|---|
								| 최고허용온도[℃] | 90 | 105 | 120 | 130 | 155 | 180 | 180 초과 |

과전류방지	① 적정용량의 퓨즈 또는 배선용 차단기의 사용 ② 문어발식 배선사용 금지 ③ 스위치 등의 접촉부분 점검 ④ 고장난 전기기기 또는 누전되는 전기기기의 사용금지 ⑤ 동일전선관에 많은 전선 삽입금지 ※ 동일관 내 전선 수에 의한 전류감소계수 	동일관 내 전선 수	전류감소계수	동일관 내 전선 수	전류감소계수	 |---|---|---|---| | 3 이하 | 0.7 | 16~40 | 0.43 | | 4 | 0.63 | 41~60 | 0.39 | | 5~6 | 0.56 | 61 이상 | 0.34 | | 7~15 | 0.49 | – | – |
접촉불량 방지	① 전기공사 시공 및 감독 철저 ② 전기설비 점검 철저
안전점검 철저	설비별 안전점검 철저

2. 국소대책

(1) **경보설비의 설치**

(2) **국한대책**

방화시설 설치(방화벽, 방화문 등), 불연성·난연성 재료의 사용, 초기화재진압을 위한 대응 및 조치, 위험물질 및 위험물의 격리 조치 등

3. 소화대책

(1) 소화설비의 설치 및 활용

(2) 초기 신속대응에 의한 진화

4. 피난대책

(1) 피난설비 설치
(2) 피난 시 심리적 불안을 완화하기 위한 대책 강구
(3) 상층방향에 대한 피난대책 강구

5. 발화원의 관리

발화원 구분	화재예방대책
변압기	① 변압기는 가능한 독립된 내화구조의 변전실 또는 다른 건물에서 충분히 떨어진 장소에 설치할 것 ② 작업장 내에 설치할 경우 내화구조의 칸막이 벽, 바닥(2시간 내화 정도의 것) 등으로 다른 부분과 방화적인 격리를 할 것 ③ 대용량의 변압기 상호 간의 사이 및 차단기, 배전반 등의 사이에는 콘크리트의 칸막이벽을 설치하여 각각 독립시켜서 손해의 파급을 막을 것 ④ 바닥을 경사지게 하고, 배유구를 설치하여 사고 시 흘러나오는 기름을 신속히 배출할 것
전동기	① 사용장소에 적합한 전동기 사용 ② 전동기 철재 외함 접지 ③ 과열 방지
전열기, 배선, 배선기구, 전등 등	전기기기 등의 화재예방대책과 동일

4 접지공사

1. 접지시스템 구분

(1) **공통접지**
고압 및 특고압 접지계통과 저압 접지계통이 등전위가 되도록 공통으로 접지하는 방식이다.

(2) **통합접지**
① 전기설비 접지, 통신설비 접지, 피뢰설비 접지 및 수도관, 가스관, 철근, 철골 등과 같이 전기설비와 무관한 계통외 도전부도 모두 함께 접지하여 그들 간에 전위차가 없도록 함으로써 인체의 감전우려를 최소화하는 방식을 말한다.
② 통합접지의 본질적 목적은 건물 내에 사람이 접촉할 수 있는 모든 도전부가 항상 같은 대지전위를 유지할 수 있도록 등전위를 형성하는 것이다.
③ 하나의 접지이기 때문에 사고나 문제가 발생하면 접지선을 타고 들어가 모든 계통에 손상이 발생할 수 있으므로 반드시 과전압 보호장치나 서지보호장치(SPD)를 피뢰설비와 통신설비에 설치하여야 한다.

2. 계통접지방식

(1) **용어의 정의** KEC 112
① **계통외 도전부**(Extraneous Conductive Part): 전기설비의 일부는 아니지만 지면에 전위 등을 전해줄 위험이 있는 도전성 부분을 말한다.
② **노출 도전부**(Exposed Conductive Part): 충전부는 아니지만 고장 시에 충전될 위험이 있고, 사람이 쉽게 접촉할 수 있는 기기의 도전성 부분을 말한다.
③ **등전위 본딩**(Equipotential Bonding): 등전위를 형성하기 위해 도전부 상호 간을 전기적으로 연결하는 것을 말한다.

④ 보호 등전위 본딩(Protective Equipotential Bonding): 감전에 대한 보호 등과 같이 안전을 목적으로 하는 등전위본딩을 말한다.
⑤ 보호 본딩 도체(Protective Bonding Conductor): 보호 등전위 본딩을 제공하는 보호도체를 말한다.
⑥ 보호접지(Protective Earthing): 고장 시 감전에 대한 보호를 목적으로 기기의 한 점 또는 여러 점을 접지하는 것을 말한다.
⑦ PEN 도체(Protective Earthing Conductor and Neutral Conductor): 교류회로에서 중성선 겸용 보호도체를 말한다.

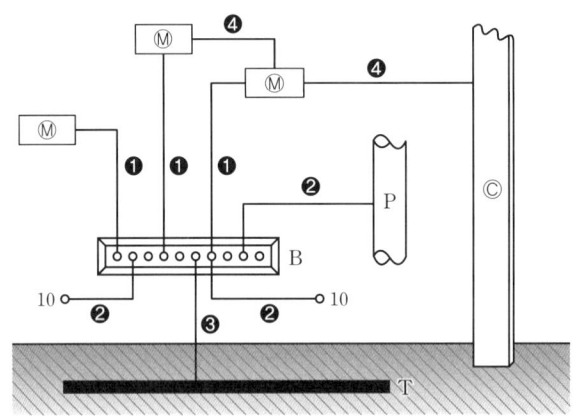

❶: 보호도체(PE)
❷: 보호 등전위 본딩용 전선
❸: 접지선
❹: 보조 보호 등전위 본딩용 전선
Ⓜ: 전기기기의 노출 도전성 부분
Ⓒ: 철골, 금속덕트 등의 계통외 도전성 부분
B: 주 접지단자
P: 수도관, 가스관 등 금속배관
T: 접지극
10: 기타 기기(예 정보통신시스템, 뇌보호시스템)

(2) **문자의 의미**

이니셜	영단어	뜻
T	Terra	땅, 대지, 흙
N	Neutral	중성선
I	Insulation or Impedance	절연 또는 임피던스
C	Combined	결합
S	Separated	구분, 분리

첫 번째	두 번째
T	N
T	T
I	T

첫 번째 문자: 전원 측 변압기의 접지상태
두 번째 문자: 설비의 접지상태

(3) **계통접지방식(TN방식, TT방식, IT방식)**

① TN방식

대지(T)-중성선(N)을 연결하는 방식으로 다중접지방식이라고도 하며 TN방식은 TN-C, TN-S, TN-C-S 방식으로 구분된다.

㉠ TN-C
- 변압기(전원부)는 접지되어 있고 중성선과 보호도체는 각각 결합(C)되어 사용하므로 PE+N을 합하여 PEN으로 기재한다.
- 3상 불평형이 흐르면 중성선에도 전류가 흘러 이를 누전차단기가 정확히 판단하기 어렵기 때문에 접지선과 중성선을 공유하므로 누전차단기를 사용할 수 없고 배선용 차단기를 사용한다.
- 현재 우리나라 배전선로에서 사용된다.

- ⓒ TN-S
  - 변압기(전원부)는 접지되어 있고 중성선과 보호도체는 각각 분리(S)되어 사용된다.
  - 통신기기나 전산센터, 병원 등 예민한 전기설비가 있는 경우 사용된다.
- ⓒ TN-C-S
  - TN-S방식과 TN-C방식의 결합형태로 계통의 중간에서 나누는데, 이때 TN-C부분에서는 누전차단기를 사용할 수 없다.
  - 보통 자체 수변전실을 갖춘 대형 건축물에서 사용하는 방식으로 전원부는 TN-C를 적용하고 간선계통은 TN-S를 사용한다.
② TT방식
  - 변압기 측과 전기설비 측이 개별적으로 접지하는 방식으로 독립접지방식이라고도 한다.
  - TT방식은 반드시 누전차단기를 설치하여야 한다.
③ IT방식
  - 변압기(전원부)의 중성점 접지를 비접지로 하고 설비쪽은 접지를 실시한다.
  - 병원과 같이 전원이 차단되어서는 안 되는 곳에서 사용하며, 절연 또는 임피던스와 같이 전류가 흐르기 매우 어려운 상태이므로 변압기가 있는 전원분의 지락전류가 매우 작아 감전위험이 적다.

(4) 수용가 인입점(책임분기점)의 접지방식

① TN-S: 접지선이 전원선 및 중성선과 분리되어 시설된 경우
② TN-C-S: 접지선이 수용가 인입점(책임분계점)에서 중성선과 분기되어 시설된 경우
③ TT: 접지선이 독립되어 대지에 직접 시설된 경우

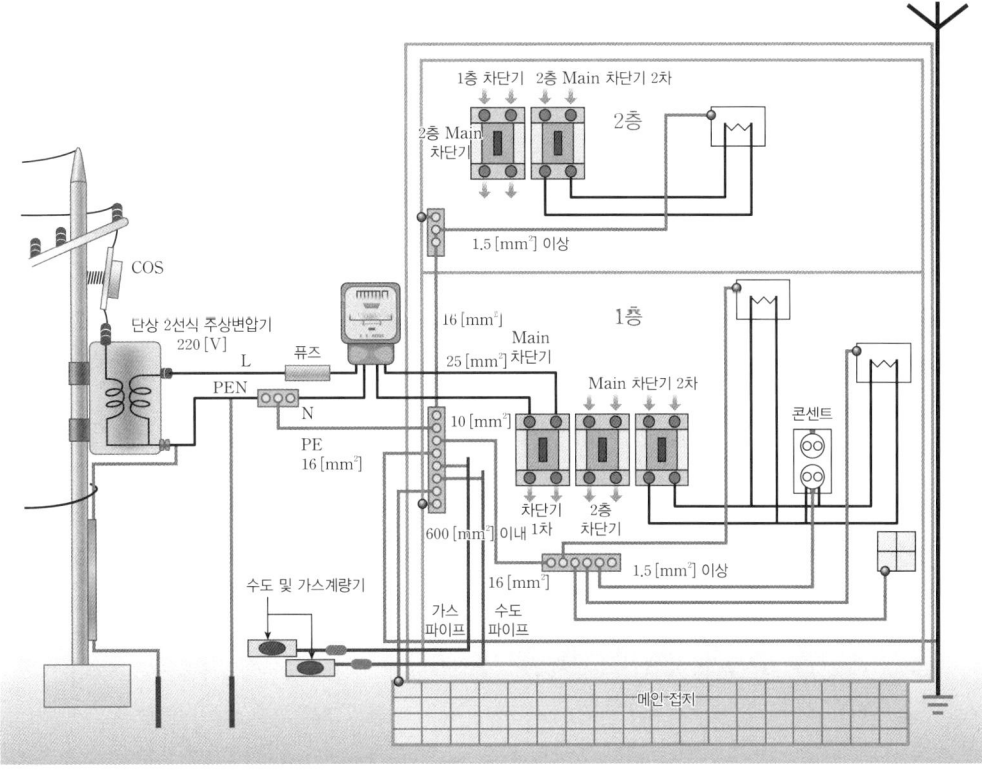

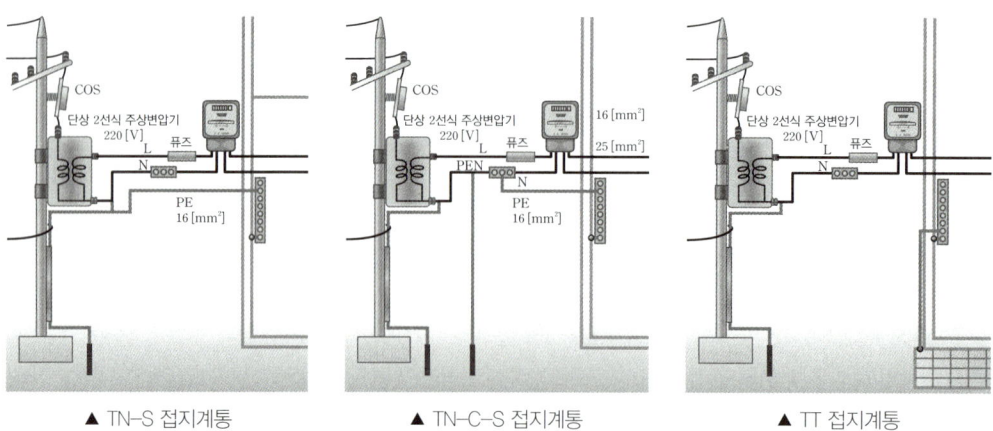

▲ TN-S 접지계통　　　　▲ TN-C-S 접지계통　　　　▲ TT 접지계통

3. 변압기 중성점 접지 KEC 142.5~142.6

(1) 중성점 접지 저항값

① 일반적으로 변압기의 고압·특고압측 전로 1선 지락전류로 150을 나눈 값과 같은 저항 값 이하
② 변압기의 고압·특고압측 전로 또는 사용전압이 35[kV] 이하의 특고압전로가 저압측 전로와 혼촉하고 저압전로의 대지전압이 150[V]를 초과하는 경우 저항 값은 다음에 의한다.
　㉠ 1초 초과 2초 이내에 고압·특고압 전로를 자동으로 차단하는 장치를 설치할 때는 300을 나눈 값 이하
　㉡ 1초 이내에 고압·특고압 전로를 자동으로 차단하는 장치를 설치할 때는 600을 나눈 값 이하
③ 전로의 1선 지락전류는 실측값에 의한다. 다만, 실측이 곤란한 경우에는 선로정수 등으로 계산한 값에 의한다.

(2) 공통접지 및 통합접지

① 고압 및 특고압과 저압 전기설비의 접지극이 서로 근접하여 시설되어 있는 변전소 또는 이와 유사한 곳에서는 다음과 같이 공통접지시스템으로 할 수 있다.
　㉠ 저압 전기설비의 접지극이 고압 및 특고압 접지극의 접지저항 형성영역에 완전히 포함되어 있다면 위험전압이 발생하지 않도록 이들 접지극을 상호 접속하여야 한다.
　㉡ 접지시스템에서 고압 및 특고압 계통의 지락사고 시 저압계통에 가해지는 상용주파 과전압은 아래 표에서 정한 값을 초과해서는 안 된다.

합격 보장 꿀팁 저압설비 허용 상용주파 과전압

고압계통에서 지락고장시간[초]	저압설비 허용 상용주파 과전압[V]	비고
>5	$U_0 + 250$	중성선 도체가 없는 계통에서 U_0는 선간전압을 말한다.
≤5	$U_0 + 1,200$	

① 순시 상용주파 과전압에 대한 저압기기의 절연 설계기준과 관련된다.
② 중성선이 변전소 변압기의 접지계통에 접속된 계통에서, 건축물 외부에 설치한 외함이 접지되지 않은 기기의 절연에는 일시적 상용주파 과전압이 나타날 수 있다.

② 전기설비의 접지설비, 건축물의 피뢰설비·전자통신설비 등의 접지극을 공용하는 통합접지시스템으로 하는 경우 다음과 같이 하여야 한다.
　㉠ 통합접지시스템은 위의 규정에 의한다.
　㉡ 낙뢰에 의한 과전압 등으로부터 전기·전자기기 등을 보호하기 위해 규정에 따라 서지보호장치를 설치하여야 한다.

> **합격 보장 꿀팁** 접지의 목적에 따른 종류

접지의 종류	접지목적
계통접지	고압전로와 저압전로 혼촉 시 감전이나 화재 방지
기기접지	누전되고 있는 기기에 접촉되었을 때의 감전 방지
피뢰기접지(낙뢰방지용 접지)	낙뢰로부터 전기기기의 손상 방지
정전기방지용 접지	정전기의 축적에 의한 폭발재해 방지
지락검출용 접지	누전차단기의 동작을 확실하게 하기 위함
등전위 접지	병원에 있어서의 의료기기 사용 시의 안전 확보
잡음대책용 접지	잡음에 의한 전자장치의 파괴나 오동작 방지
기능용 접지	전기방식 설비 등의 접지

4. 기계·기구의 철대 및 외함의 접지 KEC 142.7

(1) 전로에 시설하는 기계·기구의 철대 및 금속제 외함(외함이 없는 변압기 또는 계기용변성기는 철심)에는 접지공사를 하여야 한다.

(2) 다음의 어느 하나에 해당하는 경우에는 위의 규정에 따르지 않을 수 있다.
   ① 사용전압이 직류 300[V] 또는 교류 대지전압이 150[V] 이하인 기계·기구를 건조한 곳에 시설하는 경우
   ② 저압용의 기계·기구를 건조한 목재의 마루 기타 이와 유사한 절연성 물건 위에서 취급하도록 시설하는 경우
   ③ 저압용이나 고압용의 기계·기구, 특고압 전선로에 접속하는 배전용 변압기나 이에 접속하는 전선에 시설하는 기계·기구 또는 특고압 가공전선로의 전로에 시설하는 기계·기구를 사람이 쉽게 접촉할 우려가 없도록 목주 기타 이와 유사한 것의 위에 시설하는 경우
   ④ 철대 또는 외함의 주위에 적당한 절연대를 설치하는 경우
   ⑤ 외함이 없는 계기용변성기가 고무·합성수지 기타의 절연물로 피복한 것일 경우
   ⑥ 「전기용품 및 생활용품 안전관리법」의 적용을 받는 이중절연구조로 되어 있는 기계·기구를 시설하는 경우
   ⑦ 저압용 기계·기구에 전기를 공급하는 전로의 전원 측에 절연변압기(2차 전압이 300[V] 이하이며, 정격용량이 3[kVA] 이하인 것에 한함)를 시설하고 또한 그 절연변압기의 부하 측 전로를 접지하지 않은 경우
   ⑧ 물기 있는 장소 이외의 장소에 시설하는 저압용의 개별 기계·기구에 전기를 공급하는 전로에 「전기용품 및 생활용품 안전관리법」의 적용을 받는 인체감전보호용 누전차단기(정격감도전류가 30[mA] 이하, 동작시간이 0.03초 이하의 전류동작형에 한함)를 시설하는 경우
   ⑨ 외함을 충전하여 사용하는 기계·기구에 사람이 접촉할 우려가 없도록 시설하거나 절연대를 시설하는 경우

> **합격 보장 꿀팁** 「산업안전보건법령」상 접지 적용 비대상 안전보건규칙 제302조
> ① 「전기용품 및 생활용품 안전관리법」이 적용되는 이중절연 또는 이와 같은 수준 이상으로 보호되는 구조로 된 전기기계·기구
> ② 절연대 위 등과 같이 감전 위험이 없는 장소에서 사용하는 전기기계·기구
> ③ 비접지방식의 전로(그 전기기계·기구의 전원 측의 전로에 설치한 절연변압기의 2차 전압이 300[V] 이하, 정격용량이 3[kVA] 이하이고 그 절연변압기의 부하 측의 전로가 접지되어 있지 아니한 것으로 한정)에 접속하여 사용되는 전기기계·기구

5. 접지극의 시설 KEC 142.2

(1) 접지극의 시설
토양 또는 콘크리트에 매입되는 접지극의 재료 및 최소 굵기 등은 KS C IEC 60364-5-54의 표 54.1(토양 또는 콘크리트에 매설되는 접지극으로 부식방지 및 기계적 강도를 대비하여 일반적으로 사용되는 재질의 최소 굵기)에 따라야 한다.

(2) 접지극의 매설
① 접지극은 매설하는 토양을 오염시키지 않아야 하며, 가능한 다습한 부분에 설치한다.
② 접지극은 동결 깊이를 고려하여 시설하되, 고압 이상의 전기설비와 규정에 의하여 시설하는 접지극의 매설깊이는 지표면으로부터 지하 0.75[m] 이상으로 한다.
③ 접지도체를 철주 기타의 금속체를 따라서 시설하는 경우에는 접지극을 철주의 밑면으로부터 0.3[m] 이상의 깊이에 매설하는 경우 이외에는 접지극을 지중에서 그 금속체로부터 1[m] 이상 떼어 매설하여야 한다.

합격 보장 꿀팁 | 접지저항 저감법

물리적 저감법	화학적 저감법
① 접지극의 병렬 접속 ② 접지극의 치수 확대 ③ 접지봉 심타법 적용 ④ 매설지선 및 평판접지극 사용 ⑤ 메시(Mesh)공법 적용 ⑥ 다중접지 시트 사용 ⑦ 보링 공법 적용	① 저감제의 종류 　㉠ 비반응형: 염, 황산암모니아 분말, 벤토나이트 　㉡ 반응형: 화이트아스론, 티코겔 ② 저감제의 조건 　㉠ 저감효과가 크고 연속적일 것 　㉡ 접지극의 부식이 안될 것 　㉢ 공해가 없을 것 　㉣ 경제적이고 공법이 용이할 것

(3) 접지시스템 부식에 대한 고려
① 접지극에 부식을 일으킬 수 있는 폐기물 집하장 및 번화한 장소에 접지극 설치는 피해야 한다.
② 서로 다른 재질의 접지극을 연결할 경우 전기부식을 고려하여야 한다.
③ 콘크리트 기초접지극에 접속하는 접지도체가 용융아연도금강재인 경우 접속부를 토양에 직접 매설해서는 안 된다.

(4) 접지극을 접속하는 경우에는 발열성 용접, 눌러 붙임 접속, 클램프 또는 그 밖의 적절한 기계적 접속장치로 접속하여야 한다.

(5) 가연성 액체나 가스를 운반하는 금속제 배관은 접지설비의 접지극으로 사용할 수 없다. 다만, 보호 등전위 본딩은 예외로 한다.

(6) 수도관 등을 접지극으로 사용하는 경우
① 지중에 매설되어 있고 대지와의 전기저항 값이 3[Ω] 이하의 값을 유지하고 있는 금속제 수도관로가 다음에 따르는 경우 접지극으로 사용이 가능하다.
　㉠ 접지도체와 금속제 수도관로의 접속은 안지름 75[mm] 이상인 부분 또는 여기에서 분기한 안지름 75[mm] 미만인 분기점으로부터 5[m] 이내의 부분에서 하여야 한다. 다만, 금속제 수도관로와 대지 사이의 전기저항 값이 2[Ω] 이하인 경우에는 분기점으로부터의 거리는 5[m]를 넘을 수 있다.
　㉡ 접지도체와 금속제 수도관로의 접속부를 수도계량기로부터 수도 수용가 측에 설치하는 경우에는 수도계량기를 사이에 두고 양측 수도관로를 등전위본딩 하여야 한다.
　㉢ 접지도체와 금속제 수도관로의 접속부를 사람이 접촉할 우려가 있는 곳에 설치하는 경우에는 손상을 방지하도록 방호장치를 설치하여야 한다.
　㉣ 접지도체와 금속제 수도관로의 접속에 사용하는 금속제는 접속부에 전기적 부식이 생기지 않아야 한다.

② 건축물·구조물의 철골 기타의 금속제는 이를 비접지식 고압전로에 시설하는 기계·기구의 철대 또는 금속제 외함의 접지공사 또는 비접지식 고압전로와 저압전로를 결합하는 변압기의 저압전로의 접지공사의 접지극으로 사용할 수 있다. 다만, 대지와의 사이에 전기저항 값이 2[Ω] 이하인 값을 유지하는 경우에 한한다.

6. 접지도체 KEC 142.3.1

(1) 접지도체의 선정

① 접지도체의 단면적은 보호도체의 최소 단면적에 의하며 큰 고장전류가 접지도체를 통하여 흐르지 않을 경우 접지도체의 최소 단면적은 다음과 같다.
   ㉠ 구리는 6[mm^2] 이상
   ㉡ 철제는 50[mm^2] 이상

② 접지도체에 피뢰시스템이 접속되는 경우, 접지도체의 단면적은 구리 16[mm^2] 또는 철 50[mm^2] 이상으로 하여야 한다.

(2) 접지도체는 지하 0.75[m]부터 지표상 2[m]까지 부분은 합성수지관(두께 2[mm] 미만의 합성수지제 전선관 및 가연성 콤바인덕트관 제외) 또는 이와 동등 이상의 절연효과와 강도를 가지는 몰드로 덮어야 한다.

(3) 특고압·고압 전기설비 및 변압기 중성점 접지시스템의 경우 접지도체가 사람이 접촉할 우려가 있는 곳에 시설되는 고정설비인 경우에는 다음에 따라야 한다.

① 접지도체는 절연전선(옥외용 비닐절연전선 제외) 또는 케이블(통신용 케이블 제외)을 사용하여야 한다. 다만, 접지도체를 철주 기타의 금속체를 따라서 시설하는 경우 이외의 경우에는 접지도체의 지표상 0.6[m]를 초과하는 부분에 대하여는 절연전선을 사용하지 않을 수 있다.

② 접지극 매설은 **5.** (2) 접지극의 매설에 따른다.

(4) 접지도체의 굵기

① 특고압·고압 전기설비용 접지도체는 단면적 6[mm^2] 이상의 연동선 또는 동등 이상의 단면적 및 강도를 가져야 한다.

② 중성점 접지용 접지도체는 공칭단면적 16[mm^2] 이상의 연동선 또는 동등 이상의 단면적 및 세기를 가져야 한다. 다만, 다음의 경우에는 공칭단면적 6[mm^2] 이상의 연동선 또는 동등 이상의 단면적 및 강도를 가져야 한다.
   ㉠ 7[kV] 이하의 전로
   ㉡ 사용 전압이 25[kV] 이하인 특고압 가공전선로. 나반, 중성선 다중접지 방식의 것으로서 전로에 지락이 생겼을 때 2초 이내에 자동적으로 이를 전로로부터 차단하는 장치가 되어 있는 것

③ 이동하여 사용하는 전기기계·기구의 금속제 외함 등의 접지시스템의 경우
   ㉠ 특고압·고압 전기설비용 접지도체 및 중성점 접지용 접지도체는 클로로프렌 캡타이어 케이블(3종 및 4종) 또는 클로로설포네이트폴리에틸렌 캡타이어 케이블(3종 및 4종)의 1개 도체 또는 다심 캡타이어 케이블의 차폐 또는 기타의 금속체로 단면적이 10[mm^2] 이상인 것을 사용한다.
   ㉡ 저압 전기설비용 접지도체는 다심 코드 또는 다심 캡타이어 케이블의 1개 도체의 단면적이 0.75[mm^2] 이상인 것을 사용한다. 다만, 기타 유연성이 있는 연동연선은 1개 도체의 단면적이 1.5[mm^2] 이상인 것을 사용한다.

7. 보호도체 KEC 142.3.2

(1) 보호도체의 최소 단면적

① 보호도체의 최소 단면적은 ②에 따라 계산하거나 아래 표에 따라 선정할 수 있다. 다만, ③의 요건을 고려하여 선정한다.

선도체의 단면적 S ([mm²], 구리)	보호도체의 최소 단면적([mm²], 구리)	
	보호도체의 재질	
	선도체와 같은 경우	선도체와 다른 경우
S ≤ 16	S	$(k_1/k_2) \times S$
16 < S ≤ 35	16[a]	$(k_1/k_2) \times 16$
S > 35	S[a]/2	$(k_1/k_2) \times (S/2)$

여기서, k_1: 도체 및 절연의 재질에 따라 선정된 선도체에 대한 k값
k_2: 선정된 보호도체에 대한 k값
a: PEN 도체의 최소단면적은 중성선과 동일하게 적용

② 차단시간이 5초 이하인 경우에만 다음 계산식을 적용한다.

$$S = \frac{\sqrt{I^2 t}}{k}$$

여기서, S: 단면적[mm²]
I: 보호장치를 통해 흐를 수 있는 예상 고장전류 실효값[A]
t: 자동차단을 위한 보호장치의 동작시간[s]
k: 보호도체, 절연, 기타 부위의 재질 및 초기온도와 최종온도에 따라 정해지는 계수

③ 보호도체가 케이블의 일부가 아니거나 선도체와 동일 외함에 설치되지 않으면 단면적은 다음의 굵기 이상으로 하여야 한다.
  ㉠ 기계적 손상에 대해 보호가 되는 경우는 구리 2.5[mm²], 알루미늄 16[mm²] 이상
  ㉡ 기계적 손상에 대해 보호가 되지 않는 경우는 구리 4[mm²], 알루미늄 16[mm²] 이상
  ㉢ 케이블의 일부가 아니라도 전선관 및 트렁킹 내부에 설치되거나, 이와 유사한 방법으로 보호되는 경우 기계적으로 보호되는 것으로 간주한다.

④ 보호도체가 두 개 이상의 회로에 공통으로 사용되면 단면적은 다음과 같이 선정하여야 한다.
  ㉠ 회로 중 가장 부담이 큰 것으로 예상되는 고장전류 및 동작시간을 고려하여 ① 또는 ②에 따라 선정한다.
  ㉡ 회로 중 가장 큰 선도체의 단면적을 기준으로 ①에 따라 선정한다.

(2) 보호도체의 종류

① 보호도체는 다음 중 하나 또는 복수로 구성하여야 한다.
  ㉠ 다심케이블의 도체
  ㉡ 충전도체와 같은 트렁킹에 수납된 절연도체 또는 나도체
  ㉢ 고정된 절연도체 또는 나도체
  ㉣ 규정을 만족하는 금속케이블 외장, 케이블 차폐, 케이블 외장, 전선묶음(편조전선), 동심도체, 금속관

② 다음과 같은 금속부분은 보호도체 또는 보호본딩도체로 사용해서는 안 된다.
  ㉠ 금속 수도관
  ㉡ 가스·액체·가루와 같은 잠재적인 인화성 물질을 포함하는 금속관
  ㉢ 상시 기계적 응력을 받는 지지 구조물 일부
  ㉣ 가요성 금속배관. 다만, 보호도체의 목적으로 설계된 경우는 예외로 한다.

ⓜ 가요성 금속전선관
ⓑ 지지선, 케이블트레이 및 이와 비슷한 것

5 피뢰설비

전기설비 자체에서 발생되는 이상전압이나 외부에서 침입하는 이상전압으로부터 전기설비를 보호하는 설비가 피뢰설비이며, 피뢰기, 가공지선, 서지 흡수기, 피뢰침 등이 있다.

1. 피뢰설비의 종류

(1) **피뢰기**(LA; Lightning Arrester)

① 피뢰기는 피보호기 주위의 선로와 대지 사이에 접속되어 평상시에는 직렬갭에 의해 대지절연되어 있으나 계통에 이상전압이 발생되면 직렬갭이 방전, 이상 전압의 파고값을 내려서 기기의 속류를 신속히 차단하고 원상으로 복귀시키는 작용을 한다.

② 전력시스템에서 발생하는 이상전압에 대해 변전설비 자체의 절연을 높게 설계해서 운용하는 것은 경제적으로 불가능하기 때문에 이상전압의 파고값을 낮추어서(절연레벨을 낮게 잡음) 애자나 기기를 보호한다.

③ 구성요소: 직렬갭＋특성요소

피뢰기의 동작책무	피뢰기의 성능
㉠ 이상전압의 내습으로 피뢰 단자전압이 어느 일정값 이상이 되면 즉시 방전하여 전압상승을 억제하여 기기를 보호함 ㉡ 이상전압이 소멸하여 피뢰기 단자전압이 일정값 이하가 되면 즉시 방전을 정지하여 원래의 송전 상태로 돌아가게 함	㉠ 제한전압 또는 충격방전개시전압이 충분히 낮고 보호능력이 있을 것 ㉡ 속류차단이 완전히 행해져 동작책무특성이 충분할 것 ㉢ 뇌전류 방전능력이 클 것 ㉣ 대전류의 방전, 속류차단의 반복동작에 대하여 장기간 사용에 견딜 수 있을 것 ㉤ 상용주파방전개시전압은 회로전압보다 충분히 높아서 상용주파방전을 하지 않을 것

- 보호여유도[%]＝$\dfrac{충격절연강도－제한전압}{제한전압}\times 100$
- 피뢰기의 정격전압: 속류를 차단할 수 있는 최고의 교류전압(통상 실효값으로 나타냄)

(2) **가공지선**(Over Head Earthwire)

송전선의 뇌격에 대한 차폐용으로서 송전선의 전선 상부에 이것과 평행으로 전선을 따로 가선하여 각 철탑에서 접지시킨다.

(3) **서지 흡수기**(Surge Absorber)

급격한 충격 침입파에 대하여 기기를 보호할 목적으로 기기의 단자와 대지 간에 접속되는 보호콘덴서 또는 이와 피뢰기를 조합한 것이다.

(4) **피뢰침**

피뢰침은 돌침부, 피뢰 도선 및 접지전극으로 된 피뢰설비로서 낙뢰로 인하여 생기는 화재, 파손 또는 인축에 상해를 방지할 목적으로 하는 것을 총칭한다. 이 중에는 돌침부를 생략한 용마루 위의 도체, 독립 피뢰침, 독립가공지선, 철망 등으로 피보호물을 덮은 케이지(Cage)를 포함한다.

> **합격 보장 꿀팁** | **피뢰설비의 설치기준** 건축물설비기준규칙 제20조
>
> 낙뢰의 우려가 있는 건축물, 높이 20[m] 이상의 건축물 또는 공작물에는 다음의 기준에 적합하게 피뢰설비를 설치하여야 한다.
> ① 돌침은 건축물의 맨 윗부분으로부터 25[cm] 이상 돌출시켜 설치하되, 설계하중에 견딜 수 있는 구조일 것
> ② 피뢰설비의 재료는 최소 단면적이 피복이 없는 동선을 기준으로 수뢰부, 인하도선 및 접지극은 50[mm²] 이상이거나 이와 동등 이상의 성능을 갖출 것
> ③ 인하도선을 대신하여 철골조의 철골구조체과 철근콘크리트조의 철근구조체 등을 사용하는 경우에는 전기적 연속성이 보장될 것. 이 경우 전기적 연속성이 있다고 판단되기 위하여는 건축물 금속 구조체의 최상단부와 지표레벨 사이의 전기저항이 0.2[Ω] 이하이어야 한다.
> ④ 높이가 60[m]를 초과하는 건축물 등에는 지면에서 건축물 높이의 $\frac{4}{5}$가 되는 지점부터 최상단부분까지의 측면에 수뢰부를 설치하여야 하며, 지표레벨에서 최상단부의 높이가 150[m]를 초과하는 건축물은 120[m] 지점부터 최상단부분까지의 측면에 수뢰부를 설치할 것
> ⑤ 접지는 환경오염을 일으킬 수 있는 시공방법이나 화학 첨가물 등을 사용하지 아니할 것
> ⑥ 급수·급탕·난방·가스 등을 공급하기 위하여 건축물에 설치하는 금속배관 및 금속재 설비는 전위가 균등하게 이루어지도록 전기적으로 접속할 것

(5) 수뢰부시스템 KEC 152.1

① 수뢰부시스템은 돌침, 수평도체, 그물망도체의 요소 중에 한 가지 또는 이를 조합한 형식으로 시설하여야 한다.
② 수뢰부시스템의 배치
  ㉠ 보호각법, 회전구체법, 그물망법 중 하나 또는 조합된 방법으로 배치한다.
  ㉡ 건축물·구조물의 뾰족한 부분, 모서리 등에 우선하여 배치한다.

2. 뇌해의 종류

(1) 직격뢰

① 격심한 상승기류가 있는 곳에서 발생하는 뇌구름은 구름 내부의 거친 소용돌이로 인해 양(+)전하, 음(-)전하가 분리되어 대기의 전리 파괴를 일으키면서 중화되는 하나의 커다란 불꽃방전이다.
② 대기 중의 공기는 어느 정도의 절연내력을 가지고 있으나, 인가되는 전압의 크기가 어느 일정값(임계값) 이상이 되면 대기의 절연이 파괴되어 빛과 소리를 내면서 순간적으로 막대한 전류가 흐른다. 이러한 대기 중에서 발생되는 불꽃방전의 자연적 현상을 뇌(雷)라 하며, 소리를 천둥, 빛을 번개라고 한다.
③ 발생되는 번개, 즉 불꽃이 하강되어 지표면의 어느 지점에 흐르드는 현상을 낙뢰 또는 직격뢰라고 한다.
④ 충격파
  ㉠ 충격파를 서지(Surge)라고 부르기도 하는데 이것은 극히 짧은 시간에 파고값에 달하고 또 극히 짧은 시간에 소멸하는 파형을 갖는 것이다.
  ㉡ 충격파는 보통 파고값과 파두길이와 파미길이로 나타낸다.
    • 파두길이(T_f): 파고치에 달할 때까지의 시간
    • 파미길이(T_t): 기준점으로부터 파미의 부분에서 파고치의 50[%]로 감소할 때까지의 시간
    • 표준충격파형: $1.2 \times 50[\mu s]$에서 T_f(파두장)=$1.2[\mu s]$, T_t(파미장)=$50[\mu s]$을 나타낸다.

(2) 유도뢰

① 뇌운이 송전선에 근접하면 정전유도에 의하여 뇌운에 가까운 선로부분에 뇌운과 반대극성의 구속전하가 발생하고, 뇌운에서 먼 선로부분에는 이것과 동량이고 극성이 반대인 자유전하가 생긴다.
② 자유전하는 애자나 코로나에 의한 누설 때문에 없어지고 선로에는 구속전하만 남는다. 이 뇌운이 대지 또는 타 뇌운과의 사이에서 방전하면 선로의 구속전하는 갑자기 자유전하가 되어서 대지 간에 전위차를 만들고 선로를 따라서 좌우 양쪽 진행파가 되어서 전파(유도뢰에 의한 이상전압)된다.

3. 피뢰기의 설치장소 KEC 341.13

고압 및 특고압의 전로 중 다음에 열거하는 곳 또는 이에 근접한 곳에는 피뢰기를 시설하여야 한다.
(1) 발전소·변전소 또는 이에 준하는 장소의 가공전선 인입구 및 인출구
(2) 특고압 가공전선로에 접속하는 배전용 변압기의 고압측 및 특고압측
(3) 고압 및 특고압 가공전선로로부터 공급을 받는 수용장소의 인입구
(4) 가공전선로와 지중전선로가 접속되는 곳

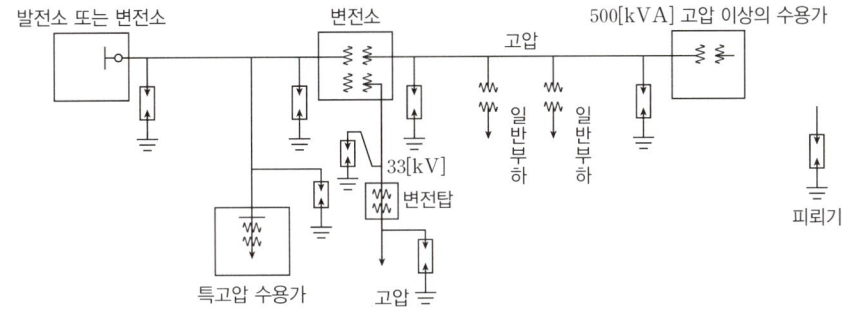

▲ 피뢰기의 설치가 의무화되어 있는 장소의 예

SUBJECT 05

화학설비 안전관리

합격 GUIDE

화학설비 안전관리는 전공자가 아닌 수험생은 이해하기 어렵기 때문에 높은 점수를 받기 어려운 과목입니다. 따라서 처음 공부를 시작하는 수험생은 이론 부분의 색자 부분과 기출문제 위주로 공부를 하는 것이 좋습니다. 특히, 최근 출제경향을 보면 산업안전보건기준에 관한 규칙에 있는 폭발·화재 및 위험물 누출에 의한 위험방지 부분에서 많은 문제가 출제되기 때문에 이 부분을 집중적으로 공부해야 합니다.

기출기반으로 정리한
압축이론

최신 7개년 출제비율 분석

CHAPTER 01 화재 · 폭발 검토 — 40.1%
CHAPTER 02 화학물질 안전관리 실행 — 44.7%
CHAPTER 03 화공안전 비상조치 계획 · 대응 — 0.5%
CHAPTER 04 화공 안전운전 · 점검 — 14.7%

CHAPTER 01 화재·폭발 검토

> **합격 KEYWORD** 가연물의 조건, 인화점, 발화점, 가연물의 종류에 따른 연소 형태, 최소산소농도, 위험도, 화재의 종류, 불활성화 방법, 열감지기, 연기감지기, 자연발화, 최소발화에너지, 안전등급, 이산화탄소소화기, 방폭구조, 폭발한계

1 화재·폭발 이론 및 발생 이해

1. 연소의 정의 및 요소

(1) 연소의 정의

연소(Combustion)란 어떤 물질이 산소와 만나 급격히 산화(Oxidation)하면서 열과 빛을 동반하는 현상을 말한다.

(2) 연소의 3요소

물질이 연소하기 위해서는 가연성 물질(가연물), 산소공급원(공기 또는 산소), 점화원(불씨)이 필요하며 이들을 연소의 3요소라 한다.

① 가연물의 조건
  ㉠ 산소와 화합이 잘 되며, 연소 시 연소열(발열량)이 클 것
  ㉡ 산소와 화합 시 열전도율이 작을 것(축적열량이 많아야 연소가 용이함)
  ㉢ 산소와 접촉할 수 있는 입자의 표면적이 클 것(물질의 상태에 따른 표면적: 기체>액체>고체)
  ㉣ 산소와 화합하여 점화될 때 점화열이 작을 것

② 산소공급원
산소와 같은 조연성 물질(연소 시 촉매작용을 하는 물질)과 제1류 위험물, 제6류 위험물 등 산화성 물질을 말한다.

> **합격 보장 꿀팁**
> 통풍이나 환기가 충분하지 않은 장소에서 용접·용단 및 금속의 가열 등 화기를 사용하는 작업 또는 연식숫돌에 의한 건식연마 작업, 그 밖에 불꽃이 튈 우려가 있는 작업 등을 하는 경우에는 통풍 또는 환기를 위한 산소 사용이 금지된다.

③ 점화원
  ㉠ 연소반응을 일으킬 수 있는 최소의 에너지(활성화 에너지)를 제공하는 것이다.
  ㉡ 점화원의 구분

구분	발생원
직화	용접 또는 용단 시의 불꽃, 성냥 등의 화염, 방전불꽃, 버너 등
고온 표면	전열 및 고열 액체 또는 가열공기나 증기로 가열된 고체 표면 등
복사열	대형 발열체의 복사열
전기불꽃	전기스위치 개폐, 배선 단락, 전기 누전 등
정전기	분체 수송, 액체 이송, 수증기 분출, 합성수지 마찰 등

▲ 연소의 3요소

2. 인화점 및 발화점

(1) 인화점(Flash Point)

가연성 증기가 발생하는 액체 또는 고체가 공기 중에서 점화원에 의해 표면 부근에서 연소하기에 충분한 농도(폭발하한계)를 만드는 최저의 온도를 인화점이라 한다. 즉, 가연성 액체 또는 고체가 공기 중에서 생성한 가연성 증기가 폭발(연소)범위의 하한계에 도달할 때의 온도를 말한다. 인화점은 가연성 물질의 위험성을 나타내는 대표적인 척도이며, 낮을수록 위험한 물질이라 할 수 있다.

밀폐용기에 인화성 액체가 저장되어 있는 경우 용기의 온도가 낮아 액체의 인화점 이하가 되면 용기 내부의 혼합가스는 인화의 위험이 없다.

(2) 발화점(AIT; Auto Ignition Temperature)

가연성 물질을 외부에서 화염, 전기불꽃 등의 착화원을 주지 않고 공기 중 또는 산소 중에서 가열할 경우에 착화 또는 폭발을 일으키는 최저온도를 발화점(발화온도, 착화점, 착화온도)이라 한다. 이는 외부의 직접적인 점화원 없이 열의 축적에 의해 연소반응이 일어나는 것이다.

※ 연소점: 가연성 물질을 공기 중에서 가열했을 때 점화가 되고, 그 불꽃에 의해 계속적으로 연소하는 최저온도를 말한다.

① 발화점에 영향을 주는 인자
  ㉠ 가연성 가스와 공기와의 혼합비
  ㉡ 용기의 크기와 형태
  ㉢ 용기벽의 재질
  ㉣ 가열속도와 지속시간
  ㉤ 압력
  ㉥ 산소농도
  ㉦ 유속

② 발화점이 낮아질 수 있는 조건
  ㉠ 물질의 반응성이 높은 경우
  ㉡ 산소와의 친화력이 좋은 경우
  ㉢ 물질의 발열량이 높은 경우
  ㉣ 압력이 높은 경우

③ 자연발화와 인화의 차이

구분	자연발화	인화에 의한 발화
발생현상	열축적 – 온도상승 – 반응가속 – 온도상승 반복 – 발화온도 이상 시 발화	① 에너지 조건을 충족하는 착화원의 존재에 의해 발화 시작 ② 화염전파의 과정을 거쳐 계속적인 연소
점화점	무	유
조건	물적 조건+에너지 조건	물적 조건
현상적	밀폐계	개방계
원인	① 산화열, 분해열에 의한 발화 ② 흡착열, 중합열에 의한 발화 ③ 미생물에 의한 발화	직화, 고온표면, 충격마찰, 전기불꽃, 정전기 등
예방대책	① 가연성 물질 제거 ② 저장실 습도, 온도 낮게 유지 ③ 저장실 통풍 및 환기 유지 ④ 열용량(pc)을 높임 ⑤ 열확산율(a)을 낮춤	① 점화원 관리 ② 열면 관리 ③ 방폭전기기기 사용 ④ 열관성(kpc)을 높임

3. 연소·폭발의 형태 및 종류

(1) 연소의 분류

① 가연물의 종류에 따른 연소 형태

기체	확산연소	① 가연성 가스가 공기(산소) 중에 확산되어 연소범위에 도달했을 때 연소하는 현상 ② 기체의 일반적 연소 형태
	예혼합연소	연소되기 전에 미리 연소범위의 혼합가스를 만들어 연소하는 형태
액체	증발연소	① 액체 표면에서 발생한 가연성 증기가 공기(산소)와 혼합하여 연소범위를 형성하게 되고, 점화원에 의해 연소하는 현상 ② 액체연소의 가장 일반적 형태
	분무연소	① 점도가 높고 비휘발성인 액체의 경우 액체입자를 분무하여 연소하는 형태 ② 액적의 표면적을 넓게 하여 공기와의 접촉면을 크게 해서 연소하는 형태
고체	표면연소	① 연소물 표면에서 산소와의 급격한 산화반응으로 빛과 열을 수반하는 연소반응 ② 가연성 가스 발생이나 열분해 없이 진행되는 연소 형태로 불꽃이 없는 것이 특징(코크스, 목탄, 금속분 등)
	분해연소	고체 가연물이 가열됨에 따라 가연성 증기가 발생하여 공기와 가스의 혼합으로 연소범위를 형성하게 되어 연소하는 형태(목재, 종이, 석탄, 플라스틱 등)
	증발연소	고체 가연물이 가열되어 융해되며 가연성 증기가 발생, 공기와 혼합하여 연소하는 형태(황, 나프탈렌, 파라핀 등)
	자기연소	분자 내 산소를 함유하고 있는 고체 가연물이 외부 산소공급원 없이 점화원에 의해 자신이 분해되며 연소하는 형태(질산에스테르류, 셀룰로이드류, 니트로화합물 등의 폭발성 물질)

② 연소의 형태에 따른 분류

㉠ 확산연소: 가연성 가스가 공기 중의 지연성 가스와 접촉하여 접촉면에서 연소가 일어나는 현상이다.

㉡ 증발연소: 알코올, 에테르, 가솔린, 벤젠 등 인화성 액체가 증발하여 증기를 형성하고, 공기 중에 확산, 혼합하여 연소범위에 이르고, 점화원에 의해 점화되어 연소하는 현상이다.

㉢ 분해연소: 석탄, 목재 등 고체 가연물이 온도 상승에 따른 열분해로 인해 가연성 가스가 방출되어 연소하는 현상이다.

㉣ 표면연소: 고체 표면의 공기와 접촉하는 부분에서 착화하는 현상이다.

㉤ 수소-산소계 분기연쇄반응(Branching Chain Reaction): 연소가 진행 중인 상황에서 열분해에 의해 수소와 산소가 생성되고, 그것에 의해 연쇄적으로 계속하여 연소가 진행되는 현상이다.
- 연소가스에는 최종생성물, 중간생성물 및 반응물질이 포함되어 있다.
- 연쇄반응을 유지시키는 활성기는 OH, H, O이다.
- 연소가스 중에 중간생성물이 들어있는 것은 1,700[℃] 정도에서의 열해리에 의한 것이다.
- 가열, 분해, 연소, 전파의 4단계 연소반응 중 분해단계 반응의 속도가 가장 빠르다.

> **합격 보장 꿀팁** 백드래프트(Backdraft) 현상
>
> 주로 지하실이나 폐쇄된 공간에서 화재가 발생한 경우 산소가 부족해지면서 불꽃이 보이지 않고 타들어가며 일산화탄소와 탄화된 입자, 연기 및 부유물을 포함한 가스가 공간에 축적되게 된다. 이러한 조건에서 건물 내부로 진입하기 위해 문을 열거나 창문을 부수게 되면 대량의 산소가 갑자기 내부에 공급되며 연소가스가 순간적으로 발화하는 현상이다.

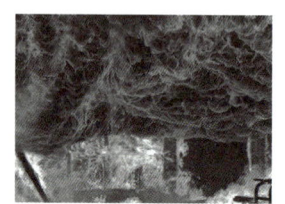

(2) 폭발의 분류
　① 기상폭발
　　㉠ 혼합가스의 폭발: 가연성 가스와 조연성 가스의 혼합가스가 폭발범위 내에 있을 때
　　㉡ 가스의 분해폭발: 반응열이 큰 가스분자 분해 시 단일성분이라도 점화원에 의해 폭발
　　㉢ 분진(분무)폭발: 가연성 고체의 미분(가연성 액체의 액적)에 의한 폭발
　　㉣ 기상폭발 시 압력상승에 기인하는 피해가 예측되는 경우 검토사항
　　　• 가연성 혼합기(가연성 가스+산소공급원)의 형성상황
　　　• 압력상승 시의 취약부 파괴상황
　　　• 개구부가 있는 공간 내의 화염전파와 압력상승상황
　② 응상폭발
　　㉠ 수증기폭발: 물의 폭발적인 비등현상으로 상변화에 따른 폭발현상이다.
　　㉡ 증기폭발: 액화가스의 폭발적인 비등현상으로 인한 상변화에 따른 폭발현상으로 넓은 의미로 수증기폭발을 포함한다.
　　㉢ 전선폭발: 고상에서 급격히 액상을 거쳐 기상으로 전이할 때 폭발현상이 일어나는데 알루미늄계 전선에 한도 이상의 대전류를 흘렸을 때 순식간에 전선이 가열되어 용융과 기화가 급격히 진행될 경우 폭발이 발생한다.
　　㉣ 고상 간 전이에 의한 폭발: 고체인 부정형 안티모니가 고상의 안티모니로 전이할 때 발열함으로써 주위의 공기가 팽창하여 폭발이 발생한다.
　③ 분진폭발
　　㉠ 정의: 가연성 고체의 미분이나 가연성 액체의 액적에 의한 폭발현상이다.
　　㉡ 입자의 크기: $75[\mu m]$ 이하의 고체입자가 공기 중에 부유하여 폭발분위기를 형성한다.
　　㉢ 분진폭발의 순서: 퇴적분진 → 비산 → 분산 → 발화원 → 전면폭발 → 2차 폭발
　　㉣ 분진폭발의 특징
　　　• 가스폭발보다 발생에너지가 크다.
　　　• 폭발압력과 연소속도는 가스폭발보다 작다.
　　　• 불완전 연소로 인한 가스중독의 위험성이 크다.
　　　• 화염의 파급속도보다 압력의 파급속도가 빠르다.
　　　• 가스폭발에 비하여 불완전 연소가 많이 발생한다.
　　　• 주위 분진에 의해 2차, 3차 폭발로 파급될 수 있다.
　　㉤ 분진폭발에 영향을 주는 인자
　　　• 분진의 입경이 작을수록 폭발하기 쉽다.
　　　• 일반적으로 부유분진이 퇴적분진에 비해 발화온도가 높다.
　　　• 연소열이 큰 분진일수록 저농도에서 폭발하고 폭발위력도 크다.
　　　• 분진의 표면적이 클수록 폭발위험성이 높아진다.
　　　• 분진 내의 수분 농도가 작을수록 폭발위험성이 높아진다.
　　㉥ 분진폭발 시험장치: 하트만(Hartmann)식 시험장치
　　㉦ 분진폭발을 방지하기 위한 불활성 분진폭발 첨가물: 탄산칼슘, 모래, 석분, 질석가루 등
　④ 폭발형태 분류
　　㉠ 미스트 폭발
　　　• 가연성 액체가 무상상태로 공기 중에 누출되면서 부유상태로 공기와의 혼합물이 되어 폭발성 혼합물을 형성하여 폭발이 일어나는 것이다.

- 미스트와 공기와의 혼합물에 발화원이 가해지면 액적이 증기화하고, 이것이 공기와 균일하게 혼합되어 가연성 혼합기를 형성하여 인화폭발하게 된다.

ⓛ 증기폭발
- 급격한 상변화에 의한 폭발(Explosion by Rapid Phase Transition)이 일어나는 것이다.
- 용융금속이나 슬러그(Slug)와 같은 고온의 물질이 물속에 투입되었을 때, 액상에서 기상으로의 급격한 상변화에 의해 폭발이 일어나게 된다.
- 저온액화가스(LPG, LNG)가 사고로 인해 탱크 밖으로 누출되었을 때 조건에 따라 급격한 기화에 수반되는 증기폭발을 일으킨다.
- 폭발의 과정에 착화를 필요로 하지 않으므로 화염의 발생은 없으나, 증기폭발에 의해 공기 중에 기화한 가스가 가연성인 경우에는 가스폭발이 이어서 발생할 위험이 있다.

ⓒ 증기운 폭발(UVCE; Unconfined Vapor Cloud Explosion)
- 가연성 위험물질이 용기 또는 배관 내에 저장·취급되는 과정에서 지속적으로 누출되면서 대기 중에 구름 형태로 모이게 되어 바람 등의 영향으로 움직이다가 발화원에 의하여 순간적으로 모든 가스가 동시에 폭발하는 현상이다.
- 증기운 크기가 증가하면 점화 확률이 높아진다.

ⓓ 비등액 팽창증기폭발(BLEVE; Boiling Liquid Expanding Vapor Explosion)
- 비점이 낮은 액체 저장탱크 주위에 화재가 발생하였을 때 저장탱크 내부의 비등 현상으로 인한 압력 상승으로 탱크가 파열되어 그 내용물이 증발, 팽창하면서 발생되는 폭발현상이다.

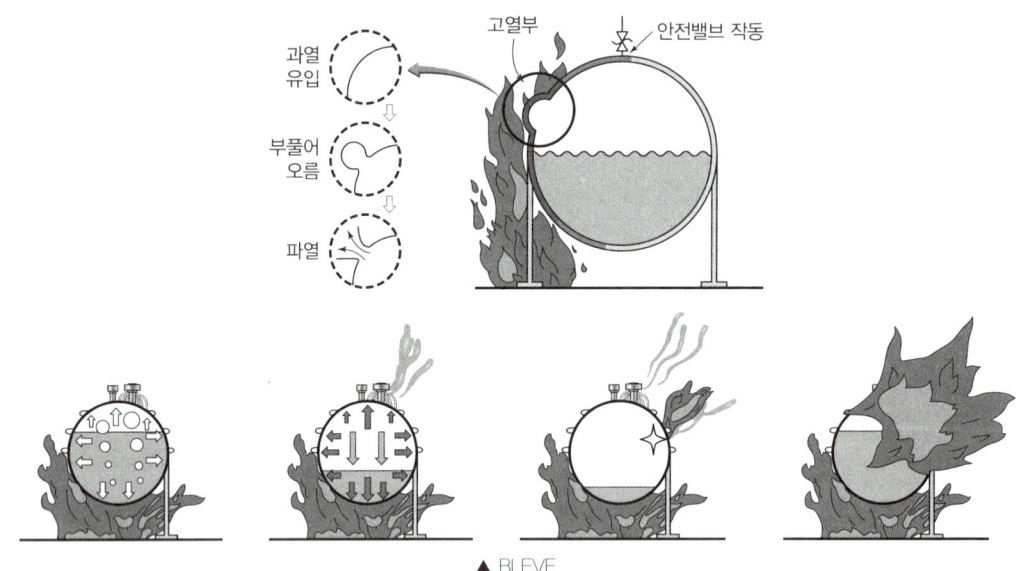

▲ BLEVE

- BLEVE 방지대책
  - 열의 침투 억제: 보온조치, 열의 침투속도 감속(액의 이송시간 확보)
  - 탱크의 과열방지: 물분무설비 설치, 냉각조치(살수장치)
  - 탱크에 화염 접근 금지: 방유제의 경사화, 화염차단, 최대한 지연

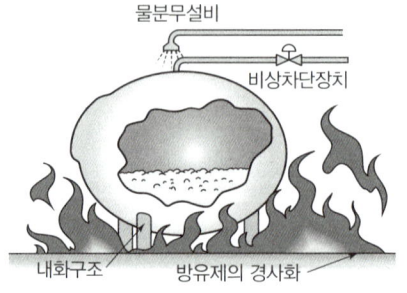

▲ BLEVE 방지대책

4. 연소(폭발)범위 및 위험도

(1) 연소범위

가연성 가스나 인화성 액체의 증기에 대한 연소범위는 밀폐식 측정장치에서 가스나 증기와 공기의 혼합기체를 실험장치에 주입하여 점화시키면서 폭발압력을 측정하는데, 가스나 증기의 농도를 변화시키면서 연소범위를 결정한다.

① 가스나 증기혼합물의 연소범위

㉠ 혼합가스의 연소범위: 르샤틀리에(Le Chatelier)법칙

$$L = \frac{V_1 + V_2 + \cdots + V_n}{\frac{V_1}{L_1} + \frac{V_2}{L_2} + \cdots + \frac{V_n}{L_n}}$$

여기서, L: 혼합가스의 연소한계[vol%] → 연소상한, 연소하한 모두 적용 가능
$L_1, L_2, L_3, \cdots, L_n$: 각 성분가스의 연소한계[vol%] → 연소상한계, 연소하한계
$V_1, V_2, V_3, \cdots, V_n$: 전체 혼합가스 중 각 성분가스의 부피비[vol%]

㉡ 실험데이터가 없어서 연소한계를 추정하는 경우: Jones식

$$LFL = 0.55 C_{st}, \quad UFL = 3.50 C_{st}$$

여기서, C_{st}: 완전연소가 일어나기 위한 연료, 공기의 혼합기체 중 연료의 부피[%]

$$C_{st} = \frac{\text{연료의 mol수}}{\text{연료의 mol수} + \text{공기의 mol수}} \times 100 \quad \text{(단일성분일 경우)}$$

$$C_{st} = \frac{V_1 + V_2 + \cdots + V_n}{\frac{V_1}{C_{st1}} + \frac{V_2}{C_{st2}} + \cdots + \frac{V_n}{C_{stn}}} \times 100 \quad \text{(혼합가스일 경우)}$$

여기서, $C_{st1}, C_{st2}, \cdots, C_{stn}$: 각 가스의 화학양론 조성
$V_1, V_2, \cdots, V_n$: 전체 혼합가스 중 각 성분가스의 부피비[vol%]

㉢ 최소산소농도(C_m)

$$\text{최소산소농도}(C_m) = \text{폭발하한[vol\%]} \times \frac{\text{산소 mol수}}{\text{연소가스 mol수}}$$

- $\frac{\text{산소 mol수}}{\text{연소가스 mol수}}$는 연소반응 시 연소되는 연소가스량과 필요산소량의 양론비를 의미한다.
- 예를 들면 $C_4H_{10} + 6.5O_2 \rightarrow 4CO_2 + 5H_2O$에서
 부탄(C_4H_{10}) 1[mol]이 반응할 때 산소(O_2)는 6.5[mol] 반응하므로 $\frac{\text{산소 mol수}}{\text{연소가스 mol수}} = \frac{6.5}{1} = 6.5$이다.

② 연소범위에 대한 온도의 영향

㉠ 연소범위는 온도에 따라 증감하는데 다음 식은 인화성 물질의 증기에 유용한 경험식이다.

㉡ 온도가 증가함에 따라 연소하한계는 감소하고, 연소상한계는 증가한다.

$$LFL_T = LFL_{25} \times [1 - 0.8 \times 10^{-3} \times (T - 25)]$$
$$UFL_T = UFL_{25} \times [1 - 0.8 \times 10^{-3} \times (T - 25)]$$

여기서, LFL: 연소하한계, UFL: 연소상한계, T: 온도

③ 연소범위에 대한 압력의 영향

　압력은 연소하한계에 거의 영향을 주지 않으며, 절대압력 50[mmHg] 이하에서는 화염이 전파되지 않는다.

④ 가스의 최대 연소속도

　공기구멍에서 받아들인 공기량에 의해 결정된다.

(2) 위험도

연소하한계 값과 연소상한계 값의 차이를 연소하한계 값으로 나눈 것으로, 기체의 연소 위험수준을 나타낸다. 일반적으로 위험도 값이 큰 가스는 연소상한계 값과 연소하한계 값의 차이가 크며, 위험도가 클수록 공기 중에서 연소 위험이 크다.

$$H = \frac{U-L}{L}$$

여기서, H: 위험도, U: 연소상한계 값, L: 연소하한계 값

5. 완전연소 조성농도

화학양론농도라고도 하며 가연성 물질 1[mol]이 완전히 연소할 수 있는 공기와의 혼합비를 부피비[vol%]로 표현한 것이다. 화학양론에 따른 가연성 물질과 산소와의 결합 몰수를 기준으로 계산된다. 일반적으로 완전연소 시 발열량과 폭발력은 최대가 된다.

유기물 $C_nH_xO_y$에 대하여 완전연소 시 반응식과 공기몰수, 양론농도는 다음과 같이 계산할 수 있다.

완전연소 반응식: $C_nH_xO_y + \left(n + \frac{x}{4} - \frac{y}{2}\right)O_2 \rightarrow nCO_2 + \left(\frac{x}{2}\right)H_2O$

여기서, n: CO_2 몰수, $\frac{x}{2}$: H_2O 몰수

공기몰수 $= \left(n + \frac{x}{4} - \frac{y}{2}\right) \times \frac{100}{21} = 4.77n + 1.19x - 2.38y$

양론농도 $C_{st} = \frac{1}{(4.77n + 1.19x - 2.38y) + 1} \times 100 \,[vol\%]$

할로겐원소(X)가 포함된 화합물 $C_nH_xO_yX_f$에 대한 양론농도는 다음과 같은 식으로 계산할 수 있다.

$$C_{st} = \frac{100}{1 + 4.773\left(n + \frac{x-f-2y}{4}\right)}[vol\%]$$

6. 화재의 종류 및 예방대책

(1) 화재의 종류

구분	A급 화재	B급 화재	C급 화재	D급 화재
명칭	일반화재	유류화재	전기화재	금속화재
가연물	나무, 종이, 섬유, 석탄 등	각종 유류 및 가스	전기기계·기구, 전선 등	Mg 분말, Al 분말 등
표현색	백색	황색	청색	색 표시 없음

① 일반화재(A급 화재)
  ㉠ 목재, 종이, 섬유 등의 일반 가연물에 의한 화재이다.
  ㉡ 물 또는 물을 많이 함유한 용액에 의한 냉각소화, 산·알칼리, 강화액, 포말소화기 등이 유효하다.

② 유류화재(B급 화재)
  ㉠ 제4류 위험물(특수인화물, 석유류, 알코올류, 동식물류 등)과 제4류 준위험물(고무풀, 나프탈렌, 파라핀, 제1종 및 제2종 인화물 등)에 의한 화재, 인화성 액체, 기체 등에 의한 화재이다.
  ㉡ 연소 후에 재가 거의 남지 않는 화재로 가연성 액체 등에 발생한다.
  ㉢ 공기 차단에 의한 질식소화를 위해 포말소화기, 이산화탄소소화기, 분말소화기, 할로겐화합물소화기 등이 유효하다.
  ㉣ 유류화재 시 발생할 수 있는 화재 현상
    • 보일 오버(Boil Over): 유류탱크 화재 시 유면에서부터 열파(Heat Wave)가 서서히 아래쪽으로 전파하여 탱크 저부의 물에 도달했을 때 이 물이 급히 증발하면서 대량의 수증기가 되어 상층의 유류를 밀어 올려 거대한 화염을 불러일으키는 동시에 다량의 기름이 불이 붙은 채 탱크 밖으로 방출되는 현상이다.
    • 슬롭 오버(Slop Over): 위험물 저장탱크 화재 시 물 또는 포를 화염이 왕성한 표면에 방사할 때 위험물과 함께 탱크 밖으로 흘러넘치는 현상이다.

③ 전기화재(C급 화재)
  ㉠ 전기를 이용하는 기계·기구 또는 전선 등 전기적 에너지에 의해서 발생하는 화재이다.
  ㉡ 질식, 냉각효과에 의한 소화가 유효하며, 전기적 절연성을 가진 소화기로 소화하여야 한다. 유기성소화기, 이산화탄소소화기, 분말소화기, 할로겐화합물소화기 등이 유효하다.

④ 금속화재(D급 화재)
  ㉠ Mg분말, Al분말 등 공기 중에 비산한 금속분진에 의한 화재이다.
  ㉡ 소화에 물을 사용하면 안 되며, 건조사, 팽창 진주암 등을 이용한 질식소화가 유효하다.

(2) 화재의 예방대책
화재를 예방하는 방법에는 위험물 관리, 점화원 관리, 산소 관리 등의 방법이 있다.

① 위험물 관리 안전보건규칙 제225조
  ㉠ 폭발성 물질, 유기과산화물: 화기나 기타 점화원이 될 우려가 있는 것에 접근시키거나 가열하거나 마찰시키거나 충격을 가하지 않는다.
  ㉡ 물반응성 물질, 인화성 고체: 각각 그 특성에 따라 화기나 기타 점화원이 될 우려가 있는 것에 접근시키거나 발화를 촉진하는 물질 또는 물에 접촉시키거나 가열하거나 충격을 가하지 않는다.
  ㉢ 산화성 액체·산화성 고체: 분해가 촉진될 우려가 있는 물질에 접촉시키거나 가열하거나 마찰시키거나 충격을 가하지 않는다.(조해성이 있는 산화성 물질은 습기가 많으면 위험하므로 습기를 피하여 보관)
  ㉣ 인화성 액체: 화기나 기타 점화원이 될 우려가 있는 것에 접근시키거나 주입 또는 가열하거나 증발시키지 않는다.
  ㉤ 인화성 가스: 화기나 기타 점화원이 될 우려가 있는 것에 접근시키거나 압축·가열 또는 주입하지 않는다.
  ㉥ 부식성 물질 또는 급성 독성 물질: 누출시키는 등으로 인체에 접촉시키지 않는다.
  ㉦ 위험물을 제조하거나 취급하는 설비가 있는 장소: 인화성 가스 또는 산화성 액체 및 산화성 고체를 방치하지 않는다.

② 점화원 관리 KOSHA D-46
  ㉠ 점화원의 종류: 점화원의 종류에는 기계적 점화원(예 충격, 마찰, 단열압축 등), 전기적 점화원(예 전기적 스파크, 정전기 등), 열적 점화원(예 불꽃, 고열표면, 용융물 등) 및 자연발화 등으로 구분된다.

ⓒ 최소점화에너지: 일반적으로 최소점화에너지는 압력이나 산소농도가 증가하면 낮아지고, 분진이 가스보다 높게 나타난다.

③ 산소 관리 KOSHA D-46

㉠ 최소산소농도: 산소농도를 최소산소농도 이하로 관리하면 연소하지 않는다. 대부분 인화성 가스의 최소산소농도는 10[%] 정도이고, 가연성 분진인 경우에는 8[%] 정도이다. 인화성 액체의 증기에 대한 최소산소농도는 12~16[%] 정도이고 고체화재 중에 표면화재는 약 5[%] 이하, 심부화재에 대해서는 약 2[%] 이하이다.

㉡ 불활성화(Inerting)
- 불활성화란 가연성 혼합가스나 혼합분진에 불활성 가스를 주입하여 희석(불활성 가스의 치환), 산소의 농도를 최소산소농도 이하로 낮게 유지하는 것이다.
- 불활성 가스는 질소, 이산화탄소, 수증기 또는 연소배기가스 등이 사용된다. 연소억제를 위하여 관리되어야 할 산소의 농도는 안전율을 고려하여 해당 물질의 최소산소농도보다 4[%] 정도 낮게 관리되어야 한다.
- 안정적이고 지속적인 불활성화를 유지하기 위해서 대상설비에 산소농도측정기를 설치하고 산소농도를 관리하여야 한다.
- 산소농도측정기는 정확한 농도측정을 위하여 제조회사에서 제시하는 기간이 초과되기 전에 교정이 필요하며, 감지부(Sensor)를 주기적으로 교체해 주어야 한다.

㉢ 불활성화 방법
- 진공퍼지: 압력용기류에 주로 적용하며 완전진공설계가 이루어진 용기류에 적용이 가능하고 큰 용기에는 사용이 어렵다.
- 압력퍼지: 용기류에 적용이 가능하며 가압시키는 압력은 설계압력 이내에서 결정되어야 한다. 목표로 하는 농도에 대한 치환횟수는 진공치환의 방법과 같다.
- 스위프퍼지: 한쪽의 개구부로 치환가스를 공급하고 다른 한쪽으로 배출시키는 방법으로 주로 배관류에 적용한다.
- 사이폰퍼지: 대상기기에 물이나 적합한 액체를 채운 뒤 액체를 배출시키면서 치환가스를 주입하는 방법으로 액체를 채웠을 때 하중에 문제가 되는 경우에는 적용이 불가능하다.

㉣ 치환 요령
- 대상가스의 물성을 파악한다.
- 사용하는 불활성 가스의 물성을 파악한다.
- 장치내부를 물로 먼저 세정한 후 퍼지용 가스를 송입한다.
- 퍼지용 가스는 장시간에 걸쳐 천천히 주입한다.

㉤ 치환 시의 특징
- 진공퍼지가 압력퍼지에 비해 퍼지시간이 길다.
- 진공퍼지는 압력퍼지보다 불활성 가스 소모가 적다.
- 사이폰퍼지가스의 부피는 용기의 부피와 같다.
- 스위프퍼지는 용기나 장치에 압력을 가하거나 진공으로 할 수 없을 때 사용한다.

㉥ 최대 불활성 가스값
- 연소물질과 산소 혼합물을 비가연성 물질로 만드는 데 필요한 불활성 가스의 최대 양을 말한다.
- 최대 불활성 가스값은 온도 또는 압력이 증가하면 증가한다.

④ 자동화재탐지설비 감지기의 형식승인 및 제품검사의 기술기준 제3조

화재에 의해 발생되는 열·연기 또는 화염을 이용하여 자동으로 화재를 감지하고 벨 또는 사이렌 등으로 경보하여 화재를 조기에 발견함으로써 초기소화 및 조기피난을 가능하게 하는 방재설비이다.

㉠ 열감지기
- 차동식: 주위온도가 일정 상승률 이상이 되는 경우에 작동하는 것으로서 스포트형과 분포형으로 구분한다.
- 정온식: 한정된 장소의 주위온도가 일정한 온도 이상이 되는 경우에 작동하는 것으로서 감지선형과 스포트형으로 구분한다.
- 보상식: 차동식·정온식 스포트형의 성능을 겸한 것으로서 두 감지기의 성능 중 어느 한 기능이 작동되면 작동신호를 발한다.

㉡ 연기감지기
- 이온화식: 주위의 공기가 일정한 농도의 연기를 포함하게 되는 경우에 작동하는 것으로서 연기에 의하여 이온전류가 변화하여 작동하는 것이다.
- 광전식: 주위의 공기가 일정한 농도의 연기를 포함하게 되는 경우에 작동하는 것으로 한정된 장소의 연기에 의하여 광전소자에 접하는 광량의 변화로 작동하며 스포트형과 분리형으로 구분한다.
- 공기흡입형: 감지기 내부에 장착된 공기흡입장치로 감지하고자 하는 위치의 공기를 흡입하고 흡입된 공기에 일정한 농도의 연기가 포함된 경우 작동하는 것이다.

㉢ 복합형감지기
- 열복합형: 차동식·정온식 스포트형의 성능이 있는 것으로서 두 가지 성능의 감지기능이 함께 작동될 때 화재신호를 발신하거나 또는 두 개의 신호를 각각 발신하는 것이다.
- 연복합형: 이온화식·광전식 스포트형의 성능이 있는 것으로서 두 가지 성능의 감지기능이 함께 작동될 때 화재신호를 발신하거나 또는 두 개의 신호를 각각 발신하는 것이다.

(3) 자연발화

물질이 공기(산소) 중에서 천천히 산화되며 축적된 열로 인해 온도가 상승하고, 발화온도에 도달하여 점화원 없이도 발화하는 현상이다.

① 자연발화의 조건
㉠ 표면적이 넓을 것
㉡ 발열량이 클 것
㉢ 열전도율이 작을 것
㉣ 주위 온도가 높을 것
㉤ 적당한 수분을 보유할 것
㉥ 열축적이 클 것

② 자연발화의 형태와 해당물질

자연발화의 형태	해당물질
산화열에 의한 발열	석탄, 건성유, 기름걸레, 기름찌꺼기 등
분해열에 의한 발열	셀룰로이드, 니트로셀룰로오스(질화면) 등
흡착열에 의한 발열	석탄분, 활성탄, 목탄분, 환원 니켈 등
미생물 발효에 의한 발열	건초, 퇴비, 볏짚 등
중합에 의한 발열	아크릴로니트릴 등

③ 자연발화 방지대책
㉠ 통풍이 잘 되게 할 것
㉡ 주위 온도를 낮출 것
㉢ 습도가 높지 않도록 할 것
㉣ 열전도가 잘 되는 용기에 보관할 것
㉤ 불활성 액체 내에 저장할 것

7. 연소파와 폭굉파

(1) 연소파
가연성 가스와 적당한 공기가 미리 혼합되어 폭발범위 내에 있을 경우, 확산의 과정이 생략되기 때문에 화염의 전파속도가 매우 빠른데 이러한 혼합가스에 착화하게 되면 착화원에 국한된 반응영역이 형성되어 혼합가스 중으로 퍼져 나간다. 그 진행속도가 0.1~1.0[m/s] 정도가 될 때, 이를 연소파(Combustion Wave)라 한다.

(2) 폭굉파
연소파가 일정 거리를 진행한 후 연소 전파 속도가 1,000~3,500[m/s] 정도에 달할 경우 이를 폭굉현상(Detonation Phenomenon)이라 하며, 이때의 국한된 반응영역을 폭굉파(Detonation Wave)라 한다. 폭굉파의 속도는 음속을 앞지르므로 진행 방향에 그에 따른 충격파가 있다.

① **폭발한계와 폭굉한계**: 폭굉은 폭발이 발생된 후에 일어나는 것이므로 폭굉한계는 폭발한계 내에 존재한다. 따라서 폭발한계는 폭굉한계보다 농도범위가 넓다.

② **폭굉 유도거리**: 최초의 완만한 연소속도가 격렬한 폭굉으로 변할 때까지의 시간이다. 다음의 경우 짧아진다.
- ㉠ 정상 연소속도가 큰 혼합물일 경우
- ㉡ 점화원의 에너지가 큰 경우
- ㉢ 고압일 경우
- ㉣ 관 속에 방해물이 있을 경우
- ㉤ 관경이 작을 경우

(3) 폭발위력이 미치는 거리

$$r_2 = r_1 \times \left(\frac{W_2}{W_1}\right)^{\frac{1}{3}}$$

여기서, r: 폭발점과의 거리, W: 폭발물의 양

8. 폭발의 원리

(1) 가스폭발의 원리
가연성 가스가 공기 중에서 혼합되어 폭발범위 내에 존재할 때 착화에너지에 의해 폭발하는 현상이다.

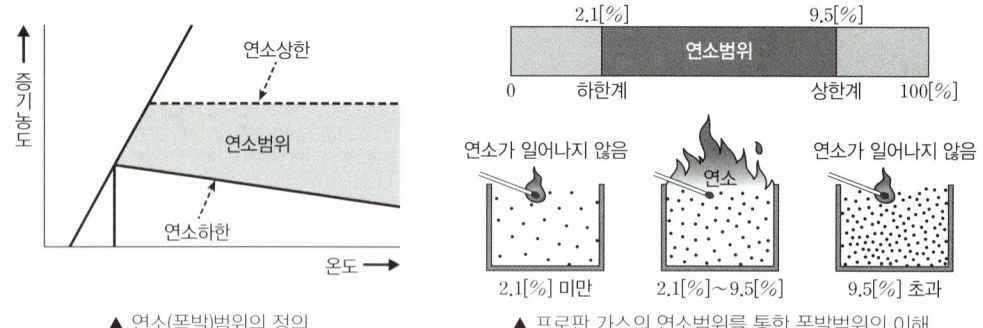

▲ 연소(폭발)범위의 정의　　　▲ 프로판 가스의 연소범위를 통한 폭발범위의 이해

(2) 폭발압력

① **폭발압력과 가스농도 및 온도와의 관계**
㉠ 가스농도 및 온도와의 관계: 폭발압력은 초기압력, 가스농도, 온도변화에 비례한다.

$$P_m = P_1 \times \frac{n_2}{n_1} \times \frac{T_2}{T_1}$$

여기서, P_1: 초기압력, n: 가연성 가스의 농도(몰수), T: 온도

ⓒ 폭발압력과 가연성 가스의 농도와의 관계
- 가연성 가스의 농도가 클수록 폭발압력은 비례하여 높아진다.
- 가연성 가스의 농도가 너무 희박하거나 진하여도 폭발압력은 낮아진다.
- 폭발압력은 양론농도보다 약간 높은 농도에서 최대폭발압력이 된다.
- 최대폭발압력의 크기는 공기보다 산소의 농도가 큰 혼합기체에서 더 높아진다.

② 밀폐된 용기 내에서 최대폭발압력에 영향을 주는 요인
　㉠ 가연성 가스의 초기온도: 온도 증가에 따라 최대폭발압력 감소
　㉡ 가연성 가스의 초기압력: 압력 증가에 따라 최대폭발압력 증가
　㉢ 가연성 가스의 농도: 농도 증가에 따라 최대폭발압력 증가
　㉣ 발화원의 강도: 발화원의 강도가 클수록 최대폭발압력 증가
　㉤ 용기의 형태: 용기가 작을수록 최대폭발압력 증가
　㉥ 가연성 가스의 유량: 유량이 클수록 최대폭발압력 증가

③ 최대폭발압력 상승속도
　㉠ 최초압력이 증가하면 최대폭발압력 상승속도 증가
　㉡ 발화원의 강도가 클수록 최대폭발압력 상승속도는 크게 증가
　㉢ 난류현상이 있을 때 최대폭발압력 상승속도는 크게 증가

(3) 최소발화에너지(MIE; Minimum Ignition Energy)

① 정의: 물질을 발화시키는 데 필요한 최소 에너지
　※ 최소발화에너지=최소점화에너지=최소착화에너지

② 최소발화에너지에 영향을 주는 인자
　㉠ 가연성 물질의 조성
　㉡ 발화 압력: 압력에 반비례(압력이 클수록 최소발화에너지는 감소)
　㉢ 혼입물: 불활성 물질이 증가하면 최소발화에너지는 증가
　　예) 산소보다 공기 중에서 최소발화에너지가 더 높다.

③ 최소발화에너지의 특징
　㉠ 일반적으로 분진의 최소발화에너지는 가연성 가스보다 큰 에너지 준위를 가진다.
　㉡ 온도의 변화에 따라 최소발화에너지는 변한다.
　㉢ 유속이 커지면 최소발화에너지는 커진다.
　㉣ 양론농도보다도 조금 높은 농도일 때에 최소값이 된다.

④ 전기(정전기)로서의 최소발화에너지

$$E = \frac{1}{2}CV^2 [\text{J}]$$

여기서, C: 전기용량[F], V: 불꽃전압[V]

(4) 폭발등급

① 안전간격(화염일주한계)

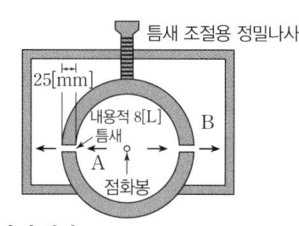

내측의 가스점화 시 외측의 폭발성 혼합가스까지 화염이 전달되지 않는 틈새의 최대 간격치이다. 8[L]의 둥근 용기 안에 폭발성 혼합가스를 채우고 점화시켜 발생된 화염이 용기 외부의 폭발성 혼합가스에 전달되는가의 여부를 측정하였을 때 화염을 전달시킬 수 없는 한계의 틈 사이를 말한다. 안전간격이 작은 가스일수록 폭발 위험이 크다. 가스폭발 한계 측정 시 화염 방향이 상향일 때 가장 넓은 값을 나타낸다.

② 폭발등급

안전간격(화염일주한계) 값에 따라 폭발성 가스를 분류하여 등급을 정한 것이다.

2 소화 원리 이해

1. 소화의 정의

(1) 소화란 가연물질이 공기 중의 산소 또는 산화제 등과 접촉하여 발생하는 연소현상을 중단시키는 것을 말한다.
(2) 연소의 3요소(또는 4요소) 중 일부 또는 전부를 제거하거나 억제함으로써 이루어진다.

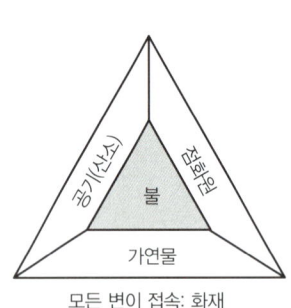

2. 소화의 종류

(1) **제거소화**

① 가연물의 공급을 중단하여 소화하는 방법이다.
② 제거소화의 예
　㉠ 가스의 화재: 공급밸브를 차단하여 가스 공급을 중단한다.
　㉡ 산불: 화재 진행방향의 목재를 제거하여 진화한다.

(2) **질식소화**

① 산소(공기)공급을 차단함으로써 연소에 필요한 산소 농도 이하가 되게 하여 소화하는 방법이다.
② 질식소화의 방법
　㉠ 포(거품)를 이용하여 연소물을 감싸는 방법　　㉡ 소화분말을 이용하여 연소물을 감싸는 방법
　㉢ 이산화탄소로 산소공급을 차단하는 방법　　㉣ 할로겐화합물로 산소공급을 차단하는 방법
　㉤ 불연성 고체로 연소물을 감싸는 방법　　㉥ 물을 분무상으로 방사하여 화재면을 덮는 방법
③ 질식소화를 이용한 소화기 종류
　㉠ 포소화기　　　　　　　　　　　　　　　　㉡ 분말소화기
　㉢ 이산화탄소소화기　　　　　　　　　　　　㉣ 마른모래, 팽창질석, 팽창진주암

(3) **냉각소화**

① 물 등 액체의 증발잠열을 이용하여 가연물을 인화점 및 발화점 이하로 낮추어 소화하는 방법이다.
② 냉각소화를 이용한 소화기 종류
　㉠ 물　　　　　　㉡ 강화액 소화기　　　　　　㉢ 산·알칼리 소화기

(4) 억제소화

① 가연물 분자가 산화되면서 연소가 계속되는 과정을 억제하여 소화하는 방법이다.

② 억제소화를 이용한 소화기 종류

　㉠ 사염화탄소(C.T.C) 소화기: 할론 1040

　㉡ 일취화 일염화 메탄(C.B) 소화기: 할론 1011

　㉢ 일취화 삼불화 메탄(B.M.T) 소화기: 할론 1301

　㉣ 일취화 일염화 이불화 메탄(B.C.F) 소화기: 할론 1211

　㉤ 이취화 사불화 에탄(F.B) 소화기: 할론 2402

3. 소화기의 종류

▲ 소화기의 적용화재 표시

(1) 포소화기

가연물의 표면을 포(거품)로 둘러싸고 덮는 질식소화를 이용한 소화기로, 소화약제는 다량의 물을 함유하고 있어 전기설비에 의한 화재에는 누전, 감전 등의 위험으로 사용이 적절하지 않다.

① **기계포**: 에어포(공기포)라고도 하며, 가수분해단백질, 계면활성제가 주성분인 소화제 원액을 발포기로 공기와 혼합하여 포를 만들어 방사한다.

　※ 메틸알코올, 에틸알코올 등은 온도가 증가함에 따라 열전도도가 감소하며, 이러한 특성을 이용해 합성 계면활성제 포소화약제 중 일부로 사용된다.

　㉠ 저팽창형 포제: 4~12배 팽창하며 내열성과 점성을 더하기 위해 철염 또는 방부제를 혼합한다. 주로 유류화재 소화 시 사용한다.

　㉡ 고팽창형 포제: 100배 이상 팽창하며 단시간에 빠르게 화염 표면을 덮을 수 있다. 고층 건물, 화학약품 공장 등의 화재 소화 시 사용한다.

　㉢ 혼합장치의 종류: 관로혼합장치, 차압혼합장치, 펌프혼합장치

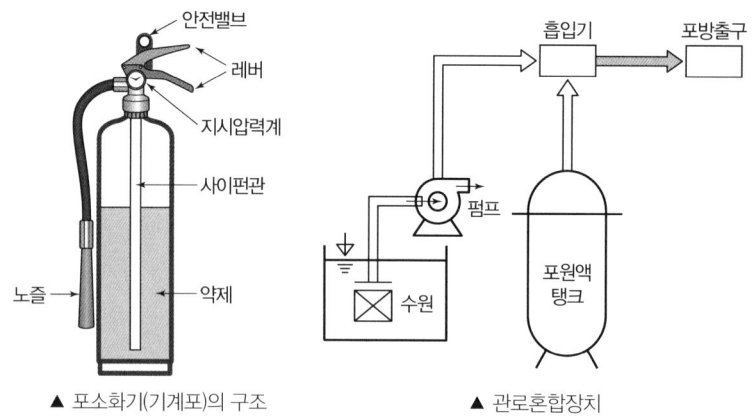

▲ 포소화기(기계포)의 구조　　▲ 관로혼합장치

② **화학포**: 탄산수소나트륨과 황산알루미늄의 화학반응에 의해 포를 생성, 방사한다.
   ㉠ 화학반응식

   $$6NaHCO_3 + Al_2(SO_4)_3 + 18H_2O \rightarrow 3Na_2SO_4 + 2Al(OH)_3 + 6CO_2 + 18H_2O$$

   ㉡ 구조에 따라 보통전도식, 내통밀폐식, 내통밀봉식 등이 있다.
   ㉢ 포소화약제의 구비조건: 부착성이 있을 것, 열에 대해 강한 막을 형성하며 유동성이 있을 것

(2) 분말소화기

① 분말 입자로 가연물의 표면을 덮어 소화하는 것으로, 질식소화 효과를 얻을 수 있다.
② 전기화재와 유류화재에 효과적이다.
   ※ 다만, 부피와 중량이 커 유조선 및 액체원료를 원동력으로 하는 선박 등의 엔진실에는 사용이 적절하지 않다.
③ 구조에 따라 축압식과 가스가압식이 있다.
④ 기구가 간단하고 유지·관리가 용이하며, 온도 변화에 대한 약제의 변질이나 성능의 저하가 없다.
⑤ 분말은 수분을 흡수할 수 있으므로 건조한 상태로 보관한다.
⑥ 탄산수소염류분말소화기는 금수성 물질에 대해 적응성이 있다.
⑦ 소화약제 종류와 화학반응식

종별	분자식	착색	적응화재	비고
제1종	탄산수소나트륨($NaHCO_3$)	백색	B, C급	식용유 및 지방질
제2종	탄산수소칼륨($KHCO_3$)	담회색	B, C급	
제3종	제1인산암모늄($NH_4H_2PO_4$)	담홍색	A, B, C급	차고, 주차장
제4종	탄산수소칼륨+요소($KHCO_3+(NH_2)_2CO$)	회(백)색	B, C급	

㉠ 탄산수소나트륨: 약제 분해에 의해 생성된 이산화탄소와 수증기로 소화한다.

$$2NaHCO_3 \rightarrow Na_2CO_3 + CO_2 + H_2O$$

㉡ 탄산수소칼륨: 탄산수소나트륨보다 소화력이 크다.

$$2KHCO_3 \rightarrow K_2CO_3 + CO_2 + H_2O$$

㉢ 인산암모늄: 열분해에 의해 부착성이 좋은 메타인산(HPO_3)을 생성하여 다른 소화분말보다 30[%] 이상 소화력이 좋다.

$$NH_4H_2PO_4 \rightarrow HPO_3 + NH_3 + H_2O$$

⑧ 금속화재용으로는 염화바륨($BaCl_2$), 염화나트륨($NaCl$), 염화칼슘($CaCl_2$) 등을 사용한다.

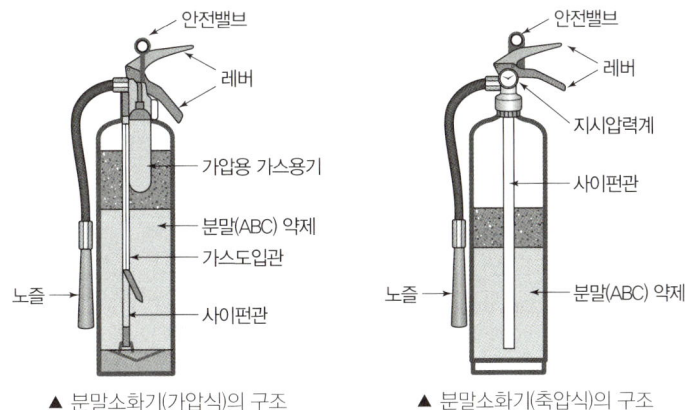

▲ 분말소화기(가압식)의 구조   ▲ 분말소화기(축압식)의 구조

(3) 할로겐화합물소화기(증발성 액체 소화기)

① 소화원리
  ㉠ 증발성이 강한 액체를 화재표면에 뿌려 증발잠열을 이용해 온도를 낮추어 냉각소화 효과를 얻을 수 있다.
  ㉡ 할로겐 원소가 가연물이 산소와 결합하는 것을 방해하는 부촉매로 작용하여 연소가 계속되는 것을 억제하는 억제소화 효과를 얻을 수 있다.

② 소화약제의 종류

할론 1301 (CF_3Br)	• 독성이 거의 없고 인체에 무해하나 고온에서 열분해 시 독성이 강한 분해생성물이 발생하므로 소화 후 환기가 필요하며, 방사 시 운무현상이 발생하나 이산화탄소만큼 심하지 않다. • 무색, 무취, 비전도성이고, 상온·대기압 하에서는 기체로만 존재하며 공기보다 5배 무겁다. • 불꽃연소에 특히 강한 소화력을 나타낸다. • B급(유류)화재, C급(전기)화재에 적합하다.
할론 1211 (CF_2ClBr)	• 상온에서 기체이며, 공기보다 약 5.7배 무겁다. • 방출 시에는 액체로 분사되며, 비점은 −4[℃]이다.
할론 2402 ($C_2F_4Br_2$)	• 상온에서 액체이다. • 유일하게 에탄(C_2H_6)에서 치환된 것이다. • 독성이 강하여 거의 사용하지 않는다.
할론 1011 (CH_2ClBr)	상온에서 액체이며, 독성이 강하기 때문에 소화약제로 이용되기는 적합하지 않다.
할론 104 (CCl_4)	사염화탄소는 열분해 및 공기, 수분, 이산화탄소 등과 반응하면 유독한 질식성 기체인 포스겐($COCl_2$)을 발생하기 때문에 법적으로 사용금지 된 소화약제이다.

> **합격 보장 꿀팁** **할로겐화합물 명명법**
>
> 할로겐화합물은 미 육군에서 숫자를 사용한 짧은 명명법을 현재 널리 사용하며 규칙은 다음과 같다.
> ① 제일 앞에 할론(Halon)이란 명칭을 쓴다.
> ② 그 뒤에 구성 원소들의 개수를 C, F, Cl, Br, I의 순서대로 쓰되 해당 원소가 없는 경우는 표시하지 않는다.
>   예) Halon 2402는 C 2개, F 4개, Cl 0개, Br: 2개, I: 0개이므로 화학식은 $C_2F_4Br_2$가 된다.
> ③ 할로겐 원소별 소화효과의 크기: $F_2 < Cl_2 < Br_2 < I_2$

(4) 이산화탄소소화기

① 이산화탄소를 고압으로 압축, 액화하여 용기에 담아놓은 것으로 가스 상태로 방사된다. 연소 중 산소농도를 필요한 농도 이하로 낮추는 질식소화가 주된 소화효과이며, 냉각효과를 동반하여 상승적으로 작용하여 소화한다.

② 이산화탄소소화기의 특징
　㉠ 용기 내 액화탄산가스를 기화하여 가스 형태로 방출한다.
　㉡ 불연성 기체로 절연성이 높아 전기화재(C급)에 적당하며 유류화재(B급)에도 유효하다.
　㉢ 방사 거리가 짧아 화재현장이 광범위할 경우 사용이 제한적이다.
　㉣ 공기보다 무거우며 기체상태이기 때문에 화재 심부까지 침투가 용이하다.
　㉤ 반응성이 매우 낮아 부식성이 거의 없다.

> **합격 보장 꿀팁**   **불연성 물질**
> ① 주기율표 0족 원소인 불활성 가스: He, Ar, Ne, Xe, Rn, Kr
> ② 산소와는 반응하나 발열반응이 아닌 흡열반응 하는 물질: 질소, 질소산화물
> ③ 산소와 이미 결합한 물질: 이산화탄소(CO_2), H_2O, SO_3, P_2O_5, SiO_2, 제1류 위험물, 제6류 위험물

(5) 강화액 소화기
① 물소화약제의 단점을 보완하기 위하여 물에 탄산칼륨(K_2CO_3) 등을 녹인 수용액으로서 부동성이 높은 알칼리성 소화약제이다.
② 탄산칼륨으로 인해 어는점이 $-30[°C]$까지 낮아져 한랭지 또는 겨울철에 사용할 수 있다.
③ 유류화재와 전기화재에 유효하다.

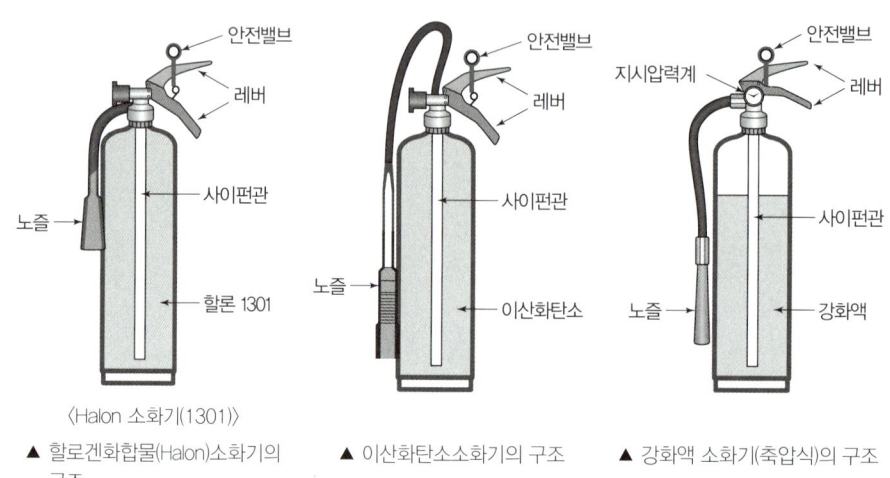

▲ 할로겐화합물(Halon)소화기의 구조　　▲ 이산화탄소소화기의 구조　　▲ 강화액 소화기(축압식)의 구조

(6) 산·알칼리 소화기
① 황산과 탄산수소나트륨의 화학반응에 의해 생성된 이산화탄소의 압력으로 물을 방출시키는 소화기이다.

$$2NaHCO_3 + H_2SO_4 \rightarrow Na_2SO_4 + 2CO_2 + 2H_2O$$

② 일반화재에 적합하며 분무 노즐을 사용하는 경우 전기화재에도 유효하다.

(7) 간이소화제
소화기 및 소화제가 없는 곳에서 초기소화에 사용하거나 소화를 보강하기 위해 간이로 사용할 수 있는 소화제이다.
① **마른모래**: 질식소화 효과로 모든 화재(A급, B급, C급, D급)에 사용할 수 있다. 보관 및 사용방법은 다음과 같다.
　㉠ 반드시 건조되어 있을 것
　㉡ 인화성 및 발화성 물질이 함유되어 있지 않을 것
　㉢ 포대, 반절된 드럼, 벽돌담 안에 저장하며 부속기구로 삽, 양동이 등을 비치할 것

② 팽창질석, 팽창진주암
- ㉠ 질식소화 효과의 간이소화제로 질석, 진주암 등 암석을 1,000~1,400[℃]로 가열, 10~15배 팽창시켜 분쇄한 분말이다.
- ㉡ 비중이 매우 작고 가볍다.
- ㉢ 발화점이 낮은 알킬알루미늄류, 칼륨 등 금속분진 화재에 유효하다.

(8) 가압방식에 의한 소화기 분류
① 축압식
- ㉠ 소화기 용기 내부에 소화약제와 압축공기 또는 불연성 가스인 이산화탄소, 질소를 충전하여 그 압력에 의해 약제가 방출되는 방식이다.
- ㉡ 이산화탄소소화기, 할로겐화합물소화기 등이 해당된다.

② 가압식
- ㉠ 수동펌프식: 피스톤식 수동펌프에 의한 가압으로 소화약제를 방출한다.
- ㉡ 화학반응식: 소화약제의 화학반응에 의해 생성된 가스의 압력으로 소화약제를 방출한다.
- ㉢ 가스가압식: 소화기 내부 또는 외부에 별도의 가압가스용기를 설치하여 그 압력에 의해 소화약제를 방출한다.

3 폭발방지대책 수립

1. 폭발방지대책

(1) 예방대책
① 폭발을 일으킬 수 있는 위험성 물질과 발화원의 특성을 알고, 그에 따른 폭발이 일어나지 않도록 관리한다.
② 공정에 대하여 폭발 가능성을 충분히 검토하여 예방할 수 있도록 설계단계부터 페일세이프(Fail Safe) 원칙을 적용한다.

(2) 국한대책
폭발의 피해를 최소화하기 위한 대책(안전장치, 방폭설비 설치 등)

(3) 폭발방호(Explosion Protection)
① 봉쇄(Containment): 폭발이 일어날 수 있는 장치나 건물 폭발 시 발생하는 압력에 견디도록 충분히 강하게 만드는 것을 말한다.
② 차단(Isolation): 폭발이 다른 곳으로 전파될 때 자동적으로 고속차단할 수 있는 설비를 말하며, 이런 장치는 매우 빨리 검지하는 설비와 밸브를 차단시키는 설비를 설치하여야 한다.
③ 불꽃방지기(Flame Arrest): 불꽃이 인화성 가스나 증기-공기 혼합물로의 전파를 예방하는 설비이다. 가스나 증기가 통과할 수 있는 좁은 틈을 가진 망이 설치되어 있으며, 이 망은 너무 좁아 불꽃을 통과시키지 않는다.
④ 폭발억제(Explosion Suppression): 폭발억제 대책은 폭발의 발달을 검지해서 자동고속 억제설비에 의해 억제될 수 있는 조건 하에서 가능하다. 폭발억제설비의 원리는 파괴적인 압력이 발달하기 전에 인화성 분위기 내로 소화약제를 고속으로 분사하는 것이다.
⑤ 폭발방산(Explosion Venting): 건물이나 공정용기에서의 Vent를 설치하여 폭발 시 발생하는 압력 및 열을 외부로 방출하는 것이다. 이러한 Vent의 강도는 건물이나 공정의 용기보다 약하게 설계한다.

▲ 폭발방산의 예(파열판)

(4) 분진폭발의 방지
① 분진 생성 방지: 보관, 작업장소의 통풍에 의한 분진 제거
② 발화원 제거: 불꽃, 전기적 점화원(전원, 정전기 등) 제거
③ 불활성물질 첨가: 시멘트분, 석회, 모래, 질석 등 돌가루 첨가
④ 분진 및 그 주변의 온도 저하

(5) 방폭설비
① 방폭구조의 종류

방폭구조(Ex) 종류	정의
내압방폭 (d)	용기 내부에 폭발성 가스 및 증기가 폭발하였을 때 용기가 그 압력에 견디며 또한 접합면, 개구부 등을 통해서 외부의 폭발성 가스·증기에 인화되지 않도록 한 구조
압력방폭 (p)	용기 내부에 보호가스(신선한 공기 또는 불연성 기체)를 압입하여 내부압력을 유지함으로써 폭발성 가스 또는 증기가 내부로 유입하지 않도록 된 구조
유입방폭 (o)	전기불꽃, 아크 또는 고온이 발생하는 부분을 기름 속에 넣고, 기름면 위에 존재하는 폭발성 가스 또는 증기에 인화되지 않도록 한 구조
안전증방폭 (e)	정상운전 중에 폭발성 가스 또는 증기에 점화원이 될 전기불꽃, 아크 또는 고온 부분 등의 발생을 방지하기 위하여 기계적, 전기적 구조상 또는 온도상승에 대해서 특히 안전도를 증가시킨 구조
본질안전방폭 (i)	정상 시 및 사고 시(단선, 단락, 지락 등)에 발생하는 전기불꽃, 아크 또는 고온에 의하여 폭발성 가스 또는 증기에 점화되지 않는 것이 점화시험, 기타에 의하여 확인된 구조
몰드방폭 (m)	폭발성 가스 또는 증기에 점화시킬 수 있는 전기불꽃이나 고온 발생부분을 컴파운드로 밀폐시킨 구조
충전방폭 (q)	점화원이 될 수 있는 전기불꽃, 아크 또는 고온 부분을 용기 내부의 적정한 위치에 고정시키고 그 주위를 충전물질로 충전하여 폭발성 가스 또는 증기에 인화되지 않도록 한 구조
특수방폭 (s)	상기 이외의 방폭구조로서 폭발성 가스 또는 증기에 점화 또는 위험분위기로 인화를 방지할 수 있는 것이 시험, 기타에 의하여 확인된 구조

② 방폭구조의 구비조건
㉠ 시건장치를 할 것
㉡ 대상기기에 접지단자를 설치할 것
㉢ 퓨즈를 사용할 것
㉣ 도선의 인입방식을 정확히 채택할 것

③ 지하작업장 등의 폭발위험 방지 [안전보건규칙 제296조]
㉠ 가스의 농도를 측정하는 사람을 지명하고 다음의 경우에 그로 하여금 해당 가스의 농도를 측정하도록 할 것
- 매일 작업을 시작하기 전
- 가스의 누출이 의심되는 경우
- 가스가 발생하거나 정체할 위험이 있는 장소가 있는 경우
- 장시간 작업을 계속하는 경우(이 경우 4시간마다 가스농도를 측정하도록 하여야 함)

㉡ 가스의 농도가 인화하한계 값의 25[%] 이상으로 밝혀진 경우에는 즉시 근로자를 안전한 장소에 대피시키고 화기나 그 밖에 점화원이 될 우려가 있는 기계·기구 등의 사용을 중지하며 통풍·환기 등을 할 것

2. 폭발하한계 및 폭발상한계의 계산

(1) 용어의 정의 KOSHA D-22

① **폭발한계(Explosion Limit)**: 가스 등의 농도가 일정한 범위 내에 있을 때 폭발현상이 일어나는 것으로, 그 농도가 지나치게 낮거나 지나치게 높아도 폭발은 일어나지 않는다.

② **폭발하한계(LEL; Lower Explosive Limit)**: 가스 등이 공기 중에서 점화원에 의해 착화되어 화염이 전파되는 가스 등의 최소농도이다.

③ **폭발상한계(UEL; Upper Explosive Limit)**: 가스 등이 공기 중에서 점화원에 의해 착화되어 화염이 전파되는 가스 등의 최대농도이다.

④ **연소(폭발)범위**: 연소가 가능한 가연성 기체와 산소의 혼합기체의 농도로 폭발하한계부터 폭발상한계까지의 범위이다.

(2) 폭발하한계 및 폭발상한계의 계산 KOSHA D-22

① 폭발하한계 계산

$$LEL_{mix} = \frac{1}{\sum_{i=1}^{n} \frac{y_i}{LEL_i}}$$

여기서, LEL_{mix}: 가스 등 혼합물의 폭발하한계[vol%]
LEL_i: 가스 등의 성분 중 i 성분의 폭발하한계[vol%]
y_i: 가스 등의 성분 중 i 성분의 몰분율
n: 가스 등의 성분의 수

② 폭발상한계 계산

$$UEL_{mix} = \frac{1}{\sum_{i=1}^{n} \frac{y_i}{UEL_i}}$$

여기서, UEL_{mix}: 가스 등 혼합물의 폭발상한계[vol%]
UEL_i: 가스 등의 성분 중 i 성분의 폭발상한계[vol%]
y_i: 가스 등의 성분 중 i 성분의 몰분율
n: 가스 등의 성분의 수

③ 폭발한계에 영향을 주는 요인

㉠ 온도: 기준이 되는 25[°C]에서 100[°C]씩 증가할 때마다 폭발하한계의 값이 8[%] 감소하며, 폭발상한은 8[%] 증가한다.
  - 폭발하한계: $LEL_t = LEL_{25[°C]} - (0.8 LEL_{25[°C]} \times 10^{-3}) \times (T-25)$
  - 폭발상한계: $UFL_t = UFL_{25[°C]} + (0.8 UFL_{25[°C]} \times 10^{-3}) \times (T-25)$

㉡ 압력: 폭발하한계에는 영향이 경미하나 폭발상한계에는 크게 영향을 준다. 보통 가스압력이 높아질수록 폭발(연소)범위는 넓어진다.

㉢ 산소: 폭발하한계는 공기나 산소 중에서 변함이 없으나 폭발상한계는 산소농도 증가에 따라 비례하여 상승하게 된다.

㉣ 화염의 진행 방향

CHAPTER 02 화학물질 안전관리 실행

> **합격 KEYWORD** 이상기체 상태방정식, 위험물의 종류, 시간가중평균노출기준(TWA), 크롬 화합물 중독, 화학설비, 특수화학설비, 안전거리, 특수화학설비 안전장치, 방유제 설치, 반응기의 분류, 증류탑 점검항목, 열교환기 점검항목, 건조설비

1 화학물질(위험물, 유해화학물질) 확인

1. 위험물의 기초화학

(1) 물질의 상태와 성질

① 물질이란 우주를 구성하는 재료로서 질량을 가지고 있으며 공간을 차지한다. 물질은 물리적 성질과 화학적 성질을 가지고 있으며, 물질의 상태는 일반적으로 기체, 액체, 고체의 세 가지로 나눌 수 있다.

상태	모양	부피	압축성	미시적 성질
고체	일정	일정	무시	입자들은 일정한 배열상태로 접촉하고 조밀하게 충전되어 있음
액체	무관	일정	매우 작음	입자는 접촉되어 있지만 이동 가능함
기체	무한	무한	큼	입자는 멀리 떨어져 있고 서로 독립적임

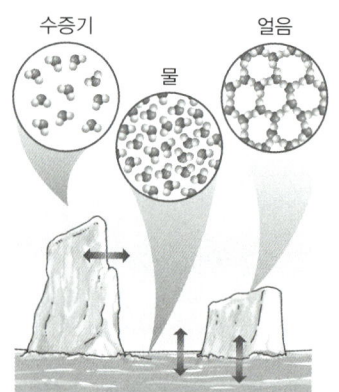

② 물리적 성질은 물질의 조성이나 동일성을 변화시키지 않으면서 나타나고 측정하고 관측할 수 있는 것이며, 화학적 성질은 화학반응에서만 볼 수 있는 것이다. 여기서 화학반응이란 최소한 물질이라도 그 조성과 동일성이 변화하는 과정을 말한다.

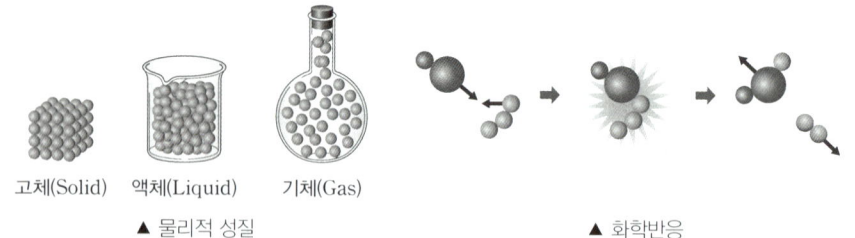

▲ 물리적 성질   ▲ 화학반응

(2) 물질의 종류

물질은 순수한 물질과 혼합물로, 그리고 다시 원소와 화합물 및 균일, 불균일 혼합물로 나눌 수 있는데 그 분류는 다음과 같이 할 수 있다.

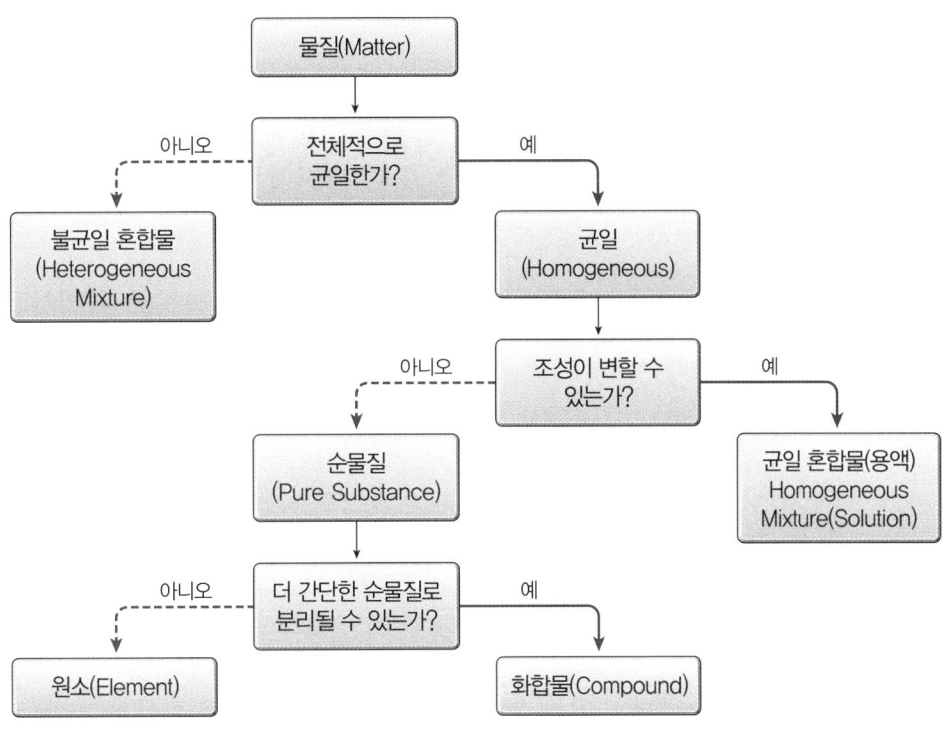

(3) 화학반응 기초
① 온도
  ㉠ 상대온도: 해면의 평균대기압 하에서 물의 끓는점과 어는점을 기준하여 정한 온도이다.
    • 섭씨온도[°C]: 물의 어는점(0[°C])과 끓는점(100[°C])을 100등분하여 기준으로 정한 온도
    • 화씨온도[°F]: 물의 어는점(32[°F])과 끓는점(212[°F])을 180등분하여 기준으로 정한 온도
  ㉡ 절대온도: 분자운동이 완전 정지하여 운동에너지가 0이 되는 온도
    • 켈빈온도[K]: 섭씨의 절대온도(−273[°C]=0[K])
    • 랭킨온도[°R]: 화씨의 절대온도(−460[°F]=0[°R])
  ㉢ °C, °F, K, °R 간의 관계식

$$[°C]=\frac{5}{9}\times([°F]-32),\ [K]=[°C]+273,\ [°R]=[°F]+460,\ [°R]=\frac{9}{5}\times[K]$$

② 압력
  ㉠ 단위면적에 미치는 힘으로, 그 단위는 [kgf/cm²], [N/m²], [Pa] 등이 있다.
  ㉡ 게이지압=절대압−대기압 → 절대압=게이지압+대기압

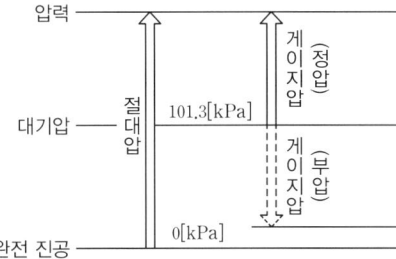

③ 기체반응 기초법칙
  ㉠ 보일-샤를의 법칙: 보일의 법칙과 샤를의 법칙을 수학적으로 합한 연합기체법칙이다.

$$\frac{P_1V_1}{T_1}=\frac{P_2V_2}{T_2}$$

여기서, P: 압력, V: 부피, T: 절대온도

ⓒ 이상기체 상태방정식: 기체의 압력은 기체 몰수와 온도의 곱을 부피로 나눈 값에 비례한다.

$$PV = nRT = \frac{W}{M}RT$$

여기서, P: 절대압력[atm], V: 부피[L], n: 몰수[mol], R: 0.082[L·atm/mol·K],
T: 절대온도[K], M: 분자량, W: 질량[g]

ⓒ 단열변화(단열압축, 단열팽창): 주변계와의 열교환이 없는 상태에서의 변화과정을 말하며 기체의 부피와 압력의 변화에 따라 온도가 변한다.

$$\frac{T_2}{T_1} = \left(\frac{V_1}{V_2}\right)^{r-1} = \left(\frac{P_2}{P_1}\right)^{\frac{r-1}{r}}$$

여기서, r: 비열비

ⓔ 온도변화에 따른 열량 계산

$$Q = cm(T_2 - T_1)[\text{kcal}]$$

여기서, c: 비열[kcal/kg·℃], m: 질량[kg], T: 온도[℃]

ⓜ 액화가스의 부피

$$\text{액화가스 무게}[\text{kg}] \times \text{가스 정수} = \text{액화가스 부피}$$

ⓗ 재증발증기(Flash 증기율): 재증발 현상에 따라 발생하는 증기

$$\text{Flash 증기율} = \frac{e_1 - e_2}{\text{기화열}}$$

여기서, e_1: 재증발 후 엔탈피, e_2: 재증발 전 엔탈피

ⓢ 액화가스의 기화량: 액화가스가 대기 중으로 방출될 때의 기화되는 양

$$\text{기화량}[\text{kg}] = \text{액화가스 질량}[\text{kg}] \times \frac{\text{비열}[\text{kJ/kg}]}{\text{증발잠열}[\text{kJ/kg}]} \times (\text{외기온도}[℃] - \text{비점}[℃])$$

ⓞ 아보가드로의 법칙: 0[℃], 1[atm]에서 기체 1[mol]의 부피는 항상 22.4[L]이다.

④ 물의 비등(끓음): 비등은 액체에서 기체로의 상변화과정을 의미하며, 액체가 포화온도보다 충분히 높은 온도로 유지되는 표면과 접하고 있을 때 고체와 액체 계면에서 발생한다. 포화온도와 표면온도의 차이를 초과온도라고 하고, 초과온도에 따라 비등은 아래 그림처럼 4개의 구역으로 나뉘는데 초과온도가 낮은 순으로 자연대류비등(Natural Convection Boiling), 핵비등(Nucleate Boiling), 전이비등(Transition Boiling), 막비등(Film Boiling)이라고 한다.

> **합격 보장 꿀팁** **물의 비등순서**
> ① 아무 변화 없음(자연대류)
> ② 아지랑이 같은 것이 보임(자연대류의 끝부분)
> ③ 기포가 하나 생김(핵비등 A)
> ④ 기포가 연속적으로 생김(핵비등 B~C)
> ⑤ C점: 임계온도차
> ⑥ 가열 표면에서 증기막이 생기기 시작(전이비등 C~D)
> ⑦ D점[라이덴프로스트점(Leidenfrost Point)]: 핵비등에서 막비등 상태로 급격하게 이행하는 하한점
> ⑧ 연속적인 증기막으로 덮임(막비등 D)

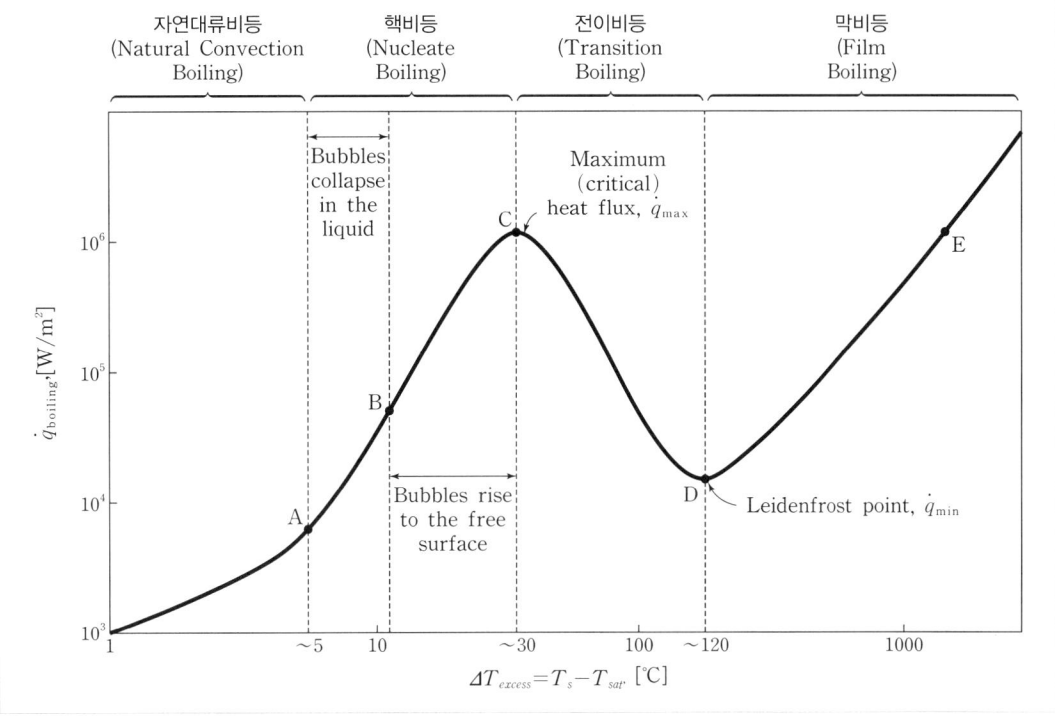

(4) 화학식의 종류와 정의

① **실험식(조성식)**: 화합물을 구성하는 원소들의 가장 간단한 정수비를 표시한 식
② **분자식**: 한 개의 분자 중에 들어있는 원자의 종류와 그 수를 원소기호로 표시한 식
③ **시성식**: 분자의 성질을 표시할 수 있는 작용기를 표시하여 그 결합상태를 표시한 식
④ **구조식**: 분자 내 원자와의 결합상태를 원자가와 같은 수의 결합선으로 연결하여 나타낸 식

C_2H_6O
▲ 에탄올 분자식

C_2H_5OH
▲ 에탄올 시성식

$$H-\overset{\overset{H}{|}}{\underset{\underset{H}{|}}{C}}-\overset{\overset{H}{|}}{\underset{\underset{H}{|}}{C}}-OH$$
▲ 에탄올 구조식

(5) 화학반응의 분류

① **부가반응**
　㉠ 둘이나 그 이상의 물질이 화합하여 하나의 화합물을 만드는 반응이다.
　㉡ A+Z → AZ
　㉢ 부가반응의 예

$$C_2H_4(에틸렌)+Cl_2(염소) \to C_2H_4Cl_2(이염화에틸렌)$$

② **분해반응**
　㉠ 하나의 화합물이 둘 또는 그 이상의 물질로 분해되는 반응이다.
　㉡ 과산화수소의 분해반응: 과산화수소는 공기 중에서 물과 산소로 분해된다.

$$2H_2O_2 \to 2H_2O+O_2\uparrow$$

③ 단일치환반응
  ㉠ 하나의 금속이 하나의 화합물 또는 수용액으로부터 다른 금속 또는 수소를 치환하는 반응이다.
  ㉡ 수소취성: 수소는 고온, 고압에서 강(Fe_3C) 중의 탄소와 반응하여 메탄을 생성한다.

$$Fe_3C + 2H_2 \rightarrow CH_4 + 3Fe$$

④ 이중치환반응: 두 화합물의 음이온이 서로 교환되어 완전히 다른 화합물을 생성하는 반응이다.
⑤ 중화반응: 이중치환반응의 특별한 유형으로, 산과 염기가 반응하여 물을 생성하고 중화되는 반응이다.
⑥ 중합반응(Polymerization)
  ㉠ 단량체(Monomer)가 촉매 등에 의해 반응하여 다량체(Polymer)를 만들어 내는 반응이다.
  ㉡ $A + A + \cdots + A \rightarrow -[A]^{-n}$

2. 위험물의 정의

위험물은 다양한 관점에서 정의될 수 있으나 화학적 관점에서 정의하면, 일정 조건에서 화학적 반응에 의해 화재 또는 폭발을 일으킬 수 있는 성질을 가지거나 인간의 건강을 해칠 수 있는 우려가 있는 물질을 말한다.

(1) 위험물의 일반적 성질
① 상온, 상압 조건에서 산소, 수소 또는 물과의 반응이 잘 된다.
② 반응속도가 다른 물질에 비해 빠르고, 반응 시 대부분 발열반응이며 그 열량 또한 비교적 크다.
③ 반응 시 가연성 가스 또는 유독성 가스가 발생한다.
④ 보통 화학적으로 불안정하여 다른 물질과의 결합 또는 스스로의 분해가 잘 된다.

(2) 위험물의 특징
① 화재 또는 폭발을 일으킬 수 있는 성질이 다른 물질에 비해 매우 크다.
② 발화성 또는 인화성이 강하다.
③ 외부로부터의 충격이나 마찰, 가열 등에 의하여 화학변화를 일으킬 수 있다.
④ 다른 물질과 격렬하게 반응하거나 공기 중에서 매우 빠르게 산화되어 폭발할 수 있다.
⑤ 화학반응 시 높은 열을 발생하거나, 폭발 및 폭음을 내는 경우가 대부분이다.

3. 위험물의 종류

(1) 위험물의 종류와 물질의 구분(「산업안전보건법령」에 따른 구분) 안전보건규칙 / 별표 1

위험물의 종류	물질의 구분	
폭발성 물질 및 유기과산화물	① 질산에스테르류 ③ 니트로소화합물 ⑤ 디아조화합물 ⑦ 유기과산화물 ⑧ 그 밖에 ①부터 ⑦까지의 물질과 같은 정도의 폭발 위험이 있는 물질 ⑨ ①부터 ⑧까지의 물질을 함유한 물질	② 니트로화합물 ④ 아조화합물 ⑥ 하이드라진 유도체

분류	내용
물반응성 물질 및 인화성 고체	① 리튬 ② 칼륨·나트륨 ③ 황 ④ 황린 ⑤ 황화인·적린 ⑥ 셀룰로이드류 ⑦ 알킬알루미늄·알킬리튬 ⑧ 마그네슘 분말 ⑨ 금속 분말(마그네슘 분말 제외) ⑩ 알칼리금속(리튬·칼륨 및 나트륨 제외) ⑪ 유기 금속화합물(알킬알루미늄 및 알킬리튬 제외) ⑫ 금속의 수소화물 ⑬ 금속의 인화물 ⑭ 칼슘 탄화물, 알루미늄 탄화물 ⑮ 그 밖에 ①부터 ⑭까지의 물질과 같은 정도의 발화성 또는 인화성이 있는 물질 ⑯ ①부터 ⑮까지의 물질을 함유한 물질
산화성 액체 및 산화성 고체	① 차아염소산 및 그 염류 ② 아염소산 및 그 염류 ③ 염소산 및 그 염류 ④ 과염소산 및 그 염류 ⑤ 브롬산 및 그 염류 ⑥ 요오드산 및 그 염류 ⑦ 과산화수소 및 무기 과산화물 ⑧ 질산 및 그 염류 ⑨ 과망간산 및 그 염류 ⑩ 중크롬산 및 그 염류 ⑪ 그 밖에 ①부터 ⑩까지의 물질과 같은 정도의 산화성이 있는 물질 ⑫ ①부터 ⑪까지의 물질을 함유한 물질
인화성 액체	① 에틸에테르, 가솔린, 아세트알데히드, 산화프로필렌, 그 밖에 인화점이 23[℃] 미만이고 초기 끓는점이 35[℃] 이하인 물질 ② 노르말헥산, 아세톤, 메틸에틸케톤, 메틸알코올, 에틸알코올, 이황화탄소, 그 밖에 인화점이 23[℃] 미만이고 초기 끓는점이 35[℃]를 초과하는 물질 ③ 크실렌, 아세트산아밀, 등유, 경유, 테레핀유, 이소아밀알코올, 아세트산, 하이드라진, 그 밖에 인화점이 23[℃] 이상 60[℃] 이하인 물질
인화성 가스	① 수소 ② 아세틸렌 ③ 에틸렌 ④ 메탄 ⑤ 에탄 ⑥ 프로판 ⑦ 부탄 ⑧ 「산업안전보건법 시행령」 별표 13에 따른 인화성 가스

부식성 물질	① 부식성 산류
	  ㉠ 농도가 20[%] 이상인 염산, 황산, 질산, 그 밖에 이와 같은 정도 이상의 부식성을 가지는 물질
	  ㉡ 농도가 60[%] 이상인 인산, 아세트산, 불산, 그 밖에 이와 같은 정도 이상의 부식성을 가지는 물질
	② 부식성 염기류
	  농도가 40[%] 이상인 수산화나트륨, 수산화칼륨, 그 밖에 이와 같은 정도 이상의 부식성을 가지는 염기류

급성 독성 물질	① 쥐에 대한 경구투입실험에 의하여 실험동물의 50[%]를 사망시킬 수 있는 물질의 양, 즉 LD50(경구, 쥐)이 [kg]당 300[mg]-(체중) 이하인 화학물질 ② 쥐 또는 토끼에 대한 경피흡수실험에 의하여 실험동물의 50[%]를 사망시킬 수 있는 물질의 양, 즉 LD50(경피, 토끼 또는 쥐)이 [kg]당 1,000[mg]-(체중) 이하인 화학물질 ③ 쥐에 대한 4시간 동안의 흡입실험에 의하여 실험동물의 50[%]를 사망시킬 수 있는 물질의 농도, 즉 가스 LC50(쥐, 4시간 흡입)이 2,500[ppm] 이하인 화학물질, 증기 LC50(쥐, 4시간 흡입)이 10[mg/L] 이하인 화학물질, 분진 또는 미스트 1[mg/L] 이하인 화학물질

(2) 독성 물질의 표현단위

① 고체 및 액체 화합물의 독성 표현단위

㉠ LD(Lethal Dose): 한 마리 동물의 치사량

㉡ MLD(Minimum Lethal Dose): 실험동물 한 무리에서 한 마리가 죽는 최소의 양

㉢ LD50: 실험동물 한 무리에서 50[%]가 죽는 양

㉣ LD100: 실험동물 한 무리 전부가 죽는 양

② 가스 및 증발하는 화합물의 독성 표현단위

㉠ LC(Lethal Concentration): 한 마리 동물을 치사시키는 농도

㉡ MLC(Minimum Lethal Concentration): 실험동물 한 무리에서 한 마리가 죽는 최소의 농도

㉢ LC50: 실험동물 한 무리에서 50[%]가 죽는 농도

㉣ LC100: 실험동물 한 무리 전부가 죽는 농도

③ 고독성 물질 기준: 경구투여 시 LD50이 25[mg/kg] 이하인 물질이다.

4. 노출기준

(1) 정의 화학물질 및 물리적 인자의 노출기준 제2조

근로자가 유해인자에 노출되는 경우 노출기준 이하 수준에서는 거의 모든 근로자에게 건강상 나쁜 영향을 미치지 아니하는 기준을 말한다.

(2) 표시단위

① 가스 및 증기: [ppm] 또는 [mg/m³]

② 분진: [mg/m³](단, 석면은 [개/cm³])

③ 단위환산: 25[℃], 1[atm] 기준 화학물질의 등록 및 평가 등에 관한 법률 시행령 별표 1

$$[mg/L] = \frac{농도[ppm] \times 분자량}{24.45 \times 10^{-3}}, \quad [mg/m^3] = \frac{농도[ppm] \times 분자량}{24.45}$$

(3) 유독물의 종류와 성상

구분	성상	입자의 크기
흄(Fume)	고체 상태의 물질이 액체화된 다음 증기화되고, 증기화된 물질의 응축 및 산화로 인하여 생기는 고체상의 미립자(금속 또는 중금속 등)	0.01~1[μm]
스모크(Smoke)	유기물의 불완전 연소에 의해 생긴 작은 입자	0.01~1[μm]
미스트(Mist)	공기 중에 분산된 액체의 작은 입자(기름, 도료, 액상 화학물질 등)	0.1~100[μm]
분진(Dust)	① 공기 중에 분산된 고체의 작은 입자(연마, 파쇄, 폭발 등에 의해 발생. 광물, 곡물, 목재 등) ② 유해성 물질의 물리적 특성에서 입자의 크기가 가장 큼	0.01~500[μm]
가스(Gas)	상온·상압(25[℃], 1[atm]) 상태에서 기체인 물질	분자상
증기(Vapor)	상온·상압(25[℃], 1[atm]) 상태에서 액체로부터 증발되는 기체	분자상

(4) 유해물질의 노출기준

① 시간가중평균노출기준(TWA; Time Weighted Average): 1일 8시간 작업을 기준으로 하여 유해인자의 측정치에 발생시간을 곱하여 8시간으로 나눈 값을 말한다. 화학물질 및 물리적 인자의 노출기준 제2조

$$TWA환산값 = \frac{C_1 T_1 + C_2 T_2 + \cdots + C_n T_n}{8}$$

여기서, C: 유해인자의 측정치([ppm] 또는 [mg/m³]), T: 유해인자의 발생시간[시간]

② 단시간노출기준(STEL; Short Time Exposure Limit): 15분간의 시간가중평균노출값으로서 노출농도가 시간가중평균노출시간(TWA)을 초과하고 단시간노출기준(STEL) 이하인 경우에는 1회 노출 지속시간이 15분 미만이어야 하고, 이러한 상태가 1일 4회 이하로 발생하여야 하며, 각 노출의 간격은 60분 이상이어야 한다.

③ 최고노출기준(C; Ceiling): 근로자가 1일 작업시간 동안 잠시라도 노출되어서는 아니 되는 기준을 말한다.

④ 혼합물인 경우의 노출기준(위험도)

㉠ 화학물질이 2종 이상 혼재하는 경우에 혼재하는 물질 간에 유해성이 인체의 서로 다른 부위에 작용한다는 증거가 없는 한 유해작용은 가중되므로 노출기준은 다음 식에 따라 산출하되, 산출되는 수치가 1을 초과하지 아니하는 것으로 한다. 화학물질 및 물리적 인자의 노출기준 제6조

$$위험도\ R = \frac{C_1}{T_1} + \frac{C_2}{T_2} + \cdots + \frac{C_n}{T_n}$$

여기서, C: 화학물질 각각의 측정치(위험물질 각각의 제조 또는 취급량)
T: 화학물질 각각의 노출기준(위험물질 각각의 기준량)

㉡ TLV(Threshold Limit Value): 미국산업위생전문가회의(ACGIH)에서 채택한 허용농도기준으로, 근로자가 유해인자에 노출되는 경우 노출기준 이하 수준에서는 거의 모든 근로자에게 건강상 나쁜 영향을 미치지 아니하는 기준이다.

⑤ 주요 물질의 노출기준 화학물질 및 물리적 인자의 노출기준 별표 1

물질명	화학식	노출기준(TWA)
포스겐(Phosgene)	$COCl_2$	0.1[ppm]
불소(Fluorine)	F_2	0.1[ppm]
브롬(Bromine)	Br_2	0.1[ppm]
염소(Chlorine)	Cl_2	0.5[ppm]
황화수소(Hydrogen Sulfide)	H_2S	10[ppm]
암모니아(Ammonia)	NH_3	25[ppm]
일산화탄소(Carbon Monoxide)	CO	30[ppm]
톨루엔(Toluene)	$C_6H_5CH_3$	50[ppm]

5. 유해화학물질의 유해요인

(1) 유해물질
인체에 어떤 경로를 통하여 침입하였을 때 생체기관의 활동에 영향을 주어 장애를 일으키거나 해를 주는 물질을 말한다.

(2) 유해한 정도의 고려 요인
① 유해물질의 농도와 폭로시간: 농도가 클수록, 근로자의 접촉시간이 길수록 유해한 정도는 커지게 된다.
② 유해지수는 K로 표시하며, Hafer의 법칙으로 다음과 같이 나타낸다.

> 유해지수(K)=유해물질의 농도×노출시간

(3) 유해인자의 분류기준
① 화학적 인자　　② 물리적 인자　　③ 생물학적 인자

(4) 분진의 유해성
① 천식　② 전신중독　③ 피부 점막장애　④ 발암　⑤ 진폐

(5) 방사선 물질의 유해성

외부 위험 방사능 물질	내부 위험 방사능 물질
X선, γ선, 중성자	α선(매우 심각), β선

① 투과력: α선 < β선 < X선 < γ선
　㉠ 200~300[rem] 조사 시: 탈모, 경도발작 등
　㉡ 450~500[rem] 조사 시: 사망
② 인체 내 미치는 위험도에 영향을 주는 인자
　㉠ 반감기가 짧을수록 위험성이 크다.
　㉡ α입자를 방출하는 핵종일수록 위험성이 크다.
　㉢ 방사선의 에너지가 높을수록 위험성이 크다.
　㉣ 체내에 흡수되기 쉽고 잘 배설되지 않는 것일수록 위험성이 크다.

(6) 중금속의 유해성
① 카드뮴 중독
　㉠ 이타이이타이 병: 일본 도야마현 진쯔강 유역에서 1910년 경 발병했고, 폐광에서 흘러나온 카드뮴이 원인이었다.
　㉡ 허리와 관절에 심한 통증, 골절 등의 증상을 보인다.
② 수은 중독
　㉠ 미나마타 병: 1953년 이래 일본 미나마타만 연안에서 발생했다.
　㉡ 흡인 시 인체의 구내염과 혈뇨, 손떨림 등의 증상을 일으킨다.
③ 크롬 화합물(Cr 화합물) 중독
　㉠ 3가와 6가의 화합물이 있으며, 중독현상은 크롬 정련 공정에서 발생하는 6가 크롬에 의해 발생한다.
　㉡ 수포성피부염, 비중격천공증을 유발한다.

2 화학물질(위험물, 유해화학물질) 유해 위험성 확인

1. 위험물의 성질 및 위험성

(1) 폭발성 물질
① 폭발성 물질은 가연성 물질인 동시에 산소 함유물질이다.
② 자신의 산소를 소비하면서 연소하기 때문에 다른 가연성 물질과 달리 연소속도가 매우 빠르며, 폭발적이다.
③ 폭발성 물질은 분해에 의하여 산소가 공급되기 때문에 연소가 격렬하며 그 자체의 분해도 격렬하다.
④ 폭발성 물질은 가연성 물질인 동시에 산소 함유물로, 공기 공급 없이도 연소하기 때문에 석유류에 담아 보관할 경우 매우 위험하다.

(2) 물반응성 물질
① 공기 중의 습기를 흡수하거나 수분이 접촉했을 때 발화 또는 발열을 일으킬 위험이 있는 물질이다.
② 물반응성 물질은 수분과 반응하여 가연성 가스를 발생하며 발화하는 것과 발열하는 것이 있다.
③ 수분과 반응 시

가연성 가스 발생	나트륨, 알루미늄분말, 인화칼슘(Ca_3P_2) 등
발열 및 접촉한 가연물 발화	생석회(CaO), 무수 염화알루미늄($AlCl_3$), 과산화나트륨(Na_2O_2), 수산화나트륨(NaOH), 삼염화인(PCl_3) 등

(3) 가연성 고체
① 종이, 목재, 석탄 등 일반 가연물 및 연료류의 일부가 이 부류에 속한다.
② 가연성 고체에 의한 화재는 발화온도 이하로 냉각하든가, 공기를 차단시키면 연소를 막을 수 있다.

(4) 가연성 분체
① 가연성 고체가 분체 또는 액적으로 되어, 공기 중에 분산하여 있는 상태에서 착화시키면 분진폭발을 일으킬 위험이 있다. 이와 같은 상태의 가연성 분체를 폭발성 분진이라고 한다. 공기 중에 분산된 분진으로는 석탄, 유황, 나무, 밀, 합성수지, 금속(알루미늄, 마그네슘, 칼슘실리케이트 등의 분말) 등이 있다.
② 분진폭발이 발생하려면 공기 중에 적당한 농도로 분체가 분산되어 있어야 한다.
③ 분진폭발의 위험성은 주로 분진의 폭발한계농도, 발화온도, 최소발화에너지, 연소열 그리고 분진폭발의 최고압력, 압력상승속도 및 분진폭발에 필요한 한계산소농도 등에 의해 정의되고, 분진폭발의 한계농도는 분진의 입자크기와 형상에 의해 영향을 받는다.
④ 가연성 분체 중 금속분말(칼슘실리케이트, 알루미늄, 마그네슘 등)은 다른 분진보다 화재발생 가능성이 크고 화재 시 화상을 심하게 입는다.

(5) 산화성 액체 및 산화성 고체
① 일반적으로 자신은 불연성이지만, 다른 물질을 산화시킬 수 있는 산소를 대량으로 함유하고 있는 강산화제이다.
② 반응성이 높고 가열, 충격, 마찰 등에 의해 분해되어 산소 방출이 용이하다.
③ 가연물과 화합하여 급격한 산화·환원반응에 따른 과격한 연소 및 폭발이 가능하다.

(6) 인화성 액체
① 인화성 액체는 액체의 표면에서 계속적으로 가연성 증기를 발산하여 점화원에 의해 인화·폭발의 위험성이 있다.
② 인화성 액체의 위험성은 그 물질의 인화점(Flash Point)에 의해 구분되며, 인화점이 비교적 낮은 가연성 액체를 인화성 액체(Flammable Liquid)라고 부른다.

2. 위험물의 저장 및 취급방법

(1) 폭발성 물질

① 저장 및 취급방법
  ㉠ 가열, 마찰, 충격을 피한다.
  ㉡ 고온체와의 접근을 피한다.
  ㉢ 유기용제와의 접촉을 피한다.

② 니트로셀룰로오스(질화면)
  ㉠ 건조한 상태에서는 자연 분해되어 발화할 수 있다.
  ㉡ 에틸알코올 또는 이소프로필 알코올로서 습면의 상태로 보관한다.

③ 소화방법
  ㉠ 대량의 주수소화가 가능하다.
  ㉡ 자기 산소 함유 물질이므로 질식소화는 효과가 없다.

(2) 물반응성 물질 및 인화성 고체

① 저장 및 취급방법
  ㉠ 저장용기의 부식을 막고 수분의 접촉을 방지한다.
  ㉡ 용기파손이나 누출에 주의한다.

② 소화방법
  ㉠ 소량의 초기화재는 건조사에 의해 질식소화한다.
  ㉡ 금속화재는 소화용 특수분말 소화약제($NaCl$, $NH_4H_2PO_4$ 등)로 소화한다.

③ 물질별 저장·취급·소화방법
  ㉠ 황화린은 삼황화린(P_4S_3), 오황화린(P_2S_5), 칠황화린(P_4S_7)이 있으며, 자연발화성 물질이므로 통풍이 잘 되는 냉암소에 보관한다.
  ㉡ 적린은 독성이 없고, 공기 중에서 자연발화하지 않는다.
  ㉢ 마그네슘은 은백색의 경금속으로서 공기 중에서 습기와 서서히 작용하여 발화한다. 일단 착화하면 발열량이 매우 크며, 고온에서 유황 및 할로겐, 산화제와 접촉하면 격렬하게 발열한다. 물과 반응하면 수소가 발생하고 이산화탄소와는 폭발적인 반응을 하므로 소화는 마른 모래나 분말소화약제를 사용한다.
  ㉣ 황린은 보통 인 또는 백린이라고도 불리며, 맹독성 물질이다. 자연발화성이 있어서 물속에 보관하여야 한다.
  ㉤ 칼륨은 은백색의 무른 금속으로 상온에서 물과 격렬히 반응하여 수소를 발생시키므로 보호액(석유) 속에 저장하며, 화재발생 시 이산화탄소와 접촉하면 폭발적인 반응이 일어나므로 건조사나 금속화재용 소화기를 이용하여야 한다.
  ㉥ 금속나트륨은 화학적 활성이 크고, 물과 심하게 반응하여 수소를 내며 열을 발생시키며, 냉수와도 쉽게 반응한다.
  ㉦ 알킬알루미늄은 알킬기(-R)와 알루미늄의 화합물로서 물과 접촉하면 폭발적으로 반응하여 에탄가스를 발생시킨다. 용기는 밀봉하고 질소 등 불활성 가스를 봉입한다.
  ㉧ 금속리튬은 은백색의 고체로 물과는 격렬하게 발열반응을 하여 수소를 발생시킨다.
  ㉨ 금속마그네슘은 은백색의 경금속으로 분말을 수중에서 끓이면 서서히 반응하여 수소를 발생시킨다.
  ㉩ 금속칼슘은 은백색의 고체로 연성이 있고, 물과는 발열반응을 하여 수소를 발생시킨다.
  ㉪ CaC_2(탄화칼슘, 카바이드)는 백색 결정체로 자신은 불연성이나, 물과 반응하여 아세틸렌을 발생시키므로 물속에 저장을 금지한다.
  ㉫ 인화칼슘은 인화석회라고도 하며 적갈색의 고체로 수분과 반응하여 유독성 가스인 포스핀(PH_3)을 발생시킨다.

ⓔ 산화칼슘은 생석회라고도 하며 자신은 불연성이지만 물과 반응 시 많은 열을 내기 때문에 다른 가연물을 점화시킬 수 있다.
ⓕ 탄화알루미늄은 흰색 또는 황색 결정체이고, 물과 발열반응하여 메탄(CH_4) 가스를 발생시킨다.
㉮ 수소화물(LiH, NaH, $LiAlH_4$, CaH_2 등)은 융점(녹는점)이 높은 무색결정체로 물과 반응하여 쉽게 수소를 발생시킨다.
㉯ 칼슘실리케이트는 외관상 금속 상태이고, 물과 작용하여 수소를 방출하며 공기 중에서 자연발화의 위험이 있다. 가연성 분체 중 다른 분진보다 화재발생 가능성이 크고, 화재 시 화상을 심하게 입을 수 있다.

(3) 산화성 액체 및 산화성 고체
① 산화성 물질의 취급
  ㉠ 가열, 충격, 마찰, 분해를 촉진하는 약품류와의 접촉을 피한다.
  ㉡ 환기가 잘 되고 차가운 곳에 저장하여야 한다.
  ㉢ 내용물이 누출되지 않도록 하며, 조해성이 있는 것은 습기를 피해 용기를 밀폐하여야 한다.
② 산화성 물질 연소의 특징
  ㉠ 분해에 의해 산소가 공급되기 때문에 연소가 과격하고, 위험물 자체의 분해가 격렬하다.
  ㉡ 소화방법으로는 산화제의 분해를 멈추게 하기 위하여 냉각해서 분해온도 이하로 낮추고, 가연물의 연소도 억제하고 동시에 연소를 방지하는 조치를 강구하여야 한다.
③ 알칼리 금속의 과산화물(과산화칼륨, 과산화나트륨 등)은 물과 반응하여 발열하는 성질(공기 중의 수분에 의해서도 서서히 분해)이 있으므로 저장·취급 시 특히 물이나 습기에 접촉되는 것을 방지하여야 한다.
④ 알칼리 금속의 과산화물에 의한 화재: 소화제로 물을 사용할 수 없기 때문에 다른 가연성 물질과는 같은 장소에 저장하지 않아야 한다.
⑤ 황산(H_2SO_4)의 특성
  ㉠ 경피독성이 강한 유해물질로, 피부에 접촉하면 큰 화상을 입는다.
  ㉡ 물(H_2O)에 용해 시 다량의 열을 발생한다.
  ㉢ 묽은 황산은 각종 금속과 반응하여 수소(H_2)가스를 발생시킨다.

(4) 인화성 액체
① 인화성 액체는 인화점 이하로 유지될 수 있도록 가열을 피해야 한다. 또한 액체나 증기의 누출을 방지하고 정전기 및 화기 등의 점화원에 대해서도 항상 주의하여 관리하여야 한다.
② 저장탱크에 액체 가연성 물질이 인입될 때의 유체의 속도는 API 기준으로 1[m/s] 이하로 하여야 한다.

3. 인화성 가스 취급 시 주의사항
(1) 인화성 가스에는 20[°C], 1[atm]에서 기체상태인 인화성 가스(수소, 아세틸렌, 메탄, 프로판 등) 및 인화성 액화가스(LPG, LNG, 액화수소 등)가 있다. 지연성 가스인 산소, 염소, 불소, 산화질소, 이산화질소 등은 인화성 가스(아세틸렌 등)와 공존할 때 가스폭발의 위험이 있다.
(2) 인화성 가스 및 증기가 공기 또는 산소와 혼합하여 혼합가스의 조성이 어느 농도 범위에 있을 때, 점화원(발화원)에 의해 발화(착화)하면 화염은 순식간에 혼합가스에 전파하여 가스폭발을 일으킨다.
(3) 인화성 가스 중에는 공기의 공급 없이 분해폭발을 일으키는 것이 있는데 이러한 물질로는 아세틸렌, 에틸렌, 산화에틸렌 등이 있으며, 고압일수록 분해폭발을 일으키기 쉽다.

> **합격 보장 꿀팁** 아세틸렌
>
> **아세틸렌(C_2H_2)의 폭발성**
> ① 화합폭발: C_2H_2는 Ag(은), Hg(수은), Cu(구리)와 반응하여 폭발성의 금속 아세틸라이드를 생성한다.
> ② 분해폭발: C_2H_2는 1[atm] 이상으로 가압하면 분해폭발이 일어나고, 폭굉현상이 일어날 수 있다. 이때 화염온도는 3,100[℃]까지 이르며, 발생압은 초기압의 20~50배이다.
> ③ 산화폭발: C_2H_2는 공기 중에서 산소와 반응하여 연소폭발을 일으킨다.
>
> **아세틸렌(C_2H_2)의 충전**
> 아세틸렌은 가압하면 분해폭발을 하므로 아세톤 등에 침윤시켜 다공성 물질이 들어 있는 용기에 충전시킨다.
>
> **주의사항**
> 용단 또는 가열작업 시 127[kPa](1.3[kgf/cm²]) 이상의 압력을 초과하여서는 안 된다.

(4) 인화성 가스는 고압상태이기 때문에 발생하는 사고형태로는 가스용기의 파열, 고압가스의 분출 및 그에 따른 폭발성 혼합가스의 폭발, 분출가스의 인화에 의한 화재 등이 있다.

4. 유해화학물질 취급 시 주의사항

(1) **위험물질 등의 제조 등 작업 시의 조치** 안전보건규칙 제225조

위험물을 제조하거나 취급하는 경우에 폭발·화재 및 누출을 방지하기 위한 적절한 방호조치를 하지 아니하고 다음 행위를 해서는 아니 된다.
① 폭발성 물질, 유기과산화물을 화기나 그 밖에 점화원이 될 우려가 있는 것에 접근시키거나 가열하거나 마찰시키거나 충격을 가하는 행위
② 물반응성 물질, 인화성 고체를 각각 그 특성에 따라 화기나 그 밖에 점화원이 될 우려가 있는 것에 접근시키거나 발화를 촉진하는 물질 또는 물에 접촉시키거나 가열하거나 마찰시키거나 충격을 가하는 행위
③ 산화성 액체·산화성 고체를 분해가 촉진될 우려가 있는 물질에 접촉시키거나 가열하거나 마찰시키거나 충격을 가하는 행위
④ 인화성 액체를 화기나 그 밖에 점화원이 될 우려가 있는 것에 접근시키거나 주입 또는 가열하거나 증발시키는 행위
⑤ 인화성 가스를 화기나 그 밖에 점화원이 될 우려가 있는 것에 접근시키거나 압축·가열 또는 주입하는 행위
⑥ 부식성 물질 또는 급성 독성 물질을 누출시키는 등으로 인체에 접촉시키는 행위
⑦ 위험물을 제조하거나 취급하는 설비가 있는 장소에 인화성 가스 또는 산화성 액체 및 산화성 고체를 방치하는 행위

(2) **유해물질에 대한 안전대책**
① 유해물질의 제조·사용의 중지, 유해성이 적은 물질로의 전환(대치)
② 생산공정 및 작업방법의 개선
③ 유해물질 취급설비의 밀폐화와 자동화(격리)
④ 유해한 생산공정의 격리와 원격조작의 채용
⑤ 국소배기에 의한 오염물질의 확산방지(환기)
⑥ 전체환기에 의한 오염물질의 희석배출
⑦ 작업행동 개선에 의한 2차 발진 등의 방지(교육)

5. 물질안전보건자료(MSDS)

(1) 물질안전보건자료대상물질을 제조하거나 수입하는 자가 작성 및 제출해야 하는 사항 산업안전보건법 / 제110조

① 제품명
② 화학물질의 명칭 및 함유량
③ 안전 및 보건상의 취급 주의 사항
④ 건강 및 환경에 대한 유해성, 물리적 위험성
⑤ 그 밖에 고용노동부령으로 정하는 사항
    ㉠ 물리 · 화학적 특성   ㉡ 독성에 관한 정보
    ㉢ 폭발 · 화재 시의 대처 방법   ㉣ 응급조치 요령
    ㉤ 그 밖에 고용노동부장관이 정하는 사항

(2) 물질안전보건자료 작성 시 포함되어야 할 항목

각 구성성분의 함유량 변화가 10[%p] 이하인 혼합물로 된 제품들은 해당 제품들을 대표하여 하나의 물질안전보건자료를 작성할 수 있다.

> **합격 보장 꿀팁 물질안전보건자료 작성 시 포함되어야 할 항목 및 그 순서** 화학물질의 분류·표시 및 물질안전보건자료에 관한 기준 / 제10조
>
> ① 화학제품과 회사에 관한 정보   ② 유해성 · 위험성
> ③ 구성성분의 명칭 및 함유량   ④ 응급조치요령
> ⑤ 폭발 · 화재 시 대처방법   ⑥ 누출사고 시 대처방법
> ⑦ 취급 및 저장방법   ⑧ 노출방지 및 개인보호구
> ⑨ 물리화학적 특성   ⑩ 안정성 및 반응성
> ⑪ 독성에 관한 정보   ⑫ 환경에 미치는 영향
> ⑬ 폐기 시 주의사항   ⑭ 운송에 필요한 정보
> ⑮ 법적규제 현황   ⑯ 그 밖의 참고사항

> **합격 보장 꿀팁 물질안전보건자료 작성·제출 제외 대상 화학물질 등** 산업안전보건법 시행령 / 제86조
>
> 「원자력안전법」에 따른 방사성물질, 「농약관리법」에 따른 농약, 「사료관리법」에 따른 사료, 「비료관리법」에 따른 비료, 「약사법」에 따른 의약품 및 의약외품, 「화장품법」에 따른 화장품, 「식품위생법」에 따른 식품 및 식품첨가물 등이 있다.

3 화학물질 취급설비 개념 확인

1. 각종 장치(고정, 회전 및 안전장치 등) 종류

(1) 화학설비 안전보건규칙 / 별표 7

① 반응기 · 혼합조 등 화학물질 반응 또는 혼합장치
② 증류탑 · 흡수탑 · 추출탑 · 감압탑 등 화학물질 분리장치
③ 저장탱크 · 계량탱크 · 호퍼 · 사일로 등 화학물질 저장설비 또는 계량설비
④ 응축기 · 냉각기 · 가열기 · 증발기 등 열교환기류
⑤ 고로 등 점화기를 직접 사용하는 열교환기류
⑥ 캘린더(Calender) · 혼합기 · 발포기 · 인쇄기 · 압출기 등 화학제품 가공설비
⑦ 분쇄기 · 분체분리기 · 용융기 등 분체화학물질 취급장치
⑧ 결정조 · 유동탑 · 탈습기 · 건조기 등 분체화학물질 분리장치
⑨ 펌프류 · 압축기 · 이젝터(Ejector) 등의 화학물질 이송 또는 압축설비

(2) **화학설비의 부속설비** 안전보건규칙 별표 7
① 배관·밸브·관·부속류 등 화학물질 이송 관련 설비
② 온도·압력·유량 등을 지시·기록 등을 하는 자동제어 관련 설비
③ 안전밸브·안전판·긴급차단 또는 방출밸브 등 비상조치 관련 설비
④ 가스누출감지 및 경보 관련 설비
⑤ 세정기, 응축기, 벤트스택(Vent Stack), 플레어스택(Flare Stack) 등 폐가스처리설비
⑥ 사이클론, 백필터(Bag Filter), 전기집진기 등 분진처리설비
⑦ ①~⑥의 설비를 운전하기 위하여 부속된 전기 관련 설비
⑧ 정전기 제거장치, 긴급 샤워설비 등 안전 관련 설비

(3) **특수화학설비** 안전보건규칙 제273조
위험물을 기준량 이상으로 제조 또는 취급하는 다음의 어느 하나에 해당하는 화학설비이다.
① 발열반응이 일어나는 반응장치
② 증류·정류·증발·추출 등 분리를 하는 장치
③ 가열시켜 주는 물질의 온도가 가열되는 위험물질의 분해온도 또는 발화점보다 높은 상태에서 운전되는 설비
④ 반응폭주 등 이상 화학반응에 의하여 위험물질이 발생할 우려가 있는 설비
⑤ 온도가 350[°C] 이상이거나 게이지압력이 980[kPa] 이상인 상태에서 운전되는 설비
⑥ 가열로 또는 가열기

> **합격 보장 꿀팁** 위험물질의 기준량 안전보건규칙 별표 9
> ① 인화성 가스(수소, 아세틸렌, 메탄, 부탄 등): 50[m^3]
> ② 급성 독성 물질(시안화수소, 플루오르아세트산 등): 5[kg]

(4) **화학설비 안전대책** 안전보건규칙 제255조~258조, 제270~276조
① 화학설비를 설치하는 건축물의 구조
  화학설비 및 그 부속설비를 건축물 내부에 설치하는 경우에는 건축물의 바닥·벽·기둥·계단 및 지붕 등에 불연성 재료를 사용하여야 한다.
② 부식방지
  화학설비 또는 그 배관(화학설비 또는 그 배관의 밸브나 콕은 제외) 중 위험물 또는 인화점이 60[°C] 이상인 물질(이하 "위험물질 등")이 접촉하는 부분에 대해서는 위험물질 등에 의하여 그 부분이 부식되어 폭발·화재 또는 누출되는 것을 방지하기 위하여 위험물질 등의 종류·온도·농도 등에 따라 부식이 잘 되지 않는 재료를 사용하거나 도장 등의 조치를 하여야 한다.
  ⊙ 암모니아가스 취급 시 심한 부식성을 나타내는 동, 동합금, 알루미늄 합금재질의 설비나 배관은 사용해서는 안 되며, 암모니아가스가 부식시키지 않는 탄소강(Fe_3C) 재질의 설비 및 배관을 사용하여야 한다.
  ⓒ 구리가 수소 등의 환원 분위기 속에서 고온 가열되었을 때, 산화구리의 환원에 의해 연성 또는 인성이 저하되는 수소취성이 생길 수 있으므로, 구리 배관에는 수소분자가 있는 가스를 사용하면 안 된다.
③ 덮개 등의 접합부
  화학설비 또는 그 배관의 덮개·플랜지·밸브 및 콕의 접합부에 대해서는 접합부에서 위험물질 등이 누출되어 폭발·화재 또는 위험물이 누출되는 것을 방지하기 위하여 적절한 개스킷(Gasket)을 사용하고 접합면을 서로 밀착시키는 등 적절한 조치를 하여야 한다.
④ 밸브 등의 개폐방향 표시 등
  화학설비 또는 그 배관의 밸브·콕 또는 이것들을 조작하기 위한 스위치 및 누름버튼 등에 대하여 오조작으로 인한 폭발·화재 또는 위험물의 누출을 방지하기 위하여 열고 닫는 방향을 색채 등으로 표시하여 구분되도록 하여야 한다.

▲ 유체 흐름방향 및 밸브 개폐방향 표시 예

물질의 종류	식별색
물	파랑
증기	어두운 빨강
공기	흰색
가스	연한 노랑
산 또는 알칼리	회보라
기름	어두운 주황
전기	연한 주황

▲ 물질의 종류와 그 식별색

가스의 종류	용기 도색
액화석유가스	밝은 회색
수소	주황색
아세틸렌	황색
액화암모니아	백색
액화염소	갈색
기타 가스	회색

▲ 고압가스용기의 도색

⑤ 안전거리

위험물을 저장·취급하는 화학설비 및 그 부속설비를 설치하는 경우에는 폭발이나 화재에 따른 피해를 줄일 수 있도록 설비 및 시설 간에 충분한 안전거리를 유지하여야 한다.

구분	안전거리
단위공정시설 및 설비로부터 다른 단위공정시설 및 설비의 사이	설비의 바깥 면으로부터 10[m] 이상
플레어스택으로부터 단위공정시설 및 설비, 위험물질 저장탱크 또는 위험물질 하역설비의 사이	플레어스택으로부터 반경 20[m] 이상(단위공정시설 등이 불연재로 시공된 지붕 아래에 설치된 경우 예외)
위험물질 저장탱크로부터 단위공정시설 및 설비, 보일러 또는 가열로의 사이	저장탱크 바깥 면으로부터 20[m] 이상(저장탱크의 방호벽, 원격조종소화설비 또는 살수설비를 설치한 경우 예외)
사무실·연구실·실험실·정비실 또는 식당으로부터 단위공정시설 및 설비, 위험물질 저장탱크, 위험물질 하역설비, 보일러 또는 가열로의 사이	사무실 등의 바깥 면으로부터 20[m] 이상(난방용 보일러인 경우 또는 사무실 등의 벽을 방호구조로 설치한 경우 예외)

⑥ 특수화학설비 안전장치

구분	내용
계측장치 등의 설치	특수화학설비를 설치하는 경우에는 내부의 이상 상태를 조기에 파악하기 위하여 필요한 온도계·유량계·압력계 등의 계측장치를 설치하여야 함
자동경보장치의 설치 등	• 특수화학설비를 설치하는 경우에는 그 내부의 이상 상태를 조기에 파악하기 위하여 필요한 자동경보장치를 설치하여야 함 • 자동경보장치를 설치하는 것이 곤란한 경우에는 감시인을 두고 그 특수화학설비의 운전 중 설비를 감시하도록 하는 등의 조치를 하여야 함
긴급차단장치의 설치 등	• 특수화학설비를 설치하는 경우에는 이상 상태의 발생에 따른 폭발·화재 또는 위험물의 누출을 방지하기 위하여 원재료 공급의 긴급차단, 제품 등의 방출, 불활성가스의 주입이나 냉각용수 등의 공급을 위하여 필요한 장치 등을 설치하여야 함 • 위의 장치 등은 안전하고 정확하게 조작할 수 있도록 보수·유지되어야 함

예비동력원 등	특수화학설비와 그 부속설비에 사용하는 동력원에 대하여 다음의 사항을 준수하여야 함 • 동력원의 이상에 의한 폭발이나 화재를 방지하기 위하여 즉시 사용할 수 있는 예비동력원을 갖추어 둘 것 • 밸브·콕·스위치 등에 대해서는 오조작을 방지하기 위하여 잠금장치를 하고 색채표시 등으로 구분할 것

⑦ **방유제** 설치

위험물을 액체상태로 저장하는 저장탱크를 설치하는 경우에는 위험물질이 누출되어 확산되는 것을 방지하기 위하여 방유제를 설치하여야 한다.

⑧ **내화기준**

가스폭발 위험장소 또는 분진폭발 위험장소에 설치되는 건축물 등에 대해서는 다음에 해당하는 부분을 내화구조로 하여야 하며, 그 성능이 항상 유지될 수 있도록 점검·보수 등 적절한 조치를 하여야 한다.(건축물 등의 주변에 화재에 대비하여 물분무시설 또는 폼헤드설비 등의 자동소화설비를 설치하여 건축물 등이 화재 시에 2시간 이상 그 안전성을 유지할 수 있도록 한 경우 예외)
  ㉠ 건축물의 기둥 및 보: 지상 1층(지상 1층의 높이가 6[m]를 초과하는 경우에는 6[m])까지
  ㉡ 위험물 저장·취급용기의 지지대(높이가 30[cm] 이하인 것은 제외): 지상으로부터 지지대의 끝부분까지
  ㉢ 배관·전선관 등의 지지대: 지상으로부터 1단(1단의 높이가 6[m]를 초과하는 경우에는 6[m])까지

2. 화학장치(반응기, 정류탑, 열교환기 등) 특성

(1) 반응기

반응기는 화학반응을 최적 조건에서 수율이 좋도록 행하는 기구이다. 화학반응은 물질, 온도, 농도, 압력, 시간, 촉매 등의 영향을 받으므로 이런 인자들을 고려하여 설계·설치·운전하여야 안전한 작업을 할 수 있다.

① 반응기의 분류
  ㉠ 조작방법에 의한 분류: 회분식 반응기, 반회분식 반응기, 연속식 반응기
  ㉡ 구조에 의한 분류: 교반조형 반응기, 관형 반응기, 탑형 반응기, 유동층형 반응기

▲ 세계 최대 규모 화학기업의 공장 (독일 BASF)

② 반응기 안전설계 시 고려할 요소
  ㉠ 상(Phase)의 형태(고체, 액체, 기체)
  ㉡ 온도 범위
  ㉢ 운전압력
  ㉣ 부식성

③ 반응기의 안전조치
  ㉠ 폭발·화재 분위기의 형성을 방지한다.
  ㉡ 반응잔류물 등의 축적으로 인한 혼합 및 반응폭주를 방지한다.

> **합격 보장 꿀팁** **반응폭주**
> 온도, 압력 등 제어상태가 규정의 조건을 벗어나는 것에 의해 반응속도가 지수함수적으로 증대되고, 반응용기 내의 온도, 압력이 급격히 이상 상승되어 규정 조건을 벗어나고, 반응이 과격화되는 현상이다.

  ㉢ 인화성 액체와 같은 위험물질을 드럼을 통해 주입하는 경우 드럼을 접지하고, 전도성 파이프를 이용하며 정전기 및 전하에 의한 점화에 주의한다.
  ㉣ 계측기 및 제어기의 점검을 통해 오류가 없도록 한다.

ⓜ 환기설비, 가스누출 검지기 및 경보설비, 소화설비, 물분무설비, 비상조명설비, 통신설비 등을 갖춘다.
ⓗ 이상반응 시 내부의 반응물을 안전하게 방출하기 위한 장치를 설치한다.
ⓢ 반응 중에는 반응기 내부의 공정조건을 확인한다.
ⓞ 필요한 경우 배기설비에 역화방지기를 설치한다.

④ 반응폭발에 영향을 미치는 요인
  ㉠ 냉각시스 ㉡ 반응온도 ㉢ 교반상태

(2) 증류탑(정류탑)

증류탑(정류탑)은 두 개 또는 그 이상의 액체의 혼합물을 끓는점(비점) 차이를 이용하여 특정 성분을 분리하는 것을 목적으로 하는 장치이다. 기체와 액체를 접촉시켜 물질전달 및 열전달을 이용하여 분리한다.

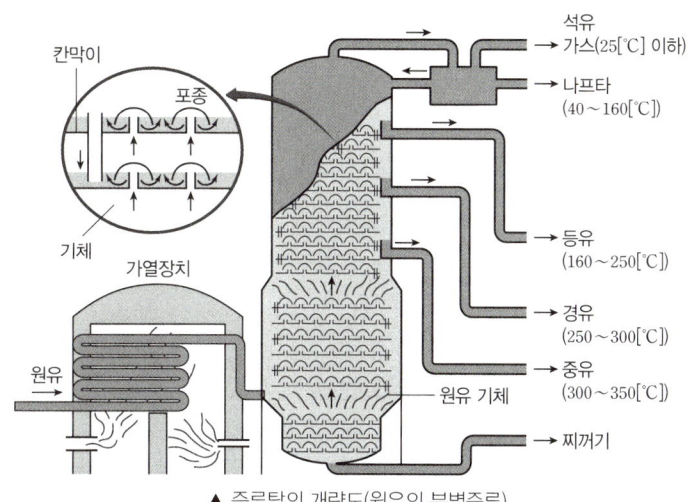

▲ 증류탑의 개략도(원유의 분별증류)

① 증류방식의 종류
  ㉠ 단순증류
    끓는점 차이가 큰 액체 혼합물을 분리하는 가장 간단한 증류방법으로 기화된 기체를 응축기에서 액화시켜 분리하는 방법이다.
  ㉡ 평형증류(플래시증류)
    성분의 분리 또는 그 외의 목적으로 용액을 증기와 액체로 급속히 분리하는 방법이다. 고온으로 가열된 액체를 감압하면 용액은 자신의 증기와 평형을 유지하면서 급속히 증발하는 원리를 이용하는 증류 방법이다.
  ㉢ 감압증류(진공증류)
    끓는점이 비교적 높은 액체 혼합물을 분리하기 위하여 증류공정의 압력을 감소시켜 증류속도를 빠르게(끓는점을 낮게) 하여 증류하는 방법이다. 상압 하에서 끓는점까지 가열하면 분해할 우려가 있는 물질 또는 감압 하에서는 물질의 끓는점이 낮아지는 현상을 이용하는 증류 방법이다. 감압증류와 진공증류로 구분될 수 있다.
  ㉣ 수증기증류
    뜨거운 수증기를 공급하여 수증기와 함께 기화된 액체 성분을 분리하는 방법이다. 끓는점이 높고, 물에 거의 녹지 않는 유기화합물에 수증기를 불어 넣어 그 물질의 끓는점보다 낮은 온도에서 수증기와 함께 유출되어 나오는 물질의 증기를 냉각하여 물과의 혼합물로 응축시키고 그것을 분리시키는 증류 방법이다.
  ㉤ 분별증류
    두 종류 이상의 액체혼합물을 끓는점 차이를 이용하여 분리시키는 방법으로 분류(分溜)라고도 한다. 다성분의 혼합물을 가열해 끓는점마다 각각 회수기를 받쳐 성분을 분별, 채취하는 방법이다. 원유를 분리할 때 사용되는 증류방법이다.

ⓑ 공비증류

일반적인 증류로는 분리하기 어려운 혼합물을 분리할 때 제3의 성분을 첨가해 공비혼합물을 만들어 증류에 의해 분리하는 방법이다. 예를 들어, 수분을 함유하는 에탄올에서 순수한 에탄올을 얻기 위해 벤젠과 같은 물질을 첨가하여 수분을 제거한다.

② 증류탑 점검항목
- ㉠ 일상점검 항목
  - 도장의 열화 상태
  - 보온재 및 보냉재 상태
  - 외부 부식 상태
  - 기초볼트 상태
  - 배관 등 연결부 상태
  - 감시창, 출입구, 배기구 등 개구부의 이상 유무
- ㉡ 자체검사(개방점검) 항목
  - 트레이 부식상태, 정도, 범위
  - 내부 부식 및 오염 여부
  - 예비동력원의 기능 이상 유무
  - 뚜껑, 플랜지 등의 접합 상태의 이상 유무
  - 용접선의 상태
  - 라이닝, 코팅, 개스킷 손상 여부
  - 가열장치 및 제어장치 기능의 이상 유무

(3) 열교환기

열교환기는 열에너지 보유량이 서로 다른 두 유체가 그 사이에서 열에너지를 교환해 주는 장치이다. 상대적으로 고온 또는 저온인 유체 간의 온도차에 의해 열교환이 이루어진다.

① 열교환기의 분류
- ㉠ 기능에 따른 분류
  - 열교환기(Heat Exchanger): 두 공정흐름 사이의 열을 교환하는 장치
  - 냉각기(Cooler): 냉각수 등을 이용하여 목적 공정흐름 유체를 냉각시키는 장치
  - 예열기(Preheater): 공정에 유입되기 전 유체를 가열(예열)하는 장치
  - 기화기(Evaporator): 저온 측 유체에 열을 가하여 기화시키는 장치
  - 재비기(Reboiler): 탑저액의 재증발을 위한 장치, 공정흐름을 거쳐 나온 유체를 다시 공정으로 투입하기 위해 증발시키는 장치
  - 응축기(Condenser): 고온 측 유체에서 열을 빼앗아 액화시키는 장치
- ㉡ 구조에 의한 분류: 코일식, 이중관식, 다관식(고정관판식, 유동관판식, U자형관식 등) 등으로 분류할 수 있다.

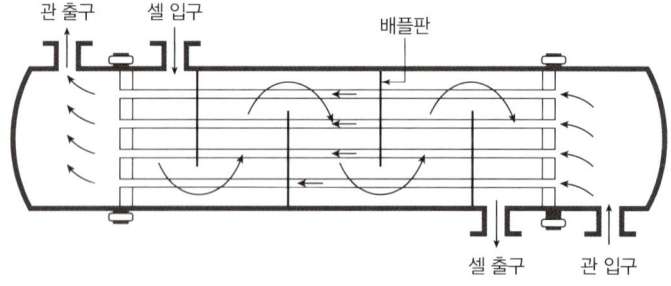

▲ 다관식 열교환기

② 열교환기 점검항목
- ㉠ 일상점검 항목
  - 도장부 결함 및 벗겨짐
  - 기초부 및 기초 고정부 상태
  - 보온재 및 보냉재 상태
  - 배관 등과의 접속부 상태

  ⓒ 자체검사(개방점검) 항목
- 내부 부식의 형태 및 정도
- 용접부 상태
- 부착물에 의한 오염의 상황
- 내부 관의 부식 및 누설 유무
- 라이닝, 코팅, 개스킷 손상 여부

 ③ 열교환기의 열교환 능률을 향상시키는 방법
  ㉠ 유체의 유속을 적절하게 조절한다.
  ㉡ 유체의 흐르는 방향을 향류로 한다.
  ㉢ 열교환을 하는 유체의 온도차를 크게 한다.
  ㉣ 열전도율이 높은 재료를 사용한다.

3. 화학설비(건조설비 등)의 취급 시 주의사항

건조설비는 물, 유기용제 등의 습기가 있는 원재료의 수분을 제거하고 조작하는 기구이다. 건조설비는 대상물의 성상, 함수율, 처리능력, 열원 등에 따라 그 형태와 크기가 매우 다양하다.

(1) 건조설비의 종류

건조물에 열에너지를 투입하는 방법, 즉 전열과정은 전도·대류·방사의 세 종류가 있다. 건조설비는 전열과정과 건조물의 거동 혹은 이동 상태 등에 따라 상자형, 터널형, 밴드형, 회전형 등으로 분류할 수 있다.

(2) 건조설비 취급 시 준수사항 〔안전보건규칙 제283조〕

① 위험물 건조설비를 사용하는 경우에는 미리 내부를 청소하거나 환기할 것
② 위험물 건조설비를 사용하는 경우에는 건조로 인하여 발생하는 가스·증기 또는 분진에 의하여 폭발·화재의 위험이 있는 물질을 안전한 장소로 배출시킬 것
③ 위험물 건조설비를 사용하여 가열·건조하는 건조물은 쉽게 이탈되지 않도록 할 것
④ 고온으로 가열·건조한 인화성 액체는 발화의 위험이 없는 온도로 냉각한 후에 격납시킬 것
⑤ 건조설비(바깥 면이 현저히 고온이 되는 설비만 해당)에 가까운 장소에는 인화성 액체를 두지 않도록 할 것

(3) 건조설비의 구조 〔안전보건규칙 제280~281조〕

① 위험물 건조설비를 설치하는 건축물의 구조

 다음의 어느 하나에 해당하는 위험물 건조설비 중 건조실을 설치하는 건축물의 구조는 독립된 단층건물로 하여야 한다. 다만, 해당 건조실을 건축물의 최상층에 설치하거나 건축물이 내화구조인 경우에는 그러하지 아니하다.
 ㉠ 위험물 또는 위험물이 발생하는 물질을 가열·건조하는 경우 내용적이 1[m³] 이상인 건조설비
 ㉡ 위험물이 아닌 물질을 가열·건조하는 경우로서 다음의 어느 하나의 용량에 해당하는 건조설비
- 고체 또는 액체연료의 최대사용량이 시간당 10[kg] 이상
- 기체연료의 최대사용량이 시간당 1[m³] 이상
- 전기사용 정격용량이 10[kW] 이상

② 건조설비의 구조 등
 ㉠ 건조설비의 바깥 면은 불연성 재료로 만들 것
 ㉡ 건조설비(유기과산화물을 가열·건조하는 것은 제외)의 내면과 내부의 선반이나 틀은 불연성 재료로 만들 것
 ㉢ 위험물 건조설비의 측벽이나 바닥은 견고한 구조로 할 것
 ㉣ 위험물 건조설비는 그 상부를 가벼운 재료로 만들고 주위상황을 고려하여 폭발구를 설치할 것
 ㉤ 위험물 건조설비는 건조하는 경우에 발생하는 가스·증기 또는 분진을 안전한 장소로 배출시킬 수 있는 구조로 할 것

ⓗ 액체연료 또는 인화성 가스를 열원의 연료로 사용하는 건조설비는 점화하는 경우에는 폭발이나 화재를 예방하기 위하여 연소실이나 그 밖에 점화하는 부분을 환기시킬 수 있는 구조로 할 것
ⓢ 건조설비의 내부는 청소하기 쉬운 구조로 할 것
ⓞ 건조설비의 감시창·출입구 및 배기구 등과 같은 개구부는 발화 시에 불이 다른 곳으로 번지지 아니하는 위치에 설치하고 필요한 경우에는 즉시 밀폐할 수 있는 구조로 할 것
ⓩ 건조설비는 내부의 온도가 부분적으로 상승하지 아니하는 구조로 설치할 것
ⓒ 위험물 건조설비의 열원으로서 직화를 사용하지 아니할 것
ⓚ 위험물 건조설비가 아닌 건조설비의 열원으로서 직화를 사용하는 경우에는 불꽃 등에 의한 화재를 예방하기 위하여 덮개를 설치하거나 격벽을 설치할 것

4. 전기설비(계측설비 포함)

(1) 압력계

① 1차 압력계: 압력과 힘의 물리적 관계로부터 압력을 직접 측정하는 압력계

자유피스톤형 압력계 (분동식 또는 피스톤식)	주로 압력계의 눈금교정, 실험목적 등으로 사용
액주식 압력계(Manometer)	U자관 압력계, 단관식 압력계, 경사관식 압력계

② 2차 압력계: 탄성, 전기적 변화, 물질변화 등을 이용하여 압력을 측정하는 압력계

부르동관식(Bourdon) 압력계	탄성체의 탄성변형을 이용한 압력계
벨로스식(Bellows) 압력계	압력에 의한 벨로스의 탄성변형을 이용한 압력계
다이어프램식(Diaphragm) 압력계	얇은 금속의 격막을 이용하여 미세한 압력 측정에 사용
전기저항 압력계	금속 전기저항 변화를 이용한 압력계
피에조(Piezo) 전기 압력계	급격히 변화하는 압력 측정에 사용

(2) 유량계

① 직접식 유량계: 유체의 부피나 질량을 직접 측정하는 유량계
② 간접식(가변류) 유량계: 유량과 관계 있는 다른 양을 측정하여 유량을 구하는 유량계

차압식	유체가 흘러 가는 배관에 장해물을 설치하고, 그 전후 압력차를 측정하여 유량을 구하는 유량계	피토관, 오리피스미터, 벤투리미터 등
면적식	• 유체의 면적과 시간의 함수를 이용하여 유량을 구하는 유량계 • 피스톤형과 플로트형으로 구분함	로터미터(Rota Meter) 등

CHAPTER 03 화공안전 비상조치 계획·대응

합격 KEYWORD 비상조치계획, 비상대응 교육 훈련

1 비상조치계획 및 평가

1. 비상조치계획 산업안전보건법 시행령 제50조

(1) 비상조치를 위한 장비·인력 보유현황
(2) 사고발생 시 각 부서·관련 기관과의 비상연락체계
(3) 사고발생 시 비상조치를 위한 조직의 임무 및 수행 절차
(4) 비상조치계획에 따른 교육계획
(5) 주민홍보계획
(6) 그 밖에 비상조치 관련 사항

2. 비상대응 교육 훈련 KOSHA G-104

(1) 교육훈련

비상조치계획에 따라 사고발생 시 신속하고 효과적으로 대응조치를 취할 수 있도록 계획에 규정된 인력들이 각자의 역할을 숙지하고 실행하는 교육훈련이 필요하다.

(2) 평가

비상조치계획은 사고 발생을 가정하여 정기적으로 재검토하고, 미비점이 발견될 시 이를 보완한다. 이 평가는 현장 및 현장 외 비상조치계획 모두 해당된다. 평가 대상은 다음과 같다.
① 비상조치계획의 정확성, 일관성 및 완성도와 실행 가능성 그리고 관련 문서 전반
② 사용 장비 및 시설의 적절성 및 사용 용이성
③ 계획 실행자의 수행 능력 또는 장비 및 시설 사용 능력
④ 현장 통제센터의 기능과 역할
⑤ 경보시스템

(3) 교육훈련 및 평가 방법

① 화재훈련, 경보 테스트, 소개 및 탐색, 통신 등에 대한 직접 점검
② 세미나 토의를 통한 평가
③ 온라인을 통한 모의 훈련
④ 비상조치계획의 수정 및 보완

(4) 평가서 작성

교육훈련 및 평가 실행 후 참여자들의 의견을 반영하여 비상조치계획 전반에 대한 평가서를 작성한다. 이 평가내용은 해당 조직은 물론 관련기관들에 공지하고, 필요 시 개정 조치를 취한다. 계획의 개정이 필요한 경우는 다음과 같다.

① 조직 활동 부분의 변화
② 계획과 관련된 기관 부분의 변화
③ 계획 및 대응조치에 있어서의 새로운 지식 혹은 기술 부분의 향상
④ 인력자원 부분의 변화
⑤ 유사 사고 사례로부터 획득한 새로운 지식
⑥ 평가를 통해 얻은 지식과 교훈
⑦ 수정조치계획에 대한 수정 및 보완

3. 자체메뉴얼 개발

목차	주요 내용	작성요령
1. 사업장 개요		
2. 주요위험 요인	가. 주요공정 나. 공정별 주요 위험요소 다. 공정개요 라. 유해·위험물질 목록 마. 장치 및 설비 명세	• 공정안전보고서의 공정개요, 유해위험물질 목록, 장치 및 설비명세 목록을 모두 첨부 • 공정안전보고서가 여러 공정으로 분류된 경우 각 공정별로 구분하여 첨부
3. 유해위험설비 배치도	가. 공장 배치 및 설비 위치도 나. 폭발위험장소 구분도	• 사업장 규모가 크거나 분리된 경우 전체 배치도 및 지역배치도 함께 첨부 • 배치도에 위험물질의 시설별, 지역별 취급 및 저장수량 표시 • 공정안전보고서의 폭발위험장소 구분도를 모두 첨부
4. 사업장 비상연락망	가. 사업장 비상연락망	
5. 유관기관 비상연락망	가. 유관기관 비상연락망 나. 주변 사업장(주민) 비상연락망 다. 주변 사업장(주민) 배치도	
6. 자체 비상대응체제	가. 비상 시 대피절차와 비상대피로 나. 대피 전 안전조치를 취해야 할 주요 공정설비 및 절차 다. 비상대피 후 직원이 취해야 할 임무와 절차 라. 비상사태 발생 시 통제조직 및 업무분장 마. 사고 발생 시와 비상대피 시의 보호구 착용 지침 바. 비상 대응 장비 현황	공정안전보고서 비상조치계획을 참조하여 아래 항목에 대하여 작성 • 비상상황의 종류 및 장소에 따라 구분하여 작성 • 비상경보의 종류, 비상사태의 종류별 대피자 및 대피위치 등
7. 부록(피해예측분석)	(K-CARM, ALOHA) 보고서 첨부 - 피해예측결과 - 피해 범위에 따른 도면	

CHAPTER 04 화공 안전운전·점검

합격 KEYWORD 공정안전보고서의 제출 시기, 안전밸브, 화염방지기, 안전운전계획, 공정안전자료, 위험성평가

1 공정안전 기술

1. 공정안전의 개요

(1) 공정안전

① 공정안전보고서의 내용 산업안전보건법 시행령 제44조
- ㉠ 공정안전자료
- ㉡ 공정위험성 평가서
- ㉢ 안전운전계획
- ㉣ 비상조치계획
- ㉤ 그 밖에 공정상의 안전과 관련하여 고용노동부장관이 필요하다고 인정하여 고시하는 사항

② 공정안전보고서의 제출 시기 산업안전보건법 시행규칙 제51조 산업안전보건법 제46조
- ㉠ 유해하거나 위험한 설비의 설치·이전 또는 주요 구조부분의 변경공사의 착공일 30일 전까지 공정안전보고서를 2부 작성하여 한국산업안전보건공단에 제출하여야 한다.
- ㉡ 공정안전보고서의 내용을 변경하여야 할 사유가 발생한 경우에는 지체 없이 그 내용을 보완하여야 한다.

③ 공정안전보고서 제출 대상 산업안전보건법 시행령 제43조
공정안전보고서 제출 대상은 다음의 어느 하나에 해당하는 사업을 하는 사업장의 경우에는 그 보유설비를 말한다.
- ㉠ 원유 정제처리업
- ㉡ 기타 석유정제물 재처리업
- ㉢ 석유화학계 기초화학물질 제조업 또는 합성수지 및 기타 플라스틱물질 제조업
- ㉣ 질소 화합물, 질소·인산 및 칼리질 화학비료 제조업 중 질소질 비료 제조
- ㉤ 복합비료 및 기타 화학비료 제조업 중 복합비료 제조(단순혼합 또는 배합에 의한 경우 제외)
- ㉥ 화학 살균·살충제 및 농업용 약제 제조업(농약 원제 제조만 해당)
- ㉦ 화약 및 불꽃제품 제조업

(2) 중대산업사고 산업안전보건법 제44조

대통령령으로 정하는 유해하거나 위험한 설비가 있는 경우 그 설비로부터의 위험물질 누출, 화재 및 폭발 등으로 인하여 사업장 내의 근로자에게 즉시 피해를 주거나 사업장 인근 지역에 피해를 줄 수 있는 사고로서 대통령령으로 정하는 사고이다.

(3) 공정안전 리더십 KOSHA P-19

① 관리자들은 공정안전문화, 비전, 기댓값, 역할, 책임사항들을 알아야 하며, 다음 사항들을 수행하여야 한다.
- ㉠ 신임 관리자들과 문화, 비전, 역할, 책임 등을 토론
- ㉡ 공정안전문화에 대한 공식적인 훈련 프로그램을 신임 및 기존의 관리자에게 제공
- ㉢ 공정안전문화에 대한 공식적인 훈련프로그램을 주기적으로 개정

② 관리자는 공정안전에 대한 가치, 우선순위 그리고 관심분야를 자발적으로 표현하는 기회를 찾기 위한 노력을 하여야 한다.
③ 회사의 모든 계층은 공정안전 리더십에 대한 책임과 의무를 나누어야 한다.

2. 각종 장치(제어장치, 송풍기, 압축기, 배관 및 피팅류)

(1) 제어장치

공정의 제어는 장치의 운전 성패와 더불어 안전성 확보에 가장 중요한 역할을 하는 것이다. 수동제어는 사람이 직접 제어하는 반면, 자동제어는 기계 또는 장치의 운전을 사람 대신 기계에 의해 행하도록 하는 기술이다.

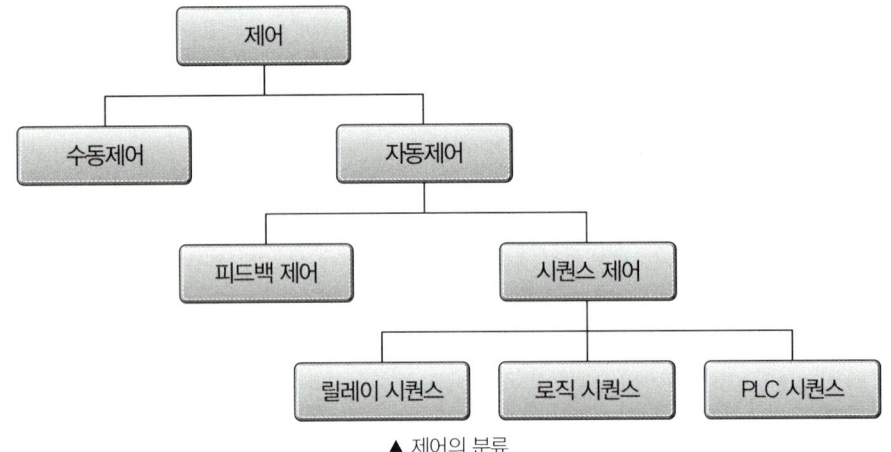

▲ 제어의 분류

① **수동제어**: 제어장치 및 조작부의 기능을 인간이 주관하여 제어하는 것을 말하며 자동제어와 대조를 이룬다.
② **자동제어**
  ㉠ 일반적 자동제어 시스템 작동순서: 공정상황 → 검출(검출부) → 조절계(조절부) → 조작계(조작부)
  ㉡ 각 부분별 기능
  - 검출부: 피드백(Feedback)요소라고도 하며, 제어량(공정량)을 검출하여 신호를 만들어 조절부로 보내주는 장치
  - 조절부: 검출부에서 신호를 받아 제어알고리즘을 이용하여 제어할 값을 결정하는 장치
  - 조작부: 조절부의 신호에 의해 실제로 개폐 등의 동작을 하는 밸브 등의 장치
③ **피드백 제어**: 제어량을 목푯값과 비교하여 일치되도록 연속적인 정정동작을 수행하여 제어하는 방식이다.
④ **시퀀스 제어**: 미리 정해진 순서에 따라 제어의 각 단계를 순차적으로 진행해 나가는 제어를 의미하며 불연속적인 작업을 행하는 제어가 필요한 곳에서 많이 사용된다.
⑤ **개회로(Open-loop/Feedforward) vs 폐회로(Closed-loop/Feedback)**: 개회로는 시퀀스 제어와 같이 1개의 동작이 끝나면 그 결과에 따라서 다음 동작이 개시되는 식의 순차동작을 일으켜 목적을 달성하는 방식의 제어형태이며, 폐회로는 제어결과를 입력 측으로 되돌려 제어량을 목푯값과 비교하여 일치되도록 정정동작을 수행하는 방식의 제어형태를 말한다.

> **합격 보장 꿀팁**
> 인터록 제어는 어느 한쪽의 조건이 구비되지 않으면 다른 제어를 정지시키는 제어방식이다.

(2) 송풍기

기체를 수송하는 장치로 저압을 요구하는 경우 사용한다.

구분	회전형	용적형
종류	원심식, 축류식	회전식, 왕복식
원리	기계적 회전에너지를 이용하여 기체를 송풍	실린더 내에 기체를 흡입, 분출하여 송풍

① 원심식 송풍기: 내부의 임펠러(Impeller)를 회전시켜 원심력에 의해 기체를 송풍한다.
② 축류식 송풍기: 프로펠러 회전에 의한 추력에 의해 기체를 송풍한다.
③ 회전식 송풍기: 내부에 한 개 또는 여러 개의 피스톤을 설치하고 이것을 회전시켜 피스톤 사이 체적 감소를 이용하여 기체를 송풍한다.
④ 왕복식 송풍기: 실린더의 피스톤을 왕복시켜 흡입밸브와 토출밸브를 작동하여 기체를 송풍한다.

(3) 압축기

공기 또는 기체를 수송하는 장치이다.

① 압축기의 분류

구분	회전형	용적형
종류	원심식, 축류식	회전식, 왕복식, 다이어프램식
원리	기계적 회전에너지를 이용하여 기체를 압축	실린더 내에 기체를 흡입, 분출하여 압축

㉠ 원심식 압축기: Casing 내에 넣어진 날개바퀴를 회전시켜 기체에 작용하는 원심력에 의해 기체를 압축한다.
㉡ 축류식 압축기: 프로펠러의 회전에 의한 추진력에 의해 기체를 압축한다.
㉢ 회전식 압축기: Casing 내에 한 개 또는 여러 개의 특수 피스톤을 설치하고 이것을 회전시킬 때 Casing과 피스톤 사이 체적 감소를 이용하여 기체를 압축한다.
㉣ 왕복식 압축기: 실린더 내에서 피스톤을 왕복시켜 이것에 따라 개폐하는 흡입밸브 및 배기밸브의 작용에 의해 기체를 압축한다.

② 왕복식 압축기의 주요 이상현상 및 원인

이상현상	원인
실린더 주변 이상음	• 피스톤과 실린더 헤드와의 틈새가 너무 넓은 경우 • 피스톤 링의 마모 및 파손 • 실린더 내에 물 등 이물질이 들어가 있는 경우
크랭크 주변 이상음	• 베어링의 마모와 헐거움 • 크로스헤드의 마모와 헐거움
가스압력·온도 변화	흡입·토출 밸브의 불량
밸브 작동음 이상	
운전 시 토출압력 급증	토출관 내에 저항 발생

(4) 펌프의 이상현상

① 공동현상(Cavitation)
㉠ 유체가 관 속을 흐를 때 유동하는 유체 속 어느 부분의 정압이 그때의 유체의 증기압보다 낮을 경우 유체가 증발하여 부분적으로 증기가 발생되는 현상이다. 배관의 부식을 초래하기도 한다.

ⓒ 발생조건
- 흡입양정이 지나치게 클 경우
- 흡입관의 저항이 증대될 경우
- 흡입액의 과속으로 유량이 증대될 경우
- 관내 온도가 상승할 경우

ⓓ 예방방법
- 펌프의 회전수를 낮춘다.
- 흡입비 속도를 작게 한다.
- 펌프의 흡입관의 두(Head) 손실을 줄인다.
- 펌프의 설치위치를 낮추어 흡입양정을 짧게 한다.

② **수격작용(Water Hammering)**: 펌프에서 유체의 압송 시 정전 등에 의해 펌프가 급히 멈춘 경우 또는 수량조절 밸브를 급히 개폐한 경우 관내 유속이 급변하면서 유체에 심한 압력변화가 발생하는 현상이다.

③ **서징(Surging)**
ⓐ 펌프의 운전 시 특별한 변동을 주지 않아도 진동이 발생하여 주기적으로 운동, 양정, 토출량이 변동하는 현상이다.
ⓑ 예방방법
- 풍량을 감소시킨다.
- 배관의 경사를 완만하게 한다.
- 교축밸브를 기계에서 가까이 설치한다.
- 토출가스를 흡입 측에 바이패스시키거나 방출밸브에 의해 대기로 방출시킨다.

(5) **상사법칙(송풍기, 펌프)**
① 송풍량(Q)은 회전수(N)와 비례한다. → $\dfrac{Q_2}{Q_1} = \dfrac{N_2}{N_1}$
② 정압(P)은 회전수(N)의 제곱에 비례한다. 또 직경(D)의 제곱에 비례한다. → $\dfrac{P_2}{P_1} = \left(\dfrac{N_2}{N_1}\right)^2 = \left(\dfrac{D_2}{D_1}\right)^2$
③ 축동력(L)은 회전수(N)의 세제곱에 비례한다. → $\dfrac{L_2}{L_1} = \left(\dfrac{N_2}{N_1}\right)^3$

(6) **배관 및 피팅류**
① 관이음 및 개스킷
ⓐ 관이음: 고압관에서는 누설방지를 위해 용접이음을 사용하고, 보수를 위해 분리하여야 할 필요가 있을 경우에는 플랜지 등 일시적 접합을 사용한다. 또한, 관이 길고 온도 변화가 클 때에는 신축을 고려하여 신축 이음을 사용한다.
- 관 부속품(Pipe Joint)

(a) 엘보　(b) 티　(c) 십자관　(d) 소켓　(e) 캡
(f) 부싱　(g) 로크 너트　(h) 플러그　(i) 니플　(j) 유니온
(k) 플랜지　(l) 플랜지　(m) 밴드　(n) 리턴(또는 U) 밴드

- 용도에 따른 관 부속품

용도	관 부속품
관로를 연결할 때	플랜지(Flange), 유니온(Union), 커플링(Coupling), 니플(Nipple), 소켓(Socket)
관로의 방향을 변경할 때	엘보(Elbow), Y자관(Y-branch), 티(Tee), 십자관(Cross)
관의 지름을 변경할 때	리듀서(Reducer), 부싱(Bushing)
가지관을 설치할 때	티(Tee), Y자관(Y-branch), 십자관(Cross)
유로를 차단할 때	플러그(Plug), 캡(Cap), 밸브(Valve)
유량을 조절할 때	밸브(Valve)

- 배관설계 시 배관특성을 결정하는 요소: 설계압력, 온도, 유량

ⓒ 개스킷(Gasket): 관 플랜지 고정 접합면에 끼워 볼트 및 기타 방법으로 죄어 유체의 누설을 방지하는 부속품이다. 복원성, 유연성이 좋아야 하고 금속 사이에 밀착되어야 하며 기계적 강도가 강하고 가공성이 좋아야 한다.

ⓒ 틈 부식: 구조상 틈 부분이 다른 곳에 비해 현저히 부식되는 현상이다. 구멍, 볼트 밑 개스킷 부분 표면 부착물 등의 틈에서 주로 발생한다. 개스킷 부식이라고도 한다.

② 밸브(Valve)

유체의 흐름을 조절하는 장치로 크게 Stop 밸브와 Gate 밸브로 나눌 수 있다.

㉠ Stop 밸브: 배관에서 흐름 차단장치로 사용된다.
㉡ Gate 밸브: 유량의 가감 및 차단장치로 사용된다.
㉢ 기능별로는 감압밸브, 조정밸브, 체크밸브, 안전밸브 등이 있다.

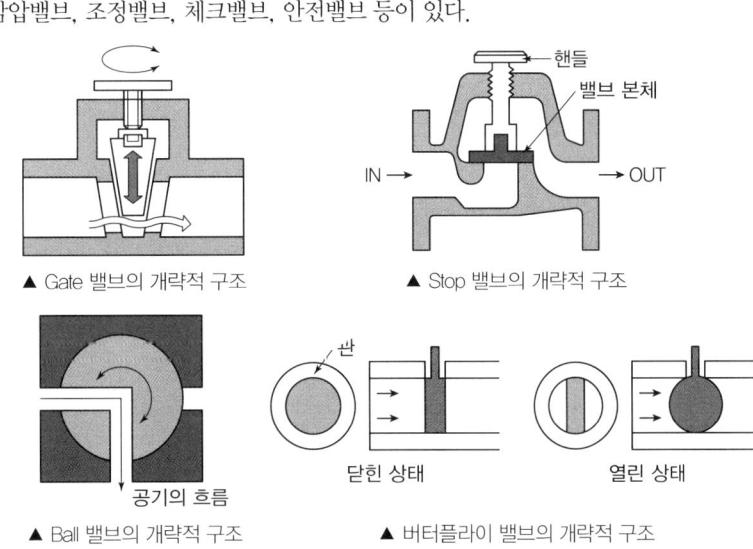

▲ Gate 밸브의 개략적 구조   ▲ Stop 밸브의 개략적 구조

▲ Ball 밸브의 개략적 구조   ▲ 버터플라이 밸브의 개략적 구조

3. 안전장치의 종류

(1) **안전밸브(Safety Valve)**

설비나 배관의 압력이 설정압력을 초과하는 경우 작동하여 내부압력을 분출하는 장치이다.

▲ 안전밸브의 여러 가지 형태

① **안전밸브의 종류**: 스프링식(화학설비에서 가장 많이 사용), 중추식, 지렛대식
② **안전밸브를 설치하여야 하는 경우** 안전보건규칙 제261조
  ㉠ 압력용기(안지름이 150[mm] 이하인 압력용기는 제외하며, 압력용기 중 관형 열교환기의 경우에는 관의 파열로 인하여 상승한 압력이 압력용기의 최고사용압력을 초과할 우려가 있는 경우만 해당)
  ㉡ 정변위 압축기
  ㉢ 정변위 펌프(토출 측에 차단밸브가 설치된 것만 해당)
  ㉣ 배관(2개 이상의 밸브에 의하여 차단되어 대기온도에서 액체의 열팽창에 의하여 파열될 우려가 있는 것으로 한정함)
  ㉤ 그 밖의 화학설비 및 그 부속설비로서 해당 설비의 최고사용압력을 초과할 우려가 있는 것
  ㉥ ㉠~㉤에 따라 설치된 안전밸브에 대해서는 다음의 구분에 따른 검사주기마다 국가교정기관에서 교정을 받은 압력계를 이용하여 설정압력에서 안전밸브가 적정하게 작동하는지를 검사한 후 납으로 봉인하여 사용하여야 한다. 다만, 공기나 질소취급용기 등에 설치된 안전밸브 중 안전밸브 자체에 부착된 레버 또는 고리를 통하여 수시로 안전밸브가 적정하게 작동하는지를 확인할 수 있는 경우에는 검사하지 아니할 수 있고 납으로 봉인하지 아니할 수 있다.
    • 화학공정 유체와 안전밸브의 디스크 또는 시트가 직접 접촉될 수 있도록 설치된 경우: 2년마다 1회 이상
    • 안전밸브 전단에 파열판이 설치된 경우: 3년마다 1회 이상
    • 공정안전보고서 제출 대상으로서 고용노동부장관이 실시하는 공정안전보고서 이행상태 평가결과가 우수한 사업장의 안전밸브의 경우: 4년마다 1회 이상
③ **차단밸브의 설치 금지** 안전보건규칙 제266조

안전밸브 등의 전·후단에 차단밸브를 설치해서는 아니 된다. 다만, 다음의 어느 하나에 해당하는 경우에는 자물쇠형 또는 이에 준하는 형식의 차단밸브를 설치할 수 있다.
  ㉠ 인접한 화학설비 및 그 부속설비에 안전밸브 등이 각각 설치되어 있고, 해당 화학설비 및 그 부속설비의 연결배관에 차단밸브가 없는 경우
  ㉡ 안전밸브 등의 배출용량의 $\frac{1}{2}$ 이상에 해당하는 용량의 자동압력조절밸브(구동용 동력원의 공급을 차단하는 경우 열리는 구조인 것으로 한정)와 안전밸브 등이 병렬로 연결된 경우
  ㉢ 화학설비 및 그 부속설비에 안전밸브 등이 복수방식으로 설치되어 있는 경우
  ㉣ 예비용 설비를 설치하고 각각의 설비에 안전밸브 등이 설치되어 있는 경우
  ㉤ 열팽창에 의하여 상승된 압력을 낮추기 위한 목적으로 안전밸브가 설치된 경우

ⓗ 하나의 플레어스택(Flare Stack)에 둘 이상의 단위공정의 플레어헤더(Flare Header)를 연결하여 사용하는 경우로서 각각의 단위공정의 플레어헤더에 설치된 차단밸브의 열림·닫힘상태를 중앙제어실에서 알 수 있도록 조치한 경우

(2) 파열판(Rupture Disk)

밀폐된 압력용기나 화학설비 등이 설정압력 이상으로 급격하게 압력이 상승하면 파열되면서 압력을 토출하는 장치이다. 스프링식 안전밸브를 대체 가능하며 짧은 시간 내에 급격하게 압력이 변하는 경우 적합하다.

▲ 파열판의 형태

① 파열판을 설치하여야 하는 경우 [안전보건규칙 제262조]
  ㉠ 반응 폭주 등 급격한 압력 상승 우려가 있는 경우
  ㉡ 급성 독성 물질의 누출로 인하여 주위의 작업환경을 오염시킬 우려가 있는 경우
  ㉢ 운전 중 안전밸브에 이상물질이 누적되어 안전밸브가 작동되지 아니할 우려가 있는 경우

② 파열판 설계기준

$$P = 3.5\sigma_u \times \frac{t}{d} \times 100 [\text{kg/m}^2]$$

여기서, σ_u : 재료의 인장강도[kg/mm²], t : 두께[mm], d : 직경[m]

③ 파열판의 특징
  ㉠ 압력 방출속도가 빠르며 분출량이 많다.
  ㉡ 높은 점성의 슬러리나 부식성 유체에 적용할 수 있다.
  ㉢ 설정 파열압력 이하에서 파열될 수 있다.
  ㉣ 한 번 작동하면 파열되므로 교체하여야 한다.

④ 파열판 및 안전밸브의 직렬설치 [안전보건규칙 제263조]
급성 독성 물질이 지속적으로 외부에 유출될 수 있는 화학설비 및 그 부속설비에 파열판과 안전밸브를 직렬로 설치하고 그 사이에는 압력지시계 또는 자동경보장치를 설치하여야 한다.
  ㉠ 부식물질로부터 스프링식 안전밸브를 보호할 때
  ㉡ 독성이 매우 강한 물질 취급 시 완벽하게 격리할 때
  ㉢ 스프링식 안전밸브에 막힘을 유발시킬 수 있는 슬러리를 방출시킬 때
  ㉣ 릴리프 장치가 작동 후 방출라인이 개방되지 않아야 할 때

(3) 통기밸브(Breather Valve) [안전보건규칙 제268조]

대기압 근처의 압력으로 운전되거나 저장되는 용기의 내부압력과 대기압 차이가 발생하였을 경우 대기를 탱크 내에 흡입 또는 탱크 내의 압력을 방출하여 항상 탱크 내부를 대기압과 평형한 상태로 유지하여 보호하는 밸브이다.
① 인화성 액체를 저장·취급하는 대기압탱크에는 통기관 또는 통기밸브(Breather Valve) 등(이하 "통기설비")을 설치하여야 한다.
② 통기설비는 정상운전 시에 대기압탱크 내부가 진공 또는 가압되지 않도록 충분한 용량의 것을 사용하여야 하며, 철저하게 유지·보수를 하여야 한다.

(4) 화염방지기(Flame Arrester) [안전보건규칙 제269조]

비교적 저압 또는 상압에서 가연성 증기를 발생시키는 인화성 물질 등을 저장하는 탱크에서 외부에 그 증기를 방출하거나 탱크 내에 외기를 흡입하는 부분에 설치하는 안전장치이다.

① 외부로부터의 화염을 방지하기 위하여 화염방지기를 그 설비 상단에 설치하여야 한다.
② 대기로 연결된 통기관에 화염방지 기능이 있는 통기밸브가 설치되어 있거나, 인화점이 38[℃] 이상 60[℃] 이하인 인화성 액체를 저장·취급할 때에 화염방지 기능을 가지는 인화방지망을 설치한 경우에는 제외한다.
③ 화염방지기를 설치하는 경우에는 한국산업표준에서 정하는 화염방지장치 기준에 적합한 것을 설치하여야 하며, 항상 철저하게 보수·유지하여야 한다.

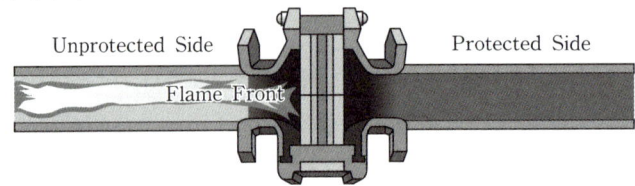

▲ 화염방지기의 구조

(5) 벤트스택(Vent Stack)
① 탱크 내의 압력을 정상상태로 유지하기 위한 안전장치이다.
② 상압탱크에서 직사광선에 의한 온도상승 시 탱크 내의 공기를 자동으로 대기에 방출하여 내부 압력의 상승을 막아주는 역할을 한다.
③ 가연성 가스나 증기를 직접 방출할 경우 그 배출구는 지상보다 높고 안전한 장소에 설치하여야 한다.

(6) 플레어스택(Flare Stack)
공정 중에서 발생하는 미연소가스를 연소하여 안전하게 밖으로 배출시키기 위하여 사용하는 설비이다.

(7) 체크밸브(Check Valve)
유체의 역류를 방지하기 위한 장치로 스윙형, 리프트형, 볼형 등이 있다.

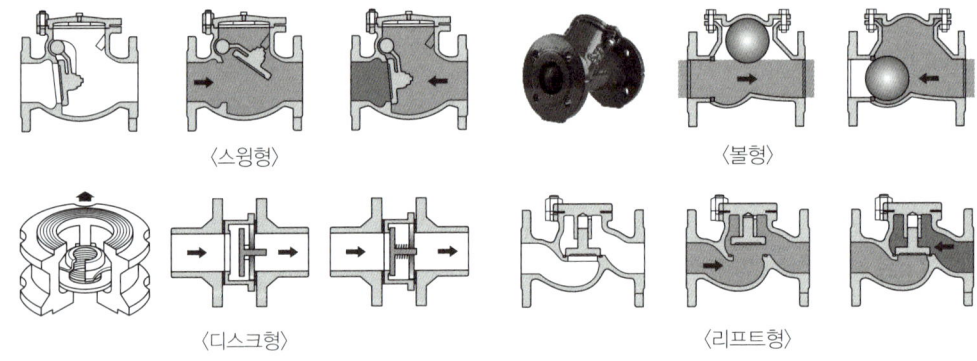

▲ 체크밸브의 구조

(8) 블로우 밸브(Blow Valve)
① 수동 또는 자동제어에 의한 과잉의 압력을 방출할 수 있도록 한 안전장치이다.
② 자압형, 솔레노이드(Solenoid)형, 다이아프램(Diaphragm)형 등이 있다.

(9) 스팀트랩(Steam Trap)
① 증기배관 내에 생성하는 응축수는 송기상 지장이 되어 제거할 필요가 있는데, 이때 증기가 도망가지 않도록 이 응축수를 자동적으로 배출하기 위한 장치이다.
② 디스크식, 바이메탈식, 버킷식 등이 있다.

⑽ 긴급차단장치
　① 대형의 반응기, 탑, 탱크 등에서 이상상태가 발생할 때 밸브를 정지시켜 원료공급을 차단하기 위한 안전장치이다.
　② 공기압식, 유압식, 전기식 등이 있다.

⑾ 기타 안전장치
　① 벨로스(Bellows)식 안전방출장치: 주름이 있는 금속부품(Bellows)이 스프링 압력에 의해 고정되어 있고, 설정압력을 넘는 경우 작동되어 압력을 정상화시키는 안전장치이다.
　　㉠ 후압이 존재하고 증기압 변화량을 제어할 목적으로 사용한다.
　　㉡ 부식성, 독성 가스에 사용한다.
　② 화학공정의 백업 시스템(Back-up System): 안전밸브, 릴리프밸브, 플레어시스템 등이 있다.
　③ 인터록 시스템(Interlock System): 안전장치가 작동되면 기계가 작동을 멈추고, 복귀되지 않으면 시스템이 작동되지 않는다.

⑿ 가스누출감지경보기　가스누출감지경보기 설치에 관한 기술상의 지침　제2조, 제4~6조
　① 정의
　　㉠ 가연성 또는 독성 물질의 가스를 감지하여 그 농도를 지시하며, 미리 설정해 놓은 가스농도에서 자동적으로 경보가 울리도록 하는 장치이다.
　　㉡ 감지부와 수신경보부로 구성된다.
　② 설치장소
　　㉠ 건축물 내·외에 설치되어 있는 가연성 물질 또는 독성 물질을 취급하는 압축기, 밸브, 반응기, 배관 연결부위 등 가스의 누출이 우려되는 화학설비 및 부속설비 주변
　　㉡ 가열로 등 발화원이 있는 제조설비 주위에 가스가 체류하기 쉬운 장소
　　㉢ 가연성 및 독성 물질의 충전용 설비의 접속부의 주위
　　㉣ 방폭지역 안에 위치한 변전실, 배전반실, 제어실 등
　　㉤ 그 밖에 가스가 특별히 체류하기 쉬운 장소
　③ 설치위치
　　㉠ 가능한 한 가스의 누출이 우려되는 누출부위 가까이에 설치한다.
　　㉡ 직접적인 가스누출은 예상되지 않으나 주변에서 누출된 가스가 체류하기 쉬운 곳은 다음과 같은 지점에 설치한다.
　　　• 건축물 밖에 설치되는 경우 풍향, 풍속 및 가스의 비중 등을 고려하여 가스가 체류하기 쉬운 지점에 설치한다.
　　　• 건축물 안에 설치되는 경우 감지대상가스의 비중이 공기보다 무거운 경우에는 건축물 내의 하부에, 공기보다 가벼운 경우에는 건축물의 환기구 부근 또는 해당 건축물 내의 상부에 설치한다.
　④ 경보설정치
　　㉠ 가연성 가스누출감지경보기는 감지대상 가스의 폭발하한계 25[%] 이하, 독성 가스누출감지경보기는 해당 독성 가스의 허용농도 이하에서 경보가 울리도록 설정한다.
　　㉡ 가스누출감지경보기의 정밀도는 경보설정치에 대하여 가연성 가스누출감지경보기는 ±25[%] 이하, 독성 가스누출감지경보기는 ±30[%] 이하이어야 한다.

2 안전점검 계획 수립

1. 안전운전계획 `공정안전보고서의 제출·심사·확인 및 이행상태평가 등에 관한 규정` 제31~39조

(1) 안전운전지침서
(2) 설비점검·검사 및 보수계획, 유지계획 및 지침서
(3) 안전작업허가
(4) 도급업체 안전관리계획
(5) 근로자 등 교육계획
(6) 가동 전 점검지침
(7) 변경요소 관리계획
(8) 자체감사 및 공정사고 조사계획
(9) 그 밖에 안전운전에 필요한 사항

3 공정안전보고서 작성심사·확인

1. 공정안전자료

(1) **공정안전자료** `산업안전보건법 시행규칙` 제50조
① 취급·저장하고 있거나 취급·저장하려는 유해·위험물질의 종류 및 수량
② 유해·위험물질에 대한 물질안전보건자료
③ 유해하거나 위험한 설비의 목록 및 사양
④ 유해하거나 위험한 설비의 운전방법을 알 수 있는 공정도면
⑤ 각종 건물·설비의 배치도
⑥ 폭발위험장소 구분도 및 전기단선도
⑦ 위험설비의 안전설계·제작 및 설치 관련 지침서

(2) **유해·위험물질 목록 작성방법**
① 유해·위험물질은 제출대상 설비에서 제조 또는 취급하는 화학물질을 기입한다.
② 허용농도에는 시간가중평균농도(TWA)를 기입한다.
③ 독성치에는 LD50(경구, 쥐), LD50(경피, 쥐 또는 토끼) 또는 LC50(흡입, 4시간, 쥐)을 기입한다.
④ 증기압은 20[°C]에서의 증기압을 기입한다.
⑤ 부식성 유무는 O, X로 표시한다.
⑥ 이상반응 여부는 그 물질과 이상반응을 일으키는 물질과 조건을 표시하고, 필요 시 별도로 작성한다.

2. 위험성평가 `공정안전보고서의 제출·심사·확인 및 이행상태평가 등에 관한 규정` 제2조

공정의 특성 등을 고려하여 다음의 위험성평가 기법 중 한 가지 이상을 선정하여 위험성평가를 한 후 그 결과에 따라 작성하여야 하며, 사고예방·피해최소화 대책은 위험성평가 결과 잠재위험이 있다고 인정되는 경우에만 작성한다.

(1) **체크리스트(Check List)**
공정 및 설비의 오류, 결함상태, 위험상황 등을 목록화한 형태로 작성하여 경험적으로 비교함으로써 위험성을 파악하는 방법이다.

(2) 상대위험순위 결정(DMI; Dow and Mond Indices)

(3) 작업자 실수 분석(HEA; Human Error Analysis)

(4) 사고 예상 질문 분석(What-if)

공정에 잠재하고 있는 위험요소에 의해 야기될 수 있는 사고를 사전에 예상·질문을 통하여 확인·예측하여 공정의 위험성 및 사고의 영향을 최소화하기 위한 대책을 제시하는 방법이다.

(5) 위험과 운전 분석(HAZOP)

공정에 존재하는 위험 요소들과 공정의 효율을 떨어뜨릴 수 있는 운전상의 문제점을 찾아내어 그 원인을 제거하는 방법이다.

(6) 이상위험도 분석(FMECA)

(7) 결함수 분석(FTA)

(8) 사건수 분석(ETA)

(9) 원인결과 분석(CCA)

(10) (1)~(9)까지의 규정과 같은 수준 이상의 기술적 평가기법

① 안전성 검토법: 공장의 운전 및 유지 절차가 설계목적과 기준에 부합되는지를 확인하는 것을 목적으로 하며, 결과의 형태로 검사보고서를 제공한다.

② 예비위험분석(PHA; Preliminary Hazard Analysis)

SUBJECT 06
건설공사 안전관리

합격 GUIDE

건설공사 안전관리는 조금만 공부하면 높은 점수를 받을 수 있는 과목입니다. 건설공사 안전관리는 용어가 생소하기 때문에 우선 용어를 이해하는 것이 중요합니다. 따라서 처음 공부를 시작하는 수험생이 쉽게 이해할 수 있도록 삽화 및 그림을 많이 첨부하였습니다. 최근의 출제경향을 분석해 보면 산업안전보건기준에 관한 규칙에 있는 추락 또는 붕괴에 의한 위험방지, 건설작업 등과 관련된 위험을 예방하는 방법에 대한 문제가 많이 출제되고 있습니다.

기출기반으로 정리한
압축이론

최신 7개년 출제비율 분석

CHAPTER 01 건설공사 특성분석 　0.7%
CHAPTER 02 건설공사 위험성 　15.5%
CHAPTER 03 건설업 산업안전보건관리비 관리 　5.0%
CHAPTER 04 건설현장 안전시설 관리 　23.4%
CHAPTER 05 비계·거푸집 가시설 위험방지 　32.2%
CHAPTER 06 공사 및 작업 종류별 안전 　23.2%

CHAPTER 01 건설공사 특성분석

합격 KEYWORD 안전관리계획 작성내용

1 건설공사 특수성 분석

1. 안전관리 계획 수립

(1) 안전관리계획 작성내용 건설기술 진흥법 시행령 / 제99조
① 건설공사의 개요: 공사개요 및 현황, 안전관리 중점 목표
② 안전관리조직: 공사 수행 중 사고예방 및 안전확립을 위한 조직
③ 공정별 안전점검계획: 안전점검 공정표, 자체안전점검, 정기안전점검의 시기·내용 및 실시계획
④ 공사장 주변의 안전관리 대책: 주변교통, 부지상황, 매설물 등의 현황
⑤ 통행안전시설의 설치 및 교통 소통에 관한 계획: 보행자 보호, 통행차량 보호를 위한 안전시설 설치
⑥ 안전관리비 집행계획: 안전관리비의 사용과 관련한 사항
⑦ 안전교육계획: 안전교육, 안전점검의 날 운영 등
⑧ 비상시 긴급조치계획: 긴급사태 발생 시 연락할 유관기관 등의 긴급 연락망 및 피난계획
⑨ 공종별 안전관리계획: 공정에 따른 공종별 유해위험요소를 판단하여 대책수립

(2) 작성 및 제출 건설기술 진흥법 시행령 / 제98조
① 작성자: 건설사업자, 주택건설등록업자
② 검토 및 확인자: 공사감독자 또는 건설사업관리기술인
③ 제출시기 및 제출처: 착공 전에 발주청 또는 인·허가기관의 장에게 제출

2. 공사장 작업환경 특수성

(1) 건설공사 특수성
① 작업환경의 특수성
② 작업 자체의 높은 위험성
③ 공사계약의 일방성
④ 안전관련 법령의 규제와 처벌 위주 정책의 한계
⑤ 신기술·신공법 적용에 따른 불안전성
⑥ 원도급업자와 하도급업자 간의 복잡한 관계
⑦ 근로자의 안전의식 부족
⑧ 예산 회계 제도에 따른 공사 시기의 부적정
⑨ 근로자의 이동성과 전문 기능 인력 수급의 부족

(2) 재해예방 주요대책
① 기능과 지식에 맞는 기능공 인력배치
② 직종별, 공종별 전문 안전교육 실시

③ 근로자에 대한 안전 동기부여 및 의식 강화
④ 안전시설 적극 투자 및 작업환경 개선
⑤ 안전작업 계획수립 및 계획에 따른 작업 실시

3. 계약조건의 특수성

(1) 개요 `건설산업기본법` 제22조

건설공사에 관한 도급계약의 당사자는 계약을 체결할 때 도급금액, 공사기간, 그 밖에 대통령령으로 정하는 사항을 계약서에 분명하게 적어야 하고, 서명 또는 기명 날인한 계약서를 서로 주고받아 보관하여야 한다.

(2) 계약 문서의 종류
① 계약서: 계약자의 주소와 성명, 공사명, 계약 금액, 보증금 등을 기재하는 서류
② 공사 입찰 유의서: 공사 입찰에 참가하고자 하는 자가 유의하여야 할 사항을 정한 서류
③ 설계서: 공사시방서, 현장 설명서, 공종별 목적물 물량 내역서를 말함
④ 공사 계약 일반조건: 공사의 착공, 계약 금액의 조정 및 해제 부담 등 계약당사자의 권리의무 내용을 정형화함
⑤ 공사 계약 특수조건: 공사 계약 일반조건에 정한 사항 외에 별도의 계약 조건을 정함
⑥ 산출 내역서: 발주 기관이 교부한 도서로서 입찰 가격 결정에 필요한 사항을 제공함
⑦ 공사시방서: 설계도면에 표기하기 어려운 기술적인 사항을 기재해 놓은 도서
⑧ 설계도면: 설계자의 의사를 일정한 약속에 근거하여 그림으로 나타낸 도서
⑨ 공종별 목적물 물량 내역서
　㉠ 공종별 목적물을 구성하는 품목 또는 비목과 동 품목 또는 비목의 규격, 수량, 단위 등이 표시됨
　㉡ 입찰 참가자에게 교부된 내역서

2 안전관리 고려사항 확인

1. 설계도서 검토

(1) 설계도서의 종류
① 설계도
② 시방서: 일반시방서, 전문시방서, 특기시방서, 공사시방서
③ 구조계산서: 설계의 하중 등 가정 사항을 기재, 수리계산서 포함
④ 내역서: 단가산출서, 내역서
⑤ 수량산출서

(2) 설계도서의 작성기준 `건설기술 진흥법 시행규칙` 제40조
① 설계도서는 누락된 부분이 없고 현장기술인들이 쉽게 이해하여 안전하고 정확하게 시공할 수 있도록 상세히 작성한다.
② 공사시방서는 표준시방서 및 전문시방서를 기본으로 하여 작성하되, 공사의 특수성, 지역여건, 공사방법 등을 고려하여 기본설계 및 실시설계 도면에 구체적으로 표시할 수 없는 내용과 공사수행을 위한 시공방법, 자재의 성능·규격 및 공법, 품질시험 및 검사 등 품질관리, 안전관리, 환경관리 등에 관한 사항을 기술한다.
③ 교량 등 구조물을 설계하는 경우에는 설계방법을 구체적으로 명시한다.
④ 설계보고서에는 「건설기술진흥법령」에 따라 신기술과 기존 공법에 대하여 시공성, 경제성, 안전성, 유지관리성, 환경성 등을 종합적으로 비교·분석하여 해당 건설공사에 적용할 수 있는지를 검토한 내용을 포함한다.

2. 안전관리조직

(1) 개요
안전관리조직을 구성할 때에는 조직 구성원의 책임과 권한을 명확하게 하고 현장 여건을 충분히 고려한 조직이 되도록 하여야 한다.

(2) 안전관리조직의 기본 역할
① 시공 중인 구축물 등 공사장 및 공사장 주변의 안전 확보
② 안전관리계획서에 따른 안전시공 여부 확인
③ 안전교육의 실시
④ 안전사고 예방 및 긴급조치
⑤ 제반 위험요소의 제거
⑥ 비상사태 시 응급조치 및 복구

(3) 안전보건관리체계도 산업안전보건법 제2조, 제15~18조, 제62조
① **사업주**: 근로자를 사용하여 사업을 하는 사람
② **안전보건관리책임자**: 사업장을 실질적으로 총괄하여 관리하는 사람
③ **안전보건총괄책임자**: 관계수급인 근로자가 도급인의 사업장에서 작업을 하는 경우에 그 사업장의 안전보건관리책임자를 도급인의 근로자와 관계수급인 근로자의 산업재해를 예방하기 위한 업무를 총괄하여 관리하는 안전보건총괄책임자로 지정한다.
④ **관리감독자**: 사업장의 생산과 관련되는 업무와 그 소속 직원을 직접 지휘·감독하는 직위에 있는 사람으로 산업안전 및 보건에 관한 업무를 수행한다.
⑤ **안전·보건관리자**: 안전·보건에 관한 기술적인 사항에 관하여 사업주 또는 안전보건관리책임자를 보좌하고 관리감독자에게 지도·조언하는 업무를 수행하는 사람

3. 시공 및 재해사례 검토

(1) 공정관리
① 현황조사 및 자료 분석
　공사현장의 특성과 주변 현장을 고려하여 공정관리 계획을 수립하고, 공구 분할 계획 시에는 선·후행 작업조건을 분석한 후 분할하여야 한다.
② 작업분류체계 수립
　작업분류체계, 내역분류체계, 조직분류체계를 구성하고, 공정별 특성을 감안한 공사인력을 구성하여야 한다.
③ 공사일정 및 자원투입 계획
　전체 공사계획에 따라 세부작업을 진행하고, 합리적인 자원관리에 의한 경제성을 제고하며, 각 공종 추진상의 문제점을 조기에 발견하고 주 공정에 영향을 최소화하도록 계획하여야 한다.
④ 주요 공종별 공기 분석
　공종별 작업량 산정 및 작업 속도를 분석하여 결정하고, 주 공정에 대한 적정 작업 조건 및 장비 조합을 구성하여야 한다.
⑤ 현장운영체계 수립
　공정운영체계 및 관리시스템을 도입하고, 지연 공정에 대한 만회 대책을 수립하여야 한다.

(2) **공사계획 검토사항**
① **현장원 편성**: 공사계획 중 가장 우선
② **공정표의 작성**: 공사 착수 전 단계에서 작성
③ **실행예산의 편성**: 재료비, 노무비, 경비
④ **하도급 업체의 선정**
⑤ **가설 준비물 결정**
⑥ **재료, 설비 반입계획**
⑦ **노무 동원계획**
⑧ **재해방지계획**

(3) **재해사례 검토**
① **추락**: 고소 작업, 비계, 개구부 등에서의 추락
② **낙하 또는 비래**: 일반 자재, 콘크리트 덩어리, 시설물 등의 낙하나 비래
③ **감전**: 가공선로 접촉, 전기 배선 불량, 교류 아크 용접기 작업 등에서의 감전
④ **충돌 또는 협착**: 작업 중인 장비 또는 차량, 기계·기구에 의한 작업자의 충돌이나 협착
⑤ **붕괴 또는 도괴**: 지반 침하로 인한 토사의 붕괴, 비계나 동바리, 거푸집의 붕괴나 도괴
⑥ **전도**: 적재된 자재의 넘어짐, 부주의 등으로 인한 건설 기계의 전도
⑦ **화재·폭발**: 정전기 방전, 용접 작업 시 부주의 등

CHAPTER 02 건설공사 위험성

합격 KEYWORD 굴착면의 기울기 기준, 잠함 내 굴착작업 위험방지, 히빙, 보일링, 개량공법, 유해위험방지계획서

1 건설공사 유해·위험요인

1. 유해·위험요인 선정 및 위험방지

(1) 지반굴착 시 위험방지

① 사전 지반조사 항목 [안전보건규칙] [별표 4]
  ㉠ 형상·지질 및 지층의 상태
  ㉡ 균열·함수(含水)·용수 및 동결의 유무 또는 상태
  ㉢ 매설물 등의 유무 또는 상태
  ㉣ 지반의 지하수위 상태

② 굴착면의 기울기 기준 [안전보건규칙] [별표 11]

지반의 종류	굴착면의 기울기
모래	1 : 1.8
연암 및 풍화암	1 : 1.0
경암	1 : 0.5
그 밖의 흙	1 : 1.2

(2) 발파 작업 시 위험방지

① 발파공법의 종류
  ㉠ 무진동 파쇄공법(유압잭 공법)　　㉡ 미진동 발파공법(제어공법)
  ㉢ 대형 브레이커 파쇄공법　　　　　㉣ 일반 발파공법

② 발파의 작업기준 [안전보건규칙] [제348조]
  ㉠ 얼어붙은 다이나마이트는 화기에 접근시키거나 그 밖의 고열물에 직접 접촉시키는 등 위험한 방법으로 융해되지 않도록 할 것
  ㉡ 화약이나 폭약을 장전하는 경우에는 그 부근에서 화기를 사용하거나 흡연을 하지 않도록 할 것
  ㉢ 장전구는 마찰·충격·정전기 등에 의한 폭발의 위험이 없는 안전한 것을 사용할 것
  ㉣ 발파공의 충진재료는 점토·모래 등 발화성 또는 인화성의 위험이 없는 재료를 사용할 것
  ㉤ 점화 후 장전된 화약류가 폭발하지 아니한 경우 또는 장전된 화약류의 폭발 여부를 확인하기 곤란한 경우에는 다음의 사항을 따를 것
   • 전기뇌관에 의한 경우에는 발파모선을 점화기에서 떼어 그 끝을 단락시켜 놓는 등 재점화되지 않도록 조치하고 그때부터 5분 이상 경과한 후가 아니면 화약류의 장전장소에 접근시키지 않도록 할 것
   • 전기뇌관 외의 것에 의한 경우에는 점화한 때부터 15분 이상 경과한 후가 아니면 화약류의 장전장소에 접근시키지 않도록 할 것

ⓗ 전기뇌관에 의한 발파의 경우 점화하기 전에 화약류를 장전한 장소로부터 30[m] 이상 떨어진 안전한 장소에서 전선에 대하여 저항측정 및 도통시험을 할 것

(3) 발파 후 안전조치 발파 표준안전 작업지침 제33~34조

① 즉시 발파모선을 발파기에서 분리하여 단락시키는 등 재기폭되지 않도록 조치할 것
② 발파기재는 발파작업책임자의 지휘에 따라 지정된 장소에 보관할 것
③ 폭발하지 않은 뇌관의 수량을 확인하여 불발한 화약을 확인할 것
④ 발파 후 다음의 경우에는 사람의 접근을 금지할 것
   ㉠ 불발된 화약이 폭발하거나 추가적인 낙석 등의 우려가 있는 때
   ㉡ 불발된 화약의 확인이 곤란한 때에는 기폭 후 15분 이상
⑤ 불발된 천공 구멍으로부터 60[cm] 이상(손으로 뚫은 구멍인 경우에는 30[cm] 이상)의 간격을 두고 평행으로 천공하여 다시 발파하고 불발한 화약류를 회수할 것
⑥ 불발된 천공 구멍에 물을 주입하고 그 물의 힘으로 전색물과 화약류를 흘러나오게 하여 불발된 화약류를 회수할 것

(4) 충전전로에서의 감전 위험방지

① 전압의 구분 KEC 111.1
   ㉠ 저압: 1[kV] 이하의 교류전압 또는 1.5[kV] 이하의 직류전압
   ㉡ 고압: 1[kV] 초과 7[kV] 이하의 교류전압 또는 1.5[kV] 초과 7[kV] 이하의 직류전압
   ㉢ 특고압: 7[kV]를 초과하는 직·교류전압
② 충전전로 접근한계거리 기준 안전보건규칙 제321조

충전전로의 선간전압[kV]	충전전로에 대한 접근한계거리[cm]
0.3 이하	접촉금지
0.3 초과 0.75 이하	30
0.75 초과 2 이하	45
2 초과 15 이하	60
15 초과 37 이하	90
37 초과 88 이하	110
88 초과 121 이하	130

(5) 잠함 내 굴착작업 위험방지 안전보건규칙 제376~377조

① 잠함 또는 우물통의 급격한 침하로 인한 위험방지
   ㉠ 침하관계도에 따라 굴착방법 및 재하량 등을 정할 것
   ㉡ 바닥으로부터 천장 또는 보까지의 높이는 1.8[m] 이상으로 할 것

② 잠함 등 내부에서 굴착작업 시 준수사항
  ㉠ 산소 결핍 우려가 있는 경우에는 산소의 농도를 측정하는 사람을 지명하여 측정하도록 할 것
  ㉡ 근로자가 안전하게 오르내리기 위한 설비를 설치할 것
  ㉢ 굴착 깊이가 20[m]를 초과하는 경우에는 해당 작업장소와 외부와의 연락을 위한 통신설비 등을 설치할 것
  ㉣ 산소농도 측정 결과 산소 결핍이 인정되거나 굴착 깊이가 20[m]를 초과하는 경우에는 송기를 위한 설비를 설치하여 필요한 양의 공기를 공급할 것

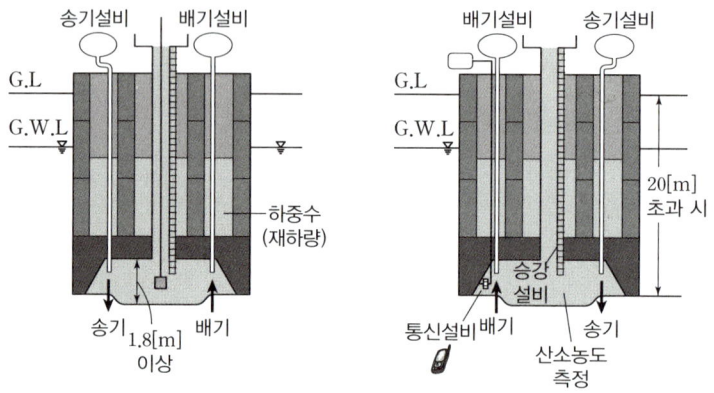

2. 지반의 조사

(1) 지반조사의 단계

① 예비조사
  ㉠ 자료조사: 지질도, 농경도, 수리학적 자료, 시공에 관한 토질시방서, 공사기록 등 자료 수집
  ㉡ 개략조사: 보링, 사운딩, 물리학적 조사, 샘플링, 실내토질시험 등
② 본조사
  ㉠ 정밀조사: 원위치시험, 실내토질시험 등을 실시하여 설계 및 시공에 필요한 자료 수집
  ㉡ 보충조사: 정밀조사 실시 결과, 필요 시 추가조사 실시

(2) 지반조사의 종류

① 지하탐사법
  ㉠ 터파보기: 소규모 공사에 적용하며 5~10[m] 간격으로 약 1.5~3[m] 깊이로 지반을 직접 굴착하여 관찰
  ㉡ 짚어보기: 탐사관(철봉)을 지중에 관입하여 지반의 저항정도 분석
  ㉢ 물리적 탐사법: 전기저항, 탄성파 등을 이용하여 지반의 구성층 및 지층변화 심도 판단
② 원위치시험(Sounding Test)
  ㉠ 표준관입시험(Standard Penetration Test): 무게 63.5[kg]의 추를 76[cm] 높이에서 자유낙하시켜 샘플러를 30[cm] 관입시키는 데 필요한 타격 횟수 N을 구하는 시험, N치가 클수록 토질의 밀도가 높다.

N값	모래지반 상대밀도	N값	점토지반 점착력
0~4	몹시 느슨	0~2	아주 연약
4~10	느슨	2~4	연약
10~30	보통	4~8	보통
30~50	조밀	8~15	강한 점착력
50 이상	대단히 조밀	15~30	매우 강한 점착력
		30 이상	견고(경질)

ⓒ 콘관입시험(Cone Penetration Test): 연약한 점토질 지반에서 원추 모양 콘의 관입 저항으로 지반의 단단함, 다짐 정도를 조사하는 시험이다.
　　　ⓒ 베인시험(Vane Test): 점토질 지반에서 흙의 전단 강도(점착력)를 구하는 시험의 일종으로 십자형으로 조합시킨 베인(날개)을 회전시킬 때의 토크치를 실측한다.
　　　ⓔ 스웨덴식 사운딩시험(Swedish Sounding Test): 로드 선단에 Screw Point를 부착하여 침하, 회전시켰을 때의 관입량을 측정하는 시험으로 넓은 범위의 토질조사에 이용한다.
　③ **보링(Boring)**: 지중의 토질분포, 토층의 구성, 지하수의 수위 등을 알아보기 위하여 기계를 이용해 지중에 구멍을 뚫고 그 안에 있는 토사를 채취하여 조사하는 방법이다.
　　　㉠ 수세식 보링(Wash Boring)
　　　ⓒ 회전식 보링(Rotary Boring): 지중의 상태를 가장 정확히 파악
　　　ⓒ 충격식 보링(Percussion Boring)
　　　ⓔ 오거 보링(Auger Boring)
　④ **시료채취(Sampling)**: 흙의 시료를 채취하여 흙이 가지고 있는 물리적·역학적 특성을 규명하기 위한 방법이다.

3. 토질시험방법

(1) **물리적 시험**
　① 밀도시험: 지반의 다짐도 판정
　② 비중시험: 흙입자의 비중 측정
　③ 함수량시험: 흙에 포함되어 있는 수분의 양 측정
　④ 입도시험: 흙입자의 혼합상태 파악
　⑤ 액성·소성·수축 한계시험: 함수비 변화에 따른 흙의 공학적 성질 측정

(2) **역학적 시험**
　① 투수시험: 지하수위, 투수계수 측정
　② 압밀시험: 점성토의 침하량 및 침하속도 계산
　③ 전단시험: 직접전단시험, 간접전단시험, 흙의 전단저항 측정
　④ 표준관입시험: 흙의 지내력 판단, 사질토 적용
　⑤ 지지력시험: 평판재하시험, 말뚝박기시험, 말뚝재하시험
　⑥ 다짐시험: 흙의 다짐도

(3) **애터버그 한계(Atterberg Limits)**
흙은 함수비에 따라서 고체, 반고체, 소성, 액체 등의 네 가지 상태로 존재하며, 각 상태마다 흙의 연경도와 거동이 달라진다. 각각 상태 사이의 경계는 흙의 거동 변화에 수축한계(SL), 소성한계(PL), 액성한계(LL)로 구분한다.
　① 수축지수(SI): 흙이 반고체 상태로 존재할 수 있는 함수비의 범위(SI=PL−SL)
　② 소성지수(PI): 흙이 소성상태로 존재할 수 있는 함수비의 범위(PI=LL−PL)
　③ 액성지수(LI): 흙이 자연상태에서 함유하고 있는 함수비의 정도(ω: 자연함수비)

$$LI = \frac{\omega - PL}{LL - PL} = \frac{\omega - PL}{PI}$$

▲ 애터버그 한계

4. 지반의 이상현상 및 안전대책

(1) 히빙(Heaving)

① 정의: 연약한 점토지반을 굴착할 때 흙막이벽 배면 흙의 중량이 굴착저면 이하의 흙보다 클 경우 굴착저면 이하의 지지력보다 크게 되어 흙막이 배면에 있는 흙이 안으로 밀려들어 굴착저면이 부풀어오르는 현상이다.

② 예방대책
  ㉠ 흙막이벽의 근입 깊이 증가
  ㉡ 흙막이벽 배면지반의 상재하중 제거
  ㉢ 저면의 굴착부분을 남겨두어 굴착예정인 부분의 일부를 미리 굴착하여 기초콘크리트 타설
  ㉣ 굴착주변을 웰 포인트(Well Point) 공법과 병행
  ㉤ 굴착저면에 토사 등 인공중력 증가

(2) 보일링(Boiling)

① 정의: 투수성이 좋은 사질토 지반을 굴착할 때 흙막이벽 배면의 지하수위가 굴착저면보다 높을 때 굴착저면 위로 액상화된 모래가 솟아오르는 현상이다.

② 예방대책
  ㉠ 흙막이벽의 근입 깊이 증가
  ㉡ 차수성이 높은 흙막이 설치
  ㉢ 흙막이벽 배면지반 그라우팅 실시
  ㉣ 흙막이벽 배면지반의 지하수위 저하

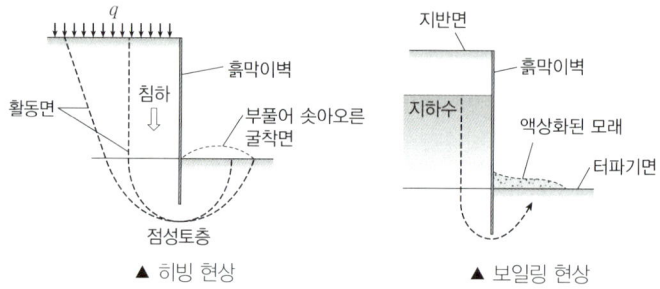

▲ 히빙 현상   ▲ 보일링 현상

(3) 연약지반의 개량공법

① 점성토 개량공법
  ㉠ 치환공법: 연약지반을 양질의 흙으로 치환하는 공법으로 굴착, 활동, 폭파 치환
  ㉡ 재하공법(압밀공법)
    • 프리로딩공법(Pre-loading): 사전에 성토를 미리하여 흙의 전단강도 증가
    • 압성토공법(Surcharge): 측방에 압성토하여 압밀에 의해 강도 증가
    • 사면선단 재하공법: 성토한 비탈면 옆부분을 덧붙임하여 비탈면 끝의 전단강도 증가
  ㉢ 탈수공법: 연약지반에 모래말뚝, 페이퍼드레인, 팩을 설치하여 물을 배제시켜 압밀을 촉진하는 것으로 샌드드레인, 페이퍼드레인, 팩드레인공법이 있음
  ㉣ 배수공법: 중력배수(집수정, Deep Well), 강제배수(Well Point, 진공 Deep Well)
  ㉤ 고결공법: 생석회 말뚝공법, 동결공법, 소결공법

② 사질토 개량공법
  ㉠ 진동다짐공법(Vibro Floatation): 봉상진동기를 이용, 진동과 물다짐 병용
  ㉡ 동다짐(압밀)공법: 무거운 추를 자유낙하시켜 지반충격으로 다짐효과
  ㉢ 약액주입공법: 지반 내 화학약액(LW, Bentonite, Hydro)을 주입하여 지반고결

ⓔ 폭파다짐공법: 인공지진을 발생시켜 모래지반을 다짐
ⓜ 전기충격공법: 지반 속에서 고압방전을 일으켜 발생하는 충격력으로 지반 다짐
ⓗ 모래다짐말뚝공법: 충격, 진동 타입에 의해 모래를 압입시켜 모래 말뚝을 형성하여 다짐에 의한 지지력 향상

5. 유해위험방지계획서

(1) 제출대상 건설공사 `산업안전보건법 시행령` 제42조

① 다음의 어느 하나에 해당하는 건축물 또는 시설 등의 건설·개조 또는 해체(이하 "건설 등") 공사
  ㉠ 지상높이가 31[m] 이상인 건축물 또는 인공구조물
  ㉡ 연면적 30,000[m²] 이상인 건축물
  ㉢ 연면적 5,000[m²] 이상인 시설로서 다음의 어느 하나에 해당하는 시설
   • 문화 및 집회시설(전시장 및 동물원·식물원 제외)
   • 판매시설, 운수시설(고속철도의 역사 및 집배송시설 제외)
   • 종교시설
   • 의료시설 중 종합병원
   • 숙박시설 중 관광숙박시설
   • 지하도상가
   • 냉동·냉장 창고시설
② 연면적 5,000[m²] 이상인 냉동·냉장 창고시설의 설비공사 및 단열공사
③ 최대 지간길이가 50[m] 이상인 다리의 건설 등 공사
④ 터널의 건설 등 공사
⑤ 다목적댐, 발전용댐, 저수용량 2천만 톤 이상의 용수 전용 댐 및 지방상수도 전용 댐의 건설 등 공사
⑥ 깊이 10[m] 이상인 굴착공사

(2) 작성 및 제출 `산업안전보건법 시행규칙` 제42~43조

① 제출시기: 유해위험방지계획서 작성 대상 건설공사를 착공하려고 하는 사업주는 일정한 자격을 갖춘 자의 의견을 들은 후 동 계획서를 작성하여 해당 공사의 착공 전날까지 한국산업안전보건공단에 2부를 제출한다.
② 검토의견 자격 요건
  ㉠ 건설안전분야 산업안전지도사
  ㉡ 건설안전기술사 또는 토목·건축 분야 기술사
  ㉢ 건설안전산업기사 이상의 자격을 취득한 후 건설안전 관련 실무경력 7년(기사는 5년) 이상인 사람

(3) 유해위험방지계획서 제출 시 첨부서류 `산업안전보건법 시행규칙` 별표 10

① 공사 개요 및 안전보건관리계획
  ㉠ 공사 개요서
  ㉡ 공사현장의 주변 현황 및 주변과의 관계를 나타내는 도면(매설물 현황 포함)
  ㉢ 전체 공정표
  ㉣ 산업안전보건관리비 사용계획서
  ㉤ 안전관리 조직표
  ㉥ 재해 발생 위험 시 연락 및 대피방법
② 작업 공사 종류별 유해위험방지계획
  ㉠ 해당 작업공사 종류별 작업계획 및 재해예방계획
  ㉡ 위험물질의 종류별 사용량과 저장·보관 및 사용 시의 안전작업계획

(4) **확인시기** 산업안전보건법 시행규칙 제46~47조
① 건설공사 중 6개월 이내마다 공단의 확인을 받아야 한다.
② 자체심사 및 확인업체의 사업주는 해당 공사 준공 시까지 6개월 이내마다 자체확인을 하여야 한다.

(5) **확인사항** 산업안전보건법 시행규칙 제46조
① 유해위험방지계획서의 내용과 실제공사 내용이 부합하는지 여부
② 유해위험방지계획서 변경내용의 적정성
③ 추가적인 유해·위험요인의 존재 여부

2 건설공사 위험성 추정·결정

1. 위험성 추정 및 평가방법

(1) **개요**

사업주가 스스로 건설현장의 유해·위험요인을 파악하고 해당 유해·위험요인의 위험성 수준을 결정하여 위험성을 낮추기 위한 적절한 조치를 마련하고 실행하는 과정을 말한다.

(2) **위험성평가 절차**
① 사전 준비: 위험성평가 실시규정 작성, 평가대상 선정, 평가에 필요한 각종 자료 수집
② 유해·위험 요인 파악: 사업장 순회점검 및 안전보건 체크리스트를 활용하여 사업장 내 유해·위험요인 파악
③ 위험성 결정: 유해·위험요인별 위험성추정 결과와 사업장에서 설정한 허용가능한 위험성의 기준을 비교하여 추정된 위험성의 크기가 허용 가능한지 여부를 판단
④ 위험성 감소대책 수립 및 실행: 위험성 결정 결과 허용 불가능한 위험성을 합리적으로 실천 가능한 범위에서 가능한 낮은 수준으로 감소시키기 위한 대책을 수립하고 실행

(3) **유의사항** 산업안전보건법 제36조
① 사업주는 위험성평가 시 해당 작업장의 근로자를 참여시켜야 한다.
② 위험성평가의 결과와 조치사항을 기록하여 3년간 보존하여야 하여야 한다.
③ 위험성평가의 방법, 절차 및 시기, 그 밖에 필요한 사항은 고용노동부장관이 정하여 고시한다.

2. 위험성 결정 관련 지침 활용

(1) **위험성평가 실시규정**
① 평가의 목적 및 방법
② 평가담당자 및 책임자의 역할
③ 평가시기 및 절차
④ 근로자에 대한 참여·공유방법 및 유의사항
⑤ 결과의 기록·보존

(2) **위험성 결정 방법**
① 위험성 수준을 판단하는 기준에 따라 현재의 위험성 수준을 판단한다.
② 판단한 위험성의 수준이 허용 가능한 위험인지 결정한다.

CHAPTER 03 건설업 산업안전보건관리비 관리

합격 KEYWORD 산업안전보건관리비 적용범위, 산업안전보건관리비 사용기준

1 건설업 산업안전보건관리비 규정 건설업 산업안전보건관리비 계상 및 사용기준 제3~4조

1. 건설업 산업안전보건관리비의 계상 및 사용

(1) 적용범위
「산업안전보건법」의 건설공사 중 총 공사금액 2천만 원 이상인 공사. 다만, 단가계약에 의하여 행하는 공사에 대하여는 총 계약금액을 기준으로 적용한다.

(2) 계상기준
① 대상액이 5억 원 미만 또는 50억 원 이상인 경우: 대상액×계상기준표의 비율
② 대상액이 5억 원 이상 50억 원 미만인 경우: 대상액×계상기준표의 비율+기초액
③ 대상액이 명확하지 않은 경우: 도급계약 또는 자체사업계획상 책정된 총 공사금액의 70[%]에 해당하는 금액을 대상액으로 하여 ①, ②에서 정한 기준에 따라 계상한다.
④ 발주자가 재료를 제공하거나 일부 물품이 완제품의 형태로 제작·납품되는 경우에는 해당 재료비 또는 완제품 가액을 대상액에 포함하여 산출한 산업안전보건관리비와 해당 재료비 또는 완제품 가액을 대상액에서 제외하고 산출한 산업안전보건관리비의 1.2배에 해당하는 값을 비교하여 그 중 작은 값 이상의 금액으로 계상한다.
⑤ 공사종류 및 규모별 산업안전보건관리비 계상기준표 건설업 산업안전보건관리비 계상 및 사용기준 별표 1

공사종류	대상액 5억 원 미만	대상액 5억 원 이상 50억 원 미만		대상액 50억 원 이상	보건관리자 선임 대상 건설공사
		적용비율	기초액		
건축공사	3.11[%]	2.28[%]	4,325,000원	2.37[%]	2.64[%]
토목공사	3.15[%]	2.53[%]	3,300,000원	2.60[%]	2.73[%]
중건설공사	3.64[%]	3.05[%]	2,975,000원	3.11[%]	3.39[%]
특수건설공사	2.07[%]	1.59[%]	2,450,000원	1.64[%]	1.78[%]

2. 건설업 산업안전보건관리비의 사용기준

(1) 사용항목 건설업 산업안전보건관리비 계상 및 사용기준 제7조
① 안전관리자·보건관리자의 임금 등
② 안전시설비 등
③ 보호구 등
④ 안전보건진단비 등
⑤ 안전보건교육비 등
⑥ 근로자 건강장해예방비 등
⑦ 건설재해예방전문지도기관의 지도에 대한 대가로 자기공사자가 지급하는 비용
⑧ 건설사업자가 아닌 자가 운영하는 사업에서 안전보건 업무를 총괄·관리하는 3명 이상으로 구성된 본사 전담조직에 소속된 근로자의 임금 및 업무수행 출장비 전액(산업안전보건관리비 총액의 5[%] 이내)
⑨ 위험성평가 또는 유해·위험요인 개선을 위해 필요하다고 판단하여 산업안전보건위원회 또는 노사협의체에서 사용하기로 결정한 사항을 이행하기 위한 비용(산업안전보건관리비 총액의 15[%] 이내)

(2) 공사진척에 따른 산업안전보건관리비 사용기준 `건설업 산업안전보건관리비 계상 및 사용기준` `별표 3`

공정률[%]	50 이상 70 미만	70 이상 90 미만	90 이상
사용기준[%]	50 이상	70 이상	90 이상

(3) 산업안전보건관리비 사용 확인 `건설업 산업안전보건관리비 계상 및 사용기준` `제9조`
   ① 도급인은 산업안전보건관리비 사용내역에 대하여 공사 시작 후 6개월마다 1회 이상 발주자 또는 감리자의 확인을 받아야 한다. 다만, 6개월 이내에 공사가 종료되는 경우에는 종료 시 확인을 받아야 한다.
   ② 발주자, 감리자 및 관계 근로감독관은 산업안전보건관리비 사용내역을 수시 확인할 수 있으며, 도급인 또는 자기공사자는 이에 따라야 한다.
   ③ 발주자 또는 감리자는 산업안전보건관리비 사용내역 확인 시 기술지도 계약 체결, 기술지도 실시 및 개선여부 등을 확인하여야 한다.

(4) 건설재해예방 지도 대상 건설공사 `산업안전보건법 시행령` `제59조`
   ① 공사금액 1억 원 이상 120억 원(토목공사는 150억 원) 미만인 공사와 「건축법」에 따른 건축허가의 대상이 되는 공사
   ② 지도 제외 공사
      ㉠ 공사기간이 1개월 미만인 공사
      ㉡ 육지와 연결되지 않은 섬 지역(제주특별자치도 제외)에서 이루어지는 공사
      ㉢ 안전관리자의 자격을 가진 자를 선임하여 안전관리자의 업무만을 전담하도록 하는 공사
      ㉣ 유해위험방지계획서를 제출하여야 하는 공사

CHAPTER 04 건설현장 안전시설 관리

합격 KEYWORD 추락방호망, 방망사의 인장강도, 안전난간, 작업발판, 토석 붕괴의 원인, 비탈면 보호공법, 비탈면 보강공법, 드래그셔블, 파워셔블, 클램셸, 운전위치 이탈 시의 조치, 지게차의 헤드가드, 권상용 와이어로프의 준수사항

1 안전시설 설치 및 관리

1. 추락 방지용 안전시설

(1) 추락방호망

① 추락방호망의 구조 `추락재해방지표준안전작업지침` 제2~3조
  ㉠ 방망: 그물코가 다수 연속된 것
  ㉡ 그물코: 사각 또는 마름모로서 크기는 10[cm] 이하
  ㉢ 테두리로프: 방망주변을 형성하는 로프
  ㉣ 달기로프: 방망을 지지점에 부착하기 위한 로프
  ㉤ 재봉사: 테두리로프와 방망을 일체화하기 위한 실
  ㉥ 시험용사: 등속인장시험에 사용하기 위한 것

② 추락방호망 설치기준 `안전보건규칙` 제42조
  ㉠ 추락방호망의 설치위치는 가능하면 작업면으로부터 가까운 지점에 설치하여야 하며, 작업면으로부터 망의 설치지점까지의 수직거리는 10[m]를 초과하지 아니할 것
  ㉡ 추락방호망은 수평으로 설치하고, 망의 처짐은 짧은 변 길이의 12[%] 이상이 되도록 할 것
  ㉢ 건축물 등의 바깥쪽으로 설치하는 경우 추락방호망의 내민 길이는 벽면으로부터 3[m] 이상 되도록 할 것. 다만, 그물코가 20[mm] 이하인 추락방호망을 사용한 경우에는 낙하물 방지망을 설치한 것으로 본다.

▲ 철골 공사현상의 추락방호망

③ 강도 `추락재해방지표준안전작업지침` 제4~5조, 제8조
  ㉠ 방망사의 인장강도

※ ( ): 폐기기준 인장강도

그물코의 크기[cm]	방망의 종류(단위: [kg])	
	매듭 없는 방망	매듭방망
10	240(150)	200(135)
5	–	110(60)

  ㉡ 지지점의 강도: 600[kg]의 외력에 견딜 수 있는 강도로 한다. 다만, 연속적인 구조물이 방망 지지점인 경우의 외력이 다음 식에 계산한 값에 견딜 수 있는 것은 제외한다.

  $F = 200B$

  여기서, F: 외력[kg], B: 지지점 간격[m]

  ㉢ 테두리로프 및 달기로프 인장강도: 1,500[kg] 이상이어야 한다.

④ 허용 낙하높이 `추락재해방지표준안전작업지침` 제7조

조건 \ 종류	허용 낙하높이(H_1)		방망과 바닥면 높이(H_2)		방망의 처짐길이(S)
	단일방망	복합방망	그물코		
			10[cm]	5[cm]	
L<A	$\frac{1}{4}(L+2A)$	$\frac{1}{5}(L+2A)$	$\frac{0.85}{4}(L+3A)$	$\frac{0.95}{4}(L+3A)$	$\frac{1}{4} \times \frac{1}{3}(L+2A)$
L≥A	$\frac{3}{4}L$	$\frac{3}{5}L$	0.85L	0.95L	$\frac{3}{4}L \times \frac{1}{3}$

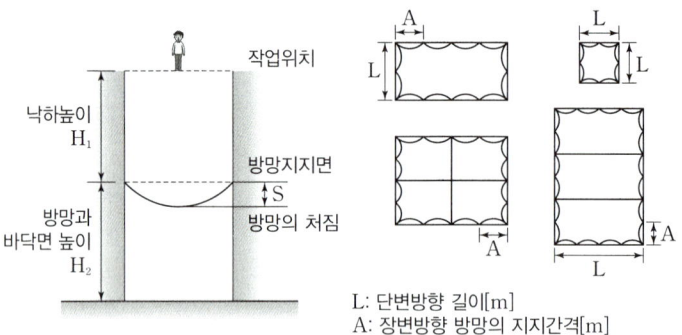

L: 단변방향 길이[m]
A: 장변방향 방망의 지지간격[m]

▲ 추락방호망의 설치기준

(2) 안전난간

① 안전난간의 구성요소 `안전보건규칙` 제13조

㉠ 상부난간대, 중간난간대, 발끝막이판 및 난간기둥으로 구성할 것
㉡ 상부난간대는 바닥면·발판 또는 경사로의 표면(이하 "바닥면 등")으로부터 90[cm] 이상 지점에 설치하고, 상부난간대를 120[cm] 이하에 설치하는 경우에는 중간난간대는 상부난간대와 바닥면 등의 중간에 설치하여야 하며, 120[cm] 이상 지점에 설치하는 경우에는 중간난간대를 2단 이상으로 균등하게 설치하고 난간의 상하 간격은 60[cm] 이하가 되도록 할 것
㉢ 발끝막이판은 바닥면 등으로부터 10[cm] 이상의 높이를 유지할 것
㉣ 난간기둥은 상부난간대와 중간난간대를 견고하게 떠받칠 수 있도록 적정한 간격을 유지할 것
㉤ 상부난간대와 중간난간대는 난간길이 전체에 걸쳐 바닥면 등과 평행을 유지할 것
㉥ 난간대는 지름 2.7[cm] 이상의 금속제 파이프나 그 이상의 강도가 있는 재료일 것
㉦ 안전난간은 구조적으로 가장 취약한 지점에서 가장 취약한 방향으로 작용하는 100[kg] 이상의 하중에 견딜 수 있는 튼튼한 구조일 것

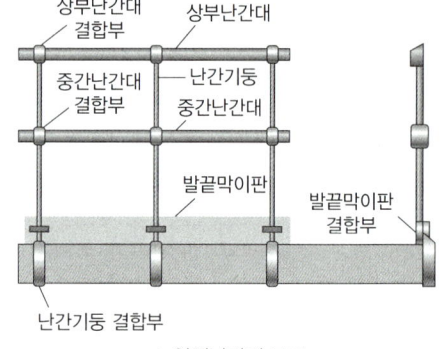

▲ 안전난간의 구조

② 안전난간의 설치위치: 작업발판 및 통로의 단부, 개구부, 터파기 사면 및 흙막이 가시설 상단

(3) 작업발판 〔안전보건규칙〕 제55~56조

① 설치기준(비계 높이 2[m] 이상인 작업장소)
　㉠ 발판재료는 작업할 때의 하중을 견딜 수 있도록 견고한 것으로 할 것
　㉡ 작업발판의 폭은 40[cm] 이상으로 하고, 발판재료 간의 틈은 3[cm] 이하로 할 것. 다만, 외줄비계의 경우에는 고용노동부장관이 별도로 정하는 기준에 따른다.

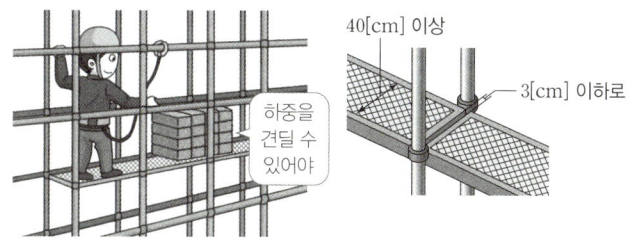

　㉢ ㉡에도 불구하고 선박 및 보트 건조작업의 경우 선박블록 또는 엔진실 등의 좁은 작업공간에 작업발판을 설치하기 위하여 필요하면 작업발판의 폭을 30[cm] 이상으로 할 수 있고, 걸침비계의 경우 강관기둥 때문에 발판재료 간의 틈을 3[cm] 이하로 유지하기 곤란하면 5[cm] 이하로 할 수 있다. 이 경우 그 틈 사이로 물체 등이 떨어질 우려가 있는 곳에는 출입금지 등의 조치를 하여야 한다.
　㉣ 추락의 위험이 있는 장소에는 안전난간을 설치할 것
　㉤ 작업발판의 지지물은 하중에 의하여 파괴될 우려가 없는 것을 사용할 것
　㉥ 작업발판재료는 뒤집히거나 떨어지지 않도록 둘 이상의 지지물에 연결하거나 고정시킬 것
　㉦ 작업발판을 작업에 따라 이동시킬 경우에는 위험 방지에 필요한 조치를 할 것

  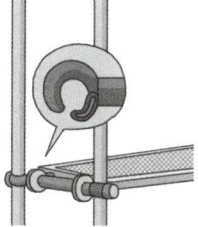

② 비계의 구조 및 재료에 따라 작업발판의 최대적재하중을 정하고, 이를 초과하여 실어서는 아니 된다.

(4) 개구부 등의 방호조치

① 개구부의 분류 및 방호조치
　㉠ 소형 바닥 개구부: 안전한 구조의 덮개 설치 및 표면에는 개구부임을 표시하고, 덮개의 재료는 손상·변형·부식이 없는 것, 크기는 개구부보다 10[cm] 정도 여유 있게 설치하고 유동이 없도록 스토퍼를 설치한다.
　㉡ 대형 바닥 개구부: 안전난간 설치, 하부에는 발끝막이판을 설치한다.
　㉢ 벽면 개구부: 안전난간은 강관파이프를 설치하고 수평력을 100[kg] 이상 확보한다.

▲ 바닥 개구부 설치 사례

② 안전대 부착설비
　㉠ 안전대 부착설비란 안전대를 걸 수 있는 비계·구명줄·전용철물 등의 부착설비를 말한다.
　㉡ 설치위치
　　• 수평구명줄: 강관비계, 이동식 비계, 말비계 작업구간
　　• 수직구명줄: 달비계 작업구간, 철골 승강트랩, 사다리

(5) 안전대

① 안전대의 종류 및 사용구분 보호구 안전인증 고시 별표 9

종류	사용구분
벨트식, 안전그네식	1개걸이용
	U자걸이용
안전그네식	추락방지대
	안전블록

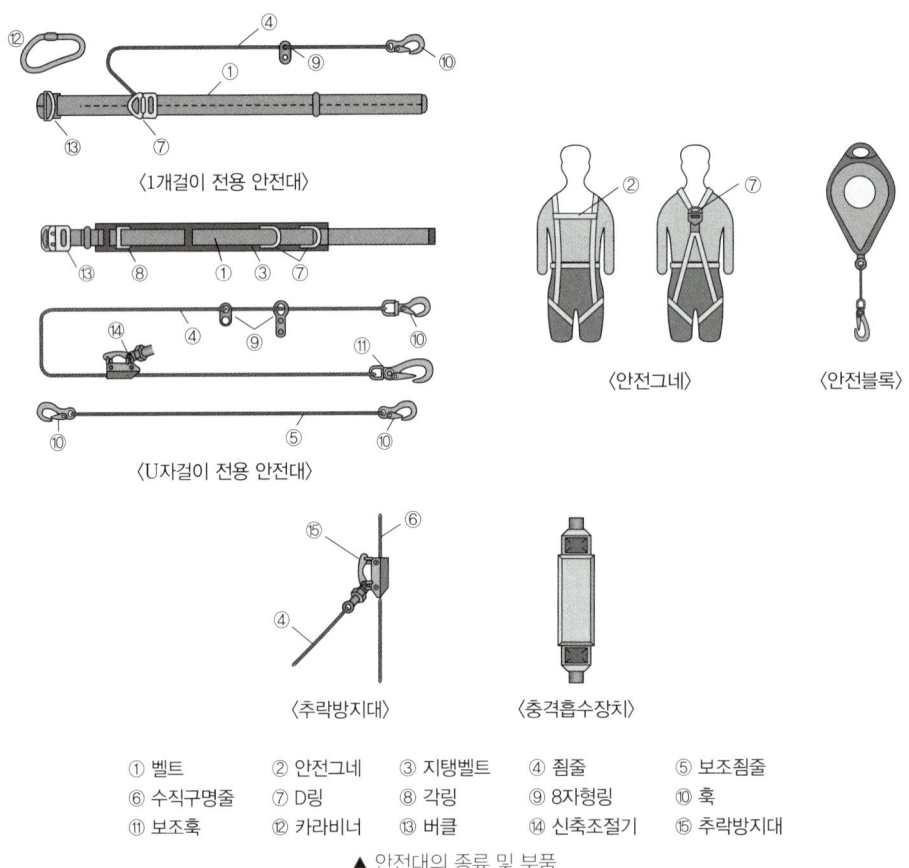

① 벨트   ② 안전그네   ③ 지탱벨트   ④ 죔줄   ⑤ 보조죔줄
⑥ 수직구명줄   ⑦ D링   ⑧ 각링   ⑨ 8자형링   ⑩ 훅
⑪ 보조훅   ⑫ 카라비너   ⑬ 버클   ⑭ 신축조절기   ⑮ 추락방지대

▲ 안전대의 종류 및 부품

② **안전대의 폐기기준** 추락재해방지표준안전작업지침 제21조

    ㉠ 로프
- 소선에 손상이 있는 것
- 비틀림이 있는 것
- 페인트, 기름, 약품, 오물 등에 의해 변화된 것
- 횡마로 된 부분이 헐거워진 것

    ㉡ 벨트
- 끝 또는 폭에 1[mm] 이상의 손상 또는 변형이 있는 것
- 양끝의 헤짐이 심한 것

    ㉢ 재봉부분
- 재봉부분의 이완이 있는 것
- 재봉실의 마모가 심한 것
- 재봉실이 1개소 이상 절단되어 있는 것

    ㉣ D링
- 깊이 1[mm] 이상 손상이 있는 것
- 전체적으로 녹이 슬어 있는 것
- 눈에 보일 정도로 변형이 심한 것

    ㉤ 훅, 버클
- 훅과 갈고리 부분의 안쪽에 손상이 있는 것
- 이탈방지장치의 작동이 나쁜 것
- 변형되어 있거나 버클의 체결상태가 나쁜 것
- 훅 외측에 깊이 1[mm] 이상의 손상이 있는 것
- 전체적으로 녹이 슬어 있는 것

③ **최하사점**

    ㉠ 정의: 1개걸이 안전대를 사용할 때 로프의 길이, 로프의 신장길이, 작업자의 키 등을 고려하여 안전대가 정상적으로 기능을 유지할 수 있도록 하는 한계높이이다.

    ㉡ 최하사점 공식 추락재해방지표준안전작업지침 제17조

$$H > h = \text{로프의 길이} + \text{로프의 신장길이} + \text{작업자 키의} \frac{1}{2}$$

여기서, H: 로프지지 위치에서 바닥면까지의 거리,
        h: 추락 시 로프지지 위치에서 신체 최하사점까지의 거리

    ㉢ 로프 길이에 따른 결과
- $H > h$: 안전
- $H < h$: 중상 또는 사망
- $H = h$: 위험

(6) 안전모

① **안전모의 종류** 보호구 안전인증 고시 별표 1

종류(기호)	사용구분	비고
AB	물체의 낙하 또는 비래 및 추락에 의한 위험을 방지 또는 경감시키기 위한 것	
AE	물체의 낙하 또는 비래에 의한 위험을 방지 또는 경감하고, 머리부위 감전에 의한 위험을 방지하기 위한 것	내전압성
ABE	물체의 낙하 또는 비래 및 추락에 의한 위험을 방지 또는 경감하고, 머리부위 감전에 의한 위험을 방지하기 위한 것	내전압성

* 내전압성이란 7,000[V] 이하의 전압에 견디는 것을 말한다.

② 안전모의 구조 및 명칭 `보호구 안전인증 고시` `제3조`

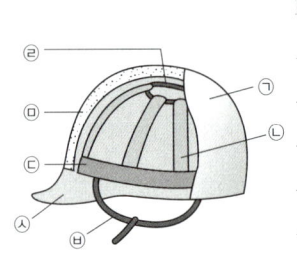

번호	비고	
㉠	모체	
㉡	착장체	머리받침끈
㉢		머리고정대
㉣		머리받침고리
㉤	충격흡수재	
㉥	턱끈	
㉦	챙(차양)	

2. 붕괴 방지용 안전시설

(1) 토사 등에 의한 위험방지 `안전보건규칙` `제50조`
① 지반은 안전한 경사로 하고 낙하의 위험이 있는 토석을 제거하거나 옹벽, 흙막이 지보공 등을 설치할 것
② 토사 등의 붕괴 낙하 원인이 되는 빗물이나 지하수 등을 배제할 것
③ 갱내의 낙반·측벽 붕괴의 위험이 있는 경우에는 지보공을 설치하고 부석을 제거하는 등 필요한 조치를 할 것

(2) 사면의 붕괴형태 `굴착공사 표준안전 작업지침` `제29조`
① 사면 천단부 붕괴(사면 선단 파괴, Toe Failure)
② 사면 중심부 붕괴(사면 내 파괴, Slope Failure)
③ 사면 하단부 붕괴(사면 저부 파괴, Base Failure)

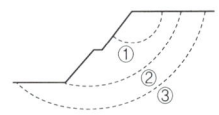

▲ 절토사면 붕괴형태

(3) 토석 붕괴의 원인 `굴착공사 표준안전 작업지침` `제28조`
① 외적 원인
  ㉠ 사면, 법면의 경사 및 기울기의 증가
  ㉡ 절토 및 성토 높이의 증가
  ㉢ 공사에 의한 진동 및 반복 하중의 증가
  ㉣ 지표수 및 지하수의 침투에 의한 토사 중량의 증가
  ㉤ 지진, 차량, 구조물의 하중작용
  ㉥ 토사 및 암석의 혼합층 두께
② 내적 원인
  ㉠ 절토 사면의 토질·암질
  ㉡ 성토 사면의 토질구성 및 분포
  ㉢ 토석의 강도 저하

(4) 흙의 안식각
① 정의: 흙을 쌓아올려 자연상태로 방치하면 급한 경사면은 차츰 붕괴되어 안정된 비탈을 형성하는데, 이 안정된 비탈면과 원지면이 이루는 각을 흙의 안식각이라 한다.
② 일반적으로 안식각은 30°~35°이다.

(5) 붕괴예방 점검내용 `굴착공사 표준안전 작업지침` `제32조`
① 전 지표면의 답사
② 경사면의 지층 변화부 상황 확인
③ 부석의 상황 변화의 확인
④ 용수의 발생 유무 또는 용수량의 변화 확인
⑤ 결빙과 해빙에 대한 상황의 확인
⑥ 각종 경사면 보호공의 변위, 탈락 유무
⑦ 점검시기: 작업 전·중·후, 비온 후, 인접 작업구역에서 발파한 경우

(6) 비탈면 보호공법
① **식생공**: 비탈면에 식물을 심어서 사면을 보호한다.
② **뿜어붙이기공**: 콘크리트 또는 시멘트 모르타르를 뿜어 붙인다.
③ **블록공**: 블록을 덮어서 비탈면을 보호한다.
④ **돌쌓기공**: 견치석 또는 콘크리트 블록을 쌓아 보호한다.
⑤ **배수공**: 지반의 강도를 저하시키는 물을 배제한다.
⑥ **표층안정공**: 약액 또는 시멘트를 지반에 그라우팅한다.

▲ 비탈면 보호공법

(7) 비탈면 보강공법
① **말뚝공**: 안정지반까지 말뚝을 일렬로 박아 활동을 억제한다.
② **앵커공**: 고강도 강재를 앵커재로 하여 비탈면에 삽입한다.
③ **옹벽공**: 비탈면의 활동 토괴를 관통하여 부동지반까지 말뚝을 박는 공법이다.
④ **절토공**: 활동하려는 토사를 제거하여 활동하중을 경감한다.
⑤ **압성토공**: 자연사면의 하단부에 압성토하여 활동에 대한 저항력을 증가한다.
⑥ **Soil Nailing 공법**: 강철봉을 타입 또는 천공 후 삽입시켜 지반안정을 도모한다.

3. 낙하·비래 방지용 안전시설

(1) 낙하물방지망 및 방호선반
① 낙하물방지망 또는 방호선반 설치기준 `안전보건규칙` 제14조
  ㉠ 높이 10[m] 이내마다 설치하고, 내민 길이는 벽면으로부터 2[m] 이상으로 할 것
  ㉡ 수평면과의 각도는 20° 이상 30° 이하를 유지할 것
② 방호선반의 종류
  ㉠ 외부 비계용 방호선반   ㉡ 출입구 방호선반
  ㉢ 리프트 주변 방호선반   ㉣ 가설통로 방호선반

▲ 낙하물방지망 설치

(2) 수직보호망
수직보호망이란 비계 등 가설구조물의 외측 면에 수직으로 설치하여 작업장소에서 낙하물 및 비래 등에 의한 재해를 방지할 목적으로 설치하는 보호망이다.

(3) 투하설비
투하설비란 높이 3[m] 이상인 장소에서 자재 투하 시 재해를 예방하기 위하여 설치하는 설비를 말한다.

2 건설공구

1. 석재가공 공구

(1) 채석 및 할석
① 채석: 산이나 바위에서 석재로 쓸 돌을 캐거나 떼내는 작업
② 할석: 채석한 돌을 사용할 크기에 맞추는 작업

(2) 석재 가공법
① 혹두기: 석재의 표면을 정, 쇠메로 혹모양으로 다듬질하는 방법
② 정다듬: 석재의 면을 정으로 쪼아 평탄한 거친면으로 만드는 작업
③ 도드락다듬: 정다듬면 위를 도드락 망치를 사용하여 더욱 평평하게 두드려서 다듬는 표면 마무리법
④ 잔다듬: 자귀형의 날망치를 활용하여 일정한 방향으로 찍어 다듬는 방법
⑤ 물갈기: 석재의 표면을 매끄럽게 하기 위해 물을 써서 갈아내는 방법
⑥ 버너마감: 버너로 표면을 거칠게 만드는 방법

▲ 석재 가공법

2. 철근가공 공구

(1) 철근가공 방법
① 철근은 설계도에 따라 작성된 가공 조립도에 표시된 형상과 치수에 일치하도록 재질을 해치지 않는 방법으로 가공하여야 한다.
② 철근가공 조립도에 철근의 구부리는 반지름이 명시되어 있지 않는 경우에는 관련규정에 의하여 철근을 가공하여야 한다.
③ 철근은 재질을 손상하지 않도록 상온에서 가공하여야 하며, 한 번 구부린 철근은 다시 가공하여 사용해서는 안 된다.

(2) 철근가공 공구
① 철근 절곡기　② 철근 절단기　③ 철선절단 가위

▲ 철근 절곡기를 사용한 철근가공 작업

3 건설장비

1. 굴착장비

(1) 드래그셔블(Drag Shovel)/백호우(Back Hoe)
① 기계가 설치된 지면보다 낮은 곳을 굴착하는 데 적합하다.
② 단단한 토질의 굴착 및 수중굴착도 가능하다.
③ 굴착된 구멍이나 도랑의 굴착면의 마무리가 비교적 깨끗하고 정확하여 배관작업 등에 편리하다.
④ 동력 전달이 유압 배관으로 되어 있어 구조가 간단하고 정비가 쉽다.
⑤ 비교적 경량이며 이동과 운반이 편리하고, 협소한 장소에서 선취와 작업이 가능하다.
⑥ 조작이 부드럽고 사이클 타임이 짧아 작업능률이 좋다.

▲ 드래그셔블

(2) 파워셔블(Power Shovel)
① 디퍼(Dipper)를 아래에서 위로 조작하여 굴착한다.
② 굴착기가 위치한 지면보다 높은 곳을 굴착하는 데 적합하다.
③ 비교적 단단한 토질의 굴착도 가능하며 적재, 석산 작업에 편리하다.
④ 크기는 버킷과 디퍼의 크기에 따라 결정한다.

(3) 드래그라인(Drag Line)
① 와이어로프에 의하여 고정된 버킷을 지면에 따라 끌어당기면서 굴착하는 방식의 장비이다.
② 굴착기가 위치한 지면보다 낮은 장소를 굴착하는 데 사용한다.
③ 작업반경이 커서 넓은 지역의 굴착작업에 용이하다.
④ 정확한 굴착작업을 기대할 수는 없지만 수중굴착 및 모래 채취 등에 많이 사용된다.
⑤ 단단하게 다져진 토질에 부적합하다.

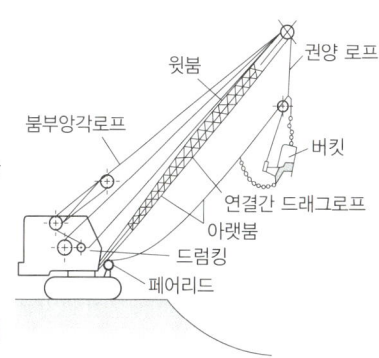
▲ 드래그라인

(4) 클램셸(Clamshell)
① 굴착기가 위치한 지면보다 낮은 곳을 굴착하는 데 적합하다.
② 좁은 장소의 깊은 굴착에 효과적이다.
③ 기계 위치와 굴착 지반의 높이 등에 관계없이 고저에 대하여 작업이 가능하다.
④ 수중작업에 적합하여 준설 등에 사용된다.
⑤ 정확한 굴착 및 단단한 지반작업이 불가능하다.
⑥ 사이클 타임이 길어 작업능률이 떨어진다.

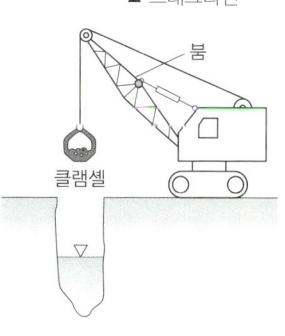
▲ 클램셸

2. 운반장비(스크레이퍼, Scraper)

(1) 굴착(Digging), 싣기(Loading), 운반(Hauling), 하역(Dumping), 정지(Grading) 작업을 일관하여 연속작업이 가능하다.
(2) 대량 토공작업을 위한 기계로서 대단위 대량 운반이 용이하고 운반 속도가 빠르다.
(3) 장거리 운반에도 적합하다.

3. 다짐장비

(1) 탠덤 롤러(Tandem Roller)
전륜, 후륜 각 1개의 철륜을 가진 롤러를 2축 탠덤 롤러 또는 단순히 탠덤 롤러라 하며, 3륜을 따라 나열한 것을 3축 탠덤 롤러라고 한다. 점성토나 자갈, 쇄석의 다짐, 아스팔트 포장의 마무리 전압 작업에 적합하다.

(2) 머캐덤 롤러(Macadam Roller)
3륜차의 형식으로 쇠바퀴 롤러가 배치된 기계로 중량 6~18톤 정도이다. 부순돌이나 자갈길의 1차 전압 및 마감 전압이나 아스팔트 포장 초기 전압에 사용된다.

▲ 탠덤 롤러

▲ 머캐덤 롤러

(3) 타이어 롤러(Tire Roller)
고무 타이어에 의해 흙을 다지는 롤러로, 자주식과 피견인식이 있다. 토질에 따라서 밸러스트나 타이어 공기압의 조정이 가능하여 점성토의 다짐에도 사용할 수 있으며, 또한 아스팔트 합재에 의한 포장 전압에도 사용된다.

(4) 진동 롤러(Vibration Roller)
전륜 또는 후륜에 기동장치를 부착하고, 철 바퀴를 진동시키면서 자중 및 진동을 주어 다지는 기계를 말한다.

▲ 타이어 롤러

▲ 진동 롤러

(5) 탬핑 롤러(Tamping Roller)
롤러의 표면에 돌기를 부착한 것으로서 돌기가 전압층에 매입하여 풍화암을 파쇄하여 흙 속의 간극 수압을 소산시키는 롤러를 말한다. 다른 롤러에 비해서 점착성이 큰 점토질의 다지기에 적당하고, 다지기 유효깊이가 대단히 큰 장점이 있다.

▲ 탬핑 롤러

4 건설장비 안전수칙

1. 차량계 건설기계

(1) 전도 등의 방지 `안전보건규칙` `제199조`
① 유도자 배치
② 지반의 부동침하 방지
③ 갓길의 붕괴 방지
④ 도로 폭의 유지

(2) 수리 및 점검작업 시 안전조치 `안전보건규칙` `제205~206조`
① 차량계 건설기계의 붐·암 등을 올리고 그 밑에서 수리·점검작업 등을 하는 경우 붐·암 등이 갑자기 내려옴으로써 발생하는 위험을 방지하기 위하여 해당 작업에 종사하는 근로자에게 안전지지대 또는 안전블록 등을 사용하도록 하여야 한다.
② 차량계 건설기계의 수리나 부속장치의 장착 및 제거작업을 하는 경우 그 작업을 지휘하는 사람을 지정하여 다음의 사항을 준수하도록 하여야 한다.
　㉠ 작업순서를 결정하고 작업을 지휘할 것
　㉡ 안전지지대 또는 안전블록 등의 사용상황 등을 점검할 것

(3) 차량계 건설기계의 작업계획서 내용 `안전보건규칙` `별표 4`
① 사용하는 차량계 건설기계의 종류 및 성능
② 차량계 건설기계의 운행경로
③ 차량계 건설기계에 의한 작업방법

(4) 낙하물 보호구조 `안전보건규칙` `제198조`
① 낙하물 보호구조 구비 작업장소: 토사 등이 떨어질 우려가 있는 등 위험한 장소
② 낙하물 보호구조를 갖추어야 하는 차량계 건설기계
　㉠ 불도저　　㉡ 트랙터　　㉢ 굴착기
　㉣ 로더　　㉤ 스크레이퍼　　㉥ 덤프트럭
　㉦ 모터 그레이더　㉧ 롤러　　㉨ 천공기
　㉩ 항타기 및 항발기

2. 차량계 하역운반기계 등

(1) 전도 등의 방지 `안전보건규칙` `제171조`
① 유도자 배치　② 지반의 부동침하 방지　③ 갓길의 붕괴 방지

(2) 단위화물의 무게가 100[kg] 이상인 화물을 싣거나 내리는 작업 시 준수사항 `안전보건규칙` `제177조`
① 작업순서 및 그 순서마다의 작업방법을 정하고 작업을 지휘할 것
② 기구와 공구를 점검하고 불량품을 제거할 것
③ 해당 작업을 하는 장소에 관계 근로자가 아닌 사람이 출입하는 것을 금지할 것
④ 로프 풀기 작업 또는 덮개 벗기기 작업은 적재함의 화물이 떨어질 위험이 없음을 확인한 후에 하도록 할 것

작업순서, 방법 등을 정하고 작업 지시

(3) 차량계 하역운반기계 등의 작업계획서 내용 `안전보건규칙` `별표 4`
① 해당 작업에 따른 추락·낙하·전도·협착 및 붕괴 등의 위험 예방대책
② 차량계 하역운반기계 등의 운행경로 및 작업방법

(4) 운전위치 이탈 시의 조치(차량계 건설기계/차량계 하역운반기계 등) 안전보건규칙 제99조
   ① 포크, 버킷, 디퍼 등의 장치를 가장 낮은 위치 또는 지면에 내려 둘 것
   ② 원동기를 정지시키고 브레이크를 확실히 거는 등 차량계 하역운반기계 등, 차량계 건설기계의 갑작스러운 이동을 방지하기 위한 조치를 할 것
   ③ 운전석을 이탈하는 경우에는 시동키를 운전대에서 분리시킬 것. 다만, 운전석에 잠금장치를 하는 등 운전자가 아닌 사람이 운전하지 못하도록 조치한 경우에는 그러하지 아니하다.

(5) 제한속도의 지정(차량계 건설기계/차량계 하역운반기계) 안전보건규칙 제98조
   ① 차량계 하역운반기계, 차량계 건설기계(최대제한속도가 10[km/h] 이하인 것 제외)를 사용하여 작업하는 경우 미리 작업장소의 지형 및 지반상태 등에 적합한 제한속도를 정하고, 운전자로 하여금 준수하도록 하여야 한다.
   ② 운전자는 제한속도를 초과하여 운전해서는 아니 된다.

3. 지게차

(1) 지게차의 헤드가드 구비조건 안전보건규칙 제180조
   ① 강도는 지게차의 최대하중의 2배 값(4톤을 넘는 값에 대해서는 4톤)의 등분포정하중에 견딜 수 있을 것
   ② 상부틀의 각 개구의 폭 또는 길이가 16[cm] 미만일 것
   ③ 운전자가 앉아서 조작하거나 서서 조작하는 지게차의 헤드가드는 한국산업표준에서 정하는 높이 기준 이상일 것
      ㉠ 입승식: 1.88[m] 이상   ㉡ 좌승식: 0.903[m] 이상

(2) 작업시작 전 점검사항 안전보건규칙 별표 3
   ① 제동장치 및 조종장치 기능의 이상 유무
   ② 하역장치 및 유압장치 기능의 이상 유무
   ③ 바퀴의 이상 유무
   ④ 전조등·후미등·방향지시기 및 경보장치 기능의 이상 유무

4. 항타기 및 항발기

(1) 조립·해체 시 점검사항 안전보건규칙 제207조
   ① 본체 연결부의 풀림 또는 손상의 유무
   ② 권상용 와이어로프·드럼 및 도르래의 부착상태의 이상 유무
   ③ 권상장치의 브레이크 및 쐐기장치 기능의 이상 유무
   ④ 권상기의 설치상태의 이상 유무
   ⑤ 리더(leader)의 버팀 방법 및 고정상태의 이상 유무
   ⑥ 본체·부속장치 및 부속품의 강도가 적합한지 여부
   ⑦ 본체·부속장치 및 부속품에 심한 손상·마모·변형 또는 부식이 있는지 여부

(2) 무너짐의 방지 안전보건규칙 제209조

① 연약한 지반에 설치하는 경우에는 아웃트리거·받침 등 지지구조물의 침하를 방지하기 위하여 깔판·받침목 등을 사용할 것
② 시설 또는 가설물 등에 설치하는 경우에는 그 내력을 확인하고 내력이 부족하면 그 내력을 보강할 것
③ 아웃트리거·받침 등 지지구조물이 미끄러질 우려가 있는 경우에는 말뚝 또는 쐐기 등을 사용하여 해당 지지구조물을 고정시킬 것
④ 궤도 또는 차로 이동하는 항타기 또는 항발기에 대해서는 불시에 이동하는 것을 방지하기 위하여 레일 클램프 및 쐐기 등으로 고정시킬 것
⑤ 상단 부분은 버팀대·버팀줄로 고정하여 안정시키고, 그 하단 부분은 견고한 버팀·말뚝 또는 철골 등으로 고정시킬 것

(3) 권상용 와이어로프의 준수사항 안전보건규칙 제210~212조

① 사용금지 사항
  ㉠ 이음매가 있는 것
  ㉡ 와이어로프의 한 꼬임(Strand)에서 끊어진 소선의 수가 10[%] 이상인 것
  ㉢ 지름의 감소가 공칭지름의 7[%]를 초과하는 것
  ㉣ 꼬인 것
  ㉤ 심하게 변형되거나 부식된 것
  ㉥ 열과 전기충격에 의해 손상된 것

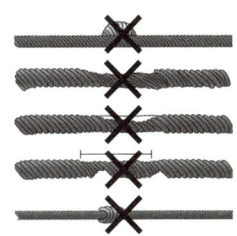

② 안전계수 기준: 와이어로프의 안전계수가 5 이상이 아니면 이를 사용해서는 아니 된다.
③ 사용 시 준수사항
  ㉠ 권상용 와이어로프는 추 또는 해머가 최저의 위치에 있을 때 또는 널말뚝을 빼내기 시작한 때를 기준으로 권상장치의 드럼에 적어도 2회 감기고 남을 수 있는 충분한 길이일 것
  ㉡ 권상용 와이어로프는 권상장치의 드럼에 클램프·클립 등을 사용하여 견고하게 고정할 것
  ㉢ 권상용 와이어로프에서 추·해머 등과의 연결은 클램프·클립 등을 사용하여 견고하게 할 것
  ㉣ ㉡ 및 ㉢의 클램프·클립 등은 한국산업표준 제품이거나 한국산업표준이 없는 제품의 경우에는 이에 준하는 규격을 갖춘 제품을 사용할 것

(4) 도르래의 부착 등 안전보건규칙 제216조

① 항타기나 항발기에 도르래나 도르래 뭉치를 부착하는 경우에는 부착부가 받는 하중에 의하여 파괴될 우려가 없는 브라켓·샤클 및 와이어로프 등으로 견고하게 부착하여야 한다.
② 항타기 또는 항발기의 권상장치의 드럼축과 권상장치로부터 첫 번째 도르래의 축 간의 거리를 권상장치 드럼폭의 15배 이상으로 하여야 한다.
③ 도르래는 권상장치의 드럼 중심을 지나야 하며 축과 수직면상에 있어야 한다.
④ 항타기나 항발기의 구조상 권상용 와이어로프가 꼬일 우려가 없는 경우에는 ②와 ③을 적용하지 아니한다.

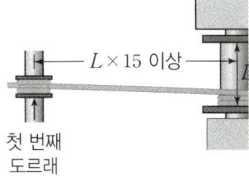

CHAPTER 05 비계·거푸집 가시설 위험방지

> **합격 KEYWORD** 강관비계, 강관틀비계, 달비계 사용금지 조건, 말비계, 이동식비계, 가설통로, 사다리식 통로, 거푸집 및 동바리 조립 시 안전조치, 작업발판 일체형 거푸집

1 비계

1. 비계의 종류 및 기준

(1) 가설구조물의 특성
① 연결재가 적은 구조로 되기 쉽다.
② 부재의 결합이 간단하나 불완전 결합이 많다.
③ 구조물이라는 통상의 개념이 확고하지 않아 조립의 정밀도가 낮다.
④ 부재는 과소단면이거나 결함이 있는 재료를 사용하기 쉽다.
⑤ 전체구조에 대한 구조계산 기준이 부족하다.

(2) 비계에 의한 재해발생 원인
① 비계의 도괴 및 파괴
  ㉠ 비계, 발판 또는 지지대의 파괴
  ㉡ 비계, 발판의 탈락 또는 그 지지대의 변위, 변형
  ㉢ 풍압
  ㉣ 지주의 좌굴(Buckling)
② 비계에서의 추락 및 낙하·비래 재해
  ㉠ 비계 위 작업발판 단부 안전난간 미설치
  ㉡ 비계 승강통로 미설치
  ㉢ 비계 위에서 상·하 동시작업

(3) 비계의 종류별 설치기준
① 강관비계 및 강관틀비계
  ㉠ 강관비계의 분류
    - 단관비계: 비계용 강관과 전용 부속철물을 이용하여 조립
    - 강관틀비계: 비계의 구성부재를 미리 공장에서 생산하여 현장에서 조립

▲ 강관비계 설치

  ㉡ 조립 시 준수사항 안전보건규칙 제59조
    - 비계기둥에는 미끄러지거나 침하하는 것을 방지하기 위하여 밑받침철물을 사용하거나 깔판·받침목 등을 사용하여 밑둥잡이를 설치하는 등의 조치를 할 것
    - 강관의 접속부 또는 교차부는 적합한 부속철물을 사용하여 접속하거나 단단히 묶을 것
    - 교차가새로 보강할 것
    - 외줄비계·쌍줄비계 또는 돌출비계에 대하여는 다음에서 정하는 바에 따라 벽이음 및 버팀을 설치할 것
      - 강관비계의 조립간격은 아래의 기준에 적합하도록 할 것

강관비계의 종류	조립간격[m]	
	수직방향	수평방향
단관비계	5	5
틀비계(높이 5[m] 미만의 것 제외)	6	8

  - 강관·통나무 등의 재료를 사용하여 견고한 것으로 할 것
  - 인장재와 압축재로 구성된 경우에는 인장재와 압축재의 간격을 1[m] 이내로 할 것
- 가공전로에 근접하여 비계를 설치하는 경우에는 가공전로를 이설하거나 가공전로에 절연용 방호구를 장착하는 등 가공전로와의 접촉을 방지하기 위한 조치를 할 것

ⓒ 강관비계의 구조 안전보건규칙 제60조

구분	준수사항
비계기둥의 간격	• 띠장 방향에서 1.85[m] 이하 • 장선 방향에서 1.5[m] 이하
띠장간격	2[m] 이하
강관보강	비계기둥의 제일 윗부분으로부터 31[m] 되는 지점 밑부분의 비계기둥은 2개의 강관으로 묶어 세울 것
적재하중	비계기둥 간 적재하중은 400[kg]을 초과하지 않도록 할 것

ⓔ 강관틀비계의 구조 안전보건규칙 제62조

구분	준수사항
비계기둥의 밑둥	• 밑받침철물 사용 • 고저차가 있는 경우에는 조절형 밑받침철물을 사용하여 수평 및 수직 유지
주틀 간 간격	높이가 20[m]를 초과하거나 중량물의 적재를 수반하는 작업을 할 경우에는 주틀 간의 간격을 1.8[m] 이하로 할 것
가새 및 수평재	주틀 간에 교차가새를 설치하고 최상층 및 5층 이내마다 수평재를 설치할 것
벽이음	• 수직방향으로 6[m] 이내마다 설치 • 수평방향으로 8[m] 이내마다 설치

② 달비계 안전보건규칙 제63조

㉠ 사용금지 조건

구분	사용금지 조건
와이어로프	• 이음매가 있는 것 • 와이어로프의 한 꼬임(Strand)에서 끊어진 소선의 수가 10[%] 이상인 것 • 지름의 감소가 공칭지름의 7[%]를 초과하는 것 • 꼬인 것 • 심하게 변형되거나 부식된 것 • 열과 전기충격에 의해 손상된 것
달기 체인	• 달기 체인의 길이가 달기 체인이 제조된 때의 길이의 5[%]를 초과한 것 • 링의 단면지름이 달기 체인이 제조된 때의 해당 링의 지름의 10[%]를 초과하여 감소한 것 • 균열이 있거나 심하게 변형된 것
달기 강선 및 달기 강대	심하게 손상·변형 또는 부식된 것
섬유로프 또는 섬유벨트	• 꼬임이 끊어진 것 • 심하게 손상되거나 부식된 것 • 2개 이상의 작업용 섬유로프 또는 섬유벨트를 연결한 것 • 작업높이보다 길이가 짧은 것

ⓒ 달비계의 구조
- 달기 와이어로프, 달기 체인, 달기 강선, 달기 강대는 한쪽 끝을 비계의 보 등에, 다른 쪽 끝을 내민 보, 앵커볼트 또는 건축물의 보 등에 각각 풀리지 않도록 설치할 것
- 작업발판은 폭을 40[cm] 이상으로 하고 틈새가 없도록 할 것
- 작업발판의 재료는 뒤집히거나 떨어지지 않도록 비계의 보 등에 연결하거나 고정시킬 것
- 비계가 흔들리거나 뒤집히는 것을 방지하기 위하여 비계의 보·작업발판 등에 버팀을 설치하는 등 필요한 조치를 할 것
- 선반 비계에서는 보의 접속부 및 교차부를 철선·이음철물 등을 사용하여 확실하게 접속시키거나 단단하게 연결시킬 것
- 근로자의 추락 위험을 방지하기 위하여 다음의 조치를 할 것
  - 달비계에 구명줄을 설치할 것
  - 근로자에게 안전대를 착용하도록 하고 근로자가 착용한 안전줄을 달비계의 구명줄에 체결하도록 할 것
  - 달비계에 안전난간을 설치할 수 있는 구조인 경우에는 달비계에 안전난간을 설치할 것

③ 말비계
ⓐ 조립 시 준수사항 안전보건규칙 제67조
- 지주부재의 하단에는 미끄럼 방지장치를 하고, 근로자가 양측 끝부분에 올라서서 작업하지 않도록 할 것
- 지주부재와 수평면의 기울기를 75° 이하로 하고, 지주부재와 지주부재 사이를 고정시키는 보조부재를 설치할 것
- 말비계의 높이가 2[m]를 초과하는 경우에는 작업발판의 폭을 40[cm] 이상으로 할 것

ⓑ 사용 시 준수사항 가설공사 표준안전 작업지침 제12조
- 사다리의 각부는 수평하게 놓아서 상부가 한 쪽으로 기울지 않도록 할 것
- 각부에는 미끄럼 방지장치를 하여야 하며, 제일 상단에 올라서서 작업하지 아니할 것

④ 이동식비계
ⓐ 조립 시 준수사항 안전보건규칙 제68조
- 이동식비계의 바퀴에는 뜻밖의 갑작스러운 이동 또는 전도를 방지하기 위하여 브레이크·쐐기 등으로 바퀴를 고정시킨 다음 비계의 일부를 견고한 시설물에 고정하거나 아웃트리거를 설치하는 등 필요한 조치를 할 것
- 승강용 사다리는 견고하게 설치할 것
- 비계의 최상부에서 작업을 하는 경우에는 안전난간을 설치할 것
- 작업발판은 항상 수평을 유지하고 작업발판 위에서 안전난간을 딛고 작업을 하거나 받침대 또는 사다리를 사용하여 작업하지 않도록 할 것
- 작업발판의 최대적재하중은 250[kg]을 초과하지 않도록 할 것

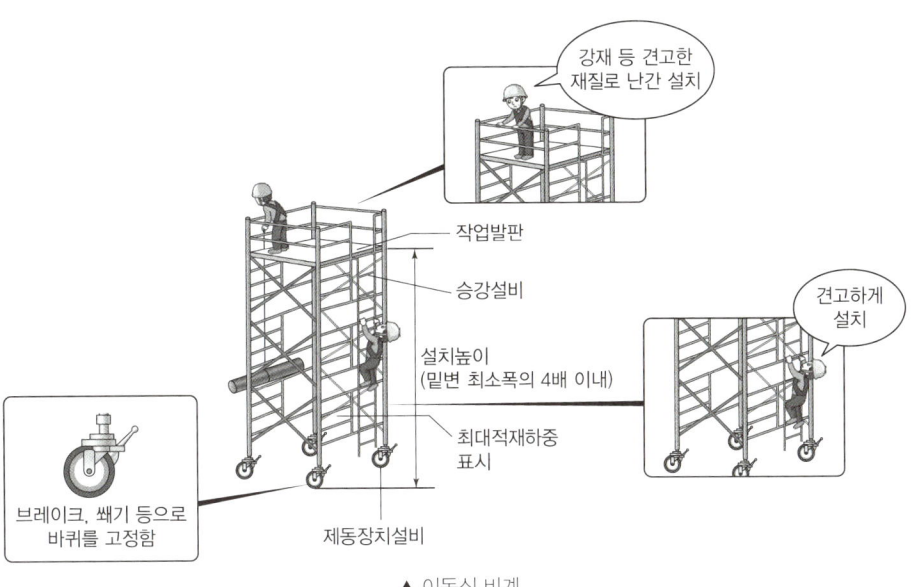

▲ 이동식 비계

ⓛ 사용 시 준수사항 　가설공사 표준안전 작업지침　 제13조
- 안전담당자의 지휘 하에 작업을 행할 것
- 비계의 최대높이는 밑변 최소폭의 4배 이하로 할 것
- 작업대의 발판은 전면에 걸쳐 빈틈없이 깔 것
- 비계의 일부를 건물에 체결하여 이동, 전도 등을 방지할 것
- 승강용 사다리는 견고하게 부착할 것
- 최대적재하중을 표시할 것
- 부재의 접속부, 교차부는 확실하게 연결할 것
- 작업대에는 안전난간을 설치하여야 하며 낙하물 방지조치를 설치할 것
- 불의의 이동을 방지하기 위한 제동장치를 반드시 갖출 것
- 이동할 때에는 작업원이 없는 상태일 것
- 비계의 이동에는 충분한 인원을 배치할 것
- 안전모를 착용하여야 하며 지지로프를 설치할 것
- 재료, 공구의 오르내리기에는 포대, 로프 등을 이용할 것
- 작업장 부근에 고압선 등이 있는가를 확인하고 적절한 방호조치를 할 것
- 상하에서 동시에 작업을 할 때에는 충분한 연락을 취하면서 작업을 할 것

⑤ 시스템비계

㉠ 시스템비계의 구조 　안전보건규칙　 제69조
- 수직재·수평재·가새재를 견고하게 연결하는 구조가 되도록 할 것
- 비계 밑단의 수직재와 받침철물은 밀착되도록 설치하고, 수직재와 받침철물의 연결부의 겹침길이는 받침철물 전체길이의 $\frac{1}{3}$ 이상이 되도록 할 것
- 수평재는 수직재와 직각으로 설치하여야 하며, 체결 후 흔들림이 없도록 견고하게 설치할 것
- 수직재와 수직재의 연결철물은 이탈되지 않도록 견고한 구조로 할 것
- 벽 연결재의 설치간격은 제조사가 정한 기준에 따라 설치할 것

▲ 시스템비계 설치

ⓒ 조립작업 시 준수사항 [안전보건규칙 제70조]
- 비계기둥의 밑둥에는 밑받침철물을 사용하여야 하며, 밑받침에 고저차가 있는 경우에는 조절형 밑받침철물을 사용하여 시스템비계가 항상 수평 및 수직을 유지하도록 할 것
- 경사진 바닥에 설치하는 경우에는 피벗형 받침철물 또는 쐐기 등을 사용하여 밑받침철물의 바닥면이 수평을 유지하도록 할 것
- 가공전로에 근접하여 비계를 설치하는 경우에는 가공전로를 이설하거나 가공전로에 절연용 방호구를 설치하는 등 가공전로와의 접촉을 방지하기 위하여 필요한 조치를 할 것
- 비계 내에서 근로자가 상하 또는 좌우로 이동하는 경우에는 반드시 지정된 통로를 이용하도록 주지시킬 것
- 비계 작업 근로자는 같은 수직면상의 위와 아래 동시 작업을 금지할 것
- 작업발판에는 제조사가 정한 최대적재하중을 초과하여 적재해서는 아니 되며, 최대적재하중이 표기된 표지판을 부착하고 근로자에게 주지시키도록 할 것

2. 비계 작업 시 안전조치 사항 [안전보건규칙 제57~58조]

(1) 비계 등의 조립·해체 및 변경(높이 5[m] 이상의 비계)
① 근로자가 관리감독자의 지휘에 따라 작업하도록 할 것
② 조립·해체 또는 변경의 시기·범위 및 절차를 그 작업에 종사하는 근로자에게 주지시킬 것
③ 조립·해체 또는 변경 작업구역에는 해당 작업에 종사하는 근로자가 아닌 사람의 출입을 금지하고 그 내용을 보기 쉬운 장소에 게시할 것
④ 비, 눈, 그 밖의 기상상태의 불안정으로 날씨가 몹시 나쁜 경우에는 그 작업을 중지시킬 것
⑤ 비계재료의 연결·해체작업을 하는 경우에는 폭 20[cm] 이상의 발판을 설치하고 근로자로 하여금 안전대를 사용하도록 하는 등 추락을 방지하기 위한 조치를 할 것
⑥ 재료·기구 또는 공구 등을 올리거나 내리는 경우에는 근로자가 달줄 또는 달포대 등을 사용하게 할 것
⑦ 강관비계 또는 통나무비계를 조립하는 경우 쌍줄로 할 것. 다만, 별도의 작업발판을 설치할 수 있는 시설을 갖춘 경우에는 외줄로 할 수 있다.

(2) 비계의 점검 및 보수사항
① 발판 재료의 손상 여부 및 부착 또는 걸림 상태
② 해당 비계의 연결부 또는 접속부의 풀림 상태
③ 연결 재료 및 연결 철물의 손상 또는 부식 상태
④ 손잡이의 탈락 여부
⑤ 기둥의 침하, 변형, 변위 또는 흔들림 상태
⑥ 로프의 부착 상태 및 매단 장치의 흔들림 상태

2 작업통로 및 발판

1. 작업통로의 종류 및 설치기준 안전보건규칙 제21~24조, 제49조

(1) 통로의 설치기준
① 작업장으로 통하는 장소 또는 작업장 내에 근로자가 사용할 안전한 통로를 설치하고 항상 사용할 수 있는 상태로 유지하여야 한다.
② 통로의 주요 부분에 통로표시를 하고, 근로자가 안전하게 통행할 수 있도록 하여야 한다.
③ 통로면으로부터 높이 2[m] 이내에는 장애물이 없도록 하여야 한다.

(2) 통로의 조명
① 근로자가 안전하게 통행할 수 있도록 통로에 75[lux] 이상의 채광 또는 조명시설을 하여야 한다. 다만, 갱도 또는 상시 통행을 하지 아니하는 지하실 등을 통행하는 근로자에게 휴대용 조명기구를 사용하도록 한 경우에는 그러하지 아니하다.
② 근로자가 높이 2[m] 이상인 장소에서 작업을 하는 경우 그 작업을 안전하게 하는 데에 필요한 조명을 유지하여야 한다.

(3) 통로의 종류 및 구조
① 가설통로
  ㉠ 견고한 구조로 할 것
  ㉡ 경사는 30° 이하로 할 것. 다만, 계단을 설치하거나 높이 2[m] 미만의 가설통로로서 튼튼한 손잡이를 설치한 경우에는 그러하지 아니하다.
  ㉢ 경사가 15°를 초과하는 경우에는 미끄러지지 아니하는 구조로 할 것
  ㉣ 추락할 위험이 있는 장소에는 안전난간을 설치할 것. 다만, 작업상 부득이한 경우에는 필요한 부분만 임시로 해체할 수 있다.
  ㉤ 수직갱에 가설된 통로의 길이가 15[m] 이상인 경우에는 10[m] 이내마다 계단참을 설치할 것
  ㉥ 건설공사에 사용하는 높이 8[m] 이상인 비계다리에는 7[m] 이내마다 계단참을 설치할 것

② 사다리식 통로 등
  ㉠ 견고한 구조로 할 것
  ㉡ 심한 손상·부식 등이 없는 재료를 사용할 것
  ㉢ 발판의 간격은 일정하게 할 것
  ㉣ 발판과 벽과의 사이는 15[cm] 이상의 간격을 유지할 것
  ㉤ 폭은 30[cm] 이상으로 할 것
  ㉥ 사다리가 넘어지거나 미끄러지는 것을 방지하기 위한 조치를 할 것
  ㉦ 사다리의 상단은 걸쳐놓은 지점으로부터 60[cm] 이상 올라가도록 할 것
  ㉧ 사다리식 통로의 길이가 10[m] 이상인 경우에는 5[m] 이내마다 계단참을 설치할 것

ⓩ 사다리식 통로의 기울기는 75° 이하로 할 것. 다만, 고정식 사다리식 통로의 기울기는 90° 이하로 하고, 그 높이가 7[m] 이상인 경우에는 다음의 구분에 따른 조치를 할 것
- 등받이울이 있어도 근로자 이동에 지장이 없는경우: 바닥으로부터 높이가 2.5[m] 되는 지점부터 등받이울을 설치할 것
- 등받이울이 있으면 근로자가 이동이 곤란한 경우: 한국산업표준에서 정하는 기준에 적합한 개인용 추락 방지 시스템을 설치하고 근로자로 하여금 한국산업표준에서 정하는 기준에 적합한 전신안전대를 사용하도록 할 것

ⓒ 접이식 사다리 기둥은 사용 시 접혀지거나 펼쳐지지 않도록 철물 등을 사용하여 견고하게 조치할 것

2. 작업통로 설치 시 준수사항

(1) 경사로

① 정의: 건설현장에서 상부 또는 하부로 재료운반이나 작업원이 이동할 수 있도록 설치된 통로로 경사가 30° 이내일 때 사용한다.

② 설치·사용 시 준수사항 가설공사 표준안전 작업지침 제14조

㉠ 시공하중 또는 폭풍, 진동 등 외력에 대하여 안전하도록 설계하여야 한다.
㉡ 경사로는 항상 정비하고 안전통로를 확보하여야 한다.
㉢ 비탈면의 경사각은 30° 이내로 하고 미끄럼막이 간격은 다음 표에 의한다.

경사각	미끄럼막이 간격	경사각	미끄럼막이 간격
30°	30[cm]	22°	40[cm]
29°	33[cm]	19° 20′	43[cm]
27°	35[cm]	17°	45[cm]
24° 15′	37[cm]	14°	47[cm]

㉣ 경사로의 폭은 최소 90[cm] 이상이어야 한다.
㉤ 높이 7[m] 이내마다 계단참을 설치하여야 한다.
㉥ 추락방지용 안전난간을 설치하여야 한다.
㉦ 목재는 미송, 육송 또는 그 이상의 재질을 가진 것이어야 한다.
㉧ 경사로 지지기둥은 3[m] 이내마다 설치하여야 한다.
㉨ 발판은 폭 40[cm] 이상으로 하고, 틈은 3[cm] 이내로 설치하여야 한다.
㉩ 발판이 이탈하거나 한쪽 끝을 밟으면 다른 쪽이 들리지 않게 장선에 결속하여야 한다.
㉪ 결속용 못이나 철선이 발에 걸리지 않아야 한다.

(2) **가설계단**
① 정의: 작업장에서 근로자가 사용하기 위한 계단식 통로로 경사는 35°가 적정하다.
② 설치기준 안전보건규칙 / 제26~28조, 제30조

구분	설치기준
강도	• 계단 및 계단참을 설치하는 경우 500[kg/m²] 이상의 하중에 견딜 수 있도록 • 안전율 4 이상(안전율=$\frac{재료의 파괴응력도}{재료의 허용응력도} \geq 4$) • 계단 및 승강구 바닥을 구멍이 있는 재료로 만드는 경우 렌치나 그 밖의 공구 등이 낙하할 위험이 없도록
폭	• 폭은 1[m] 이상 • 계단에 손잡이 외의 다른 물건 등을 설치 또는 적재 금지
계단참의 설치	높이가 3[m]를 초과하는 계단에 높이 3[m] 이내마다 진행방향으로 길이 1.2[m] 이상의 계단참 설치
계단의 난간	높이 1[m] 이상인 계단의 개방된 측면에 안전난간 설치

(3) **가설도로** 안전보건규칙 / 제379조
① 도로는 장비와 차량이 안전하게 운행할 수 있도록 견고하게 설치한다.
② 도로와 작업장이 접하여 있을 경우에는 울타리 등을 설치한다.
③ 도로는 배수를 위해 경사지게 설치하거나 배수시설을 설치한다.
④ 차량에 속도제한 표지를 부착한다.

3. 가설발판의 지지력 계산

(1) **가설발판 작용 응력**
가설발판에 연직방향의 하중(P)이 작용하면 휨 모멘트에 의해 부재가 늘어나려는 인장력을 받는데, 이러한 힘에 저항하기 위해 생기는 응력을 휨응력이라 한다.

(2) **휨응력의 계산**
① 휨응력

$$\sigma = \pm \frac{M}{I} \cdot y \, [\text{kg/cm}^2]$$

여기서, M: 휨모멘트[kg·cm], I: 단면 2차 모멘트[cm⁴], y: 중립축으로부터 거리[cm]

② 최대 휨응력

$$\sigma_{max} = \pm \frac{M_{max}}{Z}, \quad Z = \frac{bh^2}{6}$$

여기서, Z: 단면계수, b: 폭, h: 높이
등분포하중 $M_{max} = \frac{wl^2}{8}$, 집중하중 $M_{max} = \frac{pl}{4}$

3 거푸집 및 동바리

1. 정의와 필요조건

(1) 정의

① 거푸집이란 부어넣는 콘크리트가 소정의 형상, 치수를 유지하며 콘크리트가 적합한 강도에 도달하기까지 지지하는 가설구조물의 총칭을 말한다.

② 동바리란 타설된 콘크리트가 소정의 강도를 얻을 때까지 거푸집 및 장선, 멍에를 적정한 위치에 유지시키고 상부하중을 지지하기 위하여 설치하는 부재를 말한다.

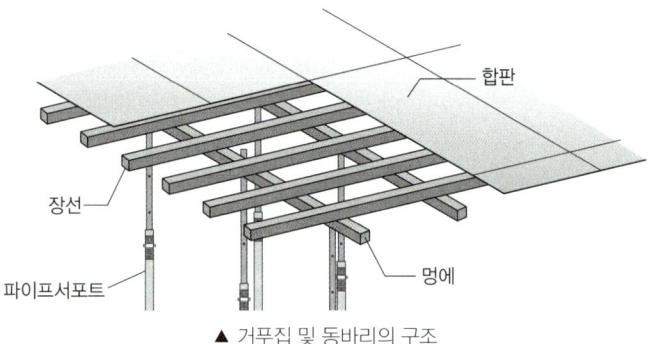
▲ 거푸집 및 동바리의 구조

(2) 필요조건

① 각종 외력(콘크리트 하중과 작업하중)에 견디는 충분한 강도 및 변형이 없을 것
② 형상과 치수가 정확히 유지될 수 있는 정밀성과 수용성을 갖출 것
③ 재료비가 싸고 반복 사용으로 경제성이 있을 것
④ 가공·조립·해체가 용이할 것
⑤ 운반취급·적치에 용이하도록 가벼울 것
⑥ 청소와 보수가 용이할 것

2. 거푸집의 재료 선정방법 　콘크리트공사표준안전작업지침　 제5조

(1) 거푸집

① 목재 거푸집은 흠집 및 옹이가 많은 거푸집과 합판의 접착부분이 떨어져 구조적으로 약한 것은 사용하여서는 아니 된다.
② 목재 거푸집의 띠장은 부러지거나 균열이 있는 것을 사용하여서는 아니된다.
③ 강재 거푸집은 형상이 찌그러지거나, 비틀림 등 변형이 있는 것은 교정한 다음 사용하여야 한다.
④ 강재 거푸집의 표면에 녹이 많이 나 있는 것은 쇠솔 또는 샌드페이퍼 등으로 닦아내고 박리제를 엷게 칠해 두어야 한다.

(2) 동바리

① 현저한 손상, 변형, 부식이 있는 것과 옹이가 깊숙이 박혀있는 것은 사용하지 말아야 한다.
② 각재 또는 강관 지주는 양끝을 일직선으로 그은 선 안에 있어야 하고, 일직선 밖으로 굽어져 있는 것은 사용을 금하여야 한다.
③ 강관지주(동바리), 보 등을 조합한 구조는 최대허용하중을 초과하지 않는 범위에서 사용하여야 한다.

(3) 연결재

① 정확하고 충분한 강도가 있는 것이어야 한다.
② 회수, 해체하기가 쉬운 것이어야 한다.
③ 조합 부품수가 적은 것이어야 한다.

3. 거푸집 및 동바리 조립 시 안전조치 사항

(1) 거푸집 및 동바리의 조립도 | 안전보건규칙 | 제331조

① 거푸집 및 동바리를 조립하는 경우에는 그 구조를 검토한 후 조립도를 작성하고, 그 조립도에 따라 조립하도록 하여야 한다.
② 조립도에는 거푸집 및 동바리를 구성하는 부재의 재질·단면규격·설치간격 및 이음방법 등을 명시하여야 한다.

(2) 구조검토 시 고려하여야 할 하중

① 종류 | 콘크리트공사표준안전작업지침 | 제4조
  ㉠ 연직방향 하중: 거푸집, 지보공(동바리), 콘크리트, 철근, 작업원, 타설용 기계기구, 가설설비 등의 중량 및 충격하중
  ㉡ 횡방향 하중: 작업할 때의 진동, 충격, 시공오차 등에 기인되는 횡방향 하중 이외의 풍압, 유수압, 지진 등
  ㉢ 콘크리트 측압: 굳지 않은 콘크리트의 측압
  ㉣ 특수하중: 시공 중에 예상되는 특수한 하중(콘크리트 편심하중 등)

② 거푸집 및 동바리의 연직방향 하중
  ㉠ 계산식

$$W = 고정하중 + 작업하중$$
$$= (콘크리트\ 무게 + 거푸집\ 무게) + (충격하중 + 작업하중)$$
$$= \gamma \times t + 40[\text{kg/m}^2] + 250[\text{kg/m}^2]$$

여기서, γ: 철근콘크리트의 단위중량[kg/m³], t: 슬래브 두께[m]

  ㉡ 고정하중: 철근콘크리트와 거푸집의 무게를 합한 하중이며, 거푸집 무게는 최소 $0.4[\text{kN/m}^2]$ 이상을 적용하고, 특수 거푸집의 경우에는 그 실제 거푸집 및 철근의 무게를 적용한다.
  ㉢ 작업하중: 작업원, 경량의 장비하중, 충격하중, 기타 콘크리트 타설에 필요한 자재 및 공구 등의 하중을 포함하며, 콘크리트의 타설 높이가 $0.5[\text{m}]$ 미만인 경우 구조물의 수평투영면적당 최소 $2.5[\text{kN/m}^2]$ 이상을 적용하며, $0.5[\text{m}]$ 이상 $1.0[\text{m}]$ 미만일 경우 $3.5[\text{kN/m}^2]$, $1.0[\text{m}]$ 이상인 경우에는 $5.0[\text{kN/m}^2]$을 적용한다.
  ㉣ 상기 고정하중과 작업하중을 합한 연직하중은 콘크리트 타설 높이에 관계없이 $5.0[\text{kN/m}^2]$ 이상을 적용한다.

(3) 거푸집 조립 시 안전조치 | 안전보건규칙 | 제331조의2

① 거푸집을 조립하는 경우에는 거푸집이 콘크리트 하중이나 그 밖의 외력에 견딜 수 있거나, 넘어지지 않도록 견고한 구조의 긴결재, 버팀대 또는 지지대를 설치하는 등 필요한 조치를 할 것
② 거푸집이 곡면인 경우에는 버팀대의 부착 등 그 거푸집의 부상(浮上)을 방지하기 위한 조치를 할 것

(4) 동바리 조립 시 안전조치 | 안전보건규칙 | 제332조

① 받침목이나 깔판의 사용, 콘크리트 타설, 말뚝박기 등 동바리의 침하를 방지하기 위한 조치를 할 것
② 동바리의 상하 고정 및 미끄러짐 방지 조치를 할 것
③ 상부·하부의 동바리가 동일 수직선 상에 위치하도록 하여 깔판·받침목에 고정시킬 것
④ 개구부 상부에 동바리를 설치하는 경우에는 상부하중을 견딜 수 있는 견고한 받침대를 설치할 것
⑤ U헤드 등의 단판이 없는 동바리의 상단에 멍에 등을 올릴 경우에는 해당 상단에 U헤드 등의 단판을 설치하고, 멍에 등이 전도되거나 이탈되지 않도록 고정시킬 것
⑥ 동바리의 이음은 같은 품질의 재료를 사용할 것
⑦ 강재의 접속부 및 교차부는 볼트·클램프 등 전용철물을 사용하여 단단히 연결할 것
⑧ 거푸집의 형상에 따른 부득이한 경우를 제외하고는 깔판이나 받침목은 2단 이상 끼우지 않도록 할 것
⑨ 깔판이나 받침목을 이어서 사용하는 경우에는 그 깔판·받침목을 단단히 연결할 것

(5) 동바리 유형에 따른 동바리 조립 시 안전조치 안전보건규칙 제332조의2

① 동바리로 사용하는 파이프서포트의 경우
  ㉠ 파이프서포트를 3개 이상 이어서 사용하지 않도록 할 것
  ㉡ 파이프서포트를 이어서 사용하는 경우에는 4개 이상의 볼트 또는 전용철물을 사용하여 이을 것
  ㉢ 높이가 3.5[m]를 초과하는 경우에는 높이 2[m] 이내마다 수평연결재를 2개 방향으로 만들고 수평연결재의 변위를 방지할 것

② 동바리로 사용하는 강관틀의 경우
  ㉠ 강관틀과 강관틀 사이에 교차가새를 설치할 것
  ㉡ 최상단 및 5단 이내마다 동바리의 측면과 틀면의 방향 및 교차가새의 방향에서 5개 이내마다 수평연결재를 설치하고 수평연결재의 변위를 방지할 것
  ㉢ 최상단 및 5단 이내마다 동바리의 틀면의 방향에서 양단 및 5개틀 이내마다 교차가새의 방향으로 띠장틀을 설치할 것

③ 동바리로 사용하는 조립강주의 경우
  조립강주의 높이가 4[m]를 초과하는 경우에는 높이 4[m] 이내마다 수평연결재를 2개 방향으로 설치하고 수평연결재의 변위를 방지할 것

④ 시스템동바리(규격화·부품화된 수직재, 수평재 및 가새재 등의 부재를 현장에서 조립하여 거푸집을 지지하는 지주 형식의 동바리)의 경우
  ㉠ 수평재는 수직재와 직각으로 설치하여야 하며, 흔들리지 않도록 견고하게 설치할 것
  ㉡ 연결철물을 사용하여 수직재를 견고하게 연결하고, 연결부위가 탈락 또는 꺾어지지 않도록 할 것
  ㉢ 수직 및 수평하중에 대해 동바리의 구조적 안전성이 확보되도록 조립도에 따라 수직재 및 수평재에는 가새재를 견고하게 설치할 것
  ㉣ 동바리 최상단과 최하단의 수직재와 받침철물은 서로 밀착되도록 설치하고 수직재와 받침철물의 연결부의 겹침길이는 받침철물 전체길이의 $\frac{1}{3}$ 이상 되도록 할 것

⑤ 보 형식의 동바리(강제 갑판(Steel Deck), 철재트러스 조립 보 등 수평으로 설치하여 거푸집을 지지하는 동바리)의 경우
  ㉠ 접합부는 충분한 걸침 길이를 확보하고 못, 용접 등으로 양끝을 지지물에 고정시켜 미끄러짐 및 탈락을 방지할 것
  ㉡ 양끝에 설치된 보 거푸집을 지지하는 동바리 사이에는 수평연결재를 설치하거나 동바리를 추가로 설치하는 등 보 거푸집이 옆으로 넘어지지 않도록 견고하게 할 것
  ㉢ 설계도면, 시방서 등 설계도서를 준수하여 설치할 것

(6) 작업발판 일체형 거푸집의 안전조치 안전보건규칙 제331조의3

① 작업발판 일체형 거푸집의 종류
  ㉠ 갱 폼(Gang Form)
  ㉡ 슬립 폼(Slip Form)
  ㉢ 클라이밍 폼(Climbing Form)
  ㉣ 터널 라이닝 폼(Tunnel Lining Form)
  ㉤ 그 밖에 거푸집과 작업발판이 일체로 제작된 거푸집 등

② 갱 폼의 조립·이동·양중·해체(이하 "조립 등") 작업을 하는 경우
  ㉠ 조립 등의 범위 및 작업절차를 미리 그 작업에 종사하는 근로자에게 주지시킬 것
  ㉡ 근로자가 안전하게 구조물 내부에서 갱 폼의 작업발판으로 출입할 수 있는 이동통로를 설치할 것
  ㉢ 갱 폼의 지지 또는 고정철물의 이상 유무를 수시점검하고 이상이 발견된 경우에는 교체하도록 할 것

② 갱 폼을 조립하거나 해체하는 경우에는 갱폼을 인양장비에 매단 후에 작업을 실시하도록 하고, 인양장비에 매달기 전에 지지 또는 고정철물을 미리 해체하지 않도록 할 것
⑪ 갱 폼 인양 시 작업발판용 케이지에 근로자가 탑승한 상태에서 갱 폼의 인양작업을 하지 아니할 것

③ 갱 폼 이외 작업발판 일체형 거푸집의 조립 등의 작업을 하는 경우
㉠ 조립 등 작업 시 거푸집 부재의 변형 여부와 연결 및 지지재의 이상 유무를 확인할 것
㉡ 조립 등 작업과 관련한 이동·양중·운반 장비의 고장·오조작 등으로 인해 근로자에게 위험을 미칠 우려가 있는 장소에는 근로자의 출입을 금지하는 등 위험 방지 조치를 할 것
㉢ 거푸집이 콘크리트면에 지지될 때에 콘크리트의 굳기정도와 거푸집의 무게, 풍압 등의 영향으로 거푸집의 갑작스런 이탈 또는 낙하로 인해 근로자가 위험해질 우려가 있는 경우에는 설계도서에서 정한 콘크리트의 양생 기간을 준수하거나 콘크리트면에 견고하게 지지하는 등 필요한 조치를 할 것
㉣ 연결 또는 지지 형식으로 조립된 부재의 조립 등 작업을 하는 경우에는 거푸집을 인양장비에 매단 후에 작업을 하도록 하는 등 낙하·붕괴·전도의 위험 방지를 위하여 필요한 조치를 할 것

4 흙막이 및 터널굴착

1. 흙막이 공법

(1) **공법의 종류**

① 흙막이 공법의 선정 시 검토사항
㉠ 지반의 굴착심도 및 지반의 성상과 토질상태
㉡ 주변 구조물의 지하 매설물 상태
㉢ 지하수위 및 피압수 상태
㉣ 공사기간과 경제성 검토
㉤ 기초공사와 관련성 검토

② 흙막이 공법의 종류
㉠ 지지방식에 따른 분류
- 자립식 공법: 흙막이벽 벽체의 근입깊이에 의해 흙막이벽을 지지한다.
- 버팀대식 공법: 띠장, 버팀대, 지지말뚝을 설치하여 토압, 수압에 저항한다.
- 어스앵커공법(Earth Anchor): 흙막이벽을 천공 후 앵커체를 삽입하여 인장력을 가하여 흙막이벽을 잡아당기는 공법이다.
- 타이로드공법(Tie Rod Method): 흙막이벽의 상부를 당김줄로 당겨 흙막이벽을 지지한다.

㉡ 구조방식에 의한 분류
- H-Pile 공법: H빔을 일정 간격으로 박아 설치한 후 굴착과 동시에 토류판을 끼워 흙막이벽을 형성하는 공법이다.
- 널말뚝공법: 강재널말뚝 또는 강관널말뚝을 연속으로 연결하여 흙막이벽을 설치하여 버팀대로 지지하는 공법이다.
- 역타공법(Top Down Method): 지하연속벽과 기둥을 시공한 후 영구구조물 슬래브를 시공하여 벽체를 지지하면서 위에서 아래로 굴착하면서 동시에 지상층도 시공하는 공법으로 진동과 소음이 적어 도심지 대심도 굴착에 유리하고, 높은 차수성 및 벽체의 강성이 크다.
- C.I.P(Cast-In-Placed Pile): 시추기로 천공 완료 후 H-Pile이나 철근망을 삽입하고 콘크리트를 타설하여 연속으로 콘크리트 말뚝을 형성한다.

- S.C.W(Soil Cement Wall) : 지중벽으로 계획심도까지 천공 후 흙과 교반된 시멘트 밀크를 주입재로 투입하여 벽체를 형성하고 H-Pile을 보강재로 삽입하여 벽체를 형성한다.

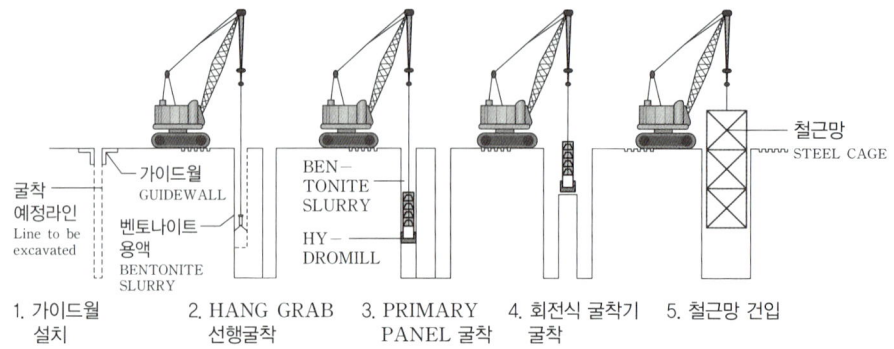

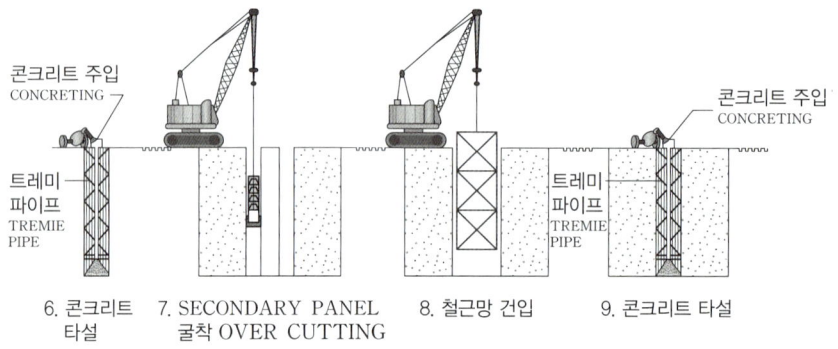

▲ 역타공법(Top Down Method) 시공도

(2) **흙막이 지보공의 붕괴위험 방지** 안전보건규칙 제346~347조

① 조립도의 작성
  ㉠ 흙막이 지보공을 조립하는 경우 미리 그 구조를 검토한 후 조립도를 작성하여 그 조립도에 따라 조립하도록 하여야 한다.
  ㉡ 조립도는 흙막이판·말뚝·버팀대 및 띠장 등 부재의 배치·치수·재질 및 설치방법과 순서가 명시되어야 한다.

② 정기적 점검 및 보수사항
  ㉠ 부재의 손상·변형·부식·변위 및 탈락의 유무와 상태
  ㉡ 버팀대의 긴압의 정도
  ㉢ 부재의 접속부·부착부 및 교차부의 상태
  ㉣ 침하의 정도

2. 계측기의 종류 및 사용목적

(1) 계측의 목적
① 지반의 거동을 사전에 파악
② 각종 지보재의 지보효과 확인
③ 구조물의 안전성 확인
④ 공사의 경제성 도모
⑤ 장래 공사에 대한 자료 축적
⑥ 주변 구조물의 안전 확보

(2) 계측기의 종류 및 사용목적
① **지표침하계**: 흙막이벽 배면에 동결심도보다 깊게 설치하여 지표면 침하량을 측정한다.
② **지중경사계**: 흙막이벽 배면에 설치하여 토류벽의 기울어짐을 측정한다.
③ **하중계**: 스트러트, 어스앵커에 설치하여 축하중 측정으로 부재의 안정성 여부를 판단한다.
④ **간극수압계**: 굴착, 성토에 의한 간극수압의 변화를 측정한다.
⑤ **균열측정기**: 인접구조물, 지반 등의 균열부위에 설치하여 균열크기와 변화를 측정한다.
⑥ **변형률계**: 스트러트, 띠장 등에 부착하여 굴착작업 시 구조물의 변형을 측정한다.
⑦ **지하수위계**: 굴착에 따른 지하수위 변동을 측정한다.

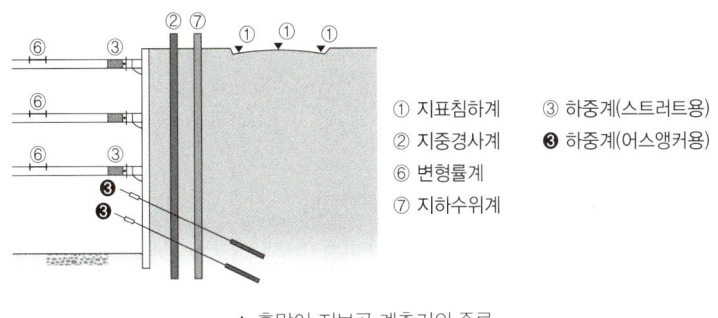

▲ 흙막이 지보공 계측기의 종류

3. 터널 굴착

(1) 터널 굴착공사

① 터널 굴착공법의 종류
  ㉠ **NATM공법(New Austrian Tunneling Method)**: 원지반을 주지보재로 하여 숏크리트, 와이어메쉬, 스틸리브, 록볼트 등의 지보재를 사용하고, 이완된 지반의 하중을 지반자체에 전달하여 시공하는 공법이다.
  ㉡ **TBM공법(Tunnel Boring Machine)**: 폭약을 사용하지 않고 터널보링머신의 회전에 의해 터널 전단면을 굴착하는 공법으로 암반터널에 적합하다.
  ㉢ **Shield공법**: 지반 내에 Shield라는 강제 원통 굴착기를 추진시켜 터널을 구축하는 공법으로 토사구간에 적합하다.
  ㉣ **개착식 공법**: 지표면을 개착한 후, 터널 본체를 완성하고 다시 되메우기 하여 터널을 구축하는 공법이다.
  ㉤ **침매공법(Immersed Method)**: 해저 또는 지하수면 아래에 터널을 굴착하는 공법으로 지상에서 터널본체 구조물을 제작하여 물에 띄워 현장으로 운반 후 침하시켜 터널을 구축하는 공법이다.

② 뿜어 붙이기(숏크리트, Shotcrete)
  ㉠ 원지반의 이완방지
  ㉡ 굴착면의 요철을 줄이고 응력집중방지
  ㉢ 록볼트의 힘을 지반에 분산시켜 전달
  ㉣ 암반의 이동 및 크랙방지
  ㉤ 아치를 형성하여 전단저항력 증대
  ㉥ 굴착면을 덮음으로써 지반의 침식 방지

③ 터널공사 작업계획서 포함내용 안전보건규칙 별표 4
  ㉠ 굴착의 방법
  ㉡ 터널지보공 및 복공의 시공방법과 용수의 처리방법
  ㉢ 환기 또는 조명시설을 설치할 때에는 그 방법

(2) **재해 예방대책**
① 자동경보장치의 작업시작 전 점검사항 안전보건규칙 제350조
  ㉠ 계기의 이상 유무
  ㉡ 검지부의 이상 유무
  ㉢ 경보장치의 작동상태
② 터널 지보공 수시 점검 및 보강·보수사항 안전보건규칙 제366조
  ㉠ 부재의 손상·변형·부식·변위 탈락의 유무 및 상태
  ㉡ 부재의 긴압 정도
  ㉢ 부재의 접속부 및 교차부의 상태
  ㉣ 기둥침하의 유무 및 상태

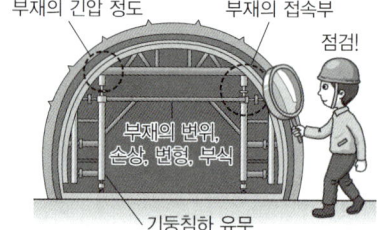

CHAPTER 06 공사 및 작업 종류별 안전

> **합격 KEYWORD** 콘크리트 타설, 크리프가 증가하는 조건, 콘크리트 측압이 커지는 조건, 철골작업의 제한기준, 용접결함

1 양중기 작업

1. 양중기의 종류 안전보건규칙 제132조, 제134조

(1) 종류
① 크레인(호이스트(Hoist) 포함)
② 이동식 크레인
③ 리프트(이삿짐운반용 리프트의 경우에는 적재하중이 0.1톤 이상인 것으로 한정)
④ 곤돌라
⑤ 승강기

(2) 양중기
① 크레인
  ㉠ 크레인의 종류: 고정식 크레인, 이동식 크레인
  ㉡ 타워크레인 선정 시 사전 검토사항
  - 작업반경
  - 건립기계의 소음영향
  - 인양능력
  - 입지조건
  - 건물형태
  - 붐의 높이

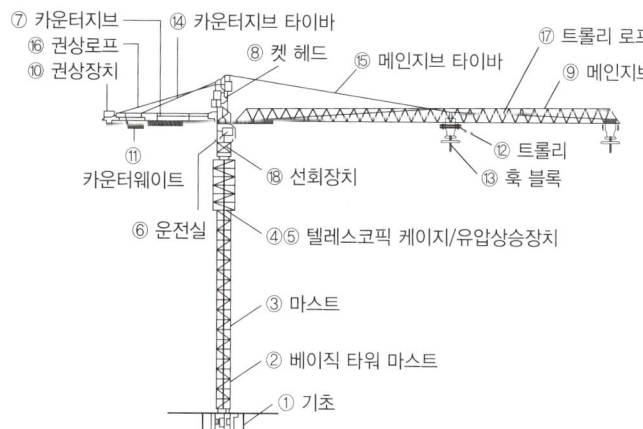

② 리프트
  ㉠ 종류: 건설용 리프트, 산업용 리프트, 자동차정비용 리프트, 이삿짐운반용 리프트
  ㉡ 방호장치: 과부하방지장치, 권과방지장치, 비상정지장치, 제동장치
③ 곤돌라: 달기발판 또는 운반구, 승강장치, 그 밖의 장치 및 이들에 부속된 기계부품에 의하여 구성되고, 와이어로프 또는 달기강선에 의하여 달기발판 또는 운반구가 전용의 승강장치에 의하여 오르내리는 설비이다.

④ 승강기
  ㉠ 종류
  - 승객용 엘리베이터
  - 화물용 엘리베이터
  - 에스컬레이터
  - 승객화물용 엘리베이터
  - 소형화물용 엘리베이터
  ㉡ 승강기의 방호장치
  - 과부하방지장치
  - 비상정지장치
  - 파이널 리미트 스위치(Final Limit Switch)
  - 출입문 인터 록(Inter Lock)
  - 권과방지장치
  - 제동장치
  - 속도조절기

(3) **안전검사** 〔산업안전보건법 시행규칙〕 제126조
  ① 크레인(이동식 크레인 제외), 리프트(이삿짐운반용 리프트 제외) 및 곤돌라는 사업장에 설치가 끝난 날부터 3년 이내에 최초 안전검사를 실시하되, 그 이후부터 2년마다(건설현장에서 사용하는 것은 최초로 설치한 날부터 6개월마다) 실시한다.
  ② 이동식 크레인, 이삿짐운반용 리프트 및 고소작업대는 신규등록 이후 3년 이내에 최초 안전검사를 실시하되, 그 이후부터 2년마다 실시한다.

2. 양중기의 안전수칙

(1) **정격하중 등의 표시** 〔안전보건규칙〕 제133조
  양중기(승강기 제외) 및 달기구를 사용하여 작업하는 운전자 또는 작업자가 보기 쉬운 곳에 다음을 부착하여야 한다.
  ① 정격하중(달기구는 정격하중만 표시)
  ② 운전속도
  ③ 경고표시

(2) **폭풍에 의한 이탈 방지** 〔안전보건규칙〕 제140조
  순간풍속이 30[m/s]를 초과하는 바람이 불어올 우려가 있는 경우 옥외에 설치되어 있는 주행 크레인에 대하여 이탈 방지장치를 작동시키는 등 이탈 방지를 위한 조치를 하여야 한다.

(3) **크레인의 설치·조립·수리·점검 또는 해체 작업 시 조치사항** 〔안전보건규칙〕 제141조
  ① 작업순서를 정하고 그 순서에 따라 작업을 할 것
  ② 작업을 할 구역에 관계 근로자가 아닌 사람의 출입을 금지하고 그 취지를 보기 쉬운 곳에 표시할 것
  ③ 비, 눈, 그 밖의 기상상태의 불안정으로 날씨가 몹시 나쁜 경우에는 그 작업을 중지시킬 것
  ④ 작업장소는 안전한 작업이 이루어질 수 있도록 충분한 공간을 확보하고 장애물이 없도록 할 것
  ⑤ 들어올리거나 내리는 기자재는 균형을 유지하면서 작업을 하도록 할 것
  ⑥ 크레인의 성능, 사용조건 등에 따라 충분한 응력을 갖는 구조로 기초를 설치하고 침하 등이 일어나지 않도록 할 것
  ⑦ 규격품인 조립용 볼트를 사용하고 대칭되는 곳을 차례로 결합하고 분해할 것

(4) **타워크레인의 설치·조립·해체 시 준수사항**
  ① 작업계획서 내용 〔안전보건규칙〕 별표 4
    ㉠ 타워크레인의 종류 및 형식
    ㉡ 설치·조립 및 해체순서
    ㉢ 작업도구·장비·가설설비 및 방호설비
    ㉣ 작업인원의 구성 및 작업근로자의 역할 범위
    ㉤ 타워크레인의 지지방법

② 타워크레인의 지지 시 준수사항 `안전보건규칙` 제142조
  ㉠ 벽체에 지지하는 경우 준수사항
    - 서면심사에 관한 서류 또는 제조사의 설치작업설명서 등에 따라 설치할 것
    - 서면심사 서류 등이 없거나 명확하지 아니한 경우에는 건축구조·건설기계·기계안전·건설안전기술사 또는 건설안전분야 산업안전지도사의 확인을 받아 설치하거나 기종별·모델별 공인된 표준방법으로 설치할 것
    - 콘크리트구조물에 고정시키는 경우에는 매립이나 관통 또는 이와 같은 수준 이상의 방법으로 충분히 지지되도록 할 것
    - 건축 중인 시설물에 지지하는 경우에는 그 시설물의 구조적 안정성에 영향이 없도록 할 것
  ㉡ 와이어로프로 지지하는 경우 준수사항
    - 서면심사에 관한 서류 또는 제조사의 설치작업설명서 등에 따라 설치할 것
    - 서면심사 서류 등이 없거나 명확하지 아니한 경우에는 건축구조·건설기계·기계안전·건설안전기술사 또는 건설안전분야 산업안전지도사의 확인을 받아 설치하거나 기종별·모델별 공인된 표준방법으로 설치할 것
    - 와이어로프를 고정하기 위한 전용 지지프레임을 사용할 것
    - 와이어로프 설치각도는 수평면에서 60° 이내로 하되, 지지점은 4개소 이상으로 하고, 같은 각도로 설치할 것
    - 와이어로프와 그 고정부위는 충분한 강도와 장력을 갖도록 설치하고, 와이어로프를 클립·샤클(Shackle) 등의 고정기구를 사용하여 견고하게 고정시켜 풀리지 않도록 하며, 사용 중에는 충분한 강도와 장력을 유지하도록 할 것. 이 경우 클립·샤클 등의 고정기구는 한국산업표준 제품이거나 한국산업표준이 없는 제품의 경우에는 이에 준하는 규격을 갖춘 제품이어야 한다.
    - 와이어로프가 가공전선에 근접하지 않도록 할 것

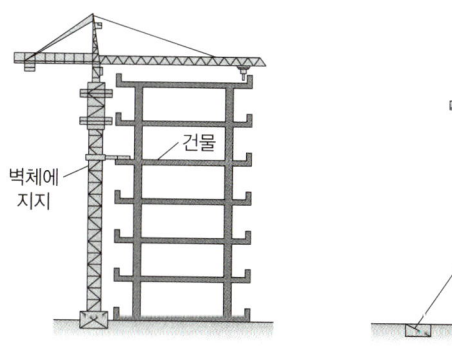

▲ 타워크레인의 지지

③ 강풍 시 타워크레인의 작업 중지 `안전보건규칙` 제37조
순간풍속이 10[m/s]를 초과하는 경우 타워크레인의 설치·수리·점검 또는 해체 작업을 중지하여야 하며, 순간풍속이 15[m/s]를 초과하는 경우에는 타워크레인의 운전 작업을 중지하여야 한다.

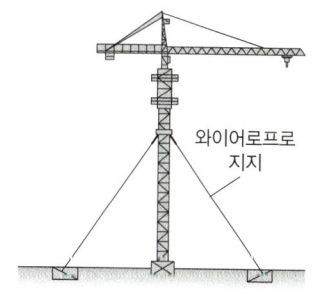

④ 충돌방지 조치 및 영상 기록관리 `산업안전보건법 시행규칙` 제101조
타워크레인 사용하는 작업 중에 충돌방지장치를 설치하는 등 충돌방지를 위하여 필요한 조치를 하고, 타워크레인 설치·해체 작업과정 전반을 영상으로 기록하여 대여기간 동안 보관하여야 한다.

⑤ 타워크레인 전담 신호수 배치 `안전보건규칙` 제146조
타워크레인을 사용하여 작업을 하는 경우 타워크레인마다 근로자와 조종 작업을 하는 사람 간에 신호업무를 담당하는 사람을 각각 두어야 한다.

(5) **이동식 크레인 작업의 안전기준** 안전보건규칙 제147~150조
① 설계기준 준수
② 안전밸브의 조정
③ 해지장치의 사용: 하물을 운반하는 경우에는 해지장치를 사용한다.
④ 경사각의 제한: 이동식 크레인 명세서에 적혀 있는 지브의 경사각의 범위에서 사용한다.

(6) **양중기의 방호장치**
① 권과방지장치: 권과를 방지하기 위하여 자동적으로 동력을 차단하고 작동을 제동하는 장치이다.
② 과부하방지장치: 크레인에 있어서 정격하중 이상의 하중이 부하되었을 때 자동적으로 상승이 정지되면서 경보음을 발생시키는 장치이다.
③ 비상정지장치: 이동 중 이상상태 발생 시 급정지시킬 수 있는 장치이다.
④ 제동장치: 운동체를 감속하거나 정지상태로 유지하는 기능을 가진 장치이다.
⑤ 그 밖의 방호장치: 승강기의 파이널 리미트 스위치, 속도조절기, 출입문 인터록 등

(7) **양중기의 와이어로프** 안전보건규칙 제163조, 제166조

① 안전계수 = $\dfrac{\text{절단하중}}{\text{최대사용하중}}$

② 안전계수의 구분

구분	안전계수
근로자가 탑승하는 운반구를 지지하는 달기와이어로프 또는 달기체인의 경우	10 이상
화물의 하중을 직접 지지하는 달기와이어로프 또는 달기체인의 경우	5 이상
훅, 샤클, 클램프, 리프팅 빔의 경우	3 이상
그 밖의 경우	4 이상

③ **부적격한 와이어로프의 사용금지**
㉠ 이음매가 있는 것
㉡ 와이어로프의 한 꼬임(Strand)에서 끊어진 소선의 수가 10[%] 이상인 것
㉢ 지름의 감소가 공칭지름의 7[%]를 초과하는 것
㉣ 꼬인 것
㉤ 심하게 변형되거나 부식된 것
㉥ 열과 전기충격에 의해 손상된 것

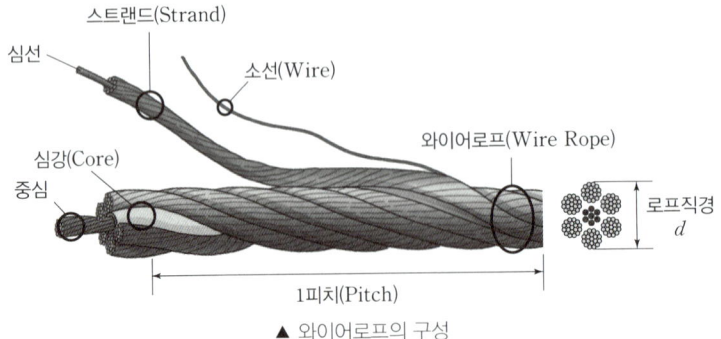

▲ 와이어로프의 구성

(8) **작업시작 전 점검사항** 안전보건규칙 / 별표 3
① 크레인
㉠ 권과방지장치 · 브레이크 · 클러치 및 운전장치의 기능
㉡ 주행로의 상측 및 트롤리가 횡행하는 레일의 상태
㉢ 와이어로프가 통하고 있는 곳의 상태
② 이동식 크레인
㉠ 권과방지장치나 그 밖의 경보장치의 기능
㉡ 브레이크 · 클러치 및 조정장치의 기능
㉢ 와이어로프가 통하고 있는 곳 및 작업장소의 지반상태
③ 리프트
㉠ 방호장치 · 브레이크 및 클러치의 기능
㉡ 와이어로프가 통하고 있는 곳의 상태
④ 곤돌라
㉠ 방호장치 · 브레이크의 기능
㉡ 와이어로프 · 슬링와이어 등의 상태

2 해체공사

1. 해체용 기구의 종류

(1) 압쇄기
굴착기 등에 장착한 후 유압조작에 의해 콘크리트 구조물에 강한 압축력을 가해 파쇄하는 기구로 소음 및 진동이 적어 도심공사에 주로 사용된다.

(2) 대형 브레이커
통상적으로 셔블에 설치하여 사용하며 파쇄력이 크고 해체범위가 넓은 특징이 있으나 소음, 진동이 심하다.

(3) 철제 해머
해머를 크레인 등에 부착하여 구조물에 충격을 주어 파쇄하는 방법이다.

▲ 압쇄기를 이용한 건물 해체작업

(4) 핸드 브레이커
압축공기, 유압의 급속한 충격력으로 콘크리트 등을 해체할 때 사용하는 방법이다.

(5) 팽창제
광물의 수화반응에 의한 팽창압을 이용하여 파쇄하는 방법이다.

(6) 절단기
절단톱을 전동기, 가솔린 엔진 등으로 고속회전시켜 절단하는 것으로 기둥, 보, 바닥, 벽체를 적당한 크기로 절단하여 해체하는 방법이다.

2. 해체용 기구의 취급안전

(1) 해체용 기구별 유의사항

① 압쇄기
  ㉠ 해체물이 비산, 낙하할 위험이 있으므로 수평 낙하물 방호책을 설치한다.
  ㉡ 파쇄작업순서는 슬래브, 보, 벽체, 기둥의 순서로 해체한다.

② 대형 브레이커
  ㉠ 장비간의 안전거리를 충분히 확보한다.
  ㉡ 소음을 최대한 줄일 수 있는 수단을 강구하고, 소음진동기준은 관계법에 따라 처리한다.

③ 핸드 브레이커 `해체공사표준안전작업지침` `제7조`
  ㉠ 끝의 부러짐 방지를 위하여 작업자세는 하향 수직방향으로 유지한다.
  ㉡ 기계는 항상 점검하고, 호스의 꼬임·교차 및 손상 여부를 점검한다.

④ 절단기(톱) `해체공사표준안전작업지침` `제9조`
  ㉠ 회전날에는 접촉방지 커버를 부착한다.
  ㉡ 회전날의 조임상태는 안전한지 작업 전에 점검한다.

⑤ 팽창제 `해체공사표준안전작업지침` `제8조`
  ㉠ 팽창제와 물과의 시방 혼합비율을 확인한다.
  ㉡ 천공직경이 너무 작거나 크면 팽창력이 작아 비효율적이므로 천공 직경은 30[mm]~50[mm] 정도를 유지한다.
  ㉢ 천공간격은 콘크리트 강도에 의하여 결정되나 30[cm]~70[cm] 정도를 유지한다.
  ㉣ 팽창제를 저장하는 경우에는 건조한 장소에 보관하고 직접 바닥에 두지 말고 습기를 피하여야 한다.
  ㉤ 개봉된 팽창제는 사용하지 말아야 하며 쓰다 남은 팽창제 처리에 유의한다.

(2) 해체 작업계획서 내용 `안전보건규칙` `별표 4`

① 해체의 방법 및 해체 순서도면
② 가설설비·방호설비·환기설비 및 살수·방화설비 등의 방법
③ 사업장 내 연락방법
④ 해체물의 처분계획
⑤ 해체작업용 기계·기구 등의 작업계획서
⑥ 해체작업용 화약류 등의 사용계획서
⑦ 그 밖에 안전·보건에 관련된 사항

3 콘크리트 구조물공사

1. 콘크리트 타설작업의 안전

(1) 콘크리트 타설작업 시 준수사항 `안전보건규칙` `제334조`

① 당일의 작업을 시작하기 전에 해당 작업에 관한 거푸집 및 동바리의 변형·변위 및 지반의 침하 유무 등을 점검하고 이상이 있으면 보수할 것
② 작업 중에는 감시자를 배치하는 등의 방법으로 거푸집 및 동바리의 변형·변위 및 침하 유무 등을 확인하여야 하며, 이상이 있으면 작업을 중지하고 근로자를 대피시킬 것
③ 콘크리트 타설작업 시 거푸집 붕괴의 위험이 발생할 우려가 있으면 충분한 보강조치를 할 것
④ 설계도서 상의 콘크리트 양생기간을 준수하여 거푸집 및 동바리를 해체할 것

⑤ 콘크리트를 타설하는 경우에는 편심이 발생하지 않도록 골고루 분산하여 타설할 것

(2) 콘크리트 타설 시 안전수칙 KOSHA C-43
① 콘크리트 타설은 계획에 의하여 순서대로 실시하여야 한다.
② 콘크리트를 타설하는 도중에는 거푸집 및 동바리의 이상 유무를 확인하여야 하고, 담당자를 배치하여 이상이 발생한 때에는 신속히 안전조치를 하여야 한다.
③ 타설속도는 콘크리트공사 표준시방서에 의한다.
④ 손수레를 이용하여 콘크리트를 운반할 때에는 다음의 사항을 준수하여야 한다.
  ㉠ 손수레를 타설하는 위치까지 천천히 운반하여 거푸집에 충격을 주지 아니하도록 하여야 하며 적당히 간격을 유지하여야 한다.
  ㉡ 운반통로는 구분을 명확히 하고, 통로 상의 장애물을 제거하여 운반에 방해가 되지 않도록 하여야 한다.
⑤ 콘크리트의 운반 및 타설장비는 작업시작 전 성능을 확인하여야 하고, 사용 전·후 반드시 점검하여야 한다.
⑥ 콘크리트를 한 곳에만 집중적으로 타설할 경우 편심하중에 의한 거푸집의 변형 및 동바리의 탈락이 붕괴사고를 유발하게 되므로 타설계획 및 순서에 따라 균형있게 타설하여야 한다.
⑦ 진동기는 적절히 사용되어야 하며, 지나친 진동은 거푸집 도괴의 원인이 될 수 있으므로 각별히 주의하여야 한다.

2. 콘크리트 타설 및 다지기

(1) 배합설계
① 정의: 배합설계는 현장에서 요구되는 작업에 적합한 콘크리트의 성질 및 이러한 콘크리트의 배합 시 의도한 강도 및 내구성과 워커빌러티를 갖는 콘크리트를 만들기 위하여 각 재료의 비율 또는 사용량을 고려하여 콘크리트를 배합하기 위한 사전계획 및 작업이다.
② 설계기준강도(f_{ck}): 설계에 있어서 기준으로 하는 콘크리트 강도(재령 28일 압축강도 기준)이다.
③ 배합강도(f_{cr}): 설계기준강도에 적당한 계수를 곱하여 할증한 압축강도로, 콘크리트 배합설계에서 소요의 강도로부터 물-시멘트비를 정할 경우에 쓰인다.

(2) 다지기
① 다짐방법
  ㉠ 진동 다짐: 진동기를 굳지 않은 콘크리트 내에 삽입하여 다진다.
  ㉡ 거푸집 다짐: 나무망치로 거푸집의 바깥쪽에서 두드려 다진다.
② 다짐작업 시 주의사항
  ㉠ 다짐봉은 콘크리트부터 천천히 빼내어 구멍이 남지 않도록 한다.
  ㉡ 다짐봉을 콘크리트 이동 수단으로 사용하는 것은 금지한다.
  ㉢ Slump치가 8[m]일 경우 다짐시간은 5~15초를 표준으로 하고, 다짐시간이 과도하면 재료분리의 원인이 되므로 각별히 주의한다.
  ㉣ 1대의 다짐봉이 다지는 용량을 감안하여 다짐봉의 대수를 결정하고, 예비 다짐봉도 준비한다.

ⓜ 다짐 시 다짐봉이 배근된 철근이나 거푸집, 쉬스관, 기타 매설물과 접촉하지 않도록 주의한다.
ⓗ 다짐 시작 전 적정한 다짐 소요시간을 실제 시험에 의해 도출하여 감독(감리원)의 승인을 받은 후 적용한다.
ⓢ 다짐작업은 레미콘 타설 직후 바로 시작한다.
ⓞ 다짐봉이 철근에 직접 진동을 주지 않도록 주의한다.
③ 효과: 공극감소, 철근과의 부착력 증대, 내구성 증대

(3) 블리딩 및 레이턴스

① 블리딩(Bleeding)
  ㉠ 정의: 블리딩이란 콘크리트 타설 시 비교적 무거운 골재나 시멘트는 침하하고 가벼운 물이나 미세한 물질이 분리 상승하여 콘크리트 표면에 떠오르는 현상이다.
  ㉡ 방지대책
   • 단위 수량을 적게 한다.
   • 분말도가 적은 시멘트를 사용한다.
   • 골재 중 먼지와 같은 유해물의 함량을 감소한다.
   • AE제, AE감수제, 고성능 감수제를 사용한다.
   • 1회 타설 높이를 낮게 하고, 과도한 다짐을 금지한다.

② 레이턴스(Laitance)
  ㉠ 정의: 블리딩(Bleeding)에 의해 콘크리트 표면에 떠올라 침전한 미세한 물질이다.
  ㉡ 방지대책
   • 물-시멘트비를 낮게 한다.
   • 분말도가 적은 시멘트를 사용한다.
   • 골재는 입도·입형이 고른 것을 사용한다.
   • AE제, AE감수제 등을 사용한다.
   • 타설 높이를 낮게 하고, 과도한 진동을 방지한다.

3. 콘크리트 양생

(1) 콘크리트 양생의 종류

① 습윤양생: 콘크리트의 건조를 방지하고 수분상태를 유지시키는 것이다.
② 고압증기양생(오토클레이브 양생): 양생실 안에서 고압증기를 이용하여 양생하는 방법이다.
③ 피막양생: 피막양생제를 콘크리트 표면에 도포하여 수분증발을 막고 습도를 유지하는 것이다.
④ 전열양생: 전열선을 거푸집에 둘러 쳐서 콘크리트의 냉각을 막는 것이다.
⑤ 전기양생: 콘크리트에 직접 저압 전류를 보내 발생하는 저항열을 이용하는 것이다.
⑥ 온도제어양생: 시멘트 수화열에 의한 온도균열을 제어하기 위한 것으로 서중콘크리트, 매스콘크리트에 이용한다.
  예 프리쿨링(Pre-cooling), 파이프쿨링(Pipe-cooling)

(2) 콘크리트 구조물 내구성 저하

① 콘크리트 중성화(Neutralization)
  ㉠ 콘크리트가 공기 중의 탄산가스의 작용으로 서서히 알칼리성을 잃어가는 현상이다.
  ㉡ 시멘트의 수화반응에서 생성되는 수산화칼슘은 pH 12~13 정도의 알칼리성을 나타내며, 이 수산화칼슘은 대기 중에 있는 약산성의 이산화탄소와 접촉, 반응하여 pH 8~10 정도의 탄산칼슘과 물로 변화하는 현상이다.

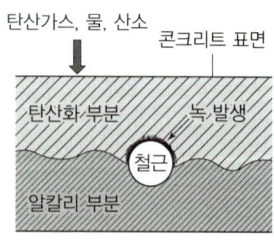

▲ 콘크리트의 중성화

② 알칼리 골재반응(AAR; Alkali Aggregate Reaction): 골재 중의 반응성 광물과 시멘트의 수화반응 중에 생기는 알칼리성분이 결합하여 일으키는 화학반응으로 콘크리트가 팽창하는 현상이다.

③ 콘크리트의 균열
- ㉠ 소성수축균열: 외기에 접하는 콘크리트 표면으로부터 수분증발과 거푸집 틈 사이의 수분손실로 소성수축을 촉진시켜 발생하는 균열이다.
- ㉡ 침하균열: 철근이나 거푸집, 골재의 하부에 블리딩수가 모이거나 공극이 발생하여 생기는 균열이다.
- ㉢ 온도균열: 수화반응에서의 수화열에 의한 균열로 댐, 교량의 하부구조, 도로포장, 옹벽, 원자력 발전소 구조물과 같은 매스콘크리트 구조물에서 주로 발생한다.
- ㉣ 건조수축균열: 워커빌리티에 기여한 잉여수가 건조하면서 콘크리트가 수축하여 발생하는 균열이다.

(3) **콘크리트 크리프(Creep)**
① 정의: 크리프(Creep)란 일정한 크기의 하중이 지속적으로 작용할 때 하중의 증가가 없어도 시간이 경과함에 따라 콘크리트의 변형이 증가하는 현상이다.
② 크리프가 증가하는 조건
- ㉠ 물-시멘트비가 클수록
- ㉡ 재령이 짧을수록
- ㉢ 온도가 높고, 습도가 낮을수록
- ㉣ 구조부재의 치수가 작을수록
- ㉤ 작용응력이 클수록

4. 슬럼프 시험(Slump Test)

(1) **정의**
① 슬럼프시험이란 슬럼프 콘에 의한 콘크리트의 유동성 측정시험을 말하며 컨시스턴시(반죽질기)를 측정하는 방법으로서 가장 일반적으로 사용한다.
② 슬럼프 콘에 굳지 않은 콘크리트를 충전하고 탈형했을 때 자중에 의해 밑으로 내려앉은 높이를 [cm]로 측정한 값이다.

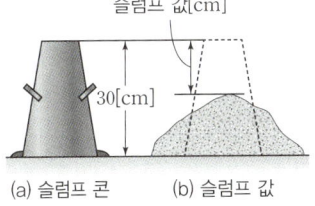

▲ 슬럼프시험

(2) **시험방법 및 순서**
① 수밀평판을 수평으로 설치하고 슬럼프 콘을 중앙에 설치한다.
② 슬럼프 콘 안에 콘크리트를 용적으로 $\frac{1}{3}$씩 3층으로 나누어 넣고 25회씩 다진다.
③ 조심성 있게 수직으로 들어 올려 무너져 내린 높이(슬럼프 값)를 측정한다.

(3) **시공연도(Workability) 측정방법**
① 정의: 시공연도(Workability)란 재료분리를 일으키지 않고 부어넣기·다짐·마감 등의 작업이 용이한 정도를 나타내는 굳지 않은 콘크리트의 성질이다.
② 측정방법
- ㉠ 슬럼프시험(Slump Test)
- ㉡ 비비시험(Vee-bee Test)
- ㉢ 흐름시험(Flow Test)
- ㉣ 다짐계수시험(Compacting Factor Test)
- ㉤ 리몰딩시험(Remolding Test)
- ㉥ 케리의 구관입시험(Ball Penetration Test)

5. 콘크리트 측압

(1) 정의
① 측압(Lateral Pressure)이란 콘크리트 타설 시 기둥·벽체의 거푸집에 가해지는 콘크리트의 수평 방향의 압력이다.
② 콘크리트의 타설 높이가 증가함에 따라 측압은 증가하나, 일정한 높이 이상이 되면 측압은 감소한다.

(2) 측압이 커지는 조건
① 거푸집 부재단면이 클수록
② 거푸집 수밀성이 클수록(투수성이 작을수록)
③ 거푸집의 강성이 클수록
④ 거푸집 표면이 평활할수록
⑤ 시공연도(Workability)가 좋을수록
⑥ 철골 또는 철근량이 적을수록
⑦ 외기온도가 낮을수록, 습도가 높을수록
⑧ 콘크리트의 타설속도가 빠를수록
⑨ 콘크리트의 다짐이 과할수록
⑩ 콘크리트의 슬럼프가 클수록
⑪ 콘크리트의 비중이 클수록

6. 콘크리트구조물 붕괴 안전대책

(1) 구축물 등의 안전 유지 [안전보건규칙 제51조]

구축물 등이 고정하중, 적재하중, 시공·해체 작업 중 발생하는 하중, 적설, 풍압, 지진이나 진동 및 충격 등에 의하여 전도·폭발하거나 무너지는 등의 위험을 예방하기 위하여 설계도면, 시방서(示方書), 「건축물의 구조기준 등에 관한 규칙」에 따른 구조설계도서, 해체계획서 등 설계도서를 준수하여 필요한 조치를 하여야 한다.

(2) 매설물 등의 파손에 의한 위험방지 [안전보건규칙 제341조]
① 매설물·조적벽·콘크리트벽 또는 옹벽 등의 건설물에 근접한 장소에서 굴착작업을 할 때에 해당 가설물의 파손 등에 의하여 근로자가 위험해질 우려가 있는 경우에는 해당 건설물을 보강하거나 이설하는 등 해당 위험을 방지하기 위한 조치를 하여야 한다.
② 굴착작업에 의하여 노출된 매설물 등이 파손됨으로써 근로자가 위험해질 우려가 있는 경우에는 해당 매설물 등에 대한 방호조치를 하거나 이설하는 등 필요한 조치를 하여야 한다.
③ 매설물 등의 방호작업에 대하여 관리감독자에게 해당 작업을 지휘하도록 하여야 한다.

(3) 옹벽의 안정성 조건
① 옹벽의 종류 [KOSHA C-78]
　㉠ 중력식 옹벽: 옹벽 자체의 무게로 토압 등의 외력을 지지하여 자중으로 토압에 대항
　㉡ 반중력식 옹벽: 중력식 옹벽의 벽두께를 얇게 하고 이로 인해 생기는 인장응력에 저항하기 위해 철근을 배치한 형식
　㉢ 역T형 옹벽: 옹벽의 배면에 기초 슬래브가 일부 돌출한 모양의 옹벽형식
　㉣ 부벽식 옹벽: 벽의 전면 또는 후면에서 바깥쪽으로 튀어나와 벽체가 쓰러지지 않게 지탱하기 위하여 부벽을 이용하는 형식
② 옹벽의 안정조건
　㉠ 활동에 대한 안정

$$F_s = \frac{\text{활동에 저항하려는 힘}}{\text{활동하려는 힘}} \geq 1.5$$

  © 전도에 대한 안정

$$F_s = \frac{\text{저항 모멘트}}{\text{전도 모멘트}} \geq 2.0$$

  © 지반 지지력(침하)에 대한 안정

$$F_s = \frac{\text{지반의 허용지지력}(q_a)}{\text{지반에 작용하는 최대하중}(q_{max})} \geq 1.0$$

4 철골공사

1. 철골공사 작업의 안전

(1) **공사 전 검토사항** 철골공사표준안전작업지침 / 제3조
  ① 공작도(Shop Drawing)에 포함하여야 할 사항
   ㉠ 외부비계받이 및 화물승강설비용 브래킷
   ㉡ 기둥 승강용 트랩
   ㉢ 구명줄 설치용 고리
   ㉣ 건립에 필요한 와이어 걸이용 고리
   ㉤ 난간 설치용 부재
   ㉥ 기둥 및 보 중앙의 안전대 설치용 고리
   ㉦ 방망 설치용 부재
   ㉧ 비계 연결용 부재
   ㉨ 방호선반 설치용 부재
   ㉩ 양중기 설치용 보강재
  ② 외압에 대한 내력이 설계에 고려되었는지 확인하여야 할 구조물
   ㉠ 높이 20[m] 이상의 구조물
   ㉡ 구조물의 폭과 높이의 비가 1 : 4 이상인 구조물
   ㉢ 단면구조에 현저한 차이가 있는 구조물
   ㉣ 연면적당 철골량이 50[kg/m²] 이하인 구조물
   ㉤ 기둥이 타이플레이트(Tie Plate)형인 구조물
   ㉥ 이음부가 현장용접인 구조물

(2) **철골작업의 제한**
  ① 작업의 제한기준 안전보건규칙 / 제383조

구분	내용
강풍	풍속이 10[m/s] 이상인 경우
강우	강우량이 1[mm/h] 이상인 경우
강설	강설량이 1[cm/h] 이상인 경우

  ② 강풍 시 조치: 높은 곳에 있는 부재나 공구류가 낙하, 비래하지 않도록 조치한다.

(3) **재해방지 설비** 철골공사표준안전작업지침 / 제16조
  ① 철골공사에 있어서는 용도, 사용장소 및 조건에 따라 재해방지 설비를 갖추어야 한다.
  ② 고소작업에 따른 추락방지를 위하여 추락방지용 방망을 설치하도록 하고 작업자는 안전대를 사용하도록 하며 안전대 사용을 위해 미리 철골에 안전대 부착설비를 설치해 두어야 한다.
  ③ 구명줄을 설치할 경우에는 1가닥의 구명줄을 여러 명이 동시에 사용하지 않도록 하여야 하며 구명줄을 마닐라 로프 직경 16[mm]를 기준하여 설치하고 작업방법을 충분히 검토하여야 한다.
  ④ 낙하·비래 및 비산방지설비는 지상 층의 철골건립개시 전에 설치하고 철골건물의 높이가 지상 20[m] 이하일 때는 방호선반을 1단 이상, 20[m] 이상인 경우에는 2단 이상 설치하도록 하며 건물 외부비계 방호시트에서 수평거리로 2[m] 이상 돌출하고 20° 이상의 각도를 유지시켜야 한다.

⑤ 외부비계를 필요로 하지 않는 공법을 채택한 경우에도 낙하·비래 및 비산방지설비를 하여야 하며 철골보 등을 이용하여 설치하여야 한다.
⑥ 화기를 사용할 경우에는 그곳에 불연재료로 울타리를 설치하거나 석면포로 주위를 덮는 등의 조치를 취해야 한다.
⑦ 철골건물 내부에 낙하비래장치 시설을 설치할 경우에는 일반적으로 3층 간격마다 수평으로 철망을 설치하여 작업자의 추락방지시설을 겸하도록 하되 기둥 주위에 공간이 생기지 않도록 하여야 한다.
⑧ 철골건립 중 건립위치까지 작업자가 안전하게 승강할 수 있는 사다리, 계단, 외부비계, 승강용 엘리베이터 등을 설치하여야 하며 건립이 실시되는 층에서는 주로 기둥을 이용하여 올라가는 경우가 많으므로 기둥승강 설비로서 기둥제작 시 16[mm] 철근 등을 이용하여 30[cm] 이내의 간격, 30[cm] 이상의 폭으로 트랩을 설치하여야 하며 안전대 부착설비구조를 겸용하여야 한다.

(4) 철골세우기용 기계
① 고정식 크레인
  ㉠ 고정식 타워크레인: 설치가 용이하고, 작업범위가 넓으며 철골구조물 공사에 적합하다.
  ㉡ 이동식 타워크레인: 이동하면서 작업할 수 있으므로 작업반경을 최소화할 수 있다.
② 이동식 크레인
  ㉠ 트럭 크레인: 타이어 트럭 위에 크레인 본체를 설치한 것으로 기동성이 우수하고 안전을 확보하기 위해 아웃트리거 장치를 설치한다.
  ㉡ 크롤러 크레인: 무한궤도 위에 크레인 본체를 설치한 것으로 안전성이 우수하고 연약지반에서의 주행성능이 좋으나 기동성이 저조하다.
  ㉢ 유압 크레인: 유압식 조작방식으로 안정성이 우수하고, 이동속도가 빠르며 아웃트리거 장치를 설치한다.
③ 데릭(Derrick)
  ㉠ 가이데릭(Guy Derrick): 360° 회전 가능하고, 인양하중 능력이 크나 타워크레인에 비해 선회성 및 안전성이 떨어진다.
  ㉡ 삼각데릭(Stiff Leg Derrick): 주기둥을 지탱하는 지선 대신에 2개의 다리에 의해 고정하고, 회전반경은 270°로 높이가 낮은 건물에 유리하다.
  ㉢ 진폴(Gin Pole): 철파이프, 철골 등으로 기둥을 세우고 윈치를 이용하여 철골부재를 인상하며 경미한 철골건물에 사용한다.

(5) 철골 접합방법
① 리벳(Rivet) 접합
② 볼트(Bolt) 접합
③ 고장력볼트(High Tension Bolt) 접합
④ 용접(Welding) 접합
  ㉠ 철골부재의 접합부를 열로 녹여 일체가 되도록 결합시키는 방법이다.
  ㉡ 용접의 이음형식
    • 맞대기용접(Butt Welding): 접합하는 두 부재 사이에 홈을 두고 용착금속을 채워 넣는 방법이다.
    • 모살용접(Fillet Welding): 모살을 덧붙이는 용접으로 한쪽의 모재 끝을 다른 모재면에 겹치거나 맞대어 그 접촉부분의 모서리를 용접하는 방법이다.
  ㉢ 용접결함의 종류
    • 기공(Blow Hole): 용착금속에 남아있는 수소+CO_2 가스로 인해 기포가 생기는 것
    • 슬래그혼입: 모재와의 융합부에 슬래그 부스러기가 잔존하는 것
    • 크레이터(Crater): 아크용접 시 비드(Bead) 끝이 오목하게 들어간 부분

- 언더컷(Undercut): 용접부 결함에서 전류가 과대하고, 용접속도가 너무 빠르며, 아크를 짧게 유지하기 어려운 경우 모재 및 용접부의 일부가 녹아서 홈 또는 오목하게 생긴 부분
- 피트(Pit): 용융금속이 균일하지 못하게 주입되어 용접부 표면에 작은 기포 구멍이 생기는 것
- 용입불량: 용융금속이 균일하지 못하게 주입되어 용착금속이 채워지지 않고 홈으로 남게 되는 것
- 오버랩(Overlap): 전기 아크용접에서 용융풀(pool)이 작고 용입이 얕은 경우에 용차금속이 용융풀 주위에 융합되지 않은 채 겹쳐지는 것

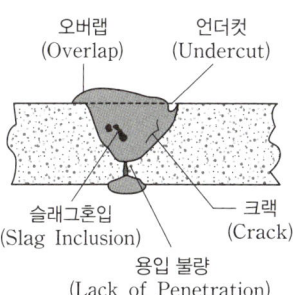

5 PC(Precast Concrete) 공사

1. PC 공법의 장점

(1) 기후의 영향을 받지 않아 동절기 시공이 가능하고, 공기를 단축할 수 있다.
(2) 현장작업이 감소되고, 생산성이 향상되어 인력절감이 가능하다.
(3) 공장 제작이므로 콘크리트 양생 시 최적조건에 의한 양질의 제품생산이 가능하다.

2. PC 부재의 설치 시 안전대책

(1) PC 부재가 파손되지 않도록 주의한다.
(2) PC 부재의 하부가 오염되지 않도록 받침목을 받치고 설치한다.
(3) PC 부재는 되도록 수직으로 설치한다.

3. PC 부재의 조립 시 안전대책

(1) 신호수를 지정하여 사전에 정해진 신호에 따라 인양작업을 한다.
(2) 작업자는 안전모, 안전대 등 보호구를 착용한다.
(3) 조립작업 전 기계·기구 공구의 이상 유무를 확인한다.
(4) 작업현장 인근의 고압전로에는 방호신빈을 사전 설치한다.
(5) PC 부재 인양작업 시 적재하중을 초과하여서는 아니 된다.
(6) PC 부재 인양작업 시 크레인의 침하방지 조치를 철저히 한다.
(7) PC 부재 인양작업 시 그 아래에 근로자의 출입을 금지한다.
(8) PC 부재 인양 중 운전자는 운전대에서의 이탈을 금지한다.
(9) 크레인 사용 시 PC 부재의 중량을 고려하여 아웃트리거를 사용한다.

▲ PC공사 시공 사례

6 운반 및 하역작업

1. 취급, 운반의 원칙

(1) **취급, 운반의 3조건**
① 운반거리를 단축시킬 것
② 운반을 기계화할 것
③ 손이 닿지 않는 운반방식으로 할 것

(2) **취급, 운반의 5원칙**
   ① 직선운반을 할 것
   ② 연속운반을 할 것
   ③ 운반작업을 집중화시킬 것
   ④ 생산을 최고로 하는 운반을 생각할 것
   ⑤ 시간과 경비를 최대한 절약할 수 있는 운반방법을 고려할 것

2. 인력운반

(1) **인력운반작업 준수사항** KOSHA G-119
   ① 작업공정을 개선하여 운반의 필요성이 없도록 한다.
   ② 운반작업을 줄인다.
   ③ 운반횟수(빈도) 및 거리를 최소화 한다.
   ④ 중량물의 경우는 2~3인(공동작업)이 운반한다.
   ⑤ 운반보조 기구 및 기계를 이용한다.
   ⑥ 물건을 들어올릴 때에는 팔과 무릎을 이용하며 척추는 곧게 한다.
   ⑦ 긴 물건은 앞부분을 약간 높여 모서리 등에 충돌하지 않게 하고, 굴려서 운반하는 것은 금지한다.

(2) **철근 인력운반방법** 콘크리트공사표준안전작업지침 제12조
   ① 1인당 무게는 25[kg] 정도가 적당하고, 무리한 운반을 삼가야 한다.
   ② 2인 이상이 1조가 되어 어깨메기로 운반하여야 한다.
   ③ 긴 철근을 부득이 한 사람이 운반할 때에는 한쪽을 어깨에 메고 한쪽 끝을 끌면서 운반하여야 한다.
   ④ 운반할 때에는 양끝을 묶어 운반하여야 한다.
   ⑤ 내려 놓을 때는 천천히 내려놓고 던지지 않아야 한다.
   ⑥ 공동 작업을 할 때에는 신호에 따라 작업을 하여야 한다.

(3) **운반자세의 종류와 신체에 걸리는 부하**

어깨운반	등에 진 운반	머리 위에 운반	한 손으로 머리 위에 올림	어깨메어 올림
70[kg]	70[kg]	움켜잡음 42[kg]	23[kg]	36[kg]
끌어올림	배로 당김	손으로 당김	양손 밀음	양손 당김
120[kg]	55[kg]	48[kg]	72[kg]	48[kg]
한손 들음 운반	양손 들음 운반	앞 들음 운반	양손으로 목 들음 올림	천평운반
몸에 붙음 40[kg] 붙지 않음 25[kg]	79[kg]	60[kg]	68[kg]	115[kg]

3. 중량물 취급운반

(1) 작업계획서 내용 [안전보건규칙] 별표 4
① 추락위험을 예방할 수 있는 안전대책
② 낙하위험을 예방할 수 있는 안전대책
③ 전도위험을 예방할 수 있는 안전대책
④ 협착위험을 예방할 수 있는 안전대책
⑤ 붕괴위험을 예방할 수 있는 안전대책

(2) 중량물 취급 안전기준
① 하역운반기계·운반용구를 사용하여야 한다.
② 작업지휘자를 지정하여 다음의 사항을 준수하도록 하여야 한다.(단위화물의 무게가 100[kg] 이상인 화물을 싣는 작업 또는 내리는 작업) [안전보건규칙] 제177조
  ㉠ 작업순서 및 그 순서마다의 작업방법을 정하고 작업을 지휘할 것
  ㉡ 기구와 공구를 점검하고 불량품을 제거할 것
  ㉢ 해당 작업을 하는 장소에 관계 근로자가 아닌 사람의 출입을 금지할 것
  ㉣ 로프 풀기 작업 또는 덮개 벗기기 작업은 적재함의 화물이 떨어질 위험이 없음을 확인한 후에 하도록 할 것
③ 중량물을 2명 이상의 근로자가 취급하거나 운반하는 작업을 하는 경우에는 일정한 신호방법을 정하고, 운전자는 그 신호에 따라야 한다.

4. 하역작업의 안전수칙

(1) 하역작업장의 조치기준 [안전보건규칙] 제390조
① 작업장 및 통로의 위험한 부분에는 안전하게 작업할 수 있는 조명을 유지할 것
② 부두 또는 안벽의 선을 따라 통로를 설치하는 경우에는 폭을 90[cm] 이상으로 할 것
③ 육상에서의 통로 및 작업장소로서 다리 또는 선거 갑문을 넘는 보도 등의 위험한 부분에는 안전난간 또는 울타리 등을 설치할 것

(2) 항만하역작업 시 안전수칙
① 통행설비의 설치 [안전보건규칙] 제394조
  갑판의 윗면에서 선창 밑바닥까지의 깊이가 1.5[m]를 초과하는 선창의 내부에서 화물취급작업을 하는 경우에 그 작업에 종사하는 근로자가 안전하게 통행할 수 있는 설비를 설치하여야 한다.
② 선박승강설비의 설치 [안전보건규칙] 제397조
  ㉠ 300톤급 이상의 선박에서 하역작업을 하는 경우에 근로자들이 안전하게 오르내릴 수 있는 현문 사다리를 설치하여야 하며, 이 사다리 밑에 안전망을 설치하여야 한다.
  ㉡ 현문 사다리는 견고한 재료로 제작된 것으로 너비는 55[cm] 이상이어야 하고, 양측에 82[cm] 이상의 높이로 울타리를 설치하여야 하며, 바닥은 미끄러지지 않도록 적합한 재질로 처리되어야 한다.
  ㉢ 현문 사다리는 근로자의 통행에만 사용하여야 하며, 화물용 발판 또는 화물용 보판으로 사용하도록 해서는 아니 된다.

5. 화물취급작업 안전수칙

(1) **꼬임이 끊어진 섬유로프 등의 사용금지** 안전보건규칙 제188조
   ① 꼬임이 끊어진 것
   ② 심하게 손상되거나 부식된 것

(2) **화물의 적재 시 준수사항** 안전보건규칙 제393조
   ① 침하 우려가 없는 튼튼한 기반 위에 적재할 것
   ② 건물의 칸막이나 벽 등이 화물의 압력에 견딜 만큼의 강도를 지니지 아니한 경우에는 칸막이나 벽에 기대어 적재하지 않도록 할 것
   ③ 불안정할 정도로 높이 쌓아 올리지 말 것
   ④ 하중이 한쪽으로 치우치지 않도록 쌓을 것

에듀윌이
너를
지지할게

ENERGY

내가 꿈을 이루면
나는 누군가의 꿈이 된다.

– 이도준

▶ 대표저자 **최창률**

한국교통대학교 대학원(안전공학) 공학박사
전기안전기술사
(전) 한국산업안전보건공단 32년 근무
 – 한국산업안전보건공단 서비스재해예방실장 역임
 – 한국산업안전보건공단 대구광역/인천광역 전문기술위원실장 역임
 – 한국산업안전보건공단 경기동부/경북동부/경남동부지사장 역임
(전) 사단법인 안전보건진흥원 상임이사 역임
(전) KSR인증원 원장 역임
(전) 부산가톨릭대학교 안전보건학과 겸임교수 역임
(현) ㈜한국미래안전원 원장
(현) 법무법인 대륙아주 안전고문
(현) 한국광해광업공단 안전보건자문 및 안전경영위원회 위원
(현) 한국관광공사 안전보건자문
(현) 한국가스안전공사 안전보건자문
(현) 한국해양과학기술원 안전보건자문
(현) 서민금융진흥원 안전보건자문
(현) 전기안전기술사/화공안전기술사 저자
(현) 산업안전기사/산업안전산업기사 저자(1992년 최초 저자)
(현) 위험물산업기사/위험물기능사 저자
(현) 중대재해처벌법/안전보건경영시스템(ISO45001)/위험성평가 컨설팅
(현) 공공기관 안전활동수준평가 및 안전관리등급제 컨설팅

2026 에듀윌 산업안전기사 필기 한권끝장

발 행 일	2025년 9월 17일 초판 | 2026년 1월 27일 2쇄
저 자	최창률
펴 낸 이	양형남
개발책임	목진재
개 발	원은지
펴 낸 곳	(주)에듀윌
I S B N	979-11-360-3887-6
등록번호	제25100-2002-000052호
주 소	08378 서울특별시 구로구 디지털로34길 55 코오롱싸이언스밸리 2차 3층

* 이 책의 무단 인용 · 전재 · 복제를 금합니다.

www.eduwill.net

대표전화 1600-6700

여러분의 작은 소리
에듀윌은 크게 듣겠습니다.

본 교재에 대한 여러분의 목소리를 들려주세요.
공부하시면서 어려웠던 점, 궁금한 점,
칭찬하고 싶은 점, 개선할 점, 어떤 것이라도 좋습니다.

에듀윌은 여러분께서 나누어 주신 의견을
통해 끊임없이 발전하고 있습니다.

에듀윌 도서몰 book.eduwill.net
- 부가학습자료 및 정오표: 에듀윌 도서몰 → 도서자료실
- 교재 문의: 에듀윌 도서몰 → 문의하기 → 교재(내용, 출간) / 주문 및 배송

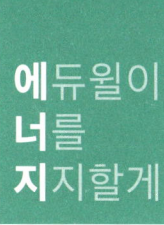

에듀윌이
너를
지지할게
ENERGY

시작하라.

그 자체가 천재성이고,
힘이며, 마력이다.

– 요한 볼프강 폰 괴테(Johann Wolfgang von Goethe)

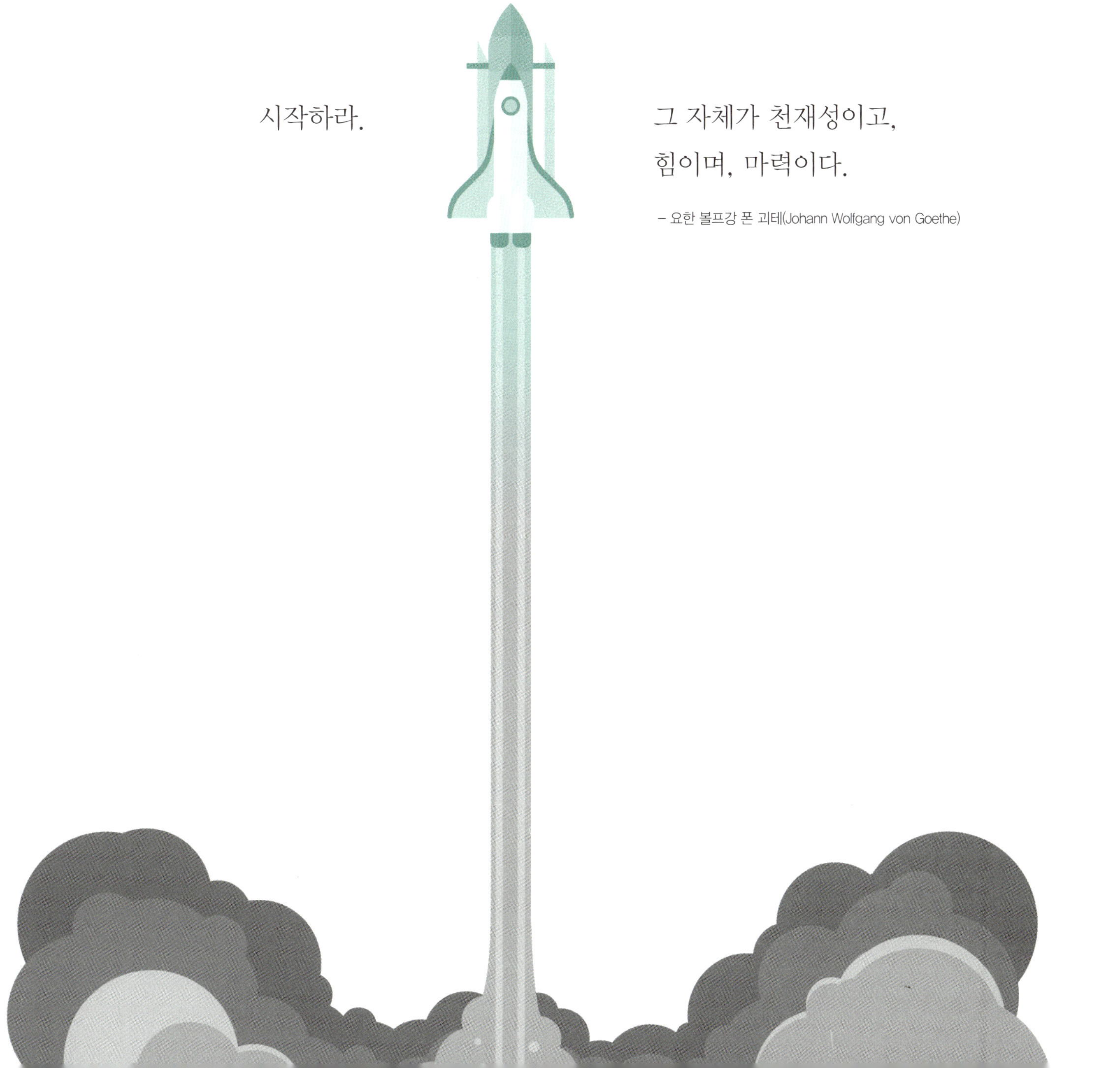

에듀윌
산업안전기사

필기 기출문제편

차례

2025년 CBT 복원문제

1회 CBT 복원문제	6
2회 CBT 복원문제	33
3회 CBT 복원문제	59

2024년 CBT 복원문제

1회 CBT 복원문제	86
2회 CBT 복원문제	114
3회 CBT 복원문제	141

2023년 CBT 복원문제

1회 CBT 복원문제	172
2회 CBT 복원문제	200
3회 CBT 복원문제	229

2022년 기출문제

1회 기출문제	258
2회 기출문제	286
3회 CBT 복원문제	317

2021년 기출문제		
	1회 기출문제	345
	2회 기출문제	373
	3회 기출문제	400

2020년 기출문제		
	1, 2회 기출문제	428
	3회 기출문제	454
	4회 기출문제	481

2019년 기출문제		
	1회 기출문제	508
	2회 기출문제	534
	3회 기출문제	560

* 법령 개정으로 인해 정답이 없는 문항이 있습니다.
해당 문항은 QR 정답 입력 시 정답을 ①로 체크하시면 됩니다.

2025년 1회 CBT 복원문제

최신 7개년 기출문제

자동 채점

산업재해 예방 및 안전보건교육

001
방진마스크의 사용 조건 중 산소농도의 최소기준으로 옳은 것은?
① 16[%]
② 18[%]
③ 21[%]
④ 23.5[%]

해설 방진마스크는 산소농도 18[%] 이상인 장소에서 사용하여야 한다.

관련개념 CHAPTER 02 안전보호구 관리

002
Y-K(Yutaka-Kohate)성격검사에 관한 사항으로 옳은 것은?
① C, C'형은 적응이 빠르다.
② M, M'형은 내구성, 집념이 부족하다.
③ S, S'형은 담력, 자신감이 강하다.
④ P, P'형은 운동, 결단이 빠르다.

해설 C, C'형 – 담즙질
- 운동, 결단, 눈치가 빠르다.
- 적응이 빠르다.
- 세심하지 않다.
- 내구, 집념이 부족하다.
- 자신감이 강하다.

관련개념 CHAPTER 03 산업안전심리

003
「산업안전보건법령」에 따른 특정 행위의 지시 및 사실의 고지에 사용되는 안전보건표지의 색도기준으로 옳은 것은?
① 2.5G 4/10
② 2.5PB 4/10
③ 5Y 8.5/12
④ 7.5R 4/14

해설 안전보건표지의 색도기준 및 용도

색채	색도기준	용도	사용 예
파란색	2.5PB 4/10	지시	특정 행위의 지시 및 사실의 고지
녹색	2.5G 4/10	안내	비상구 및 피난소, 사람 또는 차량의 통행표지
흰색	N9.5		파란색 또는 녹색에 대한 보조색

관련개념 CHAPTER 02 안전보호구 관리

004
인간관계의 메커니즘 중 다른 사람의 행동양식이나 태도를 투입시키거나 다른 사람 가운데서 자기와 비슷한 것을 발견하는 것은?
① 동일화
② 일체화
③ 투사
④ 공감

해설 동일화(Identification)
다른 사람의 행동양식이나 태도를 투입시키거나 다른 사람 가운데서 자기와 비슷한 점을 발견하는 것이다.

관련개념 CHAPTER 04 인간의 행동과학

정답 001 ② 002 ① 003 ② 004 ①

005

운동의 시지각(착각현상) 중 자동운동이 발생하기 쉬운 조건에 해당하지 않는 것은?

① 광점이 작은 것
② 대상이 단순한 것
③ 광의 강도가 큰 것
④ 시야의 다른 부분이 어두운 것

해설 자동운동이 생기기 쉬운 조건
- 광점이 작을 것
- 시야의 다른 부분이 어두울 것
- 광의 강도가 작을 것
- 대상이 단순할 것

관련개념 CHAPTER 03 산업안전심리

006

유기화합물용 방독마스크 시험가스의 종류가 아닌 것은?

① 염소가스 또는 증기
② 시클로헥산
③ 디메틸에테르
④ 이소부탄

해설 방독마스크의 종류 및 시험가스

종류	시험가스	정화통 흡수제 (정화제)
유기화합물용	시클로헥산(C_6H_{12})	활성탄
	디메틸에테르(CH_3OCH_3)	
	이소부탄(C_4H_{10})	
할로겐용	염소가스 또는 증기(Cl_2)	소다라임, 활성탄

관련개념 CHAPTER 02 안전보호구 관리

007

다음 중 헤드십(Headship)에 관한 설명과 가장 거리가 먼 것은?

① 권한의 근거는 공식적이다.
② 지휘의 형태는 민주주의적이다.
③ 상사와 부하와의 사회적 간격은 넓다.
④ 상사와 부하와의 관계는 지배적이다.

해설 헤드십은 지휘형태가 권위적인 특성이 있다.

관련개념 CHAPTER 04 인간의 행동과학

008

AE형 안전모에 있어 내전압성이란 최대 몇 [V] 이하의 전압에 견디는 것을 말하는가?

① 750
② 1,000
③ 3,000
④ 7,000

해설 AE형 안전모
- 물체의 낙하 또는 비래에 의한 위험을 방지 또는 경감하고, 머리부위 감전에 의한 위험을 방지하기 위한 것이다.
- 내전압성이란 7,000[V] 이하의 전압에 견디는 것을 말한다.

관련개념 CHAPTER 02 안전보호구 관리

009

대뇌의 Human Error로 인한 착오요인이 아닌 것은?

① 인지과정 착오
② 조치과정 착오
③ 판단과정 착오
④ 행동과정 착오

해설 착오의 원인
인지과정 착오, 판단과정 착오, 조치과정 착오

관련개념 CHAPTER 03 산업안전심리

010

안전보건교육계획에 포함하여야 할 사항이 아닌 것은?

① 교육의 종류 및 대상 ② 교육의 과목 및 내용
③ 교육장소 및 방법   ④ 교육지도안

해설 안전교육계획 수립 시 포함되어야 할 사항
- 교육대상(가장 먼저 고려)
- 교육의 종류
- 교육과목 및 교육내용
- 교육기간 및 시간
- 교육장소
- 교육방법
- 교육담당자 및 강사
- 교육목표 및 목적

관련개념 CHAPTER 05 안전보건교육의 내용 및 방법

011

아담스(Edward Adams)의 사고연쇄반응 이론 중 관리자가 의사결정을 잘못하거나 감독자가 관리적 잘못을 하였을 때의 단계에 해당되는 것은?

① 사고   ② 작전적 에러
③ 관리구조 결함   ④ 전술적 에러

해설 애드워드 아담스(E. Adams)의 사고연쇄반응 이론
㉠ 1단계: 관리구조 결함
㉡ 2단계: 작전적 에러 → 관리자의 의사결정이 그릇되거나 행동을 안 함
㉢ 3단계: 전술적 에러 → 불안전 행동, 불안전 동작
㉣ 4단계: 사고 → 상해의 발생, 아차사고(Near Miss), 비상해사고
㉤ 5단계: 상해, 손해 → 대인, 대물

관련개념 CHAPTER 01 산업재해예방 계획 수립

012

주의의 특성에 관한 설명 중 틀린 것은?

① 한 지점에 주의를 집중하면 다른 곳의 주의는 약해진다.
② 장시간 주의를 집중하려 해도 주기적으로 부주의의 리듬이 존재한다.
③ 의식이 과잉상태인 경우 최고의 주의집중이 가능해진다.
④ 여러 자극을 지각할 때 소수의 현란한 자극에 선택적 주의를 기울이는 경향이 있다.

해설 의식이 과잉상태인 경우 부주의의 원인이 되기 쉽다.
주의의 특성
- 선택성: 한 번에 많은 종류의 자극을 받을 때 소수의 특정한 것에만 반응함
- 방향성: 시선의 초점이 맞을 때 쉽게 인지됨
- 변동성: 인간은 한 점에 계속하여 주의를 집중할 수 없음(의식의 우회)

관련개념 CHAPTER 04 인간의 행동과학

013

버드(Bird)의 재해분포에 따르면 20건의 경상(물적, 인적상해)사고가 발생했을 때 무상해·무사고(위험순간) 고장 발생 건수는?

① 200   ② 600
③ 1,200   ④ 12,000

해설 버드(Bird)의 재해구성비율
- 중상(중증요양상태) 또는 사망 : 경상(물적, 인적 상해) : 무상해사고(물적 손실 발생) : 무상해, 무사고 고장(위험 순간)=1 : 10 : 30 : 600
- 경상(물적, 인적 상해) : 무상해, 무사고 고장(위험 순간)=10 : 600
- 무상해, 무사고 고장(위험 순간)=$20 \times \dfrac{600}{10}=1,200$건

관련개념 CHAPTER 01 산업재해예방 계획 수립

014

「산업안전보건법령」상 안전보건관리책임자 등에 대한 교육시간 기준으로 틀린 것은?

① 보건관리자, 보건관리전문기관의 종사자 보수교육: 24시간 이상
② 안전관리자, 안전관리전문기관의 종사자 신규교육: 34시간 이상
③ 안전보건관리책임자 보수교육: 6시간 이상
④ 건설재해예방전문지도기관의 종사자 신규교육: 24시간 이상

해설 건설재해예방전문지도기관 종사자의 교육시간은 신규교육 34시간 이상, 보수교육 24시간 이상이다.

관련개념 CHAPTER 05 안전보건교육의 내용 및 방법

015

토의법의 유형 중 다음에서 설명하는 것은?

> 새로운 자료나 교재를 제시하고, 문제점을 피교육자로 하여금 제기하도록 하거나 피교육자의 의견을 여러 가지 방법으로 발표하게 하고 청중과 토론자 간 활발한 의견개진 과정을 통하여 합의를 도출해 내는 방법이다.

① 포럼
② 심포지엄
③ 자유토의
④ 패널 디스커션

해설 포럼(Forum)
새로운 자료나 교재를 제시하고 거기서의 문제점을 피교육자로 하여금 제기하게 하거나 의견을 여러 가지 방법으로 발표하게 하고 다시 깊이 파고 들어 토의하는 방법이다.

관련개념 CHAPTER 05 안전보건교육의 내용 및 방법

016

Line-Staff형 안전보건관리조직에 관한 특징이 아닌 것은?

① 조직원 전원을 자율적으로 안전활동에 참여시킬 수 있다.
② 스태프가 월권행위할 경우가 있으며 라인스태프에 의존 또는 활용치 않는 경우가 있다.
③ 생산부문은 안전에 대한 책임과 권한이 없다.
④ 명령계통과 조언의 권고적 참여가 혼동되기 쉽다.

해설 생산부문에 안전에 대한 책임과 권한이 없는 것은 스태프(STAFF)형 조직(참모형 조직)의 특징이다.

관련개념 CHAPTER 01 산업재해예방 계획 수립

017

직무적성검사의 특징과 가장 거리가 먼 것은?

① 재현성
② 객관성
③ 타당성
④ 표준화

해설 직무적성검사(심리검사)의 특징
신뢰성, 객관성, 표준화, 타당성, 실용성

관련개념 CHAPTER 03 산업안전심리

018

매슬로우(Maslow)의 욕구위계이론 중 제2단계 욕구에 해당하는 것은?

① 자아실현의 욕구
② 안전에 대한 욕구
③ 사회적 욕구
④ 생리적 욕구

해설 매슬로우(Maslow)의 욕구위계이론
㉠ 제1단계: 생리적 욕구
㉡ 제2단계: 안전의 욕구
㉢ 제3단계: 사회적 욕구(친화 욕구)
㉣ 제4단계: 자기존경의 욕구(안정의 욕구 또는 자기존중의 욕구)
㉤ 제5단계: 자아실현의 욕구(성취욕구)

관련개념 CHAPTER 04 인간의 행동과학

| 정답 | 014 ④ | 015 ① | 016 ③ | 017 ① | 018 ② |

019

「산업안전보건법령」상 안전보건표지의 종류 중 보안경 착용이 표시된 안전보건표지는?

① 안내표지 ② 금지표지
③ 경고표지 ④ 지시표지

해설 지시표지는 작업에 관한 지시, 즉 안전·보건 보호구의 착용에 사용되며, 보안경 착용은 지시표지에 포함된다.

보안경착용 방독마스크착용 방진마스크착용 보안면착용 안전모착용

귀마개착용 안전화착용 안전장갑착용 안전복착용

▲ 지시표지의 종류

관련개념 CHAPTER 02 안전보호구 관리

020

Off JT 교육의 특징에 해당되는 것은?

① 많은 지식, 경험을 교류할 수 있다.
② 교육 효과가 업무에 신속히 반영된다.
③ 현장의 관리감독자가 강사가 되어 교육을 한다.
④ 다수의 대상자를 일괄적으로 교육하기 어려운 점이 있다.

해설 많은 지식, 경험을 교류할 수 있는 것은 다수의 근로자에게 조직적 훈련이 가능한 Off JT 교육의 특징이다.

Off JT(직장 외 교육훈련)
계층별 직능별로 공통된 교육대상자를 현장 이외의 한 장소에 모아 집합교육을 실시하는 교육형태로 집단교육에 적합하다.
• 다수의 근로자에게 조직적 훈련을 행하는 것이 가능하다.
• 훈련에만 전념할 수 있다.
• 외부의 전문가를 강사로 초청하는 것이 가능하다.
• 특별교재·교구 및 설비를 사용하는 것이 가능하다.

관련개념 CHAPTER 05 안전보건교육의 내용 및 방법

인간공학 및 위험성평가·관리

021

「근골격계부담작업의 범위 및 유해요인조사 방법에 관한 고시」상 근골격계부담작업에 해당하지 않는 것은?(단, 상시작업을 기준으로 한다.)

① 하루에 10회 이상 25[kg] 이상의 물체를 드는 작업
② 하루에 총 2시간 이상 쪼그리고 앉거나 무릎을 굽힌 자세에서 이루어지는 작업
③ 하루에 총 2시간 이상 시간당 5회 이상 손 또는 무릎을 사용하여 반복적으로 충격을 가하는 작업
④ 하루에 4시간 이상 집중적으로 자료입력 등을 위해 키보드 또는 마우스를 조작하는 작업

해설 하루에 총 2시간 이상 **시간당 10회 이상** 손 또는 무릎을 사용하여 반복적으로 충격을 가하는 작업이 근골격계부담작업에 해당한다.

관련개념 CHAPTER 04 근골격계질환 예방관리

022

건구온도 30[℃], 습구온도 35[℃]일 때의 옥스퍼드(Oxford)지수는 얼마인가?

① 20.75[℃] ② 24.58[℃]
③ 32.78[℃] ④ 34.25[℃]

해설 옥스퍼드(Oxford) 지수(습건지수)
$W_D = 0.85W(습구온도) + 0.15D(건구온도)$
$= 0.85 \times 35 + 0.15 \times 30 = 34.25[℃]$

관련개념 CHAPTER 06 작업환경 관리

023

결함수분석법(FTA)에서의 미니멀 컷셋과 미니멀 패스셋에 관한 설명으로 맞는 것은?

① 미니멀 컷셋은 시스템의 신뢰성을 표시하는 것이다.
② 미니멀 패스셋은 시스템의 위험성을 표시하는 것이다.
③ 미니멀 패스셋은 시스템의 고장을 발생시키는 최소의 패스셋이다.
④ 미니멀 컷셋은 정상사상(Top Event)을 일으키기 위한 최소한의 컷셋이다.

해설
① 미니멀 컷셋은 시스템의 위험성을 표시하는 것이다.
② 미니멀 패스셋은 시스템의 신뢰성을 표시하는 것이다.
③ 미니멀 패스셋은 정상사상(고장)이 일어나지 않는 최소한의 패스셋이다.

관련개념 CHAPTER 02 위험성 파악·결정

024

인간실수확률에 대한 추정기법으로 가장 적절하지 않은 것은?

① CIT(Critical Incident Technique): 위급사건기법
② FMEA(Failure Mode and Effect Analysis): 고장형태 영향분석법
③ TCRAM(Task Criticality Rating Analysis Method): 직무위급도 분석법
④ THERP(Technique for Human Error Rate Prediction): 인간 실수율 예측기법

해설 고장형태와 영향분석법(FMEA)은 시스템에 영향을 미치는 요소가 물체로 한정되어 있기 때문에 인적 원인을 분석하는 데는 곤란하다.

관련개념 CHAPTER 02 위험성 파악·결정

025

다음 중 신호검출이론(SDT)에서 두 정규분포 곡선이 교차하는 부분에 판별기준이 놓였을 경우 Beta 값으로 옳은 것은?

① Beta=0
② Beta<1
③ Beta=1
④ Beta>1

해설 신호검출이론(SDT; Signal Detection Theory)
배경소음(Noise)이 신호검출에 미치는 영향에 관한 이론으로 기준점에서 두 곡선의 높이의 비(신호/소음)를 β라고 하며, 두 정규분포 곡선이 교차하는 부분에 판별기준이 놓였을 경우 $\beta=1$이다.

관련개념 CHAPTER 06 작업환경 관리

026

NIOSH 지침에서 최대허용한계(MPL)는 활동한계(AL)의 몇 배인가?

① 1배
② 3배
③ 5배
④ 9배

해설 NIOSH Lifting Guideline에서 중량물 취급 시 감시기준(활동한계, AL)과 최대허용기준(MPL)의 관계식은 다음과 같다.
MPL=3AL

관련개념 CHAPTER 06 작업환경 관리

027

음량수준을 평가하는 척도와 관계없는 것은?

① dB
② HSI
③ phon
④ sone

해설 HSI
- 인간의 눈에 있는 간상세포가 구분할 수 있는 색상단위인 RGB값에 밝기나 채도에 대한 개념을 더한 단위이다.
- 색상(Hue), 채도(Saturation), 명도(Intensity)의 약자이다.

관련개념 CHAPTER 06 작업환경 관리

028

「산업안전보건법령」에 따라 제출된 유해위험방지계획서의 심사 결과에 따른 구분판정결과에 해당하지 않는 것은?

① 적정
② 일부 적정
③ 부적정
④ 조건부 적정

해설 유해위험방지계획서의 심사 결과
- 적정: 근로자의 안전과 보건을 위하여 필요한 조치가 구체적으로 확보되었다고 인정되는 경우
- 조건부 적정: 근로자의 안전과 보건을 확보하기 위하여 일부 개선이 필요하다고 인정되는 경우
- 부적정: 건설물·기계·기구 및 설비 또는 건설공사가 심사기준에 위반되어 공사착공 시 중대한 위험이 발생할 우려가 있거나 해당 계획에 근본적 결함이 있다고 인정되는 경우

관련개념 CHAPTER 02 위험성 파악·결정

029

동작경제의 원칙에 해당하지 않는 것은?

① 공구의 기능을 각각 분리하여 사용하도록 한다.
② 두 팔의 동작은 동시에 서로 반대방향으로 대칭적으로 움직이도록 한다.
③ 공구나 재료는 작업동작이 원활하게 수행되도록 그 위치를 정해준다.
④ 가능하다면 쉽고도 자연스러운 리듬이 작업동작에 생기도록 작업을 배치한다.

해설 공구 및 설비 설계(디자인)에 관한 동작경제의 원칙
- 치구나 족답장치(Foot-operated Device)를 효과적으로 사용할 수 있는 작업에서는 이러한 장치를 사용하도록 하여 양손이 다른 일을 할 수 있도록 한다.
- 가능하면 공구 기능을 결합하여 사용하도록 한다.
- 공구와 자세는 가능한 한 사용하기 쉽도록 미리 위치를 잡아준다.

관련개념 CHAPTER 06 작업환경 관리

030

매직넘버라고도 하며, 인간이 절대식별 시 작업 기억 중에 유지할 수 있는 항목의 최대수를 나타낸 것은?

① 3±1
② 7±2
③ 10±1
④ 20±2

해설 밀러(Miller)의 신비의 수(Magical Number)
인간이 신뢰성 있게 정보 전달을 할 수 있는 기억은 5가지 미만이며 감각에 따라 정보를 신뢰성 있게 전달할 수 있는 한계 개수는 5~9가지로 '신비의 수 7±2(5~9)'를 발표했다.

관련개념 CHAPTER 01 안전과 인간공학

031

손이나 특정 신체부위에 발생하는 누적손상장애(CTD)의 발생인자와 가장 거리가 먼 것은?

① 무리한 힘
② 다습한 환경
③ 장시간의 진동
④ 반복도가 높은 작업

해설 누적손상장애(CTDs) 발생원인
과도한 힘의 요구, 부적절한 작업자세, 장시간의 진동, 반복적인 동작 등

관련개념 CHAPTER 04 근골격계질환 예방관리

032

작업자가 용이하게 기계·기구를 식별하도록 암호화(Coding)를 한다. 암호화 방법이 아닌 것은?

① 강도
② 형상
③ 크기
④ 색채

해설 암호화 방법(코드화)
형상, 크기, 색채, 촉감, 위치, 레벨, 조작방법

관련개념 CHAPTER 06 작업환경 관리

033

섬유유연제 생산 공정이 복잡하게 연결되어 있어 작업자의 불안전한 행동을 유발하는 상황이 발생하고 있다. 이것을 해결하기 위한 위험처리 기술에 해당하지 않는 것은?

① Transfer(위험 전가)
② Retention(위험 보류)
③ Reduction(위험 감축)
④ Rearrange(작업순서의 변경 및 재배열)

해설 리스크(Risk) 통제방법(조정기술)
- 회피(Avoidance)
- 경감, 감축(Reduction)
- 보류(Retention)
- 전가(Transfer)

관련개념 CHAPTER 02 위험성 파악 · 결정

034

양립성(Compatibility)에 대한 설명 중 틀린 것은?

① 개념 양립성, 운동 양립성, 공간 양립성 등이 있다.
② 인간의 기대에 맞는 자극과 반응의 관계를 의미한다.
③ 양립성의 효과가 크면 클수록, 코딩의 시간이나 반응의 시간은 길어진다.
④ 양립성은 인간의 예상과 어느 정도 일치하는 것을 의미한다.

해설 양립성의 효과가 클수록 자극과 반응이 자연스럽게 일치하므로 코딩 시간과 반응 시간이 단축된다.
양립성(Compatibility)
- 안전을 근원적으로 확보하기 위한 전략으로서 외부의 자극과 인간의 기대가 서로 모순되지 않아야 하는 것이고 제어장치와 표시장치 사이의 연관성이 인간의 예상과 어느 정도 일치하는가 여부이다.
- 공간적, 운동적, 개념적, 양식 양립성이 있다.

관련개념 CHAPTER 06 작업환경 관리

035

정보처리과정에서 부적절한 분석이나 의사결정의 오류에 의하여 발생하는 행동은?

① 규칙에 기초한 행동(Rule-based Behavior)
② 기능에 기초한 행동(Skill-based Behavior)
③ 지식에 기초한 행동(Knowledge-based Behavior)
④ 무의식에 기초한 행동(Unconsciousness-based Behavior)

해설 추론 혹은 유추 과정에서 실패하여 오답을 찾은 경우에 해당하는 에러를 지식기반착오(Knowledge-based Behavior)라고 한다. 예를 들어, 외국에서 자동차를 운전할 때 그 나라 교통 표지판의 문자를 몰라서 교통 규칙을 위반하게 되는 경우의 에러이다.

관련개념 CHAPTER 01 안전과 인간공학

036

인간의 귀의 구조에 대한 설명으로 틀린 것은?

① 외이는 귓바퀴와 외이도로 구성된다.
② 고막은 중이와 내이의 경계부위에 위치해 있으며 음파를 진동으로 바꾼다.
③ 중이에는 인두와 교통하여 고실 내압을 조절하는 유스타키오관이 존재한다.
④ 내이는 신체의 평형감각수용기인 반규관과 청각을 담당하는 전정기관 및 와우로 구성되어 있다.

해설 고막
- 외이와 중이의 경계에 위치하는 얇고 투명한 두께 0.1[mm]의 막이다.
- 외이로부터 전달된 음파에 진동되어 내이로 전달하는 역할을 한다.

관련개념 CHAPTER 06 작업환경 관리

037

다음 그림의 결함수에서 최소 패스셋(Minimal Path Sets)과 그 신뢰도 R(t)는?(단, 각각의 부품 신뢰도는 0.9이다.)

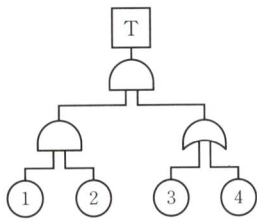

① 최소 패스셋: {1}, {2}, {3, 4}, R(t)=0.9081
② 최소 패스셋: {1}, {2}, {3, 4}, R(t)=0.9981
③ 최소 패스셋: {1, 2, 3}, {1, 2, 4}, R(t)=0.9081
④ 최소 패스셋: {1, 2, 3}, {1, 2, 4}, R(t)=0.9981

해설 최소 패스셋(Minimal Path Sets)
• 정상사상이 일어나지 않는 기본사상의 집합 중 최소한의 셋을 말한다.
• 최소 패스셋을 구할 때는 FT도의 AND 게이트와 OR 게이트를 반대로 나타내고 최소 컷셋을 구하면 된다.

$T = \begin{pmatrix} 1 \\ 2 \\ 3, 4 \end{pmatrix}$ 이므로 최소 패스셋은 {1}, {2}, {3, 4}이다.

• 고장확률 $= 0.1 \times 0.1 \times \{1-(1-0.1) \times (1-0.1)\} = 0.0019$이므로
신뢰도 R(t) = 1 − 고장확률 = 1 − 0.0019 = 0.9981

관련개념 CHAPTER 02 위험성 파악 · 결정

038

FTA에서 사용되는 논리게이트 중 입력과 반대되는 현상으로 출력되는 것은?

① 부정 게이트
② 억제 게이트
③ 배타적 OR 게이트
④ 우선적 AND 게이트

해설

기호	명칭	설명
$\overline{A}$	부정 게이트 (NOT 게이트)	부정 모디파이어(Not modifier)라고도 하며, 입력현상에 반대되는 출력사상이 발생

관련개념 CHAPTER 02 위험성 파악 · 결정

039

인간공학에 있어 기본적인 가정에 관한 설명으로 틀린 것은?

① 인간 기능의 효율은 인간−기계 시스템의 효율과 연계된다.
② 인간에게 적절한 동기부여가 된다면 좀 더 나은 성과를 얻게 된다.
③ 개인이 시스템에서 효과적으로 기능을 하지 못하여도 시스템의 수행도는 변함없다.
④ 장비, 물건, 환경 특성이 인간의 수행도와 인간−기계 시스템의 성과에 영향을 준다.

해설 인간공학
인간의 신체적, 정신적 능력 한계를 고려하여 기계, 기구, 환경 등의 물적인 조건을 인간과 잘 조화하도록 설계하는 것으로 개인이 시스템에서 효과적으로 기능을 하지 못하면 시스템의 수행도는 낮아진다.

관련개념 CHAPTER 01 안전과 인간공학

040

소음 발생에 있어 음원에 대한 대책으로 볼 수 없는 것은?

① 설비의 격리
② 적절한 재배치
③ 저소음 설비 사용
④ 귀마개 및 귀덮개 사용

해설 귀마개 및 귀덮개 사용은 음원에 대한 대책이 아닌 작업자에 대한 대책에 해당한다.
소음을 통제하는 방법(소음대책)
• 소음원의 통제
• 소음의 격리
• 차폐장치 및 흡음재 사용
• 음향처리제 사용
• 적절한 배치

관련개념 CHAPTER 06 작업환경 관리

| 정답 | 037 ② 038 ① 039 ③ 040 ④

기계·기구 및 설비 안전관리

041

「산업안전보건법령」상 로봇을 운전하는 경우 근로자가 로봇에 부딪힐 위험이 있을 때 높이는 최소 얼마 이상의 울타리를 설치하여야 하는가? (단, 로봇의 가동범위 등을 고려하여 높이로 인한 위험성이 없는 경우는 제외한다.)

① 0.9[m]
② 1.2[m]
③ 1.5[m]
④ 1.8[m]

해설 로봇의 운전으로 인하여 근로자에게 발생할 수 있는 부상 등의 위험을 방지하기 위하여 높이 1.8[m] 이상의 울타리를 설치하여야 한다.

관련개념 CHAPTER 05 기타 산업용 기계·기구

042

하인리히의 재해코스트 평가방식 중 직접비에 해당하지 않는 것은?

① 산재보상비
② 치료비
③ 간호비
④ 생산손실

해설 생산손실에 의한 재해비용은 간접비에 해당한다.
간접비
- 인적손실: 본인 및 제3자에 관한 것을 포함한 시간손실
- 물적손실: 기계, 공구, 재료, 시설의 복구에 소비된 시간손실 및 재산손실
- 생산손실: 생산감소, 생산중단, 판매감소 등에 의한 손실
- 특수손실
- 기타손실

관련개념 CHAPTER 02 기계분야 산업재해 조사 및 관리

043

강도율에 관한 설명 중 틀린 것은?

① 사망 및 영구 전노동 불능(신체장해등급 1~3급)의 근로손실일수는 7,500일로 환산한다.
② 신체장해등급 중 14급은 근로손실일수를 50일로 환산한다.
③ 영구 일부노동 불능은 신체장해등급에 따른 근로손실일수에 300/365를 곱하여 환산한다.
④ 일시 전노동 불능은 휴업일수에 300/365를 곱하여 근로손실일수를 환산한다.

해설 영구 일부노동 불능은 신체장해등급 4~14급에 해당한다. 근로손실로 근로손실일수 계산을 하는 경우에 장해등급별 근로손실일수를 적용하고, 사망 및 장해판정 이전의 입원, 치료 등 요양 및 작업 제한으로 인한 손실일은 중복 산입하지 않는다.

관련개념 CHAPTER 02 기계분야 산업재해 조사 및 관리

044

다음 중 보일러의 폭발사고 예방을 위한 장치로 가장 거리가 먼 것은?

① 압력제한스위치
② 압력방출장치
③ 고저수위 고정장치
④ 화염검출기

해설 보일러의 폭발사고를 예방하기 위하여 압력방출장치, 압력제한스위치, 고저수위 조절장치, 화염검출기 등의 기능이 정상적으로 작동될 수 있도록 유지·관리하여야 한다.

관련개념 CHAPTER 05 기타 산업용 기계·기구

045

「산업안전보건법령」상 안전검사대상기계에 포함되는 기계에 해당하지 않는 것은?

① 프레스
② 산업용 원심기
③ 압력용기
④ 자동차정비용 리프트

해설 자동차정비용 리프트는 안전검사대상기계가 아닌 자율안전확인대상기계이다.

관련개념 CHAPTER 02 기계분야 산업재해 조사 및 관리

046

그림과 같이 목재가공용 둥근톱 기계에서 분할날(t_2) 두께가 4.0[mm]일 때 톱날 두께 및 톱날 치진폭과의 관계로 옳은 것은?

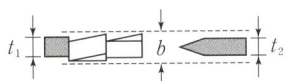

t_1: 톱날 두께 b: 치진폭 t_2: 분할날 두께

① $b > 4.0[\text{mm}]$, $t_1 \leq 3.6[\text{mm}]$
② $b > 4.0[\text{mm}]$, $t_1 \leq 4.0[\text{mm}]$
③ $b < 4.0[\text{mm}]$, $t_1 \leq 4.4[\text{mm}]$
④ $b > 4.0[\text{mm}]$, $t_1 \geq 3.6[\text{mm}]$

해설 분할날의 두께는 톱날 두께의 1.1배 이상이고 톱날의 치진폭 미만으로 하여야 한다.
$1.1t_1 \leq t_2 < b$, $1.1t_1 \leq 4 < b$에서
$b > 4[\text{mm}]$, $t_1 \leq \dfrac{4}{1.1} = 3.6[\text{mm}]$
여기서, t_1: 톱날 두께
t_2: 분할날 두께
b: 톱날 치진폭

관련개념 CHAPTER 05 기타 산업용 기계·기구

047

「산업안전보건법령」상 용접장치의 안전에 관한 준수사항 설명으로 옳은 것은?

① 아세틸렌 용접장치의 발생기실을 옥외에 설치한 때에는 그 개구부를 다른 건축물로부터 1[m] 이상 떨어지도록 하여야 한다.
② 가스집합장치로부터 3[m] 이내의 장소에서는 화기의 사용을 금지시킨다.
③ 아세틸렌 발생기에서 10[m] 이내 또는 발생기실에서 4[m] 이내의 장소에서는 흡연행위를 금지시킨다.
④ 아세틸렌 용접장치를 사용하여 용접작업을 할 경우 게이지압력이 127[kPa]을 초과하는 아세틸렌을 발생시켜 사용해서는 아니 된다.

해설
① 발생기실을 옥외에 설치한 경우에는 그 개구부를 다른 건축물로부터 1.5[m] 이상 떨어지도록 하여야 한다.
② 가스집합장치로부터 5[m] 이내의 장소에서는 흡연, 화기의 사용 또는 불꽃을 발생할 우려가 있는 행위를 금지하여야 한다.
③ 발생기에서 5[m] 이내 또는 발생기실에서 3[m] 이내의 장소에서는 흡연, 화기의 사용 또는 불꽃이 발생할 위험한 행위를 금지하여야 한다.

관련개념 CHAPTER 05 기타 산업용 기계·기구

048

다음 중 드릴작업의 안전사항이 아닌 것은?

① 옷소매가 길거나 찢어진 옷은 입지 않는다.
② 작고, 길이가 긴 물건은 플라이어로 잡고 뚫는다.
③ 회전하는 드릴에 걸레 등을 가까이 하지 않는다.
④ 스핀들에서 드릴을 뽑아낼 때에는 드릴 아래에 손을 내밀지 않는다.

해설 드릴작업 중 물건은 바이스나 클램프를 사용하여 고정하여야 한다.

관련개념 CHAPTER 03 공작기계의 안전

049

재해조사 시 유의사항으로 적절하지 않은 것은?

① 조사는 신속하게 행한다.
② 긴급조치를 하여 2차 재해방지를 도모한다.
③ 조사는 2인 이상이 한다.
④ 책임추궁을 우선으로 한다.

해설 재해조사 시 책임추궁보다는 재발방지를 우선하는 기본 태도를 갖는다.

관련개념 CHAPTER 02 기계분야 산업재해 조사 및 관리

050

다음 중 비파괴시험의 종류에 해당하지 않는 것은?

① 와류탐상시험
② 초음파탐상시험
③ 인장시험
④ 방사선투과시험

해설 인장시험은 파괴시험의 일종이다.

비파괴검사의 종류
방사선투과시험(RT), 초음파탐상검사(UT), 자분탐상검사(MT), 침투탐상검사(PT), 음향탐상검사(AET), 와류탐상검사(ECT) 등

관련개념 CHAPTER 07 설비진단 및 검사

051

단면적이 1,800[mm²]인 알루미늄 봉의 파괴강도는 70[MPa]이다. 안전율을 2.0으로 하였을 때 봉에 가해질 수 있는 최대하중은 얼마인가?

① 6.3[kN]
② 126[kN]
③ 63[kN]
④ 12.6[kN]

해설 허용응력 $= \dfrac{\text{극한(인장)강도}}{\text{안전율}} = \dfrac{70}{2} = 35$[MPa]

이때 허용응력[kPa] $= \dfrac{\text{최대하중[kN]}}{\text{면적[m}^2\text{]}}$ 이므로

최대하중 = 허용응력 × 면적 $= (35 \times 10^3) \times (1,800 \times 10^{-6}) = 63$[kN]

※ 1[MPa] $= 10^3$[kPa], 1[mm²] $= 10^{-6}$[m²]이다.

관련개념 CHAPTER 01 기계공정의 안전, 기계안전시설 관리

052

슬라이드가 내려옴에 따라 손을 쳐내는 막대가 좌우로 왕복하면서 위험점으로부터 손을 보호하여 주는 프레스의 안전장치는?

① 수인식 방호장치
② 양손조작식 방호장치
③ 손쳐내기식 방호장치
④ 게이트가드식 방호장치

해설 손쳐내기식(Push Away, Sweep Guard) 방호장치
기계의 작동에 연동시켜 위험상태로 되기 전에 손을 위험 영역에서 밀어내거나 쳐냄으로써 위험을 배제하는 장치를 말한다.

관련개념 CHAPTER 04 프레스 및 전단기의 안전

053

롤러기의 앞면 롤의 지름이 300[mm], 분당회전수가 30회일 경우 허용되는 급정지장치의 급정지거리는 약 몇 [mm] 이내이어야 하는가?

① 37.7
② 31.4
③ 377
④ 314

해설 롤러의 표면속도 $V = \dfrac{\pi D N}{1,000} = \dfrac{\pi \times 300 \times 30}{1,000} = 28.27$[m/min]

여기서, D: 롤러의 지름[mm]
N: 분당회전수[rpm]

급정지거리 $= (\pi \times 300) \times \dfrac{1}{3} = 314$[mm] 이내

급정지장치의 성능

앞면 롤러의 표면속도[m/min]	급정지거리
30 미만	앞면 롤러 원주의 $\dfrac{1}{3}$ 이내
30 이상	앞면 롤러 원주의 $\dfrac{1}{2.5}$ 이내

관련개념 CHAPTER 05 기타 산업용 기계·기구

054

원동기, 풀리, 기어 등 근로자에게 위험을 미칠 우려가 있는 부위에 설치하는 위험방지장치가 아닌 것은?

① 덮개 ② 슬리브
③ 건널다리 ④ 램

해설 기계의 원동기·회전축·기어·풀리·플라이휠·벨트 및 체인 등 근로자가 위험에 처할 우려가 있는 부위에 **덮개**·울·**슬리브** 및 **건널다리** 등을 설치하여야 한다.

관련개념 CHAPTER 01 기계공정의 안전, 기계안전시설 관리

055

아세틸렌 용접장치 및 가스집합 용접장치에서 가스의 역류 및 역화를 방지하기 위한 안전기의 형식에 속하는 것은?

① 주수식 ② 침지식
③ 투입식 ④ 수봉식

해설 아세틸렌 용접장치 및 가스집합 용접장치 안전기의 형식에는 수봉식 안전기와 건식 안전기(역화방지기)가 있다.

관련개념 CHAPTER 05 기타 산업용 기계·기구

056

연삭기의 연삭숫돌을 교체했을 경우 시운전은 최소 몇 분 이상 실시해야 하는가?

① 1분 ② 3분
③ 5분 ④ 7분

해설 연삭숫돌을 사용하는 작업의 경우 작업을 시작하기 전에는 1분 이상, **연삭숫돌을 교체한 후에는 3분 이상** 시험운전을 하고 해당 기계에 이상이 있는지를 확인하여야 한다.

관련개념 CHAPTER 03 공작기계의 안전

057

프레스기를 사용하여 작업을 할 때 작업시작 전 점검사항으로 틀린 것은?

① 클러치 및 브레이크의 기능
② 압력방출장치의 기능
③ 크랭크축·플라이휠·슬라이드·연결봉 및 연결 나사의 풀림 여부
④ 금형 및 고정볼트의 상태

해설 압력방출장치의 기능은 공기압축기를 가동할 때 작업시작 전 점검사항이다.

프레스 등의 작업시작 전 점검사항
- 클러치 및 브레이크의 기능
- 크랭크축·플라이휠·슬라이드·연결봉 및 연결 나사의 풀림 여부
- 1행정 1정지기구·급정지장치 및 비상정지장치의 기능
- 슬라이드 또는 칼날에 의한 위험방지 기구의 기능
- 프레스의 금형 및 고정볼트 상태
- 방호장치의 기능
- 전단기의 칼날 및 테이블의 상태

관련개념 CHAPTER 02 기계분야 산업재해 조사 및 관리

058

마찰 클러치가 부착된 프레스에 부적합한 방호장치는?(단, 방호장치는 한 가지 형식만 사용할 경우로 한정한다.)

① 양수조작식 ② 광전자식
③ 가드식 ④ 수인식

해설 수인식 방호장치는 확동식 클러치형 프레스에 한해서 사용된다.

관련개념 CHAPTER 04 프레스 및 전단기의 안전

059

드릴링 머신에서 드릴의 지름이 20[mm]이고 원주속도가 62.8[m/min]일 때 드릴의 회전수는 약 몇 [rpm]인가?

① 500
② 1,000
③ 2,000
④ 3,000

해설 $v = \dfrac{\pi d N}{1,000}$

여기서, v : 드릴의 절삭속도[m/min]
　　　　d : 지름[mm]
　　　　N : 회전수[rpm]

$N = \dfrac{1,000 \times v}{\pi d} = \dfrac{1,000 \times 62.8}{\pi \times 20} = 1,000[\text{rpm}]$

관련개념 CHAPTER 03 공작기계의 안전

060

다음 중 선반의 방호장치로 볼 수 없는 것은?

① 실드(Shield)
② 슬라이드(Sliding)
③ 척 커버(Chuck Cover)
④ 칩 브레이커(Chip Breaker)

해설 선반의 안전장치
- 칩 브레이커(Chip Breaker): 칩이 짧게 끊어지도록 하는 장치
- 덮개(Shield): 가공재료의 칩이나 절삭유 등이 비산되어 나오는 위험으로부터 작업자의 보호를 위해 이동이 가능한 장치
- 브레이크(Brake): 가공 작업 중 선반을 급정지시킬 수 있는 장치
- 척 커버(Chuck Cover): 척에 고정된 가공물의 돌출부에 작업자가 접촉하여 발생하는 위험을 방지하는 장치

관련개념 CHAPTER 03 공작기계의 안전

전기설비 안전관리

061

단로기를 사용하는 주된 목적은?

① 과부하 차단
② 변성기의 개폐
③ 이상전압의 차단
④ 무부하 선로의 개폐

해설 단로기(DS; Disconnection Switch)
단로기는 개폐기의 일종으로 수용가 구내 인입구에 설치하여 **무부하 상태의 전로를 개폐**하는 역할을 하거나 차단기, 변압기, 피뢰기 등 고전압 기기의 1차 측에 설치하여 기기를 점검, 수리할 때 전원으로부터 이들 기기를 분리한다.

관련개념 CHAPTER 01 전기안전관리

062

다음 그림은 심장맥동주기를 나타낸 것이다. T파는 어떤 경우인가?

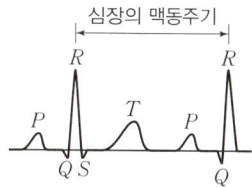

① 심방의 수축에 따른 파형
② 심실의 수축에 따른 파형
③ 심실의 휴식 시 발생하는 파형
④ 심방의 휴식 시 발생하는 파형

해설 T파
심실의 수축 종료 후 **심실의 휴식 시 발생하는 파형**으로 전격이 인가되면 심실세동을 일으키는 확률이 가장 크고 위험한 부분이다.

관련개념 CHAPTER 02 감전재해 및 방지대책

063

화염일주한계에 대한 설명으로 옳은 것은?

① 폭발성 가스와 공기의 혼합기에 온도를 높인 경우 화염이 발생할 때까지의 시간 한계치
② 폭발성 분위기에 있는 용기의 접합면 틈새를 통해 화염이 내부에서 외부로 전파되는 것을 저지할 수 있는 틈새의 최대간격치
③ 폭발성 분위기 속에서 전기불꽃에 의하여 폭발을 일으킬 수 있는 화염을 발생시키기에 충분한 교류파형의 1주기치
④ 방폭설비에서 이상이 발생하여 불꽃이 생성된 경우에 그것이 점화원으로 작용하지 않도록 화염의 에너지를 억제하여 폭발하한계로 되도록 화염 크기를 조정하는 한계치

해설 화염일주한계(최대안전틈새, MESG)
폭발성 분위기 내에 방치된 표준용기의 접합면 틈새를 통하여 폭발화염이 내부에서 외부로 전파되는 것을 저지(최소점화에너지 이하)할 수 있는 틈새의 최대간격치이며 폭발성 가스의 종류에 따라 다르다.

관련개념 CHAPTER 04 전기방폭관리

064

저압계통의 접지방식이 아닌 것은?

① TN방식　② TT방식
③ IT방식　④ II방식

해설 계통접지 구성
저압전로의 보호도체 및 중성선의 접속 방식에 따라 접지계통은 다음과 같이 분류한다.
- TN방식
- TT방식
- IT방식

관련개념 CHAPTER 05 전기설비 위험요인관리

065

내압방폭구조의 주요 시험항목이 아닌 것은?

① 폭발강도　② 인화시험
③ 절연시험　④ 기계적 강도시험

해설 내압방폭구조의 주요 시험항목
- 폭발압력(기준압력) 측정
- 폭발강도(정적 및 동적)시험
- 폭발인화시험
- 용기의 재료 및 기계적 강도시험

관련개념 CHAPTER 04 전기방폭관리

066

사업장에서 많이 사용되고 있는 이동식 전기기계·기구의 안전대책으로 가장 거리가 먼 것은?

① 충전부 전체를 절연한다.
② 절연이 불량인 경우 접지저항을 측정한다.
③ 금속제 외함이 있는 경우 접지를 한다.
④ 습기가 많은 장소는 누전차단기를 설치한다.

해설 절연이 불량인 경우 절연저항을 측정하여 조치를 하여야 한다.

관련개념 CHAPTER 05 전기설비 위험요인관리

067

인체저항을 500[Ω]이라 한다면, 심실세동을 일으키는 위험한계에너지는 약 몇 [J]인가?(단, 심실세동전류값 $I=\frac{165}{\sqrt{T}}$ [mA]의 Dalziel의 식을 이용하며, 통전시간은 1초로 한다.)

① 11.5
② 13.6
③ 15.3
④ 16.2

해설 $W = I^2RT = \left(\frac{165}{\sqrt{T}} \times 10^{-3}\right)^2 \times 500T$
$= (165^2 \times 10^{-6}) \times 500 = 13.6[J]$

여기서, W: 위험한계에너지[J]
I: 심실세동전류[A]
R: 인체저항[Ω]
T: 통전시간[s]

관련개념 CHAPTER 02 감전재해 및 방지대책

068

정전기에 대한 설명으로 가장 옳은 것은?

① 전하의 공간적 이동이 크고, 자계의 효과가 전계의 효과에 비해 매우 큰 전기
② 전하의 공간적 이동이 크고, 자계의 효과와 전계의 효과를 서로 비교할 수 없는 전기
③ 전하의 공간적 이동이 적고, 전계의 효과와 자계의 효과가 서로 비슷한 전기
④ 전하의 공간적 이동이 적고, 자계의 효과가 전계에 비해 무시할 정도의 작은 전기

해설 정전기의 정의
전하의 공간적 이동이 적고, 그 전류에 의한 자계의 효과가 정전기 자체가 보유하고 있는 전계의 효과에 비해 무시할 정도의 작은 전기를 말한다.

관련개념 CHAPTER 03 정전기 장·재해관리

069

다음은 무슨 현상을 설명한 것인가?

> 전위차가 있는 2개의 대전체가 특정거리에 접근하게 되면 등전위가 되기 위하여 전하가 절연공간을 깨고 순간적으로 빛과 열을 발생하며 이동하는 현상

① 대전
② 충전
③ 방전
④ 열전

해설 정전기 방전현상에 대한 설명이다.
정전기 방전의 형태
코로나 방전, 스트리머 방전, 불꽃방전, 연면방전, 뇌상방전(낙뢰방전)

관련개념 CHAPTER 03 정전기 장·재해관리

070

지구를 고립한 지구도체라 생각하고 1[C]의 전하가 대전되었다면 지구 표면의 전위는 대략 몇 [V]인가?(단, 지구의 반경은 6,367[km]이다.)

① 1,412[V]
② 2,828[V]
③ 9×10^4[V]
④ 9×10^9[V]

해설 지구의 표면전위
$V = E \cdot r = \frac{Q}{4\pi\varepsilon_0 r^2} \times r = \frac{Q}{4\pi\varepsilon_0 r}$
$= \frac{1}{4 \times \pi \times (8.85 \times 10^{-12}) \times (6.367 \times 10^6)} = 1,412[V]$

여기서, E: 지구의 표면전계[V/m]
r: 지구의 반경[m]
Q: 대전 전하량[C]
ε_0: 유전율(8.85×10^{-12})

※ 1[km]=10^3[m]이므로 6,367[km]=$6,367 \times 10^3$[m]=6.367×10^6[m]이다.

관련개념 CHAPTER 03 정전기 장·재해관리

071

22.9[kV] 충전전로에 대해 필수적으로 작업자와 이격시켜야 하는 접근한계거리는?

① 45[cm]　　② 60[cm]
③ 90[cm]　　④ 110[cm]

해설 충전전로 접근한계거리 기준

충전전로의 선간전압[kV]	충전전로에 대한 접근한계거리[cm]
2 초과 15 이하	60
15 초과 37 이하	90
37 초과 88 이하	110

관련개념 CHAPTER 02 감전재해 및 방지대책

072

전기기기의 충격 전압시험 시 사용하는 표준충격파형(T_f, T_t)은?

① $1.2 \times 50[\mu s]$　　② $1.2 \times 100[\mu s]$
③ $2.4 \times 50[\mu s]$　　④ $2.4 \times 100[\mu s]$

해설 표준충격파형

$1.2 \times 50[\mu s]$에서 T_f(파두장)$=1.2[\mu s]$, T_t(파미장)$=50[\mu s]$을 나타낸다.

관련개념 CHAPTER 05 전기설비 위험요인관리

073

인체의 피부 전기저항은 여러 가지의 제반조건에 의해서 변화를 일으키는데 제반조건으로서 가장 가까운 것은?

① 피부의 청결　　② 피부의 노화
③ 인가전압의 크기　　④ 통전경로

해설 인체의 피부 전기저항은 인체의 각 부위(피부, 혈액 등)의 저항성분과 용량성분이 합성된 값이 되며, 이 값은 여러 인자, 특히 접촉전압, 통전시간, 접촉면적 등에 따라 변화한다.

관련개념 CHAPTER 02 감전재해 및 방지대책

074

인체의 대부분이 수중에 있는 상태에서 허용접촉전압은 몇 [V] 이하인가?

① 2.5[V]　　② 25[V]
③ 30[V]　　④ 50[V]

해설 허용접촉전압

종별	접촉상태	허용접촉전압
제1종	인체의 대부분이 수중에 있는 상태	2.5[V] 이하
제2종	• 인체가 현저히 젖어 있는 상태 • 금속성의 전기기계·기구나 구조물에 인체의 일부가 상시 접촉되어 있는 상태	25[V] 이하

관련개념 CHAPTER 02 감전재해 및 방지대책

075

감전사고로 인한 전격사의 메커니즘으로 가장 거리가 먼 것은?

① 흉부수축에 의한 질식
② 심실세동에 의한 혈액 순환기능의 상실
③ 내장파열에 의한 소화기계통의 기능 상실
④ 호흡중추신경 마비에 따른 호흡기능 상실

해설 전격현상의 메커니즘
• 심실세동에 의한 혈액 순환기능 상실
• 호흡중추신경 마비에 따른 호흡 중지
• 흉부수축에 의한 질식

관련개념 CHAPTER 02 감전재해 및 방지대책

076

인체통전으로 인한 전격(Electric Shock)의 정도를 정함에 있어 그 인자로서 가장 거리가 먼 것은?

① 전압의 크기
② 통전시간
③ 전류의 크기
④ 통전경로

해설 전압의 크기는 2차적 감전요소(간접적인 요인)이다.

감전재해의 요인
- 1차적 감전요소: 통전전류의 크기, 통전경로, 통전시간, 전원의 종류
- 2차적 감전요소: 인체의 조건(인체의 저항), 전압의 크기, 계절 등 주위 환경

관련개념 CHAPTER 02 감전재해 및 방지대책

077

자동차가 통행하는 도로에서 고압의 지중전선로를 직접 매설식으로 시설할 때 사용되는 전선으로 가장 적합한 것은?

① 비닐외장케이블
② 폴리에틸렌외장케이블
③ 클로로프렌외장케이블
④ 콤바인덕트 케이블(Combine Duct Cable)

해설 지중 전선로를 직접 매설식에 의하여 매설하는 경우 저압 또는 고압의 지중전선에 콤바인덕트 케이블을 사용하여 시설한다.

관련개념 CHAPTER 02 감전재해 및 방지대책

078

고장전류와 같은 대전류를 차단할 수 있는 것은?

① 차단기(CB)
② 유입 개폐기(OS)
③ 단로기(DS)
④ 선로 개폐기(LS)

해설 **차단기(CB)**
고장전류와 같은 대전류를 차단하는 장치이다.

관련개념 CHAPTER 01 전기안전관리

079

내압방폭구조는 다음 중 어느 경우에 가장 가까운가?

① 점화능력의 본질적 억제
② 점화원의 방폭적 격리
③ 전기설비의 안전도 증강
④ 전기설비의 밀폐화

해설 **전기설비의 방폭화**
- **점화원의 방폭적 격리**(압력방폭, 유입방폭, **내압방폭**)
- 전기설비의 안전도 증강(안전증방폭)
- 점화능력의 본질적 억제(본질안전방폭)

관련개념 CHAPTER 04 전기방폭관리

080

다음 중 활선근접작업 시의 안전조치로 적절하지 않은 것은?

① 근로자가 절연용 방호구의 설치·해체작업을 하는 경우에는 절연용 보호구를 착용하거나 활선작업용 기구 및 장치를 사용하도록 하여야 한다.
② 저압인 경우에는 해당 전기작업자가 절연용 보호구를 착용하되, 충전선로에 접촉할 우려가 없는 경우에는 절연용 방호구를 설치하지 아니할 수 있다.
③ 유자격자가 아닌 근로자가 근로자의 몸 또는 긴 도전성 물체가 방호되지 않은 충전전로에서 대지전압이 50[kV] 이하인 경우에는 400[cm] 이내로 접근할 수 없도록 하여야 한다.
④ 고압 및 특별고압의 전로에서 전기작업을 하는 근로자에게 활선작업용 기구 및 장치를 사용하여야 한다.

해설 **충전전로에서의 전기작업**
유자격자가 아닌 근로자가 충전전로 인근의 높은 곳에서 작업할 때에 근로자의 몸 또는 긴 도전성 물체가 방호되지 않은 충전전로에서 대지전압이 **50[kV] 이하인 경우에는 300[cm]** 이내로, 대지전압이 50[kV]를 넘는 경우에는 10[kV]당 10[cm]씩 더한 거리 이내로 각각 접근할 수 없도록 하여야 한다.

관련개념 CHAPTER 02 감전재해 및 방지대책

| 정답 | 076 ① | 077 ④ | 078 ① | 079 ② | 080 ③ |

화학설비 안전관리

081

뜨거운 금속에 물이 닿으면 튀는 현상과 같이 핵비등(Nucleate Boiling) 상태에서 막비등(Film Boiling)으로 이행하는 온도를 무엇이라 하는가?

① Burn-out Point
② Leidenfrost Point
③ Entrainment Point
④ Sub-cooling Boiling Point

해설 Leidenfrost Point
핵비등(Nucleate Boiling)에서 막비등(Film Boiling) 상태로 급격하게 이행하는 하한점을 말한다.

관련개념 CHAPTER 02 화학물질 안전관리 실행

082

가연성 가스의 폭발범위에 관한 설명으로 틀린 것은?

① 압력 증가에 따라 폭발상한계와 하한계가 모두 현저히 증가한다.
② 불활성 가스를 주입하면 폭발범위는 좁아진다.
③ 온도의 상승과 함께 폭발범위는 넓어진다.
④ 산소 중에서의 폭발범위는 공기 중에서 보다 넓어진다.

해설 압력은 폭발하한계에는 영향이 경미하나 폭발상한계에는 크게 영향을 준다. 보통 가스압력이 높아질수록 폭발범위는 넓어진다.

관련개념 CHAPTER 01 화재·폭발 검토

083

비상상황 대응 매뉴얼에 포함되어야 할 내용으로 옳지 않은 것은?

① 비상상황 발생 시 보고절차
② 구호조치 및 기본적 응급조치 계획
③ 대피절차와 비상대피로 지정
④ 비상상황 대응 매뉴얼 작성 절차 관련 내용

해설 비상상황 대응 매뉴얼의 작성에 관한 내용이 아닌 행동 지침에 관한 내용이 포함되어야 한다.

관련개념 CHAPTER 03 화공안전 비상조치 계획 대응

084

다음 중 가연성 물질과 산화성 고체가 혼합하고 있을 때 연소에 미치는 현상으로 옳은 것은?

① 착화온도(발화점)가 높아진다.
② 최소점화에너지가 감소하며, 폭발의 위험성이 증가한다.
③ 가스나 가연성 증기의 경우 공기혼합보다 연소범위가 축소된다.
④ 공기 중에서보다 산화작용이 약하게 발생하여 화염온도가 감소하며 연소속도가 늦어진다.

해설 산화성 고체는 가연물과 화합하여 과격한 연소 및 폭발이 가능하다.

관련개념 CHAPTER 02 화학물질 안전관리 실행

085

아세틸렌 압축 시 사용되는 희석제로 적당하지 않은 것은?

① 메탄
② 질소
③ 산소
④ 에틸렌

해설 아세틸렌 압축 시 사용되는 희석제로는 에틸렌, 질소, 메탄, 일산화탄소 등이 있다.

관련개념 CHAPTER 02 화학물질 안전관리 실행

| 정답 | 081 ② 082 ① 083 ④ 084 ② 085 ③

086

수분을 함유하는 에탄올에서 순수한 에탄올을 얻기 위해 벤젠과 같은 물질을 첨가하여 수분을 제거하는 증류 방법은?

① 공비증류
② 추출증류
③ 가압증류
④ 감압증류

해설 공비증류

일반적인 증류로는 분리하기 어려운 혼합물을 분리할 때 제3의 성분을 첨가해 공비혼합물을 만들어 증류에 의해 분리하는 방법이다. 예를 들어 수분을 함유하는 에탄올에서 순수한 에탄올을 얻기 위해 벤젠과 같은 물질을 첨가하여 수분을 제거한다.

관련개념 CHAPTER 02 화학물질 안전관리 실행

087

다음 중 축류식 압축기에 대한 설명으로 옳은 것은?

① Casing 내에 1개 또는 수 개의 특수 피스톤을 설치하여 이것을 회전시킬 때 Casing과 피스톤 사이의 체적이 감소해서 기체를 압축하는 방식이다.
② 실린더 내에서 피스톤을 왕복시켜 이것에 따라 개폐하는 흡입밸브 및 배기밸브의 작용에 의해 기체를 압축하는 방식이다.
③ Casing 내에 넣어진 날개바퀴를 회전시켜 기체에 작용하는 원심력에 의해서 기체를 압축하는 방식이다.
④ 프로펠러의 회전에 의한 추진력에 의해 기체를 압축하는 방식이다.

해설 축류식 압축기

프로펠러의 회전에 의한 추진력에 의해 기체를 압축하는 설비이다.

오답해설 ①은 회전식 압축기, ②는 왕복식 압축기, ③은 원심식 압축기에 대한 설명이다.

관련개념 CHAPTER 04 화공 안전운전·점검

088

다음 중 분진폭발이 발생하기 쉬운 조건으로 적절하지 않은 것은?

① 발열량이 클 때
② 입자의 표면적이 작을 때
③ 입자의 형상이 복잡할 때
④ 분진의 초기 온도가 높을 때

해설 입자의 표면적이 작으면 산소와 접촉할 수 있는 면적이 작아지기 때문에 분진폭발이 어려워진다.

관련개념 CHAPTER 01 화재·폭발 검토

089

「위험물안전관리법령」에 의한 위험물의 분류 중 제1류 위험물에 속하는 것은?

① 염소산염류
② 황린
③ 금속칼륨
④ 질산에스테르

해설 제1류 위험물

산화성 고체로 아염소산염류, 염소산염류, 과염소산염류, 무기과산화물, 브롬산염류 등이 있다.

오답해설
② 황린: 제3류 위험물(자연발화성 물질 및 금수성 물질)
③ 칼륨: 제3류 위험물(자연발화성 물질 및 금수성 물질)
④ 질산에스테르류: 제5류 위험물(자기반응성 물질)

관련개념 CHAPTER 02 화학물질 안전관리 실행

090

폭발에 관한 용어 중 "BLEVE"가 의미하는 것은?

① 고농도의 분진폭발
② 저농도의 분해폭발
③ 개방계 증기운폭발
④ 비등액 팽창증기폭발

해설 비등액 팽창증기폭발(BLEVE; Boiling Liquid Expanding Vapor Explosion)
비점이 낮은 액체 저장탱크 주위에 화재가 발생하였을 때 저장탱크 내부의 비등 현상으로 인한 압력 상승으로 탱크가 파열되어 그 내용물이 증발, 팽창하면서 발생되는 폭발현상이다.

관련개념 CHAPTER 01 화재 · 폭발 검토

091

가스 또는 분진폭발 위험장소에 설치되는 건축물의 내화구조를 설명한 것으로 틀린 것은?

① 건축물 기둥 및 보는 지상 1층까지 내화구조로 한다.
② 위험물 저장 · 취급용기의 지지대는 지상으로부터 지지대의 끝부분까지 내화구조로 한다.
③ 건축물 주변에 자동소화설비를 설치한 경우 건축물 화재 시 1시간 이상 그 안전성을 유지한 경우는 내화구조로 하지 아니할 수 있다.
④ 배관 · 전선관 등의 지지대는 지상으로부터 1단까지 내화구조로 한다.

해설 건축물 등의 주변에 화재에 대비하여 물분무시설 또는 폼헤드설비 등의 자동소화설비를 설치하여 건축물 등이 화재 시에 **2시간 이상** 그 안전성을 유지할 수 있도록 한 경우에는 내화구조로 하지 아니할 수 있다.

관련개념 CHAPTER 02 화학물질 안전관리 실행

092

각 물질(A~D)의 폭발상한계와 하한계가 다음 [표]와 같을 때 다음 중 위험도가 가장 큰 물질은?

구분	A	B	C	D
폭발상한계	9.5	8.4	15.0	13
폭발하한계	2.1	1.8	5.0	2.6

① A
② B
③ C
④ D

해설 위험도
$$H = \frac{U-L}{L}$$
여기서, U: 폭발상한계
　　　　L: 폭발하한계

- A: $H = \frac{9.5-2.1}{2.1} = 3.5$
- B: $H = \frac{8.4-1.8}{1.8} = 3.7$
- C: $H = \frac{15.0-5.0}{5.0} = 2.0$
- D: $H = \frac{13-2.6}{2.6} = 4$

따라서 위험도가 가장 큰 물질은 D이다.

관련개념 CHAPTER 01 화재 · 폭발 검토

093

화재 감지에 있어서 열감지 방식 중 차동식에 해당하지 않는 것은?

① 공기관식
② 열전대식
③ 바이메탈식
④ 열반도체식

해설 바이메탈식은 정온식에 해당한다.
열감지기
- 차동식: 주위온도가 일정 상승률 이상이 되는 경우에 작동하는 것으로서 스포트형과 분포형으로 구분(공기관식, 열전대식, 열반도체식 등이 있음)한다.
- 정온식: 한정된 장소의 주위온도가 일정한 온도 이상이 되는 경우에 작동하는 것으로서 감지선형과 스포트형으로 구분한다.
- 보상식: 차동식 · 정온식 스포트형의 성능을 겸한 것으로서 두 감지기의 성능 중 어느 한 기능이 작동되면 작동신호를 발한다.

관련개념 CHAPTER 01 화재 · 폭발 검토

| 정답 | 090 ④　091 ③　092 ④　093 ③

094

트리에틸알루미늄에 화재가 발생하였을 때 다음 중 가장 적합한 소화약제는?

① 팽창질석
② 할로겐화합물
③ 이산화탄소
④ 물

해설 트리에틸알루미늄(제3류 위험물)은 물과 접촉하면 폭발적으로 반응하므로 마른모래, 건조사, 팽창질석 등으로 질식소화한다.

관련개념 CHAPTER 01 화재·폭발 검토

095

건조설비를 사용하여 작업을 하는 경우에 폭발이나 화재를 예방하기 위하여 준수하여야 하는 사항으로 틀린 것은?

① 위험물 건조설비를 사용하는 경우에는 미리 내부를 청소하거나 환기할 것
② 위험물 건조설비를 사용하여 가열·건조하는 건조물은 쉽게 이탈되도록 할 것
③ 고온으로 가열·건조한 인화성 액체는 발화의 위험이 없는 온도로 냉각한 후에 격납시킬 것
④ 바깥 면이 현저히 고온이 되는 건조설비에 가까운 장소에는 인화성 액체를 두지 않도록 할 것

해설 건조설비 취급 시 준수사항
- 위험물 건조설비를 사용하는 경우에는 미리 내부를 청소하거나 환기할 것
- 위험물 건조설비를 사용하는 경우에는 건조로 인하여 발생하는 가스·증기 또는 분진에 의하여 폭발·화재의 위험이 있는 물질을 안전한 장소로 배출시킬 것
- 위험물 건조설비를 사용하여 가열·건조하는 건조물은 쉽게 이탈되지 않도록 할 것
- 고온으로 가열·건조한 인화성 액체는 발화의 위험이 없는 온도로 냉각한 후에 격납시킬 것
- 건조설비(바깥 면이 현저히 고온이 되는 설비만 해당)에 가까운 장소에는 인화성 액체를 두지 않도록 할 것

관련개념 CHAPTER 02 화학물질 안전관리 실행

096

자연발화성을 가진 물질이 자연발열을 일으키는 원인으로 거리가 먼 것은?

① 분해열
② 증발열
③ 산화열
④ 중합열

해설 자연발화성 물질의 자연발열의 원인에는 분해열, 산화열, 흡착열, 중합열, 발효열 등이 있다.

증발열
- 어떤 물질이 기화할 때 외부로부터 흡수하는 열량이다.
- 증발열이 클수록 주변에서 더 많은 열을 빼앗으므로 주위의 온도를 낮추게 된다.
- 증발열은 냉각현상에 응용된다.

관련개념 CHAPTER 01 화재·폭발 검토

097

크롬에 대한 설명으로 옳은 것은?

① 은백색 광택이 있는 금속이다.
② 중독 시 미나마타병이 발병한다.
③ 비중이 물보다 작은 값을 나타낸다.
④ 3가 크롬이 인체에 가장 유해하다.

해설 크롬은 은백색의 광택을 띠는 금속으로 3가와 6가의 화합물이 있으며, 중독현상은 크롬 정련 공정에서 발생하는 6가 크롬에 의해 발생한다. 급성중독의 경우 수포성피부염 등이 발생하고, 만성중독의 경우 비중격천공증을 유발한다.

관련개념 CHAPTER 02 화학물질 안전관리 실행

| 정답 | 094 ① | 095 ② | 096 ② | 097 ① |

098

위험물의 저장방법으로 적절하지 않은 것은?

① 탄화칼슘은 물속에 저장한다.
② 벤젠은 산화성 물질과 격리시킨다.
③ 금속나트륨은 석유 속에 저장한다.
④ 질산은 갈색병에 넣어 냉암소에 보관한다.

해설 탄화칼슘(CaC_2, 카바이드)은 물과 반응하여 인화성 가스인 아세틸렌(C_2H_2)을 발생시키므로 물속에 저장을 금지한다.
$CaC_2 + 2H_2O \rightarrow Ca(OH)_2 + C_2H_2 \uparrow$

관련개념 CHAPTER 02 화학물질 안전관리 실행

099

다음 중 공기 중 최소발화에너지 값이 가장 작은 물질은?

① 에틸렌　　② 아세트알데히드
③ 메탄　　　④ 에탄

해설 보기 중 에틸렌의 최소발화에너지가 0.07[mJ]로 가장 작다.
② 아세트알데히드: 0.36[mJ]
③ 메탄: 0.28[mJ]
④ 에탄: 0.24~0.25[mJ]

관련개념 CHAPTER 01 화재 · 폭발 검토

100

고압가스 용기 파열사고의 주요 원인 중 하나는 용기의 내압력(耐壓力, capacity to resist pressure) 부족이다. 다음 중 내압력 부족의 원인으로 거리가 먼 것은?

① 용기 내벽의 부식　　② 강재의 피로
③ 과잉 충전　　　　　④ 용접 불량

해설 과잉 충전은 고압가스 용기의 설계압력 이상으로 충전하는 것으로 과잉 압력을 주게 된다.

관련개념 CHAPTER 01 화재 · 폭발 검토

건설공사 안전관리

101

「산업안전보건법령」에서 규정하고 있는 차량계 건설기계 중 낙하물 보호구조를 갖추어야 하는 기계가 아닌 것은?

① 불도저　　　② 트랙터
③ 타워크레인　④ 덤프트럭

해설 낙하물 보호구조를 갖추어야 하는 차량계 건설기계
불도저, 트랙터, 굴착기, 로더, 스크레이퍼, 덤프트럭, 모터 그레이더, 롤러, 천공기, 항타기 및 항발기

관련개념 CHAPTER 04 건설현장 안전시설 관리

102

콘크리트 타설 시 거푸집의 측압에 영향을 미치는 인자들에 관한 설명으로 옳지 않은 것은?

① 슬럼프가 클수록 작다.
② 타설속도가 빠를수록 크다.
③ 거푸집 속의 콘크리트 온도가 낮을수록 크다.
④ 콘크리트의 타설높이가 높을수록 크다.

해설 측압이 커지는 조건
• 거푸집의 부재단면이 클수록
• 거푸집의 수밀성이 클수록(투수성이 작을수록)
• 거푸집의 강성이 클수록
• 거푸집 표면이 평활할수록
• 시공연도(Workability)가 좋을수록
• 철골 또는 철근량이 적을수록
• 외기온도가 낮을수록, 습도가 높을수록
• 콘크리트의 타설속도가 빠를수록
• 콘크리트의 다짐이 과할수록
• **콘크리트의 슬럼프가 클수록**
• 콘크리트의 비중이 클수록

관련개념 CHAPTER 06 공사 및 작업 종류별 안전

103
건설공사 시공단계에 있어서 안전관리의 문제점에 해당되는 것은?

① 발주자의 조사, 설계 발주능력 미흡
② 용역자의 조사, 설계능력 부실
③ 발주자의 감독 소홀
④ 사용자의 시설 운영관리 능력 부족

해설 발주자의 감독 소홀은 시공단계에서의 안전관리 부실을 초래할 수 있다.

관련개념 CHAPTER 01 건설공사 특성분석

104
크레인의 운전실 또는 운전대를 통하는 통로의 끝과 건설물 등의 벽체의 간격은 최대 얼마 이하로 하여야 하는가?

① 0.2[m]
② 0.3[m]
③ 0.4[m]
④ 0.5[m]

해설 크레인의 운전실 또는 운전대를 통하는 통로의 끝과 건설물 등의 벽체의 간격은 0.3[m] 이하로 하여야 한다.

관련개념 CHAPTER 06 공사 및 작업 종류별 안전

105
지반조사의 목적에 해당되지 않는 것은?

① 토질의 성질 파악
② 지층의 분포 파악
③ 지하수위 및 피압수 파악
④ 구조물의 편심에 의한 적절한 침하 유도

해설 지반조사는 지반의 구성, 지층의 토질성상 조사, 지하수 상태, 피압수 파악을 위해 실시한다.

관련개념 CHAPTER 02 건설공사 위험성

106
굴착과 싣기를 동시에 할 수 있는 토공기계가 아닌 것은?

① 파워셔블
② 트랙터셔블
③ 백호우
④ 모터 그레이더

해설 모터 그레이더(Motor Grader)는 땅을 고르는 기계이다.

관련개념 CHAPTER 04 건설현장 안전시설 관리

107
타워크레인(Tower Crane)을 선정하기 위한 사전 검토사항으로서 가장 거리가 먼 것은?

① 붐의 모양
② 인양능력
③ 작업반경
④ 붐의 높이

해설 타워크레인 선정 시 사전 검토사항
- 작업반경
- 입지조건
- 건립기계의 소음영향
- 건물형태
- 인양능력
- 붐의 높이

관련개념 CHAPTER 06 공사 및 작업 종류별 안전

108
사질지반 굴착 시, 굴착부와 지하수위차가 있을 때 수두차에 의하여 침투압이 생겨 흙막이벽 근입 부분을 침식하는 동시에 모래가 액상화되어 솟아오르는 현상은?

① 동상현상
② 연화현상
③ 보일링 현상
④ 히빙 현상

해설 보일링(Boiling)
투수성이 좋은 사질토 지반을 굴착할 때 흙막이벽 배면의 지하수위가 굴착저면보다 높을 때 굴착저면 위로 액상화된 모래가 솟아오르는 현상이다.

관련개념 CHAPTER 02 건설공사 위험성

109

산업안전보건관리비 계상 및 사용기준에 따른 공사종류별 계상기준으로 옳은 것은?(단, 건축공사이고, 대상액이 5억 원 미만인 경우이다.)

① 2.07[%] ② 3.11[%]
③ 3.15[%] ④ 3.64[%]

해설 산업안전보건관리비 계상기준표

공사종류	대상액 5억 원 미만	대상액 5억 원 이상 50억 원 미만		대상액 50억 원 이상	보건관리자 선임 대상
		적용비율	기초액		
건축공사	3.11[%]	2.28[%]	4,325,000원	2.37[%]	2.64[%]
토목공사	3.15[%]	2.53[%]	3,300,000원	2.60[%]	2.73[%]
중건설공사	3.64[%]	3.05[%]	2,975,000원	3.11[%]	3.39[%]
특수건설공사	2.07[%]	1.59[%]	2,450,000원	1.64[%]	1.78[%]

관련개념 CHAPTER 03 건설업 산업안전보건관리비 관리

110

구축물이 풍압·지진 등에 의하여 전도·폭발하거나 무너지는 위험을 예방하기 위한 조치와 가장 거리가 먼 것은?

① 설계도면 준수
② 시방서 준수
③ 「건축물의 구조기준 등에 관한 규칙」에 따른 구조설계도서 준수
④ 보호구 및 방호장치의 성능검정 합격품을 사용했는지 확인

해설 구축물 등이 고정하중, 적재하중, 시공·해체 작업 중 발생하는 하중, 풍압, 지진이나 진동 및 충격 등에 의하여 전도·폭발하거나 무너지는 등의 위험을 예방하기 위하여, **설계도면, 시방서, 「건축물의 구조기준 등에 관한 규칙」에 따른 구조설계도서**, 해체계획서 등 설계도서를 준수하여 필요한 조치를 하여야 한다.

관련개념 CHAPTER 06 공사 및 작업 종류별 안전

111

건설현장에서 높이 5[m] 이상인 콘크리트 교량의 설치작업을 하는 경우 재해예방을 위해 준수해야 할 사항으로 옳지 않은 것은?

① 작업을 하는 구역에는 관계 근로자가 아닌 사람의 출입을 금지할 것
② 재료, 기구 또는 공구 등을 올리거나 내릴 경우에는 근로자로 하여금 크레인을 이용하도록 하고, 달줄, 달포대 등의 사용을 금하도록 할 것
③ 중량물 부재를 크레인 등으로 인양하는 경우에는 부재에 인양용 고리를 견고하게 설치하고, 인양용 로프는 부재에 두 군데 이상 결속하여 인양하여야 하며, 중량물이 안전하게 거치되기 전까지는 걸이로프를 해제시키지 아니할 것
④ 자재나 부재의 낙하·전도 또는 붕괴 등에 의하여 근로자에게 위험을 미칠 우려가 있을 경우에는 출입금지구역의 설정, 자재 또는 가설시설의 좌굴(挫屈) 또는 변형 방지를 위한 보강재 부착 등의 조치를 할 것

해설 교량의 설치·해체 또는 변경작업을 하는 경우에 재료, 기구 또는 공구 등을 올리거나 내리는 경우에는 근로자로 하여금 달줄, 달포대 등을 사용하도록 하여야 한다.

관련개념 CHAPTER 06 공사 및 작업 종류별 안전

112

승강기 강선의 과다감기를 방지하는 장치는?

① 비상정지장치 ② 권과방지장치
③ 해지장치   ④ 과부하방지장치

해설 권과방지장치
권과를 방지하기 위하여 자동적으로 동력을 차단하고 작동을 제동하는 장치이다.

관련개념 CHAPTER 06 공사 및 작업 종류별 안전

| 정답 | 109 ② 110 ④ 111 ② 112 ②

113

건설업 중 교량건설 공사의 유해위험방지계획서를 제출하여야 하는 기준으로 옳은 것은?

① 최대 지간길이가 40[m] 이상인 교량건설 등 공사
② 최대 지간길이가 50[m] 이상인 교량건설 등 공사
③ 최대 지간길이가 60[m] 이상인 교량건설 등 공사
④ 최대 지간길이가 70[m] 이상인 교량건설 등 공사

해설 유해위험방지계획서 제출대상 건설공사
- 지상높이가 31[m] 이상인 건축물 또는 인공구조물, 연면적 30,000[m²] 이상인 건축물 또는 연면적 5,000[m²] 이상의 문화 및 집회시설(전시장 및 동물원·식물원 제외), 판매시설, 운수시설(고속철도의 역사 및 집배송시설 제외), 종교시설, 의료시설 중 종합병원, 숙박시설 중 관광숙박시설, 지하도상가 또는 냉동·냉장 창고시설의 건설·개조 또는 해체(건설 등) 공사
- 연면적 5,000[m²] 이상의 냉동·냉장 창고시설의 설비공사 및 단열공사
- **최대 지간길이가 50[m] 이상인 다리의 건설 등 공사**
- 터널의 건설 등 공사
- 다목적댐, 발전용댐, 저수용량 2천만 톤 이상의 용수 전용 댐 및 지방 상수도 전용 댐의 건설 등 공사
- 깊이가 10[m] 이상인 굴착공사

관련개념 CHAPTER 02 건설공사 위험성

114

다음 중 방망에 표시해야 할 사항이 아닌 것은?

① 방망의 신축성   ② 제조자명
③ 제조연월   ④ 재봉치수

해설 방망에 표시하여야 할 사항
- 제조자명
- 제조연월
- 재봉치수
- 그물코
- 신품일 때의 방망의 강도

관련개념 CHAPTER 04 건설현장 안전시설 관리

115

중량물을 운반할 때의 바른 자세로 옳은 것은?

① 허리를 구부리고 양손으로 들어올린다.
② 중량은 보통 체중의 60[%]가 적당하다.
③ 물건은 최대한 몸에서 멀리 떼어서 들어올린다.
④ 길이가 긴 물건은 앞쪽을 높게 하여 운반한다.

해설 인력운반 시 긴 물건은 앞부분을 약간 높여 모서리 등에 충돌하지 않게 한다.

오답해설
① 물건을 들어올릴 때에는 팔과 무릎을 이용하며 척추는 곧게 한다.
② 중량은 남성 근로자의 경우 체중의 40[%] 이하, 여성 근로자의 경우 체중의 24[%] 이하가 적당하다.
③ 물건은 최대한 몸에 가깝게 하여 들어올린다.

관련개념 CHAPTER 06 공사 및 작업 종류별 안전

116

추락방호망 설치 시 그물코의 크기가 10[cm]인 매듭 있는 방망의 신품에 대한 인장강도 기준으로 옳은 것은?

① 100[kg] 이상   ② 200[kg] 이상
③ 300[kg] 이상   ④ 400[kg] 이상

해설 그물코 10[cm], 신품 매듭방망의 인장강도는 200[kg] 이상이어야 한다.

추락방호망 방망사 인장강도

※( ): 폐기기준 인장강도

그물코의 크기 (단위: [cm])	방망의 종류(단위: [kg])	
	매듭 없는 방망	매듭방망
10	240(150)	200(135)
5	–	110(60)

관련개념 CHAPTER 04 건설현장 안전시설 관리

117

타워크레인을 자립고(自立高) 이상의 높이로 설치할 때 지지벽체가 없어 와이어로프로 지지하는 경우의 준수사항으로 옳지 않은 것은?

① 와이어로프를 고정하기 위한 전용 지지프레임을 사용할 것
② 와이어로프 설치 각도는 수평면에서 60° 이내로 하되, 지지점은 4개소 이상으로 하고, 같은 각도로 설치할 것
③ 와이어로프와 그 고정부위는 충분한 강도와 장력을 갖도록 설치하되, 와이어로프를 클립·샤클(Shackle) 등의 기구를 사용하여 고정하지 않도록 유의할 것
④ 와이어로프가 가공전선에 근접하지 않도록 할 것

해설 타워크레인을 와이어로프로 지지하는 경우 준수사항
- 와이어로프를 고정하기 위한 전용 지지프레임을 사용할 것
- 와이어로프 설치각도는 수평면에서 60° 이내로 하되, 지지점은 4개소 이상으로 하고, 같은 각도로 설치할 것
- 와이어로프와 그 고정부위는 충분한 강도와 장력을 갖도록 설치하고, 와이어로프를 클립·샤클 등의 고정기구를 사용하여 견고하게 고정시켜 풀리지 않도록 하며, 사용 중에는 충분한 강도와 장력을 유지하도록 할 것
- 와이어로프가 가공전선에 근접하지 않도록 할 것

관련개념 CHAPTER 06 공사 및 작업 종류별 안전

118

다음은 강관틀비계를 조립하여 사용하는 경우 준수해야 할 기준이다. ( ) 안에 알맞은 숫자를 나열한 것은?

> 길이가 띠장 방향으로 (A)미터 이하이고 높이가 (B)미터를 초과하는 경우에는 (C)미터 이내마다 띠장 방향으로 버팀기둥을 설치할 것

① A: 4, B: 10, C: 5
② A: 4, B: 10, C: 10
③ A: 5, B: 10, C: 5
④ A: 5, B: 10, C: 10

해설 강관틀비계를 조립하여 사용하는 경우 길이가 띠장 방향으로 4[m] 이하이고 높이가 10[m]를 초과하는 경우에는 10[m] 이내마다 띠장 방향으로 버팀기둥을 설치하여야 한다.

관련개념 CHAPTER 05 비계·거푸집 가시설 위험방지

119

본 터널(Main Tunnel)을 시공하기 전에 터널에서 약간 떨어진 곳에 지질조사, 환기, 배수, 운반 등의 상태를 알아보기 위하여 설치하는 터널은?

① 프리패브(Prefab) 터널
② 사이드(Side) 터널
③ 쉴드(Shield) 터널
④ 파일럿(Pilot) 터널

해설 파일럿 터널
터널굴착 전, 본 터널에서 약간 떨어진 곳에 환기·재료운반 등의 목적으로 뚫는 터널이다.

관련개념 CHAPTER 05 비계·거푸집 가시설 위험방지

120

동력을 사용하는 항타기 또는 항발기에 대하여 무너짐을 방지하기 위하여 준수하여야 할 기준으로 옳지 않은 것은?

① 연약한 지반에 설치하는 경우에는 아웃트리거·받침 등 지지구조물의 침하를 방지하기 위하여 깔판·받침목 등을 사용할 것
② 아웃트리거·받침 등 지지구조물이 미끄러질 우려가 있는 경우에는 말뚝 또는 쐐기 등을 사용하여 해당 지지구조물을 고정시킬 것
③ 상단 부분은 견고한 버팀·말뚝 또는 철골 등으로 고정시키고, 그 하단 부분은 버팀대·버팀줄로 고정하여 안정시킬 것
④ 시설 또는 가설물 등에 설치하는 경우에는 그 내력을 확인하고 내력이 부족하면 그 내력을 보강할 것

해설 동력을 사용하는 항타기 또는 항발기에 대해 무너짐을 방지하기 위하여 상단 부분은 버팀대·버팀줄로 고정하여 안정시키고, 그 하단 부분은 견고한 버팀·말뚝 또는 철골 등으로 고정시켜야 한다.

관련개념 CHAPTER 04 건설현장 안전시설 관리

2025년 2회 CBT 복원문제

자동 채점

산업재해 예방 및 안전보건교육

001
매슬로우(Maslow)의 인간의 욕구단계 중 5번째 단계에 속하는 것은?
① 안전 욕구
② 존경의 욕구
③ 사회적 욕구
④ 자아실현의 욕구

해설 매슬로우(Maslow)의 욕구위계이론
㉠ 제1단계: 생리적 욕구
㉡ 제2단계: 안전의 욕구
㉢ 제3단계: 사회적 욕구(친화 욕구)
㉣ 제4단계: 자기존경의 욕구(안정의 욕구 또는 자기존중의 욕구)
㉤ **제5단계: 자아실현의 욕구(성취욕구)**

관련개념 CHAPTER 04 인간의 행동과학

002
다음 재해사례에서 기인물에 해당하는 것은?

> 기계작업에 배치된 작업자가 반장의 지시를 받기 전에 정지된 선반을 운전시키면서 변속치차의 덮개를 벗겨내고 치차를 저속으로 운전하면서 급유하려고 할 때 오른손이 변속치차에 맞물려 손가락이 절단되었다.

① 덮개
② 급유
③ 선반
④ 변속치차

해설 기인물은 선반이고, 가해물은 변속치차이다.

관련개념 CHAPTER 01 산업재해예방 계획 수립

003
재해예방의 4원칙이 아닌 것은?
① 손실우연의 원칙
② 사전준비의 원칙
③ 원인계기의 원칙
④ 대책선정의 원칙

해설 재해예방의 4원칙
- 손실우연의 원칙: 재해손실은 사고발생 시 사고대상의 조건에 따라 달라지므로 한 사고의 결과로서 생긴 재해손실은 우연성에 의해 결정된다.
- 원인계기(원인연계)의 원칙: 재해발생은 반드시 원인이 있다.
- 예방가능의 원칙: 재해는 원칙적으로 원인만 제거하면 예방이 가능하다.
- 대책선정의 원칙: 재해예방을 위한 가능한 안전대책은 반드시 존재한다.

관련개념 CHAPTER 01 산업재해예방 계획 수립

004
다음 중 교육훈련 방법에 있어 OJT(On the Job Training)의 특징이 아닌 것은?
① 동시에 다수의 근로자들에게 조직적 훈련이 가능하다.
② 개개인에게 적절한 지도 훈련이 가능하다.
③ 훈련 효과에 의해 상호 신뢰 및 이해도가 높아진다.
④ 직장의 실정에 맞게 실제적 훈련이 가능하다.

해설 동시에 다수의 근로자에게 조직적 훈련이 가능한 것은 Off JT의 특징이다.
Off JT(직장 외 교육훈련)
계층별 직능별로 공통된 교육대상자를 현장 이외의 한 장소에 모아 집합교육을 실시하는 교육형태로 집단교육에 적합하다.
- 다수의 근로자에게 조직적 훈련을 행하는 것이 가능하다.
- 훈련에만 전념할 수 있다.
- 외부의 전문가를 강사로 초청하는 것이 가능하다.
- 특별교재·교구 및 설비를 사용하는 것이 가능하다.

관련개념 CHAPTER 05 안전보건교육의 내용 및 방법

| 정답 | 001 ④ 002 ③ 003 ② 004 ①

005
하인리히(Heinrich)의 재해구성비율에 따른 58건의 경상이 발생한 경우 무상해사고는 몇 건이 발생하겠는가?

① 58건 ② 116건
③ 600건 ④ 900건

해설 하인리히의 재해구성비율
중상 또는 사망 : 경상 : 무상해사고 = 1 : 29 : 300
경상 : 무상해사고 = 29 : 300이므로
무상해사고 = $58 \times \dfrac{300}{29}$ = 600건

관련개념 CHAPTER 01 산업재해예방 계획 수립

006
안전모의 성능시험에 해당하지 않는 것은?

① 내수성 시험 ② 내전압성 시험
③ 난연성 시험 ④ 압박시험

해설 안전인증대상 안전모의 시험성능기준
- 내관통성
- 충격흡수성
- 내전압성
- 내수성
- 난연성
- 턱끈풀림

관련개념 CHAPTER 02 안전보호구 관리

007
직장에서의 부적응 유형 중 자기주장이 강하고 빈약한 대인관계를 가지고 있는 성격의 소유자로 사소한 일에 있어서도 타인이 자신을 제외했다고 여겨 악의를 나타내는 인격을 무엇이라 하는가?

① 망상인격 ② 분열인격
③ 무력인격 ④ 강박인격

해설 망상이란 병적으로 생긴 잘못된 판단이나 확신을 말하며, 감정적으로 뒷받침된 흔들리지 않는 주관적 확신을 가지고 고집하는 것이다.
망상인격은 이러한 망상을 바탕을 한 성격 유형으로, 자기주장이 강하고 대인관계가 빈약하며 사소한 일에도 타인이 자신을 배제하거나 해하려 한다고 느껴 악의적으로 반응하는 경향이 있다. 이러한 사고는 망상적 사고에서 비롯되며, 타인에 대한 강한 불신과 의심이 지속되는 것이 특징이다.

관련개념 CHAPTER 03 산업안전심리

008
인간의 행동 특성과 관련한 레윈의 법칙(Lewin) 중 P가 의미하는 것은?

$$B = f(P \cdot E)$$

① 사람의 경험, 성격 등
② 인간의 행동
③ 심리에 영향을 주는 인간관계
④ 심리에 영향을 미치는 작업환경

해설 레윈(Lewin.K)의 법칙
$B = f(P \cdot E)$
여기서, B : Behavior(인간의 행동)
f : function(함수관계)
P : Person(개체: 연령, 경험, 심신상태, 성격, 지능 등)
E : Environment(환경: 인간관계, 작업조건 등)

관련개념 CHAPTER 04 인간의 행동과학

009
재해발생 시 조치순서 중 재해조사 단계에서 실시하는 내용으로 옳은 것은?

① 현장보존
② 관계자에게 통보
③ 잠재재해 위험요인의 색출
④ 피재자의 응급조치

해설 재해조사의 내용
- 잠재적 위험요인을 파악한다.
- 누가, 언제, 어디서, 어떤 작업을 하고 있을 때, 어떤 환경에서, 불안전 행동이나 상태는 없었는지 등에 대한 조사를 실시한다.

관련개념 SUBJECT 03 기계·기구 및 설비 안전관리
CHAPTER 02 기계분야 산업재해 조사 및 관리

| 정답 | 005 ③ 006 ④ 007 ① 008 ① 009 ③

010

안전교육의 단계에 있어 교육대상자가 스스로 행함으로써 습득하게 하는 교육은?

① 의식교육   ② 기능교육
③ 지식교육   ④ 태도교육

해설 기능교육
- 교육대상자가 그것을 스스로 행함으로 얻어진다.
- 개인의 반복적 시행착오에 의해서만 얻어진다.
- 시험, 견학, 실습, 현장실습 교육을 통한 경험 체득과 이해를 한다.

관련개념 CHAPTER 05 안전보건교육의 내용 및 방법

011

위치, 순서, 패턴, 형상, 기억오류 등 외부적 요인에 의해 나타나는 것은?

① 메트로놈   ② 리스크테이킹
③ 부주의   ④ 착오

해설 착오의 종류
- 위치착오
- 순서착오
- 패턴의 착오
- 기억의 착오
- 형(모양)의 착오

관련개념 CHAPTER 03 산업안전심리

012

성인학습의 원리에 해당되지 않는 것은?

① 간접경험의 원리   ② 자발학습의 원리
③ 상호학습의 원리   ④ 참여교육의 원리

해설 간접경험의 원리는 성인학습의 원리에 해당하지 않는다.
성인학습의 원리
- 자발적 학습의 원리: 강제적인 학습이 아니다.
- 자기주도적 학습의 원리: 자기가 설계한 목적 및 방법으로 학습한다.
- 상호학습의 원리: 교학상장(敎學相長)을 기하는 학습이다.
- 생활적응의 원리: 이론보다 실생활에 적용되는 학습이어야 한다.

관련개념 CHAPTER 05 안전보건교육의 내용 및 방법

013

안전교육방법 중 구안법(Project Method)의 4단계의 순서로 옳은 것은?

① 목적결정 → 계획수립 → 활동 → 평가
② 계획수립 → 목적결정 → 활동 → 평가
③ 활동 → 계획수립 → 목적결정 → 평가
④ 평가 → 계획수립 → 목적결정 → 활동

해설 구안법의 학습단계
㉠ 목적의 단계
㉡ 계획의 단계
㉢ 실행(활동)의 단계
㉣ 비판(평가)의 단계

관련개념 CHAPTER 05 안전보건교육의 내용 및 방법

014

브레인스토밍(Brain-storming) 기법의 4원칙에 관한 설명으로 틀린 것은?

① 한 사람이 많은 의견을 제시할 수 있다.
② 타인의 의견을 수정하여 발언할 수 있다.
③ 타인의 의견에 대하여 비판, 비평하지 않는다.
④ 의견을 발언할 때에는 주어진 요건에 맞추어 발언한다.

해설 브레인스토밍(Brain Storming)
- 비판금지: "좋다, 나쁘다" 등의 비평을 하지 않는다.
- 자유분방: 자유로운 분위기에서 발표한다.
- 대량발언: 무엇이든지 좋으니 많이 발언한다.
- 수정발언: 자유자재로 변하는 아이디어를 개발한다.(타인 의견의 수정발언)

관련개념 CHAPTER 01 산업재해예방 계획 수립

| 정답 | 010 ② | 011 ④ | 012 ① | 013 ① | 014 ④ |

015

「산업안전보건법령」상 안전보건표지의 종류 중 안내표지에 해당하지 않는 것은?

① 들것
② 비상용기구
③ 출입구
④ 세안장치

해설 출입구는 「산업안전보건법령」상 안전보건표지에 해당하지 않는다.

▲ 안내표지의 종류

관련개념 CHAPTER 02 안전보호구 관리

016

안전교육 중 프로그램 학습법의 장점이 아닌 것은?

① 학습자의 학습과정을 쉽게 알 수 있다.
② 여러 가지 수업 매체를 동시에 다양하게 활용할 수 있다.
③ 지능, 학습속도 등 개인차를 충분히 고려할 수 있다.
④ 매 반응마다 피드백이 주어지기 때문에 학습자가 흥미를 가질 수 있다.

해설 프로그램 학습법(Programmed Self-instruction Method)
학습자가 프로그램을 통해 단독으로 학습하는 방법으로 여러 가지 수업 매체를 활용하는 데 한계가 있고, 개발된 프로그램은 변경이 어렵다.

관련개념 CHAPTER 05 안전보건교육의 내용 및 방법

017

집단에서의 인간관계 메커니즘(Mechanism)과 가장 거리가 먼 것은?

① 모방, 암시
② 분열, 강박
③ 동일화, 일체화
④ 커뮤니케이션, 공감

해설 인간관계 메커니즘
- 동일화(Identification)
- 투사(Projection)
- 커뮤니케이션(Communication)
- 모방(Imitation)
- 암시(Suggestion)

관련개념 CHAPTER 04 인간의 행동과학

018

「산업안전보건법령」에 따른 안전보건관리규정에 포함되어야 할 세부내용이 아닌 것은?

① 위험성 감소대책 수립 및 시행에 관한 사항
② 하도급 사업장에 대한 안전·보건관리에 관한 사항
③ 질병자의 근로 금지 및 취업 제한 등에 관한 사항
④ 물질안전보건자료에 관한 사항

해설 물질안전보건자료에 관한 사항은 안전보건관리규정의 세부내용에 포함되지 않는다.

오답해설 ①은 위험성평가에 관한 사항, ②는 총칙, ③은 작업장 보건관리에 관한 사항이다.

관련개념 CHAPTER 01 산업재해예방 계획 수립

019

버드(Bird)의 신연쇄성 이론 중 재해발생의 근원적 원인에 해당하는 것은?

① 상해 발생
② 징후 발생
③ 접촉 발생
④ 관리의 부족

해설 버드(Frank Bird)의 신도미노 이론
㉠ 1단계: 통제의 부족(관리 소홀) → 재해발생의 근원적 요인
㉡ 2단계: 기본 원인(기원) → 개인적 또는 과업과 관련된 요인
㉢ 3단계: 직접 원인(징후) → 불안전한 행동 및 불안전한 상태
㉣ 4단계: 사고(접촉)
㉤ 5단계: 상해(손해)

관련개념 CHAPTER 01 산업재해예방 계획 수립

020

재해사례연구 순서로 옳은 것은?

재해 상황의 파악 → (㉠) → (㉡) → 근본적 문제점의 결정 → (㉢)

① ㉠ 문제점의 발견, ㉡ 대책수립, ㉢ 사실의 확인
② ㉠ 문제점의 발견, ㉡ 사실의 확인, ㉢ 대책 수립
③ ㉠ 사실의 확인, ㉡ 대책수립, ㉢ 문제점의 발견
④ ㉠ 사실의 확인, ㉡ 문제점의 발견, ㉢ 대책 수립

해설 재해사례연구
㉠ 1단계: 사실의 확인(사람, 물건, 관리, 재해발생까지의 경과)
㉡ 2단계: 직접 원인과 문제점의 발견
㉢ 3단계: 근본적 문제점의 결정
㉣ 4단계: 대책 수립

관련개념 SUBJECT 03 기계ㆍ기구 및 설비 안전관리
CHAPTER 02 기계분야 산업재해 조사 및 관리

인간공학 및 위험성평가ㆍ관리

021

FTA(Fault Tree Analysis)에 관한 설명으로 옳은 것은?

① 정성적 분석만 가능하다.
② 복잡하고 대형화된 시스템의 신뢰성 분석 및 안정성 분석에 이용되는 기법이다.
③ FT에 동일한 사건이 중복되어 나타나는 경우 상향식(Bottom-up)으로 정상사건 T의 발생확률을 계산할 수 있다.
④ 기초사건과 생략사건의 확률 값이 주어지게 되더라도 정상사건의 최종적인 발생확률을 계산할 수 없다.

해설 결함수분석법(FTA; Fault Tree Analysis)의 특징
• Top down(하향식) 방법이다.
• 정성적, 정량적(컴퓨터 처리 가능) 분석기법이다.
• 논리기호를 사용한 특정사상에 대한 해석이다.
• 서식이 간단해서 비전문가도 짧은 훈련으로 사용할 수 있다.
• **복잡하고 대형화된 시스템에 사용할 수 있다.**
• 기능적 결함의 원인을 분석하는 데 용이하다.
• Human Error의 검출이 어렵다.

관련개념 CHAPTER 02 위험성 파악ㆍ결정

022

입력 B_1과 B_2의 어느 한쪽이 일어나면 출력 A가 생기는 경우를 논리합의 관계라 한다. 이때 입력과 출력 사이에는 무슨 게이트로 연결되는가?

① OR 게이트
② 억제 게이트
③ AND 게이트
④ 부정 게이트

해설 OR 게이트(논리합)
입력사상 중 어느 하나가 존재할 때 출력사상이 발생하는 게이트이다.

관련개념 CHAPTER 02 위험성 파악ㆍ결정

023
각 부품의 신뢰도가 다음과 같을 때 시스템의 전체 신뢰도는 약 얼마인가?

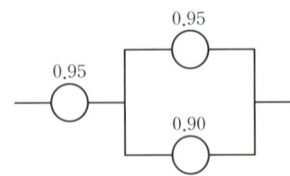

① 0.8123
② 0.9453
③ 0.9553
④ 0.9953

해설 신뢰도$(R) = 0.95 \times \{1-(1-0.95) \times (1-0.90)\} = 0.9453$

관련개념 CHAPTER 01 안전과 인간공학

024
FTA에 의한 재해사례 연구순서 중 2단계에 해당하는 것은?

① FT도의 작성
② Top 사상의 선정
③ 개선계획의 작성
④ 사상의 재해원인 규명

해설 FTA에 의한 재해사례 연구순서(D. R. Cheriton)
정상(Top)사상의 선정 → 각 사상의 재해원인 규명 → FT도의 작성 및 분석 → 개선계획의 작성

관련개념 CHAPTER 02 위험성 파악·결정

025
현재 시험문제와 같이 4지택일형 문제의 정보량은 얼마인가?

① 2[bit]
② 4[bit]
③ 2[byte]
④ 4[byte]

해설 정보량 $H = \log_2 n = \log_2 4 = 2[\text{bit}]$
여기서, n: 대안 수

관련개념 CHAPTER 01 안전과 인간공학

026
고장형태와 영향분석(FMEA)에서 평가요소로 틀린 것은?

① 고장발생의 빈도
② 고장의 영향 크기
③ 고장방지의 가능성
④ 기능적 고장 영향의 중요도

해설 고장형태와 영향분석법(FMEA) 중 고장 평점법
$C = (C_1 \times C_2 \times C_3 \times C_4 \times C_5)^{\frac{1}{5}}$
여기서, C_1: 기능적 고장 영향의 중요도
C_2: 영향을 미치는 시스템의 범위
C_3: 고장발생의 빈도
C_4: 고장방지의 가능성
C_5: 신규 설계의 정도

관련개념 CHAPTER 02 위험성 파악·결정

027
시스템이 저장되어 이동되고 실행됨에 따라 발생하는 작동 시스템의 기능이나 과업, 활동으로부터 발생되는 위험에 초점을 맞춘 위험분석 차트는?

① 결함수분석(FTA; Fault Tree Analysis)
② 사상수분석(ETA; Event Tree Analysis)
③ 결함위험분석(FHA; Fault Hazard Analysis)
④ 운용위험분석(OHA; Operating Hazard Analysis)

해설 운용위험분석(OHA; Operating Hazard Analysis)
시스템의 모든 사용단계에서 생산, 보전, 시험, 저장, 운전, 비상탈출, 구조훈련 및 폐기 등에 사용되는 인원, 순서, 설비에 대한 위험을 평가하고 안전요건을 결정하기 위한 해석방법이며, 위험에 초점을 맞춘 위험분석 차트이다.

관련개념 CHAPTER 02 위험성 파악·결정

028

다음 중 소음의 영향에 대한 일반적인 설명과 가장 거리가 먼 것은?

① 간단하고 정규적인 과업의 퍼포먼스는 소음의 영향이 없으며 오히려 개선되는 경우도 있다.
② 시력, 대비판별, 암시, 순응, 눈동작 속도 등 감각기능은 모두 소음의 영향이 적다.
③ 운동 퍼포먼스는 균형과 관계되지 않는 한 소음에 의해 나빠지지 않는다.
④ 쉬지 않고 계속 실행하는 과업에 있어 소음은 긍정적인 영향을 미친다.

해설 쉬지 않고 계속 실행하는 작업에서 소음은 불쾌감을 주거나 대화, 마음의 집중, 수면, 휴식을 방해하며 피로를 가중시킨다.

관련개념 CHAPTER 05 유해요인 관리

029

사업장에서 인간공학의 적용분야로 가장 거리가 먼 것은?

① 제품설계
② 설비의 고장률
③ 재해·질병 예방
④ 장비·공구·설비의 배치

해설 사업장에서의 인간공학 적용분야
- 작업관련성 유해·위험 작업 분석(작업환경개선)
- 제품설계에 있어 인간에 대한 안전성 평가(장비, 공구 설계)
- 작업공간의 설계
- 인간–기계 인터페이스 디자인
- 재해 및 질병 예방

관련개념 CHAPTER 01 안전과 인간공학

030

연속제어 조종장치에서 정확도보다 속도가 중요하다면 조종반응의 비율(C/R)은 어떻게 하여야 하는가?

① C/R 비율을 1로 조절하여야 한다.
② C/R 비율을 1보다 낮게 조절하여야 한다.
③ C/R 비율을 1보다 높게 조절하여야 한다.
④ C/R 비율을 조절할 필요가 없다.

해설 $\frac{C}{R}$비가 작을수록 조정이 어려워 조정장치가 민감하나 이동시간이 짧으므로, 정확도보다 속도가 중요하다면 $\frac{C}{R}$비를 1보다 낮게 조절하여야 한다.

관련개념 CHAPTER 06 작업환경 관리

031

음향기기 부품 생산공장에서 안전업무를 담당하는 ○○○ 대리는 공장 내부에 경보등을 설치하는 과정에서 도움이 될 만한 몇 가지 지식을 적용하고자 한다. 적용 지식 중 맞는 것은?

① 신호 대 배경의 휘도대비가 작을 때는 백색신호가 효과적이다.
② 광원이 노출시간이 1초보다 작으면 광속발산도는 작아야 한다.
③ 표적의 크기가 커짐에 따라 광도의 역치가 안정되는 노출시간은 증가한다.
④ 배경광 중 점멸 잡음광의 비율이 10[%] 이상이면 점멸등은 사용하지 않는 것이 좋다.

해설 배경광 중 점멸 잡음광의 비율이 10[%] 이상이면 상점등을 신호로 사용하는 것이 더 효과적이다.

오답해설
① 신호 대 배경의 휘도대비가 작을 때는 작업자가 백색신호를 경보신호로 인지하기 어렵다.
② 광원의 노출시간이 짧아질수록 광속발산도는 커져야 신호를 인지할 수 있다.
③ 표적의 크기가 커짐에 따라 광도의 역치가 안정되는 노출시간은 감소한다.

관련개념 CHAPTER 06 작업환경 관리

032

A회사에서는 새로운 기계를 설계하면서 레버를 위로 올리면 압력이 올라가도록 하고, 오른쪽 스위치를 눌렀을 때 오른쪽 전등이 켜지도록 하였다면, 이것은 각각 어떤 유형의 양립성을 고려한 것인가?

① 레버 – 공간양립성, 스위치 – 개념양립성
② 레버 – 운동양립성, 스위치 – 개념양립성
③ 레버 – 개념양립성, 스위치 – 운동양립성
④ 레버 – 운동양립성, 스위치 – 공간양립성

해설 레버 운동 방향에 따라 압력에 변화가 발생되었으므로 레버는 운동적 양립성을 고려하였다고 볼 수 있으며, 스위치 위치에 따라 전등이 작동되었으므로 스위치는 공간적 양립성을 고려하였다고 볼 수 있다.

공간적 양립성
어떤 사물들, 특히 표시장치는 조정장치의 물리적 형태나 공간적인 배치의 양립성을 말한다.

운동적 양립성
표시장치, 조정장치, 체계반응 등의 운동방향의 양립성을 말한다.

관련개념 CHAPTER 06 작업환경 관리

033

작업장 배치 시 유의사항으로 적절하지 않은 것은?

① 작업의 흐름에 따라 기계를 배치한다.
② 생산효율 증대를 위해 기계설비 주위에 재료나 반제품을 충분히 놓아둔다.
③ 공장 내외에는 안전한 통로를 두어야 하며, 통로는 선을 그어 작업장과 명확히 구별하도록 한다.
④ 비상시에 쉽게 대비할 수 있는 통로를 마련하고 사고 진압을 위한 활동통로가 반드시 마련되어야 한다.

해설 시설배치 시 기계설비의 주위에 충분한 공간을 확보하고, 재료·반제품 공구상자 등을 놓을 수 있는 공간도 고려하여야 한다.

관련개념 CHAPTER 06 작업환경 관리

034

어떤 소리가 1,000[Hz], 60[dB]인 음과 같은 높이임에도 4배 더 크게 들린다면 이 소리의 음압수준은 얼마인가?

① 70[dB]
② 80[dB]
③ 90[dB]
④ 100[dB]

해설 Phon과 Sone

$$[\text{sone}]\text{치} = 2^{\frac{[\text{phon}]-40}{10}}$$

위 공식을 활용하면 10[dB] 증가 시 소음은 2배, 20[dB] 증가 시 4배가 됨을 알 수 있다. → 60+20=80[dB]

관련개념 CHAPTER 06 작업환경 관리

035

스트레스에 반응하는 신체의 변화로 맞는 것은?

① 혈소판이나 혈액응고인자가 증가한다.
② 더 많은 산소를 얻기 위해 호흡이 느려진다.
③ 중요한 장기인 뇌·심장·근육으로 가는 혈류가 감소한다.
④ 상황 판단과 빠른 행동 대응을 위해 감각기관은 매우 둔감해진다.

해설 스트레스에 반응하는 신체의 변화로 혈소판, 혈액응고인자가 증가한다.

관련개념 CHAPTER 06 작업환경 관리

036

화학설비에 대한 안전성 평가 중 정량적 평가항목에 해당되지 않는 것은?

① 공정
② 취급물질
③ 압력
④ 화학설비용량

해설 안전성 평가 제3단계(정량적 평가)의 평가항목
취급물질, 온도, **압력**, **해당설비용량**, 조작

관련개념 CHAPTER 02 위험성 파악·결정

037

산업안전표지에서 경고표지는 삼각형, 안내표지는 사각형, 지시표지는 원형 등으로 부호가 고안되어 있다. 이처럼 부호가 이미 고안되어 이를 사용자가 배워야 하는 부호는 다음 중 무엇이라 하는가?

① 묘사적 부호
② 추상적 부호
③ 임의적 부호
④ 사실적 부호

해설 시각적 부호

묘사적 부호	사물이나 행동을 단순하고 정확하게 묘사한 것 예 도로표지판의 보행신호
추상적 부호	메시지의 기본요소를 도식적으로 압축한 부호로 원래의 개념과는 약간의 유사성이 있음
임의적 부호	부호가 이미 고안되어 사용자가 이를 배워야 하는 것 예 산업안전표지의 원형 → 금지표지, 사각형 → 안내표지 등

관련개념 CHAPTER 06 작업환경 관리

038

다음 중 Fitts의 법칙에 관한 설명으로 옳은 것은?

① 표적이 크고 이동거리가 길수록 이동시간이 증가한다.
② 표적이 작고 이동거리가 길수록 이동시간이 증가한다.
③ 표적이 크고 이동거리가 작을수록 이동시간이 증가한다.
④ 표적이 작고 이동거리가 작을수록 이동시간이 증가한다.

해설 핏츠(Fitts)의 법칙

인간의 손이나 발을 이동시켜 조작장치를 조작하는 데 걸리는 시간을 표적까지의 거리와 표적 크기의 함수로 나타내는 모형으로, **표적이 작고 이동거리가 길수록 이동시간이 증가한다.**

$$T = a + b\log_2\left(\frac{D}{W} + 1\right)$$

여기서, T(MT: Movement Time): 동작시간
　a, b: 작업난이도에 대한 실험상수
　D: 동작 시발점에서 표적 중심까지의 거리
　W: 표적의 폭(너비)

관련개념 CHAPTER 06 작업환경 관리

039

다음 중 중작업의 경우 작업대의 높이로 가장 적절한 것은?

① 허리 높이보다 0~10[cm] 정도 낮게
② 팔꿈치 높이보다 10~20[cm] 정도 높게
③ 팔꿈치 높이보다 10~20[cm] 정도 낮게
④ 어깨 높이보다 30~40[cm] 정도 높게

해설 입식 작업대 높이

- 정밀작업: 팔꿈치보다 5~10[cm] 높게 설계
- 일반작업: 팔꿈치보다 5~10[cm] 낮게 설계
- 힘든작업(重작업): 팔꿈치 높이보다 10~20[cm] 낮게 설계

관련개념 CHAPTER 06 작업환경 관리

040

한 대의 기계를 10시간 가동하는 동안 4회의 고장이 발생하였고, 이때의 고장수리시간이 다음 표와 같을 때 MTTR(Mean Time To Repair)은 얼마인가?

가동시간[시간]	수리시간[시간]
$T_1 = 2.7$	$T_a = 0.1$
$T_2 = 1.8$	$T_b = 0.2$
$T_3 = 1.5$	$T_c = 0.3$
$T_4 = 2.3$	$T_d = 0.3$

① 0.225[시간/회]
② 0.325[시간/회]
③ 0.425[시간/회]
④ 0.525[시간/회]

해설 평균수리시간(MTTR; Mean Time To Repair)

총 수리시간을 그 기간의 수리횟수로 나눈 시간으로 사후보전에 필요한 수리시간의 평균치를 나타낸다.

$$\text{MTTR} = \frac{\text{수리시간합계}}{\text{수리횟수}} = \frac{0.1 + 0.2 + 0.3 + 0.3}{4} = 0.225[\text{시간/회}]$$

관련개념 CHAPTER 03 위험성 감소대책 수립·실행

기계·기구 및 설비 안전관리

041

강도율 7인 사업장에서 한 작업자가 평생동안 작업을 한다면 산업재해로 인한 근로손실일수는 며칠로 예상되는가?(단, 이 사업장의 연근로시간과 한 작업자의 평생근로시간은 100,000시간으로 가정한다.)

① 500
② 600
③ 700
④ 800

해설 환산강도율이란 근로자가 입사하여 퇴직할 때까지(40년=10만 시간) 잃을 수 있는 근로손실일수이다.
환산강도율=강도율×100=7×100=700일

관련개념 CHAPTER 02 기계분야 산업재해 조사 및 관리

042

「산업안전보건법령」상 탁상용 연삭기의 덮개는 작업 받침대와 연삭숫돌과의 간격을 몇 [mm] 이하로 조정할 수 있어야 하는가?

① 3
② 4
③ 5
④ 10

해설 탁상용 연삭기의 덮개는 작업 받침대와 연삭숫돌과의 간격을 3[mm] 이하로 조정할 수 있어야 한다.

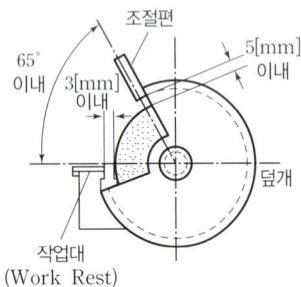

관련개념 CHAPTER 03 공작기계의 안전

043

「산업안전보건법령」상 용접장치의 안전에 관한 준수사항으로 옳은 것은?

① 아세틸렌 용접장치의 발생기실을 옥외에 설치한 경우에는 그 개구부를 다른 건축물로부터 1[m] 이상 떨어지도록 하여야 한다.
② 가스집합장치로부터 7[m] 이내의 장소에서는 화기의 사용을 금지시킨다.
③ 아세틸렌 발생기에서 10[m] 이내 또는 발생기실에서 4[m] 이내의 장소에서는 화기의 사용을 금지시킨다.
④ 아세틸렌 용접장치를 사용하여 용접작업을 할 경우 게이지압력이 127[kPa]을 초과하는 압력의 아세틸렌을 발생시켜 사용해서는 아니 된다.

해설
① 발생기실을 옥외에 설치한 경우에는 그 개구부를 다른 건축물로부터 1.5[m] 이상 떨어지도록 하여야 한다.
② 가스집합장치로부터 5[m] 이내의 장소에서는 흡연, 화기의 사용 또는 불꽃을 발생할 우려가 있는 행위를 금지하여야 한다.
③ 발생기에서 5[m] 이내 또는 발생기실에서 3[m] 이내의 장소에서는 흡연, 화기의 사용 또는 불꽃이 발생할 위험한 행위를 금지하여야 한다.

관련개념 CHAPTER 05 기타 산업용 기계·기구

044

크레인의 방호장치에 해당되지 않은 것은?

① 권과방지장치
② 과부하방지장치
③ 비상정지장치
④ 자동보수장치

해설 크레인의 방호장치
- 권과방지장치
- 과부하방지장치
- 비상정지장치
- 제동장치

관련개념 CHAPTER 06 운반기계 및 양중기

045

비파괴시험의 종류가 아닌 것은?

① 자분탐상시험
② 침투탐상시험
③ 와류탐상시험
④ 샤르피 충격시험

해설 샤르피 충격시험은 파괴시험(충격시험)의 일종이다.
비파괴검사의 종류
방사선투과검사(RT), 초음파탐상검사(UT), 자분탐상검사(MT), 침투탐상검사(PT), 음향탐상검사(AET), 와류탐상검사(ECT) 등

관련개념 CHAPTER 07 설비진단 및 검사

046

휴대용 연삭기 덮개의 개방부 각도는 몇 도 이내여야 하는가?

① 60°
② 90°
③ 125°
④ 180°

해설 **연삭기 안전덮개의 노출각도**
- 탁상용 연삭기
  - 일반 연삭작업 등에 사용하는 것을 목적으로 하는 경우: 125° 이내
  - 연삭숫돌의 상부사용을 목적으로 하는 경우: 60° 이내
- 원통 연삭기, 만능 연삭기 등: 180° 이내
- 휴대용 연삭기, 스윙(Swing) 연삭기 등: 180° 이내
- 평면 연삭기, 절단 연삭기 등: 150° 이내

관련개념 CHAPTER 03 공작기계의 안전

047

초음파탐상법의 종류에 해당하지 않는 것은?

① 반사식
② 투과식
③ 공진식
④ 침투식

해설 초음파탐상법의 종류로는 투과법, 펄스반사법, 공진법 등이 있다.

관련개념 CHAPTER 07 설비진단 및 검사

048

로봇의 작동범위 내에서 그 로봇에 관하여 교시 등(로봇의 동력원을 차단하고 행하는 것을 제외함)의 작업을 행할 때 작업시작 전 점검사항으로 옳은 것은?

① 과부하방지장치의 이상 유무
② 압력제한 스위치 등의 기능의 이상 유무
③ 외부 전선의 피복 또는 외장의 손상 유무
④ 권과방지장치의 이상 유무

해설 **산업용 로봇의 작업시작 전 점검사항**
- 외부 전선의 피복 또는 외장의 손상 유무
- 매니퓰레이터(Manipulator) 작동의 이상 유무
- 제동장치 및 비상정지장치의 기능

관련개념 CHAPTER 02 기계분야 산업재해 조사 및 관리

049

아세틸렌 용접장치에 시용하는 역화방지기에서 요구되는 일반적인 구조로 옳지 않은 것은?

① 재사용 시 안전에 우려가 있으므로 역화방지 후 바로 폐기하도록 해야 한다.
② 다듬질 면이 매끈하고 사용상 지장이 있는 부식, 흠, 균열 등이 없어야 한다.
③ 가스의 흐름방향은 지워지지 않도록 돌출 또는 각인하여 표시하여야 한다.
④ 소염소자는 금망, 소결금속, 스틸울(Steel Wool), 다공성금속물 또는 이와 동등 이상의 소염성능을 갖는 것이어야 한다.

해설 아세틸렌 용접장치에서 역화방지기는 역화를 방지한 후 복원이 되어 계속 사용할 수 있는 구조이어야 한다.

관련개념 CHAPTER 05 기타 산업용 기계·기구

050

인장강도가 350[MPa]인 강판의 안전율이 4라면 허용응력은 몇 [N/mm²]인가?

① 76.4
② 87.5
③ 98.7
④ 102.3

해설 허용응력 = $\dfrac{\text{극한(인장)강도}}{\text{안전계수(안전율)}}$

$= \dfrac{350}{4} = 87.5[\text{MPa}] = 87.5[\text{N/mm}^2]$

관련개념 CHAPTER 01 기계공정의 안전, 기계안전시설 관리

051

보일러 압력방출장치의 종류에 해당하지 않는 것은?

① 스프링식
② 중추식
③ 플런저식
④ 지렛대식

해설 압력방출장치의 종류
중추식(추식), 지렛대식(레버식), 스프링식(가장 많이 사용)

관련개념 CHAPTER 05 기타 산업용 기계·기구

052

반복응력을 받게 되는 기계구조 부분의 설계에서 허용응력을 결정하기 위한 기초강도로 가장 적합한 것은?

① 항복점(Yield Point)
② 극한 강도(Ultimate Strength)
③ 크리프 한도(Creep Limit)
④ 피로 한도(Fatigue Limit)

해설 피로와 피로 한도
- 피로(Fatigue): 기계나 구조물에 인장과 압축을 오랜 시간에 걸쳐서 연속적으로 되풀이하여 작용시키면 결국엔 파괴되는 현상이다.
- 피로 한도(Fatigue Limit): 피로 현상이 발생하지 않는 최대응력이다.

관련개념 CHAPTER 01 기계공정의 안전, 기계안전시설 관리

053

프레스 방호장치에서 수인식 방호장치를 사용하기에 가장 적합한 기준은?

① 슬라이드 행정길이가 100[mm] 이상, 슬라이드 행정수가 100[SPM] 이하
② 슬라이드 행정길이가 50[mm] 이상, 슬라이드 행정수가 100[SPM] 이하
③ 슬라이드 행정길이가 100[mm] 이상, 슬라이드 행정수가 200[SPM] 이하
④ 슬라이드 행정길이가 50[mm] 이상, 슬라이드 행정수가 200[SPM] 이하

해설 수인식 방호장치의 설치기준
슬라이드 행정수가 100[SPM] 이하, 행정길이가 50[mm] 이상의 것에 사용한다.

관련개념 CHAPTER 04 프레스 및 전단기의 안전

054

지게차의 안정을 유지하기 위한 안정도 기준으로 틀린 것은?

① 5톤 미만의 부하상태에서 하역작업 시의 전후 안정도는 4[%] 이내이어야 한다.
② 부하상태에서 하역작업 시의 좌우 안정도는 10[%] 이내이어야 한다.
③ 무부하상태에서 주행 시의 좌우 안정도는 (15+1.1×V)[%] 이내이어야 한다.(단, V는 구내 최고속도[km/h])
④ 부하상태에서 주행 시 전후 안정도는 18[%] 이내이어야 한다.

해설 지게차 기준 부하상태에서 하역작업 시의 좌우 안정도는 6[%] 이내이다.

관련개념 CHAPTER 06 운반기계 및 양중기

055

롤러작업 시 위험점에서 가드(Guard) 개구부까지의 최단거리를 60[mm]라고 할 때, 최대로 허용할 수 있는 가드 개구부 틈새는 약 몇 [mm]인가?(단, 위험점이 비전동체이다.)

① 6
② 10
③ 15
④ 18

해설 가드를 설치할 때 일반적인 개구부의 간격
$Y = 6 + 0.15X = 6 + 0.15 \times 60 = 15[mm]$
여기서, Y: 개구부의 간격[mm]
  X: 개구부에서 위험점까지의 최단거리[mm]($X < 160[mm]$)

관련개념 CHAPTER 05 기타 산업용 기계 · 기구

056

보일러에서 압력이 규정 압력 이상으로 상승하여 과열되는 원인으로 가장 관계가 적은 것은?

① 수관 및 본체의 청소 불량
② 관수가 부족할 때 보일러 가동
③ 절탄기의 미부착
④ 수면계의 고장으로 인한 드럼 내의 물의 감소

해설 보일러 과열의 원인
- 수관과 본체의 청소 불량
- 관수 부족 시 부일러 가동
- 수면계의 고장으로 드럼 내 물의 감소

관련개념 CHAPTER 05 기타 산업용 기계 · 기구

057

크레인에서 일반적인 권상용 와이어로프 및 권상용 체인의 안전율 기준은?

① 10 이상
② 2.7 이상
③ 4 이상
④ 5 이상

해설 일반적인 경우 화물의 하중을 직접 지지하므로 와이어로프 및 체인의 안전계수(안전율)는 5 이상이어야 한다.

관련개념 CHAPTER 06 운반기계 및 양중기

058

다음의 설명에 해당하는 기계는?

- 칩이 가늘고 예리하며 손을 잘 다치게 한다.
- 주로 평면공작물을 절삭 가공하나, 더브테일 가공이나 나사 가공 등의 복잡한 가공도 가능하다.
- 장갑은 착용을 금하고, 보안경을 착용해야 한다.

① 선반
② 밀링
③ 플레이너
④ 연삭기

해설 밀링작업 시 안전대책
- 밀링작업에서 생기는 칩은 가늘고 예리하며 부상을 입히기 쉬우므로 보안경을 착용한다.
- 칩은 기계를 정지시킨 후 브러시 등으로 제거한다.
- 강력절삭을 할 때는 일감을 바이스에 깊게 물린다.
- 손이 말려 들어갈 위험이 있는 장갑을 착용하지 않는다.

관련개념 CHAPTER 03 공작기계의 안전

059

컨베이어에 사용되는 방호장치와 그 목적에 관한 설명이 옳지 않은 것은?

① 운전 중인 컨베이어 등의 위로 넘어가고자 할 때를 위하여 급정지장치를 설치한다.
② 근로자의 신체 일부가 말려들 위험이 있을 때 이를 즉시 정지시키기 위한 비상정지장치를 설치한다.
③ 정전, 전압강하 등에 따른 화물 이탈을 방지하기 위해 이탈 및 역주행 방지장치를 설치한다.
④ 낙하물에 의한 위험 방지를 위한 덮개 또는 울을 설치한다.

해설 운전 중인 컨베이어 등의 위로 근로자를 넘어가도록 하는 경우에는 위험을 방지하기 위하여 건널다리를 설치하는 등 필요한 조치를 하여야 한다.

관련개념 CHAPTER 06 운반기계 및 양중기

060

구내운반차의 제동장치 준수사항에 대한 설명으로 틀린 것은?

① 전조등과 후미등을 갖출 것
② 운전석이 차 실내에 있는 것은 좌우에 한 개씩 방향지시기를 갖출 것
③ 구내운반차가 후진 중에 충돌할 위험이 있는 경우에는 후진경보기만 설치할 것
④ 주행을 제동하거나 정지상태를 유지하기 위하여 유효한 제동장치를 갖출 것

> **해설** 구내운반차 구비조건
> - 주행을 제동하거나 정지상태를 유지하기 위하여 유효한 제동장치를 갖출 것
> - 경음기를 갖출 것
> - 운전석이 차 실내에 있는 것은 좌우에 한 개씩 방향지시기를 갖출 것
> - 전조등과 후미등을 갖출 것
> - **구내운반차가 후진 중에 주변의 근로자 또는 차량계 하역운반기계 등과 충돌할 위험이 있는 경우에는 구내운반차에 후진경보기와 경광등을 설치할 것**
>
> **관련개념** CHAPTER 06 운반기계 및 양중기

전기설비 안전관리

061

접지저항 저감방법으로 틀린 것은?

① 접지극의 병렬 접지를 실시한다.
② 접지극의 매설 깊이를 증가시킨다.
③ 접지극의 크기를 최대한 작게 한다.
④ 접지극 주변의 토양을 개량하여 대지 저항률을 떨어뜨린다.

> **해설** 접지저항의 물리적 저감법
> - 접지극의 병렬 접속
> - **접지극의 치수 확대**
> - 접지봉 심타법 적용
> - 매설지선 및 평판접지극 사용
> - 메시(Mesh)공법 적용
> - 다중접지 시트 사용
> - 보링 공법 적용
>
> **관련개념** CHAPTER 05 전기설비 위험요인관리

062

다음 중 한국전기설비규정에 따른 전압의 구분으로 틀린 것은?

① 저압: 직류 1[kV] 이하
② 고압: 교류 1[kV] 초과 7[kV] 이하
③ 특고압: 직류 7[kV] 초과
④ 특고압: 교류 7[kV] 초과

> **해설** 전압의 구분
> - **저압**: 교류는 1[kV] 이하, **직류는 1.5[kV] 이하인 것**
> - **고압**: 교류는 1[kV]를, 직류는 1.5[kV]를 초과하고, 7[kV] 이하인 것
> - **특고압**: 7[kV]를 초과하는 것
>
> **관련개념** CHAPTER 02 감전재해 및 방지대책

063
다음 중 방폭구조의 종류가 아닌 것은?

① 본질안전방폭구조
② 고압방폭구조
③ 압력방폭구조
④ 내압방폭구조

해설 고압방폭구조는 없다.

관련개념 CHAPTER 04 전기방폭관리

064
다음에서 설명하고 있는 방폭구조는?

> 전기기기의 정상 사용 조건 및 특정 비정상 상태에서 과도한 온도 상승, 아크 또는 스파크의 발생위험을 방지하기 위해 추가적인 안전 조치를 취한 것으로 Ex e라고 표시한다.

① 유입방폭구조
② 압력방폭구조
③ 내압방폭구조
④ 안전증방폭구조

해설 안전증방폭구조
정상운전 중에 폭발성 가스 또는 증기에 점화원이 될 전기불꽃, 아크 또는 고온 부분 등의 발생을 방지하기 위하여 기계적, 전기적 구조상 또는 온도 상승에 내해서 특히 안전노를 증가시킨 구조이다.

관련개념 CHAPTER 04 전기방폭관리

065
전기화재가 발생되는 비중이 가장 큰 발화원은?

① 주방기기
② 이동식 전열기
③ 회전체 전기기계 및 기구
④ 전기배선 및 배선기구

해설 전기화재가 발생되는 비중이 가장 큰 발화원은 전기배선 및 배선기구이다.

관련개념 CHAPTER 05 전기설비 위험요인관리

066
위험방지를 위한 전기기계·기구의 설치 시 고려할 사항으로 거리가 먼 것은?

① 전기기계·기구의 충분한 전기적 용량 및 기계적 강도
② 전기기계·기구의 안전효율을 높이기 위한 시간 가동률
③ 습기·분진 등 사용장소의 주위 환경
④ 전기적·기계적 방호수단의 적정성

해설 전기기계·기구의 설치 시 고려사항
- 전기기계·기구의 충분한 전기적 용량 및 기계적 강도
- 습기·분진 등 사용장소의 주위 환경
- 전기적·기계적 방호수단의 적정성

관련개념 CHAPTER 01 전기안전관리

067
심실세동전류란?

① 최소감지전류
② 치사전류
③ 고통한계전류
④ 마비한계전류

해설 심실세동전류(치사전류)
심근의 미세한 진동으로 혈액을 송출하는 펌프의 기능이 장애를 받는 때의 전류이다.

관련개념 CHAPTER 02 감전재해 및 방지대책

068
정전작업 시 정전시킨 전로에 잔류전하를 방전할 필요가 있다. 전원차단 이후에도 잔류전하가 남아있을 가능성이 가장 낮은 것은?

① 방전 코일
② 전력 케이블
③ 전력용 콘덴서
④ 용량이 큰 부하기기

해설 방전 코일은 전력 케이블, 전력 콘덴서 등의 잔류전하를 방전시킬 때 사용하므로 잔류전하가 남아있을 가능성이 낮다.

관련개념 CHAPTER 02 감전재해 및 방지대책

| 정답 | 063 ② | 064 ④ | 065 ④ | 066 ② | 067 ② | 068 ① |

069

이동식 전기기기의 감전사고를 방지하기 위한 가장 적정한 시설은?

① 접지설비　　② 폭발방지설비
③ 시건장치　　④ 피뢰기설비

해설 접지설비를 통해 기기의 지락사고 발생 시 사람에게 걸리는 분담 전압을 억제(감전사고 방지)한다.

관련개념 CHAPTER 05 전기설비 위험요인관리

070

누전차단기의 구성요소가 아닌 것은?

① 누전검출부　　② 영상변류기
③ 차단장치　　　④ 전력퓨즈

해설 누전차단기 구성요소
영상변류기, 누전검출부, 트립코일, 차단장치 및 시험장치

관련개념 CHAPTER 02 감전재해 및 방지대책

071

인입개폐기를 개방하지 않고 전등용 변압기 1차 측 COS만 개방 후 전등용 변압기 접속용 볼트 작업 중 동력용 COS에 접촉, 사망한 사고에 대한 원인으로 가장 거리가 먼 것은?

① 안전장구 미사용
② 동력용 변압기 COS 미개방
③ 전등용 변압기 2차 측 COS 미개방
④ 인입구 개폐기 미개방한 상태에서 작업

해설 전등용 변압기 1차 측 COS가 개방된 상태이므로 2차 측 개방은 감전사고와는 무관하다.

관련개념 CHAPTER 01 전기안전관리

072

1[C]을 갖는 2개의 전하가 공기 중에서 1[m]의 거리에 있을 때 이들 사이에 작용하는 정전력은?

① 8.854×10^{-12}[N]　　② 1.0[N]
③ 3×10^3[N]　　　　　④ 9×10^9[N]

해설 쿨롱의 법칙

정전력 $F = K\dfrac{q_1 q_2}{r^2} = (9 \times 10^9) \times \dfrac{1 \times 1}{1^2} = 9 \times 10^9$[N]

여기서, K: 쿨롱상수(9×10^9)
　　　　q: 전하의 크기[C]
　　　　r: 두 전하 사이의 거리[m]

관련개념 CHAPTER 03 정전기 장·재해관리

073

금속제 외함을 가지는 기계·기구에 전기를 공급하는 전로에 지락이 발생했을 때에 자동적으로 전로를 차단하는 누전차단기 등을 설치하여야 한다. 누전차단기를 설치해야 되는 경우로 옳은 것은?

① 기계·기구가 고무, 합성수지 기타 절연물로 피복된 것일 경우
② 기계·기구가 유도전동기의 2차 측 전로에 접속되는 것일 경우
③ 대지전압이 150[V]를 초과하는 휴대형 전동기계·기구를 시설하는 경우
④ 「전기용품 및 생활용품 안전관리법」의 적용을 받는 이중절연구조의 기계·기구를 시설하는 경우

해설 대지전압이 150[V]를 초과하는 이동형 또는 휴대형 전기기계·기구에 누전차단기를 설치하여야 한다.

관련개념 CHAPTER 02 감전재해 및 방지대책

| 정답 | 069 ① | 070 ④ | 071 ③ | 072 ④ | 073 ③ |

074

정전기 발생의 일반적인 종류가 아닌 것은?

① 마찰
② 중화
③ 박리
④ 유동

해설 정전기 대전의 종류
- 마찰대전
- 박리대전
- 유동대전
- 분출대전
- 충돌대전
- 파괴대전
- 교반(진동)이나 침강대전

관련개념 CHAPTER 03 정전기 장·재해관리

075

정전유도를 받고 있는 접지되어 있지 않은 도전성 물체에 접촉한 경우 전격을 당하게 되는데, 이때 물체에 유도된 전압[V]을 옳게 나타낸 것은?(단, E는 송전선의 대지전압, C_1은 송전선과 물체 사이의 정전용량, C_2는 물체와 대지 사이의 정전용량이며, 물체와 대지 사이의 저항은 무시한다.)

① $V = \dfrac{C_1}{C_1 + C_2} \cdot E$
② $V = \dfrac{C_1 + C_2}{C_1} \cdot E$
③ $V = \dfrac{C_1}{C_1 \times C_2} \cdot E$
④ $V = \dfrac{C_1 \times C_2}{C_1} \cdot E$

해설 정전유도전압 $V = \dfrac{C_1}{C_1 + C_2} \times E$

등가회로
- C_1: 송전선과 물체 간의 정전용량
- C_2: 물체와 대지 간의 정전용량
- R_M: 인체저항
- R_E: 인체와 대지 간의 접촉저항
- R_0: 물체의 대지절연저항
- E: 송전선의 대지전압
- V: 정전유도전압

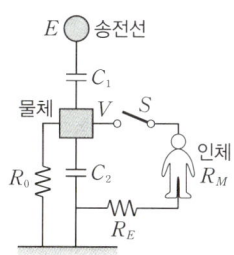

관련개념 CHAPTER 02 감전재해 및 방지대책

076

이상적인 피뢰기가 가져야 할 성능으로 틀린 것은?

① 제한전압이 낮을 것
② 방전개시전압이 낮을 것
③ 뇌전류 방전능력이 작을 것
④ 속류차단을 확실하게 할 수 있을 것

해설 피뢰기의 성능
- 제한전압 또는 충격방전개시전압이 충분히 낮고 보호능력이 있을 것
- 속류차단이 완전히 행해져 동작책무특성이 충분할 것
- **뇌전류 방전능력이 클 것**
- 대전류의 방전, 속류차단의 반복동작에 대하여 장기간 사용에 견딜 수 있을 것
- 상용주파방전개시전압은 회로전압보다 충분히 높아서 상용주파방전을 하지 않을 것

관련개념 CHAPTER 05 전기설비 위험요인관리

077

감전사고의 방지대책으로 가장 거리가 먼 것은?

① 전기 위험부의 위험 표시
② 충전부가 노출된 부분에 절연방호구 사용
③ 충전부에 접근하여 작업하는 작업자 보호구 착용
④ 사고발생 시 처리프로세스 작성 및 조치

해설 감전사고 후 처리는 감전사고의 방지대책이 아니다.

관련개념 CHAPTER 02 감전재해 및 방지대책

078

전선의 절연피복이 손상되어 동선이 서로 직접 접촉한 경우를 무엇이라 하는가?

① 절연
② 누전
③ 접지
④ 단락

해설 단락(합선)

전선의 피복이 벗겨지거나 전선에 압력이 가해지게 되면 두 가닥의 전선이 직접 또는 낮은 저항으로 접촉되는 경우에 전류가 전선에 연결된 전기기기 쪽보다 저항이 적은 접촉부분으로 집중적으로 흐르게 되는 현상이다.

관련개념 CHAPTER 05 전기설비 위험요인관리

079

감전쇼크에 의해 호흡이 정지되었을 경우 일반적으로 약 몇 분 이내에 응급처치를 개시하면 95[%] 정도를 소생시킬 수 있는가?

① 1분 이내
② 3분 이내
③ 5분 이내
④ 7분 이내

해설 단시간 내에 인공호흡 등 응급처치를 실시할 경우 감전사망자의 95[%] 이상 소생시킬 수 있다. (1분 이내 95[%], 3분 이내 75[%], 4분 이내 50[%], 5분 이내이면 25[%]로 크게 감소)

관련개념 CHAPTER 02 감전재해 및 방지대책

080

200[A]의 전류가 흐르는 단상 전로의 한 선에서 누전되는 최소 전류[mA]의 기준은?

① 100
② 200
③ 10
④ 20

해설 저압전선로 중 절연부분의 전선과 대지 및 심선 상호 간의 절연저항은 사용전압에 대한 누설전류가 최대 공급전류의 $\frac{1}{2,000}$이 넘지 않도록 유지하여야 한다.

누설전류 = 최대 공급전류 $\times \frac{1}{2,000} = 200 \times \frac{1}{2,000} = 0.1$[A] = 100[mA]

관련개념 CHAPTER 02 감전재해 및 방지대책

화학설비 안전관리

081

인화점이 각 온도 범위에 포함되지 않는 물질은?

① −30[℃] 미만: 디에틸에테르
② −30[℃] 이상 0[℃] 미만: 아세톤
③ 0[℃] 이상 30[℃] 미만: 벤젠
④ 30[℃] 이상 65[℃] 이하: 아세트산

해설 벤젠의 인화점은 −11[℃]로 보기의 범위에 포함되지 않는다.

오답해설
① 디에틸에테르의 인화점: −45[℃]
② 아세톤의 인화점: −18[℃]
④ 아세트산의 인화점: 41.7[℃]

관련개념 CHAPTER 01 화재·폭발·검토

082

「산업안전보건기준에 관한 규칙」상 국소배기장치의 후드 설치기준이 아닌 것은?

① 유해물질이 발생하는 곳마다 설치할 것
② 후드의 개구부 면적은 가능한 한 크게 할 것
③ 외부식 또는 리시버식 후드는 해당 분진 등의 발산원에 가장 가까운 위치에 설치할 것
④ 후드 형식은 가능하면 포위식 또는 부스식 후드를 설치할 것

해설 후드(Hood)

인체에 해로운 분진 등을 배출하기 위하여 설치하는 국소배기장치의 후드는 다음의 기준에 맞도록 하여야 한다.

- 유해물질이 발생하는 곳마다 설치할 것
- 유해인자의 발생형태와 비중, 작업방법 등을 고려하여 해당 분진 등의 발산원을 제어할 수 있는 구조로 설치할 것
- 후드 형식은 가능하면 포위식 또는 부스식 후드를 설치할 것
- 외부식 또는 리시버식 후드는 해당 분진 등의 발산원에 가장 가까운 위치에 설치할 것

관련개념 CHAPTER 04 화공 안전운전·점검

083

에틸알코올 1몰이 완전연소 시 생성되는 CO_2와 H_2O의 몰수로 옳은 것은?

① CO_2: 1, H_2O: 4
② CO_2: 2, H_2O: 3
③ CO_2: 3, H_2O: 2
④ CO_2: 4, H_2O: 1

해설 에틸알코올의 완전연소식

$C_2H_5OH + 3O_2 \rightarrow 2CO_2 + 3H_2O$
　　1　:　3　　2　:　3

에틸알코올이 1몰 반응할 때 생성되는 CO_2는 2몰, H_2O는 3몰이다.

관련개념 CHAPTER 01 화재 · 폭발 검토

084

다음 중 흡인 시 인체에 구내염과 혈뇨, 손떨림 등의 증상을 일으키며 신경계를 대표적인 표적기관으로 하는 물질은?

① 백금
② 석회석
③ 수은
④ 이산화탄소

해설 수은 중독

흡인 시 인체의 구내염과 혈뇨, 손떨림 등의 증상을 일으키며, 대표적인 신경계 독성 물질이다. 수은 중독의 대표 사례로는 일본의 '미나마타 병'이 있다.

관련개념 CHAPTER 02 화학물질 안전관리 실행

085

반응 폭주 등 급격한 압력상승의 우려가 있는 경우에 설치하여야 하는 것은?

① 파열판
② 통기밸브
③ 체크밸브
④ Flame Arrester

해설 파열판을 설치하여야 하는 경우
- 반응 폭주 등 급격한 압력상승의 우려가 있는 경우
- 급성 독성 물질의 누출로 인하여 주위의 작업환경을 오염시킬 우려가 있는 경우
- 운전 중 안전밸브에 이상물질이 누적되어 안전밸브가 작동되지 아니할 우려가 있는 경우

관련개념 CHAPTER 04 화공 안전운전 · 점검

086

헥산 1[vol%], 메탄 2[vol%], 에틸렌 2[vol%], 공기 95[vol%]로 된 혼합가스의 폭발하한계값[vol%]은 약 얼마인가?(단, 헥산, 메탄, 에틸렌의 폭발하한계 값은 각각 1.1, 5.0, 2.7[vol%]이다.)

① 2.44
② 12.89
③ 21.78
④ 48.78

해설 혼합가스의 폭발하한계

$$L = \frac{V_1 + V_2 + \cdots + V_n}{\frac{V_1}{L_1} + \frac{V_2}{L_2} + \cdots + \frac{V_n}{L_n}} = \frac{1+2+2}{\frac{1}{1.1} + \frac{2}{5} + \frac{2}{2.7}} = 2.44[\text{vol\%}]$$

여기서, L: 혼합가스의 폭발하한계 [vol%]
　　　　L_n: 각 성분가스의 폭발하한계 [vol%]
　　　　V_n: 각 성분가스의 부피 비율 [vol%]

관련개념 CHAPTER 01 화재 · 폭발 검토

087

중대산업재해 대비를 위한 대응조치로 옳지 않은 것은?

① 사업주는 급박한 위험이 발생한 경우 근로자들이 스스로 작업중지 및 대피를 할 수 있도록 사전에 안내하고 교육해야 한다.
② 근로자는 작업 진행 중 본인 또는 인근에서 수행되는 작업에서 산업재해가 발생할 급박한 위험을 인식한 즉시 관리감독자에게 보고 후 현장에서 비상조치를 실시하여야 한다.
③ 사업주는 사업장의 특성을 반영하여 급박한 위험의 판단기준을 정해두어야 한다.
④ 사업주는 급박한 위험 시 작업중지를 한 근로자에 대하여 해고 등 불이익 조치를 할 수 없다.

해설 근로자는 작업 진행 중 본인 또는 인근에서 수행되는 작업에서 산업재해가 발생할 급박한 위험을 인식한 즉시 작업을 중지하고 대피하여야 한다.

관련개념 CHAPTER 03 화공안전 비상조치 계획 · 대응

088

다음 물질 중 인화점이 가장 낮은 물질은?

① 이황화탄소 ② 아세톤
③ 크실렌 ④ 경유

해설
① 이황화탄소의 인화점: $-30[℃]$
② 아세톤의 인화점: $-18[℃]$
③ 크실렌의 인화점: $25[℃]$
④ 경유의 인화점: $62[℃]$
※ 인화점은 일반적으로 분자구조가 간단하고 분자량이 작을수록 낮아진다.

관련개념 CHAPTER 01 화재 · 폭발 검토

089

다음 금속 중 물과 접촉하여 수소를 가장 잘 방출시키는 원소는?

① 칼륨 ② 구리
③ 수은 ④ 백금

해설 칼륨은 물과 격렬히 반응하여 수소를 발생시킨다.
$2K + 2H_2O \rightarrow 2KOH + H_2 \uparrow$

관련개념 CHAPTER 02 화학물질 안전관리 실행

090

다음 중 아세틸렌을 용해가스로 만들 때 사용되는 용제로 가장 적합한 것은?

① 아세톤 ② 메탄
③ 부탄 ④ 프로판

해설 아세틸렌은 가압하면 분해폭발을 하므로 아세톤 등에 침윤시켜 다공성 물질이 들어 있는 용기에 충전시킨다.

관련개념 CHAPTER 02 화학물질 안전관리 실행

091

분진폭발의 발생 순서로 옳은 것은?

① 비산 → 분산 → 퇴적분진 → 발화원 → 2차 폭발 → 전면폭발
② 비산 → 퇴적분진 → 분산 → 발화원 → 2차 폭발 → 전면폭발
③ 퇴적분진 → 발화원 → 분산 → 비산 → 전면폭발 → 2차 폭발
④ 퇴적분진 → 비산 → 분산 → 발화원 → 전면폭발 → 2차 폭발

해설 분진폭발의 순서
퇴적분진 → 비산 → 분산 → 발화원 → 전면폭발 → 2차 폭발

관련개념 CHAPTER 01 화재 · 폭발 검토

092

다음 중 밀폐공간 내 작업 시의 조치사항으로 가장 거리가 먼 것은?

① 산소결핍이 우려되거나 유해가스 등의 농도가 높아서 폭발할 우려가 있는 경우는 진행 중인 작업에 방해되지 않도록 주의하면서 환기를 강화하여야 한다.
② 해당 작업장을 적정한 공기상태로 유지되도록 환기하여야 한다.
③ 해당 장소에 근로자를 입장시킬 때와 퇴장시킬 때에 각각 인원을 점검하여야 한다.
④ 해당 작업장과 외부의 감시인 사이에 상시 연락을 취할 수 있는 설비를 설치하여야 한다.

해설 밀폐공간에서 작업을 하는 경우에 산소결핍이나 유해가스로 인한 질식 · 화재 · 폭발 등의 우려가 있으면 즉시 작업을 중단시키고 해당 근로자를 대피하도록 하여야 한다.

관련개념 CHAPTER 01 화재 · 폭발 검토

093

고압가스의 분류 중 압축가스에 해당되는 것은?

① 질소
② 프로판
③ 산화에틸렌
④ 염소

해설 고압가스는 상태에 따라 압축가스, 용해가스, 액화가스로 분류할 수 있고, 압축가스에는 산소, 수소, 메탄, **질소**, 아르곤 등이 있다.

관련개념 CHAPTER 02 화학물질 안전관리 실행

094

5[%] NaOH 수용액과 10[%] NaOH 수용액을 반응기에 혼합하여 6[%] 100[kg]의 NaOH 수용액을 만들려면 각각 몇 [kg]의 NaOH 수용액이 필요한가?

① 5[%] NaOH 수용액: 33.3, 10[%] NaOH 수용액: 66.7
② 5[%] NaOH 수용액: 50, 10[%] NaOH 수용액: 50
③ 5[%] NaOH 수용액: 66.7, 10[%] NaOH 수용액: 33.3
④ 5[%] NaOH 수용액: 80, 10[%] NaOH 수용액: 20

해설 5[%] NaOH 수용액 양을 x, 10[%] NaOH 수용액 양을 y라 하면

$$\begin{cases} x+y=100 \\ 0.05x+0.1y=0.06\times 100 \end{cases}$$

$x=80[kg]$, $y=20[kg]$

관련개념 CHAPTER 02 화학물질 안전관리 실행

095

할론소화약제 중 Halon 2402의 화학식으로 옳은 것은?

① $C_2F_4Br_2$
② $C_2H_4Br_2$
③ $C_2Br_4H_2$
④ $C_2Br_4F_2$

해설 2402는 구성 원소 중 C 2개, F 4개, Cl 0개, Br 2개, I 0개이다. 따라서 Halon 2402의 화학식은 $C_2F_4Br_2$이다.

관련개념 CHAPTER 01 화재·폭발 검토

096

다음 중 응상폭발이 아닌 것은?

① 분해폭발
② 수증기폭발
③ 전선폭발
④ 고상 간의 전이에 의한 폭발

해설 폭발원인 물질의 상태(기상, 응상)에 따른 분류

관련개념 CHAPTER 01 화재·폭발 검토

097

마그네슘의 저장 및 취급에 관한 설명으로 틀린 것은?

① 화기를 엄금하고, 가열, 충격, 마찰을 피한다.
② 분말이 비산하지 않도록 밀봉하여 저장한다.
③ 제6류 위험물과 같은 산화제와 혼합되지 않도록 격리, 저장한다.
④ 일단 연소하면 소화가 곤란하지만 초기 소화 또는 소규모 화재 시 물, CO_2 소화설비를 이용하여 소화한다.

해설 마그네슘은 물과 반응하면 수소가 발생하고 이산화탄소와는 폭발적인 반응을 하므로 소화는 마른 모래나 분말소화약제를 사용한다.

관련개념 CHAPTER 02 화학물질 안전관리 실행

098

다음 중 「산업안전보건법령」상 공정안전보고서의 안전운전계획에 포함되지 않는 항목은?

① 안전작업허가
② 안전운전지침서
③ 가동 전 점검지침
④ 비상조치계획에 따른 교육계획

해설 비상조치계획에 따른 교육계획은 비상조치계획에 포함되는 항목이다.

관련개념 CHAPTER 04 화공 안전운전·점검

099

다음 중 유류화재에 해당하는 화재의 급수는?

① A급
② B급
③ C급
④ D급

해설 화재의 종류

A급 화재	B급 화재	C급 화재	D급 화재
일반화재	**유류화재**	전기화재	금속화재

관련개념 CHAPTER 01 화재·폭발 검토

100

다음 중 「산업안전보건법령」상 산화성 액체 또는 산화성 고체에 해당하지 않는 것은?

① 질산
② 중크롬산
③ 과산화수소
④ 질산에스테르

해설 질산에스테르는 폭발성 물질에 해당한다.

관련개념 CHAPTER 02 화학물질 안전관리 실행

건설공사 안전관리

101

가설통로를 설치하는 경우 준수해야 할 기준으로 옳지 않은 것은?

① 경사는 30° 이하로 할 것
② 경사가 25°를 초과하는 경우에는 미끄러지지 아니하는 구조로 할 것
③ 건설공사에 사용하는 높이 8[m] 이상인 비계다리에는 7[m] 이내마다 계단참을 설치할 것
④ 수직갱에 가설된 통로의 길이가 15[m] 이상인 때에는 10[m] 이내마다 계단참을 설치할 것

해설 가설통로 설치 시 준수사항
- 견고한 구조로 할 것
- 경사는 30° 이하로 할 것
- **경사가 15°를 초과하는 경우에는 미끄러지지 아니하는 구조로 할 것**
- 추락할 위험이 있는 장소에는 안전난간을 설치할 것
- 수직갱에 가설된 통로의 길이가 15[m] 이상인 경우에는 10[m] 이내마다 계단참을 설치할 것
- 건설공사에 사용하는 높이 8[m] 이상인 비계다리에는 7[m] 이내마다 계단참을 설치할 것

관련개념 CHAPTER 05 비계·거푸집 가시설 위험방지

102

건설공사의 산업안전보건관리비 계상 시 대상액이 구분되어 있지 않은 공사는 도급계약 또는 자체사업 계획상의 총 공사금액 중 얼마를 대상액으로 하는가?

① 50[%]
② 60[%]
③ 70[%]
④ 80[%]

해설 건설업 산업안전보건관리비 계상 시 대상액이 명확하지 않은 경우 도급계약 또는 자체사업계획상 책정된 총 공사금액의 70[%]에 해당하는 금액을 대상액으로 하여 산업안전보건관리비를 계상한다.

관련개념 CHAPTER 03 건설업 산업안전보건관리비 관리

103

해체공사 시 작업용 기계·기구의 취급 안전기준에 관한 설명으로 옳지 않은 것은?

① 철제해머와 와이어로프의 결속은 경험이 많은 사람으로서 선임된 자에 한하여 실시하도록 하여야 한다.
② 팽창제 천공간격은 콘크리트 강도에 의하여 결정되나 70~120[cm] 정도를 유지하도록 한다.
③ 쐐기타입으로 해체 시 천공구멍은 타입기 삽입부분의 직경과 거의 같아야 한다.
④ 화염방사기로 해체작업 시 용기 내 압력은 온도에 의해 상승하기 때문에 항상 40[℃] 이하로 보존해야 한다.

해설 팽창제의 천공간격은 콘크리트 강도에 의하여 결정되나 30~70[cm] 정도를 유지하도록 한다.

관련개념 CHAPTER 06 공사 및 작업 종류별 안전

104

사다리식 통로 등을 설치하는 경우 통로 구조로서 옳지 않은 것은?

① 발판의 간격은 일정하게 한다.
② 발판과 벽과의 사이는 15[cm] 이상의 간격을 유지한다.
③ 사다리의 상단은 걸쳐놓은 지점으로부터 60[cm] 이상 올라가도록 한다.
④ 폭은 40[cm] 이상으로 한다.

해설 사다리식 통로의 폭은 30[cm] 이상으로 한다.

관련개념 CHAPTER 05 비계·거푸집 가시설 위험방지

105

비계의 높이가 2[m] 이상인 작업장소에 설치하는 작업발판의 설치기준으로 옳지 않은 것은?(단, 달비계, 달대비계 및 말비계는 제외한다.)

① 작업발판의 폭은 40[cm] 이상으로 한다.
② 작업발판의 재료는 뒤집히거나 떨어지지 않도록 하나 이상의 지지물에 연결하거나 고정시킨다.
③ 발판재료 간의 틈은 3[cm] 이하로 한다.
④ 작업발판의 지지물은 하중에 의하여 파괴될 우려가 없는 것을 사용한다.

해설 작업발판의 설치기준(비계 높이 2[m] 이상인 작업장소)
- 발판재료는 작업할 때의 하중을 견딜 수 있도록 견고한 것으로 할 것
- 작업발판의 폭은 40[cm] 이상으로 하고, 발판재료 간의 틈은 3[cm] 이하로 할 것. 다만, 외줄비계의 경우에는 고용노동부장관이 별도로 정하는 기준에 따른다.
- 추락의 위험이 있는 장소에는 안전난간을 설치할 것
- 작업발판의 지지물은 하중에 의하여 파괴될 우려가 없는 것을 사용할 것
- **작업발판 재료는 뒤집히거나 떨어지지 않도록 둘 이상의 지지물에 연결하거나 고정시킬 것**
- 작업발판을 작업에 따라 이동시킬 경우에는 위험방지에 필요한 조치를 할 것

관련개념 CHAPTER 04 건설현장 안전시설 관리

106

다음 ( ) 안에 알맞은 내용은?

> 동바리로 사용하는 파이프서포트의 높이가 ( )[m]를 초과하는 경우에는 높이 2[m] 이내마다 수평연결재를 2개 방향으로 만들고 수평연결재의 변위를 방지할 것

① 3 　　② 3.5
③ 4 　　④ 4.5

해설 동바리로 사용하는 파이프서포트의 **높이가 3.5[m]를 초과**하는 경우에는 높이 2[m] 이내마다 수평연결재를 2개 방향으로 만들고 수평연결재의 변위를 방지하여야 한다.

관련개념 CHAPTER 05 비계·거푸집 가시설 위험방지

| 정답 | 103 ② 　104 ④ 　105 ② 　106 ②

107
흙막이 계측기의 종류 중 주변 지반의 변형을 측정하는 기계는?

① 건물기울기계 ② 지중경사계
③ 변형률계   ④ 하중계

해설 지중경사계
흙막이벽 배면에 설치하여 토류벽의 기울어짐을 측정하는 계측기이다.

관련개념 CHAPTER 05 비계·거푸집 가시설 위험방지

108
다음 설명에 해당하는 안전대와 관련된 용어로 옳은 것은?(단, 보호구 안전인증 고시 기준이다.)

> 신체지지의 목적으로 전신에 착용하는 띠 모양의 것으로서 상체 등 신체 일부분만 지지하는 것은 제외한다.

① 안전그네   ② 벨트
③ 죔줄   ④ 버클

해설 안전그네란 신체지지의 목적으로 전신에 착용하는 띠 모양의 것으로서 상체 등 신체 일부분만 지지하는 것은 제외한다.

관련개념 CHAPTER 04 건설현장 안전시설 관리

109
사다리식 통로 등을 설치하는 경우 고정식 사다리식 통로의 기울기는 최대 몇 도 이하로 하여야 하는가?

① 60도   ② 75도
③ 80도   ④ 90도

해설 사다리식 통로의 기울기는 75° 이하로 한다. 다만, **고정식 사다리식 통로의 기울기는 90° 이하로 하고**, 그 높이가 7[m] 이상인 경우에는 상황에 따라 등받이울 또는 개인용 추락 방지 시스템을 설치하여야 한다.

관련개념 CHAPTER 05 비계·거푸집 가시설 위험방지

110
유해위험방지계획서 첨부서류에 해당되지 않는 것은?

① 안전관리를 위한 교육자료
② 안전관리 조직표
③ 전체 공정표
④ 재해발생 위험 시 연락 및 대피방법

해설 건설공사 유해위험방지계획서 제출 시 첨부서류
- 공사 개요서
- 공사현장의 주변 현황 및 주변과의 관계를 나타내는 도면(매설물 현황 포함)
- 전체 공정표
- 산업안전보건관리비 사용계획서
- 안전관리 조직표
- 재해 발생 위험 시 연락 및 대피방법

관련개념 CHAPTER 02 건설공사 위험성

111
건설업의 산업안전보건관리비 사용항목에 해당되지 않는 것은?

① 안전시설비
② 근로자 건강관리비
③ 운반기계 수리비
④ 안전진단비

해설 건설업 산업안전보건관리비의 사용항목
- 안전관리자·보건관리자의 임금 등
- **안전시설비** 등
- 보호구 등
- **안전보건진단비** 등
- 안전보건교육비 등
- **근로자 건강장해예방비** 등
- 건설재해예방전문지도기관의 지도에 대한 대가로 자기공사자가 지급하는 비용

관련개념 CHAPTER 03 건설업 산업안전보건관리비 관리

| 정답 | 107 ② | 108 ① | 109 ④ | 110 ① | 111 ③ |

112
건립 중 강풍에 의한 풍압 등 외압에 대한 내력이 설계에 고려되었는지 확인하여야 하는 철골구조물이 아닌 것은?

① 연면적당 철골량이 50[kg/m²] 이하인 구조물
② 기둥이 타이플레이트형인 구조물
③ 이음부가 공장제작인 구조물
④ 구조물의 폭과 높이의 비가 1 : 4 이상인 구조물

해설 외압에 대한 내력이 설계에 고려되었는지 확인해야 할 구조물
- 높이 20[m] 이상의 구조물
- 구조물의 폭과 높이의 비가 1 : 4 이상인 구조물
- 단면구조에 현저한 차이가 있는 구조물
- 연면적당 철골량이 50[kg/m²] 이하인 구조물
- 기둥이 타이플레이트(Tie Plate)형인 구조물
- **이음부가 현장용접인 구조물**

관련개념 CHAPTER 06 공사 및 작업 종류별 안전

113
강관을 사용하여 비계를 구성하는 경우 준수해야 할 기준으로 옳지 않은 것은?

① 비계기둥의 간격은 띠장 방향에서는 1.85[m] 이하, 장선(長線) 방향에서는 1.5[m] 이하로 할 것
② 띠장 간격은 1.8[m] 이하로 할 것
③ 비계기둥의 제일 윗부분으로부터 31[m] 되는 지점 밑부분의 비계기둥은 2개의 강관으로 묶어 세울 것
④ 비계기둥 간의 적재하중은 400[kg]을 초과하지 않도록 할 것

해설 강관을 사용하여 비계를 구성하는 경우 띠장 간격은 2.0[m] 이하로 하여야 한다.

관련개념 CHAPTER 05 비계·거푸집 가시설 위험방지

114
근로자에게 작업 중 또는 통행 시 굴러 떨어짐으로 인하여 위험에 처할 우려가 있는 케틀, 호퍼, 피트 등이 있는 경우에 위험을 방지하기 위해 최소 높이 얼마 이상의 울타리를 설치해야 하는가?

① 80[cm] 이상　② 85[cm] 이상
③ 90[cm] 이상　④ 95[cm] 이상

해설 근로자에게 작업 중 또는 통행 시 굴러 떨어짐으로 인하여 근로자가 화상·질식 등의 위험에 처할 우려가 있는 케틀(Kettle), 호퍼(Hopper), 피트(Pit) 등이 있는 경우에 그 위험을 방지하기 위하여 필요한 장소에 높이 90[cm] 이상의 울타리를 설치하여야 한다.

관련개념 CHAPTER 04 건설현장 안전시설 관리

115
터널굴착 작업을 하는 때 미리 작성하여야 하는 작업계획서에 포함되어야 할 사항이 아닌 것은?

① 굴착의 방법
② 암석의 분할방법
③ 환기 또는 조명시설을 설치할 때에는 그 방법
④ 터널지보공 및 복공의 시공방법과 용수의 처리방법

해설 '암석의 분할방법'은 채석작업 시 작업계획서 내용에 포함되어야 한다.

관련개념 CHAPTER 05 비계·거푸집 가시설 위험방지

116
터널 등의 건설작업을 하는 경우에 낙반 등에 의하여 근로자가 위험해질 우려가 있는 경우에 필요한 직접적인 조치사항과 거리가 먼 것은?

① 터널지보공 설치　② 부석의 제거
③ 울 설치　　　　　④ 록볼트 설치

해설 울 설치는 추락위험 방지를 위한 조치사항에 해당한다.

관련개념 CHAPTER 05 비계·거푸집 가시설 위험방지

117

거푸집 해체작업 시 유의사항으로 옳지 않은 것은?

① 일반적으로 수평부재의 거푸집은 연직부재의 거푸집보다 빨리 떼어낸다.
② 해체된 거푸집이나 각목 등에 박혀있는 못 또는 날카로운 돌출물은 즉시 제거하여야 한다.
③ 상하 동시작업은 원칙적으로 금지하며 부득이한 경우에는 긴밀히 연락을 하며 작업을 하여야 한다.
④ 거푸집 해체 작업장 주위에는 관계자를 제외하고는 출입을 금지시켜야 한다.

해설 일반적으로 연직부재의 거푸집은 수평부재의 거푸집보다 빨리 떼어낼 수 있다.

관련개념 CHAPTER 05 비계·거푸집 가시설 위험방지

118

터널 지보공을 설치한 경우에 수시로 점검하고, 이상을 발견한 경우에는 즉시 보강하거나 보수해야 할 사항이 아닌 것은?

① 부재의 긴압 정도
② 기둥침하의 유무 및 상태
③ 부재의 접속부 및 교차부 상태
④ 계측기 설치상태

해설 터널 지보공 수시 점검 및 보강·보수사항
- 부재의 손상·변형·부식·변위 탈락의 유무 및 상태
- 부재의 긴압 정도
- 부재의 접속부 및 교차부의 상태
- 기둥침하의 유무 및 상태

관련개념 CHAPTER 05 비계·거푸집 가시설 위험방지

119

장비 자체보다 높은 장소의 땅을 굴착하는 데 적합한 장비는?

① 파워셔블(Power Shovel)
② 불도저(Bulldozer)
③ 드래그라인(Drag Line)
④ 클램쉘(Clam Shell)

해설 파워셔블(Power Shovel)은 굴착기가 위치한 지면보다 높은 곳을 굴착하는 데 적합하다.

관련개념 CHAPTER 04 건설현장 안전시설 관리

120

비계의 부재 중 기둥과 기둥을 연결시키는 부재가 아닌 것은?

① 띠장 ② 장선
③ 가새 ④ 작업발판

해설 작업발판은 고소작업 또는 운반작업 시 작업공간 확보를 위해 설치하는 것으로 비계의 부재 중 기둥과 기둥을 연결시키는 부재에 해당하지 않는다. 띠장, 장선, 가새는 모두 비계의 연결부재이다.

관련개념 CHAPTER 05 비계·거푸집 가시설 위험방지

2025년 3회 CBT 복원문제

산업재해 예방 및 안전보건교육

001
재해예방의 4원칙이 아닌 것은?
① 손실우연의 원칙   ② 사실확인의 원칙
③ 원인계기의 원칙   ④ 대책선정의 원칙

해설 재해예방의 4원칙
- 손실우연의 원칙: 재해손실은 사고발생 시 사고대상의 조건에 따라 달라지므로 한 사고의 결과로서 생긴 재해손실은 우연성에 의해 결정된다.
- 원인계기(원인연계)의 원칙: 재해발생은 반드시 원인이 있다.
- 예방가능의 원칙: 재해는 원칙적으로 원인만 제거하면 예방이 가능하다.
- 대책선정의 원칙: 재해예방을 위한 가능한 안전대책은 반드시 존재한다.

관련개념 CHAPTER 01 산업재해예방 계획 수립

002
매슬로우(Maslow)의 욕구위계이론 중 2단계에 해당되는 것은?
① 생리적 욕구
② 안전에 대한 욕구
③ 자아실현의 욕구
④ 존경과 긍지에 대한 욕구

해설 매슬로우(Maslow)의 욕구위계이론
㉠ 제1단계: 생리적 욕구
㉡ **제2단계: 안전의 욕구**
㉢ 제3단계: 사회적 욕구(친화 욕구)
㉣ 제4단계: 자기존경의 욕구(안정의 욕구 또는 자기존중의 욕구)
㉤ 제5단계: 자아실현의 욕구(성취욕구)

관련개념 CHAPTER 04 인간의 행동과학

003
재해발생의 직접원인 중 불안전한 상태가 아닌 것은?
① 불안전한 인양   ② 부적절한 보호구
③ 결함 있는 기계·설비   ④ 불안전한 방호장치

해설 불안전한 인양은 불안전한 행동에 포함된다.
산업재해 발생모델
- 불안전한 행동: 작업자의 부주의, 실수, 착오, 안전조치 미이행 등
- 불안전한 상태: 기계·설비 결함, 방호장치 결함, 작업환경 결함 등

관련개념 CHAPTER 01 산업재해예방 계획 수립

004
데이비스(Davis)의 동기부여 이론 중 인간의 성과의 식으로 옳은 것은?
① 지식×기능   ② 능력×동기유발
③ 상황×태도   ④ 인간의 성과×물질의 성과

해설 데이비스(K. Davis)의 동기부여 이론
- 지식(Knowledge)×기능(Skill)=능력(Ability)
- 상황(Situation)×태도(Attitude)=동기유발(Motivation)
- **능력**(Ability)×**동기유발**(Motivation)
  =**인간의 성과**(Human Performance)
- 인간의 성과×물질적 성과=경영의 성과

관련개념 CHAPTER 04 인간의 행동과학

005
「보호구 안전인증 고시」에 따른 안전모의 일반구조 중 턱끈의 최소 폭 기준은?
① 5[mm] 이상   ② 7[mm] 이상
③ 10[mm] 이상   ④ 12[mm] 이상

해설 안전모의 턱끈의 폭은 10[mm] 이상이어야 한다.

관련개념 CHAPTER 02 안전보호구 관리

| 정답 | 001 ② | 002 ② | 003 ① | 004 ② | 005 ③ |

006

어느 사업장에서 당해 연도에 660명의 재해자가 발생하였다. 하인리히(Heinrich)의 1 : 29 : 300의 법칙에 의한 경상해는 몇 명인가?

① 53명
② 58명
③ 600명
④ 602명

해설 하인리히의 재해구성비율
중상 또는 사망 : 경상 : 무상해사고 = 1 : 29 : 300

$$경상해 = 660 \times \frac{29}{1+29+300} = 58명$$

관련개념 CHAPTER 01 산업재해예방 계획 수립

007

「산업안전보건법령」상 안전보건교육 교육대상별 교육내용 중 관리감독자 정기교육의 내용으로 틀린 것은?

① 정리정돈 및 청소에 관한 사항
② 유해·위험 작업환경 관리에 관한 사항
③ 표준안전 작업방법 결정 및 지도·감독 요령에 관한 사항
④ 작업공정의 유해·위험과 재해 예방대책에 관한 사항

해설 ①은 근로자의 채용 시 및 작업내용 변경 시 교육내용이다.
관리감독자 정기 교육내용
- 산업안전 및 산업재해 예방에 관한 사항
- 산업보건 및 건강장해 예방에 관한 사항
- 위험성 평가에 관한 사항
- 유해·위험 작업환경 관리에 관한 사항
- 「산업안전보건법령」 및 산업재해보상보험 제도에 관한 사항
- 직무스트레스 예방 및 관리에 관한 사항
- 직장 내 괴롭힘, 고객의 폭언 등으로 인한 건강장해 예방 및 관리에 관한 사항
- 작업공정의 유해·위험과 재해 예방대책에 관한 사항
- 사업장 내 안전보건관리체제 및 안전·보건조치 현황에 관한 사항
- 표준안전 작업방법 결정 및 지도·감독 요령에 관한 사항
- 현장 근로자와의 의사소통능력 및 강의능력 등 안전보건교육 능력 배양에 관한 사항
- 비상시 또는 재해 발생 시 긴급조치에 관한 사항

관련개념 CHAPTER 05 안전보건교육의 내용 및 방법

008

생체리듬의 변화에 대한 설명으로 틀린 것은?

① 야간에는 체중이 감소한다.
② 야간에는 말초운동 기능이 저하된다.
③ 체온, 혈압, 맥박수는 주간에 상승하고 야간에 감소한다.
④ 혈액의 수분과 염분량은 주간에 증가하고 야간에 감소한다.

해설 생체리듬(바이오리듬)의 변화
- 야간에는 체중이 감소한다.
- 야간에는 말초운동 기능이 저하되고, 피로의 자각증상이 증대한다.
- **혈액의 수분과 염분량은 주간에 감소하고 야간에 증가한다.**
- 체온, 혈압, 맥박은 주간에 상승하고 야간에 감소한다.

관련개념 CHAPTER 04 인간의 행동과학

009

다음 중 안전점검의 목적으로 볼 수 없는 것은?

① 사고원인을 찾아 재해를 미연에 방지하기 위함이다.
② 작업자의 잘못된 부분을 점검하여 책임을 부여하기 위함이다.
③ 재해의 재발을 방지하여 사전대책을 세우기 위함이다.
④ 현장의 불안전 요인을 찾아 계획에 적절히 반영시키기 위함이다.

해설 안전점검의 목적
- 기기 및 설비의 결함이나 불안전한 상태의 제거로 사전에 안전성을 확보하기 위함이다.
- 기기 및 설비의 안전상태 유지 및 본래의 성능을 유지하기 위함이다.
- 재해방지를 위한 대책을 계획적으로 실시하기 위함이다.

관련개념 SUBJECT 03 기계·기구 및 설비 안전관리
CHAPTER 02 기계분야 산업재해 조사 및 관리

010

학습지도의 형태 중 몇 사람의 전문가가 주제에 대한 견해를 발표하고 참가자로 하여금 의견을 내거나 질문을 하게 하는 토의방식은?

① 포럼(Forum)
② 심포지엄(Symposium)
③ 버즈세션(Buzz session)
④ 자유토의법(Free discussion method)

해설 심포지엄(Symposium)
몇 사람의 전문가가 과제에 관한 견해를 발표하게 한 뒤 참가자로 하여금 의견이나 질문을 하게 하여 토의하는 방법이다.

관련개념 CHAPTER 05 안전보건교육의 내용 및 방법

011

하인리히 안전론에서 (　) 안에 들어갈 단어로 적합한 것은?

- 안전은 사고예방이다.
- 사고예방은 (　)와(과) 인간 및 기계의 관계를 통제하는 과학이자 기술이다.

① 물리적 환경
② 화학적 요소
③ 위험요인
④ 사고 및 재해

해설 하인리히의 안전과 사고의 정의
- 안전은 사고예방이다.
- 사고예방은 **물리적 환경**과 인간 및 기계의 관계를 통제하는 과학이자 기술이다.

관련개념 CHAPTER 01 산업재해예방 계획 수립

012

다음 중 리더십의 유형에 해당하지 않는 것은?

① 권위형
② 민주형
③ 자유방임형
④ 갈등해소형

해설 리더십의 유형
독재형(권위형), 민주형, 자유방임형, 위임형

관련개념 CHAPTER 05 인간의 행동과학

013

학습이론 중 자극과 반응의 이론이라 볼 수 없는 것은?

① Kohler의 통찰설(Insight Theory)
② Thorndike의 시행착오설(Trial and Error Theory)
③ Pavlov의 조건반사설(Classical Conditioning Theory)
④ Skinner의 조작적 조건화설(Operant Conditioning Theory)

해설 쾰러의 통찰설은 자극과 반응의 이론이 아닌 인지이론에 해당한다.
인지이론
- 톨만(Tolman)의 기호형태설
- 쾰러(Kohler)의 통찰설
- 레윈(Lewin)의 장이론(Field Theory)

관련개념 CHAPTER 05 안전보건교육의 내용 및 방법

014

안전교육 훈련에 있어 동기부여 방법에 대한 설명으로 가장 거리가 먼 것은?

① 안전 목표를 명확히 설정한다.
② 결과를 알려준다.
③ 경쟁과 협동을 유발시킨다.
④ 동기유발 수준을 정도 이상으로 높인다.

해설 안전교육 시 동기유발의 최적수준을 유지하여야 한다.

관련개념 CHAPTER 05 인간의 행동과학

| 정답 | 010 ② 011 ① 012 ④ 013 ① 014 ④

015

안전교육방법 중 강의법에 대한 설명으로 옳지 않은 것은?

① 단기간의 교육시간 내에 비교적 많은 내용을 전달할 수 있다.
② 다수의 수강자를 대상으로 동시에 교육할 수 있다.
③ 다른 교육방법에 비해 수강자의 참여가 제약된다.
④ 수강자 개개인의 학습진도를 조절할 수 있다.

해설 강의법은 다수의 수강자를 대상으로 동시에 교육을 진행하기 때문에 개개인의 학습진도를 조절할 수 없다.

관련개념 CHAPTER 05 안전보건교육의 내용 및 방법

016

안전에 관한 기본방침을 명확하게 해야 할 임무는 누구에게 있는가?

① 안전관리자
② 관리감독자
③ 근로자
④ 사업주

해설 안전에 관한 기본방침을 결정하는 것은 사업주의 의무이다.

관련개념 CHAPTER 01 산업재해예방 계획 수립

017

적성요인에 있어 직업적성을 검사하는 항목이 아닌 것은?

① 지능
② 촉각 적응력
③ 형태식별능력
④ 운동속도

해설 직업적성 검사 항목
지능, 형태식별능력, 운동속도

관련개념 CHAPTER 03 산업안전심리

018

서로 손을 얹고 팀의 행동구호를 외치는 무재해 운동 추진 기법의 하나로, 스킨십(Skinship)에 바탕을 두고 팀 전원의 일체감, 연대감을 느끼게 하며, 대뇌 피질의 안전태도 형성에 좋은 이미지를 심어주는 기법은?

① Touch and Call
② Brain Storming
③ Error Cause Removal
④ Safety Training Observation Program

해설 터치 앤 콜(Touch and Call)
- 왼손을 맞잡고 같이 소리치는 것으로 전원이 스킨십(Skinship)을 느끼도록 하는 것이다.
- 팀의 일체감, 연대감을 조성할 수 있다.
- 대뇌 피질에 좋은 이미지를 불어넣어 안전행동을 하도록 하는 것이다.

관련개념 CHAPTER 01 산업재해예방 계획 수립

019

산업재해의 기본원인 중 "작업정보, 작업방법 및 작업환경" 등이 분류되는 항목은?

① Man
② Machine
③ Media
④ Management

해설 4M 분석기법(휴먼에러의 배후요인)
- 인간(Man; 자기 자신 이외의 다른 사람): 잘못된 사용, 오조작, 착오, 실수, 불안심리
- 기계(Machine; 기계·기구·장치 등의 물적인 요인): 설계·제작 착오, 재료 피로·열화, 고장, 배치·공사 착오
- 작업매체(Media; 인간과 기계를 연결시키는 매개체): **작업정보 부족·부적절, 작업환경 불량**
- 관리(Management; 안전에 관한 법규, 규칙 등): 안전조직 미비, 교육·훈련 부족, 계획 불량, 잘못된 지시

관련개념 CHAPTER 01 산업재해예방 계획 수립

020

「산업안전보건법령」상 안전보건관리책임자 등에 대한 교육시간 기준으로 틀린 것은?

① 보건관리자, 보건관리전문기관의 종사자 보수교육: 24시간 이상
② 안전관리자, 안전관리전문기관의 종사자 신규교육: 34시간 이상
③ 안전보건관리책임자 보수교육: 6시간 이상
④ 건설재해예방전문지도기관의 종사자 신규교육: 24시간 이상

해설 건설재해예방전문지도기관 종사자의 교육시간은 신규교육 34시간 이상, 보수교육 24시간 이상이다.

관련개념 CHAPTER 05 안전보건교육의 내용 및 방법

인간공학 및 위험성 평가

021

인간 – 기계 시스템 설계과정 중 직무분석을 하는 단계는?

① 제1단계: 시스템의 목표와 성능명세 결정
② 제2단계: 시스템의 정의
③ 제3단계: 기본설계
④ 제4단계: 인터페이스 설계

해설 인간-기계 시스템 설계과정 중 3단계 – 기본설계
- 시스템의 형태를 갖추기 시작하는 단계이다.
- 직무분석, 작업설계, 기능할당 등이 실시되어야 한다.

관련개념 CHAPTER 01 안전과 인간공학

022

다음 내용의 ( ) 안에 들어갈 내용을 순서대로 정리한 것은?

> 근섬유의 수축단위는 (A)(이)라 하는데 이것은 두 가지 기본형의 단백질 필라멘트로 구성되어 있으며, (B)이(가) (C) 사이로 미끄러져 들어가는 현상으로 근육의 수축을 설명하기도 한다.

① A: 근막, B: 마이오신, C: 액틴
② A: 근막, B: 액틴, C: 마이오신
③ A: 근원섬유, B: 근막, C: 근섬유
④ A: 근원섬유, B: 액틴, C: 마이오신

해설 근섬유의 수축단위는 **근원섬유**(근육원섬유)라고 하며, 근육 수축 시 **액틴** 필라멘트가 **마이오신** 사이로 미끄러져 들어간다.

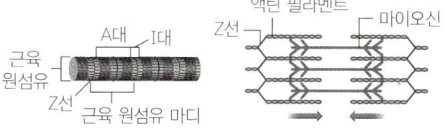

관련개념 CHAPTER 06 작업환경 관리

023

Rasmussen은 행동을 세 가지로 분류하였는데, 그 분류에 해당하지 않는 것은?

① 숙련 기반 행동(skill-based behavior)
② 지식 기반 행동(knowledge-based behavior)
③ 경험 기반 행동(experience-based behavior)
④ 규칙 기반 행동(rule-based behavior)

해설 라스무센(Rasmussen)의 인간 행동 분류
- 숙련 기반 행동: 반복적이고 자동화된 동작으로, 거의 무의식적으로 수행되는 행동이다.
- 규칙 기반 행동: 규칙, 절차, 지침에 따라 수행되는 행동이다.
- 지식 기반 행동: 새로운 상황에서 문제 해결을 위해 지식을 활용하는 행동이다.

관련개념 CHAPTER 01 안전과 인간공학

024

모든 시스템안전 분석에서 제일 첫 번째 단계의 분석으로, 실행되고 있는 시스템을 포함한 모든 것의 상태를 인식하고 시스템의 개발단계에서 시스템 고유의 위험상태를 식별하여 예상되고 있는 재해의 위험수준을 결정하는 것을 목적으로 하는 위험분석 기법은?

① 결함위험분석(FHA; Fault Hazard Analysis)
② 시스템위험분석(SHA; System Hazard Analysis)
③ 예비위험분석(PHA; Preliminary Hazard Analysis)
④ 운용위험분석(OHA; Operating Hazard Analysis)

해설 예비위험분석(PHA; Preliminary Hazards Analysis)
시스템 내의 위험요소가 얼마나 위험상태에 있는가를 평가하는 시스템안전 프로그램의 최초단계(시스템 구상단계)의 정성적인 분석 방식이다.

관련개념 CHAPTER 02 위험성 파악·결정

025

국소진동에 지속적으로 노출된 근로자에게 발생할 수 있으며, 말초혈관 장해로 손가락이 창백해지고 동통을 느끼는 질환의 명칭은?

① 레이노병(Raynaud's Phenomenon)
② 파킨슨병(Parkinson's Disease)
③ 규폐증
④ C5-dip 현상

해설 레이노병은 국소진동에 지속적으로 노출된 근로자에게 발생할 수 있으며, 말초혈관 장해로 손가락이 창백해지고 동통을 느끼는 질환이다.

오답해설
② 파킨슨병: 신경세포 소실로 발생되는 대표적 퇴행성 신경질환이다.
③ 규폐증: 유리규산 분진을 흡입함에 따라 발생되는 폐의 섬유화질환이다.
④ C5-dip 현상: 소음성 난청 초기단계로 4,000[Hz]에서 청력손실이 현저히 커지는 현상이다.

관련개념 CHAPTER 06 작업환경 관리

026

「산업안전보건법령」상 위험성평가의 실시내용 및 결과의 기록·보존에 관한 설명으로 옳지 않은 것은?

① 위험성평가 대상의 유해·위험요인이 포함되어야 한다.
② 위험성 결정 및 결정에 따른 조치의 내용이 포함되어야 한다.
③ 위험성평가의 실시내용을 확인하기 위하여 필요한 사항으로서 고용노동부장관이 정하여 고시하는 사항이 포함되어야 한다.
④ 사업주는 위험성평가 실시내용 및 결과의 기록·보존에 따른 자료를 5년간 보존하여야 한다.

해설 위험성평가의 결과와 조치사항을 기록한 자료는 3년간 보존하여야 한다.

관련개념 CHAPTER 02 위험성 파악·결정

027

NIOSH Lifting Guideline에서 권장무게한계(RWL) 산출에 사용되는 계수가 아닌 것은?

① 휴식계수
② 수평계수
③ 수직계수
④ 비대칭계수

해설 NLE(NIOSH Lifting Equation)
권장무게한계(RWL)=23×HM×VM×DM×AM×FM×CM
여기서, HM: **수평계수**, VM: **수직계수**, DM: 거리계수,
AM: **비대칭계수**, FM: 빈도계수, CM: 커플링계수

관련개념 CHAPTER 06 작업환경 관리

028

직무에 대하여 청각적 자극 제시에 대한 음성 응답을 하도록 할 때 가장 관련 있는 양립성은?

① 공간적 양립성
② 양식 양립성
③ 운동 양립성
④ 개념적 양립성

해설 양식 양립성
언어 또는 문화적 관습이나 특정 신호에 따라 적합하게 반응하는 것을 말하는데, 예를 들어 한국어로 질문하면 한국어로 대답하거나, 기계가 특정 음성에 대해 정해진 반응을 하는 것을 말한다.

관련개념 CHAPTER 06 작업환경 관리

029

자동차를 타이어가 4개인 하나의 시스템으로 볼 때, 타이어 1개가 파열될 확률이 0.01이라면, 이 자동차의 신뢰도는 약 얼마인가?

① 0.91
② 0.93
③ 0.96
④ 0.99

해설 자동차의 타이어는 4개 중 1개만 파열되어도 운행할 수 없기에 각 타이어를 직렬연결로 본다. 따라서 자동차의 타이어 4개가 모두 터지지 않을 신뢰도는 다음과 같다.
신뢰도=$(1-0.01) \times (1-0.01) \times (1-0.01) \times (1-0.01) = 0.96$

관련개념 CHAPTER 01 안전과 인간공학

030

신호검출이론(SDT)의 판정결과 중 신호가 없었는데도 있었다고 말하는 경우는?

① 긍정(Hit)
② 누락(Miss)
③ 허위(False Alarm)
④ 부정(Correct Rejection)

해설 신호가 없었는데도 있었다고 말하는 경우는 허위(False Alarm)에 해당한다.

신호검출이론(SDT; Signal Detection Theory)
• 신호와 소음을 쉽게 식별할 수 없는 상황에 적용된다.
• 판정결과는 긍정(Hit), 허위(False Alarm), 누락(Miss), 부정(Correct Rejection)의 네 가지로 구분할 수 있다.

관련개념 CHAPTER 06 작업환경 관리

031

다음 중 개선의 ECRS의 원칙에 해당하지 않는 것은?

① 제거(Eliminate)
② 결합(Combine)
③ 재조정(Rearrange)
④ 안전(Safety)

해설 작업방법의 개선원칙 ECRS
• 제거(Eliminate)
• 결합(Combine)
• 재배치·재조정(Rearrange)
• 단순화(Simplify)

관련개념 CHAPTER 02 위험성 파악·결정

032

소리의 크고 작은 느낌은 주로 강도의 함수이지만 진동수에 의해서도 일부 영향을 받는다. 음량을 나타내는 척도인 phon의 기준 순음 주파수는?

① 1,000[Hz]
② 2,000[Hz]
③ 3,000[Hz]
④ 4,000[Hz]

해설 Phon 음량수준
정량적 평가를 위한 음량 수준 척도이다. [phon]으로 표시한 음량수준은 이 음과 같은 크기로 들리는 **1,000[Hz] 순음**의 음압수준[dB]이다.

관련개념 CHAPTER 06 작업환경 관리

033

기술 개발과정에서 효율성과 위험성을 종합적으로 분석·판단할 수 있는 평가방법으로 가장 적절한 것은?

① Risk Assessment
② Risk Management
③ Safety Assessment
④ Technology Assessment

해설 테크놀로지 어세스먼트(Technology Assessment)
안전성 평가 중 기술 개발과정에서의 효율성과 위험성을 종합적으로 분석, 판단하는 프로세스이다.

관련개념 CHAPTER 02 위험성 파악·결정

034

자동차를 생산하는 공장의 어떤 근로자가 95[dB(A)]의 소음수준에서 하루 8시간 작업하며 매 시간 조용한 휴게실에서 20분씩 휴식을 취한다고 가정하였을 때, 8시간 시간가중평균(TWA)은?(단, 소음은 누적소음노출량측정기로 측정하였으며, OSHA에서 정한 95[dB(A)]의 허용시간은 4시간이라 가정한다.)

① 약 91[dB(A)]
② 약 92[dB(A)]
③ 약 93[dB(A)]
④ 약 94[dB(A)]

해설 시간가중평균 $TWA = 90 + 16.61 \log \frac{D}{12.5 \times T}$
여기서, D: 누적소음폭로량[%] $\left(\frac{작업시간}{허용노출시간} \times 100\right)$
T: 측정시간[시간]
작업시간은 휴식시간을 제외한 시간이므로
$60 \times 8 - 20 \times 8 = 320$분 $= 5.33$시간이다.
$D = \frac{5.33}{4} \times 100 = 133.25$이므로
$TWA = 90 + 16.61 \log \frac{133.25}{12.5 \times 8} = 92[dB(A)]$

관련개념 CHAPTER 06 작업환경 관리

035

일정한 고장률을 가진 어떤 기계의 고장률이 0.004/시간일 때 10시간 이내에 고장을 일으킬 확률은?

① $1 + e^{0.04}$
② $1 - e^{-0.004}$
③ $1 - e^{0.04}$
④ $1 - e^{-0.04}$

해설 기계의 신뢰도 $R(t) = e^{-\lambda t} = e^{-0.004 \times 10} = e^{-0.04}$
여기서, λ: 고장률
t: 가동시간
따라서 고장발생확률 $F(t) = 1 - R(t) = 1 - e^{-0.04}$이다.

관련개념 CHAPTER 02 위험성 파악·결정

036

암호체계의 사용상에 있어서, 일반적인 지침에 포함되지 않는 것은?

① 암호의 검출성
② 부호의 양립성
③ 암호의 표준화
④ 암호의 단일 차원화

해설 암호체계 사용 시 2가지 이상의 암호를 조합해서 사용하면 정보 전달이 촉진된다.
암호(코드)체계 사용상의 일반적 지침
암호의 검출성, 암호의 변별성, 암호의 표준화, 부호의 양립성, 부호의 의미, 다차원 암호의 사용

관련개념 CHAPTER 06 작업환경 관리

037

인체에서 뼈의 주요기능이 아닌 것은?

① 인체의 지주
② 장기의 보호
③ 골수의 조혈
④ 근육의 대사

해설 뼈의 주요기능
인체의 지주, 장기의 보호, 골수의 조혈기능 등

관련개념 CHAPTER 06 작업환경 관리

038

FMEA의 실시 순서 중 1단계인 대상 시스템의 분석 내용과 관계가 없는 것은?

① 기본방침의 결정
② 고장형태의 예측과 설정
③ 기능 block과 신뢰성 block의 작성
④ 기기 시스템의 구성 및 기능의 전반적 파악

해설 고장형태의 예측과 설정은 2단계인 '고장의 형태와 그 영향의 해석' 단계에서 실시한다.
FMEA의 실시 순서 중 1단계 – 대상시스템의 분석
- 기본방침의 결정
- 시스템의 구성 및 기능의 확인
- 분석레벨의 결정
- 기능별 블록도와 신뢰성 블록도 작성

관련개념 CHAPTER 02 위험성 파악·결정

039

섬유유연제 생산 공정이 복잡하게 연결되어 있어 작업자의 불안전한 행동을 유발하는 상황이 발생하고 있다. 이것을 해결하기 위한 위험처리 기술에 해당하지 않는 것은?

① Transfer(위험 전가)
② Retention(위험 보류)
③ Reduction(위험 감축)
④ Rearrange(작업순서의 변경 및 재배열)

해설 리스크(Risk) 통제방법(조정기술)
- 회피(Avoidance)
- 경감, 감축(Reduction)
- 보류(Retention)
- 전가(Transfer)

관련개념 CHAPTER 02 위험성 파악·결정

040

시력에 대한 설명으로 맞는 것은?

① 배열시력(Vernier Acuity) – 배경과 구별하여 탐지할 수 있는 최소의 점
② 동적시력(Dynamic Visual Acuity) – 비슷한 두 물체가 다른 거리에 있다고 느껴지는 시차각의 최소차로 측정되는 시력
③ 입체시력(Stereoscopic Visual Acuity) – 거리가 있는 한 물체에 대한 약간 다른 상이 두 눈의 망막에 맺힐 때 이것을 구별하는 능력
④ 최소지각시력(Minimum Perceptible Acuity) – 하나의 수직선이 중간에서 끊겨 아래 부분이 옆으로 옮겨진 경우에 탐지할 수 있는 최소 측변방위

해설 입체시력
거리가 있는 한 물체와 거리가 약간 다른 상에 대해 원근을 파악하는 능력(거리가 다른 두 상의 거리 차이를 구별하는 능력)이다.

오답해설
① 배열시력: 둘 혹은 그 이상의 물체들을 평면에 배열하여 놓고 그것이 일렬로 서 있는지 판별하는 능력이다.
② 동적시력: 움직이는 물체를 정확하고 빠르게 인지하는 능력이다.
④ 최소지각시력: 한 점을 분간하는 능력이다.

관련개념 CHAPTER 06 작업환경 관리

기계·기구 및 설비 안전관리

041
이상온도, 이상기압, 과부하 등 기계의 부하가 안전한계치를 초과하는 경우에 이를 감지하고 자동으로 안전상태가 되도록 조정하거나 기계의 작동을 중지시키는 방호장치는?

① 감지형 방호장치
② 접근거부형 방호장치
③ 위치제한형 방호장치
④ 접근반응형 방호장치

해설 감지형 방호장치
이상온도, 이상기압, 과부하 등 기계의 부하가 안전한계치를 초과하는 경우에 이를 감지하고 자동으로 안전상태가 되도록 조정하거나 기계의 작동을 중지시키는 방호장치이다.

관련개념 CHAPTER 01 기계공정의 안전, 기계안전시설 관리

042
「산업안전보건법령」상 지게차의 최대하중의 2배 값이 6톤일 경우 헤드가드의 강도는 몇 톤의 등분포정하중에 견딜 수 있어야 하는가?

① 4
② 6
③ 8
④ 10

해설 헤드가드의 구비조건
- 강도는 지게차의 최대하중의 2배 값(4톤을 넘는 값에 대해서는 4톤)의 등분포정하중에 견딜 수 있을 것
- 상부틀의 각 개구의 폭 또는 길이가 16[cm] 미만일 것
- 운전자가 앉아서 조작하거나 서서 조작하는 지게차의 헤드가드는 한국산업표준에서 정하는 높이 기준 이상일 것(입승식: 1.88[m] 이상, 좌승식: 0.903[m] 이상)

관련개념 CHAPTER 06 운반기계 및 양중기

043
회전하는 동작부분과 고정부분이 함께 만드는 위험점으로 주로 연삭숫돌과 작업대, 교반기의 교반날개와 몸체 사이에서 형성되는 위험점은?

① 회전말림점
② 절단점
③ 물림점
④ 끼임점

해설 끼임점(Shear Point)
기계의 고정부분과 회전 또는 직선운동 부분 사이에 형성되는 위험점이다.
예) 회전 풀리와 베드 사이, 연삭숫돌과 작업대, 교반기의 날개와 하우스

관련개념 CHAPTER 01 기계공정의 안전, 기계안전시설 관리

044
다음 중 비파괴시험의 종류에 해당하지 않는 것은?

① 와류탐상시험
② 초음파탐상시험
③ 인장시험
④ 방사선투과시험

해설 인장시험은 파괴시험의 일종이다.
비파괴검사의 종류
방사선투과검사(RT), 초음파탐상검사(UT), 자분탐상검사(MT), 침투탐상검사(PT), 음향탐상검사(AET), 와류탐상검사(ECT) 등

관련개념 CHAPTER 07 설비진단 및 검사

045
연삭기의 연삭숫돌을 사용하는 작업의 경우 작업을 시작하기 전 몇 분 이상 시운전을 하여야 하는가?(단, 연삭숫돌은 교체하지 않았다.)

① 1분
② 2분
③ 3분
④ 5분

해설 연삭숫돌을 사용하는 작업의 경우 **작업을 시작하기 전에는 1분 이상**, 연삭숫돌을 교체한 후에는 3분 이상 시험운전을 하고 해당 기계에 이상이 있는지를 확인하여야 한다.

관련개념 CHAPTER 03 공작기계의 안전

046

「산업안전보건법령」상 로봇을 운전하는 경우 근로자가 로봇에 부딪힐 위험이 있을 때 높이는 최소 얼마 이상의 울타리를 설치하여야 하는가?(단, 로봇의 가동범위 등을 고려하여 높이로 인한 위험성이 없는 경우는 제외한다.)

① 0.9[m]
② 1.2[m]
③ 1.5[m]
④ 1.8[m]

해설 로봇의 운전으로 인하여 근로자에게 발생할 수 있는 부상 등의 위험을 방지하기 위하여 **높이 1.8[m] 이상**의 울타리를 설치하여야 한다.

관련개념 CHAPTER 05 기타 산업용 기계·기구

047

회전수가 300[rpm], 연삭숫돌의 지름이 200[mm]일 때 숫돌의 원주속도는 몇 [m/min]인가?

① 60.0
② 94.2
③ 150.0
④ 188.5

해설 숫돌의 원주속도

$$V = \frac{\pi DN}{1,000} = \frac{\pi \times 200 \times 300}{1,000} = 188.5 \text{[m/min]}$$

여기서, D: 지름[mm]
N: 회전수[rpm]

관련개념 CHAPTER 03 공작기계의 안전

048

「산업안전보건법령」상 승강기의 종류에 해당하지 않는 것은?

① 리프트
② 에스컬레이터
③ 화물용 엘리베이터
④ 승객용 엘리베이터

해설 승강기의 종류
승객용 엘리베이터, 승객화물용 엘리베이터, 화물용 엘리베이터, 소형화물용 엘리베이터, 에스컬레이터

관련개념 CHAPTER 06 운반기계 및 양중기

049

다음 중 보일러의 폭발사고 예방을 위한 장치로 가장 거리가 먼 것은?

① 압력제한스위치
② 압력방출장치
③ 고저수위 고정장치
④ 화염검출기

해설 보일러의 폭발사고를 예방하기 위하여 압력방출장치, 압력제한스위치, **고저수위 조절장치**, 화염검출기 등의 기능이 정상적으로 작동될 수 있도록 유지·관리하여야 한다.

관련개념 CHAPTER 05 기타 산업용 기계·기구

050

프레스 작업에서 제품 및 스크랩을 자동적으로 위험한계 밖으로 배출하기 위한 장치로 볼 수 없는 것은?

① 피더
② 키커
③ 이젝터
④ 공기 분사 장치

해설 피더(Feeder)
재료의 자동송급 도구로서 위험한계 밖에서 안전하게 가공물을 투입하기 위한 장치이다.

관련개념 CHAPTER 04 프레스 및 전단기의 안전

051

「산업안전보건법령」상 산업용 로봇의 작업시작 전 점검사항으로 가장 거리가 먼 것은?

① 외부 전선의 피복 또는 외장의 손상 유무
② 압력방출장치의 이상 유무
③ 매니퓰레이터 작동 이상 유무
④ 제동장치 및 비상정지장치의 기능

해설 압력방출장치의 기능은 공기압축기를 가동할 때 작업시작 전 점검사항이다.

산업용 로봇의 작업시작 전 점검사항
- 외부 전선의 피복 또는 외장의 손상 유무
- 매니퓰레이터(Manipulator) 작동의 이상 유무
- 제동장치 및 비상정지장치의 기능

관련개념 CHAPTER 02 기계분야 산업재해 조사 및 관리

052

크레인 로프에 질량 2,000[kg]의 물건을 10[m/s²]의 가속도로 감아올릴 때, 로프에 걸리는 총 하중[kN]은?(단, 중력가속도는 9.8[m/s²])

① 9.6 ② 19.6
③ 29.6 ④ 39.6

해설 동하중 = $\dfrac{정하중}{중력가속도} \times 가속도 = \dfrac{2,000}{9.8} \times 10 = 2,040$[kg]

총 하중 = 정하중 + 동하중 = 2,000 + 2,040 = 4,040[kg]

하중[N] = 하중[kg] × 중력가속도
= 4,040 × 9.8 = 39,600[N] = 39.6[kN]

관련개념 CHAPTER 06 운반기계 및 양중기

053

대형기계의 회전체가 있는 위험점으로부터 900[mm] 거리에 고정가드를 설치하고자 한다. 가드의 개구부에 최적간격은 얼마로 하여야 하는가?

① 141[mm] ② 106[mm]
③ 96[mm] ④ 91[mm]

해설 위험점이 전동체인 경우 개구부의 간격

$Y = 6 + 0.1X = 6 + 0.1 \times 900 = 96$ [mm]

여기서, Y: 개구부의 간격[mm]
X: 개구부에서 위험점까지의 최단거리[mm]

※ 전동체의 경우 개구부의 간격 공식이 $X<760$[mm]일 때만 유효하나 본 문제에서는 $X=900$[mm] 조건에서도 해당 공식을 적용하여 계산한 경우를 정답으로 하고 있습니다. 실제 ISO 기준으로는 $760 \leq X < 1,000$일 때 Y는 표준값 100[mm]을 적용하여야 합니다.

관련개념 CHAPTER 05 기타 산업용 기계·기구

054

연삭숫돌의 상부를 사용하는 것을 목적으로 하는 탁상용 연삭기에서 안전덮개의 노출부위 각도는 몇 ° 이내이어야 하는가?

① 90° 이내 ② 75° 이내
③ 60° 이내 ④ 105° 이내

해설 연삭기 안전덮개의 노출각도

- 탁상용 연삭기
  - 일반 연삭작업 등에 사용하는 것을 목적으로 하는 경우: 125° 이내
  - 연삭숫돌의 상부사용을 목적으로 하는 경우: 60° 이내
- 원통 연삭기, 만능 연삭기 등: 180° 이내
- 휴대용 연삭기, 스윙(Swing) 연삭기 등: 180° 이내
- 평면 연삭기, 절단 연삭기 등: 150° 이내

관련개념 CHAPTER 03 공작기계의 안전

055

상시근로자 수가 300명인 사업장에 22건의 재해가 발생하였고, 휴업일수는 121일이었다. 이 사업장의 강도율은?(단, 근로자는 하루 8시간씩 연간 300일 근무하였다.)

① 0.031 ② 0.138
③ 0.168 ④ 0.199

해설 강도율(S.R; Severity Rate of Injury)

강도율 = $\dfrac{총\ 요양근로손실일수}{연근로시간\ 수} \times 1,000$

$= \dfrac{121 \times \dfrac{300}{365}}{300 \times (8 \times 300)} \times 1,000 = 0.138$

※ 휴업일수가 제시된 경우, 휴업일수에 $\dfrac{300}{365}$을 곱한 값을 근로손실일수로 계산한다.

관련개념 CHAPTER 02 기계분야 산업재해 조사 및 관리

056

광전자식 방호장치의 광선에 신체의 일부가 감지된 후로부터 급정지기구가 작동 개시하기까지의 시간이 40[ms]이고, 광축의 최소 설치거리(안전거리)가 200[mm]일 때 급정지기구가 작동 개시한 때로부터 프레스기의 슬라이드가 정지될 때까지의 시간은 약 몇 [ms]인가?

① 60[ms]
② 85[ms]
③ 105[ms]
④ 130[ms]

해설 $D = 1,600 \times (T_L + T_S)$에서
$200 = 1,600 \times (0.04 + T_S)$, $T_S = 0.085[s] = 85[ms]$
여기서, D: 안전거리[mm]
T_L: 신체가 광선을 차단한 순간부터 급정지기구가 작동 개시하기까지의 시간[s]
T_S: 급정지기구가 작동을 개시할 때부터 슬라이드가 정지할 때까지의 시간[s]
※ $1[ms] = 10^{-3}[s]$이므로 $40[ms] = 40 \times 10^{-3}[ms] = 0.04[ms]$이다.

관련개념 CHAPTER 04 프레스 및 전단기의 안전

057

설비의 고장형태를 크게 초기고장, 우발고장, 마모고장으로 구분할 때 다음 중 마모고장과 가장 거리가 먼 것은?

① 부품, 부재의 마모
② 열화에 생기는 고장
③ 부품, 부재의 반복피로
④ 순간적 외력에 의한 파손

해설 순간적 외력에 의한 파손은 우발고장에 해당한다.
마모고장(증가형)
설비 또는 장치가 수명을 다하여 생기는 고장이다.

관련개념 SUBJECT 02 인간공학 및 위험성평가·관리
CHAPTER 02 위험성 파악·결정

058

와이어로프 호칭이 '6×19'라고 할 때 숫자 '6'이 의미하는 것은?

① 소선의 지름(mm)
② 소선의 수량(wire 수)
③ 꼬임의 수량(strand 수)
④ 로프의 최대 인장강도(MPa)

해설 로프의 구성은 로프의 '스트랜드 수(꼬임의 수량)×소선의 개수'로 표시하며, 크기는 단면 외접원의 지름으로 나타낸다.
6: 스트랜드 수(꼬임의 수량), 19: 소선의 개수

관련개념 CHAPTER 06 운반기계 및 양중기

059

밀링작업에서 주의해야 할 사항으로 옳지 않은 것은?

① 보안경을 쓴다.
② 일감 절삭 중 치수를 측정한다.
③ 커터에 옷이 감기지 않게 한다.
④ 커터는 될 수 있는 한 컬럼에 가깝게 설치한다.

해설 밀링작업 시 일감 또는 부속장치 등을 설치하거나 제거할 때 또는 일감을 측정할 때에는 반드시 정지시킨 다음에 작업한다.

관련개념 CHAPTER 03 공작기계의 안전

060

숫돌 바깥지름이 150[mm]일 경우 평형 플랜지의 지름은 최소 몇 [mm] 이상이어야 하는가?

① 25[mm]
② 50[mm]
③ 75[mm]
④ 100[mm]

해설 플랜지의 지름은 숫돌 직경의 $\frac{1}{3}$ 이상인 것이 적당하다.
플랜지의 지름 $D = 150 \times \frac{1}{3} = 50[mm]$ 이상

관련개념 CHAPTER 03 공작기계의 안전

| 정답 | 056 ② | 057 ④ | 058 ③ | 059 ② | 060 ② |

전기설비 안전관리

061

정전기 발생에 영향을 주는 요인에 대한 설명으로 틀린 것은?

① 물체의 분리속도가 빠를수록 발생량은 적어진다.
② 접촉면적이 크고 접촉압력이 높을수록 발생량이 많아진다.
③ 물체 표면이 수분이나 기름으로 오염되면 산화 및 부식에 의해 발생량이 많아진다.
④ 정전기의 발생은 처음 접촉, 분리할 때가 최대로 되고 접촉, 분리가 반복됨에 따라 발생량은 감소한다.

해설 일반적으로 분리속도가 빠를수록 정전기의 발생량은 커진다.

관련개념 CHAPTER 03 정전기 장·재해관리

062

다음 중 누전차단기를 설치하지 않아도 되는 장소는?

① 기계·기구를 습한 곳에 시설하는 경우
② 임시배선의 전로가 설치되는 장소에서 사용하는 이동형 또는 휴대형 전기기계·기구
③ 대지전압이 150[V] 이하인 휴대형 전동기계·기구를 시설하는 경우
④ 철판·철골 위 등 도전성이 높은 장소에서 사용하는 이동형 또는 휴대형 전기기계·기구

해설 대지전압이 150[V]를 초과하는 이동형 또는 휴대형 전기기계·기구에 누전차단기를 설치하여야 한다.

관련개념 CHAPTER 02 감전재해 및 방지대책

063

심실세동에 대한 설명으로 옳은 것은?

① 심근의 미세한 진동으로 혈액을 송출하는 펌프의 기능이 장애를 받는 현상이다.
② 심실이 1분에 200회 가량 수축함으로 떨리기만 할 뿐 전신으로 혈액을 뿜어내지 못하는 상태로 시간이 지나면서 정상적인 리듬을 찾게 된다.
③ 심실세동상태가 된 후 전류를 제거하면 자연적으로 건강을 회복한다.
④ 상용주파수 60[Hz]에서 7~8[mA]의 통전전류의 세기인 상태이다.

해설 심실세동전류(치사전류)
심근의 미세한 진동으로 혈액을 송출하는 펌프의 기능이 장애를 받는 때의 전류이다.

$$I = \frac{165}{\sqrt{T}}$$

여기서, I: 심실세동전류[mA]
T: 통전시간[s]

오답해설
②, ③ 심실세동상태가 되면 전류를 제거하여도 자연적으로 건강을 회복하지 못하며, 그대로 방치하여 두면 수 분 내에 사망한다.
④ 상용주파수 60[Hz]에서 7~8[mA]의 통전전류의 세기인 상태는 고통한계전류에 대한 설명이다.

관련개념 CHAPTER 02 감전재해 및 방지대책

064

피뢰설비의 수뢰부시스템 설치 방법이 아닌 것은?

① 삼각수뢰법
② 보호각법
③ 회전구체법
④ 메시도체법

해설 수뢰부시스템은 보호각법, 회전구체법, 그물망법(메시도체법) 중 하나 또는 조합된 방법으로 배치한다.

관련개념 CHAPTER 05 전기설비 위험요인 관리

065

인체의 저항을 1,000[Ω]으로 볼 때 심실세동을 일으키는 전류에서의 전기에너지는 약 몇 [J]인가?(단, 심실세동전류는 $\frac{165}{\sqrt{T}}$[mA]이며, 통전시간 T는 1초, 전원은 정현파 교류이다.)

① 13.6
② 27.2
③ 136.6
④ 272.2

해설
$$W = I^2RT = \left(\frac{165}{\sqrt{T}} \times 10^{-3}\right)^2 \times 1,000T$$
$$= (165^2 \times 10^{-6}) \times 1,000 = 27.2[J]$$

여기서, W : 위험한계에너지[J]
I : 심실세동전류[A]
R : 인체저항[Ω]
T : 통전시간[s]

관련개념 CHAPTER 02 감전재해 및 방지대책

066

침대형판 전극 간에 직류 고전압을 인가한 경우 간격 내에서 정corona가 진전해 가는 순서로 알맞은 것은?

① 글로우코로나(glow corona) → 브러시코로나(brush corona) → 스트리머코로나(streamer corona)
② 스트리머코로나(streamer corona) → 글로우코로나(glow corona) → 브러시코로나(brush corona)
③ 글로우코로나(glow corona) → 스트리머코로나(streamer corona) → 브러시코로나(brush corona)
④ 브러시코로나(brush corona) → 스트리머코로나(streamer corona) → 글로우코로나(glow corona)

해설 코로나 방전의 진행과정
글로우코로나(Glow Corona) → 브러시코로나(Brush Corona) → 스트리머코로나(Streamer Corona)

관련개념 CHAPTER 03 정전기 장·재해관리

067

감전에 의해 호흡이 정지한 후에 인공호흡을 즉시 실시하면 소생할 수 있는데, 감전에 의한 호흡 정지 후 3분 이내에 올바른 방법으로 인공호흡을 실시하였을 경우 소생률은 약 몇 [%] 정도인가?

① 25
② 50
③ 75
④ 95

해설 단시간 내에 인공호흡 등 응급처치를 실시할 경우 감전사망자의 95[%] 이상 소생시킬 수 있다.(1분 이내 95[%], **3분 이내 75[%]**, 4분 이내 50[%], 5분 이내이면 25[%]로 크게 감소)

관련개념 CHAPTER 02 감전재해 및 방지대책

068

전격의 위험을 결정하는 주된 인자로 가장 거리가 먼 것은?

① 통전전류
② 통전시간
③ 통전경로
④ 접촉전압

해설 접촉전압은 2차적 감전요소(간접적인 요인)이다.
감전재해의 요인
• 1차적 감전요소: 통전전류의 크기, 통전경로, 통전시간, 전원의 종류
• 2차적 감전요소: 인체의 조건(인체의 저항), 전압의 크기, 계절 등 주위환경

관련개념 CHAPTER 02 감전재해 및 방지대책

069

다음 ( ) 안에 들어갈 내용으로 알맞은 것은?

> 과전류차단장치는 반드시 접지선이 아닌 전로에 ( )로 연결하여 과전류 발생 시 전로를 자동으로 차단하도록 설치할 것

① 직렬
② 병렬
③ 임시
④ 직병렬

해설 과전류차단장치는 반드시 접지선이 아닌 전로에 직렬로 연결하여 과전류 발생 시 전로를 자동으로 차단하도록 설치하여야 한다.

관련개념 CHAPTER 01 전기안전관리

| 정답 | 065 ② | 066 ① | 067 ③ | 068 ④ | 069 ① |

070

내압방폭구조의 기본적 성능에 관한 사항으로 틀린 것은?

① 내부에서 폭발할 경우 그 압력에 견딜 것
② 폭발화염이 외부로 유출되지 않을 것
③ 습기침투에 대한 보호가 될 것
④ 외함 표면온도가 주위의 가연성 가스에 점화하지 않을 것

해설 내압방폭구조의 성능
- 내부에서 폭발할 경우 그 압력에 견딜 것
- 폭발화염이 외부로 유출되지 않을 것
- 외함 표면온도가 주위의 가연성 가스를 점화하지 않을 것

관련개념 CHAPTER 04 전기방폭관리

071

폭발위험장소의 분류 중 인화성 액체의 증기 또는 가연성 가스에 의한 폭발위험이 지속적으로 또는 장기간 존재하는 장소는 몇 종 장소로 분류되는가?

① 0종 장소　　② 1종 장소
③ 2종 장소　　④ 3종 장소

해설 가스폭발 위험장소

분류	적요
0종 장소	인화성 액체의 증기 또는 가연성 가스에 의한 폭발위험이 지속적으로 또는 장기간 존재하는 장소
1종 장소	정상 작동상태에서 인화성 액체의 증기 또는 가연성 가스에 의한 폭발위험 분위기가 존재하기 쉬운 장소
2종 장소	정상 작동상태에서 인화성 액체의 증기 또는 가연성 가스에 의한 폭발위험 분위기가 존재할 우려가 없으나, 존재할 경우 그 빈도가 아주 적고 단기간만 존재할 수 있는 장소

관련개념 CHAPTER 04 전기방폭관리

072

전기기계·기구에 설치되어 있는 감전방지용 누전차단기의 정격감도전류 및 동작시간으로 옳은 것은?(단, 정격전부하전류가 50[A] 미만이다.)

① 15[mA] 이하, 0.1초 이내
② 30[mA] 이하, 0.03초 이내
③ 50[mA] 이하, 0.5초 이내
④ 100[mA] 이하, 0.05초 이내

해설 감전보호용 누전차단기
- 정격감도전류 30[mA] 이하, 동작시간 0.03초 이내
- 정격전부하전류가 50[A] 이상인 경우, 정격감도전류 200[mA] 이하, 동작시간 0.1초 이내

관련개념 CHAPTER 02 감전재해 및 방지대책

073

제전기의 제전효과에 영향을 미치는 요인으로 볼 수 없는 것은?

① 제전기의 이온생성 능력
② 전원의 극성 및 전선의 길이
③ 대전물체의 대전위치 및 대전분포
④ 제전기의 설치위치 및 설치각도

해설 제전기의 제전효과에 영향을 미치는 요인
- 제전기의 이온생성 능력
- 제전기의 설치위치, 설치각도 및 설치거리
- 대전체의 대전전위 및 대전분포
- 제전기를 설치한 환경의 상대습도, 기온
- 대전물체와 제전기 사이의 기류속도

관련개념 CHAPTER 03 정전기 장·재해관리

074

가수전류(Let-go Current)에 대한 설명으로 옳은 것은?

① 마이크 사용 중 전격으로 사망에 이른 전류
② 전격을 일으킨 전류가 교류인지 직류인지 구별할 수 없는 전류
③ 충전부로부터 인체가 자력으로 이탈할 수 있는 전류
④ 몸이 물에 젖어 전압이 낮은데도 전격을 일으킨 전류

해설 가수전류(이탈전류)
- 상용주파수 60[Hz]에서 10~15[mA]
- 전격의 영향: 자력으로 이탈 가능한 전류(마비한계전류라고 함)

관련개념 CHAPTER 02 감전재해 및 방지대책

075

교류아크용접기의 전격방지장치에서 시동감도를 바르게 정의한 것은?

① 용접봉을 모재에 접촉시켜 아크를 발생시킬 때 전격방지장치가 동작할 수 있는 용접기의 2차 측 최대 저항을 말한다.
② 안전전압(24[V] 이하)이 2차 측 전압(85~95[V])으로 얼마나 빨리 전환되는가 하는 것을 말한다.
③ 용접봉을 모재로부터 분리시킨 후 주접점이 개로되어 용접기의 2차 측 전압이 무부하 전압(25[V] 이하)으로 될 때까지의 시간을 말한다.
④ 용접봉에서 아크를 발생시키고 있을 때 누설전류가 발생하면 전격방지장치를 작동시켜야 할지 운전을 계속해야 할지를 결정해야 하는 민감도를 말한다.

해설 시동감도
용접봉을 모재에 접촉시켜 아크를 시동시킬 때 전격방지장치가 동작할 수 있는 용접기의 2차 측의 최대저항[Ω](용접봉과 모재 사이의 접촉저항)을 말한다.

관련개념 CHAPTER 02 감전재해 및 방지대책

076

피뢰기의 여유도가 33[%]이고, 충격절연강도가 1,000[kV]라고 할 때 피뢰기의 제한전압은 약 몇 [kV]인가?

① 852
② 752
③ 652
④ 552

해설 보호여유도[%]= $\dfrac{충격절연강도-제한전압}{제한전압} \times 100$ 에서

제한전압= $\dfrac{충격절연강도 \times 100}{보호여유도+100} = \dfrac{1,000 \times 100}{33+100} = 752[kV]$

관련개념 CHAPTER 05 전기설비 위험요인관리

077

폭발 위험장소 분류 시 분진폭발 위험장소의 종류에 해당하지 않는 것은?

① 20종 장소
② 21종 장소
③ 22종 장소
④ 23종 장소

해설 분진폭발 위험장소의 구분
20종 장소, 21종 장소, 22종 장소

관련개념 CHAPTER 04 전기방폭관리

078

극간 정전용량이 1,000[pF]이고, 착화에너지가 0.019[mJ]인 가스에서 폭발한계 전압[V]은 약 얼마인가?(단, 소수점 이하는 반올림한다.)

① 3,900
② 1,950
③ 390
④ 195

해설 $W=\dfrac{1}{2}CV^2$ 에서

$V=\sqrt{\dfrac{2W}{C}} = \sqrt{\dfrac{2 \times (0.019 \times 10^{-3})}{1,000 \times 10^{-12}}} = 195[V]$

여기서, W: 착화에너지[J]
C: 극간 정전용량[F]
V: 폭발한계 전압[V]

※ $1[pF]=10^{-12}[F]$, $1[mJ]=10^{-3}[J]$이다.

관련개념 CHAPTER 03 정전기 장·재해관리

079

다음 ( ) 안에 들어갈 내용으로 옳은 것은?

> A. 감전 시 인체에 흐르는 전류는 인가전압에 (㉠)하고 인체저항에 (㉡)한다.
> B. 인체는 전류의 열작용[(㉢)×(㉣)]이 어느 정도 이상이 되면 피해가 발생한다.

① ㉠ 비례, ㉡ 반비례, ㉢ 전류의 세기, ㉣ 시간
② ㉠ 반비례, ㉡ 비례, ㉢ 전류의 세기, ㉣ 시간
③ ㉠ 비례, ㉡ 반비례, ㉢ 전압, ㉣ 시간
④ ㉠ 반비례, ㉡ 비례, ㉢ 전압, ㉣ 시간

해설
- 전류(I) = $\dfrac{전압(V)}{저항(R)}$ (통전전류는 **인가전압에 비례**하고 **인체저항에 반비례**)
- 전선에 전류가 흐르면 **전류의 제곱**과 전선의 저항값의 곱(I^2R)에 비례하는 열(H)이 발생한다.($H = I^2RT$, T는 시간)

관련개념 CHAPTER 02 감전재해 및 방지대책

080

역률개선용 커패시터(Capacitor)가 접속되어 있는 전로에서 정전작업을 할 경우 다른 정전작업과는 달리 주의 깊게 취해야 할 조치사항으로 옳은 것은?

① 안전표지 부착
② 개폐기 전원투입 금지
③ 잔류전하 방전
④ 활선 근접작업에 대한 방호

해설 커패시터는 전기를 저장하는 장치이므로 방전코일이나 방전기구 등을 이용하여 잔류전하의 방전을 주의 깊게 조치하여야 한다.

관련개념 CHAPTER 02 감전재해 및 방지대책

화학설비 안전관리

081

증기배관 내에 생성하는 응축수를 제거할 때 증기가 배출되지 않도록 하면서 응축수를 자동적으로 배출하기 위한 장치를 무엇이라 하는가?

① Vent Stack
② Steam Trap
③ Blow Down
④ Relief Valve

해설 **스팀트랩(Steam Trap)**
증기배관 내에 생성하는 응축수는 송기상 지장이 되어 제거할 필요가 있는데, 이때 **증기가 도망가지 않도록 이 응축수를 자동적으로 배출하기 위한 장치**이다.

벤트스택(Vent Stack)
탱크 내의 압력을 정상상태로 유지하기 위한 장치이다.

블로우다운(Blow Down)
보일러 내부에 이물질이 누적되는 것을 방지하기 위해 수면의 스팀, 수저의 찌꺼기를 배출하는 장치이다.

릴리프밸브(Relief Valve)
압력을 분출하는 밸브 또는 안전밸브로 압력용기나 보일러 등에서 압력이 일정 압력 이상이 되었을 때 가스를 탱크 외부로 분출하는 밸브이다.

관련개념 CHAPTER 04 화공 안전운전 · 점검

082

금속의 증기가 공기 중에서 응고되어 화학변화를 일으켜 고체의 미립자로 되어 공기 중에 부유하는 것을 의미하는 용어는?

① 흄(fume)
② 분진(dust)
③ 미스트(mist)
④ 스모크(smoke)

해설 **흄(Fume)**
고체 상태의 물질이 액체화된 다음 증기화되고, 증기화된 물질의 응축 및 산화로 인하여 생기는 고체상의 미립자(금속 또는 중금속 등)를 말한다.

관련개념 CHAPTER 02 화학물질 안전관리 실행

083

송풍기의 회전차 속도가 1,300[rpm]일 때 송풍량이 분당 300[m³]였다. 송풍량을 분당 400[m³]로 증가시키고자 한다면 송풍기의 회전차 속도는 약 몇 [rpm]으로 하여야 하는가?

① 1,533
② 1,733
③ 1,967
④ 2,167

해설 송풍량은 회전수와 비례한다.
$\frac{Q_2}{Q_1} = \frac{N_2}{N_1}$ 에서 $N_2 = \frac{Q_2}{Q_1} \times N_1 = \frac{400}{300} \times 1,300 = 1,733[rpm]$
여기서, Q: 송풍량
　　　　N: 회전수

관련개념 CHAPTER 04 화공 안전운전·점검

084

「산업안전보건기준에 관한 규칙」에서 규정하고 있는 급성 독성 물질의 정의에 해당되지 않는 것은?

① 가스 LC50(쥐, 4시간 흡입)이 2,500[ppm] 이하인 화학물질
② LD50(경구, 쥐)이 [kg]당 300[mg] – (체중) 이하인 화학물질
③ LD50(경피, 쥐)이 [kg]당 1,000[mg] – (체중) 이하인 화학물질
④ LD50(경피, 토끼)이 [kg]당 2,000[mg] – (체중) 이하인 화학물질

해설 LD50(경피, 토끼 또는 쥐)이 [kg]당 1,000[mg] – (체중) 이하인 화학물질이 「산업안전보건법령」상 급성 독성 물질에 해당한다.

관련개념 CHAPTER 02 화학물질 안전관리 실행

085

대기압에서 사용하나 증발에 의한 액체의 손실을 방지함과 동시에 액면 위의 공간에 폭발성 위험가스를 형성할 위험이 적은 구조의 저장탱크는?

① 유동형 지붕탱크
② 원추형 지붕탱크
③ 원통형 저장탱크
④ 구형 저장탱크

해설 유동형 지붕탱크
저장물질 위에 띄운 지붕판이 탱크 측판부를 따라 상하로 움직이는 원통탱크로서 이러한 구조로 인해 증발에 의한 액체의 손실을 방지하는 동시에 액면 위의 공간에 폭발성 위험가스를 형성할 위험이 적다.

관련개념 CHAPTER 01 화재·폭발 검토

086

목재, 섬유 등의 화재의 종류에 해당하는 것은?

① A급
② B급
③ C급
④ D급

해설 목재, 종이, 섬유 등의 일반 가연물에 의한 화재는 A급 화재(일반 화재)이다.

화재의 종류

A급 화재	B급 화재	C급 화재	D급 화재
일반화재	유류화재	전기화재	금속화재

관련개념 CHAPTER 01 화재·폭발 검토

087

다음 물질 중 물에 가장 잘 용해되는 것은?

① 아세톤
② 벤젠
③ 톨루엔
④ 휘발유

해설 아세톤
물에 잘 녹으며 유기용매로서 다른 유기물질과도 잘 섞이는 성질이 있어 일상생활에서 물로 지워지지 않는 유성페인트나 매니큐어 등을 지우는 데 많이 쓰인다.

관련개념 CHAPTER 02 화학물질 안전관리 실행

088

다음 중 자연발화에 대한 설명으로 틀린 것은?

① 분해열에 의해 자연발화가 발생할 수 있다.
② 입자의 표면적이 넓을수록 자연발화가 발생하기 쉽다.
③ 자연발화가 발생하지 않기 위해 습도를 가능한 한 높게 유지시킨다.
④ 열의 축적은 자연발화를 일으킬 수 있는 인자이다.

해설 자연발화를 방지하기 위해서는 습도를 높지 않게 하여야 한다.

자연발화 방지대책
- 통풍이 잘 되게 할 것
- 주위온도를 낮출 것
- 습도가 높지 않도록 할 것
- 열전도가 잘 되는 용기에 보관할 것
- 불활성 액체 내에 저장할 것

관련개념 CHAPTER 01 화재·폭발 검토

089

중대산업재해 발생 시 응급조치 환자 신고요령으로 옳지 않은 것은?

① 심각한 응급환자 발생 시 신속히 응급처치 후 119 등에 전화하여 도움을 청한다.
② 119 연결 시 환자의 상황을 침착하고 정확하게 전달한다.
③ 환자를 제대로 고정하지 않고 이송하는 것은 상태를 악화시킬 위험이 있으므로 119 구급대가 도착할 때까지 환자를 움직이지 않는다.
④ 환자의 몸을 조이는 옷과 장신구 등을 느슨하게 풀어주고 편한 자세로 안정을 취하도록 한다.

해설 심각한 응급환자 발생 시 섣부른 응급처치보다는 빠른 신고가 우선이므로 신속히 119 등에 전화하여 도움을 청한다.

관련개념 CHAPTER 04 화공 안전운전·점검

090

위험물 또는 위험물이 발생하는 물질을 가열·건조하는 경우 내용적이 몇 세제곱미터 이상인 건조설비인 경우 건조실을 설치하는 건축물의 구조를 독립된 단층건물로 하여야 하는가?(단, 건조실을 건축물의 최상층에 설치하거나 건축물이 내화구조인 경우는 제외한다.)

① 1
② 10
③ 100
④ 1,000

해설 위험물 또는 위험물이 발생하는 물질을 가열·건조하는 경우 내용적이 $1[m^3]$ 이상인 건조설비 중 건조실을 설치하는 건축물의 구조는 독립된 단층건물로 하여야 한다. 다만, 해당 건조실을 건축물의 최상층에 설치하거나 건축물이 내화구조인 경우에는 그러하지 아니하다.

관련개념 CHAPTER 02 화학물질 안전관리 실행

091

다음 중 질식소화에 해당하는 것은?

① 가연성 기체의 분출화재 시 주 밸브를 닫는다.
② 가연성 기체의 연쇄반응을 차단하여 소화한다.
③ 연료 탱크를 냉각하여 가연성 가스의 발생속도를 작게 한다.
④ 연소하고 있는 가연물이 존재하는 장소를 기계적으로 폐쇄하여 공기의 공급을 차단한다.

해설 질식소화
산소(공기)공급을 차단함으로써 연소에 필요한 산소 농도(15[%]) 이하가 되게 하여 소화하는 방법으로 희석소화라고도 한다. 대표적으로 포, 분말, 이산화탄소소화기가 있으며 이외 수계(水系)소화설비도 보조적으로 수증기에 의한 질식효과가 있다.

오답해설 ①은 제거소화, ②는 억제소화, ③은 냉각소화에 관한 내용이다.

관련개념 CHAPTER 01 화재·폭발 검토

092

다음 중 가연성 물질과 산화성 고체가 혼합하고 있을 때 연소에 미치는 현상으로 옳은 것은?

① 착화온도(발화점)가 높아진다.
② 최소점화에너지가 감소하며, 폭발의 위험성이 증가한다.
③ 가스나 가연성 증기의 경우 공기혼합보다 연소범위가 축소된다.
④ 공기 중에서보다 산화작용이 약하게 발생하여 화염온도가 감소하며 연소속도가 늦어진다.

해설 산화성 고체는 가연물과 화합하여 과격한 연소 및 폭발이 가능하다.

관련개념 CHAPTER 02 화학물질 안전관리 실행

093

다음은 「산업안전보건법령」에 따른 위험물질의 종류 중 부식성 염기류에 관한 내용이다. ( ) 안에 알맞은 수치는?

> 농도가 ( )[%] 이상인 수산화나트륨, 수산화칼륨, 그 밖에 이와 같은 정도 이상의 부식성을 가지는 염기류

① 20
② 40
③ 60
④ 80

해설 부식성 염기류
농도가 40[%] 이상인 수산화나트륨, 수산화칼륨, 그 밖에 이와 같은 정도 이상의 부식성을 가지는 염기류이다.

관련개념 CHAPTER 02 화학물질 안전관리 실행

094

펌프의 사용 시 공동현상(Cavitation)을 방지하고자 할 때의 조치사항으로 틀린 것은?

① 펌프의 회전수를 높인다.
② 흡입비 속도를 작게 한다.
③ 펌프의 흡입관의 두(Head) 손실을 줄인다.
④ 펌프의 설치높이를 낮추어 흡입양정을 짧게 한다.

해설 공동현상은 유속이 빠를 경우 발생할 수 있으므로 공동현상을 예방하려면 펌프의 회전수를 낮춰야 한다.

관련개념 CHAPTER 04 화공 안전운전·점검

095

다음 중 크롬에 관한 설명으로 옳은 것은?

① 미나마타병의 원인으로 알려져 있다.
② 이타이이타이병의 원인으로 알려져 있다.
③ 3가와 6가의 화합물이 사용되고 있다.
④ 6가보다 3가 화합물이 특히 인체에 유해하다.

해설
① 미나마타병은 수은에 의해 발생한다.
② 이타이이타이병은 카드뮴에 의해 발생한다.
④ 크롬 중독현상은 크롬 정련 공정에서 발생하는 6가 크롬에 의해 발생한다.

관련개념 CHAPTER 02 화학물질 안전관리 실행

096

반응기를 설계할 때 고려하여야 할 요인으로 가장 거리가 먼 것은?

① 부식성
② 상의 형태
③ 온도 범위
④ 중간생성물의 유무

해설 반응기 안전설계 시 고려할 요소
- 상(Phase)의 형태(고체, 액체, 기체)
- 온도 범위
- 운전압력
- 부식성

관련개념 CHAPTER 02 화학물질 안전관리 실행

| 정답 | 092 ② | 093 ② | 094 ① | 095 ③ | 096 ④ |

097

사업주는 「산업안전보건법령」에서 정한 설비에 대해서는 과압에 따른 폭발을 방지하기 위하여 안전밸브 등을 설치하여야 한다. 다음 중 이에 해당하는 설비가 아닌 것은?

① 원심펌프
② 정변위 압축기
③ 정변위 펌프(토출 측에 차단밸브가 설치된 것만 해당함)
④ 배관(2개 이상의 밸브에 의하여 차단되어 대기온도에서 액체의 열팽창에 의하여 파열될 우려가 있는 것으로 한정함)

해설 「산업안전보건법령」상 원심펌프는 안전밸브의 설치대상이 아니다.

관련개념 CHAPTER 04 화공 안전운전·점검

098

위험물을 「산업안전보건법령」에서 정한 기준량 이상으로 제조하거나 취급하는 설비로서 특수화학설비에 해당되는 것은?

① 가열시켜 주는 물질의 온도가 가열되는 위험물질의 분해온도보다 높은 상태에서 운전되는 설비
② 상온에서 게이지 압력으로 200[kPa]의 압력으로 운전되는 설비
③ 대기압 하에서 300[℃]로 운전되는 설비
④ 흡열반응이 행하여지는 반응설비

해설 특수화학설비
- 발열반응이 일어나는 반응장치
- 증류·정류·증발·추출 등 분리를 하는 장치
- 가열시켜 주는 물질의 온도가 가열되는 위험물질의 분해온도 또는 발화점보다 높은 상태에서 운전되는 설비
- 반응폭주 등 이상 화학반응에 의하여 위험물질이 발생할 우려가 있는 설비
- 온도가 350[℃] 이상이거나 게이지압력이 980[kPa] 이상인 상태에서 운전되는 설비
- 가열로 또는 가열기

관련개념 CHAPTER 02 화학물질 안전관리 실행

099

비중이 1.5이고, 직경이 74[μm]인 분체가 종말속도 0.2[m/s]로 직경 6[m]인 사일로(silo)에서 질량유량 400[kg/h]로 흐를 때 평균농도는 약 얼마인가?

① 10.6[mg/L]
② 14.6[mg/L]
③ 19.6[mg/L]
④ 25.6[mg/L]

해설
- 질량유량 $= 400[kg/h] = \dfrac{400 \times 10^6}{60 \times 60}[mg/s] = 111,000[mg/s]$
- 체적유량 $=$ 사일로의 단면적[m²] × 분체의 종말속도[m/s]
  $= \dfrac{\pi \times 6^2}{4} \times 0.2 = 5.65[m^3/s] = 5,650[L/s]$
- 분체의 평균농도 $= \dfrac{\text{질량유량}}{\text{체적유량}} = \dfrac{111,000}{5,650} ≒ 19.6[mg/L]$

※ $1[kg] = 10^6[mg]$, $1[m^3] = 10^3[L]$이다.

관련개념 CHAPTER 02 화학물질 안전관리 실행

100

포스겐가스 누설검지의 시험지로 사용되는 것은?

① 연당지
② 염화파라듐지
③ 하리슨시험지
④ 초산벤젠지

해설 포스겐가스 누설검지의 시험지는 하리슨시험지이며, 반응색은 유자색이다.

가스누설 시 사용하는 시험지와 반응색

가스명칭	시험지	반응색
포스겐	하리슨시험지	유자색
시안화수소	초산벤젠지	청색
일산화탄소	염화파라듐지	흑색
아세틸렌	염화제1구리착염지	적갈색

관련개념 CHAPTER 02 화학물질 안전관리 실행

건설공사 안전관리

101
철골작업 시 기상조건에 따라 안전상 작업을 중지하여야 하는 경우에 해당되는 기준으로 옳은 것은?

① 강우량이 시간당 5[mm] 이상인 경우
② 강우량이 시간당 10[mm] 이상인 경우
③ 풍속이 초당 10[m] 이상인 경우
④ 강설량이 시간당 20[mm] 이상인 경우

해설 철골작업 시 작업의 제한기준

구분	내용
강풍	풍속이 10[m/s] 이상인 경우
강우	강우량이 1[mm/h] 이상인 경우
강설	강설량이 1[cm/h] 이상인 경우

관련개념 CHAPTER 06 공사 및 작업 종류별 안전

102
곤돌라형 달비계에 사용이 불가한 와이어로프의 기준으로 옳지 않은 것은?

① 이음매가 있는 것
② 와이어로프의 한 꼬임에서 끊어진 소선의 수가 10[%] 이상인 것
③ 지름의 감소가 공칭지름의 5[%]를 초과하는 것
④ 심하게 변형되거나 부식된 것

해설 달비계 와이어로프의 사용금지 조건
- 이음매가 있는 것
- 와이어로프의 한 꼬임(Strand)에서 끊어진 소선의 수가 10[%] 이상인 것
- **지름의 감소가 공칭지름의 7[%]를 초과하는 것**
- 꼬인 것
- 심하게 변형되거나 부식된 것
- 열과 전기충격에 의해 손상된 것

관련개념 CHAPTER 05 비계·거푸집 가시설 위험방지

103
다음 중 「산업안전보건법령」상 양중기에 해당되지 않는 것은?

① 어스드릴
② 크레인
③ 리프트
④ 곤돌라

해설 어스드릴은 차량계 건설기계에 해당한다.
양중기의 종류
- 크레인(호이스트(Hoist) 포함)
- 이동식 크레인
- 리프트(이삿짐운반용 리프트의 경우에는 적재하중이 0.1톤 이상인 것으로 한정)
- 곤돌라
- 승강기

관련개념 CHAPTER 06 공사 및 작업 종류별 안전

104
근로자의 추락 등의 위험을 방지하기 위한 안전난간의 설치기준으로 옳지 않은 것은?

① 상부 난간대와 중간 난간대는 난간 길이 전체에 걸쳐 바닥면 등과 평행을 유지할 것
② 발끝막이판은 바닥면 등으로부터 20[cm] 이상의 높이를 유지할 것
③ 난간대는 지름 2.7[cm] 이상의 금속제 파이프나 그 이상의 강도가 있는 재료일 것
④ 안전난간은 구조적으로 가장 취약한 지점에서 가장 취약한 방향으로 작용하는 100[kg] 이상의 하중에 견딜 수 있는 튼튼한 구조일 것

해설 안전난간의 발끝막이판은 바닥면 등으로부터 10[cm] 이상의 높이를 유지하여야 한다.

관련개념 CHAPTER 04 건설현장 안전시설 관리

105
건설현장에 설치하는 사다리식 통로의 설치기준으로 옳지 않은 것은?

① 발판과 벽과의 사이는 15[cm] 이상의 간격을 유지할 것
② 발판의 간격은 일정하게 할 것
③ 사다리의 상단은 걸쳐놓은 지점으로부터 60[cm] 이상 올라가도록 할 것
④ 사다리식 통로의 길이가 10[m] 이상인 경우에는 3[m] 이내마다 계단참을 설치할 것

해설 사다리식 통로의 길이가 10[m] 이상인 경우에는 5[m] 이내마다 계단참을 설치하여야 한다.

관련개념 CHAPTER 05 비계·거푸집 가시설 위험방지

106
다음 중 지하수위를 저하시키는 공법은?

① 동결 공법
② 웰 포인트 공법
③ 뉴매틱케이슨 공법
④ 치환 공법

해설 웰 포인트 공법은 사질토 지반의 액상화를 방지하기 위해 지하수를 배출시키는 공법이다.

관련개념 CHAPTER 02 건설공사 위험성

107
건설업 산업안전보건관리비의 사용내역에 대하여 도급인은 공사 시작 후 몇 개월마다 1회 이상 발주자 또는 감리자의 확인을 받아야 하는가?

① 3개월
② 4개월
③ 5개월
④ 6개월

해설 도급인은 산업안전보건관리비 사용내역에 대하여 **공사 시작 후 6개월마다 1회 이상** 발주자 또는 감리자의 확인을 받아야 한다. 다만, 6개월 이내에 공사가 종료되는 경우에는 종료 시 확인을 받아야 한다.

관련개념 CHAPTER 03 건설업 산업안전보건관리비 관리

108
「산업안전보건기준에 관한 규칙」에 따르면 풍화암의 토사 붕괴를 예방하기 위한 기울기는 얼마인가?

① 1 : 0.8
② 1 : 1.0
③ 1 : 0.5
④ 1 : 0.3

해설 굴착면의 기울기 기준

지반의 종류	굴착면의 기울기
모래	1 : 1.8
연암 및 **풍화암**	**1 : 1.0**
경암	1 : 0.5
그 밖의 흙	1 : 1.2

관련개념 CHAPTER 02 건설공사 위험성

109
굴착작업 시 발생할 수 있는 위험을 방지하기 위한 안전조치로 가장 적절하지 않은 것은 무엇인가?

① 굴착면의 기울기를 안전기준에 맞게 유지하거나 흙막이 지보공을 설치한다.
② 굴착 장비의 운전원이 임의로 작업 지시를 변경할 수 있도록 한다.
③ 작업 전 지장물 유무 및 지반 상태를 확인하여 안전대책을 수립한다.
④ 굴착 깊이가 2[m] 이상인 경우 관리감독자를 지정하여 작업을 지휘한다.

해설 안전한 굴착작업을 위해서는 명확한 작업 지시와 통제가 필수적이며, 운전원의 임의 변경은 위험을 초래할 수 있다.

관련개념 CHAPTER 02 건설공사 위험성

110
철골 건립기계 선정 시 사전 검토사항과 가장 거리가 먼 것은?

① 건립기계의 소음영향
② 건립기계로 인한 일조권 침해
③ 건물형태
④ 작업반경

해설 건립기계로 인한 일조권 침해 문제는 철골 건립기계 선정 시 사전 검토사항에 해당하지 않는다.

관련개념 CHAPTER 06 공사 및 작업 종류별 안전

111
사질지반 굴착 시, 굴착부와 지하수위차가 있을 때 수두차에 의하여 삼투압이 생겨 흙막이벽 근입 부분을 침식하는 동시에 모래가 액상화되어 솟아오르는 현상은?

① 동상현상
② 연화현상
③ 보일링 현상
④ 히빙 현상

해설 보일링(Boiling)
투수성이 좋은 사질토 지반을 굴착할 때 흙막이벽 배면의 지하수위가 굴착 저면보다 높을 때 굴착저면 위로 액상화된 모래가 솟아오르는 현상이다.

관련개념 CHAPTER 02 건설공사 위험성

112
부두·안벽 등 하역작업을 하는 장소에서 부두 또는 안벽의 선을 따라 통로를 설치하는 경우에는 폭을 최소 얼마 이상으로 해야 하는가?

① 70[cm]
② 80[cm]
③ 90[cm]
④ 100[cm]

해설 부두·안벽 등 하역작업을 하는 장소에 부두 또는 안벽의 선을 따라 통로를 설치하는 경우에는 폭을 90[cm] 이상으로 하여야 한다.

관련개념 CHAPTER 06 공사 및 작업 종류별 안전

113
건설 현장에서 비계를 설치하거나 해체할 때 발생할 수 있는 주요 위험 요인과 가장 거리가 먼 것은 무엇인가?

① 비계 구조물의 갑작스러운 붕괴로 인한 대형 재해
② 지하 매설물과의 접촉으로 인한 폭발 위험
③ 비계 부재의 낙하 및 비래로 인한 재해
④ 작업발판 미확보 또는 불량으로 인한 추락 재해

해설 지하 매설물과의 접촉은 주로 굴착작업에서 발생하는 것으로 비계 설치 및 해체 작업과는 직접적인 관련이 적다.

관련개념 CHAPTER 05 비계·거푸집 가시설 위험방지

114
구축물 등에 대한 구조검토, 안전진단 등 안전성 평가를 하여 근로자에게 미칠 위험성을 미리 제거하여야 하는 경우가 아닌 것은?

① 구축물 등의 인근에서 굴착·항타작업 등으로 침하·균열 등이 발생하여 붕괴의 위험이 예상될 경우
② 구축물 등이 그 자체의 무게·적설·풍압 또는 그 밖에 부가되는 하중 등으로 붕괴 등의 위험이 있을 경우
③ 화재 등으로 구축물 등의 내력(耐力)이 심하게 저하되었을 경우
④ 구축물 등의 구조체가 안전 측으로 과도하게 설계가 되었을 경우

해설 구축물 등의 구조체가 안전 측으로 과도하게 설계가 되었을 경우는 안전성 평가를 실시하여야 하는 사유에 해당되지 않는다.

관련개념 CHAPTER 02 건설공사 위험성

| 정답 | 110 ② | 111 ③ | 112 ③ | 113 ② | 114 ④ |

115

건설현장에서 높이 5[m] 이상인 콘크리트 교량의 설치작업을 하는 경우 재해예방을 위해 준수해야 할 사항으로 옳지 않은 것은?

① 작업을 하는 구역에는 관계 근로자가 아닌 사람의 출입을 금지할 것
② 재료, 기구 또는 공구 등을 올리거나 내릴 경우에는 근로자로 하여금 크레인을 이용하도록 하고, 달줄, 달포대 등의 사용을 금하도록 할 것
③ 중량물 부재를 크레인 등으로 인양하는 경우에는 부재에 인양용 고리를 견고하게 설치하고, 인양용 로프는 부재에 두 군데 이상 결속하여 인양하여야 하며, 중량물이 안전하게 거치되기 전까지는 걸이로프를 해제시키지 아니할 것
④ 자재나 부재의 낙하·전도 또는 붕괴 등에 의하여 근로자에게 위험을 미칠 우려가 있을 경우에는 출입금지구역의 설정, 자재 또는 가설시설의 좌굴(挫屈) 또는 변형 방지를 위한 보강재 부착 등의 조치를 할 것

해설 교량의 설치·해체 또는 변경작업을 하는 경우에 재료, 기구 또는 공구 등을 올리거나 내리는 경우에는 근로자로 하여금 달줄, 달포대 등을 사용하도록 하여야 한다.

관련개념 CHAPTER 06 공사 및 작업 종류별 안전

116

강관비계를 사용하여 비계를 구성하는 경우 준수해야 할 기준으로 옳지 않은 것은?

① 비계기둥의 간격은 띠장 방향에서는 1.85[m] 이하, 장선(長線) 방향에서는 1.5[m] 이하로 할 것
② 띠장 간격은 2.0[m] 이하로 할 것
③ 비계기둥의 제일 윗부분으로부터 31[m] 되는 지점 밑부분의 비계기둥은 2개의 강관으로 묶어 세울 것
④ 비계기둥 간의 적재하중은 600[kg]을 초과하지 않도록 할 것

해설 강관을 사용하여 비계를 구성하는 경우 비계기둥 간의 적재하중은 400[kg]을 초과하지 않도록 하여야 한다.

관련개념 CHAPTER 05 비계·거푸집 가시설 위험방지

117

지면보다 낮은 땅을 파는 데 적합하고 수중굴착도 가능한 굴착기계는?

① 백호우
② 파워셔블
③ 가이데릭
④ 파일드라이버

해설 백호우(Back Hoe)
- 기계가 설치된 지면보다 낮은 곳을 굴착하는 데 적합하다.
- 단단한 토질의 굴착 및 수중굴착도 가능하다.
- 굴착된 구멍이나 도랑의 굴착면의 마무리가 비교적 깨끗하고 정확하여 배관작업 등에 편리하다.

관련개념 CHAPTER 04 건설현장 안전시설 관리

118

강관비계의 수직방향 벽이음 조립간격[m]으로 옳은 것은?(단, 틀비계이며 높이가 5[m] 이상일 경우이다.)

① 2[m] ② 4[m]
③ 6[m] ④ 9[m]

해설 강관비계의 벽이음 조립간격 기준

강관비계의 종류	조립간격[m]	
	수직방향	수평방향
단관비계	5	5
틀비계(높이가 5[m] 미만의 것 제외)	6	8

관련개념 CHAPTER 05 비계·거푸집 가시설 위험방지

119

굴착공사에서 비탈면 또는 비탈면 하단을 성토하여 붕괴를 방지하는 공법은?

① 배수공 ② 배토공
③ 공작물에 의한 방지공 ④ 압성토공

해설 압성토공
자연사면의 하단부에 압성토하여 활동에 대한 저항력을 증가시키는 비탈면 보강공법이다.

관련개념 CHAPTER 04 건설현장 안전시설 관리

120

사업주가 유해위험방지계획서 제출 후 건설공사 중 6개월 이내마다 안전보건공단의 확인을 받아야 할 내용이 아닌 것은?

① 유해위험방지계획서의 내용과 실제공사 내용이 부합하는지 여부
② 유해위험방지계획서 변경내용의 적정성
③ 자율안전관리업체 유해위험방지계획서 제출·심사 면제
④ 추가적인 유해·위험요인의 존재 여부

해설 유해위험방지계획서 확인사항
- 유해위험방지계획서의 내용과 실제공사 내용이 부합하는지 여부
- 유해위험방지계획서 변경내용의 적정성
- 추가적인 유해·위험요인의 존재 여부

관련개념 CHAPTER 02 건설공사 위험성

2024년 1회 CBT 복원문제

자동 채점

산업재해 예방 및 안전보건교육

001
재해예방의 4원칙이 아닌 것은?
① 손실우연의 원칙
② 사실확인의 원칙
③ 원인계기의 원칙
④ 대책선정의 원칙

> **해설** 재해예방의 4원칙
> - 손실우연의 원칙: 재해손실은 사고발생 시 사고대상의 조건에 따라 달라지므로 한 사고의 결과로서 생긴 재해손실은 우연성에 의해 결정된다.
> - 원인계기(원인연계)의 원칙: 재해발생은 반드시 원인이 있다.
> - 예방가능의 원칙: 재해는 원칙적으로 원인만 제거하면 예방이 가능하다.
> - 대책선정의 원칙: 재해예방을 위한 가능한 안전대책은 반드시 존재한다.
>
> 관련개념 CHAPTER 01 산업재해예방 계획 수립

002
「산업안전보건법령」상 안전보건표지의 색채와 용도의 연결이 틀린 것은?
① 검은색 - 금지
② 파란색 - 지시
③ 녹색 - 안내
④ 노란색 - 경고

> **해설** 안전보건표지의 색도기준 및 용도
>
> | 색채 | 색도기준 | 용도 | 사용 예 |
> |---|---|---|---|
> | 빨간색 | 7.5R 4/14 | 금지 | 정지신호, 소화설비 및 그 장소, 유해행위의 금지 |
> | | | 경고 | 화학물질 취급장소에서의 유해·위험 경고 |
> | 노란색 | 5Y 8.5/12 | 경고 | 화학물질 취급장소에서의 유해·위험경고 이외의 위험경고, 주의표지 또는 기계방호물 |
> | 파란색 | 2.5PB 4/10 | 지시 | 특정 행위의 지시 및 사실의 고지 |
> | 녹색 | 2.5G 4/10 | 안내 | 비상구 및 피난소, 사람 또는 차량의 통행표지 |
>
> 관련개념 CHAPTER 02 안전보호구 관리

003
라인(Line)형 안전관리조직의 특징으로 옳은 것은?
① 안전에 관한 기술의 축적이 용이하다.
② 안전에 관한 지시나 조치가 신속하다.
③ 조직원 전원을 자율적으로 안전활동에 참여시킬 수 있다.
④ 권한 다툼이나 조정 때문에 통제수속이 복잡해지며, 시간과 노력이 소모된다.

> **해설** 라인형(직계형) 조직은 안전에 관한 지시 및 명령계통이 철저하고(생산라인을 통해 이루어짐), 안전대책의 실시가 신속하다.
>
> 관련개념 CHAPTER 01 산업재해예방 계획 수립

004
레윈(Lewin)의 법칙에서 환경조건(E)에 포함되는 것은?

$$B=f(P \cdot E)$$

① 지능
② 소질
③ 적성
④ 인간관계

> **해설** 레윈(Lewin,K)의 법칙
> $B=f(P \cdot E)$
> 여기서, B: Behavior(인간의 행동)
> f: function(함수관계)
> P: Person(개체: 연령, 경험, 심신상태, 성격, 지능 등)
> E: Environment(환경: **인간관계**, 작업조건 등)
>
> 관련개념 CHAPTER 04 인간의 행동과학

정답 | 001 ② | 002 ① | 003 ② | 004 ④

005

인간관계의 메커니즘 중 다른 사람의 행동양식이나 태도를 투입시키거나 다른 사람 가운데서 자기와 비슷한 것을 발견하는 것은?

① 동일화 ② 일체화
③ 투사 ④ 공감

해설 동일화(Identification)
다른 사람의 행동양식이나 태도를 투입시키거나 다른 사람 가운데서 자기와 비슷한 점을 발견하는 것이다.

관련개념 CHAPTER 04 인간의 행동과학

006

Y-K(Yutaka-Kohate)성격검사에 관한 사항으로 옳은 것은?

① C, C'형은 적응이 빠르다.
② M, M'형은 내구성, 집념이 부족하다.
③ S, S'형은 담력, 자신감이 강하다.
④ P, P'형은 운동, 결단이 빠르다.

해설 C, C'형 – 담즙질
• 운동, 결단, 눈치가 빠르다. • 적응이 빠르다.
• 세심하지 않다. • 내구, 집념이 부족하다.
• 자신감이 강하다.

관련개념 CHAPTER 03 산업안전심리

007

헤드십(Headship)에 관한 설명으로 틀린 것은?

① 구성원과 사회적 간격이 좁다.
② 지휘의 형태는 권위주의적이다.
③ 권한은 조직으로부터 부여받는다.
④ 권한귀속은 공식화된 규정에 의한다.

해설 헤드십은 구성원과의 사회적 간격이 넓은 특성이 있다.

관련개념 CHAPTER 04 인간의 행동과학

008

AE형 또는 ABE형 안전모에 있어 내전압성이란 얼마 이하의 전압에 견디는 것을 말하는가?

① 750 ② 1,000
③ 3,000 ④ 7,000

해설 AE형 안전모
• 물체의 낙하 또는 비래에 의한 위험을 방지 또는 경감하고, 머리부위 감전에 의한 위험을 방지하기 위한 것이다.
• 내전압성이란 7,000[V] 이하의 전압에 견디는 것을 말한다.

관련개념 CHAPTER 02 안전보호구 관리

009

재해발생의 직접원인 중 불안전한 상태가 아닌 것은?

① 불안전한 인양 ② 부적절한 보호구
③ 결함 있는 기계·설비 ④ 불안전한 방호장치

해설 불안전한 인양은 불안전한 행동에 포함된다.
산업재해 발생모델
• 불안전한 행동: 작업자의 부주의, 실수, 착오, 안전조치 미이행 등
• 불안전한 상태: 기계·설비 결함, 방호장치 결함, 작업환경 결함 등

관련개념 CHAPTER 01 산업재해예방 계획 수립

010

다음 중 학습목적을 세분하여 구체적으로 결정한 것을 무엇이라 하는가?

① 주제 ② 학습 목표
③ 학습정도 ④ 학습성과

해설 학습성과는 학습목적을 세분화하여 구체적으로 결정하는 것이다.
학습목적의 3요소
• 주제: 목표 달성을 위한 중점 사항
• 학습정도: 주제를 학습시킬 범위와 내용의 정도
• 학습 목표: 학습목적의 핵심, 학습을 통해 달성하려는 지표

관련개념 CHAPTER 05 안전보건교육의 내용 및 방법

011

아담스(Edward Adams)의 사고연쇄반응이론 5단계에서 불안전 행동 및 불안전 상태는 어느 단계에 해당되는가?

① 제1단계: 관리구조
② 제2단계: 작전적 에러
③ 제3단계: 전술적 에러
④ 제4단계: 사고

해설 애드워드 아담스(E. Adams)의 사고연쇄반응 이론
㉠ 1단계: 관리구조 결함
㉡ 2단계: 작전적 에러 → 관리자의 의사결정이 그릇되거나 행동을 안 함
㉢ **3단계: 전술적 에러 → 불안전 행동, 불안전 동작**
㉣ 4단계: 사고 → 상해의 발생, 아차사고(Near Accident), 비상해사고
㉤ 5단계: 상해, 손해 → 대인, 대물

관련개념 CHAPTER 01 산업재해예방 계획 수립

012

파블로프(Pavlov)의 조건반사설에 의한 학습이론의 원리가 아닌 것은?

① 일관성의 원리
② 계속성의 원리
③ 준비성의 원리
④ 강도의 원리

해설 '준비성'에 관한 것은 손다이크(Thorndike)의 시행착오설 중 '준비성의 법칙'에 해당한다.
파블로프(Pavlov)의 조건반사설
• 계속성의 원리(The Continuity Principle)
• 일관성의 원리(The Consistency Principle)
• 강도의 원리(The Intensity Principle)
• 시간의 원리(The Time Principle)

관련개념 CHAPTER 05 안전보건교육의 내용 및 방법

013

「산업재해통계업무처리규정」상 사망만인율 계산 시 적용하는 사망자 수에 대한 설명으로 옳지 않은 것은?

① 사고발생일로부터 1년을 경과하여 사망한 경우는 제외한다.
② 통상의 출퇴근에 의한 사망자는 제외한다.
③ 체육행사에 의한 사망자는 제외한다.
④ 근로복지공단의 유족급여가 지급된 사망자(지방고용노동관서의 산재미보고 적발 사망자 미포함)를 말한다.

해설 "사망자 수"는 근로복지공단의 유족급여가 지급된 사망자(**지방고용노동관서의 산재미보고 적발 사망자 포함**)수를 말한다. 다만, 사업장 밖의 교통사고(운수업, 음식숙박업은 사업장 밖의 교통사고도 포함)·체육행사·폭력행위·통상의 출퇴근에 의한 사망, 사고발생일로부터 1년을 경과하여 사망한 경우는 제외한다.

관련개념 SUBJECT 03 기계·기구 및 설비 안전관리
CHAPTER 02 기계분야 산업재해 조사 및 관리

014

다음 중 안전점검의 목적으로 볼 수 없는 것은?

① 사고원인을 찾아 재해를 미연에 방지하기 위함이다.
② 작업자의 잘못된 부분을 점검하여 책임을 부여하기 위함이다.
③ 재해의 재발을 방지하여 사전대책을 세우기 위함이다.
④ 현장의 불안전 요인을 찾아 계획에 적절히 반영시키기 위함이다.

해설 안전점검의 목적
• 기기 및 설비의 결함이나 불안전한 상태의 제거로 사전에 안전성을 확보하기 위함이다.
• 기기 및 설비의 안전상태 유지 및 본래의 성능을 유지하기 위함이다.
• 재해방지를 위한 대책을 계획적으로 실시하기 위함이다.

관련개념 SUBJECT 03 기계·기구 및 설비 안전관리
CHAPTER 02 기계분야 산업재해 조사 및 관리

015

기술지원규정(KOSHA GUIDE)에 대한 설명으로 옳지 않은 것은?

① 가이드 표시, 분야별 분류기호, 세부분야별 분류기호, 일련번호, 발행연도의 순으로 번호를 부여한다.
② 법적 기준이 아닌 사업장의 이해를 돕기 위해 작성된 권고 지침으로써, 법적 구속력은 없다.
③ 안전보건 향상을 위해 참고할 수 있는 기술적 내용을 기술한 강제적 안전보건가이드이다.
④ 한국산업안전보건공단에 의해 제 · 개정되고 있다.

해설 기술지원규정(KOSHA GUIDE)
「산업안전보건법령」에서 정한 최소한의 수준이 아니라, 사업장의 자기규율 예방체계 확립을 지원하고, 좀 더 높은 수준의 안전보건 향상을 위해 참고할 수 있는 기술적 내용을 기술한 **자율적 안전보건가이드**이다.

관련개념 CHAPTER 01 산업재해예방 계획 수립

016

교육훈련 기법 중 Off JT의 장점에 해당되는 것은?

① 개개인에게 적절한 지도훈련이 가능하다.
② 효과가 곧 업무에 나타나며 훈련의 좋고 나쁨에 따라 개선이 쉽다.
③ 직장의 실정에 맞게 실제적 훈련이 가능하다.
④ 동시에 다수의 근로자에게 조직적 훈련이 가능하다.

해설 동시에 다수의 근로자에게 조직적 훈련이 가능한 것은 Off JT의 장점이다.
OJT(직장 내 교육훈련)
직속상사가 직장 내에서 작업표준을 가지고 업무상의 개별교육이나 지도훈련을 하는 것으로 개별교육에 적합하다.
• 개개인에게 적절한 지도훈련이 가능하다.
• 직장의 실정에 맞게 실제적 훈련이 가능하다.
• 효과가 곧 업무에 나타나며 훈련의 좋고 나쁨에 따라 개선이 쉽다.
• 직장의 직속상사에 의한 교육이 가능하고, 훈련 효과에 의해 서로의 신뢰 및 이해도가 높아진다.

관련개념 CHAPTER 05 안전보건교육의 내용 및 방법

017

「산업안전보건법령」상 안전보건교육 교육대상별 교육내용 중 관리감독자 정기교육의 내용으로 틀린 것은?

① 정리정돈 및 청소에 관한 사항
② 유해 · 위험 작업환경 관리에 관한 사항
③ 표준안전 작업방법 결정 및 지도 · 감독 요령에 관한 사항
④ 작업공정의 유해 · 위험과 재해 예방대책에 관한 사항

해설 ①은 근로자의 채용 시 및 작업내용 변경 시 교육내용이다.
관리감독자 정기 교육내용
• 산업안전 및 산업재해 예방에 관한 사항
• 산업보건 및 건강장해 예방에 관한 사항
• 위험성 평가에 관한 사항
• 유해 · 위험 작업환경 관리에 관한 사항
• 「산업안전보건법령」 및 산업재해보상보험 제도에 관한 사항
• 직무스트레스 예방 및 관리에 관한 사항
• 직장 내 괴롭힘, 고객의 폭언 등으로 인한 건강장해 예방 및 관리에 관한 사항
• 작업공정의 유해 · 위험과 재해 예방대책에 관한 사항
• 사업장 내 안전보건관리체제 및 안전 · 보건조치 현황에 관한 사항
• 표준안전 작업방법 결정 및 지도 · 감독 요령에 관한 사항
• 현장 근로자와의 의사소통능력 및 강의능력 등 안전보건교육 능력 배양에 관한 사항
• 비상시 또는 재해 발생 시 긴급조치에 관한 사항

관련개념 CHAPTER 05 안전보건교육의 내용 및 방법

018

교육심리학의 기본이론 중 학습지도의 원리가 아닌 것은?

① 직관의 원리
② 개별화의 원리
③ 계속성의 원리
④ 사회화의 원리

해설 계속성의 원리는 학습지도의 원리가 아닌 파블로프의 조건반사설에 해당한다.
학습지도 이론
개별화의 원리, 통합의 원리, 사회화의 원리, 자발성의 원리, 직관의 원리

관련개념 CHAPTER 05 안전보건교육의 내용 및 방법

019

도급인의 산업재해 예방조치 사항으로 옳지 않은 것은?

① 작업 장소에서 화재·폭발, 토사·구축물 등의 붕괴 또는 지진 등이 발생한 경우에 대비한 경보체계 운영과 대피방법 등 훈련
② 작업장 순회점검
③ 도급인과 수급인을 구성원으로 하는 안전 및 보건에 관한 협의체의 구성 및 운영
④ 다른 장소에서 이루어지는 도급인과 관계수급인 등의 작업에 있어서 관계수급인 등의 작업시기·내용, 안전조치 및 보건조치 등의 확인

해설 도급에 따른 산업재해 예방조치

도급인은 관계수급인 근로자가 도급인의 사업장에서 작업을 하는 경우 다음의 사항을 이행하여야 한다.
- 도급인과 수급인을 구성원으로 하는 안전 및 보건에 관한 협의체의 구성 및 운영
- 작업장 순회점검
- 관계수급인이 근로자에게 하는 안전보건교육을 위한 장소 및 자료의 제공 등 지원
- 관계수급인이 근로자에게 하는 안전보건교육의 실시 확인
- 다음의 어느 하나의 경우에 대비한 경보체계 운영과 대피방법 등 훈련
  - 작업 장소에서 발파작업을 하는 경우
  - 작업 장소에서 화재·폭발, 토사·구축물 등의 붕괴 또는 지진 등이 발생한 경우
- 위생시설 등 고용노동부령으로 정하는 시설의 설치 등을 위하여 필요한 장소의 제공 또는 도급인이 설치한 위생시설 이용의 협조
- **같은 장소에서 이루어지는 도급인과 관계수급인 등의 작업에 있어서 관계수급인 등의 작업시기·내용, 안전조치 및 보건조치 등의 확인**

관련개념 CHAPTER 01 산업재해예방 계획 수립

020

부주의의 현상으로 볼 수 없는 것은?

① 의식의 단절
② 의식수준 지속
③ 의식의 과잉
④ 의식의 우회

해설 부주의의 원인(현상)

- **의식의 우회**: 의식의 흐름이 옆으로 빗나가 발생하는 것(걱정, 고민, 욕구불만 등에 의하여 정신을 빼앗기는 것)이다.
- **의식수준의 저하**: 혼미한 정신상태에서 심신이 피로할 경우나 단조로운 반복작업 등의 경우에 일어나기 쉽다.
- 의식의 단절: 지속적인 의식의 흐름에 단절이 생기고 공백의 상태가 나타나는 것으로 주로 질병의 경우에 나타난다.
- **의식의 과잉**: 돌발사태에 직면하면 주의가 일점(주시점)에 집중되어 판단정지 및 긴장 상태에 빠지게 되어 유효한 대응을 못하게 된다.
- 의식의 혼란: 외적 조건에 의해 의식이 혼란하거나 분산되어 위험요인에 대응할 수 없을 때 발생한다.

관련개념 CHAPTER 04 인간의 행동과학

인간공학 및 위험성평가·관리

021
다음 중 개선의 ECRS의 원칙에 해당하지 않는 것은?

① 제거(Eliminate) ② 결합(Combine)
③ 재조정(Rearrange) ④ 안전(Safety)

해설 작업방법의 개선원칙 ECRS
- 제거(Eliminate)
- 결합(Combine)
- 재배치·재조정(Rearrange)
- 단순화(Simplify)

관련개념 CHAPTER 02 위험성 파악·결정

022
다음 내용의 ( ) 안에 들어갈 내용을 순서대로 정리한 것은?

> 근섬유의 수축단위는 (A)(이)라 하는데 이것은 두 가지 기본형의 단백질 필라멘트로 구성되어 있으며, (B)이(가) (C) 사이로 미끄러져 들어가는 현상으로 근육의 수축을 설명하기도 한다.

① A: 근막, B: 마이오신, C: 액틴
② A: 근막, B: 액틴, C: 마이오신
③ A: 근원섬유, B: 근막, C: 근섬유
④ A: 근원섬유, B: 액틴, C: 마이오신

해설 근섬유의 수축단위는 **근원섬유**(근육원섬유)라고 하며, 근육 수축 시 **액틴** 필라멘트가 **마이오신** 사이로 미끄러져 들어간다.

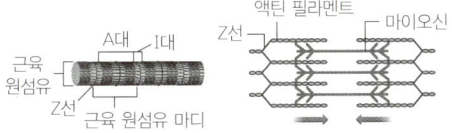

관련개념 CHAPTER 06 작업환경 관리

023
상황해석은 제대로 하였으나 의도와는 다르게 행동하여 나타나는 오류를 무엇이라고 하는가?

① 착오(Mistake) ② 실수(Slip)
③ 건망증(Lapse) ④ 위반(Violation)

해설 인간의 오류모형
- 착오(Mistake): 상황해석을 잘못하거나 목표를 잘못 이해하고 착각하여 행하는 경우
- 실수(Slip): 상황이나 목표의 해석을 제대로 했으나 의도와는 다른 행동을 하는 경우
- 건망증(Lapse): 여러 과정이 연계적으로 일어나는 행동 중에서 일부를 잊어버리고 하지 않거나 또는 기억의 실패에 의하여 발생하는 오류
- 위반(Violation): 정해진 규칙을 알고 있음에도 고의로 따르지 않거나 무시하는 행위

관련개념 CHAPTER 01 안전과 인간공학

024
불필요한 작업을 수행함으로써 발생하는 오류로 옳은 것은?

① Command Error ② Extraneous Error
③ Secondary Error ④ Commission Error

해설 휴먼에러의 행위에 의한 분류(Swain)
- 생략(부작위적)에러(Omission Error): 작업 내지 필요한 절차를 수행하지 않는 데서 기인한 에러
- 실행(작위적)에러(Commission Error): 작업 내지 절차를 수행했으나 잘못된 실수(선택착오, 순서착오, 시간착오)에서 기인한 에러
- 과잉행동에러(Extraneous Error): 불필요한 작업 내지 절차를 수행함으로써 기인한 에러
- 순서에러(Sequential Error): 작업수행의 순서를 잘못한 실수
- 시간(지연)에러(Timing Error): 소정의 기간에 수행하지 못한 실수(너무 빨리 혹은 늦게)

관련개념 CHAPTER 01 안전과 인간공학

025

모든 시스템안전 분석에서 제일 첫 번째 단계의 분석으로, 실행되고 있는 시스템을 포함한 모든 것의 상태를 인식하고 시스템의 개발단계에서 시스템 고유의 위험상태를 식별하여 예상되고 있는 재해의 위험수준을 결정하는 것을 목적으로 하는 위험분석 기법은?

① 결함위험분석(FHA; Fault Hazard Analysis)
② 시스템위험분석(SHA; System Hazard Analysis)
③ 예비위험분석(PHA; Preliminary Hazard Analysis)
④ 운용위험분석(OHA; Operating Hazard Analysis)

해설 예비위험분석(PHA; Preliminary Hazards Analysis)
시스템 내의 위험요소가 얼마나 위험상태에 있는가를 평가하는 시스템안전 프로그램의 최초단계(시스템 구상단계)의 정성적인 분석 방식이다.

관련개념 CHAPTER 02 위험성 파악 · 결정

026

NIOSH Lifting Guideline에서 권장무게한계(RWL) 산출에 사용되는 계수가 아닌 것은?

① 휴식계수
② 수평계수
③ 수직계수
④ 비대칭계수

해설 NLE(NIOSH Lifting Equation)
권장무게한계(RWL)=23×HM×VM×DM×AM×FM×CM
여기서, HM: **수평계수**, VM: **수직계수**, DM: 거리계수,
AM: **비대칭계수**, FM: 빈도계수, CM: 커플링계수

관련개념 CHAPTER 06 작업환경 관리

027

직무에 대하여 청각적 자극 제시에 대한 음성 응답을 하도록 할 때 가장 관련 있는 양립성은?

① 공간적 양립성
② 양식 양립성
③ 운동 양립성
④ 개념적 양립성

해설 양식 양립성
언어 또는 문화적 관습이나 특정 신호에 따라 적합하게 반응하는 것을 말하는데, 예를 들어 한국어로 질문하면 한국어로 대답하거나, 기계가 특정 음성에 대해 정해진 반응을 하는 것을 말한다.

관련개념 CHAPTER 06 작업환경 관리

028

신호검출이론(SDT)의 판정결과 중 신호가 없었는데도 있었다고 말하는 경우는?

① 긍정(Hit)
② 누락(Miss)
③ 허위(False Alarm)
④ 부정(Correct Rejection)

해설 신호가 없었는데도 있었다고 말하는 경우는 허위(False Alarm)에 해당한다.
신호검출이론(SDT; Signal Detection Theory)
• 신호와 소음을 쉽게 식별할 수 없는 상황에 적용된다.
• 판정결과는 긍정(Hit), 허위(False Alarm), 누락(Miss), 부정(Correct Rejection)의 네 가지로 구분할 수 있다.

관련개념 CHAPTER 06 작업환경 관리

029

인간 – 기계 시스템 설계과정 중 직무분석을 하는 단계는?

① 제1단계: 시스템의 목표와 성능명세 결정
② 제2단계: 시스템의 정의
③ 제3단계: 기본설계
④ 제4단계: 인터페이스 설계

해설 인간-기계 시스템 설계과정 중 3단계 – 기본설계
• 시스템의 형태를 갖추기 시작하는 단계이다.
• 직무분석, 작업설계, 기능할당 등이 실시되어야 한다.

관련개념 CHAPTER 01 안전과 인간공학

| 정답 | 025 ③ | 026 ① | 027 ② | 028 ③ | 029 ③ |

030

기술 개발과정에서 효율성과 위험성을 종합적으로 분석·판단할 수 있는 평가방법으로 가장 적절한 것은?

① Risk Assessment
② Risk Management
③ Safety Assessment
④ Technology Assessment

해설 테크놀로지 어세스먼트(Technology Assessment)
안전성 평가 중 기술 개발과정에서의 효율성과 위험성을 종합적으로 분석, 판단하는 프로세스이다.

관련개념 CHAPTER 02 위험성 파악·결정

031

자동차를 타이어가 4개인 하나의 시스템으로 볼 때, 타이어 1개가 파열될 확률이 0.01이라면, 이 자동차의 신뢰도는 약 얼마인가?

① 0.91
② 0.93
③ 0.96
④ 0.99

해설 자동차의 타이어는 4개 중 1개만 파열되어도 운행할 수 없기에 각 타이어를 직렬연결로 본다. 따라서 자동차의 타이어 4개가 모두 터지지 않을 신뢰도는 다음과 같다.
신뢰도 $= (1-0.01) \times (1-0.01) \times (1-0.01) \times (1-0.01) = 0.96$

관련개념 CHAPTER 01 안전과 인간공학

032

자동차를 생산하는 공장의 어떤 근로자가 95[dB(A)]의 소음수준에서 하루 8시간 작업하며 매 시간 조용한 휴게실에서 20분씩 휴식을 취한다고 가정하였을 때, 8시간 시간가중평균(TWA)은? (단, 소음은 누적소음노출량측정기로 측정하였으며, OSHA에서 정한 95[dB(A)]의 허용시간은 4시간이라 가정한다.)

① 약 91[dB(A)]
② 약 92[dB(A)]
③ 약 93[dB(A)]
④ 약 94[dB(A)]

해설 시간가중평균 $TWA = 90 + 16.61 \log \dfrac{D}{12.5 \times T}$

여기서, D: 누적소음폭로량[%] $\left(\dfrac{\text{작업시간}}{\text{허용노출시간}} \times 100\right)$

T: 측정시간[시간]

작업시간은 휴식시간을 제외한 시간이므로
$60 \times 8 - 20 \times 8 = 320$분 $= 5.33$시간이다.
$D = \dfrac{5.33}{4} \times 100 = 133.25$이므로
$TWA = 90 + 16.61 \log \dfrac{133.25}{12.5 \times 8} = 92[dB(A)]$

관련개념 CHAPTER 06 작업환경 관리

033

일정한 고장률을 가진 어떤 기계의 고장률이 0.004/시간일 때 10시간 이내에 고장을 일으킬 확률은?

① $1 + e^{0.04}$
② $1 - e^{-0.004}$
③ $1 - e^{0.04}$
④ $1 - e^{-0.04}$

해설 기계의 신뢰도 $R(t) = e^{-\lambda t} = e^{-0.004 \times 10} = e^{-0.04}$

여기서, λ: 고장률
t: 가동시간

따라서 고장발생확률 $F(t) = 1 - R(t) = 1 - e^{-0.04}$이다.

관련개념 CHAPTER 02 위험성 파악·결정

034
동작경제 원칙에 해당되지 않는 것은?

① 신체사용에 관한 원칙
② 작업장 배치에 관한 원칙
③ 사용자 요구 조건에 관한 원칙
④ 공구 및 설비 설계(디자인)에 관한 원칙

해설 동작경제의 3원칙
- 신체사용에 관한 원칙
- 작업장 배치에 관한 원칙
- 공구 및 설비 설계(디자인)에 관한 원칙

관련개념 CHAPTER 06 작업환경 관리

035
암호체계의 사용상에 있어서, 일반적인 지침에 포함되지 않는 것은?

① 암호의 검출성
② 부호의 양립성
③ 암호의 표준화
④ 암호의 단일 차원화

해설 암호체계 사용 시 2가지 이상의 암호를 조합해서 사용하면 정보전달이 촉진된다.
암호(코드)체계 사용상의 일반적 지침
암호의 검출성, 암호의 변별성, 암호의 표준화, 부호의 양립성, 부호의 의미, 다차원 암호의 사용

관련개념 CHAPTER 06 작업환경 관리

036
[sone]은 다른 음과 비교하여 상대적인 주관적 크기 비교 단위로, 40[dB]의 (   ) 순음 크기를 1[sone]으로 정의한다. (   ) 안에 알맞은 내용은?

① 500[Hz]
② 1,000[Hz]
③ 2,000[Hz]
④ 4,000[Hz]

해설 Sone 음량수준
다른 음의 상대적인 주관적 크기 비교이다. **40[dB]의 1,000[Hz] 순음 크기**(=40[phon])를 1[sone]으로 정의하고, 기준음보다 10배 크게 들리는 음이 있다면 이 음의 음량은 10[sone]이다.

관련개념 CHAPTER 06 작업환경 관리

037
「산업안전보건법령」상 위험성평가의 실시내용 및 결과의 기록·보존에 관한 설명으로 옳지 않은 것은?

① 위험성평가 대상의 유해·위험요인이 포함되어야 한다.
② 위험성 결정 및 결정에 따른 조치의 내용이 포함되어야 한다.
③ 위험성평가의 실시내용을 확인하기 위하여 필요한 사항으로서 고용노동부장관이 정하여 고시하는 사항이 포함되어야 한다.
④ 사업주는 위험성평가 실시내용 및 결과의 기록·보존에 따른 자료를 5년간 보존하여야 한다.

해설 위험성평가의 결과와 조치사항을 기록한 자료는 3년간 보존하여야 한다.

관련개념 CHAPTER 02 위험성 파악·결정

038
「근골격계부담작업의 범위 및 유해요인조사 방법에 관한 고시」상 근골격계부담작업에 해당하지 않는 것은?(단, 상시 작업을 기준으로 한다.)

① 하루에 10회 이상 25[kg] 이상의 물체를 드는 작업
② 하루에 총 2시간 이상 쪼그리고 앉거나 무릎을 굽힌 자세에서 이루어지는 작업
③ 하루에 총 2시간 이상 시간당 5회 이상 손 또는 무릎을 사용하여 반복적으로 충격을 가하는 작업
④ 하루에 4시간 이상 집중적으로 자료입력 등을 위해 키보드 또는 마우스를 조작하는 작업

해설 하루에 총 2시간 이상 **시간당 10회 이상** 손 또는 무릎을 사용하여 반복적으로 충격을 가하는 작업이 근골격계부담작업에 해당한다.

관련개념 CHAPTER 04 근골격계질환 예방관리

039

건구온도 30[℃], 습구온도 35[℃]일 때의 옥스퍼드(Oxford) 지수는 얼마인가?

① 20.75[℃] ② 24.58[℃]
③ 32.78[℃] ④ 34.25[℃]

해설 옥스퍼드(Oxford) 지수(습건지수)
$W_D = 0.85W(습구온도) + 0.15D(건구온도)$
$= 0.85 \times 35 + 0.15 \times 30 = 34.25[℃]$

관련개념 CHAPTER 06 작업환경 관리

040

일반적으로 은행의 접수대 높이나 공원의 벤치를 설계할 때 가장 적합한 인체측정자료의 응용원칙은?

① 조절식 설계 ② 평균치를 이용한 설계
③ 최대치를 이용한 설계 ④ 최소치를 이용한 설계

해설 평균치 설계
최대치수나 최소치수를 기준 또는 조절식으로 설계하기 부적절한 경우, 평균치를 기준으로 설계한다.
예 손님의 평균 신장을 기준으로 만든 은행의 계산대 등

관련개념 CHAPTER 06 작업환경 관리

기계·기구 및 설비 안전관리

041

다음 중 비파괴시험의 종류에 해당하지 않는 것은?

① 와류탐상시험 ② 초음파탐상시험
③ 인장시험 ④ 방사선투과시험

해설 인장시험은 파괴시험의 일종이다.
비파괴검사의 종류
방사선투과검사(RT), 초음파탐상검사(UT), 자분탐상검사(MT), 침투탐상검사(PT), 음향탐상검사(AET), 와류탐상검사(ECT) 등

관련개념 CHAPTER 07 설비진단 및 검사

042

「산업안전보건법령」에 따른 아세틸렌 용접장치 발생기실의 구조에 관한 설명으로 옳지 않은 것은?

① 벽은 불연성 재료로 할 것
② 지붕과 천장에는 얇은 철판과 같은 가벼운 불연성 재료를 사용할 것
③ 벽과 발생기 사이에는 작업에 필요한 공간을 확보할 것
④ 배기통을 옥상으로 돌출시키고 그 개구부를 출입구로부터 1.5[m] 거리 이내에 설치할 것

해설 발생기실의 구조
- 벽은 불연성 재료로 하고 철근 콘크리트 또는 그 밖에 이와 같은 수준이거나 그 이상의 강도를 가진 구조로 할 것
- 지붕과 천장에는 얇은 철판이나 가벼운 불연성 재료를 사용할 것
- 바닥면적의 $\frac{1}{16}$ 이상의 단면적을 가진 배기통을 옥상으로 돌출시키고 그 개구부를 창이나 출입구로부터 1.5[m] 이상 떨어지도록 할 것
- 출입구의 문은 불연성 재료로 하고 두께 1.5[mm] 이상의 철판이나 그 밖에 이 이상의 강도를 가진 구조로 할 것
- 벽과 발생기 사이에는 발생기의 조정 또는 카바이드 공급 등의 작업을 방해하지 않도록 간격을 확보할 것

관련개념 CHAPTER 05 기타 산업용 기계·기구

| 정답 | 039 ④ 040 ② 041 ③ 042 ④

043

「산업안전보건법령」상 보일러 방호장치로 거리가 가장 먼 것은?

① 고저수위 조절장치
② 아웃트리거
③ 압력방출장치
④ 압력제한스위치

해설 보일러의 폭발사고를 예방하기 위하여 압력방출장치, 압력제한 스위치, 고저수위 조절장치, 화염검출기 등의 기능이 정상적으로 작동될 수 있도록 유지·관리하여야 한다.

관련개념 CHAPTER 05 기타 산업용 기계·기구

044

프레스 및 전단기에 사용되는 손쳐내기식 방호장치의 성능기준에 대한 설명 중 옳지 않은 것은?

① 진동각도·진폭시험: 행정길이가 최소일 때 진동각도는 $60°\sim90°$이다.
② 진동각도·진폭시험: 행정길이가 최대일 때 진동각도는 $0°\sim30°$이다.
③ 완충시험: 손쳐내기봉에 의한 과도한 충격이 없어야 한다.
④ 무부하 동작시험: 1회의 오동작도 없어야 한다.

해설 손쳐내기식 방호장치의 성능기준(프레스 및 전단기)

진동각도·진폭시험	• 행정길이가 최소일 때: $60°\sim90°$ 진동각도 • 행정길이가 최대일 때: $45°\sim90°$ 진동각도
완충시험	손쳐내기봉에 의한 과도한 충격이 없어야 한다.
무부하 동작시험	1회의 오동작도 없어야 한다.

관련개념 CHAPTER 04 프레스 및 전단기의 안전

045

어떤 양중기에서 3,000[kg]의 질량을 가진 물체를 한쪽이 45°인 각도로 그림과 같이 2개의 와이어로프로 직접 들어 올릴 때, 안전율이 고려된 가장 적절한 와이어로프 지름을 표에서 구하면?(단, 안전율은 「산업안전보건법령」을 따르고, 두 와이어로프의 지름은 동일하며, 기준을 만족하는 가장 작은 지름을 선정한다.)

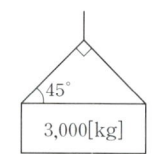

와이어로프 지름 및 절단강도

와이어로프 지름[mm]	절단강도[kN]
10	56
12	88
14	110
16	144

① 10[mm]
② 12[mm]
③ 14[mm]
④ 16[mm]

해설 와이어로프 하나에 걸리는 하중

$$T=\frac{\frac{w}{2}}{\cos\frac{\theta}{2}}=\frac{1,500}{\cos 45°}=2,121[kg]=20,790[N]=20.79[kN]$$

여기서, w: 물체의 무게
θ: 와이어로프 상부의 각도

화물의 하중을 직접 지지하는 와이어로프의 경우 안전율은 5 이상이므로 $20.79\times5=103.95[kN]$ 이상의 절단강도를 가진 와이어로프 중 가장 작은 지름인 14[mm]가 가장 적절하다.

관련개념 CHAPTER 06 운반기계 및 양중기

046

프레스기의 비상정지스위치 작동 후 슬라이드가 하사점까지 도달시간이 0.15초 걸렸다면 양수기동식 방호장치의 안전거리는 최소 몇 [cm] 이상이어야 하는가?

① 24
② 240
③ 15
④ 150

해설 양수기동식 방호장치 안전거리

$D_m = 1,600 \times T_m = 1,600 \times 0.15 = 240[mm] = 24[cm]$

여기서, T_m: 누름버튼을 누른 때부터 슬라이드가 하사점에 도달할 때까지의 소요 최대시간[초]

관련개념 CHAPTER 04 프레스 및 전단기의 안전

047

「산업안전보건법령」상 유해·위험 방지를 위한 방호조치가 필요한 기계·기구가 아닌 것은?

① 예초기
② 지게차
③ 금속절단기
④ 금속탐지기

해설 유해·위험 방지를 위하여 방호조치가 필요한 기계·기구
예초기, 원심기, 공기압축기, 금속절단기, 지게차, 포장기계(진공포장기, 래핑기로 한정)

관련개념 CHAPTER 01 기계공정의 안전, 기계안전시설 관리

048

「산업안전보건법령」상 금속의 용접, 용단에 사용하는 가스 용기를 취급할 때 유의사항으로 틀린 것은?

① 밸브의 개폐는 서서히 할 것
② 운반하는 경우에는 캡을 벗길 것
③ 용기의 온도는 40[℃] 이하로 유지할 것
④ 통풍이나 환기가 불충분한 장소에는 설치하지 말 것

해설 금속의 용접·용단 또는 가열에 사용되는 가스 등의 용기를 운반하는 경우에는 캡을 씌워야 한다.

관련개념 CHAPTER 05 기타 산업용 기계·기구

049

「산업안전보건법령」상 지게차의 최대하중의 2배 값이 6톤일 경우 헤드가드의 강도는 몇 톤의 등분포정하중에 견딜 수 있어야 하는가?

① 4
② 6
③ 8
④ 10

해설 헤드가드의 구비조건
- 강도는 지게차의 최대하중의 2배 값(**4톤을 넘는 값에 대해서는 4톤**)의 등분포정하중에 견딜 수 있을 것
- 상부틀의 각 개구의 폭 또는 길이가 16[cm] 미만일 것
- 운전자가 앉아서 조작하거나 서서 조작하는 지게차의 헤드가드는 한국산업표준에서 정하는 높이 기준 이상일 것(입승식: 1.88[m] 이상, 좌승식: 0.903[m] 이상)

관련개념 CHAPTER 06 운반기계 및 양중기

050

회전하는 동작부분과 고정부분이 함께 만드는 위험점으로 주로 연삭숫돌과 작업대, 교반기의 교반날개와 몸체 사이에서 형성되는 위험점은?

① 회전말림점
② 절단점
③ 물림점
④ 끼임점

해설 끼임점(Shear Point)
기계의 고정부분과 회전 또는 직선운동 부분 사이에 형성되는 위험점이다.
예 회전 풀리와 베드 사이, 연삭숫돌과 작업대, 교반기의 날개와 하우스

관련개념 CHAPTER 01 기계공정의 안전, 기계안전시설 관리

051

프레스 양수조작식 방호장치 누름버튼의 상호 간 내측거리는 몇 [mm] 이상인가?

① 50
② 100
③ 200
④ 300

해설 양수조작식 방호장치 누름버튼의 상호 간 내측거리는 300[mm] 이상이어야 한다.

관련개념 CHAPTER 04 프레스 및 전단기의 안전

052
기계설비의 안전조건인 구조의 안전화와 거리가 가장 먼 것은?

① 전압 강하에 따른 오동작 방지
② 재료의 결함 방지
③ 설계상의 결함 방지
④ 가공 결함 방지

해설 전압 강하에 따른 오동작 방지는 기능상의 안전화에 해당한다.
구조적 안전화(강도적 안전화)
- 재료에 있어서의 결함 방지
- 설계에 있어서의 결함 방지(안전율 등)
- 가공에 있어서의 결함 방지

관련개념 CHAPTER 01 기계공정의 안전, 기계안전시설 관리

053
선반에서 일감의 길이가 지름에 비하여 상당히 길 때 사용하는 부속품으로 절삭 시 절삭저항에 의한 일감의 진동을 방지하는 장치는?

① 칩 브레이커　② 척 커버
③ 방진구　　　④ 실드

해설 방진구(Center Rest)
선반작업 시 가늘고 긴 일감은 절삭력과 자중으로 휘거나 처짐이 일어나는데 이를 방지하기 위한 장치로 일감의 길이가 직경의 12배 이상일 때 사용한다.

관련개념 CHAPTER 03 공작기계의 안전

054
지게차를 이용한 작업을 안전하게 수행하기 위한 장치와 거리가 먼 것은?

① 헤드가드　　② 전조등 및 후미등
③ 훅 및 샤클　④ 백레스트

해설 지게차의 안전장치
헤드가드, 백레스트(Backrest), 전조등, 후미등, 안전벨트

관련개념 CHAPTER 06 운반기계 및 양중기

055
이상온도, 이상기압, 과부하 등 기계의 부하가 안전한계치를 초과하는 경우에 이를 감지하고 자동으로 안전상태가 되도록 조정하거나 기계의 작동을 중지시키는 방호장치는?

① 감지형 방호장치
② 접근거부형 방호장치
③ 위치제한형 방호장치
④ 접근반응형 방호장치

해설 감지형 방호장치
이상온도, 이상기압, 과부하 등 기계의 부하가 안전한계치를 초과하는 경우에 이를 감지하고 자동으로 안전상태가 되도록 조정하거나 기계의 작동을 중지시키는 방호장치이다.

관련개념 CHAPTER 01 기계공정의 안전, 기계안전시설 관리

056
「산업안전보건법령」에 따라 산업용 로봇의 작동범위에서 교시 등의 작업을 하는 경우에 로봇에 의한 위험을 방지하기 위한 조치사항으로 틀린 것은?

① 2명 이상의 근로자에게 작업을 시킬 경우의 신호방법을 정한다.
② 작업 중의 매니퓰레이터 속도에 관한 지침을 정하고 그 지침에 따라 작업한다.
③ 작업을 하는 동안 다른 작업자가 작동시킬 수 없도록 기동스위치에 작업 중 표시를 한다.
④ 작업에 종사하고 있는 근로자가 이상을 발견하면 즉시 안전담당자에게 보고하고 계속해서 로봇을 운전한다.

해설 산업용 로봇의 작업 시 작업에 종사하고 있는 근로자 또는 그 근로자를 감시하는 사람은 이상을 발견하면 즉시 로봇의 운전을 정지시키기 위한 조치를 하여야 한다.

관련개념 CHAPTER 05 기타 산업용 기계·기구

057

연삭작업에서 숫돌의 파괴원인으로 가장 적절하지 않은 것은?

① 숫돌의 회전속도가 너무 빠를 때
② 연삭작업 시 숫돌의 정면을 사용할 때
③ 숫돌에 큰 충격을 줬을 때
④ 숫돌의 회전중심이 제대로 잡히지 않았을 때

해설 연삭작업 시 숫돌의 측면을 사용할 때 연삭숫돌이 파괴된다.

연삭숫돌의 파괴 및 재해원인
- 숫돌에 균열이 있는 경우
- 숫돌이 고속으로 회전하는 경우
- 회전력이 결합력보다 큰 경우
- 무거운 물체가 충돌한 경우(외부의 큰 충격을 받은 경우)
- 숫돌의 측면을 일감으로써 심하게 가압했을 경우
- 베어링이 마모되어 진동을 일으키는 경우
- 플랜지 지름이 현저하게 작은 경우
- 회전중심이 잡히지 않은 경우

관련개념 CHAPTER 03 공작기계의 안전

058

「산업안전보건법령」상 안전인증대상 기계·기구 및 설비가 아닌 것은?

① 연삭기
② 롤러기
③ 압력용기
④ 고소(高所)작업대

해설 연삭기는 안전인증대상이 아닌 자율안전확인대상 기계·기구이다.

안전인증대상 기계·기구 및 설비
프레스, 전단기 및 절곡기, 크레인, 리프트, 압력용기, 롤러기, 사출성형기, 고소작업대, 곤돌라

관련개념 CHAPTER 02 기계분야 산업재해 조사 및 관리

059

「산업안전보건법령」상 로봇을 운전하는 경우 근로자가 로봇에 부딪힐 위험이 있을 때 높이는 최소 얼마 이상의 울타리를 설치하여야 하는가?(단, 로봇의 가동범위 등을 고려하여 높이로 인한 위험성이 없는 경우는 제외한다.)

① 0.9[m]
② 1.2[m]
③ 1.5[m]
④ 1.8[m]

해설 로봇의 운전으로 인하여 근로자에게 발생할 수 있는 부상 등의 위험을 방지하기 위하여 높이 1.8[m] 이상의 울타리를 설치하여야 한다.

관련개념 CHAPTER 05 기타 산업용 기계·기구

060

다음 중 프레스기에 사용되는 방호장치에 있어 원칙적으로 급정지기구가 부착되어야만 사용할 수 있는 방식은?

① 양수조작식
② 손쳐내기식
③ 가드식
④ 수인식

해설 양수조작식(Two-hand Control) 방호장치
기계의 조작을 양손으로 동시에 하지 않으면 기계가 가동하지 않으며 한 손이라도 떼어내면 기계가 급정지 또는 급상승하게 하는 장치를 말한다. 급정지기구가 있는 마찰프레스에 적합하다.

관련개념 CHAPTER 04 프레스 및 전단기의 안전

전기설비 안전관리

061
누전화재가 발생하기 전에 나타나는 현상으로 거리가 먼 것은?

① 인체 감전현상
② 전등 밝기의 변화현상
③ 빈번한 퓨즈 용단현상
④ 전기 사용 기계장치의 오동작 감소

해설 누전 발생 시 전기 사용 기계장치의 오동작이 증가한다.

관련개념 CHAPTER 05 전기설비 위험요인관리

062
단로기를 사용하는 주된 목적은?

① 과부하 차단
② 변성기의 개폐
③ 이상전압의 차단
④ 무부하 선로의 개폐

해설 단로기(DS; Disconnection Switch)
단로기는 개폐기의 일종으로 수용가 구내 인입구에 설치하여 **무부하 상태의 전로를 개폐**하는 역할을 하거나 차단기, 변압기, 피뢰기 등 고전압 기기의 1차 측에 설치하여 기기를 점검, 수리할 때 전원으로부터 이들 기기를 분리한다.

관련개념 CHAPTER 01 전기안전관리

063
인체저항이 5,000[Ω]이고, 전류가 3[mA] 흘렀다. 인체의 정전용량이 0.1[μF]라면 인체에 대전된 정전하는 몇 [μC]인가?

① 0.5
② 1.0
③ 1.5
④ 2.0

해설 $Q=CV$, $V=IR$에서 $Q=CIR$
여기서, Q: 전하량[C]
C: 정전용량[F]
V: 전압[V]
I: 전류[A]
R: 저항[Ω]
$Q=(0.1\times10^{-6})\times(3\times10^{-3})\times5{,}000=1.5\times10^{-6}[C]=1.5[\mu C]$
※ $1[\mu F]=10^{-6}[F]$, $1[mA]=10^{-3}[A]$이다.

관련개념 CHAPTER 03 정전기 장·재해관리

064
다음 ( ) 안에 들어갈 내용으로 옳은 것은?

> 가. 감전 시 인체에 흐르는 전류는 인가전압에 (㉠)하고, 인체저항에 (㉡)한다.
> 나. 인체 전류의 열작용은 (㉢)의 제곱의 값에 비례한다.

① ㉠ 비례, ㉡ 반비례, ㉢ 전압
② ㉠ 반비례, ㉡ 비례, ㉢ 전압
③ ㉠ 비례, ㉡ 반비례, ㉢ 전류
④ ㉠ 반비례, ㉡ 비례, ㉢ 전류

해설
- 전류$(I)=\dfrac{\text{전압}(V)}{\text{저항}(R)}$ (통전전류는 **인가전압에 비례**하고 **인체저항에 반비례**)
- 전선에 전류가 흐르면 **전류의 제곱**과 전선의 저항값의 곱(I^2R)에 비례하는 열(H)이 발생한다.($H=I^2RT$, T는 시간)

관련개념 CHAPTER 02 감전재해 및 방지대책

065

피뢰기가 구비하여야 할 조건으로 틀린 것은?

① 제한전압이 낮아야 한다.
② 상용주파방전개시전압이 높아야 한다.
③ 충격방전개시전압이 높아야 한다.
④ 속류차단 능력이 충분하여야 한다.

해설 피뢰기의 성능
- 제한전압 또는 **충격방전개시전압이 충분히 낮고** 보호능력이 있을 것
- 속류차단이 완전히 행해져 동작책무특성이 충분할 것
- 뇌전류 방전능력이 클 것
- 대전류의 방전, 속류차단의 반복동작에 대하여 장기간 사용에 견딜 수 있을 것
- 상용주파방전개시전압은 회로전압보다 충분히 높아서 상용주파방전을 하지 않을 것

관련개념 CHAPTER 05 전기설비 위험요인관리

066

어느 변전소에서 고장전류가 유입되었을 때 도전성 구조물과 그 부근 지표상의 점과의 사이(약 1[m])의 허용접촉전압은 약 몇 [V]인가?(단, 심실세동전류: $I_k = \dfrac{0.165}{\sqrt{t}}$[A], 인체의 저항: 1,000[Ω], 지표면의 저항률: 150[Ω·m], 통전시간을 1초로 한다.)

① 164 ② 186
③ 202 ④ 228

해설 허용접촉전압
$E = \left(R_b + \dfrac{3\rho_s}{2}\right) \times I_k = \left(1,000 + \dfrac{3 \times 150}{2}\right) \times 0.165 = 202[\text{V}]$

여기서, R_b: 인체저항[Ω]
ρ_s: 지표상층 저항률[Ω·m]
I_k: 통전전류[A]

관련개념 CHAPTER 02 감전재해 및 방지대책

067

전압이 동일한 경우 교류가 직류보다 위험한 이유를 가장 잘 설명한 것은?

① 교류의 경우 전압의 극성 변화가 있기 때문이다.
② 교류는 감전 시 화상을 입히기 때문이다.
③ 교류는 감전 시 수축을 일으킨다.
④ 직류는 교류보다 사용빈도가 낮기 때문이다.

해설 전압이 동일한 경우 교류가 직류보다 위험한 이유는 교류는 극성 변화가 있기 때문이다. 교류는 전압 극성이 바뀌면서 근육이 반복적으로 수축과 이완을 일으키고, 이로 인해 사람이 전류에서 벗어나기 어려워진다.

관련개념 CHAPTER 02 감전재해 및 방지대책

068

절연열화(탄화)가 진행되어 누설전류가 증가하면서 발생되는 결과와 거리가 먼 것은?

① 감전사고
② 누전화재
③ 정전기 증가
④ 아크 지락에 의한 기기의 손상

해설 절연열화(탄화)란 전기가 새지 않도록 하우징(Housing)과 전기회로를 차단하는 절연물이 열화되어 전기가 새는 상태를 말한다. 절연열화가 진행되면 **설비의 돌발 정지나 감전·화재사고의 발생 위험이 높아진다.**

관련개념 CHAPTER 05 전기설비 위험요인관리

069

다음 중 감전예방을 위한 절연용 보호구의 종류에 속하지 않는 것은?

① 절연장갑 ② 절연장화
③ 절연모 ④ 절연시트

해설 절연용 안전보호구의 종류
- 전기안전모(**절연모**)
- 절연고무장갑(**절연장갑**)
- 절연고무장화(**절연장화**)
- 절연복(절연상의 및 하의, 어깨받이 등) 및 절연화
- 도전성 작업복 및 작업화

관련개념 CHAPTER 02 감전재해 및 방지대책

070

유입차단기의 약어로 옳은 것은?

① OCB ② ELB
③ VCB ④ MCCB

해설 유입차단기(OCB; Oil Circuit Breaker)
전기회로를 개폐하는 차단기의 일종으로, 차단 부분이 절연유 속에 들어가 있어 오일차단기라고도 부른다.

오답해설
② ELB(Earth Leakage Breaker): 누전차단기
③ VCB(Vacuum Circuit Breaker): 진공차단기
④ MCCB(Molded Case Circuit Breaker): 배선용 차단기

관련개념 CHAPTER 01 전기안전관리

071

폭발한계에 도달한 메탄가스가 공기에 혼합되었을 경우 착화한계전압[V]은 약 얼마인가?(단, 메탄의 착화최소에너지는 0.2[mJ], 극간용량은 10[pF]으로 한다.)

① 6,325 ② 5,225
③ 4,135 ④ 3,035

해설 $W = \dfrac{1}{2}CV^2$에서

$$V = \sqrt{\dfrac{2W}{C}} = \sqrt{\dfrac{2 \times (0.2 \times 10^{-3})}{10 \times 10^{-12}}} = 6,325[V]$$

여기서, W: 착화에너지[J]
C: 극간 정전용량[F]
V: 착화한계전압[V]

※ $1[mJ] = 10^{-3}[J]$, $1[pF] = 10^{-12}[F]$이다.

관련개념 CHAPTER 03 정전기 장·재해관리

072

정전기 발생에 영향을 주는 요인에 대한 설명으로 틀린 것은?

① 물체의 분리속도가 빠를수록 발생량은 적어진다.
② 접촉면적이 크고 접촉압력이 높을수록 발생량이 많아진다.
③ 물체 표면이 수분이나 기름으로 오염되면 산화 및 부식에 의해 발생량이 많아진다.
④ 정전기의 발생은 처음 접촉, 분리할 때가 최대로 되고 접촉, 분리가 반복됨에 따라 발생량은 감소한다.

해설 일반적으로 분리속도가 빠를수록 정전기의 발생량은 커진다.

관련개념 CHAPTER 03 정전기 장·재해관리

073

다음 중 누전차단기를 설치하지 않아도 되는 장소는?

① 기계·기구를 습한 곳에 시설하는 경우
② 임시배선의 전로가 설치되는 장소에서 사용하는 이동형 또는 휴대형 전기기계·기구
③ 대지전압이 150[V] 이하인 휴대형 전동기계·기구를 시설하는 경우
④ 철판·철골 위 등 도전성이 높은 장소에서 사용하는 이동형 또는 휴대형 전기기계·기구

해설 대지전압이 150[V]를 초과하는 이동형 또는 휴대형 전기기계·기구에 누전차단기를 설치하여야 한다.

관련개념 CHAPTER 02 감전재해 및 방지대책

074

정전기의 재해방지 대책이 아닌 것은?

① 부도체에는 도전성을 향상 또는 제전기를 설치·운영한다.
② 접촉 및 분리를 일으키는 기계적 작용으로 인한 정전기 발생을 적게 하기 위해서는 가능한 접촉면적을 크게 하여야 한다.
③ 저항률이 $10^{10}[\Omega \cdot cm]$ 미만의 도전성 위험물의 배관유속은 7[m/s] 이하로 한다.
④ 생산공정에 별다른 문제가 없다면 습도를 70[%] 정도 유지하는 것도 무방하다.

해설 접촉면적이 작을수록 정전기 발생량이 감소한다.

관련개념 CHAPTER 03 정전기 장·재해관리

075

1종 위험장소로 분류되지 않는 것은?

① 탱크류의 벤트(Vent) 개구부 부근
② 인화성 액체 탱크 내의 액면 상부의 공간부
③ 점검수리 작업에서 가연성 가스 또는 증기를 방출하는 경우의 밸브 부근
④ 탱크로리, 드럼관 등이 인화성 액체를 충전하고 있는 경우의 개구부 부근

해설 인화성 액체의 용기 내부의 액면 상부의 공간부는 0종 장소에 해당한다.

0종 장소
- 설비의 내부
- 인화성 또는 가연성 액체가 존재하는 피트 등의 내부
- 인화성 물질의 증기 또는 가연성 가스가 지속적 또는 장기간 체류하는 곳

관련개념 CHAPTER 04 전기방폭관리

076

정상 작동상태에서 폭발 가능성이 없으나 이상상태에서 짧은 시간 동안 폭발성 가스 또는 증기가 존재하는 지역에서만 사용 가능한 방폭용기를 나타내는 기호는?

① ib　　② p
③ e 　　④ n

해설 2종 장소에 대한 설명으로 2종 장소에서만 사용 가능한 방폭구조는 비점화방폭구조(n)이다.
본질안전방폭구조(ib), 압력방폭구조(p), 안전증방폭구조(e)는 1종 및 2종 장소에 사용 가능하다.

관련개념 CHAPTER 04 전기방폭관리

077

심실세동에 대한 설명으로 옳은 것은?

① 심근의 미세한 진동으로 혈액을 송출하는 펌프의 기능이 장애를 받는 현상이다.
② 심실이 1분에 200회 가량 수축함으로 떨기기만 할 뿐 전신으로 혈액을 뿜어내지 못하는 상태로 시간이 지나면서 정상적인 리듬을 찾게 된다.
③ 심실세동상태가 된 후 전류를 제거하면 자연적으로 건강을 회복한다.
④ 상용주파수 60[Hz]에서 7~8[mA]의 통전전류의 세기인 상태이다.

해설 심실세동전류(치사전류)
심근의 미세한 진동으로 혈액을 송출하는 펌프의 기능이 장애를 받는 때의 전류이다.

$I = \dfrac{165}{\sqrt{T}}$

여기서, I: 심실세동전류[mA]
T: 통전시간[s]

오답해설
②, ③ 심실세동상태가 되면 전류를 제거하여도 자연적으로 건강을 회복하지 못하며, 그대로 방치하여 두면 수 분 내에 사망한다.
④ 상용주파수 60[Hz]에서 7~8[mA]의 통전전류의 세기인 상태는 고통 한계전류에 대한 설명이다.

관련개념 CHAPTER 02 감전재해 및 방지대책

078

「산업안전보건기준에 관한 규칙」 제319조에 따라 감전될 우려가 있는 장소에서 작업을 하기 위해서는 전로를 차단하여야 한다. 전로 차단을 위한 시행 절차 중 틀린 것은?

① 전기기기 등에 공급되는 모든 전원을 관련 도면, 배선도 등으로 확인
② 각 단로기를 개방한 후 전원 차단
③ 단로기 개방 후 차단장치나 단로기 등에 잠금장치 및 꼬리표를 부착
④ 잔류전하 방전 후 검전기를 이용하여 작업 대상 기기가 충전되어 있는지 확인

해설 전원을 차단한 후 각 단로기 등을 개방하고 확인하여야 한다.

관련개념 CHAPTER 02 감전재해 및 방지대책

079

제전기의 종류가 아닌 것은?

① 전압인가식 제전기   ② 정전식 제전기
③ 방사선식 제전기   ④ 자기방전식 제전기

해설 제전기의 종류는 제전에 필요한 이온의 생성방법에 따라 전압인가식 제전기, 자기방전식 제전기, 방사선식 제전기가 있다.

관련개념 CHAPTER 03 정전기 장·재해관리

080

피뢰침의 제한전압이 800[kV], 충격절연강도가 1,000[kV]라 할 때, 보호여유도는 몇 [%]인가?

① 25   ② 33
③ 47   ④ 63

해설 보호여유도 $= \dfrac{\text{충격절연강도} - \text{제한전압}}{\text{제한전압}} \times 100$

$= \dfrac{1,000 - 800}{800} \times 100 = 25[\%]$

관련개념 CHAPTER 05 전기설비 위험요인관리

화학설비 안전관리

081

건축물 공사에 사용되고 있으나, 불에 타는 성질이 있어서 화재 시 유독한 시안화수소 가스가 발생되는 물질은?

① 염화비닐 ② 염화에틸렌
③ 메타크릴산메틸 ④ 우레탄

해설 우레탄은 우레탄 폼스펀지, 페인트 등으로 건축물 공사에 사용된다. 그러나 우레탄은 가연성 고체이기 때문에 화재에 노출된 경우 점화·분해하여 일산화탄소를 비롯한 질소 산화물, 시안화수소 등의 유독물질을 발생시키므로 주의가 필요하다.

관련개념 CHAPTER 02 화학물질 안전관리 실행

082

8[%] NaOH 수용액과 5[%] NaOH 수용액을 반응기에 혼합하여 6[%] 100[kg]의 NaOH 수용액을 만들려면 각각 약 몇 [kg]의 NaOH 수용액이 필요한가?

① 5[%] NaOH 수용액: 33.3[kg],
   8[%] NaOH 수용액: 66.7[kg]
② 5[%] NaOH 수용액: 56.8[kg],
   8[%] NaOH 수용액: 43.2[kg]
③ 5[%] NaOH 수용액: 66.7[kg],
   8[%] NaOH 수용액: 33.3[kg]
④ 5[%] NaOH 수용액: 43.2[kg],
   8[%] NaOH 수용액: 56.8[kg]

해설 8[%] NaOH 수용액 양을 x, 5[%] NaOH 수용액 양을 y라 하면
$$\begin{cases} x+y=100 \\ 0.08x+0.05y=0.06\times 100 \end{cases}$$
$x=33.3[kg]$, $y=66.7[kg]$

관련개념 CHAPTER 02 화학물질 안전관리 실행

083

다음 중 「산업안전보건법령」상 위험물질의 종류와 해당 물질이 올바르게 연결된 것은?

① 부식성 산류 - 아세트산(농도 90[%])
② 부식성 염기류 - 아세톤(농도 90[%])
③ 인화성 가스 - 이황화탄소
④ 인화성 가스 - 수산화칼륨

해설 농도 60[%] 이상인 아세트산은 부식성 산류에 해당한다.
오답해설
② 아세톤 – 인화성 액체
③ 이황화탄소 – 인화성 액체
④ 농도 40[%] 이상인 수산화칼륨 – 부식성 염기류

관련개념 CHAPTER 02 화학물질 안전관리 실행

084

폭발을 기상폭발과 응상폭발로 분류할 때 기상폭발에 해당되지 않는 것은?

① 분진폭발 ② 혼합가스폭발
③ 분무폭발 ④ 수증기폭발

해설 폭발원인 물질의 상태(기상, 응상)에 따른 분류

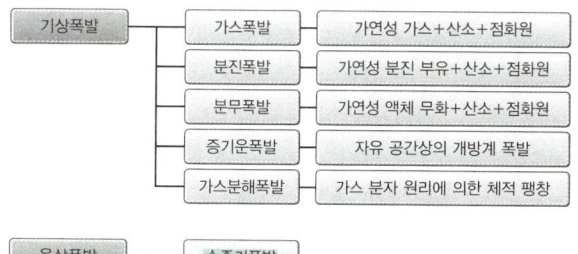

관련개념 CHAPTER 01 화재·폭발 검토

085

다음 중 전기화재의 종류에 해당하는 것은?

① A급
② B급
③ C급
④ D급

해설 화재의 종류

A급 화재	B급 화재	C급 화재	D급 화재
일반화재	유류화재	전기화재	금속화재

관련개념 CHAPTER 01 화재·폭발 검토

086

송풍기의 회전차 속도가 1,300[rpm]일 때 송풍량이 분당 300[m³]였다. 송풍량을 분당 400[m³]로 증가시키고자 한다면 송풍기의 회전차 속도는 약 몇 [rpm]으로 하여야 하는가?

① 1,533
② 1,733
③ 1,967
④ 2,167

해설 송풍량은 회전수와 비례한다.

$\dfrac{Q_2}{Q_1}=\dfrac{N_2}{N_1}$에서 $N_2=\dfrac{Q_2}{Q_1}\times N_1=\dfrac{400}{300}\times 1{,}300=1{,}733[\text{rpm}]$

여기서, Q: 송풍량
　　　　N: 회전수

관련개념 CHAPTER 04 화공 안전운전·점검

087

할론소화약제 중 Halon 2402의 화학식으로 옳은 것은?

① $C_2F_4Br_2$
② $C_2H_4Br_2$
③ $C_2Br_4H_2$
④ $C_2Br_4F_2$

해설 2402는 구성 원소 중 C 2개, F 4개, Cl 0개, Br 2개, I 0개이다. 따라서 Halon 2402의 화학식은 $C_2F_4Br_2$이다.

관련개념 CHAPTER 01 화재·폭발 검토

088

다음 중 가연성 가스이며 독성 가스에 해당하는 것은?

① 수소
② 프로판
③ 산소
④ 일산화탄소

해설 일산화탄소는 허용농도가 30[ppm]인 독성 가스이자, 공기 중 연소범위가 12.5~74[vol%]인 가연성 가스이다.

오답해설
①, ② 수소와 프로판은 가연성 가스이지만 독성 가스는 아니다.
③ 산소는 자신은 타지 않고 상대방이 잘 타도록 도와주는 조연성 가스이다.

관련개념 CHAPTER 02 화학물질 안전관리 실행

089

「산업안전보건법령」에 따라 인화성 가스가 발생할 우려가 있는 지하작업장에서 작업하는 경우 조치사항으로 적절하지 않은 것은?

① 매일 작업을 시작하기 전 해당 가스의 농도를 측정한다.
② 가스의 누출이 의심되는 경우 해당 가스의 농도를 측정한다.
③ 장시간 작업을 계속하는 경우 6시간마다 해당 가스의 농도를 측정한다.
④ 가스의 농도가 인화하한계 값의 25[%] 이상으로 밝혀진 경우에는 즉시 근로자를 안전한 장소에 대피시킨다.

해설 지하작업장 작업 시 화재 방지를 위한 조치사항
가스의 농도를 측정하는 사람을 지명하고 다음의 경우에 그로 하여금 해당 가스의 농도를 측정하도록 하여야 한다.
- 매일 작업을 시작하기 전
- 가스의 누출이 의심되는 경우
- 가스가 발생하거나 정체할 위험이 있는 장소가 있는 경우
- 장시간 작업을 계속하는 경우(이 경우 4시간마다 가스 농도를 측정)

관련개념 CHAPTER 01 화재·폭발 검토

| 정답 | 085 ③ | 086 ② | 087 ① | 088 ④ | 089 ③ |

090

다음 중 공기와 혼합 시 최소착화에너지 값이 가장 작은 것은?

① CH_4　　　　　　② C_3H_8
③ C_6H_6　　　　　　④ H_2

해설　보기 중 H_2의 최소착화에너지(최소발화에너지)가 0.019[mJ]로 가장 작다.
① 메탄(CH_4): 0.28[mJ]
② 프로판(C_3H_8): 0.26[mJ]
③ 벤젠(C_6H_6): 0.2[mJ]

관련개념 CHAPTER 01 화재 · 폭발 검토

091

증기배관 내에 생성하는 응축수를 제거할 때 증기가 배출되지 않도록 하면서 응축수를 자동적으로 배출하기 위한 장치를 무엇이라 하는가?

① Vent Stack　　　　② Steam Trap
③ Blow Down　　　　④ Relief Valve

해설　스팀트랩(Steam Trap)
증기배관 내에 생성하는 응축수는 송기상 지장이 되어 제거할 필요가 있는데, 이때 증기가 도망가지 않도록 이 응축수를 자동적으로 배출하기 위한 장치이다.
벤트스택(Vent Stack)
탱크 내의 압력을 정상상태로 유지하기 위한 장치이다.
블로우다운(Blow Down)
보일러 내부에 이물질이 누적되는 것을 방지하기 위해 수면의 스팀, 수저의 찌꺼기를 방출하는 장치이다.
릴리프밸브(Relief Valve)
압력을 분출하는 밸브 또는 안전밸브로 압력용기나 보일러 등에서 압력이 일정 압력 이상이 되었을 때 가스를 탱크 외부로 분출하는 밸브이다.

관련개념 CHAPTER 04 화공 안전운전 · 점검

092

사업주는 「산업안전보건법령」에서 정한 설비에 대해서는 과압에 따른 폭발을 방지하기 위하여 안전밸브 등을 설치하여야 한다. 다음 중 이에 해당하는 설비가 아닌 것은?

① 원심펌프
② 정변위 압축기
③ 정변위 펌프(토출측에 차단밸브가 설치된 것만 해당함)
④ 배관(2개 이상의 밸브에 의하여 차단되어 대기온도에서 액체의 열팽창에 의하여 파열될 우려가 있는 것으로 한정함)

해설　「산업안전보건법령」상 원심펌프는 안전밸브의 설치대상이 아니다.

관련개념 CHAPTER 04 화공 안전운전 · 점검

093

다음 중 폭발방호대책과 가장 거리가 먼 것은?

① 불활성화　　　　② 억제
③ 방산　　　　　　④ 봉쇄

해설　폭발방호대책은 폭발 시 피해를 최소화하기 위한 대책이다. 불활성화는 폭발을 예방하기 위한 대책이므로 폭발방지대책에 해당한다.

관련개념 CHAPTER 01 화재 · 폭발 검토

094

금속의 증기가 공기 중에서 응고되어 화학변화를 일으켜 고체의 미립자로 되어 공기 중에 부유하는 것을 의미하는 용어는?

① 흄(fume)　　　　② 분진(dust)
③ 미스트(mist)　　　④ 스모크(smoke)

해설　흄(Fume)
고체 상태의 물질이 액체화된 다음 증기화되고, 증기화된 물질의 응축 및 산화로 인하여 생기는 고체상의 미립자(금속 또는 중금속 등)를 말한다.

관련개념 CHAPTER 02 화학물질 안전관리 실행

095

분진폭발의 특징으로 옳은 것은?

① 연소속도가 가스폭발보다 크다.
② 완전연소로 가스중독의 위험이 작다.
③ 화염의 파급속도보다 압력의 파급속도가 빠르다.
④ 가스폭발보다 연소시간은 짧고 발생에너지는 작다.

해설 분진폭발의 특징
- 가스폭발보다 발생에너지가 크다.
- 폭발압력과 연소속도는 가스폭발보다 작다.
- 불완전연소로 인한 가스중독의 위험성이 크다.
- **화염의 파급속도보다 압력의 파급속도가 빠르다.**
- 가스폭발에 비해 불완전연소가 많이 발생한다.
- 주위 분진에 의해 2차, 3차 폭발로 파급될 수 있다.

관련개념 CHAPTER 01 화재·폭발 검토

096

열교환탱크 외부를 두께 0.2[m]의 단열재(열전도율 k=0.037[kcal/m·h·℃])로 보온하였더니 단열재 내면은 40[℃], 외면은 20[℃]이었다. 면적 1[m²]당 1시간에 손실되는 열량[kcal]은?

① 0.0037 ② 0.037
③ 1.37   ④ 3.7

해설 열교환기 손실 열량

$Q = 열전도율 \times \dfrac{내면과 외면의 온도차}{두께}$

$= 0.037 \times \dfrac{40-20}{0.2} = 3.7 [kcal/m^2 \cdot h]$

관련개념 CHAPTER 02 화학물질 안전관리 실행

097

펌프의 사용 시 공동현상(Cavitation)을 방지하고자 할 때의 조치사항으로 틀린 것은?

① 펌프의 회전수를 높인다.
② 흡입비 속도를 작게 한다.
③ 펌프의 흡입관의 두(Head) 손실을 줄인다.
④ 펌프의 설치높이를 낮추어 흡입양정을 짧게 한다.

해설 공동현상은 유속이 빠를 경우 발생할 수 있으므로 공동현상을 예방하려면 펌프의 회전수를 낮춰야 한다.

관련개념 CHAPTER 04 화공 안전운전·점검

098

「산업안전보건기준에 관한 규칙」에서 규정하고 있는 급성 독성 물질의 정의에 해당되지 않는 것은?

① 가스 LC50(쥐, 4시간 흡입)이 2,500[ppm] 이하인 화학물질
② LD50(경구, 쥐)이 [kg]당 300[mg]-(체중) 이하인 화학물질
③ LD50(경피, 쥐)이 [kg]당 1,000[mg]-(체중) 이하인 화학물질
④ LD50(경피, 토끼)이 [kg]당 2,000[mg]-(체중) 이하인 화학물질

해설 LD50(경피, 토끼 또는 쥐)이 [kg]당 1,000[mg]-(체중) 이하인 화학물질이 「산업안전보건법령」상 급성 독성 물질에 해당한다.

관련개념 CHAPTER 02 화학물질 안전관리 실행

099

다음 중 크롬에 관한 설명으로 옳은 것은?

① 미나마타병의 원인으로 알려져 있다.
② 이타이이타이병의 원인으로 알려져 있다.
③ 3가와 6가의 화합물이 사용되고 있다.
④ 6가보다 3가 화합물이 특히 인체에 유해하다.

해설
① 미나마타병은 수은에 의해 발생한다.
② 이타이이타이병은 카드뮴에 의해 발생한다.
④ 크롬 중독현상은 크롬 정련 공정에서 발생하는 6가 크롬에 의해 발생한다.

관련개념 CHAPTER 02 화학물질 안전관리 실행

100

다음 중 자연발화에 대한 설명으로 틀린 것은?

① 분해열에 의해 자연발화가 발생할 수 있다.
② 입자의 표면적이 넓을수록 자연발화가 발생하기 쉽다.
③ 자연발화가 발생하지 않기 위해 습도를 가능한 한 높게 유지시킨다.
④ 열의 축적은 자연발화를 일으킬 수 있는 인자이다.

해설 자연발화를 방지하기 위해서는 습도를 높지 않게 하여야 한다.
자연발화 방지대책
• 통풍이 잘 되게 할 것
• 주위온도를 낮출 것
• 습도가 높지 않도록 할 것
• 열전도가 잘 되는 용기에 보관할 것
• 불활성 액체 내에 저장할 것

관련개념 CHAPTER 01 화재·폭발 검토

건설공사 안전관리

101

「산업안전보건법령」상 지반의 종류에 따른 굴착면의 기울기 기준으로 옳지 않은 것은?

① 경암 − 1 : 1.0
② 연암 및 풍화암 − 1 : 1.0
③ 모래 − 1 : 1.8
④ 그 밖의 흙 − 1 : 1.2

해설 굴착면의 기울기 기준

지반의 종류	굴착면의 기울기
모래	1 : 1.8
연암 및 풍화암	1 : 1.0
경암	1 : 0.5
그 밖의 흙	1 : 1.2

관련개념 CHAPTER 02 건설공사 위험성

102

미리 작업장소의 지형 및 지반상태 등에 적합한 제한속도를 정하지 않아도 되는 차량계 건설기계의 속도 기준은?

① 최대 제한속도가 10[km/h] 이하
② 최대 제한속도가 20[km/h] 이하
③ 최대 제한속도가 30[km/h] 이하
④ 최대 제한속도가 40[km/h] 이하

해설 차량계 하역운반기계, 차량계 건설기계(**최대제한속도가 10[km/h] 이하인 것 제외**)를 사용하여 작업을 하는 경우 미리 작업장소의 지형 및 지반상태 등에 적합한 제한속도를 정하고, 운전자로 하여금 이를 준수하도록 하여야 한다.

관련개념 CHAPTER 04 건설현장 안전시설 관리

| 정답 | 099 ③ 100 ③ 101 ① 102 ①

103
건설업 산업안전보건관리비의 사용항목에 해당되지 않는 것은?

① 근로자 건강장해예방비
② 안전시설비
③ 건설재해예방기술지도비
④ 외부비계, 작업발판 등의 가설구조물 설치 소요비

해설 건설업 산업안전보건관리비의 사용항목
- 안전관리자·보건관리자의 임금 등
- **안전시설비 등**
- 보호구 등
- 안전보건진단비 등
- 안전보건교육비 등
- **근로자 건강장해예방비 등**
- **건설재해예방전문지도기관의 지도에 대한 대가로 자기공사자가 지급하는 비용**

관련개념 CHAPTER 03 건설업 산업안전보건관리비 관리

104
권상용 와이어로프의 절단하중이 200[ton]일 때 와이어로프에 걸리는 최대하중은?(단, 안전계수는 5이다.)

① 1,000[ton]
② 400[ton]
③ 100[ton]
④ 40[ton]

해설 안전계수 = $\dfrac{\text{절단하중}}{\text{최대사용하중}}$ 에서

최대사용하중 = $\dfrac{\text{절단하중}}{\text{안전계수}} = \dfrac{200}{5} = 40[\text{ton}]$

관련개념 CHAPTER 06 공사 및 작업 종류별 안전

105
동바리로 사용하는 파이프서포트는 최대 몇 개 이상 이어서 사용하지 않아야 하는가?

① 2개
② 3개
③ 4개
④ 5개

해설 동바리로 사용하는 파이프서포트를 3개 이상 이어서 사용하지 않아야 한다.

관련개념 CHAPTER 05 비계·거푸집 가시설 위험방지

106
곤돌라형 달비계에 사용이 불가한 와이어로프의 기준으로 옳지 않은 것은?

① 이음매가 있는 것
② 와이어로프의 한 꼬임에서 끊어진 소선의 수가 10[%] 이상인 것
③ 지름의 감소가 공칭지름의 5[%]를 초과하는 것
④ 심하게 변형되거나 부식된 것

해설 달비계 와이어로프의 사용금지 조건
- 이음매가 있는 것
- 와이어로프의 한 꼬임(Strand)에서 끊어진 소선의 수가 10[%] 이상인 것
- **지름의 감소가 공칭지름의 7[%]를 초과하는 것**
- 꼬인 것
- 심하게 변형되거나 부식된 것
- 열과 전기충격에 의해 손상된 것

관련개념 CHAPTER 05 비계·거푸집 가시설 위험방지

107
건설현장에 설치하는 사다리식 통로의 설치기준으로 옳지 않은 것은?

① 발판과 벽과의 사이는 15[cm] 이상의 간격을 유지할 것
② 발판의 간격은 일정하게 할 것
③ 사다리의 상단은 걸쳐놓은 지점으로부터 60[cm] 이상 올라가도록 할 것
④ 사다리식 통로의 길이가 10[m] 이상인 경우에는 3[m] 이내마다 계단참을 설치할 것

해설 사다리식 통로의 길이가 10[m] 이상인 경우에는 5[m] 이내마다 계단참을 설치하여야 한다.

관련개념 CHAPTER 05 비계·거푸집 가시설 위험방지

| 정답 | 103 ④ | 104 ④ | 105 ② | 106 ③ | 107 ④ |

108

「산업안전보건법령」에 따라 타워크레인을 와이어로프로 지지하는 경우, 와이어로프의 설치각도는 수평면에서 몇 도 이내로 해야 하는가?

① 30° ② 45°
③ 60° ④ 75°

해설 타워크레인을 와이어로프로 지지하는 경우 와이어로프 설치각도는 **수평면에서 60° 이내**로 하되, 지지점은 4개소 이상으로 하고, 같은 각도로 설치하여야 한다.

관련개념 CHAPTER 06 공사 및 작업 종류별 안전

109

연약지반의 이상현상 중 하나인 히빙(heaving)현상에 대한 안전대책이 아닌 것은?

① 흙막이벽의 관입 깊이를 깊게 한다.
② 굴착면에 토사 등으로 하중을 가한다.
③ 흙막이 배면의 표토를 제거하여 토압을 경감시킨다.
④ 주변 수위를 높인다.

해설 히빙의 예방대책
- 흙막이벽의 근입 깊이 증가
- 흙막이벽 배면지반의 상재하중 제거
- 저면의 굴착부분을 남겨두어 굴착예정인 부분의 일부를 미리 굴착하여 기초콘크리트 타설
- 굴착주변을 웰 포인트(Well Point) 공법과 병행
- 굴착저면에 토사 등 인공중력 증가

관련개념 CHAPTER 02 건설공사 위험성

110

화물을 적재하는 경우의 준수사항으로 옳지 않은 것은?

① 침하 우려가 없는 튼튼한 기반 위에 적재할 것
② 건물의 칸막이나 벽 등이 화물의 압력에 견딜 만큼의 강도를 지니지 아니한 경우에는 칸막이나 벽에 기대어 적재하지 않도록 할 것
③ 불안정할 정도로 높이 쌓아 올리지 말 것
④ 하중이 한쪽으로 치우치더라도 화물을 최대한 효율적으로 적재할 것

해설 화물의 적재 시 준수사항
- 침하 우려가 없는 튼튼한 기반 위에 적재할 것
- 건물의 칸막이나 벽 등이 화물의 압력에 견딜 만큼의 강도를 지니지 아니한 경우에는 칸막이나 벽에 기대어 적재하지 않도록 할 것
- 불안정할 정도로 높이 쌓아 올리지 말 것
- 하중이 한쪽으로 치우치지 않도록 쌓을 것

관련개념 CHAPTER 06 공사 및 작업 종류별 안전

111

다음 중 「산업안전보건법령」상 양중기에 해당되지 않는 것은?

① 어스드릴 ② 크레인
③ 리프트   ④ 곤돌라

해설 어스드릴은 차량계 건설기계에 해당한다.

양중기의 종류
- 크레인(호이스트(Hoist) 포함)
- 이동식 크레인
- 리프트(이삿짐운반용 리프트의 경우에는 적재하중이 0.1톤 이상인 것으로 한정)
- 곤돌라
- 승강기

관련개념 CHAPTER 06 공사 및 작업 종류별 안전

| 정답 | 108 ③ 109 ④ 110 ④ 111 ①

112
다음은 「굴착공사 표준안전 작업지침」에 따른 트렌치 굴착 시 준수사항이다. ( ) 안에 들어갈 내용으로 옳은 것은?

> 굴착폭은 작업 및 대피가 용이하도록 충분한 넓이를 확보하여야 하며, 굴착깊이가 2[m] 이상일 경우에는 ( ) 이상의 폭으로 한다.

① 1[m] ② 1.5[m]
③ 2[m] ④ 2.5[m]

해설 트렌치 굴착 시 굴착폭은 작업 및 대피가 용이하도록 충분한 넓이를 확보하여야 하며, 굴착깊이가 2[m] 이상일 경우에는 **1[m] 이상의 폭**으로 한다.

관련개념 CHAPTER 04 건설현장 안전시설 관리

113
철근콘크리트 구조물의 해체를 위한 장비가 아닌 것은?

① 램머   ② 압쇄기
③ 철제 해머 ④ 핸드 브레이커

해설 램머(Rammer)는 다짐장비에 해당한다.
해체용 기구의 종류
압쇄기, 대형 브레이커, 철제 해머, 핸드 브레이커, 팽창제, 절단기

관련개념 CHAPTER 06 공사 및 작업 종류별 안전

114
굴착공사에 있어서 비탈면 붕괴를 방지하기 위하여 실시하는 대책으로 옳지 않은 것은?

① 지표수의 침투를 막기 위해 표면배수공을 한다.
② 지하수위를 내리기 위해 수평배수공을 설치한다.
③ 비탈면 하단을 성토한다.
④ 비탈면 상부에 토사를 적재한다.

해설 비탈면 상부에 토사 적재 시 비탈면 붕괴의 위험이 있다.

관련개념 CHAPTER 04 건설현장 안전시설 관리

115
철골작업에서의 승강로 설치기준 중 ( ) 안에 들어갈 내용으로 알맞은 것은?

> 사업주는 근로자가 수직방향으로 이동하는 철골부재에는 답단 간격이 ( ) 이내인 고정된 승강로를 설치하여야 한다.

① 20[cm] ② 30[cm]
③ 40[cm] ④ 50[cm]

해설 근로자가 수직방향으로 이동하는 철골부재에는 답단 간격이 30[cm] 이내인 고정된 승강로를 설치하여야 한다.

관련개념 CHAPTER 06 공사 및 작업 종류별 안전

116
콘크리트 타설작업과 관련하여 준수하여야 할 사항으로 가장 거리가 먼 것은?

① 당일의 작업을 시작하기 전에 해당 작업에 관한 거푸집 및 동바리 등의 변형, 변위 및 지반의 침하 유무 등을 점검하고 이상이 있으면 보수할 것
② 콘크리트를 타설하는 경우에는 편심이 발생하지 않도록 골고루 분산하여 타설할 것
③ 진동기의 사용은 많이 할수록 균일한 콘크리트를 얻을 수 있으므로 가급적 많이 사용할 것
④ 설계도서 상의 콘크리트 양생기간을 준수하여 거푸집 및 동바리를 해체할 것

해설 진동기는 적절히 사용되어야 하며, 지나친 진동은 거푸집 붕괴의 원인이 될 수 있으므로 주의하여야 한다.

관련개념 CHAPTER 06 공사 및 작업 종류별 안전

117

달비계의 구조에서 달비계 작업발판의 폭은 최소 얼마 이상이어야 하는가?

① 30[cm]
② 40[cm]
③ 50[cm]
④ 60[cm]

해설 달비계의 작업발판은 폭을 40[cm] 이상으로 하고 틈새가 없도록 하여야 한다.

관련개념 CHAPTER 05 비계·거푸집 가시설 위험방지

118

항만하역작업에서의 선박승강설비 설치기준으로 옳지 않은 것은?

① 400톤급 이상의 선박에서 하역작업을 하는 경우에 근로자들이 안전하게 오르내릴 수 있는 현문(舷門) 사다리를 설치하여야 하며, 이 사다리 밑에 안전망을 설치하여야 한다.
② 현문 사다리는 견고한 재료로 제작된 것으로 너비는 55[cm] 이상이어야 한다.
③ 현문 사다리의 양측에는 82[cm] 이상의 높이로 울타리를 설치하여야 한다.
④ 현문 사다리는 근로자의 통행에만 사용하여야 하며, 화물용 발판 또는 화물용 보판으로 사용하도록 해서는 아니 된다.

해설 항만하역작업 시 300톤급 이상의 선박에서 하역작업을 하는 경우에 근로자들이 안전하게 오르내릴 수 있는 현문 사다리를 설치하여야 하며, 이 사다리 밑에 안전망을 설치하여야 한다.

관련개념 CHAPTER 06 공사 및 작업 종류별 안전

119

와이어로프의 클립 고정 방법으로 옳은 것은?

①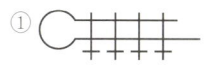
②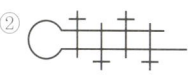
③
④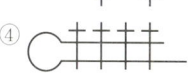

해설 와이어로프 체결 시 클립의 새들(Saddle)은 와이어로프의 힘이 걸리는 쪽에 있어야 한다.

(적합) (부적합) (부적합)

관련개념 CHAPTER 06 공사 및 작업 종류별 안전

120

건설공사 시공단계에 있어서 안전관리의 문제점에 해당되는 것은?

① 발주자의 조사, 설계 발주능력 미흡
② 용역자의 조사, 설계능력 부실
③ 발주자의 감독 소홀
④ 사용자의 시설 운영관리 능력 부족

해설 발주자의 감독 소홀은 시공단계에서의 안전관리 부실을 초래할 수 있다.

관련개념 CHAPTER 01 건설공사 특성분석

2024년 2회 CBT 복원문제

산업재해 예방 및 안전보건교육

001
다음 중 관리감독자를 대상으로 교육하는 TWI의 교육내용이 아닌 것은?

① 문제해결능력
② 작업지도훈련
③ 인간관계훈련
④ 작업방법훈련

해설 TWI(Training Within Industry)
- 작업지도훈련(JIT ; Job Instruction Training)
- 작업방법훈련(JMT ; Job Method Training)
- 인간관계훈련(JRT ; Job Relation Training)
- 작업안전훈련(JST ; Job Safety Training)

관련개념 CHAPTER 05 안전보건교육의 내용 및 방법

002
「산업안전보건법령」상 안전보건표지의 종류 중 다음 표지의 명칭은?(단, 마름모 테두리는 빨간색이며, 안의 내용은 검은색이다.)

① 폭발성물질 경고
② 산화성물질 경고
③ 부식성물질 경고
④ 급성독성물질 경고

해설
폭발성물질 경고　산화성물질 경고　부식성물질 경고　**급성독성물질 경고**

관련개념 CHAPTER 02 안전보호구 관리

003
학습지도의 형태 중 몇 사람의 전문가가 주제에 대한 견해를 발표하고 참가자로 하여금 의견을 내거나 질문을 하게 하는 토의방식은?

① 포럼(Forum)
② 심포지엄(Symposium)
③ 버즈세션(Buzz session)
④ 자유토의법(Free discussion method)

해설 심포지엄(Symposium)
몇 사람의 전문가가 과제에 관한 견해를 발표하게 한 뒤 참가자로 하여금 의견이나 질문을 하게 하여 토의하는 방법이다.

관련개념 CHAPTER 05 안전보건교육의 내용 및 방법

004
안전보건관리조직의 유형 중 스태프형(Staff) 조직의 특징이 아닌 것은?

① 생산부문은 안전에 대한 책임과 권한이 없다.
② 권한다툼이나 조정 때문에 통제수속이 복잡해지며 시간과 노력이 소모된다.
③ 생산부분에 협력하여 안전명령을 전달, 실시하므로 안전지시가 용이하지 않으며 안전과 생산을 별개로 취급하기 쉽다.
④ 명령계통과 조언의 권고적 참여가 혼동되기 쉽다.

해설 명령계통과 조언의 권고적 참여가 혼동되기 쉬운 것은 라인·스태프(LINE-STAFF)형 조직(직계참모조직)의 특징이다.

관련개념 CHAPTER 01 산업재해예방 계획 수립

정답　001 ①　002 ④　003 ②　004 ④

005

허즈버그(Herzberg)의 위생 – 동기 이론에서 동기요인에 해당하는 것은?

① 감독
② 안전
③ 책임감
④ 작업조건

해설 동기요인(Motivation)
책임감, 성취, 인정, 개인발전 등 일 자체에서 오는 심리적 욕구로 충족될 경우 조직의 성과가 향상되며 충족되지 않아도 성과가 떨어지지 않는다.

관련개념 CHAPTER 04 인간의 행동과학

006

생체리듬의 변화에 대한 설명으로 틀린 것은?

① 야간에는 체중이 감소한다.
② 야간에는 말초운동 기능이 저하되다.
③ 체온, 혈압, 맥박수는 주간에 상승하고 야간에 감소한다.
④ 혈액의 수분과 염분량은 주간에 증가하고 야간에 감소한다.

해설 생체리듬(바이오리듬)의 변화
• 야간에는 체중이 감소한다.
• 야간에는 말초운동 기능이 저하되고, 피로의 자각증상이 증대한다.
• **혈액의 수분과 염분량은 주간에 감소하고 야간에 증가한다.**
• 체온, 혈압, 맥박은 주간에 상승하고 야간에 감소한다.

관련개념 CHAPTER 04 인간의 행동과학

007

피로의 측정방법 중 생리적 방법의 검사항목에 포함되지 않는 것은?

① 근력, 근활동
② 대뇌피질 활동
③ 전신자각 증상
④ 호흡 순환기능

해설 피로의 측정방법 중 생리학적 측정에는 **근력 및 근활동**(EMG), **대뇌활동**(EEG), **호흡**(산소소비량), 순환기(ECG), 부정맥 지수 등이 있다.

관련개념 CHAPTER 04 인간의 행동과학

008

「보호구 안전인증 고시」상 안전인증 방독마스크의 정화통 외부 측면의 표시색이 회색이 아닌 것은?

① 할로겐용 정화통
② 황화수소용 정화통
③ 시안화수소용 정화통
④ 암모니아용 정화통

해설 정화통 외부 측면의 표시색

종류	표시색
유기화합물용 정화통	갈색
할로겐용 정화통	회색
황화수소용 정화통	
시안화수소용 정화통	
아황산용 정화통	노란색
암모니아용 정화통	녹색

관련개념 CHAPTER 02 안전보호구 관리

009

부주의 현상 중 하나로 혼미한 정신상태에서 심신이 피로하거나 단조로운 반복작업 등이 원인이 되는 경우는?

① 의식의 단절
② 의식수준 저하
③ 의식의 과잉
④ 의식의 우회

해설 부주의의 원인(현상)
• 의식의 우회: 의식의 흐름이 옆으로 빗나가 발생하는 것(걱정, 고민, 욕구불만 등에 의하여 정신을 빼앗기는 것)이다.
• **의식수준의 저하: 혼미한 정신상태에서 심신이 피로할 경우나 단조로운 반복작업 등의 경우에 일어나기 쉽다.**
• 의식의 단절: 지속적인 의식의 흐름에 단절이 생기고 공백의 상태가 나타나는 것으로 주로 질병의 경우에 나타난다.
• 의식의 과잉: 돌발사태에 직면하면 주의가 일점(주시점)에 집중되어 판단정지 및 긴장 상태에 빠지게 되어 유효한 대응을 못하게 된다.
• 의식의 혼란: 외적 조건에 의해 의식이 혼란하거나 분산되어 위험요인에 대응할 수 없을 때 발생한다.

관련개념 CHAPTER 04 인간의 행동과학

010

내전압용 절연장갑의 등급에 따른 최대사용전압이 틀린 것은?(단, 교류 전압은 실횻값이다.)

① 등급 00: 교류 500[V]   ② 등급 1: 교류 7,500[V]
③ 등급 2: 직류 17,000[V]   ④ 등급 3: 직류 39,750[V]

해설 절연장갑의 등급 및 색상

등급	최대사용전압		색상
	교류[V, 실횻값]	직류[V]	
00	500	750	갈색
0	1,000	1,500	빨간색
1	7,500	11,250	흰색
2	17,000	25,500	노란색
3	26,500	39,750	녹색
4	36,000	54,000	등색

관련개념 CHAPTER 02 안전보호구 관리

011

교육훈련의 4단계를 올바르게 나열한 것은?

① 도입 → 적용 → 제시 → 확인
② 도입 → 확인 → 제시 → 적용
③ 적용 → 제시 → 도입 → 확인
④ 도입 → 제시 → 적용 → 확인

해설 교육법의 4단계
㉠ 1단계: **도입** — 학습할 준비를 시킨다.(배우고자 하는 마음가짐을 일으키는 단계)
㉡ 2단계: **제시** — 작업을 설명한다.(내용을 확실하게 이해시키고 납득시키는 단계)
㉢ 3단계: **적용** — 작업을 지휘한다.(이해시킨 내용을 활용시키거나 응용시키는 단계)
㉣ 4단계: **확인** — 가르친 뒤 살펴본다.(교육내용을 정확하게 이해하였는가를 평가하는 단계)

관련개념 CHAPTER 05 안전보건교육의 내용 및 방법

012

다음 중 버드(Bird)의 재해발생에 관한 이론에서 1단계에 해당하는 재해발생의 시작이 되는 것은?

① 기본 원인
② 관리의 부족
③ 불안전한 행동과 상태
④ 사회적 환경과 유전적 요소

해설 버드(Frank Bird)의 신도미노 이론
㉠ 1단계: 통제의 부족(**관리 소홀**) → 재해발생의 근원적 요인
㉡ 2단계: 기본 원인(기원) → 개인적 또는 과업과 관련된 요인
㉢ 3단계: 직접 원인(징후) → 불안전한 행동 및 불안전한 상태
㉣ 4단계: 사고(접촉)
㉤ 5단계: 상해(손해)

관련개념 CHAPTER 01 산업재해예방 계획 수립

013

다음 중 학습지도의 원리를 올바르게 고른 것은?

| ㉠ 직관의 원리 | ㉡ 개별화의 원리 |
| ㉢ 사회화의 원리 | ㉣ 자발성의 원리 |

① ㉠, ㉢
② ㉠, ㉡, ㉢
③ ㉠, ㉡, ㉢, ㉣
④ ㉢, ㉣

해설 학습지도 이론

개별화의 원리	학습자가 가지고 있는 각각의 요구 및 능력에 맞게 지도하여야 한다는 원리
통합의 원리	학습을 종합적으로 지도하는 것으로 학습자의 능력을 조화있게 발달시키는 원리
사회화의 원리	공동학습을 통해 협력과 사회화를 도와준다는 원리
자발성의 원리	학습자 스스로 학습에 참여하여야 한다는 원리
직관의 원리	구체적인 사물을 제시하거나 경험 등을 통해 학습효과를 거둘 수 있다는 원리

관련개념 CHAPTER 05 안전보건교육의 내용 및 방법

014

길포드의 Y-G 성격검사에서 정서불안적, 활동적, 외향적 성향에 해당하는 형의 종류는?

① A형
② B형
③ C형
④ D형

해설 길포드의 Y-G 성격검사 프로필 유형
- A형(평균형): 조화적, 적응적
- B형(우편형): 정서불안적, 활동적, 외향적
- C형(좌편형): 안전소극형
- D형(우하형): 안정, 적응, 적극형
- E형(좌하형): 불안정, 부적응, 수동형

관련개념 CHAPTER 03 산업안전심리

015

인간의 의식 수준을 5단계로 구분할 때 의식이 명료한 상태의 단계는?

① Phase Ⅰ
② Phase Ⅱ
③ Phase Ⅲ
④ Phase Ⅳ

해설 인간의 의식 Level의 단계별 신뢰성

단계	의식의 상태	신뢰성
Phase 0	무의식, 실신	0
Phase Ⅰ	의식의 둔화	0.9 이하
Phase Ⅱ	이완 상태	0.99~0.99999
Phase Ⅲ	명료한 상태	0.99999 이상
Phase Ⅳ	과긴장 상태	0.9 이하

관련개념 CHAPTER 04 인간의 행동과학

016

「산업안전보건법」상 근로시간 연장의 제한에 관한 기준에서 아래의 ( ) 안에 알맞은 것은?

> 사업주는 유해하거나 위험한 작업으로서 대통령령으로 정하는 작업에 종사하는 근로자에게는 1일 (㉠)시간, 1주 (㉡)시간을 초과하여 근로하게 하여서는 아니 된다.

① ㉠ 6 ㉡ 34
② ㉠ 7 ㉡ 36
③ ㉠ 8 ㉡ 40
④ ㉠ 8 ㉡ 44

해설 사업주는 유해하거나 위험한 작업으로서 높은 기압에서 하는 작업 등 대통령령으로 정하는 작업에 종사하는 근로자에게는 **1일 6시간, 1주 34시간**을 초과하여 근로하게 하여서는 아니 된다.

관련개념 CHAPTER 01 산업재해예방 계획 수립

017

사고예방대책의 기본원리 5단계 중 틀린 것은?

① 1단계: 안전관리계획
② 2단계: 현상파악
③ 3단계: 분석·평가
④ 4단계: 대책의 선정

해설 하인리히 사고예방대책의 기본원리 5단계
㉠ 1단계: 조직(안전관리조직)
㉡ 2단계: 사실의 발견(현상파악)
㉢ 3단계: 분석·평가(원인규명)
㉣ 4단계: 시정책의 선정
㉤ 5단계: 시정책의 적용

관련개념 CHAPTER 01 산업재해예방 계획 수립

018

다음 중 맥그리거(McGregor)의 인간해설에 있어 X 이론적 관리 처방으로 가장 적합한 것은?

① 직무의 확장
② 분관화와 권한의 위임
③ 민주적 리더십의 확립
④ 경제적 보상체계의 강화

해설 X 이론에 대한 관리 처방
- 경제적 보상체제의 강화
- 권위주의적 리더십의 확립
- 면밀한 감독과 엄격한 통제
- 상부책임제도의 강화
- 통제에 의한 관리

관련개념 CHAPTER 04 인간의 행동과학

| 정답 | 014 ② | 015 ③ | 016 ① | 017 ① | 018 ④ |

019

다음 중 「산업안전보건법령」상 중대재해에 해당되지 않는 것은?

① 3개월 이상의 요양을 요하는 부상자가 동시에 2명 이상 발생한 재해
② 직업성 질병자가 동시에 5명 이상 발생한 재해
③ 부상자가 동시에 10명 이상 발생한 재해
④ 사망자가 1명 이상 발생한 재해

해설 중대재해의 범위
- 사망자가 1명 이상 발생한 재해
- 3개월 이상의 요양이 필요한 부상자가 동시에 2명 이상 발생한 재해
- 부상자 또는 **직업성 질병자가 동시에 10명 이상 발생한 재해**

관련개념 CHAPTER 01 산업재해예방 계획 수립

020

데이비스(Davis)의 동기부여 이론 중 동기유발의 식으로 옳은 것은?

① 지식 × 기능
② 지식 × 태도
③ 상황 × 기능
④ 상황 × 태도

해설 데이비스(K. Davis)의 동기부여 이론
- 지식(Knowledge) × 기능(Skill) = 능력(Ability)
- **상황**(Situation) × **태도**(Attitude) = **동기유발**(Motivation)
- 능력(Ability) × 동기유발(Motivation)
  = 인간의 성과(Human Performance)
- 인간의 성과 × 물질적 성과 = 경영의 성과

관련개념 CHAPTER 04 인간의 행동과학

인간공학 및 위험성평가·관리

021

인간공학에 대한 설명으로 틀린 것은?

① 인간 – 기계 시스템의 안전성, 편리성, 효율성을 높인다.
② 인간을 작업과 기계에 맞추는 설계 철학이 바탕이 된다.
③ 인간이 사용하는 물건, 설비, 환경의 설계에 적용된다.
④ 인간의 생리적, 심리적인 면에서의 특성이나 한계점을 고려한다.

해설 인간공학의 정의
- 인간의 신체적, 정신적 능력 한계를 고려하여 **작업환경 또는 기계를 인간에게 적절한 형태로 맞추는 것**이다.
- 인간의 특성과 능력을 공학적으로 분석, 평가하여 이를 복잡한 체계의 설계에 응용함으로써 효율을 최대로 활용할 수 있도록 하는 학문분야이다.

관련개념 CHAPTER 01 안전과 인간공학

022

프레스에 설치된 안전장치의 수명은 지수분포를 따르며 평균수명은 100시간이다. 새로 구입한 안전장치가 70시간 동안 고장 없이 작동할 확률(A)과 이미 100시간을 사용한 안전장치가 앞으로 30시간 이상 견딜 확률(B)은 얼마인가?

① A: 0.607, B: 0.368
② A: 0.4966, B: 0.7408
③ A: 0.368, B: 0.607
④ A: 0.225, B: 0.725

해설 기계의 신뢰도

$A: R = e^{-\lambda t} = e^{-\frac{t}{t_0}} = e^{-\frac{70}{100}} = 0.4966$

$B: R = e^{-\lambda t} = e^{-\frac{t}{t_0}} = e^{-\frac{30}{100}} = 0.7408$

여기서, λ: 고장률
t: 가동시간
t_0: 평균수명

관련개념 CHAPTER 02 위험성 파악·결정

023

결함수분석법(FTA)에서의 미니멀 컷셋과 미니멀 패스셋에 관한 설명으로 맞는 것은?

① 미니멀 컷셋은 시스템의 신뢰성을 표시하는 것이다.
② 미니멀 패스셋은 시스템의 위험성을 표시하는 것이다.
③ 미니멀 패스셋은 시스템의 고장을 발생시키는 최소의 패스셋이다.
④ 미니멀 컷셋은 정상사상(Top Event)을 일으키기 위한 최소한의 컷셋이다.

해설
① 미니멀 컷셋은 시스템의 위험성을 표시하는 것이다.
② 미니멀 패스셋은 시스템의 신뢰성을 표시하는 것이다.
③ 미니멀 패스셋은 정상사상(고장)이 일어나지 않는 최소한의 패스셋이다.

관련개념 CHAPTER 02 위험성 파악 · 결정

024

FT도에 사용하는 기호에서 3개의 입력현상 중 임의의 시간에 2개가 발생하면 출력이 생기는 기호의 명칭은?

① 억제 게이트
② 조합 AND 게이트
③ 배타적 OR 게이트
④ 우선적 AND 게이트

해설

기호	명칭	설명
(2개의 조합, A_i, A_j, A_k)	조합 AND 게이트	3개 이상의 입력현상 중 2개가 일어나면 출력사상이 발생

관련개념 CHAPTER 02 위험성 파악 · 결정

025

자극-반응 조합의 관계에서 인간의 기대와 모순되지 않는 성질을 무엇이라 하는가?

① 양립성
② 적응성
③ 변별성
④ 신뢰성

해설 양립성(Compatibility)
안전을 근원적으로 확보하기 위한 전략으로서 외부의 자극과 인간의 기대가 서로 모순되지 않아야 하는 것이고 제어장치와 표시장치 사이의 연관성이 인간의 예상과 어느 정도 일치하는가 여부이다.

관련개념 CHAPTER 06 작업환경 관리

026

THERP(Technique for Human Error Rate Prediction)의 특징에 대한 설명으로 옳은 것을 모두 고른 것은?

> ㉠ 인간-기계체계(SYSTEM)에서 여러 가지의 인간의 에러와 이에 의해 발생할 수 있는 위험성의 예측과 개선을 위한 기법
> ㉡ 인간의 과오를 정성적으로 평가하기 위하여 개발된 기법
> ㉢ 가지처럼 갈라지는 형태의 논리구조와 나무형태의 그래프를 이용

① ㉠, ㉡
② ㉠, ㉢
③ ㉡, ㉢
④ ㉠, ㉡, ㉢

해설 인간과오율 추정법(THERP; Technique for Human Error Rate Prediction)
인간의 과오(Human Error)에 기인된 사고원인을 분석하기 위하여 100만 운전시간당 과오도 수를 기본 과오율로 하여 인간의 과오율을 정량적으로 평가하는 기법이다.
- 인간의 동작이 시스템에 미치는 영향을 나타내는 그래프적 방법으로 인간 실수율(HEP)을 예측하는 기법이다.
- 사건수 분석의 변형으로 나무형태의 그래프를 통한 각 경로의 확률을 계산한다.

관련개념 CHAPTER 02 위험성 파악 · 결정

027

다음 중 열전달 과정으로 옳지 않은 것은?

① 대류 ② 반사
③ 전도 ④ 복사

해설 열전달의 3가지 방법은 전도, 대류, 복사이다.

관련개념 CHAPTER 06 작업환경 관리

028

태양광선이 내리쬐는 옥외 장소의 자연습구온도 25[℃], 흑구온도 20[℃], 건구온도 28[℃]일 때, 습구흑구온도지수[℃]는?

① 21.8[℃] ② 24.3[℃]
③ 26.1[℃] ④ 26.6[℃]

해설 습구흑구온도지수(WBGT)[태양광선이 내리쬐는 옥외 장소]
WBGT[℃]=0.7×자연습구온도(NWB)+0.2×흑구온도(GT)
　　　　　+0.1×건구온도(DT)
　　　　　=0.7×25+0.2×20+0.1×28=24.3[℃]

관련개념 CHAPTER 06 작업환경 관리

029

소음으로부터 30[m] 떨어진 곳의 음압수준이 140[dB]이면 3,000[m] 떨어진 곳의 음의 강도는 얼마인가?

① 100[dB] ② 110[dB]
③ 120[dB] ④ 140[dB]

해설 두 거리 d_1, d_2에 따른 음의 변화
$dB_2 = dB_1 - 20\log\dfrac{d_2}{d_1} = 140 - 20\log\dfrac{3,000}{30} = 100[dB]$

관련개념 CHAPTER 06 작업환경 관리

030

다음 중 신호검출이론(SDT)에서 두 정규분포 곡선이 교차하는 부분에 판별기준이 놓였을 경우 Beta 값으로 옳은 것은?

① Beta=0 ② Beta<1
③ Beta=1 ④ Beta>1

해설 신호검출이론(SDT; Signal Detection Theory)
배경소음(Noise)이 신호검출에 미치는 영향에 관한 이론으로 기준점에서 두 곡선의 높이의 비(신호/소음)를 β라고 하며, 두 정규분포 곡선이 교차하는 부분에 판별기준이 놓였을 경우 $\beta=1$이다.

관련개념 CHAPTER 06 작업환경 관리

031

다음 중 생산설비의 보전작업의 종류와 그 설명이 옳지 않은 것은?

① 예방보전: 고장이 생기기 전에 주기적으로 실시하는 보전활동으로, 적정주기를 정하고 그 주기에 따라 수리·교환한다.
② 예비보전: 설계에서 폐기에 이르기까지 기계설비의 전 과정에서 소요되는 설비의 열화손실과 보전비용을 최소화하여 생산성을 향상시키는 보전방법을 말한다.
③ 일상보전: 설비의 열화를 방지하고 그 진행을 지연시켜 수명을 연장하기 위한 보전을 말한다.
④ 사후보전: 생산설비, 장치 또는 기기의 기능저하나 기능정지가 발생된 후에 보수나 교환을 하는 보전활동을 말한다.

해설 ②는 생산보전(PM; Productive Maintenance)에 관한 설명이다.

관련개념 CHAPTER 03 위험성 감소대책 수립·실행

| 정답 | 027 ② | 028 ② | 029 ① | 030 ③ | 031 ②

032

인체측정에 대한 설명으로 옳은 것은?

① 인체측정은 동적측정과 정적측정이 있다.
② 인체측정학은 인체의 생화학적 특징을 다룬다.
③ 자세에 따른 인체지수의 변화는 없다고 가정한다.
④ 측정항목에 무게, 둘레, 두께, 길이는 포함되지 않는다.

> **해설** 인체측정(계측)
> - 구조적 인체치수(정적측정): 표준 자세에서 움직이지 않는 피측정자를 인체 측정기로 측정하는 것으로 설계의 표준이 되는 기초적인 치수를 결정한다.
> - 기능적 인체치수(동적측정): 움직이는 몸의 자세로부터 측정하는 것으로 사람은 일상생활 중에 항상 몸을 움직이기 때문에 어떤 설계 문제에는 기능적 치수가 더 널리 사용된다.
>
> **관련개념** CHAPTER 06 작업환경 관리

033

비상구 출입문 설계 시, 가장 적합한 인체측정자료의 응용 원칙은?

① 조절식 설계
② 평균치를 이용한 설계
③ 최대치수를 이용한 설계
④ 최소치수를 이용한 설계

> **해설** 극단치 설계
> 특정한 설비를 설계할 때, 거의 모든 사람을 수용할 수 있도록 설계한다.
> - **최소치 설계**: 하위 백분위 수 기준 1, 5, 10[%tile]
>   예 선반의 높이, 조종장치까지의 거리 등
> - **최대치 설계**: 상위 백분위 수 기준 90, 95, 99[%tile]
>   예 문, 통로, 탈출구 등
>
> **관련개념** CHAPTER 06 작업환경 관리

034

손이나 특정 신체부위에 발생하는 누적손상장애(CTDs)의 발생인자와 가장 거리가 먼 것은?

① 무리한 힘
② 다습한 환경
③ 장시간의 진동
④ 반복도가 높은 작업

> **해설** 누적손상장애(CTDs) 발생원인
> 과도한 힘의 요구, 부적절한 작업자세, 장시간의 진동, 반복적인 동작 등
>
> **관련개념** CHAPTER 04 근골격계질환 예방관리

035

시스템 수명주기에 있어서 예비위험분석(PHA)이 이루어지는 단계에 해당하는 것은?

① 구상단계
② 점검단계
③ 운전단계
④ 생산단계

> **해설** 예비위험분석(PHA; Preliminary Hazards Analysis)
> 시스템 내의 위험요소가 얼마나 위험상태에 있는가를 평가하는 시스템안전 프로그램의 최초단계(**시스템 구상단계**)의 정성적인 분석 방식이다.
>
> **관련개념** CHAPTER 02 위험성 파악·결정

036

다음 중 FTA에 의한 재해사례 연구순서에서 가장 먼저 실시하여야 하는 사항은?

① FT도의 작성
② 개선계획의 작성
③ 톱(TOP)사상의 선정
④ 사상의 재해원인 규명

> **해설** FTA에 의한 재해사례 연구순서(D. R. Cheriton)
> **정상(Top)사상의 선정** → 각 사상의 재해원인 규명 → FT도의 작성 및 분석 → 개선계획의 작성
>
> **관련개념** CHAPTER 02 위험성 파악·결정

| 정답 | 032 ① | 033 ③ | 034 ② | 035 ① | 036 ③ |

037

의자설계의 인간공학적 원리로 틀린 것은?

① 쉽게 조절할 수 있도록 한다.
② 추간판의 압력을 줄일 수 있도록 한다.
③ 등근육의 정적 부하를 줄일 수 있도록 한다.
④ 고정된 자세로 장시간 유지할 수 있도록 한다.

해설 의자설계 시 고정된 자세가 장시간 유지되지 않도록 설계한다.

관련개념 **CHAPTER 06 작업환경 관리**

038

「산업안전보건법령」에 따라 제조업 등 유해위험방지계획서를 작성하고자 할 때 관련 규정에 따라 1명 이상 포함시켜야 하는 사람의 자격으로 적합하지 않은 것은?

① 한국산업안전보건공단이 실시하는 관련교육을 8시간 이수한 사람
② 기계, 재료, 화학, 전기, 전자, 안전관리 또는 환경분야 기술사 자격을 취득한 사람
③ 관련분야 기사 자격을 취득한 사람으로서 해당 분야에서 3년 이상 근무한 경력이 있는 사람
④ 기계안전, 전기안전, 화공안전분야의 산업안전지도사 또는 산업보건지도사 자격을 취득한 사람

해설 제조업 등 유해위험방지계획서 작성자

계획서를 작성할 때 다음의 자격을 갖춘 사람 또는 **공단이 실시하는 관련 교육을 20시간 이상 이수한 사람** 중 1명 이상을 포함시켜야 한다.
- 기계, 재료, 화학, 전기·전자, 안전관리 또는 환경분야 기술사 자격을 취득한 사람
- 기계안전·전기안전·화공안전분야의 산업안전지도사 또는 산업보건지도사 자격을 취득한 사람
- 관련분야 기사·산업기사 자격을 취득한 사람으로서 해당 분야에서 3년(산업기사는 5년) 이상 근무한 경력이 있는 사람

관련개념 **CHAPTER 02 위험성 파악·결정**

039

예비위험분석(PHA)에서 식별된 사고의 범주가 아닌 것은?

① 중대(Critical)
② 한계적(Marginal)
③ 파국적(Catastrophic)
④ 수용가능(Acceptable)

해설 PHA에 의한 위험등급

㉠ Class-1: 파국(Catastrophic)
㉡ Class-2: 중대(위기)(Critical)
㉢ Class-3: 한계적(Marginal)
㉣ Class-4: 무시가능(Negligible)

관련개념 **CHAPTER 02 위험성 파악·결정**

040

정량적 표시장치에 관한 설명으로 맞는 것은?

① 정확한 값을 읽어야 하는 경우 일반적으로 디지털보다 아날로그 표시장치가 유리하다.
② 동목(Moving Scale)형 아날로그 표시장치는 표시장치의 면적을 최소화할 수 있는 장점이 있다.
③ 연속적으로 변화하는 양을 나타내는 데에는 일반적으로 아날로그보다 디지털 표시장치가 유리하다.
④ 동침(Moving Pointer)형 아날로그 표시장치는 바늘의 진행 방향과 증감 속도에 대한 인식적인 암시 신호를 얻는 것이 불가능한 단점이 있다.

해설 동목(Moving Scale)형 표시장치는 표시장치의 공간을 적게 차지하는 이점이 있다.

오답해설
① 정확한 수치를 읽어야 하는 경우 디지털 표시장치가 더 유리하다.
③ 연속적으로 변화하는 양을 나타내는 데에는 아날로그 표시장치가 더 유리하다.
④ 동침형 아날로그 표시장치의 경우 지침의 위치가 일종의 인식상의 단서로 작용하는 이점이 있다.

관련개념 **CHAPTER 06 작업환경 관리**

기계 · 기구 및 설비 안전관리

041

연평균 500명의 근로자가 근무하는 사업장에서 지난 한 해 동안 20명의 재해자가 발생하였다. 만약 이 사업장에서 한 근로자가 평생 동안 작업을 한다면 약 몇 건의 재해를 당할 수 있겠는가?(단, 1인당 평생근로시간은 120,000시간으로 한다.)

① 4건 ② 7건
③ 1건 ④ 2건

해설

도수율 = $\frac{재해건수}{연근로시간수} \times 1,000,000$

= $\frac{20}{500 \times 2,400} \times 1,000,000 = 16.67$

환산도수율 = 도수율 × $\frac{평생근로시간 수}{1,000,000}$

= $16.67 \times \frac{120,000}{1,000,000} = 2.00$

따라서 한 작업자가 평생 동안 약 2건의 재해를 당할 수 있다.
※ 문제에서 연근로시간 수가 주어지지 않았으므로 1일 근로시간(8시간) × 1년(300일) = 2,400시간으로 산정한다.

관련개념 CHAPTER 02 기계분야 산업재해 조사 및 관리

042

「산업안전보건법령」상 롤러기의 방호장치 중 롤러의 앞면 표면속도가 30[m/min] 이상일 때 무부하 동작에서 급정지 거리는?

① 앞면 롤러 원주의 1/2.5 이내
② 앞면 롤러 원주의 1/3 이내
③ 앞면 롤러 원주의 1/3.5 이내
④ 앞면 롤러 원주의 1/5.5 이내

해설 롤러기의 급정지장치의 성능

앞면 롤러의 표면속도[m/min]	급정지거리
30 미만	앞면 롤러 원주의 $\frac{1}{3}$ 이내
30 이상	앞면 롤러 원주의 $\frac{1}{2.5}$ 이내

관련개념 CHAPTER 05 기타 산업용 기계 · 기구

043

인간이 기계 등의 취급을 잘못해도 그것이 바로 사고나 재해와 연결되는 일이 없는 기능을 의미하는 것은?

① Fail Safe ② Fail Active
③ Fail Operational ④ Fool Proof

해설 풀 프루프(Fool Proof)

근로자가 기계를 잘못 취급하여 불안전한 행동이나 실수를 하여도 기계설비의 안전기능이 작용하여 재해를 방지할 수 있는 기능이다.

관련개념 CHAPTER 01 기계공정의 안전, 기계안전시설 관리

044

다음 중 회전축, 커플링 등 회전하는 물체에 작업복 등이 말려드는 위험을 초래하는 위험점은?

① 협착점 ② 접선물림점
③ 절단점 ④ 회전말림점

해설 회전말림점(Trapping Point)

회전하는 물체의 길이, 굵기, 속도 등이 불규칙한 부위와 돌기 회전부위에 작업복 등이 말려드는 위험이 존재하는 점이다. 예 회전축, 드릴

관련개념 CHAPTER 01 기계공정의 안전, 기계안전시설 관리

045

「산업안전보건법령」상 프레스 및 전단기에서 안전블록을 사용해야 하는 작업으로 가장 거리가 먼 것은?

① 금형 가공작업 ② 금형 해체작업
③ 금형 부착작업 ④ 금형 조정작업

해설 프레스 등의 금형을 부착·해체 또는 조정하는 작업을 할 때에 해당 작업에 종사하는 근로자의 신체가 위험한계 내에 있는 경우 슬라이드가 갑자기 작동함으로써 근로자에게 발생할 우려가 있는 위험을 방지하기 위하여 안전블록을 사용하는 등 필요한 조치를 하여야 한다.

관련개념 CHAPTER 04 프레스 및 전단기의 안전

046

다음 중 용접 결함의 종류에 해당하지 않는 것은?

① 비드(Bead)
② 기공(Blow Hole)
③ 언더컷(Under Cut)
④ 용입불량(Incomplete Penetration)

해설 비드(Bead)는 용접작업에서 모재와 용접봉이 녹아서 생긴 가늘고 긴 파형의 띠이다.
용접 결함의 종류
언더컷, 오버랩, 기공, 스패터, 슬래그 섞임, 용입불량 등

관련개념 CHAPTER 05 기타 산업용 기계·기구

047

「산업안전보건법령」상 지게차의 최대하중의 2배 값이 6톤일 경우 헤드가드의 강도는 몇 톤의 등분포정하중에 견딜 수 있어야 하는가?

① 4
② 6
③ 8
④ 10

해설 헤드가드의 구비조건
- 강도는 지게차의 최대하중의 2배 값(4톤을 넘는 값에 대해서는 4톤)의 등분포정하중에 견딜 수 있을 것
- 상부틀의 각 개구의 폭 또는 길이가 16[cm] 미만일 것
- 운전자가 앉아서 조작하거나 서서 조작하는 지게차의 헤드가드는 한국산업표준에서 정하는 높이 기준 이상일 것(입승식: 1.88[m] 이상, 좌승식: 0.903[m] 이상)

관련개념 CHAPTER 06 운반기계 및 양중기

048

프레스기의 SPM(Stroke Per Minute)이 200이고, 클러치의 맞물림 개소 수가 6인 경우 양수기동식 방호장치의 안전거리는?

① 120[mm]
② 200[mm]
③ 320[mm]
④ 400[mm]

해설 양수기동식 방호장치의 안전거리

$$T_m = \left(\frac{1}{2} + \frac{1}{\text{클러치 개소 수}}\right) \times \frac{60}{\text{분당 행정수[SPM]}}$$
$$= \left(\frac{1}{2} + \frac{1}{6}\right) \times \frac{60}{200} = 0.2\text{초}$$

여기서, T_m: 누름버튼을 누른 때부터 슬라이드가 하사점에 도달할 때까지의 소요 최대시간[초]

$D_m = 1,600 \times T_m = 1,600 \times 0.2 = 320\text{[mm]}$

관련개념 CHAPTER 04 프레스 및 전단기의 안전

049

회전하는 부분의 접선방향으로 물려 들어갈 위험이 존재하는 점으로 주로 체인, 풀리, 벨트, 기어와 랙 등에서 형성되는 위험점은?

① 끼임점
② 물림점
③ 절단점
④ 접선물림점

해설 접선물림점(Tangential Nip Point)
회전하는 부분의 접선방향으로 물려 들어갈 위험이 존재하는 위험점이다.
예 풀리와 벨트, 체인과 스프라켓

관련개념 CHAPTER 01 기계공정의 안전, 기계안전시설 관리

050

초음파탐상법의 종류에 해당하지 않는 것은?

① 반사식
② 투과식
③ 공진식
④ 침투식

해설 초음파탐상법의 종류로는 투과법, 펄스반사법, 공진법 등이 있다.

관련개념 CHAPTER 07 설비진단 및 검사

051

다음 중 아세틸렌 용접장치에서 역화의 원인으로 가장 거리가 먼 것은?

① 아세틸렌의 공급 과다
② 토치 성능의 부실
③ 압력조정기의 고장
④ 토치 팁에 이물질이 묻은 경우

해설 아세틸렌의 공급 과다는 역화의 원인이 아니다. 산소의 공급이 과다할 경우 역화가 발생할 수 있다.

역화의 원인
- 토치 팁에 이물질이 묻은 경우
- 팁과 모재의 접촉
- 토치의 성능 불량
- 토치 팁의 과열
- 압력조정기의 고장

관련개념 CHAPTER 05 기타 산업용 기계·기구

052

연삭숫돌의 파괴원인으로 거리가 가장 먼 것은?

① 숫돌이 외부의 큰 충격을 받았을 때
② 숫돌의 회전속도가 너무 빠를 때
③ 숫돌 자체에 이미 균열이 있을 때
④ 플랜지 직경이 숫돌 직경의 $\frac{1}{3}$ 이상일 때

해설 플랜지 지름이 현저하게 작을 때(플랜지 지름은 숫돌 직경의 $\frac{1}{3}$ 이상인 것이 적당함) 연삭숫돌이 파괴된다.

연삭숫돌의 파괴 및 재해원인
- 숫돌에 균열이 있는 경우
- 숫돌이 고속으로 회전하는 경우
- 회전력이 결합력보다 큰 경우
- 무거운 물체가 충돌한 경우(외부의 큰 충격을 받은 경우)
- 숫돌의 측면을 일감으로써 심하게 가압했을 경우
- 베어링이 마모되어 진동을 일으키는 경우
- 플랜지 지름이 현저하게 작은 경우
- 회전중심이 잡히지 않은 경우

관련개념 CHAPTER 03 공작기계의 안전

053

어떤 양중기에서 3,000[kg]의 질량을 가진 물체를 한쪽이 45°인 각도로 그림과 같이 2개의 와이어로프로 직접 들어올릴 때, 안전율이 고려된 가장 적절한 와이어로프 지름을 표에서 구하는가?(단, 안전율은 「산업안전보건법령」을 따르고, 두 와이어로프의 지름은 동일하며, 기준을 만족하는 가장 작은 지름을 선정한다.)

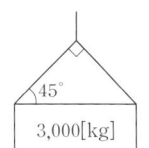

와이어로프 지름 및 절단강도

와이어로프 지름[mm]	절단강도[kN]
10	56
12	88
14	110
16	144

① 10[mm] ② 12[mm]
③ 14[mm] ④ 16[mm]

해설 와이어로프 하나에 걸리는 하중

$$T = \frac{\frac{w}{2}}{\cos\frac{\theta}{2}} = \frac{1,500}{\cos 45°} = 2,121[kg] = 20,790[N] = 20.79[kN]$$

여기서, w: 물체의 무게
θ: 와이어로프 상부의 각도

화물의 하중을 직접 지지하는 와이어로프의 경우 안전율은 5 이상이므로 $20.79 \times 5 = 103.95[kN]$ 이상의 절단강도를 가진 와이어로프 중 가장 작은 지름인 14[mm]가 가장 적절하다.

관련개념 CHAPTER 06 운반기계 및 양중기

054
다음 중 산업재해의 원인으로 간접적 원인에 해당되지 않는 것은?

① 기술적 원인
② 물적 원인
③ 관리적 원인
④ 교육적 원인

해설 물적 원인은 직접 원인에 해당한다.
산업재해의 간접 원인
- 기술적 원인
- 교육적 원인
- 신체적 원인
- 정신적 원인
- 관리적 원인

관련개념 CHAPTER 02 기계분야 산업재해 조사 및 관리

055
회전수가 300[rpm], 연삭숫돌의 지름이 200[mm]일 때 숫돌의 원주속도는 몇 [m/min]인가?

① 60.0
② 94.2
③ 150.0
④ 188.5

해설 숫돌의 원주속도
$$V = \frac{\pi DN}{1,000} = \frac{\pi \times 200 \times 300}{1,000} = 188.5[\text{m/min}]$$
여기서, D: 지름[mm]
N: 회전수[rpm]

관련개념 CHAPTER 03 공작기계의 안전

056
다음 중 지게차의 안정도에 관한 설명으로 틀린 것은?

① 지게차의 등판능력을 표시한다.
② 좌우 안정도와 전후 안정도가 있다.
③ 주행과 하역작업의 안정도가 다르다.
④ 작업 또는 주행 시 안정도 이하로 유지해야 한다.

해설 지게차 안정도는 수평지면의 길이에 대한 경사 높이로 나타낸다.

관련개념 CHAPTER 06 운반기계 및 양중기

057
양중기(승강기를 제외함)를 사용하여 작업하는 운전자 또는 작업자가 보기 쉬운 곳에 해당 양중기에 대해 표시하여야 할 내용이 아닌 것은?

① 정격하중
② 운전속도
③ 경고표시
④ 최대 인양높이

해설 양중기(승강기 제외) 및 달기구를 사용하여 작업하는 운전자 또는 작업자가 보기 쉬운 곳에 해당 기계의 **정격하중**(달기구는 정격하중만 표시), **운전속도**, **경고표시** 등을 부착하여야 한다.

관련개념 SUBJECT 06 건설공사 안전관리
CHAPTER 06 공사 및 작업 종류별 안전

058
NIOSH 지침에서 최대허용한계(MPL)는 활동한계(AL)의 몇 배인가?

① 1배
② 3배
③ 5배
④ 9배

해설 NIOSH Lifting Guideline에서 중량물 취급 시 감시기준(활동한계, AL)과 최대허용기준(MPL)의 관계식은 다음과 같다.
MPL=3AL

관련개념 SUBJECT 02 인간공학 및 위험성 평가·관리
CHAPTER 06 작업환경 관리

059

다음 중 롤러기의 급정지장치 설치방법으로 틀린 것은?

① 손조작식 급정지장치의 조작부는 밑면에서 1.8[m] 이내로 설치한다.
② 복부조작식 급정지장치 조작부는 밑면에서 0.8[m] 이상 1.1[m] 이내로 설치한다.
③ 무릎조작식 급정지장치 조작부는 밑면에서 0.8[m] 이내에 설치한다.
④ 급정지장치의 위치는 급정지장치의 조작부 중심점을 기준으로 한다.

해설 급정지장치 조작부의 위치

종류	설치위치
손조작식	밑면에서 1.8[m] 이내
복부조작식	밑면에서 0.8[m] 이상 1.1[m] 이내
무릎조작식	밑면에서 0.6[m] 이내

※ 위치는 급정지장치 조작부의 중심점을 기준으로 한다.

관련개념 CHAPTER 05 기타 산업용 기계·기구

060

방호장치의 설치목적과 가장 관계가 먼 것은?

① 가공물 등의 낙하에 의한 위험 방지
② 위험부위와 신체의 접촉 방지
③ 방음이나 집진
④ 주유나 검사의 편리성

해설 방호장치는 기계·기구에 의한 위험작업, 기타 작업에 의한 위험으로부터 근로자를 보호하기 위한 것으로 주유나 검사의 편리성은 방호장치의 설치목적과는 거리가 멀다.

관련개념 CHAPTER 01 기계공정의 안전, 기계안전시설 관리

전기설비 안전관리

061

내압방폭구조의 필요충분조건에 대한 사항으로 틀린 것은?

① 폭발화염이 외부로 유출되지 않을 것
② 습기침투에 대한 보호를 충분히 할 것
③ 내부에서 폭발할 경우 그 압력에 견딜 것
④ 외함의 표면온도가 외부의 폭발성 가스를 점화하지 않을 것

해설 내압방폭구조의 성능
- 내부에서 폭발할 경우 그 압력에 견딜 것
- 폭발화염이 외부로 유출되지 않을 것
- 외함 표면온도가 주위의 가연성 가스를 점화하지 않을 것

관련개념 CHAPTER 04 전기방폭관리

062

인체의 저항을 1,000[Ω]으로 볼 때 심실세동을 일으키는 전류에서의 전기에너지는 약 몇 [J]인가?(단, 심실세동전류는 $\frac{165}{\sqrt{T}}$[mA]이며, 통전시간 T는 1초, 전원은 정현파 교류이다.)

① 13.6 ② 27.2
③ 136.6 ④ 272.2

해설 $W = I^2RT = \left(\frac{165}{\sqrt{T}} \times 10^{-3}\right)^2 \times 1,000T$
$= (165^2 \times 10^{-6}) \times 1,000 = 27.2$[J]

여기서, W: 위험한에너지[J]
I: 심실세동전류[A]
R: 인체저항[Ω]
T: 통전시간[s]

관련개념 CHAPTER 02 감전재해 및 방지대책

정답 | 059 ③ 060 ④ 061 ② 062 ②

063

누전차단기의 구성요소가 아닌 것은?

① 누전검출부 ② 영상변류기
③ 차단장치   ④ 전력퓨즈

해설 누전차단기 구성요소
영상변류기, 누전검출부, 트립코일, 차단장치 및 시험버튼

관련개념 CHAPTER 02 감전재해 및 방지대책

064

감전쇼크에 의해 호흡이 정지되었을 경우 일반적으로 약 몇 분 이내에 응급처치를 개시하면 95[%] 정도를 소생시킬 수 있는가?

① 1분 이내   ② 3분 이내
③ 5분 이내   ④ 7분 이내

해설 단시간 내에 인공호흡 등 응급처치를 실시할 경우 감전사망자의 95[%] 이상 소생시킬 수 있다.(**1분 이내 95[%]**, 3분 이내 75[%], 4분 이내 50[%], 5분 이내이면 25[%]로 크게 감소)

관련개념 CHAPTER 02 감전재해 및 방지대책

065

고속형 누전차단기의 동작시간으로 옳은 것은?

① 정격감도전류에서 0.1초 이내
② 정격감도전류에서 0.3초 이내
③ 정격감도전류에서 0.01초 이내
④ 정격감도전류에서 0.03초 이내

해설 고속형 누전차단기의 동작시간은 정격감도전류에서 0.1초 이내이어야 한다.
감전보호용 누전차단기
정격감도전류 30[mA] 이하, 동작시간 0.03초 이내

관련개념 CHAPTER 02 감전재해 및 방지대책

066

대전서열을 올바르게 나열한 것은?(단, 왼쪽일수록 (+), 오른쪽일수록 (−)를 나타낸다.)

① 폴리에틸렌 − 셀룰로이드 − 염화비닐 − 테프론
② 셀룰로이드 − 폴리에틸렌 − 염화비닐 − 테프론
③ 염화비닐 − 폴리에틸렌 − 셀룰로이드 − 테프론
④ 테프론 − 셀룰로이드 − 염화비닐 − 폴리에틸렌

해설 대전서열은 물체가 서로 접촉되거나 마찰될 때 양(+)으로 대전되기 쉬운 물질을 앞에 두고, 음(−)으로 대전되기 쉬운 물질을 뒤로 하여 그 순서대로 나열한 것이다.

대전서열

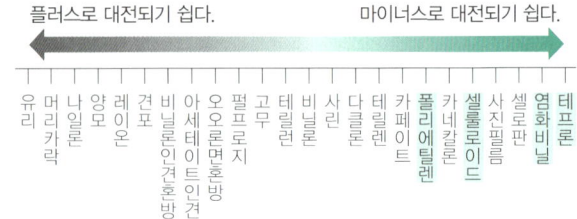

관련개념 CHAPTER 03 정전기 장·재해관리

067

전기화재의 원인이 아닌 것은?

① 단락 및 과부하   ② 절연불량
③ 기구의 구조불량   ④ 누전

해설 전기화재의 원인
- 단락(합선)
- 누전(지락)
- 과전류
- 스파크(Spark, 전기불꽃)
- 접촉부 과열
- 절연열화(탄화)에 의한 발열
- 낙뢰
- 정전기 스파크

관련개념 CHAPTER 05 전기설비 위험요인관리

068
온도 t[℃]에서 동선의 저항을 R_t, 온도의 계수를 a_t라 할 때 T[℃]에 있어서의 저항 R_T은 어떻게 구하는가?

① $R_t\{1+a_t(T-t)\}$
② $R_t\{a_t+234.5(t-T)\}$
③ $a_t\{1+R_t(T-t)\}$
④ $R_t\{1+a_t(T+t)\}$

해설 저항 온도 계수
모든 물질은 온도 변화에 따라 내부의 저항치가 변화하는데 저항기 역시 온도의 변화에 따라 저항치가 변화하며, 그 변화율을 저항 온도 계수라고 한다. 이때 온도와 저항의 관계식은 다음과 같다.
$R_T = R_t\{1+a_t(T-t)\}$

관련개념 CHAPTER 01 전기안전관리

069
전격의 위험을 결정하는 주된 인자로 가장 거리가 먼 것은?

① 통전전류
② 통전시간
③ 통전경로
④ 접촉전압

해설 접촉전압은 2차적 감전요소(간접적인 요인)이다.
감전재해의 요인
- 1차적 감전요소: 통전전류의 크기, 통전경로, 통전시간, 전원의 종류
- 2차적 감전요소: 인체의 조건(인체의 저항), 전압의 크기, 계절 등 주위 환경

관련개념 CHAPTER 02 감전재해 및 방지대책

070
「한국전기설비규정」에 따라 피뢰설비에서 외부피뢰시스템의 수뢰부시스템으로 적합하지 않은 것은?

① 돌침
② 수평도체
③ 그물망도체
④ 환상도체

해설 수뢰부시스템은 돌침, 수평도체, 그물망도체의 요소 중에 한 가지 또는 이를 조합한 형식으로 시설하여야 한다.

관련개념 CHAPTER 05 전기설비 위험요인관리

071
접지목적에 따른 종류에서 사용목적이 다른 것은?

① 피뢰용 접지: 낙뢰로부터 전기기기의 손상 방지
② 등전위 접지: 정전기의 축적에 의한 폭발 방지
③ 계통접지: 고·저압 전로 혼촉 시 감전 및 화재 방지
④ 기기접지: 누전이 되고 있는 기기 접촉 시 감전 방지

해설 접지의 목적에 따른 종류

접지의 종류	접지목적
계통접지	고압전로와 저압전로 혼촉 시 감전이나 화재 방지
기기접지	누전되고 있는 기기에 접촉되었을 때의 감전 방지
피뢰기접지 (낙뢰방지용 접지)	낙뢰로부터 전기기기의 손상 방지
정전기방지용 접지	정전기의 축적에 의한 폭발재해 방지
등전위 접지	병원에 있어서의 의료기기 사용 시의 안전 확보

관련개념 CHAPTRE 05 전기설비 위험요인관리

072
피뢰기의 설치장소가 아닌 것은?

① 저압을 공급받는 수용장소의 인입구
② 지중전선로와 가공전선로가 접속되는 곳
③ 특고압 가공전선로에 접속하는 배전용 변압기의 고압 측
④ 발전소 또는 변전소의 가공전선 인입구 및 인출구

해설 피뢰기의 설치장소
- 발전소·변전소 또는 이에 준하는 장소의 가공전선 인입구 및 인출구
- 특고압 가공전선로에 접속하는 배전용 변압기의 고압 측 및 특고압 측
- **고압 및 특고압의 가공전선로로부터 공급받는 수용장소의 인입구**
- 가공전선로와 지중전선로가 접속되는 곳

관련개념 CHAPTER 05 전기설비 위험요인관리

073

「산업안전보건기준에 관한 규칙」 제319조에 의한 정전전로에서의 정전작업을 마친 후 전원을 공급하는 경우에 사업주가 작업에 종사하는 근로자 및 전기기기와 접촉할 우려가 있는 근로자에게 감전의 위험이 없도록 준수해야 할 사항이 아닌 것은?

① 단락 접지기구 및 작업기구를 제거하고 전기기기 등이 안전하게 통전될 수 있는지 확인한다.
② 모든 작업자가 작업이 완료된 전기기기에서 떨어져 있는지 확인한다.
③ 잠금장치와 꼬리표를 근로자가 직접 설치한다.
④ 모든 이상 유무를 확인한 후 전기기기 등의 전원을 투입한다.

해설 정전작업을 마친 후 전원을 공급하는 경우에는 작업에 종사하는 근로자 또는 그 인근에서 작업하거나 정전된 전기기기 등(고정 설치된 것으로 한정)과 접촉할 우려가 있는 근로자에게 감전의 위험이 없도록 다음의 사항을 준수하여야 한다.
- 작업기구, 단락 접지기구 등을 제거하고 전기기기 등이 안전하게 통전될 수 있는지를 확인할 것
- 모든 작업자가 작업이 완료된 전기기기 등에서 떨어져 있는지를 확인할 것
- **잠금장치와 꼬리표는 설치한 근로자가 직접 철거할 것**
- 모든 이상 유무를 확인한 후 전기기기 등의 전원을 투입할 것

관련개념 CHAPTER 02 감전재해 및 방지대책

074

제전기의 종류가 아닌 것은?

① 전압인가식 제전기
② 정전식 제전기
③ 방사선식 제전기
④ 자기방전식 제전기

해설 제전기의 종류는 제전에 필요한 이온의 생성방법에 따라 전압인가식 제전기, 자기방전식 제전기, 방사선식 제전기가 있다.

관련개념 CHAPTER 03 정전기 장·재해관리

075

자동전격방지장치에 대한 설명으로 틀린 것은?

① 무부하 시 전력손실을 줄인다.
② 무부하 전압을 안전전압 이하로 저하시킨다.
③ 용접을 할 때에만 용접기의 주회로를 개로(OFF)시킨다.
④ 교류아크용접기의 안전장치로서 용접기의 1차 또는 2차 측에 부착한다.

해설 **자동전격방지장치**
용접봉의 조작에 따라 **용접을 할 때에만 용접기의 주회로를 폐로(ON)시키**고, 용접을 행하지 않을 때에는 용접기 주회로를 개로(OFF)시켜 용접기 출력 측의 무부하 전압을 25[V] 이하로 저하시켜 작업자가 용접봉과 모재 사이에 접촉함으로써 발생하는 감전의 위험을 방지하는 장치이다.

관련개념 CHAPTER 02 감전재해 및 방지대책

076

불활성화할 수 없는 탱크, 탱크로리 등에 위험물을 주입하는 배관은 정전기 재해방지를 위하여 배관 내 액체의 유속제한을 한다. 배관 내 유속제한에 대한 설명으로 틀린 것은?

① 물이나 기체를 혼합하는 비수용성 위험물의 배관 내 유속은 1[m/s] 이하로 할 것
② 저항률이 $10^{10}[\Omega \cdot cm]$ 미만의 도전성 위험물의 배관 내 유속은 7[m/s] 이하로 할 것
③ 저항률이 $10^{10}[\Omega \cdot cm]$ 이상인 위험물의 배관 내 유속은 관내경이 0.05[m]이면 3.5[m/s] 이하로 할 것
④ 이황화탄소 등과 같이 유동대전이 심하고 폭발 위험성이 높은 것은 배관 내 유속을 3[m/s] 이하로 할 것

해설 **배관 내 액체의 유속제한**
- 저항률 $10^{10}[\Omega \cdot cm]$ 미만인 도전성 위험물: 7[m/s] 이하
- 에테르, **이황화탄소 등과 같이 유동대전이 심하고 폭발 위험성이 높은 것: 1[m/s] 이하**
- 물이나 기체를 혼합한 비수용성 위험물: 1[m/s] 이하

관련개념 CHAPTER 03 정전기 장·재해관리

|정답| 073 ③ 074 ② 075 ③ 076 ④

077

인체의 저항을 500[Ω]이라 할 때 단상 440[V]의 회로에서 누전으로 인한 감전재해를 방지할 목적으로 설치하는 누전차단기의 규격은?

① 30[mA], 0.1초
② 30[mA], 0.03초
③ 50[mA], 0.1초
④ 50[mA], 0.3초

해설 감전보호용 누전차단기
- 정격감도전류 30[mA] 이하, 동작시간 0.03초 이내
- 정격부하전류가 50[A] 이상인 경우, 정격감도전류 200[mA] 이하, 동작시간 0.1초 이내

관련개념 CHAPTER 02 감전재해 및 방지대책

078

다음 중 감전예방을 위한 보호구의 종류에 속하지 않는 것은?

① 안전모
② 안전장갑
③ 절연시트
④ 안전화

해설 절연용 안전보호구의 종류
- 전기안전모(절연모)
- 절연고무장갑(절연장갑)
- 절연고무장화(절연장화)
- 절연복(절연상의 및 하의, 어깨받이 등) 및 절연화
- 도전성 작업복 및 작업화

관련개념 CHAPTER 02 감전재해 및 방지대책

079

방폭전기기기의 성능을 나타내는 기호표시 EX P Ⅱ A T5를 나타내었을 때 관계가 없는 표시 내용은?

① 온도등급
② 폭발성능
③ 방폭구조
④ 폭발등급

해설 방폭전기기기의 성능을 나타내는 기호표시는 방폭구조, 가스(폭발)등급, 온도등급 순으로 나타낸다.

관련개념 CHAPTER 04 전기방폭관리

080

정전작업 시 전원개폐기를 개방하고 검전기로 전선로를 검전하였더니 네온램프에 불이 점등되었다. 그 원인으로 옳은 것은?

① 유도전압이 발생되었다.
② 검전기가 고장이다.
③ 단락접지를 하였다.
④ 작업지휘자가 없었다.

해설 네온관식 검전기는 검전대상물과 대지 간의 전위차로 인해 네온관이 방전(네온램프 점등)하면서 발생한 유도전류를 통해 전류가 흐르고 있다는 것을 알 수 있다.

관련개념 CHAPTER 02 감전재해 및 방지대책

| 정답 | 077 ② | 078 ③ | 079 ② | 080 ① |

화학설비 안전관리

081
압축기와 송풍의 관로에 심한 공기의 맥동과 진동을 발생하면서 불안정한 운전이 되는 서징(Surging) 현상의 방지법으로 옳지 않은 것은?

① 풍량을 감소시킨다.
② 배관의 경사를 완만하게 한다.
③ 교축밸브를 기계에서 멀리 설치한다.
④ 토출가스를 흡입 측에 바이패스시키거나 방출밸브에 의해 대기로 방출시킨다.

해설 서징(Surging)을 예방하기 위해서는 교축밸브를 기계에서 가까이 설치하여야 한다.

관련개념 CHAPTER 04 화공 안전운전·점검

082
분진폭발의 특징에 관한 설명으로 옳은 것은?

① 가스폭발보다 발생에너지가 작다.
② 폭발압력과 연소속도는 가스폭발보다 크다.
③ 입자의 크기, 부유성 등이 분진폭발에 영향을 준다.
④ 불완전연소로 인한 가스중독의 위험성은 작다.

해설 분진폭발에 분진의 입경, 부유성, 표면적, 수분 농도 등이 영향을 준다.

분진폭발의 특징
- 가스폭발보다 발생에너지가 크다.
- 폭발압력과 연소속도는 가스폭발보다 작다.
- 불완전연소로 인한 가스중독의 위험성이 크다.
- 화염의 파급속도보다 압력의 파급속도가 빠르다.
- 가스폭발에 비하여 불완전연소가 많이 발생한다.
- 주위 분진에 의해 2차, 3차 폭발로 파급될 수 있다.

관련개념 CHAPTER 01 화재·폭발 검토

083
반응기를 조작방식에 따라 분류할 때 해당되지 않는 것은?

① 회분식 반응기
② 반회분식 반응기
③ 연속식 반응기
④ 관형 반응기

해설 관형 반응기는 구조에 따라 분류한 것이다.

반응기의 분류
- 조작방법에 따른 분류: 회분식 반응기, 반회분식 반응기, 연속식 반응기
- 구조에 따른 분류: 교반조형 반응기, 관형 반응기, 탑형 반응기, 유동층형 반응기

관련개념 CHAPTER 02 화학물질 안전관리 실행

084
「산업안전보건법령」에 따라 유해하거나 위험한 설비의 설치·이전 또는 주요 구조부분의 변경공사 시 공정안전보고서의 제출시기는 착공일 며칠 전까지 관련기관에 제출하여야 하는가?

① 15일
② 30일
③ 60일
④ 90일

해설 유해하거나 위험한 설비의 설치·이전 또는 주요 구조부분의 변경공사의 **착공일 30일 전까지** 공정안전보고서를 2부 작성하여 한국산업안전보건공단에 제출하여야 한다.

관련개념 CHAPTER 04 화공 안전운전·점검

085
특수화학설비를 설치할 때 내부의 이상 상태를 조기에 파악하기 위하여 필요한 계측장치로 가장 거리가 먼 것은?

① 압력계
② 유량계
③ 온도계
④ 비중계

해설 특수화학설비를 설치하는 경우에는 내부의 이상 상태를 조기에 파악하기 위하여 필요한 **온도계·유량계·압력계** 등의 계측장치를 설치하여야 한다.

관련개념 CHAPTER 02 화학물질 안전관리 실행

정답 | 081 ③ 082 ③ 083 ④ 084 ② 085 ④

086

비중이 1.5이고, 직경이 74[μm]인 분체가 종말속도 0.2[m/s]로 직경 6[m]인 사일로(silo)에서 질량유량 400[kg/h]로 흐를 때 평균농도는 약 얼마인가?

① 10.6[mg/L] ② 14.6[mg/L]
③ 19.6[mg/L] ④ 25.6[mg/L]

해설

- 질량유량 = 400[kg/h] = $\frac{400 \times 10^6}{60 \times 60}$[mg/s] = 111,000[mg/s]
- 체적유량 = 사일로의 단면적[m^2] × 분체의 종말속도[m/s]
  = $\frac{\pi \times 6^2}{4} \times 0.2 = 5.65$[m^3/s] = 5,650[L/s]
- 분체의 평균농도 = $\frac{질량유량}{체적유량} = \frac{111,000}{5,650} = 19.6$[mg/L]

※ 1[kg] = 10^6[mg], 1[m^3] = 10^3[L]이다.

관련개념 CHAPTER 02 화학물질 안전관리 실행

087

폭발하한계에 관한 설명으로 옳지 않은 것은?

① 폭발하한계에서 화염의 온도는 최저치로 된다.
② 폭발하한계에 있어서 산소는 연소하는 데 과잉으로 존재한다.
③ 화염이 하향전파인 경우 일반적으로 온도가 상승함에 따라 폭발하한계는 높아진다.
④ 폭발하한계는 혼합가스의 단위체적당의 발열량이 일정한 한계치에 도달하는 데 필요한 가연성 가스의 농도이다.

해설 기준이 되는 25[℃]에서 100[℃]씩 증가할 때마다 폭발하한계의 값이 8[%] 감소하며, 폭발상한은 8[%] 증가한다.

관련개념 CHAPTER 01 화재·폭발 검토

088

화염방지기의 설치에 관한 사항으로 ( )에 알맞은 것은?

> 사업주는 인화성 액체 및 인화성 가스를 저장·취급하는 화학설비에서 증기나 가스를 대기로 방출하는 경우에는 외부로부터의 화염을 방지하기 위하여 화염방지기를 그 설비 ( )에 설치하여야 한다.

① 상단 ② 하단
③ 중앙 ④ 무게중심

해설 화염방지기는 외부로부터의 화염을 방지하기 위하여 그 설비 **상단**에 설치하여야 한다.

관련개념 CHAPTER 04 화공 안전운전·점검

089

에틸알코올 1몰이 완전연소 시 생성되는 CO$_2$와 H$_2$O의 몰수로 옳은 것은?

① CO$_2$: 1, H$_2$O: 4
② CO$_2$: 2, H$_2$O: 3
③ CO$_2$: 3, H$_2$O: 2
④ CO$_2$: 4, H$_2$O: 1

해설 에틸알코올의 완전연소식

$C_2H_5OH + 3O_2 \rightarrow 2CO_2 + 3H_2O$
　1　：　3　　2　：　3

에틸알코올이 1몰 반응할 때 생성되는 CO$_2$는 2몰, H$_2$O는 3몰이다.

관련개념 CHAPTER 01 화재·폭발 검토

090

다음 중 물과 반응하여 아세틸렌을 발생시키는 물질은?

① Zn ② Mg
③ Al ④ CaC$_2$

해설 탄화칼슘(CaC$_2$, 카바이드)은 물과 반응하여 아세틸렌(C$_2$H$_2$)을 발생시킨다.

$CaC_2 + 2H_2O \rightarrow Ca(OH)_2 + C_2H_2 \uparrow$

관련개념 CHAPTER 02 화학물질 안전관리 실행

091

다음 중 폭발범위에 관한 설명으로 틀린 것은?

① 상한값과 하한값이 존재한다.
② 온도에 비례하지만 압력과는 무관하다.
③ 가연성 가스의 종류에 따라 각각 다른 값을 갖는다.
④ 공기와 혼합된 가연성 가스의 체적 농도로 나타낸다.

해설 압력은 폭발하한계에는 영향이 경미하나 폭발상한계에는 크게 영향을 준다. 보통 가스압력이 높아질수록 폭발범위는 넓어진다.

관련개념 CHAPTER 01 화재·폭발 검토

092

액화 프로판 310[kg]을 내용적 50[L] 용기에 충전할 때 필요한 소요용기의 수는 약 몇 개인가?(단, 액화 프로판의 가스 정수는 2.35이다.)

① 15
② 17
③ 19
④ 21

해설 액화가스의 부피 = 액화가스 무게[kg] × 가스 정수
= 310 × 2.35 = 728.5[L]

필요한 소요용기의 수 = $\dfrac{\text{액화가스의 부피}}{\text{소요용기의 내용적}} = \dfrac{728.5}{50} = 14.57$

따라서 필요한 소요용기는 15개이다.

관련개념 CHAPTER 02 화학물질 안전관리 실행

093

다음 중 퍼지(purge)의 종류에 해당하지 않는 것은?

① 압력퍼지
② 진공퍼지
③ 스위프퍼지
④ 가열퍼지

해설 불활성화(퍼지)의 종류
진공퍼지, 압력퍼지, 스위프퍼지, 사이폰퍼지 등

관련개념 CHAPTER 01 화재·폭발 검토

094

탱크 내부에서 작업 시 작업용구에 관한 설명으로 옳지 않은 것은?

① 유리라이닝을 한 탱크 내부에서는 줄사다리를 사용한다.
② 가연성 가스가 있는 경우 불꽃을 내기 어려운 금속을 사용한다.
③ 탱크 내부에 인화성 물질의 증기로 인한 폭발 위험이 우려되는 경우 방폭구조의 전기기계·기구를 사용한다.
④ 용접 절단 시에는 바람의 영향을 억제하기 위하여 환기장치의 설치를 제한한다.

해설 환기장치는 바람의 영향을 억제하기 위하여 설치하는 것이 아니라 용접 절단 작업 중에 발생할 수 있는 용접 흄, 유해가스 등의 물질 제거를 위해 설치하여야 한다.

관련개념 CHAPTER 02 화학물질 안전관리 실행

095

「산업안전보건기준에 관한 규칙」에서 규정하고 있는 급성 독성 물질의 정의에 해당되지 않는 것은?

① 가스 LC50(쥐, 4시간 흡입)이 2,500[ppm] 이하인 화학물질
② LD50(경구, 쥐)이 킬로그램당 300밀리그램 – (체중) 이하인 화학물질
③ LD50(경피, 쥐)이 킬로그램당 1,000밀리그램 – (체중) 이하인 화학물질
④ LD50(경피, 토끼)이 킬로그램당 2,000밀리그램 – (체중) 이하인 화학물질

해설 LD50(경피, 토끼 또는 쥐)이 [kg]당 1,000[mg] – (체중) 이하인 화학물질이 「산업안전보건법령」상 급성 독성 물질에 해당한다.

관련개념 CHAPTER 02 화학물질 안전관리 실행

096

물질안전보건자료를 작성할 때에 혼합물인 제품들이 해당 제품들을 대표하여 하나의 물질안전보건자료를 작성할 수 있는 충족요건 중 각 구성성분의 함유량 변화는 얼마 이하이어야 하는가?

① 5[%p]
② 10[%p]
③ 15[%p]
④ 30[%p]

해설 혼합물인 제품들이 다음의 각 요건을 충족하는 경우에는 해당 제품들을 대표하여 하나의 물질안전보건자료를 작성할 수 있다.
• 혼합물인 제품들의 구성성분이 같을 것
• 각 구성성분의 **함유량** 변화가 10[%p] 이하일 것
• 유사한 유해성을 가질 것

관련개념 CHAPTER 02 화학물질 안전관리 실행

097

다음 중 밀폐공간 내 작업 시의 조치사항으로 가장 거리가 먼 것은?

① 산소결핍이 우려되거나 유해가스 등의 농도가 높아서 폭발할 우려가 있는 경우는 진행 중인 작업에 방해되지 않도록 주의하면서 환기를 강화하여야 한다.
② 해당 작업장을 적정한 공기상태로 유지되도록 환기하여야 한다.
③ 해당 장소에 근로자를 입장시킬 때와 퇴장시킬 때에 각각 인원을 점검하여야 한다.
④ 해당 작업장과 외부의 감시인 사이에 상시 연락을 취할 수 있는 설비를 설치하여야 한다.

해설 밀폐공간에서 작업을 하는 경우에 산소결핍이나 유해가스로 인한 질식·화재·폭발 등의 우려가 있으면 즉시 작업을 중단시키고 해당 근로자를 대피하도록 하여야 한다.

관련개념 CHAPTER 01 화재·폭발 검토

098

제2종 분말소화약제의 주성분에 해당하는 것은?

① 탄산수소나트륨
② 탄산수소칼륨
③ 인산암모늄
④ 수산화암모늄

해설 분말소화약제의 분류
• 제1종 소화약제: 탄산수소나트륨($NaHCO_3$)
• **제2종 소화약제: 탄산수소칼륨**($KHCO_3$)
• 제3종 소화약제: 제1인산암모늄($NH_4H_2PO_4$)
• 제4종 소화약제: 탄산수소칼륨+요소($KHCO_3+(NH_2)_2CO$)

관련개념 CHAPTER 01 화재·폭발 검토

099

Li과 Na에 관한 설명으로 틀린 것은?

① 두 금속 모두 실온에서 자연발화의 위험성이 있으므로 알코올 속에 저장해야 한다.
② 두 금속은 물과 반응하여 수소기체를 발생한다.
③ Li은 비중 값이 물보다 작다.
④ Na는 은백색의 무른 금속이다.

해설 Li, Na 등의 알칼리금속은 물에 닿으면 격렬하게 반응하여 수소를 발생시키므로 보호액(석유) 속에 저장하여야 한다.

관련개념 CHAPTER 02 화학물질 안전관리 실행

100

할론소화약제 중 Halon 2402의 화학식으로 옳은 것은?

① $C_2F_4Br_2$
② $C_2H_4Br_2$
③ $C_2Br_4H_2$
④ $C_2Br_4F_2$

해설 2402는 구성 원소 중 C 2개, F 4개, Cl 0개, Br 2개, I 0개이다. 따라서 Halon 2402의 화학식은 $C_2F_4Br_2$이다.

관련개념 CHAPTER 01 화재·폭발 검토

건설공사 안전관리

101
비계와 벽이음의 조립간격으로 알맞게 짝지은 것은?

① 강관틀비계 – 수직방향으로 4[m] 이내
② 강관틀비계 – 수평방향으로 8[m] 이내
③ 틀비계(높이 5[m] 미만 제외) – 수직방향으로 5[m] 이내
④ 틀비계(높이 5[m] 미만 제외) – 수평방향으로 5[m] 이내

해설 강관틀비계에는 수직방향으로 6[m], **수평방향으로 8[m] 이내**마다 벽이음을 하여야 한다.

오답해설
틀비계(높이 5[m] 미만 제외)에는 수직방향으로 6[m], 수평방향으로 8[m] 이내마다 벽이음을 하여야 한다.

관련개념 CHAPTER 05 비계·거푸집 가시설 위험방지

102
유해위험방지계획서를 제출하려고 할 때 그 첨부서류와 가장 거리가 먼 것은?

① 공사개요서
② 산업안전보건관리비 작성요령
③ 전체 공정표
④ 재해 발생 위험 시 연락 및 대피방법

해설 건설공사 유해위험방지계획서 제출 시 첨부서류
- 공사개요서
- 공사현장의 주변 현황 및 주변과의 관계를 나타내는 도면(매설물 현황 포함)
- 전체 공정표
- 산업안전보건관리비 사용계획서
- 안전관리 조직표
- 재해발생 위험 시 연락 및 대피방법

관련개념 CHAPTER 02 건설공사 위험성

103
다음은 안전대와 관련된 설명이다. 아래 내용에 해당되는 용어로 옳은 것은?

> 로프 또는 레일 등과 같은 유연하거나 단단한 고정줄로서 추락발생 시 추락을 저지시키는 추락방지대를 지탱해 주는 줄모양의 부품

① 안전블록
② 수직구명줄
③ 죔줄
④ 보조죔줄

해설 수직구명줄이란 로프 또는 레일 등과 같은 유연하거나 단단한 고정줄로서 추락발생 시 추락을 저지시키는 추락방지대를 지탱해 주는 줄모양의 부품을 말한다.

오답해설
① 안전블록: 안전그네와 연결하여 추락발생 시 추락을 억제할 수 있는 자동잠김장치가 갖추어져 있고, 죔줄이 자동적으로 수축되는 장치를 말한다.
③ 죔줄: 벨트 또는 안전그네를 구명줄 또는 구조물 등 그 밖의 걸이설비와 연결하기 위한 줄모양의 부품을 말한다.
④ 보조죔줄: 안전대를 U자걸이로 사용할 때 U자걸이를 위해 훅 또는 카라비너를 지탱벨트의 D링에 걸거나 떼어낼 때 잘못하여 추락하는 것을 방지하기 위한 링과 걸이설비 연결에 사용하는 훅 또는 카라비너를 갖춘 줄모양의 부품을 말한다.

관련개념 CHAPTER 04 건설현장 안전시설 관리

104
지면보다 낮은 땅을 파는 데 적합하고 수중굴착도 가능한 굴착기계는?

① 백호우
② 파워서블
③ 가이데릭
④ 파일드라이버

해설 백호우(Back Hoe)
- 기계가 설치된 지면보다 낮은 곳을 굴착하는 데 적합하다.
- 단단한 토질의 굴착 및 수중굴착도 가능하다.
- 굴착된 구멍이나 도랑의 굴착면의 마무리가 비교적 깨끗하고 정확하여 배관작업 등에 편리하다.

관련개념 CHAPTER 04 건설현장 안전시설 관리

105

달비계 설치 시 와이어로프를 사용할 때 사용가능한 와이어로프의 조건은?

① 지름의 감소가 공칭지름의 8[%]인 것
② 이음매가 없는 것
③ 심하게 변형되거나 부식된 것
④ 와이어로프의 한 꼬임에서 끊어진 소선의 수가 10[%]인 것

해설 달비계 설치 시 이음매가 없는 와이어로프는 사용가능하다.
달비계 와이어로프의 사용금지 조건
- 이음매가 있는 것
- 와이어로프의 한 꼬임(Strand)에서 끊어진 소선의 수가 10[%] 이상인 것
- 지름의 감소가 공칭지름의 7[%]를 초과하는 것
- 꼬인 것
- 심하게 변형되거나 부식된 것
- 열과 전기충격에 의해 손상된 것

관련개념 CHAPTER 05 비계·거푸집 가시설 위험방지

106

「산업안전보건법령」상 양중기에 해당하지 않는 것은?

① 어스드릴 ② 크레인
③ 리프트   ④ 곤돌라

해설 어스드릴은 차량계 건설기계에 해당한다.
양중기의 종류
- 크레인(호이스트(Hoist) 포함)
- 이동식 크레인
- 리프트(이삿짐운반용 리프트의 경우에는 적재하중이 0.1톤 이상인 것으로 한정)
- 곤돌라
- 승강기

관련개념 CHAPTER 06 공사 및 작업 종류별 안전

107

함수량이 매우 높은 액체상태의 흙이 건조되어 가면서 거치는 4가지 상태(액성상태, 소성상태, 반고체상태, 고체상태)의 변화하는 한계지점의 함수비를 뜻하는 용어로 알맞은 것은?

① 애터버그 한계   ② 압밀
③ 예민비   ④ 동상현상

해설 애터버그 한계(Atterberg Limits)
흙은 함수비에 따라서 고체, 반고체, 소성, 액체 등의 네 가지 상태로 존재하며, 각 상태마다 흙의 연경도와 거동이 달라진다. 각각 상태 사이에 경계는 흙의 거동변화에 수축한계, 소성한계, 액성한계로 구분한다.

관련개념 CHAPTER 02 건설공사 위험성

108

작업장으로 통하는 장소 또는 작업장 내에 근로자가 사용할 통로설치에 대한 준수사항 중 다음 (   ) 안에 알맞은 내용은?

- 통로의 주요 부분에는 통로표시를 하고, 근로자가 안전하게 통행할 수 있도록 하여야 한다.
- 통로면으로부터 높이 (   )[m] 이내에는 장애물이 없도록 하여야 한다.

① 1   ② 1.5
③ 2   ④ 3

해설 통로의 설치기준
- 작업장으로 통하는 장소 또는 작업장 내에 근로자가 사용할 안전한 통로를 설치하고 항상 사용할 수 있는 상태로 유지하여야 한다.
- 통로의 주요 부분에 통로표시를 하고, 근로자가 안전하게 통행할 수 있도록 하여야 한다.
- 통로면으로부터 **높이 2[m] 이내**에는 장애물이 없도록 하여야 한다.

관련개념 CHAPTER 05 비계·거푸집 가시설 위험방지

109

공정률이 65[%]인 건설현장의 경우 공사 진척에 따른 산업안전보건관리비의 최소 사용기준으로 옳은 것은?(단, 공정률은 기성공정률을 기준으로 한다.)

① 40[%] 이상
② 50[%] 이상
③ 60[%] 이상
④ 70[%] 이상

해설 공사진척에 따른 산업안전보건관리비 사용기준

공정률[%]	50 이상 70 미만	70 이상 90 미만	90 이상
사용기준[%]	50 이상	70 이상	90 이상

관련개념 CHAPTER 03 건설업 산업안전보건관리비 관리

110

버팀보, 앵커 등의 축하중 변화상태를 측정하여 이들 부재의 지지효과 및 그 변화 추이를 파악하는 데 사용되는 계측기기는?

① Water Level Meter
② Load Cell
③ Piezo Meter
④ Strain Gauge

해설 하중계(Load Cell)는 스트러트, 어스앵커에 설치하여 축하중 측정으로 부재의 안전성 여부를 판단하는 계측기기이다.

오답해설
① 지하수위계(Water Level Meter): 굴착에 따른 지하수위 변동을 측정한다.
③ 간극수압계(Piezo Meter): 굴착, 성토에 의한 간극수압의 변화를 측정한다.
④ 변형률계(Strain Gauge): 스트러트, 띠장 등에 부착하여 굴착작업 시 구조물의 변형을 측정한다.

관련개념 CHAPTER 05 비계·거푸집 가시설 위험방지

111

다음은 통나무비계를 조립하는 경우의 준수사항에 대한 내용이다. ( ) 안에 알맞은 내용을 고르면?

> 통나무비계는 지상높이 (㉠) 이하 또는 (㉡)[m] 이하인 건축물·공작물 등의 건조·해체 및 조립 등의 작업에만 사용할 수 있다.

① ㉠: 4층, ㉡: 12
② ㉠: 4층, ㉡: 15
③ ㉠: 6층, ㉡: 12
④ ㉠: 7층, ㉡: 12

해설
※「산업안전보건기준에 관한 규칙」이 개정됨에 따라 '통나무비계의 구조'에 대한 내용은 삭제되었습니다.

관련개념 CHAPTER 05 비계·거푸집 가시설 위험방지

112

건설현장에서 근로자의 추락재해를 예방하기 위한 안전난간을 설치하는 경우 그 구성요소와 거리가 먼 것은?

① 상부난간대
② 중간난간대
③ 사다리
④ 발끝막이판

해설 안전난간은 상부난간대, 중간난간대, 발끝막이판 및 난간기둥으로 구성하여야 한다.

관련개념 CHAPTER 04 건설현장 안전시설 관리

정답 109 ② 110 ② 111 정답없음 112 ③

113

사다리식 통로의 길이가 10[m] 이상일 때 얼마 이내마다 계단참을 설치하여야 하는가?

① 3[m] 이내마다 ② 4[m] 이내마다
③ 5[m] 이내마다 ④ 6[m] 이내마다

해설 사다리식 통로의 길이가 10[m] 이상인 경우에는 5[m] 이내마다 계단참을 설치하여야 한다.

관련개념 CHAPTER 05 비계·거푸집 가시설 위험방지

114

다음 (　) 안에 알맞은 내용은?

> 동바리로 사용하는 파이프서포트의 높이가 (　　)[m]를 초과하는 경우에는 높이 2[m] 이내마다 수평연결재를 2개 방향으로 만들고 수평연결재의 변위를 방지할 것

① 3　　② 3.5
③ 4　　④ 4.5

해설 동바리로 사용하는 파이프서포트의 높이가 **3.5[m]**를 초과하는 경우에는 높이 2[m] 이내마다 수평연결재를 2개 방향으로 만들고 수평연결재의 변위를 방지하여야 한다.

관련개념 CHAPTER 05 비계·거푸집 가시설 위험방지

115

굴착면의 기울기 기준으로 옳지 않은 것은?

① 모래 − 1 : 1.2
② 연암 − 1 : 1.0
③ 풍화암 − 1 : 1.0
④ 경암 − 1 : 0.5

해설 굴착면의 기울기 기준

지반의 종류	굴착면의 기울기
모래	1 : 1.8
연암 및 풍화암	1 : 1.0
경암	1 : 0.5
그 밖의 흙	1 : 1.2

관련개념 CHAPTER 02 건설공사 위험성

116

항타기 및 항발기에 관한 설명으로 옳지 않은 것은?

① 무너짐 방지를 위해 시설 또는 가설물 등에 설치하는 때에는 그 내력을 확인하고 내력이 부족하면 그 내력을 보강해야 한다.
② 와이어로프의 한 꼬임에서 끊어진 소선(필러선을 제외함)의 수가 10[%] 이상인 것은 권상용 와이어로프로 사용을 금한다.
③ 지름 감소가 공칭지름의 7[%]를 초과하는 것은 권상용 와이어로프로 사용을 금한다.
④ 권상용 와이어로프의 안전계수가 4 이상이 아니면 이를 사용하여서는 아니 된다.

해설 항타기 또는 항발기에 사용하는 권상용 와이어로프의 안전계수가 5 이상이 아니면 이를 사용하여서는 아니 된다.

관련개념 CHAPTER 04 건설현장 안전시설 관리

117

안전대의 종류는 사용구분에 따라 벨트식과 안전그네식으로 구분되는데, 이 중 안전그네식에만 적용하는 것으로 나열한 것은?

① 추락방지대, 안전블록
② 1개걸이용, U자걸이용
③ 1개걸이용, 추락방지대
④ U자걸이용, 안전블록

해설 안전대의 종류 및 사용구분

종류	사용구분
벨트식, 안전그네식	1개걸이용
	U자걸이용
안전그네식	추락방지대
	안전블록

관련개념 CHAPTER 04 건설현장 안전시설 관리

118

이동식비계 조립 및 사용 시 준수사항으로 옳지 않은 것은?

① 비계의 최상부에서 작업을 하는 경우에는 안전난간을 설치할 것
② 승강용사다리는 견고하게 설치할 것
③ 작업발판은 항상 수평을 유지하고 작업발판 위에서 작업을 위한 거리가 부족할 경우 사다리를 사용할 것
④ 작업발판의 최대적재하중은 250[kg]을 초과하지 않도록 할 것

해설 이동식비계 작업발판은 항상 수평을 유지하고 작업발판 위에서 안전난간을 딛고 작업을 하거나 받침대 또는 사다리를 사용하여 작업하지 않도록 하여야 한다.

관련개념 CHAPTER 05 비계·거푸집 가시설 위험방지

119

화물자동차에 짐을 싣는 작업 또는 내리는 작업을 하는 경우에는 근로자의 추가 위험을 방지하기 위하여 해당 작업에 종사하는 근로자가 바닥과 적재함의 짐 윗면 간을 안전하게 오르내리기 위한 설비를 설치하는 조건은 바닥으로부터 짐 윗면과의 높이가 몇 [m] 이상인가?

① 2[m]　　② 4[m]
③ 6[m]　　④ 8[m]

해설 사업주는 바닥으로부터 짐 윗면까지의 높이가 2[m] 이상인 화물자동차에 짐을 싣는 작업 또는 내리는 작업을 하는 경우에는 근로자의 추가 위험을 방지하기 위하여 해당 작업에 종사하는 근로자가 바닥과 적재함의 짐 윗면 간을 안전하게 오르내리기 위한 설비를 설치하여야 한다.

관련개념 CHAPTER 06 공사 및 작업 종류별 안전

120

철골작업 시 기상조건에 따라 안전상 작업을 중지하여야 하는 경우에 해당되는 기준으로 옳은 것은?

① 강우량이 시간당 5[mm] 이상인 경우
② 강우량이 시간당 10[mm] 이상인 경우
③ 풍속이 초당 10[m] 이상인 경우
④ 강설량이 시간당 20[mm] 이상인 경우

해설 철골작업 시 작업의 제한기준

구분	내용
강풍	풍속이 10[m/s] 이상인 경우
강우	강우량이 1[mm/h] 이상인 경우
강설	강설량이 1[cm/h] 이상인 경우

관련개념 CHAPTER 06 공사 및 작업 종류별 안전

2024년 3회 CBT 복원문제

자동 채점

산업재해 예방 및 안전보건교육

001
참가자가 다수인 경우에 전원을 토의에 참가시키기 위한 방법으로 소집단을 구성하여 회의를 진행시키며 6−6회의라고도 하는 것은?
① 포럼(Forum)
② 심포지엄(Symposium)
③ 버즈세션(Buzz session)
④ 패널 디스커션(Panel discussion)

해설 버즈세션(Buzz Session)
6−6회의라고도 하며, 먼저 사회자와 기록계를 선출한 후 나머지 사람은 6명씩의 소집단으로 구분하고, 소집단별로 각각 사회자를 선발하여 6분씩 자유토의를 행하여 의견을 종합하는 방법이다.

관련개념 CHAPTER 05 안전보건교육의 내용 및 방법

002
안전교육방법 중 학습자가 이미 설명을 듣거나 시범을 보고 알게 된 지식이나 기능을 강사의 감독 아래 직접적으로 연습하여 적용할 수 있도록 하는 교육방법은?
① 모의법   ② 토의법
③ 실연법   ④ 반복법

해설 실연법
학습자가 이미 설명을 듣거나 시범을 보고 알게 된 지식이나 기능을 강사의 감독 아래 직접적으로 연습시켜 적용해 보게 하는 교육방법이다. 다른 방법보다 교사 대 학습자의 비가 높다.

관련개념 CHAPTER 05 안전보건교육의 내용 및 방법

003
매슬로우(Maslow)의 욕구단계이론 중 자기의 잠재력을 최대한 살리고 자기가 하고 싶었던 일을 실현하려는 인간의 욕구에 해당하는 것은?
① 생리적 욕구   ② 사회적 욕구
③ 자아실현의 욕구   ④ 안전의 욕구

해설 자아실현의 욕구(제5단계)는 잠재적인 능력을 실현하고자 하는 욕구(성취욕구)이다.

관련개념 CHAPTER 04 인간의 행동과학

004
하인리히의 재해코스트 평가방식 중 직접비에 해당하지 않는 것은?
① 산재보상비   ② 치료비
③ 간호비   ④ 생산손실

해설 생산손실에 의한 재해비용은 간접비에 해당한다.
간접비
• 인적손실: 본인 및 제3자에 관한 것을 포함한 시간손실
• 물적손실: 기계, 공구, 재료, 시설의 복구에 소비된 시간손실 및 재산손실
• 생산손실: 생산감소, 생산중단, 판매감소 등에 의한 손실
• 특수손실
• 기타손실

관련개념 SUBJECT 03 기계·기구 및 설비 안전관리
CHAPTER 02 기계분야 산업재해 조사 및 관리

| 정답 | 001 ③ 002 ③ 003 ③ 004 ④

005

Off JT(Off the Job Training)의 특징으로 옳은 것은?

① 훈련에만 전념할 수 있다.
② 상호신뢰 및 이해도가 높아진다.
③ 개개인에게 적절한 지도훈련이 가능하다.
④ 직장의 실정에 맞게 실제적 훈련이 가능하다.

해설 Off JT(직장 외 교육훈련)
계층별 직능별로 공통된 교육대상자를 현장 이외의 한 장소에 모아 집합교육을 실시하는 교육형태로 집단교육에 적합하다.
- 다수의 근로자에게 조직적 훈련을 행하는 것이 가능하다.
- **훈련에만 전념할 수 있다.**
- 외부의 전문가를 강사로 초청하는 것이 가능하다.
- 특별교재·교구 및 설비를 사용하는 것이 가능하다.

관련개념 CHAPTER 05 안전보건교육의 내용 및 방법

006

재해손실비를 다음과 같이 산정한 것은 어느 방식인가?

> 총 재해코스트 = 보험코스트 + 비보험코스트

① 하인리히 방식
② 버드의 방식
③ 시몬즈 방식
④ 콤패스 방식

해설 재해손실비 산정 방식
- 하인리히 방식: 총 재해코스트 = 직접비 + 간접비
- **시몬즈 방식: 총 재해코스트 = 보험코스트 + 비보험코스트**
- 버드의 방식: 총 재해코스트 = 보험비 + 비보험비 + 비보험 기타비용
- 콤패스 방식: 총 재해코스트 = 공동비용비 + 개별비용비

관련개념 SUBJECT 03 기계·기구 및 설비 안전관리
CHAPTER 02 기계분야 산업재해 조사 및 관리

007

「산업안전보건법령」상 사업 내 안전보건교육의 교육시간에 관한 설명으로 옳은 것은?

① 일용근로자의 작업내용 변경 시의 교육은 2시간 이상이다.
② 사무직에 종사하는 근로자의 정기교육은 매반기 6시간 이상이다.
③ 일용근로자 및 근로계약기간이 1개월 이하인 기간제근로자를 제외한 근로자의 채용 시 교육은 4시간 이상이다.
④ 관리감독자의 지위에 있는 사람의 정기교육은 연간 8시간 이상이다.

해설 근로자 안전보건교육 교육과정별 교육시간

교육과정	교육대상		교육시간
정기교육	사무직 종사 근로자		매반기 6시간 이상
	그 밖의 근로자	판매업무에 직접 종사하는 근로자	매반기 6시간 이상
		판매업무에 직접 종사하는 근로자 외의 근로자	매반기 12시간 이상
	관리감독자의 지위에 있는 사람		연간 16시간 이상
채용 시 교육	일용근로자 및 근로계약기간이 1주일 이하인 기간제근로자		1시간 이상
	근로계약기간이 1주일 초과 1개월 이하인 기간제근로자		4시간 이상
	그 밖의 근로자		8시간 이상
작업내용 변경 시 교육	일용근로자 및 근로계약기간이 1주일 이하인 기간제근로자		1시간 이상
	그 밖의 근로자		2시간 이상

오답해설
④ 관리감독자의 정기교육시간은 연간 16시간 이상이다.

관련개념 CHAPTER 05 안전보건교육의 내용 및 방법

008

「산업안전보건법령」상 근로자에 대한 일반건강진단의 실시 시기 기준으로 옳은 것은?

① 사무직에 종사하는 근로자: 1년에 1회 이상
② 사무직에 종사하는 근로자: 2년에 1회 이상
③ 사무직 외의 업무에 종사하는 근로자: 6월에 1회 이상
④ 사무직 외의 업무에 종사하는 근로자: 2년에 1회 이상

해설 일반건강진단의 주기
- 사무직에 종사하는 근로자: 2년에 1회 이상
- 그 밖의 근로자: 1년에 1회 이상

관련개념 CHAPTER 01 산업재해예방 계획 수립

009

하인리히 재해구성비율 중 무상해사고가 600건이라면 사망 또는 중상 발생건수는?

① 1
② 2
③ 29
④ 58

해설 하인리히의 재해구성비율
중상 또는 사망 : 경상 : 무상해사고＝1 : 29 : 300
중상 또는 사망 : 무상해사고＝1 : 300이므로
중상 또는 사망＝$600 \times \frac{1}{300}$＝2건

관련개념 CHAPTER 01 산업재해예방 계획 수립

010

방진마스크의 사용 조건 중 산소농도의 최소기준으로 옳은 것은?

① 16[%]
② 18[%]
③ 21[%]
④ 23.5[%]

해설 방진마스크는 산소농도 18[%] 이상인 장소에서 사용하여야 한다.

관련개념 CHAPTER 02 안전보호구 관리

011

다음 중 허즈버그(Herzberg)의 일을 통한 동기부여 원칙으로 잘못된 것은?

① 새롭고 어려운 업무의 부여
② 교육을 통한 간접적 정보제공
③ 자기과업을 위한 작업자의 책임감 증대
④ 작업자에게 불필요한 통제를 배제

해설 교육을 통한 간접적 정보제공은 성취감, 인정, 책임, 직무를 통한 자기개발과 발전 등과 같은 일을 통한 동기부여 원칙과는 관련이 없다.
동기요인(Motivation)
책임감, 성취, 인정, 개인발전 등 일 자체에서 오는 심리적 욕구로 충족될 경우 조직의 성과가 향상되며 충족되지 않아도 성과가 떨어지지 않는다.

관련개념 CHAPTER 04 인간의 행동과학

012

산소결핍이 예상되는 맨홀 내에서 작업을 실시할 때의 사고 방지 대책으로 적절하지 않은 것은?

① 작업시작 전 및 작업 중 충분한 환기 실시
② 작업 장소의 입장 및 퇴장 시 인원점검
③ 방진마스크의 보급과 착용 철저
④ 작업장과 외부와의 상시 연락을 위한 설비 설치

해설 산소결핍이 예상되는 장소에서 작업을 실시할 때에는 방진마스크가 아닌 송기마스크를 보급·착용하여야 한다.

관련개념 CHAPTER 02 안전보호구 관리

013

「산업안전보건법」상 산업안전보건위원회의 사용자위원 구성원이 아닌 것은?(단, 각 사업장은 해당하는 사람을 선임하여야 하는 대상 사업장으로 한다.)

① 안전관리자 ② 보건관리자
③ 산업보건의 ④ 명예산업안전감독관

해설 명예산업안전감독관은 근로자위원에 해당한다.
산업안전보건위원회 사용자위원
- 해당 사업의 대표자
- 안전관리자
- 보건관리자
- 산업보건의
- 해당 사업의 대표자가 지명하는 9명 이내의 해당 사업장 부서의 장

관련개념 CHAPTER 01 산업재해예방 계획 수립

014

하인리히의 재해발생과 관련한 도미노 이론으로 설명되는 안전관리의 핵심단계에 해당되는 요소는?

① 외부 환경 ② 개인적 성향
③ 재해 및 상해 ④ 불안전한 상태 및 행동

해설 하인리히의 도미노 이론에서 3단계(직접 원인)인 불안전한 행동과 불안전한 상태를 제거하면 사고와 재해로 이어지지 않는다.

관련개념 CHAPTER 01 산업재해예방 계획 수립

015

다음 중 안전인증대상 안전모의 성능기준 항목이 아닌 것은?

① 내열성 ② 턱끈풀림
③ 내관통성 ④ 충격흡수성

해설 안전인증대상 안전모의 시험성능기준

항목	시험성능기준
내관통성	AE, ABE종 안전모는 관통거리가 9.5[mm] 이하이고, AB종 안전모는 관통거리가 11.1[mm] 이하이어야 한다.
충격흡수성	최고전달충격력이 4,450[N]을 초과해서는 안 되며, 모체와 착장체의 기능이 상실되지 않아야 한다.
내전압성	AE, ABE종 안전모는 교류 20[kV]에서 1분간 절연파괴 없이 견뎌야 하고, 이때 누설되는 충전전류는 10[mA] 이하이어야 한다.
내수성	AE, ABE종 안전모는 질량 증가율이 1[%] 미만이어야 한다.
난연성	모체가 불꽃을 내며 5초 이상 연소되지 않아야 한다.
턱끈풀림	150[N] 이상 250[N] 이하에서 턱끈이 풀려야 한다.

관련개념 CHAPTER 02 안전보호구 관리

016

다음 중 피로검사 방법에 있어 심리적인 방법의 검사 항목에 해당하는 것은?

① 호흡순환기능 ② 연속반응시간
③ 대뇌피질 활동 ④ 혈색소 농도

해설 호흡순환기능과 대뇌피질 활동은 생리학적 방법, 혈색소 농도는 생화학적 방법에 해당한다.
피로의 심리학적 측정방법
피부저항, 동작분석, 연속반응시간, 집중력 등

관련개념 CHAPTER 04 인간의 행동과학

017

위험예지훈련 중 작업현장에서 그때 그 장소의 상황에 즉응하여 실시하는 것은?

① 자문자답 위험예지훈련
② TBM 위험예지훈련
③ 시나리오 역할연기훈련
④ 1인 위험예지훈련

해설 TBM(Tool Box Meeting) 위험예지훈련
작업 개시 전 또는 종료 후, 10명 이하의 작업원이 리더를 중심으로 둘러앉아(또는 서서) 10분 내외에 걸쳐 작업 중 발생할 수 있는 위험을 예측하고 사전에 점검하여 대책을 수립하는 등 단시간 내에 의논하는 문제해결 기법이다. 작업 현장에서 상황에 맞추어 실시할 수 있는 장점이 있다.

관련개념 CHAPTER 01 산업재해예방 계획 수립

018

「산업안전보건법령」상 사업장에서 중대재해가 발생한 사실을 알게 된 경우 관할 지방고용노동관서의 장에게 보고하여야 하는 시기는?

① 지체 없이
② 12시간 이내
③ 24시간 이내
④ 48시간 이내

해설 중대재해 발생 보고
사업주는 중대재해가 발생한 사실을 알게 된 경우에는 **지체 없이** 다음의 사항을 관할 지방고용노동관서의 장에게 전화·팩스 또는 그 밖에 적절한 방법으로 보고하여야 한다.
- 발생 개요 및 피해 상황
- 조치 및 전망
- 그 밖의 중요한 사항

관련개념 SUBJECT 03 기계·기구 및 설비 안전관리
CHAPTER 02 기계분야 산업재해 조사 및 관리

019

강도율에 관한 설명 중 틀린 것은?

① 사망 및 영구 전노동 불능(신체장해등급 1~3급)의 근로손실일수는 7,500일로 환산한다.
② 신체장해등급 중 14급은 근로손실일수를 50일로 환산한다.
③ 영구 일부노동 불능은 신체장해등급에 따른 근로손실일수에 300/365를 곱하여 환산한다.
④ 일시 전노동 불능은 휴업일수에 300/365를 곱하여 근로손실일수를 환산한다.

해설 영구 일부노동 불능은 신체장해등급 4~14급에 해당한다. 근로손실로 근로손실일수 계산을 하는 경우에 장해등급별 근로손실일수를 적용하고, 사망 및 장해판정 이전의 입원, 치료 등 요양 및 작업 제한으로 인한 손실일은 중복 산입하지 않는다.

관련개념 SUBJECT 03 기계·기구 및 설비 안전관리
CHAPTER 02 기계분야 산업재해 조사 및 관리

020

적성배치에 있어서 고려되어야 할 기본사항에 해당하지 않는 것은?

① 적성검사를 실시하여 개인의 능력을 파악한다.
② 직무평가를 통하여 자격수준을 정한다.
③ 주관적인 감정 요소에 따른다.
④ 인사관리의 기준원칙을 고수한다.

해설 적성배치 시 고려되어야 할 기본사항
- 적성검사를 실시하여 개인의 능력을 파악한다.
- 직무평가를 통하여 자격수준을 정한다.
- **객관적인 감정 요소에 따른다.**
- 인사관리의 기준원칙을 고수한다.

관련개념 CHAPTER 03 산업안전심리

인간공학 및 위험성 평가

021
작업개선을 위하여 도입되는 원리인 ECRS에 포함되지 않는 것은?

① Combine　② Standard
③ Eliminate　④ Rearrange

해설　작업방법의 개선원칙 ECRS
- 제거(Eliminate)
- 결합(Combine)
- 재배치·재조정(Rearrange)
- 단순화(Simplify)

관련개념　CHAPTER 02 위험성 파악·결정

022
시스템안전 프로그램에서의 최초 단계 해석으로 시스템의 위험요소가 어떤 위험 상태에 있는가를 정성적으로 평가하는 방법은?

① PHA　② FHA
③ FMEA　④ FTA

해설　예비위험분석(PHA; Preliminary Hazards Analysis)
시스템 내의 위험요소가 얼마나 위험상태에 있는가를 평가하는 시스템안전 프로그램의 최초단계(시스템 구상단계)의 정성적인 분석 방식이다.

관련개념　CHAPTER 02 위험성 파악·결정

023
각 구성요소의 신뢰도가 다음과 같을 때 전체 시스템의 신뢰도는 얼마인가?

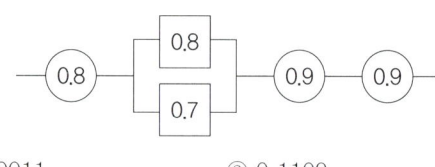

① 0.0011　② 0.1109
③ 0.3629　④ 0.6091

해설　신뢰도(R)=0.8×{1−(1−0.8)×(1−0.7)}×0.9×0.9=0.6091

관련개념　CHAPTER 01 안전과 인간공학

024
빨강, 노랑, 파랑의 3가지 색으로 구성된 교통 신호등이 있다. 신호등은 항상 3가지 색 중 하나가 켜지도록 되어 있다. 1시간 동안 조사한 결과, 파란등은 총 30분 동안, 빨간등과 노란등은 각각 총 15분 동안 켜진 것으로 나타났다. 이 신호등의 총 정보량은 몇 [bit]인가?

① 0.5　② 0.75
③ 1.0　④ 1.5

해설　신호등의 각 확률은 $P_{파란등}=0.5$, $P_{빨간등}=0.25$, $P_{노란등}=0.25$이다.

정보량(H)=$\log_2 \frac{1}{P}$

$H_{파란등}=\log_2 \frac{1}{0.5}=1$[bit],

$H_{빨간등}=\log_2 \frac{1}{0.25}=2$[bit],

$H_{노란등}=\log_2 \frac{1}{0.25}=2$[bit]이다.

총 정보량 H = 각 대안으로부터 얻는 정보량×각각의 실현 확률
= $H_{파란등}×P_{파란등}+H_{빨간등}×P_{빨간등}+H_{노란등}×P_{노란등}$
= $1×0.5+2×0.25+2×0.25=1.5$[bit]

관련개념　CHAPTER 01 안전과 인간공학

025

음량수준이 50[phon]일 때 [sone]값은 얼마인가?

① 2
② 5
③ 10
④ 100

해설 [sone]치 $= 2^{\frac{[phon]-40}{10}} = 2^{\frac{50-40}{10}} = 2$

관련개념 CHAPTER 06 작업환경 관리

026

인체에서 뼈의 주요기능이 아닌 것은?

① 인체의 지주
② 장기의 보호
③ 골수의 조혈
④ 근육의 대사

해설 뼈의 주요기능
인체의 지주, 장기의 보호, 골수의 조혈기능 등

관련개념 CHAPTER 06 작업환경 관리

027

인간의 위치 동작에 있어 눈으로 보지 않고 손을 수평면상에서 움직이는 경우 짧은 거리는 지나치고, 긴 거리는 못 미치는 경향이 있는데 이를 무엇이라고 하는가?

① 사정효과(Range Effect)
② 반응효과(Reaction Effect)
③ 간격효과(Distance Effect)
④ 손동작효과(Hand Action Effect)

해설 사정효과(Range Effect)
- 인간의 위치 동작에 있어 눈으로 보지 않고 손을 수평면상에서 움직이는 경우 짧은 거리는 지나치고 긴 거리는 못 미치는 경향을 말한다.
- 조작자는 작은 오차에는 과잉반응, 큰 오차에는 과소반응을 한다.

관련개념 CHAPTER 06 작업환경 관리

028

정신적 작업 부하에 관한 생리적 척도에 해당하지 않는 것은?

① 근전도
② 뇌파도
③ 부정맥 지수
④ 점멸융합주파수

해설 근전도(EMG)는 육체적 작업 부하에 관한 생리적 척도로 근수축 정도 또는 근피로도 측정 시 사용된다.

관련개념 SUBJECT 01 산업재해 예방 및 안전보건교육
CHAPTER 04 인간의 행동과학

029

「산업안전보건법령」상 해당 사업주가 유해위험방지계획서를 작성하여 제출해야 하는 대상은?

① 시 · 도지사
② 관할 구청장
③ 고용노동부장관
④ 행정안전부장관

해설 사업주는 유해위험방지계획서를 작성하여 고용노동부령으로 정하는 바에 따라 고용노동부장관에게 제출하고 심사를 받아야 한다.

관련개념 CHAPTER 02 위험성 파악 · 결정

030
부품배치의 원칙 중 기능적으로 관련된 부품들을 모아서 배치한다는 원칙은?

① 중요성의 원칙
② 사용빈도의 원칙
③ 사용순서의 원칙
④ 기능별 배치의 원칙

해설 부품배치의 원칙

중요성의 원칙	부품의 작동성능이 목표달성에 중요한 정도에 따라 우선순위를 결정
사용빈도의 원칙	부품이 사용되는 빈도에 따라 우선순위를 결정
기능별 배치의 원칙	기능적으로 관련된 부품을 모아서 배치
사용순서의 원칙	사용순서에 맞게 순차적으로 부품들을 배치

관련개념 CHAPTER 06 작업환경 관리

031
인적오류(Human Error)에 관한 설명으로 틀린 것은?

① Omission Error: 필요한 작업 또는 절차를 수행하지 않는 데 기인한 에러
② Commission Error: 필요한 작업 또는 절차의 수행지연으로 인한 에러
③ Extraneous Error: 불필요한 작업 또는 절차를 수행함으로써 기인한 에러
④ Sequential Error: 필요한 작업 또는 절차의 순서 착오로 인한 에러

해설 휴먼에러의 행위에 의한 분류(Swain) 중 소정의 기간에 수행하지 못한 에러는 시간(지연)에러(Timing Error)에 해당하며, 실행에러(Commission Error)는 작업 내지 절차를 수행했으나 잘못된 실수에서 기인한 에러이다.

관련개념 CHAPTER 01 안전과 인간공학

032
손이나 특정 신체부위에 발생하는 누적손상장애(CTDs)의 발생인자와 가장 거리가 먼 것은?

① 무리한 힘
② 다습한 환경
③ 장시간의 진동
④ 반복도가 높은 작업

해설 누적손상장애(CTDs) 발생원인
과도한 힘의 요구, 부적절한 작업자세, 장시간의 진동, 반복적인 동작 등

관련개념 CHAPTER 04 근골격계질환 예방관리

033
설비보전 방법 중 설비의 열화를 방지하고 그 진행을 지연시켜 수명을 연장하기 위한 점검, 청소, 주유 및 교체 등의 활동은?

① 사후보전
② 개량보전
③ 일상보전
④ 보전예방

해설 일상보전(Routine Maintenance)
설비의 열화를 방지하고 그 진행을 지연시켜 수명을 연장하기 위한 보전으로 점검, 청소, 주유 및 교체 등의 활동을 말한다.

관련개념 CHAPTER 03 위험성 감소대책 수립·실행

| 정답 | 030 ④ | 031 ② | 032 ② | 033 ③ |

034

THERP(Technique for Human Error Rate Prediction)의 특징에 대한 설명으로 옳은 것을 모두 고른 것은?

> ㉠ 인간-기계체계(SYSTEM)에서 여러 가지의 인간의 에러와 이에 의해 발생할 수 있는 위험성의 예측과 개선을 위한 기법
> ㉡ 인간의 과오를 정성적으로 평가하기 위하여 개발된 기법
> ㉢ 가지처럼 갈라지는 형태의 논리구조와 나무형태의 그래프를 이용

① ㉠, ㉡
② ㉠, ㉢
③ ㉡, ㉢
④ ㉠, ㉡, ㉢

해설 인간과오율 추정법(THERP; Technique for Human Error Rate Prediction)

인간의 과오(Human Error)에 기인된 사고원인을 분석하기 위하여 100만 운전시간당 과오도 수를 기본 과오율로 하여 **인간의 과오율을 정량적으로 평가하는 기법**이다.

- 인간의 동작이 시스템에 미치는 영향을 나타내는 그래프적 방법으로 인간 실수율(HEP)을 예측하는 기법이다.
- 사건수 분석의 변형으로 나무형태의 그래프를 통한 각 경로의 확률을 계산한다.

관련개념 CHAPTER 02 위험성 파악·결정

035

FMEA에서 고장평점을 결정하는 5가지 평가요소에 해당하지 않는 것은?

① 생산능력의 범위
② 고장발생의 빈도
③ 고장방지의 가능성
④ 영향을 미치는 시스템의 범위

해설 고장형태와 영향분석법(FMEA) 중 고장 평점법

$C = (C_1 \times C_2 \times C_3 \times C_4 \times C_5)^{\frac{1}{5}}$

여기서, C_1: 기능적 고장 영향의 중요도
C_2: 영향을 미치는 시스템의 범위
C_3: 고장발생의 빈도
C_4: 고장방지의 가능성
C_5: 신규 설계의 정도

관련개념 CHAPTER 02 위험성 파악·결정

036

다음 현상을 설명한 이론은?

> 인간이 감지할 수 있는 외부의 물리적 자극 변화의 최소범위는 표준 자극의 크기에 비례한다.

① 피츠(Fitts) 법칙
② 웨버(Weber) 법칙
③ 신호검출이론(SDT)
④ 힉-하이만(Hick-Hyman) 법칙

해설 웨버(Weber)의 법칙

특정 감각의 변화감지역(ΔI)은 사용되는 표준자극의 크기(I)에 비례한다.

웨버비 $= \dfrac{\Delta I}{I}$

관련개념 CHAPTER 06 작업환경 관리

037

동작경제의 원칙에 해당하지 않는 것은?

① 공구의 기능을 각각 분리하여 사용하도록 한다.
② 두 팔의 동작은 동시에 서로 반대방향으로 대칭적으로 움직이도록 한다.
③ 공구나 재료는 작업동작이 원활하게 수행되도록 그 위치를 정해준다.
④ 가능하다면 쉽고도 자연스러운 리듬이 작업동작에 생기도록 작업을 배치한다.

해설 공구 및 설비 설계(디자인)에 관한 동작경제의 원칙

- 치구나 족답장치(Foot-operated Device)를 효과적으로 사용할 수 있는 작업에서는 이러한 장치를 사용하도록 하여 양손이 다른 일을 할 수 있도록 한다.
- **가능하면 공구 기능을 결합하여 사용하도록 한다.**
- 공구와 자세는 가능한 한 사용하기 쉽도록 미리 위치를 잡아준다.

관련개념 CHAPTER 06 작업환경 관리

038

다음 중 인체측정과 작업공간의 설계에 관한 설명으로 옳은 것은?

① 구조적 인체치수는 움직이는 몸의 자세로부터 측정한 것이다.
② 선반의 높이를 정할 때에는 인체 측정치의 최대집단치를 적용한다.
③ 수평작업대에서의 정상 작업영역은 상완을 자연스럽게 늘어뜨린 상태에서 전완을 뻗어 파악할 수 있는 영역을 말한다.
④ 수평작업대에서의 최대 작업영역은 다리를 고정시킨 후 최대한으로 파악할 수 있는 영역을 말한다.

해설
① 구조적 인체치수는 표준 자세에서 움직이지 않는 피측정자를 인체측정기로 측정한 것이다.
② 선반의 높이를 정할 때에는 최소치 설계를 적용한다.
④ 수평작업대의 최대 작업영역은 아래팔(전완)과 위팔(상완)을 곧게 펴서 파악할 수 있는 구역(55~65[cm])이다.

관련개념 CHAPTER 06 작업환경 관리

039

설비보전을 평가하기 위한 식으로 틀린 것은?

① 성능가동률=속도가동률×정미가동률
② 시간가동률=(부하시간−정지시간)/부하시간
③ 설비종합효율=시간가동률×성능가동률×양품률
④ 정미가동률=(생산량×기준주기시간)/가동시간

해설 정미가동률
일정 스피드로 안정적으로 가동되고 있는가의 여부, 즉 지속을 산출하는 것이다.

$$정미가동률 = \frac{생산량 \times 실제사이클타임}{부하시간 - 정지시간}$$
$$= \frac{생산량 \times 실제사이클타임}{가동시간}$$

관련개념 CHAPTER 06 작업환경 관리

040

인간−기계 시스템에서 시스템의 설계를 다음과 같이 구분할 때 제3단계인 기본설계에 해당되지 않는 것은?

| 1단계: 시스템의 목표와 성능명세 결정 |
| 2단계: 시스템의 정의 |
| 3단계: 기본설계 |
| 4단계: 인터페이스 설계 |
| 5단계: 보조물 설계 |
| 6단계: 시험 및 평가 |

① 화면설계
② 작업설계
③ 직무분석
④ 기능할당

해설 인간−기계 시스템 설계과정 6단계
㉠ 목표 및 성능명세 결정: 시스템 설계 전 그 목적이나 존재 이유가 있어야 함(인간요소적인 면, 신체의 역학적 특성 및 인체측정학적 요소 고려)
㉡ 시스템(체계) 정의: 목적을 달성하기 위한 특정한 기본기능들이 수행되어야 함
㉢ **기본설계**: 시스템의 형태를 갖추기 시작하는 단계(**직무분석, 작업설계, 기능할당**)
㉣ 인터페이스(계면) 설계: 사용자 편의와 시스템 성능에 관여
㉤ 촉진물 설계: 인간의 성능을 증진시킬 보조물 설계
㉥ 시험 및 평가: 시스템 개발과 관련된 평가와 인간적인 요소 평가 실시

관련개념 CHAPTER 01 안전과 인간공학

기계 · 기구 및 설비 안전관리

041
프레스 작업 중 부주의로 프레스의 페달을 밟는 것에 대비하여 페달에 설치하는 것을 무엇이라 하는가?

① 클램프
② 로크너트
③ 커버
④ 스프링 와셔

해설 근로자 부주의로 인하여 페달을 작동시키거나, 낙하물 등에 의해 페달이 예상치 못한 상황에서 작동하는 등의 불시작동을 방지하고 안전을 유지하기 위하여 페달에 U자형 커버를 설치하여야 한다.

관련개념 CHAPTER 04 프레스 및 전단기의 안전

042
「산업안전보건법령」상 승강기의 종류에 해당하지 않는 것은?

① 리프트
② 에스컬레이터
③ 화물용 엘리베이터
④ 승객용 엘리베이터

해설 승강기의 종류
승객용 엘리베이터, 승객화물용 엘리베이터, 화물용 엘리베이터, 소형화물용 엘리베이터, 에스컬레이터

관련개념 CHAPTER 06 운반기계 및 양중기

043
다음 중 보일러의 폭발사고 예방을 위한 장치로 가장 거리가 먼 것은?

① 압력제한스위치
② 압력방출장치
③ 고저수위 고정장치
④ 화염검출기

해설 보일러의 폭발사고를 예방하기 위하여 압력방출장치, 압력제한스위치, 고저수위 조절장치, 화염검출기 등의 기능이 정상적으로 작동될 수 있도록 유지·관리하여야 한다.

관련개념 CHAPTER 05 기타 산업용 기계·기구

044
철강업 등에서 10일 간격으로 10시간 정도의 정기 수리일을 마련하여 대대적인 수리, 수선을 하게 되는데 이와 같이 일정기간마다 설비보전활동을 하는 것을 무엇이라 하는가?

① 사후보전(Break down Maintenance, BM)
② 시간기준보전(Time Based Maintenance, TBM)
③ 개량보전(Concentration Maintenance, CM)
④ 상태기준보전(Condition Based Maintenance, CBWM)

해설 시간기준보전(TBM)은 일정기간마다 수리, 수선 등 보수를 하는 것을 뜻한다.

관련개념 CHAPTER 03 위험성 감소대책 수립·실행

045

어떤 장치에 이상을 알려주는 경보기가 있어 그것이 울리면 일정시간 이내에 장치의 운전을 정지하고, 상태를 점검하여 필요한 조치를 하여야 한다. 장치에 고장이 발생한 상황을 조사하는 한 작업자가 두 개의 장치에 대해서 같은 일을 담당하고 있고, 그 두 대는 장소적으로 떨어져 있기 때문에 한쪽에 가까이 있을 때 다른 쪽의 경보가 울리면 시간 내 조절을 할 수 없다. 이때의 Error를 무엇이라 하는가?

① Primary Error
② Secondary Error
③ Command Error
④ Omission Error

해설 2차 실수(Secondary Error, 2차과오)
작업형태나 작업조건 중에서 다른 문제가 생겨 그 때문에 필요한 사항을 실행할 수 없는 오류나 어떤 결함으로부터 파생하여 발생하는 에러를 말한다.

관련개념 SUBJECT 02 인간공학 및 위험성 평가·관리
CHAPTER 01 인간과 인간공학

046

다음 중 「산업안전보건법령」상 안전인증대상 방호장치에 해당하지 않는 것은?

① 연삭기 덮개
② 압력용기 압력방출용 파열판
③ 압력용기 압력방출용 안전밸브
④ 방폭구조(防爆構造) 전기기계·기구 및 부품

해설 연삭기 덮개는 안전인증대상이 아닌 자율안전확인대상 방호장치이다.

관련개념 CHAPTER 02 기계분야 산업재해 조사 및 관리

047

다음 설명 중 (   ) 안에 알맞은 내용은?

「산업안전보건법령」상 롤러기의 급정지장치는 롤러를 무부하로 회전시킨 상태에서 앞면 롤러의 표면속도가 30[m/min] 미만일 때에는 급정지거리가 앞면 롤러 원주의 (   ) 이내에서 롤러를 정지시킬 수 있는 성능을 보유하여야 한다.

① 1/4
② 1/3
③ 1/2.5
④ 1/2

해설 롤러기 급정지장치의 성능

앞면 롤러의 표면속도[m/min]	급정지거리
30 미만	앞면 롤러 원주의 $\frac{1}{3}$ 이내
30 이상	앞면 롤러 원주의 $\frac{1}{2.5}$ 이내

관련개념 CHAPTER 05 기타 산업용 기계·기구

048

보일러의 안전한 가동을 위하여 압력방출장치를 2개 설치한 경우에 작동방법으로 옳은 것은?

① 최고사용압력 이하에서 2개가 동시 작동
② 최고사용압력 이하에서 1개가 작동되고 다른 것은 최고사용압력의 1.05배 이하에서 작동
③ 최고사용압력 이하에서 1개가 작동되고 다른 것은 최고사용압력의 1.1배 이하에서 작동
④ 최고사용압력의 1.1배 이하에서 2개가 동시 작동

해설 보일러의 안전한 가동을 위하여 보일러 규격에 맞는 압력방출장치를 1개 또는 2개 이상 설치하고 최고사용압력 이하에서 작동되도록 하여야 한다. 다만, 압력방출장치가 2개 이상 설치된 경우에는 최고사용압력 이하에서 1개가 작동되고, 다른 압력방출장치는 최고사용압력 1.05배 이하에서 작동되도록 부착하여야 한다.

관련개념 CHAPTER 05 기타 산업용 기계·기구

049

크레인 로프에 질량 2,000[kg]의 물건을 10[m/s²]의 가속도로 감아올릴 때, 로프에 걸리는 총 하중[kN]은?(단, 중력가속도는 9.8[m/s²])

① 9.6
② 19.6
③ 29.6
④ 39.6

해설 동하중 $= \dfrac{정하중}{중력가속도} \times 가속도 = \dfrac{2,000}{9.8} \times 10 = 2,040$[kg]
총 하중 = 정하중 + 동하중 = 2,000 + 2,040 = 4,040[kg]
하중[N] = 하중[kg] × 중력가속도
= 4,040 × 9.8 = 39,600[N] = 39.6[kN]

관련개념 CHAPTER 06 운반기계 및 양중기

050

「산업안전보건법령」에 따라 타워크레인을 와이어로프로 지지하는 경우, 와이어로프의 설치각도는 수평면에서 몇 도 이내로 해야 하는가?

① 30°
② 45°
③ 60°
④ 75°

해설 타워크레인을 와이어로프로 지지하는 경우 와이어로프 설치각도는 **수평면에서 60°** 이내로 하되, 지지점은 4개소 이상으로 하고, 같은 각도로 설치하여야 한다.

관련개념 SUBJECT 06 건설공사 안전관리
CHAPTER 06 공사 및 작업 종류별 안전

051

「산업안전보건법령」상 산업용 로봇의 작업시작 전 점검사항으로 가장 거리가 먼 것은?

① 외부 전선의 피복 또는 외장의 손상 유무
② 압력방출장치의 이상 유무
③ 매니퓰레이터 작동 이상 유무
④ 제동장치 및 비상정지장치의 기능

해설 압력방출장치의 기능은 공기압축기를 가동할 때 작업시작 전 점검사항이다.

산업용 로봇의 작업시작 전 점검사항
- 외부 전선의 피복 또는 외장의 손상 유무
- 매니퓰레이터(Manipulator) 작동의 이상 유무
- 제동장치 및 비상정지장치의 기능

관련개념 CHAPTER 02 기계분야 산업재해 조사 및 관리

052

다음 중 기계설비에서 반대로 회전하는 두 개의 회전체가 맞닿는 사이에 발생하는 위험점으로 가장 적절한 것은?

① 물림점
② 협착점
③ 끼임점
④ 절단점

해설 **물림점**(Nip Point)
회전하는 두 개의 회전체가 맞닿아서 위험성이 있는 곳을 말하며, 위험점이 발생되는 조건은 회전체가 서로 반대방향으로 맞물려 회전되어야 한다.
예) 기어, 롤러

관련개념 CHAPTER 01 기계안전의 개념

053

선반에서 일감의 길이가 지름에 비하여 상당히 길 때 사용하는 부속품으로 절삭 시 절삭저항에 의한 일감의 진동을 방지하는 장치는?

① 칩 브레이커 ② 척 커버
③ 방진구 ④ 실드

해설 방진구(Center Rest)
선반작업 시 가늘고 긴 일감은 절삭력과 자중으로 휘거나 처짐이 일어나는데 이를 방지하기 위한 장치로 일감의 길이가 직경의 12배 이상일 때 사용한다.

관련개념 CHAPTER 03 공작기계의 안전

054

「산업안전보건법령」상 프레스 작업시작 전 점검해야 할 사항에 해당하는 것은?

① 언로드밸브의 기능
② 하역장치 및 유압장치 기능
③ 권과방지장치 및 그 밖의 경보장치의 기능
④ 1행정 1정지기구·급정지장치 및 비상정지장치의 기능

해설 프레스 작업시작 전 점검사항
- 클러치 및 브레이크의 기능
- 크랭크축·플라이휠·슬라이드·연결봉 및 연결 나사의 풀림 유무
- 1행정 1정지기구·급정지장치 및 비상정지장치의 기능
- 슬라이드 또는 칼날에 의한 위험방지 기구의 기능
- 프레스의 금형 및 고정볼트 상태
- 방호장치의 기능
- 전단기의 칼날 및 테이블의 상태

오답해설
① 공기압축기를 가동할 때 작업시작 전 점검사항이다.
② 지게차, 구내운반차 및 화물자동차 작업시작 전 점검사항이다.
③ 이동식 크레인 작업시작 전 점검사항이다.

관련개념 CHAPTER 02 기계분야 산업재해 조사 및 관리

055

급정지기구가 부착되어 있지 않아도 유효한 프레스의 방호장치로 옳지 않은 것은?

① 양수기동식 ② 가드식
③ 손쳐내기식 ④ 양수조작식

해설 양수조작식(Two-hand Control) 방호장치
기계의 조작을 양손으로 동시에 하지 않으면 기계가 가동하지 않으며 한 손이라도 떼어내면 기계가 급정지 또는 급상승하게 하는 장치를 말한다. 급정지기구가 있는 마찰프레스에 적합하다.

관련개념 CHAPTER 04 프레스 및 전단기의 안전

056

「산업안전보건법령」에 따라 선반 등으로부터 돌출하여 회전하고 있는 가공물을 작업할 때 설치하여야 할 방호조치로 가장 적합한 것은?

① 안전난간 ② 울 또는 덮개
③ 방진장치 ④ 건널다리

해설 사업주는 선반 등으로부터 돌출하여 회전하고 있는 가공물이 근로자에게 위험을 미칠 우려가 있는 경우에 덮개 또는 울 등을 설치하여야 한다.

관련개념 CHAPTER 03 공작기계의 안전

057

기계설비에 대한 본질적인 안전화 방안의 하나인 풀 프루프(Fool Proof)에 관한 설명으로 거리가 먼 것은?

① 계기나 표시를 보기 쉽게 하거나 이른바 인체공학적 설계도 넓은 의미의 풀 프루프에 해당된다.
② 설비 및 기계장치의 일부가 고장이 난 경우 기능의 저하는 가져오나 전체 기능은 정지하지 않는다.
③ 인간이 에러를 일으키기 어려운 구조나 기능을 가진다.
④ 조작순서가 잘못되어도 올바르게 작동한다.

해설 설비 및 기계장치의 일부가 고장이 난 경우 안전을 유지하기 위해 기능을 추구하는 것은 페일 세이프(Fail Safe)와 관련이 있다.

관련개념 CHAPTER 01 기계공정의 안전, 기계안전시설 관리

058

「산업안전보건법령」에 따른 가스집합 용접장치의 안전에 관한 설명으로 옳지 않은 것은?

① 가스집합장치에 대해서는 화기를 사용하는 설비로부터 5[m] 이상 떨어진 장소에 설치해야 한다.
② 가스집합 용접장치의 배관에서 플랜지, 밸브 등의 접합부에는 개스킷을 사용하고 접합면을 상호 밀착시킨다.
③ 주관 및 분기관에 안전기를 설치해야 하며 이 경우 하나의 취관에 2개 이상의 안전기를 설치해야 한다.
④ 용해아세틸렌을 사용하는 가스집합 용접장치의 배관 및 부속기구는 구리나 구리 함유량이 60퍼센트 이상인 합금을 사용해서는 아니 된다.

해설 용해아세틸렌의 가스집합 용접장치의 배관 및 부속기구는 **구리나 구리 함유량이 70[%] 이상인 합금을 사용해서는 아니 된다.** → 사용 시 폭발성 물질(아세틸라이드)이 생성된다.

관련개념 CHAPTER 05 기타 산업용 기계·기구

059

지게차의 중량이 8[kN], 화물중량이 2[kN], 앞바퀴에서 화물의 무게중심까지의 최단거리가 0.5[m]이면 지게차가 안정되기 위한 앞바퀴에서 지게차의 무게중심까지의 거리 최소 몇 [m] 이상이어야 하는가?

① 0.450[m] ② 0.325[m]
③ 0.225[m] ④ 0.125[m]

해설 지게차의 안정조건: $M_1 \leq M_2$
화물의 모멘트 $M_1 = W \times L_1$, 지게차의 모멘트 $M_2 = G \times L_2$이므로
$2 \times 0.5 \leq 8 \times L_2$, $L_2 \geq 0.125$
여기서, W: 화물의 중량[kN], G: 지게차 중량[kN]
L_1: 앞바퀴에서 화물 중심까지의 최단거리[m]
L_2: 앞바퀴에서 지게차 중심까지의 최단거리[m]

관련개념 CHAPTER 06 운반기계 및 양중기

060

「산업안전보건법령」상 탁상용 연삭기의 덮개는 작업 받침대와 연삭숫돌과의 간격을 몇 [mm] 이하로 조정할 수 있어야 하는가?

① 3 ② 4
③ 5 ④ 10

해설 탁상용 연삭기의 덮개는 작업 받침대와 연삭숫돌과의 간격을 3[mm] 이하로 조정할 수 있어야 한다.

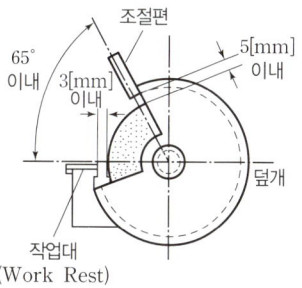

관련개념 CHAPTER 03 공작기계의 안전

전기설비 안전관리

061

폭발위험장소의 분류 중 인화성 액체의 증기 또는 가연성 가스에 의한 폭발위험이 지속적으로 또는 장기간 존재하는 장소는 몇 종 장소로 분류되는가?

① 0종 장소
② 1종 장소
③ 2종 장소
④ 3종 장소

해설 가스폭발 위험장소

분류	적요
0종 장소	인화성 액체의 증기 또는 가연성 가스에 의한 폭발위험이 지속적으로 또는 장기간 존재하는 장소
1종 장소	정상 작동상태에서 인화성 액체의 증기 또는 가연성 가스에 의한 폭발위험 분위기가 존재하기 쉬운 장소
2종 장소	정상 작동상태에서 인화성 액체의 증기 또는 가연성 가스에 의한 폭발위험 분위기가 존재할 우려가 없으나, 존재할 경우 그 빈도가 아주 적고 단기간만 존재할 수 있는 장소

관련개념 CHAPTER 04 전기방폭관리

062

감전사고 시 전선이나 개폐기 터미널 등의 금속분자가 고열로 용융됨으로서 피부 속으로 녹아 들어가는 것은?

① 피부의 광성변화
② 전문
③ 표피박탈
④ 전류반점

해설 피부의 광성변화
감전사고 시 전로의 선간단락 또는 지락사고로 전선이나 단자 등의 금속분자가 가열·용융되어 피부 속으로 녹아 들어가는 현상이다.

관련개념 CHAPTER 02 감전재해 및 방지대책

063

전격의 위험을 결정하는 주된 인자로 가장 거리가 먼 것은?

① 통전전류
② 통전시간
③ 통전경로
④ 접촉전압

해설 접촉전압은 2차적 감전요소(간접적인 요인)이다.
감전재해의 요인
- 1차적 감전요소: 통전전류의 크기, 통전경로, 통전시간, 전원의 종류
- 2차적 감전요소: 인체의 조건(인체의 저항), 전압의 크기, 계절 등 주위환경

관련개념 CHAPTER 02 감전재해 및 방지대책

064

다음 중 활선근접작업 시의 안전조치로 적절하지 않은 것은?

① 근로자가 절연용 방호구의 설치·해체작업을 하는 경우에는 절연용 보호구를 착용하거나 활선작업용 기구 및 장치를 사용하도록 하여야 한다.
② 저압인 경우에는 해당 전기작업자가 절연용 보호구를 착용하되, 충전전로에 접촉할 우려가 없는 경우에는 절연용 방호구를 설치하지 아니할 수 있다.
③ 유자격자가 아닌 근로자가 근로자의 몸 또는 긴 도전성 물체가 방호되지 않은 충전전로에서 대지전압이 50[kV] 이하인 경우에는 400[cm] 이내로 접근할 수 없도록 하여야 한다.
④ 고압 및 특별고압의 전로에서 전기작업을 하는 근로자에게 활선작업용 기구 및 장치를 사용하여야 한다.

해설 충전전로에서의 전기작업
유자격자가 아닌 근로자가 충전전로 인근의 높은 곳에서 작업할 때에 근로자의 몸 또는 긴 도전성 물체가 방호되지 않은 충전전로에서 대지전압이 50[kV] 이하인 경우에는 300[cm] 이내로, 대지전압이 50[kV]를 넘는 경우에는 10[kV]당 10[cm]씩 더한 거리 이내로 각각 접근할 수 없도록 하여야 한다.

관련개념 CHAPTER 02 감전재해 및 방지대책

065

다음 그림은 심장맥동주기를 나타낸 것이다. T파는 어떤 경우인가?

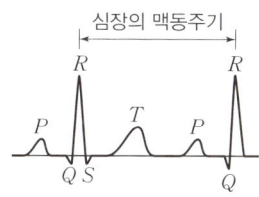

① 심방의 수축에 따른 파형
② 심실의 수축에 따른 파형
③ 심실의 휴식 시 발생하는 파형
④ 심방의 휴식 시 발생하는 파형

해설 T파

심실의 수축 종료 후 **심실의 휴식 시 발생하는 파형**으로 전격이 인가되면 심실세동을 일으키는 확률이 가장 크고 위험한 부분이다.

관련개념 CHAPTER 02 감전재해 및 방지대책

066

교류아크용접기의 자동전격장치는 전격의 위험을 방지하기 위하여 아크 발생이 중단된 후 약 1초 이내에 출력 측 무부하 전압을 자동적으로 몇 [V] 이하로 저하시켜야 하는가?

① 85
② 70
③ 50
④ 25

해설 자동전격방지장치

용접봉의 조작에 따라 용접을 할 때에만 용접기의 주회로를 폐로(ON)시키고, 용접을 행하지 않을 때에는 용접기 주회로를 개로(OFF)시켜 용접기 출력 측의 **무부하 전압을 25[V] 이하로 저하**시켜 작업자가 용접봉과 모재 사이에 접촉함으로써 발생하는 감전의 위험을 방지하는 장치이다.

관련개념 CHAPTER 02 감전재해 및 방지대책

067

활선작업 및 활선근접 작업 시 반드시 작업지휘자를 정하여야 한다. 작업지휘자의 임무 중 가장 중요한 것은?

① 설계의 계획에 의한 시공의 관리, 감독
② 활선에 접근 시 즉시 경고
③ 필요한 전기 기자재의 보급
④ 작업의 신속한 처리

해설 작업지휘자는 기계설비, 취급하는 재료, 용구, 작업방법 등에 대한 불안전한 상태 및 행동의 유무를 직접 점검·감시 및 통제하는 임무를 가진다.

관련개념 Chapter02 감전재해 및 방지대책

068

피뢰침의 제한전압이 800[kV], 충격절연강도가 1,000[kV]라 할 때, 보호여유도는 몇 [%]인가?

① 25
② 33
③ 47
④ 63

해설 보호여유도 $= \dfrac{\text{충격절연강도} - \text{제한전압}}{\text{제한전압}} \times 100$

$= \dfrac{1{,}000 - 800}{800} \times 100 = 25[\%]$

관련개념 CHAPTER 05 전기설비 위험요인관리

069

누전된 전동기에 인체가 접촉하여 500[mA]의 누전전류가 흘렀고 정격감도전류 500[mA]인 누전차단기가 동작하였다. 이때 인체전류를 약 10[mA]로 제한하기 위해서 전동기 외함에 설치할 접지저항의 크기는 약 몇 [Ω]인가?(단, 인체의 저항은 500[Ω]이며, 다른 저항은 무시한다.)

① 5 ② 10
③ 50 ④ 100

해설 누전전류(지락전류)를 I[A], 인체가 외함에 접촉할 때 인체를 통해서 흐르게 될 전류(감전전류)를 I_2[A], 접지저항을 R_3[Ω], 인체저항을 R_b[Ω]라 하면

$$I_2 = I \times \frac{R_3}{R_3 + R_b}$$

$$R_3 = \frac{I_2}{I - I_2} \times R_b = \frac{0.01}{0.5 - 0.01} \times 500 = 10[\Omega]$$

관련개념 CHAPTER 02 감전재해 및 방지대책

070

우리나라의 안전전압으로 볼 수 있는 것은 약 몇 [V] 이하인가?

① 30[V] ② 50[V]
③ 60[V] ④ 70[V]

해설 안전전압
회로의 정격전압이 일정 수준 이하의 낮은 전압으로 절연파괴 등의 사고 시에도 인체에 위험을 주지 않는 전압을 말하며, 「산업안전보건법령」에서 30[V]로 규정하고 있다.

관련개념 CHAPTER 02 감전재해 및 방지대책

071

인체의 최소감지전류에 대한 설명으로 알맞은 것은?

① 인체가 고통을 느끼는 전류이다.
② 성인 남자의 경우 상용주파수 60[Hz] 교류에서 약 1[mA]이다.
③ 직류를 기준으로 한 값이며, 성인 남자의 경우 약 1[mA]에서 느낄 수 있는 전류이다.
④ 직류를 기준으로 여자의 경우 성인 남자의 70[%]인 0.7[mA]에서 느낄 수 있는 전류의 크기를 말한다.

해설 최소감지전류
- 고통을 느끼지 않으면서 짜릿하게 전기가 흐르는 것을 감지할 수 있는 최소전류이다.
- 상용주파수 60[Hz]에서 성인남자의 경우 1[mA](교류)이다.

관련개념 CHAPTER 02 감전재해 및 방지대책

072

정격사용률 30[%], 정격 2차 전류 300[A]인 교류아크 용접기를 200[A]로 사용하는 경우의 허용사용률은?

① 67.5[%] ② 91.6[%]
③ 110.3[%] ④ 130.5[%]

해설 허용사용률 $= \left(\dfrac{\text{정격 2차 전류}}{\text{실제 용접 전류}}\right)^2 \times \text{정격사용률}$

$= \left(\dfrac{300}{200}\right)^2 \times 30 = 67.5[\%]$

관련개념 CHAPTER 02 감전재해 및 방지대책

073

인입개폐기를 개방하지 않고 전등용 변압기 1차 측 COS만 개방 후 전등용 변압기 접속용 볼트 작업 중 동력용 COS에 접촉, 사망한 사고에 대한 원인으로 가장 거리가 먼 것은?

① 안전장구 미사용
② 동력용 변압기 COS 미개방
③ 전등용 변압기 2차 측 COS 미개방
④ 인입구 개폐기 미개방한 상태에서 작업

해설 전등용 변압기 1차 측 COS가 개방된 상태이므로 2차 측 개방은 감전사고와는 무관하다.

관련개념 CHAPTER 01 전기안전관리

074

화염일주한계에 대한 설명으로 옳은 것은?

① 폭발성 가스와 공기의 혼합기에 온도를 높인 경우 화염이 발생할 때까지의 시간 한계치
② 폭발성 분위기에 있는 용기의 접합면 틈새를 통해 화염이 내부에서 외부로 전파되는 것을 저지할 수 있는 틈새의 최대간격치
③ 폭발성 분위기 속에서 전기불꽃에 의하여 폭발을 일으킬 수 있는 화염을 발생시키기에 충분한 교류파형의 1주기치
④ 방폭설비에서 이상이 발생하여 불꽃이 생성된 경우에 그것이 점화원으로 작용하지 않도록 화염의 에너지를 억제하여 폭발하한계로 되도록 화염 크기를 조정하는 한계치

해설 화염일주한계(최대안전틈새, MESG)
폭발성 분위기 내에 방치된 표준용기의 접합면 틈새를 통하여 폭발화염이 내부에서 외부로 전파되는 것을 저지(최소점화에너지 이하)할 수 있는 틈새의 최대간격치이며 폭발성 가스의 종류에 따라 다르다.

관련개념 CHAPTER 04 전기방폭관리

075

전류가 흐르는 상태에서 단로기를 끊었을 때 여러 가지 파괴작용을 일으킨다. 다음 그림에서 유입차단기의 차단순위와 투입순위가 안전수칙에 가장 적합한 것은?

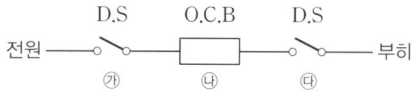

① 차단: ㉮ → ㉯ → ㉰, 투입: ㉮ → ㉯ → ㉰
② 차단: ㉯ → ㉰ → ㉮, 투입: ㉯ → ㉰ → ㉮
③ 차단: ㉰ → ㉯ → ㉮, 투입: ㉰ → ㉮ → ㉯
④ 차단: ㉯ → ㉰ → ㉮, 투입: ㉰ → ㉮ → ㉯

해설 유입차단기의 작동(투입 및 차단)순서
- 차단순서: ㉯ → ㉰ → ㉮
- 투입순서: ㉰ → ㉮ → ㉯

관련개념 CHAPTER 01 전기안전관리

076

내압방폭구조의 기본적 성능에 관한 사항으로 틀린 것은?

① 내부에서 폭발할 경우 그 압력에 견딜 것
② 폭발화염이 외부로 유출되지 않을 것
③ 습기침투에 대한 보호가 될 것
④ 외함 표면온도가 주위의 가연성 가스에 점화하지 않을 것

해설 내압방폭구조의 성능
- 내부에서 폭발할 경우 그 압력에 견딜 것
- 폭발화염이 외부로 유출되지 않을 것
- 외함 표면온도가 주위의 가연성 가스를 점화하지 않을 것

관련개념 CHAPTER 04 전기방폭관리

077

폭발의 위험성을 고려하기 위해 정전에너지 값을 구하고자 한다. 다음 중 정전에너지를 구하는 식은?(단, E는 정전에너지, C는 정전용량, V는 전압을 의미한다.)

① $E = \frac{1}{2}CV^2$ ② $E = \frac{1}{2}VC^2$
③ $E = VC^2$ ④ $E = \frac{1}{4}VC$

해설 정전에너지
$E = \frac{1}{2}CV^2$
여기서, C: 도체의 정전용량
V: 대전전위

관련개념 CHAPTER 03 정전기 장·재해관리

078

인체저항에 대한 설명으로 옳지 않은 것은?

① 인체저항은 접촉면적에 따라 변한다.
② 피부저항은 물에 젖어 있는 경우 건조 시의 약 1/12로 저하된다.
③ 인체저항은 한 개의 단일 저항체로 보아 최악의 상태를 적용한다.
④ 인체에 전압이 인가되면 체내로 전류가 흐르게 되어 전격의 정도를 결정한다.

해설 인체 각부의 저항은 피부가 젖은 정도에 따라 크게 변화한다. 피부에 땀이 있을 때에는 건조 시의 약 $\frac{1}{12} \sim \frac{1}{20}$, 물에 젖어 있을 때는 약 $\frac{1}{25}$로 감소한다.

관련개념 CHAPTER 02 감전재해 및 방지대책

079

교류아크용접기의 접점방식(Magnet식)의 전격방지장치에서 지동시간과 용접기 2차 측 무부하 전압[V]을 바르게 표현한 것은?

① 0.06초 이내, 25[V] 이하
② 1초 이내, 25[V] 이하
③ 2±0.3초 이내, 50[V] 이하
④ 1.5±0.06초 이내, 50[V] 이하

해설 지동시간
용접봉을 모재로부터 분리시킨 후 주접점에 개로되어 용접기 2차 측의 **무부하 전압(25[V] 이하)**으로 될 때까지의 시간(**접점(Magnet) 방식: 1±0.3초**, 무접점(SCR, TRIC) 방식: 1초 이내)을 말한다.

관련개념 CHAPTER 02 감전재해 및 방지대책

080

두 물질 사이의 접촉과 분리 과정이 계속될 때 이에 따른 기계적 에너지에 의해 자유전자가 방출, 흡입되어 정전기가 발생하는 현상은?

① 박리대전 ② 유동대전
③ 파괴대전 ④ 마찰대전

해설 마찰대전
두 물체의 마찰이나 마찰에 의한 접촉위치의 이동으로 전하의 분리 및 재배열이 일어나서 정전기가 발생하는 현상이다.

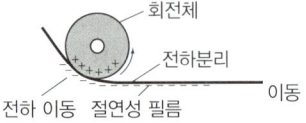

관련개념 CHAPTER 03 정전기 장·재해관리

화학설비 안전관리

081

메탄 1[vol%], 헥산 2[vol%], 에틸렌 2[vol%], 공기 95[vol%]로 된 혼합가스의 폭발하한계값[vol%]은 약 얼마인가?(단, 메탄, 헥산, 에틸렌의 폭발하한계 값은 각각 5.0, 1.1, 2.7[vol%]이다.)

① 1.8
② 3.5
③ 12.8
④ 21.7

해설 혼합가스의 폭발하한계

$$L = \frac{V_1 + V_2 + \cdots + V_n}{\frac{V_1}{L_1} + \frac{V_2}{L_2} + \cdots + \frac{V_n}{L_n}} = \frac{1+2+2}{\frac{1}{5} + \frac{2}{1.1} + \frac{2}{2.7}} = 1.8[\text{vol}\%]$$

여기서, L: 혼합가스의 폭발하한계[vol%]
L_n: 각 성분가스의 폭발하한계[vol%]
V_n: 각 성분가스의 부피 비율[vol%]

관련개념 CHAPTER 01 화재·폭발 검토

082

뜨거운 금속에 물이 닿으면 튀는 현상과 같이 핵비등(Nucleate Boiling) 상태에서 막비등(Film Boiling)으로 이행하는 온도를 무엇이라 하는가?

① Burn-out Point
② Leidenfrost Point
③ Entrainment Point
④ Sub-cooling Boiling Point

해설 Leidenfrost Point
핵비등(Nucleate Boiling)에서 막비등(Film Boiling) 상태로 급격하게 이행하는 하한점을 말한다.

관련개념 CHAPTER 02 화학물질 안전관리 실행

083

가연성 가스의 폭발범위에 관한 설명으로 틀린 것은?

① 압력 증가에 따라 폭발상한계와 하한계가 모두 현저히 증가한다.
② 불활성 가스를 주입하면 폭발범위는 좁아진다.
③ 온도의 상승과 함께 폭발범위는 넓어진다.
④ 산소 중에서의 폭발범위는 공기 중에서 보다 넓어진다.

해설 압력은 폭발하한계에는 영향이 경미하나 폭발상한계에는 크게 영향을 준다. 보통 가스압력이 높아질수록 폭발범위는 넓어진다.

관련개념 CHAPTER 01 화재·폭발 검토

084

다음 중 인화점에 관한 설명으로 옳은 것은?

① 액체의 표면에서 발생한 증기농도가 공기 중에서 연소하한 농도가 될 수 있는 가장 높은 액체온도
② 액체의 표면에서 발생한 증기농도가 공기 중에서 연소상한 농도가 될 수 있는 가장 낮은 액체온도
③ 액체의 표면에서 발생한 증기농도가 공기 중에서 연소하한 농도가 될 수 있는 가장 낮은 액체온도
④ 액체의 표면에서 발생한 증기농도가 공기 중에서 연소상한 농도가 될 수 있는 가장 높은 액체온도

해설 인화점
가연성 증기가 발생하는 액체 또는 고체가 공기 중에서 점화원에 의해 표면 부근에서 연소하기에 충분한 농도(폭발하한계)를 만드는 최저의 온도를 말한다.

관련개념 CHAPTER 01 화재·폭발 검토

085

인화성 가스가 발생할 우려가 있는 지하작업장에서 작업을 할 경우 폭발이나 화재를 방지하기 위한 조치사항 중 가스의 농도를 측정하는 기준으로 적절하지 않은 것은?

① 매일 작업을 시작하기 전에 측정한다.
② 가스의 누출이 의심되는 경우 측정한다.
③ 장시간 작업할 때에는 매 8시간마다 측정한다.
④ 가스가 발생하거나 정체할 위험이 있는 장소에 대하여 측정한다.

해설 지하작업장 작업 시 화재 방지를 위한 조치사항

가스의 농도를 측정하는 사람을 지명하고 다음의 경우에 그로 하여금 해당 가스의 농도를 측정하여야 한다.
- 매일 작업을 시작하기 전
- 가스의 누출이 의심되는 경우
- 가스가 발생하거나 정체할 위험이 있는 장소가 있는 경우
- **장시간 작업을 계속하는 경우(이 경우 4시간마다 가스 농도를 측정)**

관련개념 CHAPTER 01 화재 · 폭발 검토

086

프로판가스 1[m³]를 완전연소시키는 데 필요한 이론 공기량은 몇 [m³]인가?(단, 공기 중의 산소농도는 20[vol%]이다.)

① 20 ② 25
③ 30 ④ 35

해설 프로판의 완전연소반응식

$C_3H_8 + 5O_2 \rightarrow 3CO_2 + 4H_2O$

프로판 1[m³]를 완전연소시키는 데 필요한 이론 산소량은 $1 \times 5 = 5$[m³]이다.
공기 중의 산소농도는 20[vol%]이므로

이론 공기량 = 이론 산소량 $\times \dfrac{100}{20} = 5 \times \dfrac{100}{20} = 25$[m³]

관련개념 CHAPTER 01 화재 · 폭발 검토

087

「산업안전보건법령」에 따라 유해하거나 위험한 설비의 설치 · 이전 또는 주요 구조부분의 변경공사 시 공정안전보고서의 제출시기는 착공일 며칠 전까지 관련기관에 제출하여야 하는가?

① 15일 ② 30일
③ 60일 ④ 90일

해설 유해하거나 위험한 설비의 설치 · 이전 또는 주요 구조부분의 변경공사의 **착공일 30일 전까지** 공정안전보고서를 2부 작성하여 한국산업안전보건공단에 제출하여야 한다.

관련개념 CHAPTER 04 화공 안전운전 · 점검

088

「안전보건규칙」상 안전밸브 등의 전단 · 후단에는 차단밸브를 설치하여서는 아니 되지만 다음 중 자물쇠형 또는 이에 준하는 형식의 차단밸브를 설치할 수 있는 경우로 틀린 것은?

① 인접한 화학설비 및 그 부속설비에 안전밸브 등이 각각 설치되어 있고, 해당 화학설비 및 그 부속설비의 연결배관에 차단밸브가 없는 경우
② 안전밸브 등의 배출용량의 4분의 1 이상에 해당하는 용량의 자동압력조절밸브와 안전밸브 등이 직렬로 연결된 경우
③ 화학설비 및 그 부속설비에 안전밸브 등이 복수방식으로 설치되어 있는 경우
④ 열팽창에 의하여 상승된 압력을 낮추기 위한 목적으로 안전밸브가 설치된 경우

해설 안전밸브 등의 **배출용량의 $\dfrac{1}{2}$ 이상**에 해당하는 용량의 **자동압력조절밸브**(구동용 동력원의 공급을 차단하는 경우 열리는 구조인 것으로 한정)와 **안전밸브 등이 병렬로 연결**된 경우에는 안전밸브 전단 · 후단에 자물쇠형 또는 이에 준하는 형식의 차단밸브 설치가 가능하다.

관련개념 CHAPTER 04 화공 안전운전 · 점검

089

하인리히(Heinrich)의 재해구성비율에 따른 58건의 경상이 발생한 경우 무상해사고는 몇 건이 발생하겠는가?

① 58건
② 116건
③ 600건
④ 900건

해설 하인리히의 재해구성비율

중상 또는 사망 : 경상 : 무상해사고 = 1 : 29 : 300
경상 : 무상해사고 = 29 : 300이므로

무상해사고 = $58 \times \dfrac{300}{29} = 600$건

관련개념 SUBJECT 01 산업재해 예방 및 안전보건교육
CHAPTER 01 산업재해예방 계획 수립

090

다음 중 압축기 운전 시 토출압력이 갑자기 증가하는 이유로 가장 적절한 것은?

① 윤활유의 과다
② 피스톤 링의 가스 누설
③ 토출관 내에 저항 발생
④ 저장조 내 가스압의 감소

해설 토출관 내에 저항이 발생하면 토출압력이 증가하게 된다.

관련개념 CHAPTER 04 화공 안전운전·점검

091

「산업안전보건기준에 관한 규칙」상 국소배기장치의 후드 설치기준이 아닌 것은?

① 유해물질이 발생하는 곳마다 설치할 것
② 후드의 개구부 면적은 가능한 한 크게 할 것
③ 외부식 또는 리시버식 후드는 해당 분진 등의 발산원에 가장 가까운 위치에 설치할 것
④ 후드 형식은 가능하면 포위식 또는 부스식 후드를 설치할 것

해설 후드(Hood)

인체에 해로운 분진 등을 배출하기 위하여 설치하는 국소배기장치의 후드는 다음의 기준에 맞도록 하여야 한다.
- 유해물질이 발생하는 곳마다 설치할 것
- 유해인자의 발생형태와 비중, 작업방법 등을 고려하여 해당 분진 등의 발산원을 제어할 수 있는 구조로 설치할 것
- 후드 형식은 가능하면 포위식 또는 부스식 후드를 설치할 것
- 외부식 또는 리시버식 후드는 해당 분진 등의 발산원에 가장 가까운 위치에 설치할 것

관련개념 CHAPTER 04 화공 안전운전·점검

092

소화설비와 주된 소화적용방법의 연결이 옳은 것은?

① 포소화설비 – 질식효과
② 스프링클러설비 – 억제효과
③ 이산화탄소소화설비 – 제거소화
④ 할로겐화합물소화설비 – 냉각소화

해설 질식소화를 이용한 소화기 종류

포소화기, 분말소화기, 이산화탄소소화기, 마른모래, 팽창질석, 팽창진주암

오답해설
② 스프링클러소화설비: 냉각소화
③ 이산화탄소소화설비: 질식소화
④ 할로겐화합물소화설비: 억제소화

관련개념 CHAPTER 01 화재·폭발 검토

093

물이 관 속을 흐를 때 유동하는 물 속의 어느 부분의 정압이 그때의 물의 증기압보다 낮을 경우 물이 증발하여 부분적으로 증기가 발생되어 배관의 부식을 초래하는 경우가 있다. 이러한 현상을 무엇이라 하는가?

① 서징(Surging)
② 공동현상(Cavitation)
③ 비말동반(Entrainment)
④ 수격작용(Water Hammering)

해설 공동현상(Cavitation)
유체가 관 속을 흐를 때 유동하는 유체 속 어느 부분의 정압이 그때의 유체의 증기압보다 낮을 경우 유체가 증발하여 부분적으로 증기가 발생되는 현상이다. 배관의 부식을 초래하기도 한다.

관련개념 CHAPTER 04 화공 안전운전·점검

094

「산업안전보건법령」상 유해인자의 분류기준에서 화학물질의 분류 중 인화성 액체의 정의로 옳은 것은?

① 표준압력에서 인화점이 30[℃] 이하인 액체
② 표준압력에서 인화점이 40[℃] 이하인 액체
③ 표준압력에서 인화점이 50[℃] 이하인 액체
④ 표준압력에서 인화점이 60[℃] 이하인 액체

해설 인화성 액체란 표준압력(103.3[kPa])에서 **인화점이 60[℃] 이하**이거나 고온·고압의 공정운전조건으로 인하여 화재·폭발위험이 있는 상태에서 취급되는 가연성 액체 물질을 말한다.

관련개념 CHAPTER 02 화학물질 안전관리 실행

095

다음 중 「산업안전보건법령」상 물질안전보건자료의 작성·제출 제외 대상이 아닌 것은?

① 「원자력안전법」에 의한 방사성 물질
② 「농약관리법」에 의한 농약
③ 「비료관리법」에 의한 비료
④ 「관세법」에 의해 수입되는 공업용 유기용제

해설 「관세법」에 의해 수입되는 공업용 유기용제는 물질안전보건자료(MSDS) 작성·제출 제외 대상 화학물질이 아니다.

보기 외의 물질안전보건자료 작성·제출 제외 대상 화학물질
- 「사료관리법」에 따른 사료
- 「약사법」에 따른 의약품·의약외품
- 「화장품법」에 따른 화장품
- 「식품위생법」에 따른 식품 및 식품첨가물 등

관련개념 CHAPTER 02 화학물질 안전관리 실행

096

폭발방호대책 중 이상 또는 과잉압력에 대한 안전장치로 볼 수 없는 것은?

① 안전밸브(Safety Valve)
② 릴리프밸브(Relief Valve)
③ 파열판(Bursting Disk)
④ 플레임 어레스터(Flame Arrester)

해설 화염방지기(Flame Arrester)
인화성 물질 등을 저장하는 탱크에서 외부에 그 증기를 방출하거나 탱크 내에 외기를 흡입하는 부분에 설치하는 안전장치로 과잉압력에 대한 안전장치라고 볼 수 없다.

관련개념 CHAPTER 04 화공 안전운전·점검

097

폭발압력과 인화성 가스의 농도와의 관계에 대해 설명한 것으로 옳은 것은?

① 인화성 가스의 농도가 너무 희박하거나 진하여도 폭발압력은 높아진다.
② 폭발압력은 양론농도보다 약간 높은 농도에서 최대폭발압력이 된다.
③ 최대폭발압력의 크기는 공기와의 혼합기체에서보다 산소의 농도가 큰 혼합기체에서 더 낮아진다.
④ 인화성 가스의 농도와 폭발압력은 반비례 관계이다.

해설 폭발압력과 인화성 가스의 농도와의 관계
- 인화성 가스의 농도가 클수록 폭발압력은 비례하여 높아진다.
- 인화성 가스의 농도가 너무 희박하거나 진하여도 폭발압력은 낮아진다.
- **폭발압력은 양론농도보다 약간 높은 농도에서 최대폭발압력이 된다.**
- 최대폭발압력의 크기는 공기보다 산소의 농도가 큰 혼합기체에서 더 높아진다.

관련개념 CHAPTER 01 화재·폭발 검토

098

다음 위험물 중 산화성 액체 및 산화성 고체가 아닌 것은?

① 질산 및 그 염류
② 염소산 및 그 염류
③ 과염소산 및 그 염류
④ 유기 금속화합물

해설 유기 금속화합물은 물반응성 물질로 수분과 반응 시 가연성 가스를 발생시킨다.

관련개념 CHAPTER 02 화학물질 안전관리 실행

099

후압이 존재하고 증기압 변화량을 제어할 목적의 경우 어떠한 안전방출장치를 사용해야 하는가?

① 스프링식 안전방출장치
② 파열판식 안전방출장치
③ 릴리프식 안전방출장치
④ 벨로스(Bellows)식 안전방출장치

해설 벨로스(Bellows)식 안전방출장치
주름이 있는 금속부품(Bellows)이 스프링 압력에 의해 고정되어 있고, 설정압력을 넘는 경우 작동되어 압력을 정상화시키는 안전장치이다.
- 후압이 존재하고 증기압 변화량을 제어할 목적으로 사용한다.
- 부식성, 독성 가스에 사용한다.

관련개념 CHAPTER 04 화공 안전운전·점검

100

건조설비의 구조는 구조부분, 가열장치, 부속설비로 구성된다. 이 중 구조부분에 속하는 것은 어느 것인가?

① 보온판
② 열원장치
③ 소화장치
④ 전기설비

해설 건조설비의 구조
- **구조부분**: 몸체(철골부, **보온판**, Shell 등), 내부구조, 내부에 있는 구동장치 등
- 가열장치: 열원장치, 순환용 송풍기 등
- 부속설비: 환기장치, 온도조절장치, 안전장치, 소화장치, 전기설비 등

관련개념 CHAPTER 02 화학물질 안전관리 실행

건설공사 안전관리

101
토사붕괴 원인으로 옳지 않은 것은?

① 경사 및 기울기 증가
② 성토 높이의 증가
③ 건설기계 등 하중작용
④ 토사중량의 감소

해설 토사의 중량이 감소할 경우 토사붕괴 위험이 낮아진다.
토석 붕괴의 외적 원인
- 사면, 법면의 경사 및 기울기의 증가
- 절토 및 성토 높이의 증가
- 공사에 의한 진동 및 반복 하중의 증가
- 지표수 및 지하수의 침투에 의한 토사 중량의 증가
- 지진, 차량, 구조물의 하중작용
- 토사 및 암석의 혼합층 두께

관련개념 CHAPTER 04 건설현장 안전시설 관리

102
이동식비계를 조립하여 작업을 하는 경우에 준수하여야 할 기준으로 옳지 않은 것은?

① 승강용 사다리는 견고하게 설치할 것
② 비계의 최상부에서 작업을 하는 경우에는 안전난간을 설치할 것
③ 작업발판의 최대적재하중은 400[kg]을 초과하지 않도록 할 것
④ 작업발판은 항상 수평을 유지하고 작업발판 위에서 안전난간을 딛고 작업을 하거나 받침대 또는 사다리를 사용하여 작업하지 않도록 할 것

해설 이동식비계 작업발판의 최대적재하중은 250[kg]을 초과하지 않도록 하여야 한다.

관련개념 CHAPTER 05 비계·거푸집 가시설 위험방지

103
굴착공사에 있어서 비탈면 붕괴를 방지하기 위하여 실시하는 대책으로 옳지 않은 것은?

① 지표수의 침투를 막기 위해 표면배수공을 한다.
② 지하수위를 내리기 위해 수평배수공을 설치한다.
③ 비탈면 하단을 성토한다.
④ 비탈면 상부에 토사를 적재한다.

해설 비탈면 상부에 토사 적재 시 비탈면 붕괴의 위험이 있다.

관련개념 CHAPTER 04 건설현장 안전시설 관리

104
미리 작업장소의 지형 및 지반상태 등에 적합한 제한속도를 정하지 않아도 되는 차량계 건설기계의 속도 기준은?

① 최대 제한속도가 10[km/h] 이하
② 최대 제한속도가 20[km/h] 이하
③ 최대 제한속도가 30[km/h] 이하
④ 최대 제한속도가 40[km/h] 이하

해설 차량계 하역운반기계, 차량계 건설기계(**최대제한속도가 10[km/h] 이하인 것 제외**)를 사용하여 작업을 하는 경우 미리 작업장소의 지형 및 지반상태 등에 적합한 제한속도를 정하고, 운전자로 하여금 이를 준수하도록 하여야 한다.

관련개념 CHAPTER 04 건설현장 안전시설 관리

105

흙막이 지보공을 설치하였을 경우 정기적으로 점검하고 이상을 발견하면 즉시 보수하여야 하는 사항과 가장 거리가 먼 것은?

① 부재의 접속부, 부착부 및 교차부의 상태
② 버팀대의 긴압의 정도
③ 부재의 손상, 변형, 부식, 변위 및 탈락의 유무와 상태
④ 지표수의 흐름 상태

해설 흙막이 지보공 설치 시 정기적 점검 및 보수사항
- 부재의 손상·변형·부식·변위 및 탈락의 유무와 상태
- 버팀대의 긴압의 정도
- 부재의 접속부·부착부 및 교차부의 상태
- 침하의 정도

관련개념 CHAPTER 05 비계·거푸집 가시설 위험방지

106

말비계를 조립하여 사용하는 경우 지주부재와 수평면의 기울기는 얼마 이하로 하여야 하는가?

① 65°
② 70°
③ 75°
④ 80°

해설 말비계 조립 시 지주부재와 수평면의 기울기를 75° 이하로 하고, 지주부재와 지주부재 사이를 고정시키는 보조부재를 설치하여야 한다.

관련개념 CHAPTER 05 비계·거푸집 가시설 위험방지

107

중량물을 운반할 때의 바른 자세로 옳은 것은?

① 허리를 구부리고 양손으로 들어올린다.
② 중량은 보통 체중의 60[%]가 적당하다.
③ 물건은 최대한 몸에서 멀리 떼어서 들어올린다.
④ 길이가 긴 물건은 앞쪽을 높게 하여 운반한다.

해설 인력운반 시 긴 물건은 앞부분을 약간 높여 모서리 등에 충돌하지 않게 한다.

오답해설
① 물건을 들어올릴 때에는 팔과 무릎을 이용하며 척추는 곧게 한다.
② 중량은 남성 근로자의 경우 체중의 40[%] 이하, 여성 근로자의 경우 체중의 24[%] 이하가 적당하다.
③ 물건은 최대한 몸에 가깝게 하여 들어올린다.

관련개념 CHAPTER 06 공사 및 작업 종류별 안전

108

건설업 산업안전보건관리비의 사용내역에 대하여 도급인은 공사 시작 후 몇 개월마다 1회 이상 발주자 또는 감리자의 확인을 받아야 하는가?

① 3개월
② 4개월
③ 5개월
④ 6개월

해설 도급인은 산업안전보건관리비 사용내역에 대하여 **공사 시작 후 6개월마다 1회 이상** 발주자 또는 감리자의 확인을 받아야 한다. 다만, 6개월 이내에 공사가 종료되는 경우에는 종료 시 확인을 받아야 한다.

관련개념 CHAPTER 03 건설업 산업안전보건관리비 관리

109

타워크레인을 와이어로프로 지지하는 경우에 준수해야 할 사항으로 옳지 않은 것은?

① 와이어로프를 고정하기 위한 전용 지지프레임을 사용할 것
② 와이어로프 설치각도는 수평면에서 60° 이상으로 하되, 지지점은 4개소 미만으로 할 것
③ 와이어로프와 그 고정부위는 충분한 강도와 장력을 갖도록 설치할 것
④ 와이어로프가 가공전선에 근접하지 않도록 할 것

해설 타워크레인을 와이어로프로 지지하는 경우 준수사항
- 와이어로프를 고정하기 위한 전용 지지프레임을 사용할 것
- 와이어로프 설치각도는 수평면에서 60° 이내로 하되, **지지점은 4개소 이상으로 하고**, 같은 각도로 설치할 것
- 와이어로프와 그 고정부위는 충분한 강도와 장력을 갖도록 설치하고, 와이어로프를 클립·샤클 등의 고정기구를 사용하여 견고하게 고정시켜 풀리지 않도록 하며, 사용 중에는 충분한 강도와 장력을 유지하도록 할 것
- 와이어로프가 가공전선에 근접하지 않도록 할 것

관련개념 CHAPTER 06 공사 및 작업 종류별 안전

110

단관비계가 넘어지는 것을 방지하기 위하여 사용하는 벽이음의 간격기준으로 옳은 것은?

① 수직 방향 5[m] 이하, 수평 방향 5[m] 이하
② 수직 방향 6[m] 이하, 수평 방향 6[m] 이하
③ 수직 방향 7[m] 이하, 수평 방향 7[m] 이하
④ 수직 방향 8[m] 이하, 수평 방향 8[m] 이하

해설 단관비계의 벽이음은 수직방향 5[m], 수평방향 5[m] 이내로 조립하여야 한다.

관련개념 CHAPTER 05 비계·거푸집 가시설 위험방지

111

다음은 가설통로를 설치하는 경우의 준수사항이다. ( )에 알맞은 수치를 고르면?

> 건설공사에 사용하는 높이 8[m] 이상인 비계다리에는 ( )[m] 이내마다 계단참을 설치할 것

① 7 ② 6
③ 5 ④ 4

해설 가설통로 설치 시 건설공사에 사용하는 높이 8[m] 이상인 비계다리에는 7[m] 이내마다 계단참을 설치하여야 한다.

관련개념 CHAPTER 05 비계·거푸집 가시설 위험방지

112

연약지반의 이상현상 중 하나인 히빙(heaving)현상에 대한 안전대책이 아닌 것은?

① 흙막이벽의 관입 깊이를 깊게 한다.
② 굴착면에 토사 등으로 하중을 가한다.
③ 흙막이 배면의 표토를 제거하여 토압을 경감시킨다.
④ 주변 수위를 높인다.

해설 히빙의 예방대책
- **흙막이벽의 근입 깊이 증가**
- **흙막이벽 배면지반의 상재하중 제거**
- 저면의 굴착부분을 남겨두어 굴착예정인 부분의 일부를 미리 굴착하여 기초콘크리트 타설
- 굴착주변을 웰 포인트(Well Point) 공법과 병행
- **굴착저면에 토사 등 인공중력 증가**

관련개념 CHAPTER 02 건설공사 위험성

113

추락재해 방지를 위한 방망이 그물코 규격 기준으로 옳은 것은?

① 사각 또는 마름모로서 크기가 5[cm] 이하
② 사각 또는 마름모로서 크기가 10[cm] 이하
③ 사각 또는 마름모로서 크기가 15[cm] 이하
④ 사각 또는 마름모로서 크기가 20[cm] 이하

해설 추락방호망의 그물코는 사각 또는 마름모로서 크기는 10[cm] 이하이어야 한다.

관련개념 CHAPTER 04 건설현장 안전시설 관리

114

부두 등의 하역작업장에서 부두 또는 안벽의 선을 따라 통로를 설치하는 경우, 최소 폭 기준은?

① 90[cm] 이상
② 75[cm] 이상
③ 60[cm] 이상
④ 45[cm] 이상

해설 부두·안벽 등 하역작업을 하는 장소에 부두 또는 안벽의 선을 따라 통로를 설치하는 경우에는 폭을 90[cm] 이상으로 하여야 한다.

관련개념 CHAPTER 06 공사 및 작업 종류별 안전

115

콘크리트 타설작업을 하는 경우에 준수해야 할 사항으로 옳지 않은 것은?

① 당일의 작업을 시작하기 전에 해당 작업에 관한 거푸집 및 동바리의 변형·변위 및 지반의 침하 유무 등을 점검하고 이상이 있으면 보수한다.
② 작업 중에는 감시자를 배치하는 등의 방법으로 거푸집 및 동바리의 변형·변위 및 침하 유무 등을 확인하여야 하며, 이상이 있으면 작업을 빠른 시간 내 우선 완료하고 근로자를 대피시킨다.
③ 콘크리트 타설작업 시 거푸집 붕괴의 위험이 발생할 우려가 있으면 충분한 보강조치를 한다.
④ 콘크리트를 타설하는 경우에는 편심이 발생하지 않도록 골고루 분산하여 타설한다.

해설 콘크리트 타설작업 중에는 감시자를 배치하는 등의 방법으로 거푸집 및 동바리의 변형·변위 및 침하 유무 등을 확인하여야 하며, **이상이 있으면 작업을 중지하고 근로자를 대피시켜야** 한다.

관련개념 CHAPTER 06 공사 및 작업 종류별 안전

116

항타기 또는 항발기의 권상장치 드럼축과 권상장치로부터 첫 번째 도르래의 축 간의 거리는 권상장치 드럼폭의 몇 배 이상으로 하여야 하는가?

① 5배
② 8배
③ 10배
④ 15배

해설 항타기 또는 항발기의 권상장치의 드럼축과 권상장치로부터 첫 번째 도르래의 축 간의 거리를 권상장치 드럼폭의 15배 이상으로 하여야 한다.

관련개념 CHAPTER 04 건설현장 안전시설 관리

117

근로자의 추락 등의 위험을 방지하기 위한 안전난간의 설치기준으로 옳지 않은 것은?

① 상부 난간대와 중간 난간대는 난간 길이 전체에 걸쳐 바닥면 등과 평행을 유지할 것
② 발끝막이판은 바닥면 등으로부터 20[cm] 이상의 높이를 유지할 것
③ 난간대는 지름 2.7[cm] 이상의 금속제 파이프나 그 이상의 강도가 있는 재료일 것
④ 안전난간은 구조적으로 가장 취약한 지점에서 가장 취약한 방향으로 작용하는 100[kg] 이상의 하중에 견딜 수 있는 튼튼한 구조일 것

해설 안전난간의 발끝막이판은 바닥면 등으로부터 10[cm] 이상의 높이를 유지하여야 한다.

관련개념 CHAPTER 04 건설현장 안전시설 관리

118

항만하역작업에서의 선박승강설비 설치기준으로 옳지 않은 것은?

① 200톤급 이상의 선박에서 하역작업을 하는 경우에 근로자들이 안전하게 오르내릴 수 있는 현문(舷門) 사다리를 설치하여야 하며, 이 사다리 밑에 안전망을 설치하여야 한다.
② 현문 사다리는 견고한 재료로 제작된 것으로 너비는 55[cm] 이상이어야 한다.
③ 현문 사다리의 양측에는 82[cm] 이상의 높이로 울타리를 설치하여야 한다.
④ 현문 사다리는 근로자의 통행에만 사용하여야 하며, 화물용 발판 또는 화물용 보관으로 사용하도록 해서는 아니 된다.

해설 항만하역작업 시 300톤급 이상의 선박에서 하역작업을 하는 경우에 근로자들이 안전하게 오르내릴 수 있는 현문 사다리를 설치하여야 하며, 이 사다리 밑에 안전망을 설치하여야 한다.

관련개념 CHAPTER 06 공사 및 작업 종류별 안전

119

유해위험방지계획서 첨부서류에 해당되지 않는 것은?

① 안전관리를 위한 교육자료
② 안전관리 조직표
③ 전체 공정표
④ 재해발생 위험 시 연락 및 대피방법

해설 건설공사 유해위험방지계획서 제출 시 첨부서류
- 공사 개요서
- 공사현장의 주변 현황 및 주변과의 관계를 나타내는 도면(매설물 현황 포함)
- 전체 공정표
- 산업안전보건관리비 사용계획서
- 안전관리 조직표
- 재해 발생 위험 시 연락 및 대피방법

관련개념 CHAPTER 02 건설공사 위험성

120

공사용 가설도로에 대한 설명으로 옳지 않은 것은?

① 도로는 장비 및 차량이 안전하게 운행할 수 있도록 견고하게 설치한다.
② 부득이한 경우를 제외하는 경우 최고 허용 경사도는 20[%]이다.
③ 도로와 작업장이 접해 있을 경우에는 울타리 등을 설치한다.
④ 도로는 배수를 위해 경사지게 설치하거나 배수시설을 해야 한다.

해설 가설도로 설치기준
- 도로는 장비와 차량이 안전하게 운행할 수 있도록 견고하게 설치할 것
- 도로와 작업장이 접하여 있을 경우에는 울타리 등을 설치할 것
- 도로는 배수를 위하여 경사지게 설치하거나 배수시설을 설치할 것
- 차량의 속도제한 표지를 부착할 것

관련개념 CHAPTER 05 비계·거푸집 가시설 위험방지

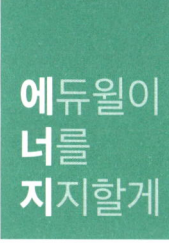

견디는 것이 아니라
견디면서 나아가는 것이 중요하다.

– 서상영, 〈소를 기르다〉

2023년 1회 CBT 복원문제

산업재해 예방 및 안전보건교육

001
산업재해보험적용 근로자 1,000명인 플라스틱 제조 사업장에서 작업 중 재해 5건이 발생하였고, 1명이 사망하였을 때 이 사업장의 사망만인율은?

① 2
② 5
③ 10
④ 20

해설 사망만인율
임금근로자 수 10,000명당 발생하는 사망자 수의 비율이다.

사망만인율 = $\dfrac{\text{사망자 수}}{\text{산재보험적용 근로자 수}} \times 10,000 = \dfrac{1}{1,000} \times 10,000 = 10$

관련개념 SUBJECT 03 기계·기구 및 설비 안전관리
CHAPTER 02 기계분야 산업재해 조사 및 관리

002
학습지도의 형태 중 몇 사람의 전문가가 주제에 대한 견해를 발표하고 참가자로 하여금 의견을 내거나 질문을 하게 하는 토의방식은?

① 포럼(Forum)
② 심포지엄(Symposium)
③ 버즈세션(Buzz session)
④ 자유토의법(Free discussion method)

해설 심포지엄(Symposium)
몇 사람의 전문가가 과제에 관한 견해를 발표하게 한 뒤 참가자로 하여금 의견이나 질문을 하게 하여 토의하는 방법이다.

관련개념 CHAPTER 05 안전보건교육의 내용 및 방법

003
버드(Bird)에 의한 재해 발생비율 1 : 10 : 30 : 600 중 30에 해당되는 내용은?

① 중상
② 경상
③ 무상해사고
④ 무사고

해설 버드(Bird)의 재해구성비율
중상(중증요양상태) 또는 사망 : 경상(물적, 인적 상해) : **무상해사고(물적 손실 발생)** : 무상해, 무사고 고장(위험 순간) = 1 : 10 : **30** : 600

관련개념 CHAPTER 01 산업재해예방 계획 수립

004
기업 내 정형교육 중 TWI(Training Within Industry)의 교육 내용이 아닌 것은?

① Job Method Training
② Job Relation Training
③ Job Instruction Training
④ Job Standardization Training

해설 TWI(Training Within Industry)
- 작업지도훈련(JIT; Job Instruction Training)
- 작업방법훈련(JMT; Job Method Training)
- 인간관계훈련(JRT; Job Relation Training)
- 작업안전훈련(JST; Job Safety Training)

관련개념 CHAPTER 05 안전보건교육의 내용 및 방법

| 정답 | 001 ③ | 002 ② | 003 ③ | 004 ④ |

005

레윈(Lewin)의 법칙에서 환경조건(E)에 포함되는 것은?

$$B=f(P \cdot E)$$

① 지능
② 소질
③ 적성
④ 인간관계

해설 레윈(Lewin.K)의 법칙
$B=f(P \cdot E)$
여기서, B: Behavior(인간의 행동)
f: function(함수관계)
P: Person(개체: 연령, 경험, 심신상태, 성격, 지능 등)
E: Environment(환경: **인간관계**, 작업조건 등)

관련개념 CHAPTER 04 인간의 행동과학

006

재해의 기본원인 4M에 해당하지 않는 것은?

① Man
② Machine
③ Media
④ Measurement

해설 4M 분석기법에 Measurement는 존재하지 않는다.
4M 분석기법
인간(Man), 기계(Machine), 작업매체(Media), 관리(Management)

관련개념 CHAPTER 01 산업재해예방 계획 수립

007

「산업안전보건법령」상 안전보건표지의 종류 중 바탕은 파란색, 관련 그림은 흰색을 사용하는 표지는?

① 사용금지
② 세안장치
③ 몸균형상실 경고
④ 안전복 착용

해설 파란색 바탕에 관련 그림이 흰색인 안전보건표지는 '**지시표지**'이다. 보기 중 '지시표지'는 '**안전복 착용**'이다.

관련개념 CHAPTER 02 안전보호구 관리

008

재해조사 시 유의사항으로 적절하지 않은 것은?

① 조사는 신속하게 행한다.
② 긴급조치를 하여 2차 재해방지를 도모한다.
③ 조사는 2인 이상이 한다.
④ 책임추궁을 우선으로 한다.

해설 재해조사 시 책임추궁보다는 재발방지를 우선하는 기본 태도를 갖는다.

관련개념 SUBJECT 03 기계·기구 및 설비 안전관리
CHAPTER 02 기계분야 산업재해 조사 및 관리

009

「산업안전보건법령」상 안전인증대상 기계·기구 및 설비가 아닌 것은?

① 연삭기
② 롤러기
③ 압력용기
④ 고소(高所)작업대

해설 연삭기는 안전인증대상이 아닌 자율안전확인대상 기계·기구이다.
안전인증대상 기계·기구 및 설비
프레스, 전단기 및 절곡기, 크레인, 리프트, 압력용기, 롤러기, 사출성형기, 고소작업대, 곤돌라

관련개념 SUBJECT 03 기계·기구 및 설비 안전관리
CHAPTER 02 기계분야 산업재해 조사 및 관리

| 정답 | 005 ④　006 ④　007 ④　008 ④　009 ①

010

부주의의 발생 원인에 포함되지 않는 것은?

① 의식의 단절
② 의식의 우회
③ 의식수준의 저하
④ 의식의 지배

해설 부주의의 원인(현상)
- **의식의 우회**: 의식의 흐름이 옆으로 빗나가 발생하는 것(걱정, 고민, 욕구불만 등에 의하여 정신을 빼앗기는 것)이다.
- **의식수준의 저하**: 혼미한 정신상태에서 심신이 피로할 경우나 단조로운 반복작업 등의 경우에 일어나기 쉽다.
- **의식의 단절**: 지속적인 의식의 흐름에 단절이 생기고 공백의 상태가 나타나는 것으로 주로 질병의 경우에 나타난다.
- 의식의 과잉: 돌발사태에 직면하면 주의가 일점(주시점)에 집중되어 판단정지 및 긴장 상태에 빠지게 되어 유효한 대응을 못하게 된다.
- 의식의 혼란: 외적 조건에 의해 의식이 혼란하거나 분산되어 위험요인에 대응할 수 없을 때 발생한다.

관련개념 CHAPTER 04 인간의 행동과학

011

다음 중 "Near Accident"에 관한 내용으로 가장 적절한 것은?

① 사고가 일어난 인접지역
② 사망사고가 발생한 중대재해
③ 사고가 일어난 지점에 계속 사고가 발생하는 지역
④ 사고가 일어나더라도 손실을 전혀 수반하지 않는 재해

해설 아차사고
무인명상해(인적 손실 없음), 무재산손실(물적 손실 없음) 사고이다.

관련개념 CHAPTER 01 산업재해예방 계획 수립

012

재해분석도구 중 재해발생의 유형을 어골상(魚骨像)으로 분류하여 분석하는 것은?

① 파레토도
② 특성요인도
③ 관리도
④ 클로즈분석도

해설 재해의 통계적 원인분석 방법

파레토도	분류항목을 큰 순서대로 도표화한 분석법
특성요인도	특성과 요인관계를 도표로 하여 어골상으로 세분화한 분석법
클로즈분석도	요인별 결과 내역을 교차한 클로즈 그림을 작성, 분석하는 방법
관리도	재해발생수를 그래프화하여 관리선을 설정, 관리하는 방법

관련개념 SUBJECT 03 기계·기구 및 설비 안전관리
CHAPTER 02 기계분야 산업재해 조사 및 관리

013

무재해 운동을 추진하기 위한 조직의 세 기둥으로 볼 수 없는 것은?

① 최고경영자의 경영자세
② 소집단 자주활동의 활성화
③ 전 종업원의 안전요원화
④ 라인관리자에 의한 안전보건의 추진

해설 무재해 운동 추진의 3기둥(3요소)
- 소집단의 자주활동의 활성화
- 라인관리자에 의한 안전보건의 추진
- 최고경영자의 경영자세

관련개념 CHAPTER 01 산업재해예방 계획 수립

014

안전보건관리의 조직형태 중 경영자의 지휘와 명령이 위에서 아래로 하나의 계통이 되어 신속히 전달되며 100명 미만의 소규모 기업에 적합한 유형은?

① Staff 조직
② Line 조직
③ Line-staff 조직
④ Round 조직

해설 라인(LINE)형 조직(직계형 조직)
소규모 기업에 적합한 조직으로서 안전관리에 관한 계획에서부터 실시에 이르기까지 모든 안전업무가 생산라인을 통하여 수직적으로 이루어지도록 편성된 조직이다.

관련개념 CHAPTER 01 산업재해예방 계획 수립

| 정답 | 010 ④ | 011 ④ | 012 ② | 013 ③ | 014 ② |

015

파블로프(Pavlov)의 조건반사설에 의한 학습이론의 원리가 아닌 것은?

① 일관성의 원리
② 계속성의 원리
③ 준비성의 원리
④ 강도의 원리

해설 '준비성'에 관한 것은 손다이크(Thorndike)의 시행착오설 중 '준비성의 법칙'에 해당한다.

파블로프(Pavlov)의 조건반사설
- 계속성의 원리(The Continuity Principle)
- 일관성의 원리(The Consistency Principle)
- 강도의 원리(The Intensity Principle)
- 시간의 원리(The Time Principle)

관련개념 CHAPTER 05 안전보건교육의 내용 및 내용 및 방법

016

다음 중 안전점검의 목적으로 볼 수 없는 것은?

① 사고원인을 찾아 재해를 미연에 방지하기 위함이다.
② 작업자의 잘못된 부분을 점검하여 책임을 부여하기 위함이다.
③ 재해의 재발을 방지하여 사전대책을 세우기 위함이다.
④ 현장의 불안전 요인을 찾아 계획에 적절히 반영시키기 위함이다.

해설 안전점검의 목적
- 기기 및 설비의 결함이나 불안전한 상태의 제거로 사전에 안전성을 확보하기 위함이다.
- 기기 및 설비의 안전상태 유지 및 본래의 성능을 유지하기 위함이다.
- 재해방지를 위한 대책을 계획적으로 실시하기 위함이다.

관련개념 SUBJECT 03 기계 · 기구 및 설비 안전관리
CHAPTER 02 기계분야 산업재해 조사 및 관리

017

다음 중 안전보건교육의 단계별 교육과정 순서로 옳은 것은?

① 안전 태도교육 → 안전 지식교육 → 안전 기능교육
② 안전 지식교육 → 안전 기능교육 → 안전 태도교육
③ 안전 기능교육 → 안전 지식교육 → 안전 태도교육
④ 안전 자세교육 → 안전 지식교육 → 안전 기능교육

해설 안전교육의 3단계
㉠ 1단계: 지식교육
㉡ 2단계: 기능교육
㉢ 3단계: 태도교육

관련개념 CHAPTER 05 안전보건교육의 내용 및 방법

018

맥그리거(Mcgregor)의 X, Y 이론에서 X 이론에 대한 관리 처방으로 볼 수 없는 것은?

① 직무의 확장
② 권위주의적 리더십의 확립
③ 경제적 보상체제의 강화
④ 면밀한 감독과 엄격한 통제

해설 '직무의 확장'은 Y 이론에 대한 관리 처방 중 하나이다.
Y 이론에 대한 관리 처방
- 민주적 리더십의 확립
- 분권화와 권한의 위임
- 직무의 확장
- 자율적인 통제
- 목표에 의한 관리

관련개념 CHAPTER 04 인간의 행동과학

| 정답 | 015 ③ | 016 ② | 017 ② | 018 ① |

019

「산업안전보건법령」상 사업 내 안전보건교육시간에 관한 설명으로 옳지 않은 것은?

① 사무직 종사 근로자 정기교육: 매반기 6시간 이상
② 일용근로자 및 근로계약기간이 1개월 이하인 기간제근로자를 제외한 근로자 채용 시 교육: 8시간 이상
③ 일용근로자 작업내용 변경 시 교육: 2시간 이상
④ 건설 일용근로자 건설업 기초안전·보건교육: 4시간 이상

해설 근로자 안전보건교육 교육과정별 교육시간

교육과정	교육대상		교육시간
정기교육	사무직 종사 근로자		매반기 6시간 이상
	그 밖의 근로자	판매업무에 직접 종사하는 근로자	매반기 6시간 이상
		판매업무에 직접 종사하는 근로자 외의 근로자	매반기 12시간 이상
채용 시 교육	일용근로자 및 근로계약기간이 1주일 이하인 기간제근로자		1시간 이상
	근로계약기간이 1주일 초과 1개월 이하인 기간제근로자		4시간 이상
	그 밖의 근로자		8시간 이상
작업내용 변경 시 교육	일용근로자 및 근로계약기간이 1주일 이하인 기간제근로자		1시간 이상
	그 밖의 근로자		2시간 이상
건설업 기초 안전·보건교육	건설 일용근로자		4시간 이상

※ 이 문제는 개정된 법령에 따라 수정된 문제입니다.

관련개념 CHAPTER 05 안전보건교육의 내용 및 방법

020

안전교육방법 중 강의식 교육을 1시간 하려고 한다. 다음 중 가장 시간이 많이 소비되는 단계는?

① 도입
② 제시
③ 적용
④ 확인

해설 교육법의 4단계 및 시간배분(60분 기준)

교육법의 4단계	강의식	토의식
제1단계 – 도입(준비)	5분	5분
제2단계 – **제시**(설명)	**40분**	10분
제3단계 – 적용(응용)	10분	40분
제4단계 – 확인(총괄)	5분	5분

관련개념 CHAPTER 05 안전보건교육의 내용 및 방법

인간공학 및 위험성평가·관리

021

인간공학적 연구에 사용되는 기준척도의 요건 중 다음 설명에 해당하는 것은?

> 기준척도는 측정하고자 하는 변수 외의 다른 변수들의 영향을 받아서는 안 된다.

① 신뢰성
② 적절성
③ 검출성
④ 무오염성

해설 체계기준의 구비조건(연구조사의 기준척도)
- 실제적 요건: 객관적, 정량적이고, 수집 또는 연구가 쉬우며, 특수한 자료 수집기법이나 기기가 필요 없어, 돈이나 실험자의 수고가 적게 들어야 한다.
- 신뢰성(반복성): 시간이나 대표적 표본의 선정에 관계없이, 변수 측정의 일관성이나 안정성이 있어야 한다.
- 타당성(적절성): 어느 것이나 공통적으로 변수가 실제로 의도하는 바를 어느 정도 측정하는가를 결정하여야 한다.(시스템의 목표를 잘 반영하는가를 나타내는 척도)
- 순수성(무오염성): 측정하는 구조 외적인 변수의 영향은 받지 않아야 한다.
- 민감도: 피검자 사이에서 볼 수 있는 예상 차이점에 비례하는 단위로 측정하여야 한다.

관련개념 CHAPTER 01 안전과 인간공학

022

시스템의 수명 및 신뢰성에 관한 설명으로 틀린 것은?

① 병렬설계 및 디레이팅 기술로 시스템의 신뢰성을 증가시킬 수 있다.
② 직렬시스템에서는 부품들 중 최소 수명을 갖는 부품에 의해 시스템 수명이 정해진다.
③ 수리가 가능한 시스템의 평균수명(MTBF)은 평균고장률(λ)과 정비례 관계가 성립한다.
④ 수리가 불가능한 구성요소로 병렬구조를 갖는 설비는 중복도가 늘어날수록 시스템 수명이 길어진다.

해설 평균고장간격(MTBF)은 평균고장률(λ)과 반비례한다.
$$\text{MTBF} = \frac{1}{\lambda}$$

관련개념 CHAPTER 03 위험성 감소대책 수립 · 실행

023

태양광선이 내리쬐는 옥외 장소의 자연습구온도 25[℃], 흑구온도 20[℃], 건구온도 28[℃]일 때, 습구흑구온도지수[℃]는?

① 21.8[℃]
② 24.3[℃]
③ 26.1[℃]
④ 26.6[℃]

해설 습구흑구온도지수(WBGT)[태양광선이 내리쬐는 옥외 장소]
WBGT[℃]=0.7×자연습구온도(NWB)+0.2×흑구온도(GT)
　　　　+0.1×건구온도(DT)
　　　　=0.7×25+0.2×20+0.1×28=24.3[℃]

관련개념 CHAPTER 06 작업환경 관리

024

작업개선을 위하여 도입되는 원리인 ECRS에 포함되지 않는 것은?

① Combine
② Standard
③ Eliminate
④ Rearrange

해설 작업방법의 개선원칙 ECRS
• 제거(Eliminate)
• 결합(Combine)
• 재배치 · 재조정(Rearrange)
• 단순화(Simplify)

관련개념 CHAPTER 02 위험성 파악 · 결정

025

다음의 각 단계를 결함수분석법(FTA)에 의한 재해사례의 연구 순서대로 나열한 것은?

　㉠ 정상사상의 선정
　㉡ FT도 작성 및 분석
　㉢ 개선계획의 작성
　㉣ 각 사상의 재해원인 규명

① ㉠ → ㉡ → ㉢ → ㉣
② ㉠ → ㉣ → ㉢ → ㉡
③ ㉠ → ㉢ → ㉡ → ㉣
④ ㉠ → ㉣ → ㉡ → ㉢

해설 FTA에 의한 재해사례 연구순서(D. R. Cheriton)
정상(Top)사상의 선정 → 각 사상의 재해원인 규명 → FT도의 작성 및 분석 → 개선계획의 작성

관련개념 CHAPTER 02 위험성 파악 · 결정

026

프레스에 설치된 안전장치의 수명은 지수분포를 따르며 평균수명은 100시간이다. 새로 구입한 안전장치가 50시간 동안 고장 없이 작동할 확률(A)과 이미 100시간을 사용한 안전장치가 앞으로 50시간 이상 견딜 확률(B)은 각각 얼마인가?

① A: 0.368, B: 0.368
② A: 0.607, B: 0.368
③ A: 0.368, B: 0.607
④ A: 0.607, B: 0.607

해설 기계의 신뢰도

A: $R = e^{-\lambda t} = e^{-\frac{t}{t_0}} = e^{-\frac{50}{100}} = 0.607$

B: $R = e^{-\lambda t} = e^{-\frac{t}{t_0}} = e^{-\frac{50}{100}} = 0.607$

여기서, λ: 고장률
t: 가동시간
t_0: 평균수명

관련개념 CHAPTER 02 위험성 파악·결정

027

시스템안전 프로그램에서의 최초 단계 해석으로 시스템의 위험요소가 어떤 위험 상태에 있는가를 정성적으로 평가하는 방법은?

① PHA
② FHA
③ FMEA
④ FTA

해설 예비위험분석(PHA; Preliminary Hazards Analysis)
시스템 내의 위험요소가 얼마나 위험상태에 있는가를 평가하는 시스템안전 프로그램의 최초단계(시스템 구상단계)의 정성적인 분석 방식이다.

관련개념 CHAPTER 02 위험성 파악·결정

028

각 구성요소의 신뢰도가 다음과 같을 때 전체 시스템의 신뢰도는 얼마인가?

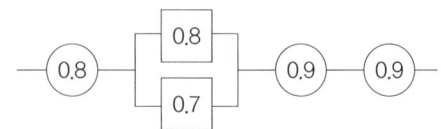

① 0.0011
② 0.1109
③ 0.3629
④ 0.6091

해설 신뢰도(R) $= 0.8 \times \{1 - (1-0.8) \times (1-0.7)\} \times 0.9 \times 0.9 = 0.6091$

관련개념 CHAPTER 01 안전과 인간공학

029

Chapanis가 정의한 위험의 확률수준과 그에 따른 위험발생률로 옳은 것은?

① 전혀 발생하지 않는(impossible) 발생빈도: 10^{-8}/day
② 극히 발생할 것 같지 않은(extremely unlikely) 발생빈도: 10^{-7}/day
③ 거의 발생하지 않는(remote) 발생빈도: 10^{-6}/day
④ 가끔 발생하는(occasional) 발생빈도: 10^{-5}/day

해설 차파니스의 위험평점척도법

빈도	평점	확률 및 내용
자주	6	>10^{-2}/day, 때때로 일어남
보통	5	>10^{-3}/day, 한 항목의 수명 중 수회 일어남
가끔	4	>10^{-4}/day, 한 항목의 수명 중 드물게 일어남
거의 발생하지 않는	3	>10^{-5}/day, 그리 일어날 것 같지 않음
극히 발생할 것 같지 않은	2	>10^{-6}/day, 발생확률이 0에 가까움
전혀 발생하지 않는	1	>10^{-8}/day, 물리적으로 발생 불가능

관련개념 CHAPTER 02 위험성 파악·결정

030

다음 중 중(重)작업의 경우 작업대의 높이로 가장 적절한 것은?

① 허리 높이보다 0~10[cm] 정도 낮게
② 팔꿈치 높이보다 10~20[cm] 정도 높게
③ 팔꿈치 높이보다 10~20[cm] 정도 낮게
④ 어깨 높이보다 30~40[cm] 정도 높게

해설 입식 작업대 높이
- 정밀작업: 팔꿈치 높이보다 5~10[cm] 높게 설계
- 일반작업: 팔꿈치 높이보다 5~10[cm] 낮게 설계
- 힘든작업(重작업): 팔꿈치 높이보다 10~20[cm] 낮게 설계

관련개념 CHAPTER 06 작업환경 관리

031

결함수분석법(FTA)에서의 미니멀 컷셋과 미니멀 패스셋에 관한 설명으로 맞는 것은?

① 미니멀 컷셋은 시스템의 신뢰성을 표시하는 것이다.
② 미니멀 패스셋은 시스템의 위험성을 표시하는 것이다.
③ 미니멀 패스셋은 시스템의 고장을 발생시키는 최소의 패스셋이다.
④ 미니멀 컷셋은 정상사상(Top Event)을 일으키기 위한 최소한의 컷셋이다.

해설
① 미니멀 컷셋은 시스템의 위험성을 표시하는 것이다.
② 미니멀 패스셋은 시스템의 신뢰성을 표시하는 것이다.
③ 미니멀 패스셋은 정상사상(고장)이 일어나지 않는 최소한의 패스셋이다.

관련개념 CHAPTER 02 위험성 파악 · 결정

032

비상구 출입문 설계 시, 가장 적합한 인체측정자료의 응용원칙은?

① 조절식 설계
② 평균치를 이용한 설계
③ 최대치수를 이용한 설계
④ 최소치수를 이용한 설계

해설 극단치 설계
특정한 설비를 설계할 때, 거의 모든 사람을 수용할 수 있도록 설계한다.
- 최소치 설계: 하위 백분위 수 기준 1, 5, 10[%tile]
  예 선반의 높이, 조종장치까지의 거리 등
- 최대치 설계: 상위 백분위 수 기준 90, 95, 99[%tile]
  예 문, 통로, 탈출구 등

관련개념 CHAPTER 06 작업환경 관리

033

인간공학 연구방법 중 실제의 제품이나 시스템이 추구하는 특성 및 수준이 달성되는지를 비교하고 분석하는 연구는?

① 조사연구
② 실험연구
③ 분석연구
④ 평가연구

해설 평가연구
시스템 성능에 대한 인간-기계시스템이나 제품 등이 의도한 성능, 목표 수준에 도달하였는지 분석하는 연구방법이다.

관련개념 CHAPTER 01 안전과 인간공학

034

빨강, 노랑, 파랑의 3가지 색으로 구성된 교통 신호등이 있다. 신호등은 항상 3가지 색 중 하나가 켜지도록 되어 있다. 1시간 동안 조사한 결과, 파란등은 총 30분 동안, 빨간등과 노란등은 각각 총 15분 동안 켜진 것으로 나타났다. 이 신호등의 총 정보량은 몇 [bit]인가?

① 0.5 ② 0.75
③ 1.0 ④ 1.5

해설 신호등의 각 확률은 $P_{파란등}=0.5$, $P_{빨간등}=0.25$, $P_{노란등}=0.25$이다.

정보량(H)=$\log_2 \frac{1}{P}$

$H_{파란등}=\log_2 \frac{1}{0.5}=1$[bit],

$H_{빨간등}=\log_2 \frac{1}{0.25}=2$[bit],

$H_{노란등}=\log_2 \frac{1}{0.25}=2$[bit]이다.

총 정보량 H = 각 대안으로부터 얻는 정보량 × 각각의 실현 확률
= $H_{파란등} \times P_{파란등} + H_{빨간등} \times P_{빨간등} + H_{노란등} \times P_{노란등}$
= $1 \times 0.5 + 2 \times 0.25 + 2 \times 0.25 = 1.5$[bit]

관련개념 CHAPTER 01 안전과 인간공학

035

다음 중 불(Bool) 대수의 정리를 나타낸 관계식으로 틀린 것은?

① A+1=A ② A+$\overline{A}$=1
③ A+AB=A ④ A+A=A

해설 불 대수의 법칙에 따라 A+1=1이다.

관련개념 CHAPTER 02 위험성 파악 · 결정

036

정량적 표시장치에 관한 설명으로 맞는 것은?

① 정확한 값을 읽어야 하는 경우 일반적으로 디지털보다 아날로그 표시장치가 유리하다.
② 동목(Moving Scale)형 아날로그 표시장치는 표시장치의 면적을 최소화할 수 있는 장점이 있다.
③ 연속적으로 변화하는 양을 나타내는 데에는 일반적으로 아날로그보다 디지털 표시장치가 유리하다.
④ 동침(Moving Pointer)형 아날로그 표시장치는 바늘의 진행 방향과 증감 속도에 대한 인식적인 암시 신호를 얻는 것이 불가능한 단점이 있다.

해설 동목(Moving Scale)형 표시장치는 표시장치의 공간을 적게 차지하는 이점이 있다.

오답해설
① 정확한 수치를 읽어야 하는 경우 디지털 표시장치가 더 유리하다.
③ 연속적으로 변화하는 양을 나타내는 데에는 아날로그 표시장치가 더 유리하다.
④ 동침형 아날로그 표시장치의 경우 지침의 위치가 일종의 인식상의 단서로 작용하는 이점이 있다.

관련개념 CHAPTER 06 작업환경 관리

037

「산업안전보건법령」에 따라 상시 작업에 종사하는 장소에서 보통작업을 하고자 할 때 작업면의 최소 조도[lux]로 맞는 것은?

① 75 ② 150
③ 300 ④ 750

해설 작업별 조도기준
- 초정밀작업: 750[lux] 이상
- 정밀작업: 300[lux] 이상
- 보통작업: 150[lux] 이상
- 그 밖의 작업: 75[lux] 이상

관련개념 CHAPTER 06 작업환경 관리

038

광원으로부터 직사휘광을 처리하기 위한 방법으로 틀린 것은?

① 광원의 휘도를 줄인다.
② 가리개나 차양을 사용한다.
③ 광원을 시선에서 멀리 한다.
④ 광원의 주위를 어둡게 한다.

해설 광원으로부터의 휘광(Glare) 처리 시 휘광원 주위를 밝게 하여 광도비를 줄여야 한다.

관련개념 CHAPTER 06 작업환경 관리

039

인간이 기계보다 우수한 기능으로 옳지 않은 것은?(단, 인공지능은 제외한다.)

① 암호화된 정보를 신속하게 대량으로 보관할 수 있다.
② 관찰을 통해서 일반화하여 귀납적으로 추리한다.
③ 항공사진의 피사체나 말소리처럼 상황에 따라 변화하는 복잡한 자극의 형태를 식별할 수 있다.
④ 수신 상태가 나쁜 음극선관에 나타나는 영상과 같이 배경 잡음이 심한 경우에도 신호를 인지할 수 있다.

해설 암호화된 정보를 신속하게 대량으로 보관할 수 있는 것은 기계가 인간을 능가하는 기능이다.

관련개념 CHAPTER 01 안전과 인간공학

040

음량수준이 50[phon]일 때 [sone]값은 얼마인가?

① 2　　　　　② 5
③ 10　　　　 ④ 100

해설 $[sone]치 = 2^{\frac{[phon]-40}{10}} = 2^{\frac{50-40}{10}} = 2$

관련개념 CHAPTER 06 작업환경 관리

기계·기구 및 설비 안전관리

041

지름이 D[mm]인 연삭기 숫돌의 회전수가 N[rpm]일 때 숫돌의 원주속도를 옳게 표시한 것은?

① $\frac{DN}{60}[m/min]$　　　② $\frac{\pi DN}{60}[m/min]$
③ $\frac{DN}{1,000}[m/min]$　 ④ $\frac{\pi DN}{1,000}[m/min]$

해설 숫돌의 원주속도
$V = \frac{\pi DN}{60 \times 1,000}[m/s] = \frac{\pi DN}{1,000}[m/min]$
여기서, D: 지름[mm]
　　　　N: 회전수[rpm]

관련개념 CHAPTER 03 공작기계의 안전

042

기계설비의 위험점 중 연삭숫돌과 작업받침대, 교반기의 날개와 하우스 등 고정부분과 회전하는 동작 부분 사이에서 형성되는 위험점은?

① 끼임점　　　　② 물림점
③ 접선물림점　　④ 절단점

해설 끼임점(Shear Point)
기계의 고정부분과 회전 또는 직선운동 부분 사이에 형성되는 위험점이다.
예) 회전 풀리와 베드 사이, 연삭숫돌과 작업대, 교반기의 날개와 하우스

관련개념 CHAPTER 01 기계공정의 안전, 기계안전시설 관리

043

조작자의 신체부위가 위험한계 밖에 위치하도록 기계의 조작장치를 위험구역에서 일정거리 이상 떨어지게 하는 방호장치는?

① 덮개형 방호장치
② 차단형 방호장치
③ 위치제한형 방호장치
④ 접근반응형 방호장치

해설 위치제한형 방호장치
작업자의 신체부위가 위험한계 밖에 있도록 기계의 조작장치를 위험구역에서 일정거리 이상 떨어지게 한 방호장치(양수조작식 안전장치)이다.

관련개념 CHAPTER 01 기계공정의 안전, 기계안전시설 관리

044

연삭작업에서 숫돌의 파괴원인으로 가장 적절하지 않은 것은?

① 숫돌의 회전속도가 너무 빠를 때
② 연삭작업 시 숫돌의 정면을 사용할 때
③ 숫돌에 큰 충격을 줬을 때
④ 숫돌의 회전중심이 제대로 잡히지 않았을 때

해설 연삭작업 시 숫돌의 측면을 사용할 때 연삭숫돌이 파괴된다.
연삭숫돌의 파괴 및 재해원인
- 숫돌에 균열이 있는 경우
- 숫돌이 고속으로 회전하는 경우
- 회전력이 결합력보다 큰 경우
- 무거운 물체가 충돌한 경우(외부의 큰 충격을 받은 경우)
- 숫돌의 측면을 일감으로써 심하게 가압했을 경우
- 베어링이 마모되어 진동을 일으키는 경우
- 플랜지 지름이 현저하게 작은 경우
- 회전중심이 잡히지 않은 경우

관련개념 CHAPTER 03 공작기계의 안전

045

기계설비에서 기계 고장률의 기본모형으로 옳지 않은 것은?

① 조립고장
② 초기고장
③ 우발고장
④ 마모고장

해설 고장률의 유형
- 초기고장(감소형): 제조가 불량하거나 생산과정에서 품질관리가 안 되어서 생기는 고장
- 우발고장(일정형): 실제 사용하는 상태에서 발생하는 고장으로 예측할 수 없는 랜덤의 간격으로 생기는 고장
- 마모고장(증가형): 설비 또는 장치가 수명을 다하여 생기는 고장

관련개념 SUBJECT 02 인간공학 및 위험성평가 · 관리
CHAPTER 02 위험성 파악 · 결정

046

「산업안전보건법령」상 승강기의 종류에 해당하지 않는 것은?

① 리프트
② 에스컬레이터
③ 화물용 엘리베이터
④ 승객용 엘리베이터

해설 승강기의 종류
승객용 엘리베이터, 승객화물용 엘리베이터, 화물용 엘리베이터, 소형화물용 엘리베이터, 에스컬레이터

관련개념 CHAPTER 06 운반기계 및 양중기

047

「산업안전보건법령」상 로봇을 운전하는 경우 근로자가 로봇에 부딪힐 위험이 있을 때 높이는 최소 얼마 이상의 울타리를 설치하여야 하는가?(단, 로봇의 가동범위 등을 고려하여 높이로 인한 위험성이 없는 경우는 제외한다.)

① 0.9[m] ② 1.2[m]
③ 1.5[m] ④ 1.8[m]

해설 로봇의 운전으로 인하여 근로자에게 발생할 수 있는 부상 등의 위험을 방지하기 위하여 **높이 1.8[m] 이상의 울타리**를 설치하여야 한다.

관련개념 CHAPTER 05 기타 산업용 기계 · 기구

048

다음 중 보일러의 폭발사고 예방을 위한 장치로 가장 거리가 먼 것은?

① 압력제한스위치
② 압력방출장치
③ 고저수위 고정장치
④ 화염검출기

해설 보일러의 폭발사고를 예방하기 위하여 압력방출장치, 압력제한스위치, **고저수위 조절장치**, 화염검출기 등의 기능이 정상적으로 작동될 수 있도록 유지·관리하여야 한다.

관련개념 CHAPTER 05 기타 산업용 기계 · 기구

049

광전자식 방호장치를 설치한 프레스에서 광선을 차단한 후 0.5초 후에 슬라이드가 정지하였다. 이때 방호장치의 안전거리는 최소 몇 [mm] 이상이어야 하는가?

① 500 ② 600
③ 700 ④ 800

해설 광전자식 방호장치의 안전거리

$D = 1,600 \times (T_L + T_S) = 1,600 \times 0.5 = 800$[mm]

여기서, T_L: 신체가 광선을 차단한 순간부터 급정지기구가 작동 개시하기까지의 시간[초]

T_S: 급정지기구가 작동을 개시할 때부터 슬라이드가 정지할 때까지의 시간[초]

※ $T_L + T_S$: 최대정지시간[초]

관련개념 CHAPTER 04 프레스 및 전단기의 안전

050

크레인의 로프에 질량 100[kg]인 물체를 5[m/s²]의 가속도로 감아올릴 때, 로프에 걸리는 하중은 약 몇 [N]인가?

① 500[N] ② 1,480[N]
③ 2,540[N] ④ 4,900[N]

해설 동하중 $= \dfrac{\text{정하중}}{\text{중력가속도}} \times \text{가속도} = \dfrac{100}{9.8} \times 5 = 51$[kg]

총 하중 = 정하중 + 동하중 = 100 + 51 = 151[kg]

하중[N] = 하중[kg] × 중력가속도 = 151 × 9.8 = 1,480[N]

※ 중력가속도가 문제에서 주어지지 않은 경우 9.8[m/s²]으로 계산한다.

관련개념 CHAPTER 06 운반기계 및 양중기

| 정답 | 047 ④ 048 ③ 049 ④ 050 ②

051

지게차 헤드가드의 안전기준에 관한 설명으로 옳은 것은?

① 강도는 지게차의 최대하중의 4배 값(4톤을 넘는 값에 대해서는 4톤으로 함)의 등분포정하중에 견딜 수 있을 것
② 상부틀의 각 개구의 폭 또는 길이가 16[cm] 미만일 것
③ 강도는 지게차의 최대하중의 2배 값(4톤을 넘는 값에 대해서는 8톤으로 함)의 등분포정하중에 견딜 수 있을 것
④ 상부틀의 각 개구의 폭 또는 길이가 20[cm] 미만일 것

해설 헤드가드의 구비조건
- 강도는 지게차의 최대하중의 2배 값(4톤을 넘는 값에 대해서는 4톤)의 등분포정하중에 견딜 수 있을 것
- **상부틀의 각 개구의 폭 또는 길이가 16[cm] 미만일 것**
- 운전자가 앉아서 조작하거나 서서 조작하는 지게차의 헤드가드는 한국산업표준에서 정하는 높이 기준 이상일 것(입승식: 1.88[m] 이상, 좌승식: 0.903[m] 이상)

관련개념 CHAPTER 06 운반기계 및 양중기

052

기계설비가 이상이 있을 때 기계를 급정지시키거나 방호장치가 작동되도록 하는 것과 전기회로를 개선하여 오동작을 방지하거나 별도의 안전한 회로에 의해 정상기능을 찾을 수 있도록 하는 것은?

① 외형의 안전화
② 기능상의 안전화
③ 작업의 안전화
④ 작업점의 안전화

해설 기능상의 안전화
최근 기계는 반자동 또는 자동 제어장치를 갖추고 있어 에너지 변동에 따라 오동작이 발생하여 주요 문제로 대두되므로 이에 따른 기능의 안전화가 요구되고 있다.
㉮ 전압 강하 및 정전에 따른 오작동, 사용압력 변동 시의 오작동, 단락 또는 스위치 고장 시의 오작동

관련개념 CHAPTER 01 기계공정의 안전, 기계안전시설 관리

053

「산업안전보건법령」상 유해·위험 방지를 위한 방호장치를 하지 아니하고는 양도, 대여, 설치 또는 사용에 제공하거나, 양도·대여를 목적으로 진열해서 아니 되는 기계·기구가 아닌 것은?

① 예초기
② 진공포장기
③ 원심기
④ 롤러기

해설 유해·위험 방지를 위하여 방호조치가 필요한 기계·기구
예초기, **원심기**, 공기압축기, 금속절단기, 지게차, 포장기계(**진공포장기**, 래핑기로 한정)

관련개념 CHAPTER 01 기계공정의 안전, 기계안전시설 관리

054

화물의 하중을 직접 지지하는 달기와이어로프의 안전계수 기준은?

① 2 이상
② 3 이상
③ 5 이상
④ 10 이상

해설 와이어로프 등 달기구의 안전계수

구분	안전계수
근로자가 탑승하는 운반구를 지지하는 달기와이어로프 또는 달기체인	10 이상
화물의 하중을 직접 지지하는 달기와이어로프 또는 달기체인	5 이상
훅, 샤클, 클램프, 리프팅 빔	3 이상
그 밖의 경우	4 이상

관련개념 CHAPTER 06 운반기계 및 양중기

055

다음 중 비파괴시험의 종류에 해당하지 않는 것은?

① 와류탐상시험 ② 초음파탐상시험
③ 인장시험 ④ 방사선투과시험

해설 인장시험은 파괴시험의 일종이다.
비파괴검사의 종류
방사선투과검사(RT), 초음파탐상검사(UT), 자분탐상검사(MT), 침투탐상검사(PT), 음향탐상검사(AET), 와류탐상검사(ECT) 등

관련개념 CHAPTER 07 설비진단 및 검사

056

보일러의 안전한 가동을 위하여 압력방출장치를 2개 설치한 경우에 작동방법으로 옳은 것은?

① 최고사용압력 이하에서 2개가 동시 작동
② 최고사용압력 이하에서 1개가 작동되고 다른 것은 최고사용압력의 1.05배 이하에서 작동
③ 최고사용압력 이하에서 1개가 작동되고 다른 것은 최고사용압력의 1.1배 이하에서 작동
④ 최고사용압력의 1.1배 이하에서 2개가 동시 작동

해설 보일러의 안전한 가동을 위하여 보일러 규격에 맞는 압력방출장치를 1개 또는 2개 이상 설치하고 최고사용압력 이하에서 작동되도록 하여야 한다. 다만, 압력방출장치가 2개 이상 설치된 경우에는 최고사용압력 이하에서 1개가 작동되고, 다른 압력방출장치는 최고사용압력 1.05배 이하에서 작동되도록 부착하여야 한다.

관련개념 CHAPTER 05 기타 산업용 기계·기구

057

연삭기의 연삭숫돌을 교체했을 경우 시운전은 최소 몇 분 이상 실시해야 하는가?

① 1분 ② 3분
③ 5분 ④ 7분

해설 연삭숫돌을 사용하는 작업의 경우 작업을 시작하기 전에는 1분 이상, 연삭숫돌을 교체한 후에는 3분 이상 시험운전을 하고 해당 기계에 이상이 있는지를 확인하여야 한다.

관련개념 CHAPTER 03 공작기계의 안전

058

다음 중 아세틸렌 용접장치에서 역화의 원인으로 가장 거리가 먼 것은?

① 아세틸렌의 공급 과다
② 토치 성능의 부실
③ 압력조정기의 고장
④ 토치 팁에 이물질이 묻은 경우

해설 아세틸렌의 공급 과다는 역화의 원인이 아니다. 산소의 공급이 과다할 경우 역화가 발생할 수 있다.
역화의 원인
- 토치 팁에 이물질이 묻은 경우
- 팁과 모재의 접촉
- 토치의 성능 불량
- 토치 팁의 과열
- 압력조정기의 고장

관련개념 CHAPTER 05 기타 산업용 기계·기구

| 정답 | 055 ③ 056 ② 057 ② 058 ① |

059

다음 중 프레스에 사용되는 광전자식 방호장치의 일반구조에 관한 설명으로 틀린 것은?

① 방호장치의 감지기능은 규정한 검출영역 전체에 걸쳐 유효하여야 한다.
② 슬라이드 하강 중 정전 또는 방호장치의 이상 시에는 1회 동작 후 정지할 수 있는 구조이어야 한다.
③ 정상동작표시램프는 녹색, 위험표시램프는 붉은색으로 하며, 쉽게 근로자가 볼 수 있는 곳에 설치해야 한다.
④ 방호장치의 정상작동 중에 감지가 이루어지거나 전원공급이 중단되는 경우 적어도 두 개 이상의 독립된 출력신호 개폐장치가 꺼진 상태로 되어야 한다.

해설 광전자식 방호장치는 슬라이드 하강 중 정전 또는 방호장치의 이상 시에 바로 정지할 수 있는 구조이어야 한다.

관련개념 CHAPTER 04 프레스 및 전단기의 안전

060

다음 중 산업용 로봇에 의한 작업 시 안전조치사항으로 적절하지 않은 것은?

① 로봇의 운전으로 인해 근로자가 로봇에 부딪칠 위험이 있을 때에는 1.8[m] 이상의 울타리를 설치하여야 한다.
② 작업을 하고 있는 동안 로봇의 기동스위치 등은 작업에 종사하고 있는 근로자가 아닌 사람이 그 스위치 등을 조작할 수 없도록 필요한 조치를 한다.
③ 로봇의 조작방법 및 순서, 작업 중의 매니퓰레이터의 속도 등에 관한 지침에 따라 작업을 하여야 한다.
④ 작업에 종사하는 근로자가 이상을 발견하면 관리감독자에게 우선 보고하고, 지시에 따라 로봇의 운전을 정지시킨다.

해설 산업용 로봇의 작업 시 작업에 종사하고 있는 근로자 또는 그 근로자를 감시하는 사람은 이상을 발견하면 즉시 로봇의 운전을 정지시키기 위한 조치를 하여야 한다.

관련개념 CHAPTER 05 기타 산업용 기계·기구

전기설비 안전관리

061

정전기의 재해방지 대책이 아닌 것은?

① 부도체에는 도전성을 향상 또는 제전기를 설치·운영한다.
② 접촉 및 분리를 일으키는 기계적 작용으로 인한 정전기 발생을 적게 하기 위해서는 가능한 접촉면적을 크게 하여야 한다.
③ 저항률이 $10^{10}[\Omega \cdot cm]$ 미만의 도전성 위험물의 배관유속은 7[m/s] 이하로 한다.
④ 생산공정에 별다른 문제가 없다면 습도를 70[%] 정도 유지하는 것도 무방하다.

해설 접촉면적이 작을수록 정전기 발생량이 감소한다.

관련개념 CHAPTER 03 정전기 장·재해관리

062

인체저항을 500[Ω]이라 한다면 심실세동을 일으키는 위험한계에너지는 약 몇 [J]인가?(단, 심실세동전류값은 Dalziel의 식 $I=\frac{165}{\sqrt{T}}$[mA]를 이용하고, 통전시간은 2초로 한다.)

① 13.6
② 16.2
③ 27.2
④ 32.4

해설 $W=I^2RT=\left(\frac{165}{\sqrt{T}}\times 10^{-3}\right)^2\times 500T$
$=(165^2\times 10^{-6})\times 500=13.6[J]$

여기서, W: 위험한계에너지[J]
I: 심실세동전류[A]
R: 인체저항[Ω]
T: 통전시간[s]

관련개념 CHAPTER 02 감전재해 및 방지대책

063

다음 중 방폭구조의 종류와 그 기호가 잘못 짝지어진 것은?

① 안전증방폭구조: e
② 본질안전방폭구조: ia
③ 몰드방폭구조: m
④ 충전방폭구조: n

해설 충전방폭구조의 기호는 q이다.

관련개념 CHAPTER 04 전기방폭관리

064

정전기 발생에 영향을 주는 요인에 대한 설명으로 틀린 것은?

① 물체의 분리속도가 빠를수록 발생량은 적어진다.
② 접촉면적이 크고 접촉압력이 높을수록 발생량이 많아진다.
③ 물체 표면이 수분이나 기름으로 오염되면 산화 및 부식에 의해 발생량이 많아진다.
④ 정전기의 발생은 처음 접촉, 분리할 때가 최대로 되고 접촉, 분리가 반복됨에 따라 발생량은 감소한다.

해설 일반적으로 분리속도가 빠를수록 정전기의 발생량은 커진다.

관련개념 CHAPTER 03 정전기 장·재해관리

065

감전사고를 방지하기 위한 허용보폭전압에 대한 수식으로 맞는 것은?

E: 허용보폭전압 R_b: 인체의 저항
ρ_s: 지표상층 저항률 I_k: 심실세동전류

① $E = (R_b + 3\rho_s)I_k$
② $E = (R_b + 4\rho_s)I_k$
③ $E = (R_b + 5\rho_s)I_k$
④ $E = (R_b + 6\rho_s)I_k$

해설 허용접촉전압과 허용보폭전압

허용접촉전압	허용보폭전압
$E = \left(R_b + \dfrac{3\rho_s}{2}\right) \times I_k$	$E = (R_b + 6\rho_s) \times I_k$

여기서, I_k: 통전전류 $\left(\dfrac{0.165}{\sqrt{T}}\right)$[A], R_b: 인체저항[Ω], ρ_s: 지표상층 저항률[Ω·m]

관련개념 CHAPTER 02 감전재해 및 방지대책

066

코로나 방전이 발생할 경우 공기 중에 생성되는 것은?

① O_2
② O_3
③ N_2
④ N_3

해설 코로나 방전 발생 시 공기 중에 생성되는 물질은 오존(O_3)이다.

코로나 방전으로 인한 문제점

일상생활에서 코로나는 송전선 근처에서 볼 수 있으며 청각적·전자적 잡음을 발생시킨다. 또한 전력 손실을 야기하고, 대기 입자와 반응하여 오존과 질소산화물을 생성시킨다.

관련개념 CHAPTER 03 정전기 장·재해관리

| 정답 | 063 ④ | 064 ① | 065 ④ | 066 ② |

067

고압 및 특고압 전로에 시설하는 피뢰기의 설치장소로 잘못된 곳은?

① 가공전선로와 지중전선로가 접속되는 곳
② 발전소, 변전소의 가공전선 인입구 및 인출구
③ 고압 가공전선로에 접속하는 배전용 변압기의 저압 측
④ 고압 가공전선로로부터 공급을 받는 수용장소의 인입구

해설 피뢰기의 설치장소
- 발전소·변전소 또는 이에 준하는 장소의 가공전선 인입구 및 인출구
- 특고압 가공전선로에 접속하는 배전용 변압기의 고압 측 및 특고압 측
- 고압 및 특고압의 가공전선로로부터 공급을 받는 수용장소의 인입구
- 가공전선로와 지중전선로가 접속되는 곳

관련개념 CHAPTER 05 전기설비 위험요인관리

068

저압전로의 보호도체 및 중성선의 접속 방식에 따른 접지계통의 분류가 아닌 것은?

① IT 계통
② TN 계통
③ TT 계통
④ TC 계통

해설 계통접지 구성
저압전로의 보호도체 및 중성선의 접속 방식에 따라 접지계통은 다음과 같이 분류한다.
- TN 계통
- TT 계통
- IT 계통

관련개념 CHAPTER 05 전기설비 위험요인관리

069

감전재해의 직접적인 요인으로 가장 거리가 먼 것은?

① 통전전압의 크기
② 통전전류의 크기
③ 통전시간
④ 통전경로

해설 전압의 크기는 2차적 감전요소(간접적인 요소)이다.
감전재해의 요인
- 1차적 감전요소: 통전전류의 크기, 통전경로, 통전시간, 전원의 종류
- 2차적 감전요소: 인체의 조건(인체의 저항), 전압의 크기, 계절 등 주위환경

관련개념 CHAPTER 02 감전재해 및 방지대책

070

전기기계·기구에 설치되어 있는 감전방지용 누전차단기의 정격감도전류 및 동작시간으로 옳은 것은?(단, 정격전부하 전류가 50[A] 미만이다.)

① 15[mA] 이하, 0.1초 이내
② 30[mA] 이하, 0.03초 이내
③ 50[mA] 이하, 0.5초 이내
④ 100[mA] 이하, 0.05초 이내

해설 감전보호용 누전차단기
- 정격감도전류 30[mA] 이하, 동작시간 0.03초 이내
- 정격전부하전류가 50[A] 이상인 경우, 정격감도전류 200[mA] 이하, 동작시간 0.1초 이내

관련개념 CHAPTER 02 감전재해 및 방지대책

071

정전용량 C=20[μF], 방전 시 전압 V=2[kV]일 때 정전에너지[J]는 얼마인가?

① 40
② 80
③ 400
④ 800

해설 정전에너지
$$W = \frac{1}{2}CV^2 = \frac{1}{2} \times (20 \times 10^{-6}) \times 2{,}000^2 = 40[J]$$

여기서, C: 도체의 정전용량[F]
V: 대전전위[V]

※ $1[\mu F] = 10^{-6}[F]$, $1[kV] = 10^3[V]$이다

관련개념 CHAPTER 03 정전기 장·재해관리

| 정답 | 067 ③ | 068 ④ | 069 ① | 070 ② | 071 ① |

072

상용주파수 60[Hz] 교류에서 성인 남자의 경우 고통한계 전류로 가장 알맞은 것은?

① 15~20[mA]
② 10~15[mA]
③ 7~8[mA]
④ 1[mA]

해설 통전전류와 인체반응

통전전류 구분	전격의 영향	통전전류(교류) 값
고통한계전류	통전전류가 최소감지전류보다 커지면 어느 순간부터 고통을 느끼게 되지만 이것을 참을 수 있는 전류	상용주파수 60[Hz]에서 7~8[mA]

관련개념 CHAPTER 02 감전재해 및 방지대책

073

폭발위험장소의 분류 중 인화성 액체의 증기 또는 가연성 가스에 의한 폭발위험이 지속적으로 또는 장기간 존재하는 장소는 몇 종 장소로 분류되는가?

① 0종 장소
② 1종 장소
③ 2종 장소
④ 3종 장소

해설 가스폭발 위험장소

분류	적요
0종 장소	인화성 액체의 증기 또는 가연성 가스에 의한 폭발위험이 지속적으로 또는 장기간 존재하는 장소
1종 장소	정상 작동상태에서 인화성 액체의 증기 또는 가연성 가스에 의한 폭발위험 분위기가 존재하기 쉬운 장소
2종 장소	정상 작동상태에서 인화성 액체의 증기 또는 가연성 가스에 의한 폭발위험 분위기가 존재할 우려가 없으나, 존재할 경우 그 빈도가 아주 적고 단기간만 존재할 수 있는 장소

관련개념 CHAPTER 04 전기방폭관리

074

일반 허용접촉전압과 그 종별을 짝지은 것으로 틀린 것은?

① 제1종: 0.5[V] 이하
② 제2종: 25[V] 이하
③ 제3종: 50[V] 이하
④ 제4종: 제한 없음

해설 허용접촉전압

종별	허용접촉전압
제1종	2.5[V] 이하
제2종	25[V] 이하
제3종	50[V] 이하
제4종	제한 없음

관련개념 CHAPTER 02 감전재해 및 방지대책

075

방폭전기설비의 용기 내부에 보호가스를 압입하여 내부압력을 외부 대기 이상의 압력으로 유지함으로써 용기 내부에 폭발성 가스 분위기가 형성되는 것을 방지하는 방폭구조는?

① 내압방폭구조
② 압력방폭구조
③ 안전증방폭구조
④ 유입방폭구조

해설 압력방폭구조

용기 내부에 보호가스(신선한 공기 또는 불연성 기체)를 압입하여 내부압력을 유지함으로써 폭발성 가스 또는 증기가 내부로 유입되지 않도록 한 구조이다.

관련개념 CHAPTER 04 전기방폭관리

076

피뢰기의 여유도가 33[%]이고, 충격절연강도가 1,000[kV]라고 할 때 피뢰기의 제한전압은 약 몇 [kV]인가?

① 852
② 752
③ 652
④ 552

해설 보호여유도$[\%] = \dfrac{\text{충격절연강도} - \text{제한전압}}{\text{제한전압}} \times 100$에서

제한전압 $= \dfrac{\text{충격절연강도} \times 100}{\text{보호여유도} + 100} = \dfrac{1,000 \times 100}{33 + 100} = 752[kV]$

관련개념 CHAPTER 05 전기설비 위험요인관리

077

침대형판 전극 간에 직류 고전압을 인가한 경우 간격 내에서 정corona가 진전해 가는 순서로 알맞은 것은?

① 글로우코로나(glow corona) → 브러시코로나(brush corona) → 스트리머코로나(streamer corona)
② 스트리머코로나(streamer corona) → 글로우코로나(glow corona) → 브러시코로나(brush corona)
③ 글로우코로나(glow corona) → 스트리머코로나(streamer corona) → 브러시코로나(brush corona)
④ 브러시코로나(brush corona) → 스트리머코로나(streamer corona) → 글로우코로나(glow corona)

해설 코로나 방전의 진행과정

글로우코로나(Glow Corona) → 브러시코로나(Brush Corona) → 스트리머코로나(Streamer Corona)

관련개념 CHAPTER 03 정전기 장·재해관리

078

다음 중 고압 활선작업 시 감전의 위험이 발생할 우려가 있을 때의 조치사항으로 옳지 않은 것은?

① 접근한계거리 유지
② 절연용 보호구 착용
③ 활선작업용 기구 사용
④ 절연용 방호용구 설치

해설 노출 충전부에 접근한계거리 이내로 접근할 수 없도록 한다.

관련개념 CHAPTER 02 감전재해 및 방지대책

079

접지저항 저감방법으로 틀린 것은?

① 접지극의 병렬 접지를 실시한다.
② 접지극의 매설 깊이를 증가시킨다.
③ 접지극의 크기를 최대한 작게 한다.
④ 접지극 주변의 토양을 개량하여 대지 저항률을 떨어뜨린다.

해설 접지저항의 물리적 저감법

- 접지극의 병렬 접속
- **접지극의 치수 확대**
- 접지봉 심타법 적용
- 매설지선 및 평판접지극 사용
- 메시(Mesh)공법 적용
- 다중접지 시트 사용
- 보링 공법 적용

관련개념 CHAPTER 05 전기설비 위험요인관리

080

화염일주한계에 대한 설명으로 옳은 것은?

① 폭발성 가스와 공기의 혼합기에 온도를 높인 경우 화염이 발생할 때까지의 시간 한계치
② 폭발성 분위기에 있는 용기의 접합면 틈새를 통해 화염이 내부에서 외부로 전파되는 것을 저지할 수 있는 틈새의 최대간격치
③ 폭발성 분위기 속에서 전기불꽃에 의하여 폭발을 일으킬 수 있는 화염을 발생시키기에 충분한 교류파형의 1주기치
④ 방폭설비에서 이상이 발생하여 불꽃이 생성된 경우에 그것이 점화원으로 작용하지 않도록 화염의 에너지를 억제하여 폭발하한계로 되도록 화염 크기를 조정하는 한계치

해설 화염일주한계(최대안전틈새, MESG)

폭발성 분위기 내에 방치된 표준용기의 접합면 틈새를 통하여 폭발화염이 내부에서 외부로 전파되는 것을 저지(최소점화에너지 이하)할 수 있는 틈새의 최대간격치이며 폭발성 가스의 종류에 따라 다르다.

관련개념 CHAPTER 04 전기방폭관리

화학설비 안전관리

081

「산업안전보건법령」상 위험물질의 종류를 구분할 때 다음 물질들이 해당하는 것은?

> 리튬, 칼륨, 나트륨, 황, 황린, 황화인, 적린

① 폭발성 물질 및 유기과산화물
② 산화성 액체 및 산화성 고체
③ 물반응성 물질 및 인화성 고체
④ 급성 독성 물질

해설 보기의 물질은 물반응성 물질 및 인화성 고체에 해당한다.

관련개념 CHAPTER 02 화학물질 안전관리 실행

082

질화면(Nitrocellulose)은 저장·취급 중에는 에틸알코올 등으로 습면상태를 유지해야 한다. 그 이유를 옳게 설명한 것은?

① 질화면은 건조 상태에서는 자연적으로 분해하면서 발화할 위험이 있기 때문이다.
② 질화면은 알코올과 반응하여 안정한 물질을 만들기 때문이다.
③ 질화면은 건조 상태에서 공기 중의 산소와 환원반응을 하기 때문이다.
④ 질화면은 건조 상태에서 유독한 중합물을 형성하기 때문이다.

해설 니트로셀룰로오스(질화면)
- 건조한 상태에서는 자연 분해되어 발화될 수 있다.
- 에틸알코올 또는 이소프로필 알코올로서 습면의 상태로 보관한다.

관련개념 CHAPTER 02 화학물질 안전관리 실행

083

메탄, 에탄, 프로판의 폭발하한계가 각각 5[vol%], 3[vol%], 2.1[vol%]일 때 다음 중 폭발하한계가 가장 낮은 것은?(단, Le Chatelier의 법칙을 이용한다.)

① 메탄 20[vol%], 에탄 30[vol%], 프로판 50[vol%]의 혼합가스
② 메탄 30[vol%], 에탄 30[vol%], 프로판 40[vol%]의 혼합가스
③ 메탄 40[vol%], 에탄 30[vol%], 프로판 30[vol%]의 혼합가스
④ 메탄 50[vol%], 에탄 30[vol%], 프로판 20[vol%]의 혼합가스

해설 혼합가스의 폭발하한계

$$L = \frac{V_1 + V_2 + \cdots + V_n}{\frac{V_1}{L_1} + \frac{V_2}{L_2} + \cdots + \frac{V_n}{L_n}}$$

여기서, L: 혼합가스의 폭발하한계[vol%]
L_n: 각 성분가스의 폭발하한계[vol%]
V_n: 각 성분가스의 부피 비율[vol%]

보기에서 제시된 혼합가스의 폭발하한계는 다음과 같다.

① $L_① = \dfrac{20+30+50}{\frac{20}{5}+\frac{30}{3}+\frac{50}{2.1}} = 2.64[\text{vol\%}]$

② $L_② = \dfrac{30+30+40}{\frac{30}{5}+\frac{30}{3}+\frac{40}{2.1}} = 2.85[\text{vol\%}]$

③ $L_③ = \dfrac{40+30+30}{\frac{40}{5}+\frac{30}{3}+\frac{30}{2.1}} = 3.10[\text{vol\%}]$

④ $L_④ = \dfrac{50+30+20}{\frac{50}{5}+\frac{30}{3}+\frac{20}{2.1}} = 3.39[\text{vol\%}]$

따라서 폭발하한계가 가장 낮은 것은 ①이다.

관련개념 CHAPTER 01 화재·폭발 검토

084

「산업안전보건기준에 관한 규칙」에서 규정하고 있는 급성 독성 물질의 정의에 해당되지 않는 것은?

① 가스 LC50(쥐, 4시간 흡입)이 2,500[ppm] 이하인 화학물질
② LD50(경구, 쥐)이 킬로그램당 300밀리그램-(체중) 이하인 화학물질
③ LD50(경피, 쥐)이 킬로그램당 1,000밀리그램-(체중) 이하인 화학물질
④ LD50(경피, 토끼)이 킬로그램당 2,000밀리그램-(체중) 이하인 화학물질

해설 LD50(경피, 토끼 또는 쥐)이 [kg]당 1,000[mg]-(체중) 이하인 화학물질이 「산업안전보건법령」상 급성 독성 물질에 해당한다.

관련개념 CHAPTER 02 화학물질 안전관리 실행

085

다음 중 펌프의 공동현상(Cavitation)을 방지하기 위한 방법으로 가장 적절한 것은?

① 펌프의 설치 위치를 높게 한다.
② 펌프의 회전속도를 빠르게 한다.
③ 펌프의 유효흡입양정을 짧게 한다.
④ 흡입 측에서 펌프의 토출량을 줄인다.

해설 펌프의 설치위치를 낮추어 흡입양정을 짧게 하면 공동현상을 예방할 수 있다.

관련개념 CHAPTER 04 화공 안전운전·점검

086

다음 중 증기배관 내에 생성된 증기의 누설을 막고 응축수를 자동적으로 배출하기 위한 안전장치는?

① Steam Trap   ② Vent Stack
③ Blow Down   ④ Flame Arrester

해설 스팀트랩(Steam Trap)
증기배관 내에 생성하는 응축수는 송기상 지장이 되어 제거할 필요가 있는데, 이때 증기가 도망가지 않도록 이 응축수를 자동적으로 배출하기 위한 장치이다.

벤트스택(Vent Stack)
탱크 내의 압력을 정상상태로 유지하기 위한 장치이다.

블로우다운(Blow Down)
보일러 내부에 이물질이 누적되는 것을 방지하기 위해 수면의 스팀, 수저의 찌꺼기를 방출하는 장치이다.

화염방지기(Flame Arrester)
비교적 저압 또는 상압에서 가연성 증기를 발생시키는 인화성 물질 등을 저장하는 탱크에서 외부에 그 증기를 방출하거나 탱크 내에 외기를 흡입하는 부분에 설치하는 안전장치이다.

관련개념 CHAPTER 04 화공 안전운전·점검

087

위험물 또는 위험물이 발생하는 물질을 가열·건조하는 경우 내용적이 몇 세제곱미터 이상인 건조설비인 경우 건조실을 설치하는 건축물의 구조를 독립된 단층건물로 하여야 하는가?(단, 건조실을 건축물의 최상층에 설치하거나 건축물이 내화구조인 경우는 제외한다.)

① 1   ② 10
③ 100   ④ 1,000

해설 위험물 또는 위험물이 발생하는 물질을 가열·건조하는 경우 내용적이 $1[m^3]$ 이상인 건조설비 중 건조실을 설치하는 건축물의 구조는 독립된 단층건물로 하여야 한다. 다만, 해당 건조실을 건축물의 최상층에 설치하거나 건축물이 내화구조인 경우에는 그러하지 아니하다.

관련개념 CHAPTER 02 화학물질 안전관리 실행

088

다음 물질 중 물에 가장 잘 용해되는 것은?

① 아세톤 ② 벤젠
③ 톨루엔 ④ 휘발유

해설 아세톤
물에 잘 녹으며 유기용매로서 다른 유기물질과도 잘 섞이는 성질이 있어 일상생활에서 물로 지워지지 않는 유성페인트나 매니큐어 등을 지우는 데 많이 쓰인다.

관련개념 CHAPTER 02 화학물질 안전관리 실행

089

다음 중 전기설비에 의한 화재에 사용할 수 없는 소화기의 종류는?

① 포소화기 ② 이산화탄소소화기
③ 할로겐화합물소화기 ④ 무상수소화기

해설 포소화기의 소화약제는 다량의 물을 함유하고 있어 전기설비에 의한 화재에는 누전, 감전 등의 위험으로 사용이 적절하지 않다.

관련개념 CHAPTER 01 화재·폭발 검토

090

[보기]의 물질을 폭발범위가 넓은 것부터 좁은 순서로 옳게 배열한 것은?

| 보기 |
| H_2 C_3H_8 CH_4 CO |

① $CO > H_2 > C_3H_8 > CH_4$
② $H_2 > CO > CH_4 > C_3H_8$
③ $C_3H_8 > CO > CH_4 > H_2$
④ $CH_4 > H_2 > CO > C_3H_8$

해설 각 물질의 폭발범위 및 위험도

구분	수소(H_2)	프로판(C_3H_8)	메탄(CH_4)	일산화탄소(CO)
UEL[%]	75	9.5	15	74
LEL[%]	4	2.4	5	12.5
폭발범위	71	7.1	10	61.5
위험도	17.75	2.96	2	4.92

※ 폭발범위=UEL−LEL, 위험도=$\dfrac{UEL-LEL}{LEL}$

관련개념 CHAPTER 01 화재·폭발 검토

091

다음 중 크롬에 관한 설명으로 옳은 것은?

① 미나마타병의 원인으로 알려져 있다.
② 이타이이타이병의 원인으로 알려져 있다.
③ 3가와 6가의 화합물이 사용되고 있다.
④ 6가보다 3가 화합물이 특히 인체에 유해하다.

해설
① 미나마타병은 수은에 의해 발생한다.
② 이타이이타이병은 카드뮴에 의해 발생한다.
④ 크롬 중독현상은 크롬 정련 공정에서 발생하는 6가 크롬에 의해 발생한다.

관련개념 CHAPTER 02 화학물질 안전관리 실행

092

소화방법에 대한 주된 소화원리로 틀린 것은?

① 물을 살포한다: 냉각소화
② 모래를 뿌린다: 질식소화
③ 초를 불어서 끈다: 억제소화
④ 담요를 덮는다: 질식소화

해설 초를 불어서 끄는 것은 가연물(산소)의 공급을 중단하는 제거소화의 원리이다.

관련개념 CHAPTER 01 화재·폭발 검토

093

사업주는 인화성 액체 및 인화성 가스를 저장·취급하는 화학설비에서 증기나 가스를 대기로 방출하는 경우에는 외부로부터의 화염을 방지하기 위하여 화염방지기를 설치하여야 한다. 다음 중 화염방지기의 설치 위치로 옳은 것은?

① 설비의 상단 ② 설비의 하단
③ 설비의 측면 ④ 설비의 조작부

해설 화염방지기는 외부로부터의 화염을 방지하기 위하여 그 **설비 상단**에 설치하여야 한다.

관련개념 CHAPTER 04 화공 안전운전·점검

094

탄화수소 증기의 연소하한값 추정식은 연료의 양론농도(C_{st})의 0.55배이다. 프로판 1몰의 연소반응식이 다음과 같을 때 연소하한값은 약 몇 [vol%]인가?

$$C_3H_8 + 5O_2 \rightarrow 3CO_2 + 4H_2O$$

① 2.22
② 4.03
③ 4.44
④ 8.06

해설 프로판의 완전연소반응식
$C_3H_8 + 5O_2 \rightarrow 3CO_2 + 4H_2O$
유기물 $C_nH_xO_y$의 양론농도(C_{st})는 다음 식으로 구할 수 있다.
$C_{st} = \dfrac{100}{(4.77n+1.19x-2.38y)+1} = \dfrac{100}{(4.77\times3+1.19\times8)+1} = 4.03$
문제에서 연소하한값 추정식이 연료의 양론농도(C_{st})의 0.55배로 주어졌으므로 프로판의 연소하한값은 다음과 같이 계산할 수 있다.
프로판의 연소하한값 = $0.55 \times C_{st} = 0.55 \times 4.03 = 2.22[\text{vol}\%]$

관련개념 CHAPTER 01 화재·폭발 검토

095

다음 중 물질의 자연발화를 촉진시키는 요인으로 가장 거리가 먼 것은?

① 표면적이 넓고, 발열량이 클 것
② 열전도율이 클 것
③ 주위 온도가 높을 것
④ 적당한 수분을 보유할 것

해설 자연발화가 일어나기 위해서는 열전도율이 작아야 한다.
자연발화의 조건
• 표면적이 넓을 것
• 발열량이 클 것
• 열전도율이 작을 것
• 주위 온도가 높을 것
• 적당한 수분을 포함할 것
• 열축적이 클 것

관련개념 CHAPTER 01 화재·폭발 검토

096

「산업안전보건법령」상 사업주가 인화성 액체 위험물을 액체 상태로 저장하는 저장탱크를 설치하는 경우에는 위험물질이 누출되어 확산되는 것을 방지하기 위하여 무엇을 설치하여야 하는가?

① Flame arrester
② Vent Stack
③ 긴급방출장치
④ 방유제

해설 위험물을 액체 상태로 저장하는 저장탱크를 설치하는 경우에는 위험물질이 누출되어 확산되는 것을 방지하기 위하여 방유제를 설치하여야 한다.

관련개념 CHAPTER 02 화학물질 안전관리 실행

097

20[℃], 1기압의 공기를 5기압으로 단열압축하면 공기의 온도는 약 몇 [℃]가 되겠는가?(단, 공기의 비열비는 1.4이다.)

① 32
② 191
③ 305
④ 464

해설 단열변화
$\dfrac{T_2}{T_1} = \left(\dfrac{V_1}{V_2}\right)^{r-1} = \left(\dfrac{P_2}{P_1}\right)^{\frac{r-1}{r}}$ 에서
$T_2 = T_1 \times \left(\dfrac{P_2}{P_1}\right)^{\frac{r-1}{r}} = (273+20) \times \left(\dfrac{5}{1}\right)^{\frac{1.4-1}{1.4}} = 464[\text{K}] = 191[℃]$

여기서, T: 절대온도[K]
V: 부피[L]
P: 절대압력[atm]
r: 비열비

관련개념 CHAPTER 02 화학물질 안전관리 실행

| 정답 | 094 ① | 095 ② | 096 ④ | 097 ②

098

탄산수소나트륨을 주요성분으로 하는 것은 제 몇 종 분말소화기인가?

① 제1종
② 제2종
③ 제3종
④ 제4종

해설 분말소화약제의 분류
- 제1종 소화약제: **탄산수소나트륨**($NaHCO_3$)
- 제2종 소화약제: 탄산수소칼륨($KHCO_3$)
- 제3종 소화약제: 제1인산암모늄($NH_4H_2PO_4$)
- 제4종 소화약제: 탄산수소칼륨+요소($KHCO_3+(NH_2)_2CO$)

관련개념 CHAPTER 01 화재·폭발 검토

099

목재, 섬유 등의 화재의 종류에 해당하는 것은?

① A급
② B급
③ C급
④ D급

해설 목재, 종이, 섬유 등의 일반 가연물에 의한 화재는 A급 화재(일반화재)이다.

화재의 종류

A급 화재	B급 화재	C급 화재	D급 화재
일반화재	유류화재	전기화재	금속화재

관련개념 CHAPTER 01 화재·폭발 검토

100

「산업안전보건법령」상 특수화학설비를 설치할 때 내부의 이상 상태를 조기에 파악하기 위하여 필요한 계측장치를 설치하여야 한다. 이러한 계측장치로 거리가 먼 것은?

① 압력계
② 유량계
③ 온도계
④ 비중계

해설 특수화학설비를 설치하는 경우에는 내부의 이상 상태를 조기에 파악하기 위하여 필요한 **온도계·유량계·압력계** 등의 계측장치를 설치하여야 한다.

관련개념 CHAPTER 02 화학물질 안전관리 실행

건설공사 안전관리

101

「산업안전보건법령」에서 규정하는 철골작업을 중지하여야 하는 기후조건에 해당하지 않는 것은?

① 풍속이 초당 10[m] 이상인 경우
② 강우량이 시간당 1[mm] 이상인 경우
③ 강설량이 시간당 1[cm] 이상인 경우
④ 기온이 영하 5[℃] 이하인 경우

해설 철골작업 중지를 위한 기후조건에 기온과 관련한 기준은 없다.

관련개념 CHAPTER 06 공사 및 작업 종류별 안전

102

유해위험방지계획서를 제출해야 할 대상 공사의 조건으로 옳지 않은 것은?

① 터널 건설 등의 공사
② 최대 지간길이가 50[m] 이상인 다리의 건설 등의 공사
③ 다목적댐·발전용댐, 저수용량 2천만 톤 이상의 용수 전용 댐 및 지방상수도 전용 댐 건설 등의 공사
④ 깊이가 5[m] 이상인 굴착공사

해설 유해위험방지계획서 제출대상 건설공사
- 지상높이가 31[m] 이상인 건축물 또는 인공구조물, 연면적 30,000[m^2] 이상인 건축물 또는 연면적 5,000[m^2] 이상의 문화 및 집회시설(전시장 및 동물원·식물원 제외), 판매시설, 운수시설(고속철도의 역사 및 집배송시설 제외), 종교시설, 의료시설 중 종합병원, 숙박시설 중 관광숙박시설, 지하도상가 또는 냉동·냉장 창고시설의 건설·개조 또는 해체(건설 등) 공사
- 연면적 5,000[m^2] 이상의 냉동·냉장 창고시설의 설비공사 및 단열공사
- 최대 지간길이가 50[m] 이상인 다리의 건설 등 공사
- 터널의 건설 등 공사
- 다목적댐, 발전용댐, 저수용량 2천만 톤 이상의 용수 전용 댐 및 지방상수도 전용 댐의 건설 등 공사
- **깊이가 10[m] 이상인 굴착공사**

관련개념 CHAPTER 02 건설공사 위험성

103
토사붕괴에 따른 재해를 방지하기 위한 흙막이 지보공 부재로 옳지 않은 것은?

① 흙막이판
② 말뚝
③ 턴버클
④ 띠장

해설 턴버클은 지지막대나 와이어로프 등의 길이를 조절하거나 당겨 죄는 데 사용하는 기구이다.

관련개념 CHAPTER 04 건설현장 안전시설 관리

104
다음은 말비계를 조립하여 사용하는 경우에 관한 준수사항이다. ( ) 안에 들어갈 내용으로 옳은 것은?

- 지주부재와 수평면의 기울기를 (A)° 이하로 하고 지주부재와 지주부재 사이를 고정시키는 보조부재를 설치할 것
- 말비계의 높이가 2[m]를 초과하는 경우에는 작업발판의 폭을 (B)[cm] 이상으로 할 것

① A: 75, B: 30
② A: 75, B: 40
③ A: 85, B: 30
④ A: 85, B: 40

해설 말비계 조립 시 준수사항
- 지주부재의 하단에는 미끄럼 방지장치를 하고, 근로자가 양측 끝부분에 올라서서 작업하지 않도록 하여야 한다.
- 지주부재와 수평면의 **기울기를 75° 이하**로 하고, 지주부재와 지주부재 사이를 고정하는 보조부재를 설치하여야 한다.
- 말비계의 높이가 2[m]를 초과하는 경우에는 **작업발판의 폭을 40[cm] 이상**으로 하여야 한다.

관련개념 CHAPTER 05 비계·거푸집 가시설 위험방지

105
사면보호공법 중 구조물에 의한 보호공법에 해당되지 않는 것은?

① 블럭공
② 식생구멍공
③ 돌쌓기공
④ 현장타설 콘크리트 격자공

해설 식생구멍공은 구조물에 의한 보호공법이 아닌 수목 등을 활용한 식생공법에 해당된다.

관련개념 CHAPTER 04 건설현장 안전시설 관리

106
철근을 인력으로 운반하는 작업을 할 때 주의하여야 할 사항으로 옳지 않은 것은?

① 2인 이상이 1조로 운반하고, 어깨메기로 운반한다.
② 운반할 때에는 양끝을 묶어 운반한다.
③ 1인당 무게는 40[kg] 정도가 적당하다.
④ 내려 놓을 때에는 천천히 내려놓아야 한다.

해설 인력으로 철근 운반 시 주의사항
- 2인 이상이 1조가 되어 어깨메기로 운반하여야 한다.
- 운반할 때에는 양끝을 묶어 운반하여야 한다.
- **1인당 무게는 25[kg] 정도가 적당**하고, 무리한 운반을 삼가야 한다.
- 내려 놓을 때는 천천히 내려놓고 던지지 않아야 한다.
- 공동 작업을 할 때에는 신호에 따라 작업을 하여야 한다.

관련개념 CHAPTER 06 공사 및 작업 종류별 안전

107
안전계수가 4이고 2,000[MPa]의 인장강도를 갖는 강선의 최대허용응력은?

① 500[MPa]
② 1,000[MPa]
③ 1,500[MPa]
④ 2,000[MPa]

해설 허용응력 = $\dfrac{극한(인장)강도}{안전계수} = \dfrac{2,000}{4} = 500[MPa]$

관련개념 SUBJECT 03 기계·기구 및 설비 안전관리
CHAPTER 01 기계공정의 안전, 기계안전시설 관리

| 정답 | 103 ③ | 104 ② | 105 ② | 106 ③ | 107 ①

108

「산업안전보건법령」에 따른 작업발판 일체형 거푸집에 해당되지 않는 것은?

① 갱 폼(Gang Form)
② 슬립 폼(Slip Form)
③ 유로 폼(Euro Form)
④ 클라이밍 폼(Climbing Form)

해설 작업발판 일체형 거푸집의 종류
- 갱 폼(Gang Form)
- 슬립 폼(Slip Form)
- 클라이밍 폼(Climbing Form)
- 터널 라이닝 폼(Tunnel Lining Form)

관련개념 CHAPTER 05 비계·거푸집 가시설 위험방지

109

동바리의 침하를 방지하기 위한 직접적인 조치로 옳지 않은 것은?

① 수평연결재 사용 ② 받침목이나 깔판의 사용
③ 콘크리트의 타설 ④ 말뚝박기

해설 동바리 조립 시 받침목이나 깔판의 사용, 콘크리트 타설, 말뚝박기 등 동바리의 침하를 방지하기 위한 조치를 하여야 한다.

관련개념 CHAPTER 05 비계·거푸집 가시설 위험방지

110

근로자의 추락 등의 위험을 방지하기 위하여 안전난간을 설치하는 경우 안전난간은 구조적으로 가장 취약한 지점에서 가장 취약한 방향으로 작용하는 얼마 이상의 하중에 견딜 수 있는 튼튼한 구조이어야 하는가?

① 50[kg]   ② 100[kg]
③ 150[kg] ④ 200[kg]

해설 안전난간은 구조적으로 가장 취약한 지점에서 가장 취약한 방향으로 작용하는 100[kg] 이상의 하중에 견딜 수 있는 튼튼한 구조이어야 한다.

관련개념 CHAPTER 04 건설현장 안전시설 관리

111

유해위험방지계획서를 제출하려고 할 때 그 첨부서류와 가장 거리가 먼 것은?

① 공사개요서
② 산업안전보건관리비 작성요령
③ 전체 공정표
④ 재해발생 위험 시 연락 및 대피방법

해설 건설공사 유해위험방지계획서 제출 시 첨부서류
- 공사개요서
- 공사현장의 주변 현황 및 주변과의 관계를 나타내는 도면(매설물 현황 포함)
- 전체 공정표
- 산업안전보건관리비 사용계획서
- 안전관리 조직표
- 재해 발생 위험 시 연락 및 대피방법

관련개념 CHAPTER 02 건설공사 위험성

112

다음 중 지하수위를 저하시키는 공법은?

① 동결 공법   ② 웰 포인트 공법
③ 뉴매틱케이슨 공법 ④ 치환 공법

해설 웰 포인트 공법은 사질토 지반의 액상화를 방지하기 위해 지하수를 배출시키는 공법이다.

관련개념 CHAPTER 02 건설공사 위험성

113

다음은 「산업안전보건법령」에 따른 시스템비계의 구조에 관한 사항이다. (   ) 안에 들어갈 내용으로 옳은 것은?

> 비계 밑단의 수직재와 받침철물은 밀착되도록 설치하고, 수직재와 받침철물의 연결부의 겹침길이는 받침철물 전체길이의 (   ) 이상이 되도록 할 것

① 2분의 1
② 3분의 1
③ 4분의 1
④ 5분의 1

해설 시스템비계는 비계 밑단의 수직재와 받침철물은 밀착되도록 설치하고, 수직재와 받침철물의 연결부의 겹침길이는 받침철물 전체길이의 $\frac{1}{3}$ 이상이 되도록 하여야 한다.

관련개념 CHAPTER 05 비계·거푸집 가시설 위험방지

114

차량계 건설기계를 사용하여 작업 시 작업계획에 포함되어야 할 사항이 아닌 것은?

① 사용하는 차량계 건설기계의 종류 및 성능
② 차량계 건설기계의 운행경로
③ 차량계 건설기계에 의한 작업방법
④ 차량계 건설기계의 유도자 배치 관련사항

해설 차량계 건설기계의 작업계획서 포함내용
- 사용하는 차량계 건설기계의 종류 및 성능
- 차량계 건설기계의 운행경로
- 차량계 건설기계에 의한 작업방법

관련개념 CHAPTER 04 건설현장 안전시설 관리

115

토질시험 중 연약한 점토 지반의 점착력을 판별하기 위하여 실시하는 현장시험은?

① 베인테스트(Vane Test)
② 표준관입시험(SPT)
③ 하중재하시험
④ 삼축압축시험

해설 베인시험(Vane Test)
점토질 지반에서 흙의 전단 강도(점착력)를 구하는 시험의 일종으로 십자형으로 조합시킨 베인(날개)을 회전시킬 때의 토크치를 실측한다.

관련개념 CHAPTER 02 건설공사 위험성

116

차량계 하역운반기계의 안전조치사항 중 옳지 않은 것은?

① 최대제한속도가 시속 10[km]를 초과하는 차량계 건설기계를 사용하여 작업을 하는 경우 미리 작업장소의 지형 및 지반상태 등에 적합한 제한속도를 정하고, 운전자로 하여금 준수하도록 할 것
② 차량계 건설기계의 운전자가 운전위치를 이탈하는 경우 해당 운전자로 하여금 포크 및 버킷 등의 하역장치를 가장 높은 위치에 둘 것
③ 차량계 하역운반기계 등에 화물을 적재하는 경우 하중이 한쪽으로 치우치지 않도록 적재할 것
④ 차량계 건설기계를 사용하여 작업을 하는 경우 승차석이 아닌 위치에 근로자를 탑승시키지 말 것

해설 차량계 하역운반기계 등, 차량계 건설기계의 운전자가 운전위치 이탈 시에는 포크, 버킷, 디퍼 등의 장치를 가장 낮은 위치 또는 지면에 내려 두어야 한다.

관련개념 CHAPTER 04 건설현장 안전시설 관리

117

지반의 종류가 다음과 같을 때 굴착면의 기울기 기준으로 옳은 것은?

연암 및 풍화암

① 1 : 1.8
② 1 : 1.0
③ 1 : 0.8
④ 1 : 0.5

해설 굴착면의 기울기 기준

지반의 종류	굴착면의 기울기
모래	1 : 1.8
연암 및 풍화암	1 : 1.0
경암	1 : 0.5
그 밖의 흙	1 : 1.2

※ 이 문제는 개정된 법령에 따라 수정한 문제입니다.

관련개념 CHAPTER 02 건설공사 위험성

118

콘크리트 타설작업과 관련하여 준수하여야 할 사항으로 가장 거리가 먼 것은?

① 당일의 작업을 시작하기 전에 해당 작업에 관한 거푸집 및 동바리의 변형, 변위 및 지반의 침하 유무 등을 점검하고 이상이 있으면 보수할 것
② 콘크리트를 타설하는 경우에는 편심이 발생하지 않도록 골고루 분산하여 타설할 것
③ 진동기의 사용은 많이 할수록 균일한 콘크리트를 얻을 수 있으므로 가급적 많이 사용할 것
④ 설계도서 상의 콘크리트 양생기간을 준수하여 거푸집 및 동바리를 해체할 것

해설 진동기는 적절히 사용되어야 하며, 지나친 진동은 거푸집 붕괴의 원인이 될 수 있으므로 주의하여야 한다.

관련개념 CHAPTER 06 공사 및 작업 종류별 안전

119

건물 외부에 낙하물방지망을 설치할 경우 수평면과의 가장 적절한 각도는?

① 5~10°
② 10~15°
③ 15~25°
④ 20~30°

해설 낙하물방지망 설치기준
- 높이 10[m] 이내마다 설치하고, 내민 길이는 벽면으로부터 2[m] 이상으로 하여야 한다.
- 수평면과의 각도는 20° 이상 30° 이하를 유지하여야 한다.

관련개념 CHAPTER 04 건설현장 안전시설 관리

120

다음 중 압쇄기를 사용하여 건물 해체 시 그 순서로 옳은 것은?

보기
A: 보   B: 기둥   C: 슬래브   D: 벽체

① A-B-C-D
② A-C-B-D
③ C-A-D-B
④ D-C-B-A

해설 압쇄기의 파쇄작업순서는 슬래브, 보, 벽체, 기둥의 순서로 해체한다.

관련개념 CHAPTER 06 공사 및 작업 종류별 안전

산업재해 예방 및 안전보건교육

001
참가자에게 일정한 역할을 주어 실제적으로 연기를 시켜봄으로써 자기의 역할을 보다 확실히 인식할 수 있도록 체험학습을 시키는 교육방법은?

① Symposium
② Brain Storming
③ Role Playing
④ Fish Bowl Playing

해설 롤 플레잉(Role Playing)
참가자에게 일정한 역할을 주어 실제적으로 연기를 시켜봄으로써 자기의 역할을 보다 확실히 인식시키는 것이다.

관련개념 CHAPTER 01 산업재해예방 계획 수립

002
다음 중 재해예방의 4원칙과 관련이 가장 적은 것은?

① 모든 재해의 발생 원인은 우연적인 상황에서 발생한다.
② 재해손실은 사고가 발생할 때 사고 대상의 조건에 따라 달라진다.
③ 재해예방을 위한 가능한 안전대책은 반드시 존재한다.
④ 재해는 원칙적으로 원인만 제거되면 예방이 가능하다.

해설 손실우연의 원칙
재해손실은 사고발생 시 사고대상의 조건에 따라 달라지므로, 한 사고의 결과로서 생긴 재해손실은 우연성에 의해서 결정된다. 손실우연의 원칙은 재해 발생 원인이 아닌 재해에 따른 손실크기에 대해 우연성을 강조하고 있다.

관련개념 CHAPTER 01 산업재해예방 계획 수립

003
위험예지훈련 4R(라운드) 기법의 진행방법에서 3R에 해당하는 것은?

① 목표설정
② 대책수립
③ 본질추구
④ 현상파악

해설 위험예지훈련의 추진을 위한 문제해결 4단계
㉠ 1라운드: 현상파악(사실의 파악)-어떤 위험이 잠재하고 있는가?
㉡ 2라운드: 본질추구(원인조사)-이것이 위험의 포인트이다.
㉢ **3라운드: 대책수립**(대책을 세운다)-당신이라면 어떻게 하겠는가?
㉣ 4라운드: 목표설정(행동계획 작성)-우리들은 이렇게 하자!

관련개념 CHAPTER 01 산업재해예방 계획 수립

004
「보호구 안전인증 고시」상 안전인증 방독마스크의 정화통 종류와 외부 측면의 표시색이 잘못 연결된 것은?

① 할로겐용 - 회색
② 황화수소용 - 회색
③ 암모니아용 - 회색
④ 시안화수소용 - 회색

해설 정화통 외부 측면의 표시색

종류	표시색
유기화합물용 정화통	갈색
할로겐용 정화통	회색
황화수소용 정화통	
시안화수소용 정화통	
아황산용 정화통	노란색
암모니아용 정화통	**녹색**

관련개념 CHAPTER 02 안전보호구 관리

005

억측판단이 발생하는 배경으로 볼 수 없는 것은?

① 정보가 불확실할 때
② 타인의 의견에 동조할 때
③ 희망적인 관측이 있을 때
④ 과거에 성공한 경험이 있을 때

해설 억측판단이 발생하는 배경
- 희망적 관측: '그때도 그랬으니까 괜찮겠지' 하는 관측
- 불확실한 정보나 지식: 위험에 대한 정보의 불확실 및 지식의 부족
- 과거의 성공한 경험: 과거에 그 행위로 성공한 경험의 선입관
- 초조한 심정: 일을 빨리 끝내고 싶은 초조한 심정

관련개념 CHAPTER 03 산업안전심리

006

레윈(Lewin.K)에 의하여 제시된 인간의 행동에 관한 식을 올바르게 표현한 것은?(단, B는 인간의 행동, P는 개체, E는 환경, f는 함수관계를 의미한다.)

① $B=f(P \cdot E)$
② $B=f(P+1)^E$
③ $P=E \cdot f(B)$
④ $E=f(P \cdot B)$

해설 레윈(Lewin.K)의 법칙
$B=f(P \cdot E)$
여기서, B: Behavior(인간의 행동)
  f: function(함수관계)
  P: Person(개체: 연령, 경험, 심신상태, 성격, 지능 등)
  E: Environment(환경: 인간관계, 작업조건 등)

관련개념 CHAPTER 04 인간의 행동과학

007

「산업안전보건법령」상 근로자에 대한 일반건강진단의 실시 시기 기준으로 옳은 것은?

① 사무직에 종사하는 근로자: 1년에 1회 이상
② 사무직에 종사하는 근로자: 2년에 1회 이상
③ 사무직 외의 업무에 종사하는 근로자: 6월에 1회 이상
④ 사무직 외의 업무에 종사하는 근로자: 2년에 1회 이상

해설 일반건강진단의 주기
- 사무직에 종사하는 근로자: 2년에 1회 이상
- 그 밖의 근로자: 1년에 1회 이상

관련개념 CHAPTER 01 산업재해예방 계획 수립

008

교육계획 수립 시 가장 먼저 실시하여야 하는 것은?

① 교육내용의 결정
② 실행교육계획서 작성
③ 교육의 요구사항 파악
④ 교육실행을 위한 순서, 방법, 자료의 검토

해설 교육계획 수립 시 교육의 요구사항 등 필요한 정보를 수집·파악하고 현장의 의견을 충분히 반영한다.

관련개념 CHAPTER 05 안전보건교육의 내용 및 방법

009

「산업안전보건법령」상 산업안전보건위원회의 사용자위원에 해당되지 않는 사람은?(단, 각 사업장은 해당하는 사람을 선임하여야 하는 대상 사업장으로 한다.)

① 안전관리자
② 산업보건의
③ 명예산업안전감독관
④ 해당 사업장 부서의 장

해설 명예산업안전감독관은 근로자위원에 해당한다.

산업안전보건위원회의 사용자위원
- 해당 사업의 대표자
- 안전관리자
- 보건관리자
- 산업보건의
- 해당 사업의 대표자가 지명하는 9명 이내의 해당 사업장 부서의 장

관련개념 CHAPTER 01 산업재해예방 계획 수립

010

「산업안전보건법령」상 안전보건표지의 종류 중 다음 표지의 명칭은?(단, 마름모 테두리는 빨간색이며, 안의 내용은 검은색이다.)

① 폭발성물질 경고
② 산화성물질 경고
③ 부식성물질 경고
④ 급성독성물질 경고

해설

폭발성물질 경고   산화성물질 경고   부식성물질 경고   **급성독성물질 경고**

관련개념 CHAPTER 02 안전보호구 관리

011

하인리히의 재해코스트 평가방식 중 직접비에 해당하지 않는 것은?

① 산재보상비
② 치료비
③ 간호비
④ 생산손실

해설 생산손실에 의한 재해비용은 간접비에 해당한다.

간접비
- 인적손실: 본인 및 제3자에 관한 것을 포함한 시간손실
- 물적손실: 기계, 공구, 재료, 시설의 복구에 소비된 시간손실 및 재산손실
- 생산손실: 생산감소, 생산중단, 판매감소 등에 의한 손실
- 특수손실
- 기타손실

관련개념 SUBJECT 03 기계·기구 및 설비 안전관리
CHAPTER 02 기계분야 산업재해 조사 및 관리

012

Off JT(Off the Job Training)의 특징으로 옳은 것은?

① 훈련에만 전념할 수 있다.
② 상호신뢰 및 이해도가 높아진다.
③ 개개인에게 적절한 지도훈련이 가능하다.
④ 직장의 실정에 맞게 실제적 훈련이 가능하다.

해설 Off JT(직장 외 교육훈련)
계층별 직능별로 공통된 교육대상자를 현장 이외의 한 장소에 모아 집합교육을 실시하는 교육형태로 집단교육에 적합하다.
- 다수의 근로자에게 조직적 훈련을 행하는 것이 가능하다.
- **훈련에만 전념할 수 있다.**
- 외부의 전문가를 강사로 초청하는 것이 가능하다.
- 특별교재·교구 및 설비를 사용하는 것이 가능하다.

관련개념 CHAPTER 05 안전보건교육의 내용 및 방법

013

교육심리학의 기본이론 중 학습지도의 원리가 아닌 것은?

① 직관의 원리
② 개별화의 원리
③ 계속성의 원리
④ 사회화의 원리

해설 계속성의 원리는 학습지도의 원리가 아닌 파블로프의 조건반사설에 해당한다.

학습지도 이론
개별화의 원리, 통합의 원리, 사회화의 원리, 자발성의 원리, 직관의 원리

관련개념 CHAPTER 05 안전보건교육의 내용 및 방법

014

데이비스(K.Davis)의 동기부여 이론에 관한 등식에서 ( ) 안에 알맞은 내용은?

지식(Knowledge)×기능(Skill) = ( )

① 능력
② 동기유발
③ 상황
④ 성과

해설 데이비스(K.Davis)의 동기부여 이론
- 지식(Knowledge)×기능(Skill)=능력(Ability)
- 상황(Situation)×태도(Attitude)=동기유발(Motivation)
- 능력(Ability)×동기유발(Motivation)
  =인간의 성과(Human Performance)
- 인간의 성과×물질적 성과=경영의 성과

관련개념 CHAPTER 04 인간의 행동과학

015

불안전 상태와 불안전 행동을 제거하는 안전관리의 시책에는 적극적인 대책과 소극적인 대책이 있다. 다음 중 소극적인 대책에 해당하는 것은?

① 보호구의 사용
② 위험공정의 배제
③ 위험물질의 격리 및 대체
④ 위험성평가를 통한 작업환경 개선

해설 보호구의 사용
해당 공정 및 해당 상태의 불안전한 상태를 무시하고 당장의 위험만 극복하려는 자세로, 안전관리의 소극적 대책에 해당한다.

관련개념 CHAPTER 01 산업재해예방 계획 수립

016

다음 사업장의 종합재해지수는 약 얼마인가?

- 상시 근로자 수: 100명
- 근무시간: 1일 8시간씩 연간 280일
- 재해발생
  - 사망사고: 1건
  - 재해건수: 4건(휴업일수 180일)

① 22.32
② 27.59
③ 34.14
④ 56.42

해설
- 도수율 = $\dfrac{\text{재해건수}}{\text{연근로시간 수}} \times 1,000,000$
  = $\dfrac{1+4}{100 \times (8 \times 280)} \times 1,000,000 = 22.32$

- 강도율 = $\dfrac{\text{총 요양근로손실일수}}{\text{연근로시간 수}} \times 1,000$
  = $\dfrac{7,500 + 180 \times \dfrac{280}{365}}{100 \times (8 \times 280)} \times 1,000 = 34.10$

- 종합재해지수(FSI) = $\sqrt{\text{도수율(FR)} \times \text{강도율(SR)}}$
  = $\sqrt{22.32 \times 34.10} = 27.59$

관련개념 SUBJECT 03 기계·기구 및 설비 안전관리
CHAPTER 02 기계분야 산업재해 조사 및 관리

017

근로자 1,000명 이상의 대규모 사업장에 적합한 안전관리 조직의 유형은?

① 직계식 조직
② 참모식 조직
③ 병렬식 조직
④ 직계참모식 조직

해설 라인·스태프(LINE-STAFF)형 조직(직계참모조직)
- 대규모(1,000명 이상) 사업장에 적합한 조직으로서 라인형과 스태프형의 장점만을 채택한 형태이며, 안전업무를 전담하는 스태프를 두고 생산라인의 각 계층에서도 각 부서장으로 하여금 안전업무를 수행하도록 하여 스태프에서 안전에 관한 사항이 결정되면 라인을 통하여 실천하도록 편성된 조직이다.
- 안전계획, 평가 및 조사는 스태프에서, 생산기술의 안전대책은 라인에서 실시한다.

관련개념 CHAPTER 01 산업재해예방 계획 수립

018

매슬로우(Maslow)의 욕구위계이론 중 2단계에 해당되는 것은?

① 생리적 욕구
② 안전에 대한 욕구
③ 자아실현의 욕구
④ 존경과 긍지에 대한 욕구

해설 매슬로우(Maslow)의 욕구위계이론
㉠ 제1단계: 생리적 욕구
㉡ 제2단계: 안전의 욕구
㉢ 제3단계: 사회적 욕구(친화 욕구)
㉣ 제4단계: 자기존경의 욕구(안정의 욕구 또는 자기존중의 욕구)
㉤ 제5단계: 자아실현의 욕구(성취욕구)

관련개념 CHAPTER 04 인간의 행동과학

019

사고요인이 되는 정신적 요소 중 개성적 결함 요인에 해당하지 않는 것은?

① 방심 및 공상
② 도전적인 마음
③ 과도한 집착력
④ 다혈질 및 인내심 부족

해설 사고요인의 정신적 요소 중 개성적 결함 요인
- 과도한 자존심과 자만감
- 다혈질, 인내력 부족
- 과도한 집착성
- 배타성, 게으름, 경솔성
- 약한 마음, 도전적 마음

관련개념 CHAPTER 03 산업안전심리

020

다음 그림과 같은 안전관리 조직의 특징으로 틀린 것은?

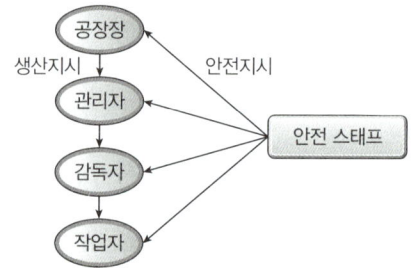

① 1,000명 이상의 대규모 사업장에 적합하다.
② 생산부분은 안전에 대한 책임과 권한이 없다.
③ 사업장의 특수성에 적합한 기술연구를 전문적으로 할 수 있다.
④ 권한 다툼이나 조정 때문에 통제수속이 복잡해지며, 시간과 노력이 소모된다.

해설 제시된 그림은 스태프형 조직이다.
1,000명 이상의 대규모 사업장에 적합한 조직은 라인-스태프(LINE-STAFF)형 조직(직계참모조직)이다.
스태프(STAFF)형 조직(참모형 조직)
- 중규모(100명 이상 1,000명 미만) 조직에 적합하다.
- 사업장의 특성에 맞는 전문적인 기술연구가 가능하다.
- 경영자에게 조언과 자문 역할을 할 수 있다.
- 안전정보 수집이 빠르다.

관련개념 CHAPTER 01 산업재해예방 계획 수립

인간공학 및 위험성평가 · 관리

021
FTA에서 사용되는 사상기호 중 결함사상을 나타낸 기호로 옳은 것은?

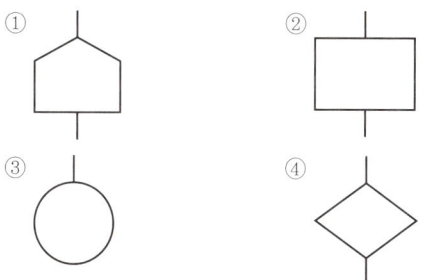

해설

기호	명칭	설명
▭	결함사상	고장 또는 결함으로 나타나는 비정상적인 사건

오답해설 ①은 통상사상, ③은 기본사상, ④는 생략사상이다.

관련개념 CHAPTER 02 위험성 파악·결정

022
의도는 올바른 것이었지만, 행동이 의도한 것과는 다르게 나타나는 오류는?

① 실수 ② 착오
③ 건망증 ④ 위반

해설 인간의 오류모형
- 착오(Mistake): 상황해석을 잘못하거나 목표를 잘못 이해하고 착각하여 행하는 경우
- 실수(Slip): 상황이나 목표의 해석을 제대로 했으나 의도와는 다른 행동을 하는 경우
- 건망증(Lapse): 여러 과정이 연계적으로 일어나는 행동 중에서 일부를 잊어버리고 하지 않거나 또는 기억의 실패에 의하여 발생하는 오류
- 위반(Violation): 정해진 규칙을 알고 있음에도 고의로 따르지 않거나 무시하는 행위

관련개념 CHAPTER 01 안전과 인간공학

023
경계 및 경보신호의 설계지침으로 틀린 것은?

① 주의를 환기시키기 위하여 변조된 신호를 사용한다.
② 배경소음의 진동수와 다른 진동수의 신호를 사용한다.
③ 귀는 중음역에 민감하므로 500~3,000[Hz]의 진동수를 사용한다.
④ 300[m] 이상의 장거리용으로는 1,000[Hz]를 초과하는 진동수를 사용한다.

해설 경계 및 경보신호 선택 시 300[m] 이상 장거리용 신호에는 1,000[Hz] 이하의 진동수를 사용한다.

관련개념 CHAPTER 06 작업환경 관리

024
다음 시스템의 신뢰도 값은?(단, 기호 안의 수치는 각 구성요소의 신뢰도이다.)

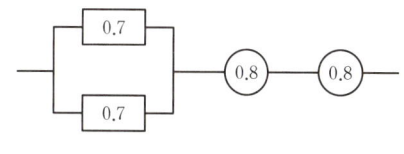

① 0.5824 ② 0.6682
③ 0.7855 ④ 0.8642

해설 신뢰도(R)={1−(1−0.7)×(1−0.7)}×0.8×0.8=0.5824

관련개념 CHAPTER 01 안전과 인간공학

025
설비보전에서 평균수리시간을 나타내는 것은?

① MTBF ② MTTR
③ MTTF ④ MTBP

해설 평균수리시간(MTTR; Mean Time To Repair)
총 수리시간을 그 기간의 수리횟수로 나눈 시간으로 사후보전에 필요한 수리시간의 평균치를 나타낸다.

관련개념 CHAPTER 03 위험성 감소대책 수립·실행

026

동작경제의 원칙과 가장 거리가 먼 것은?

① 두 팔은 동시에 서로 반대방향으로 대칭적으로 움직인다.
② 두 손의 동작은 같이 시작하고 같이 끝나도록 한다.
③ 가능한 관성을 이용하여 작업하되, 관성을 거스르는 경우에는 관성이 크게 발생하도록 움직인다.
④ 휴식시간을 제외하고는 양손이 동시에 쉬지 않도록 한다.

해설 가능한 한 작업자의 노력을 덜기 위해 관성을 이용해야 하나 관성을 근육의 힘으로 극복해야 하는 작업의 경우에는 관성을 최소로 줄여야 한다.

신체사용에 관한 동작경제의 원칙
- 두 손의 동작은 같이 시작하고 같이 끝나도록 한다.
- 휴식시간을 제외하고는 양손이 동시에 쉬지 않도록 한다.
- 두 팔의 동작은 동시에 서로 반대방향으로 대칭적으로 움직이도록 한다.
- 자연스러운 리듬이 생기도록 손의 동작은 유연하고 연속적이어야 한다.(관성 이용)
- 손과 신체의 동작은 작업을 원만하게 처리할 수 있는 범위 내에서 가장 낮은 동작등급을 사용하도록 한다.

관련개념 CHAPTER 06 작업환경 관리

027

다음 중 시스템 내의 위험요소가 어떤 상태에 있는가를 정성적으로 분석·평가하는 첫 번째 위험분석기법은?

① 결함수분석
② 예비위험분석
③ 결함위험분석
④ 운용위험분석

해설 예비위험분석(PHA; Preliminary Hazards Analysis)
시스템 내의 위험요소가 얼마나 위험상태에 있는가를 평가하는 시스템안전 프로그램의 최초단계(시스템 구상단계)의 정성적인 분석 방식이다.

관련개념 CHAPTER 02 위험성 결정·파악

028

결함수분석법에서 Path Set에 관한 설명으로 맞는 것은?

① 시스템의 약점을 표현한 것이다.
② TOP사상을 발생시키는 조합이다.
③ 시스템이 고장 나지 않도록 하는 사상의 조합이다.
④ 시스템 고장을 유발시키는 필요불가결한 기본사상들의 집합이다.

해설 패스셋(Path Set)
포함되어 있는 모든 기본사상이 일어나지 않을 때 정상사상(고장)이 일어나지 않는 기본사상의 집합으로 시스템의 신뢰성을 나타낸다.

관련개념 CHAPTER 06 결함수분석법

029

FTA 결과 다음과 같은 패스셋을 구하였다. X_4가 중복사상인 경우, 최소 패스셋(Minimal Path Sets)으로 맞는 것은?

$$\{X_2, X_3, X_4\}$$
$$\{X_1, X_3, X_4\}$$
$$\{X_3, X_4\}$$

① $\{X_3, X_4\}$
② $\{X_1, X_3, X_4\}$
③ $\{X_2, X_3, X_4\}$
④ $\{X_2, X_3, X_4\}$와 $\{X_3, X_4\}$

해설 패스셋과 미니멀 패스셋
패스셋이란 그 속에 포함되어 있는 기본사상이 일어나지 않을 때 정상사상이 일어나지 않는 기본사상의 집합으로서 미니멀 패스셋은 그 필요한 최소한의 셋을 말한다.(시스템의 신뢰성)

관련개념 CHAPTER 02 위험성 결정·파악

030

다음 중 몸의 중심선으로부터 밖으로 이동하는 신체 부위의 동작을 무엇이라 하는가?

① 외전 ② 굴곡
③ 내전 ④ 신전

해설 신체부위의 운동
- 팔(어깨관절), 다리(고관절)
  - 외전(벌림)(Abduction): **몸의 중심선으로부터 멀리 떨어지게 하는 동작**
  - 내전(모음)(Adduction): 몸의 중심선으로의 이동
- 팔(팔꿈치관절), 다리(무릎관절)
  - 굴곡(굽힘)(Flexion): 관절이 만드는 각도가 감소하는 동작
  - 신전(폄)(Extension): 관절이 만드는 각도가 증가하는 동작

관련개념 CHAPTER 06 작업환경 관리

031

인간-기계 시스템에서 시스템의 설계를 다음과 같이 구분할 때 제3단계인 기본설계에 해당되지 않는 것은?

```
1단계: 시스템의 목표와 성능명세 결정
2단계: 시스템의 정의
3단계: 기본설계
4단계: 인터페이스 설계
5단계: 보조물 설계
6단계: 시험 및 평가
```

① 화면설계 ② 작업설계
③ 직무분석 ④ 기능할당

해설 인간-기계 시스템 설계과정 6단계
㉠ 목표 및 성능명세 결정: 시스템 설계 전 그 목적이나 존재 이유가 있어야 함(인간요소적인 면, 신체의 역학적 특성 및 인체측정학적 요소 고려)
㉡ 시스템(체계) 정의: 목적을 달성하기 위한 특정한 기본기능들이 수행되어야 함
㉢ 기본설계: 시스템의 형태를 갖추기 시작하는 단계(**직무분석, 작업설계, 기능할당**)
㉣ 인터페이스(계면) 설계: 사용자 편의와 시스템 성능에 관여
㉤ 촉진물 설계: 인간의 성능을 증진시킬 보조물 설계
㉥ 시험 및 평가: 시스템 개발과 관련된 평가와 인간적인 요소 평가 실시

관련개념 CHAPTER 01 안전과 인간공학

032

「산업안전보건법령」상 유해위험방지계획서의 제출대상 제조업은 전기 계약용량이 얼마 이상인 경우에 해당되는가? (단, 기타 예외사항은 제외한다.)

① 50[kW] ② 100[kW]
③ 200[kW] ④ 300[kW]

해설 전기 계약용량이 300[kW] 이상인 사업의 사업주는 해당 제품의 생산 공정과 직접적으로 관련된 건설물·기계·기구 및 설비 등 전부를 설치·이전하거나 그 주요 구조부분을 변경할 때에는 유해위험방지계획서를 제출하여야 한다.

관련개념 CHAPTER 02 위험성 파악·결정

033

인간공학에 대한 설명으로 틀린 것은?

① 인간-기계 시스템의 안전성, 편리성, 효율성을 높인다.
② 인간을 작업과 기계에 맞추는 설계 철학이 바탕이 된다.
③ 인간이 사용하는 물건, 설비, 환경의 설계에 적용된다.
④ 인간의 생리적, 심리적인 면에서의 특성이나 한계점을 고려한다.

해설 인간공학의 정의
- 인간의 신체적, 정신적 능력 한계를 고려하여 **작업환경 또는 기계를 인간에게 적절한 형태로 맞추는 것**이다.
- 인간의 특성과 능력을 공학적으로 분석, 평가하여 이를 복잡한 체계의 설계에 응용함으로써 효율을 최대로 활용할 수 있도록 하는 학문분야이다.

관련개념 CHAPTER 01 안전과 인간공학

034

다음 그림과 같이 7개의 기기로 구성된 시스템이 있다. 각 신뢰도가 보기와 같은 경우 이 시스템의 신뢰도는?

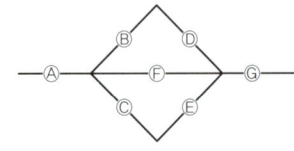

```
┌ 보기 ┐
    A=G: 0.75
    B=C=D=E: 0.8
    F: 0.9
```

① 0.5552 ② 0.6234
③ 0.7427 ④ 0.9740

해설
$R = A \times \{1-(1-B \times D) \times (1-F) \times (1-C \times E)\} \times G$
$= 0.75 \times \{1-(1-0.8 \times 0.8) \times (1-0.9) \times (1-0.8 \times 0.8)\} \times 0.75$
$= 0.5552$

관련개념 CHAPTER 01 안전과 인간공학

035

인체에서 뼈의 주요기능이 아닌 것은?

① 인체의 지주   ② 장기의 보호
③ 골수의 조혈   ④ 근육의 대사

해설 뼈의 주요기능
인체의 지주, 장기의 보호, 골수의 조혈기능 등

관련개념 CHAPTER 06 작업환경 관리

036

다음 중 FTA(Fault Tree Analysis)에 관한 설명으로 가장 적절한 것은?

① 복잡하고 대형화된 시스템의 신뢰성 분석에는 적절하지 않다.
② 시스템 각 구성요소의 기능을 정상인가 또는 고장인가로 점진적으로 구분짓는다.
③ '그것이 발생하기 위해서는 무엇이 필요한가?'라는 것은 연역적이다.
④ 사건들을 일련의 이분(Binary)의사 결정 분기들로 모형화한다.

해설 결함수분석법(FTA; Fault Tree Analysis)의 정의
- 시스템의 고장을 논리게이트로 찾아가는 **연역적**, 정성적, 정량적 분석기법이다.
- 시스템의 고장을 발생시키는 사상(Event)과 그 원인과의 관계를 논리기호를 활용하여 나뭇가지 모양(Tree)의 고장 계통도를 작성하고, 이를 기초로 시스템의 고장확률을 구한다.

관련개념 CHAPTER 02 위험성 파악·결정

037

인간의 손이나 발을 이동시켜 조작장치를 조작하는 데 걸리는 시간을 표적까지의 거리와 표적 크기의 함수로 나타내는 모형은?

① 힉(Hick)의 법칙   ② 핏츠(Fitts)의 법칙
③ 웨버(Weber)의 법칙   ④ 신호 탐지 이론(SDT)

해설 핏츠(Fitts)의 법칙
인간의 손이나 발을 이동시켜 조작장치를 조작하는 데 걸리는 시간을 표적까지의 거리와 표적 크기의 함수로 나타내는 모형으로, 표적이 작고 이동거리가 길수록 이동시간이 증가한다.

$T = a + b \log_2 \left(\dfrac{D}{W} + 1\right)$

여기서, T(MT; Movement Time): 동작시간
  a, b: 작업난이도에 대한 실험상수
  D: 동작 시발점에서 표적 중심까지의 거리
  W: 표적의 폭(너비)

관련개념 CHAPTER 06 작업환경 관리

038

일정한 고장률을 가진 어떤 기계의 고장률이 0.004/시간일 때 10시간 이내에 고장을 일으킬 확률은?

① $1+e^{0.04}$
② $1-e^{-0.004}$
③ $1-e^{0.04}$
④ $1-e^{-0.04}$

해설 기계의 신뢰도 $R(t)=e^{-\lambda t}=e^{-0.004 \times 10}=e^{-0.04}$
여기서, λ: 고장률, t: 가동시간
따라서 고장발생확률 $F(t)=1-R(t)=1-e^{-0.04}$이다.

관련개념 CHAPTER 02 위험성 파악·결정

039

인간공학을 기업에 적용할 때의 기대효과로 볼 수 없는 것은?

① 노사 간의 신뢰 저하
② 작업손실시간의 감소
③ 제품과 작업의 질 향상
④ 작업자의 건강 및 안전 향상

해설 인간공학의 필요성
- 산업재해의 감소
- 생산원가의 절감
- 재해로 인한 손실 감소
- 직무만족도의 향상
- 기업의 이미지와 상품신뢰도 향상
- 노사 간의 신뢰 구축

관련개념 CHAPTER 01 안전과 인간공학

040

인간의 오류모형에서 "알고 있음에도 의도적으로 따르지 않거나 무시한 경우"를 무엇이라 하는가?

① 실수(Slip)
② 착오(Mistake)
③ 건망증(Lapse)
④ 위반(Violation)

해설 정해진 규칙을 알고 있음에도 고의로 따르지 않거나 무시하는 행위는 인간의 오류모형 중 위반(Violation)에 해당한다.

관련개념 CHAPTER 01 안전과 인간공학

기계·기구 및 설비 안전관리

041

「산업안전보건법령」상 프레스 등의 작업시작 전 점검사항이 아닌 것은?

① 슬라이드 또는 칼날에 의한 위험방지 기구의 기능
② 프레스의 금형 및 고정볼트 상태
③ 전단기의 칼날 및 테이블의 상태
④ 권과방지장치 및 그 밖의 경보장치의 기능

해설 권과방지장치 및 그 밖의 경보장치의 기능은 이동식 크레인을 이용하여 작업을 할 때 작업시작 전 점검사항이다.
프레스 등의 작업시작 전 점검사항
- 클러치 및 브레이크의 기능
- 크랭크축·플라이휠·슬라이드·연결봉 및 연결 나사의 풀림 유무
- 1행정 1정지기구·급정지장치 및 비상정지장치의 기능
- 슬라이드 또는 칼날에 의한 위험방지 기구의 기능
- 프레스의 금형 및 고정볼트 상태
- 방호장치의 기능
- 전단기의 칼날 및 테이블의 상태

관련개념 CHAPTER 02 기계분야 산업재해 조사 및 관리

042

다음 중 「산업안전보건법령」상 안전인증대상 방호장치에 해당하지 않는 것은?

① 연삭기 덮개
② 압력용기 압력방출용 파열판
③ 압력용기 압력방출용 안전밸브
④ 방폭구조(防爆構造) 전기기계·기구 및 부품

해설 연삭기 덮개는 안전인증대상이 아닌 자율안전확인대상 방호장치이다.

관련개념 CHAPTER 02 기계분야 산업재해 조사 및 관리

043

「산업안전보건법령」상 강렬한 소음작업에서 데시벨에 따른 노출시간으로 적합하지 않은 것은?

① 105[dB] 이상의 소음이 1일 1시간 이상 발생하는 작업
② 115[dB] 이상의 소음이 1일 15분 이상 발생하는 작업
③ 120[dB] 이상의 소음이 1일 7분 이상 발생하는 작업
④ 90[dB] 이상의 소음이 1일 8시간 이상 발생하는 작업

해설 강렬한 소음작업
- 90[dB] 이상의 소음이 1일 8시간 이상 발생하는 작업
- 95[dB] 이상의 소음이 1일 4시간 이상 발생하는 작업
- 100[dB] 이상의 소음이 1일 2시간 이상 발생하는 작업
- 105[dB] 이상의 소음이 1일 1시간 이상 발생하는 작업
- 110[dB] 이상의 소음이 1일 30분 이상 발생하는 작업
- 115[dB] 이상의 소음이 1일 15분 이상 발생하는 작업

관련개념 CHAPTER 07 설비진단 및 검사

044

연삭숫돌의 파괴원인으로 거리가 가장 먼 것은?

① 숫돌이 외부의 큰 충격을 받았을 때
② 숫돌의 회전속도가 너무 빠를 때
③ 숫돌 자체에 이미 균열이 있을 때
④ 플랜지 직경이 숫돌 직경의 $\frac{1}{3}$ 이상일 때

해설 플랜지 지름이 현저하게 작을 때(플랜지 지름은 숫돌 직경의 $\frac{1}{3}$ 이상인 것이 적당함) 연삭숫돌이 파괴된다.

연삭숫돌의 파괴 및 재해원인
- 숫돌에 균열이 있는 경우
- 숫돌이 고속으로 회전하는 경우
- 회전력이 결합력보다 큰 경우
- 무거운 물체가 충돌한 경우(외부의 큰 충격을 받은 경우)
- 숫돌의 측면을 일감으로써 심하게 가압했을 경우
- 베어링이 마모되어 진동을 일으키는 경우
- 플랜지 지름이 현저하게 작은 경우
- 회전중심이 잡히지 않은 경우

관련개념 CHAPTER 03 공작기계의 안전

045

다음 설명 중 ( ) 안에 알맞은 내용은?

「산업안전보건법령」상 롤러기의 급정지장치는 롤러를 무부하로 회전시킨 상태에서 앞면 롤러의 표면속도가 30[m/min] 미만일 때에는 급정지거리가 앞면 롤러 원주의 ( ) 이내에서 롤러를 정지시킬 수 있는 성능을 보유하여야 한다.

① 1/4 ② 1/3
③ 1/2.5 ④ 1/2

해설 롤러기 급정지장치의 성능

앞면 롤러의 표면속도[m/min]	급정지거리
30 미만	앞면 롤러 원주의 $\frac{1}{3}$ 이내
30 이상	앞면 롤러 원주의 $\frac{1}{2.5}$ 이내

관련개념 CHAPTER 05 기타 산업용 기계·기구

046

「산업안전보건법령」상 산업용 로봇으로 인하여 근로자에게 발생할 수 있는 부상 등의 위험이 있는 경우 위험을 방지하기 위하여 울타리를 설치할 때 높이는 최소 몇 [m] 이상으로 해야 하는가?(단, 한국산업표준 및 국제적으로 통용되는 안전기준은 제외한다.)

① 1.8 ② 2.1
③ 2.4 ④ 1.2

해설 로봇의 운전으로 인하여 근로자에게 발생할 수 있는 부상 등의 위험을 방지하기 위하여 높이 1.8[m] 이상의 울타리를 설치하여야 한다.

관련개념 CHAPTER 05 기타 산업용 기계·기구

047

프레스기의 방호장치 중 위치제한형 방호장치에 해당되는 것은?

① 수인식 방호장치
② 광전자식 방호장치
③ 손쳐내기식 방호장치
④ 양수조작식 방호장치

해설 위치제한형 방호장치
작업자의 신체부위가 위험한계 밖에 있도록 기계의 조작장치를 위험구역에서 일정거리 이상 떨어지게 한 방호장치(양수조작식 안전장치)이다.

관련개념 CHAPTER 01 기계공정의 안전, 기계안전시설 관리

048

양중기의 과부하방지장치에서 요구하는 일반적인 성능기준으로 틀린 것은?

① 과부하방지장치 작동 시 경보음과 경보램프가 작동되어야 하며 양중기는 작동이 되지 않아야 한다.
② 외함의 전선 접촉 부분은 고무 등으로 밀폐되어 물과 먼지 등이 들어가지 않도록 한다.
③ 과부하방지장치와 타 방호장치는 기능에 서로 장애를 주지 않도록 부착할 수 있는 구조이어야 한다.
④ 방호장치의 기능을 제거하더라도 양중기는 원활하게 작동시킬 수 있는 구조이어야 한다.

해설 양중기 과부하방지장치의 일반적인 성능기준
방호장치의 기능을 제거 또는 정지할 때 양중기의 기능도 동시에 정지할 수 있는 구조이어야 한다.

관련개념 CHAPTER 06 운반기계 및 양중기

049

지름이 D[mm]인 연삭기 숫돌의 회전수가 N[rpm]일 때 숫돌의 원주속도를 옳게 표시한 것은?

① $\dfrac{\pi DN}{1,000}$[m/min]
② πDN[m/min]
③ $\dfrac{\pi DN}{60}$[m/min]
④ $\dfrac{DN}{1,000}$[m/min]

해설 숫돌의 원주속도
$V = \dfrac{\pi DN}{60 \times 1,000}$[m/s] $= \dfrac{\pi DN}{1,000}$[m/min]

여기서, D: 지름[mm]
N: 회전수[rpm]

관련개념 CHAPTER 03 공작기계의 안전

050

지게차 헤드가드의 안전기준에 관한 설명으로 옳은 것은?

① 상부틀의 각 개구의 폭 또는 길이가 15[cm] 미만일 것
② 상부틀의 각 개구의 폭 또는 길이가 20[cm] 미만일 것
③ 강도는 지게차의 최대하중의 2배 값(4톤을 넘는 값에 대해서는 4톤으로 함)의 등분포정하중에 견딜 수 있을 것
④ 강도는 지게차의 최대하중의 4배 값(4톤을 넘는 값에 대해서는 8톤으로 함)의 등분포정하중에 견딜 수 있을 것

해설 헤드가드의 구비조건
- 강도는 지게차의 최대하중의 2배 값(4톤을 넘는 값에 대해서는 4톤)의 등분포정하중에 견딜 수 있을 것
- 상부틀의 각 개구의 폭 또는 길이가 16[cm] 미만일 것
- 운전자가 앉아서 조작하거나 서서 조작하는 지게차의 헤드가드는 한국산업표준에서 정하는 높이 기준 이상일 것(입승식: 1.88[m] 이상, 좌승식: 0.903[m] 이상)

관련개념 CHAPTER 06 운반기계 및 양중기

051

다음 중 보일러에 관한 설명으로서 옳지 않은 것은?

① 수면계의 고장은 과열의 원인이 된다.
② 부적당한 급수처리는 부식의 원인이 된다.
③ 안전밸브의 작동불량은 압력상승의 원인이 된다.
④ 안전장치가 불량할 때에는 최대사용기압에서 파열하는 원인이 된다.

해설 보일러 파열
보일러의 파열에는 압력이 규정압력 이상으로 상승하여 파열하는 경우와 최고사용압력 이하이더라도 파열하는 경우가 있다.

관련개념 CHAPTER 05 기타 산업용 기계·기구

052

유해·위험 기계·기구 중에서 진동과 소음을 동시에 수반하는 기계설비로 가장 거리가 먼 것은?

① 컨베이어
② 사출성형기
③ 가스용접기
④ 공기압축기

해설 유해·위험 기계·기구 중 소음과 진동을 동시에 수반하는 기계는 컨베이어, 사출성형기, 공기압축기이다.

관련개념 CHAPTER 07 설비진단 및 검사

053

안전율(안전계수)을 설명한 것으로 옳은 것은?

① 최대응력을 비례한도로 나눈 것
② 최대응력을 탄성한도로 나눈 것
③ 최대응력을 파괴하중으로 나눈 것
④ 최대응력을 허용응력으로 나눈 것

해설 안전율(안전계수, Safety Factor)

$$S = \frac{극한(인장)강도}{허용응력} = \frac{파단(최대)하중}{안전(정격)하중}$$

관련개념 CHAPTER 01 기계공정의 안전, 기계안전시설 관리

054

연삭숫돌의 상부를 사용하는 것을 목적으로 하는 탁상용 연삭기에서 안전덮개의 노출부위 각도는 몇 ° 이내이어야 하는가?

① 90° 이내
② 75° 이내
③ 60° 이내
④ 105° 이내

해설 연삭기 안전덮개의 노출각도
- 탁상용 연삭기
  - 일반 연삭작업 등에 사용하는 것을 목적으로 하는 경우: 125° 이내
  - **연삭숫돌의 상부사용을 목적으로 하는 경우: 60° 이내**
- 원통 연삭기, 만능 연삭기 등: 180° 이내
- 휴대용 연삭기, 스윙(Swing) 연삭기 등: 180° 이내
- 평면 연삭기, 절단 연삭기 등: 150° 이내

관련개념 CHAPTER 03 공작기계의 안전

055

「산업안전보건법령」상 목재가공용 둥근톱 작업에서 분할날과 톱날 원주면과의 간격은 최대 얼마 이내가 되도록 조정하는가?

① 10[mm] ② 12[mm]
③ 14[mm] ④ 16[mm]

해설 목재가공용 둥근톱 작업에서 분할날과 톱날 원주면과의 간격은 최대 12[mm] 이내가 되도록 조정하여야 한다.

관련개념 CHAPTER 05 기타 산업용 기계·기구

056

다음 중 선반작업 시 지켜야 할 안전수칙으로 거리가 먼 것은?

① 작업 중 절삭 칩이 눈에 들어가지 않도록 보안경을 착용한다.
② 공작물 세팅에 필요한 공구는 세팅이 끝난 후 바로 제거한다.
③ 상의의 옷자락은 안으로 넣고, 끈을 이용하여 소맷자락을 묶어 작업을 준비한다.
④ 공작물은 전원스위치를 끄고 바이트를 충분히 멀리 위치시킨 후 고정한다.

해설 선반작업 시 상의의 옷자락은 안으로 넣고, 소맷자락을 묶을 때에는 끈을 사용하지 않는다.

관련개념 CHAPTER 03 공작기계의 안전

057

「산업안전보건법령」상 연삭기 작업 시 작업자가 안심하고 작업을 할 수 있는 상태는?

① 탁상용 연삭기에서 숫돌과 작업 받침대의 간격이 5[mm]이다.
② 덮개 재료의 인장강도는 224[MPa]이다.
③ 숫돌 교체 후 2분 정도 시험운전을 실시하여 해당 기계의 이상 여부를 확인하였다.
④ 작업 시작 전 1분 정도 시험운전을 실시하여 해당 기계의 이상 여부를 확인하였다.

해설 연삭숫돌을 사용하는 작업의 경우 **작업을 시작하기 전에는 1분 이상**, 연삭숫돌을 교체한 후에는 3분 이상 시험운전을 하고 해당 기계에 이상이 있는지를 확인하여야 한다.

오답해설
① 워크레스트(작업 받침대)의 연삭숫돌과의 간격은 3[mm] 이하이다.
② 덮개 재료는 인장강도 274.5[MPa] 이상이다.

관련개념 CHAPTER 03 공작기계의 안전

058

크레인 로프에 질량 2,000[kg]의 물건을 10[m/s²]의 가속도로 감아올릴 때, 로프에 걸리는 총 하중[kN]은?(단, 중력가속도는 9.8[m/s²])

① 9.6 ② 19.6
③ 29.6 ④ 39.6

해설 동하중 $= \dfrac{\text{정하중}}{\text{중력가속도}} \times \text{가속도} = \dfrac{2,000}{9.8} \times 10 = 2,040$[kg]

총 하중 = 정하중 + 동하중 = 2,000 + 2,040 = 4,040[kg]
하중[N] = 하중[kg] × 중력가속도
= 4,040 × 9.8 = 39,600[N] = 39.6[kN]

관련개념 CHAPTER 06 운반기계 및 양중기

| 정답 | 055 ② 056 ③ 057 ④ 058 ④

059

다음의 설명에 해당하는 기계는?

- 칩이 가늘고 예리하며 손을 잘 다치게 한다.
- 주로 평면공작물을 절삭 가공하나, 더브테일 가공이나 나사 가공 등의 복잡한 가공도 가능하다.
- 장갑은 착용을 금하고, 보안경을 착용해야 한다.

① 선반
② 밀링
③ 플레이너
④ 연삭기

해설 밀링작업 시 안전대책
- 밀링작업에서 생기는 칩은 가늘고 예리하며 부상을 입히기 쉬우므로 보안경을 착용한다.
- 칩은 기계를 정지시킨 후 브러시 등으로 제거한다.
- 강력절삭을 할 때는 일감을 바이스에 깊게 물린다.
- 손이 말려 들어갈 위험이 있는 장갑을 착용하지 않는다.

관련개념 CHAPTER 03 공작기계의 안전

060

물체의 표면에 침투력이 강한 적색 또는 형광성의 침투액을 표면 개구 결함에 침투시켜 직접 또는 자외선 등으로 관찰하여 결함장소와 크기를 판별하는 비파괴시험은?

① 피로시험
② 음향탐상시험
③ 와류탐상시험
④ 침투탐상시험

해설 침투탐상검사(PT; Liquid Penetrant Testing)
시험체 표면에 침투제를 적용시켜 침투제가 표면에 열려있는 불연속부에 침투할 수 있는 충분한 시간이 경과한 후, 불연속부에 침투하지 못하고 시험체 표면에 남아있는 과잉의 침투제를 제거하고 그 위에 현상제를 도포하여 불연속부에 들어있는 침투제를 빨아올림으로써 불연속의 위치, 크기 및 지시모양을 검출하는 검사방법이다.

관련개념 CHAPTER 07 설비진단 및 검사

전기설비 안전관리

061

「한국전기설비규정」에 따라 사람이 쉽게 접촉할 우려가 있는 곳에 금속제 외함을 가지는 저압의 기계·기구가 시설되어 있다. 이 기계·기구의 사용전압이 몇 [V]를 초과할 때 전기를 공급하는 전로에 누전차단기를 시설해야 하는가?(단, 누전차단기를 시설하지 않아도 되는 조건은 제외한다.)

① 30[V]
② 40[V]
③ 50[V]
④ 60[V]

해설 금속제 외함을 가지는 **사용전압이 50[V]를 초과**하는 저압의 기계·기구로서 사람이 쉽게 접촉할 우려가 있는 곳에 시설하는 것에 전기를 공급하는 전로에 누전차단기를 시설하여야 한다.

관련개념 CHAPTER 02 감전재해 및 방지대책

062

다음 중 기기보호등급(EPL)에 해당하지 않는 것은?

① EPL Ga
② EPL Ma
③ EPL Dc
④ EPL Mc

해설 기기보호등급(EPL)
- 매우 높은 보호: Ga, Da, Ma
- 높은 보호: Gb, Db, Mb
- 강화된 보호: Gc, Dc

관련개념 CHAPTER 04 전기방폭관리

063

극간 정전용량이 1,000[pF]이고, 착화에너지가 0.019[mJ]인 가스에서 폭발한계 전압[V]은 약 얼마인가?(단, 소수점 이하는 반올림한다.)

① 3,900
② 1,950
③ 390
④ 195

해설 $W = \frac{1}{2}CV^2$ 에서

$V = \sqrt{\frac{2W}{C}} = \sqrt{\frac{2 \times (0.019 \times 10^{-3})}{1,000 \times 10^{-12}}} = 195[V]$

여기서, W: 착화에너지[J]
  C: 극간 정전용량[F]
  V: 폭발한계 전압[V]

※ $1[mJ] = 10^{-3}[J]$이고, $1[pF] = 10^{-12}[F]$이다.

관련개념 CHAPTER 05 정전기 장·재해관리

064

폭발위험장소의 분류 중 인화성 액체의 증기 또는 가연성 가스에 의한 폭발위험이 지속적으로 또는 장기간 존재하는 장소는 몇 종 장소로 분류되는가?

① 0종 장소
② 1종 장소
③ 2종 장소
④ 3종 장소

해설 가스폭발 위험장소

분류	적요
0종 장소	인화성 액체의 증기 또는 가연성 가스에 의한 폭발위험이 지속적으로 또는 장기간 존재하는 장소
1종 장소	정상 작동상태에서 인화성 액체의 증기 또는 가연성 가스에 의한 폭발위험 분위기가 존재하기 쉬운 장소
2종 장소	정상 작동상태에서 인화성 액체의 증기 또는 가연성 가스에 의한 폭발위험 분위기가 존재할 우려가 없으나, 존재할 경우 그 빈도가 아주 적고 단기간만 존재할 수 있는 장소

관련개념 CHAPTER 04 전기방폭관리

065

대전물체의 표면전위를 검출전극에 의한 용량분할을 통해 측정할 수 있다. 대전물체의 표면전위 V_s는?(단, 대전물체와 검출전극 간의 정전용량은 C_1, 검출전극과 대지 간의 정전용량은 C_2, 검출전극의 전위는 V_e이다.)

① $V_s = \left(\frac{C_1+C_2}{C_1}+1\right) \cdot V_e$
② $V_s = \frac{C_1+C_2}{C_1} V_e$
③ $V_s = \frac{C_2}{C_1+C_2} V_e$
④ $V_s = \left(\frac{C_1}{C_1+C_2}+1\right) \cdot V_e$

해설 대전물체의 표면전위

$V_s = \frac{C_1+C_2}{C_1} V_e$

관련개념 CHAPTER 03 정전기 장·재해관리

066

금속성의 전기기계·기구나 구조물에 인체의 일부가 상시 접촉되어 있는 상태의 허용접촉전압으로 옳은 것은?

① 2.5[V] 이하
② 25[V] 이하
③ 50[V] 이하
④ 제한 없음

해설 허용접촉전압

종별	접촉상태	허용접촉전압
제1종	인체의 대부분이 수중에 있는 상태	2.5[V] 이하
제2종	• 인체가 현저히 젖어 있는 상태 • **금속성의 전기기계·기구나 구조물에 인체의 일부가 상시 접촉되어 있는 상태**	25[V] 이하
제3종	제1종, 제2종 이외의 경우로서 통상의 인체 상태에서 접촉전압이 가해지면 위험성이 높은 상태	50[V] 이하
제4종	• 제1종, 제2종 이외의 경우로서 통상의 인체상태에 접촉전압이 가해지더라도 위험성이 낮은 상태 • 접촉전압이 가해질 우려가 없는 경우	제한 없음

관련개념 CHAPTER 02 감전재해 및 방지대책

067

불꽃이나 아크 등이 발생하지 않는 기기의 경우 기기의 표면온도를 낮게 유지하여 고온으로 인한 착화의 우려를 없애고 또 기계적, 전기적으로 안정성을 높게 한 방폭구조를 무엇이라고 하는가?

① 유입방폭구조
② 압력방폭구조
③ 내압방폭구조
④ 안전증방폭구조

해설 안전증방폭구조
정상운전 중에 폭발성 가스 또는 증기에 점화원이 될 전기불꽃, 아크 또는 고온 부분 등의 발생을 방지하기 위하여 기계적, 전기적 구조상 또는 온도상승에 대해서 특히 안전도를 증가시킨 구조이다.

관련개념 CHAPTER 04 전기방폭관리

068

전기시설의 직접접촉에 의한 감전방지 방법으로 적절하지 않은 것은?

① 충전부는 내구성이 있는 절연물로 완전히 덮어 감쌀 것
② 충전부가 노출되지 않도록 폐쇄형 외함이 있는 구조로 할 것
③ 충전부에 충분한 절연효과가 있는 방호망 또는 절연덮개를 설치할 것
④ 충전부는 출입이 용이한 전개된 장소에 설치하고, 위험표시 등의 방법으로 방호를 강화할 것

해설 직접접촉에 의한 감전방지대책
- 충전부가 노출되지 않도록 폐쇄형 외함이 있는 구조로 할 것
- 충전부에 충분한 절연효과가 있는 방호망 또는 절연덮개를 설치할 것
- 충전부는 내구성이 있는 절연물로 완전히 덮어 감쌀 것
- 발전소·변전소 및 개폐소 등 구획되어 있는 장소로서 관계근로자가 아닌 사람의 출입이 금지되는 장소에 충전부를 설치하고, 위험표시 등의 방법으로 방호를 강화할 것
- 전주 위 및 철탑 위 등 격리되어 있는 장소로서 관계근로자가 아닌 사람이 접근할 우려가 없는 장소에 충전부를 설치할 것

관련개념 CHAPTER 02 감전재해 및 방지대책

069

작업장 내에서 불의의 감전사고가 발생하였을 때 가장 우선적으로 응급조치해야 할 사항 중 잘못된 것은?

① 전격을 받아 실신하였을 때는 즉시 재해자를 병원에 구급조치해야 한다.
② 우선적으로 재해자를 접촉되어 있는 충전부로부터 분리시킨다.
③ 제3자는 즉시 가까운 스위치를 개방하여 전류의 흐름을 중단시킨다.
④ 전격에 의해 실신했을 때 그곳에서 즉시 인공호흡을 행하는 것이 급선무이다.

해설 감전으로 실신했을 경우 병원으로 이송하기 전에 인공호흡 등 응급처치가 선행되어야 한다.
응급조치 요령
- 전원을 차단하고 피재자를 위험지역에서 신속히 대피(2차 재해예방)시킨다.
- 피재자의 상태를 확인한다.
  - 의식, 호흡, 맥박의 상태를 확인한다.
  - 높은 곳에서 추락한 경우 출혈의 상태, 골절의 이상 유무를 확인한다.
  - 관찰 결과 의식이 없거나 호흡 및 심장이 정지해 있거나 출혈이 심할 경우 관찰을 중지하고 바로 응급조치를 한다.

관련개념 CHAPTER 02 감전재해 및 방지대책

070

전기기기의 Y종 절연물의 최고허용온도는?

① 80[℃]
② 85[℃]
③ 90[℃]
④ 105[℃]

해설 절연물의 절연계급

종별	Y	A	E	B	F	H	C
최고허용 온도[℃]	90	105	120	130	155	180	180 초과

관련개념 CHAPTER 05 전기설비 위험요인관리

071

피뢰기로서 갖추어야 할 성능 중 틀린 것은?

① 충격방전개시전압이 낮을 것
② 뇌전류 방전능력이 클 것
③ 제한전압이 높을 것
④ 속류차단을 확실하게 할 수 있을 것

해설 피뢰기의 성능
- 제한전압 또는 충격방전개시전압이 **충분히 낮고** 보호능력이 있을 것
- 속류차단이 완전히 행해져 동작책무특성이 충분할 것
- 뇌전류 방전능력이 클 것
- 대전류의 방전, 속류차단의 반복동작에 대하여 장기간 사용에 견딜 수 있을 것
- 상용주파방전개시전압은 회로전압보다 충분히 높아서 상용주파방전을 하지 않을 것

관련개념 CHAPTER 05 전기설비 위험요인관리

072

고압 및 특고압의 전로에 시설하는 피뢰기의 접지저항은 몇 [Ω] 이하로 하여야 하는가?

① 10[Ω] 이하
② 100[Ω] 이하
③ 106[Ω] 이하
④ 1[kΩ] 이하

해설 고압 및 특고압의 전로에 시설하는 피뢰기 접지저항은 10[Ω] 이하로 하여야 한다.

관련개념 CHAPTER 05 전기설비 위험요인관리

073

근로자가 노출된 충전부 또는 그 부근에서 작업함으로써 감전될 우려가 있는 경우에는 작업에 들어가기 전에 해당 전로를 차단하여야 하나 전로를 차단하지 않아도 되는 예외 기준이 있다. 그 예외 기준이 아닌 것은?

① 생명유지장치, 비상경보설비, 폭발위험장소의 환기설비, 비상조명설비 등의 장치·설비의 가동이 중지되어 사고의 위험이 증가되는 경우
② 관리감독자를 배치하여 짧은 시간 내에 작업을 완료할 수 있는 경우
③ 기기의 설계상 또는 작동상 제한으로 전로 차단이 불가능한 경우
④ 감전, 아크 등으로 인한 화상, 화재·폭발의 위험이 없는 것으로 확인된 경우

해설 정전전로에서의 전기작업
근로자가 노출된 충전부 또는 그 부근에서 작업함으로써 감전될 우려가 있는 경우에는 작업에 들어가기 전에 해당 전로를 차단하여야 한다. 다만, 다음의 경우에는 그러하지 아니하다.
- 생명유지장치, 비상경보설비, 폭발위험장소의 환기설비, 비상조명설비 등의 장치·설비의 가동이 중지되어 사고의 위험이 증가되는 경우
- 기기의 설계상 또는 작동상 제한으로 전로 차단이 불가능한 경우
- 감전, 아크 등으로 인한 화상, 화재·폭발의 위험이 없는 것으로 확인된 경우

관련개념 CHAPTER 02 감전재해 및 방지대책

| 정답 | 071 ③ | 072 ① | 073 ② |

074

감전사고 시 전선이나 개폐기 터미널 등의 금속분자가 고열로 용융됨으로서 피부 속으로 녹아 들어가는 것은?

① 피부의 광성변화
② 전문
③ 표피박탈
④ 전류반점

해설 피부의 광성변화
감전사고 시 전선로의 선간단락 또는 지락사고로 전선이나 단자 등의 금속분자가 가열·용융되어 피부 속으로 녹아 들어가는 현상이다.

관련개념 CHAPTER 02 감전재해 및 방지대책

075

전기기기·기구의 열화·손상 등에 의해 절연이 파괴되어 장시간 누설전류가 흐를 때 발열에 필요한 최소 전류값은?

① 650[mA]
② 600[mA]
③ 300[mA]
④ 210[mA]

해설 발화까지 이를 수 있는 누전전류의 최소치는 300[mA]~500[mA]이다.

관련개념 CHAPTER 05 전기설비 위험요인관리

076

목재와 같은 부도체가 탄화로 인해 도전경로가 형성되어 결국 발화하게 되는데 이와 같은 현상은?

① 트래킹 현상
② 가네하라 현상
③ 흑화 현상
④ 열화 현상

해설 가네하라 현상
누전회로에 발생하는 스파크 등에 의하여 목재 등에 탄화도전로가 생성되어 증식, 확대되면서 발열량이 증대, 발화하는 현상이다.

관련개념 CHAPTER 05 전기설비 위험요인관리

077

내측원통의 반경이 r[m]이고 외측원통의 반경이 R[m]인 원통간극 $\left(\frac{r}{R}-1\right)$에서 인가전압이 V[V]인 경우 최대 전계 $E_m = \frac{V}{r\ln\left(\frac{R}{r}\right)}$[V/m]이다. 인가전압을 간극간 공기의 절연파괴 전압 전까지 낮은 전압에서 서서히 증가할 때의 설명으로 옳지 않은 것은?

① 내측원통 표면에 코로나 방전이 발생하기 시작한다.
② 최대전계가 감소한다.
③ 외측원통의 반경이 증대되는 효과를 가져온다.
④ 안정된 코로나 방전이 존재할 수 있다.

해설 공기가 전리되면 도전성을 띄며, 마치 내측원통 전극의 반지름이 커진 것처럼 작용한다.

관련개념 CHAPTER 02 감전재해 및 방지대책

078

피뢰기의 설치장소가 아닌 것은?

① 저압을 공급받는 수용장소의 인입구
② 지중전선로와 가공전선로가 접속되는 곳
③ 가공전선로에 접속하는 배전용 변압기의 고압 측
④ 발전소 또는 변전소의 가공전선 인입구 및 인출구

해설 피뢰기의 설치장소
• 발전소·변전소 또는 이에 준하는 장소의 가공전선 인입구 및 인출구
• 특고압 가공전선로에 접속하는 배전용 변압기의 고압 측 및 특고압 측
• **고압 및 특고압의 가공전선로로부터 공급받는 수용장소의 인입구**
• 가공전선로와 지중전선로가 접속되는 곳

관련개념 CHAPTER 05 전기설비 위험요인관리

| 정답 | 074 ① | 075 ③ | 076 ② | 077 ③ | 078 ①

079

개폐조작 시 안전절차에 따른 차단순서와 투입순서로 가장 올바른 것은?

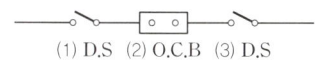

① 차단 (2) → (1) → (3), 투입 (1) → (2) → (3)
② 차단 (2) → (3) → (1), 투입 (1) → (2) → (3)
③ 차단 (2) → (1) → (3), 투입 (3) → (2) → (1)
④ 차단 (2) → (3) → (1), 투입 (3) → (1) → (2)

해설 유입차단기의 작동(투입 및 차단)순서
- 차단순서: (2) → (3) → (1)
- 투입순서: (3) → (1) → (2)

관련개념 CHAPTER 01 전기안전관리

080

정전기 방전에 의한 폭발로 추정되는 사고를 조사함에 있어서 필요한 조치로서 가장 거리가 먼 것은?

① 가연성 분위기 규명
② 사고현장의 방전흔적 조사
③ 방전에 따른 점화 가능성 평가
④ 전하발생 부위 및 축적기구 규명

해설 정전기 폭발사고 조사 시 필요한 조치
- 가연성 분위기 규명
- 전하발생 부위 및 축적기구 규명
- 방전에 따른 점화 가능성 평가 등

관련개념 CHAPTER 03 정전기 장·재해관리

화학설비 안전관리

081

다음 중 분진폭발에 관한 설명으로 틀린 것은?

① 가스폭발에 비교하여 연소시간이 짧고, 발생에너지가 작다.
② 최초의 부분적인 폭발이 분진의 비산으로 2차, 3차 폭발로 파급되어 피해가 커진다.
③ 가스에 비하여 불완전연소를 일으키기 쉬우므로 연소 후 가스에 의한 중독 위험이 있다.
④ 폭발 시 입자가 비산하므로 이것에 부딪치는 가연물은 국부적으로 탄화를 일으킬 수 있다.

해설 분진폭발의 특징
- 가스폭발보다 발생에너지가 크다.
- 폭발압력과 연소속도는 가스폭발보다 작다.
- 불완전연소로 인한 가스중독의 위험성이 크다.
- 화염의 파급속도보다 압력의 파급속도가 빠르다.
- 가스폭발에 비하여 불완전연소가 많이 발생한다.
- 주위 분진에 의해 2차, 3차 폭발로 파급될 수 있다.

관련개념 CHAPTER 01 화재·폭발 검토

082

「산업안전보건기준에 관한 규칙」에서 규정하고 있는 급성 독성 물질의 정의에 해당되지 않는 것은?

① 가스 LC50(쥐, 4시간 흡입)이 2,500[ppm] 이하인 화학물질
② LD50(경구, 쥐)이 킬로그램당 300밀리그램 – (체중) 이하인 화학물질
③ LD50(경피, 쥐)이 킬로그램당 1,000밀리그램 – (체중) 이하인 화학물질
④ LD50(경피, 토끼)이 킬로그램당 2,000밀리그램 – (체중) 이하인 화학물질

해설 LD50(경피, 토끼 또는 쥐)이 [kg]당 1,000[mg] – (체중) 이하인 화학물질이 「산업안전보건법령」상 급성 독성 물질에 해당한다.

관련개념 CHAPTER 02 화학물질 안전관리 실행

083

유류저장탱크에서 화염의 차단을 목적으로 외부에 증기를 방출하기도 하고 탱크 내 외기를 흡입하기도 하는 부분에 설치하는 안전장치는?

① Vent Stack
② Safety Valve
③ Gate Valve
④ Flame Arrester

해설 화염방지기(Flame Arrester)
비교적 저압 또는 상압에서 가연성 증기를 발생시키는 인화성 물질 등을 저장하는 탱크에서 외부에 그 증기를 방출하거나 탱크 내에 외기를 흡입하는 부분에 설치하는 안전장치이다.

관련개념 CHAPTER 04 화공 안전운전·점검

084

포스겐가스 누설검지의 시험지로 사용되는 것은?

① 연당지
② 염화파라듐지
③ 하리슨시험지
④ 초산벤젠지

해설 포스겐가스 누설검지의 시험지는 하리슨시험지이며, 반응색은 유자색이다.

가스누설 시 사용하는 시험지와 반응색

가스명칭	시험지	반응색
포스겐	하리슨시험지	유자색
시안화수소	초산벤젠지	청색
일산화탄소	염화파라듐지	흑색
아세틸렌	염화제1구리착염지	적갈색

관련개념 CHAPTER 02 화학물질 안전관리 실행

085

다음 중 아세틸렌을 용해가스로 만들 때 사용되는 용제로 가장 적합한 것은?

① 아세톤
② 메탄
③ 부탄
④ 프로판

해설 아세틸렌은 가압하면 분해폭발을 하므로 아세톤 등에 침윤시켜 다공성 물질이 들어 있는 용기에 충전시킨다.

관련개념 CHAPTER 02 화학물질 안전관리 실행

086

메탄 1[vol%], 헥산 2[vol%], 에틸렌 2[vol%], 공기 95[vol%]로 된 혼합가스의 폭발하한계값[vol%]은 약 얼마인가?(단, 메탄, 헥산, 에틸렌의 폭발하한계 값은 각각 5.0, 1.1, 2.7[vol%]이다.)

① 1.8
② 3.5
③ 12.8
④ 21.7

해설 혼합가스의 폭발하한계

$$L = \frac{V_1 + V_2 + \cdots + V_n}{\frac{V_1}{L_1} + \frac{V_2}{L_2} + \cdots + \frac{V_n}{L_n}} = \frac{1+2+2}{\frac{1}{5} + \frac{2}{1.1} + \frac{2}{2.7}} = 1.8[\text{vol\%}]$$

여기서, L: 혼합가스의 폭발하한계[vol%]
L_n: 각 성분가스의 폭발하한계[vol%]
V_n: 각 성분가스의 부피 비율[vol%]

관련개념 CHAPTER 01 화재·폭발 검토

087

에틸알코올(C_2H_5OH) 1몰이 완전연소할 때 생성되는 CO_2의 몰수로 옳은 것은?

① 1
② 2
③ 3
④ 4

해설 에틸알코올의 완전연소식

$C_2H_5OH + 3O_2 \rightarrow 2CO_2 + 3H_2O$
　　1　 : 3　 　2 : 3

에틸알코올이 1몰 반응할 때 생성되는 CO_2는 2몰이다.

관련개념 CHAPTER 01 화재·폭발 검토

088

다음 중 종이, 목재, 섬유류 등에 의하여 발생한 화재의 화재 급수로 옳은 것은?

① A급
② B급
③ C급
④ D급

해설 목재, 종이, 섬유 등의 일반 가연물에 의한 화재는 A급 화재(일반화재)이다.

화재의 종류

A급 화재	B급 화재	C급 화재	D급 화재
일반화재	유류화재	전기화재	금속화재

관련개념 CHAPTER 01 화재·폭발 검토

089

반응기를 설계할 때 고려하여야 할 요인으로 가장 거리가 먼 것은?

① 부식성
② 상의 형태
③ 온도 범위
④ 중간생성물의 유무

해설 반응기 안전설계 시 고려할 요소
- 상(Phase)의 형태(고체, 액체, 기체)
- 온도 범위
- 운전압력
- 부식성

관련개념 CHAPTER 02 화학물질 안전관리 실행

090

「위험물안전관리법령」상 제3류 위험물 중 금수성 물질에 대하여 적응성이 있는 소화기는?

① 포소화기
② 이산화탄소소화기
③ 할로겐화합물소화기
④ 탄산수소염류분말소화기

해설
- 탄산수소염류분말소화기는 금수성 물질에 대해 적응성이 있다.
- 금수성 물질은 수분과 반응하여 가연성 가스를 발생시키므로 물을 이용한 소화기는 사용할 수 없다.

관련개념 CHAPTER 01 화재·폭발 검토

091

다음 중 차압식 유량계가 아닌 것은?

① 벤투리미터(ventury meter)
② 피토관(pitot tube)
③ 오리피스미터(orifice meter)
④ 로터미터(rota meter)

해설 간접식(가변류) 유량계

차압식	피토관, 오리피스미터, 벤투리미터 등
면적식	로터미터 등

관련개념 CHAPTER 02 화학물질 안전관리 실행

092

다음 중 독성이 가장 강한 가스는?

① NH_3
② $COCl_2$
③ $C_6H_5CH_3$
④ H_2S

해설 포스겐($COCl_2$) 가스는 노출기준(TWA) 0.1[ppm]의 유독성 가스이다.

주요 물질의 노출기준

물질명	화학식	노출기준(TWA)
포스겐(Phosgene)	$COCl_2$	0.1[ppm]
황화수소(Hydrogen Sulfide)	H_2S	10[ppm]
암모니아(Ammonia)	NH_3	25[ppm]
톨루엔(Toluene)	$C_6H_5CH_3$	50[ppm]

※ TWA는 값이 작을수록 독성이 강하다.

관련개념 CHAPTER 02 화학물질 안전관리 실행

093

다음 중 인화성 물질이 아닌 것은?

① 에테르
② 아세톤
③ 에틸알코올
④ 과염소산칼륨

해설 과염소산칼륨은 산화성 고체이다. 에테르, 아세톤, 에틸알코올은 모두 인화성 액체이다.

관련개념 CHAPTER 02 화학물질 안전관리 실행

094

마그네슘의 저장 및 취급에 관한 설명으로 틀린 것은?

① 화기를 엄금하고, 가열, 충격, 마찰을 피한다.
② 분말이 비산하지 않도록 밀봉하여 저장한다.
③ 제6류 위험물과 같은 산화제와 혼합되지 않도록 격리, 저장한다.
④ 일단 연소하면 소화가 곤란하지만 초기 소화 또는 소규모 화재 시 물, CO_2 소화설비를 이용하여 소화한다.

해설 마그네슘은 물과 반응하면 수소가 발생하고 이산화탄소와는 폭발적인 반응을 하므로 소화는 마른 모래나 분말소화약제를 사용한다.

관련개념 CHAPTER 02 화학물질 안전관리 실행

095

「산업안전보건법령」상 위험물질의 종류에서 "폭발성 물질 및 유기과산화물"에 해당하는 것은?

① 리튬
② 아조화합물
③ 아세틸렌
④ 셀룰로이드류

해설 아조화합물은 폭발성 물질 및 유기과산화물에 해당한다.

오답해설
① 리튬, ④ 셀룰로이드류: 물반응성 물질 및 인화성 고체
③ 아세틸렌: 인화성 가스

관련개념 CHAPTER 02 화학물질 안전관리 실행

096

반응기를 조작방식에 따라 분류할 때 해당되지 않는 것은?

① 회분식 반응기
② 반회분식 반응기
③ 연속식 반응기
④ 관형 반응기

해설 관형 반응기는 구조에 따라 분류한 것이다.

반응기의 분류
- 조작방법에 따른 분류: 회분식 반응기, 반회분식 반응기, 연속식 반응기
- 구조에 따른 분류: 교반조형 반응기, 관형 반응기, 탑형 반응기, 유동층형 반응기

관련개념 CHAPTER 02 화학물질 안전관리 실행

097

8[%] NaOH 수용액과 5[%] NaOH 수용액을 반응기에 혼합하여 6[%] 100[kg]의 NaOH 수용액을 만들려면 각각 약 몇 [kg]의 NaOH 수용액이 필요한가?

① 5[%] NaOH 수용액: 33.3[kg],
  8[%] NaOH 수용액: 66.7[kg]
② 5[%] NaOH 수용액: 56.8[kg],
  8[%] NaOH 수용액: 43.2[kg]
③ 5[%] NaOH 수용액: 66.7[kg],
  8[%] NaOH 수용액: 33.3[kg]
④ 5[%] NaOH 수용액: 43.2[kg],
  8[%] NaOH 수용액: 56.8[kg]

해설 8[%] NaOH 수용액 양을 x, 5[%] NaOH 수용액 양을 y라 하면
$$\begin{cases} x+y=100 \\ 0.08x+0.05y=0.06\times100 \end{cases}$$
$x=33.3$[kg], $y=66.7$[kg]

관련개념 CHAPTER 02 화학물질 안전관리 실행

098

다음 중 「산업안전보건법령」상 산화성 액체 및 산화성 고체에 해당하지 않는 것은?

① 염소산
② 과망간산
③ 과산화수소
④ 피크린산

해설 피크린산(트리니트로페놀)은 니트로화합물로 폭발성 물질 및 유기과산화물에 해당한다.

관련개념 CHAPTER 02 화학물질 안전관리 실행

099

금속의 용접·용단 또는 가열에 사용되는 가스 등의 용기를 취급할 때의 준수사항으로 옳지 않은 것은?

① 밸브의 개폐는 서서히 할 것
② 용기의 온도를 40[℃] 이하로 유지할 것
③ 운반할 때에는 환기를 위하여 캡을 씌우지 않을 것
④ 용기의 부식·마모 또는 변형상태를 점검한 후 사용할 것

해설 금속의 용접·용단 또는 가열에 사용되는 가스 등의 용기를 운반하는 경우에는 캡을 씌워야 한다.

관련개념 SUBJECT 03 기계·기구 및 설비 안전관리
CHAPTER 05 기타 산업용 기계·기구

100

다음 중 인화점에 대한 설명으로 틀린 것은?

① 가연성 액체의 발화와 관계가 있다.
② 반드시 점화원의 존재와 관련된다.
③ 연소가 지속적으로 확산될 수 있는 최저온도이다.
④ 연료의 조성, 점도, 비중에 따라 달라진다.

해설 점화원에 의해 발화되어 지속적으로 연소가 진행되는 최저온도는 연소점으로 인화점보다 5~10[℃] 정도 높다.

인화점(Flash Point)
가연성 증기가 발생하는 액체 또는 고체가 공기 중에서 점화원에 의해 표면 부근에서 연소하기에 충분한 농도(폭발하한계)를 만드는 최저의 온도를 말한다.

관련개념 CHAPTER 01 화재·폭발 검토

건설공사 안전관리

101

건설업 산업안전보건관리비 계상 및 사용기준은 「산업안전보건법」의 건설공사 중 총 공사금액이 얼마 이상인 공사에 적용하는가?(단, 단가계약에 의한 공사는 제외)

① 4천만 원
② 3천만 원
③ 2천만 원
④ 1천만 원

해설 건설업 산업안전보건관리비 계상 및 사용기준은 「산업안전보건법」의 건설공사 중 총 공사금액 2천만 원 이상인 공사에 적용한다.

관련개념 CHAPTER 03 건설업 산업안전보건관리비 관리

102

「산업안전보건법령」에서 규정하는 철골작업을 중지하여야 하는 기후조건에 해당하지 않는 것은?

① 기온이 영상 28[℃] 이상인 경우
② 풍속이 초당 10[m] 이상인 경우
③ 강설량이 시간당 1[cm] 이상인 경우
④ 강우량이 시간당 1[mm] 이상인 경우

해설 철골작업 중지를 위한 기후조건에 기온과 관련한 기준은 없다.

철골작업 시 작업의 제한기준

구분	내용
강풍	풍속이 10[m/s] 이상인 경우
강우	강우량이 1[mm/h] 이상인 경우
강설	강설량이 1[cm/h] 이상인 경우

관련개념 CHAPTER 06 공사 및 작업 종류별 안전

103

인력에 의한 철근 운반에 대한 설명으로 옳지 않은 것은?

① 내려 놓을 때는 천천히 내려놓고 던지지 않아야 한다.
② 운반할 때에는 양끝을 묶어 운반하여야 한다.
③ 1인당 무게는 40[kg] 정도가 적절하며, 무리한 운반을 삼가야 한다.
④ 2인 이상이 1조가 되어 어깨메기로 하여 운반하는 등 안전을 도모하여야 한다.

해설 인력으로 철근 운반 시 주의사항
- 2인 이상이 1조가 되어 어깨메기로 운반하여야 한다.
- 운반할 때에는 양끝을 묶어 운반하여야 한다.
- 1인당 무게는 25[kg] 정도가 적당하고, 무리한 운반을 삼가야 한다.
- 내려 놓을 때는 천천히 내려놓고 던지지 않아야 한다.
- 공동 작업을 할 때에는 신호에 따라 작업을 하여야 한다.

관련개념 CHAPTER 06 공사 및 작업 종류별 안전

104

온도가 하강함에 따라 토층수가 얼어 부피가 약 9[%] 정도 증대하게 됨으로써 지표면이 부풀어오르는 현상은?

① 동상현상
② 연화현상
③ 리칭현상
④ 액상화현상

해설 동상현상은 지반 내 토층수가 동결하여 부피가 증가하면서 지표면이 부풀어오르는 현상이다.

관련개념 CHAPTER 02 건설공사 위험성

105

시스템 동바리를 조립하는 경우 수직재와 받침철물 연결부의 겹침길이 기준으로 옳은 것은?

① 받침철물 전체 길이의 1/2 이상
② 받침철물 전체 길이의 1/3 이상
③ 받침철물 전체 길이의 1/4 이상
④ 받침철물 전체 길이의 1/5 이상

해설 시스템비계는 비계 밑단의 수직재와 받침철물은 밀착되도록 설치하고, 수직재와 받침철물의 연결부의 겹침길이는 받침철물 전체 길이의 $\frac{1}{3}$ 이상이 되도록 하여야 한다.

관련개념 CHAPTER 05 비계·거푸집 가시설 위험방지

106

철골 건립기계 선정 시 사전 검토사항과 가장 거리가 먼 것은?

① 건립기계의 소음영향
② 건립기계로 인한 일조권 침해
③ 건물형태
④ 작업반경

해설 건립기계로 인한 일조권 침해 문제는 철골 건립기계 선정 시 사전 검토사항에 해당하지 않는다.

관련개념 CHAPTER 06 공사 및 작업 종류별 안전

107
다음 중 지하수위를 저하시키는 공법은?

① 동결 공법
② 웰 포인트 공법
③ 뉴매틱케이슨 공법
④ 치환 공법

해설 웰 포인트 공법은 사질토 지반의 액상화를 방지하기 위해 지하수를 배출시키는 공법이다.

관련개념 CHAPTER 02 건설공사 위험성

108
사면보호공법 중 구조물에 의한 보호공법에 해당되지 않는 것은?

① 블럭공
② 식생구멍공
③ 돌쌓기공
④ 현장타설 콘크리트 격자공

해설 식생구멍공은 구조물에 의한 보호공법이 아닌 수목 등을 활용한 식생공법에 해당된다.

관련개념 CHAPTER 04 건설현장 안전시설 관리

109
다음은 말비계를 조립하여 사용하는 경우에 관한 준수사항이다. ( ) 안에 들어갈 내용으로 옳은 것은?

- 지주부재와 수평면의 기울기를 (A)° 이하로 하고 지주부재와 지주부재 사이를 고정시키는 보조부재를 설치할 것
- 말비계의 높이가 2[m]를 초과하는 경우에는 작업발판의 폭을 (B)[cm] 이상으로 할 것

① A: 75, B: 30
② A: 75, B: 40
③ A: 85, B: 30
④ A: 85, B: 40

해설 말비계 조립 시 준수사항
- 지주부재의 하단에는 미끄럼 방지장치를 하고, 근로자가 양측 끝부분에 올라서서 작업하지 않도록 하여야 한다.
- 지주부재와 수평면의 **기울기를 75° 이하**로 하고, 지주부재와 지주부재 사이를 고정하는 보조부재를 설치하여야 한다.
- 말비계의 높이가 2[m]를 초과하는 경우에는 **작업발판의 폭을 40[cm] 이상**으로 하여야 한다.

관련개념 CHAPTER 05 비계 · 거푸집 가시설 위험방지

110
거푸집 및 동바리를 조립하는 경우에 준수하여야 하는 기준으로 옳지 않은 것은?

① 동바리로 사용하는 파이프 서포트를 이어서 사용하는 경우에는 3개 이상의 볼트 또는 전용철물을 사용하여 이을 것
② 동바리로 사용하는 강관틀의 경우 강관틀과 강관틀 사이에 교차가새를 설치할 것
③ 받침목이나 깔판의 사용, 콘크리트 타설, 말뚝박기 등 동바리의 침하를 방지하기 위한 조치를 할 것
④ 동바리로 사용하는 파이프 서포트를 3개 이상 이어서 사용하지 않도록 할 것

해설 동바리로 사용하는 파이프 서포트를 이어서 사용하는 경우에는 4개 이상의 볼트 또는 전용철물을 사용하여 이어야 한다.

관련개념 CHAPTER 05 비계 · 거푸집 가시설 위험방지

111
다음 중 셔블로더의 운영방법으로 옳은 것은?

① 점검 시 버킷은 가장 상위의 위치에 올려놓는다.
② 시동 시에는 사이드 브레이크를 풀고서 시동을 건다.
③ 경사면을 오를 때에는 전진으로 주행하고 내려올 때는 후진으로 주행한다.
④ 운전자가 운전석에서 나올 때는 버킷을 올려 놓은 상태로 이탈한다.

해설 셔블로더 운전 시 경사면을 오를 때에는 전진으로 주행하고, 내려올 때에는 후진으로 주행한다.

관련개념 CHAPTER 04 건설현장 안전시설 관리

112

토사붕괴 재해를 방지하기 위한 흙막이 지보공을 구성하는 부재와 거리가 먼 것은?

① 말뚝 ② 버팀대
③ 띠장 ④ 턴버클

해설 턴버클은 지지막대나 와이어로프 등의 길이를 조절하거나 당겨 죄는 데 사용하는 기구이다.

관련개념 CHAPTER 04 건설현장 안전시설 관리

113

터널공사 시 인화성 가스가 농도 이상으로 상승하는 것을 조기에 파악하기 위하여 자동경보장치를 설치하여야 하는데 작업시작 전에 점검해야 할 사항이 아닌 것은?

① 계기의 이상 유무 ② 발열 여부
③ 검지부의 이상 유무 ④ 경보장치의 작동상태

해설 자동경보장치의 작업시작 전 점검사항
- 계기의 이상 유무
- 검지부의 이상 유무
- 경보장치의 작동상태

관련개념 CHAPTER 05 비계 · 거푸집 가시설 위험방지

114

점토질 지반의 침하 및 압밀 재해를 막기 위하여 실시하는 지반개량 탈수공법으로 적합하지 않은 것은?

① 샌드드레인 공법 ② 생석회 공법
③ 진동 공법 ④ 페이퍼드레인 공법

해설 진동다짐 공법은 사질토 연약지반 개량공법이다.

관련개념 CHAPTER 02 건설공사 위험성

115

추락방지용 방망의 그물코의 크기가 10[cm]인 신품 매듭방망사의 인장강도는 몇 킬로그램 이상이어야 하는가?

① 80 ② 110
③ 150 ④ 200

해설 그물코 10[cm], 신품 매듭방망의 인장강도는 200[kg] 이상이어야 한다.

추락방호망 방망사의 인장강도

※ ( ): 폐기기준 인장강도

그물코의 크기 (단위: [cm])	방망의 종류(단위: [kg])	
	매듭 없는 방망	매듭방망
10	240(150)	200(135)
5	—	110(60)

관련개념 CHAPTER 04 건설현장 안전시설 관리

116

콘크리트 타설작업을 하는 경우에 준수해야 할 사항으로 옳지 않은 것은?

① 당일의 작업을 시작하기 전에 해당 작업에 관한 거푸집 및 동바리의 변형 · 변위 및 지반의 침하 유무 등을 점검하고 이상이 있으면 보수한다.
② 작업 중에는 감시자를 배치하는 등의 방법으로 거푸집 및 동바리의 변형 · 변위 및 침하 유무 등을 확인하여야 하며, 이상이 있으면 작업을 빠른 시간 내 우선 완료하고 근로자를 대피시킨다.
③ 콘크리트 타설작업 시 거푸집 붕괴의 위험이 발생할 우려가 있으면 충분한 보강조치를 한다.
④ 콘크리트를 타설하는 경우에는 편심이 발생하지 않도록 골고루 분산하여 타설한다.

해설 콘크리트 타설작업 중에는 감시자를 배치하는 등의 방법으로 거푸집 및 동바리의 변형 · 변위 및 침하 유무 등을 확인하여야 하며, **이상이 있으면 작업을 중지하고** 근로자를 대피시켜야 한다.

관련개념 CHAPTER 06 공사 및 작업 종류별 안전

117
흙의 안식각을 가장 잘 설명한 것은?

① 자연 경사각
② 비탈면 각
③ 시공 경사각
④ 계획 경사각

해설 흙의 안식각
흙은 쌓아올려 자연상태로 방치하면 급한 경사면은 차츰 붕괴되어 안정된 비탈을 형성하는데, 이 안정된 비탈면과 원지면이 이루는 각의 흙을 안식각이라 한다. 일반적으로 안식각은 30°~35°이다.

관련개념 CHAPTER 04 건설현장 안전시설 관리

118
롤러의 표면에 돌기를 만들어 부착한 것으로 돌기가 전압층에 매입함에 의해 풍화암을 파쇄하여 흙 속의 간극 수압을 소산하게 하고, 다짐의 유효깊이가 큰 롤러는 무엇인가?

① 머캐덤롤러
② 탠덤롤러
③ 탬핑롤러
④ 타이어롤러

해설 탬핑롤러(Tamping Roller)
롤러의 표면에 돌기를 부착한 것으로서 돌기가 전압층에 매입하여 풍화암을 파쇄하여 흙 속의 간극 수압을 소산시키는 롤러를 말한다. 다른 롤러에 비해서 점착성이 큰 점토질의 다지기에 적당하고, 다지기 유효깊이가 대단히 큰 장점이 있다.

관련개념 CHAPTER 04 건설현장 안전시설 관리

119
강관비계를 사용하여 비계를 구성하는 경우 준수해야 할 기준으로 옳지 않은 것은?

① 비계기둥의 간격은 띠장 방향에서는 1.85[m] 이하, 장선(長線) 방향에서는 1.5[m] 이하로 할 것
② 띠장 간격은 2.0[m] 이하로 할 것
③ 비계기둥의 제일 윗부분으로부터 31[m] 되는 지점 밑부분의 비계기둥은 2개의 강관으로 묶어 세울 것
④ 비계기둥 간의 적재하중은 600[kg]을 초과하지 않도록 할 것

해설 강관을 사용하여 비계를 구성하는 경우 비계기둥 간의 적재하중은 400[kg]을 초과하지 않도록 하여야 한다.

관련개념 CHAPTER 05 비계·거푸집 가시설 위험방지

120
흙막이 공법을 흙막이 지지방식에 의한 분류와 구조방식에 의한 분류로 나눌 때 다음 중 지지방식에 의한 분류에 해당하는 것은?

① 수평 버팀대식 흙막이 공법
② H-Pile 공법
③ 지하연속벽 공법
④ Top Down Method 공법

해설 지지방식에 따른 흙막이 공법의 분류
- 자립식 공법: 흙막이벽 벽체의 근입깊이에 의해 흙막이벽을 지지한다.
- **버팀대식 공법**: 띠장, 버팀대, 지지말뚝을 설치하여 토압, 수압에 저항한다.
- 어스앵커공법(Earth Anchor): 흙막이벽을 천공 후 앵커체를 삽입하여 인장력을 가하여 흙막이벽을 잡아당기는 공법이다.
- 타이로드공법(Tie Rod Method): 흙막이벽의 상부를 당김줄로 당겨 흙막이벽을 지지한다.

관련개념 CHAPTER 05 비계·거푸집 가시설 위험방지

2023년 3회 CBT 복원문제

산업재해 예방 및 안전보건교육

001
사고요인이 되는 정신적 요소 중 개성적 결함 요인에 해당하지 않는 것은?
① 방심 및 공상
② 도전적인 마음
③ 과도한 집착력
④ 다혈질 및 인내심 부족

해설 사고요인의 정신적 요소 중 개성적 결함 요인
- 과도한 자존심과 자만감
- 다혈질, 인내력 부족
- 과도한 집착성
- 배타성, 게으름, 경솔성
- 약한 마음, 도전적 마음

관련개념 CHAPTER 03 산업안전심리

002
「보호구 안전인증 고시」상 전로 또는 평로 등의 작업 시 사용하는 방열두건의 차광도 번호는?
① #2~#3
② #3~#5
③ #6~#8
④ #9~#11

해설 방열두건의 사용구분

차광도 번호	사용구분
#2~#3	고로강판가열로, 조괴(造塊) 등의 작업
#3~#5	전로 또는 평로 등의 작업
#6~#8	전기로의 작업

관련개념 CHAPTER 02 안전보호구 관리

003
버드(Bird)의 재해발생이론에 따를 경우 15건의 경상(물적 또는 인적 상해)사고가 발생하였다면 무상해, 무사고(위험순간)는 몇 건이 발생하겠는가?
① 300
② 450
③ 600
④ 900

해설 버드(Bird)의 재해구성비율
- 중상(중증요양상태) 또는 사망 : 경상(물적, 인적 상해) : 무상해사고(물적 손실 발생) : 무상해, 무사고 고장(위험 순간) = 1 : 10 : 30 : 600
- 경상(물적, 인적 상해) : 무상해, 무사고 고장(위험 순간) = 10 : 600
- 무상해, 무사고 고장(위험 순간) = $15 \times \frac{600}{10} = 900$건

관련개념 CHAPTER 01 산업재해예방 계획 수립

004
「산업안전보건법령」상 다음의 안전보건표지 중 기본모형이 다른 것은?
① 위험장소경고
② 레이저광선경고
③ 방사성물질경고
④ 부식성물질경고

해설 경고표지

위험장소경고	레이저광선경고	방사성물질경고	부식성물질경고

관련개념 CHAPTER 02 안전보호구 관리

005

브레인스토밍 기법에 관한 설명으로 옳은 것은?

① 타인의 의견을 수정하지 않는다.
② 지정된 표현방식에서 벗어나 자유롭게 의견을 제시한다.
③ 참여자에게는 동일한 횟수의 의견제시 기회가 부여된다.
④ 주제와 내용이 다르거나 잘못된 의견은 지적하여 조정한다.

해설 브레인스토밍(Brain Storming)
- 비판금지: "좋다, 나쁘다" 등의 비평을 하지 않는다.
- 자유분방: **자유로운 분위기에서 발표한다.**
- 대량발언: 무엇이든지 좋으니 많이 발언한다.
- 수정발언: 자유자재로 변하는 아이디어를 개발한다.(타인 의견의 수정발언)

관련개념 CHAPTER 01 산업재해예방 계획 수립

006

다음 중 안전교육의 형태 중 OJT(On the Job of Training) 교육에 대한 설명과 거리가 먼 것은?

① 다수의 근로자에게 조직적 훈련이 가능하다.
② 직장의 실정에 맞게 실제적인 훈련이 가능하다.
③ 훈련에 필요한 업무의 지속성이 유지된다.
④ 직장의 직속상사에 의한 교육이 가능하다.

해설 다수의 근로자에게 조직적 훈련이 가능한 것은 Off JT(직장 외 교육훈련)의 특징이다.

관련개념 CHAPTER 05 안전보건교육의 내용 및 방법

007

다음 그림과 같은 안전관리 조직의 특징으로 틀린 것은?

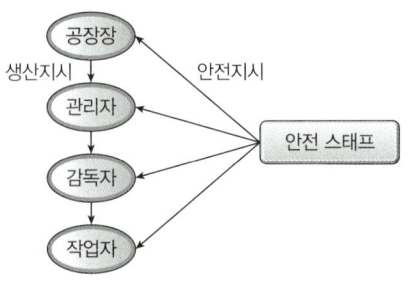

① 1,000명 이상의 대규모 사업장에 적합하다.
② 생산부분은 안전에 대한 책임과 권한이 없다.
③ 사업장의 특수성에 적합한 기술연구를 전문적으로 할 수 있다.
④ 권한 다툼이나 조정 때문에 통제수속이 복잡해지며, 시간과 노력이 소모된다.

해설 제시된 그림은 스태프형 조직이다.
1,000명 이상의 대규모 사업장에 적합한 조직은 라인-스태프(LINE-STAFF)형 조직(직계참모조직)이다.

스태프(STAFF)형 조직(참모형 조직)
- 중규모(100명 이상 1,000명 미만) 조직에 적합하다.
- 사업장의 특성에 맞는 전문적인 기술연구가 가능하다.
- 경영자에게 조언과 자문 역할을 할 수 있다.
- 안전정보 수집이 빠르다.

관련개념 CHAPTER 01 산업재해예방 계획 수립

008

참가자가 다수인 경우에 전원을 토의에 참가시키기 위한 방법으로 소집단을 구성하여 회의를 진행시키며 6-6회의라고도 하는 것은?

① 포럼(Forum)
② 심포지엄(Symposium)
③ 버즈세션(Buzz session)
④ 패널 디스커션(Panel discussion)

해설 버즈세션(Buzz Session)
6-6회의라고도 하며, 먼저 사회자와 기록계를 선출한 후 나머지 사람은 6명씩의 소집단으로 구분하고, 소집단별로 각각 사회자를 선발하여 6분씩 자유토의를 행하여 의견을 종합하는 방법이다.

관련개념 CHAPTER 05 안전보건교육의 내용 및 방법

009

「산업안전보건법령」상 근로자 정기교육 내용에 해당하지 않는 것은?

① 산업안전 및 산업재해 예방에 관한 사항
② 안전보건교육 능력 배양에 관한 사항
③ 유해·위험 작업환경 관리에 관한 사항
④ 직무스트레스 예방 및 관리에 관한 사항

해설 ②는 관리감독자의 정기교육 내용이다.

관련개념 CHAPTER 05 안전보건교육의 내용 및 방법

010

다음 중 데이비스(K. Davis)의 동기부여 이론에 관한 등식에서 '상황×태도 = ( )'에서 ( ) 안에 알맞은 내용은?

① 지식(Knowledge)
② 동기유발(Motivation)
③ 능력(Ability)
④ 인간의 성과(Human Performance)

해설 데이비스(K. Davis)의 동기부여 이론
- 지식(Knowledge)×기능(Skill)=능력(Ability)
- 상황(Situation)×태도(Attitude)=**동기유발**(Motivation)
- 능력(Ability)×동기유발(Motivation) =인간의 성과(Human Performance)
- 인간의 성과×물질적 성과=경영의 성과

관련개념 CHAPTER 04 인간의 행동과학

011

크레인(이동식 크레인 제외), 리프트(이삿짐운반용 리프트 제외) 및 곤돌라는 사업장에 설치가 끝난 날부터 (㉠) 이내에 최초의 안전검사를 실시하되, 그 이후부터 (㉡)마다 실시해야 한다. ( ) 안에 알맞은 것은?(단, 건설현장에서 사용하는 것은 제외한다.)

① ㉠: 2년, ㉡: 3년
② ㉠: 3년, ㉡: 2년
③ ㉠: 2년, ㉡: 2년
④ ㉠: 3년, ㉡: 3년

해설 안전검사의 주기
크레인(이동식 크레인 제외), 리프트(이삿짐운반용 리프트 제외) 및 곤돌라는 사업장에 **설치가 끝난 날부터 3년 이내**에 최초 안전검사를 실시하되, **그 이후부터 2년마다**(건설현장에서 사용하는 것은 최초로 설치한 날부터 6개월마다) 안전검사를 실시한다.

관련개념 SUBJECT 03 기계·기구 및 설비 안전관리
CHAPTER 02 기계분야 산업재해 조사 및 관리

012

재해손실비를 다음과 같이 산정한 것은 어느 방식인가?

> 총 재해코스트 = 보험코스트 + 비보험코스트

① 하인리히 방식
② 버드의 방식
③ 시몬즈 방식
④ 콤패스 방식

해설 재해손실비 산정 방식
- 하인리히 방식: 총 재해코스트 = 직접비 + 간접비
- **시몬즈 방식: 총 재해코스트 = 보험코스트 + 비보험코스트**
- 버드의 방식: 총 재해코스트 = 보험비 + 비보험비 + 비보험 기타비용
- 콤패스 방식: 총 재해코스트 = 공동비용비 + 개별비용비

관련개념 SUBJECT 03 기계·기구 및 설비 안전관리
CHAPTER 02 기계분야 산업재해 조사 및 관리

013

헤드십(Headship)에 관한 설명으로 틀린 것은?

① 구성원과 사회적 간격이 좁다.
② 지휘의 형태는 권위주의적이다.
③ 권한은 조직으로부터 부여받는다.
④ 권한귀속은 공식화된 규정에 의한다.

해설 헤드십은 구성원과의 사회적 간격이 넓은 특성이 있다.

관련개념 CHAPTER 04 인간의 행동과학

014

다음 중 안전보건교육계획을 수립할 때 고려할 사항으로 가장 거리가 먼 것은?

① 현장의 의견을 충분히 반영한다.
② 대상자의 필요한 정보를 수집한다.
③ 안전교육시행체계와의 연관성을 고려한다.
④ 정부 규정에 의한 교육에 한정하여 실시한다.

해설 안전보건교육계획 수립 시 법 규정에 의한 교육에만 그치지 않아야 한다.

관련개념 CHAPTER 05 안전보건교육의 내용 및 방법

015

안전교육방법 중 학습자가 이미 설명을 듣거나 시범을 보고 알게 된 지식이나 기능을 강사의 감독 아래 직접적으로 연습하여 적용할 수 있도록 하는 교육방법은?

① 모의법
② 토의법
③ 실연법
④ 반복법

해설 실연법
학습자가 이미 설명을 듣거나 시범을 보고 알게 된 지식이나 기능을 강사의 감독 아래 직접적으로 연습시켜 적용해 보게 하는 교육방법이다. 다른 방법보다 교사 대 학습자의 비가 높다.

관련개념 CHAPTER 05 안전보건교육의 내용 및 방법

016

다음 중 교육 실시 원칙상 한 번에 하나씩 나누어 확실하게 이해시켜야 하는 단계는?

① 도입 단계
② 제시 단계
③ 적용 단계
④ 확인 단계

해설 교육법의 4단계
㉠ 1단계: 도입 — 학습할 준비를 시킨다.(배우고자 하는 마음가짐을 일으키는 단계)
㉡ 2단계: **제시** — 작업을 설명한다.(**내용을 확실하게 이해시키고 납득시키는 단계**)
㉢ 3단계: 적용 — 작업을 지휘한다.(이해시킨 내용을 활용시키거나 응용시키는 단계)
㉣ 4단계: 확인 — 가르친 뒤 살펴본다.(교육내용을 정확하게 이해하였는가를 평가하는 단계)

관련개념 CHAPTER 05 안전보건교육의 내용 및 방법

| 정답 | 012 ③ | 013 ① | 014 ④ | 015 ③ | 016 ②

017

매슬로우(Maslow)의 욕구단계이론 중 자기의 잠재력을 최대한 살리고 자기가 하고 싶었던 일을 실현하려는 인간의 욕구에 해당하는 것은?

① 생리적 욕구 ② 사회적 욕구
③ 자아실현의 욕구 ④ 안전의 욕구

해설 자아실현의 욕구(제5단계)는 잠재적인 능력을 실현하고자 하는 욕구(성취욕구)이다.

관련개념 CHAPTER 04 인간의 행동과학

018

상시근로자 수가 300명 이상인 사업에 대해 안전보건관리규정을 작성하여야 하는 것을 모두 고르면?

㉠ 소프트웨어 개발업	㉡ 금융 및 보험업
㉢ 부동산업	㉣ 인쇄·출판업
㉤ 사회복지 서비스업	

① ㉠, ㉢, ㉤
② ㉠, ㉡, ㉤
③ ㉠, ㉡, ㉢, ㉤
④ ㉠, ㉡, ㉢, ㉣, ㉤

해설 안전보건관리규정 작성대상

사업의 종류	상시근로자 수
농업, 어업, **소프트웨어 개발 및 공급업**, 컴퓨터 프로그래밍, 시스템 통합 및 관리업, 영상·오디오물 제공 서비스업, 정보서비스업, **금융 및 보험업**, 임대업(부동산 제외), 전문, 과학 및 기술 서비스업(연구개발 제외), 사업지원 서비스업, **사회복지 서비스업**	300명 이상
위의 사업을 제외한 사업	100명 이상

관련개념 CHAPTER 01 산업재해예방 계획 수립

019

상시근로자 수가 300명인 사업장에 22건의 재해가 발생하였고, 휴업일수는 121일이었다. 이 사업장의 강도율은?(단, 근로자는 하루 8시간씩 연간 300일 근무하였다.)

① 0.031 ② 0.138
③ 0.168 ④ 0.199

해설 강도율(S.R; Severity Rate of Injury)

$$강도율 = \frac{총\ 요양근로손실일수}{연근로시간\ 수} \times 1,000$$

$$= \frac{121 \times \frac{300}{365}}{300 \times (8 \times 300)} \times 1,000 = 0.138$$

※ 휴업일수가 제시된 경우, 휴업일수에 $\frac{300}{365}$을 곱한 값을 근로손실일수로 계산한다.

관련개념 SUBJECT 03 기계·기구 및 설비 안전관리
CHAPTER 02 기계분야 산업재해 조사 및 관리

020

다음 중 방진마스크의 구비조건으로 적절하지 않은 것은?

① 흡기밸브는 미약한 호흡에 대하여 확실하고 예민하게 작동하도록 할 것
② 쉽게 착용되어야 하고 착용하였을 때 안면부가 안면에 밀착되어 공기가 새지 않을 것
③ 여과재는 여과성능이 우수하고 인체에 장해를 주지 않을 것
④ 흡·배기밸브는 외부의 힘에 의하여 손상되지 않도록 흡·배기저항이 높을 것

해설 방진마스크 선정기준(구비조건)
- 분집포집효율(여과효율)이 좋을 것
- **흡기, 배기저항이 낮을 것**
- 사용적이 적을 것
- 중량이 가벼울 것
- 시야가 넓을 것
- 안면밀착성이 좋을 것

관련개념 CHAPTER 02 안전보호구 관리

인간공학 및 위험성평가 · 관리

021

다음 중 근골격계부담작업에 해당하지 않는 것은?

① 하루에 총 2시간 이상 팔꿈치를 몸통 뒤쪽에 위치하도록 하는 상태에서 이루어지는 작업
② 하루에 총 2시간 이상 머리 위에 손이 있는 상태에서 이루어지는 작업
③ 하루에 총 2시간 이상 지지되지 않은 상태에서 1[kg] 이상에 상응하는 힘을 가하여 한손의 손가락으로 물건을 쥐는 작업
④ 하루에 10회 이상 25[kg] 이상의 물체를 드는 작업

해설 하루에 총 2시간 이상 지지되지 않은 상태에서 1[kg] 이상의 물건을 한손의 손가락으로 집어 옮기거나, **2[kg] 이상에 상응하는 힘을 가하여 한손의 손가락으로 물건을 쥐는 작업**이 근골격계부담작업에 해당한다.

관련개념 CHAPTER 04 근골격계질환 예방관리

022

FTA에 사용되는 논리게이트 중 여러 개의 입력 사항이 정해진 순서에 따라 순차적으로 발생해야만 결과가 출력되는 것은?

① 억제 게이트
② 배타적 OR 게이트
③ 조합 AND 게이트
④ 우선적 AND 게이트

해설

기호	명칭	설명
A_1, A_2, A_3 순으로	우선적 AND 게이트	입력사상 중 어떤 현상이 다른 현상보다 먼저 일어날 경우에만 출력사상이 발생

관련개념 CHAPTER 02 위험성 파악 · 결정

023

어떤 작업의 평균 에너지소비량이 10[kcal/min]일 때 60분간 총 작업시간 내에 포함되어야 하는 휴식시간은 약 몇 분인가?(단, 휴식 중 에너지소비량은 1.5[kcal/min]이고, 기초대사를 포함한 작업에 대한 평균 에너지소비량 상한은 5[kcal/min]이다.)

① 23.5분
② 29.4분
③ 35.3분
④ 47.1분

해설 휴식시간

$$R = \frac{60(E-5)}{E-1.5} = \frac{60 \times (10-5)}{10-1.5} = 35.3분$$

여기서, E: 작업의 평균 에너지소비량[kcal/min]

관련개념 CHAPTER 06 작업환경 관리

024

밝은 곳에서 어두운 곳으로 갈 때 망막에 시홍이 형성되는 생리적 과정인 암조응이 발생하는데, 완전 암조응(Dark adaptation)이 발생하는 데 소요되는 시간은?

① 약 3~5분
② 약 10~15분
③ 약 30~40분
④ 약 60~90분

해설 순응(조응)
- 암순응(암조응): 우리 눈이 어둠에 적응하는 과정으로 로돕신이 증가하여 간상세포의 감도가 높아진다.(**약 30~40분 정도 소요**)
- 명순응(명조응): 우리 눈이 밝음에 적응하는 과정으로 로돕신이 감소하여 원추세포가 기능하게 된다.(약 수초 내지 1~2분 소요)

관련개념 CHAPTER 06 작업환경 관리

025

다음 중 위험 및 운전성 검토(HAZOP)에서 "성질상의 감소"를 나타내는 가이드 워드는?

① Part of
② More or Less
③ No/Not
④ Other than

해설 유인어(Guide Words)
- NO 또는 NOT: 설계의도에 완전히 반하여 변수의 양이 없는 상태
- MORE 또는 LESS: 변수가 양적으로 증가 또는 감소되는 상태
- AS WELL AS: 설계의도 외의 다른 변수가 부가되는 상태(성질상의 증가)
- **PART OF**: 설계의도대로 완전히 이루어지지 않는 상태(**성질상의 감소**)
- REVERSE: 설계의도와 정반대로 나타나는 상태
- OTHER THAN: 설계의도대로 설치되지 않거나 운전 유지되지 않는 상태(완전한 대체)

관련개념 CHAPTER 02 위험성 파악 · 결정

026

n개의 요소를 가진 병렬시스템에 있어 요소의 수명(MTTF)이 지수분포를 따를 경우, 이 시스템의 수명으로 옳은 것은?

① $MTTF \times n$
② $MTTF \times \frac{1}{n}$
③ $MTTF\left(1+\frac{1}{2}+\cdots+\frac{1}{n}\right)$
④ $MTTF\left(1 \times \frac{1}{2} \times \cdots \times \frac{1}{n}\right)$

해설 평균동작시간(MTTF)이 지수분포를 따를 경우(병렬계)

System의 수명 $= MTTF\left(1+\frac{1}{2}+\cdots+\frac{1}{n}\right)$

여기서, n: 요소 수

관련개념 CHAPTER 03 위험성 감소대책 수립 · 실행

027

태양광선이 내리쬐는 옥외 장소의 자연습구온도 20[℃], 흑구온도 18[℃], 건구온도 30[℃]일 때, 습구흑구온도지수(WBGT)는?

① 20.6[℃]
② 22.5[℃]
③ 25.0[℃]
④ 28.5[℃]

해설 습구흑구온도지수(WBGT)[태양광선이 내리쬐는 옥외 장소]

$WBGT[℃] = 0.7 \times$ 자연습구온도(NWB) $+ 0.2 \times$ 흑구온도(GT)
$\qquad + 0.1 \times$ 건구온도(DT)
$= 0.7 \times 20 + 0.2 \times 18 + 0.1 \times 30 = 20.6[℃]$

관련개념 CHAPTER 06 작업환경 관리

028

FTA에 대한 설명으로 가장 거리가 먼 것은?

① 정성적 분석만 가능
② 하향식(Top-down) 방법
③ 복잡하고 대형화된 시스템에 활용
④ 논리게이트를 이용하여 도해적으로 표현하여 분석하는 방법

해설 결함수분석법(FTA; Fault Tree Analysis)의 특징
- Top down(하향식) 방법이다.
- **정성적, 정량적(컴퓨터 처리 가능) 분석기법이다.**
- 논리기호를 사용한 특정사상에 대한 해석이다.
- 서식이 간단해서 비전문가도 짧은 훈련으로 사용할 수 있다.
- 복잡하고 대형화된 시스템에 사용할 수 있다.
- 기능적 결함의 원인을 분석하는 데 용이하다.
- Human Error의 검출이 어렵다.

관련개념 CHAPTER 02 위험성 파악 · 결정

029

안전교육을 받지 못한 신입직원이 작업 중 전극을 반대로 끼우려고 시도했으나, 플러그의 모양이 반대로 끼울 수 없게 설계되어 있어서 사고를 예방할 수 있었다. 작업자가 범한 오류로 적합한 것은?

① Omission Error
② Commission Error
③ Sequential Error
④ Timing Error

해설 휴먼에러의 행위에 의한 분류(Swain)
- 생략(부작위적)에러(Omission Error): 작업 내지 필요한 절차를 수행하지 않는 데서 기인한 에러
- 실행(작위적)에러(Commission Error): 작업 내지 절차를 수행했으나 잘못된 실수(선택착오, 순서착오, 시간착오)에서 기인한 에러
- 과잉행동에러(Extraneous Error): 불필요한 작업 내지 절차를 수행함으로써 기인한 에러
- 순서에러(Sequential Error): 작업수행의 순서를 잘못한 실수
- 시간(지연)에러(Timing Error): 소정의 기간에 수행하지 못한 실수(너무 빨리 혹은 늦게)

관련개념 CHAPTER 01 안전과 인간공학

030

인간공학 실험에서 측정변수가 다른 외적 변수에 영향을 받지 않도록 하는 요건을 의미하는 특성은?

① 적절성
② 무오염성
③ 민감도
④ 신뢰성

해설 체계기준의 구비조건(연구조사의 기준척도)
- 실제적 요건: 객관적, 정량적이고, 수집 또는 연구가 쉬우며, 특수한 자료 수집기법이나 기기가 필요 없어 돈이나 실험자의 수고가 적게 들어야 한다.
- 신뢰성(반복성): 시간이나 대표적 표본의 선정에 관계없이, 변수 측정의 일관성이나 안정성이 있어야 한다.
- 타당성(적절성): 어느 것이나 공통적으로 변수가 실제로 의도하는 바를 어느 정도 측정하는가를 결정하여야 한다.(시스템의 목표를 잘 반영하는가를 나타내는 척도)
- 순수성(무오염성): 측정하는 구조 외적인 변수의 영향은 받지 않아야 한다.
- 민감도: 피검자 사이에서 볼 수 있는 예상 차이점에 비례하는 단위로 측정하여야 한다.

관련개념 CHAPTER 01 안전과 인간공학

031

서브시스템, 구성요소, 기능 등의 잠재적 고장 형태에 따른 시스템의 위험을 파악하는 위험 분석 기법으로 옳은 것은?

① ETA(Event Tree Analysis)
② HEA(Human Error Analysis)
③ PHA(Preliminary Hazard Analysis)
④ FMEA(Failure Mode and Effect Analysis)

해설 고장형태와 영향분석법(FMEA)
시스템에 영향을 미치는 모든 요소의 고장을 형태별로 분석하고 그 고장이 미치는 영향을 귀납적, 정성적으로 분석하는 방식이다.

관련개념 CHAPTER 02 위험성 파악 · 결정

032

화학설비의 안전성 평가 5단계 중 4단계에 해당하는 것은?

① 안전대책
② 정성적 평가
③ 정량적 평가
④ 재평가

해설 안전성 평가 5단계
㉠ 제1단계: 관계 자료의 정비검토
㉡ 제2단계: 정성적 평가
㉢ 제3단계: 정량적 평가
㉣ **제4단계: 안전대책 수립**
㉤ 제5단계: 재평가
※ 제5단계(재평가)를 '재해정보에 의한 재평가'와 'FTA에 의한 재평가'로 한 번 더 구분할 수 있다.

관련개념 CHAPTER 02 위험성 파악 · 결정

033

정보를 전송하기 위해 청각적 표시장치를 이용하는 것이 바람직한 경우로 적합한 것은?

① 전언이 복잡한 경우
② 전언이 이후에 재참조되는 경우
③ 전언이 공간적인 사건을 다루는 경우
④ 전언이 즉각적인 행동을 요구하는 경우

해설 ①, ②, ③은 청각적 표시장치보다 시각적 표시장치가 더 유리한 경우이다.

관련개념 CHAPTER 06 작업환경 관리

034

의자설계 시 고려해야 할 일반적인 원리와 가장 거리가 먼 것은?

① 자세고정을 줄인다.
② 조정이 용이해야 한다.
③ 디스크가 받는 압력을 줄인다.
④ 요추 부위의 후만곡선을 유지한다.

해설 의자설계 시 등받이는 요추 전만(앞으로 굽힘)자세를 유지하며, 추간판의 압력 및 등근육의 정적부하를 감소시킬 수 있도록 설계한다.

관련개념 CHAPTER 06 작업환경 관리

035

다음 시스템의 신뢰도는 약 얼마인가?(단, A, B, C의 신뢰도는 0.9, D, E의 신뢰도는 0.95이다.)

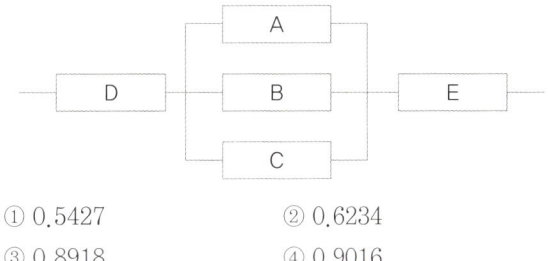

① 0.5427
② 0.6234
③ 0.8918
④ 0.9016

해설 신뢰도$(R) = D \times \{1-(1-A) \times (1-B) \times (1-C)\} \times E$
$= 0.95 \times \{1-(1-0.9) \times (1-0.9) \times (1-0.9)\} \times 0.95$
$= 0.9016$

관련개념 CHAPTER 01 안전과 인간공학

036

A회사에서는 새로운 기계를 설계하면서 레버를 위로 올리면 압력이 올라가도록 하고, 오른쪽 스위치를 눌렀을 때 오른쪽 전등이 켜지도록 하였다면, 이것은 각각 어떤 유형의 양립성을 고려한 것인가?

① 레버 – 공간양립성, 스위치 – 개념양립성
② 레버 – 운동양립성, 스위치 – 개념양립성
③ 레버 – 개념양립성, 스위치 – 운동양립성
④ 레버 – 운동양립성, 스위치 – 공간양립성

해설 레버 운동 방향에 따라 압력에 변화가 발생되었으므로 레버는 운동적 양립성을 고려하였다고 볼 수 있으며, 스위치 위치에 따라 전등이 작동되었으므로 스위치는 공간적 양립성을 고려하였다고 볼 수 있다.
공간적 양립성
어떤 사물들, 특히 표시장치나 조정장치의 물리적 형태나 공간적인 배치의 양립성을 말한다.
운동적 양립성
표시장치, 조정장치, 체계반응 등의 운동방향의 양립성을 말한다.

관련개념 CHAPTER 06 작업환경 관리

037

어떤 결함수를 분석하여 Minimal Cut Set을 구한 결과 다음과 같았다. 각 기본사상의 발생확률을 q_i, $i=1, 2, 3$이라 할 때 정상사상의 발생확률함수로 옳은 것은?

$$k_1=[1, 2],\ k_2=[1, 3],\ k_3=[2, 3]$$

① $q_1q_2+q_1q_2-q_2q_3$
② $q_1q_2+q_1q_3-q_2q_3$
③ $q_1q_2+q_1q_3+q_2q_3-q_1q_2q_3$
④ $q_1q_2+q_1q_3+q_2q_3-2q_1q_2q_3$

해설 k_1, k_2, k_3가 미니멀 컷셋이므로 셋 중 하나라도 발생하면 정상사상(T)이 발생한다. 따라서 정상사상(T)과 k_1, k_2, k_3는 OR 게이트로 연결된 것과 같으므로 이와 동일하게 확률을 계산한다.

$T=1-(1-q_1q_2)\times(1-q_1q_3)\times(1-q_2q_3)$
$\quad=1-(1-q_1q_2-q_1q_3+q_1q_2q_3)\times(1-q_2q_3)$
$\quad=1-(1-q_1q_2-q_1q_3+q_1q_2q_3-q_2q_3+q_1q_2q_3+q_1q_2q_3-q_1q_2q_3)$
$\quad=q_1q_2+q_1q_3+q_2q_3-2q_1q_2q_3$

관련개념 CHAPTER 02 위험성 파악 · 결정

038

자동차를 타이어가 4개인 하나의 시스템으로 볼 때, 타이어 1개가 파열될 확률이 0.01이라면, 이 자동차의 신뢰도는 약 얼마인가?

① 0.91
② 0.93
③ 0.96
④ 0.99

해설 자동차의 타이어는 4개 중 1개만 파열되어도 운행할 수 없기에 각 타이어를 직렬연결로 본다. 따라서 자동차의 타이어 4개가 모두 터지지 않을 신뢰도는 다음과 같다.
신뢰도$=(1-0.01)\times(1-0.01)\times(1-0.01)\times(1-0.01)=0.96$

관련개념 CHAPTER 01 안전과 인간공학

039

NIOSH Lifting Guideline에서 권장무게한계(RWL) 산출에 사용되는 계수가 아닌 것은?

① 휴식계수
② 수평계수
③ 수직계수
④ 비대칭계수

해설 NLE(NIOSH Lifting Equation)
권장무게한계(RWL)$=23\times HM\times VM\times DM\times AM\times FM\times CM$
여기서, HM: **수평계수**, VM: **수직계수**, DM: 거리계수,
AM: **비대칭계수**, FM: 빈도계수, CM: 커플링계수

관련개념 CHAPTER 06 작업환경 관리

040

다음 중 개선의 ECRS의 원칙에 해당하지 않는 것은?

① 제거(Eliminate)
② 결합(Combine)
③ 재조정(Rearrange)
④ 안전(Safety)

해설 작업방법의 개선원칙 ECRS
- 제거(Eliminate)
- 결합(Combine)
- 재배치 · 재조정(Rearrange)
- 단순화(Simplify)

관련개념 CHAPTER 02 위험성 파악 · 결정

기계·기구 및 설비 안전관리

041
「산업안전보건법령」상 사업주가 진동작업을 하는 근로자에게 충분히 알려야 할 사항과 거리가 가장 먼 것은?

① 인체에 미치는 영향과 증상
② 진동 기계·기구 관리방법
③ 보호구 선정과 착용방법
④ 진동 재해 시 비상연락체계

해설 진동작업에 종사하는 근로자에게 알려야 할 사항
- 인체에 미치는 영향과 증상
- 보호구의 선정과 착용방법
- 진동 기계·기구 관리 및 사용 방법
- 진동 장해 예방방법

관련개념 CHAPTER 07 설비진단 및 검사

042
「산업안전보건법령」상 승강기의 종류에 해당하지 않는 것은?

① 리프트
② 에스컬레이터
③ 화물용 엘리베이터
④ 승객용 엘리베이터

해설 승강기의 종류
승객용 엘리베이터, 승객화물용 엘리베이터, 화물용 엘리베이터, 소형화물용 엘리베이터, 에스컬레이터

관련개념 CHAPTER 06 운반기계 및 양중기

043
다음 중 설비의 진단방법에 있어 비파괴시험이나 검사에 해당하지 않는 것은?

① 피로시험
② 음향탐상검사
③ 방사선투과시험
④ 초음파탐상검사

해설 피로시험은 파괴시험의 일종이다.
비파괴검사의 종류
방사선투과검사(RT), 초음파탐상검사(UT), 자분탐상검사(MT), 침투탐상검사(PT), 음향탐상검사(AET), 와류탐상검사(ECT) 등

관련개념 CHAPTER 07 설비진단 및 검사

044
프레스 작업시작 전 점검해야 할 사항으로 거리가 먼 것은?

① 매니퓰레이터 작동의 이상 유무
② 클러치 및 브레이크 기능
③ 슬라이드, 연결봉 및 연결 나사의 풀림 여부
④ 프레스 금형 및 고정볼트 상태

해설 매니퓰레이터 작동의 이상 유무는 로봇의 교시 등의 작업을 할 때 작업시작 전 점검사항이다.
프레스 등의 작업시작 전 점검사항
- 클러치 및 브레이크의 기능
- 크랭크축·플라이휠·슬라이드·연결봉 및 연결 나사의 풀림 여부
- 1행정 1정지기구·급정지장치 및 비상정지장치의 기능
- 슬라이드 또는 칼날에 의한 위험방지 기구의 기능
- 프레스의 금형 및 고정볼트 상태
- 방호장치의 기능
- 전단기의 칼날 및 테이블의 상태

관련개념 CHAPTER 02 기계분야 산업재해 조사 및 관리

045

밀링작업 시 안전수칙에 관한 설명으로 틀린 것은?

① 칩은 기계를 정지시킨 다음에 브러시 등으로 제거한다.
② 일감 또는 부속장치 등을 설치하거나 제거할 때는 반드시 기계를 정지시키고 작업한다.
③ 면장갑을 반드시 끼고 작업한다.
④ 강력 절삭을 할 때는 일감을 바이스에 깊게 물린다.

해설 밀링작업 시 안전대책
- 밀링작업에서 생기는 칩은 가늘고 예리하며 부상을 입히기 쉬우므로 보안경을 착용한다.
- 칩은 기계를 정지시킨 후 브러시 등으로 제거한다.
- 강력절삭을 할 때는 일감을 바이스에 깊게 물린다.
- 손이 말려 들어갈 위험이 있는 장갑을 착용하지 않는다.

관련개념 CHAPTER 03 공작기계의 안전

046

「산업안전보건법령」상 보일러의 안전한 가동을 위하여 보일러 규격에 맞는 압력방출장치가 2개 이상 설치된 경우에 최고사용압력 이하에서 1개가 작동되고, 다른 압력방출장치는 최고 사용압력의 몇 배 이하에서 작동되도록 부착하여야 하는가?

① 1.03배 ② 1.05배
③ 1.2배   ④ 1.5배

해설 보일러의 안전한 가동을 위하여 보일러 규격에 맞는 압력방출장치를 1개 또는 2개 이상 설치하고 최고사용압력 이하에서 작동되도록 하여야 한다. 다만, 압력방출장치가 2개 이상 설치된 경우에는 최고사용압력 이하에서 1개가 작동되고, 다른 압력방출장치는 최고사용압력 1.05배 이하에서 작동되도록 부착하여야 한다.

관련개념 CHAPTER 05 기타 산업용 기계·기구

047

이상온도, 이상기압, 과부하 등 기계의 부하가 안전한계치를 초과하는 경우에 이를 감지하고 자동으로 안전상태가 되도록 조정하거나 기계의 작동을 중지시키는 방호장치는?

① 감지형 방호장치
② 접근거부형 방호장치
③ 위치제한형 방호장치
④ 접근반응형 방호장치

해설 감지형 방호장치
이상온도, 이상기압, 과부하 등 기계의 부하가 안전한계치를 초과하는 경우에 이를 감지하고 자동으로 안전상태가 되도록 조정하거나 기계의 작동을 중지시키는 방호장치이다.

관련개념 CHAPTER 01 기계공정의 안전, 기계안전시설 관리

048

사업주가 보일러의 폭발사고 예방을 위하여 기능이 정상적으로 작동될 수 있도록 유지·관리할 대상이 아닌 것은?

① 과부하방지장치
② 압력방출장치
③ 압력제한스위치
④ 고저수위 조절장치

해설 보일러의 폭발사고를 예방하기 위하여 압력방출장치, 압력제한스위치, 고저수위 조절장치, 화염검출기 등의 기능이 정상적으로 작동될 수 있도록 유지·관리하여야 한다.

관련개념 CHAPTER 05 기타 산업용 기계·기구

049

그림과 같이 50[kN]의 중량물을 와이어로프를 이용하여 상부에 60°의 각도가 되도록 들어올릴 때, 로프 하나에 걸리는 하중(T)은 약 몇 [kN]인가?

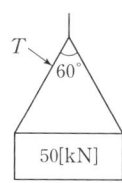

① 16.8
② 24.5
③ 28.9
④ 37.9

해설 와이어로프 하나에 걸리는 하중

$$T = \frac{\frac{w}{2}}{\cos\frac{\theta}{2}} = \frac{25}{\cos 30°} = 28.9[kN]$$

여기서, w: 물체의 무게
θ: 와이어로프 상부의 각도

관련개념 CHAPTER 06 운반기계 및 양중기

050

연삭기의 연삭숫돌을 사용하는 작업의 경우 작업을 시작하기 전 몇 분 이상 시운전을 하여야 하는가?(단, 연삭숫돌은 교체하지 않았다.)

① 1분
② 2분
③ 3분
④ 5분

해설 연삭숫돌을 사용하는 작업의 경우 **작업을 시작하기 전에는 1분 이상**, 연삭숫돌을 교체한 후에는 3분 이상 시험운전을 하고 해당 기계에 이상이 있는지를 확인하여야 한다.

관련개념 CHAPTER 03 공작기계의 안전

051

안전계수가 5인 체인의 최대설계하중이 1,000[N]이라면 이 체인의 극한하중은 약 몇 [N]인가?

① 200
② 2,000
③ 5,000
④ 12,000

해설 안전계수 = $\frac{극한강도(극한하중)}{허용응력}$에서

극한하중 = 안전계수 × 허용응력 = 5 × 1,000 = 5,000[N]

관련개념 CHAPTER 01 기계공정의 안전, 기계안전시설 관리

052

다음 중 선반의 안전장치 및 작업 시 주의사항으로 잘못된 것은?

① 선반의 바이트는 되도록 짧게 물린다.
② 방진구는 공작물의 길이가 지름의 5배 이상일 때 사용한다.
③ 선반의 베드 위에는 공구를 올려놓지 않는다.
④ 칩 브레이커는 바이트에 직접 설치한다.

해설 선반작업 시 바이트는 끝을 짧게 장치하고 일감의 길이가 직경의 12배 이상일 때 방진구를 사용한다.

관련개념 CHAPTER 03 공작기계의 안전

053

범용 수동선반의 방호조치에 관한 설명으로 옳지 않은 것은?

① 척 가드의 폭은 공작물의 가공작업에 방해가 되지 않는 범위 내에서 척 전체 길이를 방호할 수 있을 것
② 척 가드의 개방 시 스핀들의 작동이 정지되도록 연동회로를 구성할 것
③ 전면 칩 가드의 폭은 새들 폭 이하로 설치할 것
④ 전면 칩 가드는 심압대가 베드 끝단부에 위치하고 있고 공작물 고정장치에서 심압대까지 가드를 연장시킬 수 없는 경우에는 부착위치를 조정할 수 있을 것

해설 범용 수동선반의 방호조치
냉각재 및 칩이 조작자에게 직접 비산되는 것을 방지하기 위해 다음 사항을 만족하는 전면 칩 가드를 설치하여야 한다.
- 가드의 폭은 새들 폭 이상일 것
- 심압대(Tailstock)가 베드 끝단부에 위치하고 있고 공작물 고정장치에서 심압대까지 가드를 연장시킬 수 없는 경우에는 새들에 부착하는 등 부착위치를 조정할 수 있을 것

관련개념 CHAPTER 03 공작기계의 안전

054

롤러에 설치하는 급정지장치 조작부의 종류와 그 위치로 옳은 것은?(단, 위치는 조작부의 중심점을 기준으로 한다.)

① 발조작식은 밑면으로부터 0.2[m] 이내
② 손조작식은 밑면으로부터 1.8[m] 이내
③ 복부조작식은 밑면으로부터 0.6[m] 이상 1[m] 이내
④ 무릎조작식은 밑면으로부터 0.2[m] 이상 0.4[m] 이내

해설 급정지장치 조작부의 위치

종류	설치위치
손조작식	밑면에서 1.8[m] 이내
복부조작식	밑면에서 0.8[m] 이상 1.1[m] 이내
무릎조작식	밑면에서 0.6[m] 이내

※ 위치는 급정지장치 조작부의 중심점을 기준으로 한다.

관련개념 CHAPTER 05 기타 산업용 기계·기구

055

다음 중 아세틸렌 용접 시 역류를 방지하기 위하여 설치하여야 하는 것은?

① 안전기   ② 청정기
③ 발생기   ④ 유량기

해설 안전기(Cutout Switch, Safety Switch)
- 가스 등의 역류 또는 역화가 발생장치 등에 전달되어 발생하는 폭발을 방지하기 위해 설치하는 것이다.
- 아세틸렌 용접장치의 안전기 및 가스집합 용접장치의 안전기 규격에 적합한 것을 사용하여야 한다.

관련개념 CHAPTER 05 기타 산업용 기계·기구

056

금형의 안전화에 관한 설명으로 옳지 않은 것은?

① 금형을 설치하는 프레스의 T홈 안길이는 설치볼트 직경의 2배 이상으로 한다.
② 맞춤핀을 사용할 때에는 헐거움 끼워맞춤으로 하고, 이를 하형에 사용할 때에는 낙하 방지대책을 세워 둔다.
③ 금형의 사이에 신체 일부가 들어가지 않도록 이동스트리퍼와 다이의 간격은 8[mm] 이하로 한다.
④ 대형 금형에서 생크가 헐거워짐이 예상될 경우 생크만으로 상형을 슬라이드에 설치하는 것을 피하고 볼트를 사용하여 조인다.

해설 맞춤핀을 사용할 때에는 억지 끼워맞춤으로 하고, 상형에 사용할 때에는 낙하 방지의 대책을 세워 두어야 한다.

관련개념 CHAPTER 04 프레스 및 전단기의 안전

| 정답 | 053 ③ | 054 ② | 055 ① | 056 ② |

057

「산업안전보건법령」에 따라 타워크레인을 와이어로프로 지지하는 경우, 와이어로프의 설치각도는 수평면에서 몇 도 이내로 해야 하는가?

① 30°   ② 45°
③ 60°   ④ 75°

해설 타워크레인을 와이어로프로 지지하는 경우 와이어로프 설치각도는 수평면에서 60° 이내로 하되, 지지점은 4개소 이상으로 하고, 같은 각도로 설치하여야 한다.

관련개념 SUBJECT 06 건설공사 안전관리
CHAPTER 06 공사 및 작업 종류별 안전

059

「산업안전보건법령」상 용해아세틸렌의 가스집합 용접장치의 배관 및 부속기구에는 구리나 구리 함유량이 몇 퍼센트 이상인 합금을 사용할 수 없는가?

① 40[%]   ② 50[%]
③ 60[%]   ④ 70[%]

해설 용해아세틸렌의 가스집합 용접장치의 배관 및 부속기구는 구리나 구리 함유량이 70[%] 이상인 합금을 사용해서는 아니 된다. → 사용 시 폭발성 물질(아세틸라이드)이 생성된다.

관련개념 CHAPTER 05 기타 산업용 기계·기구

058

다음 중 소음방지 대책으로 가장 적절하지 않은 것은?

① 소음의 통제   ② 소음의 적응
③ 흡음재 사용   ④ 보호구 착용

해설 소음을 통제하는 방법(소음대책)
- 소음원의 통제
- 소음의 격리
- 차폐장치 및 흡음재 사용
- 음향처리제 사용
- 적절한 배치

관련개념 SUBJECT 02 인간공학 및 위험성평가·관리
CHAPTER 06 작업환경 관리

060

「산업안전보건법령」상 로봇을 운전하는 경우 근로자가 로봇에 부딪힐 위험이 있을 때 높이는 최소 얼마 이상의 울타리를 설치하여야 하는가?(단, 로봇의 가동범위 등을 고려하여 높이로 인한 위험성이 없는 경우는 제외한다.)

① 0.9[m]   ② 1.2[m]
③ 1.5[m]   ④ 1.8[m]

해설 로봇의 운전으로 인하여 근로자에게 발생할 수 있는 부상 등의 위험을 방지하기 위하여 높이 1.8[m] 이상의 울타리를 설치하여야 한다.

관련개념 CHAPTER 05 기타 산업용 기계·기구

| 정답 | 057 ③ | 058 ② | 059 ④ | 060 ④ |

전기설비 안전관리

061
다음 중 전압의 구분으로 옳은 것은?

① 고압: 직류 1[kV] 초과 7[kV] 이하
② 고압: 교류 1.5[kV] 초과 7[kV] 이하
③ 저압: 직류 1[kV] 이하
④ 특고압: 7[kV] 초과

해설 전압의 구분
- 저압: 교류는 1[kV] 이하, 직류는 1.5[kV] 이하인 것
- 고압: 교류는 1[kV]를, 직류는 1.5[kV]를 초과하고, 7[kV] 이하인 것
- **특고압: 7[kV]를 초과하는 것**

관련개념 CHAPTER 02 감전재해 및 방지대책

062
인체의 피부저항은 피부에 땀이 나 있는 경우 건조 시보다 약 어느 정도 저하되는가?

① $\frac{1}{2} \sim \frac{1}{4}$　　② $\frac{1}{6} \sim \frac{1}{10}$
③ $\frac{1}{12} \sim \frac{1}{20}$　　④ $\frac{1}{25} \sim \frac{1}{35}$

해설 인체의 피부저항
- 피부에 땀이 있을 경우 건조 시의 $\frac{1}{12} \sim \frac{1}{20}$로 감소한다.
- 피부가 물에 젖어 있을 경우 건조 시의 $\frac{1}{25}$로 감소한다.

관련개념 CHAPTER 02 감전재해 및 방지대책

063
다음 중 방폭구조의 종류가 아닌 것은?

① 유압방폭구조(k)　　② 내압방폭구조(d)
③ 본질안전방폭구조(i)　　④ 압력방폭구조(p)

해설 유압방폭구조는 방폭구조의 종류가 아니다.
보기 외 방폭구조의 종류에는 유입방폭구조(o), 안전증방폭구조(e) 등이 있다.

관련개념 CHAPTER 04 전기방폭관리

064
설비의 이상현상에 나타나는 아크(Arc)의 종류가 아닌 것은?

① 단락에 의한 아크
② 지락에 의한 아크
③ 차단기에서의 아크
④ 전선저항에 의한 아크

해설 아크(Arc)는 공기가 이온화하여 전기가 흐르는 현상으로 단락, 지락, 섬락, 전선 절단, 차단기 개폐 등에 의해 발생한다.

관련개념 CHAPTER 02 감전재해 및 방지대책

065
방폭전기설비의 용기 내부에서 폭발성 가스 또는 증기가 폭발하였을 때 용기가 그 압력에 견디고 접합면이나 개구부를 통해서 외부의 폭발성 가스나 증기에 인화되지 않도록 한 방폭구조는?

① 내압방폭구조　　② 압력방폭구조
③ 유입방폭구조　　④ 본질안전방폭구조

해설 내압방폭구조
용기 내부에 폭발성 가스 및 증기가 폭발하였을 때 용기가 그 압력에 견디며 또한 접합면, 개구부 등을 통해서 외부의 폭발성 가스·증기에 인화되지 않도록 한 구조이다.

관련개념 CHAPTER 04 전기방폭관리

| 정답 | 061 ④　062 ③　063 ①　064 ④　065 ①

066

다음 중 기기보호등급(EPL)과 그 지역을 바르게 짝지은 것은?

① ZONE 2 – Da
② ZONE 20 – Gc
③ ZONE 21 – Ga
④ ZONE 22 – Dc

해설 기기보호등급(EPL)과 허용장소

종별 장소	기기보호등급(EPL)
0	"Ga"
1	"Ga" 또는 "Gb"
2	"Ga", "Gb" 또는 "Gc"
20	"Da"
21	"Da" 또는 "Db"
22	"Da", "Db" 또는 "Dc"

관련개념 CHAPTER 04 전기방폭관리

067

과도전류를 나타내는 공식으로 맞는 것은?

① $\dfrac{V}{R}e^{-\frac{1}{RC}}$ ② $Ve^{-\frac{1}{RC}}$

③ RC ④ $-\dfrac{1}{RC}$

해설 과도전류

$I = \dfrac{V}{R}e^{-\frac{1}{RC}}$

여기서, V : 전압[V]
　　　　R : 저항[Ω]
　　　　C : 정전용량[F]

관련개념 CHAPTER 01 전기안전관리

068

제전기의 제전효과에 영향을 미치는 요인으로 볼 수 없는 것은?

① 제전기의 이온생성 능력
② 전원의 극성 및 전선의 길이
③ 대전물체의 대전위치 및 대전분포
④ 제전기의 설치위치 및 설치각도

해설 제전기의 제전효과에 영향을 미치는 요인
- 제전기의 이온생성 능력
- 제전기의 설치위치, 설치각도 및 설치거리
- 대전체의 대전전위 및 대전분포
- 제전기를 설치한 환경의 상대습도, 기온
- 대전물체와 제전기 사이의 기류속도

관련개념 CHAPTER 03 정전기 장·재해관리

069

감전사고의 긴급조치에 관한 설명으로 가장 부적절한 것은?

① 구출자는 감전자 발견 즉시 보호용구 착용여부에 관계없이 직접 충전부로부터 이탈시킨다.
② 감전에 의해 넘어진 사람에 대하여 의식의 상태, 호흡의 상태, 맥박의 상태 등을 관찰한다.
③ 감전에 의하여 높은 곳에서 추락한 경우에는 출혈의 상태, 골절의 이상 유무 등을 확인, 관찰한다.
④ 인공호흡과 심장마사지를 2인이 동시에 실시할 경우에는 약 1 : 5의 비율로 각각 실시해야 한다.

해설 절연 보호구 없이 감전된 피해자와 접촉하면 같이 감전될 우려가 있다.

감전사고 시 응급조치
- 전원을 차단하고 피재자를 위험지역에서 신속히 대피(2차재해 예방)시킨다.
- 피재자의 상태를 확인한다.
- 기도확보, 인공호흡, 심장마사지의 순서로 응급조치를 한다.

관련개념 CHAPTER 02 감전재해 및 방지대책

070

방폭전기기기에 "Ex ia ⅡC T4 Ga"라고 표시되어 있다. 해당 기기에 대한 설명으로 틀린 것은?

① 정상 작동, 예상된 오작동에 또는 드문 오작동 중에 점화원이 될 수 없는 "매우 높은" 보호등급의 기기이다.
② 온도등급이 T4이므로 최고표면온도가 150[℃]를 초과해서는 안 된다.
③ 본질안전방폭구조로 0종 장소에서 사용이 가능하다.
④ 수소 및 아세틸렌 등의 가스가 존재하는 곳에 사용이 가능하다.

해설 온도등급 T4는 최고표면온도가 100[℃] 초과 135[℃] 이하인 것을 말한다.

전기기기의 최고표면온도에 따른 온도등급

온도등급	전기기기의 최고표면온도[℃]
T1	300 초과 450 이하
T2	200 초과 300 이하
T3	135 초과 200 이하
T4	100 초과 135 이하
T5	85 초과 100 이하
T6	85 이하

관련개념 CHAPTER 04 전기방폭관리

071

단로기를 사용하는 주된 목적은?

① 과부하 차단
② 변성기의 개폐
③ 이상전압의 차단
④ 무부하 선로의 개폐

해설 단로기(DS; Disconnection Switch)
단로기는 개폐기의 일종으로 수용가 구내 인입구에 설치하여 **무부하 상태의 전로를 개폐**하는 역할을 하거나 차단기, 변압기, 피뢰기 등 고전압 기기의 1차 측에 설치하여 기기를 점검, 수리할 때 전원으로부터 이들 기기를 분리한다.

관련개념 CHAPTER 01 전기안전관리

072

3상 3선식 전선로의 보수를 위하여 정전작업을 할 때 취하여야 할 기본적인 조치는?

① 1선을 접지한다.
② 2선을 단락접지한다.
③ 3선을 단락접지한다.
④ 접지를 하지 않는다.

해설 3상 3선식 전선로의 보수를 위하여 정전작업 시에는 3선을 단락 접지하여야 한다.

관련개념 CHAPTER 02 감전재해 및 방지대책

073

접지저항값을 저하시키는 방법 중 거리가 먼 것은?

① 접지봉에 도전성이 좋은 금속을 도금한다.
② 접지봉을 병렬로 연결한다.
③ 도전성 물질을 접지극 주변의 토양에 주입한다.
④ 접지봉을 땅속 깊이 매설한다.

해설 접지저항의 물리적 저감법
- 접지극의 병렬 접속
- 접지극의 치수 확대
- 접지봉 심타법 적용
- 매설지선 및 평판접지극 사용
- 메시(Mesh)공법 적용
- 다중접지 시트 사용
- 보링 공법 적용

※ 도전성 물질을 접지극 주변의 토양에 주입하는 것은 접지저항의 화학적 저감법에 해당한다.

관련개념 CHAPTER 05 전기설비 위험요인관리

074

전로에 시설하는 기계·기구의 금속제 외함에 접지공사를 하지 않아도 되는 경우로 틀린 것은?

① 저압용의 기계·기구를 건조한 목재의 마루 위에서 취급하도록 시설한 경우
② 외함 주위에 적당한 절연대를 설치한 경우
③ 교류 대지전압이 300[V] 이하인 기계·기구를 건조한 곳에 시설한 경우
④ 「전기용품 및 생활용품 안전관리법」의 적용을 받는 이중절연구조로 되어 있는 기계·기구를 시설하는 경우

해설 사용전압이 직류 300[V] 또는 교류 대지전압이 150[V] 이하인 기계·기구를 건조한 곳에 시설하는 경우에 접지공사를 하지 않아도 된다.

관련개념 CHAPTER 05 전기설비 위험요인관리

075

정전기 발생에 영향을 주는 요인으로 가장 적절하지 않은 것은?

① 분리속도
② 물체의 질량
③ 접촉면적 및 압력
④ 물체의 표면상태

해설 물체의 질량은 정전기 발생과 무관하다.
정전기 발생에 영향을 주는 요인
- 물체의 특성
- 물체의 표면상태
- 물질의 이력
- 접촉면적 및 압력
- 분리속도

관련개념 CHAPTER 03 정전기 장·재해관리

076

절연물의 절연계급을 최고허용온도가 낮은 온도에서 높은 온도 순으로 배치한 것은?

① Y종 → A종 → E종 → B종
② A종 → B종 → E종 → Y종
③ Y종 → E종 → B종 → A종
④ B종 → Y종 → A종 → E종

해설 절연물의 절연계급

종별	Y	A	E	B	F	H	C
최고허용 온도[℃]	90	105	120	130	155	180	180 초과

관련개념 CHAPTER 05 전기설비 위험요인관리

077

전로에 지락이 생겼을 때에 자동적으로 전로를 차단하는 장치를 시설해야 하는 전기기계의 사용전압 기준은?(단, 금속제 외함을 가지는 저압의 기계·기구로서 사람이 쉽게 접촉할 우려가 있는 곳에 시설되어 있다.)

① 30[V] 초과
② 50[V] 초과
③ 90[V] 초과
④ 150[V] 초과

해설 금속제 외함을 가지는 **사용전압이 50[V]를 초과**하는 저압의 기계·기구로서 사람이 쉽게 접촉할 우려가 있는 곳에 시설하는 것에 전기를 공급하는 전로에는 누전차단기(지락이 생겼을 때에 자동적으로 전로를 차단하는 장치)를 시설하여야 한다.

관련개념 CHAPTER 02 감전재해 및 방지대책

078

전기설비의 방폭화를 추진하는 근본적인 목적으로 가장 알맞은 것은?

① 인화성물질 제거
② 점화원 제거
③ 연쇄반응 제거
④ 산소(공기) 제거

해설 전기설비를 방폭화를 하는 이유는 전기설비가 점화원으로 작용하는 것을 방지하기 위함이다.

관련개념 CHAPTER 04 전기방폭관리

| 정답 | 074 ③ 075 ② 076 ① 077 ② 078 ②

079

피뢰기가 갖추어야 할 이상적인 성능 중 잘못된 것은?

① 제한전압이 낮아야 한다.
② 반복동작이 가능하여야 한다.
③ 충격방전개시전압이 높아야 한다.
④ 뇌전류의 방전능력이 크고 속류의 차단이 확실하여야 한다.

해설 피뢰기의 성능
- 제한전압 또는 **충격방전개시전압이 충분히 낮고** 보호능력이 있을 것
- 속류차단이 완전히 행해져 동작책무특성이 충분할 것
- 뇌전류 방전능력이 클 것
- 대전류의 방전, 속류차단의 반복동작에 대하여 장기간 사용에 견딜 수 있을 것
- 상용주파방전개시전압은 회로전압보다 충분히 높아서 상용주파방전을 하지 않을 것

관련개념 CHAPTER 05 전기설비 위험요인관리

080

그림과 같은 전기기기 A점에서 완전 지락이 발생하였다. 이 전기기기의 외함에 인체가 접촉되었을 경우 인체를 통해서 흐르는 전류는 약 몇 [mA]인가?(단, 인체의 저항은 3,000[Ω]이다.)

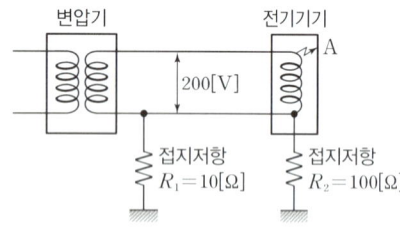

① 60.32
② 30.21
③ 15.11
④ 7.55

해설 인체가 외함에 접촉 시 지락전류를 I_1[A]라 하면(R은 인체저항)

$$I_1 = \frac{V}{R_1 + \frac{RR_2}{R+R_2}} = \frac{200}{10 + \frac{3,000 \times 100}{3,000 + 100}} = 1.87[A]$$

이때 인체를 통해서 흐르게 될 전류(감전전류) I_2는

$$I_2 = I_1 \times \frac{R_2}{R_2 + R} = 1.87 \times \frac{100}{100 + 3,000} = 0.06032[A] = 60.32[mA]$$

관련개념 CHAPTER 02 감전재해 및 방지대책

화학설비 안전관리

081

다음 중 종이, 목재, 섬유류 등에 의하여 발생한 화재의 화재급수로 옳은 것은?

① A급
② B급
③ C급
④ D급

해설 목재, 종이, 섬유 등의 일반 가연물에 의한 화재는 A급 화재(일반화재)이다.

화재의 종류

A급 화재	B급 화재	C급 화재	D급 화재
일반화재	유류화재	전기화재	금속화재

관련개념 CHAPTER 01 화재·폭발 검토

082

다음 중 자연발화의 방지법으로 적절하지 않은 것은?

① 통풍을 잘 시킬 것
② 습도가 높은 곳에 저장할 것
③ 저장실의 온도 상승을 피할 것
④ 공기가 접촉되지 않도록 불활성물질 중에 저장할 것

해설 자연발화를 방지하기 위해서는 습도를 높지 않게 하여야 한다.

관련개념 CHAPTER 01 화재·폭발 검토

083

금속의 증기가 공기 중에서 응고되어 화학변화를 일으켜 고체의 미립자로 되어 공기 중에 부유하는 것을 의미하는 용어는?

① 흄(fume)
② 분진(dust)
③ 미스트(mist)
④ 스모크(smoke)

해설 흄(Fume)
고체 상태의 물질이 액체화된 다음 증기화되고, 증기화된 물질의 응축 및 산화로 인하여 생기는 고체상의 미립자(금속 또는 중금속 등)를 말한다.

관련개념 CHAPTER 02 화학물질 안전관리 실행

084

메탄, 에탄, 프로판의 폭발하한계가 각각 5[vol%], 3[vol%], 2.1[vol%]일 때 다음 중 폭발하한계가 가장 낮은 것은?(단, Le Chatelier의 법칙을 이용한다.)

① 메탄 20[vol%], 에탄 30[vol%], 프로판 50[vol%]의 혼합가스
② 메탄 30[vol%], 에탄 30[vol%], 프로판 40[vol%]의 혼합가스
③ 메탄 40[vol%], 에탄 30[vol%], 프로판 30[vol%]의 혼합가스
④ 메탄 50[vol%], 에탄 30[vol%], 프로판 20[vol%]의 혼합가스

해설 혼합가스의 폭발하한계

$$L = \frac{V_1 + V_2 + \cdots + V_n}{\frac{V_1}{L_1} + \frac{V_2}{L_2} + \cdots + \frac{V_n}{L_n}}$$

여기서, L: 혼합가스의 폭발하한계[vol%]
L_n: 각 성분가스의 폭발하한계[vol%]
V_n: 각 성분가스의 부피 비율[vol%]

보기에서 제시된 혼합가스의 폭발하한계는 다음과 같다.

① $L_① = \dfrac{20+30+50}{\frac{20}{5}+\frac{30}{3}+\frac{50}{2.1}} = 2.64[\text{vol}\%]$

② $L_② = \dfrac{30+30+40}{\frac{30}{5}+\frac{30}{3}+\frac{40}{2.1}} = 2.85[\text{vol}\%]$

③ $L_③ = \dfrac{40+30+30}{\frac{40}{5}+\frac{30}{3}+\frac{30}{2.1}} = 3.10[\text{vol}\%]$

④ $L_④ = \dfrac{50+30+20}{\frac{50}{5}+\frac{30}{3}+\frac{20}{2.1}} = 3.39[\text{vol}\%]$

따라서 폭발하한계가 가장 낮은 것은 ①이다.

관련개념 CHAPTER 01 화재·폭발 검토

085

다음 물질 중 물에 가장 잘 용해되는 것은?

① 아세톤 ② 벤젠
③ 톨루엔 ④ 휘발유

해설 아세톤
물에 잘 녹으며 유기용매로서 다른 유기물질과도 잘 섞이는 성질이 있어 일상생활에서 물로 지워지지 않는 유성페인트나 매니큐어 등을 지우는 데 많이 쓰인다.

관련개념 CHAPTER 02 화학물질 안전관리 실행

086

다음 중 물과 반응하여 수소가스를 발생할 위험이 가장 낮은 물질은?

① Mg ② Zn
③ Cu ④ Na

해설 Cu(구리)는 물과 반응하지 않는다.

오답해설
① $Mg + H_2O \rightarrow MgO + H_2 \uparrow$
② $Zn + 2H_2O \rightarrow Zn(OH)_2 + H_2 \uparrow$
④ $2Na + 2H_2O \rightarrow 2NaOH + H_2 \uparrow$

관련개념 CHAPTER 02 화학물질 안전관리 실행

087

펌프의 사용 시 공동현상(Cavitation)을 방지하고자 할 때의 조치사항으로 틀린 것은?

① 펌프의 회전수를 높인다.
② 흡입비 속도를 작게 한다.
③ 펌프의 흡입관의 두(Head) 손실을 줄인다.
④ 펌프의 설치높이를 낮추어 흡입양정을 짧게 한다.

해설 공동현상은 유속이 빠를 경우 발생할 수 있으므로 공동현상을 예방하려면 펌프의 회전수를 낮춰야 한다.

관련개념 CHAPTER 04 화공 안전운전·점검

088

다음 중 증기배관 내에 생성된 증기의 누설을 막고 응축수를 자동적으로 배출하기 위한 안전장치는?

① Steam Trap
② Vent Stack
③ Blow Down
④ Flame Arrester

해설 스팀트랩(Steam Trap)
증기배관 내에 생성하는 응축수는 송기상 지장이 되어 제거할 필요가 있는데, 이때 증기가 도망가지 않도록 이 응축수를 자동적으로 배출하기 위한 장치이다.

벤트스택(Vent Stack)
탱크 내의 압력을 정상상태로 유지하기 위한 장치이다.

블로우다운(Blow Down)
보일러 내부에 이물질이 누적되는 것을 방지하기 위해 수면의 스팀, 수저의 찌꺼기를 방출하는 장치이다.

화염방지기(Flame Arrester)
비교적 저압 또는 상압에서 가연성 증기를 발생시키는 인화성 물질 등을 저장하는 탱크에서 외부에 그 증기를 방출하거나 탱크 내에 외기를 흡입하는 부분에 설치하는 안전장치이다.

관련개념 CHAPTER 04 화공 안전운전·점검

089

「산업안전보건법령」상 단위공정시설 및 설비로부터 다른 단위공정시설 및 설비 사이의 안전거리는 설비의 바깥면부터 얼마 이상이 되어야 하는가?

① 5[m]
② 10[m]
③ 15[m]
④ 20[m]

해설 단위공정시설 및 설비로부터 다른 단위공정시설 및 설비의 사이는 설비의 바깥면으로부터 10[m] 이상의 안전거리를 두어야 한다.

관련개념 CHAPTER 02 화학물질 안전관리 실행

090

다음 중 질식소화에 해당하는 것은?

① 가연성 기체의 분출화재 시 주 밸브를 닫는다.
② 가연성 기체의 연쇄반응을 차단하여 소화한다.
③ 연료 탱크를 냉각하여 가연성 가스의 발생속도를 작게 한다.
④ 연소하고 있는 가연물이 존재하는 장소를 기계적으로 폐쇄하여 공기의 공급을 차단한다.

해설 질식소화
산소(공기)공급을 차단함으로써 연소에 필요한 산소 농도(15[%]) 이하가 되게 하여 소화하는 방법으로 희석소화라고도 한다. 대표적으로 포, 분말, 이산화탄소소화기가 있으며 이외 수계(水系)소화설비도 보조적으로 수증기에 의한 질식효과가 있다.

관련개념 CHAPTER 01 화재·폭발 검토

091

다음 중 크롬에 관한 설명으로 옳은 것은?

① 미나마타병의 원인으로 알려져 있다.
② 이타이이타이병의 원인으로 알려져 있다.
③ 3가와 6가의 화합물이 사용되고 있다.
④ 6가보다 3가 화합물이 특히 인체에 유해하다.

해설
① 미나마타병은 수은에 의해 발생한다.
② 이타이이타이병은 카드뮴에 의해 발생한다.
④ 크롬 중독현상은 크롬 정련 공정에서 발생하는 6가 크롬에 의해 발생한다.

관련개념 CHAPTER 02 화학물질 안전관리 실행

092

위험물 또는 위험물이 발생하는 물질을 가열·건조하는 경우 내용적이 몇 세제곱미터 이상인 건조설비인 경우 건조실을 설치하는 건축물의 구조를 독립된 단층건물로 하여야 하는가?(단, 건조실을 건축물의 최상층에 설치하거나 건축물이 내화구조인 경우는 제외한다.)

① 1
② 10
③ 100
④ 1,000

해설 위험물 또는 위험물이 발생하는 물질을 가열·건조하는 경우 내용적이 1[m³] 이상인 건조설비 중 건조실을 설치하는 건축물의 구조는 독립된 단층건물로 하여야 한다. 다만, 해당 건조실을 건축물의 최상층에 설치하거나 건축물이 내화구조인 경우에는 그러하지 아니하다.

관련개념 CHAPTER 02 화학물질 안전관리 실행

093

다음은 「산업안전보건법령」에 따른 위험물질의 종류 중 부식성 염기류에 관한 내용이다. (   ) 안에 알맞은 수치는?

농도가 (   )[%] 이상인 수산화나트륨, 수산화칼륨, 그 밖에 이와 같은 정도 이상의 부식성을 가지는 염기류

① 20
② 40
③ 60
④ 80

해설 부식성 염기류
농도가 40[%] 이상인 수산화나트륨, 수산화칼륨, 그 밖에 이와 같은 정도 이상의 부식성을 가지는 염기류이다.

관련개념 CHAPTER 02 화학물질 안전관리 실행

094

뜨거운 금속에 물이 닿으면 튀는 현상과 같이 핵비등(Nucleate Boiling) 상태에서 막비등(Film Boiling)으로 이행하는 온도를 무엇이라 하는가?

① Burn-out Point
② Leidenfrost Point
③ Entrainment Point
④ Sub-cooling Boiling Point

해설 Leidenfrost Point
핵비등(Nucleate Boiling)에서 막비등(Film Boiling) 상태로 급격하게 이행하는 하한점을 말한다.

관련개념 CHAPTER 02 화학물질 안전관리 실행

095

다음 중 최소발화에너지가 가장 작은 가연성 가스는?

① 수소
② 메탄
③ 에탄
④ 프로판

해설 보기 중 수소의 최소발화에너지가 0.019[mJ]로 가장 작다.
② 메탄: 0.28[mJ]
③ 에탄: 0.24~0.25[mJ]
④ 프로판: 0.26[mJ]

관련개념 CHAPTER 01 화재·폭발 검토

096
가연성 가스의 폭발범위에 관한 설명으로 틀린 것은?

① 압력 증가에 따라 폭발상한계와 하한계가 모두 현저히 증가한다.
② 불활성 가스를 주입하면 폭발범위는 좁아진다.
③ 온도의 상승과 함께 폭발범위는 넓어진다.
④ 산소 중에서의 폭발범위는 공기 중에서 보다 넓어진다.

해설 압력은 폭발하한계에는 영향이 경미하나 폭발상한계에는 크게 영향을 준다. 보통 가스압력이 높아질수록 폭발범위는 넓어진다.

관련개념 CHAPTER 01 화재·폭발 검토

097
다음 설명이 의미하는 것은?

> 온도, 압력 등 제어상태가 규정의 조건을 벗어나는 것에 의해 반응속도가 지수함수적으로 증대되고, 반응용기 내의 온도, 압력이 급격히 이상 상승되어 규정 조건을 벗어나고, 반응이 과격화되는 현상

① 비등
② 과열, 과압
③ 폭발
④ 반응폭주

해설 **반응폭주**
온도, 압력 등 제어상태가 규정의 조건을 벗어나는 것에 의해 반응속도가 지수함수적으로 증대되고, 반응용기 내의 온도, 압력이 급격히 이상 상승되어 규정 조건을 벗어나고, 반응이 과격화되는 현상이다.

관련개념 CHAPTER 02 화학물질 안전관리 실행

098
다음 중 가스나 증기가 용기 내에서 폭발할 때 최대폭발압력(P_m)에 영향을 주는 요인에 관한 설명으로 틀린 것은?

① P_m은 화학양론비에 최대가 된다.
② P_m은 용기의 부피에 큰 영향을 받지 않는다.
③ P_m은 다른 조건이 일정할 때 초기 온도가 높을수록 증가한다.
④ P_m은 다른 조건이 일정할 때 초기 압력이 상승할수록 증가한다.

해설 최대폭발압력(P_m)은 가스의 초기온도가 높을수록 감소한다. 그 이유는 다른 조건이 동일하다면 높은 온도에서 물질의 양(농도)이 감소하기 때문이다.

관련개념 CHAPTER 01 화재·폭발 검토

099
다음 중 가연성 가스의 연소 형태에 해당하는 것은?

① 분해연소
② 증발연소
③ 표면연소
④ 확산연소

해설 분해연소, 표면연소는 고체의 연소 형태이고, 증발연소는 액체와 고체의 연소 형태이다.

기체(가스)의 연소 형태

구분	설명	예시
확산연소	• 가연성 가스가 공기(산소) 중에 확산되어 연소범위에 도달했을 때 연소하는 현상 • 기체의 일반적 연소 형태	촛불연소, 가스버너, 성냥
예혼합연소	연소되기 전에 미리 연소범위의 혼합가스를 만들어 연소하는 형태	분젠버너, 산소용접기, 가스레인지

관련개념 CHAPTER 01 화재·폭발 검토

100

질화면(Nitrocellulose)은 저장·취급 중에는 에틸알코올 등으로 습면상태를 유지해야 한다. 그 이유를 옳게 설명한 것은?

① 질화면은 건조 상태에서는 자연적으로 분해하면서 발화할 위험이 있기 때문이다.
② 질화면은 알코올과 반응하여 안정한 물질을 만들기 때문이다.
③ 질화면은 건조 상태에서 공기 중의 산소와 환원반응을 하기 때문이다.
④ 질화면은 건조 상태에서 유독한 중합물을 형성하기 때문이다.

해설 니트로셀룰로오스(질화면)
- 건조한 상태에서는 자연 분해되어 발화될 수 있다.
- 에틸알코올 또는 이소프로필 알코올로서 습면의 상태로 보관한다.

관련개념 CHAPTER 02 화학물질 안전관리 실행

건설공사 안전관리

101

작업장의 작업면에 따른 적정 조명 수준에 대하여 ( ) 안에 들어갈 내용은?

- 정밀작업: (㉠)[lux] 이상
- 초정밀작업: (㉡)[lux] 이상

① ㉠: 150, ㉡: 750
② ㉠: 750, ㉡: 150
③ ㉠: 750, ㉡: 300
④ ㉠: 300, ㉡: 750

해설 작업별 조도기준
- 초정밀작업: 750[lux] 이상
- 정밀작업: 300[lux] 이상
- 보통작업: 150[lux] 이상
- 그 밖의 작업: 75[lux] 이상

관련개념 SUBJECT 02 인간공학 및 위험성평가·관리
CHAPTER 06 작업환경 관리

102

추락재해에 대한 예방차원에서 고소작업의 감소를 위한 근본적인 대책으로 옳은 것은?

① 방망 설치
② 지붕트러스의 일체화 또는 지상에서 조립
③ 안전대 사용
④ 비계 등에 의한 작업대 설치

해설 지붕트러스의 일체화 또는 지상에서 조립하는 경우 고소작업을 최소화할 수 있다.

관련개념 CHAPTER 04 건설현장 안전시설 관리

103

연약지반의 이상현상 중 하나인 히빙(heaving)현상에 대한 안전대책이 아닌 것은?

① 흙막이벽의 관입 깊이를 깊게 한다.
② 굴착면에 토사 등으로 하중을 가한다.
③ 흙막이 배면의 표토를 제거하여 토압을 경감시킨다.
④ 주변 수위를 높인다.

해설 히빙의 예방대책
- 흙막이벽의 근입 깊이 증가
- 흙막이벽 배면지반의 상재하중 제거
- 저면의 굴착부분을 남겨두어 굴착예정인 부분의 일부를 미리 굴착하여 기초콘크리트 타설
- 굴착주변을 웰 포인트(Well Point) 공법과 병행
- 굴착저면에 토사 등 인공중력 증가

관련개념 CHAPTER 02 건설공사 위험성

104

강관틀비계를 조립하여 사용하는 경우 벽이음의 수직방향 조립간격은?

① 2[m] 이내마다
② 5[m] 이내마다
③ 6[m] 이내마다
④ 8[m] 이내마다

해설 강관틀비계에는 **수직방향으로 6[m]**, 수평방향으로 8[m] 이내마다 벽이음을 하여야 한다.

관련개념 CHAPTER 05 비계·거푸집 가시설 위험방지

105

건설업의 공사금액이 850억 원일 경우 「산업안전보건법령」에 따른 안전관리자의 수로 옳은 것은?(단, 전체 공사기간을 100으로 할 때 공사 전·후 15에 해당하는 경우는 고려하지 않는다.)

① 1명 이상
② 2명 이상
③ 3명 이상
④ 4명 이상

해설 공사금액 800억 원 이상 1,500억 원 미만인 건설공사의 경우 안전관리자는 2명 이상 배치하여야 한다. 다만, 전체 공사기간 중 전·후 15에 해당하는 기간 동안은 1명 이상으로 한다.

관련개념 CHAPTER 04 건설현장 안전시설 관리

106

「산업안전보건법령」에서 규정하고 있는 차량계 건설기계에 해당되지 않는 것은?

① 불도저
② 어스드릴
③ 타워크레인
④ 콘크리트 펌프카

해설 타워크레인은 양중기에 해당된다.
차량계 건설기계의 종류
- 도저형 건설기계(불도저, 스트레이트도저, 틸트도저, 앵글도저, 버킷도저)
- 굴착기
- 항타기 및 항발기
- 천공용 건설기계(어스드릴, 어스오거, 크롤러드릴, 점보드릴)
- 지반 다짐용 건설기계(타이어롤러, 매커덤롤러, 탠덤롤러)
- 콘크리트 펌프카

관련개념 CHAPTER 04 건설현장 안전시설 관리

107
단관비계가 넘어지는 것을 방지하기 위하여 사용하는 벽이음의 간격기준으로 옳은 것은?

① 수직방향 5[m] 이하, 수평방향 5[m] 이하
② 수직방향 6[m] 이하, 수평방향 6[m] 이하
③ 수직방향 7[m] 이하, 수평방향 7[m] 이하
④ 수직방향 8[m] 이하, 수평방향 8[m] 이하

해설 단관비계의 벽이음은 수직방향 5[m], 수평방향 5[m] 이내로 조립하여야 한다.

관련개념 CHAPTER 05 비계·거푸집 가시설 위험방지

108
추락방호망의 그물코 크기의 기준으로 옳은 것은?

① 5[cm] 이하
② 10[cm] 이하
③ 20[cm] 이하
④ 30[cm] 이하

해설 추락방호망의 그물코는 사각 또는 마름모로서 크기는 10[cm] 이하이어야 한다.

관련개념 CHAPTER 04 건설현장 안전시설 관리

109
연암 및 풍화암의 굴착면 붕괴에 따른 재해를 예방하기 위한 굴착면의 적정한 기울기 기준은?

① 1:1.8
② 1:1.2
③ 1:1.0
④ 1:0.5

해설 굴착면의 기울기 기준

지반의 종류	굴착면의 기울기
모래	1:1.8
연암 및 풍화암	1:1.0
경암	1:0.5
그 밖의 흙	1:1.2

※ 이 문제는 개정된 법령에 따라 수정한 문제입니다.

관련개념 CHAPTER 02 건설공사 위험성

110
건설현장에서 사용되는 작업발판 일체형 거푸집의 종류에 해당되지 않는 것은?

① 갱 폼(gang form)
② 슬립 폼(slip form)
③ 클라이밍 폼(climbing form)
④ 유로 폼(euro form)

해설 작업발판 일체형 거푸집의 종류
- 갱 폼(Gang Form)
- 슬립 폼(Slip Form)
- 클라이밍 폼(Climbing Form)
- 터널 라이닝 폼(Tunnel Lining Form)

관련개념 CHAPTER 05 비계·거푸집 가시설 위험방지

111
다음은 「산업안전보건법령」에 따른 항타기 또는 항발기에 권상용 와이어로프를 사용하는 경우에 준수하여야 할 사항이다. ( ) 안에 알맞은 내용으로 옳은 것은?

> 권상용 와이어로프는 추 또는 해머가 최저의 위치에 있을 때 또는 널말뚝을 빼내기 시작할 때를 기준으로 권상장치의 드럼에 적어도 ( ) 감기고 남을 수 있는 충분한 길이일 것

① 1회
② 2회
③ 4회
④ 6회

해설 권상용 와이어로프는 추 또는 해머가 최저의 위치에 있을 때 또는 널말뚝을 빼내기 시작할 때를 기준으로 권상장치의 드럼에 **적어도 2회** 감기고 남을 수 있는 충분한 길이여야 한다.

관련개념 CHAPTER 04 건설현장 안전시설 관리

112
사다리식 통로의 길이가 10[m] 이상일 때 얼마 이내마다 계단참을 설치하여야 하는가?

① 3[m] 이내마다
② 4[m] 이내마다
③ 5[m] 이내마다
④ 6[m] 이내마다

해설 사다리식 통로의 길이가 10[m] 이상인 경우에는 5[m] 이내마다 계단참을 설치하여야 한다.

관련개념 CHAPTER 05 비계 · 거푸집 가시설 위험방지

113
건설업 산업안전보건관리비 계상 및 사용기준(고용노동부 고시)은 「산업안전보건법」의 건설공사 중 총 공사금액이 얼마 이상인 공사에 적용하는가?

① 4천만 원
② 3천만 원
③ 2천만 원
④ 1천만 원

해설 건설업 산업안전보건관리비 계상 및 사용기준은 「산업안전보건법」의 건설공사 중 총 공사금액 2천만 원 이상인 공사에 적용한다.

관련개념 CHAPTER 03 건설업 산업안전보건관리비 관리

114
다음 (　) 안에 알맞은 내용은?

> 동바리로 사용하는 파이프서포트의 높이가 (　　)[m]를 초과하는 경우에는 높이 2[m] 이내마다 수평연결재를 2개 방향으로 만들고 수평연결재의 변위를 방지할 것

① 3
② 3.5
③ 4
④ 4.5

해설 동바리로 사용하는 파이프서포트의 높이가 3.5[m]를 초과하는 경우에는 높이 2[m] 이내마다 수평연결재를 2개 방향으로 만들고 수평연결재의 변위를 방지하여야 한다.

관련개념 CHAPTER 05 비계 · 거푸집 가시설 위험방지

115
건립 중 강풍에 의한 풍압 등 외압에 대한 내력이 설계에 고려되었는지 확인해야 하는 철골구조물의 기준으로 옳지 않은 것은?

① 높이 20[m] 이상의 구조물
② 구조물의 폭과 높이의 비가 1 : 4 이상인 구조물
③ 이음부가 공장 제작인 구조물
④ 연면적당 철골량이 50[kg/m²] 이하인 구조물

해설 외압에 대한 내력이 설계에 고려되었는지 확인해야 할 구조물
- 높이 20[m] 이상의 구조물
- 구조물의 폭과 높이의 비가 1 : 4 이상인 구조물
- 단면구조에 현저한 차이가 있는 구조물
- 연면적당 철골량이 50[kg/m²] 이하인 구조물
- 기둥이 타이플레이트(Tie Plate)형인 구조물
- **이음부가 현장용접인 구조물**

관련개념 CHAPTER 06 공사 및 작업 종류별 안전

116
동바리로 사용하는 파이프서포트는 최대 몇 개 이상 이어서 사용하지 않아야 하는가?

① 2개
② 3개
③ 4개
④ 5개

해설 동바리로 사용하는 파이프서포트를 3개 이상 이어서 사용하지 않아야 한다.

관련개념 CHAPTER 05 비계 · 거푸집 가시설 위험방지

117
다음 토공기계 중 굴착기계와 가장 관계 있는 것은?

① Clamshell
② Road Roller
③ Shovel Loader
④ Belt Conveyer

해설 클램셸(Clamshell)은 좁은 장소의 깊은 굴착에 효과적인 굴착기계이다.

관련개념 CHAPTER 04 건설현장 안전시설 관리

118

다음 중 운반작업 시 주의사항으로 옳지 않은 것은?

① 운반 시의 시선은 진행 방향을 향하고 뒷걸음 운반을 하여서는 안 된다.
② 무거운 물건을 운반할 때 무게 중심이 높은 화물은 인력으로 운반하지 않는다.
③ 어깨높이보다 높은 위치에서 화물을 들고 운반하여서는 안 된다.
④ 단독으로 긴 물건을 어깨에 메고 운반할 때에는 뒤쪽을 위로 올린 상태로 운반한다.

해설 길이가 긴 장척물을 단독으로 어깨에 메고 운반할 때에는 하물 앞 부분 끝을 근로자 신장보다 약간 높게 하여 모서리, 곡선 등에 충돌하지 않도록 주의하여야 한다.

관련개념 CHAPTER 06 공사 및 작업 종류별 안전

119

달비계 설치 시 와이어로프를 사용할 때 사용가능한 와이어로프의 조건은?

① 지름의 감소가 공칭지름의 8[%]인 것
② 이음매가 없는 것
③ 심하게 변형되거나 부식된 것
④ 와이어로프의 한 꼬임에서 끊어진 소선의 수가 10[%]인 것

해설 달비계 설치 시 이음매가 없는 와이어로프는 사용가능하다.
달비계 와이어로프의 사용금지 조건
- 이음매가 있는 것
- 와이어로프의 한 꼬임(Strand)에서 끊어진 소선의 수가 10[%] 이상인 것
- 지름의 감소가 공칭지름의 7[%]를 초과하는 것
- 꼬인 것
- 심하게 변형되거나 부식된 것
- 열과 전기충격에 의해 손상된 것

관련개념 CHAPTER 05 비계·거푸집 가시설 위험방지

120

유해위험방지계획서를 고용노동부장관에게 제출하고 심사를 받아야 하는 대상 건설공사 기준으로 옳지 않은 것은?

① 최대 지간길이가 50[m] 이상인 다리의 건설 등 공사
② 지상높이 25[m] 이상인 건축물 또는 인공구조물의 건설 등 공사
③ 깊이 10[m] 이상인 굴착공사
④ 다목적댐, 발전용댐, 저수용량 2천만 톤 이상의 용수 전용 댐 및 지방상수도 전용 댐의 건설 등 공사

해설 유해위험방지계획서 제출대상 건설공사
- 지상높이가 31[m] 이상인 건축물 또는 인공구조물, 연면적 30,000[m²] 이상인 건축물 또는 연면적 5,000[m²] 이상의 문화 및 집회시설(전시장 및 동물원·식물원 제외), 판매시설, 운수시설(고속철도의 역사 및 집배송시설 제외), 종교시설, 의료시설 중 종합병원, 숙박시설 중 관광숙박시설, 지하도상가 또는 냉동·냉장 창고시설의 건설·개조 또는 해체(건설 등) 공사
- 연면적 5,000[m²] 이상의 냉동·냉장 창고시설의 설비공사 및 단열공사
- 최대 지간길이가 50[m] 이상인 다리의 건설 등 공사
- 터널의 건설 등 공사
- 다목적댐, 발전용댐, 저수용량 2천만 톤 이상의 용수 전용 댐 및 지방 상수도 전용 댐의 건설 등 공사
- 깊이가 10[m] 이상인 굴착공사

관련개념 CHAPTER 02 건설공사 위험성

산업재해 예방 및 안전보건교육

001

「산업안전보건법령」상 산업안전보건위원회의 구성·운영에 관한 설명 중 틀린 것은?

① 정기회의는 분기마다 소집한다.
② 위원장은 위원 중에서 호선(互選)한다.
③ 근로자대표가 지명하는 명예산업안전감독관은 근로자위원에 속한다.
④ 공사금액 100억 원 이상의 건설업의 경우 산업안전보건위원회를 구성·운영해야 한다.

해설 건설업의 경우 공사금액 120억 원 이상(토목공사업의 경우에는 150억 원 이상)일 때 산업안전보건위원회를 구성·운영하여야 한다.

관련개념 CHAPTER 01 산업재해예방 계획 수립

002

「산업안전보건법령」상 잠함(潛函) 또는 잠수작업 등 높은 기압에서 작업하는 근로자의 근로시간 기준은?

① 1일 6시간, 1주 32시간 초과금지
② 1일 6시간, 1주 34시간 초과금지
③ 1일 8시간, 1주 32시간 초과금지
④ 1일 8시간, 1주 34시간 초과금지

해설 유해·위험작업에 대한 근로시간 제한
사업주는 잠함 또는 잠수작업 등 높은 기압에서 작업하는 근로자에게는 1일 6시간, 1주 34시간을 초과하여 근로하게 해서는 아니 된다.

관련개념 CHAPTER 01 산업재해예방 계획 수립

003

산업현장에서 재해발생 시 조치순서로 옳은 것은?

① 긴급처리 → 재해조사 → 원인분석 → 대책수립
② 긴급처리 → 원인분석 → 대책수립 → 재해조사
③ 재해조사 → 원인분석 → 대책수립 → 긴급처리
④ 재해조사 → 대책수립 → 원인분석 → 긴급처리

해설 재해발생 시 조치순서
㉠ 긴급처리
㉡ 재해조사
㉢ 원인강구: 4M 요인
㉣ 대책수립
㉤ 실시
㉥ 평가

관련개념 SUBJECT 03 기계·기구 및 설비 안전관리
CHAPTER 02 기계분야 산업재해 조사 및 관리

004

산업재해보험적용 근로자 1,000명인 플라스틱 제조 사업장에서 작업 중 재해 5건이 발생하였고, 1명이 사망하였을 때 이 사업장의 사망만인율은?

① 2
② 5
③ 10
④ 20

해설 사망만인율
임금근로자 수 10,000명당 발생하는 사망자 수의 비율이다.

$$\text{사망만인율} = \frac{\text{사망자 수}}{\text{산재보험적용 근로자 수}} \times 10,000 = \frac{1}{1,000} \times 10,000 = 10$$

관련개념 SUBJECT 03 기계·기구 및 설비 안전관리
CHAPTER 02 기계분야 산업재해 조사 및 관리

| 정답 | 001 ④ | 002 ② | 003 ① | 004 ③ |

005

안전·보건 교육계획 수립 시 고려사항 중 틀린 것은?

① 필요한 정보를 수집한다.
② 현장의 의견은 고려하지 않는다.
③ 지도안은 교육대상을 고려하여 작성한다.
④ 법령에 의한 교육에만 그치지 않아야 한다.

해설 교육계획 수립 시 교육의 요구사항 등 필요한 정보를 수집·파악하고 현장의 의견을 충분히 반영한다.

관련개념 CHAPTER 05 안전보건교육의 내용 및 방법

006

학습지도의 형태 중 몇 사람의 전문가가 주제에 대한 견해를 발표하고 참가자로 하여금 의견을 내거나 질문을 하게 하는 토의방식은?

① 포럼(Forum)
② 심포지엄(Symposium)
③ 버즈세션(Buzz session)
④ 자유토의법(Free discussion method)

해설 심포지엄(Symposium)
몇 사람의 전문가가 과제에 관한 견해를 발표하게 한 뒤 참가자로 하여금 의견이나 질문을 하게 하여 토의하는 방법이다.

관련개념 CHAPTER 05 안전보건교육의 내용 및 방법

007

「산업안전보건법령」상 근로자 안전보건교육 대상에 따른 교육시간 기준 중 틀린 것은?(단, 상시작업이며, 일용근로자 및 근로계약기간이 1개월 이하인 기간제근로자는 제외한다.)

① 특별교육 – 16시간 이상
② 채용 시 교육 – 8시간 이상
③ 작업내용 변경 시 교육 – 2시간 이상
④ 사무직 종사 근로자 정기교육 – 매반기 2시간 이상

해설 근로자 안전보건교육 교육과정별 교육시간

교육과정	교육대상		교육시간
정기교육	사무직 종사 근로자		매반기 6시간 이상
	그 밖의 근로자	판매업무에 직접 종사하는 근로자	매반기 6시간 이상
		판매업무에 직접 종사하는 근로자 외의 근로자	매반기 12시간 이상
채용 시 교육	일용근로자 및 근로계약기간이 1주일 이하인 기간제근로자		1시간 이상
	근로계약기간이 1주일 초과 1개월 이하인 기간제근로자		4시간 이상
	그 밖의 근로자		8시간 이상
작업내용 변경 시 교육	일용근로자 및 근로계약기간이 1주일 이하인 기간제근로자		1시간 이상
	그 밖의 근로자		2시간 이상
건설업 기초 안전·보건교육	건설 일용근로자		4시간 이상

※ 이 문제는 개정된 법령에 따라 수정한 문제입니다.

관련개념 CHAPTER 05 안전보건교육의 내용 및 방법

008

버드(Bird)의 신도미노 이론 5단계에 해당하지 않는 것은?

① 제어부족(관리)
② 직접 원인(징후)
③ 간접 원인(평가)
④ 기본 원인(기원)

해설 버드(Frank Bird)의 신도미노 이론
㉠ 1단계: 통제의 부족(관리 소홀) → 재해발생의 근원적 요인
㉡ 2단계: 기본 원인(기원) → 개인적 또는 과업과 관련된 요인
㉢ 3단계: 직접 원인(징후) → 불안전한 행동 및 불안전한 상태
㉣ 4단계: 사고(접촉)
㉤ 5단계: 상해(손해)

관련개념 CHAPTER 01 산업재해예방 계획 수립

| 정답 | 005 ② | 006 ② | 007 ④ | 008 ③ |

009

재해예방의 4원칙에 해당하지 않는 것은?

① 예방가능의 원칙
② 손실우연의 원칙
③ 원인연계의 원칙
④ 재해 연쇄성의 원칙

해설 재해예방의 4원칙
- 손실우연의 원칙: 재해손실은 사고발생 시 사고대상의 조건에 따라 달라지므로 한 사고의 결과로서 생긴 재해손실은 우연성에 의해 결정된다.
- 원인계기(원인연계)의 원칙: 재해발생은 반드시 원인이 있다.
- 예방가능의 원칙: 재해는 원칙적으로 원인만 제거하면 예방이 가능하다.
- 대책선정의 원칙: 재해예방을 위한 가능한 안전대책은 반드시 존재한다.

관련개념 CHAPTER 01 산업재해예방 계획 수립

010

안전점검을 점검시기에 따라 구분할 때 다음에서 설명하는 안전점검은?

> 작업담당자 또는 해당 관리감독자가 맡고 있는 공정의 설비, 기계, 공구 등을 매일 작업 전 또는 작업 중에 일상적으로 실시하는 안전점검

① 정기점검
② 수시점검
③ 특별점검
④ 임시점검

해설 안전점검의 종류

종류	내용
일상점검(수시점검)	작업 전·중·후 수시로 실시하는 점검
정기점검	정해진 기간에 정기적으로 실시하는 점검
특별점검	기계·기구의 신설 및 변경 시 고장, 수리 등에 의해 부정기적으로 실시하는 점검, 안전강조기간에 실시하는 점검 등
임시점검	이상 발견 시 또는 재해발생 시 임시로 실시하는 점검

관련개념 SUBJECT 03 기계·기구 및 설비 안전관리
CHAPTER 02 기계분야 산업재해 조사 및 관리

011

타일러(Tyler)의 교육과정 중 학습경험 선정의 원리에 해당하는 것은?

① 기회의 원리
② 계속성의 원리
③ 계열성의 원리
④ 통합성의 원리

해설 기회의 원리는 학습경험의 선정원리 중 하나이다.

학습경험의 선정원리	학습경험의 조직원리
기회, 만족, 가능성, 경험, 성과	계열성, 계속성, 통합성

관련개념 CHAPTER 05 안전보건교육의 내용 및 방법

012

주의(Attention)의 특성에 관한 설명 중 틀린 것은?

① 고도의 주의는 장시간 지속하기 어렵다.
② 한 지점에 주의를 집중하면 다른 곳의 주의는 약해진다.
③ 최고의 주의 집중은 의식의 과잉상태에서 가능하다.
④ 여러 자극을 지각할 때 소수의 현란한 자극에 선택적 주의를 기울이는 경향이 있다.

해설 의식이 과잉상태인 경우 부주의의 원인이 되기 쉽다.

관련개념 CHAPTER 04 인간의 행동과학

013

「산업재해보상보험법령」상 보험급여의 종류가 아닌 것은?

① 장례비
② 간병급여
③ 직업재활급여
④ 생산손실비용

해설 생산손실비용은 보험급여에 해당되지 않는다.
법령으로 지급되는 산재보상비
요양급여, 휴업급여, 장해급여, 간병급여, 유족급여, 상병보상연금, 장례비, 직업재활급여

관련개념 SUBJECT 03 기계·기구 및 설비 안전관리
CHAPTER 02 기계분야 산업재해 조사 및 관리

014

「산업안전보건법령」상 그림과 같은 기본모형이 나타내는 안전보건표지의 표시사항으로 옳은 것은?(단, L은 안전보건표지를 인식할 수 있거나 인식해야 할 안전거리를 말한다.)

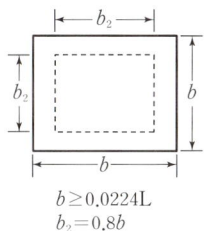

$b \geq 0.0224L$
$b_2 = 0.8b$

① 금지
② 경고
③ 지시
④ 안내

해설 **안전보건표지의 기본모형**

기본모형	규격비율	표시사항
(원에 사선) 45°	$d \geq 0.025L$ $d_1 = 0.8d$ $0.7d < d_2 < 0.8d$ $d_3 = 0.1d$	금지
(삼각형) 60°	$a \geq 0.034L$ $a_1 = 0.8a$ $0.7a < a_2 < 0.8a$	경고
(마름모) 45°	$a \geq 0.025L$ $a_1 = 0.8a$ $0.7a < a_2 < 0.8a$	
(원)	$d \geq 0.025L$ $d_1 = 0.8d$	지시
(정사각형)	$b \geq 0.0224L$ $b_2 = 0.8b$	안내
(직사각형)	$h < l$ $h_2 = 0.8h$ $l \times h \geq 0.0005L^2$ $h - h_2 = l - l_2 = 2e_2$ $\dfrac{l}{h} = 1, 2, 4, 8$ (4종류)	안내

관련개념 CHAPTER 02 안전보호구 관리

015

기업 내의 계층별 교육훈련 중 주로 관리감독자를 교육대상자로 하며 작업을 가르치는 능력, 작업방법을 개선하는 기능 등을 교육 내용으로 하는 기업 내 정형교육은?

① TWI(Training Within Industry)
② ATT(American Telephone Telegram)
③ MTP(Management Training Program)
④ ATP(Administration Training Program)

해설 **TWI(Training Within Industry)**
- 주로 관리감독자를 대상으로 하며 전체 교육시간은 10시간 정도 소요된다.
- 한 그룹에 10명 내외로 토의법과 실연법 중심으로 강의가 실시되며 작업지도훈련, 작업방법훈련, 인간관계훈련, 작업안전훈련으로 이루어진다.

관련개념 CHAPTER 05 안전보건교육의 내용 및 방법

016

사회행동의 기본형태가 아닌 것은?

① 모방
② 대립
③ 도피
④ 협력

해설 사회행동의 기본형태에는 협력, 대립, 도피, 융합이 있다.

관련개념 CHAPTER 04 인간의 행동과학

017

위험예지훈련의 문제해결 4라운드에 해당하지 않는 것은?

① 현상파악
② 본질추구
③ 대책수립
④ 원인결정

해설 **위험예지훈련의 추진을 위한 문제해결 4단계**
㉠ 1라운드: 현상파악(사실의 파악) - 어떤 위험이 잠재하고 있는가?
㉡ 2라운드: 본질추구(원인조사) - 이것이 위험의 포인트이다.
㉢ 3라운드: 대책수립(대책을 세운다) - 당신이라면 어떻게 하겠는가?
㉣ 4라운드: 목표설정(행동계획 작성) - 우리들은 이렇게 하자!

관련개념 CHAPTER 01 산업재해예방 계획 수립

018

바이오리듬(생체리듬)에 관한 설명 중 틀린 것은?

① 안정기(+)와 불안정기(−)의 교차점을 위험일이라 한다.
② 감성적 리듬은 33일을 주기로 반복하며, 주의력, 예감 등과 관련되어 있다.
③ 지성적 리듬은 "I"로 표시하며 사고력과 관련이 있다.
④ 육체적 리듬은 신체적 컨디션의 율동적 발현, 즉 식욕·활동력 등과 밀접한 관계를 갖는다.

해설 감성적 리듬(S, Sensitivity)

기분이나 신경계통의 상태를 나타내는 리듬으로 적색 점선으로 표시하며 28일의 주기이다. 주의력·창조력·예감 및 통찰력 등을 좌우한다.

관련개념 CHAPTER 04 인간의 행동과학

019

운동의 시지각(착각현상) 중 자동운동이 발생하기 쉬운 조건에 해당하지 않는 것은?

① 광점이 작은 것
② 대상이 단순한 것
③ 광의 강도가 큰 것
④ 시야의 다른 부분이 어두운 것

해설 자동운동이 생기기 쉬운 조건

- 광점이 작을 것
- 시야의 다른 부분이 어두울 것
- **광의 강도가 작을 것**
- 대상이 단순할 것

관련개념 CHAPTER 03 산업안전심리

020

「보호구 안전인증 고시」상 안전인증 방독마스크의 정화통 종류와 외부 측면의 표시색이 잘못 연결된 것은?

① 할로겐용 – 회색
② 황화수소용 – 회색
③ 암모니아용 – 회색
④ 시안화수소용 – 회색

해설 정화통 외부 측면의 표시색

종류	표시색
유기화합물용 정화통	갈색
할로겐용 정화통	회색
황화수소용 정화통	
시안화수소용 정화통	
아황산용 정화통	노란색
암모니아용 정화통	**녹색**

관련개념 CHAPTER 02 안전보호구 관리

인간공학 및 위험성평가 · 관리

021

인간공학적 연구에 사용되는 기준척도의 요건 중 다음 설명에 해당하는 것은?

> 기준척도는 측정하고자 하는 변수 외의 다른 변수들의 영향을 받아서는 안 된다.

① 신뢰성
② 적절성
③ 검출성
④ 무오염성

해설 체계기준의 구비조건(연구조사의 기준척도)
- 실제적 요건: 객관적, 정량적이고 수집 또는 연구가 쉬우며, 특수한 자료 수집기법이나 기기가 필요 없어 돈이나 실험자의 수고가 적게 들어야 한다.
- 신뢰성(반복성): 시간이나 대표적 표본의 선정에 관계없이, 변수 측정의 일관성이나 안정성이 있어야 한다.
- 타당성(적절성): 어느 것이나 공통적으로 변수가 실제로 의도하는 바를 어느 정도 측정하는가를 결정하여야 한다.(시스템의 목표를 잘 반영하는가를 나타내는 척도)
- 순수성(무오염성): 측정하는 구조 외적인 변수의 영향은 받지 않아야 한다.
- 민감도: 피검자 사이에서 볼 수 있는 예상 차이점에 비례하는 단위로 측정하여야 한다.

관련개념 CHAPTER 01 안전과 인간공학

022

그림과 같은 시스템에서 부품 A, B, C, D의 신뢰도가 모두 r로 동일할 때 이 시스템의 신뢰도는?

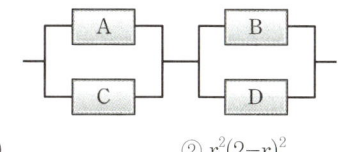

① $r(2-r^2)$
② $r^2(2-r)^2$
③ $r^2(2-r^2)$
④ $r^2(2-r)$

해설
신뢰도 $= \{1-(1-r)\times(1-r)\}\times\{1-(1-r)\times(1-r)\}$
$= \{1-(1-2r+r^2)\}\times\{1-(1-2r+r^2)\}$
$= (2r-r^2)\times(2r-r^2)$
$= r(2-r)\times r(2-r)$
$= r^2(2-r)^2$

관련개념 CHAPTER 01 안전과 인간공학

023

서브시스템 분석에 사용되는 분석방법으로 시스템 수명주기에서 ㉠에 들어갈 위험분석기법은?

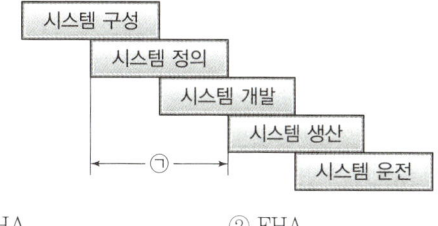

① PHA
② FHA
③ FTA
④ ETA

해설 결함위험분석(FHA; Fault Hazards Analysis)
분업에 의해 여럿이 분담 설계한 서브시스템 간의 인터페이스를 조정하여 각각의 서브시스템 및 전체 시스템에 악영향을 미치지 않게 하기 위한 분석 방식으로 시스템 정의단계와 시스템 개발단계에서 적용한다.

관련개념 CHAPTER 02 위험성 파악 · 결정

024
정신적 작업 부하에 관한 생리적 척도에 해당하지 않는 것은?

① 근전도 ② 뇌파도
③ 부정맥 지수 ④ 점멸융합주파수

해설 근전도(EMG)는 육체적 작업 부하에 관한 생리적 척도로 근수축 정도 또는 근피로도 측정 시 사용된다.

관련개념 SUBJECT 01 산업재해 예방 및 안전보건교육
CHAPTER 04 인간의 행동과학

025
A사의 안전관리자는 자사 화학설비의 안전성 평가를 실시하고 있다. 그중 제2단계인 정성적 평가를 진행하기 위하여 평가 항목을 설계관계 대상과 운전관계 대상으로 분류하였을 때 설계관계 항목이 아닌 것은?

① 소방설비 ② 공장 내 배치
③ 입지조건 ④ 원재료, 중간제품

해설 안전성 평가 제2단계(정성적 평가)
- 설계관계: 입지조건, 공장 내 배치, 건조물, 소방설비, 공정기기 등
- 운전관계: 원재료, 운송, 저장 등

관련개념 CHAPTER 02 위험성 파악 · 결정

026
불(Boole) 대수의 관계식으로 틀린 것은?

① $A + \overline{A} = 1$
② $A + AB = A$
③ $A(A+B) = A+B$
④ $A + \overline{A}B = A+B$

해설 $A(A+B) = A + AB = A \cup (A \cap B) = (A \cup A) \cap (A \cup B) = A \cap (A \cup B) = A$

관련개념 CHAPTER 02 위험성 파악 · 결정

027
인간공학의 목표와 거리가 가장 먼 것은?

① 사고 감소 ② 생산성 증대
③ 안전성 향상 ④ 근골격계질환 증가

해설 인간공학의 목적
- 작업자의 안전성의 향상과 사고를 방지한다.
- 기계조작의 능률성과 생산성을 향상시킨다.
- 편리성, 쾌적성(만족도)을 향상시킨다.

관련개념 CHAPTER 01 안전과 인간공학

028
통화이해도 척도로서 통화이해도에 영향을 주는 잡음의 영향을 추정하는 지수는?

① 명료도 지수 ② 통화 간섭 수준
③ 이해도 점수 ④ 통화 공진 수준

해설 통화 간섭 수준(SIL; Speech Interference Level)
통화 간섭 수준이란 잡음이 통화이해도에 미치는 영향을 추정하는 하나의 지수이다.

관련개념 CHAPTER 06 작업환경 관리

029
예비위험분석(PHA)에서 식별된 사고의 범주가 아닌 것은?

① 중대(Critical) ② 한계적(Marginal)
③ 파국적(Catastrophic) ④ 수용가능(Acceptable)

해설 PHA에 의한 위험등급
㉠ Class-1: 파국(Catastrophic)
㉡ Class-2: 중대(위기)(Critical)
㉢ Class-3: 한계적(Marginal)
㉣ Class-4: 무시가능(Negligible)

관련개념 CHAPTER 02 위험성 파악 · 결정

| 정답 | 024 ① | 025 ④ | 026 ③ | 027 ④ | 028 ② | 029 ④ |

030

어떤 결함수를 분석하여 Minimal Cut Set을 구한 결과 다음과 같았다. 각 기본사상의 발생확률을 q_i, $i=1, 2, 3$이라 할 때 정상사상의 발생확률함수로 옳은 것은?

$$k_1 = [1, 2],\ k_2 = [1, 3],\ k_3 = [2, 3]$$

① $q_1q_2 + q_1q_2 - q_2q_3$
② $q_1q_2 + q_1q_3 - q_2q_3$
③ $q_1q_2 + q_1q_3 + q_2q_3 - q_1q_2q_3$
④ $q_1q_2 + q_1q_3 + q_2q_3 - 2q_1q_2q_3$

해설 k_1, k_2, k_3가 미니멀 컷셋이므로 셋 중 하나라도 발생하면 정상사상(T)이 발생한다. 따라서 정상사상(T)과 k_1, k_2, k_3는 OR 게이트로 연결된 것과 같으므로 이와 동일하게 확률을 계산한다.

$T = 1 - (1 - q_1q_2) \times (1 - q_1q_3) \times (1 - q_2q_3)$
$= 1 - (1 - q_1q_2 - q_1q_3 + q_1q_2q_3) \times (1 - q_2q_3)$
$= 1 - (1 - q_1q_2 - q_1q_3 + q_1q_2q_3 - q_2q_3 + q_1q_2q_3 + q_1q_2q_3 - q_1q_2q_3)$
$= q_1q_2 + q_1q_3 + q_2q_3 - 2q_1q_2q_3$

관련개념 CHAPTER 02 위험성 결정 · 파악

031

반사경 없이 모든 방향으로 빛을 발하는 점광원에서 3[m] 떨어진 곳의 조도가 300[lux]라면 2[m] 떨어진 곳에서 조도[lux]는?

① 375
② 675
③ 875
④ 975

해설
- 3[m] 떨어진 곳의 광속
  광속[lumen] = 조도[lux] × (거리[m])^2 = $300 \times 3^2 = 2,700$[lumen]
- 2[m] 떨어진 곳의 조도
  광속은 거리에 관계없이 일정하므로
  조도[lux] = $\dfrac{\text{광속[lumen]}}{(\text{거리[m]})^2} = \dfrac{2,700}{2^2} = 675$[lux]

관련개념 CHAPTER 06 작업환경 관리

032

「근골격계부담작업의 범위 및 유해요인조사 방법에 관한 고시」상 근골격계부담작업에 해당하지 않는 것은?(단, 상시 작업을 기준으로 한다.)

① 하루에 10회 이상 25[kg] 이상의 물체를 드는 작업
② 하루에 총 2시간 이상 쪼그리고 앉거나 무릎을 굽힌 자세에서 이루어지는 작업
③ 하루에 총 2시간 이상 시간당 5회 이상 손 또는 무릎을 사용하여 반복적으로 충격을 가하는 작업
④ 하루에 4시간 이상 집중적으로 자료입력 등을 위해 키보드 또는 마우스를 조작하는 작업

해설 하루에 총 2시간 이상 **시간당 10회 이상** 손 또는 무릎을 사용하여 반복적으로 충격을 가하는 작업이 근골격계부담작업에 해당한다.

관련개념 CHAPTER 04 근골격계질환 예방관리

033

시각적 식별에 영향을 주는 각 요소에 대한 설명 중 틀린 것은?

① 조도는 광원의 세기를 말한다.
② 휘도는 단위면적당 표면에 반사 또는 방출되는 광량을 말한다.
③ 반사율은 물체의 표면에 도달하는 조도와 광도의 비를 말한다.
④ 광도 대비란 표적의 광도와 배경의 광도의 차이를 배경 광도로 나눈 값을 말한다.

해설 조도는 어떤 물체나 대상면에 도달하는 빛의 양을 말하는 것으로 단위는 [lux]이다.
오답해설 광원의 세기를 나타내는 것은 광도이다.

관련개념 CHAPTER 06 작업환경 관리

034

부품배치의 원칙 중 기능적으로 관련된 부품들을 모아서 배치한다는 원칙은?

① 중요성의 원칙
② 사용빈도의 원칙
③ 사용순서의 원칙
④ 기능별 배치의 원칙

해설 부품배치의 원칙

중요성의 원칙	부품의 작동성능이 목표달성에 중요한 정도에 따라 우선순위를 결정
사용빈도의 원칙	부품이 사용되는 빈도에 따라 우선순위를 결정
기능별 배치의 원칙	기능적으로 관련된 부품을 모아서 배치
사용순서의 원칙	사용순서에 맞게 순차적으로 부품들을 배치

관련개념 CHAPTER 06 작업환경 관리

035

HAZOP 분석기법의 장점이 아닌 것은?

① 학습 및 적용이 쉽다.
② 기법 적용에 큰 전문성을 요구하지 않는다.
③ 짧은 시간에 저렴한 비용으로 분석이 가능하다.
④ 다양한 관점을 가진 팀 단위 수행이 가능하다.

해설 HAZOP 분석기법은 많은 인력을 투입하므로 시간과 비용이 많이 든다는 단점이 있다.

관련개념 CHAPTER 02 위험성 파악 · 결정

036

태양광이 내리쬐지 않는 옥내의 습구흑구온도지수(WBGT) 산출식은?

① $0.6 \times$ 자연습구온도 $+ 0.3 \times$ 흑구온도
② $0.7 \times$ 자연습구온도 $+ 0.3 \times$ 흑구온도
③ $0.6 \times$ 자연습구온도 $+ 0.4 \times$ 흑구온도
④ $0.7 \times$ 자연습구온도 $+ 0.4 \times$ 흑구온도

해설 습구흑구온도지수(WBGT)[옥내 또는 옥외(태양광선이 내리쬐지 않는 장소)]
$WBGT = 0.7 \times$ 자연습구온도(NWB) $+ 0.3 \times$ 흑구온도(GT)

관련개념 CHAPTER 06 작업환경 관리

037

FTA에서 사용되는 논리게이트 중 입력과 반대되는 현상으로 출력되는 것은?

① 부정 게이트
② 억제 게이트
③ 배타적 OR 게이트
④ 우선적 AND 게이트

해설

기호	명칭	설명
$\overline{A}$	부정 게이트 (NOT 게이트)	부정 모디파이어(Not modifier)라고도 하며, 입력현상에 반대되는 출력사상이 발생

관련개념 CHAPTER 02 위험성 파악·결정

038

부품고장이 발생하여도 기계가 추후 보수될 때까지 안전한 기능을 유지할 수 있도록 하는 기능은?

① Fail-Soft
② Fail-Active
③ Fail-Operational
④ Fail-Passive

해설 Fail Safe의 기능분류
- Fail Passive: 부품이 고장나면 통상 정지하는 방향으로 이동한다.
- Fail Active: 부품이 고장나면 기계는 경보를 울리며 짧은 시간 동안 운전이 가능하다.
- **Fail Operational**: 부품에 고장이 있더라도 추후 보수가 있을 때까지 안전한 기능을 유지한다.

관련개념 CHAPTER 02 위험성 파악·결정

039

양립성의 종류가 아닌 것은?

① 개념의 양립성
② 감성의 양립성
③ 운동의 양립성
④ 공간의 양립성

해설 양립성(Compatibility)
- 안전을 근원적으로 확보하기 위한 전략으로서 외부의 자극과 인간의 기대가 서로 모순되지 않아야 하는 것이고 제어장치와 표시장치 사이의 연관성이 인간의 예상과 어느 정도 일치하는가 여부이다.
- 공간적, 운동적, 개념적, 양식 양립성이 있다.

관련개념 CHAPTER 06 작업환경 관리

040

James Reason의 원인적 휴먼에러 종류 중 다음 설명의 휴먼에러 종류는?

> 자동차가 우측 운행하는 한국의 도로에 익숙해진 운전자가 좌측 운행을 해야 하는 일본에서 우측 운행을 하다가 교통사고를 냈다.

① 고의사고(Violation)
② 숙련기반에러(Skill-based Error)
③ 규칙기반착오(Rule-based Mistake)
④ 지식기반착오(Knowledge-based Mistake)

해설 자동차가 우측 운행하는 한국의 규칙에 기반한 착오이다.
제임스 리즌(James Reason)의 불안전한 행동 분류

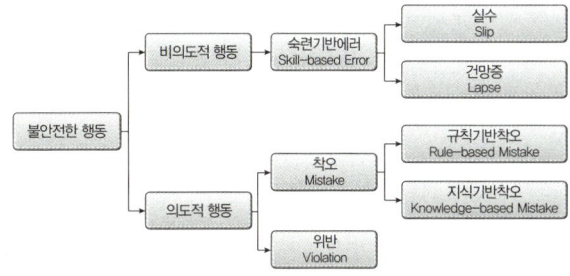

관련개념 CHAPTER 01 안전과 인간공학

기계 · 기구 및 설비 안전관리

041

「산업안전보건법령」상 사업주가 진동작업을 하는 근로자에게 충분히 알려야 할 사항과 거리가 가장 먼 것은?

① 인체에 미치는 영향과 증상
② 진동 기계 · 기구 관리방법
③ 보호구 선정과 착용방법
④ 진동 재해 시 비상연락체계

해설 진동작업에 종사하는 근로자에게 알려야 할 사항
- 인체에 미치는 영향과 증상
- 보호구의 선정과 착용방법
- 진동 기계 · 기구 관리 및 사용방법
- 진동 장해 예방방법

관련개념 CHAPTER 07 설비진단 및 검사

042

다음 중 「산업안전보건법령」상 크레인에 전용 탑승설비를 설치하고 근로자를 달아 올린 상태에서 작업에 종사시킬 경우 근로자의 추락 위험을 방지하기 위하여 실시해야 할 조치사항으로 적합하지 않은 것은?

① 승차석 외의 탑승 제한
② 안전대나 구명줄의 설치
③ 탑승설비의 하강 시 동력하강방법을 사용
④ 탑승설비가 뒤집히거나 떨어지지 않도록 필요한 조치

해설 사업주는 크레인을 사용하여 근로자를 운반하거나 근로자를 달아 올린 상태에서 작업에 종사시켜서는 아니 된다. 다만, 크레인에 전용 탑승설비를 설치하고 추락 위험을 방지하기 위하여 다음의 조치를 한 경우에는 그러하지 아니하다.
- 탑승설비가 뒤집히거나 떨어지지 않도록 필요한 조치를 할 것
- 안전대나 구명줄을 설치하고, 안전난간을 설치할 수 있는 구조인 경우에는 안전난간을 설치할 것
- 탑승설비를 하강시킬 때에는 동력하강방법으로 할 것

관련개념 CHAPTER 06 운반기계 및 양중기

043

연삭기에서 숫돌의 바깥지름이 150[mm]일 경우 평형 플랜지 지름은 몇 [mm] 이상이어야 하는가?

① 30
② 50
③ 60
④ 90

해설 플랜지의 지름은 숫돌 직경의 $\frac{1}{3}$ 이상인 것이 적당하다.

플랜지의 지름 $D = 150 \times \frac{1}{3} = 50$[mm] 이상

관련개념 CHAPTER 03 공작기계의 안전

044

플레이너 작업 시의 안전대책이 아닌 것은?

① 베드 위에 다른 물건을 올려놓지 않는다.
② 바이트는 되도록 짧게 나오도록 설치한다.
③ 프레임 내의 피트(Pit)에는 뚜껑을 설치한다.
④ 칩 브레이커를 사용하여 칩이 길게 되도록 한다.

해설 칩 브레이커(Chip Breaker)는 칩을 짧게 끊어지도록 하는 장치로 선반의 방호장치이다.

관련개념 CHAPTER 03 공작기계의 안전

045

양중기 과부하방지장치의 일반적인 공통사항에 대한 설명 중 부적합한 것은?

① 과부하방지장치와 타 방호장치는 기능에 서로 장애를 주지 않도록 부착할 수 있는 구조이어야 한다.
② 방호장치의 기능을 변형 또는 보수할 때 양중기의 기능도 동시에 정지할 수 있는 구조이어야 한다.
③ 과부하방지장치에는 정상동작상태의 녹색 램프와 과부하 시 경고 표시를 할 수 있는 붉은색 램프와 경보음을 발하는 장치 등을 갖추어야 하며, 양중기 운전자가 확인할 수 있는 위치에 설치해야 한다.
④ 과부하방지장치 작동 시 경보음과 경보램프가 작동되어야 하며 양중기는 작동이 되지 않아야 한다. 다만, 크레인은 과부하 상태 해지를 위하여 권상된 만큼 권하시킬 수 있다.

해설 양중기 과부하방지장치의 일반적인 성능기준
방호장치의 기능을 제거 또는 정지할 때 양중기의 기능도 동시에 정지할 수 있는 구조이어야 한다.

관련개념 CHAPTER 06 운반기계 및 양중기

046

「산업안전보건법령」상 프레스 작업시작 전 점검해야 할 사항에 해당하는 것은?

① 와이어로프가 통하고 있는 곳 및 작업장소의 지반상태
② 하역장치 및 유압장치 기능
③ 권과방지장치 및 그 밖의 경보장치의 기능
④ 1행정 1정지기구·급정지장치 및 비상정지장치의 기능

해설 프레스 등의 작업시작 전의 점검사항
• 클러치 및 브레이크의 기능
• 크랭크축·플라이휠·슬라이드·연결봉 및 연결 나사의 풀림 유무
• 1행정 1정지기구·급정지장치 및 비상정지장치의 기능
• 슬라이드 또는 칼날에 의한 위험방지 기구의 기능
• 프레스의 금형 및 고정볼트 상태
• 방호장치의 기능
• 전단기의 칼날 및 테이블의 상태

관련개념 CHAPTER 02 기계분야 산업재해 조사 및 관리

047

방호장치를 분류할 때는 크게 위험장소에 대한 방호장치와 위험원에 대한 방호장치로 구분할 수 있는데, 다음 중 위험장소에 대한 방호장치가 아닌 것은?

① 격리형 방호장치
② 접근거부형 방호장치
③ 접근반응형 방호장치
④ 포집형 방호장치

해설 포집형 방호장치
목재가공기의 반발예방장치와 같이 위험장소에 설치하여 위험원이 비산하거나 튀는 것을 방지하는 등 작업자로부터 위험원을 차단하는 방호장치이다.

관련개념 CHAPTER 01 기계공정의 안전, 기계안전시설 관리

048

「산업안전보건법령」상 목재가공용 기계에 사용되는 방호장치의 연결이 옳지 않은 것은?

① 둥근톱기계: 톱날접촉예방장치
② 띠톱기계: 날접촉예방장치
③ 모떼기기계: 날접촉예방장치
④ 동력식 수동대패기계: 반발예방장치

해설 대패기계의 날접촉예방장치
사업주는 작업대상물이 수동으로 공급되는 동력식 수동대패기계에 날접촉예방장치를 설치하여야 한다.

관련개념 CHAPTER 05 기타 산업용 기계·기구

049

다음 중 금속 등의 도체에 교류를 통한 코일을 접근시켰을 때, 결함이 존재하면 코일에 유기되는 전압이나 전류가 변하는 것을 이용한 검사방법은?

① 자분탐상검사
② 초음파탐상검사
③ 와류탐상검사
④ 침투형광탐상검사

해설 와류탐상검사(ECT; Eddy Current Testing)
금속 등의 도체에 교류를 통한 코일을 접근시켰을 때, 결함이 존재하면 코일에 유기되는 전압이나 전류가 변하는 것을 이용한 검사방법이다.

관련개념 CHAPTER 07 설비진단 및 검사

050

「산업안전보건법령」에서 정한 양중기의 종류에 해당하지 않는 것은?

① 크레인[호이스트(hoist)를 포함]
② 도르래
③ 곤돌라
④ 승강기

해설 양중기의 종류
- 크레인(호이스트(Hoist) 포함)
- 이동식 크레인
- 리프트(이삿짐운반용 리프트의 경우에는 적재하중이 0.1톤 이상인 것으로 한정)
- 곤돌라
- 승강기

관련개념 CHAPTER 06 운반기계 및 양중기

051

롤러의 급정지를 위한 방호장치를 설치하고자 한다. 앞면 롤러 직경이 36[cm]이고, 분당 회전속도가 50[rpm]이라면 급정지거리는 약 얼마 이내이어야 하는가?(단, 무부하동작에 해당한다.)

① 45[cm]
② 50[cm]
③ 55[cm]
④ 60[cm]

해설 롤러의 표면속도 $V = \dfrac{\pi DN}{1,000} = \dfrac{\pi \times 360 \times 50}{1,000} = 56.5\,[\text{m/min}]$

여기서, D: 롤러의 지름[mm]
N: 분당회전수[rpm]

급정지거리 $= (\pi \times 360) \times \dfrac{1}{2.5} = 452\,[\text{mm}]$ 이내 $= 45\,[\text{cm}]$ 이내

급정지장치의 성능

앞면 롤러의 표면속도[m/min]	급정지거리
30 미만	앞면 롤러 원주의 $\dfrac{1}{3}$ 이내
30 이상	앞면 롤러 원주의 $\dfrac{1}{2.5}$ 이내

관련개념 CHAPTER 05 기타 산업용 기계·기구

052

다음 중 금형 설치·해체작업의 일반적인 안전사항으로 틀린 것은?

① 고정볼트는 고정 후 가능하면 나사산이 3~4개 정도 짧게 남겨 슬라이드 면과의 사이에 협착이 발생하지 않도록 해야 한다.
② 금형 고정용 브래킷(물림판)을 고정시킬 때 고정용 브래킷은 수평이 되게 하고, 고정볼트는 수직이 되게 고정하여야 한다.
③ 금형을 설치하는 프레스의 T홈 안길이는 설치볼트 직경 이하로 한다.
④ 금형의 설치용구는 프레스의 구조에 적합한 형태로 한다.

해설 금형의 탈착 시 금형을 설치하는 프레스의 T홈 안길이는 설치볼트 직경의 2배 이상으로 한다.

관련개념 CHAPTER 04 프레스 및 전단기의 안전

053

다음 중 「산업안전보건법령」상 보일러에 설치하는 압력방출장치에 대하여 검사 후 봉인에 사용되는 재료로 가장 적합한 것은?

① 납
② 주석
③ 구리
④ 알루미늄

해설 압력방출장치는 매년 1회 이상 국가교정기관에서 교정을 받은 압력계를 이용하여 설정압력에서 압력방출장치가 적정하게 작동하는지를 검사한 후 **납으로 봉인**하여 사용하여야 한다.

관련개념 CHAPTER 05 기타 산업용 기계·기구

054

슬라이드가 내려옴에 따라 손을 쳐내는 막대가 좌우로 왕복하면서 위험점으로부터 손을 보호하여 주는 프레스의 안전장치는?

① 수인식 방호장치
② 양손조작식 방호장치
③ 손쳐내기식 방호장치
④ 게이트가드식 방호장치

해설 손쳐내기식(Push Away, Sweep Guard) 방호장치
기계의 작동에 연동시켜 위험상태로 되기 전에 손을 위험 영역에서 밀어내거나 쳐냄으로써 위험을 배제하는 장치를 말한다.

관련개념 CHAPTER 04 프레스 및 전단기의 안전

055

「산업안전보건법령」에 따라 사업주는 근로자가 안전하게 통행할 수 있도록 통로에 얼마 이상의 채광 또는 조명시설을 하여야 하는가?

① 50럭스
② 75럭스
③ 90럭스
④ 100럭스

해설 근로자가 안전하게 통행할 수 있도록 통로에 75[lux] 이상의 채광 또는 조명시설을 하여야 한다.

관련개념 CHAPTER 01 기계공정의 안전, 기계안전시설 관리

056

「산업안전보건법령」상 다음 중 보일러의 방호장치와 가장 거리가 먼 것은?

① 언로드밸브
② 압력방출장치
③ 압력제한스위치
④ 고저수위 조절장치

해설 보일러의 폭발사고를 예방하기 위하여 압력방출장치, 압력제한스위치, 고저수위 조절장치, 화염검출기 등의 기능이 정상적으로 작동될 수 있도록 유지·관리하여야 한다.

관련개념 CHAPTER 05 기타 산업용 기계·기구

057

다음 중 롤러기 급정지장치의 종류가 아닌 것은?

① 어깨조작식
② 손조작식
③ 복부조작식
④ 무릎조작식

해설 급정지장치 조작부의 종류
손조작식, 복부조작식, 무릎조작식

관련개념 CHAPTER 05 기타 산업용 기계·기구

058

「산업안전보건법령」에 따라 레버풀러(Lever Puller) 또는 체인블록(Chain Block)을 사용하는 경우 훅의 입구(Hook Mouth) 간격이 제조자가 제공하는 제품사양서 기준으로 몇 [%] 이상 벌어진 것은 폐기하여야 하는가?

① 3
② 5
③ 7
④ 10

해설 레버풀러(Lever Puller) 또는 체인블록(Chain Block)을 사용하는 경우 훅의 입구(Hook Mouth) 간격이 제조자가 제공하는 제품사양서 기준으로 10[%] 이상 벌어진 것은 폐기하여야 한다.

관련개념 CHAPTER 05 기타 산업용 기계 · 기구

059

컨베이어(Conveyor) 역전방지장치의 형식을 기계식과 전기식으로 구분할 때 기계식에 해당하지 않는 것은?

① 라쳇식
② 밴드식
③ 스러스트식
④ 롤러식

해설 기계식 역주행방지장치
롤러식, 라쳇식, 밴드식

관련개념 CHAPTER 06 운반기계 및 양중기

060

다음 중 연삭숫돌의 3요소가 아닌 것은?

① 결합제
② 입자
③ 저항
④ 기공

해설 연삭숫돌의 3요소
입자(Abrasive Grain), 결합제(Bond), 기공

관련개념 CHAPTER 03 공작기계의 안전

전기설비 안전관리

061

다음 ( ) 안에 알맞은 내용을 나타낸 것은?

> 폭발성 가스의 폭발등급 측정에 사용되는 표준용기는 내용적이 (ⓐ)[cm³], 반구상의 플랜지 접합면의 안길이 (ⓑ)[mm]의 구상용기의 틈새를 통과시켜 화염일주한계를 측정하는 장치이다.

① ⓐ 600 ⓑ 0.4
② ⓐ 1,800 ⓑ 0.6
③ ⓐ 4,500 ⓑ 8
④ ⓐ 8,000 ⓑ 25

해설 화염일주한계(최대안전틈새, MESG) 측정 표준용기
내용적 8[L](8,000[cm³]), 반구상의 플랜지 접합면의 안길이 25[mm]의 구상용기의 틈새에 화염을 통과시켜 화염일주한계를 측정하는 장치이다.

관련개념 CHAPTER 04 전기방폭관리

062

다음 차단기는 개폐기구가 절연물의 용기 내에 일체로 조립한 것으로 과부하 및 단락 사고 시에 자동적으로 전로를 차단하는 장치는?

① OS
② VCB
③ MCCB
④ ACB

해설 배선용 차단기(MCCB)
과부하나 단로 등의 이상상태 시 자동으로 전류를 차단하는 기구이다.

관련개념 CHAPTER 01 전기안전관리

| 정답 | 058 ④ 059 ③ 060 ③ 061 ④ 062 ③

063

「한국전기설비규정」에 따라 보호등전위본딩 도체로서 주접지단자에 접속하기 위한 등전위본딩 도체(구리도체)의 단면적은 몇 [mm²] 이상이어야 하는가?(단, 등전위본딩 도체는 설비 내에 있는 가장 큰 보호접지 도체 단면적의 1/2 이상의 단면적을 가지고 있다.)

① 2.5
② 6
③ 16
④ 50

해설 주접지단자에 접속하기 위한 등전위본딩 도체는 설비 내에 있는 가장 큰 보호접지 도체 단면적의 $\frac{1}{2}$ 이상의 단면적을 가져야 하고 다음의 단면적 이상이어야 한다.
- 구리도체 6[mm²]
- 알루미늄 도체 16[mm²]
- 강철 도체 50[mm²]

관련개념 CHAPTER 05 전기설비 위험요인관리

064

저압전로의 절연성능 시험에서 전로의 사용전압이 380[V]인 경우 전로의 진신 상호간 및 전로와 내시 사이의 절연저항은 최소 몇 [MΩ] 이상이어야 하는가?

① 0.1
② 0.3
③ 0.5
④ 1

해설 전선을 서로 접속한 때에는 해당 전선의 절연성능 이상으로 절연될 수 있도록 충분히 피복하거나 적합한 접속기구를 사용하여야 한다.

전로의 사용전압	DC 시험전압[V]	절연저항[MΩ]
SELV 및 PELV	250	0.5 이상
FELV, 500[V] 이하	500	1 이상
500[V] 초과	1,000	1 이상

※ 특별저압(Extra Low Voltage: 2차 전압이 AC 50[V], DC 120[V] 이하)으로 SELV(비접지회로 구성) 및 PELV(접지회로 구성)는 1차와 2차가 전기적으로 절연된 회로, FELV는 1차와 2차가 전기적으로 절연되지 않은 회로

관련개념 CHAPTER 02 감전재해 및 방지대책

065

전격의 위험을 결정하는 주된 인자로 가장 거리가 먼 것은?

① 통전전류
② 통전시간
③ 통전경로
④ 접촉전압

해설 접촉전압은 2차적 감전요소(간접적인 요인)이다.
감전재해의 요인
- 1차적 감전요소: 통전전류의 크기, 통전경로, 통전시간, 전원의 종류
- 2차적 감전요소: 인체의 조건(인체의 저항), 전압의 크기, 계절 등 주위환경

관련개념 CHAPTER 02 감전재해 및 방지대책

066

교류아크용접기의 허용사용률[%]은?(단, 정격사용률은 10[%], 2차 정격전류는 500[A], 교류아크용접기의 사용전류는 250[A]이다.)

① 30
② 40
③ 50
④ 60

해설 허용사용률 $= \left(\dfrac{\text{정격 2차 전류}}{\text{실제 용접 전류}}\right)^2 \times \text{정격사용률}$

$= \left(\dfrac{500}{250}\right)^2 \times 10 = 40[\%]$

관련개념 CHAPTER 02 감전재해 및 방지대책

067

내압방폭구조의 필요충분조건에 대한 사항으로 틀린 것은?

① 폭발화염이 외부로 유출되지 않을 것
② 습기침투에 대한 보호를 충분히 할 것
③ 내부에서 폭발할 경우 그 압력에 견딜 것
④ 외함의 표면온도가 외부의 폭발성가스를 점화하지 않을 것

해설 내압방폭구조의 성능
- 내부에서 폭발할 경우 그 압력에 견딜 것
- 폭발화염이 외부로 유출되지 않을 것
- 외함 표면온도가 주위의 가연성 가스를 점화하지 않을 것

관련개념 CHAPTER 04 전기방폭관리

068

다음 중 전동기를 운전하고자 할 때 개폐기의 조작순서로 옳은 것은?

① 메인 스위치 → 분전반 스위치 → 전동기용 개폐기
② 분전반 스위치 → 메인 스위치 → 전동기용 개폐기
③ 전동기용 개폐기 → 분전반 스위치 → 메인 스위치
④ 분전반 스위치 → 전동기용 스위치 → 메인 스위치

해설 전동기 개폐기의 조작순서
메인 스위치 → 분전반 스위치 → 전동기용 개폐기

관련개념 CHAPTER 01 전기안전관리

069

다음 빈칸에 들어갈 내용으로 알맞은 것은?

"교류 특고압 가공전선로에서 발생하는 극저주파 전자계는 지표상 1[m]에서 전계가 (ⓐ), 자계가 (ⓑ)가 되도록 시설하는 등 상시 정전유도 및 전자유도작용에 의하여 사람에게 위험을 줄 우려가 없도록 시설하여야 한다."

① ⓐ 0.35[kV/m] 이하　ⓑ 0.833[μT] 이하
② ⓐ 3.5[kV/m] 이하　ⓑ 8.33[μT] 이하
③ ⓐ 3.5[kV/m] 이하　ⓑ 83.3[μT] 이하
④ ⓐ 35[kV/m] 이하　ⓑ 833[μT] 이하

해설 교류 특고압 가공전선로에서 발생하는 극저주파 전자계는 지표상 1[m]에서 **전계가 3.5[kV/m] 이하, 자계가 83.3[μT] 이하**가 되도록 시설하고, 직류 특고압 가공전선로에서 발생하는 직류전계는 지표면에서 25[kV/m] 이하, 직류자계는 지표상 1[m]에서 400,000[μT] 이하가 되도록 시설하는 등 상시 정전유도 및 전자유도작용에 의하여 사람에게 위험을 줄 우려가 없도록 시설하여야 한다.

관련개념 CHAPTER 05 전기설비 위험요인관리

070

감전사고를 방지하기 위한 방법으로 틀린 것은?

① 전기기기 및 설비의 위험부에 위험표지
② 전기설비에 대한 누전차단기 설치
③ 전기기기에 대한 정격표시
④ 무자격자는 전기기계 및 기구에 전기적인 접촉 금지

해설 전기기기의 정격표시는 기기보호에 해당하는 방법이다.

관련개념 CHAPTER 02 감전재해 및 방지대책

071

외부피뢰시스템에서 접지극은 지표면에서 몇 [m] 이상 깊이로 매설하여야 하는가?(단, 동결심도는 고려하지 않는 경우이다.)

① 0.5　　② 0.75
③ 1　　　④ 1.25

해설 접지극은 동결 깊이를 고려하여 시설하되, 고압 이상의 전기설비와 규정에 의하여 시설하는 접지극의 매설깊이는 지표면으로부터 0.75[m] 이상으로 한다.

관련개념 CHAPTER 05 전기설비 위험요인관리

072

정전기의 재해방지 대책이 아닌 것은?

① 부도체에는 도전성을 향상 또는 제전기를 설치·운영한다.
② 접촉 및 분리를 일으키는 기계적 작용으로 인한 정전기 발생을 적게 하기 위해서는 가능한 접촉면적을 크게 하여야 한다.
③ 저항률이 $10^{10}[\Omega \cdot cm]$ 미만의 도전성 위험물의 배관유속은 7[m/s] 이하로 한다.
④ 생산공정에 별다른 문제가 없다면 습도를 70[%] 정도 유지하는 것도 무방하다.

해설 접촉면적이 작을수록 정전기 발생량이 감소한다.

관련개념 CHAPTER 03 정전기 장·재해관리

| 정답 | 068 ① | 069 ③ | 070 ③ | 071 ② | 072 ② |

073

어떤 부도체에서 정전용량이 10[pF]이고, 전압이 5[kV]일 때 전하량[C]은?

① 9×10^{-12}
② 6×10^{-10}
③ 5×10^{-8}
④ 2×10^{-6}

해설 전하량

$Q = CV = (10 \times 10^{-12}) \times (5 \times 10^3) = 5 \times 10^{-8}[C]$

여기서, C: 도체의 정전용량[F]
   V: 대전전위[V]

※ $1[pF] = 10^{-12}[F]$, $1[kV] = 10^3[V]$이다.

관련개념 CHAPTER 03 정전기 장·재해관리

074

KS C IEC 60079-0에 따른 방폭에 대한 설명으로 틀린 것은?

① 기호 "X"는 방폭기기의 특정사용조건을 나타내는 데 사용되는 인증번호의 접미사이다.
② 인화하한(LFL)과 인화상한(UFL) 사이의 범위가 클수록 폭발성 가스 분위기 형성 가능성이 크다.
③ 기기그룹에 따라 폭발성가스를 분류할 때 IIA의 대표 가스로 에틸렌이 있다.
④ 연면거리는 두 도전부 사이의 고체 절연물 표면을 따른 최단거리를 말한다.

해설 에틸렌은 폭발성가스 분류 시 IIB 그룹에 해당한다.

관련개념 CHAPTER 04 전기방폭관리

075

다음 중 활선근접작업 시의 안전조치로 적절하지 않은 것은?

① 근로자가 절연용 방호구의 설치·해체작업을 하는 경우에는 절연용 보호구를 착용하거나 활선작업용 기구 및 장치를 사용하도록 하여야 한다.
② 저압인 경우에는 해당 전기작업자가 절연용 보호구를 착용하되, 충전전로에 접촉할 우려가 없는 경우에는 절연용 방호구를 설치하지 아니할 수 있다.
③ 유자격자가 아닌 근로자가 근로자의 몸 또는 긴 도전성 물체가 방호되지 않은 충전전로에서 대지전압이 50[kV] 이하인 경우에는 400[cm] 이내로 접근할 수 없도록 하여야 한다.
④ 고압 및 특별고압의 전로에서 전기작업을 하는 근로자에게 활선작업용 기구 및 장치를 사용하여야 한다.

해설 충전전로에서의 전기작업

유자격자가 아닌 근로자가 충전전로 인근의 높은 곳에서 작업할 때에 근로자의 몸 또는 긴 도전성 물체가 방호되지 않은 충전전로에서 대지전압이 50[kV] 이하인 경우에는 300[cm] 이내로, 대지전압이 50[kV]를 넘는 경우에는 10[kV]당 10[cm]씩 더한 거리 이내로 각각 접근할 수 없도록 하여야 한다.

관련개념 CHAPTER 02 감전재해 및 방지대책

076

밸브 저항형 피뢰기의 구성요소로 옳은 것은?

① 직렬갭, 특성요소
② 병렬갭, 특성요소
③ 직렬갭, 충격요소
④ 병렬갭, 충격요소

해설 피뢰기의 구성요소

직렬갭 + 특성요소

관련개념 CHAPTER 05 전기설비 위험요인관리

077

정전기 제거 방법으로 가장 거리가 먼 것은?

① 작업장 바닥을 도전처리한다.
② 설비의 도체 부분은 접지시킨다.
③ 작업자는 대전방지화를 신는다.
④ 작업장을 항온으로 유지한다.

해설 작업장을 항온으로 유지하는 것은 정전기 제거 방법과 관련이 없다.

관련개념 CHAPTER 03 정전기 장·재해관리

078

인체의 전기저항을 0.5[kΩ]이라고 하면 심실세동을 일으키는 위험한계에너지는 몇 [J]인가?(단, 심실세동전류값 $I=\frac{165}{\sqrt{T}}$[mA]의 Dalziel의 식을 이용하며, 통전시간은 1초로 한다.)

① 13.6
② 12.6
③ 11.6
④ 10.6

해설 $W=I^2RT=\left(\frac{165}{\sqrt{T}}\times 10^{-3}\right)^2\times 500T$
$=(165^2\times 10^{-6})\times 500=13.6$[J]

여기서, W: 위험한계에너지[J]
I: 심실세동전류[A]
R: 인체저항[Ω]
T: 통전시간[s]

관련개념 CHAPTER 02 감전재해 및 방지대책

079

다음 중 한국전기설비규정에 따른 전압의 구분으로 틀린 것은?

① 저압: 직류 1[kV] 이하
② 고압: 교류 1[kV] 초과 7[kV] 이하
③ 특고압: 직류 7[kV] 초과
④ 특고압: 교류 7[kV] 초과

해설 전압의 구분
- 저압: 교류는 1[kV] 이하, 직류는 1.5[kV] 이하인 것
- 고압: 교류는 1[kV]를, 직류는 1.5[kV]를 초과하고, 7[kV] 이하인 것
- 특고압: 7[kV]를 초과하는 것

관련개념 CHAPTER 02 감전재해 및 방지대책

080

가스 그룹 ⅡB 지역에 설치된 내압방폭구조 "d" 장비의 플랜지 개구부에서 장애물까지의 최소 거리[mm]는?

① 10
② 20
③ 30
④ 40

해설 가스 그룹에 따른 내압접합면과 장애물과의 최소 거리

가스 그룹	최소 거리[mm]
ⅡA	10
ⅡB	30
ⅡC	40

관련개념 CHAPTER 04 전기방폭관리

화학설비 안전관리

081
다음 설명이 의미하는 것은?

> 온도, 압력 등 제어상태가 규정의 조건을 벗어나는 것에 의해 반응속도가 지수함수적으로 증대되고, 반응용기 내의 온도, 압력이 급격히 이상 상승되어 규정 조건을 벗어나고, 반응이 과격화되는 현상

① 비등
② 과열, 과압
③ 폭발
④ 반응폭주

해설 반응폭주
온도, 압력 등 제어상태가 규정의 조건을 벗어나는 것에 의해 반응속도가 지수함수적으로 증대되고, 반응용기 내의 온도, 압력이 급격히 이상 상승되어 규정 조건을 벗어나고, 반응이 과격화되는 현상이다.

관련개념 CHAPTER 02 화학물질 안전관리 실행

082
다음 중 전기화재의 종류에 해당하는 것은?

① A급
② B급
③ C급
④ D급

해설 전기화재는 C급 화재이다.

화재의 종류

A급 화재	B급 화재	C급 화재	D급 화재
일반화재	유류화재	전기화재	금속화재

관련개념 CHAPTER 01 화재 · 폭발 검토

083
다음 중 폭발범위에 관한 설명으로 틀린 것은?

① 상한값과 하한값이 존재한다.
② 온도에 비례하지만 압력과는 무관하다.
③ 가연성 가스의 종류에 따라 각각 다른 값을 갖는다.
④ 공기와 혼합된 가연성 가스의 체적 농도로 나타낸다.

해설 압력은 폭발하한계에는 영향이 경미하나 폭발상한계에는 크게 영향을 준다. 보통 가스압력이 높아질수록 폭발범위는 넓어진다.

관련개념 CHAPTER 01 화재 · 폭발 검토

084
다음 [표]와 같은 혼합가스의 폭발범위[vol%]로 옳은 것은?

종류	용적비율[vol%]	폭발하한계[vol%]	폭발상한계[vol%]
CH_4	70	5	15
C_2H_6	15	3	12.5
C_3H_8	5	2.1	9.5
C_4H_{10}	10	1.9	8.5

① 3.75~13.21
② 4.33~13.21
③ 4.33~15.22
④ 3.75~15.22

해설 혼합가스의 폭발한계

$$L = \frac{V_1 + V_2 + \cdots + V_n}{\frac{V_1}{L_1} + \frac{V_2}{L_2} + \cdots + \frac{V_n}{L_n}}$$

여기서, L: 혼합가스의 폭발한계[vol%]
L_n: 각 성분가스의 연소한계[vol%]
V_n: 각 성분가스의 부피 비율[vol%]

- 폭발하한 $= \dfrac{70+15+5+10}{\frac{70}{5}+\frac{15}{3}+\frac{5}{2.1}+\frac{10}{1.9}} = 3.75[\text{vol\%}]$

- 폭발상한 $= \dfrac{70+15+5+10}{\frac{70}{15}+\frac{15}{12.5}+\frac{5}{9.5}+\frac{10}{8.5}} = 13.21[\text{vol\%}]$

따라서 혼합가스의 폭발범위는 3.75~13.21[vol%]이다.

관련개념 CHAPTER 01 화재 · 폭발 검토

| 정답 | 081 ④ 082 ③ 083 ② 084 ①

085

위험물을 저장·취급하는 화학설비 및 그 부속설비를 설치할 때 '단위공정시설 및 설비로부터 다른 단위공정시설 및 설비의 사이'의 안전거리는 설비의 바깥면으로부터 몇 [m] 이상이 되어야 하는가?

① 5[m]
② 10[m]
③ 15[m]
④ 20[m]

해설 단위공정시설 및 설비로부터 다른 단위공정시설 및 설비의 사이는 설비의 바깥면으로부터 10[m] 이상의 안전거리를 두어야 한다.

관련개념 CHAPTER 02 화학물질 안전관리 실행

086

열교환기의 열교환 능률을 향상시키기 위한 방법으로 거리가 먼 것은?

① 유체의 유속을 적절하게 조절한다.
② 유체의 흐르는 방향을 병류로 한다.
③ 열교환기 입구와 출구의 온도차를 크게 한다.
④ 열전도율이 좋은 재료를 사용한다.

해설 유체가 흐르는 방향을 병류가 아닌 향류(반대로 흐름)로 할 때 열교환기의 열교환 능률을 향상시킬 수 있다.

관련개념 CHAPTER 02 화학물질 안전관리 실행

087

다음 중 인화성 물질이 아닌 것은?

① 디에틸에테르
② 아세톤
③ 에틸알코올
④ 과염소산칼륨

해설 과염소산칼륨은 산화성 고체이다. 디에틸에테르, 아세톤, 에틸알코올은 모두 인화성 액체이다.

관련개념 CHAPTER 02 화학물질 안전관리 실행

088

「산업안전보건법령」상 위험물질의 종류에서 "폭발성 물질 및 유기과산화물"에 해당하는 것은?

① 리튬
② 아조화합물
③ 아세틸렌
④ 셀룰로이드류

해설 아조화합물은 폭발성 물질 및 유기과산화물에 해당한다.

오답해설
① 리튬, ④ 셀룰로이드류: 물반응성 물질 및 인화성 고체
③ 아세틸렌: 인화성 가스

관련개념 CHAPTER 02 화학물질 안전관리 실행

089

건축물 공사에 사용되고 있으나, 불에 타는 성질이 있어서 화재 시 유독한 시안화수소 가스가 발생되는 물질은?

① 염화비닐
② 염화에틸렌
③ 메타크릴산메틸
④ 우레탄

해설 우레탄은 우레탄 폼스펀지, 페인트 등으로 건축물 공사에 사용된다. 그러나 우레탄은 가연성 고체이기 때문에 화재에 노출될 경우 점화·분해하여 일산화탄소를 비롯한 질소 산화물, 시안화수소 등의 유독물질을 발생시키므로 주의가 필요하다.

관련개념 CHAPTER 02 화학물질 안전관리 실행

090

반응기를 설계할 때 고려하여야 할 요인으로 가장 거리가 먼 것은?

① 부식성
② 상의 형태
③ 온도 범위
④ 중간생성물의 유무

해설 반응기 안전설계 시 고려할 요소
• 상(Phase)의 형태(고체, 액체, 기체)
• 온도 범위
• 운전압력
• 부식성

관련개념 CHAPTER 02 화학물질 안전관리 실행

| 정답 | 085 ② | 086 ② | 087 ④ | 088 ② | 089 ④ | 090 ④ |

091

에틸알코올 1몰이 완전연소 시 생성되는 CO_2와 H_2O의 몰 수로 옳은 것은?

① CO_2: 1, H_2O: 4
② CO_2: 2, H_2O: 3
③ CO_2: 3, H_2O: 2
④ CO_2: 4, H_2O: 1

해설 에틸알코올의 완전연소식
$C_2H_5OH + 3O_2 \rightarrow 2CO_2 + 3H_2O$
  1 : 3   2 : 3
에틸알코올이 1몰 반응할 때 생성되는 CO_2는 2몰, H_2O는 3몰이다.

관련개념 CHAPTER 01 화재·폭발 검토

092

「산업안전보건법령」상 각 물질이 해당하는 위험물질의 종류를 옳게 연결한 것은?

① 아세트산(농도 90[%]) – 부식성 산류
② 아세톤(농도 90[%]) – 부식성 염기류
③ 이황화탄소 – 인화성 가스
④ 수산화칼륨 – 인화성 가스

해설 농도 60[%] 이상인 아세트산은 부식성 산류에 해당한다.
오답해설
② 아세톤 – 인화성 액체
③ 이황화탄소 – 인화성 액체
④ 농도 40[%] 이상인 수산화칼륨 – 부식성 염기류

관련개념 CHAPTER 02 화학물질 안전관리 실행

093

물과의 반응으로 유독한 포스핀 가스를 발생하는 것은?

① HCl
② NaCl
③ Ca_3P_2
④ $Al(OH)_3$

해설 인화칼슘(Ca_3P_2)은 금수성 물질로 수분과 반응하여 유독성 가스인 포스핀(PH_3)을 발생시킨다.
$Ca_3P_2 + 6H_2O \rightarrow 3Ca(OH)_2 + 2PH_3 \uparrow$

관련개념 CHAPTER 02 화학물질 안전관리 실행

094

분진폭발의 요인을 물리적 인자와 화학적 인자로 분류할 때 화학적 인자에 해당하는 것은?

① 연소열
② 입도분포
③ 열전도율
④ 입자의 형상

해설 연소열은 화학적 인자이고, 입도분포, 열전도율, 입자의 형상 등은 물리적 인자이다.

관련개념 CHAPTER 01 화재·폭발 검토

095

메탄올에 관한 설명으로 틀린 것은?

① 무색투명한 액체이다.
② 비중은 1보다 크고, 증기는 공기보다 가볍다.
③ 금속나트륨과 반응하여 수소를 발생한다.
④ 물에 잘 녹는다.

해설 메탄올은 비중이 1보다 작고, 증기비중이 공기보다 크다.

관련개념 CHAPTER 02 화학물질 안전관리 실행

| 정답 | 091 ② | 092 ① | 093 ③ | 094 ① | 095 ② |

096
다음 중 자연발화가 쉽게 일어나는 조건으로 틀린 것은?
① 주위 온도가 높을수록
② 열축적이 클수록
③ 적당량의 수분이 존재할 때
④ 표면적이 작을수록

해설 자연발화의 조건
- 표면적이 넓을 것
- 발열량이 클 것
- 열전도율이 작을 것
- 주위 온도가 높을 것
- 적당한 수분을 포함할 것
- 열축적이 클 것

관련개념 CHAPTER 01 화재·폭발 검토

097
다음 중 인화점이 가장 낮은 것은?
① 벤젠
② 메탄올
③ 이황화탄소
④ 경유

해설
① 벤젠의 인화점: $-11[℃]$
② 메탄올의 인화점: $11[℃]$
③ 이황화탄소의 인화점: $-30[℃]$
④ 경유의 인화점: $62[℃]$ 이상
※ 인화점은 일반적으로 분자구조가 간단하고 분자량이 작을수록 낮아진다.

관련개념 CHAPTER 01 화재·폭발 검토

098
자연발화성을 가진 물질이 자연발화를 일으키는 원인으로 거리가 먼 것은?
① 분해열
② 증발열
③ 산화열
④ 중합열

해설 증발열
- 어떤 물질이 기화할 때 외부로부터 흡수하는 열량이다.
- 증발열이 클수록 주변에서 더 많은 열을 빼앗으므로 주위의 온도를 낮추게 된다.
- 증발열은 냉각현상에 응용된다.

관련개념 CHAPTER 01 화재·폭발 검토

099
비점이 낮은 액체 저장탱크 주위에 화재가 발생했을 때 저장 탱크 내부의 비등 현상으로 인한 압력 상승으로 탱크가 파열되어 그 내용물이 증발, 팽창하면서 발생되는 폭발현상은?
① Back Draft
② BLEVE
③ Flash Over
④ UVCE

해설 비등액 팽창증기폭발(BLEVE; Boiling Liquid Expanding Vapor Explosion)
비점이 낮은 액체 저장탱크 주위에 화재가 발생하였을 때 저장탱크 내부의 비등 현상으로 인한 압력 상승으로 탱크가 파열되어 그 내용물이 증발, 팽창하면서 발생되는 폭발현상이다.

관련개념 CHAPTER 01 화재·폭발 검토

100
사업주는 「산업안전보건법령」에서 정한 설비에 대해서는 과압에 따른 폭발을 방지하기 위하여 안전밸브 등을 설치하여야 한다. 다음 중 이에 해당하는 설비가 아닌 것은?
① 원심펌프
② 정변위 압축기
③ 정변위 펌프(토출 측에 차단밸브가 설치된 것만 해당함)
④ 배관(2개 이상의 밸브에 의하여 차단되어 대기온도에서 액체의 열팽창에 의하여 파열될 우려가 있는 것으로 한정함)

해설 「산업안전보건법령」상 원심펌프는 안전밸브의 설치대상이 아니다.

관련개념 CHAPTER 04 화공 안전운전·점검

건설공사 안전관리

101
유해위험방지계획서 제출 시 첨부서류로 옳지 않은 것은?

① 공사현장의 주변 현황 및 주변과의 관계를 나타내는 도면
② 공사개요서
③ 전체 공정표
④ 작업인부의 배치를 나타내는 도면 및 서류

해설 건설공사 유해위험방지계획서 제출 시 첨부서류
- 공사개요서
- 공사현장의 주변 현황 및 주변과의 관계를 나타내는 도면(매설물 현황 포함)
- 전체 공정표
- 산업안전보건관리비 사용계획서
- 안전관리 조직표
- 재해 발생 위험 시 연락 및 대피방법

관련개념 CHAPTER 02 건설공사 위험성

102
거푸집 해체작업 시 유의사항으로 옳지 않은 것은?

① 일반적으로 수평부재의 거푸집은 연직부재의 거푸집보다 빨리 떼어낸다.
② 해체된 거푸집이나 각목 등에 박혀 있는 못 또는 날카로운 돌출물은 즉시 제거하여야 한다.
③ 상하 동시작업은 원칙적으로 금지하며 부득이한 경우에는 긴밀히 연락을 하며 작업을 하여야 한다.
④ 거푸집 해체 작업장 주위에는 관계자를 제외하고는 출입을 금지시켜야 한다.

해설 일반적으로 연직부재의 거푸집은 수평부재의 거푸집보다 빨리 떼어낼 수 있다.

관련개념 CHAPTER 05 비계·거푸집 가시설 위험방지

103
사다리식 통로 등을 설치하는 경우 통로 구조로서 옳지 않은 것은?

① 발판의 간격은 일정하게 한다.
② 발판과 벽과의 사이는 15[cm] 이상의 간격을 유지한다.
③ 사다리의 상단은 걸쳐놓은 지점으로부터 60[cm] 이상 올라가도록 한다.
④ 폭은 40[cm] 이상으로 한다.

해설 사다리식 통로의 폭은 30[cm] 이상으로 한다.

관련개념 CHAPTER 05 비계·거푸집 가시설 위험방지

104
추락재해 방지 설비 중 근로자의 추락재해를 방지할 수 있는 설비로 작업발판 설치가 곤란한 경우에 필요한 설비는?

① 경사로
② 추락방호망
③ 고정사다리
④ 달비계

해설 작업발판을 설치하기 곤란한 경우 추락방호망을 설치하여야 한다.

관련개념 CHAPTER 04 건설현장 안전시설 관리

105

콘크리트 타설작업을 하는 경우에 준수해야 할 사항으로 옳지 않은 것은?

① 당일의 작업을 시작하기 전에 해당 작업에 관한 거푸집 및 동바리의 변형·변위 및 지반의 침하 유무 등을 점검하고 이상이 있으면 보수한다.
② 작업 중에는 감시자를 배치하는 등의 방법으로 거푸집 및 동바리의 변형·변위 및 침하 유무 등을 확인하여야 하며, 이상이 있으면 작업을 빠른 시간 내 우선 완료하고 근로자를 대피시킨다.
③ 콘크리트 타설작업 시 거푸집 붕괴의 위험이 발생할 우려가 있으면 충분한 보강조치를 한다.
④ 콘크리트를 타설하는 경우에는 편심이 발생하지 않도록 골고루 분산하여 타설한다.

해설 콘크리트 타설작업 중에는 감시자를 배치하는 등의 방법으로 거푸집 및 동바리의 변형·변위 및 침하 유무 등을 확인하여야 하며, **이상이 있으면 작업을 중지하고** 근로자를 대피시켜야 한다.

관련개념 CHAPTER 06 공사 및 작업 종류별 안전

106

작업장 출입구 설치 시 준수해야 할 사항으로 옳지 않은 것은?

① 출입구의 위치·수 및 크기가 작업장의 용도와 특성에 맞도록 한다.
② 출입구에 문을 설치하는 경우에는 근로자가 쉽게 열고 닫을 수 있도록 한다.
③ 주된 목적이 하역운반기계용인 출입구에는 보행자용 출입구를 따로 설치하지 않는다.
④ 계단이 출입구와 바로 연결된 경우에는 작업자의 안전한 통행을 위하여 그 사이에 1.2[m] 이상 거리를 두거나 안내표지 또는 비상벨 등을 설치한다.

해설 주된 목적이 하역운반기계용인 출입구에는 인접하여 보행자용 출입구를 따로 설치하여야 한다.

관련개념 CHAPTER 05 비계·거푸집 가시설 위험방지

107

건설작업장에서 근로자가 상시 작업하는 장소의 작업면 조도기준으로 옳지 않은 것은?(단, 갱내 작업장과 감광재료를 취급하는 작업장의 경우는 제외한다.)

① 초정밀작업: 600[lux] 이상
② 정밀작업: 300[lux] 이상
③ 보통작업: 150[lux] 이상
④ 초정밀, 정밀, 보통작업을 제외한 기타 작업: 75[lux] 이상

해설 작업별 조도기준
· 초정밀작업: 750[lux] 이상
· 정밀작업: 300[lux] 이상
· 보통작업: 150[lux] 이상
· 그 밖의 작업: 75[lux] 이상

관련개념 SUBJECT 02 인간공학 및 위험성평가·관리
CHAPTER 06 작업환경 관리

108

건설업 산업안전보건관리비 계상 및 사용기준에 따른 안전관리비의 개인보호구 및 안전장구 구입비 항목에서 안전관리비로 사용이 가능한 경우는?

① 안전·보건관리자가 선임되지 않은 현장에서 안전·보건업무를 담당하는 현장관계자용 무전기, 카메라, 컴퓨터, 프린터 등 업무용 기기
② 혹한·혹서에 장기간 노출로 인해 건강장해를 일으킬 우려가 있는 경우 특정 근로자에게 지급되는 기능성 보호 장구
③ 근로자에게 일률적으로 지급하는 보냉·보온장구
④ 감리원이나 외부에서 방문하는 인사에게 지급하는 보호구

해설 ※ 「건설업 산업안전보건관리비 계상 및 사용기준」이 개정됨에 따라 '안전관리비의 항목별 사용 불가내역'이 삭제되었습니다.

관련개념 CHAPTER 03 건설업 산업안전보건관리비 관리

정답 105 ② 106 ③ 107 ① 108 정답없음

109

옥외에 설치되어 있는 주행크레인에 대하여 이탈방지장치를 작동시키는 등 그 이탈을 방지하기 위한 조치를 하여야 하는 순간풍속에 대한 기준으로 옳은 것은?

① 순간풍속이 초당 10[m]를 초과하는 바람이 불어올 우려가 있는 경우
② 순간풍속이 초당 20[m]를 초과하는 바람이 불어올 우려가 있는 경우
③ 순간풍속이 초당 30[m]를 초과하는 바람이 불어올 우려가 있는 경우
④ 순간풍속이 초당 40[m]를 초과하는 바람이 불어올 우려가 있는 경우

해설 폭풍에 의한 이탈방지
순간풍속이 30[m/s]를 초과하는 바람이 불어올 우려가 있는 경우 옥외에 설치되어 있는 주행크레인에 대하여 이탈방지장치를 작동시키는 등 이탈방지를 위한 조치를 하여야 한다.

관련개념 CHAPTER 06 공사 및 작업 종류별 안전

110

지반 등의 굴착작업 시 연암 및 풍화암의 굴착면 기울기로 옳은 것은?

① 1 : 0.3   ② 1 : 0.5
③ 1 : 0.8   ④ 1 : 1.0

해설 굴착면의 기울기 기준

지반의 종류	굴착면의 기울기
모래	1 : 1.8
연암 및 풍화암	1 : 1.0
경암	1 : 0.5
그 밖의 흙	1 : 1.2

※ 이 문제는 개정된 법령에 따라 수정한 문제입니다.

관련개념 CHAPTER 02 건설공사 위험성

111

철골작업 철골부재에서 근로자가 수직방향으로 이동하는 경우에 설치하여야 하는 고정된 승강로의 최소 답단 간격은 얼마 이내인가?

① 20[cm]   ② 25[cm]
③ 30[cm]   ④ 40[cm]

해설 근로자가 수직방향으로 이동하는 철골부재에는 답단 간격이 30[cm] 이내인 고정된 승강로를 설치하여야 한다.

관련개념 CHAPTER 06 공사 및 작업 종류별 안전

112

흙막이벽의 근입 깊이를 깊게 하고, 전면의 굴착부분을 남겨두어 흙의 중량으로 대항하게 하거나, 굴착예정부분의 일부를 미리 굴착하여 기초콘크리트를 타설하는 등의 대책과 가장 관계 깊은 것은?

① 파이핑현상이 있을 때
② 히빙현상이 있을 때
③ 지하수위가 높을 때
④ 굴착깊이가 깊을 때

해설 히빙의 예방대책
- 흙막이벽의 근입 깊이 증가
- 흙막이벽 배면지반의 상재하중 제거
- 저면의 굴착부분을 남겨두어 굴착예정인 부분의 일부를 미리 굴착하여 기초콘크리트 타설
- 굴착주변을 웰 포인트(Well Point) 공법과 병행
- 굴착저면에 토사 등 인공중력 증가

관련개념 CHAPTER 02 건설공사 위험성

113
재해사고를 방지하기 위하여 크레인에 설치된 방호장치로 옳지 않은 것은?

① 공기정화장치 ② 비상정지장치
③ 제동장치 ④ 권과방지장치

해설 크레인의 방호장치
- 권과방지장치
- 과부하방지장치
- 비상정지장치
- 제동장치

관련개념 CHAPTER 06 공사 및 작업 종류별 안전

114
가설구조물의 문제점으로 옳지 않은 것은?

① 도괴재해의 가능성이 크다.
② 추락재해 가능성이 크다.
③ 부재의 결합이 간단하나 연결부가 견고하다.
④ 구조물이라는 통상의 개념이 확고하지 않으며 조립의 정밀도가 낮다.

해설 가설구조물은 부재의 결합이 간단하나 불완전 결합이 많다.

관련개념 CHAPTER 05 비계·거푸집 가시설 위험방지

115
강관틀비계를 조립하여 사용하는 경우 준수해야 할 기준으로 옳지 않은 것은?

① 수직방향으로 6[m], 수평방향으로 8[m] 이내마다 벽이음을 할 것
② 높이가 20[m]를 초과하거나 중량물의 적재를 수반하는 작업을 할 경우에는 주틀 간의 간격을 2.4[m] 이하로 할 것
③ 길이가 띠장 방향으로 4[m] 이하이고 높이가 10[m]를 초과하는 경우에는 10[m] 이내마다 띠장 방향으로 버팀기둥을 설치할 것
④ 주틀 간에 교차가새를 설치하고 최상층 및 5층 이내마다 수평재를 설치할 것

해설 강관틀비계를 조립하여 사용하는 경우 높이가 20[m]를 초과하거나 중량물의 적재를 수반하는 작업을 할 경우에는 주틀 간의 간격을 1.8[m] 이하로 하여야 한다.

관련개념 CHAPTER 05 비계·거푸집 가시설 위험방지

116
비계의 높이가 2[m] 이상인 작업장소에 작업발판을 설치할 경우 준수하여야 할 기준으로 옳지 않은 것은?

① 작업발판의 폭은 30[cm] 이상으로 한다.
② 발판재료 간의 틈은 3[cm] 이하로 한다.
③ 추락의 위험성이 있는 장소에는 안전난간을 설치한다.
④ 발판재료는 뒤집히거나 떨어지지 않도록 2개 이상의 지지물에 연결하거나 고정시킨다.

해설 작업발판의 설치기준(비계 높이 2[m] 이상인 작업장소)
- 발판재료는 작업할 때의 하중을 견딜 수 있도록 견고한 것으로 할 것
- 작업발판의 폭은 40[cm] 이상으로 하고, 발판재료 간의 틈은 3[cm] 이하로 할 것. 다만, 외줄비계의 경우에는 고용노동부장관이 별도로 정하는 기준에 따른다.
- 추락의 위험이 있는 장소에는 안전난간을 설치할 것
- 작업발판의 지지물은 하중에 의하여 파괴될 우려가 없는 것을 사용할 것
- 작업발판 재료는 뒤집히거나 떨어지지 않도록 둘 이상의 지지물에 연결하거나 고정시킬 것
- 작업발판을 작업에 따라 이동시킬 경우에는 위험방지에 필요한 조치를 할 것

관련개념 CHAPTER 04 건설현장 안전시설 관리

117

사면지반 개량공법으로 옳지 않은 것은?

① 전기 화학적 공법
② 석회 안정처리 공법
③ 이온 교환 공법
④ 옹벽 공법

해설 옹벽 공법은 지반개량공법이 아닌 사면보강공법에 해당한다.

관련개념 CHAPTER 02 건설공사 위험성

118

법면 붕괴에 의한 재해 예방조치로서 옳은 것은?

① 지표수와 지하수의 침투를 방지한다.
② 법면의 경사를 증가한다.
③ 절토 및 성토높이를 증가한다.
④ 토질의 상태에 관계없이 기울기 조건을 일정하게 한다.

해설 지표수 및 지하수의 침투에 의한 토사 중량의 증가는 법면 붕괴 요인에 해당하므로 붕괴재해 예방을 위해서 지표수와 지하수의 침투를 방지하는 것이 좋다.

관련개념 CHAPTER 04 건설현장 안전시설 관리

119

취급·운반의 원칙으로 옳지 않은 것은?

① 운반작업을 집중하여 시킬 것
② 생산을 최고로 하는 운반을 생각할 것
③ 곡선운반을 할 것
④ 연속운반을 할 것

해설 취급, 운반의 5원칙
- 직선운반을 할 것
- 연속운반을 할 것
- 운반작업을 집중화시킬 것
- 생산을 최고로 하는 운반을 생각할 것
- 시간과 경비를 최대한 절약할 수 있는 운반방법을 고려할 것

관련개념 CHAPTER 06 공사 및 작업 종류별 안전

120

가설통로의 설치기준으로 옳지 않은 것은?

① 경사가 15°를 초과하는 때에는 미끄러지지 않는 구조로 한다.
② 건설공사에 사용하는 높이 8[m] 이상인 비계다리에는 7[m] 이내마다 계단참을 설치한다.
③ 수직갱에 가설된 통로의 길이가 15[m] 이상일 경우에는 15[m] 이내마다 계단참을 설치한다.
④ 추락의 위험이 있는 장소에는 안전난간을 설치한다.

해설 가설통로 설치 시 준수 사항
- 견고한 구조로 할 것
- 경사는 30° 이하로 할 것
- 경사가 15°를 초과하는 경우에는 미끄러지지 아니하는 구조로 할 것
- 추락할 위험이 있는 장소에는 안전난간을 설치할 것
- 수직갱에 가설된 통로의 길이가 15[m] 이상인 경우에는 10[m] 이내마다 계단참을 설치할 것
- 건설공사에 사용하는 높이 8[m] 이상인 비계다리에는 7[m] 이내마다 계단참을 설치할 것

관련개념 CHAPTER 05 비계·거푸집 가시설 위험방지

2022년 2회 기출문제

2022년 4월 24일 시행

산업재해 예방 및 안전보건교육

001
매슬로우(Maslow)의 인간의 욕구단계 중 5번째 단계에 속하는 것은?

① 안전 욕구
② 존경의 욕구
③ 사회적 욕구
④ 자아실현의 욕구

해설 매슬로우(Maslow)의 욕구위계이론
㉠ 제1단계: 생리적 욕구
㉡ 제2단계: 안전의 욕구
㉢ 제3단계: 사회적 욕구(친화 욕구)
㉣ 제4단계: 자기존경의 욕구(안정의 욕구 또는 자기존중의 욕구)
㉤ **제5단계: 자아실현의 욕구(성취욕구)**

관련개념 CHAPTER 04 인간의 행동과학

002
A 사업장의 현황이 다음과 같을 때 이 사업장의 강도율은?

- 근로자수: 500명
- 연근로시간수: 2,400시간
- 신체장해등급
  - 2급: 3명
  - 10급: 5명
- 의사 진단에 의한 휴업일수: 1,500일

① 0.22
② 2.22
③ 22.28
④ 222.88

해설 강도율(S.R; Severity Rate of Injury)

$$강도율 = \frac{총\ 요양근로손실일수}{연근로시간\ 수} \times 1,000$$

$$= \frac{7,500 \times 3 + 600 \times 5 + 1,500 \times \frac{300}{365}}{500 \times 2,400} \times 1,000 = 22.28$$

※ 휴업일수가 제시된 경우, 휴업일수에 $\frac{300}{365}$을 곱한 값을 근로손실일수로 계산한다.
※ 사망, 장해등급 1~3등급일 때 요양근로손실일수는 7,500일이다.

영구 일부노동 불능(장해등급 4~14등급)

등급	4	5	6	7	8	9	10	11	12	13	14
일수	5,500	4,000	3,000	2,200	1,500	1,000	600	400	200	100	50

관련개념 SUBJECT 03 기계 · 기구 및 설비 안전관리
CHAPTER 02 기계분야 산업재해 조사 및 관리

003

「보호구 자율안전확인 고시」상 자율안전확인 보호구에 표시하여야 하는 사항을 모두 고른 것은?

```
ㄱ. 모델명
ㄴ. 제조번호
ㄷ. 사용기한
ㄹ. 자율안전확인 번호
```

① ㄱ, ㄴ, ㄷ
② ㄱ, ㄴ, ㄹ
③ ㄱ, ㄷ, ㄹ
④ ㄴ, ㄷ, ㄹ

해설 자율안전확인 제품표시의 붙임
- 형식 또는 모델명
- 규격 또는 등급 등
- 제조자명
- 제조번호 및 제조연월
- 자율안전확인 번호

관련개념 CHAPTER 02 안전보호구 관리

004

학습지도의 형태 중 참가자에게 일정한 역할을 주어 실제적으로 연기를 시켜봄으로써 자기의 역할을 보다 확실히 인식시키는 방법은?

① 포럼(Forum)
② 심포지엄(Symposium)
③ 롤 플레잉(Role Playing)
④ 사례연구법(Case study method)

해설 롤 플레잉(Role Playing)
참가자에게 일정한 역할을 주어 실제적으로 연기를 시켜봄으로써 자기의 역할을 보다 확실히 인식시키는 것이다.

관련개념 CHAPTER 01 산업재해예방 계획 수립

005

「보호구 안전인증 고시」상 전로 또는 평로 등의 작업 시 사용하는 방열두건의 차광도 번호는?

① #2~#3
② #3~#5
③ #6~#8
④ #9~#11

해설 방열두건의 사용구분

차광도 번호	사용구분
#2~#3	고로강판가열로, 조괴(造塊) 등의 작업
#3~#5	전로 또는 평로 등의 작업
#6~#8	전기로의 작업

관련개념 CHAPTER 02 안전보호구 관리

006

산업재해의 분석 및 평가를 위하여 재해발생건수 등의 추이에 대해 한계선을 설정하여 목표 관리를 수행하는 재해통계 분석기법은?

① 관리도
② 안전 T점수
③ 파레토도
④ 특성요인도

해설 재해의 통계적 원인분석 방법

파레토도	분류항목을 큰 순서대로 도표화한 분석법
특성요인도	특성과 요인관계를 도표로 하여 어골상으로 세분화한 분석법
클로즈분석도	요인별 결과 내역을 교차한 클로즈 그림을 작성, 분석하는 방법
관리도	재해발생수를 그래프화하여 관리선을 설정, 관리하는 방법

관련개념 SUBJECT 03 기계·기구 및 설비 안전관리
CHAPTER 02 기계분야 산업재해 조사 및 관리

| 정답 | 003 ② 004 ③ 005 ② 006 ①

007

「산업안전보건법령」상 안전보건관리규정 작성 시 포함되어야 하는 사항을 모두 고른 것은?(단, 그 밖에 안전 및 보건에 관한 사항은 제외한다.)

> ㄱ. 안전보건교육에 관한 사항
> ㄴ. 재해사례 연구·토의결과에 관한 사항
> ㄷ. 사고 조사 및 대책 수립에 관한 사항
> ㄹ. 작업장의 안전 및 보건 관리에 관한 사항
> ㅁ. 안전 및 보건에 관한 관리조직과 그 직무에 관한 사항

① ㄱ, ㄴ, ㄷ, ㄹ
② ㄱ, ㄴ, ㄹ, ㅁ
③ ㄱ, ㄷ, ㄹ, ㅁ
④ ㄴ, ㄷ, ㄹ, ㅁ

해설 안전보건관리규정의 작성내용
- 안전 및 보건에 관한 관리조직과 그 직무에 관한 사항
- 안전보건교육에 관한 사항
- 작업장의 안전 및 보건 관리에 관한 사항
- 사고 조사 및 대책 수립에 관한 사항
- 그 밖에 안전 및 보건에 관한 사항

관련개념 CHAPTER 01 산업재해예방 계획 수립

008

억측판단이 발생하는 배경으로 볼 수 없는 것은?

① 정보가 불확실할 때
② 타인의 의견에 동조할 때
③ 희망적인 관측이 있을 때
④ 과거에 성공한 경험이 있을 때

해설 억측판단이 발생하는 배경
- 희망적 관측: '그때도 그랬으니까 괜찮겠지' 하는 관측
- 불확실한 정보나 지식: 위험에 대한 정보의 불확실 및 지식의 부족
- 과거의 성공한 경험: 과거에 그 행위로 성공한 경험의 선입관
- 초조한 심정: 일을 빨리 끝내고 싶은 초조한 심정

관련개념 CHAPTER 03 산업안전심리

009

하인리히의 사고예방원리 5단계 중 교육 및 훈련의 개선, 인사조정, 안전관리규정 및 수칙의 개선 등을 행하는 단계는?

① 사실의 발견
② 분석 평가
③ 시정방법의 선정
④ 시정책의 적용

해설 하인리히의 사고예방원리 중 4단계 시정책의 선정에서 기술의 개선, 인사조정, 교육 및 훈련 개선, 안전규정 및 수칙의 개선, 이행의 감독과 제재 강화를 행한다.

하인리히의 사고예방대책의 기본원리 5단계
㉠ 1단계: 조직(안전관리조직)
㉡ 2단계: 사실의 발견(현상파악)
㉢ 3단계: 분석·평가(원인규명)
㉣ 4단계: 시정책의 선정
㉤ 5단계: 시정책의 적용

관련개념 CHAPTER 01 산업재해예방 계획 수립

010

재해예방의 4원칙에 대한 설명으로 틀린 것은?

① 재해발생은 반드시 원인이 있다.
② 손실과 사고와의 관계는 필연적이다.
③ 재해는 원인을 제거하면 예방이 가능하다.
④ 재해를 예방하기 위한 대책은 반드시 존재한다.

해설 재해예방의 4원칙
- 손실우연의 원칙: 재해손실은 사고발생 시 사고대상의 조건에 따라 달라지므로 한 사고의 결과로서 생긴 재해손실은 우연성에 의해 결정된다.
- 원인계기(원인연계)의 원칙: 재해발생은 반드시 원인이 있다.
- 예방가능의 원칙: 재해는 원칙적으로 원인만 제거하면 예방이 가능하다.
- 대책선정의 원칙: 재해예방을 위한 가능한 안전대책은 반드시 존재한다.

관련개념 CHAPTER 01 산업재해예방 계획 수립

| 정답 | 007 ③ | 008 ② | 009 ③ | 010 ② |

011

「산업안전보건법령」상 안전보건진단을 받아 안전보건개선계획의 수립 및 명령을 할 수 있는 대상이 아닌 것은?

① 유해인자의 노출기준을 초과한 사업장
② 산업재해율이 같은 업종 평균 산업재해율의 2배 이상인 사업장
③ 사업주가 필요한 안전조치 또는 보건조치를 이행하지 아니하여 중대재해가 발생한 사업장
④ 상시근로자 1천명 이상인 사업장에서 직업성 질병자가 연간 2명 이상 발생한 사업장

해설 안전보건진단을 받아 안전보건개선계획을 수립할 대상 사업장
- 산업재해율이 같은 업종 평균 산업재해율의 2배 이상인 사업장
- 사업주가 필요한 안전조치 또는 보건조치를 이행하지 아니하여 중대재해가 발생한 사업장
- 직업성 질병자가 연간 2명 이상(**상시근로자 1천명 이상 사업장의 경우 3명 이상**) 발생한 사업장
- 그 밖에 작업환경 불량, 화재·폭발 또는 누출 사고 등으로 사업장 주변까지 피해가 확산된 사업장으로서 고용노동부령으로 정하는 사업장

관련개념 CHAPTER 01 산업재해예방 계획 수립

012

버드(Bird)의 재해분포에 따르면 20건의 경상(물적, 인적상해)사고가 발생했을 때 무상해·무사고(위험순간) 고장 발생 건수는?

① 200 ② 600
③ 1,200 ④ 12,000

해설 버드(Bird)의 재해구성비율
- 중상(중증요양상태) 또는 사망 : 경상(물적, 인적 상해) : 무상해사고(물적 손실 발생) : 무상해, 무사고 고장(위험 순간)=1 : 10 : 30 : 600
- 경상(물적, 인적 상해) : 무상해, 무사고 고장(위험 순간)=10 : 600
- 무상해, 무사고 고장(위험 순간)=$20 \times \frac{600}{10} = 1{,}200$건

관련개념 CHAPTER 01 산업재해예방 계획 수립

013

「산업안전보건법령」상 거푸집 및 동바리의 조립 또는 해체작업 시 특별교육 내용이 아닌 것은?(단, 그 밖에 안전·보건관리에 필요한 사항은 제외한다.)

① 비계의 조립순서 및 방법에 관한 사항
② 조립·해체 시의 사고 예방에 관한 사항
③ 동바리의 조립방법 및 작업 절차에 관한 사항
④ 조립재료의 취급방법 및 설치기준에 관한 사항

해설 비계의 조립순서 및 방법에 관한 사항은 비계의 조립·해체 또는 변경작업 시 특별교육 내용이다.
거푸집 및 동바리의 조립 또는 해체작업 시 특별교육 내용
- 동바리의 조립방법 및 작업 절차에 관한 사항
- 조립재료의 취급방법 및 설치기준에 관한 사항
- 조립·해체 시의 사고 예방에 관한 사항
- 보호구 착용 및 점검에 관한 사항
- 그 밖에 안전·보건관리에 필요한 사항

관련개념 CHAPTER 05 안전보건교육의 내용 및 방법

014

「산업안전보건법령」상 다음의 안전보건표지 중 기본모형이 다른 것은?

① 위험장소경고 ② 레이저광선경고
③ 방사성물질경고 ④ 부식성물질경고

해설

위험장소경고	레이저광선경고	방사성물질경고	부식성물질경고

관련개념 CHAPTER 02 안전보호구 관리

015

다음 중 학습정도(Level of Learning)의 4단계를 순서대로 옳게 나열한 것은?

① 이해 – 적용 – 인지 – 지각
② 인지 – 지각 – 이해 – 적용
③ 지각 – 인지 – 적용 – 이해
④ 적용 – 인지 – 지각 – 이해

해설 학습정도(Level of Learning)
- 인지(Recognition)
- 지각(Knowledge)
- 이해(Understanding)
- 적용(Application)

관련개념 CHAPTER 05 안전보건교육의 내용 및 방법

016

기업 내 정형교육 중 TWI(Training Within Industry)의 교육내용이 아닌 것은?

① Job Method Training
② Job Relation Training
③ Job Instruction Training
④ Job Standardization Training

해설 TWI(Training Within Industry)
- 작업지도훈련(JIT; Job Instruction Training)
- 작업방법훈련(JMT; Job Method Training)
- 인간관계훈련(JRT; Job Relation Training)
- 작업안전훈련(JST; Job Safety Training)

관련개념 CHAPTER 05 안전보건교육의 내용 및 방법

017

레윈(Lewin)의 법칙 $B=f(P \cdot E)$ 중 B가 의미하는 것은?

① 행동   ② 경험
③ 환경   ④ 인간관계

해설 레윈(Lewin.K)의 법칙
$B=f(P \cdot E)$
여기서, B: Behavior(인간의 행동)
f: function(함수관계)
P: Person(개체: 연령, 경험, 심신상태, 성격, 지능 등)
E: Environment(환경: 인간관계, 작업조건 등)

관련개념 CHAPTER 04 인간의 행동과학

018

재해원인을 직접 원인과 간접 원인으로 분류할 때 직접원인에 해당하는 것은?

① 물적 원인   ② 교육적 원인
③ 정신적 원인   ④ 관리적 원인

해설 물적 원인은 직접 원인에 해당한다.
산업재해의 간접 원인
- 기술적 원인
- 교육적 원인
- 신체적 원인
- 정신적 원인
- 관리적 원인

관련개념 SUBJECT 03 기계·기구 및 설비 안전관리
CHAPTER 02 기계분야 산업재해 조사 및 관리

019

「산업안전보건법령」상 안전관리자의 업무가 아닌 것은?(단, 그 밖에 고용노동부장관이 정하는 사항은 제외한다.)

① 업무 수행 내용의 기록
② 산업재해에 관한 통계의 유지·관리·분석을 위한 보좌 및 지도·조언
③ 안전교육계획의 수립 및 안전교육 실시에 관한 보좌 및 지도·조언
④ 작업장 내에서 사용되는 전체 환기장치 및 국소 배기장치 등에 관한 설비의 점검

해설 '작업장 내에서 사용되는 전체 환기장치 및 국소배기장치 등에 관한 설비의 점검'은 보건관리자의 업무이다.

관련개념 CHAPTER 01 산업재해예방 계획 수립

020

헤드십(Headship)의 특성에 관한 설명으로 틀린 것은?

① 지휘형태는 권위주의적이다.
② 상사의 권한 근거는 비공식적이다.
③ 상사와 부하의 관계는 지배적이다.
④ 상사와 부하의 사회적 간격은 넓다.

해설 헤드(Head)는 법적 또는 규정에 의한 권한을 가지며 조직으로부터 위임받는다.

관련개념 CHAPTER 04 인간의 행동과학

인간공학 및 위험성평가·관리

021

위험분석 기법 중 시스템 수명주기 관점에서 적용 시점이 가장 빠른 것은?

① PHA   ② FHA
③ OHA   ④ SHA

해설 예비위험분석(PHA; Preliminary Hazards Analysis)
시스템 내의 위험요소가 얼마나 위험상태에 있는가를 평가하는 시스템안전 프로그램의 **최초단계**(시스템 구상단계)의 정성적인 분석 방식이다.

관련개념 CHAPTER 02 위험성 파악·결정

022

상황해석을 잘못하거나 목표를 잘못 설정하여 발생하는 인간의 오류 유형은?

① 실수(Slip)   ② 착오(Mistake)
③ 위반(Violation)   ④ 건망증(Lapse)

해설 인간의 오류모형
- 착오(Mistake): 상황해석을 잘못하거나 목표를 잘못 이해하고 착각하여 행하는 경우
- 실수(Slip): 상황이나 목표의 해석을 제대로 했으나 의도와는 다른 행동을 하는 경우
- 건망증(Lapse): 여러 과정이 연계적으로 일어나는 행동 중에서 일부를 잊어버리고 하지 않거나 또는 기억의 실패에 의하여 발생하는 오류
- 위반(Violation): 정해진 규칙을 알고 있음에도 고의로 따르지 않거나 무시하는 행위

관련개념 CHAPTER 01 안전과 인간공학

023

A작업의 평균 에너지소비량이 다음과 같을 때, 60분간의 총 작업시간 내에 포함되어야 하는 휴식시간(분)은?

- 휴식 중 에너지소비량: 1.5[kcal/min]
- A작업 시 평균 에너지소비량: 6[kcal/min]
- 기초대사를 포함한 작업에 대한 평균 에너지소비량 상한: 5[kcal/min]

① 10.3 ② 11.3
③ 12.3 ④ 13.3

해설 휴식시간

$$R = \frac{60(E-5)}{E-1.5} = \frac{60 \times (6-5)}{6-1.5} = 13.3분$$

여기서, E: 작업의 평균 에너지소비량[kcal/min]

관련개념 CHAPTER 06 작업환경 관리

024

시스템의 수명곡선(욕조곡선)에 있어서 디버깅(Debugging)에 관한 설명으로 옳은 것은?

① 초기고장의 결함을 찾아 고장률을 안정시키는 과정이다.
② 우발고장의 결함을 찾아 고장률을 안정시키는 과정이다.
③ 마모고장의 결함을 찾아 고장률을 안정시키는 과정이다.
④ 기계 결함을 발견하기 위해 동작시험을 하는 기간이다.

해설 디버깅(Debugging) 기간

기계의 초기결함을 찾아 내어 고장률을 안정시키는 기간이다.

관련개념 CHAPTER 02 위험성 파악·결정

025

밝은 곳에서 어두운 곳으로 갈 때 망막에 시홍이 형성되는 생리적 과정인 암조응이 발생하는데, 완전 암조응(Dark adaptation)이 발생하는 데 소요되는 시간은?

① 약 3~5분 ② 약 10~15분
③ 약 30~40분 ④ 약 60~90분

해설 순응(조응)

- 암순응(암조응): 우리 눈이 어둠에 적응하는 과정으로 로돕신이 증가하여 간상세포의 감도가 높아진다.(약 30~40분 정도 소요)
- 명순응(명조응): 우리 눈이 밝음에 적응하는 과정으로 로돕신이 감소하여 원추세포가 기능하게 된다.(약 수초 내지 1~2분 소요)

관련개념 CHAPTER 06 작업환경 관리

026

인간공학에 대한 설명으로 틀린 것은?

① 인간 - 기계 시스템의 안전성, 편리성, 효율성을 높인다.
② 인간을 작업과 기계에 맞추는 설계 철학이 바탕이 된다.
③ 인간이 사용하는 물건, 설비, 환경의 설계에 적용된다.
④ 인간의 생리적, 심리적인 면에서의 특성이나 한계점을 고려한다.

해설 인간공학의 정의

- 인간의 신체적, 정신적 능력 한계를 고려하여 작업환경 또는 기계를 인간에게 적절한 형태로 맞추는 것이다.
- 인간의 특성과 능력을 공학적으로 분석, 평가하여 이를 복잡한 체계의 설계에 응용함으로써 효율을 최대로 활용할 수 있도록 하는 학문분야이다.

관련개념 CHAPTER 01 안전과 인간공학

027

HAZOP 기법에서 사용하는 가이드 워드와 그 의미가 잘못 연결된 것은?

① Part of: 성질상의 감소
② As well as: 성질상의 증가
③ Other than: 기타 환경적인 요인
④ More/Less: 정량적인 증가 또는 감소

해설 유인어(Guide Words)
- NO 또는 NOT: 설계의도에 완전히 반하여 변수의 양이 없는 상태
- MORE 또는 LESS: 변수가 양적으로 증가 또는 감소되는 상태
- AS WELL AS: 설계의도 외의 다른 변수가 부가되는 상태(성질상의 증가)
- PART OF: 설계의도대로 완전히 이루어지지 않는 상태(성질상의 감소)
- REVERSE: 설계의도와 정반대로 나타나는 상태
- OTHER THAN: 설계의도대로 설치되지 않거나 운전 유지되지 않는 상태(완전한 대체)

관련개념 CHAPTER 02 위험성 파악·결정

029

경계 및 경보신호의 설계지침으로 틀린 것은?

① 주의를 환기시키기 위하여 변조된 신호를 사용한다.
② 배경소음의 진동수와 다른 진동수의 신호를 사용한다.
③ 귀는 중음역에 민감하므로 500~3,000[Hz]의 진동수를 사용한다.
④ 300[m] 이상의 장거리용으로는 1,000[Hz]를 초과하는 진동수를 사용한다.

해설 경계 및 경보신호 선택 시 300[m] 이상 장거리용 신호에는 1,000[Hz] 이하의 진동수를 사용한다.

관련개념 CHAPTER 06 작업환경 관리

028

그림과 같은 FT도에 대한 최소 컷셋(Minimal Cut Sets)으로 옳은 것은?(단, Fussell의 알고리즘을 따른다.)

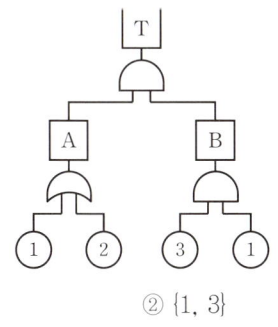

① {1, 2}
② {1, 3}
③ {2, 3}
④ {1, 2, 3}

해설 정상사상에서 차례로 하단의 사상으로 치환하면서 AND게이트는 가로로, OR 게이트는 세로로 나열한 후 중복사상을 제거한다.

$T = A \cdot B = \binom{1}{2} \cdot (3\ 1) = \begin{pmatrix} (1\ 3) \\ (1\ 2\ 3) \end{pmatrix}$

따라서 미니멀 컷셋은 (1 3)이다.

관련개념 CHAPTER 02 위험성 파악·결정

030

FTA(Fault Tree Analysis)에서 사용되는 사상기호 중 통상의 작업이나 기계의 상태에서 재해의 발생 원인이 되는 요소가 있는 것을 나타내는 것은?

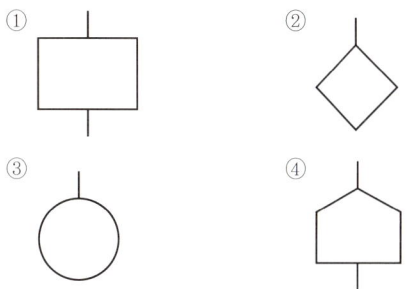

해설

기호	명칭	설명
⌂	통상사상	통상발생이 예상되는 사상

오답해설 ①은 결함사상, ②는 생략사상, ③은 기본사상이다.

관련개념 CHAPTER 02 위험성 파악·결정

031

불(Boole) 대수의 정리를 나타낸 관계식 중 틀린 것은?

① $A \cdot 0 = 0$
② $A + 1 = 1$
③ $A \cdot \overline{A} = 1$
④ $A(A+B) = A$

해설 불 대수의 법칙에 따라 $A \cdot \overline{A} = 0$이다.

관련개념 CHAPTER 02 위험성 파악 · 결정

032

근골격계질환 작업분석 및 평가 방법인 OWAS의 평가요소를 모두 고른 것은?

| ㄱ. 상지 | ㄴ. 무게(하중) |
| ㄷ. 하지 | ㄹ. 허리 |

① ㄱ, ㄴ
② ㄱ, ㄷ, ㄹ
③ ㄴ, ㄷ, ㄹ
④ ㄱ, ㄴ, ㄷ, ㄹ

해설 OWAS의 평가방법
작업자의 자세를 관찰하여 **허리, 팔, 다리, 하중/힘**에 해당하는 OWAS 코드를 찾아 AC(Action Level) 판정표에서 점수를 확인한다.

관련개념 CHAPTER 04 근골격계질환 예방관리

033

다음 중 좌식작업이 가장 적합한 작업은?

① 정밀 조립 작업
② 4.5[kg] 이상의 중량물을 다루는 작업
③ 작업장이 서로 떨어져 있으며 작업장 간 이동이 잦은 작업
④ 작업자의 정면에서 매우 높거나 낮은 곳으로 손을 자주 뻗어야 하는 작업

해설 ②, ③, ④는 입식작업이 적합하다.

관련개념 CHAPTER 06 작업환경 관리

034

n개의 요소를 가진 병렬시스템에 있어 요소의 수명(MTTF)이 지수분포를 따를 경우, 이 시스템의 수명으로 옳은 것은?

① $MTTF \times n$
② $MTTF \times \dfrac{1}{n}$
③ $MTTF \left(1 + \dfrac{1}{2} + \cdots + \dfrac{1}{n}\right)$
④ $MTTF \left(1 \times \dfrac{1}{2} \times \cdots \times \dfrac{1}{n}\right)$

해설 평균동작시간(MTTF)이 지수분포를 따를 경우(병렬계)

$$\text{System의 수명} = MTTF\left(1 + \dfrac{1}{2} + \cdots + \dfrac{1}{n}\right)$$

여기서, n: 요소 수

관련개념 CHAPTER 03 위험성 감소대책 수립 · 실행

035

인간 – 기계 시스템에 관한 설명으로 틀린 것은?

① 자동 시스템에서는 인간요소를 고려하여야 한다.
② 자동차 운전이나 전기 드릴 작업은 반자동 시스템의 예시이다.
③ 자동 시스템에서 인간은 감시, 정비유지, 프로그램 등의 작업을 담당한다.
④ 수동 시스템에서 기계는 동력원을 제공하고 인간의 통제 하에서 제품을 생산한다.

해설 인간 – 기계 통합체계의 특성

수동체계	자신의 신체적인 힘을 동력원으로 사용하여 작업을 통제하는 인간 사용자와 결합(수공구 또는 그 밖의 보조물 사용)
기계화 또는 반자동체계	운전자가 조종장치를 사용하여 통제하며, 동력은 전형적으로 기계가 제공
자동체계	기계가 감지, 정보처리, 의사결정 등 행동을 포함한 모든 임무를 수행하고, 인간은 감시, 프로그래밍, 정비유지 등의 기능을 수행하는 체계

관련개념 CHAPTER 01 안전과 인간공학

036

양식 양립성의 예시로 가장 적절한 것은?

① 자동차 설계 시 고도계 높낮이 표시
② 방사능 사업장에 방사능 폐기물 표시
③ 청각적 자극 제시와 이에 대한 음성 응답
④ 자동차 설계 시 제어장치와 표시장치의 배열

해설 ①은 운동적 양립성, ②는 개념적 양립성, ④는 공간적 양립성에 해당한다.

양식 양립성
언어 또는 문화적 관습이나 특정 신호에 따라 적합하게 반응하는 것을 말하는데, 예를 들어 한국어로 질문하면 한국어로 대답하거나, 기계가 특정 음성에 대해 정해진 반응을 하는 것을 말한다.

관련개념 CHAPTER 06 작업환경 관리

037

다음에서 설명하는 용어는?

> 유해·위험요인을 파악하고 해당 유해·위험요인에 의한 부상 또는 질병의 발생 가능성(빈도)과 중대성(강도)을 추정·결정하고 감소대책을 수립하여 실행하는 일련의 과정을 말한다.

① 위험성 결정
② 위험성평가
③ 위험빈도 추정
④ 유해·위험요인 파악

해설 위험성평가
사업주가 스스로 사업장의 유해·위험요인을 파악하고 해당 유해·위험요인의 위험성 수준을 결정하여, 위험성을 낮추기 위한 적절한 조치를 마련하고 실행하는 과정을 말한다.

관련개념 CHAPTER 02 위험성 파악·결정

038

태양광선이 내리쬐는 옥외 장소의 자연습구온도 20[℃], 흑구온도 18[℃], 건구온도 30[℃]일 때, 습구흑구온도지수(WBGT)는?

① 20.6[℃]
② 22.5[℃]
③ 25.0[℃]
④ 28.5[℃]

해설 습구흑구온도지수(WBGT)[태양광선이 내리쬐는 옥외 장소]
$$WBGT[℃] = 0.7 \times 자연습구온도(NWB) + 0.2 \times 흑구온도(GT) + 0.1 \times 건구온도(DT)$$
$$= 0.7 \times 20 + 0.2 \times 18 + 0.1 \times 30 = 20.6[℃]$$

관련개념 CHAPTER 06 작업환경 관리

039

FTA(Fault Tree Analysis)에 관한 설명으로 옳은 것은?

① 정성적 분석만 가능하다.
② 복잡하고 대형화된 시스템의 신뢰성 분석 및 안정성 분석에 이용되는 기법이다.
③ FT에 동일한 사건이 중복되어 나타나는 경우 상향식(Bottom-up)으로 정상사건 T의 발생확률을 계산할 수 있다.
④ 기초사건과 생략사건의 확률 값이 주어지게 되더라도 정상사건의 최종적인 발생확률을 계산할 수 없다.

해설 결함수분석법(FTA; Fault Tree Analysis)의 특징
- Top down(하향식) 방법이다.
- 정성적, 정량적(컴퓨터 처리 가능) 분석기법이다.
- 논리기호를 사용한 특정사상에 대한 해석이다.
- 서식이 간단해서 비전문가도 짧은 훈련으로 사용할 수 있다.
- **복잡하고 대형화된 시스템에 사용할 수 있다.**
- 기능적 결함의 원인을 분석하는 데 용이하다.
- Human Error의 검출이 어렵다.

관련개념 **CHAPTER 02** 위험성 파악·결정

040

1[sone]에 관한 설명으로 ( ) 안에 알맞은 수치는?

> 1[sone]: (㉠)[Hz], (㉡)[dB]의 음압수준을 가진 순음의 크기

① ㉠ 1,000 ㉡ 1
② ㉠ 4,000 ㉡ 1
③ ㉠ 1,000 ㉡ 40
④ ㉠ 4,000 ㉡ 40

해설 Sone 음량수준
다른 음의 상대적인 주관적 크기 비교이다. **40[dB]의 1,000[Hz] 순음 크기**(=40[phon])를 1[sone]으로 정의하고, 기준음보다 10배 크게 들리는 음이 있다면 이 음의 음량은 10[sone]이다.

관련개념 **CHAPTER 06** 작업환경 관리

기계·기구 및 설비 안전관리

041

다음 중 와이어로프의 구성요소가 아닌 것은?

① 클립
② 소선
③ 스트랜드
④ 심강

해설 클립은 와이어로프를 고정하는 기구이다.
와이어로프 구성요소
소선, 스트랜드(Strand), 심강(Core), 심선

관련개념 **CHAPTER 06** 운반기계 및 양중기

042

「산업안전보건법령」상 산업용 로봇에 의한 작업 시 안전조치 사항으로 적절하지 않은 것은?

① 로봇의 운전으로 인해 근로자가 로봇에 부딪칠 위험이 있을 때에는 높이 1.8[m] 이상의 울타리를 설치하여야 한다.
② 작업을 하고 있는 동안 로봇의 기동스위치 등은 작업에 종사하고 있는 근로자가 아닌 사람이 그 스위치 등을 조작할 수 없도록 필요한 조치를 한다.
③ 로봇의 조작방법 및 순서, 작업 중의 매니퓰레이터의 속도 등에 관한 지침에 따라 작업을 하여야 한다.
④ 작업에 종사하는 근로자가 이상을 발견하면 관리감독자에게 우선 보고하고, 지시가 나올 때까지 작업을 진행한다.

해설 산업용 로봇의 작업 시 작업에 종사하고 있는 근로자 또는 그 근로자를 감시하는 사람은 이상을 발견하면 즉시 로봇의 운전을 정지시키기 위한 조치를 하여야 한다.

관련개념 **CHAPTER 05** 기타 산업용 기계·기구

043

밀링작업 시 안전수칙으로 옳지 않은 것은?

① 테이블 위에 공구나 기타 물건 등을 올려놓지 않는다.
② 제품 치수를 측정할 때는 절삭 공구의 회전을 정지한다.
③ 강력 절삭을 할 때는 일감을 바이스에 짧게 물린다.
④ 상·하, 좌·우 이송장치의 핸들은 사용 후 풀어 둔다.

해설 밀링작업 시 강력절삭을 할 때는 일감을 바이스에 깊게 물린다.

관련개념 CHAPTER 03 공작기계의 안전

044

다음 중 지게차의 작업 상태별 안정도에 관한 설명으로 틀린 것은?(단, V는 최고속도[km/h]이다.)

① 기준 부하상태에서 하역작업 시의 전후 안정도는 20[%] 이내이다.
② 기준 부하상태에서 하역작업 시의 좌우 안정도는 6[%] 이내이다.
③ 기준 부하상태에서 주행 시의 전후 안정도는 18[%] 이내이다.
④ 기준 무부하상태에서 주행 시의 좌우 안정도는 (15+1.1V)[%] 이내이다.

해설 지게차 기준 부하상태에서 하역작업 시의 전후 안정도는 4[%] 이내이다.(5톤 이상은 3.5[%] 이내)

관련개념 CHAPTER 06 운반기계 및 양중기

045

「산업안전보건법령」상 보일러의 안전한 가동을 위하여 보일러 규격에 맞는 압력방출장치가 2개 이상 설치된 경우에 최고사용압력 이하에서 1개가 작동되고, 다른 압력방출장치는 최고 사용압력의 몇 배 이하에서 작동되도록 부착하여야 하는가?

① 1.03배
② 1.05배
③ 1.2배
④ 1.5배

해설 보일러의 안전한 가동을 위하여 보일러 규격에 맞는 압력방출장치를 1개 또는 2개 이상 설치하고 최고사용압력 이하에서 작동되도록 하여야 한다. 다만, 압력방출장치가 2개 이상 설치된 경우에는 최고사용압력 이하에서 1개가 작동되고, 다른 압력방출장치는 최고사용압력 1.05배 이하에서 작동되도록 부착하여야 한다.

관련개념 CHAPTER 05 기타 산업용 기계·기구

046

금형의 설치, 해체, 운반 시 안전사항에 관한 설명으로 틀린 것은?

① 운반을 위하여 관통 아이볼트가 사용될 때는 구멍 틈새가 최소화되도록 한다.
② 금형을 설치하는 프레스의 T홈 안길이는 설치볼트 지름의 1/2배 이하로 한다.
③ 고정볼트는 고정 후 가능하면 나사산을 3~4개 정도 짧게 남겨 설치 또는 해체 시 슬라이드 면과의 사이에 협착이 발생하지 않도록 해야 한다.
④ 운반 시 상부금형과 하부금형이 닿을 위험이 있을 때는 고정 패드를 이용한 스트랩, 금속재질이나 우레탄 고무의 블록 등을 사용한다.

해설 금형의 탈착 시 금형을 설치하는 프레스의 T홈 안길이는 설치볼트 직경의 2배 이상으로 한다.

관련개념 CHAPTER 04 프레스 및 전단기의 안전

047

선반에서 절삭 가공 시 발생하는 칩을 짧게 끊어지도록 공구에 설치되어 있는 방호장치의 일종인 칩 제거 기구를 무엇이라 하는가?

① 칩 브레이커
② 칩 받침
③ 칩 쉴드
④ 칩 커터

해설 선반의 안전장치
- **칩 브레이커**(Chip Breaker): **칩이 짧게 끊어지도록 하는 장치**
- 덮개(Shield): 가공재료의 칩이나 절삭유 등이 비산되어 나오는 위험으로부터 작업자의 보호를 위해 이동이 가능한 장치
- 브레이크(Brake): 가공 작업 중 선반을 급정지시킬 수 있는 장치
- 척 커버(Chuck Cover): 척에 고정한 가공물의 돌출부에 작업자가 접촉하여 발생하는 위험을 방지하는 장치

관련개념 CHAPTER 03 공작기계의 안전

048

다음 중 「산업안전보건법령」상 안전인증대상 방호장치에 해당하지 않는 것은?

① 연삭기 덮개
② 압력용기 압력방출용 파열판
③ 압력용기 압력방출용 안전밸브
④ 방폭구조(防爆構造) 전기기계·기구 및 부품

해설 연삭기 덮개는 안전인증대상이 아닌 자율안전확인대상 방호장치이다.

관련개념 CHAPTER 02 기계분야 산업재해 조사 및 관리

049

인장강도가 250[N/mm²]인 강판에서 안전율이 4라면 이 강판의 허용응력[N/mm²]은 얼마인가?

① 42.5
② 62.5
③ 82.5
④ 102.5

해설 허용응력 $= \dfrac{극한(인장)강도}{안전계수(안전율)} = \dfrac{250}{4} = 62.5[N/mm^2]$

관련개념 CHAPTER 01 기계공정의 안전, 기계안전시설 관리

050

「산업안전보건법령」상 강렬한 소음작업에서 데시벨에 따른 노출시간으로 적합하지 않은 것은?

① 100[dB] 이상의 소음이 1일 2시간 이상 발생하는 작업
② 110[dB] 이상의 소음이 1일 30분 이상 발생하는 작업
③ 115[dB] 이상의 소음이 1일 15분 이상 발생하는 작업
④ 120[dB] 이상의 소음이 1일 7분 이상 발생하는 작업

해설 강렬한 소음작업
- 90[dB] 이상의 소음이 1일 8시간 이상 발생하는 작업
- 95[dB] 이상의 소음이 1일 4시간 이상 발생하는 작업
- 100[dB] 이상의 소음이 1일 2시간 이상 발생하는 작업
- 105[dB] 이상의 소음이 1일 1시간 이상 발생하는 작업
- 110[dB] 이상의 소음이 1일 30분 이상 발생하는 작업
- 115[dB] 이상의 소음이 1일 15분 이상 발생하는 작업

관련개념 CHAPTER 07 설비진단 및 검사

| 정답 | 047 ① | 048 ① | 049 ② | 050 ④ |

051

「방호장치 안전인증 고시」에 따라 프레스 및 전단기에 사용되는 광전자식 방호장치의 일반구조에 대한 설명으로 가장 적절하지 않은 것은?

① 정상동작표시램프는 녹색, 위험표시램프는 붉은색으로 하며, 근로자가 쉽게 볼 수 있는 곳에 설치해야 한다.
② 슬라이드 하강 중 정전 또는 방호장치의 이상 시에 정지할 수 있는 구조이어야 한다.
③ 방호장치는 릴레이, 리미트 스위치 등의 전기부품의 고장, 전원전압의 변동 및 정전에 의해 슬라이드가 불시에 동작하지 않아야 하며, 사용전원전압의 ±(100분의 10)의 변동에 대하여 정상으로 작동되어야 한다.
④ 방호장치의 감지기능은 규정한 검출영역 전체에 걸쳐 유효하여야 한다.(다만, 블랭킹 기능이 있는 경우 그렇지 않다.)

해설 방호장치는 릴레이, 리미트스위치 등의 전기부품의 고장, 전원전압의 변동 및 정전에 의해 슬라이드가 불시에 동작하지 않아야 하며, 사용전원전압의 ±20[%]의 변동에 대하여 정상으로 작동되어야 한다.

관련개념 CHAPTER 04 프레스 및 전단기의 안전

052

「산업안전보건법령」상 연삭기 작업 시 작업자가 안심하고 작업을 할 수 있는 상태는?

① 탁상용 연삭기에서 숫돌과 작업 받침대의 간격이 5[mm]이다.
② 덮개 재료의 인장강도는 224[MPa]이다.
③ 숫돌 교체 후 2분 정도 시험운전을 실시하여 해당 기계의 이상 여부를 확인하였다.
④ 작업 시작 전 1분 정도 시험운전을 실시하여 해당 기계의 이상 여부를 확인하였다.

해설 연삭숫돌을 사용하는 작업의 경우 **작업을 시작하기 전에는 1분 이상**, 연삭숫돌을 교체한 후에는 3분 이상 시험운전을 하고 해당 기계에 이상이 있는지를 확인하여야 한다.

관련개념 CHAPTER 03 공작기계의 안전

053

보기와 같은 기계요소가 단독으로 발생시키는 위험점은?

보기
밀링커터   둥근톱날

① 협착점
② 끼임점
③ 절단점
④ 물림점

해설 **절단점**(Cutting Point)
회전하는 운동부분 자체의 위험이나 운동하는 기계부분 자체의 위험에서 초래되는 위험점이다.
예 목공용 띠톱 부분, 밀링커터, 둥근톱날

관련개념 CHAPTER 01 기계공정의 안전, 기계안전시설 관리

054

다음 중 크레인의 방호장치로 가장 거리가 먼 것은?

① 권과방지장치
② 과부하방지장치
③ 비상정지장치
④ 자동보수장치

해설 **크레인의 방호장치**
- 권과방지장치
- 과부하방지장치
- 비상정지장치
- 제동장치

관련개념 CHAPTER 06 운반기계 및 양중기

| 정답 | 051 ③ 052 ④ 053 ③ 054 ④

055

「산업안전보건법령」상 프레스기를 사용하여 작업을 할 때 작업시작 전 점검사항으로 틀린 것은?

① 클러치 및 브레이크의 기능
② 압력방출장치의 기능
③ 크랭크축·플라이휠·슬라이드·연결봉 및 연결나사의 풀림 유무
④ 프레스의 금형 및 고정볼트의 상태

해설 압력방출장치의 기능은 공기압축기를 가동할 때 작업시작 전 점검사항이다.

프레스 등의 작업시작 전 점검사항
- 클러치 및 브레이크의 기능
- 크랭크축·플라이휠·슬라이드·연결봉 및 연결 나사의 풀림 여부
- 1행정 1정지기구·급정지장치 및 비상정지장치의 기능
- 슬라이드 또는 칼날에 의한 위험방지 기구의 기능
- 프레스의 금형 및 고정 볼트 상태
- 방호장치의 기능
- 전단기의 칼날 및 테이블의 상태

관련개념 CHAPTER 02 기계분야 산업재해 조사 및 관리

056

설비보전은 예방보전과 사후보전으로 대별된다. 다음 중 예방보전의 종류가 아닌 것은?

① 시간계획보전
② 개량보전
③ 상태기준보전
④ 적응보전

해설 **예방보전의 종류**
시간계획보전, 상태감시보전(상태기준보전), 수명보전(적응보전)
개량보전
설비가 두 번 다시 동일한 원인에 의한 고장이 일어나지 않도록 연구를 거듭하는 것으로, 사후보전에 해당한다.

관련개념 SUBJECT 02 인간공학 및 위험성평가·관리
CHAPTER 03 위험성 감소대책 수립·실행

057

천장크레인에 중량 3[kN]의 화물을 2줄로 매달았을 때 매달기용 와이어(sling wire)에 걸리는 장력은 약 몇 [kN]인가?(단, 매달기용 와이어(sling wire) 2줄 사이의 각도는 55°이다.)

① 1.3
② 1.7
③ 2.0
④ 2.3

해설 와이어로프 하나에 걸리는 하중
$$T = \frac{\frac{w}{2}}{\cos\frac{\theta}{2}} = \frac{1.5}{\cos 27.5°} = 1.7[kN]$$
여기서, w: 물체의 무게
θ: 와이어로프 상부의 각도

관련개념 CHAPTER 06 운반기계 및 양중기

058

다음 중 롤러의 급정지 성능으로 적합하지 않은 것은?

① 앞면 롤러 표면 원주속도가 25[m/min], 앞면 롤러의 원주가 5[m]일 때 급정지거리 1.6[m] 이내
② 앞면 롤러 표면 원주속도가 35[m/min], 앞면 롤러의 원주가 7[m]일 때 급정지거리 2.8[m] 이내
③ 앞면 롤러 표면 원주속도가 30[m/min], 앞면 롤러의 원주가 6[m]일 때 급정지거리 2.6[m] 이내
④ 앞면 롤러 표면 원주속도가 20[m/min], 앞면 롤러의 원주가 8[m]일 때 급정지거리 2.6[m] 이내

해설 롤러기 급정지장치의 성능

앞면 롤러의 표면속도[m/min]	급정지거리
30 미만	앞면 롤러 원주의 $\frac{1}{3}$ 이내
30 이상	앞면 롤러 원주의 $\frac{1}{2.5}$ 이내

① 급정지거리 $= 5 \times \frac{1}{3} = 1.6[m]$ 이내
② 급정지거리 $= 7 \times \frac{1}{2.5} = 2.8[m]$ 이내
③ 급정지거리 $= 6 \times \frac{1}{2.5} = 2.4[m]$ 이내
④ 급정지거리 $= 8 \times \frac{1}{3} = 2.6[m]$ 이내

관련개념 CHAPTER 05 기타 산업용 기계·기구

059

조작자의 신체부위가 위험한계 밖에 위치하도록 기계의 조작장치를 위험구역에서 일정거리 이상 떨어지게 하는 방호장치는?

① 덮개형 방호장치
② 차단형 방호장치
③ 위치제한형 방호장치
④ 접근반응형 방호장치

해설 위치제한형 방호장치

작업자의 신체부위가 위험한계 밖에 있도록 기계의 조작장치를 위험구역에서 일정거리 이상 떨어지게 한 방호장치(양수조작식 안전장치)이다.

관련개념 CHAPTER 01 기계공정의 안전, 기계안전시설 관리

060

「산업안전보건법령」상 아세틸렌 용접장치의 아세틸렌 발생기실을 설치하는 경우 준수하여야 하는 사항으로 옳은 것은?

① 벽은 가연성 재료로 하고 철근 콘크리트 또는 그 밖에 이와 동등하거나 그 이상의 강도를 가진 구조로 할 것
② 바닥면적의 16분의 1 이상의 단면적을 가진 배기통을 옥상으로 돌출시키고 그 개구부를 창이나 출입구로부터 1.5미터 이상 떨어지도록 할 것
③ 출입구의 문은 불연성 재료로 하고 두께 1.0밀리미터 이하의 철판이나 그 밖에 그 이상의 강도를 가진 구조로 할 것
④ 발생기실을 옥외에 설치한 경우에는 그 개구부를 다른 건축물로부터 1.0미터 이내 떨어지도록 할 것

해설 발생기실의 구조

- 벽은 불연성 재료로 하고 철근 콘크리트 또는 그 밖에 이와 같은 수준이거나 그 이상의 강도를 가진 구조로 할 것
- 지붕과 천장에는 얇은 철판이나 가벼운 불연성 재료를 사용할 것
- 바닥면적의 $\frac{1}{16}$ 이상의 단면적을 가진 배기통을 옥상으로 돌출시키고 그 개구부를 창이나 출입구로부터 1.5[m] 이상 떨어지도록 할 것
- 출입구의 문은 불연성 재료로 하고 두께 1.5[mm] 이상의 철판이나 그 밖에 그 이상의 강도를 가진 구조로 할 것
- 벽과 발생기 사이에는 발생기의 조정 또는 카바이드 공급 등의 작업을 방해하지 않도록 간격을 확보할 것

관련개념 CHAPTER 05 기타 산업용 기계·기구

전기설비 안전관리

061

대지에서 용접작업을 하고 있는 작업자가 용접봉에 접촉한 경우 통전전류는?(단, 용접기의 출력 측 무부하전압: 90[V], 접촉저항(손, 용접봉 등 포함): 10[kΩ], 인체의 내부저항: 1[kΩ], 발과 대지의 접촉저항: 20[kΩ]이다.)

① 약 0.19[mA]
② 약 0.29[mA]
③ 약 1.96[mA]
④ 약 2.90[mA]

해설 통전전류

$I = \dfrac{V}{R} = \dfrac{90}{(10+1+20) \times 10^3} = 2.9 \times 10^{-3}[A] = 2.9[mA]$

여기서, V: 인가전압[V]
  R: 인체저항[Ω]

※ $1[kΩ] = 10^3[Ω]$, $1[A] = 10^3[mA]$이다.

관련개념 CHAPTER 02 감전재해 및 방지대책

062

KS C IEC 60079-10-2에 따라 공기 중에 분진운의 형태로 폭발성 분진 분위기가 지속적으로 또는 장기간 또는 빈번히 존재하는 장소는?

① 0종 장소
② 1종 장소
③ 20종 장소
④ 21종 장소

해설 20종 장소

분진운 형태의 가연성 분진이 폭발농도를 형성할 정도로 충분한 양이 정상작동 중에 연속적으로 또는 자주 존재하거나, 제어할 수 없을 정도의 양 및 두께의 분진층이 형성될 수 있는 장소이다.

관련개념 CHAPTER 04 전기방폭관리

063
설비의 이상현상에 나타나는 아크(Arc)의 종류가 아닌 것은?

① 단락에 의한 아크
② 지락에 의한 아크
③ 차단기에서의 아크
④ 전선저항에 의한 아크

해설 아크(Arc)는 공기가 이온화하여 전기가 흐르는 현상으로 단락, 지락, 섬락, 전선 절단, 차단기 개폐 등에 의해 발생한다.

관련개념 CHAPTER 02 감전재해 및 방지대책

064
정전기 재해방지에 관한 설명 중 틀린 것은?

① 이황화탄소의 수송 과정에서 배관 내의 유속을 2.5[m/s] 이상으로 한다.
② 포장 과정에서 용기를 도전성 재료에 접지한다.
③ 인쇄 과정에서 도포량을 소량으로 하고 접지한다.
④ 작업장의 습도를 높여 전하가 제거되기 쉽게 한다.

해설 이황화탄소 등과 같이 유동대전이 심하고 폭발 위험성이 높은 것의 배관 내 유속은 1[m/s] 이하이어야 한다.

관련개념 CHAPTER 03 정전기 장·재해관리

065
「한국전기설비규정」에 따라 사람이 쉽게 접촉할 우려가 있는 곳에 금속제 외함을 가지는 저압의 기계·기구가 시설되어 있다. 이 기계·기구의 사용전압이 몇 [V]를 초과할 때 전기를 공급하는 전로에 누전차단기를 시설해야 하는가? (단, 누전차단기를 시설하지 않아도 되는 조건은 제외한다.)

① 30[V]   ② 40[V]
③ 50[V]   ④ 60[V]

해설 금속제 외함을 가지는 **사용전압이 50[V]를 초과**하는 저압의 기계·기구로서 사람이 쉽게 접촉할 우려가 있는 곳에 시설하는 것에 전기를 공급하는 전로에는 누전차단기를 시설하여야 한다.

관련개념 CHAPTER 02 감전재해 및 방지대책

066
다음 중 방폭설비의 보호등급(IP)에 대한 설명으로 옳은 것은?

① 제1 특성 숫자가 "1"인 경우 지름 50[mm] 이상의 외부 분진에 대한 보호
② 제1 특성 숫자가 "2"인 경우 지름 10[mm] 이상의 외부 분진에 대한 보호
③ 제2 특성 숫자가 "1"인 경우 지름 50[mm] 이상의 외부 분진에 대한 보호
④ 제2 특성 숫자가 "2"인 경우 지름 10[mm] 이상의 외부 분진에 대한 보호

해설 방폭설비의 보호등급(IP)

제1 특성 숫자 (방진등급)	1	50[mm] 이상의 고체 물질로부터 보호
	2	12[mm] 이상의 고체 물질로부터 보호
제2 특성 숫자 (방수등급)	1	수직의 낙숫물로부터 보호
	2	15도 정도 들이치는 낙숫물로부터 보호

관련개념 CHAPTER 04 전기방폭관리

| 정답 | 063 ④ | 064 ① | 065 ③ | 066 ① |

067

정전기 발생에 영향을 주는 요인에 대한 설명으로 틀린 것은?

① 물체의 분리속도가 빠를수록 발생량은 적어진다.
② 접촉면적이 크고 접촉압력이 높을수록 발생량이 많아진다.
③ 물체 표면이 수분이나 기름으로 오염되면 산화 및 부식에 의해 발생량이 많아진다.
④ 정전기의 발생은 처음 접촉, 분리할 때가 최대로 되고 접촉, 분리가 반복됨에 따라 발생량은 감소한다.

해설 일반적으로 분리속도가 빠를수록 정전기의 발생량은 커진다.

관련개념 CHAPTER 03 정전기 장·재해관리

068

전기기기, 설비 및 전선로 등의 충전 유무 등을 확인하기 위한 장비는?

① 위상검출기
② 디스콘 스위치
③ COS
④ 저압 및 고압용 검전기

해설 저압 및 고압용 검전기는 설비(전로)의 정전 여부를 확인하기 위한 용구이다.

관련개념 CHAPTER 02 감전재해 및 방지대책

069

피뢰기로서 갖추어야 할 성능 중 틀린 것은?

① 충격방전개시전압이 낮을 것
② 뇌전류 방전능력이 클 것
③ 제한전압이 높을 것
④ 속류 차단을 확실하게 할 수 있을 것

해설 피뢰기의 성능
- 제한전압 또는 충격방전개시전압이 충분히 낮고 보호능력이 있을 것
- 속류차단이 완전히 행해져 동작책무특성이 충분할 것
- 뇌전류 방전능력이 클 것
- 대전류의 방전, 속류차단의 반복동작에 대하여 장기간 사용에 견딜 수 있을 것
- 상용주파방전개시전압은 회로전압보다 충분히 높아서 상용주파방전을 하지 않을 것

관련개념 CHAPTER 05 전기설비 위험요인관리

070

접지저항 저감방법으로 틀린 것은?

① 접지극의 병렬 접지를 실시한다.
② 접지극의 매설 깊이를 증가시킨다.
③ 접지극의 크기를 최대한 작게 한다.
④ 접지극 주변의 토양을 개량하여 대지 저항률을 떨어뜨린다.

해설 접지저항의 물리적 저감법
- 접지극의 병렬 접속
- 접지극의 치수 확대
- 접지봉 심타법 적용
- 매설지선 및 평판접지극 사용
- 메시(Mesh)공법 적용
- 다중접지 시트 사용
- 보링 공법 적용

관련개념 CHAPTER 05 전기설비 위험요인관리

071

교류 아크용접기의 사용에서 무부하 전압이 80[V], 아크 전압 25[V], 아크 전류 300[A]일 경우 효율은 약 몇 [%]인가?(단, 내부손실은 4[kW]이다.)

① 65.2
② 70.5
③ 75.3
④ 80.6

해설 $P(출력) = VI = 25 \times 300 = 7,500[W]$

여기서, V: 아크 전압[V]
I: 아크 전류[A]

효율 $= \dfrac{출력}{출력+손실} \times 100 = \dfrac{7,500}{7,500+4,000} \times 100 = 65.2[\%]$

※ $1[kW] = 10^3[W]$이므로 $4[kW] = 4,000[W]$이다.

관련개념 CHAPTER 02 감전재해 및 방지대책

072

아크방전의 전압전류 특성으로 가장 옳은 것은?

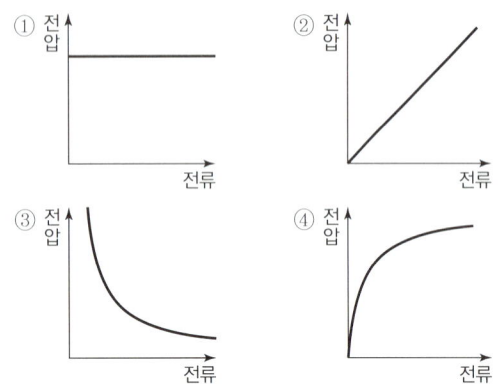

해설 전기 아크 전압은 전류가 증가함에 따라 감소한다.

관련개념 CHAPTER 01 전기안전관리

073

다음 중 기기보호등급(EPL)에 해당하지 않는 것은?

① EPL Ga
② EPL Ma
③ EPL Dc
④ EPL Mc

해설 기기보호등급(EPL)
- 매우 높은 보호: Ga, Da, Ma
- 높은 보호: Gb, Db, Mb
- 강화된 보호: Gc, Dc

관련개념 CHAPTER 04 전기방폭관리

074

다음 중 「산업안전보건기준에 관한 규칙」에 따라 누전차단기를 설치하지 않아도 되는 곳은?

① 철판·철골 위 등 도전성이 높은 장소에서 사용하는 이동형 전기기계·기구
② 대지전압이 220[V]인 휴대형 전기기계·기구
③ 임시배선의 전로가 설치되는 장소에서 사용하는 이동형 전기기계·기구
④ 절연대 위에서 사용하는 전기기계·기구

해설 절연대 위 등과 같이 감전위험이 없는 장소에서 사용하는 전기기계·기구에는 누전차단기를 설치하지 않아도 된다.

누전차단기의 적용대상
- 대지전압이 150[V]를 초과하는 이동형 또는 휴대형 전기기계·기구
- 물 등 도전성이 높은 액체가 있는 습윤장소에서 사용하는 저압용 전기기계·기구
- 철판·철골 위 등 도전성이 높은 장소에서 사용하는 이동형 또는 휴대형 전기기계·기구
- 임시배선의 전로가 설치되는 장소에서 사용하는 이동형 또는 휴대형 전기기계·기구

관련개념 CHAPTER 02 감전재해 및 방지대책

075

다음 설명이 나타내는 현상은?

> 전압이 인가된 이극 도체 간의 고체 절연물 표면에 이물질이 부착되면 미소방전이 일어난다. 이 미소방전이 반복되면서 절연물 표면에 도전성 통로가 형성되는 현상이다.

① 흑연화 현상
② 트래킹 현상
③ 반단선 현상
④ 절연이동 현상

해설 트래킹 현상
전기제품 등에서 충전 전극 사이의 절연물 표면에 경년 변화나 먼지 등 어떤 원인으로 탄화도전로가 생성되어 지락, 단락으로 진전되면서 발화하는 현상이다.

관련개념 CHAPTER 05 전기설비 위험요인관리

076

다음 중 방폭구조의 종류가 아닌 것은?

① 본질안전방폭구조
② 고압방폭구조
③ 압력방폭구조
④ 내압방폭구조

해설 고압방폭구조는 없다.

관련개념 CHAPTER 04 전기방폭관리

077

심실세동전류 $I=\dfrac{165}{\sqrt{T}}$[mA]라면 심실세동 시 인체에 직접 받는 전기에너지[cal]는 약 얼마인가?(단, T는 통전시간으로 1초이며, 인체의 저항은 500[Ω]으로 한다.)

① 0.52
② 1.35
③ 2.14
④ 3.26

해설
$$W = I^2RT = \left(\dfrac{165}{\sqrt{T}} \times 10^{-3}\right)^2 \times 500T$$
$$= (165^2 \times 10^{-6}) \times 500 = 13.6[J] = 13.6 \times 0.24[cal] = 3.26[cal]$$

여기서, W: 위험한계에너지[J]
I: 심실세동전류[A]
R: 인체저항[Ω]
T: 통전시간[s]

※ 1[cal]=4.184[J]이므로 1[J]=0.24[cal]이다.

관련개념 CHAPTER 02 감전재해 및 방지대책

078

「산업안전보건기준에 관한 규칙」에 따른 전기기계·기구의 설치 시 고려할 사항으로 거리가 먼 것은?

① 전기기계·기구의 충분한 전기적 용량 및 기계적 강도
② 전기기계·기구의 안전효율을 높이기 위한 시간 가동률
③ 습기·분진 등 사용장소의 주위 환경
④ 전기적·기계적 방호수단의 적정성

해설 전기기계·기구의 설치 시 고려사항
• 전기기계·기구의 충분한 전기적 용량 및 기계적 강도
• 습기·분진 등 사용장소의 주위 환경
• 전기적·기계적 방호수단의 적정성

관련개념 CHAPTER 01 전기안전관리

079

정전작업 시 조치사항으로 틀린 것은?

① 작업 전 전기설비의 잔류 전하를 확실히 방전한다.
② 개로된 전로의 충전 여부를 검전기구에 의하여 확인한다.
③ 개폐기에 잠금장치를 하고 통전금지에 관한 표지판은 제거한다.
④ 예비 동력원의 역송전에 의한 감전의 위험을 방지하기 위해 단락접지 기구를 사용하여 단락 접지를 한다.

해설 정전전로에서 전기작업 시 차단장치나 단로기 등에 잠금장치 및 꼬리표를 부착하여야 한다.

관련개념 CHAPTER 02 감전재해 및 방지대책

080

정전기로 인한 화재·폭발의 위험이 가장 높은 것은?

① 드라이클리닝설비   ② 농작물 건조기
③ 가습기   ④ 전동기

해설 정전기로 인한 화재·폭발을 방지하기 위한 조치가 필요한 설비
- 위험물을 탱크로리·탱크차 및 드럼 등에 주입하는 설비
- 탱크로리·탱크차 및 드럼 등 위험물저장설비
- 인화성 액체를 함유하는 도료 및 접착제 등을 제조·저장·취급 또는 도포하는 설비
- 위험물 건조설비 또는 그 부속설비
- 인화성 고체를 저장하거나 취급하는 설비
- **드라이클리닝설비**, 염색가공설비 또는 모피류 등을 씻는 설비 등 인화성 유기용제를 사용하는 설비
- 유압, 압축공기 또는 고전위정전기 등을 이용하여 인화성 액체나 인화성 고체를 분무하거나 이송하는 설비
- 고압가스를 이송하거나 저장·취급하는 설비
- 화약류 제조설비
- 발파공에 장전된 화약류를 점화시키는 경우에 사용하는 발파기(발파공을 막는 재료로 물을 사용하거나 갱도발파를 하는 경우는 제외)

관련개념 CHAPTER 03 정전기 장·재해관리

화학설비 안전관리

081

「산업안전보건법령」에서 정한 위험물질을 기준량 이상 제조하거나 취급하는 화학설비로서 내부의 이상상태를 조기에 파악하기 위하여 필요한 온도계·유량계·압력계 등의 계측장치를 설치하여야 하는 대상이 아닌 것은?

① 가열로 또는 가열기
② 증류·정류·증발·추출 등 분리를 하는 장치
③ 반응폭주 등 이상 화학반응에 의하여 위험물질이 발생할 우려가 있는 설비
④ 흡열반응이 일어나는 반응장치

해설 계측장치를 설치하여야 하는 특수화학설비
- **발열반응이 일어나는 반응장치**
- 증류·정류·증발·추출 등 분리를 하는 장치
- 가열시켜 주는 물질의 온도가 가열되는 위험물질의 분해온도 또는 발화점보다 높은 상태에서 운전되는 설비
- 반응폭주 등 이상 화학반응에 의하여 위험물질이 발생할 우려가 있는 설비
- 온도가 350[℃] 이상이거나 게이지압력이 980[kPa] 이상인 상태에서 운전되는 설비
- 가열로 또는 가열기

관련개념 CHAPTER 02 화학물질 안전관리 실행

082

다음 중 퍼지(purge)의 종류에 해당하지 않는 것은?

① 압력퍼지   ② 진공퍼지
③ 스위프퍼지 ④ 가열퍼지

해설 불활성화(퍼지)의 종류
진공퍼지, 압력퍼지, 스위프퍼지, 사이폰퍼지 등

관련개념 CHAPTER 01 화재·폭발 검토

083

폭발한계와 완전연소 조성 관계인 Jones식을 이용하여 부탄(C_4H_{10})의 폭발하한계를 구하면 몇 [vol%]인가?

① 1.4
② 1.7
③ 2.0
④ 2.3

해설 부탄의 완전연소반응식

$C_4H_{10} + 6.5O_2 \rightarrow 4CO_2 + 5H_2O$

유기물 $C_nH_xO_y$의 양론농도(C_{st})는 다음 식으로 구할 수 있다.

$$C_{st} = \frac{100}{(4.77n + 1.19x - 2.38y) + 1} = \frac{100}{(4.77 \times 4 + 1.19 \times 10) + 1} = 3.13$$

Jones의 식에 의해 폭발하한계를 추정하면

폭발하한계(LFL) = $0.55 \times C_{st} = 0.55 \times 3.13 = 1.7$[vol%]

관련개념 CHAPTER 01 화재 · 폭발 검토

084

가스를 분류할 때 독성가스에 해당하지 않는 것은?

① 황화수소
② 시안화수소
③ 이산화탄소
④ 산화에틸렌

해설 이산화탄소는 허용농도가 5,000[ppm]으로 독성가스가 아니다.

「고압가스 안전관리법령」에 따른 독성가스

아크릴로니트릴 · 아크릴알데히드 · 아황산가스 · 암모니아 · 일산화탄소 · 이황화탄소 · 불소 · 염소 · 브롬화메탄 · 염화메탄 · 염화프렌 · **산화에틸렌** · **시안화수소** · **황화수소** · 모노메틸아민 · 디메틸아민 · 트리메틸아민 · 벤젠 · 포스겐 · 요오드화수소 · 브롬화수소 · 염화수소 · 불화수소 · 겨자가스 · 알진 · 모노실란 · 디실란 · 디보레인 · 세렌화수소 · 포스핀 · 모노게르만 및 그 밖에 공기 중에 일정량 이상 존재하는 경우 인체에 유해한 독성을 가진 가스로서 허용농도가 100만분의 5,000 이하인 것을 말한다.

관련개념 CHAPTER 02 화학물질 안전관리 실행

085

다음 중 폭발방호대책과 가장 거리가 먼 것은?

① 불활성화
② 억제
③ 방산
④ 봉쇄

해설 폭발방호대책은 폭발 시 피해를 최소화하기 위한 대책이다. 불활성화는 폭발을 예방하기 위한 대책이므로 폭발방지대책에 해당한다.

관련개념 CHAPTER 01 화재 · 폭발 검토

086

질화면(Nitrocellulose)은 저장 · 취급 중에는 에틸알코올 등으로 습면상태를 유지해야 한다. 그 이유를 옳게 설명한 것은?

① 질화면은 건조 상태에서는 자연적으로 분해하면서 발화할 위험이 있기 때문이다.
② 질화면은 알코올과 반응하여 안정한 물질을 만들기 때문이다.
③ 질화면은 건조 상태에서 공기 중의 산소와 환원반응을 하기 때문이다.
④ 질화면은 건조 상태에서 유독한 중합물을 형성하기 때문이다.

해설 니트로셀룰로오스(질화면)
- 건조한 상태에서는 자연 분해되어 발화될 수 있다.
- 에틸알코올 또는 이소프로필 알코올로서 습면의 상태로 보관한다.

관련개념 CHAPTER 02 화학물질 안전관리 실행

087

분진폭발의 특징으로 옳은 것은?

① 연소속도가 가스폭발보다 크다.
② 완전연소로 가스중독의 위험이 작다.
③ 화염의 파급속도보다 압력의 파급속도가 빠르다.
④ 가스폭발보다 연소시간은 짧고 발생에너지는 작다.

해설 분진폭발의 특징
- 가스폭발보다 발생에너지가 크다.
- 폭발압력과 연소속도는 가스폭발보다 작다.
- 불완전연소로 인한 가스중독의 위험성이 크다.
- 화염의 파급속도보다 압력의 파급속도가 빠르다.
- 가스폭발에 비해 불완전연소가 많이 발생한다.
- 주위 분진에 의해 2차, 3차 폭발로 파급될 수 있다.

관련개념 CHAPTER 01 화재 · 폭발 검토

088

크롬에 대한 설명으로 옳은 것은?

① 은백색 광택이 있는 금속이다.
② 중독 시 미나마타병이 발병한다.
③ 비중이 물보다 작은 값을 나타낸다.
④ 3가 크롬이 인체에 가장 유해하다.

해설 크롬은 은백색의 광택을 띠는 금속으로 3가와 6가의 화합물이 있으며, 중독현상은 크롬 정련 공정에서 발생하는 6가 크롬에 의해 발생한다. 급성중독의 경우 수포성피부염 등이 발생하고, 만성중독의 경우 비중격천공증을 유발한다.

관련개념 CHAPTER 02 화학물질 안전관리 실행

089

사업주는 인화성 액체 및 인화성 가스를 저장·취급하는 화학설비에서 증기나 가스를 대기로 방출하는 경우에는 외부로부터의 화염을 방지하기 위하여 화염방지기를 설치하여야 한다. 다음 중 화염방지기의 설치 위치로 옳은 것은?

① 설비의 상단
② 설비의 하단
③ 설비의 측면
④ 설비의 조작부

해설 화염방지기는 외부로부터의 화염을 방지하기 위하여 그 설비 상단에 설치하여야 한다.

관련개념 CHAPTER 04 화공 안전운전 · 점검

090

열교환탱크 외부를 두께 0.2[m]의 단열재(열전도율 k=0.037[kcal/m·h·℃])로 보온하였더니 단열재 내면은 40[℃], 외면은 20[℃]이었다. 면적 1[m²]당 1시간에 손실되는 열량[kcal]은?

① 0.0037
② 0.037
③ 1.37
④ 3.7

해설 열교환기 손실 열량

$$Q = 열전도율 \times \frac{내면과 외면의 온도차}{두께}$$

$$= 0.037 \times \frac{40-20}{0.2} = 3.7 [kcal/m^2 \cdot h]$$

관련개념 CHAPTER 02 화학물질 안전관리 실행

091

「산업안전보건법령」상 다음 인화성 가스의 정의에서 (　) 안에 알맞은 값은?

> "인화성 가스"란 인화한계 농도의 최저한도가 (㉠)[%] 이하 또는 최고한도와 최저한도의 차가 (㉡)[%] 이상인 것으로서 표준압력(101.3[kPa]), 20[℃]에서 가스 상태인 물질을 말한다.

① ㉠ 13　㉡ 12
② ㉠ 13　㉡ 15
③ ㉠ 12　㉡ 13
④ ㉠ 12　㉡ 15

해설 인화성 가스란 인화한계 농도의 **최저한도가 13[%] 이하** 또는 최고한도와 최저한도의 **차가 12[%] 이상**인 것으로서 표준압력(101.3[kPa]), 20[℃]에서 가스 상태인 물질을 말한다.

관련개념 CHAPTER 02 화학물질 안전관리 실행

092

액체 표면에서 발생한 증기농도가 공기 중에서 연소하한농도가 될 수 있는 가장 낮은 액체온도를 무엇이라 하는가?

① 인화점
② 비등점
③ 연소점
④ 발화온도

해설 인화점
가연성 증기가 발생하는 액체 또는 고체가 공기 중에서 점화원에 의해 표면 부근에서 연소하기에 충분한 농도(폭발하한계)를 만드는 최저의 온도를 말한다.

관련개념 CHAPTER 01 화재·폭발 검토

093

위험물의 저장방법으로 적절하지 않은 것은?

① 탄화칼슘은 물속에 저장한다.
② 벤젠은 산화성 물질과 격리시킨다.
③ 금속나트륨은 석유 속에 저장한다.
④ 질산은 갈색병에 넣어 냉암소에 보관한다.

해설 탄화칼슘(CaC_2, 카바이드)은 물과 반응하여 인화성 가스인 아세틸렌(C_2H_2)을 발생시키므로 물속에 저장을 금지한다.
$CaC_2 + 2H_2O \rightarrow Ca(OH)_2 + C_2H_2 \uparrow$

관련개념 CHAPTER 02 화학물질 안전관리 실행

094

다음 중 열교환기의 보수에 있어 일상점검 항목과 정기적 개방점검 항목으로 구분할 때 일상점검 항목으로 거리가 먼 것은?

① 도장의 노후상황
② 부착물에 의한 오염의 상황
③ 보온재, 보냉재의 파손 여부
④ 기초볼트의 체결 정도

해설 부착물에 의한 오염은 Shell이나 Tube 내부에서 일어나는 현상이므로 일상점검 항목이 아니라 개방점검 항목이다.

열교환기 점검항목

일상점검	자체검사(개방점검)
• 도장부 결함 및 벗겨짐 • 보온재 및 보냉재 상태 • 기초부 및 기초 고정부 상태 • 배관 등과의 접속부 상태	• 내부 부식의 형태 및 정도 • 내부 관의 부식 및 누설 유무 • 용접부 상태 • 라이닝, 코팅, 개스킷 손상 유무 • 부착물에 의한 오염의 상황

관련개념 CHAPTER 02 화학물질 안전관리 실행

095

다음 중 반응기의 구조 방식에 의한 분류에 해당하는 것은?

① 탑형 반응기
② 연속식 반응기
③ 반회분식 반응기
④ 회분식 균일상 반응기

해설 반응기의 분류
- 조작방법에 따른 분류: 회분식 반응기, 반회분식 반응기, 연속식 반응기
- **구조에 따른 분류**: 교반조형 반응기, 관형 반응기, **탑형 반응기**, 유동층형 반응기

관련개념 CHAPTER 02 화학물질 안전관리 실행

096

다음 중 공기 중 최소발화에너지 값이 가장 작은 물질은?

① 에틸렌
② 아세트알데히드
③ 메탄
④ 에탄

해설 보기 중 에틸렌의 최소발화에너지가 0.07[mJ]로 가장 작다.
② 아세트알데히드: 0.36[mJ]
③ 메탄: 0.28[mJ]
④ 에탄: 0.24~0.25[mJ]

관련개념 CHAPTER 01 화재·폭발 검토

097

다음 [표]의 가스(A~D)를 위험도가 큰 것부터 작은 순으로 나열한 것은?

가스	폭발하한값	폭발상한값
A	4.0[vol%]	75.0[vol%]
B	3.0[vol%]	80.0[vol%]
C	1.25[vol%]	44.0[vol%]
D	2.5[vol%]	81.0[vol%]

① D − B − C − A
② D − B − A − C
③ C − D − A − B
④ C − D − B − A

해설 위험도

$$H = \frac{U-L}{L}$$

여기서, U: 폭발상한계
L: 폭발하한계

- A: $H = \frac{75-4}{4} = 17.75$
- B: $H = \frac{80-3}{3} = 25.7$
- C: $H = \frac{44-1.25}{1.25} = 34.2$
- D: $H = \frac{81-2.5}{2.5} = 31.4$

따라서 위험도가 큰 것부터 나열하면 C−D−B−A이다.

관련개념 CHAPTER 01 화재·폭발 검토

098

알루미늄분이 고온의 물과 반응하였을 때 생성되는 가스는?

① 이산화탄소
② 수소
③ 메탄
④ 에탄

해설 알루미늄분은 수분과 반응하여 가연성 가스인 수소를 생성한다.
$2Al + 6H_2O \rightarrow 2Al(OH)_3 + 3H_2 \uparrow$

관련개념 CHAPTER 02 화학물질 안전관리 실행

099

메탄, 에탄, 프로판의 폭발하한계가 각각 5[vol%], 3[vol%], 2.1[vol%]일 때 다음 중 폭발하한계가 가장 낮은 것은?(단, Le Chatelier의 법칙을 이용한다.)

① 메탄 20[vol%], 에탄 30[vol%], 프로판 50[vol%]의 혼합가스
② 메탄 30[vol%], 에탄 30[vol%], 프로판 40[vol%]의 혼합가스
③ 메탄 40[vol%], 에탄 30[vol%], 프로판 30[vol%]의 혼합가스
④ 메탄 50[vol%], 에탄 30[vol%], 프로판 20[vol%]의 혼합가스

해설 혼합가스의 폭발하한계

$$L = \frac{V_1 + V_2 + \cdots + V_n}{\frac{V_1}{L_1} + \frac{V_2}{L_2} + \cdots + \frac{V_n}{L_n}}$$

보기에서 제시된 혼합가스의 폭발하한계는 다음과 같다.

① $L_① = \dfrac{20+30+50}{\frac{20}{5}+\frac{30}{3}+\frac{50}{2.1}} = 2.64[\text{vol}\%]$

② $L_② = \dfrac{30+30+40}{\frac{30}{5}+\frac{30}{3}+\frac{40}{2.1}} = 2.85[\text{vol}\%]$

③ $L_③ = \dfrac{40+30+30}{\frac{40}{5}+\frac{30}{3}+\frac{30}{2.1}} = 3.10[\text{vol}\%]$

④ $L_④ = \dfrac{50+30+20}{\frac{50}{5}+\frac{30}{3}+\frac{20}{2.1}} = 3.39[\text{vol}\%]$

따라서 폭발하한계가 가장 낮은 것은 ①이다.

관련개념 CHAPTER 01 화재·폭발 검토

100

고압가스 용기 파열사고의 주요 원인 중 하나는 용기의 내압력(耐壓力, capacity to resist pressure) 부족이다. 다음 중 내압력 부족의 원인으로 거리가 먼 것은?

① 용기 내벽의 부식
② 강재의 피로
③ 과잉 충전
④ 용접 불량

해설 과잉 충전은 고압가스 용기의 설계압력 이상으로 충전하는 것으로 과잉 압력을 주게 된다.

관련개념 CHAPTER 01 화재·폭발 검토

건설공사 안전관리

101

건설현장에 거푸집 및 동바리 설치 시 준수사항으로 옳지 않은 것은?

① 파이프서포트 높이가 4.5[m]를 초과하는 경우에는 높이 2[m] 이내마다 2개 방향으로 수평 연결재를 설치한다.
② 동바리의 침하 방지를 위해 받침목이나 깔판의 사용, 콘크리트 타설, 말뚝박기 등을 실시한다.
③ 강재의 접속부는 볼트 또는 클램프 등 전용철물을 사용한다.
④ 강관틀 동바리는 강관틀과 강관틀 사이에 교차가새를 설치한다.

해설 동바리로 사용하는 파이프서포트의 높이가 3.5[m]를 초과하는 경우에는 높이 2[m] 이내마다 수평연결재를 2개 방향으로 만들고 수평연결재의 변위를 방지하여야 한다.

관련개념 CHAPTER 05 비계·거푸집 가시설 위험방지

102

고소작업대를 설치 및 이동하는 경우에 준수하여야 할 사항으로 옳지 않은 것은?

① 와이어로프 또는 체인의 안전율은 3 이상일 것
② 붐의 최대 지면경사각을 초과 운전하여 전도되지 않도록 할 것
③ 고소작업대를 이동하는 경우 작업대를 가장 낮게 내릴 것
④ 작업대에 끼임·충돌 등 재해를 예방하기 위한 가드 또는 과상승방지장치를 설치할 것

해설 고소작업대를 설치 및 이동하는 경우 와이어로프 또는 체인의 안전율은 5 이상이어야 한다.

관련개념 CHAPTER 04 건설현장 안전시설 관리

103

건설공사의 유해위험방지계획서 제출 기준일로 옳은 것은?

① 당해공사 착공 1개월 전까지
② 당해공사 착공 15일 전까지
③ 당해공사 착공 전날까지
④ 당해공사 착공 15일 후까지

해설 건설공사 유해위험방지계획서는 해당 공사의 착공 전날까지 공단에 2부를 제출하여야 한다.

관련개념 CHAPTER 02 건설공사 위험성

104

철골건립준비를 할 때 준수하여야 할 사항으로 옳지 않은 것은?

① 지상 작업장에서 건립준비 및 기계기구를 배치할 경우에는 낙하물의 위험이 없는 평탄한 장소를 선정하여 정비하여야 한다.
② 건립작업에 다소 지장이 있다 하더라도 수목은 제거하거나 이설하여서는 안 된다.
③ 사용 전에 기계·기구에 대한 정비 및 보수를 철저히 실시하여야 한다.
④ 기계에 부착된 앵커 등 고정장치와 기초구조 등을 확인하여야 한다.

해설 철골 건립작업에 지장을 주는 수목은 제거하거나 이설하여야 한다.

관련개념 CHAPTER 06 공사 및 작업 종류별 안전

105

「가설공사 표준안전 작업지침」에 따른 통로발판을 설치하여 사용함에 있어 준수사항으로 옳지 않은 것은?

① 추락의 위험이 있는 곳에는 안전난간이나 철책을 설치하여야 한다.
② 작업발판의 최대폭은 1.6[m] 이내이어야 한다.
③ 비계발판의 구조에 따라 최대 적재하중을 정하고 이를 초과하지 않도록 하여야 한다.
④ 발판을 겹쳐 이음하는 경우 장선 위에서 이음을 하고 겹침길이는 10[cm] 이상으로 하여야 한다.

해설 통로발판을 겹쳐서 이음하는 경우에는 장선 위에서 이음을 하고 겹침길이는 20[cm] 이상으로 하여야 한다.

관련개념 CHAPTER 05 비계·거푸집 가시설 위험방지

106

항타기 또는 항발기의 사용 시 준수사항으로 옳지 않은 것은?

① 공기를 차단하는 장치를 작업관리자가 쉽게 조작할 수 있는 위치에 설치한다.
② 해머의 운동에 의하여 공기호스와 해머의 접속부가 파손되거나 벗겨지는 것을 방지하기 위하여 그 접속부가 아닌 부위를 선정하여 공기호스를 해머에 고정시킨다.
③ 항타기나 항발기의 권상장치의 드럼에 권상용 와이어로프가 꼬인 경우에는 와이어로프에 하중을 걸어서는 안 된다.
④ 항타기나 항발기의 권상장치에 하중을 건 상태로 정지하여 두는 경우에는 쐐기장치 또는 역회전방지용 브레이크를 사용하여 제동하는 등 확실하게 정지시켜 두어야 한다.

해설 압축공기를 동력원으로 하는 항타기나 항발기를 사용하는 경우 공기를 차단하는 장치는 해머의 운전자가 쉽게 조작할 수 있는 위치에 설치하여야 한다.

관련개념 CHAPTER 04 건설현장 안전시설 관리

107

건설업 중 유해위험방지계획서 제출 대상 사업장으로 옳지 않은 것은?

① 지상높이가 31[m] 이상인 건축물 또는 인공구조물, 연면적 30,000[m²] 이상인 건축물 또는 연면적 5,000[m²] 이상의 문화 및 집회시설의 건설공사
② 연면적 3,000[m²] 이상의 냉동·냉장 창고시설의 설비공사 및 단열공사
③ 깊이 10[m] 이상인 굴착공사
④ 최대 지간길이가 50[m] 이상인 다리의 건설공사

해설 유해위험방지계획서 제출대상 건설공사
- 지상높이가 31[m] 이상인 건축물 또는 인공구조물, 연면적 30,000[m²] 이상인 건축물 또는 연면적 5,000[m²] 이상의 문화 및 집회시설(전시장 및 동물원·식물원 제외), 판매시설, 운수시설(고속철도의 역사 및 집배송시설 제외), 종교시설, 의료시설 중 종합병원, 숙박시설 중 관광숙박시설, 지하도상가 또는 냉동·냉장 창고시설의 건설·개조 또는 해체(건설 등) 공사
- **연면적 5,000[m²] 이상의 냉동·냉장 창고시설의 설비공사 및 단열공사**
- 최대 지간길이가 50[m] 이상인 다리의 건설 등 공사
- 터널의 건설 등 공사
- 다목적댐, 발전용댐, 저수용량 2천만 톤 이상의 용수 전용 댐 및 지방 상수도 전용 댐의 건설 등 공사
- 깊이가 10[m] 이상인 굴착공사

관련개념 CHAPTER 02 건설공사 위험성

108

건설작업용 타워크레인의 안전장치로 옳지 않은 것은?

① 권과방지장치
② 과부하방지장치
③ 비상정지장치
④ 호이스트 스위치

해설 타워크레인의 방호장치
- 권과방지장치
- 과부하방지장치
- 비상정지장치
- 제동장치

관련개념 CHAPTER 06 공사 및 작업 종류별 안전

109

이동식비계를 조립하여 작업을 하는 경우의 준수기준으로 옳지 않은 것은?

① 비계의 최상부에서 작업을 할 때에는 안전난간을 설치하여야 한다.
② 작업발판의 최대적재하중은 400[kg]을 초과하지 않도록 한다.
③ 승강용 사다리는 견고하게 설치하여야 한다.
④ 작업발판은 항상 수평을 유지하고 작업발판 위에서 안전난간을 딛고 작업을 하거나 받침대 또는 사다리를 사용하여 작업하지 않도록 한다.

해설 이동식비계 작업발판의 최대적재하중은 250[kg]을 초과하지 않도록 하여야 한다.

관련개념 CHAPTER 05 비계·거푸집 가시설 위험방지

110

토사붕괴 원인으로 옳지 않은 것은?

① 경사 및 기울기 증가
② 성토 높이의 증가
③ 건설기계 등 하중작용
④ 토사중량의 감소

해설 토사의 중량이 감소할 경우 토사붕괴 위험이 낮아진다.

토석 붕괴의 외적 원인
- 사면, 법면의 경사 및 기울기의 증가
- 절토 및 성토 높이의 증가
- 공사에 의한 진동 및 반복 하중의 증가
- 지표수 및 지하수의 침투에 의한 토사 중량의 증가
- 지진, 차량, 구조물의 하중작용
- 토사 및 암석의 혼합층 두께

관련개념 CHAPTER 04 건설현장 안전시설 관리

111

건설용 리프트의 붕괴 등을 방지하기 위해 받침의 수를 증가시키는 등 안전조치를 하여야 하는 순간풍속 기준은?

① 초당 15미터 초과
② 초당 25미터 초과
③ 초당 35미터 초과
④ 초당 45미터 초과

해설 순간풍속이 35[m/s]를 초과하는 바람이 불어올 우려가 있는 경우 건설용 리프트에 대하여 받침의 수를 증가시키는 등 그 붕괴 등을 방지하기 위한 조치를 하여야 한다.

관련개념 CHAPTER 06 공사 및 작업 종류별 안전

112

토사붕괴에 따른 재해를 방지하기 위한 흙막이 지보공 부재로 옳지 않은 것은?

① 흙막이판
② 말뚝
③ 턴버클
④ 띠장

해설 턴버클은 지지막대나 와이어로프 등의 길이를 조절하거나 당겨 죄는 데 사용하는 기구이다.

관련개념 CHAPTER 04 건설현장 안전시설 관리

113

가설구조물의 특징으로 옳지 않은 것은?

① 연결재가 적은 구조로 되기 쉽다.
② 부재 결합이 간략하여 불안전 결합이다.
③ 구조물이라는 개념이 확고하여 조립의 정밀도가 높다.
④ 사용부재는 과소단면이거나 결함재가 되기 쉽다.

해설 가설구조물은 구조물이라는 개념이 확고하지 않아 조립의 정밀도가 낮다.

관련개념 CHAPTER 05 비계·거푸집 가시설 위험방지

114

사다리식 통로 등의 구조에 대한 설치기준으로 옳지 않은 것은?

① 발판의 간격은 일정하게 할 것
② 발판과 벽과의 사이는 15[cm] 이상의 간격을 유지할 것
③ 사다리식 통로의 길이가 10[m] 이상인 때에는 7[m] 이내마다 계단참을 설치할 것
④ 사다리의 상단은 걸쳐놓은 지점으로부터 60[cm] 이상 올라가도록 할 것

해설 사다리식 통로의 길이가 10[m] 이상인 경우에는 5[m] 이내마다 계단참을 설치하여야 한다.

관련개념 CHAPTER 05 비계·거푸집 가시설 위험방지

115

가설통로를 설치하는 경우 준수해야 할 기준으로 옳지 않은 것은?

① 경사는 30° 이하로 할 것
② 경사가 25°를 초과하는 경우에는 미끄러지지 아니하는 구조로 할 것
③ 건설공사에 사용하는 높이 8[m] 이상인 비계다리에는 7[m] 이내마다 계단참을 설치할 것
④ 수직갱에 가설된 통로의 길이가 15[m] 이상인 때에는 10[m] 이내마다 계단참을 설치할 것

해설 가설통로 설치 시 준수사항
- 견고한 구조로 할 것
- 경사는 30° 이하로 할 것
- **경사가 15°를 초과하는 경우에는 미끄러지지 아니하는 구조로 할 것**
- 추락할 위험이 있는 장소에는 안전난간을 설치할 것
- 수직갱에 가설된 통로의 길이가 15[m] 이상인 경우에는 10[m] 이내마다 계단참을 설치할 것
- 건설공사에 사용하는 높이 8[m] 이상인 비계다리에는 7[m] 이내마다 계단참을 설치할 것

관련개념 CHAPTER 05 비계·거푸집 가시설 위험방지

116

터널공사에서 발파작업 시 안전대책으로 옳지 않은 것은?

① 발파 전 도화선 연결상태, 저항치 조사 등의 목적으로 도통시험 실시 및 발파기의 작동상태에 대한 사전점검 실시
② 모든 동력선은 발원점으로부터 최소한 15[m] 이상 후방으로 옮길 것
③ 지질, 암의 절리 등에 따라 화약량에 대한 검토 및 시방기준과 대비하여 안전조치 실시
④ 발파용 점화회선은 타동력선 및 조명회선과 한 곳으로 통합하여 관리

해설
※「터널공사 표준안전 작업지침-NATM공법」이 개정됨에 따라 '발파작업 시 준수사항'이 삭제되었습니다.

관련개념 CHAPTER 02 건설공사 위험성

117

건설업 산업안전보건관리비 계상 및 사용기준은 「산업안전보건법」의 건설공사 중 총 공사금액이 얼마 이상인 공사에 적용하는가?(단, 단가계약에 의한 공사는 제외)

① 4천만 원 ② 3천만 원
③ 2천만 원 ④ 1천만 원

해설 건설업 산업안전보건관리비 계상 및 사용기준은 「산업안전보건법」의 건설공사 중 총 공사금액 2천만 원 이상인 공사에 적용한다.

관련개념 CHAPTER 03 건설업 산업안전보건관리비 관리

118

건설업의 공사금액이 850억 원일 경우 「산업안전보건법령」에 따른 안전관리자의 수로 옳은 것은?(단, 전체 공사기간을 100으로 할 때 공사 전·후 15에 해당하는 경우는 고려하지 않는다.)

① 1명 이상 ② 2명 이상
③ 3명 이상 ④ 4명 이상

해설 공사금액 800억 원 이상 1,500억 원 미만인 건설공사의 경우 안전관리자는 2명 이상 배치하여야 한다. 다만, 전체 공사기간 중 전·후 15에 해당하는 기간 동안은 1명 이상으로 한다.

관련개념 CHAPTER 04 건설현장 안전시설 관리

119

동바리의 침하를 방지하기 위한 직접적인 조치로 옳지 않은 것은?

① 수평연결재 사용 ② 받침목이나 깔판의 사용
③ 콘크리트의 타설 ④ 말뚝박기

해설 동바리 조립 시 받침목이나 깔판의 사용, 콘크리트 타설, 말뚝박기 등 동바리의 침하를 방지하기 위한 조치를 하여야 한다.

관련개념 CHAPTER 05 비계·거푸집 가시설 위험방지

120

달비계에 사용하는 와이어로프의 사용금지기준으로 옳지 않은 것은?

① 이음매가 있는 것
② 열과 전기 충격에 의해 손상된 것
③ 지름의 감소가 공칭지름의 7[%]를 초과하는 것
④ 와이어로프의 한 꼬임에서 끊어진 소선의 수가 7[%] 이상인 것

해설 달비계 와이어로프의 사용금지 조건
- 이음매가 있는 것
- 와이어로프의 한 꼬임(Strand)에서 끊어진 소선의 수가 10[%] 이상인 것
- 지름의 감소가 공칭지름의 7[%]를 초과하는 것
- 꼬인 것
- 심하게 변형되거나 부식된 것
- 열과 전기충격에 의해 손상된 것

관련개념 CHAPTER 05 비계·거푸집 가시설 위험방지

2022년 3회 CBT 복원문제

산업재해 예방 및 안전보건교육

001
주의의 수준이 Phase 0인 상태에서의 의식상태는?
① 무의식 상태 ② 의식의 이완 상태
③ 명료한 상태 ④ 과긴장 상태

해설 인간의 의식 Level의 단계별 신뢰성

단계	의식의 상태	신뢰성
Phase 0	무의식, 실신	0
Phase I	의식의 둔화	0.9 이하
Phase II	이완 상태	0.99~0.99999
Phase III	명료한 상태	0.99999 이상
Phase IV	과긴장 상태	0.9 이하

관련개념 CHAPTER 04 인간의 행동과학

002
다음 중 브레인스토밍의 4원칙과 가장 거리가 먼 것은?
① 자유로운 비평 ② 자유분방한 발언
③ 대량적인 발언 ④ 타인 의견의 수정발언

해설 브레인스토밍(Brain Storming)
- 비판금지: "좋다, 나쁘다" 등의 비평을 하지 않는다.
- 자유분방: 자유로운 분위기에서 발표한다.
- 대량발언: 무엇이든지 좋으니 많이 발언한다.
- 수정발언: 자유자재로 변하는 아이디어를 개발한다.(타인 의견의 수정발언)

관련개념 CHAPTER 01 산업재해예방 계획 수립

003
다음 중 직원들과의 원만한 관계를 유지하며 그들의 의견을 존중하여 의사결정에 반영하는 리더십은?
① 변혁적 리더십 ② 참여적 리더십
③ 지시적 리더십 ④ 설득적 리더십

해설 참여적 리더십이란 부하직원들을 의사결정 과정에 참여시키고, 그들의 의견을 적극적으로 반영하는 유형이다.

관련개념 CHAPTER 04 인간의 행동과학

004
연간 근로자수가 1,000명인 공장의 도수율이 10인 경우 이 공장에서 연간 발생한 재해건수는 몇 건인가?(단, 연근로시간은 2,400시간이다.)
① 20건 ② 22건
③ 24건 ④ 26건

해설 도수율 $= \dfrac{\text{재해건수}}{\text{연 근로시간 수}} \times 1{,}000{,}000$ 이므로

재해건수 $= \dfrac{\text{도수율} \times \text{연근로시간 수}}{1{,}000{,}000} = \dfrac{10 \times (1{,}000 \times 2{,}400)}{1{,}000{,}000} = 24$건

관련개념 SUBJECT 03 기계·기구 및 설비 안전관리
CHAPTER 02 기계분야 산업재해 조사 및 관리

005

안전보건교육 중 판매업무에 직접 종사하는 근로자 외의 근로자를 대상으로 실시하여야 할 정기교육의 교육시간은?

① 매반기 6시간 이상 ② 매반기 12시간 이상
③ 1시간 이상 ④ 2시간 이상

해설 근로자 안전보건교육 교육과정별 교육시간

교육과정	교육대상		교육시간
정기교육	사무직 종사 근로자		매반기 6시간 이상
	그 밖의 근로자	판매업무에 직접 종사하는 근로자	매반기 6시간 이상
		판매업무에 직접 종사하는 근로자 외의 근로자	매반기 12시간 이상
채용 시 교육	일용근로자 및 근로계약기간이 1주일 이하인 기간제근로자		1시간 이상
	근로계약기간이 1주일 초과 1개월 이하인 기간제근로자		4시간 이상
	그 밖의 근로자		8시간 이상
작업내용 변경 시 교육	일용근로자 및 근로계약기간이 1주일 이하인 기간제근로자		1시간 이상
	그 밖의 근로자		2시간 이상
건설업 기초 안전·보건교육	건설 일용근로자		4시간 이상

※ 이 문제는 개정된 법령에 따라 수정된 문제입니다.

관련개념 CHAPTER 05 안전보건교육의 내용 및 방법

006

다음 손실비용 중 성격이 다른 하나는?

① 요양급여 ② 상병보상연금
③ 간병급여 ④ 생산손실급여

해설 요양급여, 상병보상연금, 간병급여는 직접비이고, 생산손실급여는 간접비이다.

직접비(법령으로 지급되는 산재보상비)
- 요양급여
- 휴업급여
- 장해급여
- 간병급여
- 유족급여
- 상병보상연금
- 장례비
- 직업재활급여

관련개념 SUBJECT 03 기계·기구 및 설비 안전관리
CHAPTER 02 기계분야 산업재해 조사 및 관리

007

교육훈련 기법 중 Off JT의 장점에 해당되지 않는 것은?

① 우수한 전문가를 강사로 활용할 수 있다.
② 특별 교재, 교구, 설비를 유효하게 활용할 수 있다.
③ 다수의 근로자에게 조직적 훈련이 가능하다.
④ 직장의 실정에 맞는 실제적인 교육이 가능하다.

해설 직장의 실정에 맞는 실제적인 교육이 가능한 것은 OJT의 장점이다.

OJT(직장 내 교육훈련)
직속상사가 직장 내에서 작업표준을 가지고 업무상의 개별교육이나 지도 훈련을 하는 것으로 개별교육에 적합하다.
- 개개인에게 적절한 지도훈련이 가능하다.
- 직장의 실정에 맞게 실제적 훈련이 가능하다.
- 효과가 곧 업무에 나타나며 훈련의 좋고 나쁨에 따라 개선이 쉽다.
- 직장의 직속상사에 의한 교육이 가능하고, 훈련 효과에 의해 서로의 신뢰 및 이해도가 높아진다.

관련개념 CHAPTER 05 안전보건교육의 내용 및 방법

008

무재해 운동의 3원칙에 해당되지 않는 것은?

① 무의 원칙 ② 참가의 원칙
③ 선취의 원칙 ④ 대책선정의 원칙

해설 무재해 운동의 3원칙
- 무의 원칙: 모든 잠재위험요인을 사전에 발견·파악·해결함으로써 근원적으로 산업재해를 제거한다.
- 참여의 원칙(참가의 원칙): 작업에 따르는 잠재적인 위험요인을 발견·해결하기 위하여 전원이 협력하여 문제해결 운동을 실천한다.
- 안전제일의 원칙(선취의 원칙): 직장의 위험요인을 행동하기 전에 발견·파악·해결하여 재해를 예방한다.

관련개념 CHAPTER 01 산업재해예방 계획 수립

009

인간의 행동 특성과 관련한 레윈(Lewin)의 법칙에서 각 인자에 대한 설명으로 틀린 것은?

$$B=f(P\cdot E)$$

① B: 행동
② f: 함수관계
③ P: 개체
④ E: 기술

해설 레윈(Lewin.K)의 법칙
$B=f(P\cdot E)$
여기서, B: Behavior(인간의 행동)
f: function(함수관계)
P: Person(개체: 연령, 경험, 심신상태, 성격, 지능 등)
E: Environment(환경: 인간관계, 작업조건 등)

관련개념 CHAPTER 04 인간의 행동과학

010

재해예방의 4원칙에 관한 설명으로 틀린 것은?

① 재해의 발생에는 반드시 원인이 존재한다.
② 재해의 발생과 손실의 발생은 우연적이다.
③ 재해를 예방할 수 있는 안전대책은 반드시 존재한다.
④ 재해는 원인 제거가 불가능하므로 예방만이 최선이다.

해설 재해예방의 4원칙
- 손실우연의 원칙: 재해손실은 사고발생 시 사고대상의 조건에 따라 달라지므로 한 사고의 결과로서 생긴 재해손실은 우연성에 의해 결정된다.
- 원인계기(원인연계)의 원칙: 재해발생은 반드시 원인이 있다.
- 예방가능의 원칙: 재해는 원칙적으로 원인만 제거하면 예방이 가능하다.
- 대책선정의 원칙: 재해예방을 위한 가능한 안전대책은 반드시 존재한다.

관련개념 CHAPTER 01 산업재해예방 계획 수립

011

학습지도의 형태 중 몇 사람의 전문가에 의해 과정에 관한 견해를 발표하고 참가자로 하여금 의견이나 질문을 하게 하는 토의 방식은?

① 포럼(Forum)
② 심포지엄(Symposium)
③ 버즈세션(Buzz session)
④ 자유토의법(Free discussion method)

해설 심포지엄(Symposium)
몇 사람의 전문가가 과제에 관한 견해를 발표하게 한 뒤 참가자로 하여금 의견이나 질문을 하게 하여 토의하는 방법이다.

관련개념 CHAPTER 05 안전보건교육의 내용 및 방법

012

안전조직 중에서 라인-스태프(Line-staff) 조직의 특징으로 옳지 않은 것은?

① 라인형과 스태프형의 장점을 취한 절충식 조직형태이다.
② 중규모 사업장(100명 이상 500명 미만)에 적합하다.
③ 라인의 관리감독자에게도 안전에 관한 책임과 권한이 부여된다.
④ 안전 활동과 생산업무가 분리될 가능성이 낮기 때문에 균형을 유지할 수 있다.

해설 라인·스태프(LINE-STAFF)형 조직(직계참모조직)
- 대규모(1,000명 이상) 사업장에 적합한 조직으로서 라인형과 스태프형의 장점만을 채택한 형태이며, 안전업무를 전담하는 스태프를 두고 생산라인의 각 계층에서도 각 부서장으로 하여금 안전업무를 수행하도록 하여 스태프에서 안전에 관한 사항이 결정되면 라인을 통하여 실천하도록 편성된 조직이다.
- 안전계획, 평가 및 조사는 스태프에서, 생산기술의 안전대책은 라인에서 실시한다.

관련개념 CHAPTER 01 산업재해예방 계획 수립

| 정답 | 009 ④ 010 ④ 011 ② 012 ②

013

다음 중 TBM(Tool Box Meeting) 방법에 관한 설명으로 옳지 않은 것은?

① 단시간 통상 작업시간 전, 후 10분 정도 시간으로 미팅한다.
② 토의는 10인 이상에서 20인 단위 중규모가 모여서 한다.
③ 작업개시 전 작업 장소에서 원을 만들어서 한다.
④ 근로자 모두가 말하고 스스로 생각하고 "이렇게 하자"라고 합의한 내용이 되어야 한다.

해설 TBM은 10명 이하의 작업원이 모여서 실시한다.
TBM(Tool Box Meeting) 실시요령
- 작업시작 전, 중식 후, 작업 종료 후 짧은 시간을 활용하여 실시한다.
- 때와 장소에 구애받지 않고 10명 이하의 작업자가 모여서 공구나 기계 앞에서 행한다.
- 일반적인 명령이나 지시가 아니라 잠재위험에 대해 같이 생각하고 해결한다.
- 모두가 "이렇게 하자", "이렇게 한다"라고 합의하고 실행한다.

관련개념 CHAPTER 01 산업재해예방 계획 수립

014

생체리듬의 변화에 대한 설명으로 틀린 것은?

① 야간에는 체중이 감소한다.
② 야간에는 말초운동 기능이 저하된다.
③ 체온, 혈압, 맥박수는 주간에 상승하고 야간에 감소한다.
④ 혈액의 수분과 염분량은 주간에 증가하고 야간에 감소한다.

해설 생체리듬(바이오리듬)의 변화
- 야간에는 체중이 감소한다.
- 야간에는 말초운동 기능이 저하되고, 피로의 자각증상이 증대한다.
- **혈액의 수분과 염분량은 주간에 감소하고 야간에 증가한다.**
- 체온, 혈압, 맥박은 주간에 상승하고 야간에 감소한다.

관련개념 CHAPTER 04 인간의 행동과학

015

다음 중 근로자가 물체의 낙하 또는 비래 및 추락에 의한 위험을 방지 또는 경감하고, 머리부위 감전에 의한 위험을 방지하고자 할 때 사용하여야 하는 안전모의 종류로 가장 적합한 것은?

① A형　　　　② AB형
③ ABE형　　　④ AE형

해설 물체의 낙하 또는 비래 및 추락에 의한 위험을 방지 또는 경감하고, 머리부위 감전에 의한 위험을 방지하기 위한 안전모는 ABE형이다.

관련개념 CHAPTER 02 안전보호구 관리

016

안전교육 중 프로그램 학습법의 장점이 아닌 것은?

① 학습자의 학습과정을 쉽게 알 수 있다.
② 여러 가지 수업 매체를 동시에 다양하게 활용할 수 있다.
③ 지능, 학습속도 등 개인차를 충분히 고려할 수 있다.
④ 매 반응마다 피드백이 주어지기 때문에 학습자가 흥미를 가질 수 있다.

해설 프로그램 학습법(Programmed Self-Instruction Method)
학습자가 프로그램을 통해 단독으로 학습하는 방법으로 여러 가지 수업 매체를 활용하는 데 한계가 있고, 개발된 프로그램은 변경이 어렵다.

관련개념 CHAPTER 05 안전보건교육의 내용 및 방법

017

스트레스의 요인 중 외부적 자극요인에 해당하지 않는 것은?

① 자존심의 손상　　② 대인관계 갈등
③ 가족의 죽음, 질병　④ 경제적 어려움

해설 스트레스의 자극요인
- 내적요인: **자존심의 손상**, 업무상의 죄책감, 현실에서의 부적응
- 외적요인: 대인관계의 갈등과 대립, 가족의 죽음·질병, 경제적 어려움

관련개념 CHAPTER 03 산업안전심리

018

적응기제 중 도피기제의 유형이 아닌 것은?

① 합리화 ② 고립
③ 퇴행 ④ 억압

해설 합리화는 도피적 기제가 아닌 방어적 기제에 해당한다.

관련개념 CHAPTER 05 안전보건교육의 내용 및 방법

019

작업자 적성의 요인이 아닌 것은?

① 지능 ② 인간성
③ 흥미 ④ 연령

해설 인간의 연령은 작업자의 특성에 해당한다.
작업자 적성의 요인
직업적성, 지능, 흥미, 인간성

관련개념 CHAPTER 03 산업안전심리

020

교육훈련의 4단계를 올바르게 나열한 것은?

① 도입 → 적용 → 제시 → 확인
② 도입 → 확인 → 제시 → 적용
③ 적용 → 제시 → 도입 → 확인
④ 도입 → 제시 → 적용 → 확인

해설 교육법의 4단계
㉠ 1단계: **도입** – 학습할 준비를 시킨다.(배우고자 하는 마음가짐을 일으키는 단계)
㉡ 2단계: **제시** – 작업을 설명한다.(내용을 확실하게 이해시키고 납득시키는 단계)
㉢ 3단계: **적용** – 작업을 지휘한다.(이해시킨 내용을 활용시키거나 응용시키는 단계)
㉣ 4단계: **확인** – 가르친 뒤 살펴본다.(교육내용을 정확하게 이해하였는가를 평가하는 단계)

관련개념 CHAPTER 05 안전보건교육의 내용 및 방법

인간공학 및 위험성평가·관리

021

가청주파수 내에서 사람의 귀가 가장 민감하게 반응하는 주파수 대역은?

① 20~20,000[Hz] ② 50~15,000[Hz]
③ 100~10,000[Hz] ④ 500~3,000[Hz]

해설 경계 및 경보신호 선택 시 귀는 중음역에 민감하므로 500~3,000[Hz]를 사용한다.

관련개념 CHAPTER 06 작업환경 관리

022

작업개선을 위하여 도입되는 원리인 ECRS에 포함되지 않는 것은?

① Combine ② Standard
③ Eliminate ④ Rearrange

해설 작업방법의 개선원칙 ECRS
- 제거(Eliminate)
- 결합(Combine)
- 재배치·재조정(Rearrange)
- 단순화(Simplify)

관련개념 CHAPTER 02 위험성 파악·결정

023
자동차를 타이어가 4개인 하나의 시스템으로 볼 때, 타이어 1개가 파열될 확률이 0.01이라면, 이 자동차의 신뢰도는 약 얼마인가?

① 0.91
② 0.93
③ 0.96
④ 0.99

해설 자동차의 타이어는 4개 중 1개만 파열되어도 운행할 수 없기에 각 타이어를 직렬연결로 본다. 따라서 자동차의 타이어 4개가 모두 터지지 않을 신뢰도는 다음과 같다.
신뢰도 $= (1-0.01) \times (1-0.01) \times (1-0.01) \times (1-0.01) = 0.96$

관련개념 CHAPTER 01 안전과 인간공학

024
직무에 대하여 청각적 자극 제시에 대한 음성 응답을 하도록 할 때 가장 관련 있는 양립성은?

① 공간적 양립성
② 양식 양립성
③ 운동 양립성
④ 개념적 양립성

해설 양식 양립성
언어 또는 문화적 관습이나 특정 신호에 따라 적합하게 반응하는 것을 말하는데, 예를 들어 한국어로 질문하면 한국어로 대답하거나, 기계가 특정 음성에 대해 정해진 반응을 하는 것을 말한다.

관련개념 CHAPTER 06 작업환경 관리

025
다음의 각 단계를 결함수분석법(FTA)에 의한 재해사례의 연구순서대로 나열한 것은?

㉠ 정상사상의 선정
㉡ FT도 작성 및 분석
㉢ 개선계획의 작성
㉣ 각 사상의 재해원인 규명

① ㉠ → ㉡ → ㉢ → ㉣
② ㉠ → ㉣ → ㉢ → ㉡
③ ㉠ → ㉢ → ㉡ → ㉣
④ ㉠ → ㉣ → ㉡ → ㉢

해설 FTA에 의한 재해사례 연구순서(D. R. Cheriton)
정상(Top)사상의 선정 → 각 사상의 재해원인 규명 → FT도의 작성 및 분석 → 개선계획의 작성

관련개념 CHAPTER 02 위험성 파악·결정

026
시스템 분석 및 설계에 있어서 인간공학의 가치와 가장 거리가 먼 것은?

① 훈련비용의 절감
② 인력 이용률의 향상
③ 생산 및 보전의 경제성 감소
④ 사고 및 오용으로부터의 손실 감소

해설 산업인간공학의 가치
- 인력 이용률의 향상
- 훈련비용의 절감
- 사고 및 오용으로부터의 손실 감소
- 생산성(성능)의 향상
- 사용자의 수용도 향상
- **생산 및 보전의 경제성 증대**

관련개념 CHAPTER 01 안전과 인간공학

027

자동차를 생산하는 공장의 어떤 근로자가 95[dB(A)]의 소음수준에서 하루 8시간 작업하며 매 시간 조용한 휴게실에서 20분씩 휴식을 취한다고 가정하였을 때, 8시간 시간가중평균(TWA)은?(단, 소음은 누적소음노출량측정기로 측정하였으며, OSHA에서 정한 95[dB(A)]의 허용시간은 4시간이라 가정한다.)

① 약 91[dB(A)] ② 약 92[dB(A)]
③ 약 93[dB(A)] ④ 약 94[dB(A)]

해설 시간가중평균 $TWA = 90 + 16.61 \log \dfrac{D}{12.5 \times T}$

여기서, D: 누적소음폭로량[%] $\left(\dfrac{\text{작업시간}}{\text{허용노출시간}} \times 100\right)$

T: 측정시간[시간]

작업시간은 휴식시간을 제외한 시간이므로
$60 \times 8 - 20 \times 8 = 320$분 $= 5.33$시간이다.

$D = \dfrac{5.33}{4} \times 100 = 133.25$이므로

$TWA = 90 + 16.61 \log \dfrac{133.25}{12.5 \times 8} = 92[dB(A)]$

관련개념 CHAPTER 06 작업환경 관리

028

모든 시스템안전 분석에서 제일 첫 번째 단계의 분석으로, 실행되고 있는 시스템을 포함한 모든 것의 상태를 인식하고 시스템의 개발단계에서 시스템 고유의 위험상태를 식별하여 예상되고 있는 재해의 위험수준을 결정하는 것을 목적으로 하는 위험분석 기법은?

① 결함위험분석(FHA; Fault Hazard Analysis)
② 시스템위험분석(SHA; System Hazard Analysis)
③ 예비위험분석(PHA; Preliminary Hazard Analysis)
④ 운용위험분석(OHA; Operating Hazard Analysis)

해설 예비위험분석(PHA; Preliminary Hazards Analysis)
시스템 내의 위험요소가 얼마나 위험상태에 있는가를 평가하는 시스템안전 프로그램의 최초단계(시스템 구상단계)의 정성적인 분석 방식이다.

관련개념 CHAPTER 02 위험성 파악·결정

029

자연습구온도가 30[℃]이고, 흑구온도가 35[℃]일 때, 실내의 습구흑구온도지수(WBGT; Wet Bulb Globe Temperature)는 얼마인가?

① 30.5[℃] ② 31.5[℃]
③ 32[℃]   ④ 33.5[℃]

해설 습구흑구온도지수(WBGT)[옥내 또는 옥외(태양광선이 내리쬐지 않는 장소)]
$WBGT[℃] = 0.7 \times$ 자연습구온도$(NWB) + 0.3 \times$ 흑구온도(GT)
$= 0.7 \times 30 + 0.3 \times 35 = 31.5[℃]$

관련개념 CHAPTER 06 작업환경 관리

030

HAZOP 기법에서 사용하는 가이드 워드와 그 의미가 옳게 연결된 것은?

① As well As: 성질상의 감소
② No/Not: 설계의도의 완전한 부정
③ Part of: 성질상의 증가
④ Other than: 기타 환경적인 요인

해설 유인어(Guide Words)
- NO 또는 NOT: 설계의도에 완전히 반하여 변수의 양이 없는 상태
- MORE 또는 LESS: 변수가 양적으로 증가 또는 감소되는 상태
- AS WELL AS: 설계의도 외의 다른 변수가 부가되는 상태(성질상의 증가)
- PART OF: 설계의도대로 완전히 이루어지지 않는 상태(성질상의 감소)
- REVERSE: 설계의도와 정반대로 나타나는 상태
- OTHER THAN: 설계의도대로 설치되지 않거나 운전 유지되지 않는 상태(완전한 대체)

관련개념 CHAPTER 02 위험성 파악·결정

031

프레스에 설치된 안전장치의 수명은 지수분포를 따르며 평균수명은 100시간이다. 새로 구입한 안전장치가 50시간 동안 고장 없이 작동할 확률(A)과 이미 100시간을 사용한 안전장치가 앞으로 100시간 이상 견딜 확률(B)은 약 얼마인가?

① A: 0.368, B: 0.368
② A: 0.607, B: 0.368
③ A: 0.368, B: 0.607
④ A: 0.607, B: 0.607

해설 기계의 신뢰도

A: $R = e^{-\lambda t} = e^{-\frac{t}{t_0}} = e^{-\frac{50}{100}} = 0.607$
B: $R = e^{-\lambda t} = e^{-\frac{t}{t_0}} = e^{-\frac{100}{100}} = 0.368$

여기서, λ: 고장률
t: 가동시간
t_0: 평균수명

관련개념 CHAPTER 02 위험성 파악·결정

032

8시간 근무를 기준으로 남성작업자 A의 대사량을 측정한 결과, 산소소비량이 1.3[L/min]으로 측정되었다. Murrell 방법으로 계산 시, 8시간의 총 근로시간에 포함되어야 할 휴식시간은?

① 124[분]
② 134[분]
③ 144[분]
④ 154[분]

해설 휴식시간

산소 1[L]당 에너지소비량은 5[kcal]이다.
따라서 작업 중에 분당 산소소비량이 1.3[L/min]이라면 작업의 평균에너지는 1.3[L/min]×5[kcal/L]=6.5[kcal/min]이다.

휴식시간 $R = \frac{60(E-5)}{E-1.5} = \frac{60 \times (6.5-5)}{6.5-1.5} = 18$분

여기서, E: 작업의 평균 에너지소비량[kcal/min]
        5: 평균 에너지소비량 상한[kcal/min]

1시간당 18분의 휴식시간을 부여하여야 하므로 근로시간 8시간 중 18×8=144분이 휴식시간으로 포함되어야 한다.

관련개념 CHAPTER 06 작업환경 관리

033

인간의 실수 중 수행해야 할 작업 및 단계를 생략하여 발생하는 오류는?

① Omission Error
② Commission Error
③ Sequential Error
④ Timing Error

해설 휴먼에러의 행위에 의한 분류(Swain)

- 생략(부작위적)에러(Omission Error): 작업 내지 필요한 절차를 수행하지 않는 데서 기인한 에러
- 실행(작위적)에러(Commission Error): 작업 내지 절차를 수행했으나 잘못된 실수(선택착오, 순서착오, 시간착오)에서 기인한 에러
- 과잉행동에러(Extraneous Error): 불필요한 작업 내지 절차를 수행함으로써 기인한 에러
- 순서에러(Sequential Error): 작업수행의 순서를 잘못한 실수
- 시간(지연)에러(Timing Error): 소정의 기간에 수행하지 못한 실수(너무 빨리 혹은 늦게)

관련개념 CHAPTER 01 안전과 인간공학

034

연구 기준의 요건과 내용이 옳은 것은?

① 무오염성: 실제로 의도하는 바와 부합해야 한다.
② 적절성: 반복 실험 시 재현성이 있어야 한다.
③ 신뢰성: 측정하고자 하는 변수 이외의 다른 변수의 영향을 받아서는 안 된다.
④ 민감도: 피실험자 사이에서 볼 수 있는 예상 차이점에 비례하는 단위로 측정해야 한다.

해설 체계기준의 구비조건(연구조사의 기준척도)

- 실제적 요건: 객관적, 정량적이고, 수집 또는 연구가 쉬우며, 특수한 자료 수집기법이나 기기가 필요 없어 돈이나 실험자의 수고가 적게 들어야 한다.
- 신뢰성(반복성): 시간이나 대표적 표본의 선정에 관계없이, 변수 측정의 일관성이나 안정성이 있어야 한다.
- 타당성(적절성): 어느 것이나 공통적으로 변수가 실제로 의도하는 바를 어느정도 측정하는가를 결정하여야 한다.(시스템의 목표를 잘 반영하는가를 나타내는 척도)
- 순수성(무오염성): 측정하는 구조 외적인 변수의 영향은 받지 않아야 한다.
- 민감도: 피검자 사이에서 볼 수 있는 예상 차이점에 비례하는 단위로 측정하여야 한다.

관련개념 CHAPTER 01 안전과 인간공학

035

다음 중 인체측정과 작업공간의 설계에 관한 설명으로 옳은 것은?

① 구조적 인체치수는 움직이는 몸의 자세로부터 측정한 것이다.
② 선반의 높이를 정할 때에는 인체 측정치의 최대집단치를 적용한다.
③ 수평작업대에서의 정상 작업영역은 상완을 자연스럽게 늘어뜨린 상태에서 전완을 뻗어 파악할 수 있는 영역을 말한다.
④ 수평작업대에서의 최대 작업영역은 다리를 고정시킨 후 최대한으로 파악할 수 있는 영역을 말한다.

해설
① 구조적 인체치수는 표준 자세에서 움직이지 않는 피측정자를 인체측정기로 측정한 것이다.
② 선반의 높이를 정할 때에는 최소치 설계를 적용한다.
④ 수평작업대의 최대 작업영역은 아래팔(전완)과 위팔(상완)을 곧게 펴서 파악할 수 있는 구역(55~65[cm])이다.

관련개념 CHAPTER 06 작업환경 관리

036

컷셋과 패스셋에 관한 설명으로 옳은 것은?

① 동일한 시스템에서 패스셋의 개수와 컷셋의 개수는 같다.
② 패스셋은 동시에 발생했을 때 정상사상을 유발하는 사상들의 집합이다.
③ 일반적으로 시스템에서 최소 컷셋의 개수가 늘어나면 위험 수준이 높아진다.
④ 최소 컷셋은 어떤 고장이나 실수를 일으키지 않으면 재해는 일어나지 않는다고 하는 것이다.

해설 최소 컷셋과 최소 패스셋
- 최소 컷셋(Minimal Cut Set): 정상사상을 일으키기 위한 최소한의 컷셋으로, 시스템의 위험성을 표시한다.
- 최소 패스셋(Minimal Path Set): 정상사상이 일어나지 않는 최소한의 집합으로, 시스템의 신뢰성을 표시한다.

관련개념 CHAPTER 02 위험성 파악·결정

037

인간의 귀의 구조에 대한 설명으로 틀린 것은?

① 외이는 귓바퀴와 외이도로 구성된다.
② 고막은 중이와 내이의 경계부위에 위치해 있으며 음파를 진동으로 바꾼다.
③ 중이에는 인두와 교통하여 고실 내압을 조절하는 유스타키오관이 존재한다.
④ 내이는 신체의 평형감각수용기인 반규관과 청각을 담당하는 전정기관 및 와우로 구성되어 있다.

해설 고막
- 외이와 중이의 경계에 위치하는 얇고 투명한 두께 0.1[mm]의 막이다.
- 외이로부터 전달된 음파에 진동되어 내이로 전달시키는 역할을 한다.

관련개념 CHAPTER 06 작업환경 관리

038

국내 규정상 1일 노출횟수가 100일 때 최대 음압수준이 몇 [dB]을 초과하는 충격소음에 노출되어서는 아니 되는가?

① 110
② 120
③ 130
④ 140

해설 충격소음작업
소음이 1초 이상의 간격으로 발생하는 작업 중 다음의 어느 하나에 해당하는 작업을 말한다.
- 120[dB]을 초과하는 소음이 1일 1만 회 이상 발생하는 작업
- 130[dB]을 초과하는 소음이 1일 1천 회 이상 발생하는 작업
- 140[dB]을 초과하는 소음이 1일 1백 회 이상 발생하는 작업

관련개념 CHAPTER 06 작업환경 관리

039

다음 중 시스템 안전관리의 주요 업무와 가장 거리가 먼 것은?

① 시스템 안전에 필요한 사항의 식별
② 안전활동의 계획, 조직 및 관리
③ 시스템 안전활동 결과의 평가
④ 생산시스템의 비용과 효과 분석

해설 시스템 안전관리업무를 수행하기 위한 내용
- 시스템 안전에 필요한 사항의 식별
- 안전활동의 계획, 조직 및 관리
- 시스템 안전에 대한 목표를 유효하게 실현하기 위한 프로그램의 해석 검토
- 시스템 안전활동 결과의 평가

관련개념 CHAPTER 02 위험성 파악·결정

040

건구온도 30[℃], 습구온도 35[℃]일 때의 옥스퍼드(Oxford) 지수는 얼마인가?

① 20.75[℃]   ② 24.58[℃]
③ 32.78[℃]   ④ 34.25[℃]

해설 옥스퍼드(Oxford) 지수(습건지수)
$W_D = 0.85W(습구온도) + 0.15D(건구온도)$
$= 0.85 \times 35 + 0.15 \times 30 = 34.25[℃]$

관련개념 CHAPTER 06 작업환경 관리

기계·기구 및 설비 안전관리

041

방사선 투과검사에서 투과사진의 상질을 점검할 때 확인해야 할 항목으로 거리가 먼 것은?

① 투과도계의 식별도   ② 시험부의 사진농도 범위
③ 계조계의 값   ④ 주파수의 크기

해설 투과사진의 상질을 점검할 때 확인해야 할 항목
- 투과도계의 식별 최소선경
- 시험부의 사진농도
- 계조계의 값(농도차/농도)

관련개념 CHAPTER 07 설비진단 및 검사

042

와이어로프의 구성요소가 아닌 것은?

① 소선   ② 클립
③ 스트랜드(Strand)   ④ 심강(Core)

해설 클립은 와이어로프를 고정하는 기구이다.
와이어로프 구성요소
소선, 스트랜드(Strand), 심강(Core), 심선

관련개념 CHAPTER 06 운반기계 및 양중기

043

기계설비의 위험점 중 연삭숫돌과 작업받침대, 교반기의 날개와 하우스 등 고정부분과 회전하는 동작 부분 사이에서 형성되는 위험점은?

① 끼임점   ② 물림점
③ 회전말림점 ④ 절단점

해설 끼임점(Shear Point)
기계의 고정부분과 회전 또는 직선운동 부분 사이에 형성되는 위험점이다.
예 회전 풀리와 베드 사이, 연삭숫돌과 작업대, 교반기의 날개와 하우스

관련개념 CHAPTER 01 기계공정의 안전, 기계안전시설 관리

정답 039 ④   040 ④   041 ④   042 ②   043 ①

044

연삭기에서 숫돌의 바깥지름이 150[mm]일 경우 평형 플랜지 지름은 몇 [mm] 이상이어야 하는가?

① 30
② 50
③ 60
④ 90

해설 플랜지의 지름은 숫돌 직경의 $\frac{1}{3}$ 이상인 것이 적당하다.

플랜지의 지름 $D = 150 \times \frac{1}{3} = 50$[mm] 이상

관련개념 CHAPTER 03 공작기계의 안전

045

지게차의 방호장치인 헤드가드에 대한 설명으로 맞는 것은?

① 상부틀의 각 개구의 폭 또는 길이는 16[cm] 미만일 것
② 운전자가 앉아서 조작하는 방식의 지게차의 경우에는 운전자의 좌석 윗면에서 헤드가드의 상부틀 아랫면까지의 높이는 1.5[m] 이상일 것
③ 강도는 지게차의 최대하중의 2배 값(5톤을 넘는 값에 대해서는 5톤으로 함)의 등분포정하중에 견딜 수 있을 것
④ 운전자가 서서 조작하는 방식의 지게차의 경우에는 운전석의 바닥면에서 헤드가드의 상부틀 하면까지의 높이가 1.8[m] 이상일 것

해설 헤드가드의 구비조건
- 강도는 지게차의 최대하중의 2배 값(4톤을 넘는 값에 대해서는 4톤)의 등분포정하중에 견딜 수 있을 것
- 상부틀의 각 개구의 폭 또는 길이가 16[cm] 미만일 것
- 운전자가 앉아서 조작하거나 서서 조작하는 지게차의 헤드가드는 한국산업표준에서 정하는 높이 기준 이상일 것(입승식: 1.88[m] 이상, 좌승식: 0.903[m] 이상)

관련개념 CHAPTER 06 운반기계 및 양중기

046

롤러에 설치하는 급정지장치 조작부의 종류와 그 위치로 옳은 것은?(단, 위치는 조작부의 중심점을 기준으로 한다.)

① 발조작식은 밑면으로부터 0.2[m] 이내
② 손조작식은 밑면으로부터 1.8[m] 이내
③ 복부조작식은 밑면으로부터 0.6[m] 이상 1[m] 이내
④ 무릎조작식은 밑면으로부터 0.2[m] 이상 0.4[m] 이내

해설 급정지장치 조작부의 위치

종류	설치위치
손조작식	밑면에서 1.8[m] 이내
복부조작식	밑면에서 0.8[m] 이상 1.1[m] 이내
무릎조작식	밑면에서 0.6[m] 이내

※ 위치는 급정지장치 조작부의 중심점을 기준으로 한다.

관련개념 CHAPTER 05 기타 산업용 기계·기구

047

어떤 로프의 최대하중이 600[kgf]이고, 정격하중은 150[kgf]이다. 이때 안전계수는 얼마인가?

① 2
② 3
③ 4
④ 5

해설 안전계수 $= \frac{\text{최대하중}}{\text{정격하중}} = \frac{600}{150} = 4$

관련개념 CHAPTER 01 기계공정의 안전, 기계안전시설 관리

048

선반가공 시 연속적으로 발생되는 칩으로 인해 작업자가 다치는 것을 방지하기 위하여 칩을 짧게 절단시켜 주는 안전장치는?

① 커버
② 브레이크
③ 보안경
④ 칩 브레이커

해설 칩 브레이커(Chip Breaker)
칩이 짧게 끊어지도록 하는 장치로 선반의 안전장치이다.

관련개념 CHAPTER 03 공작기계의 안전

049

다음 중 연삭숫돌의 파괴원인으로 거리가 먼 것은?

① 플랜지가 현저히 클 때
② 숫돌에 균열이 있을 때
③ 숫돌의 측면을 사용할 때
④ 숫돌의 치수 특히 내경의 크기가 적당하지 않을 때

해설 플랜지 지름이 현저하게 작을 때 연삭숫돌이 파괴된다.
연삭숫돌의 파괴 및 재해원인
- 숫돌에 균열이 있는 경우
- 숫돌이 고속으로 회전하는 경우
- 회전력이 결합력보다 큰 경우
- 무거운 물체가 충돌한 경우(외부의 큰 충격을 받은 경우)
- 숫돌의 측면을 일감으로써 심하게 가압했을 경우
- 베어링이 마모되어 진동을 일으키는 경우
- 플랜지 지름이 현저하게 작은 경우
- 회전중심이 잡히지 않은 경우

관련개념 CHAPTER 03 공작기계의 안전

050

「산업안전보건법령」상 프레스 등의 작업시작 전 점검사항이 아닌 것은?

① 슬라이드 또는 칼날에 의한 위험방지 기구의 기능
② 프레스의 금형 및 고정볼트 상태
③ 전단기의 칼날 및 테이블의 상태
④ 권과방지장치 및 그 밖의 경보장치의 기능

해설 권과방지장치 및 그 밖의 경보장치의 기능은 이동식 크레인을 이용하여 작업을 할 때 작업시작 전 점검사항이다.
프레스 등의 작업시작 전 점검사항
- 클러치 및 브레이크의 기능
- 크랭크축·플라이휠·슬라이드·연결봉 및 연결 나사의 풀림 유무
- 1행정 1정지기구·급정지장치 및 비상정지장치의 기능
- 슬라이드 또는 칼날에 의한 위험방지 기구의 기능
- 프레스의 금형 및 고정볼트 상태
- 방호장치의 기능
- 전단기의 칼날 및 테이블의 상태

관련개념 CHAPTER 02 기계분야 산업재해 조사 및 관리

051

「산업안전보건법령」상 산업용 로봇의 작업시작 전 점검사항으로 가장 거리가 먼 것은?

① 외부 전선의 피복 또는 외장의 손상 유무
② 압력방출장치의 이상 유무
③ 매니퓰레이터 작동 이상 유무
④ 제동장치 및 비상정지장치의 기능

해설 압력방출장치의 기능은 공기압축기를 가동할 때 작업시작 전 점검사항이다.
산업용 로봇의 작업시작 전 점검사항
- 외부 전선의 피복 또는 외장의 손상 유무
- 매니퓰레이터(Manipulator) 작동의 이상 유무
- 제동장치 및 비상정지장치의 기능

관련개념 CHAPTER 02 기계분야 산업재해 조사 및 관리

052

크레인의 방호장치에 해당되지 않은 것은?

① 권과방지장치 ② 과부하방지장치
③ 비상정지장치 ④ 자동보수장치

해설 **크레인의 방호장치**
- 권과방지장치
- 과부하방지장치
- 비상정지장치
- 제동장치

관련개념 CHAPTER 06 운반기계 및 양중기

| 정답 | 049 ① | 050 ④ | 051 ② | 052 ④ |

053

개구면에서 위험점까지의 거리가 50[mm]인 위치에 풀리(Pulley)가 회전하고 있다. 가드(Guard)의 개구부 간격으로 설정할 수 있는 최댓값은?

① 9.0[mm] ② 12.5[mm]
③ 13.5[mm] ④ 25[mm]

해설 가드를 설치할 때 일반적인 개구부의 간격
$Y = 6 + 0.15X = 6 + 0.15 \times 50 = 13.5[mm]$
여기서, Y : 개구부의 간격[mm]
X : 개구부에서 위험점까지의 최단거리[mm]($X < 160[mm]$)

관련개념 CHAPTER 05 기타 산업용 기계 · 기구

054

「산업안전보건법령」에 따라 아세틸렌 용접장치의 아세틸렌 발생기를 설치하는 경우, 발생기실의 설치장소에 대한 설명 중 A, B에 들어갈 내용으로 옳은 것은?

> • 발생기실은 건물의 최상층에 위치하여야 하며, 화기를 사용하는 설비로부터 (A)를 초과하는 장소에 설치하여야 한다.
> • 발생기실을 옥외에 설치한 경우에는 그 개구부를 다른 건축물로부터 (B) 이상 떨어지도록 하여야 한다.

① A: 1.5[m], B: 3[m]   ② A: 2[m], B: 4[m]
③ A: 3[m], B: 1.5[m]   ④ A: 4[m], B: 2[m]

해설 발생기실의 설치장소
• 아세틸렌 용접장치의 아세틸렌 발생기를 설치하는 경우에는 전용의 발생기실을 설치하여야 한다.
• 발생기실은 건물의 최상층에 위치하여야 하며, **화기를 사용하는 설비로부터 3[m]를 초과하는** 장소에 설치하여야 한다.
• 발생기실을 옥외에 설치한 경우에는 그 개구부를 **다른 건축물로부터 1.5[m] 이상 떨어지도록** 하여야 한다.

관련개념 CHAPTER 05 기타 산업용 기계 · 기구

055

다음 중 지게차의 작업 상태별 안정도에 관한 설명으로 틀린 것은?(단, V는 최고속도[km/h]이다.)

① 기준 부하상태에서 하역작업 시의 좌우 안정도는 6[%] 이내이다.
② 기준 부하상태에서 하역작업 시의 전후 안정도는 20[%] 이내이다.
③ 기준 부하상태에서 주행 시의 전후 안정도는 18[%] 이내이다.
④ 기준 무부하상태에서 주행 시의 좌우 안정도는 (15+1.1V)[%] 이내이다.

해설 지게차 기준 부하상태에서 하역작업 시의 전후 안정도는 4[%] 이내이다.(5톤 이상은 3.5[%] 이내)

관련개념 CHAPTER 06 운반기계 및 양중기

056

다음 중 공장 소음에 대한 방지계획에 있어 소음원에 대한 대책에 해당하지 않는 것은?

① 해당 설비의 밀폐
② 설비실의 차음벽 시공
③ 작업자의 보호구 착용
④ 소음기 및 흡음장치 설치

해설 작업자의 보호구 착용은 소음원에 대한 대책이 아닌 작업자에 대한 대책에 해당한다.
소음을 통제하는 방법(소음대책)
• 소음원의 통제
• 소음의 격리
• 차폐장치 및 흡음재 사용
• 음향처리제 사용
• 적절한 배치

관련개념 SUBJECT 02 인간공학 및 위험성평가 · 관리
CHAPTER 06 작업환경 관리

057

다음 중 밀링작업 시 안전수칙으로 옳지 않은 것은?

① 테이블 위에 공구나 기타 물건 등을 올려놓지 않는다.
② 제품 치수를 측정할 때는 절삭 공구의 회전을 정지한다.
③ 강력 절삭을 할 때는 일감을 바이스에 얕게 물린다.
④ 상하 좌우 이송장치의 핸들은 사용 후 풀어 둔다.

해설 밀링작업 시 강력절삭을 할 때는 일감을 바이스에 깊게 물린다.

관련개념 CHAPTER 03 공작기계의 안전

058

프레스 작업 중 부주의로 프레스의 페달을 밟는 것에 대비하여 페달에 설치하는 것을 무엇이라 하는가?

① 클램프
② 로크너트
③ 커버
④ 스프링 와셔

해설 근로자 부주의로 인하여 페달을 작동시키거나, 낙하물 등에 의해 페달이 예상치 못한 상황에서 작동하는 등의 불시작동을 방지하고 안전을 유지하기 위하여 페달에 U자형 커버를 설치하여야 한다.

관련개념 CHAPTER 04 프레스 및 전단기의 안전

059

페일 세이프(Fail Safe)의 기계설계상 본질적 안전화에 대한 설명으로 틀린 것은?

① 구조적 Fail Safe: 인간이 기계 등의 취급을 잘못해도 그것이 바로 사고나 재해와 연결되는 일이 없도록 하는 기능을 말한다.
② Fail-passive: 부품이 고장 나면 통상적으로 기계는 정지하는 방향으로 이동한다.
③ Fail-active: 부품이 고장 나면 기계는 경보를 울리는 가운데 짧은 시간 동안의 운전이 가능하다.
④ Fail-operational: 부품의 고장이 있어도 기계는 추후의 보수가 될 때까지 안전한 기능을 유지하며 이것은 병렬계통 또는 대기여분(Stand-by Redundancy) 계통으로 한 것이다.

해설 ①은 Fool Proof에 대한 설명이다.

관련개념 CHAPTER 01 기계공정의 안전, 기계안전시설 관리

060

다음 설명은 보일러의 장해 원인 중 어느 것에 해당되는가?

> 보일러 수중에 용해고형분이나 수분이 발생, 증기 중에 다량 함유되어 증기의 순도를 저하시킴으로써 관내 응축수가 생겨 워터해머의 원인이 되고 증기과열기나 터빈 등의 고장의 원인이 된다.

① 프라이밍(Priming)
② 포밍(Foaming)
③ 캐리오버(Carry Over)
④ 역화(Back Fire)

해설 캐리오버(Carry Over)
보일러 증기관 쪽에 보내는 증기에 대량의 물방울이 포함되는 경우가 있는데 이것을 캐리오버라 하며, 프라이밍이나 포밍이 생기면 필연적으로 캐리오버가 발생한다.

관련개념 CHAPTER 05 기타 산업용 기계·기구

| 정답 | 057 ③ | 058 ③ | 059 ① | 060 ③ |

전기설비 안전관리

061
방폭구조와 관계 있는 위험특성이 아닌 것은?
① 발화온도
② 증기밀도
③ 화염일주한계
④ 최소점화전류

해설 증기밀도는 폭발성 분위기의 생성조건과 관계 있는 위험특성이다.

방폭구조와 관계 있는 위험특성	폭발성 분위기의 생성조건과 관계 있는 위험특성
• 발화온도 • 화염일주한계(최대안전틈새) • 폭발등급 • 최소점화전류	• 폭발한계 • 인화점 • 증기밀도

관련개념 CHAPTER 04 전기방폭관리

062
1[C]을 갖는 2개의 전하가 공기 중에서 1[m]의 거리에 있을 때 이들 사이에 작용하는 정전력은?
① 8.854×10^{-12}[N]
② 1.0[N]
③ 3×10^3[N]
④ 9×10^9[N]

해설 쿨롱의 법칙

정전력 $F = K\dfrac{q_1 q_2}{r^2} = (9 \times 10^9) \times \dfrac{1 \times 1}{1^2} = 9 \times 10^9$[N]

여기서, K: 쿨롱상수(9×10^9)
  q: 전하의 크기[C]
  r: 두 전하 사이의 거리[m]

관련개념 CHAPTER 03 정전기 장·재해관리

063
전기기계·기구의 조작 시 안전조치로서 사업주는 근로자가 안전하게 작업할 수 있도록 전기기계·기구로부터 폭 얼마 이상의 작업공간을 확보하여야 하는가?
① 30[cm]
② 50[cm]
③ 70[cm]
④ 100[cm]

해설 전기기계·기구의 조작부분을 점검하거나 보수하는 경우에는 전기기계·기구로부터 폭 **70[cm]** 이상의 작업공간을 확보하여야 한다. 다만, 작업공간의 확보가 곤란한 때에는 절연용 보호구를 착용하도록 한다.

관련개념 CHAPTER 02 감전재해 및 방지대책

064
금속제 외함을 가지는 기계·기구에 전기를 공급하는 전로에 지락이 발생했을 때에 자동적으로 전로를 차단하는 누전차단기 등을 설치하여야 한다. 누전차단기를 설치하지 않아도 되는 경우로 틀린 것은?
① 기계·기구가 고무, 합성수지 기타 절연물로 피복된 것일 경우
② 기계·기구가 유도전동기의 2차 측 전로에 접속된 저항기일 경우
③ 대지전압이 150[V]를 초과하는 전동 기계·기구를 시설하는 경우
④ 「전기용품 및 생활용품 안전관리법」의 적용을 받는 2중 절연구조의 기계·기구를 시설하는 경우

해설 대지전압이 150[V]를 초과하는 이동형 또는 휴대형 전기기계·기구에 누전차단기를 설치하여야 한다.

관련개념 CHAPTER 02 감전재해 및 방지대책

065

감전사고를 방지하기 위한 허용보폭전압에 대한 수식으로 맞는 것은?

> E: 허용보폭전압
> ρ_s: 지표상층 저항률
> R_b: 인체의 저항
> I_k: 심실세동전류

① $E = (R_b + 3\rho_s)I_k$
② $E = (R_b + 4\rho_s)I_k$
③ $E = (R_b + 5\rho_s)I_k$
④ $E = (R_b + 6\rho_s)I_k$

해설 허용접촉전압과 허용보폭전압

허용접촉전압	허용보폭전압
$E = \left(R_b + \dfrac{3\rho_S}{2}\right) \times I_k$	$E = (R_b + 6\rho_S) \times I_k$

여기서, I_k: 통전전류 $\left(\dfrac{0.165}{\sqrt{T}}\right)$[A], R_b: 인체저항[Ω], ρ_S: 지표상층 저항률[Ω·m]

관련개념 CHAPTER 02 감전재해 및 방지대책

066

제전기의 종류가 아닌 것은?

① 전압인가식 제전기
② 정전식 제전기
③ 방사선식 제전기
④ 자기방전식 제전기

해설 제전기의 종류는 제전에 필요한 이온의 생성방법에 따라 전압인가식 제전기, 자기방전식 제전기, 방사선식 제전기가 있다.

관련개념 CHAPTER 03 정전기 장·재해관리

067

피뢰기의 설치장소가 아닌 것은?

① 저압을 공급받는 수용장소의 인입구
② 지중전선로와 가공전선로가 접속되는 곳
③ 가공전선로에 접속하는 배전용 변압기의 고압 측
④ 발전소 또는 변전소의 가공전선 인입구 및 인출구

해설 피뢰기의 설치장소
- 발전소·변전소 또는 이에 준하는 장소의 가공전선 인입구 및 인출구
- 특고압 가공전선로가 접속하는 배전용 변압기의 고압 측 및 특고압 측
- **고압 또는 특고압의 가공전선로로부터 공급받는 수용장소의 인입구**
- 가공전선로와 지중전선로가 접속되는 곳

관련개념 CHAPTER 05 전기설비 위험요인관리

068

일반 허용접촉전압과 그 종별을 짝지은 것으로 틀린 것은?

① 제1종: 0.5[V] 이하
② 제2종: 25[V] 이하
③ 제3종: 50[V] 이하
④ 제4종: 제한 없음

해설 허용접촉전압

종별	허용접촉전압
제1종	2.5[V] 이하
제2종	25[V] 이하
제3종	50[V] 이하
제4종	제한 없음

관련개념 CHAPTER 02 감전재해 및 방지대책

069

인체저항을 500[Ω]이라 한다면 심실세동을 일으키는 위험한계에너지는 약 몇 [J]인가?(단, 심실세동전류값은 Dalziel의 식 $I=\frac{165}{\sqrt{T}}$[mA]를 이용하고, 통전시간은 2초로 한다.)

① 13.6
② 16.2
③ 27.2
④ 32.4

해설
$$W = I^2RT = \left(\frac{165}{\sqrt{T}} \times 10^{-3}\right)^2 \times 500T$$
$$= (165^2 \times 10^{-6}) \times 500 = 13.6[J]$$

여기서, W : 위험한계에너지[J]
  I : 심실세동전류[A]
  R : 인체저항[Ω]
  T : 통전시간[s]

관련개념 CHAPTER 02 감전재해 및 방지대책

070

제전기의 설치장소로 가장 적절한 것은?

① 대전물체의 뒷면에 접지물체가 있는 경우
② 정전기의 발생원으로부터 5~20[cm] 정도 떨어진 장소
③ 오물과 이물질이 자주 발생하고 묻기 쉬운 장소
④ 온도가 150[℃], 상대습도가 80[%] 이상인 장소

해설 제전기의 설치장소
제전기의 설치위치는 원칙적으로 대전물체 배면의 접지체 또는 다른 제전기가 설치되어 있는 위치, 정전기의 발생원, 제전기에 오물이 묻기 쉬운 장소는 피하고 온도 150[℃] 이상, 상대습도 80[%] 이상의 환경은 피하는 것이 좋다.
- 제전기를 설치하기 전과 후의 대전물체의 전위를 측정해서 제전의 목표값을 만족하는 위치 또는 제전효율이 90[%] 이상 되는 위치
- 제전기를 설치하기 전 대전물체의 전위를 측정하여 그 전위가 가능한 높은 위치
- 정전기의 발생원으로부터 가능한 한 가까운 위치로 하며, 일반적으로 **정전기의 발생원으로부터 5~20[cm] 정도 떨어진 위치**

관련개념 CHAPTER 03 정전기 장·재해관리

071

정전작업 시 작업 전 조치사항 중 가장 거리가 먼 것은?

① 단락접지 상태를 수시로 확인
② 전로의 충전 여부를 검전기로 확인
③ 전력용 커패시터, 전력케이블 등 잔류전하 방전
④ 개로개폐기의 잠금장치 및 통전금지 표지판 설치

해설 단락접지 상태 수시확인은 정전작업 중 조치사항이다.

관련개념 CHAPTER 02 감전재해 및 방지대책

072

큰 고장전류가 구리소재의 접지도체를 통하여 흐르지 않을 경우 접지도체의 최소 단면적은 몇 [mm²] 이상이어야 하는가?(단, 접지도체에 피뢰시스템이 접속되지 않는 경우이다.)

① 0.75
② 2.5
③ 6
④ 16

해설 접지도체의 선정
- 큰 고장전류가 접지도체를 통하여 흐르지 않을 경우 접지도체의 최소 단면적
  - **구리 6[mm²] 이상**
  - 철제 50[mm²] 이상
- 접지도체에 피뢰시스템이 접속되는 경우 접지도체의 단면적
  - 구리 16[mm²] 이상
  - 철 50[mm²] 이상

관련개념 CHAPTER 05 전기설비 위험요인관리

073

전압이 동일한 경우 교류가 직류보다 위험한 이유를 가장 잘 설명한 것은?

① 교류의 경우 전압의 극성 변화가 있기 때문이다.
② 교류는 감전 시 화상을 입히기 때문이다.
③ 교류는 감전 시 수축을 일으킨다.
④ 직류는 교류보다 사용빈도가 낮기 때문이다.

해설 전압이 동일한 경우 교류가 직류보다 위험한 이유는 교류는 극성 변화가 있기 때문이다. 교류는 전압 극성이 바뀌면서 근육이 반복적으로 수축과 이완을 일으키고, 이로 인해 사람이 전류에서 벗어나기 어려워진다.

관련개념 CHAPTER 02 감전재해 및 방지대책

074

상용주파수 60[Hz]의 교류에 건강한 성인 남자가 감전되었을 경우 다른 손을 사용하지 않고 자력으로 손을 뗄 수 있는 최대전류(가수전류)는 몇 [mA]인가?

① 1~2 ② 7~8
③ 10~15 ④ 18~22

해설 가수전류(이탈전류)
• 상용주파수 60[Hz]에서 10~15[mA]
• 전격의 영향: 자력으로 이탈 가능한 전류(마비한계전류라고 함)

관련개념 CHAPTER 02 감전재해 및 방지대책

075

정상 작동상태에서 폭발 가능성이 없으나 이상상태에서 짧은 시간 동안 폭발성 가스 또는 증기가 존재하는 지역에서만 사용 가능한 방폭용기를 나타내는 기호는?

① ib ② p
③ e ④ n

해설 2종 장소에 대한 설명으로 2종 장소에서만 사용 가능한 방폭구조는 비점화방폭구조(n)이다.
본질안전방폭구조(ib), 압력방폭구조(p), 안전증방폭구조(e)는 1종 및 2종 장소에 사용 가능하다.

관련개념 CHAPTER 04 전기방폭관리

076

한국전기설비규정에서 정의하는 전압의 구분으로 틀린 것은?

① 교류 저압: 1[kV] 이하
② 직류 저압: 1.5[kV] 이하
③ 직류 고압: 1.5[kV] 초과 7[kV] 이하
④ 특고압: 7,000[V] 이상

해설 전압의 구분
• 저압: 교류는 1[kV] 이하, 직류는 1.5[kV] 이하인 것
• 고압: 교류는 1[kV]를, 직류는 1.5[kV]를 초과하고, 7[kV] 이하인 것
• **특고압: 7[kV]를 초과하는 것**

관련개념 CHAPTER 02 감전재해 및 방지대책

077

다음 설명과 가장 관계가 깊은 것은?

> • 파이프 속에 저항이 높은 액체가 흐를 때 발생된다.
> • 액체의 흐름이 정전기 발생에 영향을 준다.

① 충돌대전 ② 박리대전
③ 유동대전 ④ 분출대전

해설 유동대전
- 액체류가 파이프 등 내부에서 유동할 때 액체와 관벽 사이에 정전기가 발생하는 현상이다.
- 정전기 발생에 가장 크게 영향을 미치는 요인은 유동속도이나 흐름의 상태, 배관의 굴곡, 밸브 등과도 관계가 있다.

관련개념 CHAPTER 03 정전기 장·재해관리

078

저압전로의 보호도체 및 중성선의 접속 방식에 따른 접지계통의 분류가 아닌 것은?

① IT 계통 ② TN 계통
③ TT 계통 ④ TC 계통

해설 계통접지 구성
저압전로의 보호도체 및 중성선의 접속 방식에 따라 접지계통은 다음과 같이 분류한다.
- TN 계통
- TT 계통
- IT 계통

관련개념 CHAPTER 05 전기설비 위험요인관리

079

방폭전기기기에 "Ex ia IIC T4 Ga"라고 표시되어 있다. 해당 기기에 대한 설명으로 틀린 것은?

① 정상 작동, 예상된 오작동에 또는 드문 오작동 중에 점화원이 될 수 없는 "매우 높은" 보호등급의 기기이다.
② 온도 등급이 T4이므로 최고표면온도가 150[℃]를 초과해서는 안 된다.
③ 본질안전방폭구조로 0종 장소에서 사용이 가능하다.
④ 수소 및 아세틸렌 등의 가스가 존재하는 곳에 사용이 가능하다.

해설 온도등급 T4는 최고표면온도가 100[℃] 초과 135[℃] 이하인 것을 말한다.

전기기기의 최고표면온도에 따른 온도등급

온도등급	전기기기의 최고표면온도(℃)
T1	300 초과 450 이하
T2	200 초과 300 이하
T3	135 초과 200 이하
T4	100 초과 135 이하
T5	85 초과 100 이하
T6	85 이하

관련개념 CHAPTER 04 전기방폭관리

080

「한국전기설비규정」에 따라 피뢰설비에서 외부피뢰시스템의 수뢰부시스템으로 적합하지 않은 것은?

① 돌침 ② 수평도체
③ 그물망도체 ④ 환상도체

해설 수뢰부시스템은 돌침, 수평도체, 그물망도체의 요소 중에 한 가지 또는 이를 조합한 형식으로 시설하여야 한다.

관련개념 CHAPTER 05 전기설비 위험요인관리

| 정답 | 077 ③ 078 ④ 079 ② 080 ④

화학설비 안전관리

081
다음 중 퍼지의 종류에 해당하지 않는 것은?
① 압력퍼지   ② 진공퍼지
③ 스위프퍼지   ④ 가열퍼지

해설 불활성화(퍼지)의 종류
진공퍼지, 압력퍼지, 스위프퍼지, 사이폰퍼지 등

관련개념 CHAPTER 01 화재·폭발 검토

082
「산업안전보건기준에 관한 규칙」에서 규정하고 있는 급성 독성 물질의 정의에 해당되지 않는 것은?
① 가스 LC50(쥐, 4시간 흡입)이 2,500[ppm] 이하인 화학물질
② LD50(경구, 쥐)이 킬로그램당 300밀리그램-(체중) 이하인 화학물질
③ LD50(경피, 쥐)이 킬로그램당 1,000밀리그램-(체중) 이하인 화학물질
④ LD50(경피, 토끼)이 킬로그램당 2,000밀리그램-(체중) 이하인 화학물질

해설 LD50(경피, 토끼 또는 쥐)이 [kg]당 1,000[mg]-(체중) 이하인 화학물질이「산업안전보건법령」상 급성 독성 물질에 해당한다.

관련개념 CHAPTER 02 화학물질 안전관리 실행

083
반응기를 조작방식에 따라 분류할 때 해당되지 않는 것은?
① 회분식 반응기   ② 반회분식 반응기
③ 연속식 반응기   ④ 관형 반응기

해설 관형 반응기는 구조에 따라 분류한 것이다.
반응기의 분류
- 조작방법에 따른 분류: 회분식 반응기, 반회분식 반응기, 연속식 반응기
- 구조에 따른 분류: 교반조형 반응기, 관형 반응기, 탑형 반응기, 유동층형 반응기

관련개념 CHAPTER 02 화학물질 안전관리 실행

084
사업주는 인화성 액체 및 인화성 가스를 저장·취급하는 화학설비에서 증기나 가스를 대기로 방출하는 경우에는 외부로부터의 화염을 방지하기 위하여 화염방지기를 설치하여야 한다. 다음 중 화염방지기의 설치 위치로 옳은 것은?
① 설비의 상단   ② 설비의 하단
③ 설비의 측면   ④ 설비의 조작부

해설 화염방지기는 외부로부터의 화염을 방지하기 위하여 그 **설비 상단**에 설치하여야 한다.

관련개념 CHAPTER 04 화공 안전운전·점검

085
다음 중 분진폭발의 특징으로 옳은 것은?
① 가스폭발보다 연소시간이 짧고, 발생에너지가 작다.
② 압력의 파급속도보다 화염의 파급속도가 빠르다.
③ 가스폭발에 비하여 불완전연소가 적게 발생한다.
④ 주위의 분진에 의해 2차, 3차의 폭발로 파급될 수 있다.

해설 분진폭발의 특징
- 가스폭발보다 발생에너지가 크다.
- 폭발압력과 연소속도는 가스폭발보다 작다.
- 불완전연소로 인한 가스중독의 위험성이 크다.
- 화염의 파급속도보다 압력의 파급속도가 빠르다.
- 가스폭발에 비하여 불완전연소가 많이 발생한다.
- **주위 분진에 의해 2차, 3차 폭발로 파급될 수 있다.**

관련개념 CHAPTER 01 화재·폭발 검토

| 정답 | 081 ④ | 082 ④ | 083 ④ | 084 ① | 085 ④ |

086

다음 중 유기과산화물로 분류되는 것은?

① 메틸에틸케톤
② 과망간산칼륨
③ 과산화마그네슘
④ 과산화벤조일

해설 보기에 있는 물질의 분류(「위험물안전관리법령」 기준)
① 메틸에틸케톤: 제4류 위험물로 제1석유류이다.
② 과망간산칼륨: 제1류 위험물로 산화성 고체이다.
③ 과산화마그네슘: 제1류 위험물로 무기과산화물이다.
④ 과산화벤조일: 제5류 위험물로 유기과산화물이다.

관련개념 CHAPTER 02 화학물질 안전관리 실행

088

「산업안전보건법령」상 특수화학설비를 설치할 때 내부의 이상 상태를 조기에 파악하기 위하여 필요한 계측장치를 설치하여야 한다. 이러한 계측장치로 거리가 먼 것은?

① 압력계
② 유량계
③ 온도계
④ 비중계

해설 특수화학설비를 설치하는 경우에는 내부의 이상 상태를 조기에 파악하기 위하여 필요한 **온도계·유량계·압력계** 등의 계측장치를 설치하여야 한다.

관련개념 CHAPTER 02 화학물질 안전관리 실행

089

다음 중 물과 반응하여 아세틸렌을 발생시키는 물질은?

① Zn
② Mg
③ Al
④ CaC_2

해설 탄화칼슘(CaC_2, 카바이드)은 물과 반응하여 아세틸렌(C_2H_2)을 발생시킨다.
$CaC_2 + 2H_2O \rightarrow Ca(OH)_2 + C_2H_2 \uparrow$

관련개념 CHAPTER 02 화학물질 안전관리 실행

087

「산업안전보건법령」에 따라 유해하거나 위험한 설비의 설치·이전 또는 주요 구조부분의 변경공사 시 공정안전보고서의 제출시기는 착공일 며칠 전까지 관련기관에 제출하여야 하는가?

① 15일
② 30일
③ 60일
④ 90일

해설 유해하거나 위험한 설비의 설치·이전 또는 주요 구조부분의 변경공사는 **착공일 30일 전까지** 공정안전보고서를 2부 작성하여 한국산업안전보건공단에 제출하여야 한다.

관련개념 CHAPTER 04 화공 안전운전·점검

090

Li과 Na에 관한 설명으로 틀린 것은?

① 두 금속 모두 실온에서 자연발화의 위험성이 있으므로 알코올 속에 저장해야 한다.
② 두 금속은 물과 반응하여 수소기체를 발생한다.
③ Li은 비중 값이 물보다 작다.
④ Na는 은백색의 무른 금속이다.

해설 Li, Na 등의 알칼리금속은 물에 닿으면 격렬하게 반응하여 수소를 발생시키므로 보호액(석유) 속에 저장하여야 한다.

관련개념 CHAPTER 02 화학물질 안전관리 실행

| 정답 | 086 ④ 087 ② 088 ④ 089 ④ 090 ①

091

폭발하한계에 관한 설명으로 옳지 않은 것은?

① 폭발하한계에서 화염의 온도는 최저치로 된다.
② 폭발하한계에 있어서 산소는 연소하는 데 과잉으로 존재한다.
③ 화염이 하향전파인 경우 일반적으로 온도가 상승함에 따라 폭발하한계는 높아진다.
④ 폭발하한계는 혼합가스의 단위체적당의 발열량이 일정한 한계치에 도달하는 데 필요한 가연성 가스의 농도이다.

해설 기준이 되는 25[℃]에서 100[℃]씩 증가할 때마다 폭발하한계의 값이 8[%] 감소하며, 폭발상한은 8[%] 증가한다.

관련개념 CHAPTER 01 화재·폭발 검토

092

다음 중 제2종 분말소화약제의 주성분은 어느 것인가?

① $NaHCO_3$
② $KHCO_3$
③ $NH_4H_2PO_4$
④ $(NH_2)_2CO$

해설 분말소화약제의 분류
- 제1종 소화약제: 탄산수소나트륨($NaHCO_3$)
- **제2종** 소화약제: 탄산수소칼륨(**$KHCO_3$**)
- 제3종 소화약제: 제1인산암모늄($NH_4H_2PO_4$)
- 제4종 소화약제: 탄산수소칼륨+요소($KHCO_3$+$(NH_2)_2CO$)

관련개념 CHAPTER 01 화재·폭발 검토

093

에틸알코올 완전연소 시, 생성되는 이산화탄소와 물의 비는?

① 1 : 2
② 2 : 1
③ 2 : 3
④ 3 : 2

해설 에틸알코올 완전연소식
$C_2H_5OH + 3O_2 \rightarrow 2CO_2 + 3H_2O$
에틸알코올 완전연소 시 생성되는 이산화탄소와 물의 비는 2 : 3이다.

관련개념 CHAPTER 01 화재·폭발 검토

094

메탄, 에탄, 프로판의 폭발하한계가 각각 5[vol%], 3[vol%], 2.1[vol%]일 때 다음 중 폭발하한계가 가장 낮은 것은?(단, Le Chatelier의 법칙을 이용한다.)

① 메탄 20[vol%], 에탄 30[vol%], 프로판 50[vol%]의 혼합가스
② 메탄 30[vol%], 에탄 30[vol%], 프로판 40[vol%]의 혼합가스
③ 메탄 40[vol%], 에탄 30[vol%], 프로판 30[vol%]의 혼합가스
④ 메탄 50[vol%], 에탄 30[vol%], 프로판 20[vol%]의 혼합가스

해설 혼합가스의 폭발하한계

$$L = \frac{V_1 + V_2 + \cdots + V_n}{\frac{V_1}{L_1} + \frac{V_2}{L_2} + \cdots + \frac{V_n}{L_n}}$$

보기에서 제시된 혼합가스의 폭발하한계는 다음과 같다.

① $L_① = \dfrac{20+30+50}{\frac{20}{5}+\frac{30}{3}+\frac{50}{2.1}} = 2.64[vol\%]$

② $L_② = \dfrac{30+30+40}{\frac{30}{5}+\frac{30}{3}+\frac{40}{2.1}} = 2.85[vol\%]$

③ $L_③ = \dfrac{40+30+30}{\frac{40}{5}+\frac{30}{3}+\frac{30}{2.1}} = 3.10[vol\%]$

④ $L_④ = \dfrac{50+30+20}{\frac{50}{5}+\frac{30}{3}+\frac{20}{2.1}} = 3.39[vol\%]$

따라서 폭발하한계가 가장 낮은 것은 ①이다.

관련개념 CHAPTER 01 화재·폭발 검토

095

다음 중 자연발화의 방지법으로 적절하지 않은 것은?

① 습도가 낮은 곳에 저장할 것
② 통풍이 잘 되는 곳에 저장할 것
③ 저장실의 온도 상승을 피할 것
④ 표면적을 최대한 넓게 할 것

해설 표면적이 넓으면 자연발화가 잘 일어난다.

자연발화 방지대책
- 통풍이 잘 되게 할 것
- 주위 온도를 낮출 것
- 습도가 높지 않도록 할 것
- 열전도가 잘 되는 용기에 보관할 것
- 불활성 액체 내에 저장할 것

관련개념 CHAPTER 01 화재·폭발 검토

096

다음 물질 중 물에 가장 잘 용해되는 것은?

① 아세톤
② 벤젠
③ 톨루엔
④ 휘발유

해설 아세톤
물에 잘 녹으며 유기용매로서 다른 유기물질과도 잘 섞이는 성질이 있어 일상생활에서 물로 지워지지 않는 유성페인트나 매니큐어 등을 지우는 데 많이 쓰인다.

관련개념 CHAPTER 02 화학물질 안전관리 실행

097

다음 중 펌프의 공동현상(Cavitation)을 방지하기 위한 방법으로 가장 적절한 것은?

① 펌프의 설치 위치를 높게 한다.
② 펌프의 회전속도를 빠르게 한다.
③ 펌프의 유효흡입양정을 짧게 한다.
④ 흡입 측에서 펌프의 토출량을 줄인다.

해설 펌프의 설치위치를 낮추어 흡입양정을 짧게 하면 공동현상을 예방할 수 있다.

관련개념 CHAPTER 04 화공 안전운전·점검

098

공정안전보고서 중 공정안전자료에 포함하여야 할 세부내용에 해당하는 것은?

① 비상조치계획에 따른 교육계획
② 안전운전지침서
③ 각종 건물·설비의 배치도
④ 도급업체 안전관리계획

해설 ①은 비상조치계획, ②, ④는 안전운전계획에 포함하여야 할 세부내용이다.

관련개념 CHAPTER 04 화공 안전운전·점검

| 정답 | 095 ④ | 096 ① | 097 ③ | 098 ③ |

099

다음 중 CF_3Br 소화약제를 가장 적절하게 표현한 것은?

① 할론 1031
② 할론 1211
③ 할론 1301
④ 할론 2402

해설 구성 원소들의 개수를 C, F, Cl, Br, I의 순서대로 써보면 C 1개, F 3개, Cl 0개, Br 1개, I 0개이므로 번호는 1301이다. 따라서 CF_3Br은 할론 1301이다.

관련개념 CHAPTER 01 화재·폭발 검토

100

유류저장탱크에서 화염의 차단을 목적으로 외부에 증기를 방출하기도 하고 탱크 내 외기를 흡입하기도 하는 부분에 설치하는 안전장치는?

① Vent Stack
② Safety Valve
③ Gate Valve
④ Flame Arrester

해설 화염방지기(Flame Arrester)
비교적 저압 또는 상압에서 가연성 증기를 발생시키는 인화성 물질 등을 저장하는 탱크에서 외부에 그 증기를 방출하거나 탱크 내에 외기를 흡입하는 부분에 설치하는 안전장치이다.

관련개념 CHAPTER 01 화공 안전운전·점검

건설공사 안전관리

101

산업안전보건관리비 계상 및 사용기준에 따른 공사종류별 계상기준으로 옳은 것은?(단, 중건설공사이고, 대상액이 5억 원 미만인 경우이다.)

① 2.07[%]
② 3.11[%]
③ 3.15[%]
④ 3.64[%]

해설 산업안전보건관리비 계상기준표

공사종류	대상액 5억 원 미만	대상액 5억 원 이상 50억 원 미만		대상액 50억 원 이상	보건관리자 선임 대상
		적용비율	기초액		
건축공사	3.11[%]	2.28[%]	4,325,000원	2.37[%]	2.64[%]
토목공사	3.15[%]	2.53[%]	3,300,000원	2.60[%]	2.73[%]
중건설공사	3.64[%]	3.05[%]	2,975,000원	3.11[%]	3.39[%]
특수건설공사	2.07[%]	1.59[%]	2,450,000원	1.64[%]	1.78[%]

※ 이 문제는 개정된 법령에 따라 수정한 문제입니다.

관련개념 CHAPTER 03 건설업 산업안전보건관리비 관리

102

부두·안벽 등 하역작업을 하는 장소에서 부두 또는 안벽의 선을 따라 통로를 설치하는 경우에는 폭을 최소 얼마 이상으로 하여야 하는가?

① 85[cm]
② 90[cm]
③ 100[cm]
④ 120[cm]

해설 부두·안벽 등 하역작업을 하는 장소에 부두 또는 안벽의 선을 따라 통로를 설치하는 경우에는 폭을 90[cm] 이상으로 하여야 한다.

관련개념 CHAPTER 06 공사 및 작업 종류별 안전

103

온도가 하강함에 따라 토층수가 얼어 부피가 약 9[%] 정도 증대하게 됨으로써 지표면이 부풀어오르는 현상은?

① 동상현상
② 연화현상
③ 리칭현상
④ 액상화현상

해설 동상현상은 지반 내 토층수가 동결하여 부피가 증가하면서 지표면이 부풀어오르는 현상이다.

관련개념 CHAPTER 02 건설공사 위험성

104

시스템 동바리를 조립하는 경우 수직재와 받침철물 연결부의 겹침길이 기준으로 옳은 것은?

① 받침철물 전체 길이의 1/2 이상
② 받침철물 전체 길이의 1/3 이상
③ 받침철물 전체 길이의 1/4 이상
④ 받침철물 전체 길이의 1/5 이상

해설 시스템비계는 비계 밑단의 수직재와 받침철물은 밀착되도록 설치하고, 수직재와 받침철물의 연결부의 겹침길이는 받침철물 전체 길이의 $\frac{1}{3}$ 이상이 되도록 하여야 한다.

관련개념 CHAPTER 05 비계·거푸집 가시설 위험방지

105

달비계의 구조에서 달비계 작업발판의 폭은 최소 얼마 이상이어야 하는가?

① 30[cm]
② 40[cm]
③ 50[cm]
④ 60[cm]

해설 달비계의 작업발판은 폭을 40[cm] 이상으로 하고 틈새가 없도록 하여야 한다.

관련개념 CHAPTER 05 비계·거푸집 가시설 위험방지

106

「산업안전보건법령」에서 규정하고 있는 차량계 건설기계에 해당되지 않는 것은?

① 불도저
② 어스드릴
③ 타워크레인
④ 콘크리트 펌프카

해설 타워크레인은 양중기에 해당된다.

차량계 건설기계의 종류
- 도저형 건설기계(불도저, 스트레이트도저, 틸트도저, 앵글도저, 버킷도저)
- 굴착기
- 항타기 및 항발기
- 천공용 건설기계(어스드릴, 어스오거, 크롤러드릴, 점보드릴)
- 지반 다짐용 건설기계(타이어롤러, 매커덤롤러, 탠덤롤러)
- 콘크리트 펌프카

관련개념 CHAPTER 04 건설현장 안전시설 관리

107

가설통로의 설치기준으로 옳지 않은 것은?

① 추락할 위험이 있는 장소에는 안전난간을 설치할 것
② 경사가 10°를 초과하는 경우에는 미끄러지지 아니하는 구조로 할 것
③ 경사는 30° 이하로 할 것
④ 건설공사에 사용하는 높이 8[m] 이상인 비계다리에는 7[m] 이내마다 계단참을 설치할 것

해설 가설통로 설치 시 준수사항
- 견고한 구조로 할 것
- 경사는 30° 이하로 할 것
- **경사가 15°를 초과하는 경우에는 미끄러지지 아니하는 구조로 할 것**
- 추락할 위험이 있는 장소에는 안전난간을 설치할 것
- 수직갱에 가설된 통로의 길이가 15[m] 이상인 경우에는 10[m] 이내마다 계단참을 설치할 것
- 건설공사에 사용하는 높이 8[m] 이상인 비계다리에는 7[m] 이내마다 계단참을 설치할 것

관련개념 CHAPTER 05 비계·거푸집 가시설 위험방지

108

인력으로 하물을 인양할 때의 몸의 자세와 관련하여 준수하여야 할 사항으로 옳지 않은 것은?

① 한쪽 발은 들어올리는 물체를 향하여 안전하게 고정시키고 다른 발은 그 뒤에 안전하게 고정시킬 것
② 등은 항상 직립한 상태와 90도 각도를 유지하여 가능한 한 지면과 수평이 되도록 할 것
③ 팔은 몸에 밀착시키고 끌어당기는 자세를 취하며 가능한 한 수평거리를 짧게 할 것
④ 손가락으로만 인양물을 잡아서는 아니 되며 손바닥으로 인양물 전체를 잡을 것

해설 인력으로 하물을 인양할 때 등은 지면과 수직이 되도록 하여야 한다.

관련개념 CHAPTER 06 공사 및 작업 종류별 안전

109

히빙(Heaving)현상 방지대책으로 틀린 것은?

① 소단굴착을 실시하여 소단부 흙의 중량이 바닥을 누르게 한다.
② 흙막이벽체 배면의 지반을 개량하여 흙의 전단강도를 높인다.
③ 부풀어 솟아오르는 바닥면의 토사를 제거한다.
④ 흙막이벽체의 근입 깊이를 깊게 한다.

해설 히빙의 예방대책
- 흙막이벽의 근입 깊이 증가
- 흙막이벽 배면지반의 상재하중 제거
- 저면의 굴착부분을 남겨두어 굴착예정인 부분의 일부를 미리 굴착하여 기초콘크리트 타설
- 굴착주변을 웰 포인트(Well Point) 공법과 병행
- **굴착저면에 토사 등 인공중력 증가**

관련개념 CHAPTER 02 건설공사 위험성

110

유해위험방지계획서를 제출해야 할 대상 공사의 조건으로 옳지 않은 것은?

① 터널의 건설 등 공사
② 최대 지간길이가 50[m] 이상인 다리의 건설 등 공사
③ 다목적댐·발전용댐, 저수용량 2천만 톤 이상의 용수 전용 댐 및 지방상수도 전용 댐의 건설 등 공사
④ 깊이가 5[m] 이상인 굴착공사

해설 깊이가 10[m] 이상인 굴착공사가 유해위험방지계획서 제출대상이다.

관련개념 CHAPTER 02 건설공사 위험성

111

사다리식 통로 등을 설치하는 경우 고정식 사다리식 통로의 기울기는 최대 몇 도 이하로 하여야 하는가?

① 60도
② 75도
③ 80도
④ 90도

해설 사다리식 통로의 기울기는 75° 이하로 한다. 다만, **고정식 사다리식 통로의 기울기는 90° 이하로 하고**, 그 높이가 7[m] 이상인 경우에는 상황에 따라 등받이울 또는 개인용 추락 방지 시스템을 설치하여야 한다.

관련개념 CHAPTER 05 비계·거푸집 가시설 위험방지

112

물로 포화된 점토의 다지기를 하면 압축하중으로 지반이 침하하는데 이로 인하여 간극수압이 높아져 물이 배출되면서 흙의 간극이 감소하는 현상을 무엇이라고 하는가?

① 액상화
② 압밀
③ 예민비
④ 동상현상

해설 압밀이란 점토층이 하중을 받으면서 오랜 시간에 걸쳐 간극수가 빠져나감과 동시에 침하가 발생하는 현상이다.

관련개념 CHAPTER 02 건설공사 위험성

113

강관을 사용하여 비계를 구성하는 경우 준수하여야 할 기준으로 옳지 않은 것은?

① 비계기둥의 간격은 띠장 방향에서는 1.85[m] 이하, 장선(長線) 방향에서는 1.5[m] 이하로 할 것
② 띠장 간격은 2.0[m] 이하로 할 것
③ 비계기둥의 제일 윗부분으로부터 31[m] 되는 지점 밑부분의 비계기둥은 3개의 강관으로 묶어 세울 것
④ 비계기둥 간의 적재하중은 400[kg]을 초과하지 않도록 할 것

해설 강관을 사용하여 비계를 구성하는 경우 비계기둥의 제일 윗부분으로부터 31[m] 되는 지점 밑부분의 비계기둥은 2개의 강관으로 묶어 세워야 한다.

관련개념 CHAPTER 05 비계·거푸집 가시설 위험방지

114

「산업안전보건법령」에서 규정하는 철골작업을 중지하여야 하는 기후조건에 해당하지 않는 것은?

① 기온이 영상 28[℃] 이상인 경우
② 풍속이 초당 10[m] 이상인 경우
③ 강설량이 시간당 1[cm] 이상인 경우
④ 강우량이 시간당 1[mm] 이상인 경우

해설 철골작업 중지를 위한 기후조건에 기온과 관련한 기준은 없다.

철골작업 시 작업의 제한기준

구분	내용
강풍	풍속이 10[m/s] 이상인 경우
강우	강우량이 1[mm/h] 이상인 경우
강설	강설량이 1[cm/h] 이상인 경우

관련개념 CHAPTER 06 공사 및 작업 종류별 안전

115

철근을 인력으로 운반하는 작업을 할 때 주의하여야 할 사항으로 옳지 않은 것은?

① 2인 이상이 1조로 운반하고, 어깨메기로 운반하지 않아야 한다.
② 운반할 때에는 양끝을 묶어 운반하여야 한다.
③ 1인당 무게는 25[kg] 정도가 적당하고, 무리한 운반을 삼가야 한다.
④ 내려놓을 때에는 천천히 내려놓고 던지지 않아야 한다.

해설 인력으로 철근 운반 시 주의사항
- 2인 이상이 1조가 되어 어깨메기로 운반하여야 한다.
- 운반할 때에는 양끝을 묶어 운반하여야 한다.
- 1인당 무게는 25[kg] 정도가 적당하고, 무리한 운반을 삼가야 한다.
- 내려 놓을 때는 천천히 내려놓고 던지지 않아야 한다.
- 공동 작업을 할 때에는 신호에 따라 작업을 하여야 한다.

관련개념 CHAPTER 06 공사 및 작업 종류별 안전

116

토공기계 중 클램셸(Clamshell)의 용도에 대해 가장 잘 설명한 것은?

① 단단한 지반에 작업하기 쉽고 작업속도가 빠르며 특히 암반굴착에 적합하다.
② 수면 하의 자갈, 실트 혹은 모래를 굴착하고 준설선에 많이 사용한다.
③ 상당히 넓고 얕은 범위의 점토질 지반 굴착에 적합하다.
④ 기계 위치보다 높은 곳의 굴착, 비탈면 굴착에 적합하다.

해설 클램셸(Clamshell)
- 좁은 장소의 깊은 굴착에 효과적이다.
- 기계 위치와 굴착 지반의 높이 등에 관계없이 고저에 대하여 작업이 가능하다.
- 정확한 굴착 및 단단한 지반작업이 불가능하다.

관련개념 CHAPTER 04 건설현장 안전시설 관리

117

거푸집 및 동바리를 조립하는 경우에 준수해야 할 기준으로 옳지 않은 것은?

① 동바리의 상하 고정 및 미끄러짐 방지 조치를 할 것
② 강재의 접속부 및 교차부는 볼트·클램프 등 전용철물을 사용하여 단단히 연결할 것
③ 동바리의 이음은 같은 품질의 재료를 사용할 것
④ 동바리로 사용하는 파이프서포트는 4개 이상 이어서 사용하지 않도록 할 것

해설 동바리로 사용하는 파이프서포트를 3개 이상 이어서 사용하지 않도록 하여야 한다.

관련개념 CHAPTER 05 비계·거푸집 가시설 위험방지

118

추락방지용 방망의 그물코의 크기가 10[cm]인 신품 매듭방망사의 인장강도는 몇 킬로그램 이상이어야 하는가?

① 80
② 110
③ 150
④ 200

해설 추락방호망 방망사의 인장강도

※ ( ): 폐기기준 인장강도

그물코의 크기 (단위: [cm])	방망의 종류(단위: [kg])	
	매듭 없는 방망	매듭방망
10	240(150)	200(135)
5	–	110(60)

관련개념 CHAPTER 04 건설현장 안전시설 관리

119

훅걸이용 와이어로프 등이 훅으로부터 벗겨지는 것을 방지하기 위한 장치는?

① 해지장치
② 권과방지장치
③ 과부하방지장치
④ 턴버클

해설 해지장치는 와이어로프 등이 훅으로부터 벗겨지는 것을 방지하기 위한 장치이다.

관련개념 CHAPTER 06 공사 및 작업 종류별 안전

120

흙막이 지보공을 설치하였을 때 정기적으로 점검하여 이상 발견 시 즉시 보수하여야 할 사항이 아닌 것은?

① 굴착 깊이의 정도
② 버팀대의 긴압의 정도
③ 부재의 접속부·부착부 및 교차부의 상태
④ 부재의 손상·변형·부식·변위 및 탈락의 유무와 상태

해설 흙막이 지보공 설치 시 정기적 점검 및 보수사항
- 부재의 손상·변형·부식·변위 및 탈락의 유무와 상태
- 버팀대의 긴압의 정도
- 부재의 접속부·부착부 및 교차부의 상태
- 침하의 정도

관련개념 CHAPTER 05 비계·거푸집 가시설 위험방지

2021년 1회 기출문제

2021년 3월 7일 시행

산업재해 예방 및 안전보건교육

001
재해로 인한 직접비용으로 8,000만 원의 산재보상비가 지급되었을 때, 하인리히 방식에 따른 총 손실비용은?

① 16,000만 원
② 24,000만 원
③ 32,000만 원
④ 40,000만 원

해설 총 재해코스트=직접비+간접비
=8,000만+8,000만×4=40,000만 원

하인리히 방식
- 총 재해코스트=직접비+간접비
- 직접비 : 간접비=1 : 4

관련개념 SUBJECT 03 기계·기구 및 설비 안전관리
CHAPTER 02 기계분야 산업재해 조사 및 관리

002
재해조사의 목적과 가장 거리가 먼 것은?

① 재해예방 자료수집
② 재해 관련 책임자 문책
③ 동종 및 유사재해 재발방지
④ 재해발생 원인 및 결함 규명

해설 재해조사 시 책임추궁보다는 재발방지를 우선하는 기본 태도를 갖는다.

관련개념 SUBJECT 03 기계·기구 및 설비 안전관리
CHAPTER 02 기계분야 산업재해 조사 및 관리

003
교육훈련기법 중 Off JT(Off the Job Training)의 장점이 아닌 것은?

① 업무의 계속성이 유지된다.
② 외부의 전문가를 강사로 활용할 수 있다.
③ 특별교재, 시설을 유효하게 사용할 수 있다.
④ 다수의 대상자에게 조직적 훈련이 가능하다.

해설 직장의 실정에 맞게 실제적인 훈련이 가능하여 업무의 계속성이 유지되는 것은 OJT(직장 내 교육훈련)의 장점이다.

Off JT(직장 외 교육훈련)
계층별 직능별로 공통된 교육대상자를 현장 이외의 한 장소에 모아 집합교육을 실시하는 교육형태로 집단교육에 적합하다.
- 다수의 근로자에게 조직적 훈련을 행하는 것이 가능하다.
- 훈련에만 전념할 수 있다.
- 외부의 전문가를 강사로 초청하는 것이 가능하다.
- 특별교재·교구 및 설비를 사용하는 것이 가능하다.

관련개념 CHAPTER 05 안전보건교육의 내용 및 방법

004
「산업안전보건법령」상 중대재해의 범위에 해당하지 않는 것은?

① 1명의 사망자가 발생한 재해
② 1개월의 요양을 요하는 부상자가 동시에 5명 발생한 재해
③ 3개월의 요양을 요하는 부상자가 동시에 3명 발생한 재해
④ 10명의 직업성 질병자가 동시에 발생한 재해

해설 중대재해의 범위
- 사망자가 1명 이상 발생한 재해
- **3개월 이상의 요양이 필요한 부상자가 동시에 2명 이상 발생한 재해**
- 부상자 또는 직업성 질병자가 동시에 10명 이상 발생한 재해

관련개념 CHAPTER 01 산업재해예방 계획 수립

| 정답 | 001 ④ 002 ② 003 ① 004 ②

005

보호구에 관한 설명으로 옳은 것은?

① 유해물질이 발생하는 산소결핍지역에서는 필히 방독마스크를 착용하여야 한다.
② 차광용 보안경의 사용구분에 따른 종류에는 자외선용, 적외선용, 복합용, 용접용이 있다.
③ 선반작업과 같이 손에 재해가 많이 발생하는 작업장에서는 장갑 착용을 의무화한다.
④ 귀마개는 처음에는 저음만을 차단하는 제품부터 사용하며, 일정 기간이 지난 후 고음까지 모두 차단할 수 있는 제품을 사용한다.

해설 사용구분에 따른 차광보안경의 종류
자외선용, 적외선용, 복합용, 용접용

오답해설
① 송기마스크를 착용하여야 한다.
③ 선반작업 시 손이 말려 들어갈 위험이 있는 장갑 착용은 금지된다.
④ 고음을 차단하는 것이 우선이다.

관련개념 CHAPTER 02 안전보호구 관리

006

「산업안전보건법령」상 보안경 착용을 포함하는 안전보건표지의 종류는?

① 지시표지
② 안내표지
③ 금지표지
④ 경고표지

해설 지시표지는 작업에 관한 지시, 즉 안전·보건 보호구의 착용에 사용되며, 보안경 착용은 지시표지에 포함된다.

보안경착용	방독마스크착용	방진마스크착용	보안면착용	안전모착용

귀마개착용	안전화착용	안전장갑착용	안전복착용	

▲ 지시표지의 종류

관련개념 CHAPTER 02 안전보호구 관리

007

Thorndike의 시행착오설에 의한 학습의 원칙이 아닌 것은?

① 연습의 원칙
② 효과의 원칙
③ 동일성의 원칙
④ 준비성의 원칙

해설 손다이크(Thorndike)의 시행착오설
• 준비성의 법칙
• 연습의 법칙
• 효과의 법칙

관련개념 CHAPTER 05 안전보건교육의 내용 및 방법

008

「산업안전보건법령」상 사업 내 안전보건교육의 교육시간에 관한 설명으로 옳은 것은?

① 일용근로자의 작업내용 변경 시의 교육은 2시간 이상이다.
② 사무직에 종사하는 근로자의 정기교육은 매반기 6시간 이상이다.
③ 일용근로자 및 근로계약기간이 1개월 이하인 기간제근로자를 제외한 근로자의 채용 시 교육은 4시간 이상이다.
④ 관리감독자의 지위에 있는 사람의 정기교육은 연간 8시간 이상이다.

해설 근로자 안전보건교육 교육과정별 교육시간

교육과정	교육대상		교육시간
정기교육	사무직 종사 근로자		매반기 6시간 이상
	그 밖의 근로자	판매업무에 직접 종사하는 근로자	매반기 6시간 이상
		판매업무에 직접 종사하는 근로자 외의 근로자	매반기 12시간 이상
	관리감독자의 지위에 있는 사람		연간 16시간 이상
채용 시 교육	일용근로자 및 근로계약기간이 1주일 이하인 기간제근로자		1시간 이상
	근로계약기간이 1주일 초과 1개월 이하인 기간제근로자		4시간 이상
	그 밖의 근로자		8시간 이상
작업내용 변경 시 교육	일용근로자 및 근로계약기간이 1주일 이하인 기간제근로자		1시간 이상
	그 밖의 근로자		2시간 이상

오답해설 ④ 관리감독자의 정기교육시간은 연간 16시간 이상이다.
※ 이 문제는 개정된 법령에 따라 수정한 문제입니다.

관련개념 CHAPTER 05 안전보건교육의 내용 및 방법

| 정답 | 005 ② 006 ① 007 ③ 008 ②

009

집단에서의 인간관계 메커니즘(Mechanism)과 가장 거리가 먼 것은?

① 분열, 강박
② 모방, 암시
③ 동일화, 일체화
④ 커뮤니케이션, 공감

해설 인간관계 메커니즘
- 동일화(Identification)
- 투사(Projection)
- 커뮤니케이션(Communication)
- 모방(Imitation)
- 암시(Suggestion)

관련개념 CHAPTER 04 인간의 행동과학

010

재해의 빈도와 상해의 강약도를 혼합하여 집계하는 지표로 옳은 것은?

① 강도율
② 종합재해지수
③ 안전활동률
④ Safe-T-Score

해설 종합재해지수(F.S.I; Frequency Severity Indicator)
재해 빈도의 다수와 상해 정도의 강약을 종합한다.
종합재해지수(FSI)=$\sqrt{도수율(FR) \times 강도율(SR)}$

관련개념 SUBJECT 03 기계·기구 및 설비 안전관리
CHAPTER 02 기계분야 산업재해 조사 및 관리

011

참가자에게 일정한 역할을 주어 실제적으로 연기를 시켜봄으로써 자기의 역할을 보다 확실히 인식할 수 있도록 체험 학습을 시키는 교육방법은?

① Symposium
② Brain Storming
③ Role Playing
④ Fish Bowl Playing

해설 롤 플레잉(Role Playing)
참가자에게 일정한 역할을 주어 실제적으로 연기를 시켜봄으로써 자기의 역할을 보다 확실히 인식시키는 것이다.

관련개념 CHAPTER 01 산업재해예방 계획 수립

012

일반적으로 시간의 변화에 따라 야간에 상승하는 생체리듬은?

① 혈압
② 맥박수
③ 체중
④ 혈액의 수분

해설 생체리듬(바이오리듬)의 변화
- 야간에는 체중이 감소한다.
- 야간에는 말초운동 기능이 저하되고, 피로의 자각증상이 증대한다.
- **혈액의 수분**과 염분량은 주간에 감소하고 **야간에 증가한다.**
- 체온, 혈압, 맥박은 주간에 상승하고 야간에 감소한다.

관련개념 CHAPTER 04 인간의 행동과학

013

하인리히의 재해구성비율 "1 : 29 : 300"에서 "29"에 해당되는 사고발생비율은?

① 8.8[%]
② 9.8[%]
③ 10.8[%]
④ 11.8[%]

해설 하인리히의 재해구성비율
중상 또는 사망 : 경상 : 무상해사고=1 : 29 : 300
$\frac{29}{1+29+300} \times 100 = 8.8[\%]$

관련개념 CHAPTER 01 산업재해예방 계획 수립

| 정답 | 009 ① 010 ② 011 ③ 012 ④ 013 ① |

014

무재해 운동의 3원칙에 해당되지 않는 것은?

① 무의 원칙
② 참가의 원칙
③ 선취의 원칙
④ 대책선정의 원칙

해설 무재해 운동의 3원칙
- 무의 원칙: 모든 잠재위험요인을 사전에 발견·파악·해결함으로써 근원적으로 산업재해를 제거한다.
- 참여의 원칙(참가의 원칙): 작업에 따르는 잠재적인 위험요인을 발견·해결하기 위하여 전원이 협력하여 문제해결 운동을 실천한다.
- 안전제일의 원칙(선취의 원칙): 직장의 위험요인을 행동하기 전에 발견·파악·해결하여 재해를 예방한다.

관련개념 CHAPTER 01 산업재해예방 계획 수립

015

안전보건관리조직의 형태 중 라인-스태프(Line-Staff)형에 관한 설명으로 틀린 것은?

① 조직원 전원을 자율적으로 안전 활동에 참여시킬 수 있다.
② 라인의 관리감독자에게도 안전에 관한 책임과 권한이 부여된다.
③ 중규모 사업장(100명 이상 ~ 500명 미만)에 적합하다.
④ 안전 활동과 생산업무가 유리될 우려가 없기 때문에 균형을 유지할 수 있어 이상적인 조직형태이다.

해설 라인·스태프(LINE-STAFF)형 조직(직계참모조직)
- 대규모(1,000명 이상) 사업장에 적합한 조직으로서 라인형과 스태프형의 장점만을 채택한 형태이며, 안전업무를 전담하는 스태프를 두고 생산라인의 각 계층에서도 각 부서장으로 하여금 안전업무를 수행하도록 하여 스태프에서 안전에 관한 사항이 결정되면 라인을 통하여 실천하도록 편성된 조직이다.
- 안전계획, 평가 및 조사는 스태프에서, 생산기술의 안전대책은 라인에서 실시한다.

관련개념 CHAPTER 01 산업재해예방 계획 수립

016

브레인스토밍 기법에 관한 설명으로 옳은 것은?

① 타인의 의견을 수정하지 않는다.
② 지정된 표현방식에서 벗어나 자유롭게 의견을 제시한다.
③ 참여자에게는 동일한 횟수의 의견제시 기회가 부여된다.
④ 주제와 내용이 다르거나 잘못된 의견은 지적하여 조정한다.

해설 브레인스토밍(Brain Storming)
- 비판금지: "좋다, 나쁘다" 등의 비평을 하지 않는다.
- 자유분방: 자유로운 분위기에서 발표한다.
- 대량발언: 무엇이든지 좋으니 많이 발언한다.
- 수정발언: 자유자재로 변하는 아이디어를 개발한다.(타인 의견의 수정발언)

관련개념 CHAPTER 01 산업재해예방 계획 수립

017

「산업안전보건법령」상 안전인증대상기계 등에 포함되는 기계, 설비, 방호장치에 해당하지 않는 것은?

① 롤러기
② 크레인
③ 동력식 수동대패용 칼날 접촉 방지장치
④ 방폭구조(防爆構造) 전기기계·기구 및 부품

해설 동력식 수동대패용 칼날 접촉 방지장치는 안전인증대상이 아닌 자율안전확인대상 방호장치이다.

관련개념 SUBJECT 03 기계·기구 및 설비 안전관리
CHAPTER 02 기계분야 산업재해 조사 및 관리

018
안전교육 중 같은 것을 반복하여 개인의 시행착오에 의해서만 점차 그 사람에게 형성되는 것은?

① 안전기술의 교육
② 안전지식의 교육
③ 안전기능의 교육
④ 안전태도의 교육

해설 기능교육
- 교육대상자가 그것을 스스로 행함으로 얻어진다.
- 개인의 반복적 시행착오에 의해서만 얻어진다.
- 시험, 견학, 실습, 현장실습 교육을 통한 경험 체득과 이해를 한다.

관련개념 CHAPTER 05 안전보건교육의 내용 및 방법

019
상황성 누발자의 재해 유발원인과 가장 거리가 먼 것은?

① 작업이 어렵기 때문이다.
② 심신에 근심이 있기 때문이다.
③ 기계설비의 결함이 있기 때문이다.
④ 도덕성이 결여되어 있기 때문이다.

해설 상황성 누발자
작업이 어렵거나, 기계설비의 결함, 환경상 주의력의 집중이 혼란된 경우, 심신의 근심으로 사고경향자가 되는 경우이다.

관련개념 CHAPTER 04 인간의 행동과학

020
작업자 적성의 요인이 아닌 것은?

① 지능
② 인간성
③ 흥미
④ 연령

해설 인간의 연령은 작업자의 특성에 해당한다.
작업자 적성의 요인
직업적성, 지능, 흥미, 인간성

관련개념 CHAPTER 03 산업안전심리

인간공학 및 위험성평가·관리

021
다음 시스템의 신뢰도 값은?(단, 기호 안의 수치는 각 구성요소의 신뢰도이다.)

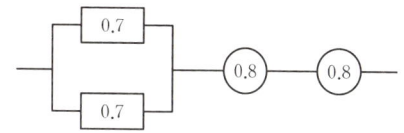

① 0.5824
② 0.6682
③ 0.7855
④ 0.8642

해설 신뢰도(R)={1−(1−0.7)×(1−0.7)}×0.8×0.8=0.5824

관련개념 CHAPTER 01 안전과 인간공학

022
다음 현상을 설명한 이론은?

> 인간이 감지할 수 있는 외부의 물리적 자극 변화의 최소범위는 표준 자극의 크기에 비례한다.

① 피츠(Fitts) 법칙
② 웨버(Weber) 법칙
③ 신호검출이론(SDT)
④ 힉-하이만(Hick-Hyman) 법칙

해설 웨버(Weber)의 법칙
특정 감각의 변화감지역(ΔI)은 사용되는 표준자극의 크기(I)에 비례한다.

웨버비=$\dfrac{\Delta I}{I}$

관련개념 CHAPTER 06 작업환경 관리

023

그림과 같은 FT도에서 정상사상 T의 발생확률은?(단, X_1, X_2, X_3의 발생 확률은 각각 0.1, 0.15, 0.1이다.)

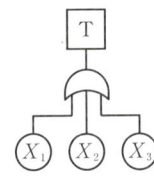

① 0.3115
② 0.35
③ 0.496
④ 0.9985

해설 X_1, X_2, X_3 모두 OR 게이트로 연결되어 있으므로
$T = 1 - (1-0.1) \times (1-0.15) \times (1-0.1) = 0.3115$

관련개념 CHAPTER 02 위험성 파악·결정

024

「산업안전보건법령」상 해당 사업주가 유해위험방지계획서를 작성하여 제출해야 하는 대상은?

① 시·도지사
② 관할 구청장
③ 고용노동부장관
④ 행정안전부장관

해설 사업주는 유해위험방지계획서를 작성하여 고용노동부령으로 정하는 바에 따라 고용노동부장관에게 제출하고 심사를 받아야 한다.

관련개념 CHAPTER 02 위험성 파악·결정

025

인간의 위치 동작에 있어 눈으로 보지 않고 손을 수평면상에서 움직이는 경우 짧은 거리는 지나치고, 긴 거리는 못 미치는 경향이 있는데 이를 무엇이라고 하는가?

① 사정효과(Range Effect)
② 반응효과(Reaction Effect)
③ 간격효과(Distance Effect)
④ 손동작효과(Hand Action Effect)

해설 **사정효과(Range Effect)**
• 인간의 위치 동작에 있어 눈으로 보지 않고 손을 수평면상에서 움직이는 경우 짧은 거리는 지나치고 긴 거리는 못 미치는 경향을 말한다.
• 조작자는 작은 오차에는 과잉반응, 큰 오차에는 과소반응을 한다.

관련개념 CHAPTER 06 작업환경 관리

026

정신작업 부하를 측정하는 척도를 크게 4가지로 분류할 때 심박수의 변동, 뇌 전위, 동공 반응 등 정보처리에 중추신경계 활동이 관여하고 그 활동이나 징후를 측정하는 것은?

① 주관적(subjective) 척도
② 생리적(physiological) 척도
③ 주 임무(primary task) 척도
④ 부 임무(secondary task) 척도

해설 **정신적 작업부하에 관한 생리적 측정치**
점멸융합주파수(플리커법), 눈꺼풀의 눈깜빡임률(Blink Rate), 동공지름(Pupil Diameter), 뇌의 활동전위를 측정하는 뇌파도(EEG), 부정맥 지수

관련개념 SUBJECT 01 산업재해 예방 및 안전보건교육
CHAPTER 04 인간의 행동과학

027

서브시스템, 구성요소, 기능 등의 잠재적 고장 형태에 따른 시스템의 위험을 파악하는 위험 분석 기법으로 옳은 것은?

① ETA(Event Tree Analysis)
② HEA(Human Error Analysis)
③ PHA(Preliminary Hazard Analysis)
④ FMEA(Failure Mode and Effect Analysis)

해설 고장형태와 영향분석법(FMEA)
시스템에 영향을 미치는 모든 요소의 고장을 형태별로 분석하고, 그 고장이 미치는 영향을 귀납적, 정성적으로 분석하는 방식이다.

관련개념 CHAPTER 02 위험성 파악 · 결정

028

불필요한 작업을 수행함으로써 발생하는 오류로 옳은 것은?

① Command Error
② Extraneous Error
③ Secondary Error
④ Commission Error

해설 휴먼에러의 행위에 의한 분류(Swain)
- 생략(부작위적)에러(Omission Error): 작업 내지 필요한 절차를 수행하지 않는 데서 기인한 에러
- 실행(작위적)에러(Commission Error): 작업 내지 절차를 수행했으나 잘못된 실수(선택착오, 순서착오, 시간착오)에서 기인한 에러
- 과잉행동에러(**Extraneous Error**): **불필요한 작업 내지 절차를 수행함으로써 기인한 에러**
- 순시에러(Sequential Error): 작업수행의 순서를 잘못한 실수
- 시간(지연)에러(Timing Error): 소정의 기간에 수행하지 못한 실수(너무 빨리 혹은 늦게)

관련개념 CHAPTER 01 안전과 인간공학

029

불(Boole) 대수의 정리를 나타낸 관계식으로 틀린 것은?

① $A \cdot A = A$
② $A + \overline{A} = 0$
③ $A + AB = A$
④ $A + A = A$

해설 불 대수의 법칙에 따라 $A + \overline{A} = 1$이다.

관련개념 CHAPTER 02 위험성 파악 · 결정

030

Chapanis가 정의한 위험의 확률수준과 그에 따른 위험발생률로 옳은 것은?

① 전혀 발생하지 않는(impossible) 발생빈도: 10^{-8}/day
② 극히 발생할 것 같지 않은(extremely unlikely) 발생빈도: 10^{-7}/day
③ 거의 발생하지 않는(remote) 발생빈도: 10^{-6}/day
④ 가끔 발생하는(occasional) 발생빈도: 10^{-5}/day

해설 차파니스의 위험평점척도법

빈도	평점	확률 및 내용
자주	6	$>10^{-2}$/day, 때때로 일어남
보통	5	$>10^{-3}$/day, 한 항목의 수명 중 수회 일어남
가끔	4	$>10^{-4}$/day, 한 항목의 수명 중 드물게 일어남
거의 발생하지 않는	3	$>10^{-5}$/day, 그리 일어날 것 같지 않음
극히 발생할 것 같지 않은	2	$>10^{-6}$/day, 발생확률이 0에 가까움
전혀 발생하지 않는	1	$>10^{-8}$/day, 물리적으로 발생 불가능

관련개념 CHAPTER 02 위험성 파악 · 결정

031

인체측정 자료를 장비, 설비 등의 설계에 적용하기 위한 응용원칙에 해당하지 않는 것은?

① 조절식 설계
② 극단치를 이용한 설계
③ 구조적 치수 기준의 설계
④ 평균치를 기준으로 한 설계

해설 인체계측자료의 응용원칙
- 극단치 설계(최소치 설계, 최대치 설계)
- 조절식 설계(5~95[%tile])
- 평균치 설계

관련개념 CHAPTER 06 작업환경 관리

032

컷셋(Cut Set)과 최소 패스셋(Minimal Path Set)의 정의로 옳은 것은?

① 컷셋은 시스템 고장을 유발시키는 필요 최소한의 고장들의 집합이며, 최소 패스셋은 시스템의 신뢰성을 표시한다.
② 컷셋은 시스템 고장을 유발시키는 기본고장들의 집합이며, 최소 패스셋은 시스템의 불신뢰도를 표시한다.
③ 컷셋은 그 속에 포함되어 있는 모든 기본사상이 일어났을 때 정상사상을 일으키는 기본사상의 집합이며, 최소 패스셋은 시스템의 신뢰성을 표시한다.
④ 컷셋은 그 속에 포함되어 있는 모든 기본사상이 일어났을 때 정상사상을 일으키는 기본사상의 집합이며, 최소 패스셋은 시스템의 성공을 유발하는 기본사상의 집합이다.

해설
- 컷셋(Cut Set): 정상사상을 발생시키는 기본사상의 집합으로 그 안에 포함되는 모든 기본사상이 발생할 때 정상사상을 발생시키는 기본사상의 집합이다.
- 최소 패스셋(Minimal Path Set): 정상사상이 일어나지 않는 기본사상의 집합 중 최소한의 셋을 말한다.(시스템의 신뢰성)

관련개념 CHAPTER 02 위험성 파악·결정

033

작업공간의 배치에 있어 구성요소 배치의 원칙에 해당하지 않는 것은?

① 기능성의 원칙 ② 사용빈도의 원칙
③ 사용순서의 원칙 ④ 사용방법의 원칙

해설 부품배치의 원칙

중요성의 원칙	부품의 작동성능이 목표달성에 중요한 정도에 따라 우선순위를 결정
사용빈도의 원칙	부품이 사용되는 빈도에 따라 우선순위를 결정
기능별 배치의 원칙	기능적으로 관련된 부품을 모아서 배치
사용순서의 원칙	사용순서에 맞게 순차적으로 부품들을 배치

관련개념 CHAPTER 06 작업환경 관리

034

시스템의 수명 및 신뢰성에 관한 설명으로 틀린 것은?

① 병렬설계 및 디레이팅 기술로 시스템의 신뢰성을 증가시킬 수 있다.
② 직렬시스템에서는 부품들 중 최소 수명을 갖는 부품에 의해 시스템 수명이 정해진다.
③ 수리가 가능한 시스템의 평균수명(MTBF)은 평균고장률(λ)과 정비례 관계가 성립한다.
④ 수리가 불가능한 구성요소로 병렬구조를 갖는 설비는 중복도가 늘어날수록 시스템 수명이 길어진다.

해설 평균고장간격(MTBF)은 평균고장률(λ)과 반비례한다.
$$\text{MTBF} = \frac{1}{\lambda}$$

관련개념 CHAPTER 03 위험성 감소대책 수립·실행

035

자동차를 생산하는 공장의 어떤 근로자가 95[dB(A)]의 소음수준에서 하루 8시간 작업하며 매 시간 조용한 휴게실에서 20분씩 휴식을 취한다고 가정하였을 때, 8시간 시간가중평균(TWA)은?(단, 소음은 누적소음노출량측정기로 측정하였으며, OSHA에서 정한 95[dB(A)]의 허용시간은 4시간이라 가정한다.)

① 약 91[dB(A)] ② 약 92[dB(A)]
③ 약 93[dB(A)] ④ 약 94[dB(A)]

해설 시간가중평균 $\text{TWA} = 90 + 16.61 \log \frac{D}{12.5 \times T}$

여기서, D: 누적소음폭로량[%] $\left(\frac{\text{작업시간}}{\text{허용노출시간}} \times 100\right)$
T: 측정시간[시간]

작업시간은 휴식시간을 제외한 시간이므로
$60 \times 8 - 20 \times 8 = 320$분 $= 5.33$시간이다.
$D = \frac{5.33}{4} \times 100 = 133.25$이므로
$\text{TWA} = 90 + 16.61 \log \frac{133.25}{12.5 \times 8} = 92[\text{dB(A)}]$

관련개념 CHAPTER 06 작업환경 관리

036

화학설비에 대한 안전성 평가 중 정성적 평가방법의 주요 진단 항목으로 볼 수 없는 것은?

① 건조물
② 취급물질
③ 입지조건
④ 공장 내 배치

해설 안전성 평가 제2단계(정성적 평가)
- 설계관계: 입지조건, 공장 내 배치, 건조물, 소방설비, 공정기기 등
- 운전관계: 원재료, 운송, 저장 등

관련개념 CHAPTER 02 위험성 파악·결정

037

작업면상의 필요한 장소만 높은 조도를 취하는 조명은?

① 완화조명
② 전반조명
③ 투명조명
④ 국소조명

해설 국소조명은 필요한 장소만 높은 조도를 취하는 조명방법이다.

관련개념 CHAPTER 06 작업환경 관리

038

동작경제의 원칙에 해당하지 않는 것은?

① 공구의 기능을 각각 분리하여 사용하도록 한다.
② 두 팔의 동작은 동시에 서로 반대방향으로 대칭적으로 움직이도록 한다.
③ 공구나 재료는 작업동작이 원활하게 수행되도록 그 위치를 정해준다.
④ 가능하다면 쉽고도 자연스러운 리듬이 작업동작에 생기도록 작업을 배치한다.

해설 공구 및 설비 설계(디자인)에 관한 동작경제의 원칙
- 치구나 족답장치(Foot-operated Device)를 효과적으로 사용할 수 있는 작업에서는 이러한 장치를 사용하도록 하여 양손이 다른 일을 할 수 있도록 한다.
- **가능하면 공구 기능을 결합하여 사용하도록 한다.**
- 공구와 자세는 가능한 한 사용하기 쉽도록 미리 위치를 잡아준다.

관련개념 CHAPTER 06 작업환경 관리

039

인간이 기계보다 우수한 기능이라 할 수 있는 것은?(단, 인공지능은 제외한다.)

① 일반화 및 귀납적 추리
② 신뢰성 있는 반복 작업
③ 신속하고 일관성 있는 반응
④ 대량의 암호화된 정보의 신속한 보관

해설 관찰을 통해 일반화하고 귀납적(Inductive)으로 추리하는 것은 인간이 현존하는 기계를 능가하는 기능이다.

관련개념 CHAPTER 01 안전과 인간공학

040

시각적 표시장치보다 청각적 표시장치를 사용하는 것이 더 유리한 경우는?

① 정보의 내용이 복잡하고 긴 경우
② 정보가 공간적인 위치를 다룬 경우
③ 직무상 수신자가 한 곳에 머무르는 경우
④ 수신 장소가 너무 밝거나 암순응이 요구될 경우

해설 ①, ②, ③은 청각적 표시장치보다 시각적 표시장치가 더 유리한 경우이다.

관련개념 CHAPTER 06 작업환경 관리

기계·기구 및 설비 안전관리

041

「산업안전보건법령」상 보일러에 설치해야 하는 안전장치로 거리가 가장 먼 것은?

① 해지장치
② 압력방출장치
③ 압력제한스위치
④ 고저수위 조절장치

해설 보일러의 폭발사고를 예방하기 위하여 압력방출장치, 압력제한스위치, 고저수위 조절장치, 화염검출기 등의 기능이 정상적으로 작동될 수 있도록 유지·관리하여야 한다.

관련개념 CHAPTER 05 기타 산업용 기계·기구

042

프레스 작동 후 작업점까지의 도달시간이 0.3초인 경우 위험한계로부터 양수조작식 방호장치의 최단 설치거리는?

① 48[cm] 이상
② 58[cm] 이상
③ 68[cm] 이상
④ 78[cm] 이상

해설 양수조작식 방호장치의 안전거리
$D=1,600\times(T_L+T_S)=1,600\times0.3=480[mm]=48[cm]$
여기서, T_L: 방호장치의 작동시간[초]
　　　　T_S: 프레스의 급정지시간[초]
※ T_L+T_S: 최대정지시간[초]

관련개념 CHAPTER 04 프레스 및 전단기의 안전

043

「산업안전보건법령」상 고속회전체의 회전시험을 하는 경우 미리 회전축의 재질 및 형상 등에 상응하는 종류의 비파괴검사를 해서 결함 유무를 확인해야 한다. 이때 검사대상이 되는 고속회전체의 기준은?

① 회전축의 중량이 0.5톤을 초과하고, 원주속도가 100[m/s] 이내인 것
② 회전축의 중량이 0.5톤을 초과하고, 원주속도가 120[m/s] 이상인 것
③ 회전축의 중량이 1톤을 초과하고, 원주속도가 100[m/s] 이내인 것
④ 회전축의 중량이 1톤을 초과하고, 원주속도가 120[m/s] 이상인 것

해설 고속회전체(회전축의 중량이 1톤을 초과하고 원주속도가 120[m/s] 이상인 것으로 한정)의 회전시험을 하는 경우에 미리 회전축의 재질 및 형상 등에 상응하는 종류의 비파괴검사를 해서 결함 유무를 확인하여야 한다.

관련개념 CHAPTER 05 기타 산업용 기계·기구

044

프레스의 손쳐내기식 방호장치 설치기준으로 틀린 것은?

① 방호판의 폭이 금형 폭의 1/2 이상이어야 한다.
② 슬라이드 행정수가 300[SPM] 이상의 것에 사용한다.
③ 손쳐내기봉의 행정(Stroke) 길이를 금형의 높이에 따라 조정할 수 있고 진동폭은 금형 폭 이상이어야 한다.
④ 슬라이드 하행정거리의 3/4 위치에서 손을 완전히 밀어내야 한다.

해설 손쳐내기식 방호장치는 슬라이드 행정수가 100[SPM] 이하, 행정길이가 40[mm] 이상의 것에 사용한다.

관련개념 CHAPTER 04 프레스 및 전단기의 안전

045

「산업안전보건법령」상 컨베이어에 설치하는 방호장치로 거리가 가장 먼 것은?

① 건널다리
② 반발예방장치
③ 비상정지장치
④ 역주행방지장치

해설 반발예방장치는 둥근톱 기계 등과 같은 목재가공기에 설치하는 방호장치이다.

컨베이어 방호장치의 종류
- 이탈 및 역주행방지장치
- 비상정지장치
- 덮개 또는 울
- 건널다리

관련개념 CHAPTER 06 운반기계 및 양중기

046

「산업안전보건법령」상 숫돌 지름이 60[cm]인 경우 숫돌 고정 장치인 평형 플랜지의 지름은 최소 몇 [cm] 이상인가?

① 10
② 20
③ 30
④ 60

해설 플랜지의 지름은 숫돌 직경의 $\frac{1}{3}$ 이상인 것이 적당하다.

플랜지의 지름 $D = 60 \times \frac{1}{3} = 20$[cm] 이상

관련개념 CHAPTER 03 공작기계의 안전

047

기계설비의 위험점 중 연삭숫돌과 작업받침대, 교반기의 날개와 하우스 등 고정부분과 회전하는 동작 부분 사이에서 형성되는 위험점은?

① 끼임점
② 물림점
③ 접선물림점
④ 절단점

해설 끼임점(Shear Point)
기계의 고정부분과 회전 또는 직선운동 부분 사이에 형성되는 위험점이다.
예 회전 풀리와 베드 사이, 연삭숫돌과 작업대, 교반기의 날개와 하우스

관련개념 CHAPTER 01 기계공정의 안전, 기계안전시설 관리

048

500[rpm]으로 회전하는 연삭숫돌의 지름이 300[mm]일 때 회전속도[m/min]는?

① 471
② 551
③ 751
④ 1,025

해설 숫돌의 원주속도
$$V = \frac{\pi DN}{1,000} = \frac{\pi \times 300 \times 500}{1,000} = 471[\text{m/min}]$$
여기서, D: 지름[mm], N: 회전수[rpm]

관련개념 CHAPTER 03 공작기계의 안전

049

「산업안전보건법령」상 정상적으로 작동될 수 있도록 미리 조정해 두어야 할 이동식 크레인의 방호장치로 가장 적절하지 않은 것은?

① 제동장치
② 권과방지장치
③ 과부하방지장치
④ 파이널 리미트 스위치

해설 파이널 리미트 스위치는 승강기의 방호장치이다.

이동식 크레인의 방호장치
- 과부하방지장치
- 권과방지장치
- 비상정지장치
- 제동장치

관련개념 CHAPTER 06 운반기계 및 양중기

050

비파괴검사 방법으로 틀린 것은?

① 인장시험
② 음향탐상시험
③ 와류탐상시험
④ 초음파탐상시험

해설 인장시험은 파괴시험의 일종이다.

비파괴검사
방사선투과검사(RT), 초음파탐상검사(UT), 자분탐상검사(MT), 침투탐상검사(PT), 음향탐상검사(AET), 와류탐상검사(ECT) 등

관련개념 CHAPTER 07 설비진단 및 검사

| 정답 | 045 ② | 046 ② | 047 ① | 048 ① | 049 ④ | 050 ① |

051
휴대형 연삭기 사용 시 안전사항에 대한 설명으로 가장 적절하지 않은 것은?

① 잘 안 맞는 장갑이나 옷은 착용하지 말 것
② 긴 머리는 묶고 모자를 착용하고 작업할 것
③ 연삭숫돌을 설치하거나 교체하기 전에 전선과 압축공기 호스를 설치할 것
④ 연삭작업 시 클램핑 장치를 사용하여 공작물을 확실히 고정할 것

해설 연삭숫돌을 설치하거나 교체한 후에 전선과 압축공기 호스를 설치하여야 한다.

관련개념 CHAPTER 03 공작기계의 안전

052
선반작업에 대한 안전수칙으로 가장 적절하지 않은 것은?

① 선반의 바이트는 끝을 짧게 장치한다.
② 작업 중에는 면장갑을 착용하지 않도록 한다.
③ 작업이 끝난 후 절삭 칩의 제거는 반드시 브러시 등의 도구를 사용한다.
④ 작업 중 일감의 치수 측정 시 기계 운전 상태를 저속으로 하고 측정한다.

해설 선반작업 시 치수 측정, 주유, 청소 시에는 반드시 기계를 정지한다.

관련개념 CHAPTER 03 공작기계의 안전

053
다음 중 금형을 설치 및 조정할 때 안전수칙으로 가장 적절하지 않은 것은?

① 금형을 체결할 때에는 적합한 공구를 사용한다.
② 금형의 설치 및 조정은 전원을 끄고 실시한다.
③ 금형을 부착하기 전에 하사점을 확인하고 설치한다.
④ 금형을 체결할 때에는 안전블록을 잠시 제거하고 실시한다.

해설 프레스 등의 금형을 부착·해체 또는 조정하는 작업을 할 때에 해당 작업에 종사하는 근로자의 신체가 위험한계 내에 있는 경우 슬라이드가 갑자기 작동함으로써 근로자에게 발생할 우려가 있는 위험을 방지하기 위하여 안전블록을 사용하는 등 필요한 조치를 하여야 한다.

관련개념 CHAPTER 04 프레스 및 전단기의 안전

054
지게차의 방호장치에 해당하는 것은?

① 버킷 ② 포크
③ 마스트 ④ 헤드가드

해설 지게차의 안전장치
헤드가드, 백레스트(Backrest), 전조등, 후미등, 안전벨트

관련개념 CHAPTER 06 운반기계 및 양중기

055
다음 중 절삭가공으로 틀린 것은?

① 선반 ② 밀링
③ 프레스 ④ 보링

해설 프레스는 금형을 이용하여 재료를 가공하는 기계이다.
절삭가공
절삭공구로 재료를 깎아 가공하는 방법을 말한다. 절삭가공에 이용되는 공작기계는 선반, 드릴링 머신, 밀링 머신, 보링 머신, 세이빙 머신 등이 있다.

관련개념 CHAPTER 03 공작기계의 안전

| 정답 | 051 ③ | 052 ④ | 053 ④ | 054 ④ | 055 ③ |

056

「산업안전보건법령」상 롤러기의 방호장치 설치 시 유의해야 할 사항으로 가장 적절하지 않은 것은?

① 손으로 조작하는 급정지장치의 조작부는 롤러기의 전면 및 후면에 각각 1개씩 수평으로 설치하여야 한다.
② 앞면 롤러의 표면속도가 30[m/min] 미만인 경우 급정지거리는 앞면 롤러 원주의 $\frac{1}{2.5}$ 이하로 한다.
③ 급정지장치의 조작부에 사용하는 줄은 사용 중 늘어져서는 안 된다.
④ 급정지장치의 조작부에 사용하는 줄은 충분한 인장강도를 가져야 한다.

해설 롤러기 급정지장치의 성능

앞면 롤러의 표면속도[m/min]	급정지거리
30 미만	앞면 롤러 원주의 $\frac{1}{3}$ 이내
30 이상	앞면 롤러 원주의 $\frac{1}{2.5}$ 이내

관련개념 CHAPTER 05 기타 산업용 기계·기구

057

보일러 부하의 급변, 수위의 과상승 등에 의해 수분이 증기와 분리되지 않아 보일러 수면이 심하게 솟아올라 올바른 수위를 판단하지 못하는 현상은?

① 프라이밍 ② 모세관
③ 워터해머 ④ 역화

해설 프라이밍(Priming)
보일러가 과부하로 사용될 경우에 수위가 상승하거나 드럼 내의 부착품에 기계적 결함이 있으면 보일러수가 극심하게 끓어서 수면에서 물방울이 끊임없이 격심하게 비산하고 증기부가 물방울로 충만하여 수위가 불안정하게 되는 현상을 말한다.

관련개념 CHAPTER 05 기타 산업용 기계·기구

058

자동화 설비를 사용하고자 할 때 기능의 안전화를 위하여 검토할 사항으로 거리가 가장 먼 것은?

① 재료 및 가공 결함에 의한 오작동
② 사용압력 변동 시의 오작동
③ 전압강하 및 정전에 따른 오작동
④ 단락 또는 스위치 고장 시의 오작동

해설 재료 및 가공 결함에 의한 오작동은 구조적 안전화를 위한 검토사항이다.
기능상의 안전화
최근 기계는 반자동 또는 자동 제어장치를 갖추고 있어서 에너지 변동에 따른 오동작이 발생하여 주요 문제로 대두되므로 이에 따른 기능의 안전화가 요구되고 있다.
㉠ 전압 강하 및 정전에 따른 오작동, 사용압력 변동 시의 오작동, 단락 또는 스위치 고장 시의 오작동

관련개념 CHAPTER 01 기계공정의 안전, 기계안전시설 관리

059

「산업안전보건법령」상 금속의 용접, 용단에 사용하는 가스용기를 취급할 때 유의사항으로 틀린 것은?

① 밸브의 개폐는 서서히 할 것
② 운반하는 경우에는 캡을 벗길 것
③ 용기의 온도는 40[℃] 이하로 유지할 것
④ 통풍이나 환기가 불충분한 장소에는 설치하지 말 것

해설 금속의 용접·용단 또는 가열에 사용되는 가스 등의 용기를 운반하는 경우에는 캡을 씌워야 한다.

관련개념 CHAPTER 05 기타 산업용 기계·기구

060

크레인 로프에 질량 2,000[kg]의 물건을 10[m/s²]의 가속도로 감아올릴 때, 로프에 걸리는 총 하중[kN]은?(단, 중력가속도는 9.8[m/s²])

① 9.6
② 19.6
③ 29.6
④ 39.6

해설 동하중 = $\frac{정하중}{중력가속도}$ × 가속도 = $\frac{2,000}{9.8}$ × 10 = 2,040[kg]

총 하중 = 정하중 + 동하중 = 2,000 + 2,040 = 4,040[kg]

하중[N] = 하중[kg] × 중력가속도
       = 4,040 × 9.8 = 39,592[N] = 39.6[kN]

관련개념 CHAPTER 06 운반기계 및 양중기

전기설비 안전관리

061

「한국전기설비규정」에 따라 욕조나 샤워시설이 있는 욕실 등 인체가 물에 젖어 있는 상태에서 전기를 사용하는 장소에 인체감전보호용 누전차단기가 부착된 콘센트를 시설하는 경우 누전차단기의 정격감도전류 및 동작시간은?

① 15[mA] 이하, 0.01초 이하
② 15[mA] 이하, 0.03초 이하
③ 30[mA] 이하, 0.01초 이하
④ 30[mA] 이하, 0.03초 이하

해설 욕조나 샤워시설이 있는 욕실 또는 화장실 등 인체가 물에 젖어 있는 상태에서 전기를 사용하는 장소에 콘센트를 시설하는 경우에는 「전기용품 및 생활용품 안전관리법」의 적용을 받는 인체감전보호용 누전차단기(정격감도전류 15[mA] 이하, 동작시간 0.03초 이하의 전류동작형의 것에 한함) 또는 절연변압기(정격용량 3[kVA] 이하인 것에 한함)로 보호된 전로에 접속하거나, 인체감전보호용 누전차단기가 부착된 콘센트를 시설하여야 한다.

관련개념 CHAPTER 02 감전재해 및 방지대책

062

불활성화할 수 없는 탱크, 탱크로리 등에 위험물을 주입하는 배관은 정전기 재해방지를 위하여 배관 내 액체의 유속제한을 한다. 배관 내 유속제한에 대한 설명으로 틀린 것은?

① 물이나 기체를 혼합하는 비수용성 위험물의 배관 내 유속은 1[m/s] 이하로 할 것
② 저항률이 $10^{10}[\Omega \cdot cm]$ 미만의 도전성 위험물의 배관 내 유속은 7[m/s] 이하로 할 것
③ 저항률이 $10^{10}[\Omega \cdot cm]$ 이상인 위험물의 배관 내 유속은 관내경이 0.05[m]이면 3.5[m/s] 이하로 할 것
④ 이황화탄소 등과 같이 유동대전이 심하고 폭발 위험성이 높은 것은 배관 내 유속을 3[m/s] 이하로 할 것

해설 배관 내 액체의 유속제한
- 저항률 $10^{10}[\Omega \cdot cm]$ 미만인 도전성 위험물: 7[m/s] 이하
- 에테르, 이황화탄소 등과 같이 유동대전이 심하고 폭발 위험성이 높은 것: 1[m/s] 이하
- 물이나 기체를 혼합한 비수용성 위험물: 1[m/s] 이하

관련개념 CHAPTER 03 정전기 장·재해관리

063

절연물의 절연계급을 최고허용온도가 낮은 온도에서 높은 온도 순으로 배치한 것은?

① Y종 → A종 → E종 → B종
② A종 → B종 → E종 → Y종
③ Y종 → E종 → B종 → A종
④ B종 → Y종 → A종 → E종

해설 절연물의 절연계급

종별	Y	A	E	B	F	H	C
최고허용 온도[℃]	90	105	120	130	155	180	180 초과

관련개념 CHAPTER 05 전기설비 위험요인관리

064

다른 두 물체가 접촉할 때 접촉 전위차가 발생하는 원인으로 옳은 것은?

① 두 물체의 온도 차
② 두 물체의 습도 차
③ 두 물체의 밀도 차
④ 두 물체의 일함수 차

해설 두 종류의 다른 물체를 접촉시키면 그 접촉면에는 두 물체의 일함수의 차로 인하여 접촉전위가 발생된다.

관련개념 CHAPTER 03 정전기 장·재해관리

065

방폭인증서에서 방폭부품을 나타내는 데 사용되는 인증번호의 접미사는?

① "G"
② "X"
③ "D"
④ "U"

해설 방폭부품 인증번호 접미사
- U 기호: 방폭부품을 나타내는 데 사용하는 기호
- X 기호: 안전한 사용을 위한 특별한 조건을 나타내는 기호

관련개념 CHAPTER 04 전기방폭관리

066

고압 및 특고압 전로에 시설하는 피뢰기의 설치장소로 잘못된 곳은?

① 가공전선로와 지중전선로가 접속되는 곳
② 발전소, 변전소의 가공전선 인입구 및 인출구
③ 고압 가공전선로에 접속하는 배전용 변압기의 저압 측
④ 고압 가공전선로로부터 공급을 받는 수용장소의 인입구

해설 피뢰기의 설치장소
- 발전소·변전소 또는 이에 준하는 장소의 가공전선 인입구 및 인출구
- **특고압 가공전선로에 접속하는 배전용 변압기의 고압 측 및 특고압 측**
- 고압 및 특고압의 가공전선로로부터 공급을 받는 수용장소의 인입구
- 가공전선로와 지중전선로가 접속되는 곳

관련개념 CHAPTER 05 전기설비 위험요인관리

| 정답 | 062 ④　063 ①　064 ④　065 ④　066 ③

067

「산업안전보건기준에 관한 규칙」 제319조에 의한 정전전로에서의 정전작업을 마친 후 전원을 공급하는 경우에 사업주가 작업에 종사하는 근로자 및 전기기기와 접촉할 우려가 있는 근로자에게 감전의 위험이 없도록 준수해야 할 사항이 아닌 것은?

① 단락 접지기구 및 작업기구를 제거하고 전기기기 등이 안전하게 통전될 수 있는지 확인한다.
② 모든 작업자가 작업이 완료된 전기기기에서 떨어져 있는지 확인한다.
③ 잠금장치와 꼬리표를 근로자가 직접 설치한다.
④ 모든 이상 유무를 확인한 후 전기기기 등의 전원을 투입한다.

해설 정전작업을 마친 후 전원을 공급하는 경우에는 작업에 종사하는 근로자 또는 그 인근에서 작업하거나 정전된 전기기기 등(고정 설치된 것으로 한정)과 접촉할 우려가 있는 근로자에게 감전의 위험이 없도록 다음의 사항을 준수하여야 한다.
- 작업기구, 단락 접지기구 등을 제거하고 전기기기 등이 안전하게 통전될 수 있는지를 확인할 것
- 모든 작업자가 작업이 완료된 전기기기 등에서 떨어져 있는지를 확인할 것
- **잠금장치와 꼬리표는 설치한 근로자가 직접 철거할 것**
- 모든 이상 유무를 확인한 후 전기기기 등의 전원을 투입할 것

관련개념 CHAPTER 02 감전재해 및 방지대책

068

변압기의 최소 IP 등급은?(단, 유입방폭구조의 변압기이다.)

① IP55 ② IP56
③ IP65 ④ IP66

해설 유입방폭구조의 밀봉되지 않은 기기의 통기장치의 배출구 및 밀봉된 기기의 압력방출장치의 배출구는 아래를 향해야 하며 KS C IEC 60529에 따른 **IP66 이상의 보호등급**을 가져야 한다.

관련개념 CHAPTER 04 전기방폭관리

069

가스 그룹이 ⅡB인 지역에 내압방폭구조 "d"의 방폭기기가 설치되어 있다. 기기의 플랜지 개구부에서 장애물까지의 최소 거리[mm]는?

① 10 ② 20
③ 30 ④ 40

해설 가스 그룹에 따른 내압접합면과 장애물과의 최소 거리

가스 그룹	최소 거리[mm]
ⅡA	10
ⅡB	30
ⅡC	40

관련개념 CHAPTER 04 전기방폭관리

070

방폭전기설비의 용기 내부에서 폭발성 가스 또는 증기가 폭발하였을 때 용기가 그 압력에 견디고 접합면이나 개구부를 통해서 외부의 폭발성 가스나 증기에 인화되지 않도록 한 방폭구조는?

① 내압방폭구조 ② 압력방폭구조
③ 유입방폭구조 ④ 본질안전방폭구조

해설 내압방폭구조
용기 내부에 폭발성 가스 및 증기가 폭발하였을 때 용기가 그 압력에 견디며 또한 접합면, 개구부 등을 통해서 외부의 폭발성 가스·증기에 인화되지 않도록 한 구조이다.

관련개념 CHAPTER 04 전기방폭관리

| 정답 | 067 ③ | 068 ④ | 069 ③ | 070 ① |

071

속류를 차단할 수 있는 최고의 교류전압을 피뢰기의 정격전압이라고 하는데 이 값은 통상적으로 어떤 값으로 나타내고 있는가?

① 최대값　　　　② 평균값
③ 실효값　　　　④ 파고값

해설 피뢰기의 정격전압
- 속류를 차단할 수 있는 최고의 교류전압이다.
- 통상 실효값으로 나타낸다.

관련개념 CHAPTER 05 전기설비 위험요인관리

072

전로에 시설하는 기계·기구의 철대 및 금속제 외함에 접지공사를 생략할 수 없는 경우는?

① 30[V] 이하의 기계·기구를 건조한 곳에 시설하는 경우
② 물기 없는 장소에 설치하는 저압용 기계·기구를 위한 전로에 정격감도전류 40[mA] 이하, 동작시간 2초 이하의 전류동작형 누전차단기를 시설하는 경우
③ 철대 또는 외함의 주위에 적당한 절연대를 설치하는 경우
④ 「전기용품 및 생활용품 안전관리법」의 적용을 받는 이중절연구조로 되어 있는 기계·기구를 시설하는 경우

해설 물기 있는 장소 이외의 장소에 시설하는 저압용의 개별 기계·기구에 전기를 공급하는 전로에 인체감전보호용 누전차단기(정격감도전류가 30[mA] 이하, 동작시간이 0.03초 이하의 전류동작형)를 시설하는 경우 접지공사를 실시하지 않을 수 있다.

관련개념 CHAPTER 05 전기설비 위험요인관리

073

인체의 전기저항을 500[Ω]으로 하는 경우 심실세동을 일으킬 수 있는 에너지는 약 얼마인가? (단, 심실세동전류 $I = \dfrac{165}{\sqrt{T}}$[mA]로 한다.)

① 13.6[J]　　　　② 19.0[J]
③ 13.6[mJ]　　　④ 19.0[mJ]

해설 $W = I^2RT = \left(\dfrac{165}{\sqrt{T}} \times 10^{-3}\right)^2 \times 500T$

$= (165^2 \times 10^{-6}) \times 500 = 13.6$[J]

여기서, W: 위험한계에너지[J]
　　　　I: 심실세동전류[A]
　　　　R: 인체저항[Ω]
　　　　T: 통전시간[s]

관련개념 CHAPTER 02 감전재해 및 방지대책

074

전기설비에 접지를 하는 목적으로 틀린 것은?

① 누설전류에 의한 감전방지
② 낙뢰에 의한 피해방지
③ 지락사고 시 대지전위 상승 유도 및 절연강도 증가
④ 지락사고 시 보호계전기 신속동작

해설 접지는 지락사고 시 대지전위 상승 억제 및 절연강도 저감을 위한 것이다.

관련개념 CHAPTER 05 전기설비 위험요인관리

| 정답 | 071 ③ | 072 ② | 073 ① | 074 ③ |

075

「한국전기설비규정」에 따라 과전류차단기로 저압전로에 사용하는 범용 퓨즈(gG)의 용단전류는 정격전류의 몇 배인가?(단, 정격전류가 4[A] 이하인 경우이다.)

① 1.5배
② 1.6배
③ 1.9배
④ 2.1배

해설 과전류차단기로 저압전로에 사용하는 퓨즈

정격전류의 구분[A]	시간[분]	정격전류의 배수	
		불용단전류	용단전류
4 이하	60	1.5배	2.1배
4 초과 16 미만	60	1.5배	1.9배
16 이상 63 이하	60	1.25배	1.6배
63 초과 160 이하	120	1.25배	1.6배
160 초과 400 이하	180	1.25배	1.6배
400 초과	240	1.25배	1.6배

관련개념 CHAPTER 01 전기안전관리

077

감전 등의 재해를 예방하기 위하여 특고압용 기계·기구 주위에 관계자 외 출입을 금하도록 울타리를 설치할 때, 울타리의 높이와 울타리로부터 충전부분까지의 거리의 합이 최소 몇 [m] 이상이 되어야 하는가?(단, 사용전압이 35[kV] 이하인 특고압용 기계·기구이다.)

① 5[m]
② 6[m]
③ 7[m]
④ 9[m]

해설 울타리와 고압·특고압의 충전부분이 접근하는 경우

사용전압의 구분	울타리의 높이와 울타리로부터 충전부분까지의 거리의 합계
35[kV] 이하	5[m]
35[kV] 초과 160[kV] 이하	6[m]
160[kV] 초과	6[m]에 160[kV]를 초과하는 10[kV] 또는 그 단수마다 0.12[m]를 더한 값

관련개념 CHAPTER 02 감전재해 및 방지대책

076

정전기가 대전된 물체를 제전시키려고 한다. 다음 중 대전된 물체의 절연저항이 증가되어 제전의 효과를 감소시키는 것은?

① 접지한다.
② 건조시킨다.
③ 도전성 재료를 첨가한다.
④ 주위를 가습한다.

해설 건조된 물체는 절연저항이 증가되어 제전의 효과를 감소시킨다.

관련개념 CHAPTER 03 정전기 장·재해관리

078

개폐기로 인한 발화는 스파크에 의한 가연물의 착화화재가 많이 발생한다. 이를 방지하기 위한 대책으로 틀린 것은?

① 가연성증기, 분진 등이 있는 곳은 방폭형을 사용한다.
② 개폐기를 불연성 상자 안에 수납한다.
③ 비포장 퓨즈를 사용한다.
④ 접속부분의 나사풀림이 없도록 한다.

해설 착화화재의 발생방지를 위하여 개폐기를 불연성 박스 내에 내장하거나 통형 퓨즈를 사용한다.

관련개념 CHAPTER 05 전기설비 위험요인관리

079

극간 정전용량이 1,000[pF]이고, 착화에너지가 0.019[mJ]인 가스에서 폭발한계 전압[V]은 약 얼마인가?(단, 소수점 이하는 반올림한다.)

① 3,900　　　　② 1,950
③ 390　　　　　④ 195

해설 $W = \frac{1}{2}CV^2$ 에서

$V = \sqrt{\frac{2W}{C}} = \sqrt{\frac{2 \times (0.019 \times 10^{-3})}{1,000 \times 10^{-12}}} = 195[V]$

여기서, W: 착화에너지[J]
　　　　C: 극간 정전용량[F]
　　　　V: 폭발한계 전압[V]

※ $1[pF] = 10^{-12}[F]$, $1[mJ] = 10^{-3}[J]$이다.

관련개념 CHAPTER 03 정전기 장·재해관리

080

개폐기, 차단기, 유도 전압조정기의 최대 사용전압이 7[kV] 이하인 전로의 경우 절연내력 시험은 최대 사용전압의 1.5배의 전압을 몇 분간 가하는가?

① 10　　　　② 15
③ 20　　　　④ 25

해설 개폐기·차단기·전력용 커패시터·유도전압조정기·계기용변성기·기타의 기구의 전로 및 발전소·변전소·개폐소 또는 이에 준하는 곳에 시설하는 기계·기구의 접속선 및 모선(전로를 구성하는 것에 한함)은 아래 표에서 정하는 시험전압을 충전 부분과 대지 사이(다심케이블은 심선 상호 간 및 심선과 대지 사이)에 연속하여 **10분간 가하여 절연내력을 시험**하였을 때에 이에 견디어야 한다.

종류	시험전압
최대 사용전압이 7[kV] 이하인 기구 등의 전로	최대 사용전압이 1.5배의 전압(직류의 충전부분에 대하여는 최대 사용전압의 1.5배 직류전압 또는 1배의 교류전압)(500[V] 미만으로 되는 경우에는 500[V])

관련개념 CHAPTER 02 감전재해 및 방지대책

화학설비 안전관리

081

분진폭발의 특징에 관한 설명으로 옳은 것은?

① 가스폭발보다 발생에너지가 작다.
② 폭발압력과 연소속도는 가스폭발보다 크다.
③ 입자의 크기, 부유성 등이 분진폭발에 영향을 준다.
④ 불완전연소로 인한 가스중독의 위험성은 작다.

해설 분진폭발에 분진의 입경, 부유성, 표면적, 수분 농도 등이 영향을 준다.

분진폭발의 특징
- 가스폭발보다 발생에너지가 크다.
- 폭발압력과 연소속도는 가스폭발보다 작다.
- 불완전연소로 인한 가스중독의 위험성이 크다.
- 화염의 파급속도보다 압력의 파급속도가 빠르다.
- 가스폭발에 비하여 불완전연소가 많이 발생한다.
- 주위 분진에 의해 2차, 3차 폭발로 파급될 수 있다.

관련개념 CHAPTER 01 화재·폭발 검토

082

「위험물안전관리법령」상 제1류 위험물에 해당하는 것은?

① 과염소산나트륨　　　② 과염소산
③ 과산화수소　　　　　④ 과산화벤조일

해설
① 과염소산나트륨: 제1류 위험물(산화성 고체)
② 과염소산: 제6류 위험물(산화성 액체)
③ 과산화수소: 제6류 위험물(산화성 액체)
④ 과산화벤조일: 제5류 위험물(자기반응성 물질)

관련개념 CHAPTER 02 화학물질 안전관리 실행

083

다음 중 질식소화에 해당하는 것은?

① 가연성 기체의 분출화재 시 주 밸브를 닫는다.
② 가연성 기체의 연쇄반응을 차단하여 소화한다.
③ 연료 탱크를 냉각하여 가연성 가스의 발생속도를 작게 한다.
④ 연소하고 있는 가연물이 존재하는 장소를 기계적으로 폐쇄하여 공기의 공급을 차단한다.

해설 질식소화
산소(공기)공급을 차단함으로써 연소에 필요한 산소 농도(15[%]) 이하가 되게 하여 소화하는 방법으로 희석소화라고도 한다. 대표적으로 포, 분말, 이산화탄소소화기가 있으며 이외 수계(水系)소화설비도 보조적으로 수증기에 의한 질식효과가 있다.

관련개념 CHAPTER 01 화재·폭발 검토

084

「산업안전보건기준에 관한 규칙」에서 정한 위험물질의 종류에서 "물반응성 물질 및 인화성 고체"에 해당하는 것은?

① 질산에스테르류
② 니트로화합물
③ 칼륨·나트륨
④ 니트로소화합물

해설 칼륨·나트륨은 물반응성 물질 및 인화성 고체에 해당한다.
오답해설 ① 질산에스테르류, ② 니트로화합물, ④ 니트로소화합물는 폭발성 물질 및 유기과산화물에 해당한다.

관련개념 CHAPTER 02 화학물질 안전관리 실행

085

공기 중 아세톤의 농도가 200[ppm](TLV 500[ppm]), 메틸에틸케톤(MEK)의 농도가 100[ppm](TLV 200[ppm])일 때 혼합물질의 허용농도[ppm]는?(단, 두 물질은 서로 상가작용을 하는 것으로 가정한다.)

① 150
② 200
③ 270
④ 333

해설 유해화학물질 허용농도

혼합물질의 노출기준 $= \dfrac{f_1+f_2+\cdots+f_n}{\dfrac{f_1}{TLV_1}+\dfrac{f_2}{TLV_2}+\cdots+\dfrac{f_n}{TLV_n}}$

$= \dfrac{200+100}{\dfrac{200}{500}+\dfrac{100}{200}} = 333[\text{ppm}]$

여기서, f_n: 물질 1, 2, $\cdots$, n의 농도
TLV_n: 화학물질 각각의 노출기준

관련개념 CHAPTER 02 화학물질 안전관리 실행

086

다음 중 분진이 발화폭발하기 위한 조건으로 거리가 먼 것은?

① 불연성질
② 미분상태
③ 점화원의 존재
④ 산소 공급

해설 불연성질은 연소가 일어나지 않는 성질로 분진이 발화폭발하기 위해서는 가연성의 분진이어야 한다.

관련개념 CHAPTER 01 화재·폭발 검토

087

다음 중 폭발한계[vol%]의 범위가 가장 넓은 것은?

① 메탄
② 부탄
③ 톨루엔
④ 아세틸렌

해설 보기 물질의 폭발한계의 범위
① 메탄: 5[vol%]~15[vol%] → 10
② 부탄: 1.8[vol%]~8.4[vol%] → 6.6
③ 톨루엔: 1.1[vol%]~7.9[vol%] → 6.8
④ 아세틸렌: 2.5[vol%]~81[vol%] → 78.5

관련개념 CHAPTER 01 화재·폭발 검토

088
다음 중 최소발화에너지(E[J])를 구하는 식으로 옳은 것은? (단, I는 전류[A], R은 저항[Ω], V는 전압[V], C는 콘덴서용량[F], T는 시간[초]이라 한다.)

① $E = IRT$
② $E = 0.24I^2\sqrt{R}$
③ $E = \dfrac{1}{2}CV^2$
④ $E = \dfrac{1}{2}\sqrt{C^2V}$

해설 최소발화에너지
$$E = \dfrac{1}{2}CV^2$$

관련개념 CHAPTER 01 화재·폭발 검토

089
공기 중에서 A 물질의 폭발하한계가 4[vol%], 상한계가 75[vol%]라면 이 물질의 위험도는?

① 16.75
② 17.75
③ 18.75
④ 19.75

해설 위험도
$$H = \dfrac{U-L}{L} = \dfrac{75-4}{4} = 17.75$$
여기서, U: 폭발상한계, L: 폭발하한계

관련개념 CHAPTER 01 화재·폭발 검토

090
다음 중 관의 지름을 변경하고자 할 때 필요한 관 부속품은?

① Elbow
② Reducer
③ Plug
④ Valve

해설 관의 지름을 변경할 때에는 리듀서(Reducer), 부싱(Bushing) 등의 부속품을 사용한다.

관련개념 CHAPTER 04 화공 안전운전·점검

091
포스겐가스 누설검지의 시험지로 사용되는 것은?

① 연당지
② 염화파라듐지
③ 하리슨시험지
④ 초산벤젠지

해설 포스겐가스 누설검지의 시험지는 하리슨시험지이며, 반응색은 유자색이다.

가스누설 시 사용하는 시험지와 반응색

가스명칭	시험지	반응색
포스겐	하리슨시험지	유자색
시안화수소	초산벤젠지	청색
일산화탄소	염화파라듐지	흑색
아세틸렌	염화제1구리착염지	적갈색

관련개념 CHAPTER 02 화학물질 안전관리 실행

092
안전밸브 전단·후단에 자물쇠형 또는 이에 준하는 형식의 차단밸브 설치를 할 수 있는 경우에 해당하지 않는 것은?

① 자동압력조질밸브와 안전밸브 등이 식렬로 연결된 경우
② 화학설비 및 그 부속설비에 안전밸브 등이 복수방식으로 설치되어 있는 경우
③ 열팽창에 의하여 상승된 압력을 낮추기 위한 목적으로 안전밸브가 설치된 경우
④ 인접한 화학설비 및 그 부속설비에 안전밸브 등이 각각 설치되어 있고, 해당 화학설비 및 그 부속설비의 연결배관에 차단밸브가 없는 경우

해설 안전밸브 등의 배출용량의 $\dfrac{1}{2}$ 이상에 해당하는 용량의 **자동압력조절밸브**(구동용 동력원의 공급을 차단하는 경우 열리는 구조인 것으로 한정)와 **안전밸브 등이 병렬로 연결된 경우**에는 안전밸브 전단·후단에 자물쇠형 또는 이에 준하는 형식의 차단밸브를 설치할 수 있다.

관련개념 CHAPTER 04 화공 안전운전·점검

| 정답 | 088 ③ 089 ② 090 ② 091 ③ 092 ①

093

압축하면 폭발할 위험성이 높아 아세톤 등에 용해시켜 다공성 물질과 함께 저장하는 물질은?

① 염소
② 아세틸렌
③ 에탄
④ 수소

해설 아세틸렌은 가압하면 분해폭발을 하므로 아세톤 등에 침윤시켜 다공성 물질이 들어 있는 용기에 충전시킨다.

관련개념 CHAPTER 02 화학물질 안전관리 실행

094

「산업안전보건법령」상 대상 설비에 설치된 안전밸브에 대해서는 경우에 따라 구분된 검사주기마다 안전밸브가 적정하게 작동하는지 검사하여야 한다. 화학공정 유체와 안전밸브의 디스크 또는 시트가 직접 접촉될 수 있도록 설치된 경우의 검사주기로 옳은 것은?

① 매년 1회 이상
② 2년마다 1회 이상
③ 3년마다 1회 이상
④ 4년마다 1회 이상

해설 안전밸브에 대해서는 다음의 구분에 따른 검사주기마다 국가교정기관에서 교정을 받은 압력계를 이용하여 설정압력에서 안전밸브가 적정하게 작동하는지를 검사한 후 납으로 봉인하여 사용하여야 한다.
- 화학공정 유체와 안전밸브의 디스크 또는 시트가 직접 접촉될 수 있도록 설치된 경우: 2년마다 1회 이상
- 안전밸브 전단에 파열판이 설치된 경우: 3년마다 1회 이상
- 공정안전보고서 제출 대상으로서 고용노동부장관이 실시하는 공정안전보고서 이행상태 평가결과가 우수한 사업장의 안전밸브의 경우: 4년마다 1회 이상

관련개념 CHAPTER 04 화학설비 안전

095

위험물을 「산업안전보건법령」에서 정한 기준량 이상으로 제조하거나 취급하는 설비로서 특수화학설비에 해당되는 것은?

① 가열시켜 주는 물질의 온도가 가열되는 위험물질의 분해온도보다 높은 상태에서 운전되는 설비
② 상온에서 게이지 압력으로 200[kPa]의 압력으로 운전되는 설비
③ 대기압 하에서 300[℃]로 운전되는 설비
④ 흡열반응이 행하여지는 반응설비

해설 특수화학설비
- 발열반응이 일어나는 반응장치
- 증류·정류·증발·추출 등 분리를 하는 장치
- 가열시켜 주는 물질의 온도가 가열되는 위험물질의 분해온도 또는 발화점보다 높은 상태에서 운전되는 설비
- 반응폭주 등 이상 화학반응에 의하여 위험물질이 발생할 우려가 있는 설비
- 온도가 350[℃] 이상이거나 게이지압력이 980[kPa] 이상인 상태에서 운전되는 설비
- 가열로 또는 가열기

관련개념 CHAPTER 02 화학물질 안전관리 실행

096

「산업안전보건법령」상 다음 내용에 해당하는 폭발위험장소는?

> 20종 장소 밖으로서 분진운 형태의 가연성 분진이 폭발농도를 형성할 정도의 충분한 양이 정상작동 중에 존재할 수 있는 장소를 말한다.

① 21종 장소
② 22종 장소
③ 0종 장소
④ 1종 장소

해설 21종 장소
20종 장소 밖으로서 분진운 형태의 가연성 분진이 폭발농도를 형성할 정도의 충분한 양이 정상작동 중에 존재할 수 있는 장소이다.

관련개념 SUBJECT 04 전기설비 안전관리
CHAPTER 04 전기방폭관리

097

Li과 Na에 관한 설명으로 틀린 것은?

① 두 금속 모두 실온에서 자연발화의 위험성이 있으므로 알코올 속에 저장해야 한다.
② 두 금속은 물과 반응하여 수소기체를 발생한다.
③ Li은 비중 값이 물보다 작다.
④ Na는 은백색의 무른 금속이다.

해설 Li, Na 등의 알칼리금속은 물에 닿으면 격렬하게 반응하여 수소를 발생시키므로 보호액(석유) 속에 저장하여야 한다.

관련개념 CHAPTER 02 화학물질 안전관리 실행

098

다음 중 누설 발화형 폭발재해의 예방대책으로 가장 거리가 먼 것은?

① 발화원 관리
② 밸브의 오동작 방지
③ 가연성 가스의 연소
④ 누설물질의 검지 경보

해설 누설 발화형 폭발재해 예방대책
- 발화원 관리
- 밸브의 오동작 방지
- 누설물질의 검지 경보

관련개념 CHAPTER 01 화재·폭발 검토

099

수분을 함유하는 에탄올에서 순수한 에탄올을 얻기 위해 벤젠과 같은 물질을 첨가하여 수분을 제거하는 증류 방법은?

① 공비증류
② 추출증류
③ 가압증류
④ 감압증류

해설 공비증류
일반적인 증류로는 분리하기 어려운 혼합물을 분리할 때 제3의 성분을 첨가해 공비혼합물을 만들어 증류에 의해 분리하는 방법이다. 예를 들어, 수분을 함유하는 에탄올에서 순수한 에탄올을 얻기 위해 벤젠과 같은 물질을 첨가하여 수분을 제거한다.

관련개념 CHAPTER 02 화학물질 안전관리 실행

100

다음 중 인화점에 관한 설명으로 옳은 것은?

① 액체이 표면에서 발생한 증기농도가 공기 중에서 연소하한 농도가 될 수 있는 가장 높은 액체온도
② 액체의 표면에서 발생한 증기농도가 공기 중에서 연소상한 농도가 될 수 있는 가장 낮은 액체온도
③ 액체의 표면에서 발생한 증기농도가 공기 중에서 연소하한 농도가 될 수 있는 가장 낮은 액체온도
④ 액체의 표면에서 발생한 증기농도가 공기 중에서 연소상한 농도가 될 수 있는 가장 높은 액체온도

해설 인화점
가연성 증기가 발생하는 액체 또는 고체가 공기 중에서 점화원에 의해 표면 부근에서 연소하기에 충분한 농도(폭발하한계)를 만드는 최저의 온도를 말한다.

관련개념 CHAPTER 01 화재·폭발 검토

| 정답 | 097 ① | 098 ③ | 099 ① | 100 ③ |

건설공사 안전관리

101
거푸집 및 동바리를 조립 또는 해체하는 작업을 하는 경우의 준수사항으로 옳지 않은 것은?

① 재료, 기구 또는 공구 등을 올리거나 내리는 경우에는 근로자로 하여금 달줄·달포대 등의 사용을 금하도록 할 것
② 낙하·충격에 의한 돌발적 재해를 방지하기 위하여 버팀목을 설치하고 거푸집 및 동바리를 인양장비에 매단 후에 작업을 하도록 하는 등 필요한 조치를 할 것
③ 비, 눈, 그 밖의 기상상태의 불안정으로 날씨가 몹시 나쁜 경우에는 그 작업을 중지할 것
④ 해당 작업을 하는 구역에는 관계 근로자가 아닌 사람의 출입을 금지할 것

해설 거푸집 및 동바리를 조립하거나 해체하는 작업을 할 때 재료, 기구 또는 공구 등을 올리거나 내리는 경우에는 근로자로 하여금 달줄·달포대 등을 사용하도록 하여야 한다.

관련개념 CHAPTER 05 비계·거푸집 가시설 위험방지

102
강관을 사용하여 비계를 구성하는 경우 준수하여야 할 기준으로 옳지 않은 것은?

① 비계기둥의 간격은 띠장 방향에서는 1.85[m] 이하, 장선(長線) 방향에서는 1.5[m] 이하로 할 것
② 띠장 간격은 2.0[m] 이하로 할 것
③ 비계기둥의 제일 윗부분으로부터 31[m] 되는 지점 밑부분의 비계기둥은 3개의 강관으로 묶어 세울 것
④ 비계기둥 간의 적재하중은 400[kg]을 초과하지 않도록 할 것

해설 강관을 사용하여 비계를 구성하는 경우 비계기둥의 제일 윗부분으로부터 31[m] 되는 지점 밑부분의 비계기둥은 2개의 강관으로 묶어 세워야 한다.

관련개념 CHAPTER 05 비계·거푸집 가시설 위험방지

103
지하수위 상승으로 포화된 사질토 지반의 액상화 현상을 방지하기 위한 가장 직접적이고 효과적인 대책은?

① Well Point 공법 적용
② 동다짐 공법 적용
③ 입도가 불량한 재료를 입도가 양호한 재료로 치환
④ 밀도를 증가시켜 한계간극비 이하로 상대밀도를 유지하는 방법 강구

해설 사질토 지반의 액상화 방지를 위해서는 지하수를 배출시키는 웰포인트 공법을 적용하는 것이 가장 효과적이다.

관련개념 CHAPTER 02 건설공사 위험성

104
크레인 등 건설장비의 가공전선로 접근 시 안전대책으로 옳지 않은 것은?

① 안전 이격거리를 유지하고 작업한다.
② 장비를 가공전선로 밑에 보관한다.
③ 장비의 조립, 준비 시부터 가공전선로에 대한 감전 방지 수단을 강구한다.
④ 장비 사용 현장의 장애물, 위험물 등을 점검 후 작업계획을 수립한다.

해설 크레인 등 건설장비는 가공전선로 밑에 보관 시 감전의 위험이 있으므로 가공전선로와 이격된 장소에 보관하여야 한다.

관련개념 SUBJECT 04 전기설비 안전관리
CHAPTER 02 감전재해 및 방지대책

105

흙의 투수계수에 영향을 주는 인자에 관한 설명으로 옳지 않은 것은?

① 포화도: 포화도가 클수록 투수계수도 크다.
② 공극비: 공극비가 클수록 투수계수는 작다.
③ 유체의 점성계수: 점성계수가 클수록 투수계수는 작다.
④ 유체의 밀도: 유체의 밀도가 클수록 투수계수는 크다.

해설 공극비가 클수록 투수계수도 커진다.

투수계수

$$K = D_s^2 \cdot \frac{\gamma_w}{\eta} \cdot \frac{e^3}{(1+e)} \cdot C$$

여기서, D_s: 유효입경
γ_w: 물의 비중량
η: 점성계수
e: 공극비
C: 형상계수

관련개념 CHAPTER 02 건설공사 위험성

106

「산업안전보건법령」에서 규정하는 철골작업을 중지하여야 하는 기후조건에 해당하지 않는 것은?

① 풍속이 초당 10[m] 이상인 경우
② 강우량이 시간당 1[mm] 이상인 경우
③ 강설량이 시간당 1[cm] 이상인 경우
④ 기온이 영하 5[℃] 이하인 경우

해설 철골작업 중지를 위한 기후조건에 기온과 관련한 기준은 없다.

철골작업 시 작업의 제한기준

구분	내용
강풍	풍속이 10[m/s] 이상인 경우
강우	강우량이 1[mm/h] 이상인 경우
강설	강설량이 1[cm/h] 이상인 경우

관련개념 CHAPTER 06 공사 및 작업 종류별 안전

107

차량계 건설기계를 사용하여 작업을 하는 경우 작업계획서 내용에 포함되지 않는 사항은?

① 사용하는 차량계 건설기계의 종류 및 성능
② 차량계 건설기계의 운행경로
③ 차량계 건설기계에 의한 작업방법
④ 차량계 건설기계 사용 시 유도자 배치 위치

해설 차량계 건설기계의 작업계획서 포함내용
- 사용하는 차량계 건설기계의 종류 및 성능
- 차량계 건설기계의 운행경로
- 차량계 건설기계에 의한 작업방법

관련개념 CHAPTER 04 건설현장 안전시설 관리

108

유해위험방지계획서를 고용노동부장관에게 제출하고 심사를 받아야 하는 대상 건설공사 기준으로 옳지 않은 것은?

① 최대 지간길이가 50[m] 이상인 다리의 건설 등 공사
② 지상높이 25[m] 이상인 건축물 또는 인공구조물의 건설 등 공사
③ 깊이 10[m] 이상인 굴착공사
④ 다목적댐, 발전용댐, 저수용량 2천만 톤 이상의 용수 전용 댐 및 지방상수도 전용 댐의 건설 등 공사

해설 유해위험방지계획서 제출대상 건설공사
- **지상높이가 31[m] 이상인 건축물 또는 인공구조물**, 연면적 30,000[m²] 이상인 건축물 또는 연면적 5,000[m²] 이상의 문화 및 집회시설(전시장 및 동물원·식물원 제외), 판매시설, 운수시설(고속철도의 역사 및 집배송시설 제외), 종교시설, 의료시설 중 종합병원, 숙박시설 중 관광숙박시설, 지하도상가 또는 냉동·냉장 창고시설의 건설·개조 또는 해체(건설 등) 공사
- 연면적 5,000[m²] 이상의 냉동·냉장 창고시설의 설비공사 및 단열공사
- 최대 지간길이가 50[m] 이상인 다리의 건설 등 공사
- 터널의 건설 등 공사
- 다목적댐, 발전용댐, 저수용량 2천만 톤 이상의 용수 전용 댐 및 지방 상수도 전용 댐의 건설 등 공사
- 깊이가 10[m] 이상인 굴착공사

관련개념 CHAPTER 02 건설공사 위험성

| 정답 | 105 ② 106 ④ 107 ④ 108 ②

109

공사진척에 따른 공정률이 다음과 같을 때 산업안전보건관리비 사용기준으로 옳은 것은?(단, 공정률은 기성공정률을 기준으로 함)

공정률: 70퍼센트 이상, 90퍼센트 미만

① 50[%] 이상
② 60[%] 이상
③ 70[%] 이상
④ 80[%] 이상

해설 공사진척에 따른 산업안전보건관리비 사용기준

공정률[%]	50 이상 70 미만	70 이상 90 미만	90 이상
사용기준[%]	50 이상	70 이상	90 이상

관련개념 CHAPTER 03 건설업 산업안전보건관리비 관리

110

미리 작업장소의 지형 및 지반상태 등에 적합한 제한속도를 정하지 않아도 되는 차량계 건설기계의 속도 기준은?

① 최대제한속도가 10[km/h] 이하
② 최대제한속도가 20[km/h] 이하
③ 최대제한속도가 30[km/h] 이하
④ 최대제한속도가 40[km/h] 이하

해설 차량계 하역운반기계, 차량계 건설기계(**최대제한속도가 10[km/h] 이하인 것 제외**)를 사용하여 작업하는 경우 미리 작업장소의 지형 및 지반상태 등에 적합한 제한속도를 정하고, 운전자로 하여금 이를 준수하도록 하여야 한다.

관련개념 CHAPTER 04 건설현장 안전시설 관리

111

다음 중 지하수위 측정에 사용되는 계측기는?

① Load Cell
② Inclinometer
③ Extensometer
④ Water level Gauge

해설 수위계(Water level Gauge)는 굴착에 따른 지하수위 변동을 측정하는 데 사용되는 계측기이다.

관련개념 CHAPTER 05 비계·거푸집 가시설 위험방지

112

이동식비계를 조립하여 작업을 하는 경우에 준수하여야 할 기준으로 옳지 않은 것은?

① 승강용 사다리는 견고하게 설치할 것
② 비계의 최상부에서 작업을 하는 경우에는 안전난간을 설치할 것
③ 작업발판의 최대적재하중은 400[kg]을 초과하지 않도록 할 것
④ 작업발판은 항상 수평을 유지하고 작업발판 위에서 안전난간을 딛고 작업을 하거나 받침대 또는 사다리를 사용하여 작업하지 않도록 할 것

해설 이동식비계 작업발판의 최대적재하중은 250[kg]을 초과하지 않도록 하여야 한다.

관련개념 CHAPTER 05 비계·거푸집 가시설 위험방지

113

터널 지보공을 조립하거나 변경하는 경우에 조치하여야 하는 사항으로 옳지 않은 것은?

① 목재의 터널 지보공은 그 터널 지보공의 각 부재에 작용하는 긴압 정도를 체크하여 그 정도가 최대한 차이나도록 할 것
② 강(鋼)아치 지보공의 조립은 연결볼트 및 띠장 등을 사용하여 주재 상호간을 튼튼하게 연결할 것
③ 기둥에는 침하를 방지하기 위하여 받침목을 사용하는 등의 조치를 할 것
④ 주재(主材)를 구성하는 1세트의 부재는 동일 평면 내에 배치할 것

해설 터널 지보공을 조립하거나 변경하는 경우 목재의 터널 지보공은 그 터널 지보공의 각 부재의 긴압 정도가 균등하게 되도록 하여야 한다.

관련개념 CHAPTER 05 비계·거푸집 가시설 위험방지

114

거푸집 및 동바리를 조립하는 경우에 준수하여야 하는 기준으로 옳지 않은 것은?

① 동바리로 사용하는 파이프 서포트를 이어서 사용하는 경우에는 3개 이상의 볼트 또는 전용철물을 사용하여 이을 것
② 동바리의 상하 고정 및 미끄러짐 방지 조치를 할 것
③ 받침목이나 깔판의 사용, 콘크리트 타설, 말뚝박기 등 동바리의 침하를 방지하기 위한 조치를 할 것
④ 동바리로 사용하는 파이프 서포트를 3개 이상 이어서 사용하지 않도록 할 것

해설 동바리로 사용하는 파이프 서포트를 이어서 사용하는 경우에는 4개 이상의 볼트 또는 전용철물을 사용하여 이어야 한다.

관련개념 CHAPTER 05 비계·거푸집 가시설 위험방지

115

가설통로를 설치하는 경우 준수하여야 할 기준으로 옳지 않은 것은?

① 경사는 30° 이하로 할 것
② 경사가 15°를 초과하는 경우에는 미끄러지지 아니하는 구조로 할 것
③ 추락할 위험이 있는 장소에는 안전난간을 설치할 것
④ 수직갱에 가설된 통로의 길이가 15[m] 이상인 경우에는 7[m] 이내마다 계단참을 설치할 것

해설 가설통로 설치 시 준수사항
- 견고한 구조로 할 것
- 경사는 30° 이하로 할 것
- 경사가 15°를 초과하는 경우에는 미끄러지지 아니하는 구조로 할 것
- 추락할 위험이 있는 장소에는 안전난간을 설치할 것
- 수직갱에 가설된 통로의 길이가 15[m] 이상인 경우에는 10[m] 이내마다 계단참을 설치할 것
- 건설공사에 사용하는 높이 8[m] 이상인 비계다리에는 7[m] 이내마다 계단참을 설치할 것

관련개념 CHAPTER 05 비계·거푸집 가시설 위험방지

116

사면보호공법 중 구조물에 의한 보호공법에 해당되지 않는 것은?

① 블럭공
② 식생구멍공
③ 돌쌓기공
④ 현장타설 콘크리트 격자공

해설 식생구멍공은 구조물에 의한 보호공법이 아닌 수목 등을 활용한 식생공법에 해당된다.

관련개념 CHAPTER 04 건설현장 안전시설 관리

117

안전계수가 4이고 2,000[MPa]의 인장강도를 갖는 강선의 최대허용응력은?

① 500[MPa]
② 1,000[MPa]
③ 1,500[MPa]
④ 2,000[MPa]

해설 허용응력 = $\dfrac{\text{극한(인장)강도}}{\text{안전계수}} = \dfrac{2,000}{4} = 500[\text{MPa}]$

관련개념 SUBJECT 03 기계 · 기구 및 설비 안전관리
CHAPTER 01 기계공정의 안전, 기계안전시설 관리

118

터널공사의 전기발파작업에 관한 설명으로 옳지 않은 것은?

① 전선은 점화하기 전에 화약류를 충진한 장소로부터 30[m] 이상 떨어진 안전한 장소에서 도통시험 및 저항시험을 하여야 한다.
② 점화는 충분한 허용량을 갖는 발파기를 사용하고 규정된 스위치를 반드시 사용하여야 한다.
③ 발파 후 발파기와 발파모선의 연결을 유지한 채 그 단부를 절연시킨 후 재점화가 되지 않도록 한다.
④ 점화는 선임된 발파책임자가 행하고 발파기의 핸들을 점화할 때 이외는 시건장치를 하거나 모선을 분리하여야 하며 발파책임자의 엄중한 관리하에 두어야 한다.

해설 발파 후 즉시 발파모선을 발파기에서 분리하여 단락시키는 등 재기폭되지 않도록 조치하여야 한다.

※ 「터널공사 표준안전 작업지침 – NATM」이 개정됨에 따라 '전기발파 작업 시 준수사항'이 삭제되었습니다.

관련개념 CHAPTER 02 건설공사 위험성

119

화물을 적재하는 경우의 준수사항으로 옳지 않은 것은?

① 침하 우려가 없는 튼튼한 기반 위에 적재할 것
② 건물의 칸막이나 벽 등이 화물의 압력에 견딜 만큼의 강도를 지니지 아니한 경우에는 칸막이나 벽에 기대어 적재하지 않도록 할 것
③ 불안정할 정도로 높이 쌓아 올리지 말 것
④ 하중이 한쪽으로 치우치더라도 화물을 최대한 효율적으로 적재할 것

해설 화물의 적재 시 준수사항
- 침하 우려가 없는 튼튼한 기반 위에 적재할 것
- 건물의 칸막이나 벽 등이 화물의 압력에 견딜 만큼의 강도를 지니지 아니한 경우에는 칸막이나 벽에 기대어 적재하지 않도록 할 것
- 불안정할 정도로 높이 쌓아 올리지 말 것
- 하중이 한쪽으로 치우치지 않도록 쌓을 것

관련개념 CHAPTER 06 공사 및 작업 종류별 안전

120

발파구간 인접구조물에 대한 피해 및 손상을 예방하기 위한 건물기초에서의 허용 진동치[cm/sec] 기준으로 옳지 않은 것은?(단, 기존 구조물에 금이 가 있거나 노후구조물 대상일 경우 등은 고려하지 않는다.)

① 문화재: 0.2[cm/sec]
② 주택, 아파트: 0.5[cm/sec]
③ 상가: 1.0[cm/sec]
④ 철골콘크리트 빌딩: 0.8 ~ 1.0[cm/sec]

해설
※ 「발파 표준안전 작업지침」이 개정됨에 따라 '건물기초에서의 허용 진동치 기준'이 삭제되었습니다.

관련개념 CHAPTER 02 건설공사 위험성

정답 | 117 ① 118 ③ 119 ④ 120 정답없음

2021년 2회 기출문제

2021년 5월 15일 시행

산업재해 예방 및 안전보건교육

001
재해조사에 관한 설명으로 틀린 것은?
① 조사목적에 무관한 조사는 피한다.
② 조사는 현장을 정리한 후에 실시한다.
③ 목격자나 현장 책임자의 진술을 듣는다.
④ 조사자는 객관적이고 공정한 입장을 취해야 한다.

해설 재해조사 시 조사는 신속하게 행하고, 긴급조치를 하여 2차 재해의 방지를 도모한다.

관련개념 SUBJECT 03 기계 · 기구 및 설비 안전관리
CHAPTER 02 기계분야 산업재해 조사 및 관리

002
「산업안전보건법령」상 안전보건표지의 종류 중 경고표지의 기본모형(형태)이 다른 것은?
① 고압전기 경고
② 방사성물질 경고
③ 폭발성물질 경고
④ 매달린물체 경고

해설

고압전기경고   방사성물질경고   폭발성물질경고   매달린물체경고

관련개념 CHAPTER 02 안전보호구 관리

003
무재해 운동추진의 3요소에 관한 설명이 아닌 것은?
① 안전보건은 최고경영자의 무재해 및 무질병에 대한 확고한 경영자세로 시작된다.
② 안전보건을 추진하는 데에는 관리감독자들의 생산 활동 속에 안전보건을 실천하는 것이 중요하다.
③ 모든 재해는 잠재요인을 사전에 발견·파악·해결함으로써 근원적으로 산업재해를 없애야 한다.
④ 안전보건은 각자 자신의 문제이며, 동시에 동료의 문제로서 직장의 팀 멤버와 협동노력하여 자주적으로 추진하는 것이 필요하다.

해설 ③은 무재해 운동의 3원칙 중 '무의 원칙'에 관한 설명이다.
무재해 운동추진의 3기둥(3요소)
- 최고경영자의 경영자세: 안전보건은 최고경영자의 확고한 경영자세로부터 시작된다.
- 라인관리자에 의한 안전보건의 추진: 라인관리자들의 생산활동 속에 안전보건을 접목시켜 실천하는 것이 꼭 필요하다.
- 소집단의 자주활동의 활성화: 직장의 팀 멤버와의 협동노력으로 자주적으로 추진해 가는 것이 필요하다.

관련개념 CHAPTER 01 산업재해예방 계획 수립

004
헤링(Hering)의 착시현상에 해당하는 것은?

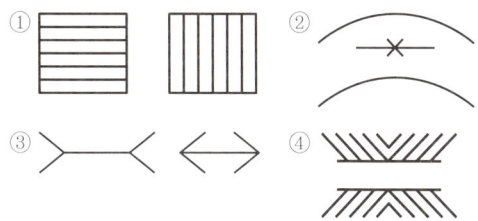

해설 헤링의 착시현상

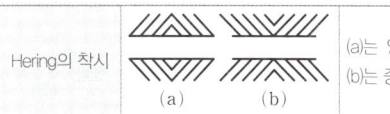

관련개념 CHAPTER 03 산업안전심리

005

도수율이 24.5이고, 강도율이 1.15인 사업장에서 한 근로자가 입사하여 퇴직할 때까지의 근로손실일수는?

① 2.45일 ② 115일
③ 215일   ④ 245일

해설 환산강도율이란 근로자가 입사하여 퇴직할 때까지(40년=10만 시간) 잃을 수 있는 근로손실일수이다.
환산강도율=강도율×100=1.15×100=115일

`관련개념` SUBJECT 03 기계·기구 및 설비 안전관리
CHAPTER 02 기계분야 산업재해 조사 및 관리

006

학습을 자극(Stimulus)에 의한 반응(Response)으로 보는 이론에 해당하는 것은?

① 장설(Field Theory)
② 통찰설(Insight Theory)
③ 기호형태설(Sign-gestalt Theory)
④ 시행착오설(Trial and Error Theory)

해설 손다이크(Thorndike)의 시행착오설
- 인간과 동물은 차이가 없다고 보고 동물연구를 통해 인간심리를 발견하고자 했다.
- 동물의 행동은 자극 S와 반응 R의 연합에 의해 결정된다고 주장했다.

`관련개념` CHAPTER 05 안전보건교육의 내용 및 방법

007

하인리히의 사고방지 기본원리 5단계 중 시정방법의 선정 단계에 있어서 필요한 조치가 아닌 것은?

① 인사조정   ② 안전행정의 개선
③ 교육 및 훈련의 개선 ④ 안전점검 및 사고조사

해설 안전점검 및 사고조사는 하인리히의 사고예방대책의 기본원리 5단계 중 2단계인 사실의 발견(현상파악) 단계에서의 조치이다.

`관련개념` CHAPTER 01 산업재해예방 계획 수립

008

「산업안전보건법령」상 안전보건교육 교육대상별 교육내용 중 관리감독자 정기교육의 내용으로 틀린 것은?

① 정리정돈 및 청소에 관한 사항
② 유해·위험 작업환경 관리에 관한 사항
③ 표준안전 작업방법 결정 및 지도·감독 요령에 관한 사항
④ 작업공정의 유해·위험과 재해 예방대책에 관한 사항

해설 ①은 근로자의 채용 시 및 작업내용 변경 시 교육내용이다.
관리감독자 정기 교육내용
- 산업안전 및 산업재해 예방에 관한 사항
- 산업보건 및 건강장해 예방에 관한 사항
- 위험성 평가에 관한 사항
- 유해·위험 작업환경 관리에 관한 사항
- 「산업안전보건법령」 및 산업재해보상보험 제도에 관한 사항
- 직무스트레스 예방 및 관리에 관한 사항
- 직장 내 괴롭힘, 고객의 폭언 등으로 인한 건강장해 예방 및 관리에 관한 사항
- 작업공정의 유해·위험과 재해 예방대책에 관한 사항
- 사업장 내 안전보건관리체제 및 안전·보건조치 현황에 관한 사항
- 표준안전 작업방법 결정 및 지도·감독 요령에 관한 사항
- 현장 근로자와의 의사소통능력 및 강의능력 등 안전보건교육 능력 배양에 관한 사항
- 비상시 또는 재해 발생 시 긴급조치에 관한 사항

`관련개념` CHAPTER 05 안전보건교육의 내용 및 방법

009

「산업안전보건법령」상 협의체 구성 및 운영에 관한 사항으로 (   )에 알맞은 내용은?

> 도급인은 관계수급인 근로자가 도급인의 사업장에서 작업을 하는 경우 도급인과 수급인을 구성원으로 하는 안전 및 보건에 관한 협의체를 구성 및 운영하여야 한다. 이 협의체는 (   ) 정기적으로 회의를 개최하고 그 결과를 기록·보존해야 한다.

① 매월 1회 이상   ② 2개월마다 1회
③ 3개월마다 1회   ④ 6개월마다 1회

해설 협의체는 매월 1회 이상 정기적으로 회의를 개최하고 그 결과를 기록·보존하여야 한다.

`관련개념` CHAPTER 01 산업재해예방 계획 수립

| 정답 | 005 ② | 006 ④ | 007 ④ | 008 ① | 009 ① |

010

「산업안전보건법령」상 프레스를 사용하여 작업을 할 때 작업시작 전 점검사항으로 틀린 것은?

① 방호장치의 기능
② 언로드밸브의 기능
③ 금형 및 고정볼트 상태
④ 클러치 및 브레이크의 기능

해설 언로드밸브의 기능은 공기압축기를 가동할 때 작업시작 전 점검사항이다.

프레스 등의 작업시작 전 점검사항
- 클러치 및 브레이크의 기능
- 크랭크축·플라이휠·슬라이드·연결봉 및 연결 나사의 풀림 유무
- 1행정 1정지기구·급정지장치 및 비상정지장치의 기능
- 슬라이드 또는 칼날에 의한 위험방지 기구의 기능
- 프레스의 금형 및 고정볼트 상태
- 방호장치의 기능
- 전단기의 칼날 및 테이블의 상태

관련개념 SUBJECT 03 기계·기구 및 설비 안전관리
CHAPTER 02 기계분야 산업재해 조사 및 관리

011

학습자가 자신의 학습속도에 적합하도록 프로그램 자료를 가지고 단독으로 학습하도록 하는 안전교육 방법은?

① 실연법
② 모의법
③ 토의법
④ 프로그램 학습법

해설 프로그램 학습법(컴퓨터 수업)
- 학습자가 프로그램을 통해 학습하는 방법으로 자신의 능력과 학습속도에 맞추어 학습을 진행할 수 있다.
- 자율학습이 가능하므로 자기가 원하는 시간, 원하는 장소에서 학습할 수 있다.

관련개념 CHAPTER 05 안전보건교육의 내용 및 방법

012

헤드십의 특성이 아닌 것은?

① 지휘형태는 권위주의적이다.
② 권한행사는 임명된 헤드이다.
③ 구성원과의 사회적 간격은 넓다.
④ 상관과 부하와의 관계는 개인적인 영향이다.

해설 헤드십은 상사와 부하와의 관계가 종속적인 특성이 있다.

관련개념 CHAPTER 04 인간의 행동과학

013

「산업안전보건법령」상 특정행위의 지시 및 사실의 고지에 사용되는 안전 보건표지의 색도기준으로 옳은 것은?

① 2.5G 4/10
② 5Y 8.5/12
③ 2.5PB 4/10
④ 7.5R 4/14

해설 안전보건표지의 색도기준 및 용도

색채	색도기준	용도	사용 예
파란색	2.5PB 4/10	지시	특정 행위의 지시 및 사실의 고지
녹색	2.5G 4/10	안내	비상구 및 피난소, 사람 또는 차량의 통행표지
흰색	N9.5		파란색 또는 녹색에 대한 보조색

관련개념 CHAPTER 02 안전보호구 관리

014

인간관계의 메커니즘 중 다른 사람의 행동 양식이나 태도를 투입시키거나 다른 사람 가운데서 자기와 비슷한 것을 발견하는 것은?

① 공감
② 모방
③ 동일화
④ 일체화

해설 동일화(Identification)
다른 사람의 행동 양식이나 태도를 투입시키거나 다른 사람 가운데서 자기와 비슷한 점을 발견하는 것이다.

관련개념 CHAPTER 04 인간의 행동과학

015

다음의 교육내용과 관련 있는 교육은?

- 작업동작 및 표준 작업방법의 습관화
- 공구·보호구 등의 관리 및 취급태도의 확립
- 작업 전후의 점검, 검사 요령의 정확화 및 습관화

① 지식교육　　　② 기능교육
③ 태도교육　　　④ 문제해결교육

해설 태도교육
- 생활지도, 작업 동작 지도 등을 통한 안전의 습관화
- 청취(들어본다) → 이해, 납득(이해시킨다) → 모범(시범을 보인다) → 권장(평가한다) → 칭찬한다 또는 벌을 준다

관련개념 CHAPTER 05 안전보건교육의 내용 및 방법

016

데이비스(K.Davis)의 동기부여 이론에 관한 등식에서 그 관계가 틀린 것은?

① 지식×기능=능력
② 상황×능력=동기유발
③ 능력×동기유발=인간의 성과
④ 인간의 성과×물질의 성과=경영의 성과

해설 데이비스(K. Davis)의 동기부여이론
- 지식(Knowledge)×기능(Skill)=능력(Ability)
- **상황**(Situation)×**태도**(Attitude)=**동기유발**(Motivation)
- 능력(Ability)×동기유발(Motivation)
  =인간의 성과(Human Performance)
- 인간의 성과×물질적 성과=경영의 성과

관련개념 CHAPTER 04 인간의 행동과학

017

「산업안전보건법령」상 보호구 안전인증대상 방독마스크의 유기화합물용 정화통 외부 측면 표시색으로 옳은 것은?

① 갈색　　　② 녹색
③ 회색　　　④ 노랑색

해설 정화통 외부 측면의 표시색

종류	표시색
유기화합물용 정화통	갈색
할로겐용 정화통	회색
황화수소용 정화통	
시안화수소용 정화통	
아황산용 정화통	노란색
암모니아용 정화통	녹색

관련개념 CHAPTER 02 안전보호구 관리

018

재해원인 분석기법의 하나인 특성요인도의 작성 방법에 대한 설명으로 틀린 것은?

① 큰뼈는 특성이 일어나는 요인이라고 생각되는 것을 크게 분류하여 기입한다.
② 등뼈는 원칙적으로 우측에서 좌측으로 향하여 가는 화살표를 기입한다.
③ 특성의 결정은 무엇에 대한 특성요인도를 작성할 것인가를 결정하고 기입한다.
④ 중뼈는 특성이 일어나는 큰뼈의 요인마다 다시 미세하게 원인을 결정하여 기입한다.

해설 특성요인도
특성과 요인관계를 도표로 하여 어골상으로 세분화한 분석법으로 원인과 결과를 연계하여 상호관계를 파악한다. 오른쪽 끝의 박스 안에 앞에서 정한 특성을 기입하고 **왼쪽에서 오른쪽으로 굵은 화살표를 표시한다**.

관련개념 SUBJECT 03 기계·기구 및 설비 안전관리
CHAPTER 02 기계분야 산업재해 조사 및 관리

019

TWI의 교육 내용 중 인간관계 관리방법, 즉 부하 통솔법을 주로 다루는 것은?

① JST(Job Safety Training)
② JMT(Job Method Training)
③ JRT(Job Relation Training)
④ JIT(Job Instruction Training)

해설 TWI(Training Within Industry)
- 작업지도훈련(JIT ; Job Instruction Training)
- 작업방법훈련(JMT ; Job Method Training)
- **인간관계훈련(JRT ; Job Relation Training)**
- 작업안전훈련(JST ; Job Safety Training)

관련개념 CHAPTER 05 안전보건교육의 내용 및 방법

020

「산업안전보건법령」상 안전보건관리규정에 반드시 포함되어야 할 사항이 아닌 것은?(단, 그 밖에 안전 및 보건에 관한 사항은 제외한다.)

① 재해코스트 분석 방법
② 사고 조사 및 대책 수립
③ 작업장 안전 및 보건관리
④ 안전 및 보건 관리조직과 그 직무

해설 안전보건관리규정의 작성내용
- 안전 및 보건에 관한 관리조직과 그 직무에 관한 사항
- 안전보건교육에 관한 사항
- 작업장의 안전 및 보건 관리에 관한 사항
- 사고 조사 및 대책 수립에 관한 사항
- 그 밖에 안전 및 보건에 관한 사항

관련개념 CHAPTER 01 산업재해예방 계획 수립

인간공학 및 위험성평가·관리

021

시스템 수명주기에 있어서 예비위험분석(PHA)이 이루어지는 단계에 해당하는 것은?

① 구상단계
② 점검단계
③ 운전단계
④ 생산단계

해설 예비위험분석(PHA ; Preliminary Hazards Analysis)
시스템 내의 위험요소가 얼마나 위험상태에 있는가를 평가하는 시스템안전 프로그램의 최초단계(**시스템 구상단계**)의 정성적인 분석 방식이다.

관련개념 CHAPTER 02 위험성 파악·결정

022

FTA에서 사용하는 다음 사상기호에 대한 설명으로 맞는 것은?

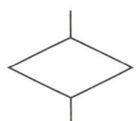

① 시스템 분석에서 좀 더 발전시켜야 하는 사상
② 시스템의 정상적인 가동상태에서 일어날 것이 기대되는 사상
③ 불충분한 자료로 결론을 내릴 수 없어 더 이상 전개할 수 없는 사상
④ 주어진 시스템의 기본사상으로 고장원인이 분석되었기 때문에 더 이상 분석할 필요가 없는 사상

해설

기호	명칭	설명
◇	생략사상 (최후사상)	정보부족, 해석기술 불충분으로 더 이상 전개할 수 없는 사상

관련개념 CHAPTER 02 위험성 파악·결정

023

정보를 전송하기 위해 청각적 표시장치보다 시각적 표시장치를 사용하는 것이 더 효과적인 경우는?

① 정보의 내용이 간단한 경우
② 정보가 후에 재참조되는 경우
③ 정보가 즉각적인 행동을 요구하는 경우
④ 정보의 내용이 시간적인 사건을 다루는 경우

해설 ①, ③, ④는 시각적 표시장치보다 청각적 표시장치가 더 유리한 경우이다.

관련개념 CHAPTER 06 작업환경 관리

024

감각저장으로부터 정보를 작업기억으로 전달하기 위한 코드화 분류에 해당되지 않는 것은?

① 시각코드   ② 촉각코드
③ 음성코드   ④ 의미코드

해설 일반적으로 작업기억의 정보는 **시각(Visual), 음성(Phonetic), 의미(Semantic)** 코드로 저장된다. 시각 및 음성 코드는 자극의 시각적 또는 청각적인 표현이며, 이 각각은 반대 유형의 자극에 의하거나 장기기억에서 내부적으로 발생할 수 있다. 의미코드는 자극에 의해 발생되는 상이나 음이 아니라 자극 의미의 추상적인 표현으로서 장기기억에서 중요한 요소이다.

관련개념 CHAPTER 06 작업환경 관리

025

인간 – 기계 시스템 설계과정 중 직무분석을 하는 단계는?

① 제1단계: 시스템의 목표와 성능명세 결정
② 제2단계: 시스템의 정의
③ 제3단계: 기본설계
④ 제4단계: 인터페이스 설계

해설 인간 – 기계 시스템 설계과정 중 3단계 – 기본설계
- 시스템의 형태를 갖추기 시작하는 단계이다.
- 직무분석, 작업설계, 기능할당 등이 실시되어야 한다.

관련개념 CHAPTER 01 안전과 인간공학

026

중량물 들기 작업 시 5분간의 산소소비량을 측정한 결과 90[L]의 배기량 중에 산소가 16[%], 이산화탄소가 4[%]로 분석되었다. 해당 작업에 대한 산소소비량[L/min]은 약 얼마인가?(단, 공기 중 질소는 79[vol%], 산소는 21[vol%]이다.)

① 0.948   ② 1.948
③ 4.74   ④ 5.74

해설 공기 중에서 산소는 21[%], 질소가 79[%]를 차지하지만 호흡을 거쳐 나온 배기량에는 산소가 소비되고 에너지가 발생되면서 이산화탄소가 포함된다.

- 분당 배기량 $= 90[L] \div 5[\min] = 18[L/\min]$
- 흡기량 $= \dfrac{100 - \text{배기 } O_2 - \text{배기 } CO_2}{\text{배기량} - \text{흡기 } O_2} \times \text{분당 배기량}$

$$= \dfrac{100 - 16 - 4}{100 - 21} \times 18 = 18.23[L/\min]$$

- 산소소비량 = 분당 흡기산소량 − 분당 배기산소량
$$= 18.23 \times 0.21 - 18 \times 0.16 = 0.948[L/\min]$$

관련개념 CHAPTER 01 안전과 인간공학

027

의도는 올바른 것이었지만, 행동이 의도한 것과는 다르게 나타나는 오류는?

① Slip   ② Mistake
③ Lapse   ④ Violation

해설 인간의 오류모형
- 착오(Mistake): 상황해석을 잘못하거나 목표를 잘못 이해하고 착각하여 행하는 경우
- 실수(Slip): 상황이나 목표의 **해석을 제대로 했으나 의도와는 다른 행동을 하는 경우**
- 건망증(Lapse): 여러 과정이 연계적으로 일어나는 행동 중에서 일부를 잊어버리고 하지 않거나 또는 기억의 실패에 의하여 발생하는 오류
- 위반(Violation): 정해진 규칙을 알고 있음에도 고의로 따르지 않거나 무시하는 행위

관련개념 CHAPTER 01 안전과 인간공학

028

동작경제의 원칙과 가장 거리가 먼 것은?

① 급작스런 방향의 전환은 피하도록 할 것
② 가능한 관성을 이용하여 작업하도록 할 것
③ 두 손의 동작은 같이 시작하고 같이 끝나도록 할 것
④ 두 팔의 동작은 동시에 같은 방향으로 움직일 것

해설 신체사용에 관한 동작경제의 원칙
- 두 손의 동작은 같이 시작하고 같이 끝나도록 한다.
- 휴식시간을 제외하고는 양손이 동시에 쉬지 않도록 한다.
- **두 팔의 동작은 동시에 서로 반대방향으로 대칭적으로 움직이도록 한다.**
- 자연스러운 리듬이 생기도록 손의 동작은 유연하고 연속적이어야 한다. (관성 이용)
- 손과 신체의 동작은 작업을 원만하게 처리할 수 있는 범위 내에서 가장 낮은 동작등급을 사용하도록 한다.

관련개념 CHAPTER 06 작업환경 관리

029

두 가지 상태 중 하나가 고장 또는 결함으로 나타나는 비정상적인 사건은?

① 톱사상
② 결함사상
③ 정상적인 사상
④ 기본적인 사상

해설 결함사상
두 가지 상태 중 하나가 고장 또는 결함으로 나타나는 비정상적인 사건이다.

관련개념 CHAPTER 02 위험성 파악·결정

030

설비보전 방법 중 설비의 열화를 방지하고 그 진행을 지연시켜 수명을 연장하기 위한 점검, 청소, 주유 및 교체 등의 활동은?

① 사후보전
② 개량보전
③ 일상보전
④ 보전예방

해설 일상보전(Routine Maintenance)
설비의 열화를 방지하고 그 진행을 지연시켜 수명을 연장하기 위한 보전으로 점검, 청소, 주유 및 교체 등의 활동을 말한다.

관련개념 CHAPTER 03 위험성 감소대책 수립·실행

031

일반적으로 은행의 접수대 높이나 공원의 벤치를 설계할 때 가장 적합한 인체 측정 자료의 응용원칙은?

① 조절식 설계
② 평균치를 이용한 설계
③ 최대치를 이용한 설계
④ 최소치를 이용한 설계

해설 평균치 설계
최대치수나 최소치수를 기준 또는 조절식으로 설계하기 부적절한 경우, 평균치를 기준으로 설계한다.
예 손님의 평균 신장을 기준으로 만든 은행의 계산대 등

관련개념 CHAPTER 06 작업환경 관리

032

위험분석기법 중 고장이 시스템의 손실과 인명의 사상에 연결되는 높은 위험도를 가진 요소나 고장의 형태에 따른 분석법은?

① CA
② ETA
③ FHA
④ FTA

해설 위험성 분석법(CA; Criticality Analysis)
고장이 시스템의 손해와 인원의 사상에 연결되는 높은 위험도를 가지는 경우에 위험도를 가져오는 요소 또는 고장의 형태에 따라 위험성을 정량적으로 분석하는 것이다.

관련개념 CHAPTER 02 위험성 파악·결정

033

작업장의 설비 3대에서 각각 80[dB], 86[dB], 78[dB]의 소음이 발생되고 있을 때 작업장의 음압수준은?

① 약 81.3[dB]
② 약 85.5[dB]
③ 약 87.5[dB]
④ 약 90.3[dB]

해설 소음이 합쳐질 경우 음압수준

$$SPL = 10 \log(10^{\frac{A_1}{10}} + 10^{\frac{A_2}{10}} + 10^{\frac{A_3}{10}} + \cdots)$$

$$= 10 \log(10^{\frac{80}{10}} + 10^{\frac{86}{10}} + 10^{\frac{78}{10}}) = 87.5[dB]$$

여기서, A_1, A_2, A_3: 각 소음의 음압수준

관련개념 CHAPTER 06 작업환경 관리

034

일반적인 화학설비에 대한 안전성 평가(Safety Assessment) 절차에 있어 안전대책 단계에 해당되지 않는 것은?

① 보전
② 위험도 평가
③ 설비적 대책
④ 관리적 대책

해설 위험도 평가는 안전성 평가 6단계 중 3단계인 정량적 평가에 해당된다.

안전성 평가 6단계 중 제4단계 - 안전대책 수립
- 보전: 설비나 시스템을 최적의 상태로 유지하기 위한 활동이다.
- 설비적 대책: 안전장치 및 방재 장치에 관하여 대책을 세운다.
- 관리적 대책: 인원배치, 교육훈련 등에 관하여 대책을 세운다.

관련개념 CHAPTER 02 위험성 파악 · 결정

035

욕조곡선에서의 고장 형태에서 일정한 형태의 고장률이 나타나는 구간은?

① 초기고장 구간
② 마모고장 구간
③ 피로고장 구간
④ 우발고장 구간

해설 고장률의 유형(욕조곡선)

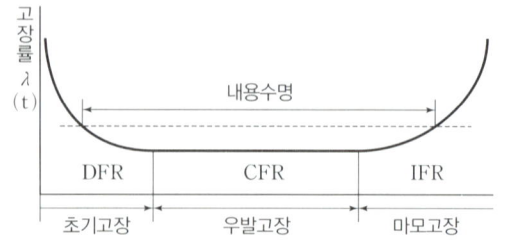

- 초기고장(감소형): 제조가 불량하거나 생산과정에서 품질관리가 안 되어서 생기는 고장
- 우발고장(일정형): 실제 사용하는 상태에서 발생하는 고장으로 예측할 수 없는 랜덤의 간격으로 생기는 고장
- 마모고장(증가형): 설비 또는 장치가 수명을 다하여 생기는 고장

관련개념 CHAPTER 02 위험성 파악 · 결정

036

음량수준을 평가하는 척도와 관계없는 것은?

① dB
② HSI
③ phon
④ sone

해설 HSI
- 인간의 눈에 있는 간상세포가 구분할 수 있는 색상단위인 RGB값에 밝기나 채도에 대한 개념을 더한 단위이다.
- 색상(Hue), 채도(Saturation), 명도(Intensity)의 약자이다.

관련개념 CHAPTER 06 작업환경 관리

037

실효온도(Effective Temperature)에 영향을 주는 요인이 아닌 것은?

① 온도
② 습도
③ 복사열
④ 공기 유동

해설 실효온도(Effective Temperature, 감각온도, 실감온도)
온도, 습도, 기류 등의 조건에 따라 인간의 감각을 통해 느껴지는 온도로 상대습도 100[%]일 때의 건구온도에서 느끼는 것과 동일한 온도감이다.

관련개념 CHAPTER 06 작업환경 관리

038

FT도에서 시스템의 신뢰도는 얼마인가?(단, 모든 부품의 발생확률은 0.1이다.)

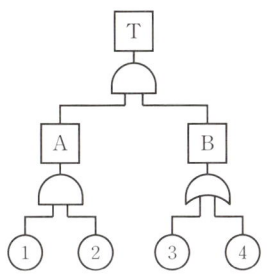

① 0.0033
② 0.0062
③ 0.9981
④ 0.9936

해설 A와 B는 AND 게이트로 연결되어 있고 A는 ①과 ②의 AND 게이트, B는 ③과 ④의 OR 게이트로 연결되어 있으므로
고장확률 $T = A \times B = (0.1 \times 0.1) \times (1-(1-0.1) \times (1-0.1)) = 0.0019$
신뢰도 $R = 1 -$ 고장확률 $T = 1 - 0.0019 = 0.9981$

관련개념 CHAPTER 02 위험성 파악·결정

039

인간공학 연구방법 중 실제의 제품이나 시스템이 추구하는 특성 및 수준이 달성되는지를 비교하고 분석하는 연구는?

① 조사연구
② 실험연구
③ 분석연구
④ 평가연구

해설 평가연구
시스템 성능에 대한 인간-기계시스템이나 제품 등이 의도한 성능, 목표 수준에 도달하였는지 분석하는 연구방법이다.

관련개념 CHAPTER 01 안전과 인간공학

040

어떤 설비의 시간당 고장률이 일정하다고 할 때 이 설비의 고장간격은 다음 중 어떤 확률분포를 따르는가?

① t분포
② 와이블분포
③ 지수분포
④ 아이링(Eyring)분포

해설 어떤 설비의 시간당 고장률이 일정할 때, 이 설비의 고장간격은 지수분포의 확률분포를 따른다.

관련개념 CHAPTER 02 위험성 파악·결정

기계·기구 및 설비 안전관리

041

「산업안전보건법령」상 프레스 등 금형을 부착·해체 또는 조정하는 작업을 할 때, 슬라이드가 갑자기 작동함으로써 근로자에게 발생할 우려가 있는 위험을 방지하기 위해 사용해야 하는 것은?(단, 해당 작업에 종사하는 근로자의 신체가 위험한계 내에 있는 경우이다.)

① 방진구
② 안전블록
③ 시건장치
④ 날접촉예방장치

해설 프레스 등의 금형을 부착·해체 또는 조정하는 작업을 할 때에 해당 작업에 종사하는 근로자의 신체가 위험한계 내에 있는 경우 슬라이드가 갑자기 작동함으로써 근로자에게 발생할 우려가 있는 위험을 방지하기 위하여 **안전블록을 사용**하는 등 필요한 조치를 하여야 한다.

관련개념 CHAPTER 04 프레스 및 전단기의 안전

042

페일 세이프(Fail Safe)의 기능적인 면에서 분류할 때 거리가 가장 먼 것은?

① Fool Proof
② Fail Passive
③ Fail Active
④ Fail Operational

해설 Fail Safe의 기능면에서의 분류
• Fail Passive: 부품이 고장나면 통상 기계는 정지하는 방향으로 이동한다.
• Fail Active: 부품이 고장나면 기계는 경보를 울리며 짧은 시간 동안 운전이 가능하다.
• Fail Operational: 부품에 고장이 있더라도 추후 보수가 있을 때까지 안전한 기능을 유지한다.

관련개념 CHAPTER 01 기계공정의 안전, 기계안전시설 관리

043

「산업안전보건법령」상 크레인에서 정격하중에 대한 정의는?(단, 지브가 있는 크레인은 제외)

① 부하할 수 있는 최대하중
② 부하할 수 있는 최대하중에서 달기기구의 중량에 상당하는 하중을 뺀 하중
③ 짐을 싣고 상승할 수 있는 최대하중
④ 가장 위험한 상태에서 부하할 수 있는 최대하중

해설 정격하중은 크레인의 권상하중에서 훅·버킷 등 달기구의 중량에 상당하는 하중을 뺀 하중을 말한다. 이때 권상하중이란 크레인이 들어올릴 수 있는 최대의 하중을 말한다.

관련개념 CHAPTER 06 운반기계 및 양중기

044

기계설비의 안전조건인 구조의 안전화와 거리가 가장 먼 것은?

① 전압 강하에 따른 오동작 방지
② 재료의 결함 방지
③ 설계상의 결함 방지
④ 가공 결함 방지

해설 전압 강하에 따른 오동작 방지는 기능상의 안전화에 해당한다.
구조적 안전화(강도적 안전화)
- 재료에 있어서의 결함 방지
- 설계에 있어서의 결함 방지(안전율 등)
- 가공에 있어서의 결함 방지

관련개념 CHAPTER 01 기계공정의 안전, 기계안전시설 관리

045

공기압축기의 작업안전수칙으로 가장 적절하지 않은 것은?

① 공기압축기의 점검 및 청소는 반드시 전원을 차단한 후에 실시한다.
② 운전 중에 어떠한 부품도 건드려서는 안 된다.
③ 공기압축기 분해 시 내부의 압축공기를 이용하여 분해한다.
④ 최대공기압력을 초과한 공기압력으로는 절대로 운전하여서는 안 된다.

해설 공기압축기의 청소·정비 시에는 반드시 압축기를 정지하고 모든 전원을 차단한 다음 내부압력이 완전히 방출된 후 충분히 냉각된 상태에서 실시한다.

관련개념 CHAPTER 05 기타 산업용 기계·기구

046

「산업안전보건법령」상 컨베이어, 이송용 롤러 등을 사용하는 경우 정전·전압강하 등에 의한 위험을 방지하기 위하여 설치하는 안전장치는?

① 권과방지장치
② 동력전달장치
③ 과부하방지장치
④ 화물의 이탈 및 역주행방지장치

해설 이탈 등의 방지
컨베이어, 이송용 롤러 등을 사용하는 경우에는 정전·전압강하 등에 따른 화물 또는 운반구의 이탈 및 역주행을 방지하는 장치를 갖추어야 한다.

관련개념 CHAPTER 06 운반기계 및 양중기

047

회전하는 동작부분과 고정부분이 함께 만드는 위험점으로 주로 연삭숫돌과 작업대, 교반기의 교반날개와 몸체 사이에서 형성되는 위험점은?

① 접선물림점
② 절단점
③ 물림점
④ 끼임점

해설 끼임점(Shear Point)

기계의 고정부분과 회전 또는 직선운동 부분 사이에 형성되는 위험점이다.
예 회전 풀리와 베드 사이, 연삭숫돌과 작업대, 교반기의 날개와 하우스

관련개념 CHAPTER 01 기계공정의 안전, 기계안전시설 관리

048

다음 중 드릴작업의 안전사항으로 틀린 것은?

① 옷소매가 길거나 찢어진 옷은 입지 않는다.
② 작고, 길이가 긴 물건은 손으로 잡고 뚫는다.
③ 회전하는 드릴에 걸레 등을 가까이 하지 않는다.
④ 스핀들에서 드릴을 뽑아낼 때에는 드릴 아래에 손을 내밀지 않는다.

해설 드릴링 머신의 안전작업수칙

- 일감은 견고하게 고정시켜야 하며 **손으로 쥐고 구멍을 뚫는 것은 위험하다.**
- 작업시작 전 척 렌치(Chuck Wrench)를 반드시 뺀다.
- 장갑을 끼고 작업을 하지 않아야 하고, 회전하는 드릴에 걸레 등을 가까이 하지 않는다.
- 구멍을 뚫을 때 관통된 것을 확인하기 위하여 손을 집어넣지 않아야 한다.
- 칩은 회전을 중지시킨 후 브러시로 제거하여야 한다.

관련개념 CHAPTER 03 공작기계의 안전

049

「산업안전보건법령」상 양중기의 과부하방지장치에서 요구하는 일반적인 성능기준으로 가장 적절하지 않은 것은?

① 과부하방지장치 작동 시 경보음과 경보램프가 작동되어야 하며 양중기는 작동이 되지 않아야 한다.
② 외함의 전선 접촉부분은 고무 등으로 밀폐되어 물과 먼지 등이 들어가지 않도록 한다.
③ 과부하방지장치와 타 방호장치는 기능에 서로 장애를 주지 않도록 부착할 수 있는 구조이어야 한다.
④ 방호장치의 기능을 정지 및 제거할 때 양중기의 기능이 동시에 원활하게 작동하는 구조이며 정지해서는 안 된다.

해설 양중기 과부하방지장치의 일반적인 성능기준

방호장치의 기능을 제거 또는 정지할 때 양중기의 기능도 동시에 정지할 수 있는 구조이어야 한다.

관련개념 CHAPTER 06 운반기계 및 양중기

050

프레스기의 SPM(Stroke Per Minute)이 200이고, 클러치의 맞물림 개소 수가 6인 경우 양수기동식 방호장치의 안전거리는?

① 120[mm]
② 200[mm]
③ 320[mm]
④ 400[mm]

해설 양수기동식 안전거리

$$T_m = \left(\frac{1}{2} + \frac{1}{\text{클러치 개소 수}}\right) \times \frac{60}{\text{분당 행정수[SPM]}}$$

$$= \left(\frac{1}{2} + \frac{1}{6}\right) \times \frac{60}{200} = 0.2\text{초}$$

여기서, T_m: 누름버튼을 누른 때부터 슬라이드가 하사점에 도달할 때까지의 소요 최대시간[초]

$D_m = 1,600 \times T_m = 1,600 \times 0.2 = 320[\text{mm}]$

관련개념 CHAPTER 04 프레스 및 전단기의 안전

051

「산업안전보건법령」상 보일러 수위가 이상현상으로 인해 위험수위로 변하면 작업자가 쉽게 감지할 수 있도록 경보등, 경보음을 발하고 자동적으로 급수 또는 단수되어 수위를 조절하는 방호장치는?

① 압력방출장치
② 고저수위 조절장치
③ 압력제한 스위치
④ 과부하방지장치

해설 고저수위 조절장치
고저수위 조절장치의 동작 상태를 작업자가 쉽게 감시하도록 하기 위하여 고저수위지점을 알리는 경보등·경보음장치 등을 설치하여야 하며, 자동으로 급수되거나 단수되도록 설치하여야 한다.

관련개념 CHAPTER 05 기타 산업용 기계·기구

052

프레스 작업에서 제품 및 스크랩을 자동적으로 위험한계 밖으로 배출하기 위한 장치로 틀린 것은?

① 피더
② 키커
③ 이젝터
④ 공기 분사 장치

해설 피더(Feeder)
재료의 자동송급 도구로서 위험한계 밖에서 안전하게 가공물을 투입하기 위한 장치이다.

관련개념 CHAPTER 04 프레스 및 전단기의 안전

053

「산업안전보건법령」상 로봇의 작동범위 내에서 그 로봇에 관하여 교시 등 작업을 행하는 때 작업시작 전 점검사항으로 옳은 것은?(단, 로봇의 동력원을 차단하고 행하는 것은 제외)

① 과부하방지장치의 이상 유무
② 압력제한스위치의 이상 유무
③ 외부 전선의 피복 또는 외장의 손상 유무
④ 권과방지장치의 이상 유무

해설 산업용 로봇의 작업시작 전 점검사항
• **외부 전선의 피복 또는 외장의 손상 유무**
• 매니퓰레이터(Manipulator) 작동의 이상 유무
• 제동장치 및 비상정지장치의 기능

관련개념 CHAPTER 02 기계분야 산업재해 조사 및 관리

054

「산업안전보건법령」상 지게차 작업시작 전 점검사항으로 거리가 가장 먼 것은?

① 제동장치 및 조종장치 기능의 이상 유무
② 압력방출장치의 작동 이상 유무
③ 바퀴의 이상 유무
④ 전조등·후미등·방향지시기 및 경보장치 기능의 이상 유무

해설 압력방출장치의 기능은 공기압축기를 가동할 때 작업시작 전 점검사항이다.
지게차 작업시작 전 점검사항
• 제동장치 및 조종장치 기능의 이상 유무
• 하역장치 및 유압장치 기능의 이상 유무
• 바퀴의 이상 유무
• 전조등·후미등·방향지시기 및 경보장치 기능의 이상 유무

관련개념 CHAPTER 02 기계분야 산업재해 조사 및 관리

055

다음 중 가공재료의 칩이나 절삭유 등이 비산되어 나오는 위험으로부터 보호하기 위한 선반의 방호장치는?

① 바이트
② 권과방지장치
③ 압력제한스위치
④ 쉴드(shield)

해설 선반의 안전장치
• 칩 브레이커(Chip Breaker): 칩이 짧게 끊어지도록 하는 장치
• **덮개(Shield): 가공재료의 칩이나 절삭유 등이 비산되어 나오는 위험으로부터 작업자의 보호를 위해 이동이 가능한 장치**
• 브레이크(Brake): 가공 작업 중 선반을 급정지시킬 수 있는 장치
• 척 커버(Chuck Cover): 척에 고정한 가공물의 돌출부에 작업자가 접촉하여 발생하는 위험을 방지하는 장치

관련개념 CHAPTER 03 공작기계의 안전

056

「산업안전보건법령」상 보일러의 압력방출장치가 2개 설치된 경우 그 중 1개는 최고사용압력이하에서 작동된다고 할 때 다른 압력방출장치는 최고사용압력의 최대 몇 배 이하에서 작동되도록 하여야 하는가?

① 0.5
② 1
③ 1.05
④ 2

해설 보일러의 안전한 가동을 위하여 보일러 규격에 맞는 압력방출장치를 1개 또는 2개 이상 설치하고 최고사용압력 이하에서 작동되도록 하여야 한다. 다만, 압력방출장치가 2개 이상 설치된 경우에는 최고사용압력 이하에서 1개가 작동되고, 다른 압력방출장치는 최고사용압력 1.05배 이하에서 작동되도록 부착하여야 한다.

관련개념 CHAPTER 05 기타 산업용 기계·기구

057

상용운전압력 이상으로 압력이 상승할 경우 보일러의 파열을 방지하기 위하여 버너의 연소를 차단하여 정상압력으로 유도하는 장치는?

① 압력방출장치
② 고저수위 조절장치
③ 압력제한스위치
④ 통풍제어 스위치

해설 압력제한스위치
보일러의 과열을 방지하기 위하여 최고사용압력과 상용압력 사이에서 보일러의 버너연소를 차단할 수 있도록 압력제한스위치를 부착하여 사용하여야 한다.

관련개념 CHAPTER 05 기타 산업용 기계·기구

058

용접부 결함에서 전류가 과대하고, 용접속도가 너무 빨라 용접부의 일부가 녹아서 홈 또는 오목하게 생기는 결함은?

① 언더컷
② 기공
③ 균열
④ 융합불량

해설 용접부의 결함

언더컷	용접부에서 전류가 과대하고, 용접속도가 너무 빨라 용접부의 일부에 홈 또는 오목한 부분이 생기는 결함
기공	용착금속에 남아있는 가스로 인해 기포가 생기는 것
용입불량	용융금속이 불균일하게 주입되는 것

관련개념 CHAPTER 05 기타 산업용 기계·기구

059

물체의 표면에 침투력이 강한 적색 또는 형광성의 침투액을 표면 개구 결함에 침투시켜 직접 또는 자외선 등으로 관찰하여 결함장소와 크기를 판별하는 비파괴시험은?

① 피로시험
② 음향탐상시험
③ 와류탐상시험
④ 침투탐상시험

해설 침투탐상검사(PT; Liquid Penetrant Testing)
시험체 표면에 침투제를 적용시켜 침투제가 표면에 열려있는 불연속부에 침투할 수 있는 충분한 시간이 경과한 후, 불연속부에 침투하지 못하고 시험체 표면에 남아있는 과잉의 침투제를 제거하고 그 위에 현상제를 도포하여 불연속부에 들어있는 침투제를 빨아올림으로써 불연속의 위치, 크기 및 지시모양을 검출하는 검사방법이다.

관련개념 CHAPTER 07 설비진단 및 검사

060

연삭숫돌의 파괴원인으로 거리가 가장 먼 것은?

① 숫돌이 외부의 큰 충격을 받았을 때
② 숫돌의 회전속도가 너무 빠를 때
③ 숫돌 자체에 이미 균열이 있을 때
④ 플랜지 직경이 숫돌 직경의 1/3 이상일 때

해설 플랜지 지름이 현저하게 작을 때 연삭숫돌이 파괴된다.

관련개념 CHAPTER 03 공작기계의 안전

| 정답 | 056 ③ | 057 ③ | 058 ① | 059 ④ | 060 ④ |

전기설비 안전관리

061
다음 중 전기화재의 주요 원인이라고 할 수 없는 것은?

① 절연전선의 열화
② 정전기 발생
③ 과전류 발생
④ 절연저항값의 증가

해설 전기화재는 절연저항값이 감소할 때 일어난다.
전기화재의 원인
- 단락(합선)
- 누전(지락)
- 과전류
- 스파크(Spark, 전기불꽃)
- 접촉부 과열
- 절연열화(탄화)에 의한 발열
- 낙뢰
- 정전기 스파크

관련개념 CHAPTER 05 전기설비 위험요인관리

062
배전선로에 정전작업 중 단락접지기구를 사용하는 목적으로 가장 적합한 것은?

① 통신선 유도 장해 방지
② 배전용 기계 기구의 보호
③ 배전선 통전 시 전위경도 저감
④ 혼촉 또는 오동작에 의한 감전방지

해설 단락접지를 하는 이유
전로가 정전된 경우에도 **오통전, 다른 전로와의 접촉(혼촉) 또는 다른 전로에서의 유도작용** 및 비상용 발전기의 가동 등으로 정전전로가 갑자기 충전되는 경우가 있으므로 **이에 따른 감전위험을 제거하기 위해** 작업개소에 근접한 지점에 충분한 용량을 갖는 단락접지기구를 사용하여 정전전로를 단락접지하는 것이 필요하다.

관련개념 CHAPTER 02 감전재해 및 방지대책

063
어느 변전소에서 고장전류가 유입되었을 때 도전성 구조물과 그 부근 지표상의 점과의 사이(약 1[m])의 허용접촉전압은 약 몇 [V]인가?(단, 심실세동전류: $I_k = \dfrac{0.165}{\sqrt{t}}$[A], 인체의 저항: 1,000[Ω], 지표면의 저항률: 150[Ω·m], 통전시간을 1초로 한다.)

① 164
② 186
③ 202
④ 228

해설 허용접촉전압
$$E = \left(R_b + \dfrac{3\rho_s}{2}\right) \times I_k = \left(1{,}000 + \dfrac{3 \times 150}{2}\right) \times 0.165 = 202[\text{V}]$$
여기서, R_b: 인체저항[Ω]
ρ_s: 지표상층 저항률[Ω·m]
I_k: 통전전류[A]

관련개념 CHAPTER 02 감전재해 및 방지대책

064
방폭기기 그룹에 관한 설명으로 틀린 것은?

① 그룹 Ⅰ, 그룹 Ⅱ, 그룹 Ⅲ가 있다.
② 그룹 Ⅰ의 기기는 폭발성 갱내 가스에 취약한 광산에서의 사용을 목적으로 한다.
③ 그룹 Ⅱ의 세부 분류로 ⅡA, ⅡB, ⅡC가 있다.
④ ⅡA로 표시된 기기는 그룹 ⅡB기기를 필요로 하는 지역에 사용할 수 있다.

해설 ⅡA에서 ⅡC로 갈수록 위험한 가스를 표시하므로 ⅡA로 표시된 기기는 그룹 ⅡB기기를 필요로 하는 지역에 사용할 수 없다.

관련개념 CHAPTER 04 전기방폭관리

065

「한국전기설비규정」에 따라 피뢰설비에서 외부피뢰시스템의 수뢰부시스템으로 적합하지 않은 것은?

① 돌침 ② 수평도체
③ 그물망도체 ④ 환상도체

해설 수뢰부시스템은 **돌침, 수평도체, 그물망도체**의 요소 중에 한 가지 또는 이를 조합한 형식으로 시설하여야 한다.

관련개념 CHAPTER 05 전기설비 위험요인관리

066

정전기 재해의 방지를 위하여 배관 내 액체의 유속 제한이 필요하다. 배관의 내경과 유속제한 값으로 적절하지 않은 것은?

① 관내경[mm]: 25, 제한유속[m/s]: 6.5
② 관내경[mm]: 50, 제한유속[m/s]: 3.5
③ 관내경[mm]: 100, 제한유속[m/s]: 2.5
④ 관내경[mm]: 200, 제한유속[m/s]: 1.8

해설 관내경과 유속제한 값

관내경 D[m]	유속 V[m/s]	$V^2[m^2/s^2]$	$V^2D[m^3/s^2]$
0.01	8	64	0.64
0.025	4.9	24	0.6
0.05	3.5	12.25	0.61
0.1	2.5	6.25	0.63
0.2	1.8	3.25	0.64
0.4	1.3	1.6	0.67
0.6	1.0	1.0	0.6

관련개념 CHAPTER 03 정전기 장·재해관리

067

지락이 생긴 경우 접촉상태에 따라 접촉전압을 제한할 필요가 있다. 인체의 접촉상태에 따른 허용접촉전압을 나타낸 것으로 다음 중 옳지 않은 것은?

① 제1종: 2.5[V] 이하 ② 제2종: 25[V] 이하
③ 제3종: 35[V] 이하 ④ 제4종: 제한 없음

해설 허용접촉전압

종별	허용접촉전압
제1종	2.5[V] 이하
제2종	25[V] 이하
제3종	50[V] 이하
제4종	제한 없음

관련개념 CHAPTER 02 감전재해 및 방지대책

068

계통접지로 적합하지 않은 것은?

① TN 계통 ② TT 계통
③ IN 계통 ④ IT 계통

해설 계통접지 구성
저압전로의 보호도체 및 중성선의 접속 방식에 따라 접지계통은 다음과 같이 분류한다.
- TN 계통
- TT 계통
- IT 계통

관련개념 CHAPTER 05 전기설비 위험요인관리

069

정전기 발생에 영향을 주는 요인이 아닌 것은?

① 물체의 분리속도 ② 물체의 특성
③ 물체의 접촉시간 ④ 물체의 표면상태

해설 물체의 접촉시간은 정전기 발생과 무관하다.
정전기 발생에 영향을 주는 요인
- 물체의 특성
- 물질의 이력
- 분리속도
- 물체의 표면상태
- 접촉면적 및 압력

관련개념 CHAPTER 03 정전기 장·재해관리

| 정답 | 065 ④ 066 ① 067 ③ 068 ③ 069 ③

070

정전기 재해의 방지대책에 대한 설명으로 적합하지 않은 것은?

① 접지의 접속은 납땜, 용접 또는 멈춤나사로 실시한다.
② 회전부품의 유막저항이 높으면 도전성의 윤활제를 사용한다.
③ 이동식의 용기는 절연성 고무제 바퀴를 달아서 폭발위험을 제거한다.
④ 폭발의 위험이 있는 구역은 도전성 고무류로 바닥 처리를 한다.

해설 정전기 발생을 방지하기 위해 절연성 고무제 바퀴를 도전성 바퀴로 교체하여야 한다.

관련개념 CHAPTER 03 정전기 장·재해관리

071

폭발한계에 도달한 메탄가스가 공기에 혼합되었을 경우 착화한계전압[V]은 약 얼마인가?(단, 메탄의 착화최소에너지는 0.2[mJ], 극간용량은 10[pF]으로 한다.)

① 6,325
② 5,225
③ 4,135
④ 3,035

해설 $W = \frac{1}{2}CV^2$ 에서

$V = \sqrt{\frac{2W}{C}} = \sqrt{\frac{2 \times (0.2 \times 10^{-3})}{10 \times 10^{-12}}} = 6,325[V]$

여기서, W: 착화에너지[J]
C: 극간 정전용량[F]
V: 착화한계전압[V]

※ $1[mJ] = 10^{-3}[J]$, $1[pF] = 10^{-12}[F]$이다.

관련개념 CHAPTER 03 정전기 장·재해관리

072

$Q = 2 \times 10^{-7}[C]$으로 대전하고 있는 반경 25[cm] 도체구의 전위[kV]는 약 얼마인가?

① 7.2
② 12.5
③ 14.4
④ 25

해설 전자기학의 전위

도체구의 전위 $V = \frac{Q}{r} \times 9 \times 10^9$

$= \frac{2 \times 10^{-7}}{25 \times 10^{-2}} \times 9 \times 10^9 = 7,200[V] = 7.2[kV]$

여기서, Q: 전하량[C]
r: 반경[m]

관련개념 CHAPTER 03 정전기 장·재해관리

073

다음 중 누전차단기를 시설하지 않아도 되는 전로가 아닌 것은?(단, 전로는 금속제 외함을 가지는 사용전압이 50[V]를 초과하는 저압의 기계·기구에 전기를 공급하는 전로이며, 기계·기구에는 사람이 쉽게 접촉할 우려가 있다.)

① 기계·기구를 건조한 장소에 시설하는 경우
② 기계·기구가 고무, 합성수지, 기타 절연물로 피복된 경우
③ 대지전압 200[V] 이하인 기계·기구를 물기가 있는 곳 이외의 곳에 시설하는 경우
④ 「전기용품 및 생활용품 안전관리법」의 적용을 받는 이중절연구조의 기계·기구를 시설하는 경우

해설 대지전압이 150[V]를 초과하는 이동형 또는 휴대형 전기기계·기구에 누전차단기를 설치하여야 한다.

관련개념 CHAPTER 02 감전재해 및 방지대책

| 정답 | 070 ③ | 071 ① | 072 ① | 073 ③ |

074

고압전로에 설치된 전동기용 고압전류 제한퓨즈의 불용단 전류의 조건은?

① 정격전류 1.3배의 전류로 1시간 이내에 용단되지 않을 것
② 정격전류 1.3배의 전류로 2시간 이내에 용단되지 않을 것
③ 정격전류 2배의 전류로 1시간 이내에 용단되지 않을 것
④ 정격전류 2배의 전류로 2시간 이내에 용단되지 않을 것

해설 고압전류 제한퓨즈의 불용단전류 조건
- 일반용, 변압기용, 전동기용: 정격전류의 1.3배 전류로 2시간 이내에 용단되지 않을 것
- 콘덴서용: 정격전류의 2배 전류로 2시간 이내에 용단되지 않을 것

관련개념 CHAPTER 01 전기안전관리

075

누전차단기의 시설방법 중 옳지 않은 것은?

① 시설장소는 배전반 또는 분전반 내에 설치한다.
② 정격전류용량은 해당 전로의 부하전류값 이상이어야 한다.
③ 정격감도전류는 정상의 사용상태에서 불필요하게 동작하지 않도록 한다.
④ 인체감전보호형은 0.05초 이내에 동작하는 고감도고속형이어야 한다.

해설 감전보호용 누전차단기
정격감도전류 30[mA] 이하, 동작시간 0.03초 이내

관련개념 CHAPTER 02 감전재해 및 방지대책

076

정전기 방지대책 중 적합하지 않은 것은?

① 대전서열이 가급적 먼 것으로 구성한다.
② 카본 블랙을 도포하여 도전성을 부여한다.
③ 유속을 저감시킨다.
④ 도전성 재료를 도포하여 대전을 감소시킨다.

해설 일반적으로 대전량은 접촉이나 분리하는 두 물체가 대전서열 내에서 가까운 위치에 있으면 적고, 먼 위치에 있으면 큰 경향이 있으므로 정전기 발생 방지를 위하여 대전서열이 가급적 가까운 것으로 구성한다.

관련개념 CHAPTER 03 정전기 장·재해관리

077

다음 중 방폭전기기기의 구조별 표시방법으로 틀린 것은?

① 내압방폭구조: p
② 본질안전방폭구조: ia, ib
③ 유입방폭구조: o
④ 안전증방폭구조: e

해설 내압방폭구조의 기호는 d이다.

관련개념 CHAPTER 04 전기방폭관리

078

내전압용 절연장갑의 등급에 따른 최대사용전압이 틀린 것은?(단, 교류 전압은 실횻값이다.)

① 등급 00: 교류 500[V]
② 등급 1: 교류 7,500[V]
③ 등급 2: 직류 17,000[V]
④ 등급 3: 직류 39,750[V]

해설 절연장갑의 등급 및 색상

등급	최대사용전압		색상
	교류([V], 실횻값)	직류[V]	
00	500	750	갈색
0	1,000	1,500	빨간색
1	7,500	11,250	흰색
2	17,000	25,500	노란색
3	26,500	39,750	녹색
4	36,000	54,000	등색

관련개념 SUBJECT 01 산업재해 예방 및 안전보건교육
CHAPTER 02 안전보호구 관리

| 정답 | 074 ② 075 ④ 076 ① 077 ① 078 ③

079

저압전로의 절연성능에 관한 설명으로 적합하지 않은 것은?

① 전로의 사용전압이 SELV 및 PELV일 때 절연저항은 0.5[MΩ] 이상이어야 한다.
② 전로의 사용전압이 FELV일 때 절연저항은 1[MΩ] 이상이어야 한다.
③ 전로의 사용전압이 FELV일 때 DC 시험 전압은 500[V]이다.
④ 전로의 사용전압이 600[V]일 때 절연저항은 1.5[MΩ] 이상이어야 한다.

해설 전선을 서로 접속한 때에는 해당 전선의 절연성능 이상으로 절연될 수 있도록 충분히 피복하거나 적합한 접속기구를 사용하여야 한다.

전로의 사용전압	DC 시험전압[V]	절연저항[MΩ]
SELV 및 PELV	250	0.5 이상
FELV, 500[V] 이하	500	1 이상
500[V] 초과	1,000	1 이상

※ 특별저압(Extra Low Voltage: 2차 전압이 AC 50[V], DC 120[V] 이하)으로 SELV(비접지회로 구성) 및 PELV(접지회로 구성)는 1차와 2차가 전기적으로 절연된 회로, FELV는 1차와 2차가 전기적으로 절연되지 않은 회로

관련개념 CHAPTER 02 감전재해 및 방지대책

080

다음 중 0종 장소에 사용될 수 있는 방폭구조의 기호는?

① Ex ia   ② Ex ib
③ Ex d   ④ Ex e

해설 0종 장소에 선정할 수 있는 방폭구조는 본질안전방폭구조(ia)이다.

관련개념 CHAPTER 04 전기방폭관리

화학설비 안전관리

081

다음 중 증기배관 내에 생성된 증기의 누설을 막고 응축수를 자동적으로 배출하기 위한 안전장치는?

① Steam Trap   ② Vent Stack
③ Blow Down   ④ Flame Arrester

해설 **스팀트랩(Steam Trap)**
증기배관 내에 생성하는 응축수는 송기상 지장이 되어 제거할 필요가 있는데, 이때 증기가 도망가지 않도록 이 응축수를 자동적으로 배출하기 위한 장치이다.

벤트스택(Vent Stack)
탱크 내의 압력을 정상상태로 유지하기 위한 장치이다.

블로우다운(Blow Down)
보일러 내부에 이물질이 누적되는 것을 방지하기 위해 수면의 스팀, 수저의 찌꺼기를 방출하는 장치이다.

화염방지기(Flame Arrester)
비교적 저압 또는 상압에서 가연성 증기를 발생시키는 인화성 물질 등을 저장하는 탱크에서 외부에 그 증기를 방출하거나 탱크 내에 외기를 흡입하는 부분에 설치하는 안전장치이다.

관련개념 CHAPTER 04 화공 안전운전 · 점검

082

CF_3Br 소화약제의 하론 번호를 옳게 나타낸 것은?

① 하론 1031   ② 하론 1311
③ 하론 1301   ④ 하론 1310

해설 구성 원소들의 개수를 C, F, Cl, Br, I의 순서대로 써보면 C 1개, F 3개, Cl 0개, Br 1개, I 0개이므로 번호는 1301이다. 따라서 CF_3Br은 할론 1301이다.

관련개념 CHAPTER 01 화재 · 폭발 검토

083

「산업안전보건법령」에 따라 공정안전보고서에 포함해야 할 세부내용 중 공정안전자료에 해당하지 않는 것은?

① 안전운전지침서
② 각종 건물·설비의 배치도
③ 유해하거나 위험한 설비의 목록 및 사양
④ 위험설비의 안전설계·제작 및 설치관련 지침서

해설 안전운전지침서는 안전운전계획에 포함하여야 할 세부내용이다.

관련개념 CHAPTER 04 화공 안전운전·점검

084

「산업안전보건법령」상 단위공정시설 및 설비로부터 다른 단위공정시설 및 설비 사이의 안전거리는 설비의 바깥면부터 얼마 이상이 되어야 하는가?

① 5[m]
② 10[m]
③ 15[m]
④ 20[m]

해설 단위공정시설 및 설비로부터 다른 단위공정시설 및 설비의 사이는 설비의 바깥면으로부터 10[m] 이상의 안전거리를 두어야 한다.

관련개념 CHAPTER 02 화학물질 안전관리 실행

085

자연발화 성질을 갖는 물질이 아닌 것은?

① 질화면
② 목탄분말
③ 아마인유
④ 과염소산

해설 과염소산은 산화성 액체이다. 산화성 액체는 산화성이 커서 다른 물질의 연소를 돕는다.

관련개념 CHAPTER 02 화학물질 안전관리 실행

086

다음 중 왕복펌프에 속하지 않는 것은?

① 피스톤 펌프
② 플런저 펌프
③ 기어 펌프
④ 격막 펌프

해설 왕복펌프
원통형 실린더 내의 피스톤의 왕복운동에 의해서 직접 액체에 압력을 주는 펌프로 **플런저형, 격막형, 피스톤형**이 있다.
펌프의 종류

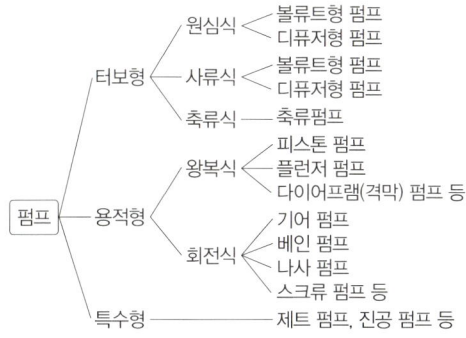

관련개념 CHAPTER 04 화공 안전운전·점검

087

두 물질을 혼합하면 위험성이 커지는 경우가 아닌 것은?

① 이황화탄소+물
② 나트륨+물
③ 과산화나트륨+염산
④ 염소산칼륨+적린

해설 이황화탄소는 물과 반응하지 않아 물과 혼합 시 위험하지 않다.

오답해설
② 인화성 가스인 수소 발생
 $Na + 2H_2O \rightarrow 2NaOH + H_2 \uparrow$
③ 산화성 액체인 과산화수소 발생
 $Na_2O_2 + 2HCl \rightarrow 2NaCl + H_2O_2$
④ 유독성 물질인 오산화인 발생
 $5KClO_3 + 6P \rightarrow 5KCl + 3P_2O_5$

관련개념 CHAPTER 02 화학물질 안전관리 실행

088

5[%] NaOH 수용액과 10[%] NaOH 수용액을 반응기에 혼합하여 6[%] 100[kg]의 NaOH 수용액을 만들려면 각각 몇 [kg]의 NaOH 수용액이 필요한가?

① 5[%] NaOH 수용액: 33.3, 10[%] NaOH 수용액: 66.7
② 5[%] NaOH 수용액: 50, 10[%] NaOH 수용액: 50
③ 5[%] NaOH 수용액: 66.7, 10[%] NaOH 수용액: 33.3
④ 5[%] NaOH 수용액: 80, 10[%] NaOH 수용액: 20

해설 5[%] NaOH 수용액 양을 x, 10[%] NaOH 수용액 양을 y라 하면

$$\begin{cases} x+y=100 \\ 0.05x+0.1y=0.06\times100 \end{cases}$$

$x=80[kg], y=20[kg]$

관련개념 **CHAPTER 02 화학물질 안전관리 실행**

089

다음 중 노출기준(TWA, [ppm]) 값이 가장 작은 물질은?

① 염소　　② 암모니아
③ 에탄올　④ 메탄올

해설 주요 물질의 노출기준

물질명	화학식	노출기준(TWA)
염소(Chlorine)	Cl_2	0.5[ppm]
암모니아(Ammonia)	NH_3	25[ppm]
에탄올(Ethanol)	C_2H_5OH	1,000[ppm]
메탄올(Methanol)	CH_3OH	200[ppm]

※ TWA는 값이 작을수록 독성이 강하다.

관련개념 **CHAPTER 02 화학물질 안전관리 실행**

090

「산업안전보건법령」에 따라 위험물 건조설비 중 건조실을 설치하는 건축물의 구조를 독립된 단층 건물로 하여야 하는 건조설비가 아닌 것은?

① 위험물 또는 위험물이 발생하는 물질을 가열·건조하는 경우 내용적이 2[m³]인 건조설비
② 위험물이 아닌 물질을 가열·건조하는 경우 액체연료의 최대사용량이 5[kg/h]인 건조설비
③ 위험물이 아닌 물질을 가열·건조하는 경우 기체연료의 최대사용량이 2[m³/h]인 건조설비
④ 위험물이 아닌 물질을 가열·건조하는 경우 전기사용 정격용량이 20[kW]인 건조설비

해설 위험물 건조설비를 설치하는 건축물의 구조

다음 어느 하나에 해당하는 위험물 건조설비 중 건조실을 설치하는 건축물의 구조는 독립된 단층건물로 하여야 한다.
- 위험물 또는 위험물이 발생하는 물질을 가열·건조하는 경우 내용적이 1[m³] 이상인 건조설비
- 위험물이 아닌 물질을 가열·건조하는 경우로서 다음의 어느 하나의 용량에 해당하는 건조설비
  - 고체 또는 **액체연료의 최대사용량이 시간당 10[kg] 이상**
  - 기체연료의 최대사용량이 시간당 1[m³] 이상
  - 전기사용 정격용량이 10[kW] 이상

관련개념 **CHAPTER 02 화학물질 안전관리 실행**

091

「산업안전보건법령」상 특수화학설비를 설치할 때 내부의 이상 상태를 조기에 파악하기 위하여 필요한 계측장치를 설치하여야 한다. 이러한 계측장치로 거리가 먼 것은?

① 압력계　　② 유량계
③ 온도계　　④ 비중계

해설 특수화학설비를 설치하는 경우에는 내부의 이상 상태를 조기에 파악하기 위하여 필요한 **온도계·유량계·압력계** 등의 계측장치를 설치하여야 한다.

관련개념 **CHAPTER 02 화학물질 안전관리 실행**

092

불연성이지만 다른 물질의 연소를 돕는 산화성 액체 물질에 해당하는 것은?

① 하이드라진 ② 과염소산
③ 벤젠 ④ 암모니아

해설 과염소산은 산화성 액체로 자신은 불연성이지만 산화성이 커서 다른 물질의 연소를 돕는다.

오답해설
① 하이드라진, ③ 벤젠: 인화성 액체
④ 암모니아: 인화성 가스

관련개념 CHAPTER 02 화학물질 안전관리 실행

093

아세톤에 대한 설명으로 틀린 것은?

① 증기는 유독하므로 흡입하지 않도록 주의해야 한다.
② 무색이고 휘발성이 강한 액체이다.
③ 비중이 0.79이므로 물보다 가볍다.
④ 인화점이 20[℃]이므로 여름철에 인화 위험이 더 높다.

해설 아세톤의 인화점은 약 $-18[℃]$이다.

관련개념 CHAPTER 02 화학물질 안전관리 실행

094

「화학물질 및 물리적 인자의 노출기준」에서 정한 유해인자에 대한 노출기준의 표시단위가 잘못 연결된 것은?

① 에어로졸: [ppm]
② 증기: [ppm]
③ 가스: [ppm]
④ 고온: 습구흑구온도지수(WBGT)

해설 분진 및 미스트 등 에어로졸(Aerosol)의 노출기준 표시단위는 $[mg/m^3]$을 사용한다.

관련개념 CHAPTER 02 화학물질 안전관리 실행

095

다음 [표]를 참조하여 메탄 70[vol%], 프로판 21[vol%], 부탄 9[vol%]인 혼합가스의 폭발범위를 구하면 약 몇 [vol%]인가?

가스	폭발하한계 [vol%]	폭발상한계 [vol%]
C_4H_{10}	1.8	8.4
C_3H_8	2.1	9.5
C_2H_6	3.0	12.4
CH_4	5.0	15.0

① 3.45~9.11 ② 3.45~12.58
③ 3.85~9.11 ④ 3.85~12.58

해설 혼합가스의 폭발한계

$$L = \frac{V_1 + V_2 + \cdots + V_n}{\frac{V_1}{L_1} + \frac{V_2}{L_2} + \cdots + \frac{V_n}{L_n}}$$

- 폭발하한 $= \dfrac{70+21+9}{\frac{70}{5} + \frac{21}{2.1} + \frac{9}{1.8}} = 3.45[vol\%]$

- 폭발상한 $= \dfrac{70+21+9}{\frac{70}{15} + \frac{21}{9.5} + \frac{9}{8.4}} = 12.58[vol\%]$

따라서 혼합가스의 폭발범위는 3.45~12.58[vol%]이다.

관련개념 CHAPTER 01 화재 · 폭발 검토

096

「산업안전보건법령」상 위험물질의 종류를 구분할 때 다음 물질들이 해당하는 것은?

> 리튬, 칼륨, 나트륨, 황, 황린, 황화인, 적린

① 폭발성 물질 및 유기과산화물
② 산화성 액체 및 산화성 고체
③ 물반응성 물질 및 인화성 고체
④ 급성 독성 물질

해설 보기의 물질은 물반응성 물질 및 인화성 고체에 해당한다.

관련개념 CHAPTER 02 화학물질 안전관리 실행

097

제1종 분말소화약제의 주성분에 해당하는 것은?

① 사염화탄소
② 브롬화메탄
③ 수산화암모늄
④ 탄산수소나트륨

해설 분말소화약제의 분류
- 제1종 소화약제: 탄산수소나트륨($NaHCO_3$)
- 제2종 소화약제: 탄산수소칼륨($KHCO_3$)
- 제3종 소화약제: 제1인산암모늄($NH_4H_2PO_4$)
- 제4종 소화약제: 탄산수소칼륨+요소($KHCO_3+(NH_2)_2CO$)

관련개념 CHAPTER 01 화재·폭발 검토

098

탄화칼슘이 물과 반응하였을 때 생성물을 옳게 나타낸 것은?

① 수산화칼슘 + 아세틸렌
② 수산화칼슘 + 수소
③ 염화칼슘 + 아세틸렌
④ 염화칼슘 + 수소

해설 탄화칼슘(CaC_2, 카바이드)은 물과 반응하여 수산화칼슘($Ca(OH)_2$)과 아세틸렌(C_2H_2)을 발생시킨다.
$CaC_2+2H_2O \rightarrow Ca(OH)_2+C_2H_2\uparrow$

관련개념 CHAPTER 02 화학물질 안전관리 실행

099

다음 중 분진폭발의 특징으로 옳은 것은?

① 가스폭발보다 연소시간이 짧고, 발생에너지가 작다.
② 압력의 파급속도보다 화염의 파급속도가 빠르다.
③ 가스폭발에 비하여 불완전연소의 발생이 없다.
④ 주위의 분진에 의해 2차, 3차의 폭발로 파급될 수 있다.

해설 분진폭발의 특징
- 가스폭발보다 발생에너지가 크다.
- 폭발압력과 연소속도는 가스폭발보다 작다.
- 불완전연소로 인한 가스중독의 위험성이 크다.
- 화염의 파급속도보다 압력의 파급속도가 빠르다.
- 가스폭발에 비하여 불완전연소가 많이 발생한다.
- 주위 분진에 의해 2차, 3차 폭발로 파급될 수 있다.

관련개념 CHAPTER 01 화재·폭발 검토

100

가연성 가스 A의 연소범위를 2.2~9.5[vol%]라 할 때 가스 A의 위험도는 얼마인가?

① 2.52
② 3.32
③ 4.91
④ 5.64

해설 위험도
$$H=\frac{U-L}{L}=\frac{9.5-2.2}{2.2}=3.32$$
여기서, U: 연소상한계
L: 연소하한계

관련개념 CHAPTER 01 화재·폭발 검토

건설공사 안전관리

101
장비가 위치한 지면보다 낮은 장소를 굴착하는 데 적합한 장비는?

① 트럭크레인 ② 파워셔블
③ 백호우 ④ 진폴

해설 백호우(Back Hoe)
- 기계가 설치된 지면보다 낮은 곳을 굴착하는 데 적합하다.
- 단단한 토질의 굴착 및 수중굴착도 가능하다.
- 굴착된 구멍이나 도랑의 굴착면의 마무리가 비교적 깨끗하고 정확하여 배관작업 등에 편리하다.

관련개념 CHAPTER 04 건설현장 안전시설 관리

102
건설공사도급인은 건설공사 중에 가설구조물의 붕괴 등 산업재해가 발생할 위험이 있다고 판단되면 건축·토목 분야의 전문가의 의견을 들어 건설공사 발주자에게 해당 건설공사의 설계변경을 요청할 수 있는데, 이러한 가설구조물의 기준으로 옳지 않은 것은?

① 높이 20[m] 이상인 비계
② 작업발판 일체형 거푸집 또는 높이 5[m] 이상인 거푸집 동바리
③ 터널의 지보공 또는 높이 2[m] 이상인 흙막이 지보공
④ 동력을 이용하여 움직이는 가설구조물

해설 설계변경 요청 대상 가설구조물에는 높이 31[m] 이상인 비계가 해당된다.

관련개념 CHAPTER 05 비계·거푸집 가시설 위험방지

103
콘크리트 타설 시 안전수칙으로 옳지 않은 것은?

① 타설순서는 계획에 의하여 실시하여야 한다.
② 진동기는 최대한 많이 사용하여야 한다.
③ 콘크리트를 치는 도중에는 거푸집, 지보공 등의 이상 유무를 확인하여야 한다.
④ 손수레로 콘크리트를 운반할 때에는 손수레를 타설하는 위치까지 천천히 운반하여 거푸집에 충격을 주지 아니하도록 타설하여야 한다.

해설 진동기는 적절히 사용되어야 하며, 지나친 진동은 거푸집 붕괴의 원인이 될 수 있으므로 주의하여야 한다.

관련개념 CHAPTER 06 공사 및 작업 종류별 안전

104
「산업안전보건법령」에 따른 작업발판 일체형 거푸집에 해당되지 않는 것은?

① 갱 폼(Gang Form)
② 슬립 폼(Slip Form)
③ 유로 폼(Euro Form)
④ 클라이밍 폼(Climbing Form)

해설 작업발판 일체형 거푸집의 종류
- 갱 폼(Gang Form)
- 슬립 폼(Slip Form)
- 클라이밍 폼(Climbing Form)
- 터널 라이닝 폼(Tunnel Lining Form)

관련개념 CHAPTER 05 비계·거푸집 가시설 위험방지

105

터널 지보공을 조립하는 경우에는 미리 그 구조를 검토한 후 조립도를 작성하고, 그 조립도에 따라 조립하도록 하여야 하는데 이 조립도에 명시하여야 할 사항과 가장 거리가 먼 것은?

① 이음방법
② 단면규격
③ 재료의 재질
④ 재료의 구입처

해설 터널 지보공을 조립하는 경우 조립도에는 재료의 재질, 단면규격, 설치간격 및 이음방법 등을 명시하여야 한다.

관련개념 CHAPTER 05 비계·거푸집 가시설 위험방지

106

「산업안전보건법령」에 따른 건설공사 중 다리 건설공사의 경우 유해위험방지계획서를 제출하여야 하는 기준으로 옳은 것은?

① 최대 지간길이가 40[m] 이상인 다리의 건설등 공사
② 최대 지간길이가 50[m] 이상인 다리의 건설등 공사
③ 최대 지간길이가 60[m] 이상인 다리의 건설등 공사
④ 최대 지간길이가 70[m] 이상인 다리의 건설등 공사

해설 유해위험방지계획서 제출대상 건설공사
- 지상높이가 31[m] 이상인 건축물 또는 인공구조물, 연면적 30,000[m²] 이상인 건축물 또는 연면적 5,000[m²] 이상의 문화 및 집회시설(전시장 및 동물원·식물원 제외), 판매시설, 운수시설(고속철도의 역사 및 집배송시설 제외), 종교시설, 의료시설 중 종합병원, 숙박시설 중 관광숙박시설, 지하도상가 또는 냉동·냉장 창고시설의 건설·개조 또는 해체(건설 등) 공사
- 연면적 5,000[m²] 이상의 냉동·냉장 창고시설의 설비공사 및 단열공사
- 최대 지간길이가 50[m] 이상인 다리의 건설 등 공사
- 터널의 건설 등 공사
- 다목적댐, 발전용댐, 저수용량 2천만 톤 이상의 용수 전용 댐 및 지방 상수도 전용 댐의 건설 등 공사
- 깊이가 10[m] 이상인 굴착공사

관련개념 CHAPTER 02 건설공사 위험성

107

가설통로 설치에 있어 경사가 최소 얼마를 초과하는 경우에는 미끄러지지 아니하는 구조로 하여야 하는가?

① 15°
② 20°
③ 30°
④ 40°

해설 가설통로 설치 시 경사가 15°를 초과하는 경우에는 미끄러지지 아니하는 구조로 하여야 한다.

관련개념 CHAPTER 05 비계·거푸집 가시설 위험방지

108

굴착과 싣기를 동시에 할 수 있는 토공기계가 아닌 것은?

① 트랙터 셔블(Tractor Shovel)
② 백호우(Back Hoe)
③ 파워 셔블(Power Shovel)
④ 모터 그레이더(Motor Grader)

해설 모터 그레이더(Motor Grader)는 땅을 고르는 기계이다.

관련개념 CHAPTER 04 건설현장 안전시설 관리

109

강관틀비계를 조립하여 사용하는 경우 준수하여야 할 사항으로 옳지 않은 것은?

① 비계기둥의 밑둥에는 밑받침철물을 사용할 것
② 높이가 20[m]를 초과하거나 중량물의 적재를 수반하는 작업을 할 경우에는 주틀 간의 간격을 1.8[m] 이하로 할 것
③ 주틀 간에 교차 가새를 설치하고 최하층 및 3층 이내마다 수평재를 설치할 것
④ 길이가 띠장 방향으로 4[m] 이하이고 높이가 10[m]를 초과하는 경우에는 10[m] 이내마다 띠장 방향으로 버팀기둥을 설치할 것

해설 강관틀비계를 조립하여 사용하는 경우 주틀 간에 교차 가새를 설치하고 최상층 및 5층 이내마다 수평재를 설치하여야 한다.

관련개념 CHAPTER 05 비계·거푸집 가시설 위험방지

110

「산업안전보건법령」에 따른 양중기의 종류에 해당하지 않는 것은?

① 고소작업차 ② 이동식 크레인
③ 승강기   ④ 리프트(Lift)

해설 양중기의 종류
- 크레인(호이스트(Hoist) 포함)
- 이동식 크레인
- 리프트(이삿짐운반용 리프트의 경우에는 적재하중이 0.1톤 이상인 것으로 한정)
- 곤돌라
- 승강기

관련개념 CHAPTER 06 공사 및 작업 종류별 안전

111

부두·안벽 등 하역작업을 하는 장소에서 부두 또는 안벽의 선을 따라 통로를 설치하는 경우에는 폭을 최소 얼마 이상으로 하여야 하는가?

① 85[cm]   ② 90[cm]
③ 100[cm]   ④ 120[cm]

해설 부두·안벽 등 하역작업을 하는 장소에 부두 또는 안벽의 선을 따라 통로를 설치하는 경우에는 폭을 90[cm] 이상으로 하여야 한다.

관련개념 CHAPTER 06 공사 및 작업 종류별 안전

112

다음은 「산업안전보건법령」에 따른 산업안전보건관리비의 사용에 관한 규정이다. (   ) 안에 들어갈 내용을 순서대로 옳게 작성한 것은?

> 건설공사도급인은 고용노동부장관이 정하는 바에 따라 해당 건설공사를 위하여 계상된 산업안전보건관리비를 그가 사용하는 근로자와 그의 관계수급인이 사용하는 근로자의 산업재해 및 건강장해 예방에 사용하고, 그 사용명세서를 (   ) 작성하고 건설공사 종료 후 (   )간 보존해야 한다.

① 매월, 6개월   ② 매월, 1년
③ 2개월마다, 6개월 ④ 2개월마다, 1년

해설 건설공사도급인은 산업안전보건관리비를 사용하는 해당 건설공사의 금액이 4천만 원 이상인 때에는 **매월 사용명세서를 작성**하고, 건설공사 종료 후 **1년 동안 보존**하여야 한다.

관련개념 CHAPTER 03 건설업 산업안전보건관리비 관리

113

지반의 굴착작업에 있어서 비가 올 경우를 대비한 직접적인 대책으로 옳은 것은?

① 측구 설치
② 낙하물 방지망 설치
③ 추락 방호망 설치
④ 매설물 등의 유무 또는 상태 확인

해설 굴착작업 시 비가 올 경우를 대비하여 측구(側溝)를 설치하거나 굴착경사면에 비닐을 덮는 등 빗물 등의 침투에 의한 붕괴재해를 예방하기 위하여 필요한 조치를 하여야 한다.

관련개념 CHAPTER 02 건설공사 위험성

| 정답 | 110 ① | 111 ② | 112 ② | 113 ① |

114

강관틀비계(높이 5[m] 이상)의 넘어짐을 방지하기 위하여 사용하는 벽이음 및 버팀의 설치간격 기준으로 옳은 것은?

① 수직방향 5[m], 수평방향 5[m]
② 수직방향 6[m], 수평방향 7[m]
③ 수직방향 6[m], 수평방향 8[m]
④ 수직방향 7[m], 수평방향 8[m]

해설 강관틀비계에는 수직방향으로 6[m], 수평방향으로 8[m] 이내마다 벽이음을 하여야 한다.

관련개념 CHAPTER 05 비계·거푸집 가시설 위험방지

115

굴착공사에 있어서 비탈면 붕괴를 방지하기 위하여 실시하는 대책으로 옳지 않은 것은?

① 지표수의 침투를 막기 위해 표면배수공을 한다.
② 지하수위를 내리기 위해 수평배수공을 설치한다.
③ 비탈면 하단을 성토한다.
④ 비탈면 상부에 토사를 적재한다.

해설 비탈면 상부에 토사 적재 시 비탈면 붕괴의 위험이 있다.

관련개념 CHAPTER 04 건설현장 안전시설 관리

116

강관을 사용하여 비계를 구성하는 경우 준수해야 할 사항으로 옳지 않은 것은?

① 비계기둥의 간격은 띠장 방향에서는 1.85[m] 이하, 장선(長線) 방향에서는 1.5[m] 이하로 할 것
② 띠장 간격은 2.0[m] 이하로 할 것
③ 비계기둥의 제일 윗부분으로부터 31[m] 되는 지점 밑부분의 비계기둥은 3개의 강관으로 묶어 세울 것
④ 비계기둥 간의 적재하중은 400[kg]을 초과하지 않도록 할 것

해설 강관을 사용하여 비계를 구성하는 경우 비계기둥의 제일 윗부분으로부터 31[m] 되는 지점 밑부분의 비계기둥은 2개의 강관으로 묶어 세워야 한다.

관련개념 CHAPTER 05 비계·거푸집 가시설 위험방지

117

다음은 「산업안전보건법령」에 따른 시스템비계의 구조에 관한 사항이다. ( ) 안에 들어갈 내용으로 옳은 것은?

> 비계 밑단의 수직재와 받침철물은 밀착되도록 설치하고, 수직재와 받침철물의 연결부의 겹침길이는 받침철물 전체길이의 ( ) 이상이 되도록 할 것

① 2분의 1   ② 3분의 1
③ 4분의 1   ④ 5분의 1

해설 시스템비계는 비계 밑단의 수직재와 받침철물은 밀착되도록 설치하고, 수직재와 받침철물의 연결부의 겹침길이는 받침철물 전체길이의 $\frac{1}{3}$ 이상이 되도록 하여야 한다.

관련개념 CHAPTER 05 비계·거푸집 가시설 위험방지

| 정답 | 114 ③ | 115 ④ | 116 ③ | 117 ② |

118

건설현장에서 작업으로 인하여 물체가 떨어지거나 날아올 위험이 있는 경우에 대한 안전조치에 해당하지 않는 것은?

① 수직보호망 설치
② 방호선반 설치
③ 울타리 설치
④ 낙하물 방지망 설치

해설 작업으로 인하여 물체가 떨어지거나 날아올 위험이 있는 경우 **낙하물 방지망, 수직보호망 또는 방호선반의 설치**, 출입금지구역의 설정, 보호구의 착용 등 위험을 방지하기 위하여 필요한 조치를 하여야 한다.

관련개념 CHAPTER 04 건설현장 안전시설 관리

119

흙막이 가시설 공사 중 발생할 수 있는 보일링(Boiling) 현상에 관한 설명으로 옳지 않은 것은?

① 이 현상이 발생하면 흙막이 벽의 지지력이 상실된다.
② 지하수위가 높은 지반을 굴착할 때 주로 발생된다.
③ 흙막이벽의 근입장 깊이가 부족할 경우 발생한다.
④ 연약한 점토지반에서 굴착면의 융기로 발생한다.

해설 연약한 점토지반에서 굴착저면이 부풀어오르는 현상은 히빙(Heaving)이다.

보일링(Boiling)
투수성이 좋은 사질토 지반을 굴착할 때 흙막이벽 배면의 지하수위가 굴착저면보다 높을 때 굴착저면 위로 액상화된 모래가 솟아오르는 현상이다.

관련개념 CHAPTER 02 건설공사 위험성

120

거푸집 및 동바리를 조립하는 경우에 준수해야 할 기준으로 옳지 않은 것은?

① 동바리의 상하 고정 및 미끄러짐 방지 조치를 할 것
② 강재의 접속부 및 교차부는 볼트·클램프 등 전용철물을 사용하여 단단히 연결한다.
③ 받침목이나 깔판의 사용, 콘크리트 타설 등 동바리의 침하를 방지하기 위한 조치를 할 것
④ 동바리로 사용하는 파이프서포트는 4개 이상 이어서 사용하지 않도록 한다.

해설 동바리로 사용하는 파이프서포트를 3개 이상 이어서 사용하지 않도록 하여야 한다.

관련개념 CHAPTER 05 비계·거푸집 가시설 위험방지

2021년 3회 기출문제

2021년 8월 14일 시행

산업재해 예방 및 안전보건교육

001
위험예지훈련 4단계의 진행 순서를 바르게 나열한 것은?
① 목표설정 → 현상파악 → 대책수립 → 본질추구
② 목표설정 → 현상파악 → 본질추구 → 대책수립
③ 현상파악 → 본질추구 → 대책수립 → 목표설정
④ 현상파악 → 본질추구 → 목표설정 → 대책수립

해설 위험예지훈련의 추진을 위한 문제해결 4단계
㉠ 1라운드: 현상파악(사실의 파악) – 어떤 위험이 잠재하고 있는가?
㉡ 2라운드: 본질추구(원인조사) – 이것이 위험의 포인트이다.
㉢ 3라운드: 대책수립(대책을 세운다) – 당신이라면 어떻게 하겠는가?
㉣ 4라운드: 목표설정(행동계획 작성) – 우리들은 이렇게 하자!

관련개념 CHAPTER 01 산업재해예방 계획 수립

002
레윈(Lewin.K)에 의하여 제시된 인간의 행동에 관한 식을 올바르게 표현한 것은?(단, B는 인간의 행동, P는 개체, E는 환경, f는 함수관계를 의미한다.)
① $B=f(P \cdot E)$
② $B=f(P+1)^E$
③ $P=E \cdot f(B)$
④ $E=f(P \cdot B)$

해설 레윈(Lewin.K)의 법칙
$B=f(P \cdot E)$
여기서, B: Behavior(인간의 행동)
f: function(함수관계)
P: Person(개체: 연령, 경험, 심신상태, 성격, 지능 등)
E: Environment(환경: 인간관계, 작업조건 등)

관련개념 CHAPTER 04 인간의 행동과학

003
「산업안전보건법령」상 근로자에 대한 일반건강진단의 실시 시기 기준으로 옳은 것은?
① 사무직에 종사하는 근로자: 1년에 1회 이상
② 사무직에 종사하는 근로자: 2년에 1회 이상
③ 사무직 외의 업무에 종사하는 근로자: 6월에 1회 이상
④ 사무직 외의 업무에 종사하는 근로자: 2년에 1회 이상

해설 일반건강진단의 주기
• 사무직에 종사하는 근로자: 2년에 1회 이상
• 그 밖의 근로자: 1년에 1회 이상

관련개념 CHAPTER 01 산업재해예방 계획 수립

004
매슬로우(Maslow)의 욕구 5단계 이론 중 안전욕구의 단계는?
① 제1단계
② 제2단계
③ 제3단계
④ 제4단계

해설 매슬로우(Maslow)의 욕구위계이론
㉠ 제1단계: 생리적 욕구
㉡ 제2단계: 안전의 욕구
㉢ 제3단계: 사회적 욕구(친화 욕구)
㉣ 제4단계: 자기존경의 욕구(안정의 욕구 또는 자기존중의 욕구)
㉤ 제5단계: 자아실현의 욕구(성취욕구)

관련개념 CHAPTER 04 인간의 행동과학

| 정답 | 001 ③ | 002 ① | 003 ② | 004 ② |

005

교육계획 수립 시 가장 먼저 실시하여야 하는 것은?

① 교육내용의 결정
② 실행교육계획서 작성
③ 교육의 요구사항 파악
④ 교육실행을 위한 순서, 방법, 자료의 검토

해설 교육계획 수립 시 교육의 요구사항 등 필요한 정보를 수집·파악하고 현장의 의견을 충분히 반영한다.

관련개념 CHAPTER 05 안전보건교육의 내용 및 방법

006

상황성 누발자의 재해유발원인이 아닌 것은?

① 심신의 근심
② 작업의 어려움
③ 도덕성의 결여
④ 기계설비의 결함

해설 상황성 누발자

작업이 어렵거나, 기계설비의 결함, 환경상 주의력의 집중이 혼란된 경우, 심신의 근심으로 사고경향자가 되는 경우이다.

관련개념 CHAPTER 04 인간의 행동과학

007

인간의 의식 수준을 5단계로 구분할 때 의식이 몽롱한 상태의 단계는?

① Phase Ⅰ
② Phase Ⅱ
③ Phase Ⅲ
④ Phase Ⅳ

해설 인간의 의식 Level의 단계별 신뢰성

단계	의식의 상태	신뢰성
Phase 0	무의식, 실신	0
Phase I	의식의 둔화	0.9 이하
Phase II	이완 상태	0.99~0.99999
Phase III	명료한 상태	0.99999 이상
Phase IV	과긴장 상태	0.9 이하

관련개념 CHAPTER 04 인간의 행동과학

008

「산업안전보건법령」상 사업장에서 산업재해 발생 시 사업주가 기록·보존하여야 하는 사항을 모두 고른 것은?(단, 산업재해조사표와 요양신청서의 사본은 보존하지 않았다.)

> ㉠ 사업장의 개요 및 근로자의 인적사항
> ㉡ 재해발생의 일시 및 장소
> ㉢ 재해발생의 원인 및 과정
> ㉣ 재해 재발방지 계획

① ㉠, ㉣
② ㉡, ㉢, ㉣
③ ㉠, ㉡, ㉢
④ ㉠, ㉡, ㉢, ㉣

해설 산업재해 기록

사업주는 산업재해가 발생한 때에는 다음 사항을 기록·보존하여야 한다. 다만, 산업재해조사표 사본을 보존하거나 요양신청서의 사본에 재해 재발방지 계획을 첨부하여 보존한 경우에는 그러하지 아니하다.
- 사업장의 개요 및 근로자의 인적사항
- 재해발생의 일시 및 장소
- 재해발생의 원인 및 과정
- 재해 재발방지 계획

관련개념 SUBJECT 03 기계·기구 및 설비 안전관리
CHAPTER 02 기계분야 산업재해 조사 및 관리

009

A사업장의 조건이 다음과 같을 때 A사업장에서 연간재해발생으로 인한 요양근로손실일수는?

> - 강도율: 0.4
> - 근로자 수: 1,000명
> - 연근로시간수: 2,400시간

① 480
② 720
③ 960
④ 1,440

해설 강도율 $= \dfrac{\text{총 요양근로손실일수}}{\text{연근로시간 수}} \times 1,000$ 이므로

요양근로손실일수 $= \dfrac{\text{강도율} \times \text{연근로시간 수}}{1,000} = \dfrac{0.4 \times (1,000 \times 2,400)}{1,000}$
$= 960$ 일

관련개념 SUBJECT 03 기계·기구 및 설비 안전관리
CHAPTER 02 기계분야 산업재해 조사 및 관리

| 정답 | 005 ③ 006 ③ 007 ① 008 ④ 009 ③

010

무재해 운동의 이념 중 선취의 원칙에 대한 설명으로 옳은 것은?

① 사고의 잠재요인을 사후에 파악하는 것
② 근로자 전원이 일체감을 조성하여 참여하는 것
③ 위험요소를 사전에 발견, 파악하여 재해를 예방 또는 방지하는 것
④ 관리감독자 또는 경영층에서의 자발적 참여로 안전 활동을 촉진하는 것

해설 무재해 운동의 3원칙
- 무의 원칙: 모든 잠재위험요인을 사전에 발견·파악·해결함으로써 근원적으로 산업재해를 제거한다.
- 참여의 원칙(참가의 원칙): 작업에 따르는 잠재적인 위험요인을 발견·해결하기 위하여 전원이 협력하여 문제해결 운동을 실천한다.
- 안전제일의 원칙(선취의 원칙): 직장의 위험요인을 행동하기 전에 발견·파악·해결하여 재해를 예방한다.

관련개념 CHAPTER 01 산업재해예방 계획 수립

011

안전점검표(체크리스트) 항목 작성 시 유의사항으로 틀린 것은?

① 정기적으로 검토하여 설비나 작업방법이 타당성 있게 개조된 내용일 것
② 사업장에 적합한 독자적 내용을 가지고 작성할 것
③ 위험성이 낮은 순서 또는 긴급을 요하는 순서대로 작성할 것
④ 점검항목을 이해하기 쉽게 구체적으로 표현할 것

해설 안전점검표(체크리스트) 작성 시 유의사항
- 위험성이 높은 순이나 긴급을 요하는 순으로 작성할 것
- 정기적으로 검토하여 설비나 작업방법이 타당성 있게 개조된 내용일 것
- 점검항목을 이해하기 쉽게 구체적으로 표현할 것
- 사업장에 적합한 독자적 내용을 가지고 작성할 것

관련개념 SUBJECT 03 기계·기구 및 설비 안전관리
CHAPTER 02 기계분야 산업재해 조사 및 관리

012

안전교육에 있어서 동기부여방법으로 가장 거리가 먼 것은?

① 책임감을 느끼게 한다.
② 관리감독을 철저히 한다.
③ 자기 보존본능을 자극한다.
④ 물질적 이해관계에 관심을 두도록 한다.

해설 안전교육 시 동기유발의 최적수준을 유지하여야 하나 철저한 관리감독은 오히려 동기유발을 저하시킨다.

관련개념 CHAPTER 04 인간의 행동과학

013

교육과정 중 학습경험조직의 원리에 해당하지 않는 것은?

① 기회의 원리
② 계속성의 원리
③ 계열성의 원리
④ 통합성의 원리

해설 기회의 원리는 학습경험의 선정원리 중 하나이다.

학습경험의 선정원리	학습경험의 조직원리
기회, 만족, 가능성, 경험, 성과	계열성, 계속성, 통합성

관련개념 CHAPTER 05 안전보건교육의 내용 및 방법

014

근로자 1,000명 이상의 대규모 사업장에 적합한 안전관리 조직의 유형은?

① 직계식 조직
② 참모식 조직
③ 병렬식 조직
④ 직계참모식 조직

해설 라인·스태프(LINE-STAFF)형 조직(직계참모조직)
- 대규모(1,000명 이상) 사업장에 적합한 조직으로서 라인형과 스태프형의 장점만을 채택한 형태이며, 안전업무를 전담하는 스태프를 두고 생산라인의 각 계층에서도 각 부서장으로 하여금 안전업무를 수행하도록 하여 스태프에서 안전에 관한 사항이 결정되면 라인을 통하여 실천하도록 편성된 조직이다.
- 안전계획, 평가 및 조사는 스태프에서, 생산기술의 안전대책은 라인에서 실시한다.

관련개념 CHAPTER 01 산업재해예방 계획 수립

| 정답 | 010 ③ | 011 ③ | 012 ② | 013 ① | 014 ④ |

015

「산업안전보건법령」상 안전보건표지의 종류와 형태 중 관계자 외 출입금지에 해당하지 않는 것은?

① 관리대상물질 작업장
② 허가대상물질 작업장
③ 석면취급·해체 작업장
④ 금지대상물질의 취급실험실

해설 관계자 외 출입금지

허가대상물질 작업장	석면취급/해체 작업장	금지대상물질의 취급실험실 등
관계자 외 출입금지 (허가물질 명칭) 제조/사용/보관 중	관계자 외 출입금지 석면 취급/해체 중	관계자 외 출입금지 발암물질 취급 중
보호구/보호복 착용 흡연 및 음식물 섭취 금지	보호구/보호복 착용 흡연 및 음식물 섭취 금지	보호구/보호복 착용 흡연 및 음식물 섭취 금지

관련개념 CHAPTER 02 안전보호구 관리

016

「산업안전보건법령」상 명시된 타워크레인을 사용하는 작업에서 신호업무를 하는 작업 시 특별교육 대상 작업별 교육내용이 아닌 것은?(단, 그 밖에 안전·보건관리에 필요한 사항은 제외한다.)

① 신호방법 및 요령에 관한 사항
② 걸고리·와이어로프 점검에 관한 사항
③ 화물의 취급 및 안전작업방법에 관한 사항
④ 인양물이 적재될 지반의 조건, 인양하중, 풍압 등이 인양물과 타워크레인에 미치는 영향

해설 타워크레인 신호업무 작업 시 교육내용
- 타워크레인의 기계적 특성 및 방호장치 등에 관한 사항
- 화물의 취급 및 안전작업방법에 관한 사항
- 신호방법 및 요령에 관한 사항
- 인양 물건의 위험성 및 낙하·비래·충돌재해 예방에 관한 사항
- 인양물이 적재될 지반의 조건, 인양하중, 풍압 등이 인양물과 타워크레인에 미치는 영향
- 그 밖에 안전·보건관리에 필요한 사항

관련개념 CHAPTER 05 안전보건교육의 내용 및 방법

017

「보호구 안전인증 고시」상 추락방지대가 부착된 안전대 일반구조에 관한 내용 중 틀린 것은?

① 죔줄은 합성섬유로프를 사용해서는 안 된다.
② 고정된 추락방지대의 수직구명줄은 와이어로프 등으로 하며 최소지름이 8[mm] 이상이어야 한다.
③ 수직구명줄에서 걸이설비와의 연결부위는 훅 또는 카라비너 등이 장착되어 걸이설비와 확실히 연결되어야 한다.
④ 추락방지대를 부착하여 사용하는 안전대는 신체지지의 방법으로 안전그네만을 사용하여야 하며 수직구명줄이 포함되어야 한다.

해설 추락방지대가 부착된 안전대의 죔줄은 합성섬유로프, 웨빙, 와이어로프 등이어야 한다.

관련개념 CHAPTER 02 안전보호구 관리

018

하인리히 재해구성비율 중 무상해사고가 600건이라면 사망 또는 중상 발생건수는?

① 1
② 2
③ 29
④ 58

해설 하인리히의 재해구성비율
중상 또는 사망 : 경상 : 무상해사고=1 : 29 : 300
중상 또는 사망 : 무상해사고=1 : 300이므로
중상 또는 사망=$600 \times \frac{1}{300}$=2건

관련개념 CHAPTER 01 산업재해예방 계획 수립

019

재해사례연구 순서로 옳은 것은?

> 재해 상황의 파악 → (㉠) → (㉡) → 근본적 문제점의 결정 → (㉢)

① ㉠ 문제점의 발견, ㉡ 대책수립, ㉢ 사실의 확인
② ㉠ 문제점의 발견, ㉡ 사실의 확인, ㉢ 대책 수립
③ ㉠ 사실의 확인, ㉡ 대책수립, ㉢ 문제점의 발견
④ ㉠ 사실의 확인, ㉡ 문제점의 발견, ㉢ 대책 수립

해설 재해사례연구
㉠ 1단계: 사실의 확인(사람, 물건, 관리, 재해발생까지의 경과)
㉡ 2단계: 직접 원인과 문제점의 발견
㉢ 3단계: 근본적 문제점의 결정
㉣ 4단계: 대책 수립

관련개념 SUBJECT 03 기계·기구 및 설비 안전관리
CHAPTER 02 기계분야 산업재해 조사 및 관리

020

강의식 교육지도에서 가장 많은 시간을 소비하는 단계는?

① 도입
② 제시
③ 적용
④ 확인

해설 교육법의 4단계 및 시간배분(60분 기준)

교육법의 4단계	강의식	토의식
제1단계 – 도입(준비)	5분	5분
제2단계 – 제시(설명)	40분	10분
제3단계 – 적용(응용)	10분	40분
제4단계 – 확인(총괄)	5분	5분

관련개념 CHAPTER 05 안전보건교육의 내용 및 방법

인간공학 및 위험성평가·관리

021

'화재 발생'이라는 시작(초기)사상에 대하여 화재감지기, 화재 경보, 스프링클러 등의 성공 또는 실패 작동여부와 그 확률에 따른 피해 결과를 분석하는데 가장 적합한 위험 분석 기법은?

① FTA
② ETA
③ FHA
④ THERP

해설 사건수 분석(ETA; Event Tree Analysis)
정량적, 귀납적 분석(정상 또는 고장)으로 발생경로를 파악하는 기법으로 DT에서 변천해 온 것이다. 재해의 확대 요인의 분석(나뭇가지가 갈라지는 형태)에 적합하며 각 사상의 확률합은 1.0이다. 설비의 설계, 심사, 제작, 검사, 보전, 운전, 안전대책의 과정에서 그 대응조치가 성공인가 실패인가를 확대해 가는 과정을 검토한다.

관련개념 CHAPTER 02 위험성 파악·결정

022

여러 사람이 사용하는 의자의 좌판 높이 설계 기준으로 옳은 것은?

① 5[%] 오금높이
② 50[%] 오금높이
③ 75[%] 오금높이
④ 95[%] 오금높이

해설 의자 좌판의 높이는 좌판 앞부분이 무릎 높이보다 높지 않게(치수는 5[%tile] 되는 사람까지 수용할 수 있게) 설계한다.

관련개념 CHAPTER 06 작업환경 관리

023

FTA에서 사용되는 사상기호 중 결함사상을 나타낸 기호로 옳은 것은?

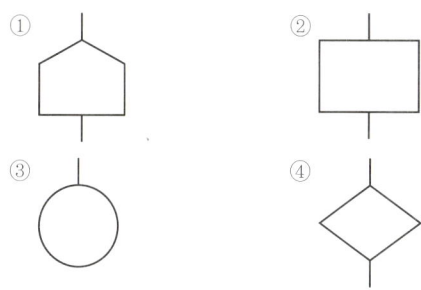

해설

기호	명칭	설명
▭	결함사상	고장 또는 결함으로 나타나는 비정상적인 사건

오답해설 ①은 통상사상, ③은 기본사상, ④는 생략사상이다.

관련개념 **CHAPTER 02 위험성 파악·결정**

024

기술 개발과정에서 효율성과 위험성을 종합적으로 분석·판단할 수 있는 평가방법으로 가장 적절한 것은?

① Risk Assessment
② Risk Management
③ Safety Assessment
④ Technology Assessment

해설 테크놀로지 어세스먼트(Technology Assessment)
안전성 평가 중 기술 개발과정에서의 효율성과 위험성을 종합적으로 분석, 판단하는 프로세스이다.

관련개념 **CHAPTER 02 위험성 파악·결정**

025

자동차를 타이어가 4개인 하나의 시스템으로 볼 때, 타이어 1개가 파열될 확률이 0.01이라면, 이 자동차의 신뢰도는 약 얼마인가?

① 0.91   ② 0.93
③ 0.96   ④ 0.99

해설 자동차의 타이어는 4개 중 1개만 파열되어도 운행할 수 없기에 각 타이어를 직렬연결로 본다. 따라서 자동차의 타이어 4개가 모두 터지지 않을 신뢰도는 다음과 같다.
신뢰도 $=(1-0.01)\times(1-0.01)\times(1-0.01)\times(1-0.01)=0.96$

관련개념 **CHAPTER 01 안전과 인간공학**

026

다음 그림에서 명료도 지수는?

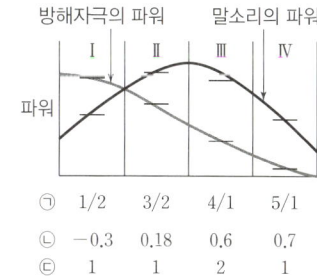

① 0.38   ② 0.68
③ 1.78   ④ 5.68

해설 명료도 지수
- 통화이해도를 추정하기 위해 사용되는 명료도 지수는 각 옥타브(Octave) 대의 음성과 잡음의 [dB]값에 가중치를 주어 그 합계를 구한 것이다.
- 음성통신계통의 명료도 지수가 약 0.3 이하이면 이 음성통신계통은 음성통신자료를 전송하기에는 부적당한 것으로 본다.
- 명료도 지수 $=-0.3\times1+0.18\times1+0.6\times2+0.7\times1=1.78$

관련개념 **CHAPTER 06 작업환경 관리**

027

정보수용을 위한 작업자의 시각 영역에 대한 설명으로 옳은 것은?

① 판별시야 - 안구운동만으로 정보를 주시하고 순간적으로 특정정보를 수용할 수 있는 범위
② 유효시야 - 시력, 색판별 등의 시각 기능이 뛰어나며 정밀도가 높은 정보를 수용할 수 있는 범위
③ 보조시야 - 머리부분의 운동이 안구운동을 돕는 형태로 발생하며 무리 없이 주시가 가능한 범위
④ 유도시야 - 제시된 정보의 존재를 판별할 수 있는 정도의 식별능력밖에 없지만 인간의 공간좌표 감각에 영향을 미치는 범위

해설 유도시야
대상의 존재 정도만 식별 가능한 범위의 시야이다.

오답해설
① 은 유효시야에 관한 설명이다.
② 는 판별(변별)시야에 관한 설명이다.
③ 보조시야는 거의 식별이 불가능하며 고개를 움직여야 식별 가능하다.

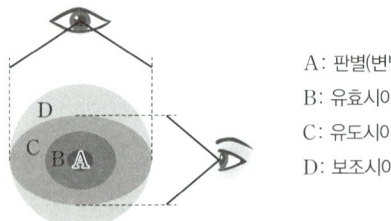

A: 판별(변별)시야
B: 유효시야
C: 유도시야
D: 보조시야

관련개념 CHAPTER 06 작업환경 관리

028

FMEA 분석 시 고장 평점법의 5가지 평가요소에 해당하지 않는 것은?

① 고장발생의 빈도
② 신규 설계의 가능성
③ 기능적 고장 영향의 중요도
④ 영향을 미치는 시스템의 범위

해설 고장형태와 영향분석법(FMEA) 중 고장 평점법
$C = (C_1 \times C_2 \times C_3 \times C_4 \times C_5)^{\frac{1}{5}}$
여기서, C_1: 기능적 고장 영향의 중요도
C_2: 영향을 미치는 시스템의 범위
C_3: 고장발생의 빈도
C_4: 고장방지의 가능성
C_5: 신규 설계의 정도

관련개념 CHAPTER 02 위험성 파악 · 결정

029

건구온도 30[℃], 습구온도 35[℃]일 때의 옥스퍼드(Oxford) 지수는?

① 20.75
② 24.58
③ 30.75
④ 34.25

해설 옥스퍼드(Oxford) 지수(습건지수)
$W_D = 0.85W(습구온도) + 0.15D(건구온도)$
$= 0.85 \times 35 + 0.15 \times 30 = 34.25[℃]$

관련개념 CHAPTER 04 작업환경관리

030

설비보전에서 평균수리시간을 나타내는 것은?

① MTBF
② MTTR
③ MTTF
④ MTBP

해설 평균수리시간(MTTR; Mean Time To Repair)
총 수리시간을 그 기간의 수리횟수로 나눈 시간으로 사후보전에 필요한 수리시간의 평균치를 나타낸다.

관련개념 CHAPTER 03 위험성 감소대책 수립 · 실행

031

다음 상황은 인간실수의 분류 중 어느 것에 해당하는가?

> 전자기기 수리공이 어떤 제품의 분해·조립 과정을 거쳐서 수리를 마친 후 부품하나가 남았다.

① Time Error
② Omission Error
③ Command Error
④ Extraneous Error

해설 휴먼에러의 행위에 의한 분류(Swain)
- 생략(부작위적)에러(Omission Error): 작업 내지 **필요한 절차를 수행하지 않는** 데서 기인한 에러
- 실행(작위적)에러(Commission Error): 작업 내지 절차를 수행했으나 잘못한 실수(선택착오, 순서착오, 시간착오)에서 기인한 에러
- 과잉행동에러(Extraneous Error): 불필요한 작업 내지 절차를 수행함으로써 기인한 에러
- 순서에러(Sequential Error): 작업수행의 순서를 잘못한 실수
- 시간(지연)에러(Timing Error): 소정의 기간에 수행하지 못한 실수(너무 빨리 혹은 늦게)

관련개념 CHAPTER 01 안전과 인간공학

032

스트레스의 영향으로 발생된 신체 반응의 결과인 스트레인(Strain)을 측정하는 척도가 잘못 연결된 것은?

① 인지적 활동 – EEG
② 육체적 동적 활동 – GSR
③ 정신 운동적 활동 – EOG
④ 국부적 근육 활동 – EMG

해설 전신의 육체적인 활동을 측정하는 데에는 맥박수(심박수)와 호흡에 의한 산소소비량 측정이 적합하다. GSR(피부전기반사)은 정신적 부담도를 측정하는 방법이다.

관련개념 CHAPTER 06 작업환경 관리

033

일반적인 시스템의 수명곡선(욕조곡선)에서 고장형태 중 증가형 고장률을 나타내는 기간으로 옳은 것은?

① 우발고장 기간
② 마모고장 기간
③ 초기고장 기간
④ Burn-in 고장 기간

해설 고장률의 유형(욕조곡선)

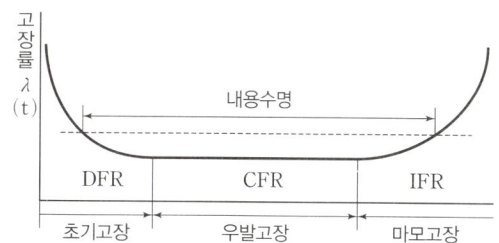

- 초기고장(감소형): 제조가 불량하거나 생산과정에서 품질관리가 안 되어서 생기는 고장
- 우발고장(일정형): 실제 사용하는 상태에서 발생하는 고장으로 예측할 수 없는 랜덤의 간격으로 생기는 고장
- **마모고장**(증가형): 설비 또는 장치가 수명을 다하여 생기는 고장

관련개념 CHAPTER 02 위험성 파악·결정

034

청각적 표시장치의 설계 시 적용하는 일반원리에 대한 설명으로 틀린 것은?

① 양립성이란 긴급용 신호일 때는 낮은 주파수를 사용하는 것을 의미한다.
② 검약성이란 조작자에 대한 입력신호는 꼭 필요한 정보만을 제공하는 것이다.
③ 근사성이란 복잡한 정보를 나타내고자 할 때 2단계의 신호를 고려하는 것이다.
④ 분리성이란 두 가지 이상의 채널을 듣고 있다면 각 채널의 주파수가 분리되어 있어야 한다는 의미이다.

해설 양립성(Compatibility)이란 청각적 표시장시의 신호의 연관성이 인간의 예상과 어느 정도 일치하는가를 나타내는 것으로 낮은 주파수를 긴급용 신호로 사용하는 것과는 무관하다.

관련개념 CHAPTER 06 작업환경 관리

035

FTA에 대한 설명으로 가장 거리가 먼 것은?

① 정성적 분석만 가능
② 하향식(Top-down) 방법
③ 복잡하고 대형화된 시스템에 활용
④ 논리게이트를 이용하여 도해적으로 표현하여 분석하는 방법

해설 결함수분석법(FTA; Fault Tree Analysis)의 특징
- Top down(하향식) 방법이다.
- **정성적, 정량적(컴퓨터 처리 가능) 분석기법이다.**
- 논리기호를 사용한 특정사상에 대한 해석이다.
- 서식이 간단해서 비전문가도 짧은 훈련으로 사용할 수 있다.
- 복잡하고 대형화된 시스템에 사용할 수 있다.
- 기능적 결함의 원인을 분석하는 데 용이하다.
- Human Error의 검출이 어렵다.

관련개념 CHAPTER 02 위험성 파악 · 결정

036

발생 확률이 동일한 64가지의 대안이 있을 때 얻을 수 있는 총 정보량은?

① 6[bit]
② 16[bit]
③ 32[bit]
④ 64[bit]

해설 정보량 $H = \log_2 n = \log_2 64 = 6[bit]$
여기서, n: 대안 수

관련개념 CHAPTER 01 안전과 인간공학

037

인간-기계 시스템의 설계 과정을 [보기]와 같이 분류할 때 다음 중 인간, 기계의 기능을 할당하는 단계는?

┤보기├
1단계: 시스템의 목표와 성능명세 결정
2단계: 시스템의 정의
3단계: 기본설계
4단계: 인터페이스 설계
5단계: 보조물 설계 혹은 편의수단 설계
6단계: 평가

① 기본설계
② 인터페이스 설계
③ 시스템의 목표와 성능명세 결정
④ 보조물 설계 혹은 편의수단 설계

해설 인간-기계 시스템 설계과정 6단계
㉠ 목표 및 성능명세 결정: 시스템 설계 전 그 목적이나 존재 이유가 있어야 함(인간요소적인 면, 신체의 역학적 특성 및 인체측정학적 요소 고려)
㉡ 시스템(체계) 정의: 목적을 달성하기 위한 특정한 기본기능들이 수행되어야 함
㉢ **기본설계**: 시스템의 형태를 갖추기 시작하는 단계(직무분석, 작업설계, **기능할당**)
㉣ 인터페이스(계면) 설계: 사용자 편의와 시스템 성능에 관여
㉤ 촉진물 설계: 인간의 성능을 증진시킬 보조물 설계
㉥ 시험 및 평가: 시스템 개발과 관련된 평가와 인간적인 요소 평가 실시

관련개념 CHAPTER 01 안전과 인간공학

038
FT도에서 최소 컷셋을 올바르게 구한 것은?

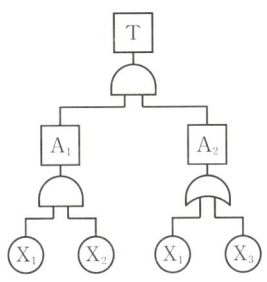

① (X₁, X₂)
② (X₁, X₃)
③ (X₂, X₃)
④ (X₁, X₂, X₃)

해설 정상사상에서 차례로 하단의 사상으로 치환하면서 AND 게이트는 가로로, OR 게이트는 세로로 나열한 후 중복사상을 제거한다.

$$T = A_1 \cdot A_2 = (X_1, X_2) \cdot \binom{X_1}{X_3} = \binom{X_1, X_2}{X_1, X_2, X_3}$$

따라서 최소 컷셋은 (X_1, X_2)이다.

관련개념 CHAPTER 02 위험성 파악·결정

039
일반적으로 인체측정치의 최대집단치를 기준으로 설계하는 것은?

① 선반의 높이
② 공구의 크기
③ 출입문의 크기
④ 안내 데스크의 높이

해설 극단치 설계
특정한 설비를 설계할 때 거의 모든 사람을 수용할 수 있도록 설계한다.
- **최소치 설계**: 하위 백분위 수 기준 1, 5, 10[%tile]
  예 선반의 높이, 조종장치까지의 거리 등
- **최대치 설계**: 상위 백분위 수 기준 90, 95, 99[%tile]
  예 문, 통로, 탈출구 등

관련개념 CHAPTER 06 작업환경 관리

040
인간공학의 궁극적인 목적과 가장 관계가 깊은 것은?

① 경제성 향상
② 인간 능력의 극대화
③ 설비의 가동률 향상
④ 안전성 및 효율성 향상

해설 인간공학의 목적
- 작업자의 안전성의 향상과 사고를 방지한다.
- 기계조작의 능률성과 생산성을 향상시킨다.
- 편리성, 쾌적성(만족도)을 향상시킨다.

관련개념 CHAPTER 01 안전과 인간공학

기계·기구 및 설비 안전관리

041
다음 중 프레스기에 사용되는 방호장치에 있어 원칙적으로 급정지기구가 부착되어야만 사용할 수 있는 방식은?

① 양수조작식
② 손쳐내기식
③ 가드식
④ 수인식

해설 양수조작식(Two-hand Control) 방호장치
기계의 조작을 양손으로 동시에 하지 않으면 기계가 가동하지 않으며 한 손이라도 떼어내면 기계가 급정지 또는 급상승하게 하는 장치를 말한다. 급정지기구가 있는 마찰프레스에 적합하다.

관련개념 CHAPTER 04 프레스 및 전단기의 안전

042

「산업안전보건법령」상 지게차의 최대하중의 2배 값이 6톤일 경우 헤드가드의 강도는 몇 톤의 등분포정하중에 견딜 수 있어야 하는가?

① 4
② 6
③ 8
④ 10

해설 헤드가드의 구비조건
- 강도는 지게차의 최대하중의 2배 값(4톤을 넘는 값에 대해서는 4톤)의 등분포정하중에 견딜 수 있을 것
- 상부틀의 각 개구의 폭 또는 길이가 16[cm] 미만일 것
- 운전자가 앉아서 조작하거나 서서 조작하는 지게차의 헤드가드는 한국산업표준에서 정하는 높이 기준 이상일 것(입승식: 1.88[m] 이상, 좌승식: 0.903[m] 이상)

관련개념 CHAPTER 06 운반기계 및 양중기

043

강자성체를 자화하여 표면의 누설자속을 검출하는 비파괴검사 방법은?

① 방사선투과시험
② 인장시험
③ 초음파탐상시험
④ 자분탐상시험

해설 자분탐상검사(MT; Magnetic Particle Testing)
강자성체의 결함을 찾을 때 사용하는 비파괴시험법으로 표면 또는 표층에 결함이 있을 경우 누설자속을 이용하여 육안으로 결함을 검출하는 검사방법이다.

관련개념 CHAPTER 07 설비진단 및 검사

044

「산업안전보건법령」상 보일러 방호장치로 거리가 가장 먼 것은?

① 고저수위 조절장치
② 아웃트리거
③ 압력방출장치
④ 압력제한스위치

해설 보일러의 폭발사고를 예방하기 위하여 압력방출장치, 압력제한스위치, 고저수위 조절장치, 화염검출기 등의 기능이 정상적으로 작동될 수 있도록 유지·관리하여야 한다.

관련개념 CHAPTER 05 기타 산업용 기계·기구

045

「산업안전보건법령」상 아세틸렌 용접장치에 관한 설명이다. ( ) 안에 공통으로 들어갈 내용으로 옳은 것은?

- 사업주는 아세틸렌 용접장치의 취관마다 (　　)를 설치하여야 한다.
- 사업주는 가스용기가 발생기와 분리되어 있는 아세틸렌 용접장치에 대하여 발생기와 가스용기 사이에 (　　)를 설치하여야 한다.

① 분기장치
② 자동발생 확인장치
③ 유수 분리장치
④ 안전기

해설 아세틸렌 용접장치 안전기의 설치
- 아세틸렌 용접장치의 취관마다 안전기를 설치하여야 한다.
- 가스용기가 발생기와 분리되어 있는 아세틸렌 용접장치에 대하여 발생기와 가스용기 사이에 안전기를 설치하여야 한다.

관련개념 CHAPTER 05 기타 산업용 기계·기구

046

프레스기의 안전대책 중 손을 금형 사이에 집어넣을 수 없도록 하는 본질적 안전화를 위한 방식(No-hand in Die)에 해당하는 것은?

① 수인식
② 광전자식
③ 방호울식
④ 손쳐내기식

해설 No-hand in Die 방식(금형 안에 손이 들어가지 않는 구조) 안전울(방호울) 설치, 안전금형 설치, 자동화 또는 전용프레스 사용

관련개념 CHAPTER 04 프레스 및 전단기의 안전

047

회전하는 부분의 접선방향으로 물려 들어갈 위험이 존재하는 점으로 주로 체인, 풀리, 벨트, 기어와 랙 등에서 형성되는 위험점은?

① 끼임점
② 협착점
③ 절단점
④ 접선물림점

해설 접선물림점(Tangential Nip Point)
회전하는 부분의 접선방향으로 물려 들어갈 위험이 존재하는 위험점이다.
예 풀리와 벨트, 체인과 스프라켓

관련개념 CHAPTER 01 기계공정의 안전, 기계안전시설 관리

048

「산업안전보건법령」상 양중기에 해당하지 않는 것은?

① 곤돌라
② 이동식 크레인
③ 적재하중 0.05톤의 이삿짐운반용 리프트
④ 화물용 엘리베이터

해설 양중기의 종류
- 크레인(호이스트(Hoist) 포함)
- 이동식 크레인
- 리프트(이삿짐운반용 리프트의 경우에는 적재하중이 0.1톤 이상인 것으로 한정)
- 곤돌라
- 승강기

관련개념 CHAPTER 06 운반기계 및 양중기

049

다음 설명 중 ( ) 안에 알맞은 내용은?

「산업안전보건법령」상 롤러기의 급정지장치는 롤러를 무부하로 회전시킨 상태에서 앞면 롤러의 표면속도가 30[m/min] 미만일 때에는 급정지거리가 앞면 롤러 원주의 ( ) 이내에서 롤러를 정지시킬 수 있는 성능을 보유하여야 한다.

① $\frac{1}{4}$
② $\frac{1}{3}$
③ $\frac{1}{2.5}$
④ $\frac{1}{2}$

해설 롤러기 급정지장치의 성능

앞면 롤러의 표면속도[m/min]	급정지거리
30 미만	앞면 롤러 원주의 $\frac{1}{3}$ 이내
30 이상	앞면 롤러 원주의 $\frac{1}{2.5}$ 이내

관련개념 CHAPTER 05 기타 산업용 기계·기구

050

「산업안전보건법령」상 지게차에서 통상적으로 갖추고 있어야 하나, 마스트의 후방에서 화물이 낙하함으로써 근로자에게 위험을 미칠 우려가 없는 때에는 반드시 갖추지 않아도 되는 것은?

① 전조등
② 헤드가드
③ 백레스트
④ 포크

해설 백레스트(Backrest)
- 지게차의 포크에 적재된 화물이 마스트 후방으로 낙하함으로써 근로자에게 미치는 위험을 방지하는 장치이다.
- 백레스트(Backrest)를 갖추지 아니한 지게차를 사용해서는 아니 된다. 다만, 마스트의 후방에서 화물이 낙하함으로써 근로자가 위험해질 우려가 없는 경우에는 그러하지 아니하다.

관련개념 CHAPTER 06 운반기계 및 양중기

| 정답 | 046 ③ | 047 ④ | 048 ③ | 049 ② | 050 ③ |

051

「산업안전보건법령」상 사업장 내 근로자 작업환경 중 '강렬한 소음작업'에 해당하지 않는 것은?

① 85[dB] 이상의 소음이 1일 10시간 이상 발생하는 작업
② 90[dB] 이상의 소음이 1일 8시간 이상 발생하는 작업
③ 95[dB] 이상의 소음이 1일 4시간 이상 발생하는 작업
④ 100[dB] 이상의 소음이 1일 2시간 이상 발생하는 작업

해설 강렬한 소음작업
- 90[dB] 이상의 소음이 1일 8시간 이상 발생하는 작업
- 95[dB] 이상의 소음이 1일 4시간 이상 발생하는 작업
- 100[dB] 이상의 소음이 1일 2시간 이상 발생하는 작업
- 105[dB] 이상의 소음이 1일 1시간 이상 발생하는 작업
- 110[dB] 이상의 소음이 1일 30분 이상 발생하는 작업
- 115[dB] 이상의 소음이 1일 15분 이상 발생하는 작업

관련개념 CHAPTER 07 설비진단 및 검사

052

「산업안전보건법령」상 프레스 등의 작업시작 전 점검사항이 아닌 것은?

① 슬라이드 또는 칼날에 의한 위험방지 기구의 기능
② 프레스의 금형 및 고정볼트 상태
③ 전단기의 칼날 및 테이블의 상태
④ 권과방지장치 및 그 밖의 경보장치의 기능

해설 권과방지장치 및 그 밖의 경보장치의 기능은 이동식 크레인을 이용하여 작업을 할 때 작업시작 전 점검사항이다.

프레스 등의 작업시작 전 점검사항
- 클러치 및 브레이크의 기능
- 크랭크축 · 플라이휠 · 슬라이드 · 연결봉 및 연결 나사의 풀림 유무
- 1행정 1정지기구 · 급정지장치 및 비상정지장치의 기능
- 슬라이드 또는 칼날에 의한 위험방지 기구의 기능
- 프레스의 금형 및 고정볼트 상태
- 방호장치의 기능
- 전단기의 칼날 및 테이블의 상태

관련개념 CHAPTER 02 기계분야 산업재해 조사 및 관리

053

동력전달부분의 전방 35[cm] 위치에 일반 평형보호망을 설치하고자 한다. 보호망의 최대 구멍의 크기는 몇 [mm]인가?

① 41 ② 45
③ 51 ④ 55

해설 위험점이 전동체인 경우 개구부의 간격
$Y = 6 + 0.1X = 6 + 0.1 \times 350 = 41[mm]$
여기서, Y: 개구부의 간격[mm]
X: 개구부에서 위험점까지의 최단거리[mm]

관련개념 CHAPTER 05 기타 산업용 기계 · 기구

054

다음 연삭숫돌의 파괴원인 중 가장 적절하지 않은 것은?

① 숫돌의 회전속도가 너무 빠른 경우
② 플랜지의 직경이 숫돌 직경의 1/3 이상으로 고정된 경우
③ 숫돌 자체에 균열 및 파손이 있는 경우
④ 숫돌에 과대한 충격을 준 경우

해설 플랜지 지름이 현저하게 작을 때 연삭숫돌이 파괴된다.

관련개념 CHAPTER 03 공작기계의 안전

055

화물중량이 200[kgf], 지게차의 중량이 400[kgf], 앞바퀴에서 화물의 무게중심까지의 최단거리가 1[m]일 때 지게차가 안정되기 위하여 앞바퀴에서 지게차의 무게중심까지 최단거리는 최소 몇 [m]이어야 하는가?

① 0.2[m] ② 0.5[m]
③ 1[m]   ④ 2[m]

해설 지게차의 안정조건: $M_1 \leq M_2$
화물의 모멘트 $M_1 = W \times L_1$, 지게차의 모멘트 $M_2 = G \times L_2$이므로
$200 \times 1 \leq 400 \times L_2$, $L_2 \geq 0.5[m]$
여기서, W: 화물의 중량[kgf], G: 지게차 중량[kgf]
L_1: 앞바퀴에서 화물 중심까지의 최단거리[m]
L_2: 앞바퀴에서 지게차 중심까지의 최단거리[m]

관련개념 CHAPTER 06 운반기계 및 양중기

056

「산업안전보건법령」상 압력용기에서 안전인증 된 파열판에 안전인증 표시 외에 추가로 나타내어야 하는 사항이 아닌 것은?

① 분출차[%]
② 호칭지름
③ 용도(요구성능)
④ 유체의 흐름방향 지시

해설 파열판의 추가표시
- 호칭지름
- 용도(요구성능)
- 설정파열압력[MPa] 및 설정온도[℃]
- 분출용량[kg/h] 또는 공칭분출계수
- 파열판의 재질
- 유체의 흐름방향 지시

관련개념 CHAPTER 05 기타 산업용 기계·기구

057

선반에서 일감의 길이가 지름에 비하여 상당히 길 때 사용하는 부속품으로 절삭 시 절삭저항에 의한 일감의 진동을 방지하는 장치는?

① 칩 브레이커
② 척 커버
③ 방진구
④ 실드

해설 방진구(Center Rest)
선반작업 시 가늘고 긴 일감은 절삭력과 자중으로 휘거나 처짐이 일어나는데 이를 방지하기 위한 장치로 일감의 길이가 직경의 12배 이상일 때 사용한다.

관련개념 CHAPTER 03 공작기계의 안전

058

「산업안전보건법령」상 프레스를 제외한 사출성형기·주형조형기 및 형단조기 등에 관한 안전조치 사항으로 틀린 것은?

① 근로자의 신체 일부가 말려들어갈 우려가 있는 경우에는 양수조작식 방호장치를 설치하여 사용한다.
② 게이트가드식 방호장치를 설치할 경우에는 연동구조를 적용하여 문을 닫지 않아도 동작할 수 있도록 한다.
③ 사출성형기의 전면에 작업용 발판을 설치할 경우 근로자가 쉽게 미끄러지지 않는 구조여야 한다.
④ 기계의 히터 등의 가열 부위, 감전 우려가 있는 부위에는 방호덮개를 설치하여 사용한다.

해설 사출성형기 방호장치
- 사출성형기·주형조형기 및 형단조기 등에 근로자의 신체 일부가 말려들어갈 우려가 있는 경우 게이트가드 또는 양수조작식 등에 의한 방호장치, 그 밖에 필요한 방호조치를 하여야 한다.
- 게이트가드는 닫지 아니하면 기계가 작동되지 아니하는 연동구조이어야 한다.
- 기계의 히터 등의 가열 부위 또는 감전 우려가 있는 부위에는 방호덮개를 설치하는 등 필요한 안전조치를 하여야 한다.

관련개념 CHAPTER 05 기타 산업용 기계·기구

059

연강의 인장강도가 420[MPa]이고, 허용응력이 140[MPa]이라면 안전율은?

① 1
② 2
③ 3
④ 4

해설 안전율(안전계수, Safety Factor)

$$S = \frac{극한(인장)강도}{허용응력} = \frac{420}{140} = 3$$

관련개념 CHAPTER 01 기계공정의 안전, 기계안전시설 관리

060

밀링작업 시 안전수칙에 관한 설명으로 틀린 것은?

① 칩은 기계를 정지시킨 다음에 브러시 등으로 제거한다.
② 일감 또는 부속장치 등을 설치하거나 제거할 때는 반드시 기계를 정지시키고 작업한다.
③ 면장갑을 반드시 끼고 작업한다.
④ 강력절삭을 할 때는 일감을 바이스에 깊게 물린다.

해설 밀링작업 시 안전대책
- 밀링작업에서 생기는 칩은 가늘고 예리하며 부상을 입히기 쉬우므로 보안경을 착용한다.
- 칩은 기계를 정지시킨 후 브러시 등으로 제거한다.
- 강력절삭을 할 때는 일감을 바이스에 깊게 물린다.
- 손이 말려 들어갈 위험이 있는 장갑을 착용하지 않는다.

관련개념 CHAPTER 03 공작기계의 안전

전기설비 안전관리

061

다음 중 방폭구조의 종류가 아닌 것은?

① 유압방폭구조(k)
② 내압방폭구조(d)
③ 본질안전방폭구조(i)
④ 압력방폭구조(p)

해설 유압방폭구조는 방폭구조의 종류가 아니다. 보기 외 방폭구조의 종류에는 유입방폭구조(o), 안전증방폭구조(e) 등이 있다.

관련개념 CHAPTER 04 전기방폭관리

062

동작 시 아크가 발생하는 고압 및 특고압용 개폐기·차단기의 이격거리(목재의 벽 또는 천장, 기타 가연성 물체로부터의 거리)의 기준으로 옳은 것은?(단, 사용전압이 35[kV] 이하의 특고압용의 기구 등으로서 동작할 때에 생기는 아크의 방향과 길이를 화재가 발생할 우려가 없도록 제한하는 경우가 아니다.)

① 고압용: 0.8[m] 이상, 특고압용: 1.0[m] 이상
② 고압용: 1.0[m] 이상, 특고압용: 2.0[m] 이상
③ 고압용: 2.0[m] 이상, 특고압용: 3.0[m] 이상
④ 고압용: 3.5[m] 이상, 특고압용: 4.0[m] 이상

해설 아크를 발생시키는 기구와 목재의 벽 또는 천장과의 이격거리

구분	이격거리
고압용의 것	1[m] 이상
특고압용의 것	2[m] 이상 (사용전압이 35[kV] 이하의 특고압용의 기구 등으로서 아크의 방향과 길이를 화재가 발생할 우려가 없도록 제한하는 경우에는 1[m] 이상)

관련개념 CHAPTER 02 감전재해 및 방지대책

063

3,300/220[V], 20[kVA]인 3상 변압기로부터 공급받고 있는 저압 전선로의 절연 부분의 전선과 대지 간의 절연저항의 최솟값은 약 몇 [Ω]인가?(단, 변압기의 저압 측 중성점에 접지가 되어 있다.)

① 1,240
② 2,794
③ 4,840
④ 8,383

해설 저압전선로 중 절연부분의 전선과 대지 및 심선 상호 간의 절연저항은 사용전압에 대한 누설전류가 최대 공급전류의 $\frac{1}{2,000}$이 넘지 않도록 유지하여야 한다.

정격용량(3상)=$\sqrt{3}\times$전압[V]$\times$전류[A]이므로

누설전류=$\frac{정격용량}{\sqrt{3}\times 전압}\times\frac{1}{2,000}$이다.

이때, 저항[Ω]=$\frac{전압[V]}{전류[A]}$이므로

절연저항=$\frac{220}{\frac{20\times 10^3}{\sqrt{3}\times 220}\times\frac{1}{2,000}}$=8,383[Ω]

※ 1[kVA]=10^3[VA]이므로 20[kVA]=20×10^3[VA]이다.

관련개념 **CHAPTER 02 감전재해 및 방지대책**

064

감전사고로 인한 전격사의 메커니즘으로 가장 거리가 먼 것은?

① 흉부수축에 의한 질식
② 심실세동에 의한 혈액 순환기능의 상실
③ 내장파열에 의한 소화기계통의 기능 상실
④ 호흡중추신경 마비에 따른 호흡기능 상실

해설 전격현상의 메커니즘
- 심실세동에 의한 혈액 순환기능 상실
- 호흡중추신경 마비에 따른 호흡 중지
- 흉부수축에 의한 질식

관련개념 **CHAPTER 02 감전재해 및 방지대책**

065

욕조나 샤워시설이 있는 욕실 또는 화장실에 콘센트가 시설되어 있다. 해당 전로에 설치된 누전차단기의 정격감도전류와 동작시간은?

① 정격감도전류 15[mA] 이하, 동작시간 0.01초 이하
② 정격감도전류 15[mA] 이하, 동작시간 0.03초 이하
③ 정격감도전류 30[mA] 이하, 동작시간 0.01초 이하
④ 정격감도전류 30[mA] 이하, 동작시간 0.03초 이하

해설 욕조나 샤워시설이 있는 욕실 또는 화장실 등 **인체가 물에 젖어 있는 상태에서 전기를 사용하는 장소에 콘센트를 시설하는 경우**에는 「전기용품 및 생활용품 안전관리법」의 적용을 받는 인체감전보호용 누전차단기(**정격감도전류 15[mA] 이하, 동작시간 0.03초** 이하의 전류동작형의 것에 한함) 또는 절연변압기(정격용량 3[kVA] 이하인 것에 한함)로 보호된 전로에 접속하거나, 인체감전보호용 누전차단기가 부착된 콘센트를 시설하여야 한다.

관련개념 **CHAPTER 02 감전재해 및 방지대책**

066

50[kW], 60[Hz] 3상 유도전동기가 380[V] 전원에 접속된 경우 흐르는 전류[A]는 약 얼마인가?(단, 역률은 80[%]이다.)

① 82.24
② 94.96
③ 116.30
④ 164.47

해설 정격용량(3상)=$\sqrt{3}\times$전압[V]$\times$전류[A]이므로

전류=$\frac{정격용량}{\sqrt{3}\times 전압}=\frac{(50\times 10^3)\times\frac{100}{80}}{\sqrt{3}\times 380}$=94.96[A]

※ 정격용량[VA]=$\frac{전력[W]}{역률}$이고, 1[kW]=10^3[W]이다.

관련개념 **CHAPTER 01 전기안전관리**

067

인체저항을 500[Ω]이라 한다면, 심실세동을 일으키는 위험한계에너지는 약 몇 [J]인가? (단, 심실세동전류값 $I = \frac{165}{\sqrt{T}}$[mA]의 Dalziel의 식을 이용하며, 통전시간은 1초로 한다.)

① 11.5 ② 13.6
③ 15.3 ④ 16.2

해설
$$W = I^2RT = \left(\frac{165}{\sqrt{T}} \times 10^{-3}\right)^2 \times 500T$$
$$= (165^2 \times 10^{-6}) \times 500 = 13.6[J]$$

여기서, W: 위험한계에너지[J]
I: 심실세동전류[A]
R: 인체저항[Ω]
T: 통전시간[s]

관련개념 CHAPTER 02 감전재해 및 방지대책

068

내압방폭용기 "d"에 대한 설명으로 틀린 것은?

① 원통형 나사 접합부의 체결 나사산 수는 5산 이상이어야 한다.
② 가스/증기 그룹이 ⅡB일 때 내압 접합면과 장애물과의 최소 이격거리는 20[mm]이다.
③ 용기 내부의 폭발이 용기 주위의 폭발성 가스 분위기로 화염이 전파되지 않도록 방지하는 부분은 내압방폭 접합부이다.
④ 가스/증기 그룹이 ⅡC일 때 내압 접합면과 장애물과의 최소 이격거리는 40[mm]이다.

해설 가스 그룹에 따른 내압접합면과 장애물과의 최소 거리

가스 그룹	최소 거리[mm]
ⅡA	10
ⅡB	30
ⅡC	40

관련개념 CHAPTER 04 전기방폭관리

069

KS C IEC 60079-0의 정의에 따라 '두 도전부 사이의 고체 절연물 표면을 따른 최단거리'를 나타내는 명칭은?

① 전기적 간격 ② 절연공간거리
③ 연면거리 ④ 충전물 통과거리

해설 연면거리(Creepage Distance)
두 도전부 사이에 위치한 고체 절연물의 표면을 통과하는 최단공간거리

관련개념 CHAPTER 04 전기방폭관리

070

접지 목적에 따른 분류에서 병원설비의 의료용 전기전자(M·E)기기와 모든 금속부분 또는 도전바닥에도 접지하여 전위를 동일하게 하기 위한 접지를 무엇이라 하는가?

① 계통접지
② 등전위 접지
③ 노이즈방지용 접지
④ 정전기 장해 방지 이용 접지

해설 접지의 목적에 따른 종류

접지의 종류	접지목적
계통접지	고압전로와 저압전로 혼촉 시 감전이나 화재 방지
정전기방지용 접지	정전기의 축적에 의한 폭발재해 방지
등전위 접지	병원에 있어서의 의료기기 사용 시의 안전 확보
잡음대책용 접지	잡음에 의한 전자장치의 파괴나 오동작 방지

관련개념 CHAPTER 05 전기설비 위험요인관리

071

피뢰시스템의 등급에 따른 회전구체의 반지름으로 틀린 것은?

① Ⅰ등급: 20[m] ② Ⅱ등급: 30[m]
③ Ⅲ등급: 40[m] ④ Ⅳ등급: 60[m]

해설 피뢰시스템의 등급별 회전구체 반지름

피뢰시스템의 등급	Ⅰ	Ⅱ	Ⅲ	Ⅳ
회전구체 반지름[m]	20	30	45	60

관련개념 CHAPTER 05 전기설비 위험요인관리

072

전류가 흐르는 상태에서 단로기를 끊었을 때 여러 가지 파괴작용을 일으킨다. 다음 그림에서 유입차단기의 차단순서와 투입순서가 안전수칙에 가장 적합한 것은?

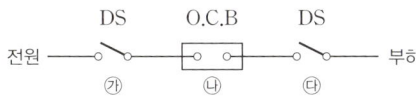

① 차단: ㉮ → ㉯ → ㉰, 투입: ㉮ → ㉯ → ㉰
② 차단: ㉯ → ㉰ → ㉮, 투입: ㉯ → ㉰ → ㉮
③ 차단: ㉰ → ㉯ → ㉮, 투입: ㉰ → ㉮ → ㉯
④ 차단: ㉯ → ㉰ → ㉮, 투입: ㉰ → ㉮ → ㉯

해설 유입차단기 작동(투입 및 차단)순서

㉮ D.S   ㉯ O.C.B   ㉰ D.S

- 차단순서: ㉯ → ㉰ → ㉮
- 투입순서: ㉰ → ㉮ → ㉯

관련개념 CHAPTER 01 전기안전관리

073

다음은 무슨 현상을 설명한 것인가?

> 전위차가 있는 2개의 대전체가 특정거리에 접근하게 되면 등전위가 되기 위하여 전하가 절연공간을 깨고 순간적으로 빛과 열을 발생하며 이동하는 현상

① 대전   ② 충전
③ 방전   ④ 열전

해설 정전기 방전현상에 대한 설명이다.
정전기 방전의 형태
코로나 방전, 스트리머 방전, 불꽃방전, 연면방전, 뇌상방전(낙뢰방전)

관련개념 CHAPTER 03 정전기 장·재해관리

074

정전기 재해를 예방하기 위해 설치하는 제전기의 제전효율은 설치 시에 얼마 이상이 되어야 하는가?

① 40[%] 이상   ② 50[%] 이상
③ 70[%] 이상   ④ 90[%] 이상

해설 제전기는 제전효율이 90[%] 이상 되는 위치에 설치하여야 한다.

관련개념 CHAPTER 03 정전기 장·재해관리

075

정전기 화재폭발 원인으로 인체대전에 대한 예방대책으로 옳지 않은 것은?

① Wrist Strap을 사용하여 접지선과 연결한다.
② 대전방지제를 넣은 제전복을 착용한다.
③ 대전방지 성능이 있는 안전화를 착용한다.
④ 바닥 재료는 고유저항이 큰 물질을 사용한다.

해설 인체의 대전방지를 위해 바닥의 재료 등에 고유저항이 큰 물질의 사용을 금지하여야 한다.(작업장 바닥에 도전성을 갖추도록 할 것)

관련개념 CHAPTER 03 정전기 장·재해관리

076

정격사용률이 30[%], 정격 2차 전류가 300[A]인 교류아크 용접기를 200[A]로 사용하는 경우의 허용사용률[%]은?

① 13.3   ② 67.5
③ 110.3   ④ 157.5

해설 허용사용률 $=\left(\dfrac{\text{정격 2차 전류}}{\text{실제 용접 전류}}\right)^2 \times \text{정격사용률}$

$=\left(\dfrac{300}{200}\right)^2 \times 30 = 67.5[\%]$

관련개념 CHAPTER 02 감전재해 및 방지대책

077

피뢰기의 제한전압이 752[kV]이고 변압기의 기준충격 절연강도가 1,050[kV]이라면, 보호여유도[%]는 약 얼마인가?

① 18
② 28
③ 40
④ 43

해설 보호여유도 $= \dfrac{\text{충격 절연강도} - \text{제한전압}}{\text{제한전압}} \times 100$

$= \dfrac{1,050 - 752}{752} \times 100 = 40[\%]$

관련개념 CHAPTER 05 전기설비 위험요인관리

078

절연물의 절연불량 주요원인으로 거리가 먼 것은?

① 진동, 충격 등에 의한 기계적 요인
② 산화 등에 의한 화학적 요인
③ 온도상승에 의한 열적 요인
④ 정격전압에 의한 전기적 요인

해설 절연불량(파괴의 주요원인)
• 높은 이상전압 등에 의한 전기적 요인
• 진동, 충격 등에 의한 기계적 요인
• 산화 등에 의한 화학적 요인
• 온도상승에 의한 열적 요인

관련개념 CHAPTER 05 전기설비 위험요인관리

079

고장전류를 차단할 수 있는 것은?

① 차단기(CB)
② 유입 개폐기(OS)
③ 단로기(DS)
④ 선로 개폐기(LS)

해설 차단기(CB)
고장전류와 같은 대전류를 차단하는 장치이다.

관련개념 CHAPTER 01 전기안전관리

080

주택용 배선차단기 B타입의 경우 순시동작범위는?(단, I_n은 차단기 정격전류이다.)

① $3I_n$ 초과 ~ $5I_n$ 이하
② $5I_n$ 초과 ~ $10I_n$ 이하
③ $10I_n$ 초과 ~ $15I_n$ 이하
④ $10I_n$ 초과 ~ $20I_n$ 이하

해설 순시트립에 따른 구분(주택용 배선차단기)

형	순시트립범위
B	$3I_n$ 초과 ~ $5I_n$ 이하
C	$5I_n$ 초과 ~ $10I_n$ 이하
D	$10I_n$ 초과 ~ $20I_n$ 이하

여기서, B, C, D: 순시트립전류에 따른 차단기 분류
I_n: 차단기 정격전류

관련개념 CHAPTER 01 전기안전관리

화학설비 안전관리

081

처음 온도가 20[℃]인 공기를 절대압력 1기압에서 3기압으로 단열압축하면 최종온도는 약 몇 [℃]인가?(단, 공기의 비열비는 1.4이다.)

① 68[℃] ② 75[℃]
③ 128[℃] ④ 164[℃]

해설 단열변화

$\frac{T_2}{T_1} = \left(\frac{V_1}{V_2}\right)^{r-1} = \left(\frac{P_2}{P_1}\right)^{\frac{r-1}{r}}$ 에서

$T_2 = T_1 \times \left(\frac{P_2}{P_1}\right)^{\frac{r-1}{r}} = (273+20) \times \left(\frac{3}{1}\right)^{\frac{1.4-1}{1.4}} = 401[K] = 128[℃]$

여기서, T: 절대온도[K], V: 부피[L], P: 절대압력[atm], r: 비열비

관련개념 CHAPTER 02 화학물질 안전관리 실행

082

물질의 누출방지용으로써 접합면을 상호 밀착시키기 위하여 사용하는 것은?

① 개스킷 ② 체크밸브
③ 플러그 ④ 콕크

해설 개스킷(Gasket)
관 플랜지 고정 접합면에 끼워 볼트 및 기타 방법으로 죄어 유체의 누설을 방지하는 부속품이다.

관련개념 CHAPTER 04 화공 안전운전 · 점검

083

건조설비의 구조를 구조부분, 가열장치, 부속설비로 구분할 때 다음 중 "부속설비"에 속하는 것은?

① 보온판 ② 열원장치
③ 소화장치 ④ 철골부

해설 소화장치는 건조설비의 부속설비에 해당한다. 보온판, 철골부은 구조부분, 열원장치는 가열장치에 해당한다.

관련개념 CHAPTER 02 화학물질 안전관리 실행

084

에틸렌(C_2H_4)이 완전연소하는 경우 다음의 Jones식을 이용하여 계산할 경우 연소하한계는 약 몇 [vol%]인가?

Jones식: $LFL = 0.55 \times C_{st}$

① 0.55 ② 3.6
③ 6.3 ④ 8.5

해설 에틸렌의 완전연소반응식

$C_2H_4 + 3O_2 \rightarrow 2CO_2 + 2H_2O$

유기물 $C_nH_xO_y$의 양론농도(C_{st})는 다음 식으로 구할 수 있다.

$C_{st} = \frac{100}{(4.77n + 1.19x - 2.38y) + 1} = \frac{100}{(4.77 \times 2 + 1.19 \times 4) + 1} = 6.54$

Jones식에 의해 연소하한계를 추정하면
연소하한계(LFL) $= 0.55 \times 6.54 = 3.6[vol\%]$

관련개념 CHAPTER 01 화재 · 폭발 검토

085

[보기]의 물질을 폭발범위가 넓은 것부터 좁은 순서로 옳게 배열한 것은?

| 보기 |

H_2 C_3H_8 CH_4 CO

① $CO > H_2 > C_3H_8 > CH_4$
② $H_2 > CO > CH_4 > C_3H_8$
③ $C_3H_8 > CO > CH_4 > H_2$
④ $CH_4 > H_2 > CO > C_3H_8$

해설 각 물질의 폭발범위 및 위험도

구분	수소(H_2)	프로판(C_3H_8)	메탄(CH_4)	일산화탄소(CO)
UEL[%]	75	9.5	15	74
LEL[%]	4	2.4	5	12.5
폭발범위	71	7.1	10	61.5
위험도	17.75	2.96	2	4.92

※ 폭발범위 = UEL − LEL, 위험도 = $\frac{UEL - LEL}{LEL}$

관련개념 CHAPTER 01 화재 · 폭발 검토

086
「산업안전보건법령」상 위험물질의 종류에서 "폭발성 물질 및 유기과산화물"에 해당하는 것은?

① 디아조화합물 ② 황린
③ 알킬알루미늄 ④ 마그네슘 분말

해설 디아조화합물은 폭발성 물질 및 유기과산화물에 해당한다.
오답해설 ② 황린, ③ 알킬알루미늄, ④ 마그네슘 분말은 물반응성 물질 및 인화성 고체에 해당한다.

관련개념 CHAPTER 02 화학물질 안전관리 실행

087
화염방지기의 설치에 관한 사항으로 (   )에 알맞은 것은?

> 사업주는 인화성 액체 및 인화성 가스를 저장·취급하는 화학설비에서 증기나 가스를 대기로 방출하는 경우에는 외부로부터의 화염을 방지하기 위하여 화염방지기를 그 설비 (   )에 설치하여야 한다.

① 상단 ② 하단
③ 중앙 ④ 무게중심

해설 화염방지기는 외부로부터의 화염을 방지하기 위하여 그 **설비 상단**에 설치하여야 한다.

관련개념 CHAPTER 04 화공 안전운전·점검

088
다음 중 인화성 가스가 아닌 것은?

① 부탄 ② 메탄
③ 수소 ④ 산소

해설 산소는 연소를 도와주는 조연성 가스이다.

관련개념 CHAPTER 01 화재·폭발 검토

089
반응기를 조작방식에 따라 분류할 때 해당되지 않는 것은?

① 회분식 반응기 ② 반회분식 반응기
③ 연속식 반응기 ④ 관형 반응기

해설 관형 반응기는 구조에 따라 분류한 것이다.
반응기의 분류
- 조작방법에 따른 분류: 회분식 반응기, 반회분식 반응기, 연속식 반응기
- 구조에 따른 분류: 교반조형 반응기, 관형 반응기, 탑형 반응기, 유동층형 반응기

관련개념 CHAPTER 02 화학물질 안전관리 실행

090
다음 중 가연성 물질과 산화성 고체가 혼합하고 있을 때 연소에 미치는 현상으로 옳은 것은?

① 착화온도(발화점)가 높아진다.
② 최소점화에너지가 감소하며, 폭발의 위험성이 증가한다.
③ 가스나 가연성 증기의 경우 공기혼합보다 연소범위가 축소된다.
④ 공기 중에서보다 산화작용이 약하게 발생하여 화염온도가 감소하며 연소속도가 늦어진다.

해설 산화성 고체는 가연물과 화합하여 과격한 연소 및 폭발이 가능하다.

관련개념 CHAPTER 02 화학물질 안전관리 실행

091
다음 중 고체연소의 종류에 해당하지 않는 것은?

① 표면연소 ② 증발연소
③ 분해연소 ④ 예혼합연소

해설 예혼합연소는 기체연소에 해당한다.
고체연소의 종류
표면연소, 분해연소, 증발연소, 자기연소

관련개념 CHAPTER 01 화재·폭발 검토

092

가연성 물질을 취급하는 장치를 퍼지하고자 할 때 잘못된 것은?

① 대상물질의 물성을 파악한다.
② 사용하는 불활성가스의 물성을 파악한다.
③ 퍼지용 가스를 가능한 한 빠른 속도로 단시간에 다량 송입한다.
④ 장치 내부를 세정한 후 퍼지용 가스를 송입한다.

해설 퍼지용 가스는 장시간에 걸쳐 천천히 주입하여야 한다.

관련개념 CHAPTER 01 화재·폭발 검토

093

위험물질에 대한 설명 중 틀린 것은?

① 과산화나트륨에 물이 접촉하는 것은 위험하다.
② 황린은 물속에 저장한다.
③ 염소산나트륨은 물과 반응하여 폭발성의 수소기체를 발생한다.
④ 아세트알데히드는 0[℃] 이하의 온도에서도 인화할 수 있다.

해설 염소산나트륨은 물에 쉽게 녹는 성질이 있다.

관련개념 CHAPTER 02 화학물질 안전관리 실행

094

공정안전보고서 중 공정안전자료에 포함하여야 할 세부내용에 해당하는 것은?

① 비상조치계획에 따른 교육계획
② 안전운전지침서
③ 각종 건물·설비의 배치도
④ 도급업체 안전관리계획

해설 ①은 비상조치계획, ②, ④는 안전운전계획에 포함하여야 할 세부내용이다.

관련개념 CHAPTER 04 화공 안전운전·점검

095

디에틸에테르의 연소범위에 가장 가까운 값은?

① 2~10.4[%]
② 1.9~48[%]
③ 2.5~15[%]
④ 1.5~7.8[%]

해설 디에틸에테르의 연소범위는 1.9~48[%]이다.

관련개념 CHAPTER 01 화재·폭발 검토

096

공기 중에서 A가스의 폭발하한계는 2.2[vol%]이다. 이 폭발하한계 값을 기준으로 하여 표준상태에서 A가스와 공기의 혼합기체 1[m³]에 함유되어 있는 A가스의 질량을 구하면 약 몇 [g]인가?(단, A가스의 분자량은 26이다.)

① 19.02
② 25.54
③ 29.02
④ 35.54

해설 A가스의 부피 $= 1 \times \frac{2.2}{100} = 0.022[m^3] = 22[L]$

아보가드로의 법칙에 의하면 표준상태(0[℃], 1기압)에서 기체 1몰의 부피는 22.4[L]이고, 문제에서 A가스의 분자량이 26이라고 했으므로 A가스 1몰은 26[g]이다. 이 관계를 이용하여 A가스의 질량을 x로 놓고 비례식을 만들면 다음과 같다.

$26[g] : 22.4[L] = x[g] : 22[L]$, $x = \frac{26 \times 22}{22.4} = 25.54[g]$

관련개념 CHAPTER 02 화학물질 안전관리 실행

097

다음 물질 중 물에 가장 잘 용해되는 것은?

① 아세톤
② 벤젠
③ 톨루엔
④ 휘발유

해설 아세톤
물에 잘 녹으며 유기용매로서 다른 유기물질과도 잘 섞이는 성질이 있어 일상생활에서 물로 지워지지 않는 유성페인트나 매니큐어 등을 지우는 데 많이 쓰인다.

관련개념 CHAPTER 02 화학물질 안전관리 실행

098

가스누출감지경보기 설치에 관한 기술상의 지침으로 틀린 것은?

① 암모니아를 제외한 가연성 가스 누출감지경보기는 방폭성능을 갖는 것이어야 한다.
② 독성 가스누출감지경보기는 해당 독성가스 허용농도의 25[%] 이하에서 경보가 울리도록 설정하여야 한다.
③ 하나의 감지대상가스가 가연성이면서 독성인 경우에는 독성가스를 기준하여 가스누출감지경보기를 선정하여야 한다.
④ 건축물 안에 설치되는 경우, 감지대상가스의 비중이 공기보다 무거운 경우에는 건축물 내의 하부에 설치하여야 한다.

해설 가연성 가스누출감지경보기는 감지대상 가스의 폭발하한계 25[%] 이하, 독성 가스누출감지경보기는 해당 독성가스의 허용농도 이하에서 경보가 울리도록 설정한다.

관련개념 CHAPTER 04 화공 안전운전·점검

099

폭발을 기상폭발과 응상폭발로 분류할 때 기상폭발에 해당되지 않는 것은?

① 분진폭발
② 혼합가스폭발
③ 분무폭발
④ 수증기폭발

해설 폭발원인 물질의 상태(기상, 응상)에 따른 분류

관련개념 CHAPTER 01 화재·폭발 검토

100

다음 가스 중 TLV-TWA상 가장 독성이 큰 것은?

① CO
② $COCl_2$
③ NH_3
④ H_2

해설 포스겐($COCl_2$)가스는 노출기준(TWA) 0.1[ppm]의 유독성 가스이다.
(CO의 TWA: 30[ppm], NH_3의 TWA: 25[ppm], H_2: 독성자료 없음)
※ TWA는 값이 작을수록 독성이 강하다.

관련개념 CHAPTER 02 화학물질 안전관리 실행

건설공사 안전관리

101

하역작업 등에 의한 위험을 방지하기 위하여 준수하여야 할 사항으로 옳지 않은 것은?

① 꼬임이 끊어진 섬유로프를 화물운반용으로 사용해서는 안 된다.
② 심하게 부식된 섬유로프를 고정용으로 사용해서는 안 된다.
③ 차량 등에서 화물을 내리는 작업 시 해당 작업에 종사하는 근로자에게 쌓여 있는 화물 중간에서 화물을 빼내도록 할 경우에는 사전 교육을 철저히 한다.
④ 부두 또는 안벽의 선을 따라 통로를 설치하는 경우에는 폭을 90[cm] 이상으로 한다.

해설 차량 등에서 화물을 내리는 작업을 하는 경우에 해당 작업에 종사하는 근로자에게 쌓여 있는 화물 중간에서 화물을 빼내도록 해서는 아니 된다.

관련개념 CHAPTER 06 공사 및 작업 종류별 안전

102

추락방지용 방망 중 그물코의 크기가 5[cm]인 매듭방망 신품의 인장강도는 최소 몇 [kg] 이상이어야 하는가?

① 60
② 110
③ 150
④ 200

해설 그물코 5[cm], 신품 매듭방망의 인장강도는 110[kg] 이상이어야 한다.

추락방호망 방망사의 인장강도

※ ( ): 폐기기준 인장강도

그물코의 크기 (단위: [cm])	방망의 종류(단위: [kg])	
	매듭 없는 방망	매듭방망
10	240(150)	200(135)
5	—	110(60)

관련개념 CHAPTER 04 건설현장 안전시설 관리

103

단관비계가 넘어지는 것을 방지하기 위하여 사용하는 벽이음의 간격기준으로 옳은 것은?

① 수직방향 5[m] 이하, 수평방향 5[m] 이하
② 수직방향 6[m] 이하, 수평방향 6[m] 이하
③ 수직방향 7[m] 이하, 수평방향 7[m] 이하
④ 수직방향 8[m] 이하, 수평방향 8[m] 이하

해설 단관비계의 벽이음은 수직방향 5[m], 수평방향 5[m] 이내로 조립하여야 한다.

관련개념 CHAPTER 05 비계·거푸집 가시설 위험방지

104

인력으로 하물을 인양할 때의 몸의 자세와 관련하여 준수하여야 할 사항으로 옳지 않은 것은?

① 한쪽 발은 들어올리는 물체를 향하여 안전하게 고정시키고 다른 발은 그 뒤에 안전하게 고정시킬 것
② 등은 항상 직립한 상태와 90도 각도를 유지하여 가능한 한 지면과 수평이 되도록 할 것
③ 팔은 몸에 밀착시키고 끌어당기는 자세를 취하며 가능한 한 수평거리를 짧게 할 것
④ 손가락으로만 인양물을 잡아서는 아니 되며 손바닥으로 인양물 전체를 잡을 것

해설 인력으로 하물을 인양할 때 등은 지면과 수직이 되도록 하여야 한다.

관련개념 CHAPTER 06 공사 및 작업 종류별 안전

105

산업안전보건관리비 항목 중 안전시설비로 사용 가능한 것은?

① 원활한 공사수행을 위한 가설시설 중 비계설치 비용
② 소음 관련 민원예방을 위한 건설현장 소음방지용 방음시설 설치 비용
③ 근로자의 재해예방을 위한 목적으로만 사용하는 CCTV에 사용되는 비용
④ 기계·기구 등과 일체형 안전장치의 구입비용

해설
※ 「건설업 산업안전보건관리비 계상 및 사용기준」이 개정됨에 따라 '안전관리비의 항목별 사용 불가내역'이 삭제되었습니다.

관련개념 CHAPTER 03 건설업 산업안전보건관리비 관리

106

유한사면에서 원형활동면에 의해 발생하는 일반적인 사면파괴의 종류에 해당하지 않는 것은?

① 사면 내 파괴(Slope Failure)
② 사면 선단 파괴(Toe Failure)
③ 사면 인장 파괴(Tension Failure)
④ 사면 저부 파괴(Base Failure)

해설 사면의 붕괴형태
- 사면 천단부 붕괴(사면 선단 붕괴, Toe Failure)
- 사면 중심부 붕괴(사면 내 붕괴, Slope Failure)
- 사면 하단부 붕괴(사면 저부 붕괴, Base Failure)

관련개념 CHAPTER 04 건설현장 안전시설 관리

107

강관비계를 사용하여 비계를 구성하는 경우 준수해야 할 기준으로 옳지 않은 것은?

① 비계기둥의 간격은 띠장 방향에서는 1.85[m] 이하, 장선(長線) 방향에서는 1.5[m] 이하로 할 것
② 띠장 간격은 2.0[m] 이하로 할 것
③ 비계기둥의 제일 윗부분으로부터 31[m] 되는 지점 밑부분의 비계기둥은 2개의 강관으로 묶어 세울 것
④ 비계기둥 간의 적재하중은 600[kg]을 초과하지 않도록 할 것

해설 강관을 사용하여 비계를 구성하는 경우 비계기둥 간의 적재하중은 400[kg]을 초과하지 않도록 하여야 한다.

관련개념 CHAPTER 05 비계·거푸집 가시설 위험방지

108

다음은 「산업안전보건법령」에 따른 화물자동차의 승강설비에 관한 사항이다. ( ) 안에 알맞은 내용으로 옳은 것은?

> 사업주는 바닥으로부터 짐 윗면까지의 높이가 ( ) 이상인 화물자동차에 짐을 싣는 작업 또는 내리는 작업을 하는 경우에는 근로자의 추가 위험을 방지하기 위하여 해당 작업에 종사하는 근로자가 바닥과 적재함의 짐 윗면 간을 안전하게 오르내리기 위한 설비를 설치하여야 한다.

① 2[m] ② 4[m]
③ 6[m] ④ 8[m]

해설 사업주는 바닥으로부터 짐 윗면까지의 높이가 2[m] 이상인 화물자동차에 짐을 싣는 작업 또는 내리는 작업을 하는 경우에는 근로자의 추가 위험을 방지하기 위하여 해당 작업에 종사하는 근로자가 바닥과 적재함의 짐 윗면 간을 안전하게 오르내리기 위한 설비를 설치하여야 한다.

관련개념 CHAPTER 06 공사 및 작업 종류별 안전

| 정답 | 105 정답없음 | 106 ③ | 107 ④ | 108 ① |

109

달비계의 최대적재하중을 정함에 있어서 활용하는 안전계수의 기준으로 옳은 것은?(단, 곤돌라의 달비계를 제외한다.)

① 달기 훅: 5 이상
② 달기 강선: 5 이상
③ 달기 체인: 3 이상
④ 달기 와이어로프: 5 이상

해설
※ 「산업안전보건기준에 관한 규칙」이 개정됨에 따라 '달비계의 최대적재하중을 정하는 경우 안전계수'가 삭제되었습니다.

관련개념 CHAPTER 04 건설현장 안전시설 관리

110

흙의 투수계수에 영향을 주는 인자에 관한 설명으로 옳지 않은 것은?

① 포화도: 포화도가 클수록 투수계수도 크다.
② 공극비: 공극비가 클수록 투수계수는 작다.
③ 유체의 점성계수: 점성계수가 클수록 투수계수는 작다.
④ 유체의 밀도: 유체의 밀도가 클수록 투수계수는 크다.

해설 공극비가 클수록 투수계수도 커진다.

투수계수
$$K = D_s^2 \cdot \frac{\gamma_w}{\eta} \cdot \frac{e^3}{(1+e)} \cdot C$$

여기서, D_s: 유효입경
γ_w: 물의 비중량
η: 점성계수
e: 공극비
C: 형상계수

관련개념 CHAPTER 02 건설공사 위험성

111

건설현장에서 사용되는 작업발판 일체형 거푸집의 종류에 해당되지 않는 것은?

① 갱 폼(gang form)
② 슬립 폼(slip form)
③ 클라이밍 폼(climbing form)
④ 유로 폼(euro form)

해설 작업발판 일체형 거푸집의 종류
- 갱 폼(Gang Form)
- 슬립 폼(Slip Form)
- 클라이밍 폼(Climbing Form)
- 터널 라이닝 폼(Tunnel Lining Form)

관련개념 CHAPTER 05 비계·거푸집 가시설 위험방지

112

콘크리트 타설작업을 하는 경우 준수하여야 할 사항으로 옳지 않은 것은?

① 당일의 작업을 시작하기 전에 해당 작업에 관한 거푸집 및 동바리의 변형·변위 및 지반의 침하 유무 등을 점검하고 이상이 있으면 보수할 것
② 콘크리트를 타설하는 경우에는 편심이 발생하지 않도록 골고루 분산하여 타설할 것
③ 설계도서상의 콘크리트 양생기간을 준수하여 거푸집 및 동바리를 해체할 것
④ 작업 중에는 감시자를 배치하는 등의 방법으로 거푸집 및 동바리의 변형·변위 및 침하 유무 등을 확인하여야 하며, 이상이 있으면 작업을 중지하지 아니하고, 즉시 충분한 보강조치를 실시할 것

해설 콘크리트 타설작업 중에는 감시자를 배치하는 등의 방법으로 거푸집 및 동바리의 변형·변위 및 침하 유무 등을 확인하여야 하며, **이상이 있으면 작업을 중지하고** 근로자를 대피시켜야 한다.

관련개념 CHAPTER 06 공사 및 작업 종류별 안전

| 정답 | 109 정답없음 110 ② 111 ④ 112 ④

113

버팀보, 앵커 등의 축하중 변화상태를 측정하여 이들 부재의 지지효과 및 그 변화 추이를 파악하는 데 사용되는 계측기기는?

① Water Level Meter
② Load Cell
③ Piezo Meter
④ Strain Gauge

해설 하중계(Load Cell)는 스트러트, 어스앵커에 설치하여 축하중 측정으로 부재의 안전성 여부를 판단하는 계측기기이다.

오답해설
① 지하수위계(Water Level Meter): 굴착에 따른 지하수위 변동을 측정한다.
③ 간극수압계(Piezo Meter): 굴착, 성토에 의한 간극수압의 변화를 측정한다.
④ 변형률계(Strain Gauge): 스트러트, 띠장 등에 부착하여 굴착작업 시 구조물의 변형을 측정한다.

관련개념 CHAPTER 05 비계·거푸집 가시설 위험방지

114

차량계 건설기계를 사용하여 작업을 하는 경우 작업계획서 내용에 포함되지 않는 것은?

① 사용하는 차량계 건설기계의 종류 및 성능
② 차량계 건설기계의 운행경로
③ 차량계 건설기계에 의한 작업방법
④ 차량계 건설기계의 유지보수방법

해설 차량계 건설기계의 작업계획서 포함내용
• 사용하는 차량계 건설기계의 종류 및 성능
• 차량계 건설기계의 운행경로
• 차량계 건설기계에 의한 작업방법

관련개념 CHAPTER 04 건설현장 안전시설 관리

115

근로자의 추락 등의 위험을 방지하기 위한 안전난간의 설치기준으로 옳지 않은 것은?

① 상부 난간대와 중간 난간대는 난간 길이 전체에 걸쳐 바닥면 등과 평행을 유지할 것
② 발끝막이판은 바닥면 등으로부터 20[cm] 이상의 높이를 유지할 것
③ 난간대는 지름 2.7[cm] 이상의 금속제 파이프나 그 이상의 강도가 있는 재료일 것
④ 안전난간은 구조적으로 가장 취약한 지점에서 가장 취약한 방향으로 작용하는 100[kg] 이상의 하중에 견딜 수 있는 튼튼한 구조일 것

해설 안전난간의 발끝막이판은 바닥면 등으로부터 10[cm] 이상의 높이를 유지하여야 한다.

관련개념 CHAPTER 04 건설현장 안전시설 관리

116

흙 속의 전단응력을 증대시키는 원인에 해당하지 않는 것은?

① 자연 또는 인공에 의한 지하공동의 형성
② 함수비의 감소에 따른 흙의 단위체적 중량의 감소
③ 지진, 폭파에 의한 진동 발생
④ 균열 내에 작용하는 수압 증가

해설 함수비가 감소할 경우 흙의 단위체적당 중량이 감소하여 흙의 전단응력도 감소하게 된다.

관련개념 CHAPTER 02 건설공사 위험성

117

다음은 「산업안전보건법령」에 따른 항타기 또는 항발기에 권상용 와이어로프를 사용하는 경우에 준수하여야 할 사항이다. (   ) 안에 알맞은 내용으로 옳은 것은?

> 권상용 와이어로프는 추 또는 해머가 최저의 위치에 있을 때 또는 널말뚝을 빼내기 시작할 때를 기준으로 권상장치의 드럼에 적어도 (   ) 감기고 남을 수 있는 충분한 길이일 것

① 1회
② 2회
③ 4회
④ 6회

해설 권상용 와이어로프는 추 또는 해머가 최저의 위치에 있을 때 또는 널말뚝을 빼내기 시작할 때를 기준으로 권상장치의 드럼에 **적어도 2회** 감기고 남을 수 있는 충분한 길이여야 한다.

관련개념 CHAPTER 04 건설현장 안전시설 관리

118

「산업안전보건법령」에 따른 유해위험방지계획서 제출 대상 공사로 볼 수 없는 것은?

① 지상 높이가 31[m] 이상인 건축물의 건설공사
② 터널 건설공사
③ 깊이 10[m] 이상인 굴착공사
④ 다리의 전체길이가 40[m] 이상인 건설공사

해설 유해위험방지계획서 제출대상 건설공사
- 지상높이가 31[m] 이상인 건축물 또는 인공구조물, 연면적 30,000[m²] 이상인 건축물 또는 연면적 5,000[m²] 이상의 문화 및 집회시설(전시장 및 동물원·식물원 제외), 판매시설, 운수시설(고속철도의 역사 및 집배송시설 제외), 종교시설, 의료시설 중 종합병원, 숙박시설 중 관광숙박시설, 지하도상가 또는 냉동·냉장 창고시설의 건설·개조 또는 해체(건설 등) 공사
- 연면적 5,000[m²] 이상의 냉동·냉장 창고시설의 설비공사 및 단열공사
- **최대 지간길이가 50[m] 이상인 다리의 건설 등 공사**
- 터널의 건설 등 공사
- 다목적댐, 발전용댐, 저수용량 2천만 톤 이상의 용수 전용 댐 및 지방 상수도 전용 댐의 건설 등 공사
- 깊이가 10[m] 이상인 굴착공사

관련개념 CHAPTER 02 건설공사 위험성

119

사다리식 통로 등을 설치하는 경우 고정식 사다리식 통로의 기울기는 최대 몇 도 이하로 하여야 하는가?

① 60도
② 75도
③ 80도
④ 90도

해설 사다리식 통로의 기울기는 75° 이하로 한다. 다만, **고정식 사다리식 통로의 기울기는 90°이하로 하고**, 그 높이가 7[m] 이상인 경우에는 상황에 따라 등받이울 또는 개인용 추락 방지 시스템을 설치하여야 한다.

관련개념 CHAPTER 05 비계·거푸집 가시설 위험방지

120

거푸집동바리 구조에서 높이가 $l=3.5$[m]인 파이프서포트의 좌굴하중은?(단, 상부받이판과 하부받이판은 힌지로 가정하고, 단면 2차 모멘트 $I=8.31$[cm^4], 탄성계수 $E=2.1\times10^5$[MPa])

① 14,060[N]
② 15,060[N]
③ 16,060[N]
④ 17,060[N]

해설 좌굴하중

$$P_{cr}=\frac{n\pi^2 EI}{l^2}=\frac{1\times\pi^2\times(2.1\times10^5)\times(8.31\times10^4)}{(3.5\times10^3)^2}=14,060[\text{N}]$$

여기서, n: 단말계수(상, 하단이 모두 힌지인 경우 $n=1$)
  E: 탄성계수[MPa]
  I: 단면 2차 모멘트[mm^4]
  l: 높이[mm]

※ 1[cm^4]=10^4[mm^4], 1[m]=10^3[mm]이다.

관련개념 CHAPTER 05 비계·거푸집 가시설 위험방지

2020년 1, 2회 기출문제

2020년 6월 6일 시행

※ 2020년은 1, 2회 필기시험이 통합 실시되었습니다.

산업재해 예방 및 안전보건교육

001
「산업안전보건법령」상 산업안전보건위원회의 사용자위원에 해당되지 않는 사람은?(단, 각 사업장은 해당하는 사람을 선임하여야 하는 대상 사업장으로 한다.)

① 안전관리자 ② 산업보건의
③ 명예산업안전감독관 ④ 해당 사업장 부서의 장

해설 명예산업안전감독관은 근로자위원에 해당한다.
산업안전보건위원회의 사용자위원
- 해당 사업의 대표자
- 안전관리자
- 보건관리자
- 산업보건의
- 해당 사업의 대표자가 지명하는 9명 이내의 해당 사업장 부서의 장

관련개념 CHAPTER 01 산업재해예방 계획 수립

002
몇 사람의 전문가에 의하여 과제에 관한 견해를 발표한 뒤에 참가자로 하여금 의견이나 질문을 하게 하여 토의하는 방법을 무엇이라 하는가?

① 심포지엄(Symposium)
② 버즈 세션(Buzz Session)
③ 케이스 메소드(Case Method)
④ 패널 디스커션(Panel Discussion)

해설 심포지엄(Symposium)
몇 사람의 전문가가 과제에 관한 견해를 발표하게 한 뒤 참가자로 하여금 의견이나 질문을 하게 하여 토의하는 방법이다.

관련개념 CHAPTER 05 안전보건교육의 내용 및 방법

003
작업을 하고 있을 때 긴급 이상상태 또는 돌발사태가 되면 순간적으로 긴장하게 되어 판단능력의 둔화 또는 정지상태가 되는 것은?

① 의식의 우회 ② 의식의 과잉
③ 의식의 단절 ④ 의식의 수준저하

해설 의식의 과잉
돌발사태에 직면하면 공포를 느끼게 되고 주의가 일점(주시점)에 집중되어 판단정지 및 긴장 상태에 빠지게 되어 유효한 대응을 못하게 된다.

관련개념 CHAPTER 04 인간의 행동과학

004
A사업장의 2019년 도수율이 10이라 할 때 연천인율은 얼마인가?

① 2.4 ② 5
③ 12 ④ 24

해설 연천인율
1년간 평균 임금근로자 1,000명당 재해자 수이다.
연천인율=도수율×2.4=10×2.4=24

관련개념 SUBJECT 03 기계·기구 및 설비 안전관리
CHAPTER 02 기계분야 산업재해 조사 및 관리

005
「산업안전보건법령」상 안전보건표지의 종류 중 경고표지에 해당하지 않는 것은?

① 레이저광선 경고 ② 급성독성물질 경고
③ 매달린물체 경고 ④ 차량통행 경고

해설 경고표지 중 차량통행 경고는 없고, 금지표지에 차량통행 금지가 있다.

관련개념 CHAPTER 02 안전보호구 관리

정답 | 001 ③ 002 ① 003 ② 004 ④ 005 ④

006

안전교육에 대한 설명으로 옳은 것은?

① 사례중심과 실연을 통하여 기능적 이해를 돕는다.
② 사무직과 기능직은 그 업무가 판이하게 다르므로 분리하여 교육한다.
③ 현장 작업자는 이해력이 낮으므로 단순반복 및 암기를 시킨다.
④ 안전교육에 건성으로 참여하는 것을 방지하기 위하여 인사고과에 필히 반영한다.

해설 안전교육
- 사례중심과 실연을 통하여 기능적 이해를 돕는다.
- 안전교육은 사무직과 기능직을 동시에 교육하는 것이 가능하다.
- 단순반복 및 암기는 피한다.

관련개념 CHAPTER 05 안전보건교육의 내용 및 방법

007

어느 사업장에서 물적손실이 수반된 무상해사고가 180건 발생하였다면 중상은 몇 건이나 발생할 수 있는가?(단, 버드의 재해구성 비율법칙에 따른다.)

① 6건 ② 18건
③ 20건 ④ 29건

해설 버드(Bird)의 재해구성비율
- 중상(중증요양상태) 또는 사망 : 경상(물적, 인적 상해) : 무상해사고(물적 손실 발생) : 무상해, 무사고 고장(위험 순간)=1 : 10 : 30 : 600
- 중상(중증요양상태) : 무상해사고(물적 손실 발생)=1 : 30
- 중상(중증요양상태)=$180 \times \frac{1}{30}$=6건

관련개념 CHAPTER 01 산업재해예방 계획 수립

008

안전보건교육 계획에 포함해야 할 사항이 아닌 것은?

① 교육지도안
② 교육장소 및 교육방법
③ 교육의 종류 및 대상
④ 교육의 과목 및 교육내용

해설 안전교육계획 수립 시 포함되어야 할 사항
- 교육대상(가장 먼저 고려)
- 교육의 종류
- 교육과목 및 교육내용
- 교육기간 및 시간
- 교육장소
- 교육방법
- 교육담당자 및 강사
- 교육목표 및 목적

관련개념 CHAPTER 05 안전보건교육의 내용 및 방법

009

Y·G 성격검사에서 "안전, 적응, 적극형"에 해당하는 형의 종류는?

① A형 ② B형
③ C형 ④ D형

해설 Y·G 성격검사 프로필 유형
- A형(평균형): 조화적, 적응적
- B형(우편형): 정서불안적, 활동적, 외향적
- C형(좌편형): 안전소극형
- D형(우하형): 안전, 적응, 적극형
- E형(좌하형): 불안정, 부적응, 수동형

관련개념 CHAPTER 03 산업안전심리

010

「산업안전보건법」상 안전관리자의 업무는?

① 직업성 질환 발생의 원인조사 및 대책수립
② 해당 사업장 안전교육계획의 수립 및 안전교육 실시에 관한 보좌 조언·지도
③ 근로자의 건강장해의 원인조사와 재발방지를 위한 의학적 조치
④ 해당 작업에서 발생한 산업재해에 관한 보고 및 이에 대한 응급조치

해설 ①, ③은 보건관리자, ④는 관리감독자의 업무이다.

관련개념 CHAPTER 01 산업재해예방 계획 수립

011

재해예방의 4원칙에 해당하지 않는 것은?

① 예방가능의 원칙
② 손실가능의 원칙
③ 원인연계의 원칙
④ 대책선정의 원칙

해설 재해예방의 4원칙
- 손실우연의 원칙: 재해손실은 사고발생 시 사고대상의 조건에 따라 달라지므로 한 사고의 결과로서 생긴 재해손실은 우연성에 의해 결정된다.
- 원인계기(원인연계)의 원칙: 재해발생은 반드시 원인이 있다.
- 예방가능의 원칙: 재해는 원칙적으로 원인만 제거하면 예방이 가능하다.
- 대책선정의 원칙: 재해예방을 위한 가능한 안전대책은 반드시 존재한다.

관련개념 CHAPTER 01 산업재해예방 계획 수립

012

크레인, 리프트 및 곤돌라는 사업장에 설치가 끝난 날부터 몇 년 이내에 최초의 안전검사를 실시해야 하는가?(단, 이동식 크레인, 이삿짐운반용 리프트는 제외한다.)

① 1년
② 2년
③ 3년
④ 4년

해설 안전검사의 주기
크레인(이동식 크레인 제외), 리프트(이삿짐운반용 리프트 제외) 및 곤돌라는 사업장에 **설치가 끝난 날부터 3년 이내**에 최초 안전검사를 실시하되, 그 이후부터 2년마다(건설현장에서 사용하는 것은 최초로 설치한 날부터 6개월마다) 안전검사를 실시한다.

관련개념 SUBJECT 03 기계·기구 및 설비 안전관리
CHAPTER 02 기계분야 산업재해 조사 및 관리

013

재해코스트 산정에 있어 시몬즈(R.H. Simonds) 방식에 의한 재해코스트 산정법으로 옳은 것은?

① 직접비+간접비
② 간접비+비보험코스트
③ 보험코스트+비보험코스트
④ 보험코스트+사업부보상금 지급액

해설 재해손실비의 계산(시몬즈 방식)
- 총 재해코스트=보험코스트+비보험코스트
- 비보험코스트=휴업상해건수×A+통원상해건수×B+응급조치건수×C+무상해사고건수×D
- A, B, C, D는 장해정도별에 의한 비보험코스트의 평균치

관련개념 SUBJECT 03 기계·기구 및 설비 안전관리
CHAPTER 02 기계분야 산업재해 조사 및 관리

014

다음 중 맥그리거(McGregor)의 Y 이론과 가장 거리가 먼 것은?

① 성선설
② 상호신뢰
③ 선진국형
④ 권위주의적 리더십

해설 목표달성을 위해 종업원들을 통제하고 위험하는 권위주의적 리더십은 맥그리거의 X 이론에 해당한다.

관련개념 CHAPTER 04 인간의 행동과학

015

생체리듬(Bio Rhythm) 중 일반적으로 28일을 주기로 반복되며, 주의력·창조력·예감 및 통찰력 등을 좌우하는 리듬은?

① 육체적 리듬 ② 지성적 리듬
③ 감성적 리듬 ④ 정신적 리듬

해설 감성적 리듬(S, Sensitivity)
기분이나 신경계통의 상태를 나타내는 리듬으로 적색 점선으로 표시하며 28일의 주기이다. 주의력·창조력·예감 및 통찰력 등을 좌우한다.

관련개념 CHAPTER 04 인간의 행동과학

016

「산업안전보건법령」에 따라 환기가 극히 불량한 좁은 밀폐된 장소에서 용접작업을 하는 근로자를 대상으로 한 특별교육 내용에 포함되지 않는 것은?(단, 일반적인 안전·보건에 필요한 사항은 제외한다.)

① 환기설비에 관한 사항
② 질식 시 응급조치에 관한 사항
③ 작업순서, 안전작업방법 및 수칙에 관한 사항
④ 폭발 한계점, 발화점 및 인화점 등에 관한 사항

해설 밀폐된 장소에서 하는 용접작업 또는 습한 장소에서 하는 전기용접 작업 시 특별교육내용
- 작업순서, 안전작업방법 및 수칙에 관한 사항
- 환기설비에 관한 사항
- 전격 방지 및 보호구 착용에 관한 사항
- 질식 시 응급조치에 관한 사항
- 작업환경 점검에 관한 사항
- 그 밖에 안전·보건관리에 필요한 사항

관련개념 CHAPTER 05 안전보건교육의 내용 및 방법

017

무재해 운동의 기본이념 3원칙 중 다음에서 설명하는 것은?

> 직장 내의 모든 잠재위험요인을 적극적으로 사전에 발견, 파악, 해결함으로써 뿌리에서부터 산업재해를 제거하는 것

① 무의 원칙 ② 선취의 원칙
③ 참가의 원칙 ④ 확인의 원칙

해설 무재해 운동의 3원칙
- 무의 원칙: 모든 잠재위험요인을 사전에 발견·파악·해결함으로써 근원적으로 산업재해를 제거한다.
- 참여의 원칙(참가의 원칙): 작업에 따르는 잠재적인 위험요인을 발견·해결하기 위하여 전원이 협력하여 문제해결 운동을 실천한다.
- 안전제일의 원칙(선취의 원칙): 직장의 위험요인을 행동하기 전에 발견·파악·해결하여 재해를 예방한다.

관련개념 CHAPTER 01 산업재해예방 계획 수립

018

위험예지훈련 4R(라운드) 기법의 진행방법에서 3R에 해당하는 것은?

① 목표설정 ② 대책수립
③ 본질추구 ④ 현상파악

해설 위험예지훈련의 추진을 위한 문제해결 4단계
㉠ 1라운드: 현상파악(사실의 파악) - 어떤 위험이 잠재하고 있는가?
㉡ 2라운드: 본질추구(원인조사) - 이것이 위험의 포인트이다.
㉢ **3라운드: 대책수립**(대책을 세운다) - 당신이라면 어떻게 하겠는가?
㉣ 4라운드: 목표설정(행동계획 작성) - 우리들은 이렇게 하자!

관련개념 CHAPTER 01 산업재해예방 계획 수립

019

방진마스크의 사용 조건 중 산소농도의 최소기준으로 옳은 것은?

① 16[%] ② 18[%]
③ 21[%] ④ 23.5[%]

해설 방진마스크는 산소농도 18[%] 이상인 장소에서 사용하여야 한다.

관련개념 **CHAPTER 02 안전보호구 관리**

020

관리감독자를 대상으로 교육하는 TWI의 교육내용이 아닌 것은?

① 문제해결훈련 ② 작업지도훈련
③ 인간관계훈련 ④ 작업방법훈련

해설 TWI(Training Within Industry)
- 작업지도훈련(JIT; Job Instruction Training)
- 작업방법훈련(JMT; Job Method Training)
- 인간관계훈련(JRT; Job Relation Training)
- 작업안전훈련(JST; Job Safety Training)

관련개념 **CHAPTER 05 안전보건교육의 내용 및 방법**

인간공학 및 위험성평가·관리

021

인간공학 연구조사에 사용되는 기준의 구비조건과 가장 거리가 먼 것은?

① 다양성 ② 적절성
③ 무오염성 ④ 기준 척도의 신뢰성

해설 체계기준의 구비조건(연구조사의 기준척도)
- 실제적 요건
- **신뢰성**(반복성)
- 타당성(**적절성**)
- 순수성(**무오염성**)
- 민감도

관련개념 **CHAPTER 01 안전과 인간공학**

022

인체에서 뼈의 주요기능이 아닌 것은?

① 인체의 지주 ② 장기의 보호
③ 골수의 조혈 ④ 근육의 대사

해설 뼈의 주요기능
인체의 지주, 장기의 보호, 골수의 조혈기능 등

관련개념 **CHAPTER 06 작업환경 관리**

023

각 부품의 신뢰도가 다음과 같을 때 시스템의 전체 신뢰도는 약 얼마인가?

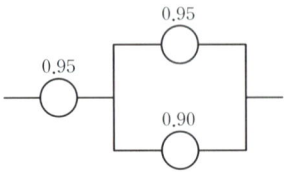

① 0.8123 ② 0.9453
③ 0.9553 ④ 0.9953

해설 신뢰도(R)=0.95×{1−(1−0.95)×(1−0.90)}=0.9453

관련개념 **CHAPTER 01 안전과 인간공학**

024

손이나 특정 신체부위에 발생하는 누적손상장애(CTD)의 발생인자와 가장 거리가 먼 것은?

① 무리한 힘 ② 다습한 환경
③ 장시간의 진동 ④ 반복도가 높은 작업

해설 누적손상장애(CTDs) 발생원인
과도한 힘의 요구, 부적절한 작업자세, 장시간의 진동, 반복적인 동작 등

관련개념 CHAPTER 04 근골격계질환 예방관리

025

인체계측자료의 응용원칙이 아닌 것은?

① 기존 동일 제품을 기준으로 한 설계
② 최대치수와 최소치수를 기준으로 한 설계
③ 조절범위를 기준으로 한 설계
④ 평균치를 기준으로 한 설계

해설 인체계측자료의 응용원칙
- 극단치 설계(최소치 설계, 최대치 설계)
- 조절식 설계(5~95[%tile])
- 평균치 설계

관련개념 CHAPTER 06 작업환경 관리

026

다음 FT도에서 시스템에 고장이 발생할 확률은 약 얼마인가?(단, X_1과 X_2의 발생확률은 각각 0.05, 0.03이다.)

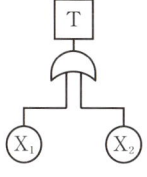

① 0.0015 ② 0.0785
③ 0.9215 ④ 0.9985

해설 X_1과 X_2가 OR 게이트로 연결되어 있으므로
$T = 1 - (1-0.05) \times (1-0.03) = 0.0785$

관련개념 CHAPTER 02 위험성 파악·결정

027

의자설계 시 고려해야 할 일반적인 원리와 가장 거리가 먼 것은?

① 자세고정을 줄인다.
② 조정이 용이해야 한다.
③ 디스크가 받는 압력을 줄인다.
④ 요추 부위의 후만곡선을 유지한다.

해설 의자설계 시 등받이는 요추 전만(앞으로 굽힘)자세를 유지하며, 추간판의 압력 및 등근육의 정적부하를 감소시킬 수 있도록 설계한다.

관련개념 CHAPTER 06 작업환경 관리

028

반사율이 85[%], 글자의 밝기가 400[cd/m^2]인 VDT화면에 350[lux]의 조명이 있다면 대비는 약 얼마인가?

① -6.0 ② -5.0
③ -4.2 ④ -2.8

해설 대비
표적의 광속 발산도(L_t)와 배경의 광속 발산도(L_b)의 차이이다.
(문제에서는 VDT 화면에 출력되는 글자와 VDT 화면으로부터 반사되는 휘도의 차를 계산한다.)

대비 $= \dfrac{L_b - L_t}{L_b}$

반사율 $= \dfrac{광도(fL)}{조도(fC)} \times 100 = \dfrac{휘도([cd/m^2]) \times \pi}{조도[lux]} \times 100$에서

휘도 $= \dfrac{반사율 \times 조도}{\pi \times 100}$

$L_b = \dfrac{85 \times 350}{\pi \times 100} = 94.7[cd/m^2]$

$L_t = 400 + 94.7 = 494.7[cd/m^2]$

대비 $= \dfrac{94.7 - 494.7}{94.7} = -4.2$

관련개념 CHAPTER 06 작업환경 관리

029

화학설비에 대한 안전성 평가 중 정량적 평가항목에 해당되지 않는 것은?

① 공정 ② 취급물질
③ 압력 ④ 화학설비용량

해설 안전성 평가 제3단계(정량적 평가)의 평가항목
취급물질, 온도, 압력, 해당설비용량, 조작

관련개념 CHAPTER 02 위험성 파악·결정

030

시각장치와 비교하여 청각장치 사용이 유리한 경우는?

① 메시지가 길 때
② 메시지가 복잡할 때
③ 정보 전달 장소가 너무 소란할 때
④ 메시지에 대한 즉각적인 반응이 필요할 때

해설 ①, ②, ③은 청각장치보다 시각장치의 사용이 더 유리한 경우이다.

관련개념 CHAPTER 06 작업환경 관리

031

FT도에서 사용하는 기호 중 다음 그림과 같이 OR 게이트이지만 2개 또는 그 이상의 입력이 동시에 존재할 때 출력이 생기지 않는 경우 사용하는 것은?

① 부정 OR 게이트 ② 배타적 OR 게이트
③ 억제 게이트   ④ 조합 OR 게이트

해설

기호	명칭	설명
동시발생 안 한다.	배타적 OR 게이트	OR 게이트이지만 2개 또는 2개 이상의 입력이 동시에 존재하는 경우에는 출력사상이 발생하지 않음

관련개념 CHAPTER 02 위험성 파악·결정

032

인간-기계 시스템을 설계할 때에는 특정기능을 기계에 할당하거나 인간에게 할당하게 된다. 이러한 기능할당과 관련된 사항으로 옳지 않은 것은?(단, 인공지능과 관련된 사항은 제외한다.)

① 인간은 원칙을 적용하여 다양한 문제를 해결하는 능력이 기계에 비해 우월하다.
② 일반적으로 기계는 장시간 일관성이 있는 작업을 수행하는 능력이 인간에 비해 우월하다.
③ 인간은 소음, 이상온도 등의 환경에서 작업을 수행하는 능력이 기계에 비해 우월하다.
④ 일반적으로 인간은 주위가 이상하거나 예기치 못한 사건을 감지하여 대처하는 능력이 기계에 비해 우월하다.

해설 소음, 이상온도 등의 환경에서 인간의 작업수행 능력이 기계에 비해 우월하다고 볼 수 없다.

관련개념 CHAPTER 01 안전과 인간공학

033

모든 시스템안전 분석에서 제일 첫 번째 단계의 분석으로, 실행되고 있는 시스템을 포함한 모든 것의 상태를 인식하고 시스템의 개발단계에서 시스템 고유의 위험상태를 식별하여 예상되고 있는 재해의 위험수준을 결정하는 것을 목적으로 하는 위험분석 기법은?

① 결함위험분석(FHA; Fault Hazard Analysis)
② 시스템위험분석(SHA; System Hazard Analysis)
③ 예비위험분석(PHA; Preliminary Hazard Analysis)
④ 운용위험분석(OHA; Operating Hazard Analysis)

해설 예비위험분석(PHA; Preliminary Hazards Analysis)
시스템 내의 위험요소가 얼마나 위험상태에 있는가를 평가하는 시스템안전 프로그램의 최초단계(시스템 구상단계)의 정성적인 분석 방식이다.

관련개념 CHAPTER 02 위험성 파악·결정

034

컷셋과 패스셋에 관한 설명으로 옳은 것은?

① 동일한 시스템에서 패스셋의 개수와 컷셋의 개수는 같다.
② 패스셋은 동시에 발생했을 때 정상사상을 유발하는 사상들의 집합이다.
③ 일반적으로 시스템에서 최소 컷셋의 개수가 늘어나면 위험 수준이 높아진다.
④ 최소 컷셋은 어떤 고장이나 실수를 일으키지 않으면 재해는 일어나지 않는다고 하는 것이다.

해설 최소 컷셋과 최소 패스셋
- 최소 컷셋(Minimal Cut Set): 정상사상을 일으키기 위한 최소한의 컷셋으로, 시스템의 위험성을 표시한다.
- 최소 패스셋(Minimal Path Set): 정상사상이 일어나지 않는 최소한의 집합으로, 시스템의 신뢰성을 표시한다.

관련개념 CHAPTER 02 위험성 파악 · 결정

035

조종장치를 촉각적으로 식별하기 위하여 사용되는 촉각적 코드화의 방법으로 옳지 않은 것은?

① 색감을 활용한 코드화
② 크기를 이용한 코드화
③ 조종장치의 형상 코드화
④ 표면촉감을 이용한 코드화

해설 조종장치의 촉각적 암호화
- 표면촉감을 사용하는 경우
- 형상을 구별하는 경우
- 크기를 구별하는 경우

관련개념 CHAPTER 06 작업환경 관리

036

「산업안전보건법령」상 사업주가 유해위험방지계획서를 제출할 때에는 사업장별로 관련 서류를 첨부하여 해당 작업 시작 며칠 전까지 해당 기관에 제출하여야 하는가?

① 7일
② 15일
③ 30일
④ 60일

해설 사업주가 유해위험방지계획서를 제출할 때에는 사업장별로 제조업 등 유해위험방지계획서에 필요한 서류를 첨부하여 **해당 작업 시작 15일 전까지** 한국산업안전보건공단에 2부를 제출하여야 한다.

관련개념 CHAPTER 02 위험성 파악 · 결정

037

휴먼에러(Human Error)의 요인을 심리적 요인과 물리적 요인으로 구분할 때, 심리적 요인에 해당하는 것은?

① 일이 너무 복잡한 경우
② 일의 생산성이 너무 강조될 경우
③ 동일 형상의 것이 나란히 있을 경우
④ 서두르거나 절박한 상황에 놓여 있을 경우

해설 부족한 시간, 감정적 요인 등은 휴먼에러의 심리적 요인에 해당한다. ①, ②, ③은 모두 휴먼에러의 물리적 요인이다.

관련개념 CHAPTER 01 안전과 인간공학

038

적절한 온도의 작업환경에서 추운 환경으로 온도가 변할 때 우리의 신체가 수행하는 조절작용이 아닌 것은?

① 발한(發汗)이 시작된다.
② 피부의 온도가 내려간다.
③ 직장(直腸)온도가 약간 올라간다.
④ 혈액의 많은 양이 몸의 중심부를 위주로 순환한다.

해설 추운 환경으로 변할 때 신체 조절작용(저온스트레스)
- 피부온도가 내려간다.
- 피부를 경유하는 혈액순환량이 감소한다.
- 많은 양의 혈액이 몸의 중심부를 순환한다.
- 직장(直腸)온도가 약간 올라간다.
- 소름이 돋고 몸이 떨린다.

관련개념 CHAPTER 06 작업환경 관리

| 정답 | 034 ③ | 035 ① | 036 ② | 037 ④ | 038 ① |

039

FTA에 의한 재해사례 연구순서 중 2단계에 해당하는 것은?

① FT도의 작성
② Top 사상의 선정
③ 개선계획의 작성
④ 사상의 재해원인 규명

해설 FTA에 의한 재해사례 연구순서(D. R. Cheriton)
정상(Top)사상의 선정 → **각 사상의 재해원인 규명** → FT도의 작성 및 분석 → 개선계획의 작성

관련개념 CHAPTER 02 위험성 파악·결정

040

시스템안전 MIL-STD-882B 분류기준의 위험성평가 매트릭스에서 발생빈도에 속하지 않는 것은?

① 거의 발생하지 않는(remote)
② 전혀 발생하지 않는(impossible)
③ 보통 발생하는(reasonably probable)
④ 극히 발생하지 않을 것 같은(extremely improbable)

해설 전혀 발생하지 않는 단계는 impossible이 아니라 improbable이다. ③, ④는 발생빈도 단계를 더욱 세분화한 것이다.
시스템안전 MIL-STD-882B 위험성평가 발생빈도 분류기준
- 자주 발생(frequent)
- 빈번히 발생(probable)
- 가끔 발생(occasional)
- 거의 발생하지 않음(remote)
- 발생가능성 없음(improbable)
- 위험요인이 제거됨(eliminated)

관련개념 CHAPTER 02 위험성 파악·결정

기계·기구 및 설비 안전관리

041

가공기계에 쓰이는 주된 풀 프루프(Fool Proof)에서 가드(Guard)의 형식으로 틀린 것은?

① 인터록가드(Interlock Guard)
② 안내가드(Guide Guard)
③ 조절가드(Adjustable Guard)
④ 고정가드(Fixed Guard)

해설 풀 프루프(Fool Proof)
- 정의: 근로자가 기계를 잘못 취급하여 불안전한 행동이나 실수를 하여도 기계설비의 안전기능이 작용하여 재해를 방지할 수 있는 기능이다.
- 가드의 종류: 인터록가드(Interlock Guard), 조절가드(Adjustable Guard), 고정가드(Fixed Guard)

관련개념 CHAPTER 01 기계공정의 안전, 기계안전시설 관리

042

컨베이어의 제작 및 안전기준상 작업구역 및 통행구역에 덮개, 울 등을 설치해야 하는 부위에 해당하지 않는 것은?

① 컨베이어의 동력전달 부분
② 컨베이어의 제동장치 부분
③ 호퍼, 슈트의 개구부 및 장력 유지장치
④ 컨베이어 벨트, 풀리, 롤러, 체인, 스프라켓, 스크류 등

해설 컨베이어 작업구역 및 통행구역에서 다음의 부위에는 덮개, 울, 물림보호물(Nip Guard), 감응형 방호장치(광전자식, 안전매트 등) 등을 설치하여야 한다.
- 컨베이어의 동력전달 부분
- 컨베이어 벨트, 풀리, 롤러, 체인, 스프라켓, 스크류 등
- 호퍼, 슈트의 개구부 및 장력 유지장치
- 가동부분과 정지부분 또는 다른 물건 사이 틈 등 작업자에게 위험을 미칠 우려가 있는 부분. 다만, 그 틈이 5[mm] 이내인 경우에는 예외로 할 수 있다.
- 운반되는 재료 또는 컨베이어가 화상 등을 일으킬 수 있는 구간. 다만, 이 경우 덮개나 울을 설치하여야 한다.

관련개념 CHAPTER 06 운반기계 및 양중기

043

「산업안전보건법령」상 탁상용 연삭기의 덮개는 작업 받침대와 연삭숫돌과의 간격을 몇 [mm] 이하로 조정할 수 있어야 하는가?

① 3
② 4
③ 5
④ 10

해설 탁상용 연삭기의 덮개는 작업 받침대와 연삭숫돌과의 간격을 3[mm] 이하로 조정할 수 있어야 한다.

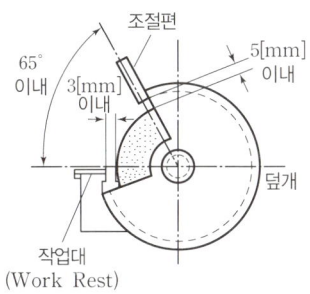

관련개념 CHAPTER 03 공작기계의 안전

044

다음 중 회전축, 커플링 등 회전하는 물체에 작업복 등이 말려드는 위험을 초래하는 위험점은?

① 협착점
② 접선물림점
③ 절단점
④ 회전말림점

해설 회전말림점(Trapping Point)
회전하는 물체의 길이, 굵기, 속도 등이 불규칙한 부위와 돌기 회전부위에 작업복 등이 말려드는 위험이 존재하는 점이다. 예 회전축, 드릴

관련개념 CHAPTER 01 기계공정의 안전, 기계안전시설 관리

045

「산업안전보건법령」상 로봇에 설치되는 제어장치의 조건에 적합하지 않은 것은?

① 누름버튼은 오작동 방지를 위한 가드를 설치하는 등 불시 기동을 방지할 수 있는 구조로 제작·설치되어야 한다.
② 로봇에는 외부 보호 장치와 연결하기 위해 하나 이상의 보호정지회로를 구비해야 한다.
③ 전원공급램프, 자동운전, 결함검출 등 작동제어의 상태를 확인할 수 있는 표시장치를 설치해야 한다.
④ 조작버튼 및 선택스위치 등 제어장치에는 해당 기능을 명확하게 구분할 수 있도록 표시해야 한다.

해설 로봇에 설치되는 제어장치의 요건
- 누름버튼은 오작동 방지를 위한 가드가 설치되어 있는 등 불시기동을 방지할 수 있는 구조이어야 한다.
- 전원공급램프, 자동운전, 결함검출 등 작동제어의 상태를 확인할 수 있는 표시장치가 설치되어 있어야 한다.
- 조작버튼 및 선택스위치 등 제어장치에는 해당 기능을 명확하게 구분할 수 있도록 표시되어 있어야 한다.

관련개념 CHAPTER 05 기타 산업용 기계·기구

046

아세틸렌 용접장치에 관한 설명 중 틀린 것은?

① 아세틸렌 발생기로부터 5[m] 이내, 발생기실로부터 3[m] 이내에는 흡연 및 화기사용을 금지한다.
② 발생기실에는 관계 근로자가 아닌 사람이 출입하는 것을 금지한다.
③ 아세틸렌 용기는 뉘어서 사용한다.
④ 건식안전기의 형식으로 소결금속식과 우회로식이 있다.

해설 용해아세틸렌의 용기는 세워 두어야 한다.

관련개념 CHAPTER 05 기타 산업용 기계·기구

047
크레인의 방호장치에 해당되지 않은 것은?

① 권과방지장치
② 과부하방지장치
③ 비상정지장치
④ 자동보수장치

해설 크레인의 방호장치
- 권과방지장치
- 과부하방지장치
- 비상정지장치
- 제동장치

관련개념 CHAPTER 06 운반기계 및 양중기

048
무부하상태에서 지게차로 20[km/h]의 속도로 주행할 때, 좌우 안정도는 몇 [%] 이내이어야 하는가?

① 37[%]
② 39[%]
③ 41[%]
④ 43[%]

해설 지게차 주행 시의 좌우 안정도(기준 무부하상태)
$= 15 + 1.1V = 15 + 1.1 \times 20 = 37[\%]$ 이내
여기서, V: 구내 최고속도[km/h]

관련개념 CHAPTER 06 운반기계 및 양중기

049
선반가공 시 연속적으로 발생되는 칩으로 인해 작업자가 다치는 것을 방지하기 위하여 칩을 짧게 절단시켜 주는 안전장치는?

① 커버
② 브레이크
③ 보안경
④ 칩 브레이커

해설 칩 브레이커(Chip Breaker)
칩을 짧게 끊어지도록 하는 장치로 선반의 안전장치이다.

관련개념 CHAPTER 03 공작기계의 안전

050
밀링작업 시 안전수칙으로 틀린 것은?

① 보안경을 착용한다.
② 칩은 기계를 정지시킨 다음에 브러시로 제거한다.
③ 가공 중에는 손으로 가공면을 점검하지 않는다.
④ 면장갑을 착용하여 작업한다.

해설 밀링작업 시 손이 말려 들어갈 위험이 있는 장갑을 착용하지 않는다.

관련개념 CHAPTER 03 공작기계의 안전

051
「산업안전보건법령」상 프레스 등의 작업시작 전 점검사항이 아닌 것은?

① 금형 및 고정볼트 상태
② 방호장치의 기능
③ 전단기의 칼날 및 테이블의 상태
④ 트롤리(trolley)가 횡행하는 레일의 상태

해설 '트롤리가 횡행하는 레일의 상태'는 크레인을 사용하여 작업할 때 작업시작 전 점검사항이다.

관련개념 CHAPTER 02 기계분야 산업재해 조사 및 관리

052
「산업안전보건법령」상 승강기의 종류에 해당하지 않는 것은?

① 리프트
② 에스컬레이터
③ 화물용 엘리베이터
④ 승객용 엘리베이터

해설 승강기의 종류
승객용 엘리베이터, 승객화물용 엘리베이터, 화물용 엘리베이터, 소형화물용 엘리베이터, 에스컬레이터

관련개념 CHAPTER 06 운반기계 및 양중기

053

프레스 양수조작식 방호장치 누름버튼의 상호 간 내측거리는 몇 [mm] 이상인가?

① 50
② 100
③ 200
④ 300

해설 양수조작식 방호장치 누름버튼의 상호 간 내측거리는 300[mm] 이상이어야 한다.

관련개념 CHAPTER 04 프레스 및 전단기의 안전

054

롤러기의 앞면 롤의 지름이 300[mm], 분당회전수가 30회일 경우 허용되는 급정지장치의 급정지거리는 약 몇 [mm] 이내이어야 하는가?

① 37.7
② 31.4
③ 377
④ 314

해설 롤러의 표면속도 $V = \dfrac{\pi DN}{1,000} = \dfrac{\pi \times 300 \times 30}{1,000} = 28.27$[m/min]

여기서, D: 롤러의 지름[mm], N: 분당회전수[rpm]

급정지거리 $= (\pi \times 300) \times \dfrac{1}{3} = 314$[mm] 이내

급정지장치의 성능

앞면 롤러의 표면속도[m/min]	급정지거리
30 미만	앞면 롤러 원주의 $\dfrac{1}{3}$ 이내
30 이상	앞면 롤러 원주의 $\dfrac{1}{2.5}$ 이내

관련개념 CHAPTER 05 기타 산업용 기계·기구

055

어떤 로프의 최대하중이 700[N]이고, 정격하중은 100[N]이다. 이때 안전계수는 얼마인가?

① 5
② 6
③ 7
④ 8

해설 안전계수 $= \dfrac{\text{최대하중}}{\text{정격하중}} = 7$

관련개념 CHAPTER 01 기계공정의 안전, 기계안전시설 관리

056

다음 중 연삭숫돌의 파괴원인으로 거리가 먼 것은?

① 플랜지가 현저히 클 때
② 숫돌에 균열이 있을 때
③ 숫돌의 측면을 사용할 때
④ 숫돌의 치수 특히 내경의 크기가 적당하지 않을 때

해설 플랜지 지름이 현저하게 작을 때 연삭숫돌이 파괴된다.

관련개념 CHAPTER 03 공작기계의 안전

057

지름 5[cm] 이상을 갖는 회전 중인 연삭숫돌이 근로자들에게 위험을 미칠 우려가 있는 경우에 필요한 방호장치는?

① 받침대
② 과부하방지장치
③ 덮개
④ 프레임

해설 회전 중인 연삭숫돌(지름이 5[cm] 이상인 것으로 한정)이 근로자에게 위험을 미칠 우려가 있는 경우에 그 부위에 **덮개**를 설치하여야 한다.

관련개념 CHAPTER 03 공작기계의 안전

058

프레스 금형의 파손에 의한 위험방지 방법이 아닌 것은?

① 금형에 사용하는 스프링은 반드시 인장형으로 할 것
② 작업 중 진동 및 충격에 의해 볼트 및 너트의 헐거워짐이 없도록 할 것
③ 금형의 하중 중심은 원칙적으로 프레스 기계의 하중 중심과 일치하도록 할 것
④ 캠, 기타 충격이 반복해서 가해지는 부분에는 완충장치를 설치할 것

해설 프레스 금형에서 사용하는 스프링은 압축형으로 한다.

관련개념 CHAPTER 04 프레스 및 전단기의 안전

059

기계설비의 작업능률과 안전을 위해 공장의 설비배치 3단계를 올바른 순서대로 나열한 것은?

① 지역배치 → 건물배치 → 기계배치
② 건물배치 → 지역배치 → 기계배치
③ 기계배치 → 건물배치 → 지역배치
④ 지역배치 → 기계배치 → 건물배치

해설 기계설비의 작업능률과 안전을 위한 배치 3단계
지역배치 → 건물배치 → 기계배치

관련개념 CHAPTER 01 기계공정의 안전, 기계안전시설 관리

060

다음 중 설비의 진단방법에 있어 비파괴시험이나 검사에 해당하지 않는 것은?

① 피로시험
② 음향탐상검사
③ 방사선투과시험
④ 초음파탐상검사

해설 피로시험은 파괴시험의 일종이다.
비파괴검사의 종류
방사선투과검사(RT), 초음파탐상검사(UT), 자분탐상검사(MT), 침투탐상검사(PT), 음향탐상검사(AET), 와류탐상검사(ECT) 등

관련개념 CHAPTER 07 설비진단 및 검사

전기설비 안전관리

061

폭발위험장소의 분류 중 인화성 액체의 증기 또는 가연성 가스에 의한 폭발위험이 지속적으로 또는 장기간 존재하는 장소는 몇 종 장소로 분류되는가?

① 0종 장소
② 1종 장소
③ 2종 장소
④ 3종 장소

해설 가스폭발 위험장소

분류	적요
0종 장소	인화성 액체의 증기 또는 가연성 가스에 의한 폭발위험이 지속적으로 또는 장기간 존재하는 장소
1종 장소	정상 작동상태에서 인화성 액체의 증기 또는 가연성 가스에 의한 폭발위험 분위기가 존재하기 쉬운 장소
2종 장소	정상 작동상태에서 인화성 액체의 증기 또는 가연성 가스에 의한 폭발위험 분위기가 존재할 우려가 없으나, 존재할 경우 그 빈도가 아주 적고 단기간만 존재할 수 있는 장소

관련개념 CHAPTER 04 전기방폭관리

062

충격전압시험 시의 표준충격파형을 $1.2 \times 50[\mu s]$로 나타내는 경우 1.2와 50이 뜻하는 것은?

① 파두장 – 파미장
② 최초섬락시간 – 최종섬락시간
③ 라이징타임 – 스테이블타임
④ 라이징타임 – 충격전압인가시간

해설 표준충격파형
$1.2 \times 50[\mu s]$에서 T_f(파두장)$=1.2[\mu s]$, T_t(파미장)$=50[\mu s]$을 나타낸다.

관련개념 CHAPTER 05 전기설비 위험요인관리

063

활선작업 시 사용할 수 없는 전기작업용 안전장구는?

① 전기안전모   ② 절연장갑
③ 검전기   ④ 승주용 가제

해설 승주용 가제는 승주작업을 위한 임시 지지물로 전기작업용 안전장구와 관련이 없다.

관련개념 CHAPTER 02 감전재해 및 방지대책

064

인체의 전기저항을 500[Ω]이라 한다면 심실세동을 일으키는 위험에너지(J)는?(단, 심실세동전류 $I=\frac{165}{\sqrt{T}}$[mA], 통전시간은 1초이다.)

① 13.61   ② 23.21
③ 33.42   ④ 44.63

해설
$$W=I^2RT=\left(\frac{165}{\sqrt{T}}\times10^{-3}\right)^2\times500\times T$$
$$=(165^2\times10^{-6})\times500=13.61[J]$$

여기서, W: 위험한계에너지[J], I: 심실세동전류[A]
R: 인체저항[Ω], T: 통전시간[s]

관련개념 CHAPTER 02 감전재해 및 방지대책

065

피뢰침의 제한전압이 800[kV], 충격절연강도가 1,000[kV]라 할 때, 보호여유도는 몇 [%]인가?

① 25   ② 33
③ 47   ④ 63

해설 보호여유도 $=\frac{충격절연강도-제한전압}{제한전압}\times100$

$=\frac{1,000-800}{800}\times100=25[\%]$

관련개념 CHAPTER 05 전기설비 위험요인관리

066

교류아크 용접기에 전격방지기를 설치하는 요령 중 틀린 것은?

① 이완 방지 조치를 한다.
② 직각으로만 부착해야 한다.
③ 동작 상태를 알기 쉬운 곳에 설치한다.
④ 테스트 스위치는 조작이 용이한 곳에 위치시킨다.

해설 연직 또는 수평에 대해서 전격방지기의 부착편의 경사가 20°를 넘지 않도록 설치한다.

관련개념 CHAPTER 02 감전재해 및 방지대책

067

화재가 발생하였을 때 조사해야 하는 내용으로 가장 관계가 먼 것은?

① 발화원   ② 착화물
③ 출화의 경과   ④ 응고물

해설 화재발생 시 조사해야 할 사항(전기화재의 원인)
발화원, 착화물, 출화의 경과(발화형태)

관련개념 CHAPTER 05 전기설비 위험요인관리

068

정전기에 관한 설명으로 옳은 것은?

① 정전기는 발생에서부터 억제-축적방지-안전한 방전이 재해를 방지할 수 있다.
② 정전기 발생은 고체의 분쇄공정에서 가장 많이 발생한다.
③ 액체의 이송 시는 그 속도(유속)를 7[m/s] 이상 빠르게 하여 정전기의 발생을 억제한다.
④ 접지 값은 10[Ω] 이하로 하되 플라스틱 같은 절연도가 높은 부도체를 사용한다.

해설
② 정전기의 발생은 물체의 특성, 표면상태, 물질의 이력, 접촉면적 및 압력, 분리속도 등에 따라 달라진다.
③ 정전기의 발생을 방지하기 위해 배관 내 액체의 유속을 일정 수준 이하로 제한한다.
④ 정전기 대책을 위한 접지는 1×10^6[Ω] 이하로 한다.

관련개념 CHAPTER 03 정전기 장·재해관리

069

전기설비의 필요한 부분에 반드시 보호접지를 실시하여야 한다. 접지공사의 종류에 따른 접지저항과 접지선의 굵기가 틀린 것은?

① 제1종: 10[Ω] 이하, 공칭단면적 6[mm²] 이상의 연동선
② 제2종: $\frac{150}{1선지락전류}$[Ω] 이하, 공칭단면적 2.5[mm²] 이상의 연동선
③ 제3종: 100[Ω] 이하, 공칭단면적 2.5[mm²] 이상의 연동선
④ 특별 제3종: 10[Ω] 이하, 공칭단면적 2.5[mm²] 이상의 연동선

해설
※ 「한국전기설비규정」이 개정됨에 따라 '접지대상에 따라 일괄 적용한 종별접지'는 폐지되었습니다.

관련개념 CHAPTER 05 전기설비 위험요인관리

070

감전사고를 일으키는 주된 형태가 아닌 것은?

① 충전전로에 인체가 접촉되는 경우
② 이중절연 구조로 된 전기 기계·기구를 사용하는 경우
③ 고전압의 전선로에 인체가 근접하여 섬락이 발생된 경우
④ 충전 전기회로에 인체가 단락회로의 일부를 형성하는 경우

해설 이중절연기기를 사용하면 간접접촉(누전)에 의한 감전사고를 방지할 수 있다.

감전사고의 형태
• 직접접촉(충전부 감전)
  - 전기회로에 인체가 단락회로 일부를 형성하는 경우
  - 충전된 전선로에 인체가 접촉하는 경우
• 간접접촉(비충전부 감전)
• 고전압 전선로에서의 감전(인체가 근접하여 아크발생 또는 정전유도에 따른 감전)

관련개념 CHAPTER 02 감전재해 및 방지대책

071

전기기기의 Y종 절연물의 최고허용온도는?

① 80[℃]　② 85[℃]
③ 90[℃]　④ 105[℃]

해설 절연물의 절연계급

종별	Y	A	E	B	F	H	C
최고허용 온도[℃]	90	105	120	130	155	180	180 초과

관련개념 CHAPTER 05 전기설비 위험요인관리

072

내압방폭구조의 기본적 성능에 관한 사항으로 틀린 것은?

① 내부에서 폭발할 경우 그 압력에 견딜 것
② 폭발화염이 외부로 유출되지 않을 것
③ 습기침투에 대한 보호가 될 것
④ 외함 표면온도가 주위의 가연성 가스에 점화하지 않을 것

해설 내압방폭구조의 성능
• 내부에서 폭발할 경우 그 압력에 견딜 것
• 폭발화염이 외부로 유출되지 않을 것
• 외함 표면온도가 주위의 가연성 가스를 점화하지 않을 것

관련개념 CHAPTER 04 전기방폭관리

073

화염일주한계에 대한 설명으로 옳은 것은?

① 폭발성 가스와 공기의 혼합기에 온도를 높인 경우 화염이 발생할 때까지의 시간 한계치
② 폭발성 분위기에 있는 용기의 접합면 틈새를 통해 화염이 내부에서 외부로 전파되는 것을 저지할 수 있는 틈새의 최대간격치
③ 폭발성 분위기 속에서 전기불꽃에 의하여 폭발을 일으킬 수 있는 화염을 발생시키기에 충분한 교류파형의 1주기치
④ 방폭설비에서 이상이 발생하여 불꽃이 생성된 경우에 그것이 점화원으로 작용하지 않도록 화염의 에너지를 억제하여 폭발하한계로 되도록 화염 크기를 조정하는 한계치

해설 화염일주한계(최대안전틈새, MESG)
폭발성 분위기 내에 방치된 표준용기의 접합면 틈새를 통하여 폭발화염이 내부에서 외부로 전파되는 것을 저지(최소점화에너지 이하)할 수 있는 틈새의 최대간격치이며 폭발성 가스의 종류에 따라 다르다.

관련개념 CHAPTER 04 전기방폭관리

074

폭발위험이 있는 장소의 설정 및 관리와 가장 관계가 먼 것은?

① 인화성 액체의 증기 사용   ② 가연성 가스의 제조
③ 가연성 분진 제조   ④ 종이 등 가연성 물질 취급

해설 폭발위험이 있는 장소의 설정 및 관리
다음의 장소에 대하여 폭발위험장소의 구분도를 작성하는 경우에는 한국산업표준으로 정하는 기준에 따라 가스폭발 위험장소 또는 분진폭발 위험장소로 설정하여 관리하여야 한다.
• 인화성 액체의 증기나 인화성 가스 등을 제조·취급 또는 사용하는 장소
• 인화성 고체를 제조·사용하는 장소

관련개념 CHAPTER 04 전기방폭관리

075

전자파 중에서 광량자 에너지가 가장 큰 것은?

① 극저주파   ② 마이크로파
③ 가시광선   ④ 적외선

해설 전자파 중 광량자 에너지가 가장 큰 것은 가시광선이다.

관련개념 CHAPTER 03 정전기 장·재해관리

076

인체의 표면적이 0.5[m²]이고 정전용량은 0.02[pF/cm²]이다. 3,300[V]의 전압이 인가되어 있는 전선에 접근하여 작업을 할 때 인체에 축적되는 정전기 에너지[J]는?

① 5.445×10^{-2} ② 5.445×10^{-4}
③ 2.723×10^{-2} ④ 2.723×10^{-4}

해설 $C = 0.02[\text{pF/cm}^2] \times 5,000[\text{cm}^2] = 100[\text{pF}]$이므로
$W = \frac{1}{2}CV^2 = \frac{1}{2} \times (100 \times 10^{-12}) \times 3,300^2 = 5.445 \times 10^{-4}[\text{J}]$

여기서, C: 도체의 정전용량[F], V: 대전전위[V]
※ $1[\text{pF}] = 10^{-12}[\text{F}]$이므로 $100[\text{pF}] = 100 \times 10^{-12}[\text{F}]$이다.

관련개념 CHAPTER 03 정전기 장·재해관리

077

제3종 접지공사를 시설하여야 하는 장소가 아닌 것은?

① 금속몰드 배선에 사용하는 몰드
② 고압계기용 변압기의 2차 측 전로
③ 고압용 금속제 케이블트레이 계통의 금속트레이
④ 400[V] 미만의 저압용 기계기구의 철대 및 금속제 외함

해설
※ 「한국전기설비규정」이 개정됨에 따라 '접지대상에 따라 일괄 적용한 종별접지'는 폐지되었습니다. 단, 향후 용어 이해에 대한 문제로 출제될 수 있으므로 '제3종 접지공사'는 '저압기구의 보호접지'로 이해하여야 합니다.

관련개념 CHAPTER 05 전기설비 위험요인관리

078

온도조절용 바이메탈과 온도퓨즈가 회로에 조합되어 있는 다리미를 사용한 가정에서 화재가 발생했다. 다리미에 부착되어 있던 바이메탈과 온도퓨즈를 대상으로 화재사고를 분석하려 하는데 논리기호를 사용하여 표현하고자 한다. 어느 기호가 적당한가?(단, 바이메탈의 작동과 온도퓨즈가 끊어졌을 경우를 0, 그렇지 않을 경우를 1이라 한다.)

①    ②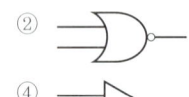
③    ④

해설
- 바이메탈: 일정한 온도에 이르면 자동으로 회로가 열려 과열을 방지한다.
- 온도퓨즈: 바이메탈을 이용한 자동온도조절장치가 고장나면 퓨즈가 끊어지면서 전류를 차단시킨다.

입력		출력	비고
바이메탈	온도퓨즈		
0	0	0	AND 게이트
0	1	0	(바이메탈과 온도퓨즈가
1	0	0	둘 다 고장일 경우 화재 발생)
1	1	1	

관련개념 CHAPTER 01 전기안전관리

079

다음 중 폭발위험장소에 전기설비를 설치할 때 전기적인 방호조치로 적절하지 않은 것은?

① 다상 전기기기는 결상운전으로 인한 과열방지 조치를 한다.
② 배선은 단락·지락 사고 시의 영향과 과부하로부터 보호한다.
③ 자동차단이 점화의 위험보다 클 때는 경보장치를 사용한다.
④ 단락보호장치는 고장상태에서 자동 복구되도록 한다.

해설 단락보호장치는 사고가 제거되지 않은 상태에서 자동 복구되지 않는 구조이어야 한다. 단, 2종 장소에 설치된 설비의 과부하방지장치에는 적용하지 아니한다.

관련개념 CHAPTER 04 전기방폭관리

080

감전사고 방지대책으로 틀린 것은?

① 설비의 필요한 부분에 보호접지 실시
② 노출된 충전부에 통전망 설치
③ 안전전압 이하의 전기기기 사용
④ 전기기기 및 설비의 정비

해설 감전사고 방지를 위해 충전부가 노출된 부분에는 절연방호구를 사용하여야 한다.

관련개념 CHAPTER 02 감전재해 및 방지대책

화학설비 안전관리

081
압축기와 송풍의 관로에 심한 공기의 맥동과 진동을 발생하면서 불안정한 운전이 되는 서징(Surging) 현상의 방지법으로 옳지 않은 것은?

① 풍량을 감소시킨다.
② 배관의 경사를 완만하게 한다.
③ 교축밸브를 기계에서 멀리 설치한다.
④ 토출가스를 흡입 측에 바이패스시키거나 방출밸브에 의해 대기로 방출시킨다.

해설 서징(Surging)을 예방하기 위해서는 교축밸브를 기계에서 가까이 설치하여야 한다.

관련개념 CHAPTER 01 화공 안전운전·점검

082
「산업안전보건기준에 관한 규칙」상 국소배기장치의 후드 설치기준이 아닌 것은?

① 유해물질이 발생하는 곳마다 설치할 것
② 후드의 개구부 면적은 가능한 한 크게 할 것
③ 외부식 또는 리시버식 후드는 해당 분진 등의 발산원에 가장 가까운 위치에 설치할 것
④ 후드 형식은 가능하면 포위식 또는 부스식 후드를 설치할 것

해설 후드(Hood)
인체에 해로운 분진 등을 배출하기 위하여 설치하는 국소배기장치의 후드는 다음의 기준에 맞도록 하여야 한다.
- 유해물질이 발생하는 곳마다 설치할 것
- 유해인자의 발생형태와 비중, 작업방법 등을 고려하여 해당 분진 등의 발산원을 제어할 수 있는 구조로 설치할 것
- 후드 형식은 가능하면 포위식 또는 부스식 후드를 설치할 것
- 외부식 또는 리시버식 후드는 해당 분진 등의 발산원에 가장 가까운 위치에 설치할 것

관련개념 CHAPTER 04 화공 안전운전·점검

083
「산업안전보건기준에 관한 규칙」에 따르면 쥐에 대한 경구 투입실험에 의하여 실험동물의 50퍼센트를 사망시킬 수 있는 물질의 양, 즉 LD50(경구, 쥐)이 킬로그램당 몇 밀리그램-(체중) 이하인 화학물질이 급성 독성 물질에 해당하는가?

① 25
② 100
③ 300
④ 500

해설 LD50(경구, 쥐)이 [kg]당 300[mg]-(체중) 이하인 화학물질은 「산업안전보건법령」에 따른 급성 독성 물질에 해당한다.

관련개념 CHAPTER 02 화학물질 안전관리 실행

084
반응성 화학물질의 위험성은 실험에 의한 평가 대신 문헌조사 등을 통해 계산에 의해 평가하는 방법을 사용할 수 있다. 이에 관한 설명으로 옳지 않은 것은?

① 위험성이 너무 커서 물성을 측정할 수 없는 경우 계산에 의한 평가 방법을 사용할 수도 있다.
② 연소열, 분해열, 폭발열 등의 크기에 의해 그 물질의 폭발 또는 발화의 위험예측이 가능하다.
③ 계산에 의한 평가를 하기 위해서는 폭발 또는 분해에 따른 생성물의 예측이 이루어져야 한다.
④ 계산에 의한 위험성 예측은 모든 물질에 대해 정확성이 있으므로 더 이상의 실험을 필요로 하지 않는다.

해설 계산에 의한 위험성 예측은 실제와 다를 가능성이 있으므로 실험을 통해 실제 위험성을 평가할 필요가 있다.

관련개념 CHAPTER 01 화재·폭발 검토

085

다음 관(Pipe) 부속품 중 관로의 방향을 변경하기 위하여 사용하는 부속품은?

① 니플(Nipple) ② 유니온(Union)
③ 플랜지(Flange) ④ 엘보(Elbow)

해설 관로의 방향을 변경할 때에는 엘보(Elbow), Y자관(Y-branch), 티(Tee), 십자관(Cross) 등의 부속품을 사용한다.
오답해설 ①, ②, ③은 관로를 연결할 때 사용하는 부속품이다.

관련개념 CHAPTER 04 화공 안전운전 · 점검

086

다음 중 독성이 가장 강한 가스는?

① NH_3 ② $COCl_2$
③ $C_6H_5CH_3$ ④ H_2S

해설 $COCl_2$(포스겐) 가스는 노출기준(TWA) 0.1[ppm]의 유독성 가스이다.

주요 물질의 노출기준

물질명	화학식	노출기준(TWA)
포스겐(Phosgene)	$COCl_2$	0.1[ppm]
염소(Chlorine)	Cl_2	0.5[ppm]
황화수소(Hydrogen Sulfide)	H_2S	10[ppm]
암모니아(Ammonia)	NH_3	25[ppm]

※ TWA는 값이 작을수록 독성이 강하다.

관련개념 CHAPTER 02 화학물질 안전관리 실행

087

다음 중 분해폭발의 위험성이 있는 아세틸렌의 용제로 가장 적절한 것은?

① 에테르 ② 에틸알코올
③ 아세톤 ④ 아세트알데히드

해설 아세틸렌은 가압하면 분해폭발을 하므로 아세톤 등에 침윤시켜 다공성 물질이 들어 있는 용기에 충전시킨다.

관련개념 CHAPTER 02 화학물질 안전관리 실행

088

분진폭발의 발생 순서로 옳은 것은?

① 비산 → 분산 → 퇴적분진 → 발화원 → 2차 폭발 → 전면폭발
② 비산 → 퇴적분진 → 분산 → 발화원 → 2차 폭발 → 전면폭발
③ 퇴적분진 → 발화원 → 분산 → 비산 → 전면폭발 → 2차 폭발
④ 퇴적분진 → 비산 → 분산 → 발화원 → 전면폭발 → 2차 폭발

해설 분진폭발의 순서
퇴적분진 → 비산 → 분산 → 발화원 → 전면폭발 → 2차 폭발

관련개념 CHAPTER 01 화재 · 폭발 검토

089

다음 인화성 가스 중 가장 가벼운 물질은?

① 아세틸렌 ② 수소
③ 부탄 ④ 에틸렌

해설 가스의 중량은 분자량을 통해 계산하거나 외워야 한다. 문제에서는 중량 계산이 아닌 가벼운 물질을 찾는 것을 요구하고 있으므로 물질의 분자식을 알면 대략적으로 답을 찾을 수 있다. 보기 중에서는 수소(H_2)가 가장 분자량이 작아 가장 가볍다.

보기에 있는 물질의 분자량
① 아세틸렌(C_2H_2): $12 \times 2 + 1 \times 2 = 26$
② 수소(H_2): $1 \times 2 = 2$
③ 부탄(C_4H_{10}): $12 \times 4 + 1 \times 10 = 58$
④ 에틸렌(C_2H_4): $12 \times 2 + 1 \times 4 = 28$

관련개념 CHAPTER 02 화학물질 안전관리 실행

| 정답 | 085 ④ | 086 ② | 087 ③ | 088 ④ | 089 ② |

090

폭발방호대책 중 이상 또는 과잉압력에 대한 안전장치로 볼 수 없는 것은?

① 안전밸브(Safety Valve)
② 릴리프밸브(Relief Valve)
③ 파열판(Bursting Disk)
④ 플레임 어레스터(Flame Arrester)

해설 화염방지기(Flame Arrester)
인화성 물질 등을 저장하는 탱크에서 외부에 그 증기를 방출하거나 탱크 내에 외기를 흡입하는 부분에 설치하는 안전장치로 과잉압력에 대한 안전장치라고 볼 수 없다.

관련개념 CHAPTER 04 화공 안전운전·점검

091

가연성 가스 및 증기의 위험도에 따른 방폭전기기기의 분류로 폭발등급을 사용하는데, 이러한 폭발등급을 결정하는 것은?

① 발화도
② 화염일주한계
③ 폭발한계
④ 최소발화에너지

해설 폭발등급은 안전간격(화염일주한계) 값에 따라 폭발성 가스를 분류하여 등급을 정한 것이다.

관련개념 CHAPTER 01 화재·폭발 검토

092

다음 중 파열판에 관한 설명으로 틀린 것은?

① 압력 방출속도가 빠르다.
② 한 번 파열되면 재사용할 수 없다.
③ 한 번 부착한 후에는 교환할 필요가 없다.
④ 높은 점성의 슬러리나 부식성 유체에 적용할 수 있다.

해설 파열판은 한 번 작동하면 파열되므로 교체하여야 한다.

관련개념 CHAPTER 04 화공 안전운전·점검

093

다음 중 메타인산(HPO_3)에 의한 소화효과를 가진 분말소화약제의 종류는?

① 제1종 분말소화약제
② 제2종 분말소화약제
③ 제3종 분말소화약제
④ 제4종 분말소화약제

해설 제3종 분말소화약제(인산암모늄)
열분해에 의해 부착성이 좋은 메타인산(HPO_3)을 생성하여 다른 소화분말보다 30[%] 이상 소화력이 좋다.
$NH_4H_2PO_4 \rightarrow HPO_3 + NH_3 + H_2O$

관련개념 CHAPTER 01 화재·폭발 검토

094

공기 중에서 폭발범위가 12.5~74[vol%]인 일산화탄소의 위험도는 얼마인가?

① 4.92
② 5.26
③ 6.26
④ 7.05

해설 위험도
$H = \dfrac{U-L}{L} = \dfrac{74-12.5}{12.5} = 4.92$
여기서, U: 폭발상한계, L: 폭발하한계

관련개념 CHAPTER 01 화재·폭발 검토

095

「산업안전보건법령」에 따라 유해하거나 위험한 설비의 설치·이전 또는 주요 구조부분의 변경공사 시 공정안전보고서의 제출시기는 착공일 며칠 전까지 관련기관에 제출하여야 하는가?

① 15일
② 30일
③ 60일
④ 90일

해설 유해하거나 위험한 설비의 설치·이전 또는 주요 구조부분의 변경공사의 **착공일 30일 전까지** 공정안전보고서를 2부 작성하여 한국산업안전보건공단에 제출하여야 한다.

관련개념 CHAPTER 04 화공 안전운전·점검

096

소화약제 IG-100의 구성성분은?

① 질소
② 산소
③ 이산화탄소
④ 수소

해설 IG-100
불활성가스 소화약제로 구성은 질소(N_2) 100[%]이다.

관련개념 CHAPTER 01 화재·폭발 검토

097

가열·마찰·충격 또는 다른 화학물질과의 접촉 등으로 인하여 산소나 산화제의 공급이 없더라도 폭발 등 격렬한 반응을 일으킬 수 있는 물질은?

① 에틸알코올
② 인화성 고체
③ 니트로화합물
④ 테레핀유

해설 니트로화합물은 폭발성 물질로 가연성 물질인 동시에 산소 함유 물질이다. 폭발성 물질은 자신의 산소를 소비하면서 연소하기 때문에 연소 속도가 매우 빠르며, 폭발적이다.

관련개념 CHAPTER 02 화학물질 안전관리 실행

098

다음 중 물과 반응하여 아세틸렌을 발생시키는 물질은?

① Zn
② Mg
③ Al
④ CaC_2

해설 탄화칼슘(CaC_2, 카바이드)은 물과 반응하여 아세틸렌(C_2H_2)을 발생시킨다.
$CaC_2 + 2H_2O \rightarrow Ca(OH)_2 + C_2H_2 \uparrow$

관련개념 CHAPTER 02 화학물질 안전관리 실행

099

메탄 1[vol%], 헥산 2[vol%], 에틸렌 2[vol%], 공기 95[vol%]로 된 혼합가스의 폭발하한계값[vol%]은 약 얼마인가?(단, 메탄, 헥산, 에틸렌의 폭발하한계 값은 각각 5.0, 1.1, 2.7[vol%]이다.)

① 1.8
② 3.5
③ 12.8
④ 21.7

해설 혼합가스의 폭발하한계

$$L = \frac{V_1 + V_2 + \cdots + V_n}{\frac{V_1}{L_1} + \frac{V_2}{L_2} + \cdots + \frac{V_n}{L_n}} = \frac{1+2+2}{\frac{1}{5} + \frac{2}{1.1} + \frac{2}{2.7}} = 1.8[\text{vol}\%]$$

여기서, L: 혼합가스의 폭발하한계[vol%]
L_n: 각 성분가스의 폭발하한계[vol%]
V_n: 각 성분가스의 부피 비율[vol%]

관련개념 CHAPTER 01 화재·폭발 검토

100

프로판(C_3H_8)의 연소에 필요한 최소 산소농도의 값은 약 얼마인가?(단, 프로판의 폭발하한은 Jones식에 의해 추산한다.)

① 8.1[vol%]
② 11.1[vol%]
③ 15.1[vol%]
④ 20.1[vol%]

해설 프로판의 완전연소반응식
$C_3H_8 + 5O_2 \rightarrow 3CO_2 + 4H_2O$
유기물 $C_nH_xO_y$의 양론농도(C_{st})는 다음 식으로 구할 수 있다.

$$C_{st} = \frac{100}{(4.77n + 1.19x - 2.38y) + 1} = \frac{100}{(4.77 \times 3 + 1.19 \times 8) + 1} = 4.03$$

Jones의 식에 의해 폭발하한계를 추정하면
폭발하한계(LFL) $= 0.55 \times C_{st} = 0.55 \times 4.03 = 2.22$
따라서 최소산소농도는 다음 식으로 구할 수 있다.

최소산소농도(C_m) = 폭발하한[%] × $\frac{\text{산소 mol수}}{\text{연소가스 mol수}}$

$$= 2.22 \times \frac{5}{1} = 11.1[\%]$$

관련개념 CHAPTER 01 화재·폭발 검토

건설공사 안전관리

101
콘크리트 타설 시 거푸집 측압에 관한 설명으로 옳지 않은 것은?

① 기온이 높을수록 측압은 크다.
② 타설속도가 빠를수록 측압은 크다.
③ 슬럼프가 클수록 측압은 크다.
④ 다짐이 과할수록 측압은 크다.

해설 외기온도가 낮을수록, 습도가 높을수록 측압이 커진다.

관련개념 CHAPTER 06 공사 및 작업 종류별 안전

102
철골공사 시 안전작업방법 및 준수사항으로 옳지 않은 것은?

① 강풍, 폭우 등과 같은 악천후 시에는 작업을 중지하여야 하며 특히 강풍 시에는 높은 곳에 있는 부재나 공구류가 낙하·비래하지 않도록 조치하여야 한다.
② 철골부재 반입 시 시공순서가 빠른 부재는 상단부에 위치하도록 한다.
③ 구명줄 설치 시 마닐라 로프 직경 10[mm]를 기준하여 설치하고 작업방법을 충분히 검토하여야 한다.
④ 철골보의 두 곳을 매어 인양시킬 때 와이어로프의 내각은 60° 이하이어야 한다.

해설 철골작업 시 구명줄을 설치할 경우에는 구명줄을 마닐라 로프 직경 16[mm]를 기준하여 설치하고 작업방법을 충분히 검토하여야 한다.

관련개념 CHAPTER 06 공사 및 작업 종류별 안전

103
지면보다 낮은 땅을 파는 데 적합하고 수중굴착도 가능한 굴착기계는?

① 백호우
② 파워서블
③ 가이데릭
④ 파일드라이버

해설 백호우(Back Hoe)
- 기계가 설치된 지면보다 낮은 곳을 굴착하는 데 적합하다.
- 단단한 토질의 굴착 및 수중굴착도 가능하다.
- 굴착된 구멍이나 도랑의 굴착면의 마무리가 비교적 깨끗하고 정확하여 배관작업 등에 편리하다.

관련개념 CHAPTER 04 건설현장 안전시설 관리

104
「산업안전보건법령」에 따른 지반의 종류별 굴착면의 기울기 기준으로 옳지 않은 것은?

① 모래 − 1 : 1.8
② 연암 및 풍화암 − 1 : 1.5
③ 경암 − 1 : 0.5
④ 그 밖의 흙 − 1 : 1.2

해설 굴착면의 기울기 기준

지반의 종류	굴착면의 기울기
모래	1 : 1.8
연암 및 풍화암	1 : 1.0
경암	1 : 0.5
그 밖의 흙	1 : 1.2

※ 이 문제는 개정된 법령에 따라 수정한 문제입니다.

관련개념 CHAPTER 02 건설공사 위험성

정답 | 101 ① | 102 ③ | 103 ① | 104 ②

105

사업주가 유해위험방지계획서 제출 후 건설공사 중 6개월 이내마다 안전보건공단의 확인을 받아야 할 내용이 아닌 것은?

① 유해위험방지계획서의 내용과 실제공사 내용이 부합하는지 여부
② 유해위험방지계획서 변경내용의 적정성
③ 자율안전관리업체 유해위험방지계획서 제출·심사 면제
④ 추가적인 유해·위험요인의 존재 여부

해설 유해위험방지계획서 확인사항
- 유해위험방지계획서의 내용과 실제공사 내용이 부합하는지 여부
- 유해위험방지계획서 변경내용의 적정성
- 추가적인 유해·위험요인의 존재 여부

관련개념 CHAPTER 02 건설공사 위험성

106

강관비계의 수직방향 벽이음 조립간격[m]으로 옳은 것은?(단, 틀비계이며 높이가 5[m] 이상일 경우이다.)

① 2[m] ② 4[m]
③ 6[m] ④ 9[m]

해설 강관비계의 벽이음 조립간격 기준

강관비계의 종류	조립간격[m]	
	수직방향	수평방향
단관비계	5	5
틀비계(높이가 5[m] 미만의 것 제외)	6	8

관련개념 CHAPTER 05 비계·거푸집 가시설 위험방지

107

구축물 등에 대한 구조검토, 안전진단 등 안전성 평가를 하여 근로자에게 미칠 위험성을 미리 제거하여야 하는 경우가 아닌 것은?

① 구축물 등의 인근에서 굴착·항타작업 등으로 침하·균열 등이 발생하여 붕괴의 위험이 예상될 경우
② 구축물 등이 그 자체의 무게·적설·풍압 또는 그 밖에 부가되는 하중 등으로 붕괴 등의 위험이 있을 경우
③ 화재 등으로 구축물 등의 내력(耐力)이 심하게 저하되었을 경우
④ 구축물 등의 구조체가 안전 측으로 과도하게 설계가 되었을 경우

해설 구축물 등의 구조체가 안전 측으로 과도하게 설계가 되었을 경우는 안전성 평가를 실시하여야 하는 사유에 해당되지 않는다.

관련개념 CHAPTER 02 건설공사 위험성

108

굴착과 싣기를 동시에 할 수 있는 토공기계가 아닌 것은?

① Power Shovel ② Tractor Shovel
③ Back Hoe   ④ Motor Grader

해설 모터 그레이더(Motor Grader)는 땅을 고르는 기계이다.

관련개념 CHAPTER 04 건설현장 안전시설 관리

109

다음 중 방망사의 폐기 시 인장강도에 해당하는 것은?(단, 그물코의 크기는 10[cm]이며 매듭 없는 방망의 경우이다.)

① 50[kg] ② 100[kg]
③ 150[kg] ④ 200[kg]

해설 그물코 10[cm], 매듭 없는 방망의 폐기기준 인장강도는 150[kg]이다.

추락방호망 방망사의 인장강도

※ ( ) : 폐기기준 인장강도

그물코의 크기[cm]	방망의 종류[kg]	
	매듭 없는 방망	매듭방망
10	240(150)	200(135)
5	—	110(60)

관련개념 CHAPTER 04 건설현장 안전시설 관리

110

작업장에 계단 및 계단참을 설치하는 경우 매 제곱미터당 최소 몇 킬로그램 이상의 하중에 견딜 수 있는 강도를 가진 구조로 설치하여야 하는가?

① 300[kg] ② 400[kg]
③ 500[kg] ④ 600[kg]

해설 계단 및 계단참을 설치하는 경우 500[kg/m²] 이상의 하중에 견딜 수 있는 강도를 가진 구조로 설치하여야 한다.

관련개념 CHAPTER 05 비계·거푸집 가시설 위험방지

111

작업으로 인하여 물체가 떨어지거나 날아올 위험이 있는 경우 필요한 조치와 가장 거리가 먼 것은?

① 투하설비 설치 ② 낙하물 방지망 설치
③ 수직보호망 설치 ④ 출입금지구역 설정

해설 작업으로 인하여 물체가 떨어지거나 날아올 위험이 있는 경우 **낙하물 방지망, 수직보호망** 또는 방호선반의 설치, **출입금지구역의 설정**, 보호구의 착용 등 위험을 방지하기 위하여 필요한 조치를 하여야 한다.

관련개념 CHAPTER 04 건설현장 안전시설 관리

112

공정률이 65[%]인 건설현장의 경우 공사 진척에 따른 산업안전보건관리비의 최소 사용기준으로 옳은 것은?(단, 공정률은 기성공정률을 기준으로 한다.)

① 40[%] 이상 ② 50[%] 이상
③ 60[%] 이상 ④ 70[%] 이상

해설 공사진척에 따른 산업안전보건관리비 사용기준

공정률[%]	50 이상 70 미만	70 이상 90 미만	90 이상
사용기준[%]	50 이상	70 이상	90 이상

관련개념 CHAPTER 03 건설업 산업안전보건관리비 관리

| 정답 | 109 ③ 110 ③ 111 ① 112 ②

113

해체공사 시 작업용 기계·기구의 취급 안전기준에 관한 설명으로 옳지 않은 것은?

① 철제해머와 와이어로프의 결속은 경험이 많은 사람으로서 선임된 자에 한하여 실시하도록 하여야 한다.
② 팽창제 천공간격은 콘크리트 강도에 의하여 결정되나 70~120[cm] 정도를 유지하도록 한다.
③ 쐐기타입으로 해체 시 천공구멍은 타입기 삽입부분의 직경과 거의 같아야 한다.
④ 화염방사기로 해체작업 시 용기 내 압력은 온도에 의해 상승하기 때문에 항상 40[℃] 이하로 보존해야 한다.

해설 팽창제의 천공간격은 콘크리트 강도에 의하여 결정되나 30~70[cm] 정도를 유지하도록 한다.

관련개념 CHAPTER 06 공사 및 작업 종류별 안전

114

가설통로의 설치에 관한 기준으로 옳지 않은 것은?

① 경사는 30° 이하로 한다.
② 건설공사에 사용하는 높이 8[m] 이상인 비계다리에는 7[m] 이내마다 계단참을 설치한다.
③ 작업상 부득이한 경우에는 필요한 부분에 한하여 안전난간을 임시로 해체할 수 있다.
④ 수직갱에 가설된 통로의 길이가 10[m] 이상인 경우에는 5[m] 이내마다 계단참을 설치한다.

해설 가설통로 설치 시 준수사항
- 견고한 구조로 할 것
- 경사는 30° 이하로 할 것
- 경사가 15°를 초과하는 경우에는 미끄러지지 아니하는 구조로 할 것
- 추락할 위험이 있는 장소에는 안전난간을 설치할 것
- 수직갱에 가설된 통로의 길이가 15[m] 이상인 경우에는 10[m] 이내마다 계단참을 설치할 것
- 건설공사에 사용하는 높이 8[m] 이상인 비계다리에는 7[m] 이내마다 계단참을 설치할 것

관련개념 CHAPTER 05 비계·거푸집 가시설 위험방지

115

굴착공사에서 비탈면 또는 비탈면 하단을 성토하여 붕괴를 방지하는 공법은?

① 배수공
② 배토공
③ 공작물에 의한 방지공
④ 압성토공

해설 압성토공
자연사면의 하단부에 압성토하여 활동에 대한 저항력을 증가시키는 비탈면 보강공법이다.

관련개념 CHAPTER 04 건설현장 안전시설 관리

116

다음은 안전대와 관련된 설명이다. 아래 내용에 해당되는 용어로 옳은 것은?

> 로프 또는 레일 등과 같은 유연하거나 단단한 고정줄로서 추락발생 시 추락을 저지시키는 추락방지대를 지탱해 주는 줄모양의 부품

① 안전블록
② 수직구명줄
③ 죔줄
④ 보조죔줄

해설 수직구명줄이란 로프 또는 레일 등과 같은 유연하거나 단단한 고정줄로서 추락발생 시 추락을 저지시키는 추락방지대를 지탱해 주는 줄모양의 부품을 말한다.

오답해설
① 안전블록: 안전그네와 연결하여 추락발생 시 추락을 억제할 수 있는 자동잠금장치가 갖추어져 있고, 죔줄이 자동적으로 수축되는 장치를 말한다.
③ 죔줄: 벨트 또는 안전그네를 구명줄 또는 구조물 등 그 밖의 걸이설비와 연결하기 위한 줄모양의 부품을 말한다.
④ 보조죔줄: 안전대를 U자걸이로 사용할 때 U자걸이를 위해 훅 또는 카라비너를 지탱벨트의 D링에 걸거나 떼어낼 때 잘못하여 추락하는 것을 방지하기 위한 링과 걸이설비 연결에 사용하는 훅 또는 카라비너를 갖춘 줄모양의 부품을 말한다.

관련개념 CHAPTER 04 건설현장 안전시설 관리

| 정답 | 113 ② | 114 ④ | 115 ④ | 116 ②

117

크레인의 운전실 또는 운전대를 통하는 통로의 끝과 건설물 등의 벽체의 간격은 최대 얼마 이하로 하여야 하는가?

① 0.2[m] ② 0.3[m]
③ 0.4[m] ④ 0.5[m]

해설 크레인의 운전실 또는 운전대를 통하는 통로의 끝과 건설물 등의 벽체의 간격은 0.3[m] 이하로 하여야 한다.

관련개념 CHAPTER 06 공사 및 작업 종류별 안전

118

달비계의 최대적재하중을 정하는 경우 그 안전계수 기준으로 옳지 않은 것은?

① 달기 와이어로프 및 달기 강선의 안전계수: 10 이상
② 달기 체인 및 달기 훅의 안전계수: 5 이상
③ 달기 강대와 달비계의 하부 및 상부지점의 안전계수: 강재의 경우 3 이상
④ 달기 강대와 달비계의 하부 및 상부지점의 안전계수: 목재의 경우 5 이상

해설
※「산업안전보건기준에 관한 규칙」이 개정됨에 따라 '달비계의 최대적재하중을 정하는 경우 안전계수'가 삭제되었습니다.

관련개념 CHAPTER 04 건설현장 안전시설 관리

119

흙막이 지보공을 설치하였을 때 정기적으로 점검하여 이상 발견 시 즉시 보수하여야 할 사항이 아닌 것은?

① 굴착 깊이의 정도
② 버팀대의 긴압의 정도
③ 부재의 접속부·부착부 및 교차부의 상태
④ 부재의 손상·변형·부식·변위 및 탈락의 유무와 상태

해설 흙막이 지보공 설치 시 정기적 점검 및 보수사항
• 부재의 손상·변형·부식·변위 및 탈락의 유무와 상태
• 버팀대의 긴압의 정도
• 부재의 접속부·부착부 및 교차부의 상태
• 침하의 정도

관련개념 CHAPTER 05 비계·거푸집 가시설 위험방지

120

곤돌라형 달비계에 사용이 불가한 와이어로프의 기준으로 옳지 않은 것은?

① 이음매가 있는 것
② 와이어로프의 한 꼬임에서 끊어진 소선의 수가 7[%] 이상인 것
③ 지름의 감소가 공칭지름의 7[%]를 초과하는 것
④ 심하게 변형되거나 부식된 것

해설 달비계 와이어로프의 사용금지 조건
• 이음매가 있는 것
• 와이어로프의 한 꼬임(Strand)에서 끊어진 소선의 수가 10[%] 이상인 것
• 지름의 감소가 공칭지름의 7[%]를 초과하는 것
• 꼬인 것
• 심하게 변형되거나 부식된 것
• 열과 전기충격에 의해 손상된 것

관련개념 CHAPTER 05 비계·거푸집 가시설 위험방지

2020년 3회 기출문제

2020년 8월 22일 시행

산업재해 예방 및 안전보건교육

001
안전점검의 종류 중 태풍, 폭우 등에 의한 침수, 지진 등의 천재지변이 발생한 경우나 이상사태 발생 시 관리자나 감독자가 기계, 기구, 설비 등의 기능상 이상 유무에 대하여 점검하는 것은?

① 일상점검
② 정기점검
③ 특별점검
④ 수시점검

해설 안전점검의 종류

종류	내용
일상점검(수시점검)	작업 전·중·후 수시로 실시하는 점검
정기점검	정해진 기간에 정기적으로 실시하는 점검
특별점검	기계·기구의 신설 및 변경 시 고장, 수리 등에 의해 부정기적으로 실시하는 점검, 안전강조기간에 실시하는 점검 등
임시점검	이상 발견 시 또는 재해발생 시 임시로 실시하는 점검

관련개념 SUBJECT 03 기계·기구 및 설비 안전관리
CHAPTER 02 기계분야 산업재해 조사 및 관리

002
다음 중 안전교육의 형태 중 OJT(On the Job of Training) 교육에 대한 설명과 거리가 먼 것은?

① 다수의 근로자에게 조직적 훈련이 가능하다.
② 직장의 실정에 맞게 실제적인 훈련이 가능하다.
③ 훈련에 필요한 업무의 지속성이 유지된다.
④ 직장의 직속상사에 의한 교육이 가능하다.

해설 다수의 근로자에게 조직적 훈련이 가능한 것은 Off JT의 장점이다.

관련개념 CHAPTER 05 안전보건교육의 내용 및 방법

003
다음 중 안전교육의 기본 방향과 가장 거리가 먼 것은?

① 생산성 향상을 위한 교육
② 사고사례 중심의 안전교육
③ 안전작업을 위한 교육
④ 안전의식 향상을 위한 교육

해설 안전교육의 기본방향
• 사고사례 중심의 안전교육
• 안전작업을 위한 교육
• 안전의식 향상을 위한 교육

관련개념 CHAPTER 05 안전보건교육의 내용 및 방법

004
다음 설명의 학습지도 형태는 어떤 토의법 유형인가?

> 6-6회의라고도 하며, 6명씩 소집단으로 구분하고, 집단별로 각각의 사회자를 선발하여 6분간씩 자유토의를 행하여 의견을 종합하는 방법

① 포럼(Forum)
② 버즈세션(Buzz Session)
③ 케이스 메소드(Case Method)
④ 패널 디스커션(Panel Discussion)

해설 버즈세션(Buzz Session)
6-6회의라고도 하며, 먼저 사회자와 기록계를 선출한 후 나머지 사람은 6명씩의 소집단으로 구분하고, 소집단별로 각각 사회자를 선발하여 6분씩 자유토의를 행하여 의견을 종합하는 방법이다.

관련개념 CHAPTER 05 안전보건교육의 내용 및 방법

| 정답 | 001 ③ | 002 ① | 003 ① | 004 ② |

005

레윈(Lewin)의 인간 행동 특성을 다음과 같이 표현하였다. 변수 'E'가 의미하는 것은?

$$B = f(P \cdot E)$$

① 연령 ② 성격
③ 환경 ④ 지능

해설 레윈(Lewin.K)의 법칙
$B = f(P \cdot E)$
여기서, B: Behavior(인간의 행동)
 f: function(함수관계)
 P: Person(개체: 연령, 경험, 심신상태, 성격, 지능 등)
 E: Environment(환경: 인간관계, 작업조건 등)

관련개념 CHAPTER 04 인간의 행동과학

006

다음 중 산업재해의 원인으로 간접적 원인에 해당되지 않는 것은?

① 기술적 원인 ② 물적 원인
③ 관리적 원인 ④ 교육적 원인

해설 물적 원인은 직접 원인에 해당한다.
산업재해의 간접 원인
• 기술적 원인 • 교육적 원인 • 신체적 원인
• 정신적 원인 • 관리적 원인

관련개념 SUBJECT 03 기계 · 기구 및 설비 안전관리
CHAPTER 02 기계분야 산업재해 조사 및 관리

007

매슬로우(Maslow)의 욕구단계 이론 중 제2단계 욕구에 해당하는 것은?

① 자아실현의 욕구 ② 안전에 대한 욕구
③ 사회적 욕구 ④ 생리적 욕구

해설 매슬로우(Maslow)의 욕구위계이론
㉠ 제1단계: 생리적 욕구
㉡ 제2단계: 안전의 욕구
㉢ 제3단계: 사회적 욕구(친화 욕구)
㉣ 제4단계: 자기존경의 욕구(안정의 욕구 또는 자기존중의 욕구)
㉤ 제5단계: 자아실현의 욕구(성취욕구)

관련개념 CHAPTER 04 인간의 행동과학

008

「산업안전보건법령」상 안전보건관리책임자 등에 대한 교육시간 기준으로 틀린 것은?

① 보건관리자, 보건관리전문기관의 종사자 보수교육: 24시간 이상
② 안전관리자, 안전관리전문기관의 종사자 신규교육: 34시간 이상
③ 안전보건관리책임자 보수교육: 6시간 이상
④ 건설재해예방전문지도기관의 종사자 신규교육: 24시간 이상

해설 건설재해예방전문지도기관 종사자의 교육시간은 신규교육 34시간 이상, 보수교육 24시간 이상이다.

관련개념 CHAPTER 05 안전보건교육의 내용 및 방법

| 정답 | 005 ③ 006 ② 007 ② 008 ④

009

다음 중 재해예방의 4원칙과 관련이 가장 적은 것은?

① 모든 재해의 발생 원인은 우연적인 상황에서 발생한다.
② 재해손실은 사고가 발생할 때 사고 대상의 조건에 따라 달라진다.
③ 재해예방을 위한 가능한 안전대책은 반드시 존재한다.
④ 재해는 원칙적으로 원인만 제거되면 예방이 가능하다.

해설 손실우연의 원칙

재해손실은 사고발생 시 사고대상의 조건에 따라 달라지므로, 한 사고의 결과로서 생긴 재해손실은 우연성에 의해서 결정된다. 손실우연의 원칙은 재해 발생 원인이 아닌 재해에 따른 손실크기에 대해 우연성을 강조하고 있다.

관련개념 CHAPTER 01 산업재해예방 계획 수립

010

파블로프(Pavlov)의 조건반사설에 의한 학습이론의 원리가 아닌 것은?

① 일관성의 원리   ② 계속성의 원리
③ 준비성의 원리   ④ 강도의 원리

해설 '준비성'에 관한 것은 손다이크(Thorndike)의 시행착오설 중 '준비성의 법칙'에 해당한다.

파블로프(Pavlov)의 조건반사설
- 계속성의 원리(The Continuity Principle)
- 일관성의 원리(The Consistency Principle)
- 강도의 원리(The Intensity Principle)
- 시간의 원리(The Time Principle)

관련개념 CHAPTER 05 안전보건교육의 내용 및 방법

011

허즈버그(Herzberg)의 위생-동기 이론에서 동기요인에 해당하는 것은?

① 감독   ② 안전
③ 책임감   ④ 작업조건

해설 동기요인(Motivation)

책임감, 성취, 인정, 개인발전 등 일 자체에서 오는 심리적 욕구로 충족될 경우 조직의 성과가 향상되며 충족되지 않아도 성과가 떨어지지 않는다.

관련개념 CHAPTER 04 인간의 행동과학

012

「산업안전보건법령」상 안전보건표지의 색채와 사용사례의 연결로 틀린 것은?

① 노란색 – 정지신호, 소화설비 및 그 장소, 유해행위의 금지
② 파란색 – 특정 행위의 지시 및 사실의 고지
③ 빨간색 – 화학물질 취급장소에서의 유해·위험경고
④ 녹색 – 비상구 및 피난소, 사람 또는 차량의 통행표지

해설 안전보건표지의 색도기준 및 용도

색채	색도기준	용도	사용 예
빨간색	7.5R 4/14	금지	정지신호, 소화설비 및 그 장소, 유해행위의 금지
		경고	화학물질 취급장소에서의 유해·위험경고
노란색	5Y 8.5/12	경고	화학물질 취급장소에서의 유해·위험경고 이외의 위험경고, 주의표지 또는 기계방호물

관련개념 CHAPTER 02 안전보호구 관리

013

「산업안전보건법령」상 안전보건표지의 종류 중 다음 표지의 명칭은?(단, 마름모 테두리는 빨간색이며, 안의 내용은 검은색이다.)

① 폭발성물질 경고   ② 산화성물질 경고
③ 부식성물질 경고   ④ 급성독성물질 경고

해설

폭발성물질 경고   산화성물질 경고   부식성물질 경고   **급성독성물질 경고**

관련개념 CHAPTER 02 안전보호구 관리

| 정답 | 009 ① | 010 ③ | 011 ③ | 012 ① | 013 ④ |

014

하인리히의 재해발생 이론이 다음과 같이 표현될 때, α가 의미하는 것으로 옳은 것은?

> 재해의 발생=설비적 결함+관리적 결함+α

① 노출된 위험의 상태
② 재해의 직접적인 원인
③ 물적 불안전 상태
④ 잠재된 위험의 상태

해설 하인리히의 법칙
재해의 발생=물적(불안전 상태)+인적(불안전 행동)+α
=설비적 결함+관리적 결함+α
여기서, α: 숨은 위험한 요인(잠재된 위험의 상태)

관련개념 CHAPTER 01 산업재해예방 계획 수립

015

인간의 동작특성 중 판단과정의 착오요인이 아닌 것은?

① 합리화
② 정서불안정
③ 작업조건불량
④ 정보부족

해설 정서불안정은 인지과정 착오의 요인이다.
판단과정 착오의 요인
- 자기합리화
- 작업조건불량
- 정보부족
- 능력부족
- 과신(자신 과잉)

관련개념 CHAPTER 03 산업안전심리

016

재해분석도구 중 재해발생의 유형을 어골상(魚骨像)으로 분류하여 분석하는 것은?

① 파레토도
② 특성요인도
③ 관리도
④ 클로즈분석

해설 재해의 통계적 원인분석 방법

파레토도	분류항목을 큰 순서대로 도표화한 분석법
특성요인도	특성과 요인관계를 도표로 하여 어골상으로 세분화한 분석법
클로즈분석도	요인별 결과 내역을 교차한 클로즈 그림을 작성, 분석하는 방법
관리도	재해발생수를 그래프화하여 관리선을 설정, 관리하는 방법

관련개념 SUBJECT 03 기계·기구 및 설비 안전관리
CHAPTER 02 기계분야 산업재해 조사 및 관리

017

다음 중 안전모의 성능시험에 있어서 AE, ABE종에만 한하여 실시하는 시험은?

① 내관통성시험, 충격흡수성시험
② 난연성시험, 내수성시험
③ 난연성시험, 내전압성시험
④ 내전압성시험, 내수성시험

해설 내관통성, 내전압성, 내수성시험은 AE, ABE종에만 한정하여 실시한다.

안전인증대상 안전모의 시험성능기준

항목	시험성능기준
내관통성	AE, ABE종 안전모는 관통거리가 9.5[mm] 이하이고, AB종 안전모는 관통거리가 11.1[mm] 이하이어야 한다.
충격흡수성	최고전달충격력이 4,450[N]을 초과해서는 안 되며, 모체와 착장체의 기능이 상실되지 않아야 한다.
내전압성	AE, ABE종 안전모는 교류 20[kV]에서 1분간 절연파괴 없이 견뎌야 하고, 이때 누설되는 충전전류는 10[mA] 이하이어야 한다.
내수성	AE, ABE종 안전모는 질량 증가율이 1[%] 미만이어야 한다.
난연성	모체가 불꽃을 내며 5초 이상 연소되지 않아야 한다.
턱끈풀림	150[N] 이상 250[N] 이하에서 턱끈이 풀려야 한다.

관련개념 CHAPTER 02 안전보호구 관리

018

플리커 검사(Flicker Test)의 목적으로 가장 적절한 것은?

① 혈중 알코올농도 측정
② 체내 산소량 측정
③ 작업강도 측정
④ 피로의 정도 측정

해설 점멸융합주파수(플리커법)
정신적 작업부하에 관한 생리적 측정치 중 하나로 사이가 벌어져 회전하는 원판으로 들어오는 광원의 빛을 단속시켜 연속광으로 보이는지 단속광으로 보이는지 경계에서의 빛의 단속주기를 플리커치라고 한다. 정신적으로 **피로한 경우에는 주파수 값이 내려가는 것으로 알려져 있다.**

관련개념 CHAPTER 04 인간의 행동과학

019

다음 중 브레인스토밍의 4원칙과 가장 거리가 먼 것은?

① 자유로운 비평
② 자유분방한 발언
③ 대량적인 발언
④ 타인 의견의 수정 발언

해설 브레인스토밍(Brain Storming)
- 비판금지: "좋다, 나쁘다" 등의 비평을 하지 않는다.
- 자유분방: 자유로운 분위기에서 발표한다.
- 대량발언: 무엇이든지 좋으니 많이 발언한다.
- 수정발언: 자유자재로 변하는 아이디어를 개발한다.(타인 의견의 수정발언)

관련개념 CHAPTER 01 산업재해예방 계획 수립

020

강도율에 관한 설명 중 틀린 것은?

① 사망 및 영구 전노동 불능(신체장해등급 1~3급)의 근로손실일수는 7,500일로 환산한다.
② 신체장해등급 중 14급은 근로손실일수를 50일로 환산한다.
③ 영구 일부노동 불능은 신체장해등급에 따른 근로손실일수에 300/365를 곱하여 환산한다.
④ 일시 전노동 불능은 휴업일수에 300/365를 곱하여 근로손실일수를 환산한다.

해설 영구 일부노동 불능은 신체장해등급 4~14급에 해당한다. 근로손실로 근로손실일수 계산을 하는 경우에 장해등급별 근로손실일수를 적용하고, 사망 및 장해판정 이전의 입원, 치료 등 요양 및 작업 제한으로 인한 손실일은 중복 산입하지 않는다.

관련개념 SUBJECT 03 기계·기구 및 설비 안전관리
CHAPTER 02 기계분야 산업재해 조사 및 관리

인간공학 및 위험성평가·관리

021

다음은 유해위험방지계획서의 제출에 관한 설명이다. ( ) 안에 들어갈 내용으로 옳은 것은?

「산업안전보건법령」상 "대통령령으로 정하는 사업의 종류 및 규모에 해당하는 사업으로서 해당 제품의 생산 공정과 직접적으로 관련된 건설물·기계·기구 및 설비 등 일체를 설치·이전하거나 그 주요 구조 부분을 변경하려는 경우"에 해당하는 사업주는 유해위험방지계획서에 관련 서류를 첨부하여 해당 작업 시작 (㉠)까지 공단에 (㉡)부를 제출하여야 한다.

① ㉠: 7일 전, ㉡: 2
② ㉠: 7일 전, ㉡: 4
③ ㉠: 15일 전, ㉡: 2
④ ㉠: 15일 전, ㉡: 4

해설 사업주가 유해위험방지계획서를 제출할 때에는 사업장별로 제조업 등 유해위험방지계획서에 필요한 서류를 첨부하여 해당 작업 시작 15일 전까지 한국산업안전보건공단에 2부를 제출하여야 한다.

관련개념 CHAPTER 02 위험성 파악·결정

022

인적오류(Human Error)에 관한 설명으로 틀린 것은?

① Omission Error: 필요한 작업 또는 절차를 수행하지 않는 데 기인한 에러
② Commission Error: 필요한 작업 또는 절차의 수행지연으로 인한 에러
③ Extraneous Error: 불필요한 작업 또는 절차를 수행함으로써 기인한 에러
④ Sequential Error: 필요한 작업 또는 절차의 순서 착오로 인한 에러

해설 휴먼에러의 행위에 의한 분류(Swain) 중 소정의 기간에 수행하지 못한 에러는 시간(지연)에러(Timing Error)에 해당하며, 실행에러(Commission Error)는 작업 내지 절차를 수행했으나 잘못된 실수에서 기인한 에러이다.

관련개념 CHAPTER 01 안전과 인간공학

| 정답 | 019 ① 020 ③ 021 ③ 022 ②

023

화학설비의 안전성 평가에서 정량적 평가의 항목에 해당되지 않는 것은?

① 훈련
② 조작
③ 취급물질
④ 화학설비용량

해설 안전성 평가 제3단계(정량적 평가)의 평가항목
취급물질, 온도, 압력, 해당설비용량, 조작

관련개념 CHAPTER 02 위험성 파악·결정

024

그림과 같이 FTA로 분석된 시스템에서 현재 모든 기본사상에 대한 부품이 고장난 상태이다. 부품 X_1부터 부품 X_5까지 순서대로 복구한다면 어느 부품을 수리 완료하는 시점에서 시스템이 정상가동되는가?

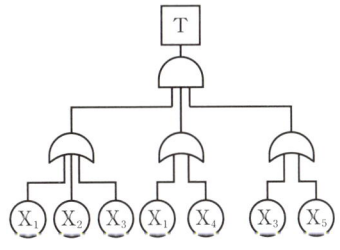

① 부품 X_2
② 부품 X_3
③ 부품 X_4
④ 부품 X_5

해설 시스템 정상가동은 정상사상이 발생하지 않는 것이고, 정상사상이 발생하지 않기 위해서는 AND 게이트에 걸려있는 OR 게이트(왼쪽부터 A, B, C) 중 하나라도 출력되지 않아야 하며, OR 게이트는 이하 부품 중 1개만 고장이라도 출력되므로 부품 X_1부터 X_5까지 순서대로 복구 시 정상사상 발생시점을 아래 표와 같이 정리한다.

수리된 부품	출력되는 OR 게이트	정상사상 발생 여부
X_1	A, B, C	유
X_1, X_2	A, B, C	유
X_1, X_2, X_3	B, C	무
X_1, X_2, X_3, X_4	C	무
X_1, X_2, X_3, X_4, X_5	없음	무

관련개념 CHAPTER 02 위험성 파악·결정

025

눈과 물체의 거리가 23[cm], 시선과 직각으로 측정한 물체의 크기가 0.03[cm]일 때 시각[분]은 얼마인가?(단, 시각은 600 이하이며, radian 단위를 분으로 환산하기 위한 상수값은 57.3과 60을 모두 적용하여 계산하도록 한다.)

① 0.001
② 0.007
③ 4.48
④ 24.55

해설 시각[분] $= \dfrac{180}{\pi} \times 60 \times \dfrac{\text{시각 자극의 높이}(L[mm])}{\text{눈으로부터의 거리}(D[mm])}$

$= L \times 57.3 \times \dfrac{60}{D}$

$= 0.3 \times 57.3 \times \dfrac{60}{230} = 4.48$분

관련개념 CHAPTER 06 작업환경 관리

026

NIOSH Lifting Guideline에서 권장무게한계(RWL) 산출에 사용되는 계수가 아닌 것은?

① 휴식계수
② 수평계수
③ 수직계수
④ 비대칭계수

해설 NLE(NIOSH Lifting Equation)
권장무게한계(RWL)$=23 \times$HM$\times$VM$\times$DM$\times$AM$\times$FM$\times$CM
여기서, HM: **수평계수**, VM: **수직계수**, DM: 거리계수,
AM: **비대칭계수**, FM: 빈도계수, CM: 커플링계수

관련개념 CHAPTER 06 작업환경 관리

027

후각적 표시장치(Olfactory Display)와 관련된 내용으로 옳지 않은 것은?

① 냄새의 확산을 제어할 수 없다.
② 시각적 표시장치에 비해 널리 사용되지 않는다.
③ 냄새에 대한 민감도의 개별적 차이가 존재한다.
④ 경보장치로서 실용성이 없기 때문에 사용되지 않는다.

해설 후각은 사람의 감각기관 중 가장 예민하고 빨리 피로해지기 쉬운 기관으로 사람마다 개인차가 심하다. 코가 막히면 감도도 떨어지고 냄새에 순응하는 속도가 빨라 다른 표시장치에 비해 널리 사용되지는 않으나 **일부 형태에서 경보장치로서 사용된다.** 예 농약의 불쾌한 냄새 등

관련개념 CHAPTER 06 작업환경 관리

028

그림과 같은 FT도에서 각 사상의 발생확률 ①=0.015, ②=0.02, ③=0.05이면, 정상사상 T가 발생할 확률은 약 얼마인가?

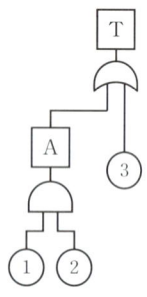

① 0.0002
② 0.0283
③ 0.0503
④ 0.9500

해설 ①과 ②는 AND 게이트, A와 ③은 OR 게이트로 연결되어 있으므로
$A = ① \times ② = 0.015 \times 0.02 = 0.0003$
$T = 1-(1-A) \times (1-③) = 1-(1-0.0003) \times (1-0.05) = 0.0503$

관련개념 CHAPTER 02 위험성 파악·결정

029

Sanders와 McCormick의 의자설계의 일반적인 원칙으로 옳지 않은 것은?

① 요부 후만을 유지한다.
② 조정이 용이해야 한다.
③ 등근육의 정적부하를 줄인다.
④ 디스크가 받는 압력을 줄인다.

해설 의자설계 시 등받이는 요추 전만(앞으로 굽힘)자세를 유지하며, 추간판의 압력 및 등근육의 정적부하를 감소시킬 수 있도록 설계한다.

관련개념 CHAPTER 06 작업환경 관리

030

인간공학을 기업에 적용할 때의 기대효과로 볼 수 없는 것은?

① 노사 간의 신뢰 저하
② 작업손실시간의 감소
③ 제품과 작업의 질 향상
④ 작업자의 건강 및 안전 향상

해설 인간공학의 필요성
• 산업재해의 감소
• 생산원가의 절감
• 재해로 인한 손실 감소
• 직무만족도의 향상
• 기업의 이미지와 상품선호도 향상
• **노사 간의 신뢰 구축**

관련개념 CHAPTER 01 안전과 인간공학

031

그림과 같이 신뢰도가 95[%]인 펌프 A가 각각 신뢰도 90[%]인 밸브 B와 밸브 C의 병렬밸브계와 직렬계를 이룬 시스템의 실패확률은 약 얼마인가?

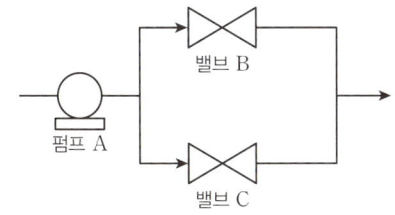

① 0.0091
② 0.0595
③ 0.9405
④ 0.9811

해설 신뢰도(R)=A×{1-(1-B)×(1-C)}
　　　　　=0.95×{1-(1-0.9)×(1-0.9)}=0.9405
시스템 고장률(실패확률)=1-R=1-0.9405=0.0595

관련개념 CHAPTER 01 안전과 인간공학

032

차폐효과에 대한 설명으로 옳지 않은 것은?

① 차폐음과 배음의 주파수가 가까울 때 차폐효과가 크다.
② 헤어드라이어 소음 때문에 전화 음을 듣지 못한 것과 관련이 있다.
③ 유의적 신호와 배경 소음의 차이를 신호/소음(S/N) 비로 나타낸다.
④ 차폐효과는 어느 한 음 때문에 다른 음에 대한 감도가 증가되는 현상이다.

해설 은폐(차폐, Masking)효과
음의 한 성분이 다른 성분에 대한 귀의 감수성을 감소시키는 상황으로 피은폐된 한 음의 가청 역치가 다른 은폐된 음 때문에 높아지는 현상이다.
예 사무실의 키보드 소리 때문에 말소리가 묻히는 경우

관련개념 CHAPTER 06 작업환경 관리

033

「산업안전보건기준에 관한 규칙」상 강렬한 소음작업에 해당하는 기준은?

① 85[dB] 이상의 소음이 1일 4시간 이상 발생하는 작업
② 85[dB] 이상의 소음이 1일 8시간 이상 발생하는 작업
③ 90[dB] 이상의 소음이 1일 4시간 이상 발생하는 작업
④ 90[dB] 이상의 소음이 1일 8시간 이상 발생하는 작업

해설 강렬한 소음작업
- 90[dB] 이상의 소음이 1일 8시간 이상 발생하는 작업
- 95[dB] 이상의 소음이 1일 4시간 이상 발생하는 작업
- 100[dB] 이상의 소음이 1일 2시간 이상 발생하는 작업
- 105[dB] 이상의 소음이 1일 1시간 이상 발생하는 작업
- 110[dB] 이상의 소음이 1일 30분 이상 발생하는 작업
- 115[dB] 이상의 소음이 1일 15분 이상 발생하는 작업

관련개념 CHAPTER 07 설비진단 및 검사

034

HAZOP 기법에서 사용하는 가이드 워드와 의미가 잘못 연결된 것은?

① No/Not - 설계 의도의 완전한 부정
② More/Less - 정량적인 증가 또는 감소
③ Part of - 성질상의 감소
④ Other than - 기타 환경적인 요인

해설 유인어(Guide Words)
- NO 또는 NOT: 설계의도에 완전히 반하여 변수의 양이 없는 상태
- MORE 또는 LESS: 변수가 양적으로 증가 또는 감소되는 상태
- AS WELL AS: 설계의도 외의 다른 변수가 부가되는 상태(성질상의 증가)
- PART OF: 설계의도대로 완전히 이루어지지 않는 상태(성질상의 감소)
- REVERSE: 설계의도와 정반대로 나타나는 상태
- OTHER THAN: 설계의도대로 설치되지 않거나 운전 유지되지 않는 상태(완전한 대체)

관련개념 CHAPTER 02 위험성 파악·결정

035

THERP(Technique for Human Error Rate Prediction)의 특징에 대한 설명으로 옳은 것을 모두 고른 것은?

> ㉠ 인간 – 기계체계(SYSTEM)에서 여러 가지의 인간의 에러와 이에 의해 발생할 수 있는 위험성의 예측과 개선을 위한 기법
> ㉡ 인간의 과오를 정성적으로 평가하기 위하여 개발된 기법
> ㉢ 가지처럼 갈라지는 형태의 논리구조와 나무형태의 그래프를 이용

① ㉠, ㉡
② ㉠, ㉢
③ ㉡, ㉢
④ ㉠, ㉡, ㉢

해설 인간과오율 추정법(THERP; Technique for Human Error Rate Prediction)
인간의 과오(Human Error)에 기인된 사고원인을 분석하기 위하여 100만 운전시간당 과오도 수를 기본 과오율로 하여 **인간의 과오율을 정량적으로 평가하는 기법**이다.
- 인간의 동작이 시스템에 미치는 영향을 나타내는 그래프적 방법으로 인간 실수율(HEP)을 예측하는 기법이다.
- 사건수 분석의 변형으로 나무형태의 그래프를 통한 각 경로의 확률을 계산한다.

관련개념 CHAPTER 02 위험성 파악·결정

036

인간이 기계보다 우수한 기능으로 옳지 않은 것은?(단, 인공지능은 제외한다.)

① 암호화된 정보를 신속하게 대량으로 보관할 수 있다.
② 관찰을 통해서 일반화하여 귀납적으로 추리한다.
③ 항공사진의 피사체나 말소리처럼 상황에 따라 변화하는 복잡한 자극의 형태를 식별할 수 있다.
④ 수신 상태가 나쁜 음극선관에 나타나는 영상과 같이 배경 잡음이 심한 경우에도 신호를 인지할 수 있다.

해설 암호화된 정보를 신속하게 대량으로 보관할 수 있는 것은 기계가 인간을 능가하는 기능이다.

관련개념 CHAPTER 01 안전과 인간공학

037

FTA에서 사용되는 최소 컷셋에 대한 설명으로 옳지 않은 것은?

① 일반적으로 Fussell Algorithm을 이용한다.
② 정상사상(Top Event)을 일으키는 최소한의 집합이다.
③ 반복되는 사건이 많은 경우 Limnios와 Ziani Algorithm을 이용하는 것이 유리하다.
④ 시스템에 고장이 발생하지 않도록 하는 모든 사상의 집합이다.

해설 시스템에 고장이 발생하지 않도록 하는 모든 사상의 집합은 패스셋의 개념이다.
최소 컷셋(Minimal Cut Set)
정상사상을 일으키기 위한 최소한의 컷셋을 말한다. 즉, 미니멀 컷셋은 컷셋 중에 타 컷셋을 포함하고 있는 것을 배제하고 남은 컷셋들을 의미한다.

관련개념 CHAPTER 02 위험성 파악·결정

038

직무에 대하여 청각적 자극 제시에 대한 음성 응답을 하도록 할 때 가장 관련 있는 양립성은?

① 공간적 양립성
② 양식 양립성
③ 운동 양립성
④ 개념적 양립성

해설 양식 양립성
언어 또는 문화적 관습이나 특정 신호에 따라 적합하게 반응하는 것을 말하는데, 예를 들어 한국어로 질문하면 한국어로 대답하거나, 기계가 특정 음성에 대해 정해진 반응을 하는 것을 말한다.

관련개념 CHAPTER 06 작업환경 관리

039

설비의 고장과 같이 발생확률이 낮은 사건의 특정시간 또는 구간에서의 발생횟수를 측정하는 데 가장 적합한 확률분포는?

① 이항분포(Binomial Distribution)
② 푸아송분포(Poisson Distribution)
③ 와이블분포(Weibull Distribution)
④ 지수분포(Exponential Distribution)

해설 푸아송분포(Poisson Distribution)
확률분포 중 단위시간 안에 어떤 사건이 몇 번 발생할 것인지를 표현하는 이산확률분포로 발생확률이 낮은 사건의 발생횟수를 측정하는 데 적합하다.

관련개념 CHAPTER 03 위험성 감소대책 수립·실행

040

컴퓨터 스크린상에 있는 버튼을 선택하기 위해 커서를 이동시키는 데 걸리는 시간을 예측하는 가장 적합한 법칙은?

① Fitts의 법칙   ② Lewin의 법칙
③ Hick의 법칙   ④ Weber의 법칙

해설 핏츠(Fitts)의 법칙
인간의 손이나 발을 이동시켜 조작장치를 조작하는 데 걸리는 시간을 표적까지의 거리와 표적 크기의 함수로 나타내는 모형으로, 표적이 작고 이동거리가 길수록 이동시간이 증가한다.

$$T = a + b\log_2\left(\frac{D}{W} + 1\right)$$

여기서, T(MT: Movement Time): 동작시간
　　　　a, b: 작업난이도에 대한 실험상수
　　　　D: 동작 시발점에서 표적 중심까지의 거리
　　　　W: 표적의 폭(너비)

관련개념 CHAPTER 06 작업환경 관리

기계·기구 및 설비 안전관리

041

롤러기의 급정지장치에 관한 설명으로 가장 적절하지 않은 것은?

① 복부조작식은 조작부 중심점을 기준으로 밑면으로부터 1.2~1.4[m] 이내의 높이로 설치한다.
② 손조작식은 조작부 중심점을 기준으로 밑면으로부터 1.8[m] 이내의 높이로 설치한다.
③ 급정지장치의 조작부에 사용하는 줄은 사용 중에 늘어져서는 안 된다.
④ 급정지장치의 조작부에 사용하는 줄은 충분한 인장강도를 가져야 한다.

해설 급정지장치 조작부의 위치

종류	설치위치
손조작식	밑면에서 1.8[m] 이내
복부조작식	밑면에서 0.8[m] 이상 1.1[m] 이내
무릎조작식	밑면에서 0.6[m] 이내

※ 위치는 급정지장치 조작부의 중심점을 기준으로 한다.

관련개념 CHAPTER 05 기타 산업용 기계·기구

042

「산업안전보건법령」상 양중기를 사용하여 작업하는 운전자 또는 작업자가 보기 쉬운 곳에 해당 양중기에 대해 표시하여야 할 내용으로 가장 거리가 먼 것은?(단, 승강기는 제외한다.)

① 정격하중   ② 운전속도
③ 경고표시   ④ 최대 인양높이

해설 양중기(승강기 제외) 및 달기구를 사용하여 작업하는 운전자 또는 작업자가 보기 쉬운 곳에 해당 기계의 **정격하중**(달기구는 정격하중만 표시), **운전속도**, **경고표시** 등을 부착하여야 한다.

관련개념 CHAPTER 06 공사 및 작업 종류별 안전

043

연삭기의 안전작업수칙에 대한 설명 중 가장 거리가 먼 것은?

① 숫돌의 정면에 서서 숫돌 원주면을 사용한다.
② 숫돌 교체 시 3분 이상 시운전을 한다.
③ 숫돌의 회전은 최고 사용 원주속도를 초과하여 사용하지 않는다.
④ 연삭숫돌에 충격을 가하지 않는다.

해설 연삭기 작업 시 연삭숫돌 정면에서 150° 정도 비켜서서 작업하여야 한다.

관련개념 CHAPTER 03 공작기계의 안전

044

롤러기의 가드와 위험점 간의 거리가 100[mm]일 경우 ILO 규정에 의한 가드 개구부의 안전간격은?

① 11[mm] ② 21[mm]
③ 26[mm] ④ 31[mm]

해설 가드를 설치할 때 일반적인 개구부의 간격
$Y = 6 + 0.15X = 6 + 0.15 \times 100 = 21[mm]$
여기서, Y: 개구부의 간격[mm]
X: 개구부에서 위험점까지의 최단거리[mm] ($X < 160[mm]$)

관련개념 CHAPTER 05 기타 산업용 기계 · 기구

045

지게차의 포크에 적재된 화물이 마스트 후방으로 낙하함으로써 근로자에게 미치는 위험을 방지하기 위하여 설치하는 것은?

① 헤드가드 ② 백레스트
③ 낙하방지장치 ④ 과부하방지장치

해설 백레스트(Backrest)
지게차의 포크에 적재된 화물이 마스트 후방으로 낙하함으로써 근로자에게 미치는 위험을 방지하는 장치이다.

관련개념 CHAPTER 06 운반기계 및 양중기

046

「산업안전보건법령」상 산업용 로봇으로 인하여 근로자에게 발생할 수 있는 부상 등의 위험이 있는 경우 위험을 방지하기 위하여 울타리를 설치할 때 높이는 최소 몇 [m] 이상으로 해야 하는가?(단, 한국산업표준 및 국제적으로 통용되는 안전기준은 제외한다.)

① 1.8 ② 2.1
③ 2.4 ④ 1.2

해설 로봇의 운전으로 인하여 근로자에게 발생할 수 있는 부상 등의 위험을 방지하기 위하여 높이 1.8[m] 이상의 울타리를 설치하여야 한다.

관련개념 CHAPTER 05 기타 산업용 기계 · 기구

047

다음 중 기계 설비의 안전조건에서 안전화의 종류로 가장 거리가 먼 것은?

① 재질의 안전화 ② 작업의 안전화
③ 기능의 안전화 ④ 외형의 안전화

해설 기계의 안전조건
- 외형의 안전화
- 작업점의 안전화
- 구조적 안전화(강도적 안전화)
- 작업의 안전화
- 기능상의 안전화

관련개념 CHAPTER 01 기계공정의 안전, 기계안전시설 관리

048

다음 중 비파괴검사법으로 틀린 것은?

① 인장검사 ② 자기탐상검사
③ 초음파탐상검사 ④ 침투탐상검사

해설 인장검사는 파괴시험의 일종이다.
비파괴검사의 종류
방사선투과검사(RT), 초음파탐상검사(UT), 자분탐상검사(MT), 침투탐상검사(PT), 음향탐상검사(AET), 와류탐상검사(ECT) 등

관련개념 CHAPTER 07 설비진단 및 검사

049

「산업안전보건법령」상 아세틸렌 용접장치를 사용하여 금속의 용접·용단 또는 가열작업을 하는 경우 게이지압력은 얼마를 초과하는 압력의 아세틸렌을 발생시켜 사용하면 안되는가?

① 98[kPa]
② 127[kPa]
③ 147[kPa]
④ 196[kPa]

해설 아세틸렌 용접장치를 사용하여 금속의 용접·용단 또는 가열작업을 하는 경우에는 게이지압력이 127[kPa](1.3[kg/m²])을 초과하는 압력의 아세틸렌을 발생시켜 사용하여서는 아니 된다.

관련개념 CHAPTER 05 기타 산업용 기계·기구

050

「산업안전보건법령」상 프레스 및 전단기에서 안전블록을 사용해야 하는 작업으로 가장 거리가 먼 것은?

① 금형 가공작업
② 금형 해체작업
③ 금형 부착작업
④ 금형 조정작업

해설 프레스 등의 금형을 부착·해체 또는 조정하는 작업을 할 때에 해당 작업에 종사하는 근로자의 신체가 위험한계 내에 있는 경우 슬라이드가 갑자기 작동함으로써 근로자에게 발생할 우려가 있는 위험을 방지하기 위하여 안전블록을 사용하는 등 필요한 조치를 하여야 한다.

관련개념 CHAPTER 04 프레스 및 전단기의 안전

051

크레인의 사용 중 하중이 정격을 초과하였을 때 자동적으로 상승이 정지되는 장치는?

① 해지장치
② 이탈방지장치
③ 아웃트리거
④ 과부하방지장치

해설 과부하방지장치
크레인에 있어서 정격하중 이상의 하중이 부하되었을 때 자동적으로 상승이 정지되면서 경보음을 발생시키는 장치이다.

관련개념 CHAPTER 06 운반기계 및 양중기

052

인간이 기계 등의 취급을 잘못해도 그것이 바로 사고나 재해와 연결되는 일이 없는 기능을 의미하는 것은?

① Fail Safe
② Fail Active
③ Fail Operational
④ Fool Proof

해설 풀 프루프(Fool Proof)
근로자가 기계를 잘못 취급하여 불안전한 행동이나 실수를 하여도 기계설비의 안전기능이 작용하여 재해를 방지할 수 있는 기능이다.

관련개념 CHAPTER 01 기계공정의 안전, 기계안전시설 관리

053

「산업안전보건법령」상 컨베이어를 사용하여 작업을 할 때 작업시작 전 점검사항으로 가장 거리가 먼 것은?

① 원동기 및 풀리(Pulley) 기능의 이상 유무
② 이탈 등의 방지장치 기능의 이상 유무
③ 유압장치의 기능의 이상 유무
④ 비상정지장치 기능의 이상 유무

해설 유압장치 기능의 이상 유무는 지게차 작업시작 전 점검사항이다.
컨베이어 작업시작 전 점검사항
- 원동기 및 풀리(Pulley) 기능의 이상 유무
- 이탈 등의 방지장치 기능의 이상 유무
- 비상정지장치 기능의 이상 유무
- 원동기·회전축·기어 및 풀리 등의 덮개 또는 울 등의 이상 유무

관련개념 CHAPTER 02 기계분야 산업재해 조사 및 관리

054

선반작업 시 안전수칙으로 가장 적절하지 않은 것은?

① 기계에 주유 및 청소 시 반드시 기계를 정지시키고 한다.
② 칩 제거 시 브러시를 사용한다.
③ 바이트에는 칩 브레이커를 설치한다.
④ 선반의 바이트는 끝을 길게 장치한다.

해설 선반작업 시 바이트는 끝을 짧게 장치하고 일감의 길이가 직경의 12배 이상일 때 방진구를 사용한다.

관련개념 CHAPTER 03 공작기계의 안전

055

다음 중 기계설비에서 반대로 회전하는 두 개의 회전체가 맞닿는 사이에 발생하는 위험점으로 가장 적절한 것은?

① 물림점 ② 협착점
③ 끼임점 ④ 절단점

해설 물림점(Nip Point)
회전하는 두 개의 회전체가 맞닿아서 위험성이 있는 곳을 말하며, 위험점이 발생되는 조건은 회전체가 서로 반대방향으로 맞물려 회전되어야 한다.
예 기어, 롤러

관련개념 CHAPTER 01 기계공정의 안전, 기계안전시설 관리

056

「산업안전보건법령」상 산업용 로봇의 작업시작 전 점검사항으로 가장 거리가 먼 것은?

① 외부 전선의 피복 또는 외장의 손상 유무
② 압력방출장치의 이상 유무
③ 매니퓰레이터 작동 이상 유무
④ 제동장치 및 비상정지장치의 기능

해설 압력방출장치의 기능은 공기압축기를 가동할 때 작업시작 전 점검사항이다.
산업용 로봇의 작업시작 전 점검사항
- 외부 전선의 피복 또는 외장의 손상 유무
- 매니퓰레이터(Manipulator) 작동의 이상 유무
- 제동장치 및 비상정지장치의 기능

관련개념 CHAPTER 02 기계분야 산업재해 조사 및 관리

057

프레스 작동 후 슬라이드가 하사점에 도달할 때까지의 소요시간이 0.5[s]일 때 양수기동식 방호장치의 안전거리는 최소 얼마인가?

① 200[mm] ② 400[mm]
③ 600[mm] ④ 800[mm]

해설 양수기동식 방호장치의 안전거리
$D_m = 1,600 \times T_m = 1,600 \times 0.5 = 800[\text{mm}]$
여기서, T_m: 누름버튼을 누른 때부터 슬라이드가 하사점에 도달할 때까지의 소요 최대시간[초]

관련개념 CHAPTER 04 프레스 및 전단기의 안전

058
「산업안전보건법령」상 보일러의 과열을 방지하기 위하여 최고사용압력과 상용압력 사이에서 보일러의 버너연소를 차단하여 정상 압력으로 유도하는 방호장치로 가장 적절한 것은?

① 압력방출장치 ② 고저수위조절장치
③ 언로드밸브 ④ 압력제한스위치

해설 보일러의 과열을 방지하기 위하여 최고사용압력과 상용압력 사이에서 보일러의 버너연소를 차단할 수 있도록 **압력제한스위치를 부착**하여 사용하여야 한다.

관련개념 CHAPTER 05 기타 산업용 기계·기구

059
둥근톱기계의 방호장치 중 반발예방장치의 종류로 틀린 것은?

① 분할날 ② 반발방지기구(Finger)
③ 보조안내판 ④ 안전덮개

해설 반발예방장치의 종류
- 분할날(Spreader)
- 반발방지기구(Finger)
- 반발방지롤(Roll)
- 보조안내판

관련개념 CHAPTER 05 기타 산업용 기계·기구

060
「산업안전보건법령」상 형삭기(Slotter, Shaper)의 주요 구조부로 가장 거리가 먼 것은?(단, 수치제어식은 제외한다.)

① 공구대 ② 공작물 테이블
③ 램 ④ 아버

해설 아버(Arbor)는 공작기계로서 절삭공구를 부착하는 작은 축으로 밀링머신에 장치하여 사용된다.
형삭기의 주요 구조부
공구대, 공작물 테이블, 램

관련개념 CHAPTER 03 공작기계의 안전

전기설비 안전관리

061
유자격자가 아닌 근로자가 방호되지 않은 충전전로 인근의 높은 곳에서 작업할 때에 근로자의 몸은 충전전로에서 몇 [cm] 이내로 접근할 수 없도록 하여야 하는가?(단, 대지전압은 50[kV]이다.)

① 50 ② 100
③ 200 ④ 300

해설 충전전로에서의 전기작업
유자격자가 아닌 근로자가 충전전로 인근의 높은 곳에서 작업할 때에 근로자의 몸 또는 긴 도전성 물체가 방호되지 않은 충전전로에서 대지전압이 **50[kV] 이하인 경우에는 300[cm] 이내로**, 대지전압이 50[kV]를 넘는 경우에는 10[kV]당 10[cm]씩 더한 거리 이내로 각각 접근할 수 없도록 하여야 한다.

관련개념 CHAPTER 02 감전재해 및 방지대책

062
다음 중 정전기의 발생 현상에 포함되지 않는 것은?

① 파괴에 의한 발생 ② 분출에 의한 발생
③ 전도대전 ④ 유동에 의한 대전

해설 정전기 대전의 종류
- 마찰대전
- 박리대전
- **유동대전**
- **분출대전**
- 충돌대전
- **파괴대전**
- 교반(진동)이나 침강대전

관련개념 CHAPTER 03 정전기 장·재해관리

063
방폭기기에 별도의 주위온도 표시가 없을 때 방폭기기의 주위온도범위는?(단, 기호 "X"의 표시가 없는 기기이다.)

① 20[℃]~40[℃] ② −20[℃]~40[℃]
③ 10[℃]~50[℃] ④ −10[℃]~50[℃]

해설 전기기기에 주위온도범위가 표시되어 있지 않은 경우, 해당 기기는 −20[℃]부터 40[℃] 범위 내에서 사용하도록 설계된 것이다.

관련개념 CHAPTER 04 전기방폭관리

| 정답 | 058 ④ | 059 ④ | 060 ④ | 061 ④ | 062 ③ | 063 ② |

064

정전기로 인한 화재 및 폭발을 방지하기 위하여 조치가 필요한 설비가 아닌 것은?

① 드라이클리닝설비 ② 위험물 건조설비
③ 화약류 제조설비 ④ 위험기구의 제전설비

해설 위험기구의 제전설비는 정전기를 제거하는 설비이므로 정전기로 인한 화재 및 폭발을 방지하기 위한 조치가 필요한 설비가 아니다.

관련개념 CHAPTER 03 정전기 장·재해관리

065

300[A]의 전류가 흐르는 저압 가공전선로의 1선에서 허용 가능한 누설전류[mA]는?

① 600 ② 450
③ 300 ④ 150

해설 저압전선로 중 절연부분의 전선과 대지 및 심선 상호 간의 절연저항은 사용전압에 대한 누설전류가 최대 공급전류의 $\frac{1}{2,000}$이 넘지 않도록 유지하여야 한다.

누설전류=최대 공급전류 $\times \frac{1}{2,000} = 300 \times \frac{1}{2,000} = 0.15[A] = 150[mA]$

관련개념 CHAPTER 02 감전재해 및 방지대책

066

「산업안전보건기준에 관한 규칙」 제319조에 따라 감전될 우려가 있는 장소에서 작업을 하기 위해서는 전로를 차단하여야 한다. 전로 차단을 위한 시행 절차 중 틀린 것은?

① 전기기기 등에 공급되는 모든 전원을 관련 도면, 배선도 등으로 확인
② 각 단로기를 개방한 후 전원 차단
③ 단로기 개방 후 차단장치나 단로기 등에 잠금장치 및 꼬리표를 부착
④ 잔류전하 방전 후 검전기를 이용하여 작업 대상기기가 충전되어 있는지 확인

해설 전원을 차단한 후 각 단로기 등을 개방하고 확인하여야 한다.

관련개념 CHAPTER 02 감전재해 및 방지대책

067

피뢰기가 구비하여야 할 조건으로 틀린 것은?

① 제한전압이 낮아야 한다.
② 상용주파방전개시전압이 높아야 한다.
③ 충격방전개시전압이 높아야 한다.
④ 속류차단 능력이 충분하여야 한다.

해설 피뢰기의 성능
- 제한전압 또는 **충격방전개시전압이 충분히 낮고** 보호능력이 있을 것
- 속류차단이 완전히 행해져 동작책무특성이 충분할 것
- 뇌전류 방전능력이 클 것
- 대전류의 방전, 속류차단의 반복동작에 대하여 장기간 사용에 견딜 수 있을 것
- 상용주파방전개시전압은 회로전압보다 충분히 높아서 상용주파방전을 하지 않을 것

관련개념 CHAPTER 05 전기설비 위험요인관리

068

다음 중 정전기의 재해방지 대책으로 틀린 것은?

① 설비의 도체 부분을 접지
② 작업자는 정전화를 착용
③ 작업장의 습도를 30[%] 이하로 유지
④ 배관 내 액체의 유속제한

해설 정전기 대전방지를 위해 작업장 내의 습도를 70[%] 정도로 유지하는 것이 바람직하다.

관련개념 CHAPTER 03 정전기 장·재해관리

069

가스(발화온도 120[℃])가 존재하는 지역에 방폭기기를 설치하고자 한다. 설치가 가능한 기기의 온도등급은?

① T2 　　② T3
③ T4 　　④ T5

해설 가스·증기 발화온도 및 전기기기의 온도등급과의 관계

폭발위험장소 구분에 따른 온도등급	가스·증기의 발화온도[℃]	전기기기의 최고표면온도[℃]
T1	450 초과	300 초과 450 이하
T2	300 초과 450 이하	200 초과 300 이하
T3	200 초과 300 이하	135 초과 200 이하
T4	135 초과 200 이하	100 초과 135 이하
T5	100 초과 135 이하	85 초과 100 이하
T6	85 초과 100 이하	85 이하

관련개념 CHAPTER 05 전기방폭관리

070

변압기의 중성점을 제2종 접지한 수전전압 22.9[kV], 사용전압 220[V]인 공장에서 외함을 제3종 접지공사를 한 전동기가 운전 중에 누전되었을 경우에 작업자가 접촉될 수 있는 최소전압은 약 몇 [V]인가?(단, 1선 지락전류 10[A], 제3종 접지저항 30[Ω], 인체저항: 10,000[Ω]이다.)

① 116.7　　② 127.5
③ 146.7　　④ 165.6

해설 접지저항 = $\frac{150}{1선\ 지락전류} = \frac{150}{10} = 15[\Omega]$

지락전류를 I[A]라고 하면 $I = \frac{V}{R_2+R_3} = \frac{220}{15+30} = 4.89$[A]

외함에 걸리는 전압 V_1은 R_3와 I의 곱이므로
$V_1 = IR_3 = 4.89 \times 30 = 146.7$[V]

※ 계산식은 동일하나 「한국전기설비규정」이 개정됨에 따라 '접지대상에 따라 일괄 적용하는 종별접지'는 폐지되었습니다. 단, 향후 용어 이해에 대한 문제가 출제될 수 있으므로 '제2종 접지'는 '저압측 중성점 계통접지'로 이해하여야 합니다.

관련개념 CHAPTER 02 감전재해 및 방지대책

071

제전기의 종류가 아닌 것은?

① 전압인가식 제전기　　② 정전식 제전기
③ 방사선식 제전기　　④ 자기방전식 제전기

해설 제전기의 종류는 제전에 필요한 이온의 생성방법에 따라 전압인가식 제전기, 자기방전식 제전기, 방사선식 제전기가 있다.

관련개념 CHAPTER 03 정전기 장·재해관리

072

정전기 방전현상에 해당되지 않는 것은?

① 연면방전　　② 코로나 방전
③ 낙뢰방전　　④ 스팀방전

해설 정전기 방전의 종류
코로나 방전, 스트리머 방전, 불꽃방전, 연면방전, 뇌상방전(낙뢰방전)

관련개념 CHAPTER 03 정전기 장·재해관리

073

정전용량 C=20[μF], 방전 시 전압 V=2[kV]일 때 정전에너지[J]는 얼마인가?

① 40　　② 80
③ 400　　④ 800

해설 정전에너지
$W = \frac{1}{2}CV^2 = \frac{1}{2} \times (20 \times 10^{-6}) \times (2 \times 10^3)^2 = 40$[J]

여기서, C: 도체의 정전용량[F]
　　　　V: 대전전위[V]

※ 1[μF]=10^{-6}[F], 1[kV]=10^3[V]이다.

관련개념 CHAPTER 03 정전기 장·재해관리

074

전로에 지락이 생겼을 때에 자동적으로 전로를 차단하는 장치를 시설해야 하는 전기기계의 사용전압 기준은?(단, 금속제 외함을 가지는 저압의 기계·기구로서 사람이 쉽게 접촉할 우려가 있는 곳에 시설되어 있다.)

① 30[V] 초과
② 50[V] 초과
③ 90[V] 초과
④ 150[V] 초과

해설 금속제 외함을 가지는 **사용전압이 50[V]를 초과**하는 저압의 기계·기구로서 사람이 쉽게 접촉할 우려가 있는 곳에 시설하는 것에 전기를 공급하는 전로에는 누전차단기를 시설하여야 한다.

관련개념 CHAPTER 02 감전재해 및 방지대책

075

전로에 시설하는 기계·기구의 금속제 외함에 접지공사를 하지 않아도 되는 경우로 틀린 것은?

① 저압용의 기계·기구를 건조한 목재의 마루 위에서 취급하도록 시설한 경우
② 외함 주위에 적당한 절연대를 설치한 경우
③ 교류 대지전압이 300[V] 이하인 기계·기구를 건조한 곳에 시설한 경우
④ 「전기용품 및 생활용품 안전관리법」의 적용을 받는 이중 절연구조로 되어 있는 기계·기구를 시설하는 경우

해설 사용전압이 직류 300[V] 또는 교류 대지전압이 150[V] 이하인 기계·기구를 건조한 곳에 시설하는 경우에 접지공사를 하지 않아도 된다.

관련개념 CHAPTER 05 전기설비 위험요인관리

076

Dalziel에 의하여 동물 실험을 통해 얻어진 전류값을 인체에 적용했을 때 심실세동을 일으키는 전기에너지(J)는 약 얼마인가?(단, 인체 전기저항은 500[Ω]으로 보며, 흐르는 전류 $I=\frac{165}{\sqrt{T}}$[mA]로 한다.)

① 9.8
② 13.6
③ 19.6
④ 27

해설 $W=I^2RT=\left(\frac{165}{\sqrt{T}}\times 10^{-3}\right)^2 \times 500T$
$=(165^2 \times 10^{-6}) \times 500 = 13.6[J]$

여기서, W: 위험한계에너지[J], I: 심실세동전류[A]
R: 인체저항[Ω], T: 통전시간[s]

관련개념 CHAPTER 02 감전재해 및 방지대책

077

전기설비의 방폭구조의 종류가 아닌 것은?

① 근본방폭구조
② 압력방폭구조
③ 안전증방폭구조
④ 본질안전방폭구조

해설 근본방폭구조는 방폭구조의 종류가 아니다.

관련개념 CHAPTER 04 전기방폭관리

078

전기기계·기구의 기능 설명으로 옳은 것은?

① CB는 부하전류를 개폐시킬 수 있다.
② ACB는 진공 중에서 차단동작을 한다.
③ DS는 회로의 개폐 및 대용량부하를 개폐시킨다.
④ 피뢰침은 뇌나 계통의 개폐에 의해 발생하는 이상전압을 대지로 방전시킨다.

해설 ACB는 공기를 소호 매질로 하고, 단로기(DS)는 무부하 상태에서 선로를 개방하며, LA는 피뢰기로 이상전압을 억제한다.

관련개념 CHAPTER 01 전기안전 관리

| 정답 | 074 ② | 075 ③ | 076 ② | 077 ① | 078 ①

079

방폭전기기기에 "Ex ia IIC T4 Ga"라고 표시되어 있다. 해당 기기에 대한 설명으로 틀린 것은?

① 정상 작동, 예상된 오작동에 또는 드문 오작동 중에 점화원이 될 수 없는 "매우 높은" 보호등급의 기기이다.
② 온도등급이 T4이므로 최고표면온도가 150[℃]를 초과해서는 안 된다.
③ 본질안전방폭구조로 0종 장소에서 사용이 가능하다.
④ 수소 및 아세틸렌 등의 가스가 존재하는 곳에 사용이 가능하다.

해설 온도등급 T4는 최고표면온도가 100[℃] 초과 135[℃] 이하인 것을 말한다.

전기기기의 최고표면온도에 따른 온도등급

온도등급	전기기기의 최고표면온도(℃)
T1	300 초과 450 이하
T2	200 초과 300 이하
T3	135 초과 200 이하
T4	100 초과 135 이하
T5	85 초과 100 이하
T6	85 이하

관련개념 CHAPTER 04 전기방폭관리

080

작업자가 교류전압 7,000[V] 이하의 전로에 활선 근접작업 시 감전사고 방지를 위한 절연용 보호구는?

① 고무절연관
② 절연시트
③ 절연커버
④ 절연안전모

해설 절연용 안전보호구의 종류
- **전기안전모(절연모)**
- 절연고무장갑(절연장갑)
- 절연고무장화
- 절연복(절연상의 및 하의, 어깨받이 등) 및 절연화
- 도전성 작업복 및 작업화

관련개념 CHAPTER 02 감전재해 및 방지대책

화학설비 안전관리

081

진한 질산이 공기 중에서 햇빛에 의해 분해되었을 때 발생하는 갈색증기는?

① N_2
② NO_2
③ NH_3
④ NH_2

해설 진한 질산을 가열, 분해 시 유독성의 적갈색 이산화질소(NO_2)가 발생한다.
$4HNO_3 \rightarrow 2H_2O + 4NO_2 + O_2$

관련개념 CHAPTER 02 화학물질 안전관리 실행

082

다음 중 압축기 운전 시 토출압력이 갑자기 증가하는 이유로 가장 적절한 것은?

① 윤활유의 과다
② 피스톤 링의 가스 누설
③ 토출관 내에 저항 발생
④ 저장조 내 가스압의 감소

해설 토출관 내에 저항이 발생하면 토출압력이 증가하게 된다.

관련개념 CHAPTER 04 화공 안전운전·점검

083

고온에서 완전 열분해하였을 때 산소를 발생하는 물질은?

① 황화수소 ② 과염소산칼륨
③ 메틸리튬 ④ 적린

해설 과염소산칼륨은 산화성 고체에 해당하며 열분해 시 산소를 발생시킨다.
$KClO_4 \rightarrow KCl + 2O_2$

관련개념 CHAPTER 02 화학물질 안전관리 실행

084

다음 중 분진폭발에 관한 설명으로 틀린 것은?

① 폭발한계 내에서 분진의 휘발성분이 많으면 폭발 위험성이 높다.
② 분진이 발화 폭발하기 위한 조건은 가연성, 미분상태, 공기 중에서의 교반과 유동 및 점화원의 존재이다.
③ 가스폭발과 비교하여 연소의 속도나 폭발의 압력이 크고, 연소시간이 짧으며, 발생에너지가 작다.
④ 폭발한계는 입자의 크기, 입도분포, 산소농도, 함유수분, 가연성 가스의 혼입 등에 의해 같은 물질의 분진에서도 달라진다.

해설 분진폭발은 가스폭발보다 폭발압력과 연소속도가 작으며 발생에너지가 크다.

분진폭발의 특징
- 가스폭발보다 발생에너지가 크다.
- 폭발압력과 연소속도는 가스폭발보다 작다.
- 불완전연소로 인한 가스중독의 위험성이 크다.
- 화염의 파급속도보다 압력의 파급속도가 빠르다.
- 가스폭발에 비하여 불완전연소가 많이 발생한다.
- 주위 분진에 의해 2차, 3차 폭발로 파급될 수 있다.

관련개념 CHAPTER 01 화재·폭발 검토

085

다음 중 유류화재의 화재급수에 해당하는 것은?

① A급 ② B급
③ C급 ④ D급

해설 화재의 종류

A급 화재	B급 화재	C급 화재	D급 화재
일반화재	유류화재	전기화재	금속화재

관련개념 CHAPTER 01 화재 폭발·검토

086

「산업안전보건법령」에서 규정하고 있는 위험물질의 종류 중 부식성 염기류로 분류되기 위하여 농도가 40[%] 이상이어야 하는 물질은?

① 염산 ② 아세트산
③ 불산 ④ 수산화칼륨

해설 부식성 염기류
농도가 40[%] 이상인 수산화나트륨, 수산화칼륨, 그 밖에 이와 같은 정도 이상의 부식성을 가지는 염기류이다.

관련개념 CHAPTER 02 화학물질 안전관리 실행

087

다음 중 수분(H_2O)과 반응하여 유독성 가스인 포스핀이 발생되는 물질은?

① 금속나트륨 ② 알루미늄 분말
③ 인화칼슘 ④ 수소화리튬

해설 인화칼슘(Ca_3P_2)은 금수성 물질로 수분과 반응하여 유독성 가스인 포스핀(PH_3)을 발생시킨다.
$Ca_3P_2 + 6H_2O \rightarrow 3Ca(OH)_2 + 2PH_3 \uparrow$

관련개념 CHAPTER 02 화학물질 안전관리 실행

088

대기압에서 사용하나 증발에 의한 액체의 손실을 방지함과 동시에 액면 위의 공간에 폭발성 위험가스를 형성할 위험이 적은 구조의 저장탱크는?

① 유동형 지붕탱크
② 원추형 지붕탱크
③ 원통형 저장탱크
④ 구형 저장탱크

해설 유동형 지붕탱크
저장물질 위에 띄운 지붕판이 탱크 측판부를 따라 상하로 움직이는 원통탱크로서 이러한 구조로 인해 증발에 의한 액체의 손실을 방지하는 동시에 액면 위의 공간에 폭발성 위험가스를 형성할 위험이 적다.

관련개념 CHAPTER 01 화재·폭발 검토

089

자동화재탐지설비의 감지기 종류 중 열감지기가 아닌 것은?

① 차동식
② 정온식
③ 보상식
④ 광전식

해설 광전식 감지기는 연기감지기의 종류이다.
화재감지기의 종류
- 열감지기: 차동식, 정온식, 보상식
- 연기감지기: 이온화식, 광전식, 공기흡입형

관련개념 CHAPTER 01 화재 폭발·검토

090

증기배관 내에 생성하는 응축수를 제거할 때 증기가 배출되지 않도록 하면서 응축수를 자동적으로 배출하기 위한 장치를 무엇이라 하는가?

① Vent Stack
② Steam Trap
③ Blow Down
④ Relief Valve

해설 스팀트랩(Steam Trap)
증기배관 내에 생성하는 응축수는 송기상 지장이 되어 제거할 필요가 있는데, 이때 증기가 도망가지 않도록 이 응축수를 자동적으로 배출하기 위한 장치이다.
벤트스택(Vent Stack)
탱크 내의 압력을 정상상태로 유지하기 위한 장치이다.
블로우다운(Blow Down)
보일러 내부에 이물질이 누적되는 것을 방지하기 위해 수면의 스팀, 수저의 찌꺼기를 방출하는 장치이다.
릴리프밸브(Relief Valve)
압력을 분출하는 밸브 또는 안전밸브로 압력용기나 보일러 등에서 압력이 일정 압력 이상이 되었을 때 가스를 탱크 외부로 분출하는 밸브이다.

관련개념 CHAPTER 04 화공 안전운전·점검

091

인화점이 각 온도 범위에 포함되지 않는 물질은?

① $-30[℃]$ 미만: 디에틸에테르
② $-30[℃]$ 이상 $0[℃]$ 미만: 아세톤
③ $0[℃]$ 이상 $30[℃]$ 미만: 벤젠
④ $30[℃]$ 이상 $65[℃]$ 이하: 아세트산

해설 벤젠의 인화점은 $-11[℃]$로 보기의 범위에 포함되지 않는다.
오답해설
① 디에틸에테르의 인화점: $-45[℃]$
② 아세톤의 인화점: $-18[℃]$
④ 아세트산의 인화점: $41.7[℃]$

관련개념 CHAPTER 01 화재 폭발·검토

092

다음 중 아세틸렌을 용해가스로 만들 때 사용되는 용제로 가장 적합한 것은?

① 아세톤
② 메탄
③ 부탄
④ 프로판

해설 아세틸렌은 가압하면 분해폭발을 하므로 아세톤 등에 침윤시켜 다공성 물질이 들어 있는 용기에 충전시킨다.

관련개념 CHAPTER 02 화학물질 안전관리 실행

093

다음 중 「산업안전보건법령」상 화학설비의 부속설비로만 이루어진 것은?

① 사이클론, 백필터, 전기집진기 등 분진처리설비
② 응축기, 냉각기, 가열기, 증발기 등 열교환기류
③ 고로 등 점화기를 직접 사용하는 열교환기류
④ 혼합기, 발포기, 압출기 등 화학제품 가공설비

해설 사이클론, 백필터(Bag Filter), 전기집진기 등 분진처리설비는 화학설비의 부속설비에 해당한다.
오답해설 ②, ③, ④는 화학설비에 해당한다.

관련개념 CHAPTER 02 화학물질 안전관리 실행

094

다음 중 밀폐공간 내 작업 시의 조치사항으로 가장 거리가 먼 것은?

① 산소결핍이나 유해가스로 인한 질식의 우려가 있으면 진행 중인 작업에 방해되지 않도록 주의하면서 환기를 강화하여야 한다.
② 해당 작업장을 적정한 공기상태로 유지되도록 환기하여야 한다.
③ 그 장소에 근로자를 입장시킬 때와 퇴장시킬 때마다 인원을 점검하여야 한다.
④ 그 작업장과 외부의 감시인 간에 항상 연락을 취할 수 있는 설비를 설치하여야 한다.

해설 밀폐공간에서 작업을 하는 경우에 산소결핍이나 유해가스로 인한 질식·화재·폭발 등의 우려가 있으면 즉시 작업을 중단시키고 해당 근로자를 대피하도록 하여야 한다.

관련개념 CHAPTER 01 화재·폭발 검토

095

「산업안전보건법령」상 폭발성 물질을 취급하는 화학설비를 설치하는 경우에 단위공정설비로부터 다른 단위공정설비 사이의 안전거리는 설비 바깥면으로부터 몇 [m] 이상이어야 하는가?

① 10
② 15
③ 20
④ 30

해설 단위공정시설 및 설비로부터 다른 단위공정시설 및 설비의 사이는 설비의 바깥면으로부터 10[m] 이상의 안전거리를 두어야 한다.

관련개념 CHAPTER 02 화학물질 안전관리 실행

096

에틸알코올(C_2H_5OH) 1몰이 완전연소할 때 생성되는 CO_2의 몰수로 옳은 것은?

① 1
② 2
③ 3
④ 4

해설 에틸알코올의 완전연소식
$C_2H_5OH + 3O_2 \rightarrow 2CO_2 + 3H_2O$
   1   :   3   2   :   3
에틸알코올이 1몰 반응할 때 생성되는 CO_2는 2몰이다.

관련개념 CHAPTER 01 화재·폭발 검토

097

탄화수소 증기의 연소하한값 추정식은 연료의 양론농도(C_{st})의 0.55배이다. 프로핀 1몰의 연소반응식이 다음과 같을 때 연소하한값은 약 몇 [vol%]인가?

$$C_3H_8 + 5O_2 \rightarrow 3CO_2 + 4H_2O$$

① 2.22
② 4.03
③ 4.44
④ 8.06

해설 프로판의 완전연소반응식
$C_3H_8 + 5O_2 \rightarrow 3CO_2 + 4H_2O$
유기물 $C_nH_xO_y$의 양론농도(C_{st})는 다음 식으로 구할 수 있다.
$$C_{st} = \frac{100}{(4.77n + 1.19x - 2.38y) + 1} = \frac{100}{(4.77 \times 3 + 1.19 \times 8) + 1} = 4.03$$
문제에서 연소하한값 추정식이 연료의 양론농도(C_{st})의 0.55배로 주어졌으므로 프로판의 연소하한값은 다음과 같이 계산할 수 있다.
프로판의 연소하한값 $= 0.55 \times C_{st} = 0.55 \times 4.03 = 2.22$

관련개념 CHAPTER 01 화재·폭발 검토

098

프로판과 메탄의 폭발하한계가 각각 2.5[vol%], 5.0[vol%]이라고 할 때 프로판과 메탄이 3:1의 체적비로 혼합되어 있다면 이 혼합가스의 폭발하한계는 약 몇 [vol%]인가?(단, 상온, 상압 상태이다.)

① 2.9
② 3.3
③ 3.8
④ 4.0

해설 혼합기체의 폭발하한계
프로판과 메탄이 3:1의 체적비로 혼합되어 있으므로 프로판의 체적을 75[vol%], 메탄의 체적을 25[vol%]로 두고 다음 식을 푼다.
$$L = \frac{V_1 + V_2 + \cdots + V_n}{\frac{V_1}{L_1} + \frac{V_2}{L_2} + \cdots + \frac{V_n}{L_n}} = \frac{75 + 25}{\frac{75}{2.5} + \frac{25}{5}} = 2.9[\text{vol}\%]$$

관련개념 CHAPTER 01 화재·폭발 검토

099

다음 중 소화약제로 사용되는 이산화탄소에 관한 설명으로 틀린 것은?

① 사용 후에 오염의 영향이 거의 없다.
② 장시간 저장하여도 변화가 없다.
③ 주된 소화효과는 억제소화이다.
④ 자체 압력으로 방사가 가능하다.

해설 이산화탄소소화기는 질식소화가 주된 소화효과이며, 냉각효과를 동반하여 상승적으로 작용하여 소화한다.

관련개념 CHAPTER 01 화재·폭발 검토

100

다음 중 물질의 자연발화를 촉진시키는 요인으로 가장 거리가 먼 것은?

① 표면적이 넓고, 발열량이 클 것
② 열전도율이 클 것
③ 주위 온도가 높을 것
④ 적당한 수분을 보유할 것

해설 자연발화가 일어나기 위해서는 열전도율이 작아야 한다.

자연발화의 조건
- 표면적이 넓을 것
- 발열량이 클 것
- **열전도율이 작을 것**
- 주위 온도가 높을 것
- 적당한 수분을 포함할 것
- 열축적이 클 것

관련개념 CHAPTER 01 화재·폭발 검토

건설공사 안전관리

101

다음은 말비계를 조립하여 사용하는 경우에 관한 준수사항이다. ( ) 안에 들어갈 내용으로 옳은 것은?

> - 지주부재와 수평면의 기울기를 (A)° 이하로 하고 지주부재와 지주부재 사이를 고정시키는 보조부재를 설치할 것
> - 말비계의 높이가 2[m]를 초과하는 경우에는 작업발판의 폭을 (B)[cm] 이상으로 할 것

① A: 75, B: 30
② A: 75, B: 40
③ A: 85, B: 30
④ A: 85, B: 40

해설 말비계 조립 시 준수사항
- 지주부재의 하단에는 미끄럼 방지장치를 하고, 근로자가 양측 끝부분에 올라서서 작업하지 않도록 하여야 한다.
- 지주부재와 수평면의 **기울기를 75° 이하**로 하고, 지주부재와 지주부재 사이를 고정하는 보조부재를 설치하여야 한다.
- 말비계의 높이가 2[m]를 초과할 경우에는 **작업발판의 폭을 40[cm] 이상**으로 하여야 한다.

관련개념 CHAPTER 05 비계·거푸집 가시설 위험방지

102

다음 중 해체작업용 기계·기구로 가장 거리가 먼 것은?

① 압쇄기
② 핸드 브레이커
③ 철제 해머
④ 진동롤러

해설 진동롤러는 다짐장비에 해당한다.

해체용 기구의 종류
압쇄기, 대형 브레이커, 철제 해머, 핸드 브레이커, 팽창제, 절단기

관련개념 CHAPTER 06 공사 및 작업 종류별 안전

103
거푸집 및 동바리를 조립하는 경우에 준수하여야 할 안전조치기준으로 옳지 않은 것은?

① 강재의 접속부 및 교차부는 전용철물을 사용하여 단단히 연결할 것
② 동바리로 사용하는 파이프 서포트는 3개 이상 이어서 사용하지 않도록 할 것
③ 동바리로 사용하는 파이프 서포트를 이어서 사용하는 경우에는 3개 이상의 볼트 또는 전용철물을 사용하여 이을 것
④ 동바리로 사용하는 강관틀과 강관틀 사이에는 교차가새를 설치할 것

해설 동바리로 사용하는 파이프 서포트를 이어서 사용하는 경우에는 4개 이상의 볼트 또는 전용철물을 사용하여 이어야 한다.

관련개념 CHAPTER 05 비계·거푸집 가시설 위험방지

104
콘크리트 타설을 위한 거푸집 및 동바리의 구조검토 시 가장 선행되어야 할 작업은?

① 각 부재에 생기는 응력에 대하여 안전한 단면을 산정한다.
② 가설물에 작용하는 하중 및 외력의 종류, 크기를 산정한다.
③ 하중 및 외력에 의하여 각 부재에 생기는 응력을 구한다.
④ 사용할 거푸집 및 동바리의 설치간격을 결정한다.

해설 거푸집 및 동바리의 구조 검토 시 가설물에 작용하는 하중 및 외력의 종류, 크기를 우선적으로 산정한다.

관련개념 CHAPTER 06 공사 및 작업 종류별 안전

105
산업안전보건관리비 계상기준에 따른 건축공사, 대상액 「5억 원 이상 50억 원 미만」의 산업안전보건관리비 비율 및 기초액으로 옳은 것은?

① 비율: 2.28[%], 기초액: 4,325,000원
② 비율: 2.53[%], 기초액: 3,300,000원
③ 비율: 3.05[%], 기초액: 2,975,000원
④ 비율: 1.59[%], 기초액: 2,450,000원

해설 산업안전보건관리비 계상기준표

공사종류	대상액 5억 원 미만	대상액 5억 원 이상 50억 원 미만		대상액 50억 원 이상	보건관리자 선임 대상
		적용비율	기초액		
건축공사	3.11[%]	2.28[%]	4,325,000원	2.37[%]	2.64[%]
토목공사	3.15[%]	2.53[%]	3,300,000원	2.60[%]	2.73[%]
중건설공사	3.64[%]	3.05[%]	2,975,000원	3.11[%]	3.39[%]
특수건설공사	2.07[%]	1.59[%]	2,450,000원	1.64[%]	1.78[%]

※ 이 문제는 개정된 법령에 따라 수정한 문제입니다.

관련개념 CHAPTER 03 건설업 산업안전보건관리비 관리

106
터널작업 시 자동경보장치에 대하여 당일의 작업시작 전 점검하여야 할 사항으로 옳지 않은 것은?

① 검지부의 이상 유무
② 조명시설의 이상 유무
③ 경보장치의 작동상태
④ 계기의 이상 유무

해설 자동경보장치의 작업시작 전 점검사항
- 계기의 이상 유무
- 검지부의 이상 유무
- 경보장치의 작동상태

관련개념 CHAPTER 05 비계·거푸집 가시설 위험방지

| 정답 | 103 ③ | 104 ② | 105 ① | 106 ② |

107

다음은 강관틀비계를 조립하여 사용하는 경우 준수해야 할 기준이다. ( ) 안에 알맞은 숫자를 나열한 것은?

> 길이가 띠장 방향으로 (A)미터 이하이고 높이가 (B) 미터를 초과하는 경우에는 (C)미터 이내마다 띠장 방향으로 버팀기둥을 설치할 것

① A: 4, B: 10, C: 5
② A: 4, B: 10, C: 10
③ A: 5, B: 10, C: 5
④ A: 5, B: 10, C: 10

해설 강관틀비계를 조립하여 사용하는 경우 길이가 띠장 방향으로 4[m] 이하이고 높이가 10[m]를 초과하는 경우에는 10[m] 이내마다 띠장 방향으로 버팀기둥을 설치하여야 한다.

관련개념 CHAPTER 05 비계·거푸집 가시설 위험방지

108

동력을 사용하는 항타기 또는 항발기에 대하여 무너짐을 방지하기 위하여 준수하여야 할 기준으로 옳지 않은 것은?

① 연약한 지반에 설치하는 경우에는 아웃트리거·받침 등 지지구조물의 침하를 방지하기 위하여 깔판·받침목 등을 사용할 것
② 아웃트리거·받침 등 지지구조물이 미끄러질 우려가 있는 경우에는 말뚝 또는 쐐기 등을 사용하여 해당 지지구조물을 고정시킬 것
③ 상단 부분은 견고한 버팀·말뚝 또는 철골 등으로 고정시키고, 그 하단 부분은 버팀대·버팀줄로 고정하여 안정시킬 것
④ 시설 또는 가설물 등에 설치하는 경우에는 그 내력을 확인하고 내력이 부족하면 그 내력을 보강할 것

해설 동력을 사용하는 항타기 또는 항발기에 대해 무너짐을 방지하기 위하여 상단 부분은 버팀대·버팀줄로 고정하여 안정시키고, 그 하단은 견고한 버팀·말뚝 또는 철골 등으로 고정시켜야 한다.
※ 이 문제는 개정된 법령에 따라 수정한 문제입니다.

관련개념 CHAPTER 04 건설현장 안전시설 관리

109

지반의 종류가 다음과 같을 때 굴착면의 기울기 기준으로 옳은 것은?

연암 및 풍화암

① 1 : 1.8
② 1 : 1.0
③ 1 : 0.8
④ 1 : 0.5

해설 굴착면의 기울기 기준

지반의 종류	굴착면의 기울기
모래	1 : 1.8
연암 및 풍화암	1 : 1.0
경암	1 : 0.5
그 밖의 흙	1 : 1.2

※ 이 문제는 개정된 법령에 따라 수정한 문제입니다.

관련개념 CHAPTER 02 건설공사 위험성

110

운반작업을 인력 운반작업과 기계 운반작업으로 분류할 때 기계 운반작업으로 실시하기에 부적당한 대상은?

① 단순하고 반복적인 작업
② 표준화되어 있어 지속적이고 운반량이 많은 작업
③ 취급물의 형상, 성질, 크기 등이 다양한 작업
④ 취급물이 중량인 작업

해설 취급물의 형상, 성질, 크기 등이 다양한 작업은 기계 운반작업으로 실시하기에 부적당하다.

관련개념 CHAPTER 06 공사 및 작업 종류별 안전

111

터널 등의 건설작업을 하는 경우에 낙반 등에 의하여 근로자가 위험해질 우려가 있는 경우에 필요한 직접적인 조치사항과 거리가 먼 것은?

① 터널지보공 설치
② 부석의 제거
③ 울 설치
④ 록볼트 설치

해설 울 설치는 추락위험 방지를 위한 조치사항에 해당한다.

관련개념 CHAPTER 05 비계·거푸집 가시설 위험방지

정답 | 107 ② 108 ③ 109 ② 110 ③ 111 ③

112

토질시험 중 연약한 점토 지반의 점착력을 판별하기 위하여 실시하는 현장시험은?

① 베인테스트(Vane Test) ② 표준관입시험(SPT)
③ 하중재하시험 ④ 삼축압축시험

해설 베인시험(Vane Test)
점토질 지반에서 흙의 전단 강도(점착력)를 구하는 시험의 일종으로 십자형으로 조합시킨 베인(날개)을 회전시킬 때의 토크치를 측정한다.

관련개념 CHAPTER 02 건설공사 위험성

113

사다리식 통로의 길이가 10[m] 이상일 때 얼마 이내마다 계단참을 설치하여야 하는가?

① 3[m] 이내마다 ② 4[m] 이내마다
③ 5[m] 이내마다 ④ 6[m] 이내마다

해설 사다리식 통로의 길이가 10[m] 이상인 경우에는 5[m] 이내마다 계단참을 설치하여야 한다.

관련개념 CHAPTER 05 비계·거푸집 가시설 위험방지

114

추락방호망 설치 시 그물코의 크기가 10[cm]인 매듭 있는 방망의 신품에 대한 인장강도 기준으로 옳은 것은?

① 100[kg] 이상 ② 200[kg] 이상
③ 300[kg] 이상 ④ 400[kg] 이상

해설 그물코 10[cm], 신품 매듭방망의 인장강도는 200[kg] 이상이어야 한다.

추락방호망 방망사 인장강도

※ ( ): 폐기기준 인장강도

그물코의 크기 (단위: [cm])	방망의 종류(단위: [kg])	
	매듭 없는 방망	매듭방망
10	240(150)	200(135)
5	–	110(60)

관련개념 CHAPTER 04 건설현장 안전시설 관리

115

타워크레인을 자립고(自立高) 이상의 높이로 설치할 때 지지벽체가 없어 와이어로프로 지지하는 경우의 준수사항으로 옳지 않은 것은?

① 와이어로프를 고정하기 위한 전용 지지프레임을 사용할 것
② 와이어로프 설치 각도는 수평면에서 60° 이내로 하되, 지지점은 4개소 이상으로 하고, 같은 각도로 설치할 것
③ 와이어로프와 그 고정부위는 충분한 강도와 장력을 갖도록 설치하되, 와이어로프를 클립·샤클(Shackle) 등의 기구를 사용하여 고정하지 않도록 유의할 것
④ 와이어로프가 가공전선에 근접하지 않도록 할 것

해설 타워크레인을 와이어로프로 지지하는 경우 준수사항
- 와이어로프를 고정하기 위한 전용 지지프레임을 사용할 것
- 와이어로프 설치각도는 수평면에서 60° 이내로 하되, 지지점은 4개소 이상으로 하고, 같은 각도로 설치할 것
- 와이어로프와 그 고정부위는 충분한 강도와 장력을 갖도록 설치하고, 와이어로프를 클립·샤클 등의 고정기구를 사용하여 견고하게 고정시켜 풀리지 않도록 하며, 사용 중에는 충분한 강도와 장력을 유지하도록 할 것
- 와이어로프가 가공전선에 근접하지 않도록 할 것

관련개념 CHAPTER 06 공사 및 작업 종류별 안전

116

장비 자체보다 높은 장소의 땅을 굴착하는 데 적합한 장비는?

① 파워셔블(Power Shovel)
② 불도저(Bulldozer)
③ 드래그라인(Drag Line)
④ 클램쉘(Clam Shell)

해설 파워셔블(Power Shovel)은 굴착기가 위치한 지면보다 높은 곳을 굴착하는 데 적합하다.

관련개념 CHAPTER 04 건설현장 안전시설 관리

117

비계의 부재 중 기둥과 기둥을 연결시키는 부재가 아닌 것은?

① 띠장
② 장선
③ 가새
④ 작업발판

해설 작업발판은 고소작업 또는 운반작업 시 작업공간 확보를 위해 설치하는 것으로 비계의 부재 중 기둥과 기둥을 연결시키는 부재에 해당하지 않는다. 띠장, 장선, 가새는 모두 비계의 연결부재이다.

관련개념 CHAPTER 05 비계·거푸집 가시설 위험방지

118

항만하역작업에서의 선박승강설비 설치기준으로 옳지 않은 것은?

① 200톤급 이상의 선박에서 하역작업을 하는 경우에 근로자들이 안전하게 오르내릴 수 있는 현문(舷門) 사다리를 설치하여야 하며, 이 사다리 밑에 안전망을 설치하여야 한다.
② 현문 사다리는 견고한 재료로 제작된 것으로 너비는 55[cm] 이상이어야 한다.
③ 현문 사다리의 양측에는 82[cm] 이상의 높이로 울타리를 설치하여야 한다.
④ 현문 사다리는 근로자의 통행에만 사용하여야 하며, 화물용 발판 또는 화물용 보관으로 사용하도록 해서는 아니 된다.

해설 항만하역작업 시 300톤급 이상의 선박에서 하역작업을 하는 경우에 근로자들이 안전하게 오르내릴 수 있는 현문 사다리를 설치하여야 하며, 이 사다리 밑에 안전망을 설치하여야 한다.

관련개념 CHAPTER 06 공사 및 작업 종류별 안전

119

다음 중 유해위험방지계획서 제출대상 공사가 아닌 것은?

① 지상높이가 30[m]인 건축물 건설공사
② 최대 지간길이가 50[m]인 교량건설공사
③ 터널 건설공사
④ 깊이가 11[m]인 굴착공사

해설 유해위험방지계획서 제출대상 건설공사
- 지상높이가 31[m] 이상인 건축물 또는 인공구조물, 연면적 30,000[m²] 이상인 건축물 또는 연면적 5,000[m²] 이상의 문화 및 집회시설(전시장 및 동물원·식물원 제외), 판매시설, 운수시설(고속철도의 역사 및 집배송시설 제외), 종교시설, 의료시설 중 종합병원, 숙박시설 중 관광숙박시설, 지하도상가 또는 냉동·냉장 창고시설의 건설·개조 또는 해체(건설 등) 공사
- 연면적 5,000[m²] 이상의 냉동·냉장 창고시설의 설비공사 및 단열공사
- 최대 지간길이가 50[m] 이상인 다리의 건설 등 공사
- 터널의 건설 등 공사
- 다목적댐, 발전용댐, 저수용량 2천만 톤 이상의 용수 전용 댐 및 지방 상수도 전용 댐의 건설 등 공사
- 깊이가 10[m] 이상인 굴착공사

관련개념 CHAPTER 02 건설공사 위험성

120

본 터널(Main Tunnel)을 시공하기 전에 터널에서 약간 떨어진 곳에 지질조사, 환기, 배수, 운반 등의 상태를 알아보기 위하여 설치하는 터널은?

① 프리패브(Prefab) 터널
② 사이드(Side) 터널
③ 쉴드(Shield) 터널
④ 파일럿(Pilot) 터널

해설 파일럿 터널
터널굴착 전, 본 터널에서 약간 떨어진 곳에 환기·재료운반 등의 목적으로 뚫는 터널이다.

관련개념 CHAPTER 05 비계·거푸집 가시설 위험방지

2020년 4회 기출문제

2020년 9월 26일 시행

산업재해 예방 및 안전보건교육

001
재해의 발생확률은 개인적 특성이 아니라 그 사람이 종사하는 작업의 위험성에 기초한다는 이론은?
① 암시설 ② 경향설
③ 미숙설 ④ 기회설

해설 재해 빈발성
- 기회설: 개인의 문제가 아니라 작업 자체에 문제가 있어 재해가 빈발한다.
- 암시설: 재해를 한 번 경험한 사람은 심리적 압박을 받게 되어 대처능력이 떨어져 재해가 빈발한다.
- 빈발경향자설: 재해를 자주 일으키는 소질을 가진 근로자가 있다는 설이다.

관련개념 CHAPTER 04 인간의 행동과학

002
재해원인 분석방법의 통계적 원인분석 중 사고의 유형, 기인물 등 분류항목을 큰 순서대로 도표화한 것은?
① 파레토도 ② 특성요인도
③ 클로즈분석도 ④ 관리도

해설 재해의 통계적 원인분석 방법

파레토도	분류항목을 큰 순서대로 도표화한 분석법
특성요인도	특성과 요인관계를 도표로 하여 어골상으로 세분화한 분석법
클로즈분석도	요인별 결과 내역을 교차한 클로즈 그림을 작성, 분석하는 방법
관리도	재해발생수를 그래프화하여 관리선을 설정, 관리하는 방법

관련개념 SUBJECT 03 기계·기구 및 설비 안전관리
CHAPTER 02 기계분야 산업재해 조사 및 관리

003
생체리듬의 변화에 대한 설명으로 틀린 것은?
① 야간에는 체중이 감소한다.
② 야간에는 말초운동 기능이 증가된다.
③ 체온, 혈압, 맥박수는 주간에 상승하고 야간에 감소한다.
④ 혈액의 수분과 염분량은 주간에 감소하고 야간에 상승한다.

해설 생체리듬(바이오리듬)의 변화
- 야간에는 체중이 감소한다.
- **야간에는 말초운동 기능이 저하되고, 피로의 자각증상이 증대한다.**
- 혈액의 수분과 염분량은 주간에 감소하고 야간에 증가한다.
- 체온, 혈압, 맥박은 주간에 상승하고 야간에 감소한다.

관련개념 CHAPTER 04 인간의 행동과학

004
「산업안전보건법령」상 안전보건표지의 색채와 사용 사례의 연결로 틀린 것은?
① 노란색 – 화학물질 취급장소에서의 유해·위험경고 이외의 위험경고
② 파란색 – 특정 행위의 지시 및 사실의 고지
③ 빨간색 – 화학물질 취급장소에서의 유해·위험경고
④ 녹색 – 정지신호, 소화설비 및 그 장소, 유해행위의 금지

해설 안전보건표지의 색도기준 및 용도

색채	색도기준	용도	사용 예
빨간색	7.5R 4/14	금지	정지신호, 소화설비 및 그 장소, 유해행위의 금지
		경고	화학물질 취급장소에서의 유해·위험경고
녹색	2.5G 4/10	안내	비상구 및 피난소, 사람 또는 차량의 통행표지

관련개념 CHAPTER 02 안전보호구 관리

| 정답 | 001 ④ | 002 ① | 003 ② | 004 ④ |

005

Y-K(Yutaka-Kohate)성격검사에 관한 사항으로 옳은 것은?

① C, C'형은 적응이 빠르다.
② M, M'형은 내구성, 집념이 부족하다.
③ S, S'형은 담력, 자신감이 강하다.
④ P, P'형은 운동, 결단이 빠르다.

해설 C, C'형 – 담즙질
- 운동, 결단, 눈치가 빠르다.
- 적응이 빠르다.
- 세심하지 않다.
- 내구, 집념이 부족하다.
- 자신감이 강하다.

관련개념 CHAPTER 03 산업안전심리

006

재해의 발생형태 중 다음 그림이 나타내는 것은?

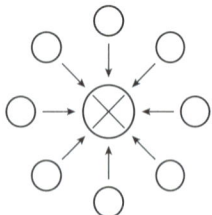

① 단순연쇄형 ② 복합연쇄형
③ 단순자극형 ④ 복합형

해설 단순자극형(집중형)
상호자극에 의하여 순간적으로 재해가 발생하는 유형으로 재해가 일어난 장소나 그 시점에 일시적으로 요인이 집중된다.

관련개념 SUBJECT 03 기계 · 기구 및 설비 안전관리
CHAPTER 02 기계분야 산업재해 조사 및 관리

007

라인(Line)형 안전관리조직의 특징으로 옳은 것은?

① 안전에 관한 기술의 축적이 용이하다.
② 안전에 관한 지시나 조치가 신속하다.
③ 조직원 전원을 자율적으로 안전활동에 참여시킬 수 있다.
④ 권한 다툼이나 조정 때문에 통제수속이 복잡해지며, 시간과 노력이 소모된다.

해설 라인형(직계형) 조직은 안전에 관한 지시 및 명령계통이 철저하고(생산라인을 통해 이루어짐), 안전대책의 실시가 신속하다.

관련개념 CHAPTER 01 산업재해예방 계획 수립

008

다음 재해 원인 중 간접 원인에 해당하지 않는 것은?

① 기술적 원인 ② 교육적 원인
③ 관리적 원인 ④ 인적 원인

해설 인적 원인은 직접 원인에 해당한다.
산업재해의 간접 원인
- 기술적 원인
- 교육적 원인
- 신체적 원인
- 정신적 원인
- 관리적 원인

관련개념 SUBJECT 03 기계 · 기구 및 설비 안전관리
CHAPTER 02 기계분야 산업재해 조사 및 관리

009

타인의 비판 없이 자유로운 토론을 통하여 다량의 독창적인 아이디어를 이끌어내고, 대안적 해결안을 찾기 위한 집단적 사고기법은?

① Role Playing ② Brain Storming
③ Action Playing ④ Fish Bowl Playing

해설 브레인스토밍(Brain Storming)
6~12명의 구성원이 타인의 비판 없이 자유로운 토론을 통하여 다량의 독창적인 아이디어를 이끌어내고, 대안적 해결안을 찾기 위한 집단적 사고기법이다.

관련개념 CHAPTER 01 산업재해예방 계획 수립

010

다음 중 헤드십(Headship)에 관한 설명과 가장 거리가 먼 것은?

① 권한의 근거는 공식적이다.
② 지휘의 형태는 민주주의적이다.
③ 상사와 부하와의 사회적 간격은 넓다.
④ 상사와 부하와의 관계는 지배적이다.

해설 헤드십은 지휘형태가 권위적인 특성이 있다.

관련개념 CHAPTER 04 인간의 행동과학

011

안전인증 절연장갑에 안전인증 표시 외에 추가로 표시하여야 하는 등급별 색상의 연결로 옳은 것은?(단, 고용노동부 고시를 기준으로 한다.)

① 00등급: 갈색
② 0등급: 흰색
③ 1등급: 노란색
④ 2등급: 빨간색

해설 절연장갑의 등급 및 색상

등급	최대사용전압		색상
	교류[V, 실횻값]	직류[V]	
00	500	750	갈색
0	1,000	1,500	빨간색
1	7,500	11,250	흰색
2	17,000	25,500	노란색
3	26,500	39,750	녹색
4	36,000	54,000	등색

관련개념 CHAPTER 02 안전보호구 관리

012

안전교육의 단계에 있어 교육대상자가 스스로 행함으로써 습득하게 하는 교육은?

① 의식교육
② 기능교육
③ 지식교육
④ 태도교육

해설 기능교육
- 교육대상자가 그것을 스스로 행함으로 얻어진다.
- 개인의 반복적 시행착오에 의해서만 얻어진다.
- 시험, 견학, 실습, 현장실습 교육을 통한 경험 체득과 이해를 한다.

관련개념 CHAPTER 05 안전보건교육의 내용 및 방법

013

「산업안전보건법령」상 사업 내 안전보건교육 중 관리감독자 정기교육의 내용이 아닌 것은?

① 유해·위험 작업환경 관리에 관한 사항
② 표준안전 작업방법 결정 및 지도·감독 요령에 관한 사항
③ 작업공정의 유해·위험과 재해 예방대책에 관한 사항
④ 기계·기구의 위험성과 작업의 순서 및 동선에 관한 사항

해설 ④는 근로자와 관리감독자 채용 시 및 작업내용 변경 시 교육내용이다.

관리감독자 정기 교육내용
- 산업안전 및 산업재해 예방에 관한 사항
- 산업보건 및 건강장해 예방에 관한 사항
- 위험성 평가에 관한 사항
- 유해·위험 작업환경 관리에 관한 사항
- 「산업안전보건법령」 및 산업재해보상보험 제도에 관한 사항
- 직무스트레스 예방 및 관리에 관한 사항
- 직장 내 괴롭힘, 고객의 폭언 등으로 인한 건강장해 예방 및 관리에 관한 사항
- 작업공정의 유해·위험과 재해 예방대책에 관한 사항
- 사업장 내 안전보건관리체제 안전보건조치 현황에 관한 사항
- 표준안전 작업방법 결정 및 지도·감독 요령에 관한 사항
- 현장 근로자와의 의사소통능력 및 강의능력 등 안전보건교육 능력 배양에 관한 사항
- 비상시 또는 재해 발생 시 긴급조치에 관한 사항

관련개념 CHAPTER 05 안전보건교육의 내용 및 방법

014

「산업안전보건법령」상 유해·위험 방지를 위한 방호조치가 필요한 기계·기구가 아닌 것은?

① 예초기 ② 지게차
③ 금속절단기 ④ 금속탐지기

해설 유해·위험 방지를 위하여 방호조치가 필요한 기계·기구
예초기, 원심기, 공기압축기, **금속절단기**, **지게차**, 포장기계(진공포장기, 래핑기로 한정)

관련개념 SUBJECT 03 기계·기구 및 설비 안전관리
CHAPTER 01 기계공정의 안전, 기계안전시설 관리

015

안전교육방법 중 구안법(Project Method)의 4단계의 순서로 옳은 것은?

① 계획수립 → 목적결정 → 활동 → 평가
② 평가 → 계획수립 → 목적결정 → 활동
③ 목적결정 → 계획수립 → 활동 → 평가
④ 활동 → 계획수립 → 목적결정 → 평가

해설 구안법의 학습단계
㉠ 목적의 단계 ㉡ 계획의 단계
㉢ 실행(활동)의 단계 ㉣ 비판(평가)의 단계

관련개념 CHAPTER 05 안전보건교육의 내용 및 방법

016

무재해 운동을 추진하기 위한 조직의 세 기둥으로 볼 수 없는 것은?

① 최고경영자의 경영자세
② 소집단 자주활동의 활성화
③ 전 종업원의 안전요원화
④ 라인관리자에 의한 안전보건의 추진

해설 무재해 운동 추진의 3기둥(3요소)
• 소집단의 자주활동의 활성화
• 라인관리자에 의한 안전보건의 추진
• 최고경영자의 경영자세

관련개념 CHAPTER 01 산업재해예방 계획 수립

017

레윈(Lewin)은 인간의 행동 특성을 다음과 같이 표현하였다. 변수 'P'가 의미하는 것은?

$$B=f(P \cdot E)$$

① 행동 ② 소질
③ 환경 ④ 함수

해설 레윈(Lewin.K)의 법칙
$B=f(P \cdot E)$
여기서, B: Behavior(인간의 행동)
f: Function(함수관계)
P: Person(개체: 연령, 경험, 심신상태, 성격, 지능 등)
E: Environment(환경: 인간관계, 작업조건 등)

관련개념 CHAPTER 04 인간의 행동과학

018

강도율 7인 사업장에서 한 작업자가 평생동안 작업을 한다면 산업재해로 인한 근로손실일수는 며칠로 예상되는가?(단, 이 사업장의 연근로시간과 한 작업자의 평생근로시간은 100,000시간으로 가정한다.)

① 500 ② 600
③ 700 ④ 800

해설 환산강도율이란 근로자가 입사하여 퇴직할 때까지(40년=10만시간) 잃을 수 있는 근로손실일수이다.
환산강도율=강도율×100=7×100=700일

관련개념 SUBJECT 03 기계·기구 및 설비 안전관리
CHAPTER 02 기계분야 산업재해 조사 및 관리

019

재해예방의 4원칙이 아닌 것은?

① 손실우연의 원칙
② 사전준비의 원칙
③ 원인계기의 원칙
④ 대책선정의 원칙

해설 재해예방의 4원칙
- 손실우연의 원칙: 재해손실은 사고발생 시 사고대상의 조건에 따라 달라지므로 한 사고의 결과로서 생긴 재해손실은 우연성에 의해 결정된다.
- 원인계기(원인연계)의 원칙: 재해발생은 반드시 원인이 있다.
- 예방가능의 원칙: 재해는 원칙적으로 원인만 제거하면 예방이 가능하다.
- 대책선정의 원칙: 재해예방을 위한 가능한 안전대책은 반드시 존재한다.

관련개념 CHAPTER 01 산업재해예방 계획 수립

020

다음 설명에 해당하는 학습지도의 원리는?

> 학습자가 지니고 있는 각자의 요구와 능력 등에 알맞은 학습활동의 기회를 마련해주어야 한다는 원리

① 직관의 원리
② 자기활동의 원리
③ 개별화의 원리
④ 사회화의 원리

해설 학습지도 이론

개별화의 원리	학습자가 가지고 있는 각각의 요구 및 능력에 맞게 지도하여야 한다는 원리
통합의 원리	학습을 종합적으로 지도하는 것으로 학습자의 능력을 조화있게 발달시키는 원리
사회화의 원리	공동학습을 통해 협력과 사회화를 도와준다는 원리
자발성의 원리	학습자 스스로 학습에 참여하여야 한다는 원리
직관의 원리	구체적인 사물을 제시하거나 경험 등을 통해 학습효과를 거둘 수 있다는 원리

관련개념 CHAPTER 05 안전보건교육의 내용 및 방법

인간공학 및 위험성평가·관리

021

어떤 소리가 1,000[Hz], 60[dB]인 음과 같은 높이임에도 4배 더 크게 들린다면, 이 소리의 음압수준은 얼마인가?

① 70[dB]
② 80[dB]
③ 90[dB]
④ 100[dB]

해설 Phon과 Sone

[sone]치 $= 2^{\frac{[phon]-40}{10}}$

위 공식을 활용하면 10[dB] 증가 시 소음은 2배, 20[dB] 증가 시 4배가 됨을 알 수 있다. → 60+20=80[dB]

관련개념 CHAPTER 06 작업환경 관리

022

가스밸브를 잠그는 것을 잊어 사고가 발생했다면 작업자는 어떤 인적오류를 범한 것인가?

① 생략오류(Omission Error)
② 시간지연오류(Time Error)
③ 순서오류(Sequential Error)
④ 작위적오류(Commission Error)

해설 휴먼에러의 행위에 의한 분류(Swain)
- **생략(부작위적)에러(Omission Error)**: 작업 내지 필요한 절차를 수행하지 않는 데서 기인한 에러
- 실행(작위적)에러(Commission Error): 작업 내지 절차를 수행했으나 잘못된 실수(선택착오, 순서착오, 시간착오)에서 기인한 에러
- 과잉행동에러(Extraneous Error): 불필요한 작업 내지 절차를 수행함으로써 기인한 에러
- 순서에러(Sequential Error): 작업수행의 순서를 잘못한 실수
- 시간(지연)에러(Timing Error): 소정의 기간에 수행하지 못한 실수(너무 빨리 혹은 늦게)

관련개념 CHAPTER 01 안전과 인간공학

| 정답 | 019 ② | 020 ③ | 021 ② | 022 ① |

023

결함수분석의 기호 중 입력사상이 어느 하나라도 발생할 경우 출력사상이 발생하는 것은?

① NOR GATE
② AND GATE
③ OR GATE
④ NAND GATE

해설

기호	명칭	설명
	OR 게이트 (논리합)	입력사상 중 어느 하나가 존재할 때 출력사상이 발생

관련개념 CHAPTER 02 위험성 파악·결정

024

시스템 안전분석 방법 중 예비위험분석(PHA)단계에서 식별하는 4가지 범주에 속하지 않는 것은?

① 위기상태
② 무시가능상태
③ 파국적상태
④ 예비조치상태

해설 PHA에 의한 위험등급
㉠ Class-1: 파국(Catastrophic)
㉡ Class-2: 중대(위기)(Critical)
㉢ Class-3: 한계적(Marginal)
㉣ Class-4: 무시가능(Negligible)

관련개념 CHAPTER 02 위험성 파악·결정

025

다음은 불꽃놀이용 화학물질취급설비에 대한 정량적 평가이다. 해당 항목에 대한 위험등급이 올바르게 연결된 것은?

항목	A(10점)	B(5점)	C(2점)	D(0점)
취급물질	○	○	○	
조작		○		○
화학설비의 용량	○		○	
온도	○	○		
압력		○	○	

① 취급물질 - Ⅰ등급, 화학설비의 용량 - Ⅰ등급
② 온도 - Ⅰ등급, 화학설비의 용량 - Ⅱ등급
③ 취급물질 - Ⅰ등급, 조작 - Ⅳ등급
④ 온도 - Ⅱ등급, 압력 - Ⅲ등급

해설 안전성 평가 6단계 중 제3단계(정량적 평가)의 화학설비 정량평가 등급은 다음과 같다.

위험등급 Ⅰ	위험등급 Ⅱ	위험등급 Ⅲ
합산점수 16점 이상	합산점수 11~15점	합산점수 10점 이하

- 위험등급 Ⅰ: 취급물질(17점)
- 위험등급 Ⅱ: 화학설비의 용량(12점), **온도(15점)**
- 위험등급 Ⅲ: 조작(5점), **압력(7점)**

관련개념 CHAPTER 02 위험성 파악·결정

026

「산업안전보건법령」상 유해위험방지계획서의 제출대상 제조업은 전기계약용량이 얼마 이상인 경우에 해당되는가?(단, 기타 예외사항은 제외한다.)

① 50[kW]
② 100[kW]
③ 200[kW]
④ 300[kW]

해설 전기 계약용량이 300[kW] 이상인 사업의 사업주는 해당 제품의 생산 공정과 직접적으로 관련된 건물물·기계·기구 및 설비 등 전부를 설치·이전하거나 그 주요 구조부분을 변경할 때는 유해위험방지계획서를 제출하여야 한다.

관련개념 CHAPTER 02 위험성 파악·결정

027

인체측정에 대한 설명으로 옳은 것은?

① 인체측정은 동적측정과 정적측정이 있다.
② 인체측정학은 인체의 생화학적 특징을 다룬다.
③ 자세에 따른 인체지수의 변화는 없다고 가정한다.
④ 측정항목에 무게, 둘레, 두께, 길이는 포함되지 않는다.

해설 인체측정(계측)
- 구조적 인체치수(정적측정): 표준 자세에서 움직이지 않는 피측정자를 인체 측정기로 측정하는 것으로 설계의 표준이 되는 기초적인 치수를 결정한다.
- 기능적 인체치수(동적측정): 움직이는 몸의 자세로부터 측정하는 것으로 사람은 일상생활 중에 항상 몸을 움직이기 때문에 어떤 설계 문제에는 기능적 치수가 더 널리 사용된다.

관련개념 CHAPTER 06 작업환경 관리

028

결함수분석법에서 Path Set에 관한 설명으로 옳은 것은?

① 시스템의 약점을 표현한 것이다.
② Top 사상을 발생시키는 조합이다.
③ 시스템이 고장나지 않도록 하는 사상의 조합이다.
④ 시스템 고장을 유발시키는 필요불가결한 기본사상들의 집합이다.

해설 패스셋(Path Set)
포함되어 있는 모든 기본사상이 일어나지 않을 때 정상사상(고장)이 일어나지 않는 기본사상의 집합으로 시스템의 신뢰성을 나타낸다.

관련개념 CHAPTER 02 위험성 파악·결정

029

연구 기준의 요건과 내용이 옳은 것은?

① 무오염성: 실제로 의도하는 바와 부합해야 한다.
② 적절성: 반복 실험 시 재현성이 있어야 한다.
③ 신뢰성: 측정하고자 하는 변수 이외의 다른 변수의 영향을 받아서는 안 된다.
④ 민감도: 피실험자 사이에서 볼 수 있는 예상 차이점에 비례하는 단위로 측정해야 한다.

해설 체계기준의 구비조건(연구조사의 기준척도)
- 실제적 요건: 객관적, 정량적이고 수집 또는 연구가 쉬우며, 특수한 자료 수집기법이나 기기가 필요 없어 돈이나 실험자의 수고가 적게 들어야 한다.
- 신뢰성(반복성): 시간이나 대표적 표본의 선정에 관계없이, 변수 측정의 일관성이나 안정성이 있어야 한다.
- 타당성(적절성): 어느 것이나 공통적으로 변수가 실제로 의도하는 바를 어느 정도 측정하는가를 결정하여야 한다.(시스템의 목표를 잘 반영하는가를 나타내는 척도)
- 순수성(무오염성): 측정하는 구조 외적인 변수의 영향은 받지 않아야 한다.
- **민감도: 피검자 사이에서 볼 수 있는 예상 차이점에 비례하는 단위로 측정하여야 한다.**

관련개념 CHAPTER 01 안전과 인간공학

030

FTA 결과 다음과 같은 패스셋을 구하였다. 최소 패스셋(Minimal Path Sets)으로 옳은 것은?

$$\{X_2, X_3, X_4\}$$
$$\{X_1, X_3, X_4\}$$
$$\{X_3, X_4\}$$

① $\{X_3, X_4\}$
② $\{X_1, X_3, X_4\}$
③ $\{X_2, X_3, X_4\}$
④ $\{X_2, X_3, X_4\}$와 $\{X_3, X_4\}$

해설 패스셋과 미니멀 패스셋
패스셋이란 그 속에 포함되어 있는 기본사상이 일어나지 않을 때 정상사상이 일어나지 않는 기본사상의 집합으로 미니멀 패스셋은 그 필요한 최소한의 셋을 말한다.(시스템의 신뢰성)

관련개념 CHAPTER 02 위험성 파악·결정

031

인간 – 기계 시스템에서 시스템의 설계를 다음과 같이 구분할 때 제3단계인 기본설계에 해당되지 않는 것은?

> 1단계: 시스템의 목표와 성능명세 결정
> 2단계: 시스템의 정의
> 3단계: 기본설계
> 4단계: 인터페이스 설계
> 5단계: 보조물 설계
> 6단계: 시험 및 평가

① 화면설계　② 작업설계
③ 직무분석　④ 기능할당

해설 인간 – 기계 시스템 설계과정 6단계
㉠ 목표 및 성능명세 결정: 시스템 설계 전 그 목적이나 존재 이유가 있어야 함(인간요소적인 면, 신체의 역학적 특성 및 인체측정학적 요소 고려)
㉡ 시스템(체계) 정의: 목적을 달성하기 위한 특정한 기본기능들이 수행되어야 함
㉢ **기본설계**: 시스템의 형태를 갖추기 시작하는 단계(**직무분석, 작업설계, 기능할당**)
㉣ 인터페이스(계면) 설계: 사용자 편의와 시스템 성능에 관여
㉤ 촉진물 설계: 인간의 성능을 증진시킬 보조물 설계
㉥ 시험 및 평가: 시스템 개발과 관련된 평가와 인간적인 요소 평가 실시

관련개념 CHAPTER 01 안전과 인간공학

032

실린더 블록에 사용하는 가스켓의 수명 분포는 $X \sim N(10,000, 200^2)$인 정규분포를 따른다. t=9,600시간일 경우에 신뢰도(R(t))는? (단, P(Z≤1)=0.8413, P(Z≤1.5)=0.9332, P(Z≤2)=0.9772, P(Z≤3)=0.9987이다.)

① 84.13[%]　② 93.32[%]
③ 97.72[%]　④ 99.87[%]

해설 정규분포 표준화 공식
$$Z = \frac{\text{변수}(X) - \text{평균}(\mu)}{\text{표준편차}(\sigma)}$$
$$P_r(X \geq 9,600) = P_r\left(Z \geq \frac{9,600-10,000}{200}\right)$$
$$= P_r(Z \geq -2) = P_r(Z \leq 2) = 0.9772 = 97.72[\%]$$

관련개념 CHAPTER 03 위험성 감소대책 수립 · 실행

033

시스템 안전분석 방법 중 HAZOP에서 "완전대체"를 의미하는 것은?

① NOT　② REVERSE
③ PART OF　④ OTHER THAN

해설 OTHER THAN
설계의도대로 설치되지 않거나 운전 유지되지 않는 상태(완전한 대체)

관련개념 CHAPTER 02 위험성 파악 · 결정

034

사무실 의자나 책상에 적용할 인체 측정 자료의 설계 원칙으로 가장 적합한 것은?

① 평균치 설계　② 조절식 설계
③ 최대치 설계　④ 최소치 설계

해설 조절식 설계(5~95[%tile])
체격이 다른 여러 사람에 맞도록 조절식으로 만드는 것이다.
예 자동차 좌석의 전후 조절, 사무실 의자의 상하 조절 등

관련개념 CHAPTER 06 작업환경 측정

035

암호체계의 사용 시 고려해야 될 사항과 거리가 먼 것은?

① 정보를 암호화한 자극은 검출이 가능하여야 한다.
② 다차원의 암호보다 단일 차원화된 암호가 정보전달이 촉진된다.
③ 암호를 사용할 때는 사용자가 그 뜻을 분명히 알 수 있어야 한다.
④ 모든 암호 표시는 감지장치에 의해 검출될 수 있고, 다른 암호 표시와 구별될 수 있어야 한다.

해설 암호체계 사용 시 2가지 이상의 암호를 조합해서 사용하면 정보전달이 촉진된다.
암호(코드)체계 사용상의 일반적 지침
암호의 검출성, 암호의 변별성, 암호의 표준화, 부호의 양립성, 부호의 의미, 다차원 암호의 사용

관련개념 CHAPTER 06 작업환경 관리

036
신호검출이론(SDT)의 판정결과 중 신호가 없었는데도 있었다고 말하는 경우는?

① 긍정(Hit)
② 누락(Miss)
③ 허위(False Alarm)
④ 부정(Correct Rejection)

해설 신호가 없었는데도 있었다고 말하는 경우는 허위(False Alarm)에 해당한다.

신호검출이론(SDT; Signal Detection Theory)
- 신호와 소음을 쉽게 식별할 수 없는 상황에 적용된다.
- 판정결과는 긍정(Hit), 허위(False Alarm), 누락(Miss), 부정(Correct Rejection)의 네 가지로 구분할 수 있다.

관련개념 CHAPTER 06 작업환경 관리

037
촉감의 일반적인 척도의 하나인 2점 문턱값(Two-point Threshold)이 감소하는 순서대로 나열된 것은?

① 손가락 → 손바닥 → 손가락 끝
② 손바닥 → 손가락 → 손가락 끝
③ 손가락 끝 → 손가락 → 손바닥
④ 손가락 끝 → 손바닥 → 손가락

해설 2점 문턱값(Two-point Threshold)
- 촉감의 일반적인 척도 중 하나로, 손에 두 점을 눌렀을 때 느껴지는 감각이 서로 다르게 느껴지는 점 사이의 최소 거리이다.
- 2점 문턱값이 감소하는 순서는 **손바닥 → 손가락 → 손가락 끝** 순이다.

관련개념 CHAPTER 06 작업환경 관리

038
다음 중 열 중독증(Heat Illness)의 강도를 올바르게 나열한 것은?

ⓐ 열소모(Heat Exhaustion)　ⓑ 열발진(Heat Rash)
ⓒ 열경련(Heat Cramp)　　　ⓓ 열사병(Heat Stroke)

① ⓒ<ⓑ<ⓐ<ⓓ
② ⓒ<ⓑ<ⓓ<ⓐ
③ ⓑ<ⓒ<ⓐ<ⓓ
④ ⓑ<ⓓ<ⓐ<ⓒ

해설 열 중독증의 강도
열발진(Heat Rash) < 열경련(Heat Cramp) < 열소모(Heat Exhaustion) < 열사병(Heat Stroke)

관련개념 CHAPTER 06 작업환경 관리

039
어느 부품 1,000개를 100,000시간 동안 가동하였을 때 5개의 불량품이 발생하였을 경우 평균동작시간(MTTF)은?

① 1×10^6시간
② 2×10^7시간
③ 1×10^8시간
④ 2×10^9시간

해설 λ(평균고장률) $= \dfrac{\text{고장건수}}{\text{총 가동시간}} = \dfrac{5}{1,000 \times 100,000} = 5 \times 10^{-8}$이므로 직렬계의 경우 MTTF $= \dfrac{1}{\lambda} = \dfrac{1}{5 \times 10^{-8}} = 2 \times 10^7$시간

※ 병렬계의 경우 부품 하나가 고장나도 시스템이 계속 가동될 수 있기 때문에 개별 부품의 수명이 제시되어야 MTTF를 구할 수 있다. 문제에서는 주어지지 않았으므로 직렬계로 가정한다.

관련개념 CHAPTER 03 위험성 감소대책 수립 · 실행

040
신체활동의 생리학적 측정법 중 전신의 육체적인 활동을 측정하는 데 가장 적합한 방법은?

① Flicker 측정
② 산소소비량 측정
③ 근전도(EMG) 측정
④ 피부전기반사(GSR) 측정

해설 전신의 육체적인 활동을 측정하는 데 맥박수(심박수)와 호흡에 의한 산소소비량 측정이 적합하다.

관련개념 CHAPTER 06 작업환경 관리

기계·기구 및 설비 안전관리

041

「산업안전보건법령」상 롤러기의 방호장치 중 롤러의 앞면 표면속도가 30[m/min] 이상일 때 무부하 동작에서 급정지 거리는?

① 앞면 롤러 원주의 1/2.5 이내
② 앞면 롤러 원주의 1/3 이내
③ 앞면 롤러 원주의 1/3.5 이내
④ 앞면 롤러 원주의 1/5.5 이내

해설 롤러기의 급정지장치의 성능

앞면 롤러의 표면속도[m/min]	급정지거리
30 미만	앞면 롤러 원주의 $\frac{1}{3}$ 이내
30 이상	앞면 롤러 원주의 $\frac{1}{2.5}$ 이내

관련개념 CHAPTER 05 기타 산업용 기계·기구

042

「산업안전보건법령」상 승강기의 종류로 옳지 않은 것은?

① 승객용 엘리베이터   ② 리프트
③ 화물용 엘리베이터   ④ 승객화물용 엘리베이터

해설 승강기의 종류
승객용 엘리베이터, 승객화물용 엘리베이터, 화물용 엘리베이터, 소형화물용 엘리베이터, 에스컬레이터

관련개념 CHAPTER 06 운반기계 및 양중기

043

극한하중이 600[N]인 체인의 안전계수가 4일 때 체인의 정격하중[N]은?

① 130   ② 140
③ 150   ④ 160

해설 안전계수 $=\frac{\text{극한하중}}{\text{정격하중}}$에서 정격하중 $=\frac{\text{극한하중}}{\text{안전계수}}=\frac{600}{4}=150[N]$

관련개념 CHAPTER 01 기계공정의 안전, 기계안전시설 관리

044

연삭작업에서 숫돌의 파괴원인으로 가장 적절하지 않은 것은?

① 숫돌의 회전속도가 너무 빠를 때
② 연삭작업 시 숫돌의 정면을 사용할 때
③ 숫돌에 큰 충격을 줬을 때
④ 숫돌의 회전중심이 제대로 잡히지 않았을 때

해설 연삭작업 시 숫돌의 측면을 사용할 때 연삭숫돌이 파괴된다.
연삭숫돌의 파괴 및 재해원인
- 숫돌에 균열이 있는 경우
- 숫돌이 고속으로 회전하는 경우
- 회전력이 결합력보다 큰 경우
- 무거운 물체가 충돌한 경우(외부의 큰 충격을 받은 경우)
- 숫돌의 측면을 일감으로써 심하게 가압했을 경우
- 베어링이 마모되어 진동을 일으키는 경우
- 플랜지 지름이 현저하게 작은 경우
- 회전중심이 잡히지 않은 경우

관련개념 CHAPTER 03 공작기계의 안전

045

다음 중 선반의 방호장치로 가장 거리가 먼 것은?

① 쉴드(Shield)   ② 슬라이딩
③ 척 커버   ④ 칩 브레이커

해설 선반의 안전장치
- 칩 브레이커(Chip Breaker): 칩이 짧게 끊어지도록 하는 장치
- 덮개(Shield): 가공재료의 칩이나 절삭유 등이 비산되어 나오는 위험으로부터 작업자의 보호를 위해 이동이 가능한 장치
- 브레이크(Brake): 가공 작업 중 선반을 급정지시킬 수 있는 장치
- 척 커버(Chuck Cover): 척에 고정한 가공물의 돌출부에 작업자가 접촉하여 발생하는 위험을 방지하는 장치

관련개념 CHAPTER 03 공작기계의 안전

| 정답 | 041 ① 042 ② 043 ③ 044 ② 045 ②

046

500[rpm]으로 회전하는 연삭숫돌의 지름이 300[mm]일 때 원주속도[m/min]는?

① 약 748
② 약 650
③ 약 532
④ 약 471

해설 숫돌의 원주속도

$V = \dfrac{\pi DN}{1,000} = \dfrac{\pi \times 300 \times 500}{1,000} = 471[m/min]$

여기서, D: 지름[mm], N: 회전수[rpm]

관련개념 CHAPTER 03 공작기계의 안전

047

「산업안전보건법령」상 로봇을 운전하는 경우 근로자가 로봇에 부딪힐 위험이 있을 때 높이는 최소 얼마 이상의 울타리를 설치하여야 하는가?(단, 로봇의 가동범위 등을 고려하여 높이로 인한 위험성이 없는 경우는 제외한다.)

① 0.9[m]
② 1.2[m]
③ 1.5[m]
④ 1.8[m]

해설 로봇의 운전으로 인하여 근로자에게 발생할 수 있는 부상 등의 위험을 방지하기 위하여 **높이 1.8[m] 이상의 울타리를** 설치하여야 한다.

관련개념 CHAPTER 05 기타 산업용 기계·기구

048

일반적으로 전류가 과대하고, 용접속도가 너무 빠르며, 아크를 짧게 유지하기 어려운 경우 모재 및 용접부의 일부가 녹아서 홈 또는 오목한 부분이 생기는 용접부 결함은?

① 잔류응력
② 융합불량
③ 기공
④ 언더컷

해설 용접부의 결함

언더컷	용접부에서 전류가 과대하고, 용접속도가 너무 빨라 용접부의 일부에 홈 또는 오목한 부분이 생기는 결함
기공	용착금속에 남아있는 가스로 인해 기포가 생기는 것
용입불량	용융금속이 불균일하게 주입되는 것

관련개념 CHAPTER 05 기타 산업용 기계·기구

049

「산업안전보건법령」상 용접장치의 안전에 관한 준수사항으로 옳은 것은?

① 아세틸렌 용접장치의 발생기실을 옥외에 설치한 경우에는 그 개구부를 다른 건축물로부터 1[m] 이상 떨어지도록 하여야 한다.
② 가스집합장치로부터 7[m] 이내의 장소에서는 화기의 사용을 금지시킨다.
③ 아세틸렌 발생기에서 10[m] 이내 또는 발생기실에서 4[m] 이내의 장소에서는 화기의 사용을 금지시킨다.
④ 아세틸렌 용접장치를 사용하여 용접작업을 할 경우 게이지압력이 127[kPa]을 초과하는 압력의 아세틸렌을 발생시켜 사용해서는 아니 된다.

해설
① 발생기실을 옥외에 설치한 경우에는 그 개구부를 다른 건축물로부터 1.5[m] 이상 떨어지도록 하여야 한다.
② 가스집합장치로부터 5[m] 이내의 장소에서는 흡연, 화기의 사용 또는 불꽃을 발생할 우려가 있는 행위를 금지하여야 한다.
③ 발생기에서 5[m] 이내 또는 발생기실에서 3[m] 이내의 장소에서는 흡연, 화기의 사용 또는 불꽃이 발생할 위험한 행위를 금지하여야 한다.

관련개념 CHAPTER 05 기타 산업용 기계·기구

050

「산업안전보건법령」상 목재가공용 둥근톱 작업에서 분할날과 톱날 원주면과의 간격은 최대 얼마 이내가 되도록 조정하는가?

① 10[mm]
② 12[mm]
③ 14[mm]
④ 16[mm]

해설 목재가공용 둥근톱 작업에서 분할날과 톱날 원주면과의 간격은 최대 12[mm] 이내가 되도록 조정하여야 한다.

관련개념 CHAPTER 05 기타 산업용 기계·기구

| 정답 | 046 ④ 047 ④ 048 ④ 049 ④ 050 ② |

051

기계설비에서 기계 고장률의 기본모형으로 옳지 않은 것은?

① 조립고장 ② 초기고장
③ 우발고장 ④ 마모고장

해설 고장률의 유형
- 초기고장(감소형): 제조가 불량하거나 생산과정에서 품질관리가 안 되어서 생기는 고장
- 우발고장(일정형): 실제 사용하는 상태에서 발생하는 고장으로 예측할 수 없는 랜덤의 간격으로 생기는 고장
- 마모고장(증가형): 설비 또는 장치가 수명을 다하여 생기는 고장

관련개념 SUBJECT 02 인간공학 및 위험성평가·관리
CHAPTER 02 위험성 파악·결정

052

「산업안전보건법령」상 화물의 낙하에 의해 운전자가 위험을 미칠 경우 지게차의 헤드가드(Head Guard)는 지게차의 최대하중의 몇 배가 되는 등분포정하중에 견디는 강도를 가져야 하는가? (단, 4톤을 넘는 값은 제외한다.)

① 1배 ② 1.5배
③ 2배 ④ 3배

해설 헤드가드의 강도는 지게차의 최대하중의 2배 값(4톤을 넘는 값에 대해서는 4톤)의 등분포정하중에 견딜 수 있어야 한다.

관련개념 CHAPTER 06 운반기계 및 양중기

053

크레인에 돌발 상황이 발생한 경우 안전을 유지하기 위하여 모든 전원을 차단하여 크레인을 급정지시키는 방호장치는?

① 호이스트 ② 이탈방지장치
③ 비상정지장치 ④ 아웃트리거

해설 비상정지장치
이동 중 이상상태 발생 시 급정지시킬 수 있는 장치이다.

관련개념 CHAPTER 06 운반기계 및 양중기

054

다음 중 컨베이어의 안전장치로 옳지 않은 것은?

① 비상정지장치 ② 반발예방장치
③ 역회전방지장치 ④ 이탈방지장치

해설 반발예방장치는 둥근톱 기계 등과 같은 목재가공기에 설치하는 방호장치이다.
컨베이어 방호장치의 종류
- 이탈 및 역주행방지장치
- 비상정지장치
- 덮개 또는 울
- 건널다리

관련개념 CHAPTER 06 운반기계 및 양중기

055

「산업안전보건법령」상 프레스 등을 사용하여 작업을 할 때에 작업시작 전 점검사항으로 가장 거리가 먼 것은?

① 압력방출장치의 기능
② 클러치 및 브레이크의 기능
③ 프레스의 금형 및 고정볼트 상태
④ 1행정 1정지기구·급정지장치 및 비상정지장치의 기능

해설 압력방출장치는 공기압축기를 가동할 때 작업시작 전 점검사항이다.
프레스 등의 작업시작 전 점검사항
- 클러치 및 브레이크의 기능
- 크랭크축·플라이휠·슬라이드·연결봉 및 연결 나사의 풀림 유무
- 1행정 1정지기구·급정지장치 및 비상정지장치의 기능
- 슬라이드 또는 칼날에 의한 위험방지 기구의 기능
- 프레스의 금형 및 고정볼트 상태
- 방호장치의 기능
- 전단기의 칼날 및 테이블의 상태

관련개념 CHAPTER 02 기계분야 산업재해 조사 및 관리

056

다음 중 프레스 방호장치에서 게이트가드식 방호장치의 종류를 작동방식에 따라 분류할 때 가장 거리가 먼 것은?

① 경사식 ② 하강식
③ 도립식 ④ 횡 슬라이드식

해설 프레스 게이트가드 방호장치는 게이트의 작동방식에 따라 하강식, 도립식, 횡 슬라이드식 등으로 구분한다.

관련개념 CHAPTER 04 프레스 및 전단기의 안전

057

슬라이드가 내려옴에 따라 손을 쳐내는 막대가 좌우로 왕복하면서 위험한계에 있는 손을 보호하는 프레스 방호장치는?

① 수인식 ② 게이트가드식
③ 반발예방장치 ④ 손쳐내기식

해설 손쳐내기식(Push Away, Sweep Guard) 방호장치
기계의 작동에 연동시켜 위험상태로 되기 전에 손을 위험 영역에서 밀어내거나 쳐냄으로써 위험을 배제하는 장치를 말한다.

관련개념 CHAPTER 04 프레스 및 전단기의 안전

058

다음 중 보일러 운전 시 안전수칙으로 가장 적절하지 않은 것은?

① 가동 중인 보일러에는 작업자가 항상 정위치를 떠나지 아니할 것
② 보일러의 각종 부속장치의 누설상태를 점검할 것
③ 압력방출장치는 매 7년마다 정기적으로 작동시험을 할 것
④ 노내의 환기 및 통풍장치를 점검할 것

해설 압력방출장치는 매년 1회 이상 국가교정기관에서 교정을 받은 압력계를 이용하여 설정압력에서 압력방출장치가 적정하게 작동하는지를 검사한 후 납으로 봉인하여 사용하여야 한다.

관련개념 CHAPTER 05 기타 산업용 기계 · 기구

059

「산업안전보건법령」상 크레인에서 권과방지장치의 달기구 윗면이 권상장치의 아랫면과 접촉할 우려가 있는 경우 최소 몇 [m] 이상 간격이 되도록 조정하여야 하는가?(단, 직동식 권과방지장치의 경우는 제외)

① 0.1 ② 0.15
③ 0.25 ④ 0.3

해설 권과방지장치는 훅 · 버킷 등 달기구의 윗면이 드럼, 상부 도르래, 트롤리프레임 등 권상장치의 아랫면과 접촉할 우려가 있는 경우에 그 간격이 0.25[m] 이상(직동식 권과방지장치는 0.05[m] 이상)이 되도록 조정하여야 한다.

관련개념 CHAPTER 06 운반기계 및 양중기

060

선반작업의 안전수칙으로 가장 거리가 먼 것은?

① 기계에 주유 및 청소를 할 때에는 저속회전에서 한다.
② 일반적으로 가공물의 길이가 지름의 12배 이상일 때는 방진구를 사용하여 선반작업을 한다.
③ 바이트는 가급적 짧게 설치한다.
④ 면장갑을 사용하지 않는다.

해설 선반작업 시 치수 측정, 주유, 청소 시에는 반드시 기계를 정지한다.

관련개념 CHAPTER 03 공작기계의 안전

전기설비 안전관리

061

최소 착화에너지가 0.26[mJ]인 가스에 정전용량이 100[pF]인 대전 물체로부터 정전기 방전에 의하여 착화할 수 있는 전압은 약 몇 [V]인가?

① 2,240
② 2,260
③ 2,280
④ 2,300

해설 $W=\frac{1}{2}CV^2$에서

$V=\sqrt{\frac{2W}{C}}=\sqrt{\frac{2\times(0.26\times10^{-3})}{100\times10^{-12}}}=2,280[V]$

여기서, W: 착화에너지[J], C: 도체의 정전용량[F], V: 대전전위[V]

※ $1[mJ]=10^{-3}[J]$, $1[pF]=10^{-12}[F]$이다.

관련개념 CHAPTER 03 정전기 장·재해관리

062

접지계통 분류에서 TN접지방식이 아닌 것은?

① TN-S방식
② TN-C방식
③ TN-T방식
④ TN-C-S방식

해설 TN접지방식의 분류

TN-C방식, TN-S방식, TN-C-S방식

관련개념 CHAPTER 05 전기설비 위험요인관리

063

접지공사의 종류에 따른 접지선(연동선)의 굵기기준으로 옳은 것은?

① 제1종: 공칭단면적 6[mm²] 이상
② 제2종: 공칭단면적 12[mm²] 이상
③ 제3종: 공칭단면적 5[mm²] 이상
④ 특별 제3종: 공칭단면적 3.5[mm²] 이상

해설
※ 「한국전기설비규정」이 개정됨에 따라 '접지대상에 따라 일괄 적용한 종별접지'는 폐지되었습니다.

관련개념 CHAPTER 05 전기설비 위험요인관리

064

KS C IEC 60079-0에 따른 방폭기기에 대한 설명이다. 다음 빈칸에 들어갈 알맞은 용어는?

> (ⓐ)은 EPL로 표현되며 점화원이 될 수 있는 가능성에 기초하며 기기에 부여된 보호등급이다. EPL의 등급 중 (ⓑ)는 정상 작동, 예상된 오작동, 드문 오작동 중에 점화원이 될 수 없는 "매우 높은" 보호 등급의 기기이다.

① ⓐ Explosion Protection Level, ⓑ EPL Ga
② ⓐ Explosion Protection Level, ⓑ EPL Gc
③ ⓐ Equipment Protection Level, ⓑ EPL Ga
④ ⓐ Equipment Protection Level, ⓑ EPL Gc

해설 기기보호등급(EPL; Equipment Protection Level)
점화원이 될 수 있는 가능성에 기초하여 기기에 부여된 보호등급으로 폭발성 가스 분위기, 폭발성 분진 분위기 및 폭발성 갱내 가스에 취약한 광산 내 폭발성 분위기의 차이를 구별한다.
EPL Ga
폭발성 가스분위기에 설치된 기기로 정상작동, 점화원이 될 가능성이 거의 없는 충분한 안전성을 갖고 있는 매우 높은 보호 등급의 기기이다.

관련개념 CHAPTER 04 전기방폭관리

065

누전차단기의 구성요소가 아닌 것은?

① 누전검출부
② 영상변류기
③ 차단장치
④ 전력퓨즈

해설 누전차단기 구성요소
영상변류기, 누전검출부, 트립코일, 차단장치 및 시험버튼

관련개념 CHAPTER 02 감전재해 및 방지대책

066

우리나라의 안전전압으로 볼 수 있는 것은 약 몇 [V]인가?

① 30
② 50
③ 60
④ 70

해설 안전전압

회로의 정격전압이 일정 수준 이하의 낮은 전압으로 절연파괴 등의 사고 시에도 인체에 위험을 주지 않는 전압을 말하며, 「산업안전보건법령」에서 30[V]로 규정하고 있다.

관련개념 CHAPTER 02 감전재해 및 방지대책

067

「산업안전보건기준에 관한 규칙」에 따라 누전에 의한 감전의 위험을 방지하기 위하여 접지를 하여야 하는 대상의 기준으로 틀린 것은?(단, 예외조건은 고려하지 않는다.)

① 전기기계·기구의 금속제 외함
② 고압 이상의 전기를 사용하는 전기기계·기구 주변의 금속제 칸막이
③ 고정배선에 접속된 전기기계·기구 중 사용전압이 대지전압 100[V]를 넘는 비충전 금속체
④ 코드와 플러그를 접속하여 사용하는 전기기계·기구 중 휴대형 전동기계·기구의 노출된 비충전 금속체

해설 고정배선에 접속된 전기기계·기구 중 사용전압이 대지전압 150[V]를 넘는 비충전 금속체가 접지대상이다.

관련개념 CHAPTER 05 전기설비 위험요인관리

068

다음에서 설명하고 있는 방폭구조는?

> 전기기기의 정상 사용 조건 및 특정 비정상 상태에서 과도한 온도 상승, 마크 또는 스파크의 발생위험을 방지하기 위해 추가적인 안전 조치를 취한 것으로 Ex e라고 표시한다.

① 유입방폭구조
② 압력방폭구조
③ 내압방폭구조
④ 안전증방폭구조

해설 안전증방폭구조

정상운전 중에 폭발성 가스 또는 증기에 점화원이 될 전기불꽃, 아크 또는 고온 부분 등의 발생을 방지하기 위하여 기계적, 전기적 구조상 또는 온도 상승에 대해서 특히 안전도를 증가시킨 구조이다.

관련개념 CHAPTER 04 전기방폭관리

069

교류아크용접기의 자동전격방지장치는 전격의 위험을 방지하기 위하여 아크 발생이 중단된 후 약 1초 이내에 출력 측 무부하 전압을 자동적으로 몇 [V] 이하로 저하시켜야 하는가?

① 85
② 70
③ 50
④ 25

해설 자동전격방지장치

용접봉의 조작에 따라 용접을 할 때에만 용접기의 주회로를 폐로(ON)시키고, 용접을 행하지 않을 때에는 용접기 주회로를 개로(OFF)시켜 용접기 출력 측의 무부하 전압을 25[V] 이하로 저하시켜 작업자가 용접봉과 모재 사이에 접촉함으로써 발생하는 감전의 위험을 방지하는 장치이다.

관련개념 CHAPTER 02 감전재해 및 방지대책

070

정전기 발생에 영향을 주는 요인으로 가장 적절하지 않은 것은?

① 분리속도
② 물체의 질량
③ 접촉면적 및 압력
④ 물체의 표면상태

해설 물체의 질량은 정전기 발생과 무관하다.

정전기 발생에 영향을 주는 요인
- 물체의 특성
- 물체의 표면상태
- 물질의 이력
- 접촉면적 및 압력
- 분리속도

관련개념 CHAPTER 03 정전기 장·재해관리

071

정전유도를 받고 있는 접지되어 있지 않는 도전성 물체에 접촉한 경우 전격을 당하게 되는데 이때 물체에 유도된 전압 V[V]를 옳게 나타낸 것은?(단, E는 송전선의 대지전압, C_1은 송전선과 물체 사이의 정전용량, C_2는 물체와 대지 사이의 정전용량이며, 물체와 대지 사이의 저항은 무시한다.)

① $V = \dfrac{C_1}{C_1 + C_2} \times E$
② $V = \dfrac{C_1 + C_2}{C_1} \times E$
③ $V = \dfrac{C_1}{C_1 \times C_2} \times E$
④ $V = \dfrac{C_1 \times C_2}{C_1} \times E$

해설 정전유도전압 $V = \dfrac{C_1}{C_1 + C_2} \times E$

등가회로
C_1: 송전선과 물체 간의 정전용량
C_2: 물체와 대지 간의 정전용량
R_M: 인체저항
R_E: 인체와 대지 간의 접촉저항
R_0: 물체의 대지절연저항
E: 송전선의 대지전압
V: 정전유도전압

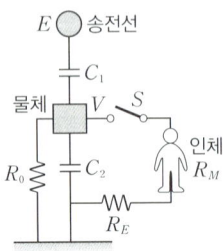

관련개념 CHAPTER 02 감전재해 및 방지대책

072

KS C IEC 60079-6에 따른 유입방폭구조 "o" 방폭장비의 최소 IP 등급은?

① IP44
② IP54
③ IP55
④ IP66

해설 유입방폭구조의 밀봉되지 않은 기기의 통기장치의 배출구 및 밀봉된 기기의 압력방출장치의 배출구는 아래를 향해야 하며 KS C IEC 60529에 따른 IP66 이상의 보호등급을 가져야 한다.

관련개념 CHAPTER 04 전기방폭관리

073

20[Ω]의 저항 중에 5[A]의 전류를 3분간 흘렸을 때의 발열량[cal]은?

① 4,320
② 90,000
③ 21,600
④ 376,560

해설 $H = 0.24 I^2 RT = 0.24 \times 5^2 \times 20 \times (3 \times 60) = 21,600$[cal]
여기서, H: 발생열[cal]
I: 전류[A]
R: 저항[Ω]
T: 통전시간[초]

관련개념 CHAPTER 05 전기설비 위험요인관리

074

다음은 어떤 방전에 대한 설명인가?

> 정전기가 대전되어 있는 부도체에 접지체가 접근한 경우 대전물체와 접지체 사이에 발생하는 방전과 거의 동시에 부도체의 표면을 따라서 발생하는 나뭇가지 형태의 발광을 수반하는 방전

① 코로나방전 ② 뇌상방전
③ 연면방전 ④ 불꽃방전

해설 연면방전
- 정전기로 대전되어 있는 부도체에 접지체가 접근할 경우 대전체와 접지체 사이에서 발생하는 방전과 거의 동시에 부도체 표면을 따라 발생한다.
- 나뭇가지 형태의 발광을 수반하는 방전이다.
- 점화원 및 전격의 확률이 대단히 높다.

관련개념 CHAPTER 03 정전기 장·재해관리

075

가연성 가스가 있는 곳에 저압 옥내전기설비를 금속관공사에 의해 시설하고자 한다. 관 상호 간 또는 관과 전기기계·기구와는 몇 턱 이상 나사조임으로 접속하여야 하는가?

① 2턱 ② 3턱
③ 4턱 ④ 5턱

해설 관 상호 간 또는 관과 박스, 기타의 부속품·풀박스 또는 전기기계·기구와는 5턱 이상 나사조임으로 접속하여야 한다.

관련개념 CHAPTER 04 전기방폭관리

076

전기시설의 직접접촉에 의한 감전방지 방법으로 적절하지 않은 것은?

① 충전부는 내구성이 있는 절연물로 완전히 덮어 감쌀 것
② 충전부가 노출되지 않도록 폐쇄형 외함이 있는 구조로 할 것
③ 충전부에 충분한 절연효과가 있는 방호망 또는 절연덮개를 설치할 것
④ 충전부는 출입이 용이한 전개된 장소에 설치하고, 위험표시 등의 방법으로 방호를 강화할 것

해설 직접접촉에 의한 감전방지대책
- 충전부가 노출되지 않도록 폐쇄형 외함이 있는 구조로 할 것
- 충전부에 충분한 절연효과가 있는 방호망 또는 절연덮개를 설치할 것
- 충전부는 내구성이 있는 절연물로 완전히 덮어 감쌀 것
- 발전소·변전소 및 개폐소 등 구획되어 있는 장소로서 관계근로자가 아닌 사람의 출입이 금지되는 장소에 충전부를 설치하고, 위험표시 등의 방법으로 방호를 강화할 것
- 전주 위 및 철탑 위 등 격리되어 있는 장소로서 관계근로자가 아닌 사람이 접근할 우려가 없는 장소에 충전부를 설치할 것

관련개념 CHAPTER 02 감전재해 및 방지대책

077

심실세동을 일으키는 위험한계에너지는 약 몇 [J]인가? (단, 심실세동전류 $I=\frac{165}{\sqrt{T}}$[mA], 인체의 전기저항 R=800[Ω], 통전시간 T=1초이다.)

① 12 ② 22
③ 32 ④ 42

해설 $W=I^2RT=\left(\frac{165}{\sqrt{T}}\times 10^{-3}\right)^2\times 800T$
$=(165^2\times 10^{-6})\times 800=22$[J]

여기서, W: 위험한계에너지[J]
I: 심실세동전류[A]
R: 인체저항[Ω]
T: 통전시간[s]

관련개념 CHAPTER 02 감전재해 및 방지대책

| 정답 | 074 ③ | 075 ④ | 076 ④ | 077 ② |

078

피뢰레벨에 따른 회전구체 반경이 틀린 것은?

① 피뢰레벨 Ⅰ: 20[m] ② 피뢰레벨 Ⅱ: 30[m]
③ 피뢰레벨 Ⅲ: 50[m] ④ 피뢰레벨 Ⅳ: 60[m]

해설 피뢰시스템의 등급별 회전구체 반지름

피뢰시스템의 등급	Ⅰ	Ⅱ	Ⅲ	Ⅳ
회전구체 반지름[m]	20	30	45	60

관련개념 CHAPTER 05 전기설비 위험요인관리

079

지락사고 시 1초를 초과하고 2초 이내에 고압전로를 자동 차단하는 장치가 설치되어 있는 고압전로에 제2종 접지공사를 하였다. 접지저항은 몇 [Ω] 이하로 유지해야 하는가? (단, 변압기의 고압 측 전로의 1선 지락전류는 10[A]이다.)

① 10[Ω] ② 20[Ω]
③ 30[Ω] ④ 40[Ω]

해설
※「한국전기설비규정」이 개정됨에 따라 '접지대상에 따라 일괄 적용한 종별접지'는 폐지되었습니다.

관련개념 CHAPTER 02 감전재해 및 방지대책

080

전기기계·기구에 설치되어 있는 감전방지용 누전차단기의 정격감도전류 및 동작시간으로 옳은 것은?(단, 정격전부하전류가 50[A] 미만이다.)

① 15[mA] 이하, 0.1초 이내
② 30[mA] 이하, 0.03초 이내
③ 50[mA] 이하, 0.5초 이내
④ 100[mA] 이하, 0.05초 이내

해설 감전보호용 누전차단기
• 정격감도전류 30[mA] 이하, 동작시간 0.03초 이내
• 정격전부하전류가 50[A] 이상인 경우, 정격감도전류 200[mA] 이하, 동작시간 0.1초 이내

관련개념 CHAPTER 02 감전재해 및 방지대책

화학설비 안전관리

081

가연성 물질의 저장 시 산소농도를 일정한 값 이하로 낮추어 연소를 방지할 수 있는데 이때 첨가하는 물질로 적합하지 않은 것은?

① 질소 ② 이산화탄소
③ 헬륨 ④ 일산화탄소

해설 가연성 가스의 연소 시 산소농도를 일정한 값 이하로 낮추어 주는 가스를 불활성 가스라고 하며, 질소, 이산화탄소, 헬륨 등은 불활성 가스에 해당한다. 일산화탄소는 가연성 가스이다.

관련개념 CHAPTER 01 화재·폭발 검토

082

다음 중 응상폭발이 아닌 것은?

① 분해폭발
② 수증기폭발
③ 전선폭발
④ 고상 간의 전이에 의한 폭발

해설 폭발원인 물질의 상태(기상, 응상)에 따른 분류

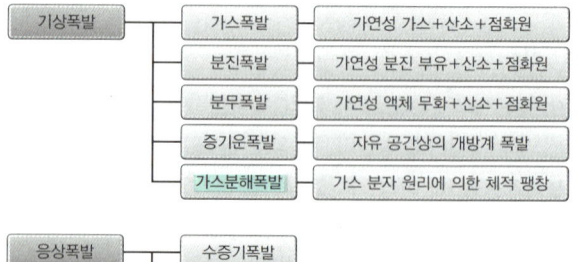

관련개념 CHAPTER 01 화재·폭발 검토

| 정답 | 078 ③ 079 정답없음 080 ② 081 ④ 082 ①

083

액화 프로판 310[kg]을 내용적 50[L] 용기에 충전할 때 필요한 소요용기의 수는 약 몇 개인가?(단, 액화 프로판의 가스 정수는 2.35이다.)

① 15 ② 17
③ 19 ④ 21

해설 액화가스의 부피 = 액화가스 무게[kg] × 가스 정수
= 310 × 2.35 = 728.5[L]

필요한 소요용기의 수 = $\dfrac{\text{액화가스의 부피}}{\text{소요용기의 내용적}} = \dfrac{728.5}{50} = 14.57$

따라서 필요한 소요용기는 15개이다.

관련개념 CHAPTER 02 화학물질 안전관리 실행

084

열교환기의 정기적 점검을 일상점검과 개방점검으로 구분할 때 개방점검 항목에 해당하는 것은?

① 보냉재의 파손 상황
② 플랜지부나 용접부에서의 누출 여부
③ 기초볼트의 체결 상태
④ 생성물, 부착물에 의한 오염 상황

해설 부착물에 의한 오염은 Shell이나 Tube 내부에서 일어나는 현상이므로 개방점검 항목이다.

열교환기 점검항목

일상점검	자체검사(개방점검)
• 도장부 결함 및 벗겨짐 • 보온재 및 보냉재 상태 • 기초부 및 기초 고정부 상태 • 배관 등과의 접속부 상태	• 내부 부식의 형태 및 정도 • 내부 관의 부식 및 누설 유무 • 용접부 상태 • 라이닝, 코팅, 개스킷 손상 유무 • 부착물에 의한 오염의 상황

관련개념 CHAPTER 02 화학물질 안전관리 실행

085

다음 중 물소화약제의 단점을 보완하기 위하여 물에 탄산칼륨(K_2CO_3) 등을 녹인 수용액으로 부동성이 높은 알칼리성 소화약제는?

① 포소화약제 ② 분말소화약제
③ 강화액 소화약제 ④ 산알칼리소화약제

해설 강화액 소화기
• 물소화약제의 단점을 보완하기 위하여 물에 탄산칼륨(K_2CO_3) 등을 녹인 수용액으로서 부동성이 높은 알칼리성 소화약제이다.
• 탄산칼륨으로 인해 어는점이 −30[℃]까지 낮아져 한랭지 또는 겨울철에 사용할 수 있다.

관련개념 CHAPTER 01 화재·폭발 검토

086

다음 중 「산업안전보건법령」상 위험물질의 종류에 있어 인화성 가스에 해당하지 않는 것은?

① 수소 ② 부탄
③ 에틸렌 ④ 과산화수소

해설 과산화수소는 산화성 액체에 해당한다.

관련개념 CHAPTER 02 화학물질 안전관리 실행

087

「산업안전보건법령」상 위험물질의 종류에서 폭발성 물질에 해당하는 것은?

① 니트로화합물 ② 등유
③ 황 ④ 질산

해설 니트로화합물은 분자 내 산소를 함유하고 있어 외부 산소 공급원 없이 자기연소할 수 있는 폭발성 물질이다.

오답해설
② 등유: 인화성 액체
③ 황: 물반응성 물질 및 인화성 고체
④ 질산: 산화성 액체

관련개념 CHAPTER 02 화학물질 안전관리 실행

| 정답 | 083 ① 084 ④ 085 ③ 086 ④ 087 ①

088

가연성 가스의 폭발범위에 관한 설명으로 틀린 것은?

① 압력 증가에 따라 폭발 상한계와 하한계가 모두 현저히 증가한다.
② 불활성 가스를 주입하면 폭발범위는 좁아진다.
③ 온도의 상승과 함께 폭발범위는 넓어진다.
④ 산소 중에서의 폭발범위는 공기 중에서보다 넓어진다.

해설 압력은 폭발하한계에는 영향이 경미하나 폭발상한계에는 크게 영향을 준다. 보통 가스압력이 높아질수록 폭발범위는 넓어진다.

관련개념 CHAPTER 01 화재·폭발 검토

089

어떤 습한 고체재료 10[kg]의 건조 후 무게를 측정하였더니 6.8[kg]이었다. 이 재료의 함수율은 몇 [kg·H₂O/kg]인가?

① 0.25
② 0.36
③ 0.47
④ 0.58

해설 고체재료 10[kg]을 건조했을 때 무게가 6.8[kg]이므로 수분의 무게가 3.2[kg]이고, 고체의 무게는 6.8[kg]이다.

$$함수율 = \frac{수분의\ 무게}{고체의\ 무게} = \frac{3.2}{6.8} = 0.47$$

관련개념 CHAPTER 02 화학물질 안전관리 실행

090

다음 중 분진의 폭발위험성을 증대시키는 조건에 해당하는 것은?

① 분진의 발열량이 적을수록
② 분위기 중 산소 농도가 작을수록
③ 분진 내의 수분 농도가 작을수록
④ 분진의 표면적이 입자 체적에 비교하여 작을수록

해설 분진 내의 수분 농도가 작을수록 분진폭발 위험성이 높아진다.

관련개념 CHAPTER 01 화재·폭발 검토

091

사업주는 가스폭발 위험장소 또는 분진폭발 위험장소에 설치되는 건축물 등에 대해서는 규정에서 정한 부분을 내화구조로 하여야 한다. 다음 중 내화구조로 하여야 하는 부분에 대한 기준이 틀린 것은?

① 건축물 기둥: 지상 1층(지상 1층의 높이가 6미터를 초과하는 경우에는 6미터)까지
② 위험물 저장·취급용기의 지지대(높이가 30센티미터 이하인 것은 제외): 지상으로부터 지지대의 끝부분까지
③ 건축물의 보: 지상 2층(지상 2층의 높이가 10미터를 초과하는 경우에는 10미터)까지
④ 배관·전선관 등의 지지대: 지상으로부터 1단(1단의 높이가 6미터를 초과하는 경우에는 6미터)까지

해설 가스폭발 위험장소 또는 분진폭발 위험장소에 설치되는 건축물 등에 대해서는 다음에 해당하는 부분을 내화구조로 하여야 하며, 그 성능이 항상 유지될 수 있도록 점검·보수 등 적절한 조치를 하여야 한다. 다만, 건축물 등의 주변에 화재에 대비하여 물분무시설 또는 폼헤드 설비 등의 자동소화설비를 설치하여 건축물 등이 화재 시에 2시간 이상 그 안전성을 유지할 수 있도록 한 경우에는 내화구조로 하지 아니할 수 있다.

- 건축물의 기둥 및 보: 지상 1층(지상 1층의 높이가 6[m]를 초과하는 경우에는 6[m])까지
- 위험물 저장·취급용기의 지지대(높이가 30[cm] 이하인 것은 제외): 지상으로부터 지지대의 끝부분까지
- 배관·전선관 등의 지지대: 지상으로부터 1단(1단의 높이가 6[m]를 초과하는 경우에는 6[m])까지

관련개념 CHAPTER 02 화학물질 안전관리 실행

092

「산업안전보건법령」에서 인화성 액체를 정의할 때 기준이 되는 표준압력은 몇 [kPa]인가?

① 1
② 100
③ 101.3
④ 273.15

해설 인화성 액체란 표준압력(101.3[kPa])에서 인화점이 60[℃] 이하이거나 고온·고압의 공정운전조건으로 인하여 화재·폭발위험이 있는 상태에서 취급되는 가연성 액체 물질을 말한다.

관련개념 CHAPTER 02 화학물질 안전관리 실행

093

다음 중 관의 지름을 변경하는 데 사용되는 관의 부속품으로 가장 적절한 것은?

① 엘보(Elbow)
② 커플링(Coupling)
③ 유니온(Union)
④ 리듀서(Reducer)

해설 관의 지름을 변경할 때에는 리듀서(Reducer), 부싱(Bushing) 등의 부속품을 사용한다.
오답해설 엘보(Elbow)는 관로의 방향을 변경할 때, 커플링(Coupling)과 유니온(Union)은 관로를 연결할 때 사용되는 부속품이다.

관련개념 CHAPTER 04 화공 안전운전·점검

094

다음 중 가연성 가스의 연소 형태에 해당하는 것은?

① 분해연소
② 증발연소
③ 표면연소
④ 확산연소

해설 분해연소, 표면연소는 고체의 연소 형태이고, 증발연소는 액체와 고체의 연소 형태이다.

기체(가스)의 연소 형태

구분	설명	예시
확산연소	• 가연성 가스가 공기(산소) 중에 확산되어 연소범위에 도달했을 때 연소하는 현상 • 기체의 일반적 연소 형태	촛불연소, 가스버너, 성냥
예혼합연소	연소되기 전에 미리 연소범위의 혼합가스를 만들어 연소하는 형태	분젠버너, 산소용접기, 가스레인지

관련개념 CHAPTER 01 화재·폭발 검토

095

다음 중 C급 화재에 해당하는 것은?

① 금속화재 ② 전기화재
③ 일반화재 ④ 유류화재

해설 전기화재는 C급 화재이다.

화재의 종류

A급 화재	B급 화재	C급 화재	D급 화재
일반화재	유류화재	전기화재	금속화재

관련개념 CHAPTER 01 화재·폭발 검토

096

다음 물질 중 인화점이 가장 낮은 물질은?

① 이황화탄소 ② 아세톤
③ 크실렌 ④ 경유

해설
① 이황화탄소의 인화점: $-30[℃]$
② 아세톤의 인화점: $-18[℃]$
③ 크실렌의 인화점: $25[℃]$
④ 경유의 인화점: $62[℃]$
※ 인화점은 일반적으로 분자구조가 간단하고 분자량이 작을수록 낮아진다.

관련개념 CHAPTER 01 화재·폭발 검토

097

대기압 하에서 인화점이 0[℃] 이하인 물질이 아닌 것은?

① 메탄올 ② 이황화탄소
③ 산화프로필렌 ④ 디에틸에테르

해설
① 메탄올의 인화점: $12[℃]$
② 이황화탄소의 인화점: $-30[℃]$
③ 산화프로필렌의 인화점: $-37[℃]$
④ 디에틸에테르의 인화점: $-45[℃]$

관련개념 CHAPTER 01 화재·폭발 검토

098

반응 폭주 등 급격한 압력상승의 우려가 있는 경우에 설치하여야 하는 것은?

① 파열판 ② 통기밸브
③ 체크밸브 ④ Flame Arrester

해설 파열판을 설치하여야 하는 경우
- 반응 폭주 등 급격한 압력상승의 우려가 있는 경우
- 급성 독성 물질의 누출로 인하여 주위의 작업환경을 오염시킬 우려가 있는 경우
- 운전 중 안전밸브에 이상물질이 누적되어 안전밸브가 작동되지 아니할 우려가 있는 경우

관련개념 CHAPTER 04 화공 안전운전·점검

099

다음 중 분진폭발을 일으킬 위험이 가장 높은 물질은?

① 염소 ② 마그네슘
③ 산화칼슘 ④ 에틸렌

해설 분진폭발은 공기 중에 떠도는 농도가 짙은 분진이 에너지를 받아 열과 압력을 발생하면서 폭발하는 현상으로 석탄가루, 밀가루, 철가루, 플라스틱 가루, 금속분 등이 주요 원인이다. 보기에서는 마그네슘이 금속분으로 분진폭발 위험이 가장 높다.

관련개념 CHAPTER 01 화재·폭발 검토

100

다음 중 물과의 반응성이 가장 큰 물질은?

① 니트로글리세린 ② 이황화탄소
③ 금속나트륨 ④ 석유

해설 금속나트륨은 물과 격렬히 반응하여 수소 기체를 발생시킨다.
$2Na + 2H_2O \rightarrow 2NaOH + H_2\uparrow$
보기의 다른 물질들은 물과 반응하지 않거나 반응성이 거의 없다.

관련개념 CHAPTER 02 화학물질 안전관리 실행

| 정답 | 095 ② 096 ① 097 ① 098 ① 099 ② 100 ③

건설공사 안전관리

101
건설재해대책의 사면보호공법 중 식물을 생육시켜 그 뿌리로 사면의 표층토를 고정하여 빗물에 의한 침식, 동상, 이완 등을 방지하고 녹화에 의한 경관조성을 목적으로 시공하는 것은?

① 식생공
② 쉴드공
③ 뿜어붙이기공
④ 블록공

해설 식생공은 비탈면에 식물을 심어서 사면을 보호하고 녹화에 의한 경관조성을 목적으로 시공하는 공법이다.

관련개념 CHAPTER 04 건설현장 안전시설 관리

102
작업발판 및 통로의 끝이나 개구부로서 근로자가 추락할 위험이 있는 장소에서 난간 등의 설치가 매우 곤란하거나 작업의 필요상 임시로 난간 등을 해체하여야 하는 경우에 설치하여야 하는 것은?

① 구명구
② 수직보호망
③ 석면포
④ 추락방호망

해설 작업발판 및 통로의 끝이나 개구부로서 근로자가 추락할 위험이 있는 장소에서 난간 등을 설치하는 것이 매우 곤란하거나 작업의 필요상 임시로 난간 등을 해체하여야 하는 경우 추락방호망을 설치하여야 한다.

관련개념 CHAPTER 04 건설현장 안전시설 관리

103
NATM 공법 터널공사의 경우 록볼트 작업과 관련된 계측결과에 해당되지 않는 것은?

① 내공 변위측정 결과
② 천단침하측정 결과
③ 인발시험 결과
④ 진동측정 결과

해설 록볼트 작업 시 인발시험, 내공 변위측정, 천단침하측정, 지중변위측정 등의 계측결과로부터 록볼트의 추가시공을 하여야 한다.

관련개념 CHAPTER 05 비계·거푸집 가시설 위험방지

104
도심지 폭파 해체공법에 관한 설명으로 옳지 않은 것은?

① 장기간 발생하는 진동, 소음이 적다.
② 해체 속도가 빠르다.
③ 주위의 구조물에 끼치는 영향이 적다.
④ 많은 분진 발생으로 민원을 발생시킬 우려가 있다.

해설 도심지 폭파 해체공법의 경우 해체물의 비산, 진동, 분진 발생 등으로 인해 주변 구조물에 영향을 줄 수 있다.

관련개념 CHAPTER 06 공사 및 작업 종류별 안전

| 정답 | 101 ① 102 ④ 103 ④ 104 ③

105

흙막이 지보공을 설치하였을 경우 정기적으로 점검하고 이상을 발견하면 즉시 보수하여야 하는 사항과 가장 거리가 먼 것은?

① 부재의 접속부, 부착부 및 교차부의 상태
② 버팀대의 긴압의 정도
③ 부재의 손상, 변형, 부식, 변위 및 탈락의 유무와 상태
④ 지표수의 흐름 상태

해설 흙막이 지보공 설치 시 정기적 점검 및 보수사항
- 부재의 손상·변형·부식·변위 및 탈락의 유무와 상태
- 버팀대의 긴압의 정도
- 부재의 접속부·부착부 및 교차부의 상태
- 침하의 정도

관련개념 CHAPTER 05 비계·거푸집 가시설 위험방지

106

「산업안전보건법령」에 따른 양중기의 종류에 해당하지 않는 것은?

① 곤돌라　　② 리프트
③ 클램셸　　④ 크레인

해설 양중기의 종류
- 크레인(호이스트(Hoist) 포함)
- 이동식 크레인
- 리프트(이삿짐운반용 리프트의 경우에는 적재하중이 0.1톤 이상인 것으로 한정)
- 곤돌라
- 승강기

관련개념 CHAPTER 06 공사 및 작업 종류별 안전

107

말비계를 조립하여 사용하는 경우 지주부재와 수평면의 기울기는 얼마 이하로 하여야 하는가?

① 65°　　② 70°
③ 75°　　④ 80°

해설 말비계 조립 시 지주부재와 수평면의 기울기를 75° 이하로 하고, 지주부재와 지주부재 사이를 고정시키는 보조부재를 설치하여야 한다.

관련개념 CHAPTER 05 비계·거푸집 가시설 위험방지

108

유해위험방지계획서를 제출하려고 할 때 그 첨부서류와 가장 거리가 먼 것은?

① 공사개요서
② 산업안전보건관리비 작성요령
③ 전체 공정표
④ 재해 발생 위험 시 연락 및 대피방법

해설 건설공사 유해위험방지계획서 제출 시 첨부서류
- 공사개요서
- 공사현장의 주변 현황 및 주변과의 관계를 나타내는 도면(매설물 현황 포함)
- 전체 공정표
- 산업안전보건관리비 사용계획서
- 안전관리 조직표
- 재해 발생 위험 시 연락 및 대피방법

관련개념 CHAPTER 02 건설공사 위험성

| 정답 | 105 ④　106 ③　107 ③　108 ②

109

흙막이 공법을 흙막이 지지방식에 의한 분류와 구조방식에 의한 분류로 나눌 때 다음 중 지지방식에 의한 분류에 해당하는 것은?

① 수평 버팀대식 흙막이 공법
② H-Pile 공법
③ 지하연속벽 공법
④ Top Down Method 공법

해설 지지방식에 따른 흙막이 공법의 분류
- **자립식 공법**: 흙막이벽 벽체의 근입깊이에 의해 흙막이벽을 지지한다.
- **버팀대식 공법**: 띠장, 버팀대, 지지말뚝을 설치하여 토압, 수압에 저항한다.
- **어스앵커공법(Earth Anchor)**: 흙막이벽을 천공 후 앵커체를 삽입하여 인장력을 가하여 흙막이벽을 잡아당기는 공법이다.
- **타이로드공법(Tie Rod Method)**: 흙막이벽의 상부를 당김줄로 당겨 흙막이벽을 지지한다.

관련개념 CHAPTER 05 비계·거푸집 가시설 위험방지

110

건설현장에 설치하는 사다리식 통로의 설치기준으로 옳지 않은 것은?

① 발판과 벽과의 사이는 15[cm] 이상의 간격을 유지할 것
② 발판의 간격은 일정하게 할 것
③ 사다리의 상단은 걸쳐놓은 지점으로부터 60[cm] 이상 올라가도록 할 것
④ 사다리식 통로의 길이가 10[m] 이상인 경우에는 3[m] 이내마다 계단참을 설치할 것

해설 사다리식 통로의 길이가 10[m] 이상인 경우에는 5[m] 이내마다 계단참을 설치하여야 한다.

관련개념 CHAPTER 05 비계·거푸집 가시설 위험방지

111

콘크리트 타설작업과 관련하여 준수하여야 할 사항으로 가장 거리가 먼 것은?

① 당일의 작업을 시작하기 전에 해당 작업에 관한 거푸집 및 동바리 등의 변형, 변위 및 지반의 침하 유무 등을 점검하고 이상이 있으면 보수할 것
② 콘크리트를 타설하는 경우에는 편심이 발생하지 않도록 골고루 분산하여 타설할 것
③ 진동기의 사용은 많이 할수록 균일한 콘크리트를 얻을 수 있으므로 가급적 많이 사용할 것
④ 설계도서 상의 콘크리트 양생기간을 준수하여 거푸집 및 동바리를 해체할 것

해설 진동기는 적절히 사용되어야 하며, 지나친 진동은 거푸집 붕괴의 원인이 될 수 있으므로 주의하여야 한다.

관련개념 CHAPTER 06 공사 및 작업 종류별 안전

112

거푸집 및 동바리를 조립하는 경우에 준수하여야 할 사항으로 옳지 않은 것은?

① 받침목이나 깔판의 사용, 콘크리트 타설, 말뚝박기 등 동바리의 침하를 방지하기 위한 조치를 할 것
② 개구부 상부에 동바리를 설치하는 경우에는 상부하중을 견딜 수 있는 견고한 받침대를 설치할 것
③ 거푸집이 곡면인 경우에는 버팀대의 부착 등 그 거푸집의 부상을 방지하기 위한 조치를 할 것
④ 동바리의 이음은 서로 다른 품질의 재료를 사용할 것

해설 동바리 조립 시 동바리의 이음은 같은 품질의 재료를 사용하여야 한다.

관련개념 CHAPTER 05 비계·거푸집 가시설 위험방지

| 정답 | 109 ① 110 ④ 111 ③ 112 ④

113

건설공사의 산업안전보건관리비 계상 시 대상액이 구분되어 있지 않은 공사는 도급계약 또는 자체사업 계획상의 총 공사금액 중 얼마를 대상액으로 하는가?

① 50[%]
② 60[%]
③ 70[%]
④ 80[%]

해설 건설업 산업안전보건관리비 계상 시 대상액이 명확하지 않은 경우 도급계약 또는 자체사업계획상 책정된 총 공사금액의 70[%]에 해당하는 금액을 대상액으로 하여 산업안전보건관리비를 계상한다.

관련개념 CHAPTER 03 건설업 산업안전보건관리비 관리

114

비계의 높이가 2[m] 이상인 작업장소에 설치하는 작업발판의 설치기준으로 옳지 않은 것은?(단, 달비계, 달대비계 및 말비계는 제외한다.)

① 작업발판의 폭은 40[cm] 이상으로 한다.
② 작업발판의 재료는 뒤집히거나 떨어지지 않도록 하나 이상의 지지물에 연결하거나 고정시킨다.
③ 발판재료 간의 틈은 3[cm] 이하로 한다.
④ 작업발판의 지지물은 하중에 의하여 파괴될 우려가 없는 것을 사용한다.

해설 작업발판의 설치기준(비계 높이 2[m] 이상인 작업장소)
- 발판재료는 작업할 때의 하중을 견딜 수 있도록 견고한 것으로 할 것
- 작업발판의 폭은 40[cm] 이상으로 하고, 발판재료 간의 틈은 3[cm] 이하로 할 것. 다만, 외줄비계의 경우에는 고용노동부장관이 별도로 정하는 기준에 따른다.
- 추락의 위험이 있는 장소에는 안전난간을 설치할 것
- 작업발판의 지지물은 하중에 의하여 파괴될 우려가 없는 것을 사용할 것
- **작업발판 재료는 뒤집히거나 떨어지지 않도록 둘 이상의 지지물에 연결하거나 고정시킬 것**
- 작업발판을 작업에 따라 이동시킬 경우에는 위험방지에 필요한 조치를 할 것

관련개념 CHAPTER 04 건설현장 안전시설 관리

115

표준관입시험에 관한 설명으로 옳지 않은 것은?

① N치는 지반을 30[cm] 굴진하는 데 필요한 타격횟수를 의미한다.
② N치가 4~10일 경우 모래의 상대밀도는 매우 단단한 편이다.
③ 63.5[kg] 무게의 추를 76[cm] 높이에서 자유낙하하여 타격하는 시험이다.
④ 사질지반에 적용하며, 점토지반에서는 편차가 커서 신뢰성이 떨어진다.

해설 N치가 4~10일 경우 모래지반 상대밀도는 느슨하다.
표준관입시험(Standard Penetration Test)
무게 63.5[kg]의 추를 76[cm] 높이에서 자유낙하시켜 샘플러를 30[cm] 관입시키는 데 필요한 타격 횟수 N을 구하는 시험으로 N치가 클수록 토질의 밀도가 높다.

관련개념 CHAPTER 01 건설공사 특성분석

116

불도저를 이용한 작업 중 안전조치사항으로 옳지 않은 것은?

① 작업종료와 동시에 삽날을 지면에 띄우고 주차 제동장치를 건다.
② 모든 조종간은 엔진 시동 전에 중립 위치에 놓는다.
③ 장비의 승차 및 하차 시 뛰어내리거나 오르지 말고 안전하게 잡고 오르내린다.
④ 야간 작업 시 자주 장비에서 내려와 장비 주위를 살피며 점검하여야 한다.

해설 불도저를 이용한 작업 시 작업종료와 동시에 삽날을 지면에 두고 제동장치를 걸어야 한다.

관련개념 CHAPTER 04 건설현장 안전시설 관리

| 정답 | 113 ③ | 114 ② | 115 ② | 116 ①

117

철골 용접부의 내부결함을 검사하는 방법으로 가장 거리가 먼 것은?

① 알칼리반응시험
② 방사선투과시험
③ 자기분말탐상시험
④ 침투탐상시험

해설 알칼리반응시험은 철골 용접부 시험방법에 해당되지 않는다.
철골 용접부의 내부결함을 검사하는 방법
- 방사선투과시험(Radiographic Test)
- 초음파탐상시험(Ultrasonic Test)
- 자기분말탐상시험(Magnetic Particle Test)
- 침투탐상시험(Penetration Particle Test)
- 와류탐상시험(Eddy Current Test)

관련개념 CHAPTER 06 공사 및 작업 종류별 안전

118

화물취급작업과 관련한 위험방지를 위해 조치하여야 할 사항으로 옳지 않은 것은?

① 하역작업을 하는 장소에서 작업장 및 통로의 위험한 부분에는 안전하게 작업할 수 있는 조명을 유지할 것
② 하역작업을 하는 장소에서 부두 또는 안벽의 선을 따라 통로를 설치하는 경우에는 폭을 50[cm] 이상으로 할 것
③ 차량 등에서 화물을 내리는 작업을 하는 경우에 해당 작업에 종사하는 근로자에게 쌓여있는 화물의 중간에서 화물을 빼내도록 하지 말 것
④ 꼬임이 끊어진 섬유로프 등을 화물운반용 또는 고정용으로 사용하지 말 것

해설 부두·안벽 등 하역작업을 하는 장소에 부두 또는 안벽의 선을 따라 통로를 설치하는 경우에는 폭을 90[cm] 이상으로 하여야 한다.

관련개념 CHAPTER 06 공사 및 작업 종류별 안전

119

근로자의 추락 등의 위험을 방지하기 위한 안전난간의 설치요건에서 상부난간대를 120[cm] 이상 지점에 설치하는 경우 중간난간대를 최소 몇 단 이상 균등하게 설치하여야 하는가?

① 2단
② 3단
③ 4단
④ 5단

해설 안전난간의 상부난간대는 바닥면 등으로부터 90[cm] 이상 지점에 설치하고, 120[cm] 이하에 설치하는 경우에는 중간난간대는 상부난간대와 바닥면 등의 중간에 설치하여야 하며, 120[cm] 이상 지점에 설치하는 경우에는 중간난간대를 2단 이상으로 균등하게 설치하고 난간의 상하 간격은 60[cm] 이하가 되도록 하여야 한다.

관련개념 CHAPTER 04 건설현장 안전시설 관리

120

지반 등의 굴착 시 위험을 방지하기 위한 연암 및 풍화암 지반 굴착면의 기울기 기준으로 옳은 것은?

① 1 : 0.3
② 1 : 0.4
③ 1 : 1.0
④ 1 : 0.6

해설 굴착면의 기울기 기준

지반의 종류	굴착면의 기울기
모래	1 : 1.8
연암 및 풍화암	1 : 1.0
경암	1 : 0.5
그 밖의 흙	1 : 1.2

※ 이 문제는 개정된 법령에 따라 수정한 문제입니다.

관련개념 CHAPTER 02 건설공사 위험성

2019년 1회 기출문제

2019년 3월 3일 시행

산업재해 예방 및 안전보건교육

001
제일선의 감독자를 교육대상으로 하고, 작업을 지도하는 방법, 작업개선방법 등의 주요 내용을 다루는 기업 내 교육방법은?

① TWI ② MTP
③ ATT ④ CCS

해설 TWI(Training Within Industry)
- 주로 관리감독자를 대상으로 하며 전체 교육시간은 10시간 정도 소요된다.
- 한 그룹에 10명 내외로 토의법과 실연법 중심으로 강의가 실시되며 작업지도훈련, 작업방법훈련, 인간관계훈련, 작업안전훈련으로 이루어진다.

관련개념 CHAPTER 05 안전보건교육의 내용 및 방법

002
인간오류에 관한 분류 중 독립행동에 의한 분류가 아닌 것은?

① 생략오류 ② 실행오류
③ 명령오류 ④ 시간오류

해설 명령오류(지시오류)는 원인적 분류에 해당한다.
휴먼에러의 행위에 의한 분류(Swain)
- 생략(부작위적)에러(Omission Error): 작업 내지 필요한 절차를 수행하지 않는 데서 기인한 에러
- 실행(작위적)에러(Commission Error): 작업 내지 절차를 수행했으나 잘못된 실수(선택착오, 순서착오, 시간착오)에서 기인한 에러
- 과잉행동에러(Extraneous Error): 불필요한 작업 내지 절차를 수행함으로써 기인한 에러
- 순서에러(Sequential Error): 작업수행의 순서를 잘못한 실수
- 시간(지연)에러(Timing Error): 소정의 기간에 수행하지 못한 실수(너무 빨리 혹은 늦게)

관련개념 SUBJECT 02 인간공학 및 위험성 평가·관리
CHAPTER 01 안전과 인간공학

003
하인리히의 재해코스트 평가방식 중 직접비에 해당하지 않는 것은?

① 산재보상비 ② 치료비
③ 간호비 ④ 생산손실

해설 생산손실에 의한 재해비용은 간접비에 해당한다.
간접비
- 인적손실: 본인 및 제3자에 관한 것을 포함한 시간손실
- 물적손실: 기계, 공구, 재료, 시설의 복구에 소비된 시간손실 및 재산손실
- 생산손실: 생산감소, 생산중단, 판매감소 등에 의한 손실
- 특수손실
- 기타손실

관련개념 SUBJECT 03 기계·기구 및 설비 안전관리
CHAPTER 02 기계분야 산업재해 조사 및 관리

004
적응기제(適應機制, Adjustment Mechanism)의 종류 중 도피적 기제(행동)에 해당하지 않는 것은?

① 고립 ② 퇴행
③ 억압 ④ 합리화

해설 합리화는 도피적 기제가 아닌 방어적 기제에 해당한다.
적응기제
- 방어적 기제: 보상, 합리화(변명), 승화, 동일시, 투사
- 도피적 기제: 고립, 퇴행, 억압, 백일몽
- 공격적 기제
  - 직접적 공격기제: 폭행, 싸움, 기물파손 등
  - 간접적 공격기제: 욕설, 비난, 조소 등

관련개념 CHAPTER 05 안전보건교육의 내용 및 방법

| 정답 | 001 ① | 002 ③ | 003 ④ | 004 ④ |

005

다음 재해사례에서 기인물에 해당하는 것은?

> 기계작업에 배치된 작업자가 반장의 지시를 받기 전에 정지된 선반을 운전시키면서 변속치차의 덮개를 벗겨내고 치차를 저속으로 운전하면서 급유하려고 할 때 오른손이 변속치차에 맞물려 손가락이 절단되었다.

① 덮개
② 급유
③ 선반
④ 변속치차

해설 기인물은 선반이고, 가해물은 변속치차이다.

관련개념 CHAPTER 01 산업재해예방 계획 수립

006

주의의 수준이 Phase 0인 상태에서의 의식상태는?

① 무의식 상태
② 의식의 이완 상태
③ 명료한 상태
④ 과긴장 상태

해설 인간의 의식 Level의 단계별 신뢰성

단계	의식의 상태	신뢰성
Phase 0	무의식, 실신	0
Phase I	의식의 둔화	0.9 이하
Phase II	이완 상태	0.99~0.99999
Phase III	명료한 상태	0.99999 이상
Phase IV	과긴장 상태	0.9 이하

관련개념 CHAPTER 04 인간의 행동과학

007

재해예방의 4원칙에 관한 설명으로 틀린 것은?

① 재해의 발생에는 반드시 원인이 존재한다.
② 재해의 발생과 손실의 발생은 우연적이다.
③ 재해를 예방할 수 있는 안전대책은 반드시 존재한다.
④ 재해는 원인 제거가 불가능하므로 예방만이 최선이다.

해설 예방가능의 원칙
재해는 원칙적으로 원인만 제거하면 예방이 가능하다.

관련개념 CHAPTER 01 산업재해예방 계획 수립

008

「보호구 안전인증 고시」에 따른 분리식 방진마스크의 성능 기준에서 포집효율이 특급인 경우, 염화나트륨(NaCl) 및 파라핀 오일(Paraffin oil) 시험에서의 포집효율은?

① 99.95[%] 이상
② 99.9[%] 이상
③ 99.5[%] 이상
④ 99.0[%] 이상

해설 여과재 분진 등 포집효율

형태 및 등급		염화나트륨(NaCl) 및 파라핀 오일(Paraffin oil) 시험[%]
분리식	특급	99.95 이상
	1급	94.0 이상
	2급	80.0 이상

관련개념 CHAPTER 02 안전보호구 관리

009

한 사람, 한 사람의 위험에 대한 감수성 향상을 도모하기 위하여 삼각 및 원포인트 위험예지훈련을 통합한 활용기법은?

① 1인 위험예지훈련
② TBM 위험예지훈련
③ 자문자답 위험예지훈련
④ 시나리오 역할연기훈련

해설 1인 위험예지훈련
각자가 위험에 대한 감수성 향상을 도모하기 위하여 삼각 및 원포인트 위험예지훈련을 실시하는 것이다.

관련개념 CHAPTER 01 산업재해예방 계획 수립

010

「산업안전보건법」상 특별교육에서 방사선 업무에 관계되는 작업을 할 때 교육내용으로 거리가 먼 것은?

① 방사선의 유해·위험 및 인체에 미치는 영향
② 방사선 측정기기 기능의 점검에 관한 사항
③ 응급처치 및 보호구 착용에 관한 사항
④ 산소농도 측정 및 작업환경에 관한 사항

해설 '산소농도 측정 및 작업환경에 관한 사항'은 화학설비의 탱크 내 작업, 밀폐공간에서의 작업 시 특별교육내용에 해당한다.

관련개념 CHAPTER 05 안전보건교육의 내용 및 방법

011

사고예방대책의 기본원리 5단계 중 틀린 것은?

① 1단계: 안전관리계획
② 2단계: 현상파악
③ 3단계: 분석·평가
④ 4단계: 대책의 선정

해설 하인리히 사고예방대책의 기본원리 5단계
㉠ 1단계: 조직(안전관리조직)
㉡ 2단계: 사실의 발견(현상파악)
㉢ 3단계: 분석·평가(원인규명)
㉣ 4단계: 시정책의 선정
㉤ 5단계: 시정책의 적용

관련개념 CHAPTER 01 산업재해예방 계획 수립

012

다음 중 안전보건교육계획을 수립할 때 고려할 사항으로 가장 거리가 먼 것은?

① 현장의 의견을 충분히 반영한다.
② 대상자의 필요한 정보를 수집한다.
③ 안전교육시행체계와의 연관성을 고려한다.
④ 정부 규정에 의한 교육에 한정하여 실시한다.

해설 안전보건교육계획 수립 시 법 규정에 의한 교육에만 그치지 않아야 한다.

관련개념 CHAPTER 05 안전보건교육의 내용 및 방법

013

특정과업에서 에너지 소비수준에 영향을 미치는 인자가 아닌 것은?

① 작업방법
② 작업속도
③ 작업관리
④ 도구

해설 에너지 소비량에 영향을 미치는 인자
작업방법, 작업자세, 작업속도, 도구설계

관련개념 SUBJECT 02 인간공학 및 위험성평가·관리
CHAPTER 06 작업환경 관리

014

국제노동기구(ILO)의 산업재해 정도 구분에서 부상 결과 근로자가 신체장해등급 제12급 판정을 받았다면 이는 어느 정도의 부상을 의미하는가?

① 영구 전노동 불능
② 영구 일부노동 불능
③ 일시 전노동 불능
④ 일시 일부노동 불능

해설 상해정도별 구분
• 사망
• 영구 전노동 불능 상해(신체장해등급 1~3등급)
• 영구 일부노동 불능 상해(신체장해등급 4~14등급)
• 일시 전노동 불능 상해: 장해가 남지 않는 휴업상해
• 일시 일부노동 불능 상해: 일시 근무 중에 업무를 떠나 치료를 받는 정도의 상해
• 구급처치상해: 응급처치 후 정상작업을 할 수 있는 정도의 상해

관련개념 SUBJECT 03 기계·기구 및 설비 안전관리
CHAPTER 02 기계분야 산업재해 조사 및 관리

015

사고의 원인분석방법에 해당하지 않는 것은?

① 통계적 원인분석
② 종합적 원인분석
③ 클로즈(close)분석도
④ 관리도

해설 종합적 원인분석은 사고 원인분석방법에 해당하지 않는다.
재해의 통계적 원인분석 방법
파레토도, 특성요인도, 클로즈분석도, 관리도

관련개념 SUBJECT 03 기계·기구 및 설비 안전관리
CHAPTER 02 기계분야 산업재해 조사 및 관리

| 정답 | 010 ④ | 011 ① | 012 ④ | 013 ③ | 014 ② | 015 ② |

016

안전검사기관 및 자율검사프로그램 인정기관은 고용노동부장관에게 그 실적을 보고하도록 관련법에 명시되어 있는데 그 주기로 옳은 것은?

① 매월　　　　② 격월
③ 분기　　　　④ 반기

해설 　안전검사 실적보고

안전검사기관은 **분기마다** 다음 달 10일까지 분기별 실적과, 매년 1월 20일까지 전년도 실적을 고용노동부장관에게 제출하여야 하며, 공단은 분기마다 다음 달 10일까지 분기별 실적과, 매년 1월 20일까지 전년도 실적을 고용노동부장관에게 제출하여야 한다.

관련개념 　SUBJECT 03 기계·기구 및 설비 안전관리
　　　　　　CHAPTER 02 기계분야 산업재해 조사 및 관리

017

「산업안전보건법」상의 안전보건표지 종류 중 관계자외 출입금지표지에 해당되는 것은?

① 안전모 착용
② 폭발성물질 경고
③ 방사성물질 경고
④ 석면취급·해체 작업장

해설 　관계자 외 출입금지

허가대상물질 작업장	석면취급/해체 작업장	금지대상물질의 취급실험실 등
관계자 외 출입금지 (허가물질 명칭) 제조/사용/보관 중	관계자 외 출입금지 석면 취급/해체 중	관계자 외 출입금지 발암물질 취급 중
보호구/보호복 착용 흡연 및 음식물 섭취 금지	보호구/보호복 착용 흡연 및 음식물 섭취 금지	보호구/보호복 착용 흡연 및 음식물 섭취 금지

관련개념 　CHAPTER 02 안전보호구 관리

018

안전교육방법 중 학습자가 이미 설명을 듣거나 시범을 보고 알게 된 지식이나 기능을 강사의 감독 아래 직접적으로 연습하여 적용할 수 있도록 하는 교육방법은?

① 모의법　　　② 토의법
③ 실연법　　　④ 반복법

해설 　실연법

학습자가 이미 설명을 듣거나 시범을 보고 알게 된 지식이나 기능을 강사의 감독 아래 직접적으로 연습시켜 적용해 보게 하는 교육방법이다. 다른 방법보다 교사 대 학습자의 비가 높다.

관련개념 　CHAPTER 05 안전보건교육의 내용 및 방법

019

안전관리조직의 참모식(Staff형)에 대한 장점이 아닌 것은?

① 경영자의 조언과 자문역할을 한다.
② 안전정보 수집이 용이하고 빠르다.
③ 안전에 관한 명령과 지시는 생산라인을 통해 신속하게 전달한다.
④ 안전전문가가 안전계획을 세워 문제해결 방안을 모색하고 조치한다.

해설 　안전에 관한 명령과 지시가 생산라인을 통해 신속하게 전달되는 것은 직계식(LINE형)에 대한 장점이다.

관련개념 　CHAPTER 01 산업재해예방 계획 수립

020

「산업안전보건법령」상 안전인증대상 기계·기구 및 설비가 아닌 것은?

① 연삭기　　　② 롤러기
③ 압력용기　　④ 고소(高所)작업대

해설 　연삭기는 안전인증대상이 아닌 자율안전확인대상 기계·기구이다.

안전인증대상 기계·기구 및 설비

프레스, 전단기 및 절곡기, 크레인, 리프트, 압력용기, 롤러기, 사출성형기, 고소작업대, 곤돌라

관련개념 　SUBJECT 03 기계·기구 및 설비 안전관리
　　　　　　CHAPTER 02 기계분야 산업재해 조사 및 관리

| 정답 | 016 ③　017 ④　018 ③　019 ③　020 ① |

인간공학 및 위험성평가 · 관리

021

실린더 블록에 사용하는 가스켓의 수명은 평균 10,000시간이며, 표준편차는 200시간으로 정규분포를 따른다. 사용시간이 9,600시간일 경우에 신뢰도는 약 얼마인가?(단, 표준정규분포표에서 u_1=0.8413, u_2=0.9772이다.)

① 84.13[%]
② 88.73[%]
③ 92.72[%]
④ 97.72[%]

해설 정규분포 표준화 공식

$$u = \frac{\text{변수}(X) - \text{평균}(\mu)}{\text{표준편차}(\sigma)}$$

$$P_r(X \geq 9{,}600) = P_r\left(u \geq \frac{9{,}600 - 10{,}000}{200}\right)$$
$$= P_r(u \geq -2) = P_r(u \leq 2) = 0.9772 = 97.72[\%]$$

관련개념 CHAPTER 03 위험성 감소대책 수립 · 실행

022

의도는 올바른 것이었지만, 행동이 의도한 것과는 다르게 나타나는 오류를 무엇이라 하는가?

① Slip
② Mistake
③ Lapse
④ Violation

해설 인간의 오류모형
- 착오(Mistake): 상황해석을 잘못하거나 목표를 잘못 이해하고 착각하여 행하는 경우
- 실수(Slip): 상황이나 목표의 해석을 제대로 했으나 의도와는 다른 행동을 하는 경우
- 건망증(Lapse): 여러 과정이 연계적으로 일어나는 행동 중에서 일부를 잊어버리고 하지 않거나 또는 기억의 실패에 의하여 발생하는 오류
- 위반(Violation): 정해진 규칙을 알고 있음에도 고의로 따르지 않거나 무시하는 행위

관련개념 CHAPTER 01 안전과 인간공학

023

점광원으로부터 0.3[m] 떨어진 구면에 비추는 광량이 5[lumen]일 때, 조도는 약 몇 [lux]인가?

① 0.06
② 16.7
③ 55.6
④ 83.4

해설 조도[lux] $= \dfrac{\text{광속[lumen]}}{(\text{거리[m]})^2} = \dfrac{5}{0.3^2} = 55.6[\text{lux}]$

관련개념 CHAPTER 06 작업환경 관리

024

음량수준을 측정할 수 있는 3가지 척도에 해당되지 않는 것은?

① sone
② 럭스
③ phon
④ 인식소음 수준

해설 조도(Illuminance)
어떤 물체나 대상면에 도달하는 빛의 양이다.(단위: [lux])

관련개념 CHAPTER 06 작업환경 관리

025

시스템 수명주기 단계 중 마지막 단계인 것은?

① 구상단계
② 개발단계
③ 운전단계
④ 생산단계

해설 시스템 수명주기
구상단계 → 정의 → 개발 → 생산 → 운전

관련개념 CHAPTER 02 위험성 파악 · 결정

026

FT도에 사용되는 다음 게이트의 명칭은?

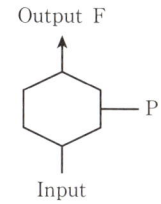

① 부정 게이트
② 억제 게이트
③ 배타적 OR 게이트
④ 우선적 AND 게이트

해설

기호	명칭	설명
Output F ↑ P ↑ Input	억제 게이트	입력사상이 주어진 조건을 만족하여야 출력사상이 발생

관련개념 CHAPTER 02 위험성 파악·결정

027

염산을 취급하는 A 업체에서는 신설 설비에 관한 안전성 평가를 실시해야 한다. 정성적 평가단계의 주요 진단 항목에 해당하는 것은?

① 공장 내의 배치
② 제조공정의 개요
③ 재평가 방법 및 계획
④ 안전·보건교육 훈련계획

해설 안전성 평가 제2단계(정성적 평가)
- 설계관계: 입지조건, **공장 내 배치**, 건조물, 소방설비, 공정기기 등
- 운전관계: 원재료, 운송, 저장 등

관련개념 CHAPTER 02 위험성 파악·결정

028

인간-기계시스템의 설계를 6단계로 구분할 때, 첫 번째 단계에서 시행하는 것은?

① 기본설계
② 시스템의 정의
③ 인터페이스 설계
④ 시스템의 목표와 성능명세 결정

해설 인간-기계 시스템 설계과정 6단계
㉠ **목표 및 성능명세 결정**: 시스템 설계 전 그 목적이나 존재 이유가 있어야 함(인간요소적인 면, 신체의 역학적 특성 및 인체측정학적 요소 고려)
㉡ 시스템(체계) 정의: 목적을 달성하기 위한 특정한 기본기능들이 수행되어야 함
㉢ 기본설계: 시스템의 형태를 갖추기 시작하는 단계(직무분석, 작업설계, 기능할당)
㉣ 인터페이스(계면) 설계: 사용자 편의와 시스템 성능에 관여
㉤ 촉진물 설계: 인간의 성능을 증진시킬 보조물 설계
㉥ 시험 및 평가: 시스템 개발과 관련된 평가와 인간적인 요소 평가 실시

관련개념 CHAPTER 01 안전과 인간공학

029

FTA에서 시스템의 기능을 살리는 데 필요한 최소 요인의 집합을 무엇이라 하는가?

① Critical Set
② Minimal Gate
③ Minimal Path Set
④ Boolean Indicated Cut Set

해설 최소 패스셋(Minimal Path Set)
정상사상(고장)이 일어나지 않는 기본사상의 집합 중 최소한의 셋을 말한다.(시스템의 신뢰성)

관련개념 CHAPTER 02 위험성 파악·결정

030
쾌적 환경에서 추운 환경으로 변화 시 신체의 조절작용이 아닌 것은?

① 피부온도가 내려간다.
② 직장온도가 약간 내려간다.
③ 몸이 떨리고 소름이 돋는다.
④ 피부를 경유하는 혈액 순환량이 감소한다.

해설 추운 환경으로 변할 때 신체 조절작용(저온스트레스)으로 직장(直腸)온도가 약간 올라간다.

관련개념 CHAPTER 06 작업환경 관리

031
인간-기계시스템의 연구 목적으로 가장 적절한 것은?

① 정보 저장의 극대화
② 운전 시 피로의 평준화
③ 시스템의 신뢰성 극대화
④ 안전의 극대화 및 생산능률의 향상

해설 인간-기계 통합체계는 인간과 기계의 상호작용으로 인간의 역할에 중점을 두고 시스템을 설계하여 인간의 안전을 극대화하고 생산능률을 향상시키는 데 그 목적이 있다.

관련개념 CHAPTER 01 안전과 인간공학

032
음압수준이 70[dB]인 경우, 1,000[Hz]에서 순음의 [phon]치는?

① 50[phon]
② 70[phon]
③ 90[phon]
④ 100[phon]

해설 [phon]으로 표시한 음량 수준은 이 음과 같은 크기로 들리는 1,000[Hz] 순음의 음압수준[dB]으로 진동수가 1,000[Hz]인 70[dB]은 70[phon]이다.

관련개념 CHAPTER 06 작업환경 관리

033
다음의 각 단계를 결함수분석법(FTA)에 의한 재해사례의 연구순서대로 나열한 것은?

> ㉠ 정상사상의 선정
> ㉡ FT도 작성 및 분석
> ㉢ 개선계획의 작성
> ㉣ 각 사상의 재해원인 규명

① ㉠ → ㉡ → ㉢ → ㉣
② ㉠ → ㉣ → ㉢ → ㉡
③ ㉠ → ㉢ → ㉡ → ㉣
④ ㉠ → ㉣ → ㉡ → ㉢

해설 FTA에 의한 재해사례 연구순서(D. R. Cheriton)
정상(Top)사상의 선정 → 각 사상의 재해원인 규명 → FT도의 작성 및 분석 → 개선계획의 작성

관련개념 CHAPTER 02 위험성 파악·결정

034
인체계측자료의 응용원칙 중 조절 범위에서 수용하는 통상의 범위는 얼마인가?

① 5~95[%tile]
② 20~80[%tile]
③ 30~70[%tile]
④ 40~60[%tile]

해설 조절식 설계(5~95[%tile])
체격이 다른 여러 사람에 맞도록 조절식으로 만드는 것이다.
㉰ 자동차 좌석의 전후 조절, 사무실 의자의 상하 조절 등

관련개념 CHAPTER 06 작업환경 관리

035
동작경제 원칙에 해당되지 않는 것은?

① 신체사용에 관한 원칙
② 작업장 배치에 관한 원칙
③ 사용자 요구 조건에 관한 원칙
④ 공구 및 설비 설계(디자인)에 관한 원칙

해설 동작경제의 3원칙
- 신체사용에 관한 원칙
- 작업장 배치에 관한 원칙
- 공구 및 설비 설계(디자인)에 관한 원칙

관련개념 CHAPTER 06 작업환경 관리

| 정답 | 030 ② | 031 ④ | 032 ② | 033 ④ | 034 ① | 035 ③ |

036
생명유지에 필요한 단위시간당 에너지량을 무엇이라 하는가?

① 기초대사량 ② 산소소비율
③ 작업대사량 ④ 에너지소비율

해설 기초대사량
생명을 유지하는 데 필요한 최소한의 에너지량을 말한다. 일반적으로 체중 1[kg]당 1시간에 남성은 1[kcal], 여성은 0.9[kcal] 정도를 소모한다.

관련개념 CHAPTER 06 작업환경 관리

037
「산업안전보건법령」에 따라 제조업 중 유해위험방지계획서 제출대상 사업의 사업주가 유해위험방지계획서를 제출하고자 할 때 첨부하여야 하는 서류에 해당하지 않는 것은?(단, 기타 고용노동부장관이 정하는 도면 및 서류 등은 제외한다.)

① 공사 개요서
② 기계·설비의 배치도면
③ 기계·설비의 개요를 나타내는 서류
④ 원재료 및 제품의 취급, 제조 등의 작업방법의 개요

해설 공사 개요서는 건설공사 유해위험방지계획서에 첨부하여야 할 서류이다.

제조업 등 유해위험방지계획서 제출서류
- 건축물 각 층의 평면도
- 기계·설비의 개요를 나타내는 서류
- 기계·설비의 배치도면
- 원재료 및 제품의 취급, 제조 등의 작업방법의 개요
- 그 밖에 고용노동부장관이 정하는 도면 및 서류

관련개념 CHAPTER 02 위험성 파악·결정

038
정신적 작업 부하에 관한 생리적 척도에 해당하지 않는 것은?

① 부정맥 지수 ② 근전도
③ 점멸융합주파수 ④ 뇌파도

해설 근전도(EMG)는 육체적 작업 부하에 관한 생리적 척도로 근수축 정도 또는 근피로도 측정 시 사용된다.

관련개념 SUBJECT 01 산업재해 예방 및 안전보건교육
CHAPTER 04 인간의 행동과학

039
수리가 가능한 어떤 기계의 가용도(Availability)는 0.90이고, 평균수리시간(MTTR)이 2시간일 때, 이 기계의 평균수명(MTTF)은?

① 15시간 ② 16시간
③ 17시간 ④ 18시간

해설 가용도$(A) = \dfrac{MTTF}{MTTF + MTTR}$ 에서

$MTTF = \dfrac{A}{1-A} \times MTTR = \dfrac{0.9}{1-0.9} \times 2 = 18$시간

관련개념 CHAPTER 03 위험성 감소대책 수립·실행

040
FMEA의 장점이라 할 수 있는 것은?

① 분석방법에 대한 논리적 배경이 강하다.
② 물적, 인적요소 모두가 분석대상이 된다.
③ 서식이 간단하고 비교적 적은 노력으로 분석이 가능하다.
④ 두 가지 이상의 요소가 동시에 고장 나는 경우에도 분석이 용이하다.

해설 고장형태와 영향분석법(FMEA)의 특징
- FTA보다 서식이 간단하고 적은 노력으로 분석이 가능하다.
- 논리성이 부족하고, 특히 각 요소 간의 영향을 분석하기 어렵기 때문에 동시에 두 가지 이상의 요소가 고장이 날 경우에 분석이 곤란하다.
- 요소가 물체로 한정되어 있기 때문에 인적 원인을 분석하는 데는 곤란하다.

관련개념 CHAPTER 02 위험성 파악·결정

| 정답 | 036 ① | 037 ① | 038 ② | 039 ④ | 040 ③ |

기계·기구 및 설비 안전관리

041
압력용기 등에 설치하는 안전밸브에 관련한 설명으로 옳지 않은 것은?

① 안지름이 150[mm]를 초과하는 압력용기에 대해서는 과압에 따른 폭발을 방지하기 위하여 규정에 맞는 안전밸브를 설치해야 한다.
② 급성 독성물질이 지속적으로 외부에 유출될 수 있는 화학설비 및 그 부속설비에는 파열판과 안전밸브를 병렬로 설치한다.
③ 안전밸브는 보호하려는 설비의 최고사용압력 이하에서 작동되도록 하여야 한다.
④ 안전밸브의 배출용량은 그 작동원인에 따라 각각의 소요분출량을 계산하여 가장 큰 수치를 해당 안전밸브의 배출용량으로 하여야 한다.

해설 급성 독성물질이 지속적으로 외부에 유출될 수 있는 화학설비 및 그 부속설비에 **파열판과 안전밸브를 직렬로 설치**하고 그 사이에는 압력지시계 또는 자동경보장치를 설치하여야 한다.

관련개념 SUBJECT 05 화학설비 안전관리
CHAPTER 04 화공 안전운전·점검

042
휴대용 연삭기 덮개의 개방부 각도는 몇 도 이내여야 하는가?

① 60°
② 90°
③ 125°
④ 180°

해설 연삭기 안전덮개의 노출각도
- 탁상용 연삭기
  - 일반 연삭작업 등에 사용하는 것을 목적으로 하는 경우: 125° 이내
  - 연삭숫돌의 상부사용을 목적으로 하는 경우: 60° 이내
- 원통 연삭기, 만능 연삭기 등: 180° 이내
- **휴대용 연삭기**, 스윙(Swing) 연삭기 등: **180° 이내**
- 평면 연삭기, 절단 연삭기 등: 150° 이내

관련개념 CHAPTER 03 공작기계의 안전

043
프레스 작업시작 전 점검해야 할 사항으로 거리가 먼 것은?

① 매니퓰레이터 작동의 이상 유무
② 클러치 및 브레이크 기능
③ 슬라이드, 연결봉 및 연결 나사의 풀림 여부
④ 프레스 금형 및 고정볼트 상태

해설 매니퓰레이터 작동의 이상 유무는 로봇의 교시 등의 작업시작 전 점검사항이다.
프레스 등의 작업시작 전 점검사항
- 클러치 및 브레이크의 기능
- 크랭크축·플라이휠·슬라이드·연결봉 및 연결 나사의 풀림 여부
- 1행정 1정지기구·급정지장치 및 비상정지장치의 기능
- 슬라이드 또는 칼날에 의한 위험방지 기구의 기능
- 프레스의 금형 및 고정볼트 상태
- 방호장치의 기능
- 전단기의 칼날 및 테이블의 상태

관련개념 CHAPTER 02 기계분야 산업재해 조사 및 관리

044
롤러기 급정지장치 조작부에 사용하는 로프의 성능 기준으로 적합한 것은?(단, 로프의 재질은 관련 규정에 적합한 것으로 본다.)

① 지름 1[mm] 이상의 와이어로프
② 지름 2[mm] 이상의 합성섬유로프
③ 지름 3[mm] 이상의 합성섬유로프
④ 지름 4[mm] 이상의 와이어로프

해설 롤러기 급정지장치 조작부에 로프를 사용할 경우는 KS D 3514(와이어로프)에 정한 규격에 적합한 **직경 4[mm] 이상의 와이어로프** 또는 직경 6[mm] 이상이고 절단하중이 2.94[kN] 이상의 합성섬유의 로프를 사용하여야 한다.

관련개념 CHAPTER 05 기타 산업용 기계·기구

045

다음 중 공장 소음에 대한 방지계획에 있어 소음원에 대한 대책에 해당하지 않는 것은?

① 해당 설비의 밀폐
② 설비실의 차음벽 시공
③ 작업자의 보호구 착용
④ 소음기 및 흡음장치 설치

해설 작업자의 보호구 착용은 소음원에 대한 대책이 아닌 작업자에 대한 대책에 해당한다.

소음을 통제하는 방법(소음대책)
- 소음원의 통제
- 소음의 격리
- 차폐장치 및 흡음재 사용
- 음향처리제 사용
- 적절한 배치

관련개념 SUBJECT 02 인간공학 및 위험성평가 · 관리
CHAPTER 06 작업환경 관리

046

다음 중 산업용 로봇에 의한 작업 시 안전조치사항으로 적절하지 않은 것은?

① 로봇이 운전으로 인해 근로자가 로봇에 부딪힐 위험이 있을 때에는 1.8[m] 이상의 울타리를 설치하여야 한다.
② 작업을 하고 있는 동안 로봇의 기동스위치 등은 작업에 종사하고 있는 근로자가 아닌 사람이 그 스위치 등을 조작할 수 없도록 필요한 조치를 한다.
③ 로봇의 조작방법 및 순서, 작업 중의 매니퓰레이터의 속도 등에 관한 지침에 따라 작업을 하여야 한다.
④ 작업에 종사하는 근로자가 이상을 발견하면 관리감독자에게 우선 보고하고, 지시에 따라 로봇의 운전을 정지시킨다.

해설 산업용 로봇의 작업 시 작업에 종사하고 있는 근로자 또는 그 근로자를 감시하는 사람은 이상을 발견하면 즉시 로봇의 운전을 정지시키기 위한 조치를 하여야 한다.

관련개념 CHAPTER 05 기타 산업용 기계 · 기구

047

와이어로프의 꼬임은 일반적으로 특수로프를 제외하고는 보통 꼬임(Ordinary Lay)과 랭 꼬임(Lang's Lay)으로 분류할 수 있다. 다음 중 랭 꼬임과 비교하여 보통 꼬임의 특징에 관한 설명으로 틀린 것은?

① 킹크가 잘 생기지 않는다.
② 내마모성, 유연성, 저항성이 우수하다.
③ 로프의 변형이나 하중을 걸었을 때 저항성이 크다.
④ 스트랜드의 꼬임방향과 로프의 꼬임방향이 반대이다.

해설 와이어로프 보통 꼬임
- 스트랜드의 꼬임방향과 소선의 꼬임방향이 반대이다.
- 로프 자체의 변형이 적다.
- 킹크가 잘 생기지 않는다.
- 하중을 걸었을 때 저항성이 크다.

관련개념 CHAPTER 06 운반기계 및 양중기

048

다음 중 「산업안전보건법령」상 연삭숫돌을 사용하는 작업의 안전수칙으로 틀린 것은?

① 연삭숫돌을 사용하는 경우 작업시작 전과 연삭숫돌을 교체한 후에는 1분 정도 시운전을 통해 이상 유무를 확인한다.
② 회전 중인 연삭숫돌이 근로자에 위험을 미칠 우려가 있는 경우에 그 부위에 덮개를 설치하여야 한다.
③ 연삭숫돌의 최고 사용회전속도를 초과하여 사용하여서는 안 된다.
④ 측면을 사용하는 목적으로 하는 연삭숫돌 이외에는 측면을 사용해서는 안 된다.

해설 연삭숫돌을 사용하는 작업의 경우 작업을 시작하기 전에는 1분 이상, **연삭숫돌을 교체한 후에는 3분 이상** 시험운전을 하고 해당 기계에 이상이 있는지의 여부를 확인하여야 한다.

관련개념 CHAPTER 03 공작기계의 안전

| 정답 | 045 ③ 046 ④ 047 ② 048 ①

049

프레스 및 전단기에 사용되는 손쳐내기식 방호장치의 성능기준에 대한 설명 중 옳지 않은 것은?

① 진동각도·진폭시험: 행정길이가 최소일 때 진동각도는 60°~90°이다.
② 진동각도·진폭시험: 행정길이가 최대일 때 진동각도는 30°~60°이다.
③ 완충시험: 손쳐내기봉에 의한 과도한 충격이 없어야 한다.
④ 무부하 동작시험: 1회의 오동작도 없어야 한다.

해설 손쳐내기식 방호장치의 성능기준(프레스 및 전단기)

진동각도·진폭시험	• 행정길이가 최소일 때: 60°~90° 진동각도 • **행정길이가 최대일 때: 45°~90° 진동각도**
완충시험	손쳐내기봉에 의한 과도한 충격이 없어야 한다.
무부하 동작시험	1회의 오동작도 없어야 한다.

관련개념 CHAPTER 04 프레스 및 전단기의 안전

050

다음 중 용접 결함의 종류에 해당하지 않는 것은?

① 비드(Bead)
② 기공(Blow Hole)
③ 언더컷(Under Cut)
④ 용입불량(Incomplete Penetration)

해설 비드(Bead)는 용접작업에서 모재와 용접봉이 녹아서 생긴 가늘고 긴 파형의 띠이다.
용접 결함의 종류
언더컷, 오버랩, 기공, 스패터, 슬래그 섞임, 용입불량 등

관련개념 CHAPTER 05 기타 산업용 기계·기구

051

보일러 등에 사용하는 압력방출장치의 봉인은 무엇으로 실시해야 하는가?

① 구리 테이프
② 납
③ 봉인용 철사
④ 알루미늄 실(Seal)

해설 압력방출장치는 매년 1회 이상 국가교정기관에서 교정을 받은 압력계를 이용하여 설정압력에서 압력방출장치가 적정하게 작동하는지를 검사한 후 **납으로 봉인**하여 사용하여야 한다.

관련개념 CHAPTER 05 기타 산업용 기계·기구

052

컨베이어 설치 시 주의사항에 관한 설명으로 옳지 않은 것은?

① 컨베이어에 설치된 보도 및 운전실 상면은 수평이어야 한다.
② 근로자가 컨베이어를 횡단하는 곳에는 바닥면 등으로부터 90[cm] 이상 120[cm] 이하에 상부난간대를 설치하고, 바닥면과의 중간에 중간난간대가 설치된 건널다리를 설치한다.
③ 폭발의 위험이 있는 가연성 분진 등을 운반하는 컨베이어 또는 폭발의 위험이 있는 장소에 사용되는 컨베이어의 전기기계 및 기구는 방폭구조이어야 한다.
④ 보도, 난간, 계단, 사다리의 설치 시 컨베이어를 가동시킨 후에 설치하면서 설치 상황을 확인한다.

해설 보도, 난간, 계단, 사다리의 설치 시 컨베이어 가동개시 전에 설치 상황을 확인하여야 한다.

관련개념 CHAPTER 06 운반기계 및 양중기

053

유해·위험 기계·기구 중에서 진동과 소음을 동시에 수반하는 기계설비로 가장 거리가 먼 것은?

① 컨베이어   ② 사출성형기
③ 가스용접기 ④ 공기압축기

해설 유해·위험 기계·기구 중 소음과 진동을 동시에 수반하는 기계는 컨베이어, 사출성형기, 공기압축기이다.

관련개념 CHAPTER 07 설비진단 및 검사

054

기능의 안전화 방안을 소극적 대책과 적극적 대책으로 구분할 때 다음 중 적극적 대책에 해당하는 것은?

① 기계의 이상을 확인하고 급정지시켰다.
② 원활한 작동을 위해 급유를 하였다.
③ 회로를 개선하여 오동작을 방지하도록 하였다.
④ 기계를 볼트 및 너트가 이완되지 않도록 다시 조립하였다.

해설 기능적 안전화의 적극적 대책
회로를 개선하여 오동작을 사전에 방지하거나 별도의 안전한 회로에 의한 정상기능을 찾도록 하는 대책이다.

관련개념 CHAPTER 01 기계공정의 안전, 기계안전시설 관리

055

프레스기의 비상정지스위치 작동 후 슬라이드가 하사점까지 도달시간이 0.15초 걸렸다면 양수기동식 방호장치의 안전거리는 최소 몇 [cm] 이상이어야 하는가?

① 24   ② 240
③ 15   ④ 150

해설 양수기동식 방호장치 안전거리
$D_m = 1,600 \times T_m = 1,600 \times 0.15 = 240[mm] = 24[cm]$
여기서, T_m: 누름버튼을 누른 때부터 슬라이드가 하사점에 도달할 때까지의 소요 최대시간[초]

관련개념 CHAPTER 04 프레스 및 전단기의 안전

056

다음 중 소성가공을 열간가공과 냉간가공으로 분류하는 가공온도의 기준은?

① 융해점 온도   ② 공석점 온도
③ 공정점 온도   ④ 재결정 온도

해설 냉간가공 및 열간가공
- 냉간가공(상온가공, Cold Working): 재결정 온도 이하에서 금속의 인장강도, 항복점, 탄성한계, 경도, 연신율, 단면수축률 등과 같은 기계적 성질을 변화시키는 가공이다.
- 열간가공(고온가공, Hot Working): 재결정 온도 이상에서 하는 가공이다.

관련개념 CHAPTER 03 공작기계의 안전

057

자분탐상검사에서 사용하는 자화방법이 아닌 것은?

① 축통전법   ② 전류관통법
③ 극간법   ④ 임피던스법

해설 자분탐상검사의 자화방법
- 축통전법   · 직각통전법
- 프로드법   · 전류관통법
- 코일법   · 극간법
- 자속관통법

관련개념 CHAPTER 07 설비진단 및 검사

058

컨베이어(Conveyor) 역전방지장치의 형식을 기계식과 전기식으로 구분할 때 기계식에 해당하지 않는 것은?

① 라쳇식   ② 밴드식
③ 스러스트식 ④ 롤러식

해설 기계식 역주행방지장치
롤러식, 라쳇식, 밴드식

관련개념 CHAPTER 06 운반기계 및 양중기

| 정답 | 053 ③ | 054 ③ | 055 ① | 056 ④ | 057 ④ | 058 ③ |

059

다음 중 프레스를 제외한 사출성형기·주형조형기 및 형단조기 등에 관한 안전조치사항으로 틀린 것은?

① 근로자의 신체 일부가 말려들어갈 우려가 있는 경우에는 양수조작식 방호장치를 설치하여 사용한다.
② 게이트가드식 방호장치를 설치할 경우에는 연동구조를 적용하여 문을 닫지 않아도 동작할 수 있도록 한다.
③ 사출성형기의 전면에 작업용 발판을 설치할 경우 근로자가 쉽게 미끄러지지 않는 구조여야 한다.
④ 기계의 히터 등의 가열 부위, 감전우려가 있는 부위에는 방호덮개를 설치하여 사용한다.

해설 사출성형기 방호장치
- 사출성형기·주형조형기 및 형단조기 등에 근로자의 신체 일부가 말려들어갈 우려가 있는 경우 게이트가드 또는 양수조작식 등에 의한 방호장치, 그 밖에 필요한 방호조치를 하여야 한다.
- **게이트가드는 닫지 아니하면 기계가 작동되지 아니하는** 연동구조이어야 한다.
- 기계의 히터 등의 가열 부위 또는 감전 우려가 있는 부위에는 방호덮개를 설치하는 등 필요한 안전조치를 하여야 한다.

관련개념 CHAPTER 05 기타 산업용 기계·기구

060

재료의 강도시험 중 항복점을 알 수 있는 시험의 종류는?

① 비파괴시험
② 충격시험
③ 인장시험
④ 피로시험

해설 인장시험
재료의 항복점, 인장강도, 신장 등을 알 수 있는 시험이다.

관련개념 CHAPTER 01 기계공정의 안전, 기계안전시설 관리

전기설비 안전관리

061

다음 중 불꽃(Spark)방전의 발생 시 공기 중에 생성되는 물질은?

① O_2
② O_3
③ H_2
④ C

해설 불꽃방전 발생 시 공기 중에 생성되는 물질은 오존(O_3)이다.

관련개념 CHAPTER 03 정전기 장·재해관리

062

정전작업 시 작업 중의 조치사항으로 옳은 것은?

① 검전기에 의한 정전확인
② 개폐기의 관리
③ 잔류전하의 방전
④ 단락접지 실시

해설 ①, ③, ④는 정전작업 전 조치사항이다.

관련개념 CHAPTER 02 감전재해 및 방지대책

063

대전물체의 표면전위를 검출전극에 의한 용량분할을 통해 측정할 수 있다. 대전물체의 표면전위 V_s는?(단, 대전물체와 검출전극 간의 정전용량은 C_1, 검출전극과 대지 간의 정전용량은 C_2, 검출전극의 전위는 V_e이다.)

① $V_s = \left(\dfrac{C_1+C_2}{C_1}+1\right) \cdot V_e$

② $V_s = \dfrac{C_1+C_2}{C_1} V_e$

③ $V_s = \dfrac{C_2}{C_1+C_2} V_e$

④ $V_s = \left(\dfrac{C_1}{C_1+C_2}+1\right) \cdot V_e$

해설 대전물체의 표면전위

$V_s = \dfrac{C_1+C_2}{C_1} V_e$

관련개념 CHAPTER 03 정전기 장·재해관리

064

자동전격방지장치에 대한 설명으로 틀린 것은?

① 무부하 시 전력손실을 줄인다.
② 무부하 전압을 안전전압 이하로 저하시킨다.
③ 용접을 할 때에만 용접기의 주회로를 개로(OFF)시킨다.
④ 교류아크용접기의 안전장치로서 용접기의 1차 또는 2차 측에 부착한다.

해설 자동전격방지장치
용접봉의 조작에 따라 **용접을 할 때에만 용접기의 주회로를 폐로(ON)**시키고, 용접을 행하지 않을 때에는 용접기 주회로를 개로(OFF)시켜 용접기 출력 측의 무부하 전압을 25[V] 이하로 저하시켜 작업자가 용접봉과 모재 사이에 접촉함으로써 발생하는 감전의 위험을 방지하는 장치이다.

관련개념 CHAPTER 02 감전재해 및 방지대책

065

인체의 전기저항 R을 1,000[Ω]이라고 할 때 위험한계에너지의 최저는 약 몇 [J]인가?(단, 통전시간은 1초이고, 심실세동전류 $I = \dfrac{165}{\sqrt{T}}$[mA]이다.)

① 17.23
② 27.23
③ 37.23
④ 47.23

해설
$$W = I^2 RT = \left(\dfrac{165}{\sqrt{T}} \times 10^{-3}\right)^2 \times 1,000T$$
$$= (165^2 \times 10^{-6}) \times 1,000 = 27.23[J]$$

여기서, W: 위험한계에너지[J]
  I: 심실세동전류[A]
  R: 인체저항[Ω]
  T: 통전시간[s]

관련개념 CHAPTER 02 감전재해 및 방지대책

066

전기기기 방폭의 기본개념이 아닌 것은?

① 점화원의 방폭적 격리
② 전기기기의 안전도 증강
③ 점화능력의 본질적 억제
④ 전기설비 주위 공기의 절연능력 향상

해설 전기설비 방폭화
- 점화원의 방폭적 격리(압력방폭, 유입방폭, 내압방폭)
- 전기설비의 안전도 증강(안전증방폭)
- 점화능력의 본질적 억제(본질안전방폭)

관련개념 CHAPTER 04 전기방폭관리

| 정답 | 063 ② 064 ③ 065 ② 066 ④

067

다음 그림과 같이 완전 누전되고 있는 전기기기의 외함에 사람이 접촉하였을 경우 인체에 흐르는 전류(I_m)는? (단, E[V]는 전원의 대지전압, R_2[Ω]는 변압기 1선 접지, 제2종 접지저항, R_3[Ω]은 전기기기 외함 접지, 제3종 접지저항, R_m[Ω]은 인체저항이다.)

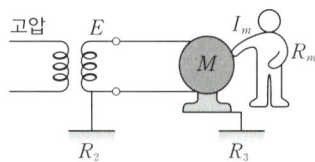

① $\dfrac{E}{R_2+\dfrac{R_3\times R_m}{R_3+R_m}}\times \dfrac{R_3}{R_3+R_m}$

② $\dfrac{E}{R_2+\dfrac{R_3+R_m}{R_3\times R_m}}\times \dfrac{R_3}{R_3+R_m}$

③ $\dfrac{E}{R_2+\dfrac{R_3\times R_m}{R_3+R_m}}\times \dfrac{R_m}{R_3+R_m}$

④ $\dfrac{E}{R_3+\dfrac{R_2\times R_m}{R_2+R_m}}\times \dfrac{R_3}{R_3+R_m}$

해설

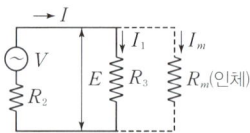

- 인체가 외함에 접촉 시 지락전류

$I=\dfrac{E}{R_2+\dfrac{R_3R_m}{R_3+R_m}}$ [A]

- 인체가 외함에 접촉 시 인체를 통해서 흐르게 될 전류(감전전류)

$I_m=I\times \dfrac{R_3}{R_3+R_m}=\dfrac{E}{R_2+\dfrac{R_3R_m}{R_3+R_m}}\times \dfrac{R_3}{R_3+R_m}$

※ 계산식은 동일하나 「한국전기설비규정」이 개정됨에 따라 '접지대상에 따라 일괄 적용한 종별접지'는 폐지되었습니다.

관련개념 CHAPTER 02 감전재해 및 방지대책

068

감전사고를 방지하기 위한 방법으로 틀린 것은?

① 전기기기 및 설비의 위험부에 위험표지
② 전기설비에 대한 누전차단기 설치
③ 전기기기에 대한 정격표시
④ 무자격자는 전기기계 및 기구에 전기적인 접촉 금지

해설 전기기기의 정격표시는 기기보호에 해당하는 방법이다.

관련개념 CHAPTER 02 감전재해 및 방지대책

069

역률개선용 커패시터(Capacitor)가 접속되어 있는 전로에서 정전작업을 할 경우 다른 정전작업과는 달리 주의 깊게 취해야 할 조치사항으로 옳은 것은?

① 안전표지 부착
② 개폐기 전원투입 금지
③ 잔류전하 방전
④ 활선 근접작업에 대한 방호

해설 커패시터는 전기를 저장하는 장치이므로 방전코일이나 방전기구 등을 이용하여 잔류전하의 방전을 주의 깊게 조치하여야 한다.

관련개념 CHAPTER 02 감전재해 및 방지대책

070

내압방폭구조의 필요충분조건에 대한 사항으로 틀린 것은?

① 폭발화염이 외부로 유출되지 않을 것
② 습기침투에 대한 보호를 충분히 할 것
③ 내부에서 폭발할 경우 그 압력에 견딜 것
④ 외함의 표면온도가 외부의 폭발성 가스를 점화하지 않을 것

해설 내압방폭구조의 성능
- 내부에서 폭발할 경우 그 압력에 견딜 것
- 폭발화염이 외부로 유출되지 않을 것
- 외함 표면온도가 주위의 가연성 가스를 점화하지 않을 것

관련개념 CHAPTER 04 전기방폭관리

071

전기화재가 발생되는 비중이 가장 큰 발화원은?

① 주방기기
② 이동식 전열기
③ 회전체 전기기계 및 기구
④ 전기배선 및 배선기구

해설 전기화재가 발생되는 비중이 가장 큰 발화원은 전기배선 및 배선기구이다.

관련개념 CHAPTER 05 전기설비 위험요인관리

072

피뢰기의 구성요소로 옳은 것은?

① 직렬갭, 특성요소
② 병렬갭, 특성요소
③ 직렬갭, 충격요소
④ 병렬갭, 충격요소

해설 피뢰기의 구성요소
직렬갭+특성요소

관련개념 CHAPTER 05 전기설비 위험요인관리

073

감전사고가 발생했을 때 피해자를 구출하는 방법으로 틀린 것은?

① 피해자가 계속하여 전기설비에 접촉되어 있다면 우선 그 설비의 전원을 신속히 차단한다.
② 감전사항을 빠르게 판단하고 피해자의 몸과 충전부가 접촉되어 있는지를 확인한다.
③ 충전부에 감전되어 있으면 몸이나 손을 잡고 피해자를 곧바로 이탈시켜야 한다.
④ 절연고무장갑, 고무장화 등을 착용한 후에 구원해 준다.

해설 절연 보호구 없이 감전된 피해자와 접촉하면 같이 감전될 우려가 있다.

감전사고 시 응급조치
• 전원을 차단하고 피재자를 위험지역에서 신속히 대피(2차재해 예방)시킨다.
• 피재자의 상태를 확인한다.
• 기도확보, 인공호흡, 심장마사지의 순서로 응급조치를 한다.

관련개념 CHAPTER 02 감전재해 및 방지대책

074

한국전기설비규정에서 정의하는 전압의 구분으로 틀린 것은?

① 교류 저압: 1[kV] 이하
② 직류 저압: 1.5[kV] 이하
③ 직류 고압: 1.5[kV] 초과 7[kV] 이하
④ 특고압: 7,000[V] 이상

해설 전압의 구분
• 저압: 교류는 1[kV] 이하, 직류는 1.5[kV] 이하인 것
• 고압: 교류는 1[kV]를, 직류는 1.5[kV]를 초과하고, 7[kV] 이하인 것
• 특고압: 7[kV]를 초과하는 것

관련개념 CHAPTER 02 감전재해 및 방지대책

075

샤워시설이 있는 욕실에 콘센트를 시설하고자 한다. 이때 설치되는 인체감전보호용 누전차단기의 정격감도전류는 몇 [mA] 이하인가?

① 5
② 15
③ 30
④ 60

해설 욕조나 샤워시설이 있는 욕실 또는 화장실 등 인체가 물에 젖어 있는 상태에서 전기를 사용하는 장소에 콘센트를 시설하는 경우에는 「전기용품 및 생활용품 안전관리법」의 적용을 받는 인체감전보호용 누전차단기(**정격감도전류 15[mA] 이하**, 동작시간 0.03초 이하의 전류동작형의 것에 한함) 또는 절연변압기(정격용량 3[kVA] 이하인 것에 한함)로 보호된 전로에 접속하거나, 인체감전보호용 누전차단기가 부착된 콘센트를 시설하여야 한다.

관련개념 CHAPTER 02 감전재해 및 방지대책

076

인체의 저항을 500[Ω]이라 할 때 단상 440[V]의 회로에서 누전으로 인한 감전재해를 방지할 목적으로 설치하는 누전차단기의 규격은?

① 30[mA], 0.1초
② 30[mA], 0.03초
③ 50[mA], 0.1초
④ 50[mA], 0.3초

해설 감전보호용 누전차단기
- 정격감도전류 30[mA] 이하, 동작시간 0.03초 이내
- 정격부하전류가 50[A] 이상인 경우, 정격감도전류 200[mA] 이하, 동작시간 0.1초 이내

관련개념 CHAPTER 02 감전재해 및 방지대책

077

접지의 종류와 목적이 바르게 짝지어지지 않은 것은?

① 계통접지 – 고압전로와 저압전로가 혼촉되었을 때의 감전이나 화재방지를 위하여
② 지락검출용 접지 – 차단기의 동작을 확실하게 하기 위하여
③ 기능용 접지 – 피뢰기 등의 기능손상을 방지하기 위하여
④ 등전위 접지 – 병원에 있어서 의료기기 사용 시 안전을 위하여

해설 접지의 목적에 따른 종류

접지의 종류	접지목적
계통접지	고압전로와 저압전로 혼촉 시 감전이나 화재 방지
피뢰기접지 (낙뢰방지용 접지)	낙뢰로부터 전기기기의 손상방지
지락검출용 접지	누전차단기의 동작을 확실하게 하기 위함
등전위 접지	병원에 있어서의 의료기기 사용 시의 안전 확보
기능용 접지	전기방식 설비 등의 접지

관련개념 CHAPTER 05 전기설비 위험요인관리

078

방폭지역 구분 중 폭발성 가스 분위기가 정상상태에서 조성되지 않거나 조성된다 하더라도 짧은 기간에만 존재할 수 있는 장소는?

① 0종 장소
② 1종 장소
③ 2종 장소
④ 비방폭지역

해설 가스폭발 위험장소

분류	적요
0종 장소	인화성 액체의 증기 또는 가연성 가스에 의한 폭발위험이 지속적으로 또는 장기간 존재하는 장소
1종 장소	정상 작동상태에서 인화성 액체의 증기 또는 가연성 가스에 의한 폭발위험 분위기가 존재하기 쉬운 장소
2종 장소	정상 작동상태에서 인화성 액체의 증기 또는 가연성 가스에 의한 폭발위험 분위기가 존재할 우려가 없으나, 존재할 경우 그 빈도가 아주 적고 단기간만 존재할 수 있는 장소

관련개념 CHAPTER 04 전기방폭관리

079

정격감도전류에서 동작시간이 가장 짧은 누전차단기는?

① 시연형 누전차단기
② 반한시형 누전차단기
③ 고속형 누전차단기
④ 감전보호용 누전차단기

해설 감전보호용 누전차단기의 동작시간이 0.03초 이내로 가장 짧다.

오답해설
① 시연형: 0.1초 초과 2초 이내
② 반한시형: 0.2초 초과 2초 이내
③ 고속형: 0.1초 이내

관련개념 CHAPTER 01 전기안전관리

080

방폭기기-일반요구사항(KS C IEC 60079-0) 규정에서 제시하고 있는 방폭기기 설치 시 표준환경조건이 아닌 것은?

① 압력: 80~110[kPa]
② 상대습도: 40~80[%]
③ 주위온도: -20~40[℃]
④ 산소 함유율 21[%v/v]의 공기

해설 KS C IEC 60079-0에서 상대습도에 대한 표준환경조건은 없다.

관련개념 CHAPTER 04 전기방폭관리

화학설비 안전관리

081
분진폭발을 방지하기 위하여 첨가하는 불활성첨가물로 적합하지 않은 것은?

① 탄산칼슘 ② 모래
③ 석분 ④ 마그네슘

해설 마그네슘은 폭발성 분진으로 공기 중에 분산하여 있는 상태에서 착화시키면 분진폭발을 일으킬 위험이 있다.

관련개념 CHAPTER 02 화학물질 안전관리 실행

082
위험물 또는 가스에 의한 화재를 경보하는 기구에 필요한 설비가 아닌 것은?

① 간이완강기 ② 자동화재감지기
③ 축전지설비 ④ 자동화재수신기

해설 간이완강기
화재 시나 응급한 상황에 처하였을 때 피난을 돕는 피난구조설비로 사용자의 몸무게에 의하여 자동적으로 내려올 수 있는 기구 중 연속적으로 사용할 수 없는 것을 말한다. 간이완강기는 화재에 대한 경보기능이 없다.

관련개념 CHAPTER 01 화재·폭발 검토

083
「산업안전보건기준에 관한 규칙」 중 급성 독성 물질에 관한 기준 중 일부이다. (A)와 (B)에 알맞은 수치를 옳게 나타낸 것은?

- 쥐에 대한 경구투입실험에 의하여 실험동물의 50퍼센트를 사망시킬 수 있는 물질의 양, 즉 LD50(경구, 쥐)이 킬로그램당 (A)밀리그램-(체중) 이하인 화학물질
- 쥐 또는 토끼에 대한 경피흡수실험에 의하여 실험동물의 50퍼센트를 사망시킬 수 있는 물질의 양, 즉 LD50(경피, 토끼 또는 쥐)이 킬로그램당 (B)밀리그램-(체중) 이하인 화학물질

① A: 1,000, B: 300 ② A: 1,000, B: 1,000
③ A: 300, B: 300 ④ A: 300, B: 1,000

해설 「산업안전보건법령」상 급성 독성 물질의 기준
- LD50(경구, 쥐)이 [kg]당 300[mg]-(체중) 이하인 화학물질
- LD50(경피, 토끼 또는 쥐)이 [kg]당 1,000[mg]-(체중) 이하인 화학물질
- 가스 LC50(쥐, 4시간 흡입)이 2,500[ppm] 이하인 화학물질
- 증기 LC50(쥐, 4시간 흡입)이 10[mg/L] 이하인 화학물질
- 분진 또는 미스트 LC50(쥐, 4시간 흡입)이 1[mg/L] 이하인 화학물질

관련개념 CHAPTER 02 화학물질 안전관리 실행

084
「산업안전보건기준에 관한 규칙」에서 지정한 '화학설비 및 그 부속설비의 종류' 중 화학설비의 부속설비에 해당하는 것은?

① 응축기·냉각기·가열기 등의 열교환기류
② 반응기·혼합조 등의 화학물질 반응 또는 혼합장치
③ 펌프류·압축기 등의 화학물질 이송 또는 압축설비
④ 온도·압력·유량 등을 지시·기록하는 자동제어 관련 설비

해설 온도·압력·유량 등을 지시·기록하는 자동제어 관련 설비는 화학설비의 부속설비에 해당한다.
오답해설 ①, ②, ③은 화학설비에 해당한다.

관련개념 CHAPTER 02 화학물질 안전관리 실행

085
다음 중 반응기를 조작방식에 따라 분류할 때 이에 해당하지 않는 것은?

① 회분식 반응기
② 반회분식 반응기
③ 연속식 반응기
④ 관형 반응기

해설 관형 반응기는 구조에 따라 분류한 것이다.
반응기의 분류
- 조작방법에 따른 분류: 회분식 반응기, 반회분식 반응기, 연속식 반응기
- 구조에 따른 분류: 교반조형 반응기, 관형 반응기, 탑형 반응기, 유동층형 반응기

관련개념 CHAPTER 02 화학물질 안전관리 실행

086
이산화탄소소화약제의 특징으로 가장 거리가 먼 것은?

① 전기절연성이 우수하다.
② 액체로 저장할 경우 자체 압력으로 방사할 수 있다.
③ 기화상태에서 부식성이 매우 강하다.
④ 저장에 의한 변질이 없어 장기간 저장이 용이한 편이다.

해설 이산화탄소소화기는 반응성이 매우 낮아 부식성이 거의 없다.

관련개념 CHAPTER 01 화재·폭발 검토

087
다음 중 물과 반응하여 수소가스를 발생할 위험이 가장 낮은 물질은?

① Mg
② Zn
③ Cu
④ Na

해설 Cu(구리)는 물과 반응하지 않는다.
오답해설
① $Mg + H_2O \rightarrow MgO + H_2 \uparrow$
② $Zn + 2H_2O \rightarrow Zn(OH)_2 + H_2 \uparrow$
④ $2Na + 2H_2O \rightarrow 2NaOH + H_2 \uparrow$

관련개념 CHAPTER 02 화학물질 안전관리 실행

088
헥산 1[vol%], 메탄 2[vol%], 에틸렌 2[vol%], 공기 95[vol%]로 된 혼합가스의 폭발하한계값[vol%]은 약 얼마인가?(단, 헥산, 메탄, 에틸렌의 폭발하한계 값은 각각 1.1, 5.0, 2.7[vol%]이다.)

① 2.44
② 12.89
③ 21.78
④ 48.78

해설 혼합가스의 폭발하한계
$$L = \frac{V_1 + V_2 + \cdots + V_n}{\frac{V_1}{L_1} + \frac{V_2}{L_2} + \cdots + \frac{V_n}{L_n}} = \frac{1+2+2}{\frac{1}{1.1} + \frac{2}{5} + \frac{2}{2.7}} = 2.44[vol\%]$$

여기서, L: 혼합가스의 폭발하한계 [vol%]
L_n: 각 성분가스의 폭발하한계 [vol%]
V_n: 각 성분가스의 부피 비율 [vol%]

관련개념 CHAPTER 01 화재·폭발 검토

089
다음 중 열교환기의 보수에 있어 일상점검 항목과 정기적 개방점검 항목으로 구분할 때 일상점검 항목으로 가장 거리가 먼 것은?

① 도장의 노후상황
② 부착물에 의한 오염의 상황
③ 보온재, 보냉재의 파손 여부
④ 기초볼트의 체결정도

해설 부착물에 의한 오염은 Shell이나 Tube 내부에서 일어나는 현상이므로 일상점검 항목이 아니라 개방점검 항목이다.

열교환기 점검항목

일상점검	자체검사(개방점검)
• 도장부 결함 및 벗겨짐	• 내부 부식의 형태 및 정도
• 보온재 및 보냉재 상태	• 내부 관의 부식 및 누설 유무
• 기초부 및 기초 고정부 상태	• 용접부 상태
• 배관 등과의 접속부 상태	• 라이닝, 코팅, 개스킷 손상 유무
	• 부착물에 의한 오염의 상황

관련개념 CHAPTER 02 화학물질 안전관리 실행

090

다음 중 가연성 물질이 연소하기 쉬운 조건으로 옳지 않은 것은?

① 연소 발열량이 클 것
② 점화에너지가 작을 것
③ 산소와 친화력이 클 것
④ 입자의 표면적이 작을 것

해설 입자의 표면적이 작으면 산소와 접촉할 수 있는 면적이 작아지기 때문에 연소가 어려워진다.

관련개념 CHAPTER 01 화재·폭발 검토

091

공기 중에서 A가스의 폭발하한계는 2.2[vol%]이다. 이 폭발하한계값을 기준으로 하여 표준상태에서 A가스와 공기의 혼합기체 1[m³]에 함유되어 있는 A가스의 질량을 구하면 약 몇 [g]인가?(단, A가스의 분자량은 26이다.)

① 19.02
② 25.54
③ 29.02
④ 35.54

해설 A가스의 부피 $= 1 \times \dfrac{2.2}{100} = 0.022[m^3] = 22[L]$

아보가드로의 법칙에 의하면 표준상태(0[℃], 1기압)에서 기체 1몰의 부피는 22.4[L]이고, 문제에서 A가스의 분자량이 26이라고 했으므로 A가스 1몰은 26[g]이다. 이 관계를 이용하여 A가스의 질량을 x로 놓고 비례식을 만들면 다음과 같다.

$26[g] : 22.4[L] = x[g] : 22[L]$, $x = \dfrac{26 \times 22}{22.4} = 25.54[g]$

관련개념 CHAPTER 02 화학물질 안전관리 실행

092

고압의 환경에서 장시간 작업하는 경우에 발생할 수 있는 잠함병(潛函病) 또는 잠수병(潛水病)은 다음 중 어떤 물질에 의하여 중독현상이 일어나는가?

① 질소
② 황화수소
③ 일산화탄소
④ 이산화탄소

해설 잠함병

잠수병, 감압증이라고도 하며 대기압 이상의 높은 기압 하에서 장시간 작업한 사람이 갑자기 감압하면 체내에 용해되었던 질소(N_2)가 기포로 되어 혈관 색전, 파열 등으로 신체장해를 입는다.

관련개념 CHAPTER 02 화학물질 안전관리 실행

093

메탄이 공기 중에서 연소될 때의 이론혼합비(화학양론조성)는 약 몇 [vol%]인가?

① 2.21
② 4.03
③ 5.76
④ 9.50

해설 $C_nH_xO_y$의 양론농도

$$C_{st} = \dfrac{1}{(4.77n + 1.19x - 2.38y) + 1} \times 100$$

메탄의 분자식은 CH_4이므로

$$C_{st} = \dfrac{1}{(4.77 \times 1 + 1.19 \times 4) + 1} \times 100 = 9.50[vol\%]$$

관련개념 CHAPTER 01 화재·폭발 검토

094

다음 중 가연성 가스이며 독성 가스에 해당하는 것은?

① 수소
② 프로판
③ 산소
④ 일산화탄소

해설 일산화탄소는 허용농도가 30[ppm]인 독성 가스이자, 공기 중 연소범위가 12.5~74[vol%]인 가연성 가스이다.

오답해설
①, ② 수소와 프로판은 가연성 가스이지만 독성 가스는 아니다.
③ 산소는 자신은 타지 않고 상대방이 잘 타도록 도와주는 조연성 가스이다.

관련개념 CHAPTER 02 화학물질 안전관리 실행

095

위험물질을 저장하는 방법으로 틀린 것은?

① 황린은 물 속에 저장
② 나트륨은 석유 속에 저장
③ 칼륨은 석유 속에 저장
④ 리튬은 물 속에 저장

해설 Li(리튬)은 물과 반응하여 수소가스(H_2)를 발생시키므로 석유 등과 함께 드럼 속에 넣어 저장한다.
$2Li + 2H_2O \rightarrow 2LiOH + H_2 \uparrow$

관련개념 CHAPTER 02 화학물질 안전관리 실행

096

다음 중 인화성 가스가 아닌 것은?

① 부탄
② 메탄
③ 수소
④ 산소

해설 산소는 연소를 도와주는 조연성 가스이다.

관련개념 CHAPTER 01 화재·폭발 검토

097

물이 관 속을 흐를 때 유동하는 물 속의 어느 부분의 정압이 그때의 물의 증기압보다 낮을 경우 물이 증발하여 부분적으로 증기가 발생되어 배관의 부식을 초래하는 경우가 있다. 이러한 현상을 무엇이라 하는가?

① 서징(Surging)
② 공동현상(Cavitation)
③ 비말동반(Entrainment)
④ 수격작용(Water Hammering)

해설 **공동현상(Cavitation)**
유체가 관 속을 흐를 때 유동하는 유체 속 어느 부분의 정압이 그때의 유체의 증기압보다 낮을 경우 유체가 증발하여 부분적으로 증기가 발생되는 현상이다. 배관의 부식을 초래하기도 한다.

관련개념 CHAPTER 04 화공 안전운전·점검

098

다음 중 자연발화의 방지법으로 가장 거리가 먼 것은?

① 직접 인화할 수 있는 불꽃과 같은 점화원만 제거하면 된다.
② 저장소 등의 주위 온도를 낮게 한다.
③ 습기가 많은 곳에는 저장하지 않는다.
④ 통풍이나 저장법을 고려하여 열의 축적을 방지한다.

해설 자연발화는 점화원 없이도 발화하는 현상이다.
자연발화 방지대책
• 통풍이 잘 되게 할 것
• 주위 온도를 낮출 것
• 습도가 높지 않도록 할 것
• 열전도가 잘 되는 용기에 보관할 것
• 불활성 액체 내에 저장할 것

관련개념 CHAPTER 01 화재·폭발 검토

099

다음 중 가연성 가스가 밀폐된 용기 안에서 폭발할 때 최대 폭발압력에 영향을 주는 인자로 가장 거리가 먼 것은?

① 가연성 가스의 농도(몰수)
② 가연성 가스의 초기온도
③ 가연성 가스의 유속
④ 가연성 가스의 초기압력

해설 밀폐된 용기 내에서 최대폭발압력에 영향을 주는 요인
• 가연성 가스의 초기온도
• 가연성 가스의 초기압력
• 가연성 가스의 농도
• 발화원의 강도
• 용기의 형태
• 가연성 가스의 유량

관련개념 CHAPTER 01 화재·폭발 검토

100

인화성 가스가 발생할 우려가 있는 지하작업장에서 작업을 할 경우 폭발이나 화재를 방지하기 위한 조치사항 중 가스의 농도를 측정하는 기준으로 적절하지 않은 것은?

① 매일 작업을 시작하기 전에 측정한다.
② 가스의 누출이 의심되는 경우 측정한다.
③ 장시간 작업할 때에는 매 8시간마다 측정한다.
④ 가스가 발생하거나 정체할 위험이 있는 장소에 대하여 측정한다.

해설 지하작업장 작업 시 화재 방지를 위한 조치사항
가스의 농도를 측정하는 사람을 지명하고 다음의 경우에 그로 하여금 해당 가스의 농도를 측정하여야 한다.
- 매일 작업을 시작하기 전
- 가스의 누출이 의심되는 경우
- 가스가 발생하거나 정체할 위험이 있는 장소가 있는 경우
- 장시간 작업을 계속하는 경우(이 경우 4시간마다 가스 농도를 측정)

관련개념 CHAPTER 01 화재·폭발 검토

건설공사 안전관리

101

건축공사로서 대상액이 5억 원 이상 50억 원 미만인 경우에 산업안전보건관리비의 비율(가) 및 기초액(나)으로 옳은 것은?

① (가) 2.28[%], (나) 4,325,000원
② (가) 2.53[%], (나) 3,300,000원
③ (가) 3.05[%], (나) 2,975,000원
④ (가) 1.59[%], (나) 2,450,000원

해설 산업안전보건관리비 계상기준표

공사종류	대상액 5억 원 미만	대상액 5억 원 이상 50억 원 미만		대상액 50억 원 이상	보건관리자 선임 대상
		적용비율	기초액		
건축공사	3.11[%]	2.28[%]	4,325,000원	2.37[%]	2.64[%]
토목공사	3.15[%]	2.53[%]	3,300,000원	2.60[%]	2.73[%]
중건설공사	3.64[%]	3.05[%]	2,975,000원	3.11[%]	3.39[%]
특수 건설공사	2.07[%]	1.59[%]	2,450,000원	1.64[%]	1.78[%]

※ 이 문제는 개정된 법령에 따라 수정한 문제입니다.

관련개념 CHAPTER 03 건설업 산업안전보건관리비 관리

102

「산업안전보건법령」에 따른 거푸집 및 동바리를 조립하는 경우의 준수사항으로 옳지 않은 것은?

① 개구부 상부에 동바리를 설치하는 경우에는 상부하중을 견딜 수 있는 견고한 받침대를 설치할 것
② 동바리의 이음은 같은 품질의 제품을 사용할 것
③ 강재의 접속부 및 교차부는 철선을 사용하여 단단히 연결할 것
④ 거푸집이 곡면인 경우에는 버팀대의 부착 등 그 거푸집의 부상(浮上)을 방지하기 위한 조치를 할 것

해설 동바리 조립 시 강재의 접속부 및 교차부는 볼트·클램프 등 전용철물을 사용하여 단단히 연결하여야 한다.

관련개념 CHAPTER 05 비계·거푸집 가시설 위험방지

103

타워크레인(Tower Crane)을 선정하기 위한 사전 검토사항으로서 가장 거리가 먼 것은?

① 붐의 모양
② 인양능력
③ 작업반경
④ 붐의 높이

해설 타워크레인 선정 시 사전 검토사항
- **작업반경**
- 입지조건
- 건립기계의 소음영향
- 건물형태
- **인양능력**
- **붐의 높이**

관련개념 CHAPTER 06 공사 및 작업 종류별 안전

104

건설현장에서 높이 5[m] 이상인 콘크리트 교량의 설치작업을 하는 경우 재해예방을 위해 준수해야 할 사항으로 옳지 않은 것은?

① 작업을 하는 구역에는 관계 근로자가 아닌 사람의 출입을 금지할 것
② 재료, 기구 또는 공구 등을 올리거나 내릴 경우에는 근로자로 하여금 크레인을 이용하도록 하고, 달줄, 달포대 등의 사용을 금하도록 할 것
③ 중량물 부재를 크레인 등으로 인양하는 경우에는 부재에 인양용 고리를 견고하게 설치하고, 인양용 로프는 부재에 두 군데 이상 결속하여 인양하여야 하며, 중량물이 안전하게 거치되기 전까지는 걸이로프를 해제시키지 아니할 것
④ 자재나 부재의 낙하·전도 또는 붕괴 등에 의하여 근로자에게 위험을 미칠 우려가 있을 경우에는 출입금지구역의 설정, 자재 또는 가설시설의 좌굴(挫屈) 또는 변형 방지를 위한 보강재 부착 등의 조치를 할 것

해설 교량의 설치·해체 또는 변경작업을 하는 경우에 재료, 기구 또는 공구 등을 올리거나 내리는 경우에는 근로자로 하여금 달줄, 달포대 등을 사용하도록 하여야 한다.

관련개념 CHAPTER 06 공사 및 작업 종류별 안전

105

건설현장에서 근로자의 추락재해를 예방하기 위한 안전난간을 설치하는 경우 그 구성요소와 거리가 먼 것은?

① 상부난간대
② 중간난간대
③ 사다리
④ 발끝막이판

해설 안전난간은 상부난간대, 중간난간대, 발끝막이판 및 난간기둥으로 구성하여야 한다.

관련개념 CHAPTER 04 건설현장 안전시설 관리

106

달비계(곤돌라의 달비계는 제외)의 최대적재하중을 정하는 경우에 사용하는 안전계수의 기준으로 옳은 것은?

① 달기 체인의 안전계수: 10 이상
② 달기 강대와 달비계의 하부 및 상부 지점의 안전계수 (목재의 경우): 2.5 이상
③ 달기 와이어로프의 안전계수: 5 이상
④ 달기 강선의 안전계수: 10 이상

해설
※ 「산업안전보건기준에 관한 규칙」이 개정됨에 따라 '달비계의 최대적재하중을 정하는 경우 안전계수'가 삭제되었습니다.

관련개념 CHAPTER 04 건설현장 안전시설 관리

107

철골건립준비를 할 때 준수하여야 할 사항과 가장 거리가 먼 것은?

① 지상 작업장에서 건립준비 및 기계·기구를 배치할 경우에는 낙하물의 위험이 없는 평탄한 장소를 선정하여 정비하고 경사지에는 작업대나 임시발판 등을 설치하는 등 안전조치를 한 후 작업하여야 한다.
② 건립작업에 다소 지장이 있다 하더라도 수목은 제거하여서는 안 된다.
③ 사용 전에 기계·기구에 대한 정비 및 보수를 철저히 실시하여야 한다.
④ 기계에 부착된 앵커 등 고정장치와 기초구조 등을 확인하여야 한다.

해설 철골 건립작업에 지장이 되는 수목은 제거하거나 이설하여야 한다.

관련개념 CHAPTER 06 공사 및 작업 종류별 안전

108

구축물이 풍압·지진 등에 의하여 전도·폭발하거나 무너지는 위험을 예방하기 위한 조치와 가장 거리가 먼 것은?

① 설계도면 준수
② 시방서 준수
③ 「건축물의 구조기준 등에 관한 규칙」에 따른 구조설계도서 준수
④ 보호구 및 방호장치의 성능검정 합격품을 사용했는지 확인

해설 구축물 등이 고정하중, 적재하중, 시공·해체 작업 중 발생하는 하중, 풍압, 지진이나 진동 및 충격 등에 의하여 전도·폭발하거나 무너지는 등의 위험을 예방하기 위하여, **설계도면, 시방서,「건축물의 구조기준 등에 관한 규칙」에 따른 구조설계도서**, 해체계획서 등 설계도서를 준수하여 필요한 조치를 하여야 한다.

관련개념 CHAPTER 06 공사 및 작업 종류별 안전

109

건설업 중 교량건설 공사의 유해위험방지계획서를 제출하여야 하는 기준으로 옳은 것은?

① 최대 지간길이가 40[m] 이상인 교량건설 등 공사
② 최대 지간길이가 50[m] 이상인 교량건설 등 공사
③ 최대 지간길이가 60[m] 이상인 교량건설 등 공사
④ 최대 지간길이가 70[m] 이상인 교량건설 등 공사

해설 유해위험방지계획서 제출대상 건설공사

- 지상높이가 31[m] 이상인 건축물 또는 인공구조물, 연면적 30,000[m²] 이상인 건축물 또는 연면적 5,000[m²] 이상의 문화 및 집회시설(전시장 및 동물원·식물원 제외), 판매시설, 운수시설(고속철도의 역사 및 집배송시설 제외), 종교시설, 의료시설 중 종합병원, 숙박시설 중 관광숙박시설, 지하도상가 또는 냉동·냉장 창고시설의 건설·개조 또는 해체(건설 등) 공사
- 연면적 5,000[m²] 이상의 냉동·냉장 창고시설의 설비공사 및 단열공사
- 최대 지간길이가 50[m] 이상인 다리의 건설 등 공사
- 터널의 건설 등 공사
- 다목적댐, 발전용댐, 저수용량 2천만 톤 이상의 용수 전용 댐 및 지방 상수도 전용 댐의 건설 등 공사
- 깊이가 10[m] 이상인 굴착공사

관련개념 CHAPTER 02 건설공사 위험성

110

사질지반 굴착 시, 굴착부와 지하수위차가 있을 때 수두차에 의하여 삼투압이 생겨 흙막이벽 근입 부분을 침식하는 동시에 모래가 액상화되어 솟아오르는 현상은?

① 동상현상
② 연화현상
③ 보일링 현상
④ 히빙 현상

해설 보일링(Boiling)
투수성이 좋은 사질토 지반을 굴착할 때 흙막이벽 배면의 지하수위가 굴착저면보다 높을 때 굴착저면 위로 액상화된 모래가 솟아오르는 현상이다.

관련개념 CHAPTER 02 건설공사 위험성

111
달비계의 구조에서 달비계 작업발판의 폭은 최소 얼마 이상이어야 하는가?

① 30[cm] ② 40[cm]
③ 50[cm] ④ 60[cm]

해설 달비계의 작업발판은 폭을 40[cm] 이상으로 하고 틈새가 없도록 하여야 한다.

관련개념 CHAPTER 05 비계·거푸집 가시설 위험방지

112
중량물을 운반할 때의 바른 자세로 옳은 것은?

① 허리를 구부리고 양손으로 들어올린다.
② 중량은 보통 체중의 60[%]가 적당하다.
③ 물건은 최대한 몸에서 멀리 떼어서 들어올린다.
④ 길이가 긴 물건은 앞쪽을 높게 하여 운반한다.

해설 인력운반 시 긴 물건은 앞부분을 약간 높여 모서리 등에 충돌하지 않게 한다.

오답해설
① 물건을 들어올릴 때에는 팔과 무릎을 이용하며 척추는 곧게 한다.
② 중량은 남성 근로자의 경우 체중의 40[%] 이하, 여성 근로자의 경우 체중의 24[%] 이하가 적당하다.
③ 물건은 최대한 몸에 가깝게 하여 들어올린다.

관련개념 CHAPTER 06 공사 및 작업 종류별 안전

113
흙막이 지보공을 설치하였을 때 정기적으로 점검하여야 할 사항과 거리가 먼 것은?

① 경보장치의 작동상태
② 부재의 손상·변형·부식·변위 및 탈락의 유무와 상태
③ 버팀대의 긴압(緊壓)의 정도
④ 부재의 접속부·부착부 및 교차부의 상태

해설 흙막이 지보공 설치 시 정기적 점검 및 보수사항
• 부재의 손상·변형·부식·변위 및 탈락의 유무와 상태
• 버팀대의 긴압의 정도
• 부재의 접속부·부착부 및 교차부의 상태
• 침하의 정도

관련개념 CHAPTER 05 비계·거푸집 가시설 위험방지

114
추락방지용 방망의 그물코의 크기가 10[cm]인 신품 매듭방망사의 인장강도는 몇 킬로그램 이상이어야 하는가?

① 80   ② 110
③ 150   ④ 200

해설 그물코 10[cm], 신품 매듭방망의 인장강도는 200[kg] 이상이어야 한다.

관련개념 CHAPTER 04 건설현장 안전시설 관리

115
승강기 강선의 과다감기를 방지하는 장치는?

① 비상정지장치   ② 권과방지장치
③ 해지장치   ④ 과부하방지장치

해설 권과방지장치
권과를 방지하기 위하여 자동적으로 동력을 차단하고 작동을 제동하는 장치이다.

관련개념 CHAPTER 06 공사 및 작업 종류별 안전

116

건설작업장에서 근로자가 상시 작업하는 장소의 작업면 조도기준으로 옳지 않은 것은?(단, 갱내 작업장과 감광재료를 취급하는 작업장의 경우는 제외한다.)

① 초정밀작업: 600[lux] 이상
② 정밀작업: 300[lux] 이상
③ 보통작업: 150[lux] 이상
④ 초정밀, 정밀, 보통작업을 제외한 기타 작업: 75[lux] 이상

해설 작업별 조도기준
- 초정밀작업: 750[lux] 이상
- 정밀작업: 300[lux] 이상
- 보통작업: 150[lux] 이상
- 그 밖의 작업: 75[lux] 이상

관련개념 SUBJECT 02 인간공학 및 위험성평가 · 관리
CHAPTER 06 작업환경 관리

117

다음 중 방망에 표시해야 할 사항이 아닌 것은?

① 방망의 신축성
② 제조자명
③ 제조연월
④ 재봉치수

해설 방망에 표시하여야 할 사항
- 제조자명
- 제조연월
- 재봉치수
- 그물코
- 신품일 때의 방망의 강도

관련개념 CHAPTER 04 건설현장 안전시설 관리

118

강관비계 조립 시의 준수사항으로 옳지 않은 것은?

① 비계기둥에는 미끄러지거나 침하하는 것을 방지하기 위하여 밑받침철물을 사용한다.
② 지상높이 4층 이하 또는 12[m] 이하인 건축물의 해체 및 조립 등의 작업에서만 사용한다.
③ 교차가새로 보강한다.
④ 외줄비계 · 쌍줄비계 또는 돌출비계에 대해서는 벽이음 및 버팀을 설치한다.

해설 ②는 법령 개정 전 통나무비계의 구조에 대한 설명이다.

관련개념 CHAPTER 05 비계 · 거푸집 가시설 위험방지

119

부두 · 안벽 등 하역작업을 하는 장소에서 부두 또는 안벽의 선을 따라 통로를 설치하는 경우에는 폭을 최소 얼마 이상으로 해야 하는가?

① 70[cm]
② 80[cm]
③ 90[cm]
④ 100[cm]

해설 부두 · 안벽 등 하역작업을 하는 장소에 부두 또는 안벽의 선을 따라 통로를 설치하는 경우에는 폭을 90[cm] 이상으로 하여야 한다.

관련개념 CHAPTER 06 공사 및 작업 종류별 안전

120

사다리식 통로 등을 설치하는 경우 고정식 사다리식 통로의 기울기는 최대 몇 도 이하로 하여야 하는가?

① 60도
② 75도
③ 80도
④ 90도

해설 사다리식 통로의 기울기는 75° 이하로 한다. 다만, **고정식 사다리식 통로의 기울기는 90° 이하로 하고**, 그 높이가 7[m] 이상인 경우에는 상황에 따라 등받이울 또는 개인용 추락 방지 시스템을 설치하여야 한다.

관련개념 CHAPTER 05 비계 · 거푸집 가시설 위험방지

| 정답 | 116 ① | 117 ① | 118 ② | 119 ③ | 120 ④ |

2019년 2회 기출문제

2019년 4월 27일 시행

산업재해 예방 및 안전보건교육

001
매슬로우(Maslow)의 욕구단계이론 중 자기의 잠재력을 최대한 살리고 자기가 하고 싶었던 일을 실현하려는 인간의 욕구에 해당하는 것은?

① 생리적 욕구 ② 사회적 욕구
③ 자아실현의 욕구 ④ 안전의 욕구

해설 자아실현의 욕구(제5단계)는 잠재적인 능력을 실현하고자 하는 욕구(성취욕구)이다.

관련개념 CHAPTER 04 인간의 행동과학

002
「산업안전보건법령」상 근로자 안전보건교육 중 작업내용 변경 시의 교육을 할 때 일용근로자 및 근로계약기간이 1주일 이하인 기간제근로자를 제외한 근로자의 교육시간으로 옳은 것은?

① 1시간 이상 ② 2시간 이상
③ 4시간 이상 ④ 6시간 이상

해설 근로자 안전보건교육 교육과정별 교육시간

교육과정	교육대상		교육시간
정기교육	사무직 종사 근로자		매반기 6시간 이상
	그 밖의 근로자	판매업무에 직접 종사하는 근로자	매반기 6시간 이상
		판매업무에 직접 종사하는 근로자 외의 근로자	매반기 12시간 이상
채용 시 교육	일용근로자 및 근로계약기간이 1주일 이하인 기간제근로자		1시간 이상
	근로계약기간이 1주일 초과 1개월 이하인 기간제근로자		4시간 이상
	그 밖의 근로자		8시간 이상
작업내용 변경 시 교육	일용근로자 및 근로계약기간이 1주일 이하인 기간제근로자		1시간 이상
	그 밖의 근로자		2시간 이상

※ 이 문제는 개정된 법령에 따라 수정한 문제입니다.

관련개념 CHAPTER 05 안전보건교육의 내용 및 방법

003
다음 중 산업안전심리의 5대 요소에 포함되지 않는 것은?

① 습관 ② 동기
③ 감정 ④ 지능

해설 산업안전심리의 요소
동기, 기질, 감정, 습성, 습관

관련개념 CHAPTER 03 산업안전심리

004
다음 중 허즈버그(Herzberg)의 일을 통한 동기부여 원칙으로 잘못된 것은?

① 새롭고 어려운 업무의 부여
② 교육을 통한 간접적 정보제공
③ 자기과업을 위한 작업자의 책임감 증대
④ 작업자에게 불필요한 통제를 배제

해설 교육을 통한 간접적 정보제공은 성취감, 인정, 책임, 직무를 통한 자기개발과 발전 등과 같은 일을 통한 동기부여 원칙과는 관련이 없다.
동기요인(Motivation)
책임감, 성취, 인정, 개인발전 등 일 자체에서 오는 심리적 욕구로 충족될 경우 조직의 성과가 향상되며 충족되지 않아도 성과가 떨어지지 않는다.

관련개념 CHAPTER 04 인간의 행동과학

| 정답 | 001 ③ | 002 ② | 003 ④ | 004 ② |

005

다음 중 안전인증대상 안전모의 성능기준 항목이 아닌 것은?

① 내열성 ② 턱끈풀림
③ 내관통성 ④ 충격흡수성

해설 안전인증대상 안전모의 시험성능기준

항목	시험성능기준
내관통성	AE, ABE종 안전모는 관통거리가 9.5[mm] 이하이고, AB종 안전모는 관통거리가 11.1[mm] 이하이어야 한다.
충격흡수성	최고전달충격력이 4,450[N]을 초과해서는 안 되며, 모체와 착장체의 기능이 상실되지 않아야 한다.
내전압성	AE, ABE종 안전모는 교류 20[kV]에서 1분간 절연파괴 없이 견뎌야 하고, 이때 누설되는 충전전류는 10[mA] 이하이어야 한다.
내수성	AE, ABE종 안전모는 질량 증가율이 1[%] 미만이어야 한다.
난연성	모체가 불꽃을 내며 5초 이상 연소되지 않아야 한다.
턱끈풀림	150[N] 이상 250[N] 이하에서 턱끈이 풀려야 한다.

관련개념 CHAPTER 02 안전보호구 관리

006

다음 중 교육훈련 방법에 있어 OJT(On the Job Training)의 특징이 아닌 것은?

① 동시에 다수의 근로자들에게 조직적 훈련이 가능하다.
② 개개인에게 적절한 지도 훈련이 가능하다.
③ 훈련 효과에 의해 상호 신뢰 및 이해도가 높아진다.
④ 직장의 실정에 맞게 실제적 훈련이 가능하다.

해설 동시에 다수의 근로자에게 조직적 훈련이 가능한 것은 Off JT의 특징이다.

Off JT(직장 외 교육훈련)
계층별 직능별로 공통된 교육대상자를 현장 이외의 한 장소에 모아 집합교육을 실시하는 교육형태로 집단교육에 적합하다.
• 다수의 근로자에게 조직적 훈련을 행하는 것이 가능하다.
• 훈련에만 전념할 수 있다.
• 외부의 전문가를 강사로 초청하는 것이 가능하다.
• 특별교재 · 교구 및 설비를 사용하는 것이 가능하다.

관련개념 CHAPTER 05 안전보건교육의 내용 및 방법

007

안전조직 중에서 라인-스태프(Line-staff) 조직의 특징으로 옳지 않은 것은?

① 라인형과 스태프형의 장점을 취한 절충식 조직형태이다.
② 중규모 사업장(100명 이상 500명 미만)에 적합하다.
③ 라인의 관리감독자에게도 안전에 관한 책임과 권한이 부여된다.
④ 안전 활동과 생산업무가 분리될 가능성이 낮기 때문에 균형을 유지할 수 있다.

해설 라인 · 스태프(LINE-STAFF)형 조직(직계참모조직)
• 대규모(1,000명 이상) 사업장에 적합한 조직으로서 라인형과 스태프형의 장점만을 채택한 형태이며, 안전업무를 전담하는 스태프를 두고 생산라인의 각 계층에서도 각 부서장으로 하여금 안전업무를 수행하도록 하여 스태프에서 안전에 관한 사항이 결정되면 라인을 통하여 실천하도록 편성된 조직이다.
• 안전계획, 평가 및 조사는 스태프에서, 생산기술의 안전대책은 라인에서 실시한다.

관련개념 CHAPTER 01 산업재해예방 계획 수립

008

다음 중 「산업안전보건법령」에 따라 환기가 극히 불량한 좁은 밀폐된 장소에서 용접작업을 하는 근로자를 대상으로 한 특별교육 내용에 해당하지 않는 것은?(단, 일반적인 안전보건에 필요한 사항은 제외한다.)

① 환기설비에 관한 사항
② 작업환경 점검에 관한 사항
③ 질식 시 응급조치에 관한 사항
④ 화재예방 및 초기대응에 관한 사항

해설 밀폐된 장소에서 하는 용접작업 또는 습한 장소에서 하는 전기용접 작업 시 특별교육내용
• 작업순서, 안전작업방법 및 수칙에 관한 사항
• 환기설비에 관한 사항
• 전격 방지 및 보호구 착용에 관한 사항
• 질식 시 응급조치에 관한 사항
• 작업환경 점검에 관한 사항
• 그 밖에 안전 · 보건관리에 필요한 사항

관련개념 CHAPTER 05 안전보건교육의 내용 및 방법

009

「산업안전보건법」상 안전인증대상 기계 또는 설비 등의 안전인증 표시에 해당하는 것은?

①
②
③
④

해설 「산업안전보건법령」상 안전인증대상 기계 또는 설비 등의 안전인증 표시는 ①이다.

오답해설
② KS마크로 「산업표준화법」에 따른 한국표준규격에 해당한다.
③ 한국산업안전보건공단에서 주관하는 산업재해예방을 위한 임의 인증표시이다.
④ KPS 안전인증마크로 정부기관의 안전인증을 받았음을 나타내는 안전인증 표시이다.

관련개념 CHAPTER 02 안전보호구 관리

010

유기화합물용 방독마스크의 시험가스가 아닌 것은?

① 이소부탄
② 시클로헥산
③ 디메틸에테르
④ 염소가스 또는 증기

해설 방독마스크의 종류 및 시험가스

종류	시험가스	정화통 흡수제 (정화제)
유기화합물용	시클로헥산(C_6H_{12})	활성탄
	디메틸에테르(CH_3OCH_3)	
	이소부탄(C_4H_{10})	
할로겐용	염소가스 또는 증기(Cl_2)	소다라임, 활성탄

관련개념 CHAPTER 02 안전보호구 관리

011

수업매체별 장단점 중 "컴퓨터 수업(Computer Assisted Instruction)"의 장점으로 옳지 않은 것은?

① 개인차를 최대한 고려할 수 있다.
② 학습자가 능동적으로 참여하고, 실패율이 낮다.
③ 교사와 학습자가 시간을 효과적으로 이용할 수 없다.
④ 학생의 학습과 과정의 평가를 과학적으로 할 수 있다.

해설 프로그램 학습법(컴퓨터 수업)
- 학습자가 프로그램을 통해 학습하는 방법으로 자신의 능력과 학습속도에 맞추어 학습을 진행할 수 있다.
- 자율학습이 가능하므로 자기가 원하는 시간, 원하는 장소에서 학습할 수 있다.

관련개념 CHAPTER 05 안전보건교육의 내용 및 방법

012

다음 중 브레인스토밍(Brain-storming)의 4원칙을 올바르게 나열한 것은?

① 자유분방, 비판금지, 대량발언, 수정발언
② 비판자유, 소량발언, 자유분방, 수정발언
③ 대량발언, 비판자유, 자유분방, 수정발언
④ 소량발언, 자유분방, 비판금지, 수정발언

해설 브레인스토밍(Brain Storming)
- 비판금지: "좋다, 나쁘다" 등의 비평을 하지 않는다.
- 자유분방: 자유로운 분위기에서 발표한다.
- 대량발언: 무엇이든지 좋으니 많이 발언한다.
- 수정발언: 자유자재로 변하는 아이디어를 개발한다.(타인 의견의 수정발언)

관련개념 CHAPTER 01 산업재해예방 계획 수립

013

불안전 상태와 불안전 행동을 제거하는 안전관리의 시책에는 적극적인 대책과 소극적인 대책이 있다. 다음 중 소극적인 대책에 해당하는 것은?

① 보호구의 사용
② 위험공정의 배제
③ 위험물질의 격리 및 대체
④ 위험성평가를 통한 작업환경 개선

해설 보호구의 사용
해당 공정 및 해당 상태의 불안전한 상태를 무시하고 당장의 위험만 극복하려는 자세로, 안전관리의 소극적 대책에 해당한다.

관련개념 CHAPTER 01 산업재해예방 계획 수립

014

재해통계에 있어 강도율이 2.0인 경우에 대한 설명으로 옳은 것은?

① 재해로 인해 전체 작업비용의 2.0[%]에 해당하는 손실이 발생하였다.
② 근로자 1,000명당 2.0건의 재해가 발생하였다.
③ 근로시간 1,000시간당 2.0건의 재해가 발생하였다.
④ 근로시간 1,000시간당 2.0일의 근로손실이 발생하였다.

해설 강도율은 근로시간 1,000시간당 요양재해로 인해 발생하는 근로손실일수이다. 강도율 2.0은 근로시간 1,000시간당 발생한 근로손실일수가 2일이라는 의미이다.

관련개념 SUBJECT 03 기계·기구 및 설비 안전관리
CHAPTER 02 기계분야 산업재해 조사 및 관리

015

연천인율 45인 사업장의 도수율은 얼마인가?

① 10.8
② 18.75
③ 108
④ 187.5

해설 연천인율 = 도수율 × 2.4이므로

$$도수율 = \frac{연천인율}{2.4} = \frac{45}{2.4} = 18.75$$

관련개념 SUBJECT 03 기계·기구 및 설비 안전관리
CHAPTER 02 기계분야 산업재해 조사 및 관리

016

다음 중 안전보건교육의 단계별 교육과정 순서로 옳은 것은?

① 안전 태도교육 → 안전 지식교육 → 안전 기능교육
② 안전 지식교육 → 안전 기능교육 → 안전 태도교육
③ 안전 기능교육 → 안전 지식교육 → 안전 태도교육
④ 안전 자세교육 → 안전 지식교육 → 안전 기능교육

해설 안전교육의 3단계
㉠ 1단계: 지식교육
㉡ 2단계: 기능교육
㉢ 3단계: 태도교육

관련개념 CHAPTER 05 안전보건교육의 내용 및 방법

017

다음 중 상황성 누발자의 재해유발 원인으로 옳지 않은 것은?

① 작업의 난이도
② 기계설비의 결함
③ 도덕성의 결여
④ 심신의 근심

해설 상황성 누발자
작업이 어렵거나, 기계설비의 결함, 환경상 주의력의 집중이 혼란된 경우, 심신의 근심으로 사고경향자가 되는 경우이다.

관련개념 CHAPTER 04 인간의 행동과학

018

기술교육의 형태 중 존 듀이(J. Dewey)의 사고과정 5단계에 해당하지 않는 것은?

① 추론한다.
② 시사를 받는다.
③ 가설을 설정한다.
④ 가슴으로 생각한다.

해설 존 듀이(John Dewey)의 5단계 사고과정
㉠ 제1단계: 시사(Suggestion)를 받는다.
㉡ 제2단계: 지식화(Intellectualization)한다.
㉢ 제3단계: 가설(Hypothesis)을 설정한다.
㉣ 제4단계: 추론(Reasoning)한다.
㉤ 제5단계: 행동에 의하여 가설을 검토한다.

관련개념 CHAPTER 05 안전보건교육의 내용 및 방법

019

「산업안전보건법」상 산업안전보건위원회의 사용자위원 구성원이 아닌 것은?(단, 각 사업장은 해당하는 사람을 선임하여야 하는 대상 사업장으로 한다.)

① 안전관리자
② 보건관리자
③ 산업보건의
④ 명예산업안전감독관

해설 명예산업안전감독관은 근로자위원에 해당한다.

산업안전보건위원회 사용자위원
- 해당 사업의 대표자
- 안전관리자
- 보건관리자
- 산업보건의
- 해당 사업의 대표자가 지명하는 9명 이내의 해당 사업장 부서의 장

관련개념 CHAPTER 01 산업재해예방 계획 수립

020

다음 중 무재해 운동의 이념에서 "선취의 원칙"을 가장 적절하게 설명한 것은?

① 사고의 잠재요인을 사후에 파악하는 것
② 근로자 전원의 일체감을 조성하여 참여하는 것
③ 위험요소를 사전에 발견, 파악하여 재해를 예방하거나 방지하는 것
④ 관리감독자 또는 경영층에서의 자발적 참여로 안전활동을 촉진하는 것

해설 무재해 운동의 3원칙
- 무의 원칙: 모든 잠재위험요인을 사전에 발견·파악·해결함으로써 근원적으로 산업재해를 제거한다.
- 참여의 원칙(참가의 원칙): 작업에 따르는 잠재적인 위험요인을 발견·해결하기 위하여 전원이 협력하여 문제해결 운동을 실천한다.
- 안전제일의 원칙(선취의 원칙): 직장의 **위험요인을 행동하기 전에 발견·파악·해결하여 재해를 예방**한다.

관련개념 CHAPTER 01 산업재해예방 계획 수립

인간공학 및 위험성평가·관리

021

어떤 결함수를 분석하여 Minimal Cut Set을 구한 결과 다음과 같았다. 각 기본사상의 발생확률을 q_i, $i=1, 2, 3$이라 할 때 정상사상의 발생확률함수로 옳은 것은?

$$k_1=[1, 2], k_2=[1, 3], k_3=[2, 3]$$

① $q_1q_2+q_1q_2-q_2q_3$
② $q_1q_2+q_1q_3-q_2q_3$
③ $q_1q_2+q_1q_3+q_2q_3-q_1q_2q_3$
④ $q_1q_2+q_1q_3+q_2q_3-2q_1q_2q_3$

해설 k_1, k_2, k_3가 미니멀 컷셋이므로 셋 중 하나라도 발생하면 정상사상(T)이 발생한다. 따라서 정상사상(T)과 k_1, k_2, k_3는 OR 게이트로 연결된 것과 같으므로 이와 동일하게 확률을 계산한다.

$T=1-(1-q_1q_2)\times(1-q_1q_3)\times(1-q_2q_3)$
$=1-(1-q_1q_2-q_1q_3+q_1q_2q_3)\times(1-q_2q_3)$
$=1-(1-q_1q_2-q_1q_3+q_1q_2q_3-q_2q_3+q_1q_2q_3+q_1q_2q_3-q_1q_2q_3)$
$=q_1q_2+q_1q_3+q_2q_3-2q_1q_2q_3$

관련개념 CHAPTER 06 결함수분석법

022

화학설비에 대한 안전성 평가(Safety Assessment)에서 정량적 평가 항목이 아닌 것은?

① 습도
② 온도
③ 압력
④ 용량

해설 안전성 평가 제3단계(정량적 평가)의 평가항목
취급물질, 온도, 압력, 해당설비용량, 조작

관련개념 CHAPTER 02 위험성 파악·결정

| 정답 | 019 ④ | 020 ③ | 021 ④ | 022 ① |

023

다음과 같은 실내 표면에서 일반적으로 추천 반사율의 크기를 맞게 나열한 것은?

㉠ 바닥 ㉡ 천장 ㉢ 가구 ㉣ 벽

① ㉠<㉣<㉢<㉡
② ㉣<㉠<㉡<㉢
③ ㉠<㉢<㉣<㉡
④ ㉣<㉢<㉠<㉢

해설 옥내 추천 반사율
- 천장: 80~90[%]
- 벽: 40~60[%]
- 가구: 25~45[%]
- 바닥: 20~40[%]

관련개념 CHAPTER 06 작업환경 관리

024

신체 부위의 운동에 대한 설명으로 틀린 것은?

① 굴곡은 부위 간의 각도가 증가하는 신체의 움직임을 의미한다.
② 외전은 신체 중심선으로부터 이동하는 신체의 움직임을 의미한다.
③ 내전은 신체의 외부에서 중심선으로 이동하는 신체의 움직임을 의미한다.
④ 외선은 신체의 중심선으로부터 회전하는 신체의 움직임을 의미한다.

해설 굴곡은 관절이 만드는 각도가 감소하는 동작이다.
신체부위의 운동
- 팔(어깨관절), 다리(고관절)
  - 외전(벌림)(Abduction): 몸의 중심선으로부터 멀리 떨어지게 하는 동작
  - 내전(모음)(Adduction): 몸의 중심선으로의 이동
- 팔(팔꿈치관절), 다리(무릎관절)
  - 굴곡(굽힘)(Flexion): 관절이 만드는 각도가 감소하는 동작
  - 신전(폄)(Extension): 관절이 만드는 각도가 증가하는 동작

관련개념 CHAPTER 06 작업환경 관리

025

빨강, 노랑, 파랑의 3가지 색으로 구성된 교통 신호등이 있다. 신호등은 항상 3가지 색 중 하나가 켜지도록 되어 있다. 1시간 동안 조사한 결과, 파란등은 총 30분 동안, 빨간등과 노란등은 각각 총 15분 동안 켜진 것으로 나타났다. 이 신호등의 총 정보량은 몇 [bit]인가?

① 0.5
② 0.75
③ 1.0
④ 1.5

해설 신호등의 각 확률은 $P_{파란등}=0.5$, $P_{빨간등}=0.25$, $P_{노란등}=0.25$이다.

정보량$(H)=\log_2\frac{1}{P}$

$H_{파란등}=\log_2\frac{1}{0.5}=1[bit]$,

$H_{빨간등}=\log_2\frac{1}{0.25}=2[bit]$,

$H_{노란등}=\log_2\frac{1}{0.25}=2[bit]$이다.

총 정보량 H = 각 대안으로부터 얻은 정보량×각각의 실현 확률
$=H_{파란등}\times P_{파란등}+H_{빨간등}\times P_{빨간등}+H_{노란등}\times P_{노란등}$
$=1\times0.5+2\times0.25+2\times0.25=1.5[bit]$

관련개념 CHAPTER 01 안전과 인간공학

026

n개의 요소를 가진 병렬 시스템에 있어 요소의 수명(MTTF)이 지수분포를 따를 경우 이 시스템의 수명을 구하는 식으로 맞는 것은?

① $MTTF \times n$
② $MTTF \times \frac{1}{n}$
③ $MTTF\left(1+\frac{1}{2}+\cdots+\frac{1}{n}\right)$
④ $MTTF\left(1\times\frac{1}{2}\times\cdots\times\frac{1}{n}\right)$

해설 평균동작시간(MTTF)이 지수분포를 따를 경우(병렬계)

System의 수명 $=MTTF\left(1+\frac{1}{2}+\cdots+\frac{1}{n}\right)$

여기서, n: 요소 수

관련개념 CHAPTER 03 위험성 감소대책 수립·실행

027

인간 전달 함수(Human Transfer Function)의 결점이 아닌 것은?

① 입력의 협소성
② 시점적 제약성
③ 정신운동의 묘사성
④ 불충분한 직무 묘사

해설 인간 전달 함수의 결점으로는 입력의 협소성, 시점적 제약성, 불충분한 직무 묘사가 있다.

관련개념 CHAPTER 01 안전과 인간공학

028

인간공학에 대한 설명으로 틀린 것은?

① 인간이 사용하는 물건, 설비, 환경의 설계에 적용된다.
② 인간을 작업과 기계에 맞추는 설계 철학이 바탕이 된다.
③ 인간-기계 시스템의 안전성과 편리성, 효율성을 높인다.
④ 인간의 생리적, 심리적인 면에서의 특성이나 한계점을 고려한다.

해설 인간공학의 정의
- 인간의 신체적, 정신적 능력 한계를 고려하여 **작업환경 또는 기계를 인간에게 적절한 형태로 맞추는 것**이다.
- 인간의 특성과 능력을 공학적으로 분석, 평가하여 이를 복잡한 체계의 설계에 응용함으로써 효율을 최대로 활용할 수 있도록 하는 학문분야이다.

관련개념 CHAPTER 01 안전과 인간공학

029

결함수분석의 기대효과와 가장 관계가 먼 것은?

① 시스템의 결함 진단
② 시간에 따른 원인 분석
③ 사고원인 규명의 간편화
④ 사고원인 분석의 정량화

해설 FTA의 기대효과
- **사고원인 규명의 간편화**
- **사고원인 분석의 정량화**
- **시스템의 결함 진단**
- 사고원인 분석의 일반화
- 노력, 시간의 절감
- 안전점검 체크리스트 작성

관련개념 CHAPTER 02 위험성 파악·결정

030

고장형태와 영향분석(FMEA)에서 평가요소로 틀린 것은?

① 고장발생의 빈도
② 고장의 영향 크기
③ 고장방지의 가능성
④ 기능적 고장 영향의 중요도

해설 고장형태와 영향분석법(FMEA) 중 고장 평점법
$$C = (C_1 \times C_2 \times C_3 \times C_4 \times C_5)^{\frac{1}{5}}$$
여기서, C_1: **기능적 고장 영향의 중요도**
C_2: 영향을 미치는 시스템의 범위
C_3: **고장발생의 빈도**
C_4: **고장방지의 가능성**
C_5: 신규 설계의 정도

관련개념 CHAPTER 02 위험성 파악·결정

031

착석식 작업대의 높이 설계를 할 경우 고려해야 할 사항과 가장 관계가 먼 것은?

① 의자의 높이
② 대퇴여유
③ 작업의 성격
④ 작업대의 형태

해설 착석식(의자식) 작업대 높이 설계 시 고려사항
- 의자의 높이를 조절할 수 있도록 설계하는 것이 바람직하다.
- 섬세한 작업은 작업대를 약간 높게, 거친 작업은 작업대를 약간 낮게 설계한다.
- 작업면 하부 여유공간은 대퇴부가 가장 큰 사람이 자유롭게 움직일 수 있을 정도로 설계한다.

관련개념 CHAPTER 06 작업환경 관리

032

「산업안전보건법령」에 따라 유해위험방지계획서의 제출대상 사업은 해당 사업으로서 전기 계약용량이 얼마 이상인 사업인가?

① 150[kW] ② 200[kW]
③ 300[kW] ④ 500[kW]

해설 전기 계약용량이 300[kW] 이상인 사업의 사업주는 해당 제품의 생산 공정과 직접적으로 관련된 건설물·기계·기구 및 설비 등 전부를 설치·이전하거나 그 주요 구조부분을 변경할 때는 유해위험방지계획서를 제출하여야 한다.

관련개념 CHAPTER 02 위험성 파악·결정

033

음량수준을 평가하는 척도와 관계없는 것은?

① HSI ② phon
③ dB   ④ sone

해설 HSI
- 인간의 눈에 있는 간상세포가 구분할 수 있는 색상단위인 RGB값에 밝기나 채도에 대한 개념을 더한 단위이다.
- 색상(Hue), 채도(Saturation), 명도(Intensity)의 약자이다.

관련개념 CHAPTER 06 작업환경 관리

034

아령을 사용하여 30분간 훈련한 후, 이두근의 근육 수축작용에 대한 전기적인 신호 데이터를 모았다. 이 데이터들을 이용하여 분석할 수 있는 것은 무엇인가?

① 근육의 질량과 밀도
② 근육의 활성도와 밀도
③ 근육의 피로도와 크기
④ 근육의 피로도와 활성도

해설 근전도검사(EMG)로 근활성도(수축정도, 근섬유 동원정도)와 주파수 분석을 통해 근육 피로도를 확인할 수 있다.

관련개념 CHAPTER 06 작업환경 관리

035

인간의 오류모형에서 "알고 있음에도 의도적으로 따르지 않거나 무시한 경우"를 무엇이라 하는가?

① 실수(Slip) ② 착오(Mistake)
③ 건망증(Lapse) ④ 위반(Violation)

해설 인간의 오류모형
- 착오(Mistake): 상황해석을 잘못하거나 목표를 잘못 이해하고 착각하여 행하는 경우
- 실수(Slip): 상황이나 목표의 해석을 제대로 했으나 의도와는 다른 행동을 하는 경우
- 건망증(Lapse): 여러 과정이 연계적으로 일어나는 행동 중에서 일부를 잊어버리고 하지 않거나 또는 기억의 실패에 의하여 발생하는 오류
- 위반(Violation): 정해진 규칙을 알고 있음에도 고의로 따르지 않거나 무시하는 행위

관련개념 CHAPTER 01 안전과 인간공학

036

공정안전관리(Process Safety Management; PSM)의 적용대상 사업장이 아닌 것은?

① 복합비료 제조업
② 농약 원제 제조업
③ 차량 등의 운송설비업
④ 합성수지 및 기타 플라스틱물질 제조업

해설 차량 등의 운송설비업은 적용대상이 아니며, 차량 등의 운송설비는 유해하거나 위험한 설비로 보지 않는다.

공정안전보고서의 제출 대상
- 원유 정제처리업
- 기타 석유정제물 재처리업
- 석유화학계 기초화학물질 제조업 또는 합성수지 및 기타 플라스틱물질 제조업
- 질소 화합물, 질소질 화학비료 제조업
- 복합비료 제조업
- 화학 살균·살충제 및 농업용 약제 제조업(농약 원제 제조만 해당)
- 화약 및 불꽃제품 제조업

관련개념 SUBJECT 05 화학설비 안전관리
CHAPTER 04 화공 안전운전·점검

037

그림과 같이 7개의 부품으로 구성된 시스템의 신뢰도는 약 얼마인가?(단, 네모 안의 숫자는 각 부품의 신뢰도이다.)

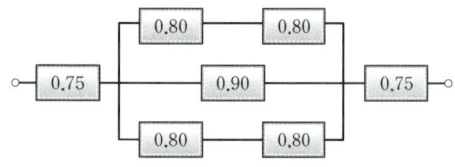

① 0.5552
② 0.5427
③ 0.6234
④ 0.9740

해설
- 병렬구간의 신뢰도: $1-(1-0.8\times 0.8)\times(1-0.9)\times(1-0.8\times 0.8)=0.9870$
- 전체 시스템의 신뢰도 $=0.75\times 0.9870\times 0.75=0.5552$

관련개념 **CHAPTER 01 안전과 인간공학**

038

FT도에 사용하는 기호에서 3개의 입력현상 중 임의의 시간에 2개가 발생하면 출력이 생기는 기호의 명칭은?

① 억제 게이트
② 조합 AND 게이트
③ 배타적 OR 게이트
④ 우선적 AND 게이트

해설

기호	명칭	설명
2개의 조합 A_1 A_2 A_3	조합 AND 게이트	3개 이상의 입력현상 중 2개가 일어나면 출력사상이 발생

관련개념 **CHAPTER 02 위험성 파악·결정**

039

정성적 표시장치의 설명으로 틀린 것은?

① 정성적 표시장치의 근본 자료 자체는 정량적인 것이다.
② 전력계에서와 같이 기계적 혹은 전자적으로 숫자가 표시된다.
③ 색채 부호가 부적합한 경우에는 계기판 표시 구간을 형상 부호화하여 나타낸다.
④ 연속적으로 변하는 변수의 대략적인 값이나 변화추세, 변화율 등을 알고자 할 때 사용된다.

해설 전력계에서와 같이 기계적 혹은 전자적으로 숫자가 표시되는 것은 수치를 정확히 읽어야 할 때 사용되는 계수형 표시장치(Digital Display)에 해당하며 이는 정량적 표시장치이다.

관련개념 **CHAPTER 06 작업환경 관리**

040

소음방지 대책에 있어 가장 효과적인 방법은?

① 음원에 대한 대책
② 수음자에 대한 대책
③ 전파경로에 대한 대책
④ 거리감쇠와 지향성에 대한 대책

해설 가장 효과적인 소음방지 대책은 소음원을 통제(억제), 격리(밀폐), 차단하는 것이다.
소음을 통제하는 방법(소음대책)
- 소음원의 통제
- 소음의 격리
- 차폐장치 및 흡음재 사용
- 음향처리제 사용
- 적절한 배치

관련개념 **CHAPTER 06 작업환경 관리**

기계·기구 및 설비 안전관리

041
프레스의 금형부착, 수리 작업 등의 경우 슬라이드의 낙하를 방지하기 위하여 설치하는 것은?

① 슈트
② 키이록
③ 안전블록
④ 스트리퍼

해설 프레스 등의 금형을 부착·해체 또는 조정하는 작업을 할 때에 해당 작업에 종사하는 근로자의 신체가 위험한계 내에 있는 경우 슬라이드가 갑자기 작동함으로써 근로자에게 발생할 우려가 있는 위험을 방지하기 위하여 **안전블록을 사용**하는 등 필요한 조치를 하여야 한다.

관련개념 CHAPTER 04 프레스 및 전단기의 안전

042
지게차의 방호장치인 헤드가드에 대한 설명으로 맞는 것은?

① 상부틀의 각 개구의 폭 또는 길이는 16[cm] 미만일 것
② 운전자가 앉아서 조작하는 방식의 지게차의 경우에는 운전자의 좌석 윗면에서 헤드가드의 상부틀 아랫면까지의 높이는 1.5[m] 이상일 것
③ 강도는 지게차의 최대하중의 2배 값(5톤을 넘는 값에 대해서는 5톤으로 함)의 등분포정하중에 견딜 수 있을 것
④ 운전자가 서서 조작하는 방식의 지게차의 경우에는 운전석의 바닥면에서 헤드가드의 상부틀 하면까지의 높이가 1.8[m] 이상일 것

해설 헤드가드의 구비조건
- 강도는 지게차의 최대하중 2배의 값(4톤을 넘는 것에 대해서는 4톤)의 등분포정하중에 견딜 수 있는 것일 것
- **상부틀의 각 개구의 폭 또는 길이가 16[cm] 미만일 것**
- 운전자가 앉아서 조작하거나 서서 조작하는 지게차의 헤드가드는 한국산업표준에서 정하는 높이 기준 이상일 것(입승식: 1.88[m] 이상, 좌승식: 0.903[m] 이상)

관련개념 CHAPTER 06 운반기계 및 양중기

043
다음 중 선반작업 시 지켜야 할 안전수칙으로 거리가 먼 것은?

① 작업 중 절삭 칩이 눈에 들어가지 않도록 보안경을 착용한다.
② 공작물 세팅에 필요한 공구는 세팅이 끝난 후 바로 제거한다.
③ 상의의 옷자락은 안으로 넣고, 끈을 이용하여 소맷자락을 묶어 작업을 준비한다.
④ 공작물은 전원스위치를 끄고 바이트를 충분히 멀리 위치시킨 후 고정한다.

해설 선반작업 시 상의의 옷자락은 안으로 넣고, 소맷자락을 묶을 때에는 끈을 사용하지 않는다.

관련개념 CHAPTER 03 공작기계의 안전

044
회전수가 300[rpm], 연삭숫돌의 지름이 200[mm]일 때 숫돌의 원주속도는 몇 [m/min]인가?

① 60.0
② 94.2
③ 150.0
④ 188.5

해설 숫돌의 원주속도
$$V = \frac{\pi DN}{1,000} = \frac{\pi \times 200 \times 300}{1,000} = 188.5 [\text{m/min}]$$
여기서, D: 지름[mm], N: 회전수[rpm]

관련개념 CHAPTER 03 공작기계의 안전

045
일반적으로 장갑을 착용하고 작업해야 하는 것은?

① 드릴작업
② 밀링작업
③ 선반작업
④ 전기용접작업

해설 전기용접작업 시 용접용 가죽장갑을 착용하여야 한다. 드릴작업, 밀링작업, 선반작업 시 장갑을 착용하면 손이 말려 들어갈 위험이 있다.

관련개념 CHAPTER 03 공작기계의 안전

| 정답 | 041 ③ | 042 ① | 043 ③ | 044 ④ | 045 ④ |

046

비파괴시험의 종류가 아닌 것은?

① 자분탐상시험
② 침투탐상시험
③ 와류탐상시험
④ 샤르피 충격시험

해설 샤르피 충격시험은 파괴시험(충격시험)의 일종이다.

비파괴검사의 종류

방사선투과검사(RT), 초음파탐상검사(UT), 자분탐상검사(MT), 침투탐상검사(PT), 음향탐상검사(AET), 와류탐상검사(ECT) 등

관련개념 CHAPTER 07 설비진단 및 검사

047

다음 중 기계설비의 정비·청소·급유·검사·수리 등의 작업 시 근로자가 위험해질 우려가 있는 경우 필요한 조치와 거리가 먼 것은?

① 근로자에게 위험을 미칠 우려가 있는 때에는 근로자의 위험방지를 위하여 해당 기계를 정지시켜야 한다.
② 작업지휘자를 배치하여 갑자기 기계가동을 시키지 않도록 한다.
③ 기계 내부에 압축된 기체나 액체가 불시에 방출될 수 있는 경우에는 사전에 방출조치를 실시한다.
④ 해당 기계의 운전을 정지한 때에는 기동장치에 잠금장치를 하고 그 열쇠는 다른 작업자가 임의로 사용할 수 있도록 눈에 띄기 쉬운 곳에 보관한다.

해설 기계의 운전을 정지한 경우에 다른 사람이 그 기계를 운전하는 것을 방지하기 위하여 기계의 기동장치에 잠금장치를 하고 그 열쇠를 별도 관리하거나 표지판을 설치하는 등 필요한 방호조치를 하여야 한다.

관련개념 CHAPTER 01 기계공정의 안전, 기계안전시설 관리

048

다음 중 프레스기에 설치하는 방호장치에 관한 사항으로 틀린 것은?

① 수인식 방호장치의 수인끈 재료는 합성섬유로 직경이 4[mm] 이상이어야 한다.
② 양수조작식 방호장치는 1행정마다 누름버튼에서 양손을 떼지 않으면 다음 작업의 동작을 할 수 없는 구조이어야 한다.
③ 광전자식 방호장치는 정상동작 표시램프는 붉은색, 위험 표시램프는 녹색으로 하며, 쉽게 근로자가 볼 수 있는 곳에 설치해야 한다.
④ 손쳐내기식 방호장치는 슬라이드 하행정거리의 3/4 위치에서 손을 완전히 밀어내야 한다.

해설 광전자식 방호장치의 정상동작표시램프는 녹색, 위험표시램프는 붉은색으로 하며, 쉽게 근로자가 볼 수 있는 곳에 설치하여야 한다.

관련개념 CHAPTER 04 프레스 및 전단기의 안전

049

다음 중 와이어로프의 꼬임에 관한 설명으로 틀린 것은?

① 보통 꼬임에는 S 꼬임이나 Z 꼬임이 있다.
② 보통 꼬임은 스트랜드의 꼬임방향과 로프의 꼬임방향이 반대로 된 것을 말한다.
③ 랭 꼬임은 로프의 끝이 자유로이 회전하는 경우나 킹크가 생기기 쉬운 곳에 적당하다.
④ 랭 꼬임은 보통 꼬임에 비하여 마모에 대한 저항성이 우수하다.

해설 킹크가 생기기 쉬운 곳에 사용되는 꼬임은 보통 꼬임(Regular Lay)이다.

관련개념 CHAPTER 06 운반기계 및 양중기

050

가스용접에 이용되는 아세틸렌가스 용기의 색상으로 옳은 것은?

① 녹색 ② 회색
③ 황색 ④ 청색

해설 고압가스용기의 도색
- 액화석유가스: 밝은 회색
- 수소: 주황색
- **아세틸렌: 황색**
- 액화암모니아: 백색
- 액화염소: 갈색
- 산소: 녹색
- 기타 가스: 회색

관련개념 SUBJECT 05 화학설비 안전관리
CHAPTER 02 화학물질 안전관리 실행

051

다음 용접 중 불꽃 온도가 가장 높은 것은?

① 산소-메탄 용접
② 산소-수소 용접
③ 산소-프로판 용접
④ 산소-아세틸렌 용접

해설 용접 중 산소와 아세틸렌가스가 혼합되어 연소될 때 약 3,600[℃]의 높은 온도의 불꽃이 발생한다.

관련개념 CHAPTER 05 기타 산업용 기계·기구

052

회전 중인 연삭숫돌이 근로자에게 위험을 미칠 우려가 있을 시 덮개를 설치하여야 할 연삭숫돌의 최소 지름은?

① 지름이 5[cm] 이상인 것
② 지름이 10[cm] 이상인 것
③ 지름이 15[cm] 이상인 것
④ 지름이 20[cm] 이상인 것

해설 회전 중인 연삭숫돌(**지름이 5[cm] 이상인 것으로 한정**)이 근로자에게 위험을 미칠 우려가 있는 경우에 그 부위에 덮개를 설치하여야 한다.

관련개념 CHAPTER 03 공작기계의 안전

053

다음 중 아세틸렌 용접 시 역류를 방지하기 위하여 설치하여야 하는 것은?

① 안전기 ② 청정기
③ 발생기 ④ 유량기

해설 안전기(Cutout Switch, Safety Switch)
- 가스 등의 역류 또는 역화가 발생장치 등에 전달되어 발생하는 폭발을 방지하기 위해 설치하는 것이다.
- 아세틸렌 용접장치의 안전기 및 가스집합 용접장치의 안전기 규격에 적합한 것을 사용하여야 한다.

관련개념 CHAPTER 05 기타 산업용 기계·기구

054

구내운반차의 제동장치 준수사항에 대한 설명으로 틀린 것은?

① 조명이 없는 장소에 작업 시 전조등과 후미등을 갖출 것
② 운전석이 차 실내에 있는 것은 좌우에 한 개씩 방향지시기를 갖출 것
③ 핸들의 중심에서 차체 바깥 측까지의 거리가 70센티미터 이상일 것
④ 주행을 제동하거나 정지상태를 유지하기 위하여 유효한 제동장치를 갖출 것

해설 구내운반차 구비조건
- 주행을 제동하거나 정지상태를 유지하기 위하여 유효한 제동장치를 갖출 것
- 경음기를 갖출 것
- 운전석이 차 실내에 있는 것은 좌우에 한 개씩 방향지시기를 갖출 것
- 전조등과 후미등을 갖출 것
※「산업안전보건에 관한 규칙」이 개정됨에 따라 ③에 해당하는 규정은 삭제되었습니다.

관련개념 CHAPTER 06 운반기계 및 양중기

| 정답 | 050 ③ | 051 ④ | 052 ① | 053 ① | 054 ③ |

055

산업용 로봇에 사용되는 안전매트의 종류 및 일반구조에 관한 설명으로 틀린 것은?

① 단선경보장치가 부착되어 있어야 한다.
② 감응시간을 조절하는 장치는 부착되어 있어야 한다.
③ 감응도 조절장치가 있는 경우 봉인되어 있어야 한다.
④ 안전매트의 종류는 연결사용 가능 여부에 따라 단일 감지기와 복합 감지기가 있다.

해설 산업용 로봇 안전매트의 종류 및 일반구조
- 안전매트의 종류에는 감지기를 단독으로 사용하는 단일 감지기와 여러 개의 감지기를 연결하여 사용하는 복합 감지기가 있다.
- 단선경보장치가 부착되어 있어야 한다.
- **감응시간을 조절하는 장치는 부착되어 있지 않아야 한다.**
- 감응도 조절장치가 있는 경우 봉인되어 있어야 한다.
- 안전인증 표시 외에 작동하중, 감응시간, 복귀신호의 자동 또는 수동 여부, 대소인공용 여부를 추가로 표시하여야 한다.

관련개념 CHAPTER 05 기타 산업용 기계·기구

056

소음에 관한 설명으로 틀린 것은?

① 소음에는 익숙해지기 쉽다.
② 소음계는 소음에 한하여 계측할 수 있다.
③ 소음의 피해는 정신적, 심리적인 것이 주가 된다.
④ 소음이란 귀에 불쾌한 음이나 생활을 방해하는 음을 통틀어 말한다.

해설 소음이란 바람직하지 않은 소리를 의미하며 그 정의가 모호하기 때문에 소음에 한하여 측정할 수 없다.

관련개념 CHAPTER 07 설비진단 및 검사

057

컨베이어 방호장치에 대한 설명으로 맞는 것은?

① 역전방지장치에는 롤러식, 라쳇식, 권과방지식, 전기브레이크식 등이 있다.
② 작업자가 임의로 작업을 중단할 수 없도록 비상정지장치를 부착하지 않는다.
③ 구동부 측면에 롤러 안내가이드 등의 이탈방지장치를 설치한다.
④ 롤러컨베이어 롤 사이에 방호판을 설치할 때 롤과의 최대 간격은 8[mm]이다.

해설
① 컨베이어, 이송용 롤러 등을 사용하는 경우에는 정전·전압강하 등에 따른 화물 또는 운반구의 이탈 및 역주행을 방지하는 장치를 갖추어야 한다. 역주행방지장치의 형식으로는 기계식(롤러식, 라쳇식, 밴드식)과 전기브레이크가 있다.
② 컨베이어 등에 해당 근로자의 신체 일부가 말려드는 등 근로자가 위험해질 우려가 있는 경우 및 비상시에는 즉시 컨베이어 등의 운전을 정지시킬 수 있는 장치를 설치하여야 한다.
④ 롤러컨베이어 롤 사이에 방호판을 설치할 때 롤과의 최대 간격은 5[mm]이다.

관련개념 CHAPTER 06 운반기계 및 양중기

058

기계설비 구조의 안전화 중 가공결함 방지를 위해 고려할 사항이 아닌 것은?

① 안전율　　② 열처리
③ 가공경화　④ 응력집중

해설 안전율은 기계설계 시 고려할 사항이다. 가공결함 방지를 위해 열처리, 가공경화, 응력집중 등을 고려하여야 한다.

관련개념 CHAPTER 01 기계공정의 안전, 기계안전시설 관리

059

롤러기 맞물림점의 전방에 개구부의 간격을 30[mm]로 하여 가드를 설치하고자 한다. 가드의 설치 위치는 맞물림점에서 적어도 얼마의 간격을 유지하여야 하는가?

① 154[mm] ② 160[mm]
③ 166[mm] ④ 172[mm]

해설 가드를 설치할 때 일반적인 개구부의 간격
$Y=6+0.15X$에서
$X=\dfrac{Y-6}{0.15}=\dfrac{30-6}{0.15}=160[mm]$
여기서, Y: 개구부의 간격[mm]
X: 개구부에서 위험점까지의 최단거리[mm]

관련개념 CHAPTER 05 기타 산업용 기계·기구

060

프레스의 방호장치 중 광전자식 방호장치에 관한 설명으로 틀린 것은?

① 연속 운전작업에 사용할 수 있다.
② 핀클러치 구조의 프레스에 사용할 수 있다.
③ 기계적 고장에 의한 2차 낙하에는 효과가 없다.
④ 시계를 차단하지 않기 때문에 작업에 지장을 주지 않는다.

해설 광전자식 방호장치는 핀클러치 구조의 프레스에는 사용할 수 없다.

관련개념 CHAPTER 04 프레스 및 전단기의 안전

전기설비 안전관리

061

「산업안전보건기준에 관한 규칙」에서 일반 작업장에 전기 위험 방지조치를 취하지 않아도 되는 전압은 몇 [V] 이하인가?

① 24 ② 30
③ 50 ④ 100

해설 안전전압
회로의 정격전압이 일정 수준 이하의 낮은 전압으로 절연파괴 등의 사고 시에도 인체에 위험을 주지 않는 전압을 말하며, 「산업안전보건법령」에서 30[V]로 규정하고 있다.

관련개념 CHAPTER 02 감전재해 및 방지대책

062

교류아크용접기의 허용사용률[%]은?(단, 정격사용률은 10[%], 2차 정격전류는 500[A], 교류아크용접기의 사용전류는 250[A]이다.)

① 30 ② 40
③ 50 ④ 60

해설 허용사용률 $=\left(\dfrac{\text{정격 2차 전류}}{\text{실제 용접 전류}}\right)^2 \times$ 정격사용률
$=\left(\dfrac{500}{250}\right)^2 \times 10 = 40[\%]$

관련개념 CHAPTER 02 감전재해 및 방지대책

063

방폭전기기기의 온도등급의 기호는?

① E ② S
③ T ④ N

해설 방폭전기기기의 온도등급의 기호는 T이다.

관련개념 CHAPTER 04 전기방폭관리

064

피뢰기의 여유도가 33[%]이고, 충격절연강도가 1,000[kV]라고 할 때 피뢰기의 제한전압은 약 몇 [kV]인가?

① 852　　② 752
③ 652　　④ 552

해설　보호여유도[%] = $\dfrac{\text{충격절연강도} - \text{제한전압}}{\text{제한전압}} \times 100$ 에서

제한전압 = $\dfrac{\text{충격절연강도} \times 100}{\text{보호여유도} + 100} = \dfrac{1,000 \times 100}{33 + 100} = 752[kV]$

관련개념　CHAPTER 05 전기설비 위험요인관리

065

전력용 피뢰기에서 직렬갭의 주된 사용 목적은?

① 방전내량을 크게 하고 장시간 사용 시 열화를 적게 하기 위하여
② 충격방전 개시전압을 높게 하기 위하여
③ 이상전압 발생 시 신속히 대지로 방류함과 동시에 속류를 즉시 차단하기 위하여
④ 충격파 침입 시에 대지로 흐르는 방전전류를 크게 하여 제한전압을 낮게 하기 위하여

해설　피뢰기는 피보호기 주위의 선로와 대지 사이에 접속되어 평상시에는 직렬갭에 의해 대지절연되어 있으나 계통에 이상전압이 발생하면 직렬갭이 방전하고, 이상전압의 파고값을 내려서 기기의 속류를 신속히 차단하고 원상으로 복귀시키는 작용을 한다.

관련개념　CHAPTER 05 전기설비 위험요인관리

066

인체 감전보호용 누전차단기의 정격감도전류[mA]와 동작시간(초)의 최댓값은?

① 10[mA], 0.03초　　② 20[mA], 0.01초
③ 30[mA], 0.03초　　④ 50[mA], 0.1초

해설　감전보호용 누전차단기
- 정격감도전류 30[mA] 이하, 동작시간 0.03초 이내
- 정격전부하전류가 50[A] 이상인 경우, 정격감도전류 200[mA] 이하, 동작시간 0.1초 이내

관련개념　CHAPTER 02 감전재해 및 방지대책

067

방전전극에 약 7,000[V]의 전압을 인가하면 공기가 전리되어 코로나 방전을 일으킴으로써 발생한 이온으로 대전체의 전하를 중화시키는 방법을 이용한 제전기는?

① 전압인가식 제전기　　② 자기방전식 제전기
③ 이온스프레이식 제전기　　④ 이온식 제전기

해설　전압인가식 제전기
금속세침이나 세선 등을 전극으로 하는 제전전극에 고전압(약 7[kV])을 인가하여 전극의 선단에 코로나 방전을 일으켜 제전에 필요한 이온을 발생시키는 것으로서 코로나 방전식 제전기라고도 한다.

관련개념　CHAPTER 03 정전기 장·재해관리

068

정전작업시 작업 전 조치하여야 할 실무사항으로 틀린 것은?

① 잔류전하의 방전
② 단락 접지기구의 철거
③ 검전기에 의한 정전 확인
④ 개로개폐기의 잠금 또는 표시

해설　단락 접지기구의 철거는 작업 후 조치사항이다. 정전작업 시 작업 전에는 단락 접지기구로 확실하게 단락접지를 한다.

관련개념　CHAPTER 02 감전재해 및 방지대책

069

내압방폭구조에서 안전간극(Safe Gap)을 작게 하는 이유로 옳은 것은?

① 최소점화에너지를 높게 하기 위해
② 폭발화염이 외부로 전파되지 않도록 하기 위해
③ 폭발압력에 견디고 파손되지 않도록 하기 위해
④ 설치류가 전선 등을 훼손하지 않도록 하기 위해

해설　폭발화염이 외부로 유출되지 않도록 하기 위해서 안전간극을 작게 하여야 한다.

관련개념　CHAPTER 04 전기방폭관리

| 정답 | 064 ② | 065 ③ | 066 ③ | 067 ① | 068 ② | 069 ② |

070

내부에서 폭발하더라도 틈의 냉각효과로 인하여 외부의 폭발성 가스에 착화될 우려가 없는 방폭구조는?

① 내압방폭구조 ② 유입방폭구조
③ 안전증방폭구조 ④ 본질안전방폭구조

해설 내압방폭구조
용기 내부에 폭발성 가스 및 증기가 폭발하였을 때 용기가 그 압력에 견디며 또한 접합면, 개구부 등을 통해서 외부의 폭발성 가스·증기에 인화되지 않도록 한 구조이다.

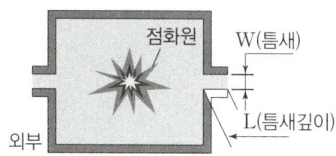

관련개념 CHAPTER 04 전기방폭관리

071

전류가 흐르는 상태에서 단로기를 끊었을 때 여러 가지 파괴작용을 일으킨다. 다음 그림에서 유입자단기의 차단순위와 투입순위가 안전수칙에 가장 적합한 것은?

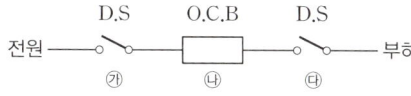

① 차단: ㉮ → ㉯ → ㉰, 투입: ㉮ → ㉯ → ㉰
② 차단: ㉯ → ㉰ → ㉮, 투입: ㉯ → ㉰ → ㉮
③ 차단: ㉰ → ㉯ → ㉮, 투입: ㉯ → ㉮ → ㉰
④ 차단: ㉰ → ㉯ → ㉮, 투입: ㉯ → ㉮ → ㉰

해설 유입차단기의 작동(투입 및 차단)순서
- 차단순서: ㉰ → ㉯ → ㉮
- 투입순서: ㉯ → ㉮ → ㉰

관련개념 CHAPTER 01 전기안전관리

072

누전된 전동기에 인체가 접촉하여 500[mA]의 누전전류가 흘렀고 정격감도전류 500[mA]인 누전차단기가 동작하였다. 이때 인체전류를 약 10[mA]로 제한하기 위해서 전동기 외함에 설치할 접지저항의 크기는 약 몇 [Ω]인가?(단, 인체의 저항은 500[Ω]이며, 다른 저항은 무시한다.)

① 5 ② 10
③ 50 ④ 100

해설 누전전류(지락전류)를 $I[A]$, 인체가 외함에 접촉할 때 인체를 통해서 흐르게 될 전류(감전전류)를 $I_2[A]$, 접지저항을 $R_3[Ω]$, 인체저항을 $R_b[Ω]$라 하면

$$I_2 = I \times \frac{R_3}{R_3 + R_b}$$

$$R_3 = \frac{I_2}{I - I_2} \times R_b = \frac{0.01}{0.5 - 0.01} \times 500 = 10[Ω]$$

관련개념 CHAPTER 02 감전재해 및 방지대책

073

폭발위험장소에서의 본질안전방폭구조에 대한 설명으로 틀린 것은?

① 본질안전방폭구조의 기본적 개념은 점화능력의 본질적 억제이다.
② 본질안전방폭구조 Ex ib는 fault에 대한 2중 안전보장으로 0종~2종 장소에 사용할 수 있다.
③ 이론적으로는 모든 전기기기에 본질안전방폭구조를 적용할 수 있으나, 동력을 직접 사용하는 기기는 실제적으로 적용이 곤란하다.
④ 온도, 압력, 액면유량 등의 검출용 측정기는 대표적인 본질안전방폭구조의 예이다.

해설 본질안전방폭구조 Ex ib는 1종, 2종 장소에서 사용할 수 있고 0종 장소에는 사용할 수 없다. 0종~2종에서 사용할 수 있는 것은 Ex ia이다.

관련개념 CHAPTER 04 전기방폭관리

| 정답 | 070 ① | 071 ④ | 072 ② | 073 ② |

074
다음 ( ) 안에 들어갈 내용으로 알맞은 것은?

> 과전류차단장치는 반드시 접지선이 아닌 전로에 ( )로 연결하여 과전류 발생 시 전로를 자동으로 차단하도록 설치할 것

① 직렬
② 병렬
③ 임시
④ 직병렬

해설 과전류차단장치는 반드시 접지선이 아닌 전로에 직렬로 연결하여 과전류 발생 시 전로를 자동으로 차단하도록 설치하여야 한다.

관련개념 CHAPTER 01 전기안전관리

075
일반 허용접촉전압과 그 종별을 짝지은 것으로 틀린 것은?

① 제1종: 0.5[V] 이하
② 제2종: 25[V] 이하
③ 제3종: 50[V] 이하
④ 제4종: 제한 없음

해설 허용접촉전압

종별	허용접촉전압
제1종	2.5[V] 이하
제2종	25[V] 이하
제3종	50[V] 이하
제4종	제한 없음

관련개념 CHAPTER 02 감전재해 및 방지대책

076
감전사고를 방지하기 위한 대책으로 틀린 것은?

① 전기설비에 대한 보호 접지
② 전기기기에 대한 정격 표시
③ 전기설비에 대한 누전차단기 설치
④ 충전부가 노출된 부분에는 절연 방호구 사용

해설 정격 표시는 전기기기 보호차원으로 하는 것이다.

관련개념 CHAPTER 02 감전재해 및 방지대책

077
인체 피부의 전기저항에 영향을 주는 주요인자와 가장 거리가 먼 것은?

① 접촉면적
② 인가전압의 크기
③ 통전경로
④ 인가시간

해설 인체의 피부 전기저항은 인체의 각 부위(피부, 혈액 등)의 저항성분과 용량성분이 합성된 값이 되며, 이 값은 여러 인자, 특히 접촉전압, 통전시간, 접촉면적 등에 따라 변화한다.

관련개념 CHAPTER 02 감전재해 및 방지대책

078
전기기기, 설비 및 전선로 등의 충전 유무 등을 확인하기 위한 장비는?

① 위상검출기
② 디스콘 스위치
③ COS
④ 저압 및 고압용 검전기

해설 저압 및 고압용 검전기는 설비(전로)의 정전 여부를 확인하기 위한 용구이다.

관련개념 CHAPTER 02 감전재해 및 방지대책

079
다음 중 전동기를 운전하고자 할 때 개폐기의 조작순서로 옳은 것은?

① 메인 스위치 → 분전반 스위치 → 전동기용 개폐기
② 분전반 스위치 → 메인 스위치 → 전동기용 개폐기
③ 전동기용 개폐기 → 분전반 스위치 → 메인 스위치
④ 분전반 스위치 → 전동기용 개폐기 → 메인 스위치

해설 전동기 개폐기의 조작순서
메인 스위치 → 분전반 스위치 → 전동기용 개폐기

관련개념 CHAPTER 01 전기안전관리

080

정전기 발생현상의 분류에 해당되지 않는 것은?

① 유체대전
② 마찰대전
③ 박리대전
④ 교반대전

해설 정전기 대전의 종류
- 마찰대전
- 박리대전
- 유동대전
- 분출대전
- 충돌대전
- 파괴대전
- 교반(진동)이나 침강대전

관련개념 CHAPTER 03 정전기 장·재해관리

화학설비 안전관리

081

「산업안전보건법령」상 화학설비와 화학설비의 부속설비를 구분할 때 화학설비에 해당하는 것은?

① 응축기·냉각기·가열기·증발기 등 열교환기류
② 사이클론·백필터·전기집진기 등 분진처리설비
③ 온도·압력·유량 등을 지시·기록 등을 하는 자동제어 관련설비
④ 안전밸브·안전판·긴급차단 또는 방출밸브 등 비상조치 관련설비

해설 응축기·냉각기·가열기·증발기 등 열교환기류는 화학설비에 해당한다.

오답해설 ②, ③, ④는 화학설비의 부속설비에 해당한다.

관련개념 CHAPTER 02 화학물질 안전관리 실행

082

가연성 가스 혼합물을 구성하는 각 성분의 조성과 연소범위가 다음 [표]와 같을 때 혼합가스의 연소하한값은 약 몇 [vol%]인가?

구분	조성 [vol%]	연소하한값 [vol%]	연소상한값 [vol%]
헥산	1	1.1	7.4
메탄	2.5	5.0	15.0
에틸렌	0.5	2.7	36.0
공기	96	–	–

① 2.51
② 7.51
③ 12.07
④ 15.01

해설 혼합가스의 연소하한값

$$L = \frac{V_1 + V_2 + \cdots + V_n}{\frac{V_1}{L_1} + \frac{V_2}{L_2} + \cdots + \frac{V_n}{L_n}} = \frac{1 + 2.5 + 0.5}{\frac{1}{1.1} + \frac{2.5}{5.0} + \frac{0.5}{2.7}} = 2.51 [\text{vol\%}]$$

여기서, L: 혼합가스의 연소하한값[vol%]
L_n: 각 성분가스의 연소하한값[vol%]
V_n: 각 성분가스의 조성[vol%]

관련개념 CHAPTER 01 화재·폭발 검토

083

공정안전보고서에 포함하여야 할 세부내용 중 공정안전자료의 세부내용이 아닌 것은?

① 유해·위험설비의 목록 및 사양
② 폭발위험장소 구분도 및 전기단선도
③ 유해·위험물질에 대한 물질안전보건자료
④ 설비점검·검사 및 보수계획, 유지계획 및 지침서

해설 ④는 안전운전계획에 포함하여야 할 세부내용이다.

관련개념 CHAPTER 04 화공 안전운전·점검

084
다음 중 자연발화의 방지법으로 적절하지 않은 것은?

① 통풍을 잘 시킬 것
② 습도가 높은 곳에 저장할 것
③ 저장실의 온도 상승을 피할 것
④ 공기가 접촉되지 않도록 불활성물질 중에 저장할 것

해설 자연발화의 방지를 위해서는 습도를 높지 않게 하여야 한다.

관련개념 CHAPTER 01 화재·폭발 검토

085
화염방지기의 설치에 관한 사항으로 (　)에 알맞은 것은?

> 사업주는 인화성 액체 및 인화성 가스를 저장·취급하는 화학설비에서 증기나 가스를 대기로 방출하는 경우에는 외부로부터의 화염을 방지하기 위하여 화염방지기를 그 설비 (　)에 설치하여야 한다.

① 상단
② 하단
③ 중앙
④ 무게중심

해설 화염방지기는 외부로부터의 화염을 방지하기 위하여 그 **설비 상단**에 설치하여야 한다.

관련개념 CHAPTER 04 화공 안전운전·점검

086
폭발원인물질을 물리적 상태에 따라 구분할 때 기상폭발(Gas Explosion)에 해당되지 않는 것은?

① 분진폭발
② 응상폭발
③ 분무폭발
④ 가스폭발

해설 폭발의 분류
폭발은 원인물질의 물리적 상태에 따라 기상폭발과 응상폭발로 구분할 수 있다.
- 기상폭발: 가스폭발, **분진폭발**, **분무폭발**, 증기운폭발, **가스분해폭발**
- 응상폭발: 수증기폭발, 증기폭발, 전선폭발, 고상 간 전이에 의한 폭발

관련개념 CHAPTER 01 화재·폭발 검토

087
알루미늄분이 고온의 물과 반응하였을 때 생성되는 가스는?

① 산소
② 수소
③ 메탄
④ 에탄

해설 알루미늄분은 수분과 반응하여 가연성 가스인 수소를 생성한다.
$$2Al + 6H_2O \rightarrow 2Al(OH)_3 + 3H_2 \uparrow$$

관련개념 CHAPTER 02 화학물질 안전관리 실행

088
20[℃], 1기압의 공기를 5기압으로 단열압축하면 공기의 온도는 약 몇 [℃]가 되겠는가?(단, 공기의 비열비는 1.4이다.)

① 32
② 191
③ 305
④ 464

해설 단열변화
$\dfrac{T_2}{T_1} = \left(\dfrac{V_1}{V_2}\right)^{r-1} = \left(\dfrac{P_2}{P_1}\right)^{\frac{r-1}{r}}$ 에서

$T_2 = T_1 \times \left(\dfrac{P_2}{P_1}\right)^{\frac{r-1}{r}} = (273+20) \times \left(\dfrac{5}{1}\right)^{\frac{1.4-1}{1.4}} = 464[K] = 191[℃]$

여기서, T: 절대온도[K], V: 부피[L], P: 절대압력[atm], r: 비열비

관련개념 CHAPTER 02 화학물질 안전관리 실행

089
다음 물질이 물과 접촉하였을 때 위험성이 가장 낮은 것은?

① 과산화칼륨
② 나트륨
③ 메틸리튬
④ 이황화탄소

해설 이황화탄소는 가연성 증기의 발생을 억제하기 위해 물속에 저장하는 만큼 물과 접촉 시 위험성이 극히 낮다.

관련개념 CHAPTER 02 화학물질 안전관리 실행

| 정답 | 084 ② 085 ① 086 ② 087 ② 088 ② 089 ④

090

가스 또는 분진폭발 위험장소에 설치되는 건축물의 내화구조를 설명한 것으로 틀린 것은?

① 건축물 기둥 및 보는 지상 1층까지 내화구조로 한다.
② 위험물 저장·취급용기의 지지대는 지상으로부터 지지대의 끝부분까지 내화구조로 한다.
③ 건축물 주변에 자동소화설비를 설치한 경우 건축물 화재 시 1시간 이상 그 안전성을 유지한 경우는 내화구조로 하지 아니할 수 있다.
④ 배관·전선관 등의 지지대는 지상으로부터 1단까지 내화구조로 한다.

해설 건축물 등의 주변에 화재에 대비하여 물분무시설 또는 폼헤드설비 등의 자동소화설비를 설치하여 건축물 등이 화재 시에 **2시간 이상** 그 안전성을 유지할 수 있도록 한 경우에는 내화구조로 하지 아니할 수 있다.

관련개념 CHAPTER 02 화학물질 안전관리 실행

091

가연성 물질을 취급하는 장치를 퍼지하고자 할 때 잘못된 것은?

① 대상물질의 물성을 파악한다.
② 사용하는 불활성 가스의 물성을 파악한다.
③ 퍼지용 가스를 가능한 한 빠른 속도로 단시간에 다량송입한다.
④ 장치내부를 세정한 후 피지용 가스를 송입한다.

해설 퍼지용 가스는 장시간에 걸쳐 천천히 주입하여야 한다.

관련개념 CHAPTER 01 화재·폭발 검토

092

가솔린(휘발유)의 일반적인 연소범위에 가장 가까운 값은?

① 2.7~27.8[vol%]   ② 3.4~11.8[vol%]
③ 1.4~7.6[vol%]   ④ 5.1~18.2[vol%]

해설 가솔린의 연소범위는 1.4~7.6[vol%] 정도이다.

관련개념 CHAPTER 02 화학물질 안전관리 실행

093

「산업안전보건법령」에 따라 사업주가 특수화학설비를 설치하는 때에 그 내부의 이상 상태를 조기에 파악하기 위하여 설치하여야 하는 장치는?

① 자동경보장치   ② 긴급차단장치
③ 자동문개폐장치   ④ 스크러버개방장치

해설 특수화학설비를 설치하는 경우에는 그 내부의 이상 상태를 조기에 파악하기 위해 필요한 자동경보장치를 설치하여야 한다.

관련개념 CHAPTER 02 화학물질 안전관리 실행

094

건조설비를 사용하여 작업을 하는 경우에 폭발이나 화재를 예방하기 위하여 준수하여야 하는 사항으로 틀린 것은?

① 위험물 건조설비를 사용하는 경우에는 미리 내부를 청소하거나 환기할 것
② 위험물 건조설비를 사용하여 가열·건조하는 건조물은 쉽게 이탈되도록 할 것
③ 고온으로 가열·건조한 인화성 액체는 발화의 위험이 없는 온도로 냉각한 후에 격납시킬 것
④ 바깥 면이 현저히 고온이 되는 건조설비에 가까운 장소에는 인화성 액체를 두지 않도록 할 것

해설 건조설비 취급 시 준수사항
- 위험물 건조설비를 사용하는 경우에는 미리 내부를 청소하거나 환기할 것
- 위험물 건조설비를 사용하는 경우에는 건조로 인하여 발생하는 가스·증기 또는 분진에 의하여 폭발·화재의 위험이 있는 물질을 안전한 장소로 배출시킬 것
- **위험물 건조설비를 사용하여 가열·건조하는 건조물은 쉽게 이탈되지 않도록 할 것**
- 고온으로 가열·건조한 인화성 액체는 발화의 위험이 없는 온도로 냉각한 후에 격납시킬 것
- 건조설비(바깥 면이 현저히 고온이 되는 설비만 해당)에 가까운 장소에는 인화성 액체를 두지 않도록 할 것

관련개념 CHAPTER 02 화학물질 안전관리 실행

095

다음 중 위험물과 그 소화방법이 잘못 연결된 것은?

① 염소산칼륨 – 다량의 물로 냉각소화
② 마그네슘 – 건조사 등에 의한 질식소화
③ 칼륨 – 이산화탄소에 의한 질식소화
④ 아세트알데히드 – 다량의 물에 의한 희석소화

해설 칼륨은 화재발생 시 이산화탄소와 접촉하면 폭발적인 반응이 일어나므로 건조사나 금속화재용 소화기를 이용하여야 한다.
$4K + 3CO_2 \rightarrow 2K_2CO_3 + C$(폭발적인 반응)

관련개념 CHAPTER 01 화재·폭발 검토

096

다음 가스 중 TLV-TWA상 가장 독성이 큰 것은?

① CO
② $COCl_2$
③ NH_3
④ H_2

해설 포스겐($COCl_2$) 가스는 노출기준(TWA) 0.1[ppm]의 유독성 가스이다.
(CO의 TWA: 30[ppm], NH_3의 TWA: 25[ppm], H_2: 독성자료 없음)
※ TWA는 값이 작을수록 독성이 강하다.

관련개념 CHAPTER 02 화학물질 안전관리 실행

097

부탄(C_4H_{10})의 연소에 필요한 최소산소농도(MOC)를 추정하여 계산하면 약 몇 [vol%]인가?(단, 부탄의 폭발하한계는 공기 중에서 1.6[vol%]이다.)

① 5.6
② 7.8
③ 10.4
④ 14.1

해설 부탄의 완전연소반응식
$C_4H_{10} + 6.5O_2 \rightarrow 4CO_2 + 5H_2O$

최소산소농도(C_m) = 폭발하한[%] × $\frac{\text{산소 mol수}}{\text{연소가스 mol수}}$

$= 1.6 \times \frac{6.5}{1} = 10.4[vol\%]$

관련개념 CHAPTER 01 화재·폭발 검토

098

다음 중 산화성 물질이 아닌 것은?

① KNO_3
② NH_4ClO_3
③ HNO_3
④ P_4S_3

해설
① KNO_3(질산칼륨), ② NH_4ClO_3(염소산암모늄): 산화성 고체
③ HNO_3(질산): 산화성 액체
④ P_4S_3(삼황화린): 가연성 고체

관련개념 CHAPTER 02 화학물질 안전관리 실행

099

「산업안전보건법령」상 사업주가 인화성 액체 위험물을 액체 상태로 저장하는 저장탱크를 설치하는 경우에는 위험물질이 누출되어 확산되는 것을 방지하기 위하여 무엇을 설치하여야 하는가?

① Flame arrester
② Vent Stack
③ 긴급방출장치
④ 방유제

해설 위험물을 액체 상태로 저장하는 저장탱크를 설치하는 경우에는 위험물질이 누출되어 확산되는 것을 방지하기 위하여 방유제를 설치하여야 한다.

관련개념 CHAPTER 02 화학물질 안전관리 실행

100

「위험물안전관리법령」상 제4류 위험물 중 제2석유류로 분류되는 물질은?

① 실린더유
② 휘발유
③ 등유
④ 중유

해설 등유, 경유 등이 제2석유류에 해당한다.

오답해설
① 실린더유: 제4석유류
② 휘발유: 제1석유류
④ 중유: 제3석유류

관련개념 CHAPTER 02 화학물질 안전관리 실행

건설공사 안전관리

101
건립 중 강풍에 의한 풍압 등 외압에 대한 내력이 설계에 고려되었는지 확인하여야 하는 철골구조물이 아닌 것은?

① 연면적당 철골량이 50[kg/m²] 이하인 구조물
② 기둥이 타이플레이트형인 구조물
③ 이음부가 공장제작인 구조물
④ 구조물의 폭과 높이의 비가 1:4 이상인 구조물

해설 외압에 대한 내력이 설계에 고려되었는지 확인해야 할 구조물
- 높이 20[m] 이상의 구조물
- 구조물의 폭과 높이의 비가 1:4 이상인 구조물
- 단면구조에 현저한 차이가 있는 구조물
- 연면적당 철골량이 50[kg/m²] 이하인 구조물
- 기둥이 타이플레이트(Tie Plate)형인 구조물
- 이음부가 현장용접인 구조물

관련개념 CHAPTER 06 공사 및 작업 종류별 안전

102
건설현장의 가설계단 및 계단참을 설치하는 경우 얼마 이상의 하중에 견딜 수 있는 강도를 가진 구조로 설치하여야 하는가?

① 200[kg/m²] ② 300[kg/m²]
③ 400[kg/m²] ④ 500[kg/m²]

해설 계단 및 계단참을 설치하는 경우 500[kg/m²] 이상의 하중에 견딜 수 있는 강도를 가진 구조로 설치하여야 한다.

관련개념 CHAPTER 05 비계·거푸집 가시설 위험방지

103
모래의 굴착면 붕괴에 따른 재해를 예방하기 위한 굴착면의 적정한 기울기 기준은?

① 1:1.8 ② 1:1.0
③ 1:0.5 ④ 1:0.3

해설 굴착면의 기울기 기준

지반의 종류	굴착면의 기울기
모래	1:1.8
연암 및 풍화암	1:1.0
경암	1:0.5
그 밖의 흙	1:1.2

※ 이 문제는 개정된 법령에 따라 수정한 문제입니다.

관련개념 CHAPTER 02 건설공사 위험성

104
차량계 하역운반기계 등에 화물을 적재하는 경우에 준수해야 할 사항으로 옳지 않은 것은?

① 하중이 한쪽으로 치우치도록 하여 공간상 효율적으로 적재할 것
② 구내운반차 또는 화물자동차의 경우 화물의 붕괴 또는 낙하에 의한 위험을 방지하기 위하여 화물에 로프를 거는 등 필요한 조치를 할 것
③ 운전자의 시야를 가리지 않도록 화물을 적재할 것
④ 화물을 적재하는 경우 최대적재량을 초과하지 않을 것

해설 차량계 하역운반기계 등에 화물을 적재하는 경우에 하중이 한쪽으로 치우치지 않도록 적재하여야 한다.

관련개념 CHAPTER 04 건설현장 안전시설 관리

105

흙막이 가시설 공사 시 사용되는 각 계측기 설치 목적으로 옳지 않은 것은?

① 지표침하계 – 지표면 침하량 측정
② 수위계 – 지반 내 지하수위의 변화 측정
③ 하중계 – 상부 적재하중 변화 측정
④ 지중경사계 – 지중의 수평 변위량 측정

해설 하중계(Load Cell)는 스트러트, 어스앵커에 설치하여 축하중 측정으로 부재의 안전성 여부를 판단하는 계측기이다.

관련개념 CHAPTER 05 비계·거푸집 가시설 위험방지

106

안전대의 종류는 사용구분에 따라 벨트식과 안전그네식으로 구분되는데, 이 중 안전그네식에만 적용하는 것으로 나열한 것은?

① 추락방지대, 안전블록
② 1개걸이용, U자걸이용
③ 1개걸이용, 추락방지대
④ U자걸이용, 안전블록

해설 안전대의 종류 및 사용구분

종류	사용 구분
벨트식, 안전그네식	1개걸이용
	U자걸이용
안전그네식	추락방지대
	안전블록

관련개념 CHAPTER 04 건설현장 안전시설 관리

107

근로자에게 작업 중 또는 통행 시 굴러 떨어짐으로 인하여 위험에 처할 우려가 있는 케틀, 호퍼, 피트 등이 있는 경우에 위험을 방지하기 위해 최소 높이 얼마 이상의 울타리를 설치해야 하는가?

① 80[cm] 이상   ② 85[cm] 이상
③ 90[cm] 이상   ④ 95[cm] 이상

해설 근로자에게 작업 중 또는 통행 시 굴러 떨어짐으로 인하여 근로자가 화상·질식 등의 위험에 처할 우려가 있는 케틀(Kettle), 호퍼(Hopper), 피트(Pit) 등이 있는 경우에 그 위험을 방지하기 위하여 필요한 장소에 높이 90[cm] 이상의 울타리를 설치하여야 한다.

관련개념 CHAPTER 04 건설현장 안전시설 관리

108

그물코의 크기가 5[cm]인 매듭방망일 경우 방망사의 인장강도는 최소 얼마 이상이어야 하는가?(단, 방망사는 신품인 경우이다.)

① 50[kg]   ② 100[kg]
③ 110[kg]   ④ 150[kg]

해설 그물코 5[cm], 신품 매듭방망의 인장강도는 110[kg] 이상이어야 한다.

추락방호망 방망사의 인장강도

※ ( ): 폐기기준 인장강도

그물코의 크기 (단위: [cm])	방망의 종류(단위: [kg])	
	매듭 없는 방망	매듭방망
10	240(150)	200(135)
5	–	110(60)

관련개념 CHAPTER 04 건설현장 안전시설 관리

109

크레인 또는 데릭에서 붐 각도 및 작업반경별로 작용시킬 수 있는 최대하중에서 후크, 와이어로프 등 달기구의 중량을 공제한 하중은?

① 작업하중　　② 정격하중
③ 이동하중　　④ 적재하중

해설 정격하중이란 크레인의 권상하중에서 훅·버킷 등 달기구의 중량에 상당하는 하중을 뺀 하중을 말한다. 이때 권상하중이란 크레인이 들어올릴 수 있는 최대의 하중을 말한다.

관련개념 CHAPTER 06 공사 및 작업 종류별 안전

110

강관을 사용하여 비계를 구성하는 경우 준수해야 할 기준으로 옳지 않은 것은?

① 비계기둥의 간격은 띠장 방향에서는 1.85[m] 이하, 장선(長線) 방향에서는 1.5[m] 이하로 할 것
② 띠장 간격은 1.8[m] 이하로 할 것
③ 비계기둥의 제일 윗부분으로부터 31[m] 되는 지점 밑부분의 비계기둥은 2개의 강관으로 묶어 세울 것
④ 비계기둥 간의 적재하중은 400[kg]을 초과하지 않도록 할 것

해설 강관을 사용하여 비계를 구성하는 경우 띠장 간격은 2.0[m] 이하로 하여야 한다.

관련개념 CHAPTER 05 비계·거푸집 가시설 위험방지

111

터널굴착 작업을 하는 때 미리 작성하여야 하는 작업계획서에 포함되어야 할 사항이 아닌 것은?

① 굴착의 방법
② 암석의 분할방법
③ 환기 또는 조명시설을 설치할 때에는 그 방법
④ 터널지보공 및 복공의 시공방법과 용수의 처리방법

해설 '암석의 분할방법'은 채석작업 시 작업계획서 내용에 포함되어야 한다.

관련개념 CHAPTER 05 비계·거푸집 가시설 위험방지

112

거푸집 해체작업 시 유의사항으로 옳지 않은 것은?

① 일반적으로 수평부재의 거푸집은 연직부재의 거푸집보다 빨리 떼어낸다.
② 해체된 거푸집이나 각목 등에 박혀있는 못 또는 날카로운 돌출물은 즉시 제거하여야 한다.
③ 상하 동시작업은 원칙적으로 금지하며 부득이한 경우에는 긴밀히 연락을 하며 작업을 하여야 한다.
④ 거푸집 해체 작업장 주위에는 관계자를 제외하고는 출입을 금지시켜야 한다.

해설 일반적으로 연직부재의 거푸집은 수평부재의 거푸집보다 빨리 떼어낼 수 있다.

관련개념 CHAPTER 05 비계·거푸집 가시설 위험방지

113

다음은 달비계 또는 높이 5[m] 이상의 비계를 조립·해체하거나 변경하는 작업을 하는 경우의 준수사항이다. (   ) 안에 알맞은 숫자는?

> 비계재료의 연결·해체작업을 하는 경우에는 폭 (   )[cm] 이상의 발판을 설치하고 근로자로 하여금 안전대를 사용하도록 하는 등 추락을 방지하기 위한 조치를 할 것

① 15 ② 20
③ 25 ④ 30

해설 비계재료의 연결·해체작업을 하는 경우에는 **폭 20[cm] 이상의 발판**을 설치하고 근로자로 하여금 안전대를 사용하도록 하는 등 추락을 방지하기 위한 조치를 하여야 한다.

관련개념 CHAPTER 05 비계·거푸집 가시설 위험방지

114

유해위험방지계획서를 제출해야 할 건설공사 대상 사업장 기준으로 옳지 않은 것은?

① 최대 지간길이가 50[m] 이상인 교량건설 등의 공사
② 지상높이가 31[m] 이상인 건축물
③ 터널 건설 등의 공사
④ 깊이 9[m]인 굴착공사

해설 유해위험방지계획서 제출대상 건설공사
- 지상높이가 31[m] 이상인 건축물 또는 인공구조물, 연면적 30,000[m²] 이상인 건축물 또는 연면적 5,000[m²] 이상의 문화 및 집회시설(전시장 및 동물원·식물원 제외), 판매시설, 운수시설(고속철도의 역사 및 집배송시설 제외), 종교시설, 의료시설 중 종합병원, 숙박시설 중 관광숙박시설, 지하도상가 또는 냉동·냉장 창고시설의 건설·개조 또는 해체(건설 등) 공사
- 연면적 5,000[m²] 이상의 냉동·냉장 창고시설의 설비공사 및 단열공사
- 최대 지간길이가 50[m] 이상인 다리의 건설 등 공사
- 터널의 건설 등 공사
- 다목적댐, 발전용댐, 저수용량 2천만 톤 이상의 용수 전용 댐 및 지방 상수도 전용 댐의 건설 등 공사
- **깊이가 10[m] 이상인 굴착공사**

관련개념 CHAPTER 02 건설공사 위험성

115

다음은 가설통로를 설치하는 경우의 준수사항이다. (   )에 알맞은 수치를 고르면?

> 건설공사에 사용하는 높이 8[m] 이상인 비계다리에는 (   )[m] 이내마다 계단참을 설치할 것

① 7 ② 6
③ 5 ④ 4

해설 가설통로 설치 시 건설공사에 사용하는 높이 8[m] 이상인 비계다리에는 7[m] 이내마다 계단참을 설치하여야 한다.

관련개념 CHAPTER 05 비계·거푸집 가시설 위험방지

116

비계(달비계, 달대비계 및 말비계는 제외)의 높이가 2[m] 이상인 작업장소에 설치하는 작업발판의 구조 및 설비에 관한 기준으로 옳지 않은 것은?

① 작업발판의 폭이 40[cm] 이상이 되도록 한다.
② 발판재료 간의 틈은 3[cm] 이하로 한다.
③ 작업발판을 작업에 따라 이동시킬 경우에는 위험 방지에 필요한 조치를 한다.
④ 작업발판재료는 뒤집히거나 떨어지지 않도록 하나 이상의 지지물에 연결하거나 고정시킨다.

해설 작업발판의 설치기준(비계 높이 2[m] 이상인 작업장소)
- 발판재료는 작업할 때의 하중을 견딜 수 있도록 견고한 것으로 할 것
- 작업발판의 폭은 40[cm] 이상으로 하고, 발판재료 간의 틈은 3[cm] 이하로 할 것. 다만, 외줄비계의 경우에는 고용노동부장관이 별도로 정하는 기준에 따른다.
- 추락의 위험이 있는 장소에는 안전난간을 설치할 것
- 작업발판의 지지물은 하중에 의하여 파괴될 우려가 없는 것을 사용할 것
- **작업발판 재료는 뒤집히거나 떨어지지 않도록 둘 이상의 지지물에 연결하거나 고정시킬 것**
- 작업발판을 작업에 따라 이동시킬 경우에는 위험방지에 필요한 조치를 할 것

관련개념 CHAPTER 04 건설현장 안전시설 관리

117
터널 지보공을 설치한 경우에 수시로 점검하고, 이상을 발견한 경우에는 즉시 보강하거나 보수해야 할 사항이 아닌 것은?

① 부재의 긴압 정도
② 기둥침하의 유무 및 상태
③ 부재의 접속부 및 교차부 상태
④ 계측기 설치상태

해설 터널 지보공 수시 점검 및 보강·보수사항
- 부재의 손상·변형·부식·변위 탈락의 유무 및 상태
- 부재의 긴압 정도
- 부재의 접속부 및 교차부의 상태
- 기둥침하의 유무 및 상태

관련개념 CHAPTER 05 비계·거푸집 가시설 위험방지

118
건설업 산업안전보건관리비의 사용내역에 대하여 도급인은 공사 시작 후 몇 개월마다 1회 이상 발주자 또는 감리자의 확인을 받아야 하는가?

① 3개월   ② 4개월
③ 5개월   ④ 6개월

해설 도급인은 산업안전보건관리비 사용내역에 대하여 공사 시작 후 6개월마다 1회 이상 발주자 또는 감리자의 확인을 받아야 한다. 다만, 6개월 이내에 공사가 종료되는 경우에는 종료 시 확인을 받아야 한다.

관련개념 CHAPTER 03 건설업 산업안전보건관리비 관리

119
차량계 하역운반기계를 사용하여 작업할 때에 그 기계가 넘어지거나 굴러 떨어짐으로써 근로자가 위험해질 우려가 있는 경우에 조치하여야 할 사항과 거리가 먼 것은?

① 해당 기계에 대한 유도자 배치
② 경보장치 설치
③ 지반의 부동침하 방지
④ 갓길의 붕괴 방지조치

해설 차량계 하역운반기계 전도 등의 방지
- 유도자 배치
- 지반의 부동침하 방지
- 갓길의 붕괴 방지

관련개념 CHAPTER 04 건설현장 안전시설 관리

120
다음은 사다리식 통로 등을 설치하는 경우의 준수사항이다. ( ) 안에 들어갈 숫자로 옳은 것은?

사다리의 상단은 걸쳐 놓은 지점으로부터 (　　)[cm] 이상 올라가도록 할 것

① 30   ② 40
③ 50   ④ 60

해설 사다리식 통로에서 사다리의 상단은 걸쳐놓은 지점으로부터 60[cm] 이상 올라가도록 한다.

관련개념 CHAPTER 05 비계·거푸집 가시설 위험방지

| 정답 | 117 ④　118 ④　119 ②　120 ④

2019년 3회 기출문제

2019년 8월 4일 시행

산업재해 예방 및 안전보건교육

001
안전교육방법 중 강의법에 대한 설명으로 옳지 않은 것은?
① 단기간의 교육시간 내에 비교적 많은 내용을 전달할 수 있다.
② 다수의 수강자를 대상으로 동시에 교육할 수 있다.
③ 다른 교육방법에 비해 수강자의 참여가 제약된다.
④ 수강자 개개인의 학습진도를 조절할 수 있다.

해설 강의법은 다수의 수강자를 대상으로 동시에 교육을 진행하기 때문에 개개인의 학습진도를 조절할 수 없다.

관련개념 CHAPTER 05 안전보건교육의 내용 및 방법

002
적응기제(適應機制)의 형태 중 방어적 기제에 해당하지 않는 것은?
① 고립   ② 보상
③ 승화   ④ 합리화

해설 고립은 방어적 기제가 아닌 도피적 기제에 해당한다.
적응기제
- 방어적 기제: 보상, 합리화(변명), 승화, 동일시, 투사
- 도피적 기제: 고립, 퇴행, 억압, 백일몽
- 공격적 기제
  - 직접적 공격기제: 폭행, 싸움, 기물파손 등
  - 간접적 공격기제: 욕설, 비난, 조소 등

관련개념 CHAPTER 05 안전보건교육의 내용 및 방법

003
하인리히 방식의 재해코스트 산정에서 직접비에 해당되지 않는 것은?
① 휴업보상비   ② 병상위문금
③ 장해특별보상비   ④ 상병보상연금

해설 병상위문금은 직접비(법령으로 지급되는 산재보상비)에 포함되지 않는다.

관련개념 SUBJECT 03 기계·기구 및 설비 안전관리
CHAPTER 02 기계분야 산업재해 조사 및 관리

004
산소결핍이 예상되는 맨홀 내에서 작업을 실시할 때의 사고방지 대책으로 적절하지 않은 것은?
① 작업시작 전 및 작업 중 충분한 환기 실시
② 작업 장소의 입장 및 퇴장 시 인원점검
③ 방진마스크의 보급과 착용 철저
④ 작업장과 외부와의 상시 연락을 위한 설비 설치

해설 산소결핍이 예상되는 장소에서 작업을 실시할 때에는 방진마스크가 아닌 송기마스크를 보급·착용하여야 한다.

관련개념 CHAPTER 02 안전보호구 관리

005
안전보건교육의 단계에 해당하지 않는 것은?
① 지식교육   ② 기초교육
③ 태도교육   ④ 기능교육

해설 기초교육은 안전교육의 3단계에 해당하지 않는다.
안전교육의 3단계
㉠ 1단계: 지식교육
㉡ 2단계: 기능교육
㉢ 3단계: 태도교육

관련개념 CHAPTER 05 안전보건교육의 내용 및 방법

| 정답 | 001 ④ | 002 ① | 003 ② | 004 ③ | 005 ② |

006
안전점검의 종류 중 태풍이나 폭우 등의 천재지변이 발생한 후에 실시하는 기계, 기구 및 설비 등에 대한 점검의 명칭은?

① 정기점검 ② 수시점검
③ 특별점검 ④ 임시점검

해설 특별점검
기계·기구의 신설 및 변경 시 고장, 수리 등에 의해 부정기적으로 실시하는 점검으로 안전강조기간에 실시하는 점검 등이다.

관련개념 SUBJECT 03 기계·기구 및 설비 안전관리
CHAPTER 02 기계분야 산업재해 조사 및 관리

007
1년간 80건의 재해가 발생한 A사업장은 1,000명의 근로자가 1주일당 48시간, 1년간 52주를 근무하고 있다. A사업장의 도수율은?(단, 근로자들은 재해와 관련 없는 사유로 연간 노동시간의 3[%]를 결근하였다.)

① 31.06 ② 32.05
③ 33.04 ④ 34.03

해설

$$도수율 = \frac{재해건수}{연근로시간 수} \times 1,000,000$$

$$= \frac{80}{1,000 \times (48 \times 52) \times 0.97} \times 1,000,000 = 33.04$$

관련개념 SUBJECT 03 기계·기구 및 설비 안전관리
CHAPTER 02 기계분야 산업재해 조사 및 관리

008
위험예지훈련의 문제해결 4라운드에 속하지 않는 것은?

① 현상파악 ② 본질추구
③ 원인결정 ④ 대책수립

해설 위험예지훈련의 추진을 위한 문제해결 4단계
㉠ 1라운드: 현상파악(사실의 파악) - 어떤 위험이 잠재하고 있는가?
㉡ 2라운드: 본질추구(원인조사) - 이것이 위험의 포인트이다.
㉢ 3라운드: 대책수립(대책을 세운다) - 당신이라면 어떻게 하겠는가?
㉣ 4라운드: 목표설정(행동계획 작성) - 우리들은 이렇게 하자!

관련개념 CHAPTER 01 산업재해예방 계획 수립

009
서로 손을 얹고 팀의 행동구호를 외치는 무재해 운동 추진 기법의 하나로, 스킨십(Skinship)에 바탕을 두고 팀 전원의 일체감, 연대감을 느끼게 하며, 대뇌 피질의 안전태도 형성에 좋은 이미지를 심어주는 기법은?

① Touch and Call
② Brain Storming
③ Error Cause Removal
④ Safety Training Observation Program

해설 터치 앤 콜(Touch and Call)
• 왼손을 맞잡고 같이 소리치는 것으로 전원이 스킨십(Skinship)을 느끼도록 하는 것이다.
• 팀의 일체감, 연대감을 조성할 수 있다.
• 대뇌 피질에 좋은 이미지를 불어넣어 안전행동을 하도록 하는 것이다.

관련개념 CHAPTER 01 산업재해예방 계획 수립

010
하인리히 안전론에서 ( ) 안에 들어갈 단어로 적합한 것은?

• 안전은 사고예방이다.
• 사고예방은 (   )와(과) 인간 및 기계의 관계를 통제하는 과학이자 기술이다.

① 물리적 환경 ② 화학적 요소
③ 위험요인   ④ 사고 및 재해

해설 하인리히의 안전과 사고의 정의
• 안전은 사고예방이다.
• 사고예방은 **물리적 환경**과 인간 및 기계의 관계를 통제하는 과학이자 기술이다.

관련개념 CHAPTER 01 산업재해예방 계획 수립

011

산업재해의 기본원인 중 "작업정보, 작업방법 및 작업환경" 등이 분류되는 항목은?

① Man
② Machine
③ Media
④ Management

해설 4M 분석기법(휴먼에러의 배후요인)
- 인간(Man; 자기 자신 이외의 다른 사람): 잘못된 사용, 오조작, 착오, 실수, 불안심리
- 기계(Machine; 기계·기구·장치 등의 물적인 요인): 설계·제작 착오, 재료 피로·열화, 고장, 배치·공사 착오
- 작업매체(Media; 인간과 기계를 연결시키는 매개체): **작업정보 부족·부적절, 작업환경 불량**
- 관리(Management; 안전에 관한 법규, 규칙 등): 안전조직 미비, 교육·훈련 부족, 계획 불량, 잘못된 지시

관련개념 CHAPTER 01 산업재해예방 계획 수립

012

「산업안전보건법령」상 관리감독자 대상 정기안전보건교육의 교육내용으로 옳은 것은?

① 작업 개시 전 점검에 관한 사항
② 정리정돈 및 청소에 관한 사항
③ 작업공정의 유해·위험과 재해 예방대책에 관한 사항
④ 기계·기구의 위험성과 작업의 순서 및 동선에 관한 사항

해설 ①, ④는 근로자와 관리감독자의 채용 시 및 작업내용 변경 시 교육내용이고, ②는 근로자의 채용 시 및 작업내용 변경 시 교육내용이다.

관련개념 CHAPTER 05 안전보건교육의 내용 및 방법

013

적성요인에 있어 직업적성을 검사하는 항목이 아닌 것은?

① 지능
② 촉각 적응력
③ 형태식별능력
④ 운동속도

해설 직업적성 검사 항목
지능, 형태식별능력, 운동속도

관련개념 CHAPTER 03 산업안전심리

014

라인(Line)형 안전관리조직에 대한 설명으로 옳은 것은?

① 명령계통과 조언이나 권고적 참여가 혼동되기 쉽다.
② 생산부서와의 마찰이 일어나기 쉽다.
③ 명령계통이 간단명료하다.
④ 생산부분에는 안전에 대한 책임과 권한이 없다.

해설 ①, ②, ④는 스태프(STAFF)형 조직에 대한 설명이다.
라인(Line)형 조직(직계형 조직)의 장점
- 안전에 관한 지시 및 명령계통이 철저하다.(생산라인을 통해 이루어짐)
- 안전대책의 실시가 신속하다.
- 명령과 보고가 상하관계로 간단 명료하다.

관련개념 CHAPTER 01 산업재해예방 계획 수립

015

부주의 발생 원인에 포함되지 않는 것은?

① 의식의 단절
② 의식의 우회
③ 의식수준의 저하
④ 의식의 지배

해설 부주의의 원인(현상)
- **의식의 우회**: 의식의 흐름이 옆으로 빗나가 발생하는 것(걱정, 고민, 욕구불만 등에 의하여 정신을 빼앗기는 것)이다.
- **의식수준의 저하**: 혼미한 정신상태에서 심신이 피로할 경우나 단조로운 반복작업 등의 경우에 일어나기 쉽다.
- **의식의 단절**: 지속적인 의식의 흐름에 단절이 생기고 공백의 상태가 나타나는 것으로 주로 질병의 경우에 나타난다.
- 의식의 과잉: 돌발사태에 직면하면 주의가 일점(주시점)에 집중되어 판단정지 및 긴장 상태에 빠지게 되어 유효한 대응을 못하게 된다.
- 의식의 혼란: 외적 조건에 의해 의식이 혼란하거나 분산되어 위험요인에 대응할 수 없을 때 발생한다.

관련개념 CHAPTER 04 인간의 행동과학

016

안전교육 훈련에 있어 동기부여 방법에 대한 설명으로 가장 거리가 먼 것은?

① 안전 목표를 명확히 설정한다.
② 안전활동의 결과를 평가, 검토하도록 한다.
③ 경쟁과 협동을 유발시킨다.
④ 동기유발 수준을 과도하게 높인다.

해설 안전교육 훈련에 있어 동기부여를 할 때에는 동기유발의 최적수준을 유지하여야 한다.

관련개념 CHAPTER 04 인간의 행동과학

017

「산업안전보건법령」상 ( )에 알맞은 기준은?

> 안전보건표지의 제작에 있어 안전보건표지 속의 그림 또는 부호의 크기는 안전보건표지의 크기와 비례하여야 하며, 안전보건표지 전체 규격의 ( ) 이상이 되어야 한다.

① 20[%]   ② 30[%]
③ 40[%]   ④ 50[%]

해설 안전보건표지의 제작
- 표시내용을 근로자가 빠르고 쉽게 알아볼 수 있는 크기로 제작하여야 한다.
- 표지 속의 그림 또는 부호의 크기는 안전보건표지의 크기와 비례하여야 하며, **안전보건표지 전체 규격의 30[%] 이상**이 되어야 한다.
- 쉽게 파손되거나 변형되지 않는 재료로 제작하여야 한다.
- 야간에 필요한 안전보건표지는 야광물질을 사용하는 등 쉽게 알아볼 수 있도록 제작하여야 한다.

관련개념 CHAPTER 02 안전보호구 관리

018

「산업안전보건법령」상 주로 고음을 차음하고, 저음은 차음하지 않는 방음보호구의 기호로 옳은 것은?

① NRR   ② EM
③ EP-1   ④ EP-2

해설 방음용 귀마개 또는 귀덮개의 종류·등급

종류	등급	기호	성능
귀마개	1종	EP-1	저음부터 고음까지 차음하는 것
	2종	EP-2	주로 고음을 차음하고 저음(회화음영역)은 차음하지 않는 것
귀덮개	-	EM	

관련개념 CHAPTER 02 안전보호구 관리

019

「산업안전보건법령」상 유해위험방지계획서 제출대상 공사에 해당하는 것은?

① 깊이가 5[m] 이상인 굴착공사
② 최대 지간거리 30[m] 이상인 교량건설 공사
③ 지상높이 21[m] 이상인 건축물 공사
④ 터널 건설 공사

해설 깊이가 10[m] 이상인 굴착공사, 최대 지간거리가 50[m] 이상인 다리의 건설 등 공사, 지상높이 31[m] 이상인 건축물 건설 등 공사가 유해위험방지계획서 제출대상 공사이다.

관련개념 CHAPTER 01 산업재해예방 계획 수립

020

스트레스의 요인 중 외부적 자극요인에 해당하지 않는 것은?

① 자존심의 손상   ② 대인관계 갈등
③ 가족의 죽음, 질병   ④ 경제적 어려움

해설 스트레스의 자극요인
- 내적요인: **자존심의 손상**, 업무상의 죄책감, 현실에서의 부적응
- 외적요인: 대인관계의 갈등과 대립, 가족의 죽음·질병, 경제적 어려움

관련개념 CHAPTER 03 산업안전심리

| 정답 | 016 ④ | 017 ② | 018 ④ | 019 ④ | 020 ① |

인간공학 및 위험성평가 · 관리

021
원자력 산업과 같이 상당한 안전이 확보되어 있는 장소에서 추가적인 고도의 안전 달성을 목적으로 하고 있으며, 관리, 설계, 생산, 보전 등 광범위한 안전을 도모하기 위하여 개발된 분석기법은?

① DT
② FTA
③ THERP
④ MORT

해설 모트(MORT; Management Oversight and Risk Tree)
원자력 산업과 같이 안전이 확보되어 있는 장소에서 추가적인 고도의 안전 달성을 목적으로, FTA와 같은 논리기법을 이용하여 관리, 설계, 생산, 보전 등에 대해서 광범위하게 안전성을 확보하기 위한 기법이다.

관련개념 CHAPTER 02 위험성 파악 · 결정

022
작업의 강도는 에너지 대사율(RMR)에 따라 분류된다. 분류 기준 중, 중(中)작업(보통작업)의 에너지 대사율은?

① 0~1RMR
② 2~4RMR
③ 4~7RMR
④ 7~9RMR

해설 에너지 대사율(RMR)에 의한 작업강도
- 경작업: 0~2RMR
- 중(보통)작업: 2~4RMR
- 중(무거운)작업: 4~7RMR
- 초중작업: 7RMR 이상

관련개념 CHAPTER 06 작업환경 관리

023
다음 설명에 해당하는 설비보전방식의 유형은?

> 설비보전 정보와 신기술을 기초로 신뢰성, 조작성, 보전성, 안전성, 경제성 등이 우수한 설비의 선정, 조달 또는 설계를 통하여 궁극적으로 설비의 설계, 제작 단계에서 보전활동이 불필요한 체제를 목표로 한 설비보전 방법을 말한다.

① 개량보전
② 보전예방
③ 사후보전
④ 일상보전

해설 보전예방(Maintenance Prevention)
설비를 새로이 계획 · 설계하는 단계에서 보전 정보나 새로운 기술을 채용하여 신뢰성, 보전성, 경제성, 조작성, 안전성 등을 고려하여 보전비나 열화손실을 적게 하는 활동이다.

관련개념 CHAPTER 03 위험성 감소대책 수립 · 실행

024
「산업안전보건법령」상 유해위험방지계획서의 제출 시 첨부하는 서류에 포함되지 않는 것은?

① 설비 점검 및 유지계획
② 기계 · 설비의 배치도면
③ 건축물 각 층의 평면도
④ 원재료 및 제품의 취급, 제조 등의 작업방법의 개요

해설 제조업 등 유해위험방지계획서 제출서류
- 건축물 각 층의 평면도
- 기계 · 설비의 개요를 나타내는 서류
- 기계 · 설비의 배치도면
- 원재료 및 제품의 취급, 제조 등의 작업방법의 개요
- 그 밖에 고용노동부장관이 정하는 도면 및 서류

관련개념 CHAPTER 02 위험성 파악 · 결정

025

인간의 실수 중 수행해야 할 작업 및 단계를 생략하여 발생하는 오류는?

① Omission Error ② Commission Error
③ Sequential Error ④ Timing Error

해설 휴먼에러의 행위에 의한 분류(Swain)
- 생략(부작위적)에러(Omission Error): 작업 내지 **필요한 절차를 수행하지 않는 데서 기인한 에러**
- 실행(작위적)에러(Commission Error): 작업 내지 절차를 수행했으나 잘못된 실수(선택착오, 순서착오, 시간착오)에서 기인한 에러
- 과잉행동에러(Extraneous Error): 불필요한 작업 내지 절차를 수행함으로써 기인한 에러
- 순서에러(Sequential Error): 작업수행의 순서를 잘못한 실수
- 시간(지연)에러(Timing Error): 소정의 기간에 수행하지 못한 실수(너무 빨리 혹은 늦게)

관련개념 CHAPTER 01 안전과 인간공학

026

온도와 습도 및 공기 유동이 인체에 미치는 열효과를 하나의 수치로 통합한 경험적 감각지수로, 상대습도 100[%]일 때의 건구온도에서 느끼는 것과 동일한 온감을 의미하는 온열조건의 용어는?

① Oxford 지수 ② 발한율
③ 실효온도 ④ 열압박지수

해설 실효온도(Effective Temperature, 감각온도, 실감온도)
온도, 습도, 기류 등의 조건에 따라 인간의 감각을 통해 느껴지는 온도로 상대습도 100[%]일 때의 건구온도에서 느끼는 것과 동일한 온도감이다.

관련개념 CHAPTER 06 작업환경 관리

027

양립성의 종류에 포함되지 않는 것은?

① 공간 양립성 ② 형태 양립성
③ 개념 양립성 ④ 운동 양립성

해설 양립성(Compatibility)
- 안전을 근원적으로 확보하기 위한 전략으로서 외부의 자극과 인간의 기대가 서로 모순되지 않아야 하는 것이고 제어장치와 표시장치 사이의 연관성이 인간의 예상과 어느 정도 일치하는가 여부이다.
- 공간적, 운동적, 개념적, 양식 양립성이 있다.

관련개념 CHAPTER 06 작업환경 관리

028

초기고장과 마모고장 각각의 고장형태와 그 예방대책에 관한 연결로 틀린 것은?

① 초기고장 - 감소형 - 번인(Burn in)
② 마모고장 - 증가형 - 예방보전(PM)
③ 초기고장 - 감소형 - 디버깅(Debugging)
④ 마모고장 - 증가형 - 스크리닝(Screening)

해설 스크리닝(Screening)은 초기고장을 제거하기 위해 번인을 반복하는 행위를 뜻한다.

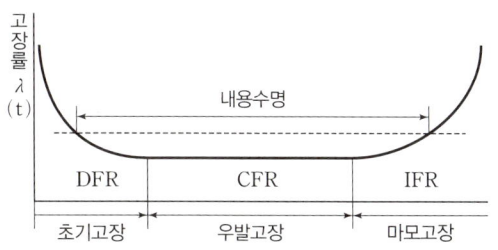

관련개념 CHAPTER 02 위험성 파악·결정

029
작업개선을 위하여 도입되는 원리인 ECRS에 포함되지 않는 것은?

① Combine
② Standard
③ Eliminate
④ Rearrange

해설 작업방법의 개선원칙 ECRS
- 제거(Eliminate)
- 결합(Combine)
- 재배치·재조정(Rearrange)
- 단순화(Simplify)

관련개념 CHAPTER 02 위험성 파악·결정

030
화학설비의 안전성 평가 5단계 중 4단계에 해당하는 것은?

① 안전대책
② 정성적 평가
③ 정량적 평가
④ 재평가

해설 안전성 평가 5단계
㉠ 제1단계: 관계 자료의 정비검토
㉡ 제2단계: 정성적 평가
㉢ 제3단계: 정량적 평가
㉣ **제4단계: 안전대책 수립**
㉤ 제5단계: 재평가
※ 제5단계(재평가)를 '재해정보에 의한 재평가'와 'FTA에 의한 재평가' 로 한 번 더 구분할 수 있다.

관련개념 CHAPTER 02 위험성 파악·결정

031
암호체계의 사용상에 있어서, 일반적인 지침에 포함되지 않는 것은?

① 암호의 검출성
② 부호의 양립성
③ 암호의 표준화
④ 암호의 단일 차원화

해설 암호체계 사용 시 2가지 이상의 암호를 조합해서 사용하면 정보전달이 촉진된다.
암호(코드)체계 사용상의 일반적 지침
암호의 검출성, 암호의 변별성, 암호의 표준화, 부호의 양립성, 부호의 의미, 다차원 암호의 사용

관련개념 CHAPTER 06 작업환경 관리

032
결함수분석(FTA)에 관한 설명으로 틀린 것은?

① 연역적 방법이다.
② 버텀-업(Bottom-Up)방식이다.
③ 기능적 결함의 원인을 분석하는 데 용이하다.
④ 정량적 분석이 가능하다.

해설 결함수분석법(FTA; Fault Tree Analysis)의 특징
- **Top down(하향식) 방법이다.**
- 정성적, 정량적(컴퓨터 처리 가능) 분석기법이다.
- 논리기호를 사용한 특정사상에 대한 해석이다.
- 서식이 간단해서 비전문가도 짧은 훈련으로 사용할 수 있다.
- 복잡하고 대형화된 시스템에 사용할 수 있다.
- 기능적 결함의 원인을 분석하는 데 용이하다.
- Human Error의 검출이 어렵다.

관련개념 CHAPTER 02 위험성 파악·결정

033
조정-반응비(Control-Response Ratio, C/R비)에 대한 설명 중 틀린 것은?

① 조종장치와 표시장치의 이동 거리 비율을 의미한다.
② C/R비가 클수록 조종장치는 민감하다.
③ 최적 C/R비는 조정시간과 이동시간의 교점이다.
④ 이동시간과 조정시간을 감안하여 최적 C/R비를 구할 수 있다.

해설 조정-반응 비율
- $\dfrac{C}{R} = \dfrac{통제기기의 변위량}{표시계기지침의 변위량}$
- $\dfrac{C}{R}$비가 증가함에 따라 조정시간은 급격히 감소하다가 안정되며, 이동시간은 이와 반대가 된다.
- $\dfrac{C}{R}$비가 작을수록 이동시간이 짧고 조정이 어려워 **조정장치가 민감하다.**

관련개념 CHAPTER 06 작업환경 관리

| 정답 | 029 ② 030 ① 031 ④ 032 ② 033 ②

034

국소진동에 지속적으로 노출된 근로자에게 발생할 수 있으며, 말초혈관 장해로 손가락이 창백해지고 동통을 느끼는 질환의 명칭은?

① 레이노병(Raynaud's Phenomenon)
② 파킨슨병(Parkinson's Disease)
③ 규폐증
④ C5-dip 현상

해설 레이노병은 국소진동에 지속적으로 노출된 근로자에게 발생할 수 있으며, 말초혈관 장해로 손가락이 창백해지고 동통을 느끼는 질환이다.

오답해설
② 파킨슨병: 신경세포 소실로 발생되는 대표적 퇴행성 신경질환이다.
③ 규폐증: 유리규산 분진을 흡입함에 따라 발생되는 폐의 섬유화질환이다.
④ C5-dip 현상: 소음성 난청 초기단계로 4,000[Hz]에서 청력손실이 현저히 커지는 현상이다.

관련개념 CHAPTER 06 작업환경 관리

035

다음 FT도에서 최소 컷셋(Minimal Cut Set)으로만 올바르게 나열한 것은?

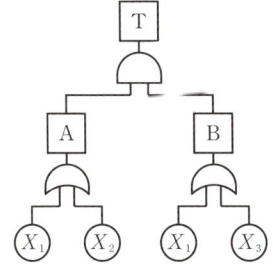

① $[X_1]$
② $[X_1], [X_2]$
③ $[X_1, X_2, X_3]$
④ $[X_1, X_2], [X_1, X_3]$

해설 정상사상에서 차례로 하단의 사상으로 치환하면서 AND 게이트는 가로로, OR 게이트는 세로로 나열한 후 중복사상을 제거한다.

$T = A \cdot B = \begin{pmatrix} X_1 \\ X_2 \end{pmatrix} \cdot \begin{pmatrix} X_1 \\ X_3 \end{pmatrix} = (X_1), (X_1, X_3), (X_1, X_2), (X_2, X_3)$

따라서 미니멀 컷셋은 (X_1) 또는 (X_2, X_3)이다.

관련개념 CHAPTER 02 위험성 파악·결정

036

8시간 근무를 기준으로 남성작업자 A의 대사량을 측정한 결과, 산소소비량이 1.3[L/min]으로 측정되었다. Murrell 방법으로 계산 시, 8시간의 총 근로시간에 포함되어야 할 휴식시간은?

① 124[분]
② 134[분]
③ 144[분]
④ 154[분]

해설 휴식시간

산소 1[L]당 에너지소비량은 5[kcal]이다.
따라서 작업 중에 분당 산소소비량이 1.3[L/min]이라면 작업의 평균에너지는 1.3[L/min]×5[kcal/L]=6.5[kcal/min]이다.

휴식시간 $R = \dfrac{60(E-5)}{E-1.5} = \dfrac{60 \times (6.5-5)}{6.5-1.5} = 18$분

여기서, E: 작업의 평균 에너지소비량[kcal/min]
5: 평균 에너지 소비량 상한[kcal/min]

1시간당 18분의 휴식시간을 부여하여야 하므로 근로시간 8시간 중 18×8=144분이 휴식시간으로 포함되어야 한다.

관련개념 CHAPTER 06 작업환경 관리

037

인간의 정보처리 과정 3단계에 포함되지 않는 것은?

① 인지 및 정보처리단계
② 반응단계
③ 행동단계
④ 인식 및 감지단계

해설 인간-기계 체계의 기본기능

감지(정보 수용) → 정보처리 및 의사결정 → 행동기능(신체제어 및 통신)

관련개념 CHAPTER 01 안전과 인간공학

038

인간의 신뢰도가 0.6, 기계의 신뢰도가 0.9이다. 인간과 기계가 직렬체제로 작업할 때의 신뢰도는?

① 0.32
② 0.54
③ 0.75
④ 0.96

해설 신뢰도(R)=0.6×0.9=0.54

관련개념 CHAPTER 01 안전과 인간공학

039

FTA에서 사용하는 수정게이트의 종류 중 3개의 입력현상 중 2개가 발생한 경우에 출력이 생기는 것은?

① 위험지속기호
② 조합 AND 게이트
③ 배타적 OR 게이트
④ 억제 게이트

해설

기호	명칭	설명
(2개의 조합, $A_i A_j A_k$)	조합 AND 게이트	3개 이상의 입력현상 중 2개가 일어나면 출력사상이 발생

관련개념 CHAPTER 02 위험성 파악·결정

040

시각 표시장치보다 청각 표시장치의 사용이 바람직한 경우는?

① 전언이 복잡한 경우
② 전언이 재참조되는 경우
③ 전언이 즉각적인 행동을 요구하는 경우
④ 직무상 수신자가 한곳에 머무는 경우

해설 ①, ②, ④는 청각적 표시장치보다 시각적 표시장치가 더 유리한 경우이다.

관련개념 CHAPTER 06 작업환경 관리

기계·기구 및 설비 안전관리

041

「산업안전보건법령」에 따라 사업주가 보일러의 폭발사고를 예방하기 위하여 유지·관리하여야 할 안전장치가 아닌 것은?

① 압력방호판
② 화염검출기
③ 압력방출장치
④ 고저수위 조절장치

해설 보일러의 폭발사고를 예방하기 위하여 압력방출장치, 압력제한 스위치, 고저수위 조절장치, 화염검출기 등의 기능이 정상적으로 작동될 수 있도록 유지·관리하여야 한다.

관련개념 CHAPTER 05 기타 산업용 기계·기구

042

연삭기에서 숫돌의 바깥지름이 180[mm]일 경우 숫돌 고정용 평형 플랜지의 지름으로 적합한 것은?

① 30[mm] 이상
② 40[mm] 이상
③ 50[mm] 이상
④ 60[mm] 이상

해설 플랜지의 지름은 숫돌 직경의 $\frac{1}{3}$ 이상인 것이 적당하다.

플랜지의 지름 $D=180 \times \frac{1}{3}=60$[mm] 이상

관련개념 CHAPTER 03 공작기계의 안전

043

둥근톱 기계의 방호장치에서 분할날과 톱날 원주면과의 거리는 몇 [mm] 이내로 조정, 유지할 수 있어야 하는가?

① 12
② 14
③ 16
④ 18

해설 목재가공용 둥근톱 작업에서 분할날과 톱날 원주면과의 간격은 최대 12[mm] 이내가 되도록 조정하여야 한다.

관련개념 CHAPTER 05 기타 산업용 기계·기구

044

「산업안전보건법령」에 따라 산업용 로봇의 작동범위에서 교시 등의 작업을 하는 경우에 로봇에 의한 위험을 방지하기 위한 조치사항으로 틀린 것은?

① 2명 이상의 근로자에게 작업을 시킬 경우의 신호방법을 정한다.
② 작업 중의 매니퓰레이터 속도에 관한 지침을 정하고 그 지침에 따라 작업한다.
③ 작업을 하는 동안 다른 작업자가 작동시킬 수 없도록 기동스위치에 작업 중 표시를 한다.
④ 작업에 종사하고 있는 근로자가 이상을 발견하면 즉시 안전담당자에게 보고하고 계속해서 로봇을 운전한다.

해설 산업용 로봇의 작업 시 작업에 종사하고 있는 근로자 또는 그 근로자를 감시하는 사람은 이상을 발견하면 즉시 로봇의 운전을 정지시키기 위한 조치를 하여야 한다.

관련개념 CHAPTER 05 기타 산업용 기계·기구

045

기본 무부하상태에서 지게차 주행 시의 좌우 안정도 기준은?(단, V는 구내최고속도[km/h]이다.)

① (15+1.1×V)[%] 이내
② (15+1.5×V)[%] 이내
③ (20+1.1×V)[%] 이내
④ (20+1.5×V)[%] 이내

해설 지게차 기준 무부하상태에서 주행 시의 좌우 안정도는 (15+1.1V)[%] 이내이다.

관련개념 CHAPTER 06 운반기계 및 양중기

046

진동에 의한 1차 설비진단법 중 정상, 비정상, 악화의 정도를 판단하기 위한 방법에 해당하지 않는 것은?

① 상호 판단
② 비교 판단
③ 절대 판단
④ 평균 판단

해설 진동 상태 평가기준
- 절대평가
- 상대평가(비교평가)
- 상호평가

관련개념 CHAPTER 07 설비진단 및 검사

047

「산업안전보건법령」에 따라 사다리식 통로를 설치하는 경우 준수해야 할 기준으로 틀린 것은?

① 사다리식 통로의 기울기는 60° 이하로 할 것
② 발판과 벽과의 사이는 15[cm] 이상의 간격을 유지할 것
③ 사다리의 상단은 걸쳐놓은 지점으로부터 60[cm] 이상 올라가도록 할 것
④ 사다리식 통로의 길이가 10[m] 이상인 경우에는 5[m] 이내마다 계단참을 설치할 것

해설 사다리식 통로의 기울기는 75° 이하로 한다.

관련개념 CHAPTER 01 기계공정의 안전, 기계안전시설 관리

048

재료가 변형 시에 외부응력이나 내부의 변형과정에서 방출되는 낮은 응력파(Stress Wave)를 감지하여 측정하는 비파괴시험은?

① 와류탐상시험 ② 침투탐상시험
③ 음향탐상시험 ④ 방사선투과시험

해설 음향탐상검사(AET; Acoustic Emission Testing)
하중을 받고 있는 재료의 결함부에서 방출되는 응력파(Stress Wave)를 분석하여 소성변형, 균열의 생성 및 진전 감시 등 동적거동을 파악하고 결함부의 취이판정 및 재료의 특성평가에 이용한다.

관련개념 CHAPTER 07 설비진단 및 검사

049

「산업안전보건법령」에 따른 승강기의 종류에 해당하지 않는 것은?

① 리프트 ② 승객용 엘리베이터
③ 에스컬레이터 ④ 화물용 엘리베이터

해설 승강기의 종류
승객용 엘리베이터, 승객화물용 엘리베이터, 화물용 엘리베이터, 소형화물용 엘리베이터, 에스컬레이터

관련개념 CHAPTER 06 운반기계 및 양중기

050

공기압축기의 방호장치가 아닌 것은?

① 언로드 밸브 ② 압력방출장치
③ 수봉식 안전기 ④ 회전부의 덮개

해설 수봉식 안전기는 가스집합 용접장치의 방호장치이다.
수봉식 안전기
용접 중 역화현상이 생기거나, 토치(Torch)가 막혀 산소가 아세틸렌가스 쪽으로 역류하여 가스 발생장치에 도달하면 폭발사고가 일어날 위험이 있으므로 가스발생기와 토치 사이에 수봉식 안전기를 설치한다.

관련개념 CHAPTER 05 기타 산업용 기계·기구

051

「산업안전보건법령」에 따라 다음 (   ) 안에 들어갈 내용으로 옳은 것은?

> 사업주는 바닥으로부터 짐 윗면까지의 높이가 (   )미터 이상인 화물자동차에 짐을 싣는 작업 또는 내리는 작업을 하는 경우에는 근로자의 추가 위험을 방지하기 위하여 해당 작업에 종사하는 근로자가 바닥과 적재함의 짐 윗면 간을 안전하게 오르내리기 위한 설비를 설치하여야 한다.

① 1.5 ② 2
③ 2.5 ④ 3

해설 사업주는 바닥으로부터 짐 윗면까지의 높이가 2[m] 이상인 화물자동차에 짐을 싣는 작업 또는 내리는 작업을 하는 경우에는 근로자의 추가 위험을 방지하기 위하여 해당 작업에 종사하는 근로자가 바닥과 적재함의 짐 윗면 간을 안전하게 오르내리기 위한 설비를 설치하여야 한다.

관련개념 SUBJECT 06 건설공사 안전관리
CHAPTER 06 공사 및 작업 종류별 안전

052

질량이 100[kg]인 물체를 그림과 같이 길이가 같은 2개의 와이어로프로 매달아 옮기고자 할 때 와이어로프 T_a에 걸리는 장력은 약 몇 [N]인가?

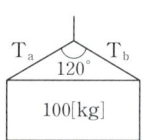

① 200 ② 400
③ 490 ④ 980

해설 와이어로프 하나에 걸리는 하중

$$T = \frac{\frac{w}{2}}{\cos\frac{\theta}{2}} = \frac{50}{\cos 60°} = 100[kg]$$

여기서, w: 물체의 무게
θ: 와이어로프 상부의 각도

$1[N] = 1[kg] \times 9.8[m/s^2]$이므로 $T_a = 100[kg] \times 9.8[m/s^2] = 980[N]$

관련개념 CHAPTER 06 운반기계 및 양중기

053

「산업안전보건법령」에 따라 원동기·회전축 등의 위험 방지를 위한 설명 중 (　) 안에 들어갈 내용은?

> 사업주는 회전축·기어·풀리 및 플라이휠 등에 부속되는 키·핀 등의 기계요소는 (　　)으로 하거나 해당 부위에 덮개를 설치하여야 한다.

① 개방형　　② 돌출형
③ 묻힘형　　④ 고정형

해설 회전축·기어·풀리 및 플라이휠 등에 부속되는 키·핀 등의 기계요소는 묻힘형으로 하거나 해당 부위에 덮개를 설치하여야 한다.

관련개념 CHAPTER 01 기계공정의 안전, 기계안전시설 관리

054

다음 중 드릴작업의 안전수칙으로 가장 적합한 것은?

① 손을 보호하기 위하여 장갑을 착용한다.
② 작은 일감은 양 손으로 견고히 잡고 작업한다.
③ 정확한 작업을 위하여 구멍에 손을 넣어 확인한다.
④ 작업시작 전 척 렌치(Chuck Wrench)를 반드시 제거하고 작업한다.

해설 드릴링 머신의 안전작업수칙
- 일감은 견고하게 고정시켜야 하며 손으로 쥐고 구멍을 뚫는 것은 위험하다.
- 작업시작 전 척 렌치(Chuck Wrench)를 반드시 뺀다.
- 장갑을 끼고 작업을 하지 않아야 하고, 회전하는 드릴에 걸레 등을 가까이 하지 않는다.
- 구멍을 뚫을 때 관통된 것을 확인하기 위하여 손을 집어넣지 않아야 한다.
- 칩은 회전을 중지시킨 후 브러시로 제거하여야 한다.

관련개념 CHAPTER 03 공작기계의 안전

055

「산업안전보건법령」에 따라 레버풀러(Lever Puller) 또는 체인블록(Chain Block)을 사용하는 경우 훅의 입구(Hook Mouth) 간격이 제조자가 제공하는 제품사양서 기준으로 몇 [%] 이상 벌어진 것은 폐기하여야 하는가?

① 3　　② 5
③ 7　　④ 10

해설 레버풀러(Lever Puller) 또는 체인블록(Chain Block)을 사용하는 경우 훅의 입구(Hook Mouth) 간격이 제조자가 제공하는 제품사양서 기준으로 10[%] 이상 벌어진 것은 폐기하여야 한다.

관련개념 CHAPTER 05 기타 산업용 기계·기구

056

프레스 방호장치 중 수인식 방호장치의 일반구조에 대한 사항으로 틀린 것은?

① 수인끈의 재료는 합성섬유로 지름이 4[mm] 이상이어야 한다.
② 수인끈의 길이는 작업자에 따라 임의로 조정할 수 없도록 해야 한다.
③ 수인끈의 안내통은 끈의 마모와 손상을 방지할 수 있는 조치를 해야 한다.
④ 손목밴드(Wrist Band)의 재료는 유연한 내유성 피혁 또는 이와 동등한 재료를 사용해야 한다.

해설 수인식 방호장치 수인끈은 작업자와 작업공정에 따라 그 길이를 조정할 수 있도록 하여야 한다.

관련개념 CHAPTER 04 프레스 및 전단기의 안전

| 정답 | 053 ③ | 054 ④ | 055 ④ | 056 ② |

057

금형의 설치, 해체, 운반 시 안전사항에 관한 설명으로 틀린 것은?

① 운반을 위하여 관통 아이볼트가 사용될 때는 구멍 틈새가 최소화되도록 한다.
② 금형을 설치하는 프레스의 T홈 안길이는 설치볼트 지름의 1/2배 이하로 한다.
③ 고정볼트는 고정 후 가능하면 나사산을 3~4개 정도 짧게 남겨 설치 또는 해체 시 슬라이드 면과의 사이에 협착이 발생하지 않도록 해야 한다.
④ 운반 시 상부금형과 하부금형이 닿을 위험이 있을 때는 고정 패드를 이용한 스트랩, 금속재질이나 우레탄 고무의 블록 등을 사용한다.

해설 금형의 탈착 시 금형을 설치하는 프레스의 T홈 안길이는 설치볼트 직경의 2배 이상으로 한다.

관련개념 CHAPTER 04 프레스 및 전단기의 안전

058

프레스기의 방호장치 중 위치제한형 방호장치에 해당되는 것은?

① 수인식 방호장치
② 광전자식 방호장치
③ 손쳐내기식 방호장치
④ 양수조작식 방호장치

해설 위치제한형 방호장치
작업자의 신체부위가 위험한계 밖에 있도록 기계의 조작장치를 위험구역에서 일정거리 이상 떨어지게 한 방호장치(양수조작식 안전장치)이다.

관련개념 CHAPTER 01 기계공정의 안전, 기계안전시설 관리

059

「산업안전보건법령」에 따라 아세틸렌 용접장치의 아세틸렌 발생기를 설치하는 경우, 발생기실의 설치장소에 대한 설명 중 A, B에 들어갈 내용으로 옳은 것은?

> • 발생기실은 건물의 최상층에 위치하여야 하며, 화기를 사용하는 설비로부터 (A)를 초과하는 장소에 설치하여야 한다.
> • 발생기실을 옥외에 설치한 경우에는 그 개구부를 다른 건축물로부터 (B) 이상 떨어지도록 하여야 한다.

① A: 1.5[m], B: 3[m]
② A: 2[m], B: 4[m]
③ A: 3[m], B: 1.5[m]
④ A: 4[m], B: 2[m]

해설 발생기실의 설치장소 및 구조
• 아세틸렌 용접장치의 아세틸렌 발생기를 설치하는 경우에는 전용의 발생기실을 설치하여야 한다.
• 발생기실은 건물의 최상층에 위치하여야 하며, **화기를 사용하는 설비로부터 3[m]를 초과하는 장소**에 설치하여야 한다.
• 발생기실을 옥외에 설치한 경우에는 그 개구부를 **다른 건축물로부터 1.5[m] 이상 떨어지도록** 하여야 한다.

관련개념 CHAPTER 05 기타 산업용 기계·기구

060

밀링작업의 안전조치에 대한 설명으로 적절하지 않은 것은?

① 절삭 중의 칩 제거는 칩 브레이커로 한다.
② 공작물을 고정할 때에는 기계를 정지시킨 후 작업한다.
③ 강력 절삭을 할 경우에는 공작물을 바이스에 깊게 물려 작업한다.
④ 가공 중 공작물의 치수를 측정할 때에는 기계를 정지시킨 후 측정한다.

해설 밀링작업 시 칩은 기계를 정지시킨 후 브러시 등으로 제거한다.
칩 브레이커(Chip Breaker)
칩을 짧게 끊어지도록 하는 장치로 선반의 안전장치이다.

관련개념 CHAPTER 03 공작기계의 안전

| 정답 | 057 ② | 058 ④ | 059 ③ | 060 ①

전기설비 안전관리

061

아래 그림과 같이 인체가 전기설비의 외함에 접촉하였을 때 누전사고가 발생하였다. 인체통과전류[mA]는 약 얼마인가?

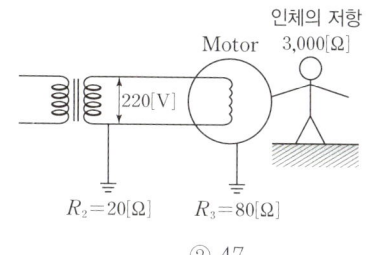

① 35
② 47
③ 58
④ 66

해설

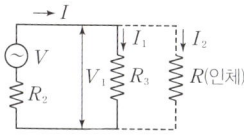

- 인체가 외함에 접촉 시 지락전류

$$I = \frac{V}{R_2 + \frac{R_3 R}{R_3 + R}} = \frac{220}{20 + \frac{80 \times 3,000}{80 + 3,000}} = 2.25[\Omega]$$

- 인체가 외함에 접촉 시 인체를 통해서 흐르게 될 전류(감전전류)

$$I_2 = I \times \frac{R_3}{R_3 + R} = 2.25 \times \frac{80}{80 + 3,000} = 0.058[A] = 58[mA]$$

관련개념 CHAPTER 02 감전재해 및 방지대책

062

정전기 발생에 대한 방지대책의 설명으로 틀린 것은?

① 가스용기, 탱크 등의 도체부는 전부 접지한다.
② 배관 내 액체의 유속을 제한한다.
③ 화학섬유의 작업복을 착용한다.
④ 대전방지제 또는 제전기를 사용한다.

해설 정전기 발생을 방지하기 위해서는 대전방지용 작업복(제전복)을 착용하여야 한다.

관련개념 CHAPTER 03 정전기 장·재해관리

063

정전기의 유동대전에 가장 크게 영향을 미치는 요인은?

① 액체의 밀도
② 액체의 유동속도
③ 액체의 접촉면적
④ 액체의 분출온도

해설 유동대전
- 액체류가 파이프 등 내부에서 유동할 때 액체와 관벽 사이에 정전기가 발생하는 현상이다.
- 유동대전에 가장 크게 영향을 미치는 요인은 유동속도이나 흐름의 상태, 배관의 굴곡, 밸브 등과도 관계가 있다.

관련개념 CHAPTER 03 정전기 장·재해관리

064

전기화재 발생원인으로 틀린 것은?

① 발화원
② 내화물
③ 착화물
④ 출화의 경과

해설 전기화재의 원인
발화원, 착화물, 출화의 경과(발화형태)

관련개념 CHAPTER 05 전기설비 위험요인관리

065

이동하여 사용하는 전기기계·기구의 금속제 외함 등에 제1종 접지공사를 하는 경우, 접지선 중 가요성을 요하는 부분의 접지선 종류와 단면적의 기준으로 옳은 것은?

① 다심코드, 0.75[mm²] 이상
② 다심캡타이어 케이블, 2.5[mm²] 이상
③ 3종 클로로프렌캡타이어 케이블, 4[mm²] 이상
④ 3종 클로로프렌캡타이어 케이블, 10[mm²] 이상

해설
※「한국전기설비규정」이 개정됨에 따라 '접지대상에 따라 일괄 적용한 종별접지'는 폐지되었습니다.

관련개념 CHAPTER 05 전기설비 위험요인관리

| 정답 | 061 ③ | 062 ③ | 063 ② | 064 ② | 065 정답없음 |

066

저압전로의 절연성능 시험에서 전로의 사용전압이 380[V]인 경우 전로의 전선 상호간 및 전로와 대지 사이의 절연저항은 최소 몇 [MΩ] 이상이어야 하는가?

① 0.1
② 0.3
③ 0.5
④ 1

해설 전선을 서로 접속한 때에는 해당 전선의 절연성능 이상으로 절연될 수 있도록 충분히 피복하거나 적합한 접속기구를 사용하여야 한다.

전로의 사용전압	DC 시험전압[V]	절연저항[MΩ]
SELV 및 PELV	250	0.5 이상
FELV, 500[V] 이하	500	1 이상
500[V] 초과	1,000	1 이상

※ 특별저압(Extra Low Voltage: 2차 전압이 AC 50[V], DC 120[V] 이하)으로 SELV(비접지회로 구성) 및 PELV(접지회로 구성)는 1차와 2차가 전기적으로 절연된 회로, FELV는 1차와 2차가 전기적으로 절연되지 않은 회로

관련개념 CHAPTER 02 감전재해 및 방지대책

067

6,600/100[V], 15[kVA]의 변압기에서 공급하는 저압 전선로의 허용 누설전류는 몇 [A]를 넘지 않아야 하는가?

① 0.025
② 0.045
③ 0.075
④ 0.085

해설 저압전선로 중 절연부분의 전선과 대지 및 심선 상호 간의 절연저항은 사용전압에 대한 누설전류가 최대 공급전류의 $\frac{1}{2,000}$을 넘지 않도록 유지하여야 한다.

최대 공급전류 $= \frac{\text{정격용량[VA]}}{\text{정격전압[V]}} = \frac{15 \times 10^3}{100} = 150$[A]이므로

누설전류 $=$ 최대 공급전류 $\times \frac{1}{2,000} = 15 \times \frac{1}{2,000} = 0.075$[A]

※ 1[kVA]$=10^3$[VA]이므로 15[kVA]$=15 \times 10^3$[VA]이다.

관련개념 CHAPTER 02 감전재해 및 방지대책

068

정전에너지를 나타내는 식으로 알맞은 것은?(단, Q는 대전전하량, C는 정전용량이다.)

① $\frac{Q}{2C}$
② $\frac{Q}{2C^2}$
③ $\frac{Q^2}{2C}$
④ $\frac{Q^2}{2C^2}$

해설 $W = \frac{1}{2}CV^2 = \frac{1}{2}QV = \frac{1}{2}\frac{Q^2}{C}$

여기서, W: 정전에너지, C: 정전용량
V: 대전전위, Q: 대전전하량($Q=CV$)

관련개념 CHAPTER 03 정전기 장·재해관리

069

동작 시 아크를 발생하는 고압용 개폐기·차단기·피뢰기 등은 목재의 벽 또는 천장, 기타의 가연성 물체로부터 몇 [m] 이상 떼어놓아야 하는가?

① 0.3
② 0.5
③ 1.0
④ 1.5

해설 아크를 발생시키는 기구와 목재의 벽 또는 천장과의 이격거리

구분	이격거리
고압용의 것	1[m] 이상
특고압용의 것	2[m] 이상 (사용전압이 35[kV] 이하의 특고압용의 기구 등으로서 아크의 방향과 길이를 화재가 발생할 우려가 없도록 제한하는 경우에는 1[m] 이상)

관련개념 CHAPTER 02 감전재해 및 방지대책

070
피뢰기가 갖추어야 할 특성으로 알맞은 것은?

① 충격방전개시전압이 높을 것
② 제한전압이 높을 것
③ 뇌전류의 방전능력이 클 것
④ 속류를 차단하지 않을 것

해설 피뢰기의 성능
- 제한전압 또는 충격방전개시전압이 충분히 낮고 보호능력이 있을 것
- 속류차단이 완전히 행해져 동작책무특성이 충분할 것
- 뇌전류 방전능력이 클 것
- 대전류의 방전, 속류차단의 반복동작에 대하여 장기간 사용에 견딜 수 있을 것
- 상용주파방전개시전압은 회로전압보다 충분히 높아서 상용주파방전을 하지 않을 것

관련개념 CHAPTER 05 전기설비 위험요인관리

071
누전차단기의 설치가 필요한 것은?

① 이중절연구조의 전기기계·기구
② 비접지식 전로의 전기기계·기구
③ 절연대 위에서 사용하는 전기기계·기구
④ 도전성이 높은 장소의 전기기계·기구

해설 누전차단기의 적용비대상
- 「전기용품 및 생활용품 안전관리법」에 따른 이중절연 또는 이와 동등 이상으로 보호되는 전기기계·기구
- 절연대 위 등과 같이 감전위험이 없는 장소에서 사용하는 전기기계·기구
- 비접지방식의 전로

관련개념 CHAPTER 02 감전재해 및 방지대책

072
지락전류가 거의 0에 가까워서 안정도가 양호하고 무정전의 송전이 가능한 접지방식은?

① 직접접지방식
② 리액터접지방식
③ 저항접지방식
④ 소호리액터접지방식

해설 소호리액터접지
1선 지락 고장 시 극히 작은 손실전류가 흐르고 지락아크의 자연소멸로 정전 없이 송전이 가능하다.

관련개념 CHAPTER 05 전기설비 위험요인관리

073
과전류에 의해 전선의 허용전류보다 큰 전류가 흐르는 경우 절연물이 화구가 없더라도 자연히 발화하고 심선이 용단되는 발화단계의 전선 전류밀도[A/mm²]는?

① 10~20
② 30~50
③ 60~120
④ 130~200

해설 과전류 단계

과전류 단계	인화 단계	착화 단계	발화단계		순시 용단 단계
			발화 후 용단	용단과 동시발화	
전선전류밀도[A/mm²]	40~43	43~60	60~70	75~120	120

관련개념 CHAPTER 05 전기설비 위험요인관리

074
누전사고가 발생될 수 있는 취약 개소가 아닌 것은?

① 나선으로 접속된 분기회로의 접속점
② 전선의 열화가 발생한 곳
③ 부도체를 사용하여 이중절연이 되어 있는 곳
④ 리드선과 단자와의 접속이 불량한 곳

해설 부도체를 사용하여 이중절연이 되어 있는 곳은 누전사고 발생 취약 개소로 보기 어렵다.

관련개념 CHAPTER 02 감전재해 및 방지대책

정답 | 070 ③ 071 ④ 072 ④ 073 ③ 074 ③

075
방폭구조와 관계 있는 위험특성이 아닌 것은?

① 발화온도 ② 증기밀도
③ 화염일주한계 ④ 최소점화전류

해설 증기밀도는 폭발성 분위기의 생성조건과 관계 있는 위험특성이다.

방폭구조와 관계 있는 위험특성	폭발성 분위기의 생성조건과 관계 있는 위험특성
• 발화온도 • 화염일주한계(최대안전틈새) • 폭발등급 • 최소점화전류	• 폭발한계 • 인화점 • 증기밀도

관련개념 CHAPTER 04 전기방폭관리

076
기중차단기의 기호로 옳은 것은?

① VCB ② MCCB
③ OCB ④ ACB

해설 기중차단기(ACB; Air Circuit Breaker)
차단기가 트립되었을 때 발생하는 아크를 압축된 공기로 제거하는 차단기로서 회로의 개폐나 단락사고에 의한 단락전류 등으로부터 전로를 보존한다.

오답해설
① VCB(Vacuum Circuit Breaker): 진공차단기
② MCCB(Molded Case Circuit Breaker): 배선용 차단기
③ OCB(Oil Circuit Breaker): 유입차단기

관련개념 CHAPTER 01 전기안전관리

077
금속관의 방폭형 부속품에 대한 설명으로 틀린 것은?

① 재료는 아연도금을 하거나 녹이 스는 것을 방지하도록 한 강 또는 가단주철일 것
② 안쪽 면 및 끝부분은 전선의 피복을 손상하지 않도록 매끈한 것일 것
③ 전선관과의 접속부분의 나사는 5턱 이상 완전히 나사결합이 될 수 있는 길이일 것
④ 완성품은 유입방폭구조의 폭발압력시험에 적합할 것

해설 금속관의 폭발방지형 부속품의 규격
• 재료는 건식아연도금법에 의하여 아연도금을 한 위에 투명한 도료를 칠하거나 기타 적당한 방법으로 녹이 스는 것을 방지하도록 한 강 또는 가단주철일 것
• 안쪽 면 및 끝부분은 전선을 넣거나 바꿀 때에 전선의 피복을 손상하지 아니하도록 매끈한 것일 것
• 전선관과의 접속부분의 나사는 5턱 이상 완전히 나사결합이 될 수 있는 길이일 것
• 완성품은 내압방폭구조의 폭발압력(기준압력) 측정 및 압력시험에 적합한 것일 것

관련개념 CHAPTER 04 전기방폭관리

078
접지의 목적과 효과로 볼 수 없는 것은?

① 낙뢰에 의한 피해방지
② 송배전선에서 지락사고의 발생 시 보호계전기를 신속하게 작동시킴
③ 설비의 절연물이 손상되었을 때 흐르는 누설전류에 의한 감전방지
④ 송배전선로의 지락사고 시 대지전위의 상승을 유도하고 절연강도를 상승시킴

해설 접지는 지락사고 시 대지전위 상승 억제 및 절연강도 저감을 위한 것이다.

관련개념 CHAPTER 05 전기설비 위험요인관리

079

1종 위험장소로 분류되지 않는 것은?

① 탱크류의 벤트(Vent) 개구부 부근
② 인화성 액체 탱크 내의 액면 상부의 공간부
③ 점검수리 작업에서 가연성 가스 또는 증기를 방출하는 경우의 밸브 부근
④ 탱크로리, 드럼관 등이 인화성 액체를 충전하고 있는 경우의 개구부 부근

해설 인화성 액체의 용기 내부의 액면 상부의 공간부는 0종 장소에 해당한다.

0종 장소
- 설비의 내부
- 인화성 또는 가연성 액체가 존재하는 피트 등의 내부
- 인화성 물질의 증기 또는 가연성 가스가 지속적 또는 장기간 체류하는 곳

관련개념 CHAPTER 04 전기방폭관리

080

방폭전기설비의 용기 내부에 보호가스를 압입하여 내부압력을 외부 대기 이상의 압력으로 유지함으로써 용기 내부에 폭발성 가스 분위기가 형성되는 것을 방지하는 방폭구조는?

① 내압방폭구조   ② 압력방폭구조
③ 안전증방폭구조   ④ 유입방폭구조

해설 압력방폭구조
용기 내부에 보호가스(신선한 공기 또는 불연성 기체)를 압입하여 내부압력을 유지함으로써 폭발성 가스 또는 증기가 내부로 유입되지 않도록 한 구조이다.

관련개념 CHAPTER 04 전기방폭관리

화학설비 안전관리

081

고체의 연소형태 중 증발연소에 속하는 것은?

① 나프탈렌   ② 목재
③ TNT   ④ 목탄

해설 고체의 증발연소
고체 가연물이 가열되어 융해되며 가연성 증기가 발생, 공기와 혼합하여 연소하는 형태이다. (황, 나프탈렌, 파라핀 등)

오답해설
② 목재: 분해연소
③ TNT: 자기연소
④ 목탄: 표면연소

관련개념 CHAPTER 01 화재·폭발 검토

082

「위험물안전관리법령」상 제3류 위험물 중 금수성 물질에 대하여 적응성이 있는 소화기는?

① 포소화기
② 이산화탄소소화기
③ 할로겐화합물소화기
④ 탄산수소염류분말소화기

해설
- 탄산수소염류분말소화기는 금수성 물질에 대해 적응성이 있다.
- 금수성 물질은 수분과 반응하여 가연성 가스를 발생시키므로 물을 이용한 소화기는 사용할 수 없다.

관련개념 CHAPTER 01 화재·폭발 검토

| 정답 | 079 ② | 080 ② | 081 ① | 082 ④ |

083

공기 중에서 이황화탄소(CS_2)의 폭발한계는 하한값이 1.25[vol%], 상한값이 44[vol%]이다. 이를 20[℃] 대기압 하에서 [mg/L]의 단위로 환산하면 하한값과 상한값은 각각 약 얼마인가?(단, 이황화탄소의 분자량은 76.1이다.)

① 하한값: 61, 상한값: 640
② 하한값: 39.6, 상한값: 1,395
③ 하한값: 146, 상한값: 860
④ 하한값: 55.4, 상한값: 1,642

해설 이상기체 상태방정식에 의해 20[℃], 대기압 하에서 기체 분자 1몰은 약 24[L]이다.

$$V = \frac{nRT}{P} = \frac{1 \times 0.082 \times (273+20)}{1} = 24[L]$$

이황화탄소의 분자 1몰은 76.1[g]이므로 20[℃], 대기압 하에서 이황화탄소는 1[L]당 76.1÷24=3.17[g]이다.

- 폭발하한값 1.25[vol%]는 혼합가스 1[L] 중 이황화탄소 1.25×10^{-2}[L]가 있는 것을 의미하고, 이황화탄소 1.25×10^{-2}[L]는 $3.17 \times (1.25 \times 10^{-2}) = 3.96 \times 10^{-2}$[g]이다.
  따라서 폭발하한값 1.25[vol%]는 3.96×10^{-2}[g/L]=39.6[mg/L]로 나타낼 수 있다.
- 폭발상한값 44[vol%]는 혼합가스 1[L] 중 이황화탄소 0.44[L]가 있는 것을 의미하고, 이황화탄소 0.44[L]는 $3.17 \times 0.44 = 1.395$[g]이다.
  따라서 폭발상한값 44[vol%]는 1.395[g/L]=1,395[mg/L]로 나타낼 수 있다.

관련개념 CHAPTER 01 화재·폭발 검토

084

「산업안전보건법령」상 "부식성 산류"에 해당하지 않는 것은?

① 농도 20[%]인 염산
② 농도 40[%]인 인산
③ 농도 50[%]인 질산
④ 농도 60[%]인 아세트산

해설 부식성 산류
- 농도가 20[%] 이상인 염산, 황산, 질산, 그 밖에 이와 같은 정도 이상의 부식성을 가지는 물질
- **농도가 60[%] 이상인 인산**, 아세트산, 불산, 그 밖에 이와 같은 정도 이상의 부식성을 가지는 물질

관련개념 CHAPTER 02 화학물질 안전관리 실행

085

Burgess-Wheeler의 법칙에 따르면 서로 유사한 탄화수소계의 가스에서 폭발하한계의 농도[vol%]와 연소열[kcal/mol]의 곱의 값은 약 얼마 정도인가?

① 1,100
② 2,800
③ 3,200
④ 3,800

해설 Burgess-Wheeler의 법칙
포화탄화수소계의 가스에서는 폭발하한계의 농도 X[vol%]와 그의 연소열 Q[kcal/mol]의 곱은 일정하다.
$X \times Q ≒ 1,100$(일정)

관련개념 CHAPTER 01 화재·폭발 검토

086

뜨거운 금속에 물이 닿으면 튀는 현상과 같이 핵비등(Nucleate Boiling) 상태에서 막비등(Film Boiling)으로 이행하는 온도를 무엇이라 하는가?

① Burn-out Point
② Leidenfrost Point
③ Entrainment Point
④ Sub-cooling Boiling Point

해설 Leidenfrost Point
핵비등(Nucleate Boiling)에서 막비등(Film Boiling) 상태로 급격하게 이행하는 하한점을 말한다.

관련개념 CHAPTER 02 화학물질 안전관리 실행

087

독성가스에 속하지 않는 것은?

① 암모니아
② 황화수소
③ 포스겐
④ 질소

해설 질소는 불활성 기체로 독성이 없다.
「고압가스 안전관리법령」에 따른 독성가스
아크릴로니트릴 · 아크릴알데히드 · 아황산가스 · **암모니아** · 일산화탄소 · 이황화탄소 · 불소 · 염소 · 브롬화메탄 · 염화메탄 · 염화프렌 · 산화에틸렌 · 시안화수소 · **황화수소** · 모노메틸아민 · 디메틸아민 · 트리메틸아민 · 벤젠 · **포스겐** · 요오드화수소 · 브롬화수소 · 염화수소 · 불화수소 · 겨자가스 · 알진 · 모노실란 · 디실란 · 디보레인 · 세렌화수소 · 포스핀 · 모노게르만 및 그 밖에 공기 중에 일정량 이상 존재하는 경우 인체에 유해한 독성을 가진 가스로서 허용농도가 100만분의 5,000 이하인 것을 말한다.

관련개념 CHAPTER 02 화학물질 안전관리 실행

088

위험물의 취급에 관한 설명으로 틀린 것은?

① 모든 폭발성 물질은 석유류에 침지시켜 보관해야 한다.
② 산화성 물질의 경우 가연물과의 접촉을 피해야 한다.
③ 가스 누설의 우려가 있는 장소에서는 점화원의 철저한 관리가 필요하다.
④ 도전성이 나쁜 액체는 정전기 발생을 방지하기 위한 조치를 취한다.

해설 폭발성 물질은 가연성 물질인 동시에 산소 함유물로 공기 공급이 없어도 연소할 수 있다. 그러므로 모든 폭발성 물질을 석유류에 담아 보관할 경우 매우 위험하다.

관련개념 CHAPTER 02 화학물질 안전관리 실행

089

분진폭발의 특징으로 옳은 것은?

① 연소속도가 가스폭발보다 크다.
② 완전연소로 가스중독의 위험이 작다.
③ 화염의 파급속도보다 압력의 파급속도가 크다.
④ 가스폭발보다 연소시간은 짧고 발생에너지는 작다.

해설 분진폭발의 특징
- 가스폭발보다 발생에너지가 크다.
- 폭발압력과 연소속도는 가스폭발보다 작다.
- 불완전연소로 인한 가스중독의 위험성이 크다.
- **화염의 파급속도보다 압력의 파급속도가 빠르다.**
- 가스폭발에 비하여 불완전연소가 많이 발생한다.
- 주위 분진에 의해 2차, 3차 폭발로 파급될 수 있다.

관련개념 CHAPTER 01 화재 · 폭발 검토

090

프로판가스 1$[m^3]$를 완전연소시키는 데 필요한 이론 공기량은 몇 $[m^3]$인가?(단, 공기 중의 산소농도는 20$[vol\%]$이다.)

① 20
② 25
③ 30
④ 35

해설 프로판의 완전연소반응식
$C_3H_8 + 5O_2 \rightarrow 3CO_2 + 4H_2O$
프로판 1$[m^3]$를 완전연소시키는 데 필요한 이론 산소량은 $1 \times 5 = 5[m^3]$이다.
공기 중의 산소농도는 20$[vol\%]$이므로

이론 공기량 = 이론 산소량 $\times \dfrac{100}{20} = 5 \times \dfrac{100}{20} = 25[m^3]$

관련개념 CHAPTER 01 화재 · 폭발 검토

091

이상반응 또는 폭발로 인하여 발생되는 압력의 방출장치가 아닌 것은?

① 파열판
② 폭압방산구
③ 화염방지기
④ 가용합금안전밸브

해설 화염방지기는 설비 내부에서 발생한 과압의 방출이 아닌 외부에서 발생된 화재가 설비 내부로 역류하는 것을 막는 기능을 한다.

관련개념 CHAPTER 04 화공 안전운전·점검

092

디에틸에테르와 에틸알코올이 3 : 1로 혼합된 혼합증기의 몰비가 각각 0.75, 0.25이고, 디에틸에테르와 에틸알코올의 폭발하한값이 각각 1.9[vol%], 4.3[vol%]일 때 혼합가스의 폭발하한값은 약 몇 [vol%]인가?

① 2.2
② 3.5
③ 22.0
④ 34.7

해설 혼합기체의 폭발하한계

디에틸에테르와 에틸알코올이 3 : 1로 혼합되어 있으므로 디에틸에테르의 부피비를 75[vol%], 에틸알코올의 부피비를 25[vol%]로 두고 다음 식을 푼다.

$$L = \frac{V_1 + V_2 + \cdots + V_n}{\frac{V_1}{L_1} + \frac{V_2}{L_2} + \cdots + \frac{V_n}{L_n}} = \frac{75 + 25}{\frac{75}{1.9} + \frac{25}{4.3}} = 2.2[vol\%]$$

관련개념 CHAPTER 01 화재·폭발 검토

093

일산화탄소에 대한 설명으로 틀린 것은?

① 무색·무취의 기체이다.
② 염소와 촉매 존재하에 반응하여 포스겐이 된다.
③ 인체 내의 헤모글로빈과 결합하여 산소운반기능을 저하시킨다.
④ 불연성 가스로서, 허용농도가 10[ppm]이다.

해설 일산화탄소는 허용농도가 30[ppm]인 독성 가스이자, 공기 중 연소범위가 12.5~74[vol%]인 가연성 가스이다.

관련개념 CHAPTER 02 화학물질 안전관리 실행

094

금속의 용접·용단 또는 가열에 사용되는 가스 등의 용기를 취급할 때의 준수사항으로 틀린 것은?

① 전도의 위험이 없도록 한다.
② 밸브를 서서히 개폐한다.
③ 용해아세틸렌의 용기는 세워서 보관한다.
④ 용기의 온도를 65도 이하로 유지한다.

해설 금속의 용접·용단 또는 가열에 사용되는 가스 등의 용기를 취급하는 경우에는 용기의 온도를 40[℃] 이하로 유지하여야 한다.

관련개념 CHAPTER 05 기타 산업용 기계·기구

095

다음 중 연소속도에 영향을 주는 요인으로 가장 거리가 먼 것은?

① 가연물의 색상
② 촉매
③ 산소와의 혼합비
④ 반응계의 온도

해설 연소속도에 영향을 미치는 요인
가연물의 온도, 산소와의 혼합비, 촉매, 압력 등

관련개념 CHAPTER 01 화재·폭발 검토

096
기체의 자연발화온도 측정법에 해당하는 것은?

① 중량법
② 접촉법
③ 예열법
④ 발열법

해설 가연성 물질이 외부의 점화원 없이 열의 축적에 의해 연소를 일으키는 온도를 자연발화온도 또는 발화점이라 하며, 발화점의 측정법에는 도입법, 펌프법, 단열압축법, 예열법 등이 있다.

관련개념 CHAPTER 01 화재·폭발 검토

097
「산업안전보건법령」상 건조설비를 사용하여 작업을 하는 경우 폭발 또는 화재를 예방하기 위하여 준수하여야 하는 사항으로 적절하지 않은 것은?

① 위험물 건조설비를 사용하는 때에는 미리 내부를 청소하거나 환기할 것
② 위험물 건조설비를 사용하는 때에는 건조로 인하여 발생하는 가스·증기 또는 분진에 의하여 폭발·화재의 위험이 있는 물질을 안전한 장소로 배출시킬 것
③ 위험물 건조설비를 사용하여 가열·건조하는 건조물은 쉽게 이탈되도록 할 것
④ 고온으로 가열·건조한 인화성 액체는 발화의 위험이 없는 온도로 냉각한 후에 격납시킬 것

해설 건조설비 취급 시 준수사항
- 위험물 건조설비를 사용하는 경우에는 미리 내부를 청소하거나 환기할 것
- 위험물 건조설비를 사용하는 경우에는 건조로 인하여 발생하는 가스·증기 또는 분진에 의하여 폭발·화재의 위험이 있는 물질을 안전한 장소로 배출시킬 것
- 위험물 건조설비를 사용하여 가열·건조하는 건조물은 쉽게 이탈되지 않도록 할 것
- 고온으로 가열·건조한 인화성 액체는 발화의 위험이 없는 온도로 냉각한 후에 격납시킬 것
- 건조설비(바깥 면이 현저히 고온이 되는 설비만 해당)에 가까운 장소에는 인화성 액체를 두지 않도록 할 것

관련개념 CHAPTER 02 화학물질 안전관리 실행

098
유류저장탱크에서 화염의 차단을 목적으로 외부에 증기를 방출하기도 하고 탱크 내 외기를 흡입하기도 하는 부분에 설치하는 안전장치는?

① Vent Stack
② Safety Valve
③ Gate Valve
④ Flame Arrester

해설 화염방지기(Flame Arrester)
비교적 저압 또는 상압에서 가연성 증기를 발생시키는 인화성 물질 등을 저장하는 탱크에서 외부에 그 증기를 방출하거나 탱크 내에 외기를 흡입하는 부분에 설치하는 안전장치이다.

관련개념 CHAPTER 04 화공 안전운전·점검

099
펌프의 사용 시 공동현상(Cavitation)을 방지하고자 할 때의 조치사항으로 틀린 것은?

① 펌프의 회전수를 높인다.
② 흡입비 속도를 작게 한다.
③ 펌프의 흡입관의 두(Head) 손실을 줄인다.
④ 펌프의 설치높이를 낮추어 흡입양정을 짧게 한다.

해설 공동현상은 유속이 빠를 경우 발생할 수 있으므로 공동현상을 예방하려면 펌프의 회전수를 낮춰야 한다.

관련개념 CHAPTER 04 화공 안전운전·점검

100
다음 중 공기와 혼합 시 최소착화에너지 값이 가장 작은 것은?

① CH_4
② C_3H_8
③ C_6H_6
④ H_2

해설 탄화수소(C_xH_y)의 일반적인 최소착화에너지(최소발화에너지)는 0.25×10^{-3}[J]이고, 수소(H_2)의 최소착화에너지(최소발화에너지)는 0.019×10^{-3}[J]이므로 보기 중 수소(H_2)의 최소착화에너지(최소발화에너지)가 0.019[mJ]로 가장 작다.
① 메탄(CH_4): 0.28[mJ]
② 프로판(C_3H_8): 0.26[mJ]
③ 벤젠(C_6H_6): 0.2[mJ]

관련개념 CHAPTER 01 화재·폭발 검토

| 정답 | 096 ③ 097 ③ 098 ④ 099 ① 100 ④

건설공사 안전관리

101
건설업 산업안전보건관리비 계상 및 사용기준(고용노동부 고시)은 「산업안전보건법」의 건설공사 중 총 공사금액이 얼마 이상인 공사에 적용하는가?

① 4천만 원
② 3천만 원
③ 2천만 원
④ 1천만 원

해설 건설업 산업안전보건관리비 계상 및 사용기준은 「산업안전보건법」의 건설공사 중 총 공사금액 2천만 원 이상인 공사에 적용한다.

관련개념 CHAPTER 03 건설업 산업안전보건관리비 관리

102
다음은 동바리로 사용하는 파이프서포트의 설치기준이다. ( ) 안에 들어갈 내용으로 옳은 것은?

파이프서포트를 ( ) 이상 이어서 사용하지 않도록 할 것

① 2개
② 3개
③ 4개
④ 5개

해설 동바리로 사용하는 파이프서포트를 3개 이상 이어서 사용하지 않아야 한다.

관련개념 CHAPTER 05 비계·거푸집 가시설 위험방지

103
부두 등의 하역작업장에서 부두 또는 안벽의 선을 따라 통로를 설치하는 경우, 최소 폭 기준은?

① 90[cm] 이상
② 75[cm] 이상
③ 60[cm] 이상
④ 45[cm] 이상

해설 부두·안벽 등 하역작업을 하는 장소에 부두 또는 안벽의 선을 따라 통로를 설치하는 경우에는 폭을 90[cm] 이상으로 하여야 한다.

관련개념 CHAPTER 06 공사 및 작업 종류별 안전

104
콘크리트 타설 시 거푸집 측압에 관한 설명으로 옳지 않은 것은?

① 타설속도가 빠를수록 측압이 커진다.
② 거푸집의 투수성이 낮을수록 측압은 커진다.
③ 타설높이가 높을수록 측압이 커진다.
④ 콘크리트의 온도가 높을수록 측압이 커진다.

해설 측압이 커지는 조건
- 거푸집의 부재단면이 클수록
- 거푸집의 수밀성이 클수록(투수성이 작을수록)
- 거푸집의 강성이 클수록
- 거푸집 표면이 평활할수록
- 시공연도(Workability)가 좋을수록
- 철골 또는 철근량이 적을수록
- 외기온도가 낮을수록, 습도가 높을수록
- 콘크리트의 타설속도가 빠를수록
- 콘크리트의 다짐이 과할수록
- 콘크리트의 슬럼프가 클수록
- 콘크리트의 비중이 클수록

관련개념 CHAPTER 06 공사 및 작업 종류별 안전

105
권상용 와이어로프의 절단하중이 200[ton]일 때 와이어로프에 걸리는 최대하중은?(단, 안전계수는 5이다.)

① 1,000[ton]
② 400[ton]
③ 100[ton]
④ 40[ton]

해설 안전계수 $=\dfrac{\text{절단하중}}{\text{최대사용하중}}$ 에서

최대사용하중 $=\dfrac{\text{절단하중}}{\text{안전계수}}=\dfrac{200}{5}=40[ton]$

관련개념 CHAPTER 06 공사 및 작업 종류별 안전

106

폭우 시 옹벽배면의 배수시설이 취약하면 옹벽 저면을 통하여 침투수(Seepage)의 수위가 올라간다. 이 침투수가 옹벽의 안정에 미치는 영향으로 옳지 않은 것은?

① 옹벽 배면토의 단위수량 감소로 인한 수직 저항력 증가
② 옹벽 바닥면에서의 양압력 증가
③ 수평 저항력(수동토압)의 감소
④ 포화 또는 부분 포화에 따른 뒷채움용 흙무게의 증가

해설 침투수의 수위가 올라가면 옹벽 배면토의 단위수량이 증가한다.

관련개념 CHAPTER 04 건설현장 안전시설 관리

107

그물코의 크기가 5[cm]인 매듭방망일 경우 방망사의 인장강도는 최소 얼마 이상이어야 하는가?(단, 방망사는 신품인 경우이다.)

① 50[kg]
② 100[kg]
③ 110[kg]
④ 150[kg]

해설 그물코 5[cm], 신품 매듭방망의 인장강도는 110[kg] 이상이어야 한다.

추락방호망 방망사의 인장강도

※ ( ): 폐기기준 인장강도

그물코의 크기 (단위: [cm])	방망의 종류(단위: [kg])	
	매듭 없는 방망	매듭방망
10	240(150)	200(135)
5	–	110(60)

관련개념 CHAPTER 04 건설현장 안전시설 관리

108

터널 지보공을 설치한 경우에 수시로 점검하고, 이상을 발견한 경우에는 즉시 보강하거나 보수해야 할 사항이 아닌 것은?

① 부재의 긴압 정도
② 기둥침하의 유무 및 상태
③ 부재의 접속부 및 교차부 상태
④ 부재를 구성하는 재질의 종류 확인

해설 터널 지보공 수시 점검 및 보강·보수사항
- 부재의 손상·변형·부식·변위 탈락의 유무 및 상태
- 부재의 긴압 정도
- 부재의 접속부 및 교차부의 상태
- 기둥침하의 유무 및 상태

관련개념 CHAPTER 05 비계·거푸집 가시설 위험방지

109

굴착기계의 운행 시 안전대책으로 옳지 않은 것은?

① 버킷에 사람의 탑승을 허용해서는 안 된다.
② 운전반경 내에 사람이 있을 때 회전은 10[rpm] 정도의 느린 속도로 하여야 한다.
③ 장비의 주차 시 경사지나 굴착작업장으로부터 충분히 이격시켜 주차한다.
④ 전선이나 구조물 등에 인접하여 붐을 선회해야 할 작업에는 사전에 회전반경, 높이제한 등 방호조치를 강구한다.

해설 굴착기계 운행 시 운전반경 내에 사람이 있어서는 안 된다.

관련개념 CHAPTER 04 건설현장 안전시설 관리

110

선창의 내부에서 화물취급작업을 하는 근로자가 안전하게 통행할 수 있는 설비를 설치하여야 하는 기준은 갑판의 윗면에서 선창 밑바닥까지의 깊이가 최소 얼마를 초과할 때인가?

① 1.3[m]
② 1.5[m]
③ 1.8[m]
④ 2.0[m]

해설 갑판의 윗면에서 선창 밑바닥까지 **깊이가 1.5[m]를 초과**하는 선창의 내부에서 화물취급작업을 하는 경우에 그 작업에 종사하는 근로자가 안전하게 통행할 수 있는 설비를 설치하여야 한다.

관련개념 CHAPTER 06 공사 및 작업 종류별 안전

111

클램셸(Clamshell)의 용도로 옳지 않은 것은?

① 잠함 안의 굴착에 사용된다.
② 수면 아래의 자갈, 모래를 굴착하고 준설선에 많이 사용된다.
③ 건축구조물의 기초 등 정해진 범위의 깊은 굴착에 적합하다.
④ 단단한 지반의 작업도 가능하며 작업속도가 빠르고 특히 암반굴착에 적합하다.

해설 클램셸(Clamshell)
- 좁은 장소의 깊은 굴착에 효과적이다.
- 기계 위치와 굴착지반의 높이 등에 관계없이 고저에 대하여 작업이 가능하다.
- **정확한 굴착 및 단단한 지반작업이 불가능하다.**

관련개념 CHAPTER 04 건설현장 안전시설 관리

112

가설통로를 설치하는 경우 준수하여야 할 기준으로 옳지 않은 것은?

① 경사는 30° 이하로 할 것
② 경사가 15°를 초과하는 경우에는 미끄러지지 아니하는 구조로 할 것
③ 수직갱에 가설된 통로의 길이가 15[m] 이상인 때에는 15[m] 이내마다 계단참을 설치할 것
④ 건설공사에 사용하는 높이 8[m] 이상의 비계다리에는 7[m] 이내마다 계단참을 설치할 것

해설 가설통로 설치 시 준수 사항
- 견고한 구조로 할 것
- 경사는 30° 이하로 할 것
- 경사가 15°를 초과하는 경우에는 미끄러지지 아니하는 구조로 할 것
- 추락할 위험이 있는 장소에는 안전난간을 설치할 것
- **수직갱에 가설된 통로의 길이가 15[m] 이상인 경우에는 10[m] 이내마다 계단참을 설치할 것**
- 건설공사에 사용하는 높이 8[m] 이상인 비계다리에는 7[m] 이내마다 계단참을 설치할 것

관련개념 CHAPTER 05 비계·거푸집 가시설 위험방지

113

건설공사도급인은 건설공사 중에 가설구조물의 붕괴 등 산업재해가 발생할 위험이 있다고 판단되면 건축·토목 분야의 전문가의 의견을 들어 건설공사 발주자에게 해당 건설공사의 설계변경을 요청할 수 있는데, 이러한 가설구조물의 기준으로 옳지 않은 것은?

① 높이 20[m] 이상인 비계
② 작업발판 일체형 거푸집 또는 높이 5[m] 이상인 거푸집 동바리
③ 터널의 지보공 또는 높이 2[m] 이상인 흙막이 지보공
④ 동력을 이용하여 움직이는 가설구조물

해설 설계변경 요청 대상 가설구조물에는 높이 31[m] 이상인 비계가 해당된다.

관련개념 CHAPTER 05 비계·거푸집 가시설 위험방지

정답 110 ② 111 ④ 112 ③ 113 ①

114

온도가 하강함에 따라 토층수가 얼어 부피가 약 9[%] 정도 증대하게 됨으로써 지표면이 부풀어오르는 현상은?

① 동상현상 ② 연화현상
③ 리칭현상 ④ 액상화현상

해설 동상현상은 지반 내 토층수가 동결하여 부피가 증가하면서 지표면이 부풀어오르는 현상이다.

관련개념 CHAPTER 02 건설공사 위험성

115

철골 건립기계 선정 시 사전 검토사항과 가장 거리가 먼 것은?

① 건립기계의 소음영향
② 건립기계로 인한 일조권 침해
③ 건물형태
④ 작업반경

해설 건립기계로 인한 일조권 침해 문제는 철골 건립기계 선정 시 사전 검토사항에 해당하지 않는다.

관련개념 CHAPTER 06 공사 및 작업 종류별 안전

116

강관틀비계를 조립하여 사용하는 경우 준수해야 할 기준으로 옳지 않은 것은?

① 높이가 20[m]를 초과하거나 중량물의 적재를 수반하는 작업을 할 경우에는 주틀 간의 간격을 2.4[m] 이하로 할 것
② 수직방향으로 6[m], 수평방향으로 8[m] 이내마다 벽이음을 할 것
③ 길이가 띠장 방향으로 4[m] 이하이고 높이가 10[m]를 초과하는 경우에는 10[m] 이내마다 띠장 방향으로 버팀기둥을 설치할 것
④ 주틀 간에 교차가새를 설치하고 최상층 및 5층 이내마다 수평재를 설치할 것

해설 강관틀비계를 조립하여 사용하는 경우 높이가 20[m]를 초과하거나 중량물의 적재를 수반하는 작업을 할 경우에는 주틀 간의 간격을 1.8[m] 이하로 하여야 한다.

관련개념 CHAPTER 05 비계·거푸집 가시설 위험방지

117

토질시험(Soil Test)방법 중 전단시험에 해당하지 않는 것은?

① 1면 전단 시험 ② 베인 테스트
③ 일축 압축 시험 ④ 투수시험

해설 투수시험은 투수계수를 측정하기 위한 토질의 역학적 시험의 한 종류이다.

관련개념 CHAPTER 02 건설공사 위험성

118

근로자의 추락 등의 위험을 방지하기 위한 안전난간의 구조 및 설치요건에 관한 기준으로 옳지 않은 것은?

① 상부난간대는 바닥면·발판 또는 경사로의 표면으로부터 90[cm] 이상 지점에 설치할 것
② 발끝막이판은 바닥면 등으로부터 10[cm] 이상의 높이를 유지할 것
③ 난간대는 지름 1.5[cm] 이상의 금속제 파이프나 그 이상의 강도를 가진 재료일 것
④ 안전난간은 구조적으로 가장 취약한 지점에서 가장 취약한 방향으로 작용하는 100[kg] 이상의 하중에 견딜 수 있는 튼튼한 구조일 것

해설 안전난간의 난간대는 지름 2.7[cm] 이상의 금속제 파이프나 그 이상의 강도가 있는 재료이어야 한다.

관련개념 CHAPTER 04 건설현장 안전시설 관리

119

건설현장에 달비계를 설치하여 작업 시 곤돌라형 달비계에 사용 가능한 와이어로프로 볼 수 있는 것은?

① 이음매가 있는 것
② 와이어로프의 한 꼬임에서 끊어진 소선의 수가 5[%]인 것
③ 지름의 감소가 공칭지름의 10[%]인 것
④ 열과 전기충격에 의해 손상된 것

해설 와이어로프의 한 꼬임에서 끊어진 소선의 수가 10[%] 미만인 것은 사용가능하다.

달비계 와이어로프의 사용금지 조건
- 이음매가 있는 것
- 와이어로프의 한 꼬임(Strand)에서 끊어진 소선의 수가 10[%] 이상인 것
- 지름의 감소가 공칭지름의 7[%]를 초과하는 것
- 꼬인 것
- 심하게 변형되거나 부식된 것
- 열과 전기충격에 의해 손상된 것

관련개념 CHAPTER 05 비계·거푸집 가시설 위험방지

120

건설공사 유해위험방지계획서를 제출해야 할 대상공사에 해당하지 않는 것은?

① 깊이 10[m]인 굴착공사
② 다목적댐 건설공사
③ 최대 지간길이가 40[m]인 교량건설 공사
④ 연면적 5,000[m²]인 냉동·냉장 창고시설의 설비공사

해설 유해위험방지계획서 제출대상 건설공사

- 지상높이가 31[m] 이상인 건축물 또는 인공구조물, 연면적 30,000[m²] 이상인 건축물 또는 연면적 5,000[m²] 이상의 문화 및 집회시설(전시장 및 동물원·식물원 제외), 판매시설, 운수시설(고속철도의 역사 및 집배송시설 제외), 종교시설, 의료시설 중 종합병원, 숙박시설 중 관광숙박시설, 지하도상가 또는 냉동·냉장 창고시설의 건설·개조 또는 해체(건설 등) 공사
- 연면적 5,000[m²] 이상의 냉동·냉장 창고시설의 설비공사 및 단열공사
- 최대 지간길이가 50[m] 이상인 다리의 건설 등 공사
- 터널의 건설 등 공사
- 다목적댐, 발전용댐, 저수용량 2천만 톤 이상의 용수 전용 댐 및 지방 상수도 전용 댐의 건설 등 공사
- 깊이가 10[m] 이상인 굴착공사

관련개념 CHAPTER 02 건설공사 위험성

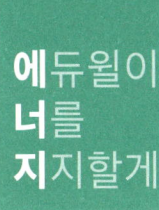

내가 꿈을 이루면
나는 누군가의 꿈이 된다.

– 이도준

여러분의 작은 소리
에듀윌은 크게 듣겠습니다.

본 교재에 대한 여러분의 목소리를 들려주세요.
공부하시면서 어려웠던 점, 궁금한 점,
칭찬하고 싶은 점, 개선할 점, 어떤 것이라도 좋습니다.

에듀윌은 여러분께서 나누어 주신 의견을
통해 끊임없이 발전하고 있습니다.

에듀윌 도서몰 book.eduwill.net
- 부가학습자료 및 정오표: 에듀윌 도서몰 → 도서자료실
- 교재 문의: 에듀윌 도서몰 → 문의하기 → 교재(내용, 출간) / 주문 및 배송

007

「산업안전보건법」상 근로시간 연장의 제한에 관한 기준에서 아래의 ( ) 안에 알맞은 것은?

> 사업주는 유해하거나 위험한 작업으로서 대통령령으로 정하는 작업에 종사하는 근로자에게는 1일 (㉠)시간, 1주 (㉡)시간을 초과하여 근로하게 하여서는 아니 된다.

① ㉠ 6 ㉡ 34
② ㉠ 7 ㉡ 36
③ ㉠ 8 ㉡ 40
④ ㉠ 8 ㉡ 44

008

안전교육에 대한 설명으로 옳은 것은?

① 사례중심과 실연을 통하여 기능적 이해를 돕는다.
② 사무직과 기능직은 그 업무가 판이하게 다르므로 분리하여 교육한다.
③ 현장 작업자는 이해력이 낮으므로 단순반복 및 암기를 시킨다.
④ 안전교육에 건성으로 참여하는 것을 방지하기 위하여 인사고과에 필히 반영한다.

009

「산업안전보건법령」상 근로자에 대한 일반건강진단의 실시 시기 기준으로 옳은 것은?

① 사무직에 종사하는 근로자: 1년에 1회 이상
② 사무직 외의 업무에 종사하는 근로자: 6월에 1회 이상
③ 사무직에 종사하는 근로자: 2년에 1회 이상
④ 사무직 외의 업무에 종사하는 근로자: 2년에 1회 이상

010

다음 중 위험예지훈련을 실시할 때 현상 파악이나 대책수립 단계에서 시행하는 브레인스토밍(Brainstorming) 원칙에 어긋나는 것은?

① 자유롭게 본인의 아이디어를 제시한다.
② 타인의 아이디어에 대하여 평가하지 않는다.
③ 사소한 아이디어라도 가능한 한 많이 제시하도록 한다.
④ 타인의 아이디어를 활용하여 변형한 의견은 제시하지 않도록 한다.

011

적성배치에 있어서 고려되어야 할 기본사항에 해당하지 않는 것은?

① 적성검사를 실시하여 개인의 능력을 파악한다.
② 직무평가를 통하여 자격수준을 정한다.
③ 주관적인 감정 요소에 따른다.
④ 인사관리의 기준원칙을 고수한다.

012

다음 중 Off JT(Off the Job Training)의 특징으로 옳은 것은?

① 훈련에만 전념할 수 있다.
② 상호 신뢰 및 이해도가 높아진다.
③ 개개인에게 적절한 지도훈련이 가능하다.
④ 직장의 설정에 맞게 실제적 훈련이 가능하다.

013
다음 중 허즈버그(Herzberg)의 일을 통한 동기부여 원칙으로 잘못된 것은?

① 새롭고 어려운 업무의 부여
② 교육을 통한 간접적 정보제공
③ 자기과업을 위한 작업자의 책임감 증대
④ 작업자에게 불필요한 통제를 배제

014
새로운 자료나 교재를 제시하고, 문제점을 피교육자로 하여금 제기하도록 하거나 의견을 여러 가지 방법으로 발표하게 하여 청중과 토론자 간 활발한 의견 개진과 합의를 도출해가는 토의방법은?

① 포럼(Forum)
② 심포지엄(Symposium)
③ 자유토의(Free Discussion)
④ 패널 디스커션(Panel Discussion)

015
다음 중 「안전보건관리규정」에 반드시 포함되어야 할 사항으로 볼 수 없는 것은?

① 작업장 보건 관리
② 재해코스트 분석방법
③ 사고 조사 및 대책 수립
④ 안전 및 보건 관리조직과 그 직무

016
다음 중 데이비스(K. Davis)의 동기부여 이론에 관한 등식에서 '상황×태도 = (　　)'에서 (　　) 안에 알맞은 내용은?

① 지식(Knowledge)
② 동기유발(Motivation)
③ 능력(Ability)
④ 인간의 성과(Human Performance)

017
기술지원규정(KOSHA GUIDE)에 대한 설명으로 옳지 않은 것은?

① 가이드 표시, 분야별 분류기호, 세부분야별 분류기호, 일련번호, 발행연도의 순으로 번호를 부여한다.
② 법적 기준이 아닌 사업장의 이해를 돕기 위해 작성된 권고 지침으로써, 법적 구속력은 없다.
③ 안전보건 향상을 위해 참고할 수 있는 기술적 내용을 기술한 강제적 안전보건가이드이다.
④ 한국산업안전보건공단에 의해 제·개정되고 있다.

018
학습지도의 원리에 있어 다음 설명에 해당하는 것은?

> 학습자가 지니고 있는 각자의 요구와 능력 등에 알맞은 학습활동의 기회를 마련해 주어야 한다는 원리

① 직관의 원리
② 자기활동의 원리
③ 개별화의 원리
④ 사회화의 원리

019
사고예방대책의 기본원리 5단계 중 틀린 것은?
① 1단계: 안전관리계획 ② 2단계: 현상파악
③ 3단계: 분석·평가 ④ 4단계: 대책의 선정

020
생체리듬(Bio Rhythm)중 일반적으로 28일을 주기로 반복되며, 주의력·창조력·예감 및 통찰력 등을 좌우하는 리듬은?
① 육체적 리듬 ② 지성적 리듬
③ 감성적 리듬 ④ 정신적 리듬

인간공학 및 위험성평가·관리

021
두 가지 상태 중 하나가 고장 또는 결함으로 나타나는 비정상적인 사건은?
① 톱사상 ② 결함사상
③ 정상적인 사상 ④ 기본적인 사상

022
신호검출이론(SDT)의 판정결과 중 신호가 없었는데도 있었다고 말하는 경우는?
① 긍정(Hit) ② 누락(Miss)
③ 허위(False Alarm) ④ 부정(Correct Rejection)

023
다음 중 인간의 눈이 일반적으로 완전암조응에 걸리는 데 소요되는 시간은?
① 5~10분 ② 10~20분
③ 30~40분 ④ 50~60분

024
시스템 안전 프로그램에 있어 시스템의 수명주기를 일반적으로 5단계로 구분할 수 있는데 다음 중 시스템 수명주기의 단계에 해당하지 않는 것은?
① 구상단계 ② 생산단계
③ 운전단계 ④ 분석단계

025
다음 중 청각적 표시장치보다 시각적 표시장치를 이용하는 경우가 더 유리한 경우는?
① 메시지가 간단한 경우
② 메시지가 추후에 재참조되는 경우
③ 직무상 수신자가 자주 움직이는 경우
④ 수신자의 시각 계통이 과부하 상태인 경우

026
인체계측자료의 응용원칙에 있어 조절 범위에서 수용하는 통상의 범위는 몇 [%tile] 정도인가?

① 5~95[%tile]   ② 20~80[%tile]
③ 30~70[%tile] ④ 40~60[%tile]

027
직무에 대하여 청각적 자극 제시에 대한 음성 응답을 하도록 할 때 가장 관련 있는 양립성은?

① 공간적 양립성   ② 양식 양립성
③ 운동 양립성   ④ 개념적 양립성

028
그림과 같은 FT도에서 각 사상의 발생확률 ①=0.015, ②=0.02, ③=0.05이면, 정상사상 T가 발생할 확률은 약 얼마인가?

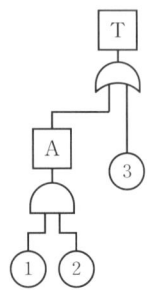

① 0.0002   ② 0.0283
③ 0.0503   ④ 0.9500

029
건구온도 30[℃], 습구온도 35[℃]일 때의 옥스퍼드(Oxford) 지수는?

① 20.75   ② 24.58
③ 30.75   ④ 34.25

030
결함수분석의 기대효과와 가장 관계가 먼 것은?

① 시스템의 결함 진단
② 시간에 따른 원인 분석
③ 사고원인 규명의 간편화
④ 사고원인 분석의 정량화

031
다음 중 컷셋과 패스셋에 관한 설명으로 옳은 것은?

① 동일한 시스템에서 패스셋의 개수와 컷셋의 개수는 같다.
② 패스셋은 동시에 발생했을 때 정상사상을 유발하는 사상들의 집합이다.
③ 일반적으로 시스템에서 최소 컷셋의 개수가 늘어나면 위험수준이 높아진다.
④ 일반적으로 시스템에서 최소 컷셋 내의 사상 개수가 적어지면 위험수준이 낮아진다.

032
음량수준이 50[phon]일 때 [sone]값은 얼마인가?
① 2
② 5
③ 10
④ 100

033
다음 중 Layout의 원칙으로 가장 올바른 것은?
① 운반작업을 수작업화한다.
② 중간중간에 중복부분을 만든다.
③ 인간이나 기계의 흐름을 라인화한다.
④ 사람이나 물건의 이동거리를 단축하기 위해 기계배치를 분산화한다.

034
동작경제의 원칙에 해당하지 않는 것은?
① 공구의 기능을 각각 분리하여 사용하도록 한다.
② 두 팔의 동작은 동시에 서로 반대방향으로 대칭적으로 움직이도록 한다.
③ 공구나 재료는 작업동작이 원활하게 수행되도록 그 위치를 정해준다.
④ 가능하다면 쉽고도 자연스러운 리듬이 작업동작에 생기도록 작업을 배치한다.

035
인간-기계 시스템을 설계할 때에는 특정기능을 기계에 할당하거나 인간에게 할당하게 된다. 이러한 기능할당과 관련된 사항으로 옳지 않은 것은?(단, 인공지능과 관련된 사항은 제외한다.)
① 인간은 원칙을 적용하여 다양한 문제를 해결하는 능력이 기계에 비해 우월하다.
② 일반적으로 기계는 장시간 일관성이 있는 작업을 수행하는 능력이 인간에 비해 우월하다.
③ 인간은 소음, 이상온도 등의 환경에서 작업을 수행하는 능력이 기계에 비해 우월하다.
④ 일반적으로 인간은 주위가 이상하거나 예기치 못한 사건을 감지하여 대처하는 능력이 기계에 비해 우월하다.

036
FT도에서 사용하는 기호 중 다음 그림과 같이 OR 게이트이지만 2개 또는 그 이상의 입력이 동시에 존재할 때 출력이 생기지 않는 경우 사용하는 것은?

① 부정 OR 게이트
② 배타적 OR 게이트
③ 억제 게이트
④ 조합 OR 게이트

037
다음 중 정량적 표시장치에 관한 설명으로 옳은 것은?
① 연속적으로 변화하는 양을 나타내는 데에는 일반적으로 아날로그보다 디지털 표시장치가 유리하다.
② 정확한 값을 읽어야 하는 경우 일반적으로 디지털보다 아날로그 표시장치가 유리하다.
③ 동침(Moving Pointer)형 아날로그 표시장치는 바늘의 진행방향과 증감속도에 대한 인식적인 암시 신호를 얻는 것이 불가능한 단점이 있다.
④ 동목(Moving Scale)형 아날로그 표시장치는 표시장치의 면적을 최소화할 수 있는 장점이 있다.

038
다음의 결함수분석(FTA) 절차에서 가장 먼저 수행해야 하는 것은?

① Out Set을 구한다.
② Top 사상을 정의한다.
③ Minimal Cut Set을 구한다.
④ FT(Fault Tree)도를 작성한다.

039
다음 FT도에서 최소 컷셋(Minimal Cut Set)으로만 올바르게 나열한 것은?

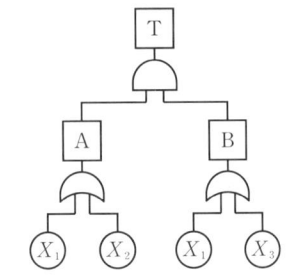

① [X_1], [X_2]
② [X_1, X_2], [X_1, X_3]
③ [X_1], [X_2, X_3]
④ [X_1, X_2, X_3]

040
다음 중 조종-반응 비율(C/R비)에 관한 설명으로 틀린 것은?

① C/R비가 클수록 민감한 제어장치이다.
② 'X'가 조종장치의 변위량, 'Y'가 표시장치의 변위량일 때 $\frac{X}{Y}$로 표현된다.
③ Knob C/R비는 제어장치의 종류나 표시장치의 크기, 허용오차 등에 의해 달라진다.
④ 최적의 C/R비는 제어장치의 종류나 표시장치의 크기, 허용오차 등에 의해 달라진다.

기계·기구 및 설비 안전관리

041
강도율에 관한 설명 중 틀린 것은?

① 사망 및 영구 전노동 불능(신체장해등급 1~3급)의 근로손실일수는 7,500일로 환산한다.
② 신체장해등급 중 14급은 근로손실일수를 50일로 환산한다.
③ 영구 일부노동 불능은 신체장해등급에 따른 근로손실일수에 300/365를 곱하여 환산한다.
④ 일시 전노동 불능은 휴업일수에 300/365를 곱하여 근로손실일수를 환산한다.

042
천장크레인에 중량 3[kN]의 화물을 2줄로 매달았을 때 매달기용 와이어(Sling Wire) 한 줄에 걸리는 장력은 얼마인가?(단, 슬링와이어 2줄 사이의 각도는 55°이다.)

① 1.3[kN] ② 1.7[kN]
③ 2.0[kN] ④ 2.3[kN]

043
「산업안전보건법령」에 따라 보일러의 안전한 가동을 위하여 보일러 규격에 맞는 압력방출장치가 2개 이상 설치된 경우에는 최고사용압력 이하에서 1개가 작동되고, 다른 압력방출장치는 얼마 이하에서 작동되도록 부착하여야 하는가?

① 최저사용압력 1.03배
② 최저사용압력 1.05배
③ 최고사용압력 1.03배
④ 최고사용압력 1.05배

044
다음 중 「산업안전보건법령」상 안전인증대상 방호장치에 해당하지 않는 것은?

① 산업용 로봇 안전매트
② 압력용기 압력방출용 파열판
③ 압력용기 압력방출용 안전밸브
④ 방폭구조 전기기계·기구 및 부품

045
프레스 등의 금형을 부착·해체 또는 조정 작업 중 슬라이드가 갑자기 작동하여 근로자에게 발생할 수 있는 위험을 방지하기 위하여 설치하는 것은?

① 방호 울
② 안전블록
③ 시건장치
④ 게이트 가드

046
기계설비의 방호를 위험장소에 대한 방호와 위험원에 대한 방호로 분류할 때, 다음 중 위험원에 대한 방호장치에 해당하는 것은?

① 격리형 방호장치
② 포집형 방호장치
③ 접근거부형 방호장치
④ 위치제한형 방호장치

047
원동기, 풀리, 기어 등 근로자에게 위험을 미칠 우려가 있는 부위에 설치하는 위험방지 장치가 아닌 것은?

① 덮개
② 슬리브
③ 건널다리
④ 램

048
500[rpm]으로 회전하는 연삭숫돌의 지름이 300[mm]일 때 원주속도[m/min]는?

① 약 748
② 약 650
③ 약 532
④ 약 471

049
다음 중 음향탐상검사에 대한 설명으로 틀린 것은?

① 가동 중 검사가 가능하다.
② 온도, 분위기 같은 외적 요인에 영향을 받는다.
③ 결함이 어떤 중대한 손상을 초래하기 전에 검출할 수 있다.
④ 재료의 종류나 물성 등의 특성과는 관계없이 검사가 가능하다.

050
다음 중 「산업안전보건법령」상 양중기에 해당하지 않는 것은?

① 곤돌라
② 이동식 크레인
③ 승강기
④ 적재하중 0.05톤의 이삿짐운반용 리프트

051

「산업안전보건법령」에 따라 아세틸렌 용접장치의 아세틸렌 발생기실을 설치하는 경우 준수하여야 하는 사항으로 옳은 것은?

① 벽은 가연성 재료로 하고 철근콘크리트 또는 그 밖에 이와 동등하거나 그 이상의 강도를 가진 구조로 할 것
② 바닥면적의 16분의 1 이상의 단면적을 가진 배기통을 옥상으로 돌출시키고 그 개구부를 창이나 출입구로부터 1.5[m] 이상 떨어지도록 할 것
③ 출입구의 문은 불연성 재료로 하고 두께 1.0[mm] 이하의 철판이나 그 밖에 그 이상의 강도를 가진 구조로 할 것
④ 발생기실을 옥외에 설치한 경우에는 그 개구부를 다른 건축물로부터 1.0[m] 이내로 떨어지도록 하여야 한다.

052

다음 중 프레스기에 설치하는 방호장치에 관한 사항으로 틀린 것은?

① 수인식 방호장치의 수인끈 재료는 합성섬유로 직경이 4[mm] 이상이어야 한다.
② 양수조작식 방호장치는 1행정마다 누름버튼에서 양손을 떼지 않으면 다음 작업의 동작을 할 수 없는 구조이어야 한다.
③ 광전자식 방호장치의 정상동작램프는 적색, 위험표시램프는 녹색으로 하며, 쉽게 근로자가 볼 수 있는 곳에 설치해야 한다.
④ 손쳐내기식 방호장치는 슬라이드 하행정거리의 3/4 위치에서 손을 완전히 밀어내야 한다.

053

휴대용 연삭기 덮개의 개방부 각도는 몇 도 이내여야 하는가?

① 60°
② 90°
③ 125°
④ 180°

054

다음 중 롤러기의 급정지장치 설치방법으로 틀린 것은?

① 손조작식 급정지장치의 조작부는 밑면에서 1.8[m] 이내로 설치한다.
② 복부조작식 급정지장치의 조작부는 밑면에서 0.8[m] 이상, 1.1[m] 이내로 설치한다.
③ 무릎조작식 급정지장치의 조작부는 밑면에서 0.8[m] 이내에 설치한다.
④ 급정지장치의 위치는 급정지장치의 조작부 중심점을 기준으로 한다.

055

완전 회전식 클러치 기구가 있는 프레스의 양수기동식 방호장치에서 누름버튼을 누를 때부터 사용하는 프레스의 슬라이드가 하사점에 도달할 때까지의 소요최대시간이 0.15초이면 안전거리는 몇 [mm] 이상이어야 하는가?

① 150
② 220
③ 240
④ 300

056

「산업안전보건법령」상 로봇을 운전하는 경우 근로자가 로봇에 부딪힐 위험이 있을 때 높이는 최소 얼마 이상의 울타리를 설치하여야 하는가?(단, 로봇의 가동범위 등을 고려하여 높이로 인한 위험성이 없는 경우는 제외한다.)

① 0.9[m]
② 1.2[m]
③ 1.5[m]
④ 1.8[m]

057
다음 중 「산업안전보건법령」상 프레스 등을 사용하여 작업을 할 때 작업시작 전 점검사항으로 볼 수 없는 것은?
① 압력방출장치의 기능
② 클러치 및 브레이크의 기능
③ 프레스의 금형 및 고정볼트 상태
④ 1행정 1정지기구·급정지장치 및 비상정지장치의 기능

058
하인리히의 재해코스트 평가방식 중 직접비에 해당하지 않는 것은?
① 생산손실   ② 치료비
③ 간호비   ④ 산재보상비

059
선반에서 일감의 길이가 지름에 비하여 상당히 길 때 사용하는 부속품으로 절삭 시 절삭저항에 의한 일감의 진동을 방지하는 장치는?
① 칩 브레이커   ② 척 커버
③ 방진구   ④ 실드

060
「산업안전보건법령」상 프레스 및 전단기에서 안전블록을 사용해야 하는 작업으로 가장 거리가 먼 것은?
① 금형 가공작업   ② 금형 해체작업
③ 금형 부착작업   ④ 금형 조정작업

전기설비 안전관리

061
폭발위험장소의 분류 중 인화성 액체의 증기 또는 가연성 가스에 의한 폭발위험이 지속적으로 또는 장기간 존재하는 장소는 몇 종 장소로 분류되는가?
① 0종 장소   ② 1종 장소
③ 2종 장소   ④ 3종 장소

062
개폐조작의 순서에 있어서 차단순서와 투입순서가 안전수칙에 적합한 것은?

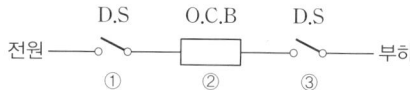

① 차단 ① → ② → ③, 투입 ① → ② → ③
② 차단 ② → ③ → ①, 투입 ② → ① → ③
③ 차단 ③ → ② → ①, 투입 ③ → ② → ①
④ 차단 ② → ③ → ①, 투입 ③ → ① → ②

063
인체의 전기저항을 500[Ω]이라 한다면 심실세동을 일으키는 위험에너지[J]는? (단, 심실세동전류 $I = \frac{165}{\sqrt{T}}$[mA], 통전시간은 1초이다.)
① 13.61   ② 23.21
③ 33.42   ④ 44.63

064
다음 설명과 가장 관계가 깊은 것은?

- 파이프 속에 저항이 높은 액체가 흐를 때 발생된다.
- 액체의 흐름이 정전기 발생에 영향을 준다.

① 충돌대전 ② 박리대전
③ 유동대전 ④ 분출대전

065
감전사고를 일으키는 주된 형태가 아닌 것은?

① 충전전로에 인체가 접촉되는 경우
② 이중절연 구조로 된 전기기계·기구를 사용하는 경우
③ 고전압의 전선로에 인체가 근접하여 섬락이 발생된 경우
④ 충전 전기회로에 인체가 단락회로의 일부를 형성하는 경우

066
내압방폭구조의 기본적 성능에 관한 사항으로 옳지 않은 것은?

① 내부에서 폭발할 경우 그 압력에 견딜 것
② 폭발화염이 외부로 유출되지 않을 것
③ 습기침투에 대한 보호가 될 것
④ 외함 표면온도가 주위의 가연성 가스에 점화하지 않을 것

067
절연열화(탄화)가 진행되어 누설전류가 증가하면서 발생되는 결과와 거리가 먼 것은?

① 감전사고
② 누전화재
③ 정전기 증가
④ 아크 지락에 의한 기기의 손상

068
제전기의 종류가 아닌 것은?

① 전압인가식 제전기   ② 정전식 제전기
③ 방사선식 제전기   ④ 자기방전식 제전기

069
아세톤을 취급하는 작업장에서 작업자의 정전기 방전으로 인한 화재폭발 재해를 방지하기 위해서는 인체대전전위는 얼마 이하로 유지해야 하는가?(단, 인체의 정전용량 100[pF]이고, 아세톤의 최소착화에너지는 1.15[mJ]로 하며, 기타의 조건은 무시한다.)

① 1.5×10^3[V]   ② 2.6×10^3[V]
③ 3.7×10^3[V]   ④ 4.8×10^3[V]

070
교류아크 용접기에 전격방지기를 설치하는 요령 중 틀린 것은?

① 이완 방지 조치를 한다.
② 직각으로만 부착해야 한다.
③ 동작 상태를 알기 쉬운 곳에 설치한다.
④ 테스트 스위치는 조작이 용이한 곳에 위치시킨다.

071
300[A]의 전류가 흐르는 저압 가공전선로의 한 선에서 허용 가능한 누설전류는 몇 [mA]를 넘지 않아야 하는가?

① 100[mA]
② 150[mA]
③ 1,000[mA]
④ 1,500[mA]

072
인체 피부의 전기저항에 영향을 주는 주요 인자와 거리가 먼 것은?

① 접지경로
② 접촉면적
③ 접촉부위
④ 인가전압

073
아크용접 작업 시의 감전사고 방지대책으로 옳지 않은 것은?

① 절연 장갑의 사용
② 절연 용접봉 홀더의 사용
③ 적정한 케이블의 사용
④ 절연 용접봉의 사용

074
다음 중 감전예방을 위한 보호구의 종류에 속하지 않는 것은?

① 안전모
② 안전장갑
③ 절연시트
④ 안전화

075
전기설비의 방폭구조와 기호의 연결이 옳지 않은 것은?

① 압력방폭구조: p
② 내압방폭구조: d
③ 안전증방폭구조: s
④ 본질안전방폭구조: ia 또는 ib

076
정전기 발생의 일반적인 종류가 아닌 것은?

① 마찰
② 중화
③ 박리
④ 유동

077
정전기 재해의 방지를 위하여 배관 내 액체의 유속의 제한이 필요하다. 배관의 내경과 유속 제한 값으로 적절하지 않은 것은?

① 관내경[mm]: 25, 제한유속[m/s]: 6.5
② 관내경[mm]: 50, 제한유속[m/s]: 3.5
③ 관내경[mm]: 100, 제한유속[m/s]: 2.5
④ 관내경[mm]: 200, 제한유속[m/s]: 1.8

078
단로기를 사용하는 주된 목적은?
① 변성기의 개폐
② 이상전압의 차단
③ 과부하 차단
④ 무부하 선로의 개폐

079
정전기에 관한 설명으로 옳은 것은?
① 정전기는 발생에서부터 억제-축적방지-안전한 방전이 재해를 방지할 수 있다.
② 정전기 발생은 고체의 분쇄공정에서 가장 많이 발생한다.
③ 액체의 이송 시는 그 속도(유속)를 7[m/s] 이상 빠르게 하여 정전기의 발생을 억제한다.
④ 접지 값은 10[Ω] 이하로 하되 플라스틱 같은 절연도가 높은 부도체를 사용한다.

080
다음 중 정전기에 관련한 설명으로 잘못된 것은?
① 정전유도에 의한 힘은 반발력이다.
② 발생한 정전기와 완화한 정전기의 차가 마찰을 받은 물체에 축적되는 현상을 대전이라 한다.
③ 같은 부호의 전하는 반발력이 작용한다.
④ 겨울철에 나일론 소재 셔츠 등을 벗을 때 경험한 부착현상이나 스파크 발생은 박리대전현상이다.

화학설비 안전관리

081
「산업안전보건법령」상 위험물 또는 위험물이 발생하는 물질을 가열·건조하는 경우 내용적이 얼마인 건조설비는 건조실을 설치하는 건축물의 구조를 독립된 단층건물로 하여야 하는가?
① $0.3[m^3]$ 이하
② $0.3 \sim 0.5[m^3]$
③ $0.5 \sim 0.75[m^3]$
④ $1[m^3]$ 이상

082
「산업안전보건법령」상 "부식성 산류"에 해당하지 않는 것은?
① 농도 20[%]인 염산
② 농도 40[%]인 인산
③ 농도 50[%]인 질산
④ 농도 60[%]인 아세트산

083
다음 중 인화 및 인화점에 관한 설명으로 가장 적절하지 않은 것은?
① 가연성 액체의 액면 가까이에서 인화하는 데 충분한 농도의 증기를 발산하는 최저온도이다.
② 액체를 가열할 때 액면 부근의 증기 농도가 폭발하한에 도달하였을 때의 온도이다.
③ 밀폐용기에 인화성 액체가 저장되어 있는 경우에 용기의 온도가 낮아 액체의 인화점 이하가 되어도 용기 내부의 혼합가스는 인화의 위험이 있다.
④ 용기 온도가 상승하여 내부의 혼합가스가 폭발상한계를 초과한 경우에는 누설되는 혼합가스는 인화되어 연소하나 연소파가 용기 내로 들어가 가스폭발을 일으키지 않는다.

084
다음 중 C급 화재에 가장 효과적인 것은?
① 건조사
② 이산화탄소소화기
③ 포소화기
④ 봉상수소화기

085
「산업안전보건법령」상에 따라 대상 설비에 설치된 안전밸브 또는 파열판에 대해서는 일정 검사주기마다 적정하게 작동하는지를 검사하여야 하는데 다음 중 설치구분에 따른 검사주기가 올바르게 연결된 것은?

① 화학공정 유체와 안전밸브의 디스크 또는 시트가 직접접촉될 수 있도록 설치된 경우: 2년마다 1회 이상
② 화학공정 유체와 안전밸브의 디스크 또는 시트가 직접접촉될 수 있도록 설치된 경우: 매년 1회 이상
③ 안전밸브 전단에 파열판이 설치된 경우: 2년마다 1회 이상
④ 안전밸브 전단에 파열판이 설치된 경우: 4년마다 1회 이상

086
다음 중 가연성 가스가 밀폐된 용기 안에서 폭발할 때 최대폭발압력에 영향을 주는 인자로 볼 수 없는 것은?

① 가연성 가스의 농도
② 가연성 가스의 초기온도
③ 가연성 가스의 유속
④ 가연성 가스의 초기압력

087
「산업안전보건기준에 관한 규칙」상 국소배기장치의 후드 설치 기준이 아닌 것은?

① 유해물질이 발생하는 곳마다 설치할 것
② 후드의 개구부 면적은 가능한 한 크게 할 것
③ 외부식 또는 리시버식 후드는 해당 분진등의 발산원에 가장 가까운 위치에 설치할 것
④ 후드 형식은 가능하면 포위식 또는 부스식 후드를 설치할 것

088
다음 중 금수성 물질에 대하여 적응성이 있는 소화기는?

① 무상강화액 소화기
② 이산화탄소소화기
③ 할로겐화합물소화기
④ 탄산수소염류분말소화기

089
다음 중 화재감지기에 있어 열감지방식이 아닌 것은?

① 정온식
② 차동식
③ 보상식
④ 광전식

090
압축기와 송풍의 관로에 심한 공기의 맥동과 진동을 발생하면서 불안정한 운전이 되는 서징(Surging) 현상의 방지법으로 옳지 않은 것은?

① 풍량을 감소시킨다.
② 배관의 경사를 완만하게 한다.
③ 교축밸브를 기계에서 널리 설치한다.
④ 토출가스를 흡입측에 바이패스 시키거나 방출밸브에 의해 대기로 방출시킨다.

091
폭발방호대책 중 이상 또는 과잉압력에 대한 안전장치로 볼 수 없는 것은?

① 안전밸브(Safety Valve)
② 릴리프 밸브(Relief Valve)
③ 파열판(Bursting Disk)
④ 플레임 어레스터(Flame Arrester)

092
다음 중 작업자가 밀폐공간에 들어가기 전 조치해야 할 사항과 가장 거리가 먼 것은?
① 해당 작업장의 내부가 어두운 경우 비방폭용 전등을 이용한다.
② 해당 작업장을 적정한 공기상태로 유지되도록 환기하여야 한다.
③ 해당 장소에 근로자를 입장시킬 때와 퇴장시킬 때에 각각 인원을 점검하여야 한다.
④ 해당 작업장과 외부의 감시인 사이에 상시 연락을 취할 수 있는 설비를 설치하여야 한다.

093
다음 중 최소발화에너지(E[J])를 구하는 식으로 옳은 것은?(단, I는 전류[A], R은 저항[Ω], V는 전압[V], C는 콘덴서용량[F], T는 시간[초]이라 한다.)
① $E = I^2 RT$
② $E = 0.24 I^2 RT$
③ $E = \frac{1}{2} CV^2$
④ $E = \frac{1}{2} \sqrt{CV}$

094
「산업안전보건법령」에 따라 유해하거나 위험한 설비의 설치·이전 또는 주요 구조부분의 변경공사 시 공정안전보고서의 제출시기는 착공일 며칠 전까지 관련기관에 제출하여야 하는가?
① 15일
② 30일
③ 60일
④ 90일

095
다음 중 독성이 가장 강한 가스는?
① NH_3
② $COCl_2$
③ $C_6H_5CH_3$
④ H_2S

096
다음 중 화학공장에서 주로 사용되는 불활성 가스는?
① 수소
② 수증기
③ 질소
④ 일산화탄소

097
다음 중 유해물 취급상의 안전을 위한 조치사항으로 가장 적절하지 않은 것은?
① 작업적응자의 배치
② 유해물 발생원의 봉쇄
③ 유해물의 위치, 작업공정의 변경
④ 작업공정의 밀폐와 작업장의 격리

098
처음 온도가 20[℃]인 공기를 절대압력 1기압에서 3기압으로 단열압축하면 최종온도는 약 몇 도인가?(단, 공기의 비열비 1.4이다.)
① 68[℃]
② 75[℃]
③ 128[℃]
④ 164[℃]

099
액화 프로판 310[kg]을 내용적 50[L] 용기에 충전할 때 필요한 소요용기의 수는 약 몇 개인가?(단, 액화 프로판의 가스정수는 2.35이다.)
① 15
② 17
③ 19
④ 21

100
다음 중 압축기 운전 시 토출압력이 갑자기 증가하는 이유로 가장 적절한 것은?

① 윤활유의 과다
② 피스톤 링의 가스 누설
③ 토출관 내에 저항 발생
④ 저장조 내 가스압의 감소

건설공사 안전관리

101
와이어로프를 곤돌라형 달비계에 사용할 때의 사용금지기준으로 틀린 것은?

① 이음매가 있는 것
② 꼬인 것
③ 지름의 감소가 공칭지름의 5[%] 이상인 것
④ 와이어로프의 한 꼬임에서 끊어진 소선의 수가 10[%] 이상인 것

102
철골공사 시 안전작업방법 및 준수사항으로 옳지 않은 것은?

① 강풍, 폭우 등과 같은 악천후시에는 작업을 중지하여야 하며 특히 강풍 시에는 높은 곳에 있는 부재나 공구류가 낙하, 비래하지 않도록 조치하여야 한다.
② 철골부재 반입 시 시공순서가 빠른 부재는 상단부에 위치하도록 한다.
③ 구명줄 설치 시 마닐라 로프 직경 10[mm]를 기준하여 설치하고 작업방법을 충분히 검토하여야 한다.
④ 철골보의 두 곳을 매어 인양시킬 때 와이어로프의 내각은 60° 이하이어야 한다.

103
콘크리트 타설 시 거푸집 측압에 관한 설명으로 옳지 않은 것은?

① 타설속도가 빠를수록 측압이 커진다.
② 거푸집의 투수성이 낮을수록 측압은 커진다.
③ 타설높이가 높을수록 측압이 커진다.
④ 콘크리트의 온도가 높을수록 측압이 커진다.

104
철골조립작업에서 안전한 작업발판과 안전난간을 설치하기가 곤란한 경우 작업원에 대한 안전대책으로 가장 알맞은 것은?

① 안전대 착용
② 달줄, 달포대의 사용
③ 투하설비 설치
④ 사다리 사용

105
터널공사 시 인화성 가스 농도의 이상 상승을 조기에 파악하기 위하여 설치하는 자동경보장치의 작업시작 전 점검해야 할 사항이 아닌 것은?

① 계기의 이상 유무
② 발열 여부
③ 검지부의 이상 유무
④ 경보장치의 작동상태

106
다음은 가설통로를 설치하는 경우의 준수사항이다. ( )에 알맞은 수치를 고르면?

> 건설공사에 사용하는 높이 8[m] 이상인 비계다리에는 ( )[m] 이내마다 계단참을 설치할 것

① 7
② 6
③ 5
④ 4

107
권상용 와이어로프의 절단하중이 200[ton]일 때 와이어로프에 걸리는 최대하중의 값을 구하면?(단, 안전계수는 5이다.)

① 1,000[ton] ② 400[ton]
③ 100[ton] ④ 40[ton]

108
구축물 등이 안전진단 등 안전성 평가를 실시하여 근로자에게 미칠 위험성을 미리 제거하여야 하는 경우가 아닌 것은?

① 구축물 등의 인근에서 굴착·항타작업 등으로 침하·균열 등이 발생하여 붕괴의 위험이 예상될 경우
② 구축물 등이 그 자체의 무게·적설·풍압 또는 그 밖에 부가되는 하중 등으로 붕괴 등의 위험이 있을 경우
③ 화재 등으로 구축물 등의 내력이 심하게 저하되었을 경우
④ 구축물 등의 구조체가 안전 측으로 과도하게 설계가 되었을 경우

109
항타기 또는 항발기의 권상장치의 드럼축과 권상장치로부터 첫 번째 도르래의 축 간의 거리는 권상장치의 드럼폭의 최소 몇 배 이상으로 하여야 하는가?

① 5배 ② 8배
③ 10배 ④ 15배

110
작업장에 계단 및 계단참을 설치하는 경우 매 [m²] 당 최소 몇 [kg] 이상의 하중에 견딜 수 있는 강도를 가진 구조로 설치하여야 하는가?

① 300[kg] ② 400[kg]
③ 500[kg] ④ 600[kg]

111
사업주가 유해위험방지계획서 제출 후 건설공사 중 6개월 이내마다 안전보건공단의 확인사항을 받아야 할 내용이 아닌 것은?

① 유해위험방지계획서의 내용과 실제공사 내용이 부합하는지 여부
② 유해위험방지계획서 변경내용의 적정성
③ 자율안전업체 유해위험방지계획서 제출·심사 면제
④ 추가적인 유해·위험요인의 존재 여부

112
가설통로의 구조에 대한 다음 설명 중 틀린 것은?

① 경사가 15도를 초과하는 때에는 미끄러지지 아니하는 구조로 할 것
② 경사는 20도 이하로 할 것
③ 추락의 위험이 있는 장소에는 안전난간을 설치할 것
④ 수직갱에 가설된 통로의 길이가 15미터 이상인 때에는 10미터 이내마다 계단참을 설치할 것

113
해체공사 시 작업용 기계·기구의 취급 안전기준에 관한 설명으로 옳지 않은 것은?

① 철제햄머와 와이어로프의 결속은 경험이 많은 사람으로서 선임된 자에 한하여 실시하도록 하여야 한다.
② 팽창제 천공간격은 콘크리트 강도에 의하여 결정되나 70~120[cm] 정도를 유지하도록 한다.
③ 쐐기타입으로 해체 시 천공구멍은 타입기 삽입부분의 직경과 거의 같아야 한다.
④ 화염방사기로 해체작업 시 용기 내 압력은 온도에 의해 상승하기 때문에 항상 40[℃] 이하로 보존해야 한다.

114
다음 중 지하수위 측정에 사용되는 계측기는?

① Load Cell ② Inclinometer
③ Extensometer ④ Water level Gauge

115
사다리식 통로에 대한 설치기준으로 틀린 것은?

① 발판의 간격은 일정할 것
② 발판과 벽과의 사이는 15[cm] 이상의 간격을 유지할 것
③ 사다리식 통로의 길이가 10[m] 이상인 때에는 3[m] 이내마다 계단참을 설치할 것
④ 사다리의 상단은 걸쳐 놓은 지점으로부터 60[cm] 이상 올라가도록 할 것

116
미리 작업장소의 지형 및 지반상태 등에 적합한 제한속도를 정하지 않아도 되는 차량계 건설기계의 속도 기준은?

① 최고속도가 10[km/h] 이하
② 최고속도가 20[km/h] 이하
③ 최고속도가 30[km/h] 이하
④ 최고속도가 40[km/h] 이하

117
이동식 비계를 조립하여 작업을 하는 경우의 준수사항으로 틀린 것은?

① 승강용 사다리는 견고하게 설치할 것
② 작업발판의 최대 적재하중은 250[kg]을 초과하지 않도록 할 것
③ 비계의 최상부에서 작업을 하는 경우 안전난간을 설치할 것
④ 작업발판은 항상 수평을 유지하고 작업발판 위에서 안전난간을 딛고 작업을 하거나 받침대 또는 사다리를 사용하여 작업하도록 할 것

118
동바리로 사용하는 파이프서포트는 최대 몇 개 이상 이어서 사용하지 않아야 하는가?

① 2개 ② 3개
③ 4개 ④ 5개

119
옥외에 설치되어 있는 주행크레인에 이탈을 방지하기 위한 조치를 취해야 하는 것은 순간 풍속이 매초당 몇 [m]를 초과할 경우인가?

① 30[m] ② 35[m]
③ 40[m] ④ 45[m]

120
잠함 또는 우물통의 내부에서 근로자가 굴착작업을 하는 경우에 바닥으로부터 천장 또는 보까지의 높이는 최소 얼마 이상으로 하여야 하는가?

① 1.2[m] ② 1.5[m]
③ 1.8[m] ④ 2.1[m]

실전 모의고사 2회

산업재해 예방 및 안전보건교육

001
학습지도의 형태에서 몇 사람의 전문가에 의해 과제에 관한 견해를 발표하고 참가자로 하여금 의견이나 질문을 하게 하는 토의방식은?
① 포럼(Forum)
② 심포지엄(Symposium)
③ 버즈세션(Buzz Session)
④ 자유토의법(Free Discussion Method)

002
재해발생의 직접원인 중 불안전한 상태가 아닌 것은?
① 불안전한 인양
② 부적절한 보호구
③ 결함 있는 기계·설비
④ 불안전한 방호장치

003
다음 중 직무적성검사의 특징과 가장 거리가 먼 것은?
① 타당성(Validity)
② 객관성(Objectivity)
③ 표준화(Standardization)
④ 재현성(Reproducibility)

004
다음 중 「산업안전보건법령」상 안전보건표지의 색채와 사용 사례가 잘못 연결된 것은?
① 노란색 – 정지신호, 소화설비 및 그 장소
② 파란색 – 특정 행위의 지시 및 사실의 고지
③ 빨간색 – 화학물질 취급 장소에서의 유해·위험 경고
④ 녹색 – 비상구 및 피난소, 사람 또는 차량의 통행표지

005
다음 중 버드(Bird)의 재해발생에 관한 이론에서 1단계에 해당하는 재해발생의 시작이 되는 원인은?
① 기본원인
② 관리의 부족
③ 불안전한 행동과 상태
④ 사회적 환경과 유전적 요소

006
방진마스크의 사용 조건 중 산소농도의 최소기준으로 옳은 것은?
① 16[%]
② 18[%]
③ 21[%]
④ 23.5[%]

007
버드(Bird)의 재해발생이론에 따를 경우 15건의 경상(물적 또는 인적 상해)사고가 발생하였다면 무상해, 무사고(위험 순간)는 몇 건이 발생하겠는가?

① 300 ② 450
③ 600 ④ 900

008
안전보건교육계획에 포함해야 할 사항이 아닌 것은?

① 교육지도안
② 교육장소 및 교육방법
③ 교육의 종류 및 대상
④ 교육의 과목 및 교육내용

009
다음 중 강의안 구성 4단계 가운데 '제시(전개)'에 해당되는 설명으로 옳은 것은?

① 관심과 흥미를 가지고 심신의 여유를 주는 단계
② 과제를 주어 문제해결을 시키거나 습득시키는 단계
③ 교육내용을 정확하게 이해하였는가를 평가하는 단계
④ 상대의 능력에 따라 교육하고 내용을 확실하게 이해시키고 납득시키는 설명 단계

010
다음 중 학습전이의 조건과 가장 거리가 먼 것은?

① 학습자의 태도 요인
② 학습자의 지능 요인
③ 학습자료의 유사성의 요인
④ 선행학습과 후행학습의 공간적 요인

011
다음 중 참가자에게 일정한 역할을 주어 실제적으로 연기를 시켜봄으로써 자기의 역할을 보다 확실히 인식할 수 있도록 체험학습을 시키는 교육방법은?

① Role Playing ② Brain Storming
③ Action Playing ④ Fish Bowl Playing

012
적성요인에 있어 직업적성을 검사하는 항목이 아닌 것은?

① 지능 ② 촉각 적응력
③ 형태식별능력 ④ 운동속도

013
교육심리학의 기본이론 중 학습지도의 원리가 아닌 것은?

① 직관의 원리 ② 개별화의 원리
③ 계속성의 원리 ④ 사회화의 원리

014
다음 중 맥그리거(McGregor)의 Y이론과 가장 거리가 먼 것은?
① 성선설
② 상호신뢰
③ 선진국형
④ 권위주의적 리더십

015
다음 중 하인리히가 제시한 1 : 29 : 300의 재해구성비율에 관한 설명으로 틀린 것은?
① 총 사고발생건수는 300건이다.
② 중상 또는 사망은 1회 발생된다.
③ 고장이 포함되는 무상해사고는 300건 발생된다.
④ 인적·물적 손실이 수반되는 경상이 29건 발생된다.

016
안전교육 방법 중 OJT(On the Job Training) 특징과 거리가 먼 것은?
① 상호 신뢰 및 이해도가 높아진다.
② 개개인에게 적절한 지도 훈련이 가능하다.
③ 사업장의 실정에 맞게 실제적 훈련이 가능하다.
④ 관련 분야의 외부 전문가를 강사로 초빙하는 것이 가능하다.

017
다음 중 일반적으로 시간의 변화에 따라 야간에 상승하는 생체리듬은?
① 맥박수
② 염분량
③ 혈압
④ 체중

018
위험예지훈련 4R(라운드) 기법의 진행방법에서 3R에 해당하는 것은?
① 목표설정
② 대책수립
③ 본질추구
④ 현상파악

019
다음 중 매슬로우(Maslow)의 욕구 5단계 이론에 해당되지 않는 것은?
① 생리적 욕구
② 사회적 욕구
③ 감성적 욕구
④ 존경의 욕구

020
경험한 내용이나 학습된 행동을 다시 생각하여 작업에 적용하지 아니하고 방치함으로써 경험의 내용이나 인상이 약해지거나 소멸되는 현상은?
① 착각
② 훼손
③ 망각
④ 단절

인간공학 및 위험성평가 · 관리

021
FTA에 사용되는 논리 게이트 중 여러 개의 입력사상이 정해진 순서에 따라 순차적으로 발생해야만 결과가 출력되는 것은?

① 억제 게이트
② 배타적 OR 게이트
③ 조합 AND 게이트
④ 우선적 AND 게이트

022
다음 중 「산업안전보건법령」에 따른 유해위험방지계획서 제출 대상 사업은 기계 및 기구를 제외한 금속가공제품 제조업으로서 전기 계약용량이 얼마 이상인 사업을 말하는가?

① 50[kW]
② 100[kW]
③ 200[kW]
④ 300[kW]

023
일반적으로 은행의 접수대 높이나 공원의 벤치를 설계할 때 가장 적합한 인체측정자료의 응용원칙은?

① 조절식 설계
② 평균치를 이용한 설계
③ 최대치를 이용한 설계
④ 최소치를 이용한 설계

024
다음 중 시스템 분석 및 설계에 있어서 인간공학의 가치와 가장 거리가 먼 것은?

① 훈련비용의 절감
② 인력 이용률의 향상
③ 생산 및 보전의 경제성 감소
④ 사고 및 오용으로부터의 손실 감소

025
다음 중 어떤 의미를 전달하기 위한 시각적 부호 가운데 성격이 다른 것은?

① 교통표지판의 삼각형
② 위험표지판의 해골과 뼈
③ 도로표지판의 걷는 사람
④ 소방안전표지판의 소화기

026
아령을 사용하여 30분간 훈련한 후, 이두근의 근육 수축작용에 대한 전기적인 신호 데이터를 모았다. 이 데이터들을 이용하여 분석할 수 있는 것은 무엇인가?

① 근육의 질량과 밀도
② 근육의 활성도와 밀도
③ 근육의 피로도와 크기
④ 근육의 피로도와 활성도

027
다음 중 점멸융합주파수에 대한 설명으로 옳은 것은?

① 암조응 시에는 주파수가 증가한다.
② 정신적으로 피로하면 주파수 값이 내려간다.
③ 휘도가 동일한 색은 주파수 값에 영향을 준다.
④ 주파수는 조명강도의 대수치에 선형 반비례한다.

028
다음 중 공기의 온열조건의 4대 요소에 포함되지 않는 것은?
① 대류
② 온도
③ 반사
④ 복사

029
안전교육을 받지 못한 신입직원이 작업 중 전극을 반대로 끼우려고 시도했으나, 플러그의 모양이 반대로는 끼울 수 없도록 설계되어 있어서 사고를 예방할 수 있었다. 다음 중 작업자가 범한 에러와 이와 같은 사고 예방을 위해 적용된 안전설계 원칙으로 가장 적합한 것은?
① 누락(Omission)오류, Fool Proof 설계원칙
② 누락(Omission)오류, Fail Safe 설계원칙
③ 작위(Commission)오류, Fool Proof 설계원칙
④ 작위(Commission)오류, Fail Safe 설계원칙

030
다음 중 화학설비의 안정성 평가에서 정량적 평가의 항목에 해당되지 않는 것은?
① 조작
② 취급물질
③ 훈련
④ 설비용량

031
컴퓨터 스크린상에 있는 버튼을 선택하기 위해 커서를 이동시키는 데 걸리는 시간을 예측하는 가장 적합한 법칙은?
① Fitts의 법칙
② Lewin의 법칙
③ Hick의 법칙
④ Weber의 법칙

032
다음 중 열중독증(Heat Illness)의 강도를 올바르게 나열한 것은?

| ⓐ 열소모(Heat Exhaustion) | ⓑ 열발진(Heat Rash) |
| ⓒ 열경련(Heat Cramp) | ⓓ 열사병(Heat Stroke) |

① ⓒ<ⓑ<ⓐ<ⓓ
② ⓒ<ⓑ<ⓓ<ⓐ
③ ⓑ<ⓒ<ⓐ<ⓓ
④ ⓑ<ⓓ<ⓐ<ⓒ

033
후각적 표시장치(Olfactory Display)와 관련된 내용으로 옳지 않은 것은?
① 냄새의 확산을 제어할 수 없다.
② 시각적 표시장치에 비해 널리 사용되지 않는다.
③ 냄새에 대한 민감도의 개별적 차이가 존재한다.
④ 경보장치로서 실용성이 없기 때문에 사용되지 않는다.

034
다음 중 FTA에서 사용되는 Minimal Cut Set에 대한 설명으로 틀린 것은?
① 사고에 대한 시스템의 약점을 표현한다.
② 정상사상(Top)을 일으키는 최소한의 집합이다.
③ 시스템에 고장이 발생하지 않도록 하는 사상의 집합이다.
④ 일반적으로 Fussell Algorithm을 이용한다.

035
다음 중 연구 기준의 요건에 대한 설명으로 옳은 것은?
① 적절성: 반복 실험 시 재현성이 있어야 한다.
② 신뢰성: 측정하고자 하는 변수 이외의 다른 변수의 영향을 받아서는 안 된다.
③ 무오염성: 의도된 목적에 부합하여야 한다.
④ 민감도: 피실험자 사이에서 볼 수 있는 예상 차이점에 비례하는 단위로 측정해야 한다.

036
차폐효과에 대한 설명으로 옳지 않은 것은?
① 차폐음과 배음의 주파수가 가까울 때 차폐효과가 크다.
② 헤어드라이어 소음 때문에 전화 음을 듣지 못한 것과 관련이 있다.
③ 유의적 신호와 배경 소음의 차이를 신호/소음(S/N) 비로 나타낸다.
④ 차폐효과는 어느 한 음 때문에 다른 음에 대한 감도가 증가되는 현상이다.

037
다음 중 인간의 과오(Human Error)를 정량적으로 평가하고 분석하는 데 사용하는 기법으로 가장 적절한 것은?
① THERP
② FTA
③ CA
④ FMECA

038
A작업의 평균 에너지소비량이 다음과 같을 때, 60분간의 총 작업시간 내에 포함되어야 하는 휴식시간(분)은?

- 휴식 중 에너지소비량: 1.5[kcal/min]
- A작업 시 평균 에너지소비량: 6[kcal/min]
- 기초대사를 포함한 작업에 대한 평균 에너지소비량 상한: 5[kcal/min]

① 10.3
② 11.3
③ 12.3
④ 13.3

039
조종장치를 촉각적으로 식별하기 위하여 사용되는 촉각적 코드화의 방법으로 옳지 않은 것은?
① 색감을 활용한 코드화
② 크기를 이용한 코드화
③ 조종장치의 형상 코드화
④ 표면촉감을 이용한 코드화

040
다음 중 제한된 실내 공간에서의 소음문제에 대한 대책으로 가장 적절하지 않은 것은?
① 진동 부분의 표면을 줄인다.
② 소음에 적응된 인원으로 배치한다.
③ 소음의 전달경로를 차단한다.
④ 벽, 천장, 바닥에 흡음재를 부착한다.

기계·기구 및 설비 안전관리

041
유해·위험 기계·기구 중에서 진동과 소음을 동시에 수반하는 기계설비로 가장 거리가 먼 것은?
① 컨베이어
② 사출성형기
③ 공기압축기
④ 가스용접기

042
다음 중 컨베이어의 안전장치가 아닌 것은?
① 이탈 및 역주행방지장치
② 비상정지장치
③ 덮개 또는 울
④ 비상난간

043
다음 중 기계설비의 작업능률과 안전을 위한 배치의 3단계를 올바른 순서대로 나열한 것은?

① 지역배치 → 건물배치 → 기계배치
② 건물배치 → 지역배치 → 기계배치
③ 기계배치 → 건물배치 → 지역배치
④ 지역배치 → 기계배치 → 건물배치

044
연평균 500명의 근로자가 근무하는 사업장에서 지난 한 해 동안 20명의 재해자가 발생하였다. 만약 이 사업장에서 한 근로자가 평생 동안 작업을 한다면 약 몇 건의 재해를 당할 수 있겠는가?(단, 1인당 평생근로시간은 120,000시간으로 한다.)

① 4건　　② 7건
③ 1건　　④ 2건

045
다음 중 「산업안전보건법령」상 연삭숫돌을 사용하는 작업의 안전수칙으로 틀린 것은?

① 연삭숫돌을 사용하는 경우 작업시작 전과 연삭숫돌을 교체한 후에는 1분 이상 시운전을 통해 이상 유무를 확인한다.
② 회전 중인 연삭숫돌이 근로자에게 위험을 미칠 우려가 있는 경우에 덮개를 설치하여야 한다.
③ 연삭숫돌의 최고 사용회전속도를 초과하여 사용하도록 하여서는 안 된다.
④ 측면을 사용하는 것을 목적으로 하는 연삭숫돌 이외에는 측면을 사용하도록 해서는 안 된다.

046
선반의 크기를 표시하는 것으로 틀린 것은?

① 양쪽 센터 사이의 최대 거리
② 왕복대 위의 스윙
③ 베드 위의 스윙
④ 주축에 물릴 수 있는 공작물의 최대 지름

047
다음 중 프레스기에 금형 설치 및 조정 작업 시 준수하여야 할 안전수칙으로 틀린 것은?

① 금형을 부착하기 전에 하사점을 확인한다.
② 금형의 체결은 올바른 치공구를 사용하고 균등하게 체결한다.
③ 슬라이드의 불시 하강을 방지하기 위하여 안전블록을 제거한다.
④ 금형은 하형부터 잡고 무거운 금형의 받침은 인력으로 하지 않는다.

048
「산업안전보건법령」상 회전시험을 하는 경우 미리 회전축의 재질 및 형상 등에 상응하는 종류의 비파괴검사를 해서 결함 유무를 확인하여야 하는 고속회전체의 대상으로 옳은 것은?

① 회전축의 중량이 1톤을 초과하고, 원주속도가 $100[m/s]$ 이상인 것
② 회전축의 중량이 1톤을 초과하고, 원주속도가 $120[m/s]$ 이상인 것
③ 회전축의 중량이 0.5톤을 초과하고, 원주속도가 $100[m/s]$ 이상인 것
④ 회전축의 중량이 0.5톤을 초과하고, 원주속도가 $120[m/s]$ 이상인 것

049
「산업안전보건법령」에 따라 아세틸렌 용접장치의 아세틸렌 발생기를 설치하는 경우, 발생기실의 설치장소에 대한 설명 중 A, B에 들어갈 내용으로 옳은 것은?

- 발생기실은 건물의 최상층에 위치하여야 하며, 화기를 사용하는 설비로부터 (A)를 초과하는 장소에 설치하여야 한다.
- 발생기실을 옥외에 설치한 경우에는 그 개구부를 다른 건축물로부터 (B) 이상 떨어지도록 하여야 한다.

① A: $1.5[m]$, B: $3[m]$
② A: $2[m]$, B: $4[m]$
③ A: $3[m]$, B: $1.5[m]$
④ A: $4[m]$, B: $2[m]$

050
롤러기 급정지장치 조작부에 사용하는 로프의 성능의 기준으로 적합한 것은?(단, 로프의 재질은 관련 규정에 적합한 것으로 본다.)

① 지름 1[mm] 이상의 와이어로프
② 지름 2[mm] 이상의 합성섬유로프
③ 지름 3[mm] 이상의 합성섬유로프
④ 지름 4[mm] 이상의 와이어로프

051
「산업안전보건법령」상 리프트의 종류로 틀린 것은?

① 건설용 리프트
② 자동차정비용 리프트
③ 이삿짐운반용 리프트
④ 간이 리프트

052
「산업안전보건법령」에 따라 원동기·회전축 등의 위험 방지를 위한 설명 중 (   ) 안에 들어갈 내용은?

보기
사업주는 회전축·기어·풀리 및 플라이휠 등에 부속되는 키·핀 등의 기계요소는 (   )으로 하거나 해당 부위에 덮개를 설치하여야 한다.

① 개방형
② 돌출형
③ 묻힘형
④ 고정형

053
다음 중 아세틸렌 용접장치에서 역화의 원인으로 가장 거리가 먼 것은?

① 아세틸렌의 공급 과다
② 토치 성능의 부실
③ 압력조정기의 고장
④ 토치 팁에 이물질이 묻은 경우

054
다음 중 「산업안전보건법령」상 아세틸렌 용접장치를 사용하여 금속의 용접·용단 또는 가열작업을 하는 경우 게이지 압력은 얼마를 초과하는 압력의 아세틸렌을 발생시켜 사용하여서는 아니 되는가?

① 98[kPa]
② 127[kPa]
③ 147[kPa]
④ 196[kPa]

055
보기와 같은 기계요소가 단독으로 발생시키는 위험점은?

보기
밀링커터   둥근톱날

① 협착점
② 끼임점
③ 절단점
④ 물림점

056
와이어로프의 꼬임은 일반적으로 특수로프를 제외하고는 보통꼬임(Regular Lay)과 랭꼬임(Lang's Lay)으로 분류할 수 있다. 다음 중 보통꼬임에 관한 설명으로 틀린 것은?

① 킹크가 잘 생기지 않는다.
② 내마모성, 유연성, 저항성이 우수하다.
③ 로프의 변형이나 하중을 걸었을 때 저항성이 크다.
④ 스트랜드의 꼬임 방향과 로프의 꼬임 방향이 반대이다.

057
다음 중 「산업안전보건법령」상 보일러에 설치하는 압력방출장치에 대하여 검사 후 봉인에 사용되는 재료로 가장 적합한 것은?

① 납
② 주석
③ 구리
④ 알루미늄

058
다음 중 드릴작업의 안전수칙으로 가장 적합한 것은?

① 손을 보호하기 위하여 장갑을 착용한다.
② 작은 일감은 양 손으로 견고히 잡고 작업한다.
③ 정확한 작업을 위하여 구멍에 손을 넣어 확인한다.
④ 작업시작 전 척 렌치(Chuck Wrench)를 반드시 뺀다.

059
양중기(승강기를 제외함)를 사용하여 작업하는 운전자 또는 작업자가 보기 쉬운 곳에 해당 양중기에 대해 표시하여야 할 내용이 아닌 것은?

① 정격하중
② 운전속도
③ 경고표시
④ 최대 인양높이

060
「산업안전보건법령」상 위험기계·기구별 방호조치로 가장 적절하지 않은 것은?

① 산업용 로봇 – 안전매트
② 보일러 – 급정지장치
③ 목재가공용 둥근톱기계 – 반발예방장치
④ 산업용 로봇 – 광전자식 방호장치

전기설비 안전관리

061
화염일주한계에 대한 설명으로 옳은 것은?

① 폭발성 가스와 공기의 혼합기에 온도를 높인 경우 화염이 발생할 때까지의 시간 한계치
② 폭발성 분위기에 있는 용기의 접합면 틈새를 통해 화염이 내부에서 외부로 전파되는 것을 저지할 수 있는 틈새의 최대간격치
③ 폭발성 분위기 속에서 전기불꽃에 의하여 폭발을 일으킬 수 있는 화염을 발생시키기에 충분한 교류파형의 1주기치
④ 방폭설비에서 이상이 발생하여 불꽃이 생성된 경우에 그것이 점화원으로 작용하지 않도록 화염의 에너지를 억제하여 폭발하한계로 되도록 화염 크기를 조정하는 한계치

062
전기기기 방폭의 기본개념이 아닌 것은?

① 점화원의 방폭적 격리
② 전기기기의 안전도 증강
③ 점화능력의 본질적 억제
④ 전기설비 주위 공기의 절연능력 향상

063
정전기 발생에 영향을 주는 요인과 관계가 가장 적은 것은?

① 물체의 표면상태
② 접촉면적 및 압력
③ 분리속도
④ 물의 음이온

064
다음 중 직접 접촉에 의한 감전방지방법으로 적절하지 않은 것은?

① 충전부가 노출되지 않도록 폐쇄형 외함구조로 할 것
② 충전부에 충분한 절연효과가 있는 방호망 또는 절연덮개를 설치할 것
③ 충전부는 출입이 용이한 전개된 장소에 설치하고 위험표시 등의 방법으로 방호를 강화할 것
④ 충전부는 내구성이 있는 절연물로 완전히 덮어 감쌀 것

065
정전기 재해방지에 관한 설명 중 잘못된 것은?
① 이황화탄소의 수송과정에서 유속을 2.5[m/s] 이상으로 한다.
② 포장과정에서 용기를 도전성 재료에 접지한다.
③ 인쇄과정에서 도포량을 적게 하고 접지한다.
④ 작업장의 습도를 높여 전하가 제거되기 쉽게 한다.

066
다음 중 폭발위험장소에 전기설비를 설치할 때 전기적인 방호조치로 적절하지 않은 것은?
① 다상 전기기기는 결상운전으로 인한 과열방지조치를 한다.
② 배선은 단락·지락사고 시의 영향과 과부하로부터 보호한다.
③ 자동차단이 점화의 위험보다 클 때에는 경보장치를 사용한다.
④ 단락보호장치는 고장상태에서 자동 복구되도록 한다.

067
정전용량 C=20[μF], 방전 시 전압 V=2[kV]일 때 정전에너지[J]는 얼마인가?
① 40 ② 80
③ 400 ④ 800

068
전격의 위험을 결정하는 주된 인자로 가장 거리가 먼 것은?
① 통전전류 ② 통전시간
③ 통전경로 ④ 접촉전압

069
감전사고 방지대책으로 틀린 것은?
① 설비의 필요한 부분에 보호접지 실시
② 노출된 충전부에 통전망 설치
③ 안전전압 이하의 전기기기 사용
④ 전기기기 및 설비의 정비

070
감전사고로 인한 전격사의 메커니즘으로 가장 거리가 먼 것은?
① 흉부수축에 의한 질식
② 심실세동에 의한 혈액순환기능의 상실
③ 내장파열에 의한 소화기계통의 기능 상실
④ 호흡중추신경 마비에 따른 호흡기능 상실

071
피뢰기가 구비하여야 할 조건으로 틀린 것은?
① 제한전압이 낮아야 한다.
② 상용주파방전개시 전압이 높아야 한다.
③ 충격방전개시전압이 높아야 한다.
④ 속류차단 능력이 충분하여야 한다.

072
방폭기기에 별도의 주위 온도 표시가 없을 때 방폭기기의 주위 온도 범위는?(단, 기호 'X'의 표시가 없는 기기이다.)

① 20[℃] ~ 40[℃]
② -20[℃] ~ 40[℃]
③ 10[℃] ~ 50[℃]
④ -10[℃] ~ 50[℃]

073
충격전압시험 시의 표준충격파형을 $1.2 \times 50[\mu s]$로 나타내는 경우 1.2와 50이 뜻하는 것은?

① 파두장 - 파미장
② 최초섬락시간 - 최종섬락시간
③ 라이징타임 - 스테이블타임
④ 라이징타임 - 충격전압인가시간

074
다음 분진의 종류 중 폭연성 분진에 해당하는 것은?

① 합성수지
② 전분
③ 비전도성 카본블랙
④ 알루미늄

075
다음 (   ) 안에 알맞은 내용으로 옳은 것은?

A. 감전 시 인체에 흐르는 전류는 인가전압에 (㉠)하고 인체저항에 (㉡)한다.
B. 인체는 전류의 열작용 [(㉢)×(㉣)]이 어느 정도 이상이 되면 피해가 발생한다.

| 보기 |
가) 전류의 세기 I의 제곱   나) 반비례
다) 시간   라) 비례
마) 전압   바) 도체

① ㉠ 비례 ㉡ 반비례 ㉢ 전류의 세기 I의 제곱 ㉣ 시간
② ㉠ 비례 ㉡ 반비례 ㉢ 전압   ㉣ 시간
③ ㉠ 반비례 ㉡ 비례   ㉢ 전압   ㉣ 시간
④ ㉠ 반비례 ㉡ 비례   ㉢ 전류의 세기 I의 제곱 ㉣ 시간

076
다음 중 불꽃(Spark)방전의 발생 시 공기 중에 생성되는 물질은?

① O_2
② O_3
③ He
④ C

077
인체의 저항을 500[Ω]이라 할 때 단상 440[V]의 회로에서 누전으로 인한 감전재해를 방지할 목적으로 설치하는 누전차단기의 규격은?

① 30[mA], 0.1초
② 30[mA], 0.03초
③ 50[mA], 0.1초
④ 50[mA], 0.3초

078
인체가 땀 등에 의해 현저하게 젖어 있는 상태에서의 허용접촉전압은 얼마인가?

① 2.5[V] 이하 ② 25[V] 이하
③ 42[V] 이하 ④ 사람에 따라 다름

079
전기설비 내부에서 발생한 폭발이 설비주변에 존재하는 가연성 물질에 파급되지 않도록 한 구조는?

① 압력방폭구조 ② 내압방폭구조
③ 안전증방폭구조 ④ 유입방폭구조

080
저압전로의 보호도체 및 중성선의 접속 방식에 따른 접지계통의 분류가 아닌 것은?

① TC 계통 ② TT 계통
③ TN 계통 ④ IT 계통

화학설비 안전관리

081
다음 중 가연성 가스이며 독성가스에 해당하는 것은?

① 수소 ② 프로판
③ 산소 ④ 일산화탄소

082
「산업안전보건기준에 관한 규칙」에서 지정한 '화학설비 및 그 부속설비의 종류' 중 화학설비의 부속설비에 해당하는 것은?

① 응축기·냉각기·가열기 등의 열교환기류
② 반응기·혼합조 등의 화학물질 반응 또는 혼합장치
③ 펌프류·압축기 등의 화학물질 이송 또는 압축설비
④ 온도·압력·유량 등을 지시·기록하는 자동제어 관련 설비

083
에틸알코올 1몰이 완전연소 시 생성되는 CO_2와 H_2O의 몰수로 옳은 것은?

① CO_2: 1, H_2O: 4 ② CO_2: 2, H_2O: 3
③ CO_2: 3, H_2O: 2 ④ CO_2: 4, H_2O: 1

084
할론소화약제 중 Halon 2402의 화학식으로 옳은 것은?

① $C_2F_4Br_2$ ② $C_2H_4Br_2$
③ $C_2Br_4H_2$ ④ $C_2Br_4F_2$

085
다음 중 증기운폭발에 대한 설명으로 옳은 것은?
① 폭발효율은 BLEVE보다 크다.
② 증기운의 크기가 증가하면 점화 확률이 높아진다.
③ 증기운폭발의 방지대책으로 가장 좋은 방법은 점화방지용 안전장치의 설치이다.
④ 증기와 공기의 난류 혼합, 방출점으로부터 먼 지점에서 증기운의 점화는 폭발의 충격을 감소시킨다.

086
프로판(C_3H_8)의 연소에 필요한 최소 산소농도의 값은 약 얼마인가?(단, 프로판의 폭발하한은 Jone식에 의해 추산한다.)
① 8.1[vol%]
② 11.1[vol%]
③ 15.1[vol%]
④ 20.1[vol%]

087
다음 중 가연성 물질과 산화성 고체가 혼합하고 있을 때 연소에 미치는 현상으로 옳은 것은?
① 착화온도(발화점)가 높아진다.
② 최소점화에너지가 감소하며, 폭발의 위험성이 증가한다.
③ 가스나 가연성 증기의 경우 공기혼합보다 연소범위가 축소된다.
④ 공기 중에서보다 산화작용이 약하게 발생하여 화염온도가 감소하며 연소속도가 늦어진다.

088
Li과 Na에 관한 설명으로 틀린 것은?
① 두 금속 모두 실온에서 자연발화의 위험성이 있으므로 알코올 속에 저장해야 한다.
② 두 금속은 물과 반응하여 수소기체를 발생한다.
③ Li은 비중 값이 물보다 작다.
④ Na는 은백색의 무른 금속이다.

089
8[%] NaOH 수용액과 5[%] NaOH 수용액을 반응기에 혼합하여 6[%]인 100[kg]의 NaOH 수용액을 만들려면 각각 몇 [kg]의 NaOH 수용액이 필요한가?
① 5[%] NaOH 수용액: 50.5[kg], 8[%] NaOH 수용액 49.5[kg]
② 5[%] NaOH 수용액: 56.8[kg], 8[%] NaOH 수용액 43.2[kg]
③ 5[%] NaOH 수용액: 66.7[kg], 8[%] NaOH 수용액 33.3[kg]
④ 5[%] NaOH 수용액: 73.4[kg], 8[%] NaOH 수용액 26.6[kg]

090
물이 관 속을 흐를 때 유동하는 물 속의 어느 부분의 정압이 그때의 물의 증기압보다 낮을 경우 물이 증발하여 부분적으로 증기가 발생되어 배관의 부식을 초래하는 경우가 있다. 이러한 현상을 무엇이라 하는가?
① 서징(Surging)
② 공동현상(Cavitation)
③ 비말동반(Entrainment)
④ 수격작용(Water Hammering)

091
가스누출감지경보기의 선정기준, 구조 및 설치방법에 관한 설명으로 옳지 않은 것은?

① 암모니아를 제외한 가연성 가스 누출감지경보기는 방폭 성능을 갖는 것이어야 한다.
② 독성가스 누출감지경보기는 해당 독성가스 허용농도의 25[%] 이하에서 경보가 울리도록 설정하여야 한다.
③ 하나의 감지대상가스가 가연성이면서 독성인 경우에는 독성가스를 기준하여 가스누출감지경보기를 선정하여야 한다.
④ 건축물 내에 설치되는 경우, 감지대상가스의 비중이 공기보다 무거운 경우에는 건축물 내의 하부에 설치하여야 한다.

092
다음 중 자연발화의 방지법에 관계가 없는 것은?

① 점화원을 제거한다.
② 저장소 등의 주위 온도를 낮게 한다.
③ 습기가 많은 곳에는 저장하지 않는다
④ 통풍이나 저장법을 고려하여 열의 축적을 방지한다.

093
다음 중 가스연소의 지배적인 특성으로 가장 적합한 것은?

① 증발연소 ② 표면연소
③ 액면연소 ④ 확산연소

094
크롬에 대한 설명으로 옳은 것은?

① 은백색 광택이 있는 금속이다.
② 중독 시 미나마타병이 발병한다.
③ 비중이 물보다 작은 값을 나타낸다.
④ 3가 크롬이 인체에 가장 유해하다.

095
「산업안전보건법령」에서 정한 위험물질을 기준량 이상 제조, 취급, 사용 또는 저장하는 설비로서 내부의 이상상태를 조기에 파악하기 위하여 필요한 온도계, 유량계, 압력계 등의 계측장치를 설치하여야 하는 대상이 아닌 것은?

① 가열로 또는 가열기
② 증류·정류·증발·추출 등 분리를 하는 장치
③ 반응폭주 등 이상화학반응에 의하여 위험물질이 발생할 우려가 있는 설비
④ 300[℃] 이상의 온도 또는 게이지압력이 7[kg/cm²] 이상의 상태에서 운전하는 설비

096
건조설비의 구조는 구조부분, 가열장치, 부속설비로 구성된다. 이 중 구조부분에 속하는 것은 어느 것인가?

① 보온판 ② 열원장치
③ 소화장치 ④ 전기설비

097
다음 물질 중 물에 가장 잘 용해되는 것은?
① 아세톤 ② 벤젠
③ 톨루엔 ④ 휘발유

098
공기 중에서 폭발범위가 12.5~74[vol%] 인 일산화탄소의 위험도는 얼마인가?
① 4.92 ② 5.26
③ 6.26 ④ 7.05

099
다음 중 전기설비에 의한 화재에 사용할 수 없는 소화기의 종류는?
① 포소화기
② 이산화탄소소화기
③ 할로겐화합물소화기
④ 무상수(霧狀水)소화기

100
「산업안전보건법령」상 사업주가 인화성 액체 위험물을 액체 상태로 저장하는 저장탱크를 설치하는 경우에는 위험물질이 누출되어 확산되는 것을 방지하기 위하여 무엇을 설치하여야 하는가?
① Flame arrester ② Vent Stack
③ 긴급방출장치 ④ 방유제

건설공사 안전관리

101
콘크리트 타설을 위한 거푸집 및 동바리의 구조 검토 시 가장 선행되어야 할 작업은?
① 각 부재에 생기는 응력에 대하여 안전한 단면을 산정한다.
② 가설물에 작용하는 하중 및 외력의 종류, 크기를 산정한다.
③ 하중 및 외력에 의하여 각 부재에 생기는 응력을 구한다.
④ 사용할 거푸집 및 동바리의 설치간격을 결정한다.

102
터널붕괴를 방지하기 위한 지보공 점검사항과 가장 거리가 먼 것은?
① 부재의 긴압의 정도
② 부재의 손상·변형·부식·변위 탈락의 유무 및 상태
③ 기둥침하의 유무 및 상태
④ 경보장치의 작동상태

103
터널굴착 작업을 하는 때 미리 작성하여야 하는 작업계획서에 포함되어야 할 사항이 아닌 것은?

① 굴착의 방법
② 암석의 분할방법
③ 환기 또는 조명시설을 설치할 때에는 그 방법
④ 터널 지보공 및 복공의 시공방법과 용수의 처리방법

104
히빙(Heaving)현상의 방지대책으로 옳지 않은 것은?

① 흙막이 벽체의 근입깊이를 깊게 한다.
② 흙막이 벽체 배면의 지반을 개량하여 흙의 전단강도를 높인다.
③ 흙막이 배면의 토사를 제거하여 토압을 경감시킨다.
④ 주변 수위를 높인다.

105
콘크리트 타설작업을 할 때 준수하여야 할 사항으로 가장 거리가 먼 것은?

① 콘크리트 타설 전에 거푸집 및 동바리의 변형·변위 등을 점검하고 이상이 있는 경우 보수할 것
② 작업 중 거푸집 및 동바리의 이상 유무를 점검하여 이상을 발견한 경우에는 근로자를 대피시킬 것
③ 진동기의 사용은 많이 할수록 균일한 콘크리트를 얻을 수 있으므로 가급적 많이 사용할 것
④ 설계도서상의 콘크리트 양생기간을 준수하여 거푸집 및 동바리를 해체할 것

106
터널작업 시 자동경보장치에 대하여 당일의 작업시작 전 점검하여야 할 사항으로 옳지 않은 것은?

① 검지부의 이상 유무
② 조명시설의 이상 유무
③ 경보장치의 작동 상태
④ 계기의 이상 유무

107
터널 지보공을 조립하거나 변경하는 경우에 조치하여야 하는 사항으로 옳지 않은 것은?

① 목재의 터널 지보공은 그 터널 지보공의 각 부재의 긴압 정도가 위치에 따라 차이나도록 할 것
② 주재를 구성하는 1세트의 부재는 동일 평면 내에 배치할 것
③ 기둥에는 침하를 방지하기 위하여 받침목을 사용하는 등의 조치를 할 것
④ 강아치 지보공의 조립은 연결볼트 및 띠장 등을 사용하여 주재 상호 간을 튼튼하게 연결할 것

108
법면 붕괴에 의한 재해 예방조치로서 옳은 것은?

① 지표수와 지하수의 침투를 방지한다.
② 법면의 경사를 증가한다.
③ 절토 및 성토높이를 증가한다.
④ 토질의 상태에 관계없이 구배조건을 일정하게 한다.

109
추락방지용 방망 중 그물코의 크기가 10[cm]인 매듭방망 신품의 인장강도는 최소 몇 [kg] 이상이어야 하는가?

① 110
② 200
③ 360
④ 400

110
운반작업을 인력운반작업과 기계운반작업으로 분류할 때 기계운반작업으로 실시하기에 부적당한 대상은?

① 단순하고 반복적인 작업
② 표준화되어 있어 지속적이고 운반량이 많은 작업
③ 취급물의 형상, 성질, 크기 등이 다양한 작업
④ 취급물이 중량인 작업

111
터널 등의 건설작업을 하는 경우에 낙반 등에 의하여 근로자가 위험해질 우려가 있는 경우에 필요한 직접적인 조치사항과 거리가 먼 것은?

① 터널지보공 설치
② 부석의 제거
③ 울 설치
④ 록볼트 설치

112
다음은 강관을 사용하여 비계를 구성하는 경우에 대한 내용이다. 다음 (   ) 안에 들어갈 내용으로 옳은 것은?

비계기둥의 간격은 띠장 방향에서는 (   ), 장선 방향에서는 1.5[m] 이하로 할 것

① 1.5[m] 이하
② 1.8[m] 이하
③ 1.85[m] 이하
④ 2.0[m] 이하

113
건설공사 시공단계에 있어서 안전관리의 문제점에 해당되는 것은?

① 발주자의 조사, 설계 발주능력 미흡
② 용역자의 조사, 설계능력 부실
③ 발주자의 감독 소홀
④ 사용자의 시설 운영관리 능력 부족

114
다음 중 계측기의 설치 목적에 맞지 않는 것은?

① 지표침하계 – 지표면의 침하량 변화 측정
② 지하수위계 – 지반 내 지하수위 변화 측정
③ 하중계 – 상부 적재하중의 변화 측정
④ 지중경사계 – 지중의 수평변위 측정

115
철골작업을 할 때 악천후 시에는 작업을 중지하도록 하여야 한다. 다음 중 작업을 중지하여야 할 경우로 옳은 것은?

① 강우량 1.5[mm/h]
② 풍속 8[m/s]
③ 강설량 5[mm/h]
④ 지진 진도 1.0

116
토사붕괴에 따른 재해를 방지하기 위한 흙막이 지보공 부재로 옳지 않은 것은?

① 흙막이판
② 말뚝
③ 턴버클
④ 띠장

117
동바리의 침하를 방지하기 위한 직접적인 조치로 옳지 않은 것은?

① 수평연결재 사용
② 받침목이나 깔판의 사용
③ 콘크리트의 타설
④ 말뚝박기

118
철근콘크리트 구조물의 해체를 위한 장비가 아닌 것은?

① 램머(Rammer)
② 압쇄기
③ 철제 해머
④ 핸드 브레이커(Hand Breaker)

119
건물 외부에 낙하물방지망을 설치할 경우 수평면과의 가장 적절한 각도는?

① 10° 이상 20° 이하
② 20° 이상 30° 이하
③ 25° 이상 35° 이하
④ 35° 이상 45° 이하

120
강풍 시 타워크레인의 작업제한과 관련된 사항으로 타워크레인의 운전작업을 중지해야 하는 순간풍속 기준으로 옳은 것은?

① 순간풍속이 매초당 10[m] 초과
② 순간풍속이 매초당 15[m] 초과
③ 순간풍속이 매초당 30[m] 초과
④ 순간풍속이 매초당 40[m] 초과

실전 모의고사 3회

산업재해 예방 및 안전보건교육

001
다음 중 무재해운동의 기본이념 3원칙에 해당하지 않는 것은?

① 모든 재해에는 손실이 발생하므로 사업주는 근로자의 안전을 보장하여야 한다는 것을 전제로 한다.
② 위험을 발견, 제거하기 위하여 전원이 참가, 협력하여 각자의 위치에서 의욕적으로 문제해결을 실천하는 것을 뜻한다.
③ 직장 내의 모든 잠재위험요인을 적극적으로 사전에 발견·파악·해결함으로써 뿌리에서부터 산업재해를 제거하는 것을 말한다.
④ 무재해, 무질병의 직장을 실현하기 위하여 직장의 위험요인을 행동하기 전에 예지하여 발견·파악·해결함으로써 재해발생을 예방하거나 방지하는 것을 말한다.

002
안전교육에 있어서 동기부여방법으로 가장 거리가 먼 것은?
① 책임감을 느끼게 한다.
② 관리감독을 철저히 한다.
③ 자기 보존본능을 자극한다.
④ 물질적 이해관계에 관심을 두도록 한다.

003
파블로프(Pavlov)의 조건반사설에 의한 학습이론의 원리가 아닌 것은?
① 일관성의 원리   ② 계속성의 원리
③ 준비성의 원리   ④ 강도의 원리

004
아담스(Edward Adams)의 사고연쇄반응이론 중 관리자가 의사결정을 잘못하거나 감독자가 관리적 잘못을 하였을 때의 단계에 해당하는 것은?
① 사고   ② 작전적 에러
③ 관리구조   ④ 전술적 에러

005
레윈(Lewin)은 인간의 행동 특성을 다음과 같이 표현하였다. 변수 'E'가 의미하는 것으로 옳은 것은?

$$B = f(P \cdot E)$$

① 연령   ② 성격
③ 작업환경   ④ 지능

006
다음 중 안전보건교육의 단계별 종류에 해당하지 않는 것은?
① 지식교육 ② 기초교육
③ 태도교육 ④ 기능교육

007
「산업안전보건법령」상 산업안전보건위원회의 사용자위원에 해당되지 않는 사람은?(단, 해당위원이 사업장에 선임되어 있는 경우에 한한다.)
① 안전관리자 ② 보건관리자
③ 산업보건의 ④ 명예산업안전감독관

008
관리그리드 이론에서 인간관계 유지에는 낮은 관심을 보이지만 과업에 대해서는 높은 관심을 가지는 리더십의 유형에 해당하는 것은?
① (1,1)형 ② (1,9)형
③ (9,1)형 ④ (9,9)형

009
근로자 1,000명 이상의 대규모 사업장에 적합한 안전관리 조직의 유형은?
① 직계식 조직 ② 참모식 조직
③ 병렬식 조직 ④ 직계참모식 조직

010
적응기제(適應機制; Adjustment Mechanism)의 종류 중 도피적 기제(행동)에 속하지 않는 것은?
① 고립 ② 퇴행
③ 억압 ④ 합리화

011
교육계획 수립 시 가장 먼저 실시하여야 하는 것은?
① 교육내용의 결정
② 실행교육계획서 작성
③ 교육의 요구사항 파악
④ 교육실행을 위한 순서, 방법, 자료의 검토

012
「산업안전보건법령」상 안전보건관리책임자 등에 대한 교육시간 기준으로 틀린 것은?
① 보건관리자, 보건관리전문기관의 종사자 보수교육 : 24시간 이상
② 안전관리자, 안전관리전문기관의 종사자 신규교육 : 34시간 이상
③ 안전보건관리책임자 보수교육 : 6시간 이상
④ 건설재해예방전문지도기관의 종사자 신규교육 : 24시간 이상

013
상황성 누발자의 재해유발원인이 아닌 것은?

① 심신의 근심 ② 작업의 어려움
③ 도덕성의 결여 ④ 기계설비의 결함

014
안전교육의 내용에 있어 다음 설명과 가장 관계가 깊은 것은?

- 교육대상자가 그것을 스스로 행함으로 얻어진다.
- 개인의 반복적 시행착오에 의해서만 얻어진다.

① 안전지식의 교육 ② 안전기능의 교육
③ 문제해결의 교육 ④ 안전태도의 교육

015
기업 내 정형교육 중 TWI(Training Within Industry)의 교육내용에 있어 직장 내 부하직원에 대하여 가르치는 기술과 관련이 가장 깊은 것은?

① JIT(Job Instruction Training)
② JMT(Job Method Training)
③ JRT(Job Relation Training)
④ JST(Job Safety Training)

016
다음 재해사례에서 기인물에 해당하는 것은?

기계작업에 배치된 작업자가 반장의 지시를 받기 전에 정지된 선반을 운전시키면서 변속치차의 덮개를 벗겨내고 치차를 저속으로 운전하면서 급유하려고 할 때 오른손이 변속치차에 맞물려 손가락이 절단되었다.

① 덮개 ② 급유
③ 선반 ④ 변속치차

017
기술교육의 형태 중 듀이(J. Dewey)의 사고과정 5단계에 해당하지 않는 것은?

① 추론한다. ② 시사를 받는다.
③ 가설을 설정한다. ④ 가슴으로 생각한다.

018
다음 중 「산업안전보건법령」상 중대재해에 해당되지 않는 것은?

① 3개월 이상의 요양을 요하는 부상자가 동시에 2명 이상 발생한 재해
② 직업성 질병자가 동시에 5명 이상 발생한 재해
③ 부상자가 동시에 10명 이상 발생한 재해
④ 사망자가 1명 이상 발생한 재해

019
다음 중 안전교육 지도안의 4단계에 해당되지 않는 것은?

① 도입 ② 적용
③ 제시 ④ 보상

020
다음 중 안전모의 성능시험에 있어서 AE, ABE종에만 한하여 실시하는 시험은?

① 내관통성시험, 충격흡수성시험
② 난연성시험, 내수성시험
③ 난연성시험, 내전압성시험
④ 내전압성시험, 내수성시험

인간공학 및 위험성평가·관리

021
다음 설명 중 ㉠과 ㉡에 해당하는 내용이 올바르게 연결된 것은?

보기
예비위험분석(PHA)의 식별된 4가지 사고 카테고리 중 작업자의 부상 및 시스템의 중대한 손해를 초래하거나 작업자의 생존 및 시스템의 유지를 위하여 즉시 수정 조치를 필요로 하는 상태를 (㉠), 작업자의 부상 및 시스템의 중대한 손해를 초래하지 않고 대처 또는 제어할 수 있는 상태를 (㉡)(이)라 한다.

① ㉠-파국적, ㉡-중대
② ㉠-중대, ㉡-파국적
③ ㉠-한계적, ㉡-중대
④ ㉠-중대, ㉡-한계적

022
부품 배치의 원칙 중 기능적으로 관련된 부품들을 모아서 배치한다는 원칙은?

① 중요성의 원칙
② 사용 빈도의 원칙
③ 사용 순서의 원칙
④ 기능별 배치의 원칙

023
보기의 실내면에서 빛의 반사율이 낮은 곳에서부터 높은 순서대로 나열한 것은?

보기
A: 바닥 B: 천장 C: 가구 D: 벽

① A<B<C<D
② A<C<B<D
③ A<C<D<B
④ A<D<C<B

024
다음 중 안전점검의 목적으로 볼 수 없는 것은?

① 사고원인을 찾아 재해를 미연에 방지하기 위함이다.
② 작업자의 잘못된 부분을 점검하여 책임을 부여하기 위함이다.
③ 재해의 재발을 방지하여 사전대책을 세우기 위함이다.
④ 현장의 불안전 요인을 찾아 계획에 적절히 반영시키기 위함이다.

025
다음 중 인간-기계 시스템을 3가지로 분류한 설명으로 틀린 것은?

① 자동 시스템에서는 인간요소를 고려하여야 한다.
② 자동 시스템에서 인간은 감시, 정비유지, 프로그램 등의 작업을 담당한다.
③ 수동 시스템에서 기계는 동력원을 제공하고 인간의 통제하에서 제품을 생산한다.
④ 기계 시스템에서는 동력기계화 체계와 고도로 통합된 부품으로 구성된다.

026
다음 중 소음 발생에 있어 음원에 대한 대책으로 볼 수 없는 것은?

① 설비의 격리
② 적절한 재배치
③ 저소음 설비 사용
④ 귀마개 및 귀덮개 사용

027
NIOSH Lifting Guideline에서 권장무게한계(RWL) 산출에 사용되는 계수가 아닌 것은?

① 휴식계수
② 수평계수
③ 수직계수
④ 비대칭계수

028
다음 중 동작의 효율을 높이기 위한 동작경제의 원칙으로 볼 수 없는 것은?

① 신체 사용에 관한 원칙
② 작업장 배치에 관한 원칙
③ 복수 작업자 활용에 관한 원칙
④ 공구 및 설비 디자인에 관한 원칙

029
[보기]는 화학설비의 안전성 평가 단계를 간략히 나열한 것이다. 다음 중 평가단계 순서를 올바르게 나타낸 것은?

보기
㉠ 관계자료의 작성준비 ㉡ 정량적 평가
㉢ 정성적 평가 ㉣ 안전대책 수립

① ㉠ → ㉢ → ㉡ → ㉣
② ㉠ → ㉡ → ㉣ → ㉢
③ ㉠ → ㉢ → ㉣ → ㉡
④ ㉠ → ㉡ → ㉢ → ㉣

030
태양광선이 내리쬐는 옥외 장소의 자연습구온도 25[℃], 흑구온도 20[℃], 건구온도 28[℃]일 때, 습구흑구온도지수[℃]는?

① 21.8[℃]
② 24.3[℃]
③ 26.1[℃]
④ 26.6[℃]

031
다음 중 작동 중인 전자레인지의 문을 열면 작동이 자동으로 멈추는 기능과 가장 관련이 깊은 오류방지 기능은?

① Lock-in
② Lock-out
③ Inter-lock
④ Shift-lock

032
암호체계의 사용상에 있어서, 일반적인 지침에 포함되지 않는 것은?

① 암호의 검출성
② 부호의 양립성
③ 암호의 표준화
④ 암호의 단일 차원화

033
다음 중 생산설비의 보전작업의 종류와 그 설명이 옳지 않은 것은?

① 예방보전: 고장이 생기기 전에 주기적으로 실시하는 보전활동으로, 적정주기를 정하고 그 주기에 따라 수리·교환한다.
② 예비보전: 설계에서 폐기에 이르기까지 기계설비의 전과정에서 소요되는 설비의 열화손실과 보전비용을 최소화하여 생산성을 향상시키는 보전방법을 말한다.
③ 일상보전: 설비의 열화를 방지하고 그 진행을 지연시켜 수명을 연장하기 위한 보전을 말한다.
④ 사후보전: 생산설비, 장치 또는 기기의 기능저하나 기능정지가 발생된 후에 보수나 교환을 하는 보전활동을 말한다.

034
다음 중 인간이 감지할 수 있는 외부의 물리적 자극변화의 최소범위는 기준이 되는 자극의 크기에 비례하는 현상을 설명한 이론은?

① 웨버(Weber) 법칙
② 피츠(Fitts) 법칙
③ 신호검출이론(SDT)
④ 힉-하이만(Hick-Hyman) 법칙

035
A사의 안전관리자는 자사 화학설비의 안전성 평가를 위해 제2단계인 정성적 평가를 진행하기 위하여 평가항목 대상을 분류하였다. 다음 주요 평가항목 중에서 성격이 다른 것은?

① 건조물
② 공장 내 배치
③ 입지조건
④ 원재료, 중간제품

036
위험 및 운전성 검토(HAZOP)에서의 전제조건으로 틀린 것은?

① 두 개 이상의 기기고장이나 사고는 일어나지 않는다.
② 조작자는 위험상황이 일어났을 때 그것을 인식할 수 있다.
③ 안전장치는 필요할 때 정상 동작하지 않는 것으로 간주한다.
④ 장치 자체는 설계 및 제작사양에 맞게 제작된 것으로 간주한다.

037
인간공학을 기업에 적용할 때의 기대효과로 볼 수 없는 것은?

① 노사 간의 신뢰 저하
② 작업손실시간의 감소
③ 제품과 작업의 질 향상
④ 작업자의 건강 및 안전 향상

038
인간공학 연구조사에 사용되는 기준의 구비조건과 가장 거리가 먼 것은?

① 다양성
② 적절성
③ 무오염성
④ 기준 척도의 신뢰성

039
다음 중 적정온도에서 추운 환경으로 바뀔 때의 현상으로 틀린 것은?

① 직장의 온도가 약간 올라간다.
② 피부의 온도가 내려간다.
③ 몸이 떨리고 소름이 돋는다.
④ 피부를 경유하는 혈액 순환량이 증가한다.

040
다음 중 의자 설계의 일반적인 원리로 옳지 않은 것은?

① 추간판의 압력을 줄인다.
② 등근육의 정적 부하를 줄인다.
③ 쉽게 조절할 수 있도록 한다.
④ 고정된 자세로 장시간 유지되도록 한다.

기계·기구 및 설비 안전관리

041
기계설비의 안전조건 중 구조의 안전화에 대한 설명으로 가장 거리가 먼 것은?

① 기계재료의 선정 시 재료 자체에 결함이 없는지 철저히 확인한다.
② 사용 중 재료의 강도가 열화 될 것을 감안하여 설계 시 안전율을 고려한다.
③ 기계작동 시 기계의 오동작을 방지하기 위하여 오동작 방지 회로를 적용한다.
④ 가공 경화와 같은 가공결함이 생길 우려가 있는 경우는 열처리 등으로 결함을 방지한다.

042
다음 중 「산업안전보건법령」상 지게차의 헤드가드가 갖추어야 하는 사항으로 틀린 것은?

① 강도는 지게차의 최대하중의 2배 값(4톤을 넘는 값에 대해서는 4톤으로 함)의 등분포정하중에 견딜 수 있을 것
② 상부틀의 각 개구의 폭 또는 길이가 20[cm] 이상일 것
③ 운전자가 앉아서 조작하는 방식의 지게차의 경우에는 운전자의 좌석 윗면에서 헤드가드의 상부틀 아랫면까지의 높이가 0.903[m] 이상일 것
④ 운전자가 서서 조작하는 방식의 지게차의 경우에는 운전석의 바닥면에서 헤드가드의 상부틀 하면까지의 높이가 1.88[m] 이상일 것

043
다음 중 롤러기에 사용되는 급정지장치의 급정지거리 기준으로 옳은 것은?

① 앞면 롤러의 표면속도가 30[m/min] 미만이면 급정지거리는 앞면 롤러 직경의 1/3 이내이어야 한다.
② 앞면 롤러의 표면속도가 30[m/min] 이상이면 급정지거리는 앞면 롤러 직경의 1/3 이내이어야 한다.
③ 앞면 롤러의 표면속도가 30[m/min] 미만이면 급정지거리는 앞면 롤러 원주의 1/3 이내이어야 한다.
④ 앞면 롤러의 표면속도가 30[m/min] 이상이면 급정지거리는 앞면 롤러 원주의 1/3 이내이어야 한다.

044
연삭숫돌의 기공 부분이 너무 작거나, 연질의 금속을 연마할 때에 숫돌표면의 공극이 연삭칩에 막혀서 연삭이 잘 행하여지지 않는 현상을 무엇이라고 하는가?

① 자생 현상
② 드레싱 현상
③ 그레이징 현상
④ 눈메꿈 현상

045
「산업안전보건법령」상 강렬한 소음작업에서 데시벨에 따른 노출시간으로 적합하지 않은 것은?

① 105[dB] 이상의 소음이 1일 1시간 이상 발생하는 작업
② 115[dB] 이상의 소음이 1일 15분 이상 발생하는 작업
③ 120[dB] 이상의 소음이 1일 7분 이상 발생하는 작업
④ 90[dB] 이상의 소음이 1일 8시간 이상 발생하는 작업

046
「산업안전보건법령」상 탁상용 연삭기의 덮개는 작업 받침대와 연삭숫돌과의 간격을 몇 [mm] 이하로 조정할 수 있어야 하는가?

① 3
② 4
③ 5
④ 10

047
자동화 설비를 사용하고자 할 때 기능의 안전화를 위하여 검토할 사항으로 거리가 가장 먼 것은?

① 재료 및 가공 결함에 의한 오작동
② 사용압력 변동 시의 오작동
③ 전압강하 및 정전에 따른 오작동
④ 단락 또는 스위치 고장 시의 오작동

048
무부하 상태에서 지게차로 20[km/h]의 속도로 주행할 때, 좌우 안정도는 몇 [%] 이내이어야 하는가?

① 35
② 37
③ 39
④ 41

049
다음 중 기계설계 시 사용되는 안전계수를 나타내는 식으로 틀린 것은?

① $\dfrac{허용응력}{기초강도}$
② $\dfrac{극한강도}{허용응력}$
③ $\dfrac{파단하중}{안전하중}$
④ $\dfrac{파괴하중}{사용하중}$

050
검사물 표면의 균열이나 피트 등의 결함을 비교적 간단하고 신속하게 검출할 수 있고, 특히 비자성 금속재료의 검사에 자주 이용되는 비파괴검사법은?

① 침투탐상검사
② 초음파탐상검사
③ 자기탐상검사
④ 방사선투과검사

051
「산업안전보건법령」상 다음 중 보일러의 방호장치와 가장 거리가 먼 것은?

① 언로드밸브
② 압력방출장치
③ 압력제한스위치
④ 고저수위 조절장치

052
다음 중 방사선투과검사가 가장 적합한 활용분야는?

① 변형률 측정
② 완제품의 표면결함 검사
③ 재료 및 기기의 계측 검사
④ 재료 및 용접부의 내부결함 검사

053
다음의 설명에 해당하는 기계는?

- 칩이 가늘고 예리하며 손을 잘 다치게 한다.
- 주로 평면공작물을 절삭 가공하나, 더브테일 가공이나 나사 가공 등의 복잡한 가공도 가능하다.
- 장갑은 착용을 금하고, 보안경을 착용해야 한다.

① 선반
② 플레이너
③ 밀링
④ 연삭기

054
다음 중 소음방지대책으로 가장 적절하지 않은 것은?

① 소음의 통제
② 소음의 적응
③ 흡음재 사용
④ 보호구 착용

055
다음 설명은 보일러의 장해 원인 중 어느 것에 해당되는가?

> 보일러 수중에 용해고형분이나 수분이 발생, 증기 중에 다량 함유되어 증기의 순도를 저하시킴으로써 관내 응축수가 생겨 워터해머의 원인이 되고 증기과열기나 터빈 등의 고장의 원인이 된다.

① 프라이밍(Priming)
② 포밍(Foaming)
③ 캐리오버(Carry Over)
④ 역화(Back Fire)

056
「산업안전보건법령」에 따라 사다리식 통로를 설치하는 경우 준수하여야 하는 사항으로 틀린 것은?
① 사다리식 통로의 기울기는 60° 이하로 할 것
② 발판과 벽과의 사이는 15[cm] 이상의 간격을 유지할 것
③ 사다리의 상단은 걸쳐놓은 지점으로부터 60[cm] 이상 올라가도록 할 것
④ 사다리식 통로의 길이가 10[m] 이상인 경우에는 5[m] 이내마다 계단참을 설치할 것

057
「산업안전보건법령」상 공기압축기를 가동할 때 작업시작 전 점검사항에 해당하지 않는 것은?
① 윤활유의 상태
② 회전부의 덮개 또는 울
③ 과부하방지장치의 작동 유무
④ 공기저장 압력용기의 외관 상태

058
다음 중 밀링작업 시 하향절삭의 장점에 해당되지 않는 것은?
① 일감의 고정이 간편하다.
② 일감의 가공면이 깨끗하다.
③ 이송기구의 백래시(Backlash)가 자연히 제거된다.
④ 밀링커터의 날이 마찰작용을 하지 않으므로 수명이 길다.

059
다음 중 산업용 로봇작업에 의한 작업 시 안전조치사항으로 적절하지 않은 것은?
① 사업주는 로봇의 운전으로 인하여 근로자에게 발생할 수 있는 부상 등의 위험을 방지하기 위하여 높이 1.8[m] 이상의 울타리를 설치하여야 한다.
② 작업을 하고 있는 동안 로봇의 기동스위치 등은 작업에 종사하고 있는 근로자가 아닌 사람이 그 스위치 등을 조작할 수 없도록 필요한 조치를 한다.
③ 로봇의 조작방법 및 순서, 작업 중의 매니퓰레이터의 속도 등에 관한 지침에 따라 작업을 하여야 한다.
④ 작업에 종사하는 근로자가 이상을 발견하면, 관리감독자에게 우선 보고하고, 지시에 따라 로봇의 운전을 정지시킨다.

060
초음파탐상법의 종류에 해당하지 않는 것은?
① 반사식
② 투과식
③ 공진식
④ 침투식

전기설비 안전관리

061
방폭전기기기의 등급에서 위험장소의 등급분류에 해당되지 않는 것은?
① 3종 장소
② 2종 장소
③ 1종 장소
④ 0종 장소

062
인체의 표면적이 0.5[m²]이고 정전용량은 0.02[pF/cm²]이다. 3,300[V]의 전압이 인가되어 있는 전선에 접근하여 작업을 할 때 인체에 축적되는 정전기 에너지[J]는?
① 5.445×10^{-2}
② 5.445×10^{-4}
③ 2.723×10^{-2}
④ 2.723×10^{-4}

063
「한국전기설비규정」에 따라 보호등전위본딩 도체로서 주접지단자에 접속하기 위한 등전위본딩 도체(구리도체)의 단면적은 몇 [mm²] 이상이어야 하는가?(단, 등전위본딩 도체는 설비 내에 있는 가장 큰 보호접지 도체 단면적의 1/2 이상의 단면적을 가지고 있다.)

① 2.5
② 6
③ 16
④ 50

064
교류아크용접기의 자동전격장치는 전격의 위험을 방지하기 위하여 아크 발생이 중단된 후 약 1초 이내에 출력 측 무부하 전압을 자동적으로 몇 [V] 이하로 저하시켜야 하는가?

① 85
② 70
③ 50
④ 25

065
「산업안전보건기준에 관한 규칙」 제319조에 따라 감전될 우려가 있는 장소에서 작업을 하기 위해서는 전로를 차단하여야 한다. 전로 차단을 위한 시행 절차 중 틀린 것은?

① 전기기기 등에 공급되는 모든 전원을 관련 도면, 배선도 등으로 확인
② 각 단로기를 개방한 후 전원 차단
③ 단로기 개방 후 차단장치나 단로기 등에 잠금장치 및 꼬리표를 부착
④ 잔류전하 방전 후 검전기를 이용하여 작업 대상기기가 충전되어 있는지 확인

066
전기설비에 접지를 하는 목적에 대하여 틀린 것은?

① 누설전류에 의한 감전방지
② 낙뢰에 의한 피해방지
③ 지락사고 시 대지전위 상승유도 및 절연강도 증가
④ 지락사고 시 보호계전기 신속동작

067
KS C IEC 60079-0에 따른 방폭기기에 대한 설명이다. 다음 빈칸에 들어갈 알맞은 용어는?

(ⓐ)은 EPL로 표현되며 점화원이 될 수 있는 가능성에 기초하며 기기에 부여된 보호등급이다. EPL의 등급 중 (ⓑ)는 정상 작동, 예상된 오작동, 드문 오작동 중에 점화원이 될 수 없는 "매우 높은" 보호 등급의 기기이다.

① ⓐ Explosion Protection Level, ⓑ EPL Ga
② ⓐ Explosion Protection Level, ⓑ EPL Gc
③ ⓐ Equipment Protection Level, ⓑ EPL Ga
④ ⓐ Equipment Protection Level, ⓑ EPL Gc

068
감전 등의 재해를 예방하기 위하여 고압기계·기구 주위에 관계자 외 출입을 금하도록 울타리를 설치할 때 울타리의 높이와 울타리로부터 충전부분까지의 거리의 합이 최소 몇 [m] 이상은 되어야 하는가? (단, 사용전압은 35[kV] 이하이다.)

① 5[m] 이상
② 6[m] 이상
③ 7[m] 이상
④ 9[m] 이상

069
유자격자가 아닌 근로자가 방호되지 않은 충전전로 인근의 높은 곳에서 작업할 때에 근로자의 몸은 충전전로에서 몇 [cm] 이내로 접근할 수 없도록 하여야 하는가?(단, 대지전압이 50[kV]이다.)

① 50
② 100
③ 200
④ 300

070
피뢰침의 제한전압이 800[kV], 충격절연강도가 1,260[kV]라 할 때, 보호여유도는 몇 [%]인가?

① 33.33
② 47.33
③ 57.5
④ 63.5

071
다음 중 전기화재의 주요 원인이라고 할 수 없는 것은?

① 절연전선의 열화
② 정전기 발생
③ 과전류 발생
④ 절연저항값의 증가

072
다른 두 물체가 접촉할 때 접촉 전위차가 발생하는 원인으로 옳은 것은?

① 두 물체의 온도의 차
② 두 물체의 습도의 차
③ 두 물체의 밀도의 차
④ 두 물체의 일함수의 차

073
다음 그림은 심장맥동주기를 나타낸 것이다. T파는 어떤 경우인가?

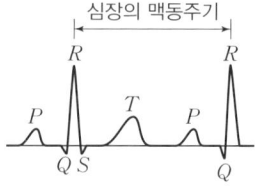

① 심방의 수축에 따른 파형
② 심실의 수축에 따른 파형
③ 심실의 휴식 시 발생하는 파형
④ 심방의 휴식 시 발생하는 파형

074
전로에 지락이 생겼을 때에 자동적으로 전로를 차단하는 장치를 시설해야 하는 전기기계의 사용전압 기준은?(단, 금속제 외함을 가지는 저압의 기계·기구로서 사람이 쉽게 접촉할 우려가 있는 곳에 시설되어 있다.)

① 30[V] 초과
② 50[V] 초과
③ 90[V] 초과
④ 150[V] 초과

075
방폭전기설비의 용기 내부에 보호가스를 압입하여 내부 압력을 유지함으로써 폭발성 가스 또는 증기가 내부로 유입하지 않도록 된 방폭구조는?

① 내압방폭구조
② 압력방폭구조
③ 안전증방폭구조
④ 유입방폭구조

076
내압(耐壓)방폭구조의 화염일주한계를 작게 하는 이유로 가장 알맞은 것은?

① 최소점화에너지를 높게 하기 위하여
② 최소점화에너지를 낮게 하기 위하여
③ 최소점화에너지 이하로 열을 식히기 위하여
④ 최소점화에너지 이상으로 열을 높이기 위하여

077
인입개폐기를 개방하지 않고 전등용 변압기 1차 측 COS만 개방 후 전등용 변압기 접속용 볼트 작업 중 동력용 COS에 접촉, 사망한 사고에 대한 원인으로 가장 거리가 먼 것은?

① 안전장구 미사용
② 동력용 변압기 COS 미개방
③ 전등용 변압기 2차 측 COS 미개방
④ 인입구 개폐기 미개방한 상태에서 작업

078
다음은 어떤 방전에 대한 설명인가?

> 대전이 큰 엷은 층상의 부도체를 박리할 때 또는 엷은 층상의 대전된 부도체의 뒷면에 밀접한 접지체가 있을 때 표면에 연한 복수의 수지상 발광을 수반하며 발생하는 방전

① 코로나방전
② 뇌상방전
③ 연면방전
④ 불꽃방전

079
전로에 시설하는 기계·기구의 철대 및 금속제 외함에 접지공사를 생략할 수 없는 경우는?

① 30[V] 이하의 기계·기구를 건조한 곳에 시설하는 경우
② 물기 없는 장소에 설치하는 저압용 기계·기구를 위한 전로에 정격감도전류 40[mA] 이하, 동작시간 2초 이하의 전류동작형 누전차단기를 시설하는 경우
③ 철대 또는 외함의 주위에 적당한 절연대를 설치하는 경우
④ 「전기용품 및 생활용품 안전관리법」의 적용을 받는 이중 절연구조로 되어 있는 기계·기구를 시설하는 경우

080
방폭구조와 관계 있는 위험특성이 아닌 것은?

① 발화온도
② 증기밀도
③ 화염일주한계
④ 최소점화전류

화학설비 안전관리

081
폭발하한계에 관한 설명으로 옳지 않은 것은?

① 폭발하한계에서 화염의 온도는 최저치로 된다.
② 폭발하한계에 있어서 산소는 연소하는 데 과잉으로 존재한다.
③ 화염이 하향전파인 경우 일반적으로 온도가 상승함에 따라서 폭발하한계는 높아진다.
④ 폭발하한계는 가스 등이 공기 중에서 점화원에 의해 착화되어 화염이 전파되는 최소 농도이다.

082
다음 중 파열판과 스프링식 안전밸브를 직렬로 설치해야 할 경우가 아닌 것은?

① 부식성 물질로부터 스프링식 안전밸브를 보호할 때
② 독성이 매우 강한 물질을 취급 시 완벽하게 격리를 할 때
③ 스프링식 안전밸브에 막힘을 유발시킬 수 있는 슬러리를 방출시킬 때
④ 릴리프 장치가 작동 후 방출라인이 개방되어야 할 때

083
다음 중 펌프의 사용 시 공동현상(Cavitation)을 방지하고자 할 때의 조치사항으로 틀린 것은?

① 펌프의 회전수를 높인다.
② 흡입비 속도를 작게 한다.
③ 펌프의 흡입관의 두(Head) 손실을 줄인다.
④ 펌프의 설치높이를 낮추어 흡입양정을 짧게 한다.

084
대기압에서 사용하나 증발에 의한 액체의 손실을 방지함과 동시에 액면 위의 공간에 폭발성 위험가스를 형성할 위험이 적은 구조의 저장탱크는?

① 유동형 지붕 탱크   ② 원추형 지붕 탱크
③ 원통형 저장 탱크   ④ 구형 저장탱크

085
뜨거운 금속에 물이 닿으면 튀는 현상과 같이 핵비등(Nucleate Boiling) 상태에서 막비등(Film Boiling)으로 이행하는 온도를 무엇이라 하는가?

① Burn-out Point
② Leidenfrost Point
③ Entrainment Point
④ Sub-cooling Boiling Point

086
단위공정시설 및 설비로부터 다른 단위공정시설 및 설비 사이의 안전거리는 설비의 바깥면부터 얼마 이상이 되어야 하는가?

① 5[m]   ② 10[m]
③ 15[m] ④ 20[m]

087
다음 중 「산업안전보건법령」상 물질안전보건자료 작성 시 포함되어 있는 주요 작성항목이 아닌 것은?

① 법적 규제 현황
② 폐기 시 주의사항
③ 주요 구입 및 폐기처
④ 화학제품과 회사에 관한 정보

088
다음 중 분진폭발에 관한 설명으로 틀린 것은?

① 폭발한계 내에서 분진의 휘발성분이 많으면 폭발 위험성이 높다.
② 분진이 발화 폭발하기 위한 조건은 가연성, 미분상태, 공기 중에서의 교반과 유동 및 점화원의 존재이다.
③ 가스폭발과 비교하여 연소의 속도나 폭발의 압력이 크고, 연소시간이 짧으며, 발생에너지가 작다.
④ 폭발한계는 입자의 크기, 입도분포, 산소농도, 함유수분, 가연성가스의 혼입 등에 의해 같은 물질의 분진에서도 달라진다.

089
아세틸렌에 관한 설명으로 옳지 않은 것은?

① 철과 반응하여 폭발성 아세틸라이드를 생성한다.
② 폭굉의 경우 발생압력이 초기압력의 20~50배에 이른다.
③ 분해반응은 발열량이 크며 화염온도는 3,100[℃]에 이른다.
④ 용단 또는 가열작업 시 127[kPa] 이상의 압력을 초과하여서는 안 된다.

090
고온에서 완전 열분해하였을 때 산소를 발생하는 물질은?

① 황화수소 ② 과염소산칼륨
③ 메틸리튬 ④ 적린

091
폭발을 기상폭발과 응상폭발로 분류할 때 다음 중 기상폭발에 해당되지 않는 것은?

① 분진폭발 ② 혼합가스폭발
③ 분무폭발 ④ 수증기폭발

092
다음 중 종이, 목재, 섬유류 등에 의하여 발생한 화재의 화재급수로 옳은 것은?

① A급 ② B급
③ C급 ④ D급

093
다음 중 노출기준(TWA, [ppm]) 값이 가장 작은 물질은?

① 염소 ② 암모니아
③ 에탄올 ④ 메탄올

094
다음 중 산화성 물질의 저장·취급에 있어서 고려하여야 할 사항과 가장 거리가 먼 것은?

① 습한 곳에 밀폐하여 저장할 것
② 내용물이 누출되지 않도록 할 것
③ 분해를 촉진하는 약품류와 접촉을 피할 것
④ 가열·충격·마찰 등 분해를 일으키는 조건을 주지 말 것

095
아세톤에 대한 설명으로 틀린 것은?

① 증기는 유독하므로 흡입하지 않도록 주의해야 한다.
② 무색이고 휘발성이 강한 액체이다.
③ 비중이 0.79이므로 물보다 가볍다.
④ 인화점이 20[℃]이므로 여름철에 인화 위험이 더 높다.

096
다음 중 폭발 방호(Explosion Protection)대책과 가장 거리가 먼 것은?

① 불활성화(Inerting)
② 억제(Suppression)
③ 방산(Venting)
④ 봉쇄(Containment)

097
「산업안전보건법령」에 의한 위험물질의 종류와 해당 물질이 올바르게 짝지어진 것은?

① 인화성 가스 - 암모니아
② 폭발성 물질 및 유기과산화물 - 칼륨·나트륨
③ 산화성 액체 및 산화성 고체 - 질산 및 그 염류
④ 물반응성 물질 및 인화성 고체 - 질산에스테르류

098
아세틸렌 용접장치에 설치하여야 하는 안전기의 설치요령으로 옳지 않은 것은?

① 안전기를 취관마다 설치한다.
② 주관에만 안전기 하나를 설치한다.
③ 발생기와 분리된 용접장치에는 가스저장소와의 사이에 안전기를 설치한다.
④ 주관 및 취관에 가장 가까운 분기관마다 안전기를 부착할 경우 용접장치의 취관마다 안전기를 설치하지 않아도 된다.

099
다음 중 최소발화에너지가 가장 작은 가연성 가스는?

① 수소
② 메탄
③ 에탄
④ 프로판

100
증기 배관 내에 생성되는 응축수를 제거할 때 증기가 배출되지 않도록 하면서 응축수를 자동적으로 배출하기 위한 장치를 무엇이라 하는가?

① Vent stack
② Steam trap
③ Blow down
④ Relief valve

건설공사 안전관리

101
부두·안벽 등 하역작업을 하는 장소에서 부두 또는 안벽의 선을 따라 통로를 설치하는 경우에는 폭을 최소 얼마 이상으로 하여야 하는가?

① 85[cm]
② 90[cm]
③ 100[cm]
④ 120[cm]

102
백호우(Backhoe)의 운행방법에 대한 설명으로 옳지 않은 것은?

① 경사로나 연약지반에서는 무한궤도식보다는 타이어식이 안전하다.
② 작업계획서를 작성하고 계획에 따라 작업을 실시하여야 한다.
③ 작업장소의 지형 및 지반상태 등에 적합한 제한속도를 정하고 운전자로 하여금 이를 준수하도록 하여야 한다.
④ 작업 중 승차석 외의 위치에 근로자를 탑승시켜서는 안 된다.

103
중량물 운반 시 크레인에 매달아 올릴 수 있는 최대하중으로부터 달아올리기 기구의 중량에 상당하는 하중을 제외한 하중은?

① 정격하중
② 적재하중
③ 임계하중
④ 작업하중

104
건축공사로서 대상액이 5억 원 이상 50억 원 미만인 경우에 산업안전보건관리비의 비율(가) 및 기초액(나)으로 옳은 것은?

① (가) 비율: 2.28[%], (나) 기초액: 4,325,000원
② (가) 비율: 2.53[%], (나) 기초액: 3,300,000원
③ (가) 비율: 3.05[%], (나) 기초액: 2,975,000원
④ (가) 비율: 1.59[%], (나) 기초액: 2,450,000원

105
유해위험방지계획서 제출 대상 공사로 볼 수 없는 것은?

① 지상 높이가 31[m] 이상인 건축물의 건설공사
② 터널건설공사
③ 깊이 10[m] 이상인 굴착공사
④ 교량의 전체 길이가 40[m] 이상인 다리의 건설공사

106
공사진척에 따른 공정률이 다음과 같을 때 산업안전보건관리비 사용기준으로 옳은 것은?(단, 공정률은 기성공정률을 기준으로 함)

공정률: 70[%] 이상, 90[%] 미만

① 50[%] 이상
② 60[%] 이상
③ 70[%] 이상
④ 80[%] 이상

107
토석붕괴의 원인 중 외적 원인에 해당되지 않는 것은?

① 토석의 강도 저하
② 작업진동 및 반복하중의 증가
③ 사면, 법면의 경사 및 기울기의 증가
④ 절토 및 성토 높이의 증가

108
지반조건에 따른 지반개량공법 중 점성토 개량공법과 가장 거리가 먼 것은?

① 바이브로 플로테이션공법
② 치환공법
③ 압밀공법
④ 생석회 말뚝 공법

109
비계의 높이가 2[m] 이상인 작업장소에 설치하는 작업발판의 설치기준으로 옳지 않은 것은?

① 작업발판의 폭은 40[cm] 이상으로 한다.
② 작업발판이 뒤집히거나 떨어지지 않도록 하나 이상의 지지물에 연결하거나 고정한다.
③ 발판재료 간의 틈은 3[cm] 이하로 한다.
④ 작업발판의 지지물은 하중에 의하여 파괴될 우려가 없는 것을 사용한다.

110
물체가 떨어지거나 날아올 위험이 있을 때의 재해예방대책과 거리가 먼 것은?

① 낙하물방지망 설치
② 출입금지구역 설정
③ 안전대 착용
④ 안전모 착용

111
화물을 적재하는 경우의 준수사항으로 옳지 않은 것은?

① 침하 우려가 없는 튼튼한 기반 위에 적재할 것
② 건물의 칸막이나 벽 등이 화물의 압력에 견딜 만큼의 강도를 지니지 아니한 경우에는 칸막이나 벽에 기대어 적재하지 않도록 할 것
③ 불안정할 정도로 높이 쌓아 올리지 말 것
④ 하중이 한쪽으로 치우치더라도 화물을 최대한 효율적으로 적재할 것

112
콘크리트 타설작업 시 안전에 대한 유의사항으로 옳지 않은 것은?

① 콘크리트 치는 도중에는 지보공·거푸집 등의 이상 유무를 확인한다.
② 높은 곳으로부터 콘크리트를 타설할 때는 호퍼로 받아 거푸집 내에 꽂아 넣는 슈트를 통해서 부어넣어야 한다.
③ 진동기를 가능한 한 많이 사용할수록 거푸집에 작용하는 측압상 안전하다.
④ 콘크리트를 한 곳에만 치우쳐서 타설하지 않도록 주의한다.

113
거푸집 및 동바리를 조립하는 경우에 준수하여야 하는 기준으로 옳지 않은 것은?

① 동바리로 사용하는 파이프서포트를 이어서 사용하는 경우에는 3개 이상의 볼트 또는 전용철물을 사용하여 이을 것
② 동바리로 사용하는 강관틀의 경우 강관틀과 강관틀 사이에 교차가새를 설치할 것
③ 받침목이나 깔판의 사용, 콘크리트 타설, 말뚝박기 등 동바리의 침하를 방지하기 위한 조치를 할 것
④ 동바리로 사용하는 파이프서포트는 3개 이상 이어서 사용하지 않도록 할 것

114
「산업안전보건법령」에서 규정하고 있는 차량계 건설기계 중 낙하물 보호구조를 갖추어야 하는 기계가 아닌 것은?

① 불도저
② 타워크레인
③ 트랙터
④ 덤프트럭

115
굴착면의 기울기 기준으로 옳지 않은 것은?

① 모래 - 1 : 1.2
② 연암 - 1 : 1.0
③ 풍화암 - 1 : 1.0
④ 경암 - 1 : 0.5

116
흙막이 붕괴원인 중 보일링(Boiling) 현상이 발생하는 원인에 관한 설명으로 옳지 않은 것은?

① 지반을 굴착 시 굴착부와 지하수위 차가 있을 때 주로 발생한다.
② 연약 사질토 지반의 경우 주로 발생한다.
③ 굴착저면에서 액상화 현상에 기인하여 발생한다.
④ 연약 점토질 지반에서 배면토의 중량이 굴착구 바닥의 지지력 이상이 되었을 때 주로 발생한다.

117
비계의 부재 중 기둥과 기둥을 연결시키는 부재가 아닌 것은?

① 띠장 ② 장선
③ 가새 ④ 작업발판

118
취급·운반의 원칙으로 옳지 않은 것은?

① 운반작업을 집중하여 시킬 것
② 곡선운반을 할 것
③ 생산을 최고로 하는 운반을 생각할 것
④ 연속운반을 할 것

119
크레인의 운전실 또는 운전대를 통하는 통로의 끝과 건설물 등의 벽체의 간격은 최대 얼마 이하로 하여야 하는가?

① 0.2[m] ② 0.3[m]
③ 0.4[m] ④ 0.5[m]

120
본 터널(Main Tunnel)을 시공하기 전에 터널에서 약간 떨어진 곳에 지질조사, 환기, 배수, 운반 등의 상태를 알아보기 위하여 설치하는 터널은?

① 프리패브(Prefab) 터널
② 사이드(Side) 터널
③ 쉴드(Shield) 터널
④ 파일럿(Pilot) 터널

2026 에듀윌 산업안전기사 필기

FINAL
실전 모의고사

고객의 꿈, 직원의 꿈, 지역사회의 꿈을 실현한다

에듀윌 도서몰 book.eduwill.net
- 부가학습자료 및 정오표: 에듀윌 도서몰 → 도서자료실
- 교재 문의: 에듀윌 도서몰 → 문의하기 → 교재(내용, 출간) / 주문 및 배송

2026 에듀윌 산업안전기사 필기

FINAL 실전 모의고사
정답과 해설

획득점수를 빠르게 확인하는 빠른 정답표

확실하게 이해하고 넘어가는 관련개념

실전 모의고사 1회

SPEED CHECK 빠른 정답표

획득 점수 : (   )

001	002	003	004	005	006	007	008	009	010	011	012	013	014	015
④	③	①	③	④	④	①	①	③	④	③	①	②	①	②
016	017	018	019	020	021	022	023	024	025	026	027	028	029	030
②	③	③	①	③	②	③	③	④	②	①	②	③	④	②
031	032	033	034	035	036	037	038	039	040	041	042	043	044	045
③	①	③	①	③	②	④	②	③	①	③	②	④	①	②
046	047	048	049	050	051	052	053	054	055	056	057	058	059	060
②	④	④	④	④	②	③	④	③	③	④	①	①	③	①
061	062	063	064	065	066	067	068	069	070	071	072	073	074	075
①	④	③	③	③	③	③	②	④	②	②	①	④	③	③
076	077	078	079	080	081	082	083	084	085	086	087	088	089	090
②	①	④	①	①	④	②	③	②	①	③	②	④	④	③
091	092	093	094	095	096	097	098	099	100	101	102	103	104	105
④	①	③	②	②	③	①	③	①	③	③	③	④	①	②
106	107	108	109	110	111	112	113	114	115	116	117	118	119	120
①	④	④	④	③	③	②	②	④	③	①	④	②	①	③

001 재해발생은 반드시 원인이 있으며(원인계기의 원칙), 원칙적으로 원인만 제거하면 예방이 가능하다.(예방가능의 원칙)

002 하버드 학파의 5단계 교수법(사례연구 중심)에 해당되는 내용이다.

> **관련개념** 하버드 학파의 5단계 교수법
> ㉠ 1단계 : 준비시킨다.(Preparation)
> ㉡ 2단계 : 교시한다.(Presentation)
> ㉢ 3단계 : 연합한다.(Association)
> ㉣ 4단계 : 총괄한다.(Generalization)
> ㉤ 5단계 : 응용시킨다.(Application)

003 문제해결훈련은 TWI 교육내용에 해당되지 않는다.

> **관련개념** TWI(Training Within Industry)
> • 작업지도훈련(JIT; Job Instruction Training)
> • 작업방법훈련(JMT; Job Method Training)
> • 인간관계훈련(JRT; Job Relation Training)
> • 작업안전훈련(JST; Job Safety Training)

004 학습성과는 학습목적을 세분화하여 구체적으로 결정하는 것이다.

> **관련개념** 학습목적의 3요소
> • 주제 : 목표 달성을 위한 중점 사항
> • 학습정도 : 주제를 학습시킬 범위와 내용의 정도
> • 학습 목표 : 학습목적의 핵심, 학습을 통해 달성하려는 지표

005 프로그램 학습법(Programmed Self-instruction Method)은 학습자가 프로그램을 통해 단독으로 학습하는 방법으로 학습자가 자신의 능력과 학습속도에 맞추어 학습을 진행할 수 있다.

006 차량통행 금지: 금지표지
경고표지: 위험한 장소 또는 상태에 대한 경고로서 사용되며 15개 종류가 있다.

007 사업주는 유해하거나 위험한 작업으로서 높은 기압에서 하는 작업 등 대통령령으로 정하는 작업에 종사하는 근로자에게는 1일 6시간, 1주 34시간을 초과하여 근로하게 하여서는 아니 된다.

008 안전교육
- 사례중심과 실연을 통하여 기능적 이해를 돕는다.
- 안전교육은 사무직과 기능직 동시에 교육 가능하다.
- 단순반복 및 암기는 피한다.

009 일반건강진단의 주기
- 사무직에 종사하는 근로자: 2년에 1회 이상
- 그 밖의 근로자: 1년에 1회 이상

010 브레인스토밍은 6~12명의 구성원이 비판 없이 자유로운 토론을 통하여 다량의 독창적인 아이디어를 이끌어내는 방법이다.

관련개념	브레인스토밍

- **비판금지**: '좋다, 나쁘다' 등의 비평을 하지 않는다.
- **자유분방**: 자유로운 분위기에서 발표한다.
- **대량발언**: 무엇이든지 좋으니 많이 발언한다.
- **수정발언**: 자유자재로 변하는 아이디어를 개발한다.(타인 의견의 수정발언)

011 적성배치 시 고려되어야 할 기본사항
- 적성검사를 실시하여 개인의 능력을 파악한다.
- 직무평가를 통하여 자격수준을 정한다.
- 객관적인 감정 요소에 따른다.
- 인사관리의 기준원칙을 고수한다.

012 Off JT(직장 외 교육훈련)은 계층별, 직능별로 공통된 교육대상자를 현장 이외의 한 장소에 모아 집합교육을 실시하는 교육형태로 훈련에만 전념할 수 있다는 장점이 있다.

013 교육을 통한 간접적 정보제공은 성취감, 인정, 책임, 직무를 통한 자기개발과 발전 등과 같은 일을 통한 동기부여 원칙과는 관련이 없다.

014 포럼(Forum)은 새로운 자료나 교재를 제시하고 문제점을 피교육자로 하여금 제기하게 하거나 의견을 여러 가지 방법으로 발표하게 하고 다시 깊이 파고들어 토의하는 방법이다.

015 재해코스트 분석방법은 안전보건관리규정에 포함되지 않는다.

관련개념	안전보건관리규정 작성내용

- 안전 및 보건에 관한 관리조직과 그 직무에 관한 사항
- 안전보건교육에 관한 사항
- 작업장의 안전 및 보건 관리에 관한 사항
- 사고 조사 및 대책 수립에 관한 사항
- 그 밖에 안전 및 보건에 관한 사항

016 상황×태도=동기유발이다.

관련개념	데이비스(K. Davis)의 동기부여 이론

- 지식(Knowledge)×기능(Skill)=능력(Ability)
- 상황(Situation)×태도(Attitude)=동기유발(Motivation)
- 능력(Ability)×동기유발(Motivation)
  =인간의 성과(Human Performance)
- 인간의 성과×물질적 성과=경영의 성과

017 기술지원규정(KOSHA GUIDE)은 「산업안전보건법령」에서 정한 최소한의 수준이 아니라, 사업장의 자기규율 예방체계 확립을 지원하고, 좀 더 높은 수준의 안전보건 향상을 위해 참고할 수 있는 기술적 내용을 기술한 자율적 안전보건가이드이다.

018 개별화의 원리에 대한 설명이다.

관련개념	학습지도 이론

- **자발성의 원리**: 학습자 스스로 학습에 참여하여야 한다는 원리
- **개별화의 원리**: 학습자가 가지고 있는 각각의 요구 및 능력에 맞게 지도하여야 한다는 원리
- **사회화의 원리**: 공동학습을 통해 협력과 사회화를 도와준다는 원리
- **통합의 원리**: 학습을 종합적으로 지도하는 것으로 학습자의 능력을 조화있게 발달시키는 원리
- **직관의 원리**: 구체적인 사물을 제시하거나 경험 등을 통해 학습효과를 거둘 수 있다는 원리

019 1단계는 안전관리조직이다.

관련개념	하인리히 사고예방대책의 기본원리 5단계

- ㉠ 1단계: 조직(안전관리조직)
- ㉡ 2단계: 사실의 발견(현상파악)
- ㉢ 3단계: 분석·평가(원인규명)
- ㉣ 4단계: 시정책의 선정
- ㉤ 5단계: 시정책의 적용

020 감성적 리듬(S, Sensitivity)은 기분이나 신경계통의 상태를 나타내는 리듬으로 적색 점선으로 표시하며 28일의 주기이다. 주의력·창조력·예감 및 통찰력 등을 좌우한다.

021 결함사상은 두 가지 상태 중 하나가 고장 또는 결함으로 나타나는 비정상적인 사건이다.

022 신호가 없었는데도 있었다고 말하는 경우는 허위(False Alarm)에 해당한다.

관련개념	신호검출이론(SDT; Signal Detection Theory)

- 신호와 소음을 쉽게 식별할 수 없는 상황에 적용된다.
- 판정결과는 긍정(Hit), 허위(False Alarm), 누락(Miss), 부정(Correct Rejection)의 네 가지로 구분할 수 있다.

023 암순응(암조응)은 우리 눈이 어둠에 적응하는 과정으로 로돕신이 증가하여 간상세포의 감도가 높아진다.(약 30~40분 정도 소요)

024 시스템 수명주기는 '구상 → 정의 → 개발 → 생산 → 운전'이다.

025 메시지가 추후에 재참조되는 경우에는 시각적 표시장치를 이용하는 경우가 더 유리하다.

026 인체계측자료의 응용원칙에 있어 조절식 설계의 조절 범위는 5~95[%tile]이다.

관련개념	조절식 설계(5~95[%tile])

체격이 다른 여러 사람에게 맞도록 조절식으로 만드는 것이다.
예 자동차 좌석의 전후 조절, 사무실 의자의 상하 조절 등

027 양식 양립성이란 언어 또는 문화적 관습이나 특정 신호에 따라 적합하게 반응하는 것을 말한다.

028 $A = ① \times ② = 0.015 \times 0.02 = 0.0003$
$T = 1 - (1-A) \times (1-③)$
$= 1 - (1-0.0003) \times (1-0.05) = 0.0503$

029 $W_D = 0.85W(습구온도) + 0.15D(건구온도)$
$= 0.85 \times 35 + 0.15 \times 30 = 34.25[℃]$

030 결함수분석 시 시간에 따른 원인 분석은 기대할 수 없다.

관련개념	FTA의 기대효과

- 사고원인 규명의 간편화
- 사고원인 분석의 일반화
- 사고원인 분석의 정량화
- 노력, 시간의 절감
- 시스템의 결함 진단
- 안전점검 체크리스트 작성

031 정상사상(고장)을 일으킬 수 있는 최소 컷셋의 개수가 늘어나면 시스템의 위험성이 높아지므로 위험수준이 높아진다.

032 $[sone]치 = 2^{\frac{[phon]-40}{10}} = 2^{\frac{50-40}{10}} = 2$

033 ③번이 Layout의 원칙에 해당된다.

관련개념	기계, 설비의 레이아웃(Layout)의 원칙

- 이동거리를 단축하고 기계배치를 집중화한다.
- 인력활동이나 운반작업을 기계화한다.
- 중복부분을 제거한다.
- 인간과 기계의 흐름을 라인화한다.

034 가능하면 공구 기능을 결합하여 사용한다.

관련개념	공구 및 설비 설계(디자인)에 관한 동작경제의 원칙

- 치구나 족답장치(Foot-operated Device)를 효과적으로 사용할 수 있는 작업에서는 이러한 장치를 사용하도록 하여 양손이 다른 일을 할 수 있도록 한다.
- 가능하면 공구 기능을 결합하여 사용하도록 한다.
- 공구와 자세는 가능한 한 사용하기 쉽도록 미리 위치를 잡아준다.

035 소음, 이상온도 등의 환경에서 인간의 작업수행 능력이 기계에 비해 우월하다고 볼 수 없다.

036

기호	명칭	설명
(동시발생 안 한다.)	배타적 OR 게이트	OR 게이트지만 2개 또는 2개 이상의 입력이 동시에 존재하는 경우에는 출력사상이 발생하지 않는다.

037 동목(Moving Scale)형 표시장치는 값의 범위가 클 경우 작은 계기판에 모두 나타낼 수 없는 동침형의 단점을 보완한 것으로 표시장치의 공간을 적게 차지하는 이점이 있다.

038 Top 사상을 정의하는 것을 가장 먼저 하여야 한다.

> **관련개념** FTA에 의한 재해사례 연구순서
> ㉠ Top(정상) 사상의 선정
> ㉡ 각 사상의 재해원인 규명
> ㉢ FT도의 작성 및 분석
> ㉣ 개선계획의 작성

039 $T = A \cdot B = \begin{pmatrix} X_1 \\ X_2 \end{pmatrix} \cdot \begin{pmatrix} X_1 \\ X_3 \end{pmatrix} = (X_1), (X_1, X_3), (X_1, X_2), (X_2, X_3)$

따라서 미니멀 컷셋은 (X_1) 또는 (X_2, X_3)이다.

040 C/R비가 작을수록 이동시간이 짧고 조정이 어려워 조정장치가 민감하다.

> **관련개념** 조정 – 반응 비율(통제비, C/D비, C/R비)
> $C/R = \dfrac{\text{통제기기의 변위량}}{\text{표시계기지침의 변위량}}$

041 영구 일부노동 불능은 신체장해등급 4~14급에 해당한다. 근로손실로 근로손실일수 계산을 하는 경우에 장해등급별 근로손실일수를 적용하고, 사망 및 장해판정 이전의 입원, 치료 등 요양 및 작업제한으로 인한 손실일은 중복 산입하지 않는다.

042 와이어 한 줄에 걸리는 하중은 다음과 같이 구한다.

$T = \dfrac{\dfrac{w}{2}}{\cos\dfrac{\theta}{2}} = \dfrac{1.5}{\cos 27.5°} = 1.7[\text{kN}]$

여기서, w: 물체의 무게, θ: 와이어 상부의 각도

043 최고사용압력 1.05배 이하에서 작동되도록 하여야 한다.

> **관련개념** 압력방출장치(안전밸브)의 설치
> 보일러의 안전한 가동을 위하여 보일러 규격에 맞는 압력방출장치를 1개 또는 2개 이상 설치하고 최고사용압력 이하에서 작동되도록 하여야 한다. 다만, 압력방출장치가 2개 이상 설치된 경우에는 최고사용압력 이하에서 1개가 작동되고, 다른 압력방출장치는 최고사용압력 1.05배 이하에서 작동되도록 부착하여야 한다.

044 ①번은 안전인증대상 방호장치에 해당되지 않는다.

> **관련개념** 안전인증대상 방호장치
> • 프레스 및 전단기 방호장치
> • 양중기용 과부하방지장치
> • 보일러 압력방출용 안전밸브
> • 압력용기 압력방출용 안전밸브
> • 압력용기 압력방출용 파열판
> • 절연용 방호구 및 활선작업용 기구
> • 방폭구조 전기기계·기구 및 부품

045 프레스 등의 금형을 부착·해체 또는 조정하는 작업을 할 때에 해당 작업에 종사하는 근로자의 신체가 위험한계 내에 있는 경우 슬라이드가 갑자기 작동함으로써 근로자에게 발생할 우려가 있는 위험을 방지하기 위하여 안전블록을 사용하는 등 필요한 조치를 하여야 한다.

046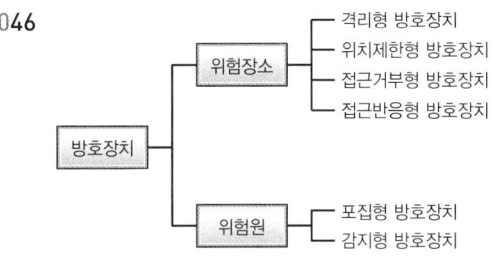

047 기계의 원동기·회전축·기어·풀리·플라이휠·벨트 및 체인 등 근로자가 위험에 처할 우려가 있는 부위에 덮개·울·슬리브 및 건널다리 등을 설치하여야 한다.

048 원주속도 $V = \dfrac{\pi D N}{1,000} = \dfrac{\pi \times 300 \times 500}{1,000} = 471[\text{m/min}]$

여기서, D: 지름[mm], N: 회전수[rpm]

049 음향검사는 재료의 종류나 물성 등의 특성에 많은 영향을 받는다.

> **관련개념** 음향탐상검사(AET; Acoustic Emission Testing)
> 하중을 받고 있는 재료의 결함부에서 방출되는 응력파(Stress Wave)를 분석하여 소성변형, 균열의 생성 및 진전 감시 등 동적거동을 파악하고 결함부의 취이판정 및 재료의 특성평가에 이용한다. 재료의 종류나 물성 등의 특성에 많은 영향을 받는다.

050 이삿짐운반용 리프트의 경우에는 적재하중이 0.1톤 이상인 것으로 한정한다.

> **관련개념** 양중기의 종류
> • 크레인[호이스트(Hoist) 포함]
> • 이동식 크레인
> • 리프트(이삿짐운반용 리프트의 경우에는 적재하중이 0.1톤 이상인 것으로 한정)
> • 곤돌라
> • 승강기

051 ① 벽은 불연성의 재료로 하고 철근콘크리트 또는 그 밖에 이와 같은 수준이거나 그 이상의 강도를 가진 구조로 하여야 한다.
③ 출입구의 문은 불연성 재료로 하고 두께 1.5[mm] 이상의 철판이나 그 밖에 그 이상의 강도를 가진 구조로 하여야 한다.
④ 발생기실을 옥외에 설치한 경우에는 그 개구부를 다른 건축물로부터 1.5[m] 이상 떨어지도록 하여야 한다.

052 광전자식 방호장치의 일반구조 중 정상동작표시램프는 녹색, 위험표시램프는 붉은색으로 하며, 쉽게 근로자가 볼 수 있는 곳에 설치하여야 한다.

053 휴대용 연삭기, 스윙(Swing) 연삭기 등 덮개의 노출각도는 180° 이내이어야 한다.

054 무릎조작식 급정지장치는 밑면으로부터 0.6[m] 이하의 위치에 설치한다.

관련개념	급정지장치 조작부의 위치
종류	설치위치
손조작식	밑면에서 1.8[m] 이하
복부조작식	밑면에서 0.8[m] 이상 1.1[m] 이하
무릎조작식	밑면에서 0.6[m] 이하

055 안전거리 $D_m = 1,600 \times T_m = 1,600 \times 0.15 = 240$[mm]
T_m: 누름버튼을 누른 때부터 프레스의 슬라이드가 하사점에 도달할 때까지의 소요 최대시간[초]

056 로봇의 운전으로 인하여 근로자에게 발생할 수 있는 부상 등의 위험을 방지하기 위하여 높이 1.8[m] 이상의 울타리를 설치하여야 한다.

057 압력방출장치는 공기압축기를 가동할 때 작업시작 전 점검사항이다.

관련개념	프레스 등의 작업시작 전 점검사항

- 클러치 및 브레이크의 기능
- 크랭크축·플라이휠·슬라이드·연결봉 및 연결나사의 풀림 여부
- 1행정 1정지기구·급정지장치 및 비상정지장치의 기능
- 슬라이드 또는 칼날에 의한 위험방지 기구의 기능
- 프레스의 금형 및 고정볼트 상태
- 방호장치의 기능
- 전단기의 칼날 및 테이블의 상태

058 생산손실에 의한 재해비용은 간접비에 해당한다.

관련개념	간접비

- 인적손실: 본인 및 제3자에 관한 것을 포함한 시간손실
- 물적손실: 기계, 공구, 재료, 시설의 복구에 소비된 시간손실 및 재산손실
- 생산손실: 생산감소, 생산중단, 판매감소 등에 의한 손실
- 특수손실
- 기타손실

059 방진구(Center Rest)는 선반작업 시 가늘고 긴 일감은 절삭력과 자중으로 휘거나 처짐이 일어나는데 이를 방지하기 위한 장치로 일감의 길이가 직경의 12배 이상일 때 사용한다.

060 프레스 등의 금형을 부착·해체 또는 조정하는 작업을 할 때에 해당 작업에 종사하는 근로자의 신체가 위험한계 내에 있는 경우 슬라이드가 갑자기 작동함으로써 근로자에게 발생할 우려가 있는 위험을 방지하기 위하여 안전블록을 사용하는 등 필요한 조치를 하여야 한다.

061 0종 장소는 인화성 액체의 증기 또는 가연성 가스에 의한 폭발위험이 지속적으로 또는 장기간 존재하는 장소이다.

062 차단순서는 ② → ③ → ①이고, 투입순서는 ③ → ① → ②이다.

063 $W = I^2RT = \left(\dfrac{165}{\sqrt{T}} \times 10^{-3}\right)^2 \times 500T$
$W = (165^2 \times 10^{-6}) \times 500 = 13.6$[J]
여기서, W: 위험한계에너지[J], I: 심실세동전류[A]
R: 인체저항[Ω], T: 통전시간[s]

064 유동대전에 대한 설명이다.

관련개념	유동대전

- 액체류가 파이프 등 내부에서 유동할 때 액체와 파벽 사이에 정전기가 발생한다.
- 정전기 발생에 가장 크게 영향을 미치는 요인은 유동속도이나 흐름의 상태, 배관의 굴곡, 밸브 등과 관계가 있다.

065 이중절연기기를 사용하면 간접접촉(누전)에 의한 감전사고를 방지할 수 있다.

066 ③번은 내압방폭구조의 기본적 성능과 큰 관련이 없다.

> **관련개념** 내압방폭구조의 성능
> - 내부에서 폭발할 경우 그 압력에 견딜 것
> - 폭발화염이 외부로 유출되지 않을 것
> - 외함 표면온도가 주위의 가연성 가스에 점화하지 않을 것

067 절연열화(탄화)란 전기가 새지 않도록 하우징(Housing)과 전기회로를 차단하는 절연물이 열화되어 전기가 새는 상태를 말한다. 절연열화가 진행되면 설비의 돌발 정지나 감전·화재사고의 발생 위험이 높아진다.

068 제전기의 종류는 제전에 필요한 이온의 생성방법에 따라 전압인가식 제전기, 자기방전식 제전기, 방사선식 제전기가 있다.

069 $W = \frac{1}{2}CV^2$ 에서
$V = \sqrt{\frac{2W}{C}} \times \sqrt{\frac{2 \times (1.15 \times 10^{-3})}{100 \times 10^{-12}}} = 4.8 \times 10^3 [V]$
여기서, W : 착화에너지[J]
C : 인체의 정전용량[F]
V : 대전전위[V]

070 연직 또는 수평에 대해서 전격방지기의 부착면의 경사가 20°를 넘지 않도록 설치한다.

071 저압전선로 중 절연부분의 전선과 대지 및 심선 상호 간의 절연저항은 사용전압에 대한 누설전류가 최대 공급전류의 $\frac{1}{2,000}$ 이 넘지 않도록 하여야 한다.
누설전류 = 최대공급전류 × $\frac{1}{2,000}$
= $300 \times \frac{1}{2,000}$ = 0.15[A] = 150[mA]

072 인체의 피부 전기저항은 인체의 각 부위(피부, 혈액 등)의 저항성분과 용량성분이 합성된 값이 되며, 이 값은 여러 인자, 특히 접촉전압, 통전시간, 접촉면적 등에 따라 변화한다.

073 절연 용접봉 홀더를 사용하여야 한다.

074 절연시트는 감전예방 보호구에 속하지 않는다.

> **관련개념** 절연용 안전보호구의 종류
> - 전기안전모(절연모)
> - 절연고무장갑(절연장갑)
> - 절연고무장화(절연장화)
> - 절연복(절연상의 및 하의, 어깨받이 등) 및 절연화
> - 도전성 작업복 및 작업화

075 안전증방폭구조의 기호는 e이다.

076 정전기 대전의 종류에는 마찰대전, 박리대전, 유동대전, 분출대전, 충돌대전, 파괴대전, 교반(진동)·침강대전 등이 있다.

077 관내경이 25[mm]일 때의 제한유속은 4.9[m/s]이다.

078 단로기는 개폐기의 일종으로 수용가 구내 인입구에 설치하여 무부하상태의 전로를 개폐하는 역할을 하거나 차단기, 변압기, 피뢰기 등 고전압 기기의 1차 측에 설치하여 기기를 점검, 수리할 때 전원으로부터 이들 기기를 분리하기 위해 사용한다.

079 ② 정전기의 발생은 물체의 특성, 표면상태, 물질의 이력, 접촉면적 및 압력, 분리속도 등에 따라 달라진다.
③ 정전기의 발생을 방지하기 위해 배관 내 액체의 유속을 일정 수준 이하로 제한한다.
④ 정전기 대책을 위한 접지는 $1 \times 10^6 [\Omega]$ 이하로 한다.

080 대전체 부근에 절연된 도체가 있을 경우에는 정전계에 의해 대전체에 가까운 쪽의 도체 표면에는 대전물체와 반대극성의 전하가, 반대쪽에는 같은 극성의 전하가 대전되게 되는데, 이를 정전유도현상이라고 한다. 이때 작용하는 힘은 반발력이 아닌 인력이다.

081 위험물 또는 위험물을 가열·건조하는 경우 내용적이 $1[m^3]$ 이상인 건조설비 중 건조실을 설치하는 건축물의 구조는 독립된 단층건물로 하여야 한다.

082 「산업안전보건법령」상 부식성 산류는 농도가 20[%] 이상인 염산, 황산, 질산 그 밖에 이와 같은 정도 이상의 부식성을 가지는 물질 또는 농도가 60[%] 이상인 인산, 아세트산, 불산, 그 밖에 이와 같은 정도 이상의 부식성을 가지는 물질로 정의된다.

083 인화점 이하의 인화성 액체가 저장되어 있는 용기 내부의 혼합가스는 인화의 위험이 없다.

084 이산화탄소는 불연성 기체로 절연성이 높아 전기화재(C급)에 효과적이다.

085 화학공정 유체와 안전밸브의 디스크 또는 시트가 직접 접촉될 수 있도록 설치된 안전밸브는 2년마다 1회 이상 적정하게 작동하는지를 검사하여야 한다.

086 최대폭발압력(P_m)은 가연성 가스의 유속에 영향을 받지 않는다.

087 인체에 해로운 분진 등을 배출하기 위하여 설치하는 국소배기장치의 후드가 다음의 기준에 맞도록 하여야 한다.
- 유해물질이 발생하는 곳마다 설치할 것
- 유해인자의 발생형태와 비중, 작업방법 등을 고려하여 해당 분진 등의 발산원을 제어할 수 있는 구조로 설치할 것
- 후드 형식은 가능하면 포위식 또는 부스식 후드를 설치할 것
- 외부식 또는 리시버식 후드는 해당 분진 등의 발산원에 가장 가까운 위치에 설치할 것

088 금수성 물질은 수분과 반응하여 가연성 가스를 발생시키므로 탄산수소염류분말소화기를 사용하여 소화할 수 있다.

089 광전식 감지기는 연기감지기의 한 종류이다.

090 서징(Surging)을 방지하기 위해서는 교축밸브를 기계에서 가까이 설치해서 부하에 따라 풍량을 적절히 조절하여야 한다.

091 플레임 어레스터(화염방지기, Flame Arrester)는 인화성 물질 등을 저장하는 탱크에서 외부에 그 증기를 방출하거나 탱크 내에 외기를 흡입하는 부분에 설치하는 안전장치로 과잉압력에 대한 안전장치라고 볼 수 없다.

092 밀폐공간 작업장 내부에 가연성 가스가 체류해 있을 수 있으므로, 전등을 이용할 경우 방폭용 전등을 이용하여야 한다.

093 전기(정전기)로서의 최소발화에너지

$E = \frac{1}{2}CV^2$

094 유해하거나 위험한 설비의 설치·이전 또는 주요 구조부분의 변경공사의 착공일 30일 전까지 공정안전보고서를 2부 작성하여 한국산업안전보건공단에 제출하여야 한다.

095 $COCl_2$(포스겐)는 TWA 0.1[ppm]의 맹독성 물질이다.

관련개념	TWA
• 암모니아(NH_3)의 TWA: 25[ppm] • 톨루엔($C_6H_5CH_3$)의 TWA: 50[ppm] • 황화수소(H_2S)의 TWA: 10[ppm]	

096 가연성 가스의 연소 시 산소농도를 일정한 값 이하로 낮추어 주는 가스를 불활성 가스라고 하며 질소, 이산화탄소, 헬륨 등이 불활성 가스에 해당한다.

097 작업적응자를 배치하는 것은 근본적인 안전조치에 해당하지 않는다.

098 $\frac{T_2}{T_1} = \left(\frac{P_2}{P_1}\right)^{\frac{r-1}{r}}$ 에서

$T_2 = T_1 \times \left(\frac{P_2}{P_1}\right)^{\frac{r-1}{r}} = (273+20) \times \left(\frac{3}{1}\right)^{\frac{1.4-1}{1.4}}$

$= 401[K] = 128[°C]$

여기서, T: 절대온도[K], P: 절대압력[atm], r: 비열비

099 액화가스의 부피 = 액화가스 무게[kg] × 가스 정수
$= 310 \times 2.35 = 728.5[L]$

필요한 소요용기의 수 = $\frac{\text{액화가스의 부피}}{\text{소요용기의 내용적}} = \frac{728.5}{50} = 14.57$

따라서 필요한 소요용기는 15개이다.

100 토출관 내에 저항이 발생하면 토출압력이 증가하게 된다.

101 지름의 감소가 공칭지름의 7[%]를 초과하는 것을 사용할 수 없다.

관련개념	와이어로프의 사용금지기준
• 이음매가 있는 것 • 와이어로프의 한 꼬임에서 끊어진 소선의 수가 10[%] 이상인 것 • 지름의 감소가 공칭지름의 7[%]를 초과하는 것 • 꼬인 것 • 심하게 변형되거나 부식된 것 • 열과 전기충격에 의해 손상된 것	

102 철골작업 시 구명줄을 설치할 경우에는 마닐라 로프 직경 16[mm]를 기준하여 설치하고 작업방법을 충분히 검토하여야 한다.

103 외기온도가 낮을수록, 습도가 높을수록 측압이 커진다.

104 작업발판을 설치하기 곤란한 경우 추락방호망을 설치하거나 근로자가 안전대를 착용하여 추락에 대한 방호조치를 하여야 한다.

105 발열여부는 자동경보장치의 작업시작 전 점검사항이 아니다.

관련개념	자동경보장치의 작업시작 전 점검사항
• 계기의 이상 유무 • 검지부의 이상 유무 • 경보장치의 작동상태	

106 가설통로 설치 시 건설공사에 사용하는 높이 8[m] 이상인 비계다리에는 7[m] 이내마다 계단참을 설치하여야 한다.

107 안전계수 = $\frac{\text{절단하중}}{\text{최대하중}}$ 이므로

최대하중 = $\frac{\text{절단하중}}{\text{안전계수}} = \frac{200}{5} = 40[ton]$이다.

108 구축물 등의 구조체가 안전 측으로 과도하게 설계가 되었을 경우는 안전성 평가를 실시하여야 하는 사유에 해당되지 않는다.

109 항타기 또는 항발기의 권상장치의 드럼축과 권상장치로부터 첫 번째 도르래의 축 간의 거리를 권상장치 드럼폭의 15배 이상으로 하여야 한다.

110 작업장에 계단 및 계단참을 설치하는 경우에는 $500[kg/m^2]$ 이상의 하중에 견딜 수 있는 강도를 가진 구조로 하여야 한다.

111 ③번은 확인사항이 아니다.

> **관련개념** 유해위험방지계획서의 확인사항
> - 유해위험방지계획서의 내용과 실제공사 내용의 부합 여부
> - 유해위험방지계획서 변경내용의 적정성
> - 추가적인 유해·위험요인의 존재 여부

112 가설통로의 경사는 30° 이하로 한다.

> **관련개념** 가설통로의 설치기준
> - 견고한 구조로 할 것
> - 경사는 30° 이하로 할 것
> - 경사가 15°를 초과하는 경우에는 미끄러지지 아니하는 구조로 할 것
> - 추락할 위험이 있는 장소에는 안전난간을 설치할 것
> - 수직갱에 가설된 통로의 길이가 15[m] 이상인 경우에는 10[m] 이내마다 계단참을 설치할 것
> - 건설공사에 사용하는 높이 8[m] 이상인 비계다리에는 7[m] 이내마다 계단참을 설치할 것

113 팽창제 천공간격은 콘크리트 강도에 의하여 결정되나 30~70[cm] 정도를 유지하도록 한다.

114 수위계(Water level Gauge)는 굴착에 따른 지하수위 변동을 측정하는 데 사용되는 계측기의 종류이다.

115 사다리식 통로의 길이가 10[m] 이상인 경우에는 5[m] 이내마다 계단참을 설치하여야 한다.

116 차량계 건설기계(최대제한속도가 10[km/h] 이하인 것 제외)를 사용하여 작업을 하는 경우 미리 작업장소의 지형 및 지반상태 등에 적합한 제한속도를 정하고, 운전자로 하여금 이를 준수하도록 하여야 한다.

117 이동식비계를 조립·작업하는 경우에 작업발판 위에서 안전난간을 딛고 작업을 하거나 받침대 또는 사다리를 놓고 작업해서는 안 된다.

118 동바리로 사용하는 파이프서포트를 3개 이상 이어서 사용하지 않아야 한다.

119 순간풍속이 30[m/s]를 초과하는 바람이 불어올 우려가 있는 경우에는 옥외에 설치되어 있는 주행크레인에 대하여 이탈방지장치를 작동시키는 등 그 이탈 방지를 위한 조치를 하여야 한다.

120 잠함 또는 우물통의 내부에서 근로자가 굴착작업을 하는 경우에 잠함 또는 우물통의 급격한 침하에 의한 위험을 방지하기 위하여 바닥으로부터 천장 또는 보까지의 높이는 1.8[m] 이상으로 하여야 한다.

실전 모의고사 2회

SPEED CHECK 빠른 정답표   획득 점수 : (   )

001	002	003	004	005	006	007	008	009	010	011	012	013	014	015
②	①	④	①	②	②	④	①	④	④	①	②	③	④	①
016	017	018	019	020	021	022	023	024	025	026	027	028	029	030
④	②	③	③	③	④	④	②	③	①	④	②	③	③	③
031	032	033	034	035	036	037	038	039	040	041	042	043	044	045
①	③	④	③	④	④	①	④	①	②	④	④	①	④	①
046	047	048	049	050	051	052	053	054	055	056	057	058	059	060
④	③	④	④	④	④	③	①	④	③	②	①	④	④	④
061	062	063	064	065	066	067	068	069	070	071	072	073	074	075
②	④	④	③	①	④	①	④	②	④	③	②	①	④	①
076	077	078	079	080	081	082	083	084	085	086	087	088	089	090
②	②	②	②	①	④	④	②	①	②	②	②	①	③	②
091	092	093	094	095	096	097	098	099	100	101	102	103	104	105
②	①	④	①	④	①	①	①	①	④	②	④	②	④	③
106	107	108	109	110	111	112	113	114	115	116	117	118	119	120
②	①	①	②	③	③	③	③	③	①	③	①	①	②	②

001 심포지엄(Symposium)은 몇 사람의 전문가가 과제에 관한 견해를 발표하게 한 뒤 참가자로 하여금 의견이나 질문을 하게 하여 토의하는 방법이다.

002 불안전한 인양은 불안전한 행동에 포함된다.

관련개념	산업재해 발생모델

- **불안전한 행동**: 작업자의 부주의, 실수, 착오, 안전조치 미이행 등
- **불안전한 상태**: 기계·설비 결함, 방호장치 결함, 작업환경 결함 등

003 재현성은 직무적성검사의 특징에 해당되지 않는다.

관련개념	심리검사(직무적성검사)의 특성

- 표준화
- 타당성
- 신뢰성
- 객관성
- 실용성

004 정지신호, 소화설비 및 그 장소에는 빨간색 색채를 사용한다.

관련개념	안전보건표지의 색도기준 및 용도		
색채	색도기준	용도	사용 예
빨간색	7.5R 4/14	금지	정지신호, 소화설비 및 그 장소, 유해행위의 금지
		경고	화학물질 취급장소에서의 유해·위험 경고

005 버드의 신도미노 이론 1단계는 통제의 부족(관리소홀)이다.

관련개념	버드(Frank Bird)의 신도미노 이론

- ㉠ 1단계: 통제의 부족(관리소홀), 재해발생의 근원적 요인
- ㉡ 2단계: 기본원인(기원), 개인적 또는 과업과 관련된 요인
- ㉢ 3단계: 직접원인(징후), 불안전한 행동 및 불안전한 상태
- ㉣ 4단계: 사고(접촉)
- ㉤ 5단계: 상해(손해)

006 방진마스크는 산소농도 18[%] 이상인 장소에서 사용하여야 한다.

007 버드(Bird)의 재해구성비율
- 중상(중증요양상태) 또는 사망 : 경상(물적, 인적 상해) : 무상해사고(물적 손실 발생) : 무상해, 무사고 고장(위험 순간)
  $= 1 : 10 : 30 : 600$
- 경상(물적, 인적 상해) : 무상해, 무사고 고장(위험 순간)
  $= 10 : 600$
- 무상해, 무사고 고장(위험 순간) $= 15 \times \dfrac{600}{10} = 900$건

008 안전교육계획 수립 시 포함사항
- 교육대상(가장 먼저 고려)
- 교육의 종류
- 교육과목 및 교육내용
- 교육기간 및 시간
- 교육장소
- 교육방법
- 교육담당자 및 강사
- 교육목표 및 목적

009 ④번이 제시(전개)에 해당되는 설명이다.

> **관련개념** 교육훈련의 4단계
> ㉠ 도입(1단계): 학습할 준비를 시킨다.(배우고자 하는 마음가짐을 일으키는 단계)
> ㉡ 제시(2단계): 작업을 설명한다.(내용을 확실하게 이해시키고 납득시키는 단계)
> ㉢ 적용(3단계): 작업을 지휘한다.(이해시킨 내용을 활용시키거나 응용시키는 단계)
> ㉣ 확인(4단계): 가르친 뒤 살펴본다.(교육 내용을 정확하게 이해하였는가를 평가하는 단계)

010 선행학습과 후행학습의 공간적 요인은 학습전이의 조건에 해당되지 않는다.

> **관련개념** 학습의 전이
> 어떤 내용을 학습한 결과가 다른 학습이나 반응에 영향을 주는 현상이다. 학습전이의 조건으로는 학습정도의 요인, 학습자의 지능 요인, 학습자의 태도 요인, 유사성의 요인, 시간적 간격의 요인이 있다.

011 롤플레잉(Role Playing)은 참가자에게 일정한 역할을 주어 실제적으로 연기를 시켜봄으로써 자기의 역할을 보다 확실히 인식할 수 있도록 체험학습을 시키는 것이다.

012 촉각 적응력은 직업적성을 검사하는 항목과 관련이 없다. 지능, 형태식별능력, 운동속도는 모두 직업적성 검사 항목에 해당된다.

013 계속성의 원리는 학습지도의 원리가 아닌 파블로프의 조건반사설에 해당한다.

> **관련개념** 학습지도 이론
> 개별화의 원리, 통합의 원리, 사회화의 원리, 자발성의 원리, 직관의 원리

014 목표달성을 위해 종업원들을 통제하고 위협하는 권위주의적 리더십은 맥그리거의 X이론에 해당된다.

015 하인리히의 재해구성비율
중상 또는 사망 : 경상 : 무상해사고 $= 1 : 29 : 300$
총 재해건수 $= 1 + 29 + 300 = 330$건이다.

016 외부의 전문가를 강사로 초빙하는 것은 Off JT(직장 외 교육훈련)의 특징이다.

> **관련개념** Off JT(직장 외 교육훈련)
> 계층별 직능별로 공통된 교육대상자를 현장 이외의 한 장소에 모아 집합교육을 실시하는 교육형태로 집단교육에 적합하다.
> - 다수의 근로자에게 조직적 훈련을 행하는 것이 가능하다.
> - 훈련에만 전념할 수 있다.
> - 외부의 전문가를 강사로 초청하는 것이 가능하다.
> - 특별교재·교구 및 설비를 사용하는 것이 가능하다.

017 염분량은 주간에 감소하고 야간에 증가한다.

> **관련개념** 생체리듬의 변화
> - 야간에는 체중이 감소한다.
> - 야간에는 말초운동기능이 저하하고, 피로의 자각증상이 증대한다.
> - 혈액의 수분과 염분량은 주간에 감소하고 야간에 증가한다.
> - 체온, 혈압, 맥박은 주간에 상승하고 야간에 감소한다.

018 위험예지훈련의 추진을 위한 문제해결 4단계는 현상파악(사실의 파악) → 본질추구(원인조사) → 대책수립(대책을 세운다) → 목표설정(행동계획 작성)의 순서이다.

019 감성적 욕구는 매슬로우의 욕구 5단계 이론에 해당되지 않는다.

> **관련개념** 매슬로우(Maslow)의 욕구위계이론
> ㉠ 제1단계: 생리적 욕구
> ㉡ 제2단계: 안전의 욕구
> ㉢ 제3단계: 사회적 욕구(친화 욕구)
> ㉣ 제4단계: 자기존경의 욕구(안정의 욕구 또는 자기존중의 욕구)
> ㉤ 제5단계: 자아실현의 욕구(성취욕구)

020 망각은 학습된 행동이 지속되지 않고 소멸되는 것으로 기억된 내용의 망각은 시간의 경과에 비례하여 급격히 이루어진다.

021

기호	명칭	설명
Ai, Aj, Ak 순으로 / Ai Aj Ak (AND gate)	우선적 AND 게이트	입력사상 중 어떤 현상이 다른 현상보다 먼저 일어날 경우에만 출력사상이 발생

022 전기 계약용량이 300[kW] 이상인 사업의 사업주는 해당 제품의 생산 공정과 직접적으로 관련된 건설물·기계·기구 및 설비 등 전부를 설치·이전·변경할 때는 유해위험방지계획서를 제출하여야 한다.

023 최대치수나 최소치수를 기준 또는 조절식으로 설계하기 부적절한 경우, 평균치를 기준으로 설계한다.
예 손님의 평균 신장을 기준으로 만든 은행의 계산대 등

024 체계 설계과정에서의 인간공학은 생산 및 보전의 경제성 증대에 기여한다.

025 교통표지판의 삼각형은 임의적 부호에 해당하며, 나머지는 묘사적 부호에 해당한다. 묘사적 부호는 사물이나 행동을 단순하고 정확하게 묘사한 것(도로표지판의 보행신호, 유해물질의 해골과 뼈 등)이다. 임의적 부호는 부호가 이미 고안되어 있으므로 사용자가 이를 배워야 하는 것(산업안전표지의 원형 → 금지표지, 사각형 → 안내표지 등)이다.

026 근전도검사(EMG)로 근활성도(수축정도, 근섬유 동원정도)와 주파수 분석을 통해 근육 피로도를 확인할 수 있다.

027 점멸융합주파수(플리커법)란 정신적 작업부하에 관한 생리적 측정치 중 하나로 사이가 벌어져 회전하는 원판으로 들어오는 광원의 빛을 단속시켜 연속광으로 보이는지 단속광으로 보이는지 경계에서의 빛의 단속주기를 플리커치라고 한다. 정신적으로 피로한 경우에는 주파수 값이 내려가는 것으로 알려져 있다.

028 작업환경(공기)의 온열요소는 온도, 습도, 기류(공기유동), 복사열이다.

029 실행(작위적)에러(Commission Error)는 작업 내지 절차를 수행했으나 잘못된 실수(선택착오, 순서착오, 시간착오)에서 기인한 에러이다.
풀 프루프(Fool Proof)는 기계장치 설계단계에서 안전화를 도모하는 것으로 근로자가 기계 등의 취급을 잘못해도 사고로 연결되는 일이 없도록 하는 안전기구, 즉 인간과오(Human Error)를 방지하기 위한 것이다.

030 화학설비의 정량적 평가항목은 취급물질, 온도, 압력, 해당설비용량, 조작이다.

031 핏츠(Fitts)의 법칙이란 인간의 손이나 발을 이동시켜 조작장치를 조작하는 데 걸리는 시간을 표적까지의 거리와 표적 크기의 함수로 나타내는 모형으로, 표적이 작고 이동거리가 길수록 이동시간이 증가한다.

032 열중독증 강도는 열발진(Heat Rash)<열경련(Heat Cramp)<열소모(Heat Exhaustion)<열사병(Heat Stroke) 순이다.

033 후각은 사람의 감각기관 중 하나로 예민하나 빨리 피로해지기 쉬운 기관으로 사람마다 개인차가 심하다. 코가 막히면 감도도 떨어지고 냄새에 순응하는 속도가 빠른 단점이 있다. 따라서 다른 표시장치에 비해 널리 사용되지는 않으나 일부 형태에서 경보장치로서 사용된다. 예 농약의 불쾌한 냄새 등

034 시스템에 고장이 발생하지 않도록 하는 모든 사상의 집합은 패스셋의 개념이다.

035 민감도는 맞는 설명이다.

> **관련개념** 체계기준의 구비조건(연구조사의 기준척도)
> - 신뢰성(반복성): 반복 실험 시 일관성이나 안정성이 있어야 한다.
> - 순수성(무오염성): 측정하는 구조 외적인 변수의 영향을 받아서는 안 된다.
> - 타당성(적절성): 의도된 목적에 부합하여야 한다.

036 은폐(차폐, Masking)효과는 음의 한 성분이 다른 성분에 대한 귀의 감수성을 감소시키는 상황이다.

037 THERP(인간과오율 추정법)은 확률론적 안전기법으로서 인간의 과오에 기인된 사고원인을 분석하기 위하여 100만 운전시간당 과오도 수를 기본 과오율로 하여 인간의 과오율을 정량적으로 평가하는 기법이다.

038 휴식시간 $R = \dfrac{60(E-5)}{E-1.5} = \dfrac{60 \times (6-5)}{6-1.5} = 13.3$[분]

여기서, E : 작업의 평균 에너지소비량

039 조종장치의 촉각적 암호화
- 표면촉감을 사용하는 경우
- 형상을 구별하는 경우
- 크기를 구별하는 경우

040 ②번은 소음문제에 대한 대책으로 적절하지 않다.

> **관련개념** 소음을 통제하는 방법(소음대책)
> - 소음원의 통제
> - 소음의 격리
> - 차폐장치 및 흡음재 사용
> - 음향처리제 사용
> - 적절한 배치

041 유해·위험 기계·기구 중 소음과 진동을 동시에 수반하는 기계는 컨베이어, 사출성형기, 공기압축기이다.

042 컨베이어 안전장치의 종류
- 비상정지장치
- 덮개 또는 울
- 건널다리
- 이탈 및 역주행방지장치

043 기계설비의 작업능률과 안전을 위한 배치의 3단계는 '지역배치 → 건물배치 → 기계배치'이다.

044 도수율 = $\dfrac{\text{재해건수}}{\text{연근로시간수}} \times 1{,}000{,}000$

$= \dfrac{20}{500 \times 2{,}400} \times 1{,}000{,}000 = 16.67$

환산도수율 = 도수율 × $\dfrac{\text{평생근로시간 수}}{1{,}000{,}000}$

$= 16.67 \times \dfrac{120{,}000}{1{,}000{,}000} = 2.00$

따라서 한 작업자가 평생 동안 약 2건의 재해를 당할 수 있다.

045 연삭숫돌을 사용하는 작업의 경우 작업을 시작하기 전에는 1분 이상, 연삭숫돌을 교체한 후에는 3분 이상 시험운전을 하고 해당 기계에 이상이 있는지의 여부를 확인하여야 한다.

046 선반의 크기는 베드 위의 스윙, 왕복대 위의 스윙, 양 센터 사이의 최대 거리, 관습상 베드의 길이 등으로 표시한다.

047 프레스 등의 금형을 부착·해체 또는 조정하는 작업을 할 때에 해당 작업에 종사하는 근로자의 신체가 위험한계 내에 있는 경우 슬라이드가 갑자기 작동함으로써 근로자에게 발생할 우려가 있는 위험을 방지하기 위하여 안전블록을 사용하는 등 필요한 조치를 하여야 한다.

048 고속회전체(회전축의 중량이 1톤을 초과하고 원주속도가 120[m/s] 이상인 것에 한함)의 회전시험을 하는 때에는 미리 회전축의 재질 및 형상 등에 상응하는 종류의 비파괴검사를 실시하여 결함 유무를 확인하여야 한다.

049 발생기실의 설치장소
- 발생기실은 건물의 최상층에 위치하여야 하며, 화기를 사용하는 설비로부터 3[m]를 초과하는 장소에 설치하여야 한다.
- 발생기실을 옥외에 설치한 경우에는 그 개구부를 다른 건축물로부터 1.5[m] 이상 떨어지도록 하여야 한다.

050 롤러기 급정지장치 조작부에 로프를 사용할 경우는 KS D 3514(와이어로프)에 정한 규격에 적합한 직경이 4[mm] 이상의 와이어로프 또는 직경 6[mm] 이상이고 절단하중이 2.94[kN] 이상의 합성섬유로프를 사용하여야 한다.

051 「산업안전보건법령」에서 정한 리프트의 종류
- 건설용 리프트
- 산업용 리프트
- 자동차정비용 리프트
- 이삿짐운반용 리프트

052 회전축·기어·풀리 및 플라이휠 등에 부속되는 키·핀 등의 기계요소는 묻힘형으로 하거나 해당 부위에 덮개를 설치하여야 한다.

053 아세틸렌의 공급 과다는 역화의 원인이 아니다. 산소의 공급이 과다할 경우 역화가 발생할 수 있다.

054 아세틸렌 용접장치를 사용하여 금속의 용접·용단 또는 가열작업을 하는 경우에는 게이지 압력이 127[kPa]을 초과하는 압력의 아세틸렌을 발생시켜 사용해서는 아니 된다.

055 절단점(Cutting Point)은 회전하는 운동부분 자체의 위험이나 운동하는 기계부분 자체의 위험에서 초래되는 위험점이다.
예) 목공용 띠톱 부분, 밀링커터, 둥근톱날

056 내마모성, 유연성, 내피로성이 우수한 것은 랭꼬임의 특성이다.

057 압력방출장치는 매년 1회 이상 국가교정기관에서 교정을 받은 압력계를 이용하여 설정압력에서 압력방출장치가 적정하게 작동하는지를 검사한 후 납으로 봉인하여 사용하여야 한다.

058 드릴작업을 할 때에는 작업시작 전 척 렌치를 반드시 빼야 한다.

> **관련개념** 드릴링 머신의 안전작업수칙
> - 일감은 견고하게 고정시켜야 하며, 손으로 쥐고 구멍을 뚫는 것은 위험하다.
> - 작업시작 전 척 렌치(Chuck Wrench)를 반드시 뺀다.
> - 장갑을 끼고 작업을 하지 않는다.
> - 구멍을 뚫을 때 관통된 것을 확인하기 위하여 손을 집어넣지 않는다.
> - 칩은 회전을 중지시킨 후 브러시로 제거하여야 한다.

059 양중기(승강기 제외) 및 달기구를 사용하여 작업하는 운전자 또는 작업자가 보기 쉬운 곳에 해당 기계의 정격하중(달기구는 정격하중만 표시), 운전속도, 경고표시 등을 부착하여야 한다.

060 보일러의 폭발사고를 예방하기 위하여 압력방출장치·압력제한스위치·고저수위조절장치·화염검출기 등의 기능이 정상적으로 작동될 수 있도록 유지·관리하여야 한다.

061 화염일주한계(최대안전틈새, MESG)란 폭발성 분위기 내에 방치된 표준용기의 접합면 틈새를 통하여 폭발화염이 내부에서 외부로 전파되는 것을 저지(최소점화에너지 이하)할 수 있는 틈새의 최대간격치이며 폭발성 가스의 종류에 따라 다르다.

062 전기설비 방폭화의 기본은 점화원의 방폭적 격리, 전기설비의 안전도 증강, 점화능력의 본질적 억제이다.

063 정전기 발생에 영향을 주는 요인은 물체의 특성, 물체의 표면상태, 물질의 이력, 접촉면적 및 압력, 분리속도이다.

064 감전을 방지하기 위해서는 발전소·변전소 및 개폐소 등 구획되어 있는 장소로서 관계근로자가 아닌 사람의 출입이 금지되는 장소에 충전부를 설치하고, 위험표시 등의 방법으로 방호를 강화하여야 한다.

065 이황화탄소 등과 같이 유동대전이 심하고 폭발 위험성이 높은 것의 배관 내 유속은 1[m/s] 이하이어야 한다.

066 단락보호장치는 사고가 제거되지 않은 상태에서 자동 복구되지 않는 구조이어야 한다.(단, 2종 장소에 설치된 설비의 과부하방지장치에는 적용하지 아니함)

067 정전에너지
$$W = \frac{1}{2}CV^2 = \frac{1}{2} \times (20 \times 10^{-6}) \times (2 \times 10^3)^2 = 40[J]$$
여기서, C: 도체의 정전용량[F], V: 대전전위[V]

068 접촉전압은 2차적 감전요소(간접적인 요인)이다.

> **관련개념** 감전재해의 요인
> - 1차적 감전요소: 통전전류의 크기, 통전경로, 통전시간, 전원의 종류
> - 2차적 감전요소: 인체의 조건(인체의 저항), 전압의 크기, 계절 등 주위환경

069 감전사고 방지를 위해 충전부가 노출된 부분에는 절연방호구를 사용하여야 한다.

070 전격현상의 메커니즘
- 심실세동에 의한 혈액 순환기능 상실
- 호흡중추신경 마비에 따른 호흡 중지
- 흉부수축에 의한 질식

071 피뢰기의 성능
- 제한전압 또는 충격방전개시전압이 충분히 낮고 보호능력이 있을 것
- 속류차단이 완전히 행해져 동작책무특성이 충분할 것
- 뇌전류 방전능력이 클 것
- 대전류의 방전, 속류차단의 반복동작에 대하여 장기간 사용에 견딜 수 있을 것
- 상용주파방전개시전압은 회로전압보다 충분히 높아서 상용주파방전을 하지 않을 것

072 전기기기에 주위온도범위가 표시되어 있지 않은 경우, 해당 기기는 $-20[℃]$부터 $40[℃]$ 범위 내에서 사용하도록 설계된 것이다.

073 표준충격파형 $1.2 \times 50[\mu s]$에서 T_f(파두장)=$1.2[\mu s]$, T_t(파미장)=$50[\mu s]$을 나타낸다.

074 폭연성 분진은 마그네슘, 알루미늄, 알루미늄 브론즈 등이다.

075 전류$(I) = \dfrac{전압(V)}{저항(R)}$

통전전류는 인가전압에 비례하고 인체저항에 반비례한다.
열량$(H) = I^2 RT$
전류에 의해 생기는 열량 H는 전류의 세기 I의 제곱과 도체의 전기저항 R, 전류를 통한 시간 T에 비례한다.

076 불꽃방전 발생 시 공기 중에 생성되는 물질은 오존(O_3)이다.

077 감전보호용 누전차단기
- 정격감도전류 30[mA] 이하, 동작시간 0.03초 이내
- 정격전부하전류가 50[A] 이상인 경우, 정격감도전류 200[mA] 이하, 동작시간 0.1초 이내

078 인체가 땀 등에 의해 현저하게 젖어 있는 상태에서 허용접촉전압은 25[V] 이하이다.

> **관련개념** 허용접촉전압
>
> | 종별 | 접촉상태 | 허용접촉전압 |
> |---|---|---|
> | 제2종 | • 인체가 현저히 젖어 있는 상태
• 금속성의 전기기계·기구나 구조물에 인체의 일부가 상시 접촉되어 있는 상태 | 25[V] 이하 |

079 내압방폭구조는 전기설비 내부에서 발생한 폭발이 설비 주변에 존재하는 가연성 물질로 파급되지 않도록 실질적으로 격리하는 방법이다.

080 저압전로의 보호도체 및 중성선의 접속 방식에 따라 접지계통은 TN 계통, TT 계통, IT 계통으로 분류한다.

081 일산화탄소는 허용농도가 30[ppm]인 독성가스이자 공기 중 연소범위가 12.5~74[vol%]인 가연성 가스이다.

082 온도·압력·유량 등을 지시·기록하는 자동제어 관련 설비는 「산업안전보건법령」상 화학설비의 부속설비에 해당한다.
①, ②, ③은 「산업안전보건법령」상 화학설비에 해당한다.

083 $C_2H_5OH + 3O_2 \rightarrow 2CO_2 + 3H_2O$
　　　1　：　3　→　2　：　3
에틸알코올이 1몰 반응할 때 생성되는 CO_2는 2몰, H_2O는 3몰이다.

084 2402는 구성 원소 중 C 2개, F 4개, Cl 0개, Br 2개, I 0개이다. 따라서 Halon 2402의 화학식은 $C_2F_4Br_2$이다.

085 증기운의 크기가 증가하면 증기가 다량 공기 중에 방출된 것이므로, 점화원에 의한 점화 확률이 높아진다.

086 $C_3H_8 + 5O_2 \rightarrow 3CO_2 + 4H_2O$
유기물 $C_nH_xO_y$의 양론농도(C_{st})는 다음 식으로 구할 수 있다.
$$C_{st} = \frac{100}{(4.77n + 1.19x - 2.38y) + 1}$$
$$= \frac{100}{(4.77 \times 3 + 1.19 \times 8) + 1} = 4.03$$
Jones식에 의해 폭발하한계를 추정하면
폭발하한계(LFL)$= 0.55 \times C_{st} = 0.55 \times 4.03 = 2.22$
따라서 최소산소농도는 다음 식으로 구할 수 있다.
최소산소농도(C_m)= 폭발하한[%]$\times \frac{\text{산소 mol수}}{\text{연소가스 mol수}}$
$$= 2.22 \times \frac{5}{1} = 11.1[\%]$$

087 산화성 고체는 가연물과 화합하여 격렬한 연소 및 폭발이 가능하다.

088 Li, Na 등의 알칼리금속은 물에 닿으면 격렬하게 반응하여 수소를 발생시키므로 보호액(석유) 속에 저장하여야 한다.

089 8[%] NaOH 수용액 양: x, 5[%] NaOH 수용액 양: y
$$\begin{cases} x + y = 100[kg] \\ 0.08x + 0.05y = 0.06 \times 100 \end{cases}$$
$x = 33.3[kg], y = 66.7[kg]$

090 공동현상(Cavitation)이란 유체가 관 속을 흐를 때 유동하는 유체 속 어느 부분의 정압이 그때의 유체의 증기압보다 낮을 경우 유체가 증발하여 부분적으로 증기가 발생되는 현상이다. 배관의 부식을 초래하기도 한다.

091 독성가스 누출감지경보기는 해당 독성가스 허용농도 이하에서 경보가 울리도록 설정하여야 한다.

092 자연발화는 점화원 없이 발화하는 현상이다.

> **관련개념** 자연발화 방지대책
> - 통풍이 잘 되게 할 것
> - 주위 온도를 낮출 것
> - 습도가 높지 않도록 할 것
> - 열전도가 잘 되는 용기에 보관할 것
> - 불활성 액체 내에 저장할 것

093 확산연소는 가연성 가스가 공기 중의 지연성 가스(산소)와 접촉하여 접촉면에서 연소가 일어나는 현상으로, 가스연소의 일반적인 연소형태이다.

094 크롬은 은백색의 광택을 띠는 금속으로 3가와 6가의 화합물이 있으며 크롬 정련공정에서 발생하는 6가 크롬이 인체에 유해하다. 급성중독의 경우 수포성 피부염 등이 발생하고, 만성중독의 경우 비중격천공증을 유발한다. 미나마타병은 수은 중독 시 발병한다.

095 온도가 350[℃] 이상이거나 게이지압력이 980[kPa] 이상인 상태에서 운전되는 설비가 특수화학설비에 해당된다.

096 ②는 가열장치, ③, ④는 부속설비에 속한다.

> **관련개념** 건조설비의 구조
> - **구조부분**: 몸체(철골부, 보온판, Shell 등), 내부구조, 내부에 있는 구동장치 등
> - **가열장치**: 열원장치, 순환용 송풍기 등
> - **부속설비**: 환기장치, 온도조절장치, 안전장치, 소화장치, 전기설비 등

097 아세톤은 물에 잘 녹으며 유기용매로서 다른 유기물질과도 잘 섞이는 성질이 있어 일상생활에서 물로 지워지지 않는 유성페인트나 매니큐어 등을 지우는 데 많이 쓰인다.

098 위험도 $H = \dfrac{U-L}{L} = \dfrac{74-12.5}{12.5} = 4.92$

여기서, U : 폭발상한계, L : 폭발하한계

099 포소화기의 소화약제는 다량의 물을 함유하고 있어, 전기설비에 의한 화재에는 누전, 감전 등의 위험으로 사용이 적절하지 않다.

100 위험물을 액체 상태로 저장하는 저장탱크를 설치하는 경우에는 위험물질이 누출되어 확산되는 것을 방지하기 위하여 방유제를 설치하여야 한다.

101 거푸집 및 동바리의 구조 검토 시 가설물에 작용하는 하중 및 외력의 종류, 크기를 우선적으로 산정한다.

102 경보장치의 작동상태는 터널 지보공 점검사항과 거리가 멀다.

관련개념	터널 지보공 수시 점검사항

- 부재의 손상·변형·부식·변위 탈락의 유무 및 상태
- 부재의 긴압 정도
- 부재의 접속부 및 교차부의 상태
- 기둥침하의 유무 및 상태

103 암석의 분할방법은 채석작업의 작업계획서 내용에 해당한다.

104 ④번은 히빙현상의 방지대책에 해당되지 않는다.

관련개념	히빙에 대한 안전대책

- 흙막이벽의 근입 깊이 증가
- 흙막이벽 배면지반의 상재하중 제거
- 저면의 굴착부분을 남겨두어 굴착예정인 부분의 일부를 미리 굴착하여 기초콘크리트 타설
- 굴착주변을 웰 포인트(Well Point) 공법과 병행
- 굴착저면에 토사 등 인공중력 증가

105 진동기는 적절히 사용되어야 하며, 지나친 진동은 거푸집 붕괴의 원인이 될 수 있으므로 주의하여야 한다.

106 터널작업 시 자동경보장치의 작업시작 전 점검사항
- 계기의 이상 유무
- 검지부의 이상 유무
- 경보장치의 작동상태

107 터널 지보공을 조립하거나 변경하는 경우 목재의 터널 지보공은 그 터널 지보공의 각 부재의 긴압 정도가 균등하게 되도록 하여야 한다.

108 지표수 및 지하수의 침투에 의한 토사 중량의 증가는 법면 붕괴 요인에 해당하므로 붕괴재해 예방을 위해서 지표수와 지하수의 침투를 방지하는 것이 좋다.

109 그물코 10[cm], 신품 매듭방망의 인장강도는 200[kg] 이상이어야 한다.

110 취급물의 형상, 성질, 크기 등이 다양한 작업은 기계운반작업으로 실시하기에 부적당하다.

111 울 설치는 추락위험 방지를 위한 조치사항에 해당한다.

112 강관을 사용하여 비계를 구성하는 경우 비계기둥의 간격은 띠장 방향에서는 1.85[m], 장선 방향에서는 1.5[m] 이하로 한다.

113 발주자의 감독 소홀은 시공단계에서의 안전관리 부실을 초래할 수 있다.

114 하중계는 스트러트, 어스앵커에 설치하여 축하중 측정으로 부재의 안전성 여부를 판단하는 계측기이다.

115 강우량이 1[mm/h] 이상인 경우 철골작업을 중지하여야 한다.

관련개념	철골작업 시 작업의 제한기준
구분	내용
강풍	풍속이 10[m/s] 이상인 경우
강우	강우량이 1[mm/h] 이상인 경우
강설	강설량이 1[cm/h] 이상인 경우

116 턴버클은 지지막대나 와이어로프 등의 길이를 조절하거나 당겨 죄는 데 사용하는 기구이다.

117 동바리 조립 시 받침목이나 깔판의 사용, 콘크리트 타설, 말뚝박기 등 동바리의 침하를 방지하기 위한 조치를 하여야 한다.

118 램머(Rammer)는 다짐장비에 해당한다.

119 낙하물방지망은 높이 10[m] 이내마다 설치하고, 수평면과의 각도는 20° 이상 30° 이하를 유지하여야 한다.

120 순간풍속이 15[m/s]를 초과하는 경우에는 타워크레인의 운전작업을 중지하여야 한다.

실전 모의고사 3회

SPEED CHECK 빠른 정답표

획득 점수 : (   )

001	002	003	004	005	006	007	008	009	010	011	012	013	014	015
①	②	③	②	③	②	④	③	④	④	③	④	③	②	①
016	017	018	019	020	021	022	023	024	025	026	027	028	029	030
③	④	②	④	④	④	④	③	②	③	④	①	③	①	②
031	032	033	034	035	036	037	038	039	040	041	042	043	044	045
③	④	②	①	④	③	①	①	④	④	③	②	③	④	③
046	047	048	049	050	051	052	053	054	055	056	057	058	059	060
①	①	②	①	①	②	④	③	②	③	①	③	③	①	④
061	062	063	064	065	066	067	068	069	070	071	072	073	074	075
①	②	④	②	③	③	①	④	③	②	④	④	③	②	②
076	077	078	079	080	081	082	083	084	085	086	087	088	089	090
③	③	③	②	②	③	④	①	①	②	②	③	③	①	②
091	092	093	094	095	096	097	098	099	100	101	102	103	104	105
④	①	①	①	④	①	③	②	①	②	②	①	①	①	④
106	107	108	109	110	111	112	113	114	115	116	117	118	119	120
③	①	①	②	③	④	③	①	②	①	④	④	②	②	④

001 사업주의 근로자 안전 보장은 무재해운동의 3기둥(3요소)의 최고경영자의 경영자세에 해당한다.

002 안전교육 시 동기유발의 최적수준을 유지하여야 하나 철저한 관리 감독은 오히려 동기유발을 저하시킨다.

003 '준비성'에 관한 것은 손다이크(Thorndike)의 시행착오설 중 '준비성의 법칙'에 해당한다.

> **관련개념** 파블로프(Pavlov)의 조건반사설
> - 계속성의 원리(The Continuity Principle)
> - 일관성의 원리(The Consistency Principle)
> - 강도의 원리(The Intensity Principle)
> - 시간의 원리(The Time Principle)

004 아담스의 사고연쇄반응이론에서 과오의 기초가 되는 원인은 관리자나 감독자에 의해서 만들어진 작전적 에러로부터 발생된다.

> **관련개념** 애드워드 아담스의 사고연쇄반응이론
> ㉠ 관리구조 결함
> ㉡ 작전적 에러: 관리자의 의사결정이 그릇되거나 행동을 안 함
> ㉢ 전술적 에러: 불안전 행동, 불안전 동작
> ㉣ 사고: 상해의 발생, 아차사고(Near Miss), 비상사고
> ㉤ 상해, 손해: 대인, 대물

005 레윈(Lewin. K)의 법칙
$B = f(P \cdot E)$
여기서, B: Behavior(인간의 행동)
f: Function(함수관계)
P: Person(개체: 연령, 경험, 심신상태, 성격, 지능 등)
E: Environment(환경: 인간관계, 작업환경, 감독 등)

006 기초교육은 안전교육의 3단계에 해당되지 않는다.

관련개념	안전교육의 종류
지식교육(1단계) → 기능교육(2단계) → 태도교육(3단계)	

007 명예산업안전감독관은 근로자위원에 해당한다.

관련개념	근로자위원
• 근로자대표 • 근로자대표가 지명하는 1명 이상의 명예산업안전감독관 • 근로자대표가 지명하는 9명 이내의 해당 사업장의 근로자	

008 과업형(9,1)은 생산에 대한 관심은 매우 높지만 인간에 대한 관심은 매우 낮아서 인간적인 요소보다 과업수행에 대한 능력을 중요시하는 리더 유형이다.

009 라인·스태프(LINE-STAFF)형 조직(직계참모조직)
- 대규모(1,000명 이상) 사업장에 적합한 조직으로서 라인형과 스태프형의 장점만을 채택한 형태이며, 안전업무를 전담하는 스태프를 두고 생산라인의 각 계층에서도 각 부서장으로 하여금 안전업무를 수행하도록 하여 스태프에서 안전에 관한 사항이 결정되면 라인을 통하여 실천하도록 편성된 조직이다.
- 안전계획, 평가 및 조사는 스태프에서, 생산기술의 안전대책은 라인에서 실시한다.

010 합리화는 도피적 기제가 아닌 방어적 기제에 해당된다. 방어적 기제(Defense Mechanism)는 보상, 합리화(변명), 승화, 동일시 등이 있다.

011 교육계획 수립 시 교육의 요구사항 등 필요한 정보를 수집·파악하고 현장의 의견을 충분히 반영한다.

012 건설재해예방전문지도기관 종사자의 교육시간은 신규교육 34시간 이상, 보수교육 24시간 이상이다.

013 상황성 누발자는 작업이 어렵거나, 기계설비의 결함, 환경상 주의력의 집중이 혼란된 경우, 심신의 근심으로 사고경향자가 되는 경우이다.

014 안전교육의 3단계 중 기능교육(2단계)에 해당되는 내용이다.

관련개념	안전교육의 3단계
㉠ 지식교육(1단계): 지식의 전달과 이해 ㉡ 기능교육(2단계): 실습, 시범을 통한 이해 ㉢ 태도교육(3단계): 안전의 습관화(가치관 형성)	

015 TWI에서 직장 내 부하직원을 대상으로 교육하는 기술은 JIT(작업지도훈련)이다.

관련개념	TWI의 교육내용
• 작업지도훈련(JIT: Job Instruction Training) • 작업방법훈련(JMT: Job Method Training) • 인간관계훈련(JRT: Job Relation Training) • 작업안전훈련(JST: Job Safety Training)	

016 기인물은 선반이고, 가해물은 변속치차이다.

017 '가슴으로 생각한다.'는 듀이의 사고과정에 해당되지 않는다.

관련개념	존 듀이(John Dewey)의 5단계 사고과정
㉠ 제1단계: 시사(Suggestion)를 받는다. ㉡ 제2단계: 지식화(Intellectualization) 한다. ㉢ 제3단계: 가설(Hypothesis)을 설정한다. ㉣ 제4단계: 추론(Reasoning)한다. ㉤ 제5단계: 행동에 의하여 가설을 검토한다.	

018 중대재해의 범위
- 사망자가 1명 이상 발생한 재해
- 3개월 이상의 요양이 필요한 부상자가 동시에 2명 이상 발생한 재해
- 부상자 또는 직업성 질병자가 동시에 10명 이상 발생한 재해

019 안전교육 지도안의 4단계에 보상은 포함되지 않는다.

관련개념	교육법의 4단계
㉠ 1단계 – 도입(준비) ㉡ 2단계 – 제시(설명) ㉢ 3단계 – 적용(응용) ㉣ 4단계 – 확인(총괄)	

020 내관통성, 내전압성, 내수성시험은 AE, ABE종에만 한정하여 실시한다.

021 ④번이 올바르게 연결된 것이다.

> **관련개념** 시스템 위험성의 분류
>
> - 범주(Category) Ⅰ, 파국(Catastrophic): 인원의 사망 또는 중상, 완전한 시스템의 손상을 일으킴
> - 범주(Category) Ⅱ, 중대(위기)(Critical): 인원의 상해 또는 주요 시스템의 생존을 위해 즉시 시정조치 필요
> - 범주(Category) Ⅲ, 한계(Marginal): 시스템의 성능저하나 인원의 상해 또는 중대한 시스템의 손상없이 배제 또는 제거 가능
> - 범주(Category) Ⅳ, 무시가능(Negligible): 인원의 손상이나 시스템의 성능 기능에 손상이 일어나지 않음

022 부품배치의 원칙
- 중요성의 원칙: 부품의 작동성능이 목표달성에 중요한 정도에 따라 우선순위를 결정
- 사용빈도의 원칙: 부품이 사용되는 빈도에 따라 우선순위를 결정
- 기능별 배치의 원칙: 기능적으로 관련된 부품을 모아서 배치
- 사용순서의 원칙: 사용순서에 맞게 순차적으로 부품들을 배치

023 옥내 추천 반사율
- 천장: 80~90[%]
- 벽: 40~60[%]
- 가구: 25~45[%]
- 바닥: 20~40[%]

024 안전점검의 목적
- 기기 및 설비의 결함이나 불안전한 상태의 제거로 사전에 안전성을 확보하기 위함이다.
- 기기 및 설비의 안전상태 유지 및 본래의 성능을 유지하기 위함이다.
- 재해방지를 위한 대책을 계획적으로 실시하기 위함이다.

025 수동 시스템에서는 인간이 자신의 신체적인 힘을 동력원으로 사용한다.

026 귀마개 및 귀덮개 사용은 음원에 대한 대책이 아닌 작업자에 대한 소극적 대책에 해당한다.

027 NLE(NIOSH Lifting Equation)
권장무게한계(RWL)=23×HM×VM×DM×AM×FM×CM
여기서, HM: 수평계수, VM: 수직계수, DM: 거리계수,
  AM: 비대칭계수, FM: 빈도계수, CM: 커플링계수

028 ③번은 동작경제의 원칙에 해당되지 않는다.

> **관련개념** 동작경제의 원칙
>
> - 신체 사용에 관한 원칙
> - 작업장 배치에 관한 원칙
> - 공구 및 설비 설계(디자인)에 관한 원칙

029 ①번이 평가단계의 순서이다.

> **관련개념** 안전성 평가 6단계
>
> - 제1단계: 관계자료의 정비검토
> - 제2단계: 정성적 평가
> - 제3단계: 정량적 평가
> - 제4단계: 안전대책 수립
> - 제5단계: 재해정보에 의한 재평가
> - 제6단계: FTA에 의한 재평가

030 습구흑구온도지수(WBGT)[태양광선이 내리쬐는 옥외 장소]
WBGT=0.7×자연습구온도(NWB)+0.2×흑구온도(GT)
  +0.1×건구온도(DT)
  =0.7×25+0.2×20+0.1×28=24.3[℃]

031 인터록 장치는 정상적으로 작동하기 위한 조건이 만족되지 않을 경우 자동적으로 그 기계를 작동할 수 없도록 하는 것이다.

032 암호체계 사용 시 2가지 이상의 암호를 조합해서 사용하면 정보전달이 촉진된다.

033 ②는 생산보전(PM: Productive Maintenance)에 관한 설명이다.

034 웨버(Weber)의 법칙은 특정 감각의 변화감지역(ΔI)은 사용되는 표준자극(I)에 비례한다는 것이다.

웨버비 $= \dfrac{\Delta I}{I}$

035 원재료, 중간제품은 운전관계, 나머지 건조물, 공장 내 배치, 입지조건은 설계관계에 포함된다.

036 위험 및 운전성 검토(HAZOP)는 각각의 장비에 대해 잠재된 위험이나 기능저하, 운전 잘못 등과 전체로서의 시설에 결과적으로 미칠 수 있는 영향 등을 평가하기 위해서 공정이나 설계도 등에 체계적이고 비판적인 검토를 행하는 것을 말한다. HAZOP에서 안전장치는 필요할 때 정상 동작하는 것으로 간주한다.

037 인간공학을 기업에 적용하는 경우 노사 간의 신뢰가 향상되는 기대효과를 가져온다.

038 체계기준의 구비조건(연구조사의 기준척도)
- 실제적 요건
- 신뢰성(반복성)
- 타당성(적절성)
- 순수성(무오염성)
- 민감도

039 추운 환경으로 바뀌면 피부를 경유하는 혈액 순환량이 감소한다.

> **관련개념** 추운 환경으로 변할 때의 신체 조절작용
> - 피부온도가 내려간다.
> - 혈액은 피부를 경유하는 순환량이 감소한다.
> - 많은 양의 혈액이 몸의 중심부를 순환한다.
> - 소름이 돋고 몸이 떨린다.
> - 직장(直腸)온도가 약간 올라간다.

040 의자 설계 시 고정된 자세로 장시간 유지되지 않도록 설계한다.

041 오동작 방지 회로는 기능상의 안전화에 해당한다.

042 상부틀의 각 개구의 폭 또는 길이는 16[cm] 미만이어야 한다.

> **관련개념** 헤드가드(Head Guard)의 구비조건
> - 강도는 지게차 최대하중의 2배의 값(4톤을 넘는 값에 대해서는 4톤)의 등분포정하중에 견딜 수 있는 것일 것
> - 상부틀의 각 개구의 폭 또는 길이가 16[cm] 미만일 것
> - 운전자가 앉아서 조작하거나 서서 조작하는 지게차의 헤드가드는 한국산업표준에서 정하는 높이 기준 이상일 것(입승식: 1.88[m] 이상, 좌승식: 0.903[m] 이상)

043 롤러기 급정지장치의 성능

앞면 롤러의 표면속도[m/min]	급정지거리
30 미만	앞면 롤러 원주의 1/3 이내
30 이상	앞면 롤러 원주의 1/2.5 이내

044 눈메꿈(Loading)은 결합도가 높은 숫돌에 구리와 같이 연한 금속을 연삭하였을 때 숫돌 표면의 기공에 칩이 메워져 연삭이 잘 안 되는 현상이다.

045 강렬한 소음작업
- 90[dB] 이상의 소음이 1일 8시간 이상 발생하는 작업
- 95[dB] 이상의 소음이 1일 4시간 이상 발생하는 작업
- 100[dB] 이상의 소음이 1일 2시간 이상 발생하는 작업
- 105[dB] 이상의 소음이 1일 1시간 이상 발생하는 작업
- 110[dB] 이상의 소음이 1일 30분 이상 발생하는 작업
- 115[dB] 이상의 소음이 1일 15분 이상 발생하는 작업

046 탁상용 연삭기의 덮개는 작업 받침대와 연삭숫돌과의 간격을 3[mm] 이하로 조정할 수 있어야 한다.

047 재료 및 가공 결함에 의한 오작동은 구조적 안전화를 위한 검토사항이다.

> **관련개념** 기능상의 안전화
> 최근 기계는 반자동 또는 자동 제어장치를 갖추고 있어서 에너지 변동에 따라 오동작이 발생하여 주요 문제로 대두되므로 이에 따른 기능의 안전화가 요구되고 있다.

048 지게차 주행 시 좌우 안정도 $= 15 + 1.1V$
$$= 15 + 1.1 \times 20 = 37[\%]$$
여기서, V : 구내 최고속도[km/h]

049 안전율(Safety Factor), 안전계수
$$S = \frac{극한(인장)강도}{허용응력} = \frac{파단(최대)하중}{안전(정격)하중}$$

050 침투탐상검사(PT; Liquid Penetrant Testing)는 시험체 표면에 침투제를 적용시켜 침투제가 표면에 열려있는 불연속부에 침투할 수 있는 충분한 시간이 경과한 후, 불연속부에 침투하지 못하고 시험체 표면에 남아있는 과잉의 침투제를 제거하고 그 위에 현상제를 도포하여 불연속부에 들어있는 침투제를 빨아올림으로써 불연속의 위치, 크기 및 지시모양을 검출하는 검사방법이다.

051 보일러의 폭발사고를 예방하기 위하여 압력방출장치, 압력제한스위치, 고저수위 조절장치, 화염검출기 등의 기능이 정상적으로 작동될 수 있도록 유지·관리하여야 한다.

052 방사선투과검사는 내부결함 검사에 적합하다.

> **관련개념** 내부결함 검출을 위한 비파괴시험방법
> - **초음파탐상검사**: 균열 등 면상 결함 검출능력이 우수하다.
> - **방사선투과검사**: 형상판별 우수, 결함종류, 구상결함을 검출한다.

053 밀링작업 시 안전대책
- 밀링작업에서 생기는 칩은 가늘고 예리하며 부상을 입히기 쉬우므로 보안경을 착용한다.
- 칩은 기계를 정지시킨 후 브러시 등으로 제거한다.
- 강력절삭을 할 때는 일감을 바이스에 깊게 물린다.
- 손이 말려 들어갈 위험이 있는 장갑을 착용하지 않는다.

054 소음의 적응은 소음방지대책이 아니다.

055 보일러 증기관 쪽에 보내는 증기에 대량의 물방울이 포함되는 경우가 있는데 이것을 캐리오버라 하며, 프라이밍이나 포밍이 생기면 필연적으로 캐리오버가 발생한다.

056 사다리식 통로의 기울기는 75° 이하로 하여야 한다.

057 ③번은 공기압축기를 가동할 때 작업시작 전 점검사항에 해당되지 않는다.

> **관련개념** 공기압축기를 가동할 때 작업시작 전 점검사항
> - 공기저장 압력용기의 외관 상태
> - 드레인밸브(Drain Valve)의 조작 및 배수
> - 압력방출장치의 기능
> - 언로드밸브(Unloading Valve)의 기능
> - 윤활유의 상태
> - 회전부의 덮개 또는 울
> - 그 밖의 연결 부위의 이상 유무

058 하향절삭 시에는 떨림이 나타나 공작물과 커터를 손상시키며 백래시 제거장치가 없으면 작업을 할 수 없다.

> **관련개념** 밀링절삭작업
> - **상향절삭**: 일감의 이송방향과 커터의 회전방향이 반대이다.
> - **하향절삭**: 일감의 이송방향과 커터의 회전방향이 일치한다.

059 산업용 로봇의 작업 시 작업에 종사하고 있는 근로자 또는 그 근로자를 감시하는 사람은 이상을 발견하면 즉시 로봇의 운전을 정지시키기 위한 조치를 하여야 한다.

060 초음파탐상법의 종류로는 투과법, 펄스반사법, 공진법 등이 있다.

061 가스폭발 위험장소는 0, 1, 2종 장소로 구분한다.

062 $C = 0.02[pF/cm^2] \times 5,000[cm^2] = 100[pF]$이므로
$W = \frac{1}{2}CV^2 = \frac{1}{2} \times (100 \times 10^{-12}) \times 3,300^2 = 5.445 \times 10^{-4}[J]$
여기서, C: 도체의 정전용량[F], V: 대전전위[V]

063 주접지단자에 접속하기 위한 등전위본딩 도체는 설비 내에 있는 가장 큰 보호접지 도체 단면적의 $\frac{1}{2}$ 이상의 단면적을 가져야 하고 다음의 단면적 이상이어야 한다.
- 구리도체 $6[mm^2]$
- 알루미늄 도체 $16[mm^2]$
- 강철 도체 $50[mm^2]$

064 자동전격방지장치는 용접봉의 조작에 따라 용접을 할 때에만 용접기의 주회로를 폐로(ON)시키고, 용접을 행하지 않을 때에는 용접기 주회로를 개로(OFF)시켜 용접기 출력 측의 무부하 전압을 25[V] 이하로 저하시켜 작업자가 용접봉과 모재 사이에 접촉함으로써 발생하는 감전의 위험을 방지하는 장치이다.

065 전원을 차단한 후 각 단로기 등을 개방하고 확인하여야 한다.

066 접지는 지락사고 발생 시 대지전위 상승억제 및 절연강도 저감을 위한 것이다.

067 EPL(기기보호등급; Equipment Protection Level)이란 점화원이 될 수 있는 가능성에 기초하여 기기에 부여된 보호등급으로 폭발성 가스 분위기, 폭발성 분진 분위기 및 폭발성 갱내 가스에 취약한 광산 내 폭발성 분위기의 차이를 구별한다.
EPL Ga: 폭발성 가스분위기에 설치된 기기로 정상작동, 점화원이 될 가능성이 거의 없는 충분한 안전성을 갖고 있는 매우 높은 보호 등급의 기기이다.

068 울타리·담 등의 높이와 울타리·담 등으로부터 충전부분까지의 거리의 합(사용전압 35[kV] 이하)은 5[m] 이상으로 한다.

069 유자격자가 아닌 근로자가 충전전로 인근의 높은 곳에서 작업할 때에 근로자의 몸 또는 긴 도전성 물체가 방호되지 않은 충전전로에서 대지전압이 50[kV] 이하인 경우에는 300[cm] 이내로, 대지전압이 50[kV]를 넘는 경우에는 10[kV]당 10[cm]씩 더한 거리 이내로 각각 접근할 수 없도록 하여야 한다.

070 보호여유도 $= \frac{\text{충격절연강도} - \text{제한전압}}{\text{제한전압}} \times 100$
$= \frac{1,260 - 800}{800} \times 100 = 57.5[\%]$

071 전기화재는 절연저항값이 감소할 때 일어난다.

072 두 종류의 다른 물체를 접촉시키면 그 접촉면에는 두 물체의 일함수의 차로 인하여 접촉전위가 발생된다.

073 T파는 심실의 수축 종료 후 심실의 휴식 시 발생하는 파형으로 전격이 인가되면 심실세동을 일으킬 확률이 가장 크고 위험한 부분이다.

074 금속제 외함을 가지는 사용전압이 50[V]를 초과하는 저압의 기계·기구로서 사람이 쉽게 접촉할 우려가 있는 곳에 시설하는 것에 전기를 공급하는 전로에는 누전차단기(전로에 지락이 생겼을 때에 자동적으로 전로를 차단하는 장치)를 시설하여야 한다.

075 압력방폭구조는 용기 내부에 보호가스(신선한 공기 또는 불연성 기체)를 압입하여 내부 압력을 유지함으로써 폭발성 가스 또는 증기가 내부로 유입되지 않도록 한 구조이다.

076 내압방폭구조의 화염일주한계를 작게 하는 이유는 폭발화염이 외부로 유출되지 않도록 하기 위해서이다. 즉, 최소점화에너지 이하로 열을 식히기 위해서이다.

077 전등용 변압기 1차 측 COS가 개방된 상태이므로 2차 측 개방은 감전사고와는 무관하다.

078 연면방전은 정전기로 대전되어 있는 부도체에 접지체를 접근할 경우 대전체와 접지체 사이에서 발생하는 방전과 거의 동시에 부도체 표면을 따라서 발생한다.

079 물기 있는 장소 이외의 장소에 시설하는 저압용의 개별 기계·기구에 전기를 공급하는 전로에 인체감전보호용 누전차단기(정격감도전류가 30[mA] 이하, 동작시간이 0.03초 이하의 전류동작형)를 시설하는 경우 접지공사를 실시하지 않을 수 있다.

080 증기밀도는 폭발성 분위기의 생성조건과 관계 있는 위험특성이다.

관련개념	위험특성의 분류
방폭구조와 관계 있는 위험특성	폭발성 분위기의 생성조건과 관계 있는 위험특성
• 발화온도 • 화염일주한계(최대안전틈새) • 폭발등급 • 최소점화전류	• 폭발한계 • 인화점 • 증기밀도

081 기준이 되는 25[℃]에서 100[℃]씩 증가할 때마다 폭발하한계의 값이 8[%] 감소하며, 폭발상한은 8[%] 증가한다.

082 릴리프 장치가 작동 후 방출라인이 개방되지 않아야 할 때 파열판과 안전밸브를 직렬로 설치하여야 한다.

083 공동현상은 유속이 빠를 경우 발생할 수 있으므로 공동현상을 예방하려면 펌프의 회전수를 낮춰야 한다.

084 유동형 지붕탱크는 저장물질 위에 띄운 지붕판이 탱크 측판부를 따라 상하로 움직이는 원통탱크로서 이러한 구조로 인해 증발에 의한 액체의 손실을 방지하는 동시에 액면 위의 공간에 폭발성 위험가스를 형성할 위험이 적다.

085 Leidenfrost Point는 핵비등(Nucleate Boiling)에서 막비등(Film Boiling) 상태로 급격하게 이행하는 하한점을 말한다.

086 단위공정시설 및 설비로부터 다른 단위공정시설 및 설비 사이는 바깥면으로부터 10[m] 이상의 안전거리를 두어야 한다.

087 주요 구입 및 폐기처는 「산업안전보건법령」상 물질안전보건자료 작성내용이 아니다.

088 분진폭발은 가스폭발보다 발생에너지가 크다.

관련개념	분진폭발의 특징

• 가스폭발보다 발생에너지가 크다.
• 폭발압력과 연소속도는 가스폭발보다 작다.
• 불완전연소로 인한 가스중독의 위험성이 크다.
• 가스폭발에 비하여 불완전 연소가 많이 발생한다.
• 주위 분진에 의해 2차, 3차 폭발로 파급될 수 있다.
• 화염의 파급속도보다 압력의 파급속도가 빠르다.

089 아세틸렌은 은, 수은, 구리와 반응하여 아세틸라이드를 생성한다.

090 과염소산칼륨은 산화성고체로 열분해 시 산소를 발생시킨다.

091 수증기폭발은 응상폭발에 해당한다.

092 목재, 종이, 섬유 등의 일반 가연물에 의한 화재는 A급 화재(일반화재)이다.

관련개념	화재의 종류			
A급 화재	B급 화재	C급 화재	D급 화재
일반화재	유류화재	전기화재	금속화재

093 보기 물질의 노출기준
① 염소: 0.5[ppm]
② 암모니아: 25[ppm]
③ 에탄올: 1,000[ppm]
④ 메탄올: 200[ppm]
따라서 염소의 TWA가 0.5[ppm]으로 가장 낮다.

094 조해성이 있는 산화성 물질은 습기를 피해 용기를 밀폐하여야 한다.

095 아세톤의 인화점은 약 $-18[℃]$이다.

096 폭발 방호대책은 폭발 시 피해를 최소화하기 위한 대책이다. 불활성화는 폭발을 예방하기 위한 대책이므로 폭발 방지대책에 해당한다.

097 질산 및 그 염류는 「산업안전보건법령」상 산화성 액체 및 산화성 고체에 해당한다.

098 주관 및 취관에 가장 가까운 분기관마다 안전기를 부착하여야 한다.

099 수소의 최소발화에너지가 0.019[mJ]로 가장 작다.

관련개념	최소발화에너지
가연성 가스 또는 증기	최소발화에너지[mJ]
수소	0.019
메탄	0.28
에탄	0.24~0.25
프로판	0.26

100 스팀트랩(Steam Trap)이란 증기배관 내에 생성하는 응축수는 송기상 지장이 되어 제거할 필요가 있는데, 이때 증기가 도망가지 않도록 이 응축수를 자동적으로 배출하기 위한 장치이다.

101 부두·안벽 등 하역작업을 하는 장소에 부두 또는 안벽의 선을 따라 통로를 설치하는 경우에는 폭을 90[cm] 이상으로 하여야 한다.

102 무한궤도식 백호우는 타이어식에 비해 기동성이 낮으나 경사로 등에서 안전하다.

103 정격하중이란 크레인의 권상하중에서 훅·버킷 등 달기기구의 중량에 상당하는 하중을 뺀 하중을 말한다.

104 ①번이 건축공사의 산업안전보건관리비의 비율과 기초액이다.

관련개념 산업안전보건관리비 계상기준표

공사 종류	대상액 5억 원 미만	5억 원 이상 50억 원 미만 비율	5억 원 이상 50억 원 미만 기초액	50억 원 이상
건축공사	3.11[%]	2.28[%]	4,325,000원	2.37[%]
토목공사	3.15[%]	2.53[%]	3,300,000원	2.60[%]
중건설공사	3.64[%]	3.05[%]	2,975,000원	3.11[%]
특수건설공사	2.07[%]	1.59[%]	2,450,000원	1.64[%]

105 유해위험방지계획서 제출 대상 공사
• 최대 지간길이가 50[m] 이상인 다리의 건설 등 공사
• 다목적 댐, 발전용 댐 및 저수용량 2천만 톤 이상의 용수 전용 댐 및 지방상수도 전용 댐의 건설 등 공사

106 공정률 70[%] 이상 90[%] 미만인 경우 산업안전보건관리비는 70[%] 이상 사용하도록 한다.

107 토석의 강도 저하는 토석붕괴의 내적 원인이다.

108 바이브로 플로테이션공법(진동다짐공법)은 사질토 지반의 개량공법이다.

109 작업발판 재료는 뒤집히거나 떨어지지 않도록 둘 이상의 지지물에 연결하거나 고정시킨다.

110 작업으로 인하여 물체가 떨어지거나 날아올 위험이 있는 경우 낙하물 방지망, 수직보호망 또는 방호선반의 설치, 출입금지구역의 설정, 보호구의 착용 등 위험을 방지하기 위하여 필요한 조치를 하여야 한다.

111 화물의 적재 시 준수사항
• 침하 우려가 없는 튼튼한 기반 위에 적재할 것
• 건물의 칸막이나 벽 등이 화물의 압력에 견딜 만큼의 강도를 지니지 아니한 경우에는 칸막이나 벽에 기대어 적재하지 않도록 할 것
• 불안정할 정도로 높이 쌓아 올리지 말 것
• 하중이 한쪽으로 치우지지 않도록 쌓을 것

112 진동기를 많이 사용하면 거푸집 측압이 상승하여 위험하다.

113 동바리로 사용하는 파이프서포트를 이어서 사용하는 경우에는 4개 이상의 볼트 또는 전용철물을 사용하여야 한다.

114 낙하물 보호구조를 갖추어야 하는 차량계 건설기계
불도저, 트랙터, 굴착기, 로더, 스크레이퍼, 덤프트럭, 모터 그레이더, 롤러, 천공기, 항타기 및 항발기

115 굴착면의 기울기 기준

지반의 종류	굴착면의 기울기
모래	1 : 1.8
연암 및 풍화암	1 : 1.0
경암	1 : 0.5
그 밖의 흙	1 : 1.2

116 연약 점토지반에서 배면 흙의 중량이 굴착저면 이하의 흙보다 클 경우 흙막이 배면에 있는 흙이 안으로 밀려들어 굴착저면이 솟아 오르는 현상은 히빙현상이다.

117 작업발판은 고소작업 또는 운반작업 시 작업공간 확보를 위해 설치하는 것으로 비계의 부재 중 기둥과 기둥을 연결시키는 부재에 해당하지 않는다

118 직선운반을 하여야 한다.

관련개념 취급, 운반의 5원칙
• 직선운반을 할 것
• 연속운반을 할 것
• 운반작업을 집중화시킬 것
• 생산을 최고로 하는 운반을 생각할 것
• 최대한 시간과 경비를 절약할 수 있는 운반방법을 고려할 것

119 크레인의 운전실 또는 운전대를 통하는 통로의 끝과 건설물 등의 벽체의 간격은 0.3[m] 이하로 하여야 한다.

120 파일럿 터널이란 터널굴착 전, 본 터널에서 약간 떨어진 곳에 환기·재료운반 등의 목적으로 뚫는 터널이다.

2026 에듀윌 산업안전산업기사 필기

FINAL 실전 모의고사

정답과 해설

고객이 왕, 직원이 왕, 지사신이 왕을 실현합니다

에듀윌 도서몰 book.eduwill.net
· 부가학습자료 및 정오표: 에듀윌 도서몰 → 도서자료실
· 교재 문의: 에듀윌 도서몰 → 문의하기 → 교재(내용, 출간) / 주문 및 배송

에듀윌 산업안전기사 필기

PART 01 빈칸으로 완성하는 빈출개념
PART 02 별색으로 확인하는 빈출문제

PART 01 빈칸으로 완성하는 빈출개념

TYPE 01 | 숫자

01 중대재해

다음 중 어느 하나에 해당되는 경우이다.
① 사망자가 (　　　) 이상 발생한 재해
② 3개월 이상의 요양이 필요한 부상자가 동시에 2명 이상 발생한 재해
③ 부상자 또는 직업성 질병자가 동시에 10명 이상 발생한 재해

02 협의체 정기회의 운영주기는 매월 (　　　) 이상이다.

03 하인리히의 법칙인 '1 : 29 : 300'의 의미
① 1: 중상 또는 사망
② 29: 경상
③ 300: (　　　)

04 스태프(STAFF)형 조직
① 규모: (　　　)로 100~1,000명 이하
② 장점
 • 사업장 특성에 맞는 전문적인 기술연구가 가능하다.
 • 경영자에게 조언과 자문 역할을 할 수 있다.
 • 안전정보 수집이 빠르다.
③ 단점
 • 안전지시나 명령이 작업자에게까지 신속·정확하게 전달되지 못한다.
 • 생산부문은 안전에 대한 책임과 권한이 없다.
 • 권한다툼이나 조정 때문에 시간과 노력이 소모된다.

05 산업안전보건위원회에서 근로자 위원의 구성
① 근로자대표
② 근로자대표가 지명하는 (　　　) 이상의 명예산업안전감독관
③ 근로자대표가 지명하는 (　　　) 이내의 해당 사업장의 근로자

06 제조업 유해위험방지계획서 제출시기는 작업시작 (　　　) 전이다.

07 안전보건관리규정 작성대상

사업의 종류	상시 근로자 수
1. 농업 2. 어업 3. 소프트웨어 개발 및 공급업 4. 컴퓨터 프로그래밍, 시스템 통합 및 관리업 4의2. 영상·오디오물 제공 서비스업 5. 정보서비스업 6. 금융 및 보험업 7. 임대업; 부동산 제외 8. 전문, 과학 및 기술 서비스업 (연구개발업은 제외) 9. 사업지원 서비스업 10. 사회복지 서비스업	(　　　)명 이상
11. 제1호부터 제10호까지의 사업을 제외한 사업	100명 이상

| 정답 | 01 1명　02 1회　03 무상해사고　04 중규모　05 1명 / 9명　06 15일　07 300

08 유해위험방지계획서 제출 대상 사업장

전기 계약용량이 (　　) 이상인 다음의 업종으로서 해당 제품의 생산 공정과 직접적으로 관련된 건설물, 기계, 기구 및 설비 등 전부를 설치, 이전하거나 그 주요구조부를 변경하는 경우
① 금속가공제품(기계 및 가구 제외) 제조업
② 비금속 광물제품 제조업
③ 기타 기계 및 장비 제조업
④ 자동차 및 트레일러 제조업
⑤ 식료품 제조업
⑥ 고무제품 및 플라스틱제품 제조업
⑦ 목재 및 나무제품 제조업
⑧ 기타 제품 제조업
⑨ 1차 금속 제조업
⑩ 가구 제조업
⑪ 화학물질 및 화학제품 제조업
⑫ 반도체 제조업
⑬ 전자부품 제조업

09 산업재해조사표 작성 시기

사업주는 산업재해로 사망자가 발생하거나 (　　　　)이 필요한 부상을 입거나 질병에 걸린 사람이 발생한 경우에는 해당 산업재해가 발생한 날부터 1개월 이내에 산업재해조사표를 작성하여 관할 지방고용노동관서의 장에게 제출(전자문서로 제출하는 것 포함)하여야 한다.

10 안전검사의 주기 및 합격표시·표시방법

① 크레인(이동식 크레인 제외), 리프트(이삿짐운반용 리프트 제외) 및 곤돌라: 사업장에 설치가 끝난 날부터 (　　　) 에 최초 안전검사를 실시하되, 그 이후부터 2년마다(건설현장에서 사용하는 것은 최초로 설치한 날부터 6개월마다) 실시한다.
② 이동식 크레인, 이삿짐운반용 리프트 및 고소작업대: 신규등록 이후 3년 이내에 최초 안전검사를 실시하되, 그 이후부터는 (　　　) 실시한다.
③ 프레스, 전단기, 압력용기, 국소배기장치, 원심기, 롤러기, 사출성형기, 컨베이어 및 산업용 로봇: 사업장에 설치가 끝난 날부터 3년 이내에 최초 안전검사를 실시하되, 그 이후부터 (　　　)(공정안전보고서를 제출하여 확인을 받은 압력용기는 4년마다) 실시한다.

11

방독마스크는 산소농도가 (　　　) 이상인 장소에서 사용하여야 하고, 고농도와 중농도에서 사용하는 방독마스크는 전면형(격리식, 직결식)을 사용하여야 한다.

12

밀러(Miller)는 인간이 신뢰성 있게 정보 전달을 할 수 있는 기억은 5가지 미만이며 감각에 따라 정보를 신뢰성 있게 전달할 수 있는 한계 개수는 5~9가지로 '신비의 수 7±2 (　　　　　)'를 발표하였다.

13 작업별 조도기준

구분	초정밀작업	정밀작업	보통작업	기타작업
조도기준	(　)[lux] 이상	300[lux] 이상	150[lux] 이상	75[lux] 이상

| 정답 | 08 300[kW]　09 3일 이상의 휴업　10 3년 이내 / 2년마다 / 2년마다　11 18[%]　12 5~9　13 750

14 강렬한 소음작업

① ( )[dB] 이상의 소음이 1일 8시간 이상 발생하는 작업
② 95[dB] 이상의 소음이 1일 4시간 이상 발생하는 작업
③ 100[dB] 이상의 소음이 1일 2시간 이상 발생하는 작업
④ 105[dB] 이상의 소음이 1일 1시간 이상 발생하는 작업
⑤ 110[dB] 이상의 소음이 1일 30분 이상 발생하는 작업
⑥ 115[dB] 이상의 소음이 1일 15분 이상 발생하는 작업

15 사다리식 통로의 구조

① 발판과 벽과의 사이는 ( )[cm] 이상의 간격을 유지할 것
② 사다리의 상단은 걸쳐놓은 지점으로부터 ( )[cm] 이상 올라가도록 할 것
③ 사다리식 통로의 길이가 10[m] 이상인 경우에는 ( )[m] 이내마다 계단참을 설치할 것
④ 사다리식 통로의 기울기는 75° 이하로 할 것

16 안전덮개의 각도

① 탁상용 연삭기의 덮개
 • 일반 연삭작업 등에 사용하는 것을 목적으로 하는 경우의 노출각도: ( )° 이내
 • 연삭숫돌의 상부사용을 목적으로 할 경우의 노출각도: 60° 이내
② 원통 연삭기, 만능 연삭기 덮개의 노출각도: 180° 이내
③ 휴대용 연삭기, 스윙(Swing) 연삭기 등 덮개의 노출각도: 180° 이내
④ 평면 연삭기, 절단 연삭기 등 덮개의 노출각도: ( )° 이내

17 프레스 양수조작식 방호장치 설치 및 사용

① 누름버튼의 상호 간 내측거리는 ( )[mm] 이상으로 한다.
② 안전거리를 확보하여 설치한다.

18 고속회전체

① 회전시험 중의 위험방지: 고속회전체(터빈로터 · 원심분리기의 버킷 등의 회전체로서 원주속도가 ( )를 초과하는 것으로 한정)의 회전시험을 하는 경우 고속회전체의 파괴로 인한 위험을 방지하기 위하여 전용의 견고한 시설물의 내부 또는 견고한 장벽 등으로 격리된 장소에서 하여야 한다.
② 비파괴검사 실시: 고속회전체(회전축의 중량이 1톤을 초과하고 원주속도가 ( ) 이상인 것으로 한정)의 회전시험을 하는 경우 미리 회전축의 재질 및 형상 등에 상응하는 종류의 비파괴검사를 해서 결함 유무를 확인하여야 한다.

19 급정지장치의 성능

앞면 롤러의 표면속도[m/min]	급정지거리
30 미만	앞면 롤러 원주의 ( ) 이내
30 이상	앞면 롤러 원주의 1/2.5 이내

20 롤러기 급정지장치 조작부의 위치

종류	위치	비고
손조작식	밑면에서 ( )[m] 이내	위치는 급정지장치 조작부의 중심점을 기준으로 함
복부조작식	밑면에서 0.8[m] 이상 1.1[m] 이내	
무릎조작식	밑면에서 0.6[m] 이내	

| 정답 | 14 90 15 15 / 60 / 5 16 125 / 150 17 300 18 25[m/s] / 120[m/s] 19 1/3 20 1.8

21 권상용 와이어로프의 사용금지기준

① 이음매가 있는 것
② 와이어로프의 한 꼬임(Strand)에서 끊어진 소선의 수가 (　　)[%] 이상인 것
③ 지름의 감소가 공칭지름의 7[%]를 초과하는 것
④ 꼬인 것
⑤ 심하게 변형되거나 부식된 것
⑥ 열과 전기충격에 의해 손상된 것

22 와이어로프 등 달기구의 안전계수

① 근로자가 탑승하는 운반구를 지지하는 달기와이어로프 또는 달기체인의 경우: 10 이상
② 화물의 하중을 직접 지지하는 달기와이어로프 또는 달기체인의 경우: 5 이상
③ 훅, 샤클, 클램프, 리프팅 빔의 경우: (　　) 이상
④ 그 밖의 경우: 4 이상

23 지게차 안정도

① 하역작업 시의 전후 안정도: (　　)[%] 이내
② 주행 시의 전후 안정도: 18[%] 이내
③ 하역작업 시의 좌우 안정도: 6[%] 이내
④ 주행 시의 좌우 안정도: (　　)[%]

24 헤드가드(Head Guard)의 구비조건

① 강도는 지게차의 최대하중의 (　　)(4톤을 넘는 값에 대해서는 4톤)의 등분포정하중에 견딜 수 있을 것
② 상부틀의 각 개구의 폭 또는 길이가 16[cm] 미만일 것
③ 운전자가 앉아서 조작하거나 서서 조작하는 지게차의 헤드가드는 한국산업표준에서 정하는 높이 기준 이상일 것(입승식: 1.88[m] 이상, 좌승식: 0.903[m] 이상)

25 통전경로별 위험도

통전경로	위험도
(　　)	1.5
오른손-가슴	1.3
왼손-한발 또는 양발	1.0
양손-양발	1.0
오른손-한발 또는 양발	0.8
왼손-등	0.7
한손 또는 양손-앉아 있는 자리	0.7
왼손-오른손	0.4
오른손-등	0.3

26 저압전로의 절연저항 기준

전로의 사용전압	DC 시험전압[V]	절연저항[MΩ]
SELV 및 PELV	250	(　　) 이상
FELV, 500[V] 이하	500	(　　) 이상
500[V] 초과	1,000	(　　) 이상

27 허용접촉전압

종별	접촉상태	허용접촉전압
제1종	인체의 대부분이 수중에 있는 상태	2.5[V] 이하
제2종	• 인체가 현저히 젖어 있는 상태 • 금속성의 전기기계·기구나 구조물에 인체의 일부가 상시 접촉되어 있는 상태	(　　)[V] 이하
제3종	제1종, 제2종 이외의 경우로서 통상의 인체상태에서 접촉전압이 가해지면 위험성이 높은 상태	50[V] 이하
제4종	• 제1종, 제2종 이외의 경우로서 통상의 인체상태에 접촉전압이 가해지더라도 위험성이 낮은 상태 • 접촉전압이 가해질 우려가 없는 경우	제한 없음

| 정답 | 21 10 22 3 23 4 / 15+1.1V 24 2배 값 25 왼손-가슴 26 0.5 / 1 / 1 27 25

28 누전차단기의 성능

① 부하에 적합한 정격전류를 갖출 것
② 전로에 적합한 차단용량을 갖출 것
③ 해당 전로의 정격전압이 공칭전압의 85~110[%] 이내일 것
④ 누전차단기와 접속되어 있는 각각의 전기기계·기구에 대하여 정격감도전류가 (   )[mA] 이하이고 동작시간은 (   )초 이내일 것. 다만, 정격전부하전류가 50[A] 이상인 전기기계·기구에 설치되는 누전차단기는 오동작을 방지하기 위하여 정격감도전류가 200[mA] 이하인 경우 동작시간은 0.1초 이내일 것
⑤ 정격부동작전류가 정격감도전류의 50[%] 이상이어야 하고 이들의 전류값은 가능한 한 작을 것
⑥ 절연저항이 5[MΩ] 이상일 것

29 전기기기와 온도등급과의 관계

온도등급	전기기기의 최고표면온도[℃]
T1	( ) 초과 ( ) 이하
T2	200 초과 300 이하
T3	135 초과 200 이하
T4	100 초과 135 이하
T5	85 초과 100 이하
T6	85 이하

30

단위공정시설 및 설비로부터 다른 단위공정시설 및 설비의 사이 안전거리 기준은 설비의 바깥 면으로부터 (   )[m] 이상이다.

31 굴착면의 기울기 기준

지반의 종류	굴착면의 기울기
모래	1 : 1.8
연암 및 풍화암	( )
경암	1 : 0.5
그 밖의 흙	1 : 1.2

32 유해위험방지계획서를 제출해야 될 건설공사

① 지상높이가 (   )[m] 이상인 건축물 또는 인공구조물, 연면적 30,000[m²] 이상인 건축물 또는 연면적 5,000[m²] 이상인 시설 중 문화 및 집회시설(전시장 및 동물원·식물원 제외), 판매시설, 운수시설(고속철도의 역사 및 집배송시설 제외), 종교시설, 의료시설 중 종합병원, 숙박시설 중 관광숙박시설, 지하도상가 또는 냉동·냉장 창고시설의 건설 등 공사
② 연면적 5,000[m²] 이상의 냉동·냉장 창고시설의 설비공사 및 단열공사
③ 최대 지간길이가 (   )[m] 이상인 다리의 건설 등 공사
④ 터널의 건설 등 공사
⑤ 다목적댐, 발전용댐, 저수용량 2천만 톤 이상의 용수 전용 댐 및 지방상수도 전용 댐의 건설 등 공사
⑥ 깊이가 10[m] 이상인 굴착공사

33 양중기의 와이어로프

① 안전계수 = $\dfrac{\text{절단하중}}{\text{최대사용하중}}$

② 안전계수의 구분

구분	안전계수
근로자가 탑승하는 운반구를 지지하는 달기와이어로프 또는 달기체인	( ) 이상
화물의 하중을 직접 지지하는 달기와이어로프 또는 달기체인	( ) 이상
훅, 샤클, 클램프, 리프팅 빔	3 이상
그 밖의 경우	4 이상

| 정답 | 28 30 / 0.03 29 300 / 450 30 10 31 1 : 1.0 32 31 / 50 33 10 / 5

34 추락방호망 방망사의 인장강도

( ) : 폐기기준 인장강도

그물코의 크기	방망의 종류(단위: [kg])	
(단위: [cm])	매듭 없는 방망	매듭방망
10	( )(150)	( )(135)
5	–	110(60)

35 강관비계의 벽이음 조립간격

강관비계의 종류	조립간격[m]	
	수직방향	수평방향
단관비계	5	5
틀비계 (높이 5[m] 미만의 것 제외)	( )	( )

36 낙하물방지망 설치기준

① 높이 10[m] 이내마다 설치하고, 내민 길이는 벽면으로부터 ( )[m] 이상으로 할 것
② 수평면과의 각도는 ( ) 유지할 것

37 강관비계의 구조

구분	준수사항
비계기둥의 간격	• 띠장 방향에서 ( )[m] 이하 • 장선 방향에서는 1.5[m] 이하
띠장간격	( )[m] 이하
강관보강	비계기둥의 제일 윗부분으로부터 31[m] 되는 지점 밑부분의 비계기둥은 2개의 강관으로 묶어 세울 것
적재하중	비계기둥 간 적재하중은 400[kg]을 초과하지 않도록 할 것

38 가설통로의 구조

① 견고한 구조로 할 것
② 경사는 ( )° 이하로 할 것(계단을 설치하거나 높이 2[m] 미만의 가설통로로서 튼튼한 손잡이를 설치한 경우에는 그러하지 아니함)
③ 경사가 15°를 초과하는 경우에는 미끄러지지 아니하는 구조로 할 것
④ 추락할 위험이 있는 장소에는 안전난간을 설치할 것(작업상 부득이한 경우에는 필요한 부분만 임시로 해체할 수 있음)
⑤ 수직갱에 가설된 통로의 길이가 15[m] 이상인 경우에는 10[m] 이내마다 계단참을 설치할 것
⑥ 건설공사에 사용하는 높이 ( )[m] 이상인 비계다리에는 7[m] 이내마다 계단참을 설치할 것

| 정답 | 34 240 / 200 35 6 / 8 36 2 / 20° 이상 30° 이하 37 1.85 / 2 38 30 / 8

39 사다리식 통로의 구조

① 견고한 구조로 할 것
② 심한 손상·부식 등이 없는 재료를 사용할 것
③ 발판의 간격은 일정하게 할 것
④ 발판과 벽과의 사이는 15[cm] 이상의 간격을 유지할 것
⑤ 폭은 (   )[cm] 이상으로 할 것
⑥ 사다리가 넘어지거나 미끄러지는 것을 방지하기 위한 조치를 할 것
⑦ 사다리의 상단은 걸쳐놓은 지점으로부터 (   )[cm] 이상 올라가도록 할 것
⑧ 사다리식 통로의 길이가 10[m] 이상인 경우에는 5[m] 이내마다 계단참을 설치할 것

40 동바리로 사용하는 파이프서포트 설치기준

① 파이프서포트를 (   )개 이상 이어서 사용하지 않도록 할 것
② 파이프서포트를 이어서 사용할 경우에는 4개 이상의 볼트 또는 전용철물을 사용하여 이을 것
③ 높이가 (   )[m]를 초과하는 경우에는 높이 2[m] 이내마다 수평연결재를 2개 방향으로 만들고 수평연결재의 변위를 방지할 것

41 철골작업의 제한기준

구분	내용
강풍	풍속이 ( )[m/s] 이상인 경우
강우	강우량이 1[mm/h] 이상인 경우
강설	강설량이 1[cm/h] 이상인 경우

TYPE 02 | 단어

01 산업안전보건위원회에서 사용자위원의 구성

① 해당 사업의 대표자
② (   )
③ 보건관리자
④ 산업보건의
⑤ 해당 사업의 대표자가 지명하는 9명 이내의 해당 사업장 부서의 장

02 안전관리자의 업무 등

① 산업안전보건위원회 또는 안전 및 보건에 관한 노사협의체에서 심의·의결한 업무와 해당 사업장의 안전보건관리규정 및 취업규칙에서 정한 업무
② (   )에 관한 보좌 및 지도·조언
③ 안전인증대상기계 등과 자율안전확인대상 기계 등 구입 시 적격품의 선정에 관한 보좌 및 지도·조언
④ 해당 사업장 안전교육계획의 수립 및 안전교육 실시에 관한 보좌 및 지도·조언
⑤ 사업장 순회점검, 지도 및 조치 건의
⑥ 산업재해 발생의 원인 조사·분석 및 재발 방지를 위한 기술적 보좌 및 지도·조언
⑦ 산업재해에 관한 통계의 유지·관리·분석을 위한 보좌 및 지도·조언
⑧ 법 또는 법에 따른 명령으로 정한 안전에 관한 사항의 이행에 관한 보좌 및 지도·조언
⑨ 업무 수행 내용의 기록·유지
⑩ 그 밖에 안전에 관한 사항으로서 고용노동부장관이 정하는 사항

03 총 재해코스트(시몬즈 방식)

(   )코스트 + 비보험코스트

| 정답 | 39 30 / 60 40 3 / 3.5 41 10 01 안전관리자 02 위험성평가 03 보험

04 직접비: 법령으로 지급되는 산재보상비
① (   )
② 휴업급여
③ (   )
④ 간병급여
⑤ 유족급여
⑥ 상병보상연금
⑦ 장례비
⑧ 직업재활급여

05 상해의 종류
① 골절: 뼈에 금이 가거나 부러진 상해
② 동상: 저온물 접촉으로 생긴 동상 상해
③ 부종: 국부의 혈액순환의 이상으로 몸이 퉁퉁 부어오르는 상해
④ (   ): 칼날 등 날카로운 물선에 찔린 상해
⑤ (   ): 타박, 충돌, 추락 등으로 피부의 표면보다는 피하조직 또는 근육부를 다친 상해 (삔 것 포함)
⑥ 절상: 뼈가 부러지거나 뼈마디가 어긋나 다침 또는 그런 부상
⑦ 중독, 질식: 음식, 약물, 가스 등에 의해 중독이나 질식된 상태

06 특성과 요인관계를 도표로 하여 어골상으로 세분화한 분석법으로 원인과 결과를 연계하여 상호관계를 파악하는 것은 (   )이다.

07 안전점검의 종류
① 일상점검(수시점검): 작업 전·중·후 수시로 실시하는 점검
② (   ): 정해진 기간에 정기적으로 실시하는 점검
③ 특별점검: 기계·기구의 신설 및 변경 시 또는 고장, 수리 등에 의해 부정기적으로 실시하는 점검, 안전강조기간에 실시하는 점검 등
④ 임시점검: 이상 발견 시 또는 재해발생 시 임시로 실시하는 점검

08 안전인증대상 기계 또는 설비
① (   )
② 전단기 및 절곡기
③ 크레인
④ 리프트
⑤ (   )
⑥ 롤러기
⑦ 사출성형기
⑧ 고소작업대
⑨ 곤돌라

09 자율안전확인대상 기계 또는 설비
① (   ) 또는 연마기(휴대형 제외)
② 산업용 로봇
③ 혼합기
④ 파쇄기 또는 분쇄기
⑤ 식품가공용 기계(파쇄·절단·혼합·제면기만 해당)
⑥ 컨베이어
⑦ 자동차 정비용 리프트
⑧ 공작기계(선반, 드릴기, 평삭·형삭기, 밀링만 해당)
⑨ 고정형 목재가공용 기계(둥근톱, 대패, 루타기, 띠톱, 모떼기 기계만 해당)
⑩ 인쇄기

10 안전인증대상 안전모의 종류 및 사용구분

종류(기호)	사용 구분	비고
AB	물체의 낙하 또는 비래 및 추락에 의한 위험을 방지 또는 경감시키기 위한 것	
( )	물체의 낙하 또는 비래에 의한 위험을 방지 또는 경감하고, 머리부위 감전에 의한 위험을 방지하기 위한 것	내전압성
( )	물체의 낙하 또는 비래 및 추락에 의한 위험을 방지 또는 경감하고, 머리부위 감전에 의한 위험을 방지하기 위한 것	내전압성

| 정답 | 04 요양급여 / 장해급여 05 자상 / 좌상 06 특성요인도 07 정기점검 08 프레스 / 압력용기 09 연삭기 10 AE / ABE

11 안전인증대상 안전모의 시험성능기준

항목	시험성능기준
내관통성	AE, ABE종 안전모는 관통거리가 9.5[mm] 이하이고, AB종 안전모는 관통거리가 11.1[mm] 이하이어야 함
충격흡수성	최고전달충격력이 4,450[N]을 초과해서는 안 되며, 모체와 착장체의 기능이 상실되지 않아야 함
( )	AE, ABE종 안전모는 교류 20[kV]에서 1분간 절연파괴 없이 견뎌야 하고, 이때 누설되는 충전전류는 10[mA] 이하이어야 함
( )	AE, ABE종 안전모는 질량 증가율이 1[%] 미만이어야 함
난연성	모체가 불꽃을 내며 5초 이상 연소되지 않아야 함
턱끈풀림	150[N] 이상 250[N] 이하에서 턱끈이 풀려야 함

12 방음용 귀마개 또는 귀덮개의 종류·등급

종류	등급	기호	성능	비고
귀마개	1종	( )	저음부터 고음까지 차음하는 것	귀마개의 경우 재사용 여부를 제조특성으로 표기
귀마개	2종	( )	주로 고음을 차음하고 저음(회화음영역)은 차음하지 않는 것	
귀덮개	–	EM		

13 안전보건표지의 종류 및 색채

① ( ): 위험한 행동을 금지하는 데 사용되며 8개 종류가 있다.(바탕은 흰색, 기본모형은 빨간색, 관련 부호 및 그림은 검은색)
② ( ): 직접 위험한 것 및 장소 또는 상태에 대한 경고로서 사용되며 15개 종류가 있다.(바탕은 노란색, 기본모형, 관련 부호 및 그림은 검은색)
③ 지시표지: 작업에 관한 지시 즉, 안전, 보건 보호구의 착용에 사용되며 9개 종류가 있다.(바탕은 파란색, 관련 그림은 흰색)
④ 안내표지: 구명, 구호, 피난의 방향 등을 분명히 하는 데 사용되며 8개 종류가 있다.(바탕은 흰색, 기본모형 및 관련 부호는 녹색, 바탕은 녹색, 관련 부호 및 그림은 흰색)

14 산업안전심리의 요소

동기, 기질, 감정, ( ), 습관

15 심리검사의 특성

① ( ): 한 집단에 대한 검사응답의 일관성을 말하는 신뢰도를 갖추어야 한다. 검사를 동일한 사람에게 실시했을 때 '검사조건이나 시기에 관계없이 점수들이 얼마나 일관성이 있는가, 비슷한 것을 측정하는 검사점수와 얼마나 일관성이 있는가' 하는 것이다.
② ( ): 채점이 객관적인 것을 의미한다.
③ 표준화: 검사의 관리를 위한 조건, 절차의 일관성과 통일성에 대한 심리검사의 표준화가 마련되어야 한다. 검사의 재료, 검사받는 시간, 피검사자에게 주어지는 지시, 피검사자의 질문에 대한 검사자의 처리, 검사 장소 및 분위기까지도 모두 통일되어 있어야 한다.
④ 타당도: 특정한 시기에 모든 근로자를 검사하고, 그 검사 점수와 근로자의 직무평정 척도를 상호 연관시키는 예언적 타당성을 갖추어야 한다.
⑤ 실용도: 실시가 쉬운 검사이다.

| 정답 | 11 내전압성 / 내수성 12 EP-1 / EP-2 13 금지표지 / 경고표지 14 습성 15 신뢰성 / 객관성

16 데이비스(K.Davis)의 동기부여 이론
① 지식(Knowledge)×기능(Skill)=능력(Ability)
② 상황(Situation)×(　　)=동기유발(Motivation)
③ 능력(Ability)×동기유발(Motivation)=인간의 성과(Human Performance)
④ 인간의 성과×물질적 성과=경영의 성과

17 인간의 의식 Level의 단계별 신뢰성

단계	의식의 상태	신뢰성	의식의 작용	생리적 상태
Phase 0	(　)	0	없음	수면, 뇌발작
Phase I	의식의 둔화	0.9 이하	부주의	피로, 단조로움, 졸음, 술취함
Phase II	(　)	0.99~0.99999	마음이 안쪽으로 향함 (Passive)	안정기거, 휴식 시, 정례작업 시
Phase III	명료한 상태	0.99999 이상	전향적 (Active)	적극활동 시
Phase IV	과긴장 상태	0.9 이하	한점에 집중, 판단 정지	당황, 패닉

18
인간공학의 목적은 (　　)과 (　　) 및 작업환경과의 조화가 잘 이루어질 수 있도록 하여, 작업자의 안전성 향상과 사고방지, 기계조작의 능률성과 생산성 향상, 편리성, 쾌적성(만족도)을 향상시키고자 함에 있다.

19 사업장에서의 인간공학 적용분야
① 작업관련성 유해·위험 작업 분석(작업환경개선)
② 제품설계에 있어 인간에 대한 안전성 평가(장비, 공구 설계)
③ (　　)의 설계
④ 인간 – 기계 인터페이스 디자인
⑤ 재해 및 질병 예방

20 인간–기계 통합체계의 특성
① 수동체계: 자신의 신체적인 힘을 동력원으로 사용하여 작업을 통제하는 인간 사용자와 결합(수공구 또는 그 밖의 보조물 사용)
② 기계화 또는 반자동체계: 운전자가 조종장치를 사용하여 통제하며 동력은 전형적으로 기계가 제공
③ (　　): 기계가 감지, 정보처리, 의사결정 등 행동을 포함한 모든 임무를 수행하고 인간은 감시, 프로그래밍, 정비유지 등의 기능을 수행하는 체계

21 체계기준의 구비조건(연구조사의 기준척도)
① (　　): 객관적, 정량적이고, 수집 또는 연구가 쉬우며, 특수한 자료 수집기법이나 기기가 필요 없어 돈이나 실험자의 수고가 적게 느는 것
② 신뢰성(반복성): 시간이나 대표적 표본의 선정에 관계없이, 변수 측정의 일관성이나 안정성이 있는 것
③ 타당성(적절성): 어느 것이나 공통적으로 변수가 실제로 의도하는 바를 어느 정도 측정하는가를 결정하는 것(시스템의 목표를 잘 반영하는가를 나타내는 척도)
④ 순수성(무오염성): 측정하는 구조 외적인 변수의 영향을 받지 않는 것
⑤ 민감도: 피검자 사이에서 볼 수 있는 예상 차이점에 비례하는 단위로 측정하는 것

22 순응(조응)
① (　　): 우리 눈이 어둠에 적응하는 과정으로 로돕신(Rhodopsin)이 증가하여 간상세포의 감도가 높아진다.(약 30~40분 정도 소요)
② 명순응(명조응): 우리 눈이 밝음에 적응하는 과정으로 로돕신이 감소하여 원추세포가 기능하게 된다.(약 수초 내지 1~2분 소요됨)

| 정답 | 16 태도(Attitude) 17 무의식, 실신 / 이완 상태 18 인간 / 기계 19 작업공간 20 자동체계 21 실제적 요건 22 암순응(암조응)

23 정량적 표시장치
① 동침형(Moving Pointer): 고정된 눈금상에서 지침이 움직이면서 값을 나타내는 방법으로 지침의 위치가 일종의 인식상의 단서로 작용하는 이점이 있다.
② (　　　)(Moving Scale): 동침형과 달리 표시장치의 공간을 적게 차지하는 이점이 있으나, "이동부분의 원칙"과 "동작방향의 운동양립성"을 동시에 만족시킬 수가 없으므로 지침의 빠른 인식을 요구하는 작업에 부적합하다.

24 인간의 오류모형
① (　　　)(Mistake): 상황해석을 잘못하거나 목표를 잘못 이해하고 착각하여 행하는 경우
② 실수(Slip): 상황이나 목표의 해석을 제대로 했으나 의도와는 다른 행동을 하는 경우
③ 건망증(Lapse): 여러 과정이 연계적으로 일어나는 행동 중에서 일부를 잊어버리고 하지 않거나 또는 기억의 실패에 의하여 발생하는 오류
④ 위반(Violation): 정해진 규칙을 알고 있음에도 고의로 따르지 않거나 무시하는 행위

25 4M 위험성 평가는 공정(작업) 내 잠재하고 있는 유해·위험요인을 4가지 분야[(　　　), Machine(기계), Media(작업매체), Management(관리)]로 위험성을 파악하여 위험제거 대책을 제시하는 방법이다.

26 인체측정 방법
① (　　　) 인체치수: 표준 자세에서 움직이지 않는 피측정자를 인체측정기로 측정
  예 마틴측정기, 실루엣 사진기
② 기능적 인체치수: 움직이는 몸의 자세로부터 측정

27 인체계측자료의 응용원칙 종류
① 최소치 및 최대치 설계
② 조절식 설계(5~95[%tile])
③ (　　　) 설계

28 양립성(Compatibility)의 종류
① 공간적 양립성: 어떤 사물들, 특히 표시장치나 조정장치의 물리적 형태나 공간적인 배치의 양립성을 말한다.
② 운동적 양립성: 표시장치, 조정장치, 체계반응 등의 운동방향의 양립성을 말한다.
③ (　　　): 외부로부터의 자극에 대해 인간이 가지고 있는 개념적 연상의 일관성을 말하는데, 예를 들어 파란색 수도꼭지와 빨간색 수도꼭지가 있는 경우 빨간색 수도꼭지를 보고 따뜻한 물이라고 연상하는 것을 말한다.

29 옥내 추천 반사율
① (　　　): 80~90[%]
② 벽: 40~60[%]
③ (　　　): 25~45[%]
④ 바닥: 20~40[%]

30 시스템 위험분석기법
① (　　　): 시스템 내의 위험요소가 얼마나 위험상태에 있는가를 평가하는 시스템안전프로그램의 최초단계(시스템 구상단계)의 정성적인 분석 방식이다.
② FHA(결함위험분석): 분업에 의해 여럿이 분담 설계한 서브시스템 간의 인터페이스를 조정하여 각각의 서브시스템 및 전체 시스템에 악영향을 미치지 않게 하기 위한 분석방법으로 시스템 정의단계와 시스템 개발단계에서 적용한다.

31 FTA(Fault Tree Analysis) 특징
① Top down(하향식) 방법이다.
② 정량적 해석기법(컴퓨터 처리가 가능)이다.
③ (　　　)를 사용한 특정사상에 대한 해석이다.
④ 서식이 간단해서 비전문가도 짧은 훈련으로 사용할 수 있다.
⑤ Human Error의 검출이 어렵다.

| 정답 | 23 동목형　24 착오　25 Man(인간)　26 구조적　27 평균치　28 개념적 양립성　29 천장 / 가구　30 PHA(예비위험분석)　31 논리기호

32 고장률의 유형(욕조곡선)
① 초기고장(감소형): 제조가 불량하거나 생산과정에서 품질관리가 안 되어서 생기는 고장이다.
② 우발고장(일정형): 실제 사용하는 상태에서 발생하는 고장으로 예측할 수 없는 랜덤의 간격으로 생기는 고장이다.
③ (　　　　　)(증가형): 설비 또는 장치가 수명을 다하여 생기는 고장으로 이 시기의 예방대책은 예방보전(PM)이다.

33 금속가공제품 제조업, 비금속 광물제품 제조업 등 13가지 업종에 해당하는 사업으로서 전기 계약용량이 300[kW] 이상인 사업의 사업주는 해당 제품 생산 공정과 직접적으로 관련된 건설물, 기계, 기구 및 설비 등 일체를 설치, 이전하거나 그 주요 구조 부분을 변경할 때에는 (　　　　　)를 작성하여 제출하여야 한다.

34 원동기·회전축 등의 위험방지
① 사업주는 기계의 원동기·회전축·기어·풀리·플라이휠·벨트 및 체인 등 근로자가 위험에 처할 우려가 있는 부위에 (　　　)·울·슬리브 및 건널다리 등을 설치하여야 한다.
② 사업주는 회전축·기어·풀리 및 플라이휠 등에 부속하는 키·핀 등의 기계요소는 (　　　)으로 하거나 해당 부위에 덮개를 설치하여야 한다.

35 근로자가 기계를 잘못 취급하여 불안전한 행동이나 실수를 하여도 기계설비의 안전기능이 작용되어 재해를 방지할 수 있는 기능은 (　　　　)이다.

36 기계나 그 부품에 고장이나 기능불량이 생겨도 항상 안전하게 작동하는 구조와 기능을 추구하는 본질적 안전은 (　　　　　)이다.

37 아세틸렌 발생기실의 구조
① 벽은 불연성 재료로 하고 (　　　　　) 또는 그 밖에 이와 같은 수준이거나 그 이상의 강도를 가진 구조로 할 것
② 지붕과 천장에는 얇은 철판이나 가벼운 불연성 재료를 사용할 것
③ 바닥면적의 (　　　　　) 이상의 단면적을 가진 배기통을 옥상으로 돌출시키고 그 개구부를 창이나 출입구로부터 1.5[m] 이상 떨어지도록 할 것

38 접지목적에 따른 접지공사의 종류

접지의 종류	접지목적
(　　　)	고압전로와 저압전로 혼촉 시 감전이나 화재방지
(　　　)	누전되고 있는 기기에 접촉되었을 때의 감전방지
피뢰기접지 (낙뢰방지용 접지)	낙뢰로부터 전기기기의 손상방지
정전기방지용 접지	정전기의 축적에 의한 폭발재해방지
지락검출용 접지	누전차단기의 동작을 확실하게 함
등전위 접지	병원에 있어서의 의료기기 사용 시의 안전 확보
잡음대책용 접지	잡음에 의한 전자장치의 파괴나 오동작방지
기능용 접지	전기방식 설비 등의 접지

| 정답 | 32 마모고장　33 유해위험방지계획서　34 덮개 / 묻힘형　35 풀 프루프　36 페일 세이프　37 철근콘크리트 / 1/16　38 계통접지 / 기기접지

39 흄(Fume)이란 고체 상태의 물질이 ( )된 다음 증기화되고, 증기화된 물질의 응축 및 산화로 인하여 생기는 고체상의 미립자이다.

40 아세틸렌 취급 작업 시 주의사항
① 아세틸렌은 가압하면 분해폭발을 하므로 ( ) 등에 침윤시켜 다공성 물질이 들어 있는 용기에 충전시킨다.
② 용단 또는 가열작업 시 127[kPa] 이상의 압력을 초과하여서는 안 된다.

41 공정안전보고서의 제출시기
① 유해·위험설비의 설치·이전 또는 주요 구조 부분의 변경공사의 착공일 ( ) 전까지 공정안전보고서를 2부 작성하여 공단에 제출하여야 한다.
② 공정안전보고서의 내용을 변경하여야 할 사유가 발생한 경우에는 지체 없이 그 내용을 보완하여야 한다.

42 화재의 종류

구분	A급 화재	B급 화재	C급 화재	D급 화재
명칭	( )	( )	전기화재	금속화재
가연물	목재, 종이, 섬유, 석탄 등	각종 유류 및 가스	전기기계·기구, 전선 등	Mg 분말, Al 분말 등
표현색	백색	황색	청색	색 표시 없음

43 분진폭발은 화염의 파급속도보다 압력의 파급속도가 ( ).

44 비등액 팽창증기폭발(BLEVE)은 비점이 낮은 액체 저장탱크 주위에 화재가 발생했을 때 저장탱크 내부의 비등현상으로 인한 ( )으로 탱크가 파열되어 그 내용물이 증발, 팽창하면서 발생되는 폭발현상이다.

45 화염방지기(Flame Arrester)는 인화성 물질 등을 저장하는 탱크에서 외부로 그 증기를 방출하거나 외기를 흡입하는 부분에 설치하는 안전장치로 그 설비의 ( )에 설치한다.

46 건조설비의 구조
① 위험물 건조설비를 사용하여 가열·건조하는 건조물은 쉽게 이탈되지 않도록 할 것
② 위험물 건조설비는 그 상부를 가벼운 재료로 만들고 주위상황을 고려하여 폭발구를 설치할 것
③ 위험물 건조설비의 열원으로서 직화를 사용하지 아니할 것
④ 위험물 건조설비가 아닌 건조설비의 열원으로서 직화를 사용하는 경우에는 불꽃 등에 의한 화재를 예방하기 위하여 ( )를 설치하거나 격벽을 설치할 것

47 ( )(Cavitation)은 유체가 관 속을 흐를 때 유동하는 유체 속 어느 부분의 정압이 그때의 유체의 증기압보다 낮을 경우 유체가 증발하여 부분적으로 증기가 발생되는 현상이다.

48 ( )은 공기 중에서 점화원에 의해 표면 부근에서 연소하기에 충분한 농도(폭발하한계)를 만드는 최저의 온도이다.

| 정답 | 39 액체화 40 아세톤 41 30일 42 일반화재 / 유류화재 43 빠르다 44 압력 상승 45 상단 46 덮개 47 공동현상 48 인화점

49 자연발화의 조건
① 표면적이 (   )
② 발열량이 클 것
③ 열전도율이 작을 것
④ 주위온도가 (   )

50 히빙(Heaving) 현상의 예방대책
① 흙막이벽의 (   ) 깊이 증가
② 흙막이벽 배면지반의 상재하중 제거
③ 저면의 굴착부분을 남겨두어 굴착예정인 부분의 일부를 미리 굴착하여 기초콘크리트 타설
④ 굴착주변을 웰 포인트(Well Point) 공법과 병행
⑤ 굴착저면에 토사 등 인공중력 증가

51 보일링(Boiling) 현상의 예방대책
① 흙막이벽의 (   ) 깊이 증가
② 차수성이 높은 흙막이 설치
③ 흙막이벽 배면지반 그라우팅 실시
④ 흙막이벽 배면지반의 (   ) 저하

52 지게차 작업시작 전 점검사항
① 제동장치 및 조종장치 기능의 이상 유무
② 하역장치 및 유압장치 기능의 이상 유무
③ (   )의 이상 유무
④ 전조등·후미등·방향지시기 및 경보장치 기능의 이상 유무

53 권상용 와이어로프의 사용금지 사항
① (   )가 있는 것
② 와이어로프의 한 꼬임(Strand)에서 끊어진 (   )의 수가 10[%] 이상인 것
③ 지름의 감소가 공칭지름의 7[%]를 초과하는 것
④ 꼬인 것
⑤ 심하게 변형되거나 부식된 것
⑥ 열과 전기충격에 의해 손상된 것

54 계측기의 종류 및 사용목적
① 지표침하계: 흙막이벽 배면에 동결심도보다 깊게 설치하여 지표면 침하량 측정
② 지중경사계: 흙막이벽 배면에 설치하여 토류벽의 기울어짐 측정
③ 하중계: 스트러트, 어스앵커에 설치하여 축하중 측정으로 부재의 안정성 여부 판단
④ (   ): 굴착, 성토에 의한 간극수압의 변화 측정
⑤ 균열측정기: 인접구조물, 지반 등의 균열부위에 설치하여 균열크기와 변화 측정
⑥ 변형률계: 스트러트, 띠장 등에 부착하여 굴착작업 시 구조물의 변형 측정
⑦ 지하수위계: 굴착에 따른 지하수위 변동 측정

55 취급, 운반의 5원칙
① (   )운반을 할 것
② (   )운반을 할 것
③ 운반작업을 집중화시킬 것
④ 생산을 최고로 하는 운반을 생각할 것
⑤ 시간과 경비를 절약할 수 있는 운반방법을 고려할 것

56 선박승강설비의 설치
① 300톤급 이상의 선박에서 하역작업을 하는 경우에는 근로자들이 안전하게 오르내릴 수 있는 (   )를 설치하여야 하며, 이 사다리 밑에 안전망을 설치한다.
② 현문 사다리는 견고한 재료로 제작된 것으로 너비는 55[cm] 이상이어야 하고, 양측에 82[cm] 이상의 높이로 울타리를 설치하여야 하며, 바닥은 미끄러지지 않도록 적합한 재질로 처리되어야 한다.
③ 현문 사다리는 근로자의 통행에만 사용하여야 하며 화물용 발판 또는 화물용 보관으로 사용하도록 해서는 아니 된다.

57 화물의 적재 시 준수사항
① 침하 우려가 없는 튼튼한 기반 위에 적재할 것
② 건물의 칸막이나 벽 등이 화물의 압력에 견딜만큼의 강도를 지니지 아니한 경우에는 칸막이나 (   )에 기대어 적재하지 않도록 할 것
③ 불안정할 정도로 높이 쌓아 올리지 말 것
④ 하중이 한쪽으로 치우치지 않도록 쌓을 것

| 정답 | 49 넓을 것 / 높을 것 50 근입 51 근입 / 지하수위 52 바퀴 53 이음매 / 소선 54 간극수압계 55 직선 / 연속 56 현문 사다리 57 벽

TYPE 03 | 법칙

01 하인리히(H. W. Heinrich)의 도미노 이론(사고발생의 연쇄성)
① 1단계: 사회적 환경 및 유전적 요소(기초원인)
② 2단계: 개인의 결함(간접 원인)
③ 3단계: 불안전한 행동 및 불안전한 상태 (　　) → 제거(효과적임)
④ 4단계: 사고
⑤ 5단계: 재해

02 재해조사에서 방지대책까지의 순서(재해사례연구)
① 1단계: 사실의 확인
② 2단계: 직접 원인과 (　　)
③ 3단계: 근본적 문제점의 결정
④ 4단계: 대책 수립

03 재해예방의 4원칙
① (　　)의 원칙: 재해손실은 사고발생 시 사고대상의 조건에 따라 달라지므로 한 사고의 결과로서 생긴 재해손실은 우연성에 의해서 결정된다.
② 원인계기(원인연계)의 원칙: 재해발생은 반드시 원인이 있다.
③ 예방가능의 원칙: 재해는 원칙적으로 원인만 제거하면 예방이 가능하다.
④ 대책선정의 원칙: 재해예방을 위한 가능한 안전대책은 반드시 존재한다.

04 무재해 운동의 3원칙
① (　　): 모든 잠재위험요인을 사전에 발견·파악·해결함으로써 근원적으로 산업재해를 제거한다.
② 참여의 원칙(참가의 원칙): 작업에 따르는 잠재적인 위험요인을 발견·해결하기 위하여 전원이 협력하여 문제해결 운동을 실천한다.
③ 안전제일의 원칙(선취의 원칙): 직장의 위험요인을 행동하기 전에 발견·파악·해결하여 재해를 예방한다.

05 매슬로우(Maslow)의 욕구위계이론
① 생리적 욕구(제1단계): 기아, 갈증, 호흡, 배설, 성욕 등
② 안전의 욕구(제2단계): 안전을 기하려는 욕구
③ 사회적 욕구(제3단계): 소속 및 애정에 대한 욕구(친화 욕구)
④ (　　)의 욕구(제4단계): 자존심, 명예, 성취, 지위에 대한 욕구(안정의 욕구 또는 자기존중의 욕구)
⑤ 자아실현의 욕구(제5단계): 잠재적인 능력을 실현하고자 하는 욕구(성취욕구)

06 인간 – 기계 체계의 기본기능
① 감지기능(Sensing)
② (　　)기능(Information Storage)
③ 정보처리 및 의사결정기능(Information Processing and Decision)
④ 행동기능(Acting Function)

07 동작경제의 3원칙
① 신체사용에 관한 원칙
② 작업장 (　　)에 관한 원칙
③ 공구 및 설비 설계(디자인)에 관한 원칙

08 부품배치의 원칙
① 중요성의 원칙: 부품의 작동성능이 목표달성에 중요한 정도에 따라 우선순위를 결정
② (　　)의 원칙: 부품이 사용되는 빈도에 따른 우선순위를 결정
③ 기능별 배치의 원칙: 기능적으로 관련된 부품을 모아서 배치
④ 사용순서의 원칙: 사용순서에 맞게 순차적으로 부품들을 배치

| 정답 | 01 직접 원인　02 문제점의 발견　03 손실우연　04 무의 원칙　05 자기존경　06 정보저장　07 배치　08 사용빈도

TYPE 04 | 안전조치

01 소음을 통제하는 방법(소음대책)
① 소음원의 (　　)
② 소음의 격리
③ 차폐장치 및 흡음재료 사용
④ 음향처리제 사용
⑤ 적절한 배치

02 방호장치의 종류
① (　　) 방호장치
② 위치제한형 방호장치
③ 접근거부형 방호장치
④ 접근반응형 방호장치
⑤ 포집형 방호장치

03 셰이퍼의 안전장치
(　　), 칩받이, 칸막이(방호울)

04 프레스 작업시작 전 점검사항
① 클러치 및 브레이크의 기능
② 크랭크축·플라이휠·슬라이드·연결봉 및 연결 나사의 풀림 유무
③ 1행정 1정지기구·(　　) 및 비상정지장치의 기능
④ 슬라이드 또는 칼날에 의한 위험방지 기구의 기능
⑤ 프레스의 금형 및 고정볼트 상태
⑥ 방호장치의 기능
⑦ 전단기의 칼날 및 테이블의 상태

05 보일러의 안전장치
(　　), 압력제한스위치, 고저수위 조절장치, 화염검출기

06 산업용 로봇 작업시작 전 점검사항(로봇의 작동범위에서 그 로봇에 관하여 교시 등의 작업을 할 때)
① 외부전선의 피복 또는 외장의 손상 유무
② (　　) 작동의 이상 유무
③ 제동장치 및 비상정지장치의 기능

07 양중기 방호장치의 조정
다음 양중기에 (　　), 권과방지장치, 비상정지장치 및 제동장치, 그 밖의 방호장치[승강기의 파이널 리미트 스위치(Final Limit Switch), 속도조절기, 출입문 인터 록(Inter Lock) 등]가 정상적으로 작동될 수 있도록 미리 조정해 두어야 한다.
① 크레인
② 이동식 크레인
③ 리프트
④ 곤돌라
⑤ 승강기

08 비파괴검사 중 내부결함 검출방법
(　　), 초음파탐상검사(UT)

09 전격의 위험을 결정하는 주된 인자
통전전류의 크기, (　　), 통전경로, 전원의 종류(교류, 직류), 주파수 및 파형, 전격인가위상, 기타(인체저항과 전압의 크기 등)

| 정답 | 01 통제　02 격리형　03 울타리　04 급정지장치　05 압력방출장치　06 매니퓰레이터　07 과부하방지장치　08 방사선투과검사(RT)　09 통전시간

10 간접접촉(누전)에 의한 감전방지대책
① 안전전압 이하 전원의 기기 사용
② 보호접지
③ (　　　)의 설치
④ 이중절연기기의 사용
⑤ 비접지식 전로의 채용

11 피뢰기가 갖추어야 할 성능
① (　　　) 또는 충격방전개시전압이 충분히 낮고 보호능력이 있을 것
② 속류차단이 완전히 행해져 동작책무특성이 충분할 것
③ 뇌전류 방전능력이 클 것
④ 대전류의 방전, 속류차단의 반복동작에 대하여 장기간 사용에 견딜 수 있을 것
⑤ 상용주파방전개시전압은 회로전압보다 충분히 높아서 상용주파방전을 하지 않을 것

12 정전기 발생방지 대책
① 설비와 물질 및 물질 상호 간의 접촉면적 및 압력 감소
② (　　　)의 감소
③ 접촉·분리 속도의 저하(속도의 변화는 서서히)
④ 접촉물의 급속 박리방지
⑤ 표면상태의 청정·원활화
⑥ 불순물 등의 이물질 혼입방지
⑦ 정전기 발생이 적은 재료 사용(대전서열이 가까운 재료의 사용)

13 전기설비 방폭화의 기본
① 점화원의 (　　　) 격리
② 전기설비의 안전도 증강
③ 점화능력의 본질적 억제

14
반응폭주란 온도, 압력 등 제어상태가 규정의 조건을 벗어나는 것에 의해 반응속도가 지수 함수적으로 (　　　)되고 반응용기 내의 온도, 압력이 급격히 이상 상승되어 규정 조건을 벗어나고, 반응이 과격화되는 현상이다.

15 특수화학설비의 안전장치
① 계측장치
② 자동경보장치
③ (　　　)장치
④ 예비동력원

16 불활성화 방법
① 진공퍼지: 압력용기류에 주로 적용하며 완전 진공설계가 이루어진 용기류에 적용이 가능하고, 큰 용기에는 사용이 어렵다.
② 압력퍼지: 용기류에 적용이 가능하며 가압시키는 압력은 설계압력 이내에서 결정되어야 한다. 목표로 하는 농도에 대한 치환횟수는 진공 치환의 방법과 같다.
③ (　　　)퍼지: 한쪽의 개구부로 치환가스를 공급하고 다른 한쪽으로 배출시키는 방법으로, 주로 배관류에 적용한다.
④ 사이폰퍼지: 대상기기에 물이나 적합한 액체를 채운 뒤 액체를 배출시키면서 치환가스를 주입하는 방법으로 액체를 채웠을 때 하중에 문제가 되는 경우에는 적용이 불가능하다.

17 사면의 붕괴형태
① 사면 천단부 붕괴(사면 선단 파괴, Toe Failure)
② 사면 중심부 붕괴(사면 내 파괴, Slope Failure)
③ 사면 (　　　) 붕괴(사면 저부 파괴, Base Failure)

| 정답 | 10 누전차단기　11 제한전압　12 접촉횟수　13 방폭적　14 증대　15 긴급차단　16 스위프　17 하단부

TYPE 05 | 공식

01 연천인율

1년간 평균 임금근로자 1,000명당 재해자 수

$$\text{연천인율} = \frac{\text{연간재해(사상)자 수}}{\text{연평균근로자 수}} \times 1,000$$

연천인율 = 도수율(빈도율) × ( )

02 도수율(빈도율)(F.R; Frequency Rate of Injury)

100만 근로시간당 발생하는 재해건수

$$\text{도수율} = \frac{\text{재해건수}}{(\quad)} \times 1,000,000$$

03 강도율(S.R; Severity Rate of Injury)

근로시간 1,000시간당 요양재해로 인해 발생하는 근로손실일수

강도율 = ( ) × 1,000

04 종합재해지수(F.S.I; Frequency Severity Indicator)

재해 빈도의 다수와 상해 정도의 강약을 종합

종합재해지수(FSI) = ( )

05 레윈(Lewin. K)의 법칙

레윈은 인간의 행동(B)은 그 사람이 가진 자질 즉, 개체(P)와 심리적 환경(E)과의 상호함수관계에 있다고 하였다.

$B = ($ $)$

여기서, B: Behavior(인간의 행동)
  f: function(함수관계)
  P: Person(개체: 연령, 경험, 심신상태, 성격, 지능 등)
  E: Environment(환경: 인간관계, 작업조건, 감독, 직무의 안정 등)

06 정보량 계산

정보량 $H = ($ $) = \log_2 \frac{1}{p}$, $p = \frac{1}{n}$

여기서, 정보량의 단위는 bit(Binary Digit)
  p: 실현 확률
  n: 대안 수

07 시각과 시력

① 시각[분(′)]

$$= (\quad) \times 60 \times \frac{\text{시각 자극의 높이}(L)}{\text{눈으로부터의 거리}(D)}$$

$$= L \times 57.3 \times \frac{60}{D}$$

② 시력 $= \dfrac{1}{\text{시각}}$

08 웨버(Weber)의 법칙

특정 감각의 변화감지역(ΔI)은 사용되는 표준자극(I)에 비례한다.

웨버비 = ( )

09 조정-반응 비율(통제비, C/D비, C/R비)

① 통제표시비(선형조정장치)

$$\frac{C}{R} = \frac{\text{통제기기의 변위량}}{\text{표시계기지침의 변위량}}$$

② 조종구의 통제비

$$\frac{C}{R} = \frac{(\quad)}{\text{표시계기지침의 이동거리}}$$

여기서, a: 조종장치가 움직인 각도
  L: 반경(조이스틱의 길이)

| 정답 | 01 2.4 02 연근로시간 수 03 $\dfrac{\text{총 요양근로손실일수}}{\text{연근로시간 수}}$ 04 $\sqrt{\text{도수율(FR)} \times \text{강도율(SR)}}$ 05 $f(P \cdot E)$ 06 $\log_2 n$ 07 $\dfrac{180}{\pi}$ 08 $\dfrac{\Delta I}{I}$ 09 $\dfrac{a}{360} \times 2\pi L$

10 휴식시간 산정

휴식시간(R)[분] = $\dfrac{(\quad)}{E-1.5}$ (60분 기준)

여기서, E: 작업의 평균 에너지소비량[kcal/min]
에너지 값의 상한: 5[kcal/min]

11 반사율[%]

반사광의 에너지와 입사광의 에너지의 비율
반사율[%] = ( ) × 100
$= \dfrac{[cd/m^2] \times \pi}{[lux]} \times 100$
$= \dfrac{광속\ 발산도}{소요조명} \times 100$

12 조도

어떤 물체나 대상면에 도달하는 빛의 양
조도[lux] = ( )

13 대비(Contrast)

표적의 광속 발산도와 배경의 광속 발산도의 차이
대비 = 100 × ( )

여기서, L_b: 배경의 광속 발산도
L_t: 표적의 광속 발산도

14 옥스퍼드(Oxford) 지수(습건지수)

$W_D = 0.85W(습구온도) + 0.15D(\quad)$

15 고장 평점법

$C = ($)

여기서, C_1: 기능적 고장의 영향의 중요도
C_2: 영향을 미치는 시스템의 범위
C_3: 고장발생의 빈도
C_4: 고장방지의 가능성
C_5: 신규 설계의 정도

16 기계의 신뢰도 및 고장발생확률

① 신뢰도 $R(t) = ($) $= e^{-t/t_0}$

여기서, λ: 고장률, t: 가동시간, t_0: 평균수명

② 고장발생확률: $F(t) = 1 - R(t)$

17 평균고장간격(MTBF)

평균고장간격(MTBF)
= 평균동작시간(MTTF) + 평균수리시간( )
$= \dfrac{1}{\lambda_1} + \dfrac{1}{\lambda_2} + \cdots + \dfrac{1}{\lambda_n}$

λ(평균고장률) $= \dfrac{고장건수}{총가동시간}$

18 안전율(안전계수)

$S = \dfrac{극한(인장)강도}{(\quad)} = \dfrac{파단(최대)하중}{안전(정격)하중}$

| 정답 | 10 $60(E-5)$ 11 $\dfrac{광도[fL]}{조도[fC]}$ 12 $\dfrac{광속[lumen]}{(거리[m])^2}$ 13 $\dfrac{L_b-L_t}{L_b}$ 14 건구온도 15 $(C_1 \times C_2 \times C_3 \times C_4 \times C_5)^{\frac{1}{5}}$ 16 $e^{-\lambda t}$ 17 MTTR 18 허용응력

19 밀링작업의 절삭속도

$v = ($ $)$

여기서, v: 절삭속도[m/min]
d: 밀링커터의 지름[mm]
N: 밀링커터의 회전수[rpm]

20 프레스 양수기동식 방호장치의 안전거리

$D_m = ($ $)$

$T_m = \left(\dfrac{1}{2} + \dfrac{1}{클러치\ 개소\ 수}\right)$
$\qquad \times \dfrac{60}{분당\ 행정수[SPM]}$

여기서, T_m: 누름버튼을 누른 때부터 프레스의 슬라이드가 하사점에 도달할 때까지의 소요 최대시간[초]

21 프레스 광전자식(감응식) 방호장치의 안전거리

$D = ($ $)[mm]$

여기서, T_L: 방호장치의 작동시간[초]
T_s: 프레스의 최대정지시간[초]

22 개구부의 간격

$Y = 6 + ($ $)X(X < 160[mm])$
(단, $X \geq 160[mm]$이면 $Y = 30[mm]$)

여기서, Y: 개구부의 간격[mm]
X: 개구부에서 위험점까지의 최단거리[mm]

다만, 위험점이 전동체인 경우 개구부의 간격은 다음의 식으로 계산한다.

$Y = 6 + 0.1X$(단, $X < 760[mm]$에서 유효)

23 심실세동전류

$I = ($ $)[mA]$

여기서, I: 심실세동전류[mA]
T: 통전시간[초]

24 정전기 방전에너지

$W = ($ $) = \dfrac{1}{2}QV = \dfrac{1}{2}\dfrac{Q^2}{C}$

여기서, C: 도체의 정전용량
V: 대전전위 → $Q = CV$
Q: 대전전하량

25 가스나 증기혼합물의 연소범위

① 혼합가스의 연소범위

$L = \dfrac{V_1 + V_2 + \cdots + V_n}{\dfrac{V_1}{L_1} + \dfrac{V_2}{L_2} + \cdots + \dfrac{V_n}{L_n}}$

여기서, L: 혼합가스의 연소한계[vol%] → 연소상한, 연소하한 모두 적용 가능
$L_1, L_2, L_3, \cdots, L_n$: 각 성분가스의 연소한계[vol%] → 연소상한, 연소하한
$V_1, V_2, V_3, \cdots, V_n$: 전체 혼합가스 중 각 성분가스의 부피비[vol%]

② 실험데이터가 없어서 연소한계를 추정하는 경우
$LFL = 0.55C_{st}$, $UFL = 3.50C_{st}$

여기서, C_{st}: 완전연소가 일어나기 위한 연료, 공기의 혼합기체 중 연료의 부피비[vol%]

$C_{st} = \dfrac{연료의\ mol수}{연료의\ mol수 + 공기의\ mol수} \times 100$

(단일성분일 경우)

$C_{st} = \dfrac{V_1 + V_2 + \cdots V_n}{\dfrac{V_1}{C_{st1}} + \dfrac{V_2}{C_{st2}} + \cdots + \dfrac{V_n}{C_{stn}}}$

(혼합가스일 경우)

여기서, $C_{st1}, C_{st2}, \cdots, C_{stn}$: 각 가스의 화학양론 조성
$V_1, V_2, \cdots, V_n$: 각 성분가스의 부피비[vol%]

③ 최소산소농도
최소산소농도(C_m)
$= ($ $) \times \dfrac{산소\ mol수}{연소가스\ mol수}$

| 정답 | 19 $\dfrac{\pi dN}{1,000}$ 20 $1,600 \times T_m$ 21 $1,600 \times (T_L + T_s)$ 22 0.15 23 $\dfrac{165}{\sqrt{T}}$ 24 $\dfrac{1}{2}CV^2$ 25 폭발하한[vol%]

PART 02 별색으로 확인하는 빈출문제

※ 분류 기준에 따라 출제 횟수는 달라질 수 있습니다.

산업재해 예방 및 안전보건교육

5회 출제
01 위험예지훈련 4단계의 진행 순서를 바르게 나열한 것은?

① 목표설정 → 현상파악 → 대책수립 → 본질추구
② 목표설정 → 현상파악 → 본질추구 → 대책수립
③ 현상파악 → 본질추구 → 대책수립 → 목표설정
④ 현상파악 → 본질추구 → 목표설정 → 대책수립

해설 위험예지훈련의 추진을 위한 문제해결 4단계
현상파악(사실의 파악) → 본질추구(원인조사) → 대책수립(대책을 세운다) → 목표설정(행동계획 작성)

10회 출제
02 교육훈련기법 중 Off JT(Off the Job Training)의 장점이 아닌 것은?

① 업무의 계속성이 유지된다.
② 외부의 전문가를 강사로 활용할 수 있다.
③ 특별교재, 시설을 유효하게 사용할 수 있다.
④ 다수의 대상자에게 조직적 훈련이 가능하다.

해설 직장의 실정에 맞게 실제적인 훈련이 가능하며 업무의 계속성이 유지되는 교육훈련기법은 OJT(직장 내 교육훈련)이다.

5회 출제
03 하인리히의 재해구성비율 "1:29:300"에서 "29"에 해당되는 사고발생비율은?

① 8.8[%]   ② 9.8[%]
③ 10.8[%] ④ 11.8[%]

해설 하인리히의 재해구성비율
사망 및 중상 : 경상 : 무상해사고 = 1 : 29 : 300
$$\frac{29}{(1+29+300)} \times 100 = \frac{29}{330} \times 100 = 8.8[\%]$$

5회 출제
04 생체리듬의 변화에 대한 설명으로 틀린 것은?

① 야간에는 체중이 감소한다.
② 야간에는 말초운동 기능이 저하된다.
③ 체온, 혈압, 맥박수는 주간에 상승하고 야간에 감소한다.
④ 혈액의 수분과 염분량은 주간에 증가하고 야간에 감소한다.

해설 혈액의 수분과 염분량은 주간에 감소하고 야간에 증가한다.

9회 출제
05 레윈(Lewin)의 인간 행동 특성을 다음과 같이 표현하였다. 변수 'E'가 의미하는 것은?

$$B = f(P \cdot E)$$

① 연령   ② 성격
③ 환경   ④ 지능

해설 $B = f(P \cdot E)$
B: 인간의 행동
f: 함수관계
P: 개체(연령, 경험, 심신상태, 성격, 지능 등)
E: 환경(인간관계, 작업조건, 감독, 직무의 안정 등)

10회 출제
06 재해예방의 4원칙이 아닌 것은?

① 손실우연의 원칙   ② 사전준비의 원칙
③ 원인계기의 원칙   ④ 대책선정의 원칙

해설 재해예방의 4원칙
• 손실우연의 원칙
• 원인계기(원인연계)의 원칙
• 예방가능의 원칙
• 대책선정의 원칙

6회 출제

07 무재해 운동의 3원칙에 해당되지 않는 것은?

① 무의 원칙 ② 참가의 원칙
③ 선취의 원칙 ④ **대책선정의 원칙**

해설 무재해 운동의 3원칙
- 무의 원칙: 모든 잠재위험요인을 사전에 발견·파악·해결함으로써 근원적으로 산업재해를 제거한다.
- 참여의 원칙(참가의 원칙): 작업에 따르는 잠재적인 위험요인을 발견·해결하기 위하여 전원이 협력하여 문제해결 운동을 실천한다.
- 안전제일의 원칙(선취의 원칙): 직장의 위험요인을 행동하기 전에 발견·파악·해결하여 재해를 예방한다.

3회 출제

08 적응기제(適應機制, Adjustment Mechanism)의 종류 중 도피적 기제(행동)에 해당하지 않는 것은?

① 고립 ② 퇴행
③ 억압 ④ **합리화**

해설
- 방어적 기제: 보상, 합리화(변명), 승화, 동일시, 투사
- 도피적 기제: 고립, 퇴행, 억압, 백일몽

10회 출제

09 매슬로우(Maslow)의 욕구단계 이론 중 자기의 잠재력을 최대한 살리고 자기가 하고 싶었던 일을 실현하려는 인간의 욕구에 해당하는 것은?

① 생리적 욕구
② 사회적 욕구
③ **자아실현의 욕구**
④ 안전의 욕구

해설 자아실현의 욕구(제5단계)는 잠재적인 능력을 실현하고자 하는 욕구(성취욕구)이다.

6회 출제

10 안전조직 중에서 라인-스태프(Line-staff) 조직의 특징으로 옳지 않은 것은?

① 라인형과 스태프형의 장점을 취한 절충식 조직 형태이다.
② **중규모 사업장(100명 이상 500명 미만)에 적합하다.**
③ 라인의 관리감독자에게도 안전에 관한 책임과 권한이 부여된다.
④ 안전 활동과 생산업무가 분리될 가능성이 낮기 때문에 균형을 유지할 수 있다.

해설 라인-스태프 조직은 대규모 사업장(1,000명 이상)에 적합한 조직의 형태이며, 중규모 사업장은 스태프형 조직이 가장 이상적이다.

5회 출제

11 기업 내 정형교육 중 TWI(Training Within Industry)의 교육내용이 아닌 것은?

① Job Method Training
② Job Relation Training
③ Job Instruction Training
④ **Job Standardization Training**

해설 TWI의 JST는 작업안전훈련으로 Job Safety Training의 약자이다.

5회 출제

12 「산업안전보건법령」상 안전보건표지의 색채와 색도 기준의 연결이 틀린 것은?(단, 색도기준은 한국산업 표준(KS)에 따른 색의 3속성에 의한 표시방법에 따른다.)

① 빨간색 - 7.5R 4/14
② 노란색 - 5Y 8.5/12
③ 파란색 - 2.5PB 4/10
④ **흰색 - N0.5**

해설 안전보건표지의 색도기준 및 용도

색채	색도기준	사용 예
흰색	N9.5	파란색 또는 녹색에 대한 보조색
검은색	N0.5	문자 및 빨간색 또는 노란색에 대한 보조색

13 「산업안전보건법령」상 교육대상별 교육내용 중 관리감독자의 정기안전보건교육 내용이 아닌 것은?(단, 「산업안전보건법」 및 일반관리에 관한 사항은 제외한다.)

① 건강증진 및 질병 예방에 관한 사항
② 산업보건 및 건강장해 예방에 관한 사항
③ 유해·위험 작업환경 관리에 관한 사항
④ 표준안전 작업방법 결정 및 지도·감독 요령에 관한 사항

해설 '건강증진 및 질병 예방에 관한 사항'은 근로자 정기안전보건교육의 내용이다.

14 안전교육 방법의 4단계의 순서로 옳은 것은?

① 도입 → 확인 → 적용 → 제시
② 도입 → 제시 → 적용 → 확인
③ 제시 → 도입 → 적용 → 확인
④ 제시 → 확인 → 도입 → 적용

해설 안전교육법의 4단계
도입(1단계) → 제시(2단계) → 적용(3단계) → 확인(4단계)

15 부주의의 현상으로 볼 수 없는 것은?

① 의식의 단절
② 의식수준 지속
③ 의식의 과잉
④ 의식의 우회

해설 부주의의 원인(현상)
- 의식의 우회
- 의식수준의 저하
- 의식의 단절
- 의식의 과잉
- 의식의 혼란

16 「산업안전보건법」상 산업안전보건위원회의 사용자위원 구성원이 아닌 것은?(단, 각 사업장은 해당하는 사람을 선임하여야 하는 대상 사업장으로 한다.)

① 안전관리자
② 보건관리자
③ 산업보건의
④ 명예산업안전감독관

해설 명예산업안전감독관은 근로자위원에 해당한다.

17 학습지도의 형태 중 몇 사람의 전문가가 주제에 대한 견해를 발표하고 참가자로 하여금 의견을 내거나 질문을 하게 하는 토의방식은?

① 포럼(Forum)
② 심포지엄(Symposium)
③ 버즈세션(Buzz session)
④ 자유토의법(Free discussion method)

해설 심포지엄(Symposium)
몇 사람의 전문가가 과제에 관한 견해를 발표하게 한 뒤 참가자로 하여금 의견이나 질문을 하게 하여 토의하는 방법이다.

18 데이비스(K. Davis)의 동기부여이론 등식으로 옳은 것은?

① 지식×기능=태도
② 지식×상황=동기유발
③ 능력×상황=인간의 성과
④ 능력×동기유발=인간의 성과

해설
- 지식(Knowledge)×기능(Skill)=능력(Ability)
- 상황(Situation)×태도(Attitude)=동기유발(Motivation)
- 능력(Ability)×동기유발(Motivation)=인간의 성과(Human Performance)
- 인간의 성과×물질적 성과=경영의 성과

6회 출제

19 다음 중 헤드십(Headship)의 특성이 아닌 것은?

① 지휘형태는 권위주의적이다.
② 권한 행사는 임명된 헤드이다.
③ 구성원과의 사회적 간격은 넓다.
④ 상관과 부하의 관계는 개인적인 영향이다.

해설 헤드십(Headship)이란 집단구성원이 아닌 외부에 의해 선출(임명)된 지도자로, 권한의 근거는 공식적이다. 특징은 상사와 부하의 관계가 종속적이라는 것이다.

4회 출제

20 교육심리학의 기본이론 중 학습지도의 원리가 아닌 것은?

① 직관의 원리
② 개별화의 원리
③ 계속성의 원리
④ 사회화의 원리

해설 학습지도 이론
- 개별화의 원리
- 통합의 원리
- 사회화의 원리
- 자발성의 원리
- 직관의 원리

인간공학 및 위험성평가 · 관리

11회 출제

01 다음 시스템의 신뢰도 값은?(단, 기호안의 수치는 각 구성요소의 신뢰도이다.)

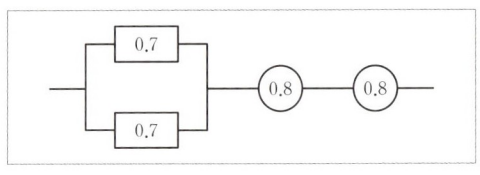

① 0.5824
② 0.6682
③ 0.7855
④ 0.8642

해설 신뢰도 $R = \{1-(1-0.7) \times (1-0.7)\} \times 0.8 \times 0.8 = 0.5824$

4회 출제

02 FTA 도표에 사용되는 기호 중 "통상사상"을 나타내는 기호는?

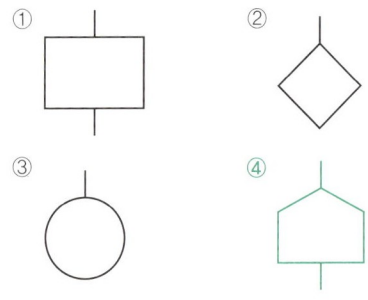

해설 ① 결함사상 ② 생략사상
③ 기본사상 ④ 통상사상

4회 출제

03 시각적 표시장치보다 청각적 표시장치를 사용하는 것이 더 유리한 경우는?

① 정보의 내용이 복잡하고 긴 경우
② 정보가 공간적인 위치를 다룬 경우
③ 직무상 수신자가 한 곳에 머무르는 경우
④ 수신 장소가 너무 밝거나 암순응이 요구될 경우

해설 수신 장소가 너무 밝거나 암순응이 요구될 경우에는 청각적 표시장치를 사용하는 것이 더 유리하다.

5회 출제

04 동작경제의 원칙과 가장 거리가 먼 것은?

① 급작스런 방향의 전환은 피하도록 할 것
② 가능한 관성을 이용하여 작업하도록 할 것
③ 두 손의 동작은 같이 시작하고 같이 끝나도록 할 것
④ 두 팔의 동작은 동시에 같은 방향으로 움직일 것

해설 두 팔의 동작은 동시에 서로 반대방향으로 대칭적으로 움직이도록 한다.

6회 출제

05 FTA에 대한 설명으로 가장 거리가 먼 것은?

① 정성적 분석만 가능
② 하향식(top-down) 방법
③ 복잡하고 대형화된 시스템에 활용
④ 논리게이트를 이용하여 도해적으로 표현하여 분석하는 방법

해설 FTA(Fault Tree Analysis)는 연역적, 정성적, 정량적 분석기법이다.

8회 출제

06 모든 시스템 안전 분석에서 제일 첫 번째 단계의 분석으로, 실행되고 있는 시스템을 포함한 모든 것의 상태를 인식하고 시스템의 개발단계에서 시스템 고유의 위험상태를 식별하여 예상되고 있는 재해의 위험수준을 결정하는 것을 목적으로 하는 위험분석 기법은?

① 결함위험분석(FHA: Fault Hazard Analysis)
② 시스템위험분석(SHA: System Hazard Analysis)
③ 예비위험분석(PHA: Preliminary Hazard Analysis)
④ 운용위험분석(OHA: Operating Hazard Analysis)

해설 PHA(예비위험분석)란 시스템 내의 위험요소가 얼마나 위험상태에 있는가를 평가하는 시스템 안전 프로그램의 최초단계의 정성적인 분석 방식이다.

5회 출제

07 그림과 같은 FT도에서 각 사상의 발생확률 ①=0.015, ②=0.02, ③=0.05이면, 정상사상 T가 발생할 확률은 약 얼마인가?

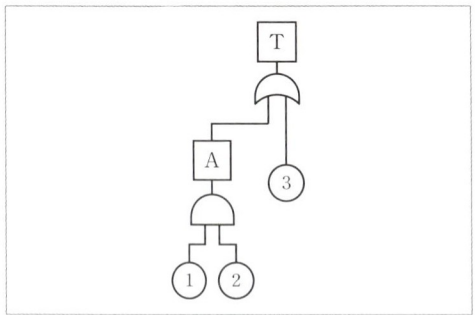

① 0.0002
② 0.0283
③ 0.0503
④ 0.9500

해설 A=①×②=0.015×0.02=0.0003
T=1−(1−③)×(1−A)
　=1−(1−0.05)×(1−0.0003)
　=0.0503

4회 출제

08 HAZOP 기법에서 사용하는 가이드 워드와 의미가 잘못 연결된 것은?

① No/Not - 설계 의도의 완전한 부정
② More/Less - 정량적인 증가 또는 감소
③ Part of - 성질상의 감소
④ Other than - 기타 환경적인 요인

해설 Other Than: 완전한 대체

3회 출제

09 인간이 기계보다 우수한 기능으로 옳지 않은 것은?(단, 인공지능은 제외한다.)

① 암호화된 정보를 신속하게 대량으로 보관할 수 있다.
② 관찰을 통해서 일반화하여 귀납적으로 추리한다.
③ 항공사진의 피사체나 말소리처럼 상황에 따라 변화하는 복잡한 자극의 형태를 식별할 수 있다.
④ 수신 상태가 나쁜 음극선관에 나타나는 영상과 같이 배경 잡음이 심한 경우에도 신호를 인지할 수 있다.

해설 암호화된 정보를 신속하게 대량으로 보관할 수 있는 것은 기계가 인간을 능가하는 기능이다.

6회 출제

10 태양광이 내리쬐지 않는 옥내의 습구흑구온도지수(WBGT)산출 식은?

① 0.6×자연습구온도+0.3×흑구온도
② 0.7×자연습구온도+0.3×흑구온도
③ 0.6×자연습구온도+0.4×흑구온도
④ 0.7×자연습구온도+0.4×흑구온도

해설 습구흑구온도지수(WBGT)[옥내 또는 옥외(태양광선이 내리쬐지 않는 장소)]
WBGT=0.7×자연습구온도(NWB)
    +0.3×흑구온도(GT)

3회 출제

11 시스템 안전분석 방법 중 예비위험분석(PHA)단계에서 식별하는 4가지 범주에 속하지 않는 것은?

① 위기상태   ② 무시가능상태
③ 파국적상태   ④ 예비조치상태

해설 PHA에 의한 위험등급
  ㉠ Class-1: 파국(Catastrophic)
  ㉡ Class-2: 중대(위기)(Critical)
  ㉢ Class-3: 한계(Marginal)
  ㉣ Class-4: 무시가능(Negligible)

6회 출제

12 사무실 의자나 책상에 적용할 인체 측정 자료의 설계 원칙으로 가장 적합한 것은?

① 평균치 설계   ② 조절식 설계
③ 최대치 설계   ④ 최소치 설계

해설 조절식 설계(5~95[%tile])란 체격이 다른 여러 사람에 맞도록 조절식으로 만드는 것이다.
  ㉮ 자동차 좌석의 전후 조절, 사무실 의자의 상하 조절 등

7회 출제

13 직무에 대하여 청각적 자극 제시에 대한 음성 응답을 하도록 할 때 가장 관련 있는 양립성은?

① 공간적 양립성   ② 양식 양립성
③ 운동 양립성   ④ 개념적 양립성

해설 양식 양립성
  언어 또는 문화적 관습이나 특정 신호에 따라 적합하게 반응하는 것을 말하는데, 예를 들어 한국어로 질문하면 한국어로 대답하거나, 기계가 특정 음성에 대해 정해진 반응을 하는 것을 말한다.

3회 출제

14 정량적 표시장치에 관한 설명으로 맞는 것은?

① 정확한 값을 읽어야 하는 경우 일반적으로 디지털보다 아날로그 표시장치가 유리하다.
② 동목(Moving Scale)형 아날로그 표시장치는 표시장치의 면적을 최소화할 수 있는 장점이 있다.
③ 연속적으로 변화하는 양을 나타내는 데에는 일반적으로 아날로그보다 디지털 표시장치가 유리하다.
④ 동침(Moving Pointer)형 아날로그 표시장치는 바늘의 진행 방향과 증감 속도에 대한 인식적인 암시 신호를 얻는 것이 불가능한 단점이 있다.

해설 ① 정확한 값을 읽어야 하는 경우 디지털 표시장치가 더 유리하다.
③ 연속적으로 변화하는 양을 나타내는 데에는 아날로그 표시장치가 더 유리하다.
④ 동침형 아날로그 표시장치의 경우 지침의 변화가 일종의 인식상의 단서로 작용하는 이점이 있다.

6회 출제

15 안전교육을 받지 못한 신입직원이 작업 중 전극을 반대로 끼우려고 시도했으나, 플러그의 모양이 반대로 끼울 수 없도록 설계되어 있어서 사고를 예방할 수 있었다. 작업자가 범한 오류와 이와 같은 사고 예방을 위해 적용된 안전설계 원칙으로 가장 적합한 것은?

① 누락(Omission)오류, Fail Safe 설계 원칙
② 누락(Omission)오류, Fool Proof 설계 원칙
③ 작위(Commission)오류, Fail Safe 설계 원칙
④ 작위(Commission)오류, Fool Proof 설계 원칙

해설
• 실행(작위적)에러(Commission Error): 작업 내지 절차를 수행했으나 잘못된 실수에서 기인한 에러이다.
• 풀 프루프(Fool proof): 기계장치 설계단계에서 안전화를 도모하는 것으로 근로자가 기계 등의 취급을 잘못해도 사고로 연결되는 일이 없도록 하는 안전설계 원칙이다.

6회 출제

16 다음 중 FTA에 의한 재해사례 연구순서에서 가장 먼저 실시하여야 하는 사항은?

① FT도의 작성
② 개선계획의 작성
③ 톱(TOP)사상의 선정
④ 사상의 재해원인 규명

해설 FTA에 의한 재해사례 연구순서(D. R Cheriton)
정상(Top)사상의 선정 → 각 사상의 재해원인 규명 → FT도의 작성 및 분석 → 개선계획의 작성

4회 출제

17 손이나 특정 신체부위에 발생하는 누적손상장애(CTDs)의 발생인자와 가장 거리가 먼 것은?

① 무리한 힘　　② 다습한 환경
③ 장시간의 진동　④ 반복도가 높은 작업

해설　누적손상장애(CTDs) 발생원인
과도한 힘의 요구, 부적절한 작업자세, 장시간의 진동, 반복적인 동작 등

7회 출제

18 다음 중 개선의 ECRS의 원칙에 해당하지 않는 것은?

① 제거(Eliminate)　② 결합(Combine)
③ 재조정(Rearrange)　④ 안전(Safety)

해설　작업방법의 개선원칙 ECRS
- 제거(Eliminate)
- 결합(Combine)
- 재배치 · 재조정(Rearrange)
- 단순화(Simplify)

3회 출제

19 A사의 안전관리자는 자사 화학설비의 안전성 평가를 실시하고 있다. 그중 제2단계인 정성적 평가를 진행하기 위하여 평가 항목을 설계관계 대상과 운전관계 대상으로 분류하였을 때 설계관계 항목이 아닌 것은?

① 소방설비　　② 공장 내 배치
③ 입지조건　　④ 원재료, 중간제품

해설　안전성 평가 제2단계(정성적 평가)
- 설계관계: 입지조건, 공장 내 배치, 건조물, 소방설비, 공정기기 등
- 운전관계: 원재료, 운송, 저장 등

4회 출제

20 휴식 중 에너지소비량은 1.5[kcal/min]이고, 어떤 작업의 평균 에너지소비량이 6[kcal/min]이라고 할 때 60분간 총 작업시간 내에 포함되어야 하는 휴식시간은 약 몇 분인가?(단, 기초대사를 포함한 작업에 대한 평균 에너지소비량의 상한은 5[kcal/min]이다.)

① 10.3　　② 11.3
③ 12.3　　④ 13.3

해설　휴식시간 $R = \dfrac{60(E-5)}{E-1.5} = \dfrac{60 \times (6-5)}{6-1.5} = 13.3$
E: 작업의 평균 에너지소비량

기계 · 기구 및 설비 안전관리

5회 출제

01 숫돌 지름이 60[cm]인 경우 숫돌 고정 장치인 평형 플랜지의 지름은 최소 몇 [cm] 이상인가?

① 10　　② 20
③ 30　　④ 60

해설　플랜지의 지름(D)은 숫돌 직경의 1/3 이상인 것이 적당하다.
$D = 60 \times \dfrac{1}{3} = 20$[cm] 이상

5회 출제

02 다음 손실비용 중 성격이 다른 하나는?

① 요양급여　　② 상병보상연금
③ 간병급여　　④ 생산손실급여

해설　요양급여, 상병보상연금, 간병급여는 직접비(법령으로 보장되는 산재보상비)이고, 생산손실급여는 간접비이다.

6회 출제

03 선반작업에 대한 안전수칙으로 가장 적절하지 않은 것은?

① 선반의 바이트는 끝을 짧게 장치한다.
② 작업 중에는 면장갑을 착용하지 않도록 한다.
③ 작업이 끝난 후 절삭 칩의 제거는 반드시 브러시 등의 도구를 사용한다.
④ 작업 중 일감의 치수 측정 시 기계 운전 상태를 저속으로 하고 측정한다.

해설　선반작업 시 치수 측정, 주유, 청소는 반드시 기계를 정지한다.

04 다음 설명 중 ( ) 안에 알맞은 내용은? (5회 출제)

> 「산업안전보건법령」상 롤러기의 급정지장치는 롤러를 무부하로 회전시킨 상태에서 앞면 롤러의 표면속도가 30[m/min] 미만일 때에는 급정지거리가 앞면 롤러 원주의 ( ) 이내에서 롤러를 정지시킬 수 있는 성능을 보유하여야 한다.

① 1/4 ② 1/3
③ 1/2.5 ④ 1/2

해설 롤러기 급정지장치의 성능

앞면 롤러의 표면속도[m/min]	급정지거리
30 미만	앞면 롤러 원주의 1/3 이내
30 이상	앞면 롤러 원주의 1/2.5 이내

05 회전수가 300[rpm], 연삭숫돌의 지름이 200[mm]일 때 숫돌의 원주속도는 몇 [m/min]인가? (7회 출제)

① 60.0 ② 94.2
③ 150.0 ④ 188.5

해설 숫돌의 원주속도

$$V = \frac{\pi DN}{1,000} = \frac{\pi \times 200 \times 300}{1,000} = 188.5[\text{m/min}]$$

D: 지름[mm], N: 회전수[rpm]

06 프레스기의 SPM(Stroke Per Minute)이 200이고, 클러치의 맞물림 개소 수가 6인 경우 양수기동식 방호장치의 안전거리는? (5회 출제)

① 120[mm] ② 200[mm]
③ 320[mm] ④ 400[mm]

해설 양수기동식 안전거리 D_m

$$T_m = \left(\frac{1}{2} + \frac{1}{\text{클러치 개소 수}}\right) \times \frac{60}{\text{분당 행정수[SPM]}}$$

T_m: 슬라이드가 하사점에 도달할 때까지의 소요 최대시간[초]

$$D_m = 1,600 \times T_m = 1,600 \times \left(\frac{1}{2} + \frac{1}{6}\right) \times \frac{60}{200} = 320[\text{mm}]$$

07 회전하는 부분의 접선방향으로 물려 들어갈 위험이 존재하는 점으로 주로 체인, 풀리, 벨트, 기어와 랙 등에서 형성되는 위험점은? (12회 출제)

① 끼임점 ② 협착점
③ 절단점 ④ 접선물림점

해설 접선물림점(Tangential Nip Point)이란 회전하는 부분의 접선방향으로 물려들어갈 위험이 존재하는 위험점이다.

08 「산업안전보건법령」상 프레스의 작업시작 전 점검 사항이 아닌 것은? (12회 출제)

① 슬라이드 또는 칼날에 의한 위험방지 기구의 기능
② 프레스의 금형 및 고정볼트 상태
③ 전단기의 칼날 및 테이블의 상태
④ 권과방지장치 및 그 밖의 경보장치의 기능

해설 권과방지장치 및 그 밖의 경보장치의 기능은 이동식 크레인을 이용하여 작업을 할 때 작업시작 전 점검사항이다.

09 선반가공 시 연속적으로 발생되는 칩으로 인해 작업자가 다치는 것을 방지하기 위하여 칩을 짧게 절단시켜 주는 안전장치는? (4회 출제)

① 커버 ② 브레이크
③ 보안경 ④ 칩 브레이커

해설 칩 브레이커(Chip Breaker)는 칩을 짧게 끊어지도록 하는 선반작업의 안전장치이다.

10 다음 중 연삭숫돌의 파괴원인으로 거리가 먼 것은? (9회 출제)

① 플랜지가 현저히 클 때
② 숫돌에 균열이 있을 때
③ 숫돌의 측면을 사용할 때
④ 숫돌의 치수 특히 내경의 크기가 적당하지 않을 때

해설 플랜지 지름이 현저하게 작을 때(플랜지 지름은 숫돌직경의 1/3 이상인 것이 적당함) 연삭숫돌이 파괴된다.

4회 출제

11 조작자의 신체부위가 위험한계 밖에 위치하도록 기계의 조작장치를 위험구역에서 일정거리 이상 떨어지게 하는 방호장치는?

① 덮개형 방호장치
② 차단형 방호장치
③ 위치제한형 방호장치
④ 접근반응형 방호장치

해설 위치제한형 방호장치
작업자의 신체부위가 위험한계 밖에 있도록 기계의 조작장치를 위험구역에서 일정거리 이상 떨어지게 한 방호장치(양수조작식 안전장치)이다.

6회 출제

12 「산업안전보건법령」상 산업용 로봇의 작업시작 전 점검사항으로 가장 거리가 먼 것은?

① 외부 전선의 피복 또는 외장의 손상 유무
② 압력방출장치의 이상 유무
③ 매니퓰레이터 작동 이상 유무
④ 제동장치 및 비상정지장치의 기능

해설 압력방출장치의 기능은 공기압축기를 가동할 때 작업시작 전 점검사항이다.

12회 출제

13 극한하중이 600[N]인 체인의 안전계수가 4일 때 체인의 정격하중[N]은?

① 130   ② 140
③ 150   ④ 160

해설 정격하중 $= \dfrac{극한하중}{안전계수} = \dfrac{600}{4} = 150[N]$

4회 출제

14 다음 중 용접 결함의 종류에 해당하지 않는 것은?

① 비드(Bead)
② 기공(Blow Hole)
③ 언더컷(Under Cut)
④ 용입 불량(Incomplete Penetration)

해설 비드(Bead)는 용접작업에서 모재와 용접봉이 녹아서 생긴 가늘고 긴 파형의 띠이다.

7회 출제

15 「산업안전보건법령」에 따른 승강기의 종류에 해당하지 않는 것은?

① 리프트
② 승객용 엘리베이터
③ 에스컬레이터
④ 화물용 엘리베이터

해설 승강기의 종류
• 승객용 엘리베이터
• 승객화물용 엘리베이터
• 화물용 엘리베이터
• 소형 화물용 엘리베이터
• 에스컬레이터

11회 출제

16 사업주가 보일러의 폭발사고예방을 위하여 기능이 정상적으로 작동될 수 있도록 유지·관리할 대상이 아닌 것은?

① 과부하방지장치
② 압력방출장치
③ 압력제한스위치
④ 고저수위조절장치

해설 보일러의 폭발 사고를 예방하기 위하여 압력방출장치, 압력제한스위치, 고저수위조절장치, 화염 검출기 등의 기능이 정상적으로 작동될 수 있도록 유지·관리하여야 한다.

3회 출제

17 「산업안전보건법령」상 유해·위험 방지를 위한 방호조치가 필요한 기계·기구가 아닌 것은?

① 예초기   ② 지게차
③ 금속절단기   ④ 금속탐지기

해설 유해·위험 방지를 위하여 방호조치가 필요한 기계·기구
예초기, 원심기, 공기압축기, 금속절단기, 지게차, 포장기계(진공포장기, 래핑기로 한정)

10회 출제
18 비파괴시험의 종류가 아닌 것은?

① 자분탐상시험　② 침투탐상시험
③ 와류탐상시험　④ 샤르피 충격시험

해설　샤르피 충격시험은 파괴시험(충격시험)의 일종이다.

8회 출제
19 지게차 헤드가드의 안전기준에 관한 설명으로 옳은 것은?

① 강도는 지게차의 최대하중의 4배 값(4톤을 넘는 값에 대해서는 4톤으로 함)의 등분포정하중에 견딜 수 있을 것
② 상부틀의 각 개구의 폭 또는 길이가 16[cm] 미만일 것
③ 강도는 지게차의 최대하중의 2배 값(4톤을 넘는 값에 대해서는 8톤으로 함)의 등분포정하중에 견딜 수 있을 것
④ 상부틀의 각 개구의 폭 또는 길이가 20[cm] 미만일 것

해설　헤드가드의 구비조건
- 강도는 지게차의 최대하중의 2배 값(4톤을 넘는 값에 대해서는 4톤)의 등분포정하중에 견딜 수 있을 것
- 상부틀의 각 개구의 폭 또는 길이가 16[cm] 미만일 것

4회 출제
20 다음 중 롤러기의 방호장치에 있어 복부로 조작하는 급정지장치의 위치로 가장 적당한 것은?

① 밑면으로부터 1.8[m] 이내
② 밑면으로부터 2.0[m] 이내
③ 밑면으로부터 0.8[m] 이상 1.1[m] 이내
④ 밑면으로부터 0.4[m] 이상 0.6[m] 이내

해설　급정지장치 조작부의 위치

종류	설치위치
손조작식	밑면에서 1.8[m] 이내
복부조작식	밑면에서 0.8[m] 이상 1.1[m] 이내
무릎조작식	밑면에서 0.6[m] 이내

전기설비 안전관리

6회 출제
01 인체 감전보호용 누전차단기의 정격감도전류[mA]와 동작시간(초)의 최댓값은?

① 10[mA], 0.03초　② 20[mA], 0.01초
③ 30[mA], 0.03초　④ 50[mA], 0.1초

해설　감전보호용 누전차단기
- 정격감도전류 30[mA] 이하, 동작시간 0.03초 이내
- 정격전부하전류가 50[A] 이상인 경우, 정격감도전류 200[mA] 이하, 동작시간 0.1초 이내

6회 출제
02 지락이 생긴 경우 접촉상태에 따라 접촉전압을 제한할 필요가 있다. 인체의 접촉상태에 따른 허용접촉전압을 나타낸 것으로 다음 중 옳지 않은 것은?

① 제1종: 2.5[V] 이하　② 제2종: 25[V] 이하
③ 제3종: 35[V] 이하　④ 제4종: 제한 없음

해설　제3종의 허용접촉전압은 50[V] 이하이다.

4회 출제
03 계통접지로 적합하지 않은 것은?

① TN 계통　② TT 계통
③ IN 계통　④ IT 계통

해설　계통접지의 종류로는 TN, TT, IT 계통이 있다.

5회 출제
04 다음 중 방폭전기기기의 구조별 표시방법으로 틀린 것은?

① 내압방폭구조: p
② 본질안전방폭구조: ia, ib
③ 유입방폭구조: o
④ 안전증방폭구조: e

해설 내압방폭구조의 기호는 d이다.

5회 출제
05 다음 중 전압의 구분으로 옳은 것은?

① 고압: 직류 1[kV] 초과 7[kV] 이하
② 고압: 교류 1.5[kV] 초과 7[kV] 이하
③ 저압: 직류 1[kV] 이하
④ 특고압: 7[kV] 초과

해설 전압의 구분
- 저압: 교류는 1[kV] 이하, 직류는 1.5[kV] 이하인 것
- 고압: 교류는 1[kV]를, 직류는 1.5[kV]를 초과하고 7[kV] 이하인 것
- 특고압: 7[kV]를 초과하는 것

4회 출제
06 전류가 흐르는 상태에서 단로기를 끊었을 때 여러 가지 파괴작용을 일으킨다. 다음 그림에서 유입차단기의 차단순서와 투입순서가 안전수칙에 가장 적합한 것은?

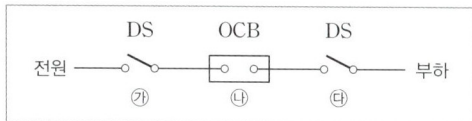

① 차단: ㉮ → ㉯ → ㉰, 투입: ㉮ → ㉯ → ㉰
② 차단: ㉯ → ㉰ → ㉮, 투입: ㉯ → ㉰ → ㉮
③ 차단: ㉰ → ㉯ → ㉮, 투입: ㉰ → ㉯ → ㉮
④ 차단: ㉯ → ㉰ → ㉮, 투입: ㉰ → ㉮ → ㉯

해설 차단순서: ㉯ → ㉰ → ㉮ / 투입순서: ㉰ → ㉮ → ㉯

3회 출제
07 다음 중 정전기의 발생 현상에 포함되지 않는 것은?

① 파괴에 의한 발생   ② 분출에 의한 발생
③ 전도 대전   ④ 유동에 의한 대전

해설 정전기 대전의 종류
마찰대전, 박리대전, 유동대전, 분출대전, 충돌대전, 파괴대전, 교반(진동)이나 침강대전

3회 출제
08 다음 중 감전예방을 위한 절연용 보호구의 종류에 속하지 않는 것은?

① 절연장갑   ② 절연장화
③ 절연모   ④ 절연시트

해설 절연용 안전보호구의 종류
- 전기안전모(절연모)
- 절연고무장갑(절연장갑)
- 절연고무장화(절연장화)
- 절연복(절연상의 및 하의, 어깨받이 등) 및 절연화
- 도전성 작업복 및 작업화

13회 출제
09 Dalziel에 의하여 동물 실험을 통해 얻어진 전류값을 인체에 적용했을 때 심실세동을 일으키는 전기에너지(J)는 약 얼마인가?(단, 인체 전기저항은 500[Ω]으로 보며, 흐르는 전류 $I = \frac{165}{\sqrt{T}}$[mA]로 한다.)

① 9.8   ② 13.6
③ 19.6   ④ 27

해설 $W = I^2 RT = \left(\frac{165}{\sqrt{T}} \times 10^{-3}\right)^2 \times 500T$
$= (165^2 \times 10^{-6}) \times 500 = 13.6$[J]
W: 위험한계에너지[J], I: 심실세동전류[A], R: 인체저항[Ω], T: 통전시간[s]

4회 출제
10 제전기의 종류가 아닌 것은?

① 전압인가식 제전기   ② 정전식 제전기
③ 방사선식 제전기   ④ 자기방전식 제전기

해설 제전기의 종류는 제전에 필요한 이온의 생성방법에 따라 전압인가식 제전기, 자기방전식 제전기, 방사선식 제전기가 있다.

6회 출제
11 내압방폭구조의 필요충분조건에 대한 사항으로 틀린 것은?

① 폭발화염이 외부로 유출되지 않을 것
② 습기침투에 대한 보호를 충분히 할 것
③ 내부에서 폭발할 경우 그 압력에 견딜 것
④ 외함의 표면온도가 외부의 폭발성 가스를 점화하지 않을 것

해설 내압방폭구조의 성능
- 내부에서 폭발할 경우 그 압력에 견딜 것
- 폭발화염이 외부로 유출되지 않을 것
- 외함 표면온도가 주위의 가연성 가스를 점화하지 않을 것

7회 출제
12 피뢰기가 갖추어야 할 특성으로 알맞은 것은?

① 충격방전개시전압이 높을 것
② 제한전압이 높을 것
③ 뇌전류의 방전능력이 클 것
④ 속류를 차단하지 않을 것

해설 피뢰기의 성능
- 제한전압 또는 충격방전개시전압이 충분히 낮고 보호능력이 있을 것
- 속류차단이 완전히 행해져 동작책무특성이 충분할 것
- 뇌전류 방전능력이 클 것

3회 출제
13 누전차단기의 구성요소가 아닌 것은?

① 누전검출부   ② 영상변류기
③ 차단장치   ④ 전력퓨즈

해설 누전차단기 구성요소
영상변류기, 누전검출부, 트립코일, 차단장치 및 시험버튼

4회 출제
14 화염일주한계에 대해 가장 잘 설명한 것은?

① 화염이 발화온도로 전파될 가능성의 한계값이다.
② 화염이 전파되는 것을 저지할 수 있는 틈새의 최대 간격치이다.
③ 폭발성 가스와 공기가 혼합되어 폭발한계 내에 있는 상태를 유지하는 한계값이다.
④ 폭발성 분위기가 전기 불꽃에 의하여 화염을 일으킬 수 있는 최소의 전류값이다.

해설 화염일주한계란 폭발성 분위기 내에 방치된 표준용기의 접합면 틈새를 통하여 폭발화염이 내부에서 외부로 전파되는 것을 저지할 수 있는 틈새의 최대 간격치이다.

4회 출제
15 전기기기의 Y종 절연물의 최고허용온도는?

① 80[℃]   ② 85[℃]
③ 90[℃]   ④ 105[℃]

해설 절연물의 절연계급

종별	Y	A	E	B	F	H	C
최고허용 온도[℃]	90	105	120	130	155	180	180 초과

7회 출제
16 정전기 발생에 영향을 주는 요인으로 가장 적절하지 않은 것은?

① 분리속도
② 물체의 질량
③ 접촉면적 및 압력
④ 물체의 표면상태

해설 물체의 질량은 정전기 발생과 관련이 없다.

6회 출제
17 전격의 위험을 결정하는 주된 인자로 가장 거리가 먼 것은?

① 통전전류　② 통전시간
③ 통전경로　④ 접촉전압

해설 접촉전압은 2차적 감전요소(간접적인 요인)이다.

5회 출제
18 정전기의 재해방지 대책이 아닌 것은?

① 부도체에는 도전성을 향상 또는 제전기를 설치 운영한다.
② 접촉 및 분리를 일으키는 기계적 작용으로 인한 정전기 발생을 적게 하기 위해서는 가능한 접촉 면적을 크게 하여야 한다.
③ 저항률이 $10^{10}[\Omega \cdot cm]$ 미만의 도전성 위험물의 배관유속은 7[m/s] 이하로 한다.
④ 생산공정에 별다른 문제가 없다면 습도를 70[%] 정도 유지하는 것도 무방하다.

해설 접촉면적이 작을수록 정전기 발생량이 감소한다.

3회 출제
19 접지 목적에 따른 분류에서 병원설비의 의료용 전기 전자(M·E)기기와 모든 금속부분 또는 도전바닥에도 접지하여 전위를 동일하게 하기 위한 접지를 무엇이라 하는가?

① 계통 접지
② 등전위 접지
③ 노이즈방지용 접지
④ 정전기 장해 방지 이용 접지

해설
- 등전위 접지: 병원에 있어서의 의료기기 사용 시의 안전 확보
- 계통 접지: 고압전로와 저압전로 혼촉 시 감전이나 화재방지
- 기기 접지: 누전되고 있는 기기에 접촉되었을 때의 감전방지
- 정전기방지용 접지: 정전기의 축적에 의한 폭발재해방지

4회 출제
20 정격사용률이 30[%], 정격 2차 전류가 300[A]인 교류아크 용접기를 200[A]로 사용하는 경우의 허용사용률(%)은?

① 13.3　② 67.5
③ 110.3　④ 157.5

해설 허용사용률 $=\left(\dfrac{\text{정격 2차 전류}}{\text{실제 용접 전류}}\right)^2 \times \text{정격사용률}$
$=\left(\dfrac{300}{200}\right)^2 \times 30 = 67.5[\%]$

화학설비 안전관리

5회 출제
01 다음 위험물 중 산화성 액체 및 산화성 고체가 아닌 것은?

① 질산 및 그 염류
② 염소산 및 그 염류
③ 과염소산 및 그 염류
④ 유기 금속화합물

해설 유기 금속화합물은 물반응성 물질로 수분과 반응 시 가연성 가스를 발생시킨다.

5회 출제
02 다음 가스 중 TLV-TWA상 가장 독성이 큰 것은?

① CO　② $COCl_2$
③ NH_3　④ H_2

해설 포스겐($COCl_2$)가스는 노출기준(TWA) 0.1[ppm]의 유독성 가스이다.
(CO의 TWA: 30[ppm], NH_3의 TWA: 25[ppm], H_2: 독성자료 없음)

5회 출제
03 공기 중에서 A 물질의 폭발하한계가 4[vol%], 상한계가 75[vol%]라면 이 물질의 위험도는?

① 16.75 ② 17.75
③ 18.75 ④ 19.75

해설 위험도 $H = \dfrac{U-L}{L} = \dfrac{75-4}{4} = 17.75$
U : 폭발상한계, L : 폭발하한계

6회 출제
04 반응기를 조작방식에 따라 분류할 때 해당되지 않는 것은?

① 회분식 반응기 ② 반회분식 반응기
③ 연속식 반응기 ④ 관형 반응기

해설 관형 반응기는 구조에 따라 분류한 것이다.

6회 출제
05 증기배관 내에 생성하는 응축수를 제거할 때 증기가 배출되지 않도록 하면서 응축수를 자동적으로 배출하기 위한 장치를 무엇이라 하는가?

① Vent Stack ② Steam Trap
③ Blow Down ④ Relief Valve

해설 스팀트랩(Steam Trap)
증기배관 내에 생성하는 응축수는 송기상 지장이 되어 제거할 필요가 있는데, 이때 증기가 도망가지 않도록 이 응축수를 자동적으로 배출하기 위한 장치이다.

5회 출제
06 「산업안전보건법령」상 특수화학설비를 설치할 때 내부의 이상상태를 조기에 파악하기 위하여 필요한 계측장치를 설치하여야 한다. 이러한 계측장치로 거리가 먼 것은?

① 압력계 ② 유량계
③ 온도계 ④ 비중계

해설 특수화학설비를 설치하는 경우에는 내부의 이상 상태를 조기에 파악하기 위하여 필요한 온도계·유량계·압력계 등의 계측장치를 설치하여야 한다.

6회 출제
07 사업주는 인화성 액체 및 인화성 가스를 저장·취급하는 화학설비에서 증기나 가스를 대기로 방출하는 경우에는 외부로부터의 화염을 방지하기 위하여 화염방지기를 설치하여야 한다. 다음 중 화염방지기의 설치 위치로 옳은 것은?

① 설비의 상단 ② 설비의 하단
③ 설비의 측면 ④ 설비의 조작부

해설 화염방지기는 외부로부터의 화염을 방지하기 위하여 그 설비 상단에 설치하여야 한다.

4회 출제
08 뜨거운 금속에 물이 닿으면 튀는 현상과 같이 핵비등(Nucleate Boiling) 상태에서 막비등(Film Boiling)으로 이행하는 온도를 무엇이라 하는가?

① Burn-out Point
② Leidenfrost Point
③ Entrainment Point
④ Sub-cooling Boiling Point

해설 Leidenfrost Point는 핵비등(Nucleate Boiling)에서 막비등(Film Boiling) 상태로 급격하게 이행하는 하한점을 말한다.

3회 출제
09 위험물 또는 위험물이 발생하는 물질을 가열·건조하는 경우 내용적이 몇 세제곱미터 이상인 건조설비인 경우 건조실을 설치하는 건축물의 구조를 독립된 단층건물로 하여야 하는가?(단, 건조실을 건축물의 최상층에 설치하거나 건축물이 내화구조인 경우는 제외한다.)

① 1 ② 10
③ 100 ④ 1,000

해설 위험물 또는 위험물이 발생하는 물질을 가열·건조하는 경우 내용적이 1[m³] 이상인 건조설비 중 건조실을 설치하는 건축물의 구조는 독립된 단층건물로 하여야 한다. 다만, 해당 건조실을 건축물의 최상층에 설치하거나 건축물이 내화구조인 경우에는 그러하지 아니하다.

3회 출제
10 다음 관(Pipe) 부속품 중 관로의 방향을 변경하기 위하여 사용하는 부속품은?

① 니플(Nipple) ② 유니온(Union)
③ 플랜지(Flange) ④ 엘보(Elbow)

해설 관로의 방향을 변경할 때는 엘보, Y자관, 티, 십자관 등의 부속품을 사용한다.

4회 출제
14 「산업안전보건법령」상 단위공정시설 및 설비로부터 다른 단위공정시설 및 설비 사이의 안전거리는 설비의 바깥면부터 얼마 이상이 되어야 하는가?

① 5[m] ② 10[m]
③ 15[m] ④ 20[m]

해설 단위공정시설 및 설비로부터 다른 단위공정시설 및 설비의 사이는 설비의 바깥면으로부터 10[m] 이상의 안전거리를 두어야 한다.

5회 출제
11 CF_3Br 소화약제의 할론 번호를 옳게 나타낸 것은?

① 할론 1031 ② 할론 1311
③ 할론 1301 ④ 할론 1310

해설 구성 원소들의 개수를 C, F, Cl, Br, I의 순서대로 써보면 C 1개, F 3개, Cl 0개, Br 1개, I 0개이므로 번호는 1301이다.

6회 출제
15 다음 중 자연발화의 방지법으로 적절하지 않은 것은?

① 통풍을 잘 시킬 것
② 습도가 높은 곳에 저장할 것
③ 저장실의 온도 상승을 피할 것
④ 공기가 접촉되지 않도록 불활성물질 중에 저장할 것

해설 자연발화의 방지를 위해서는 습도를 높지 않게 하여야 한다.

3회 출제
12 다음 중 퍼지의 종류에 해당하지 않는 것은?

① 압력퍼지 ② 진공퍼지
③ 스위프퍼지 ④ 가열퍼지

해설 불활성화(퍼지)의 종류
압력퍼지, 진공퍼지, 사이폰퍼지, 스위프퍼지 등

5회 출제
16 다음 중 응상폭발이 아닌 것은?

① 분해폭발
② 수증기폭발
③ 전선폭발
④ 고상 간의 전이에 의한 폭발

해설 응상폭발
- 수증기폭발
- 증기폭발
- 전선폭발
- 고상 간의 전이에 의한 폭발

9회 출제
13 다음 중 C급 화재에 해당하는 것은?

① 금속화재 ② 전기화재
③ 일반화재 ④ 유류화재

해설 화재의 종류

A급 화재	B급 화재	C급 화재	D급 화재
일반화재	유류화재	전기화재	금속화재

6회 출제

17 다음 물질 중 인화점이 가장 낮은 물질은?

① 이황화탄소　② 아세톤
③ 크실렌　　　④ 경유

> [해설] 이황화탄소의 인화점: $-30[℃]$, 아세톤의 인화점: $-18[℃]$, 크실렌의 인화점: $25[℃]$, 경유의 인화점: $62[℃]$

3회 출제

18 다음 중 물과 반응하여 아세틸렌을 발생시키는 물질은?

① Zn　　② Mg
③ Al　　④ CaC_2

> [해설] 탄화칼슘(CaC_2, 카바이드)은 물과 반응하여 아세틸렌(C_2H_2)을 발생시킨다.
> $CaC_2 + 2H_2O \rightarrow Ca(OH)_2 + C_2H_2 \uparrow$

9회 출제

19 분진폭발의 특징에 관한 설명으로 옳은 것은?

① 가스폭발보다 발생에너지가 작다.
② 폭발압력과 연소속도는 가스폭발보다 크다.
③ 화염의 파급속도보다 압력의 파급속도가 크다.
④ 불완전 연소로 인한 가스중독의 위험성은 적다.

> [해설] 분진폭발은 압력의 파급속도가 커서 화염보다는 압력으로 인한 피해가 크다.

6회 출제

20 펌프의 사용 시 공동현상(Cavitation)을 방지하고자 할 때의 조치사항으로 틀린 것은?

① 펌프의 회전수를 높인다.
② 흡입비 속도를 작게 한다.
③ 펌프의 흡입관의 두(Head) 손실을 줄인다.
④ 펌프의 설치높이를 낮추어 흡입양정을 짧게 한다.

> [해설] 공동현상은 유속이 빠를 경우 발생할 수 있으므로 공동현상을 예방하려면 펌프의 회전수를 낮춰야 한다.

건설공사 안전관리

4회 출제

01 거푸집 및 동바리를 조립 또는 해체하는 작업을 하는 경우의 준수사항으로 옳지 않은 것은?

① 재료, 기구 또는 공구 등을 올리거나 내리는 경우에는 근로자로 하여금 달줄·달포대 등의 사용을 금하도록 할 것
② 낙하·충격에 의한 돌발적 재해를 방지하기 위하여 버팀목을 설치하고 거푸집 및 동바리를 인양장비에 매단 후에 작업을 하도록 하는 등 필요한 조치를 할 것
③ 비, 눈, 그 밖의 기상상태의 불안정으로 날씨가 몹시 나쁜 경우에는 그 작업을 중지할 것
④ 해당 작업을 하는 구역에는 관계 근로자가 아닌 사람의 출입을 금지할 것

> [해설] 재료·기구 또는 공구 등을 올리거나 내리는 경우에는 근로자가 달줄 또는 달포대 등을 사용하도록 하여야 한다.

8회 출제

02 강관을 사용하여 비계를 구성하는 경우 준수하여야 할 기준으로 옳지 않은 것은?

① 비계기둥의 간격은 띠장 방향에서는 $1.85[m]$ 이하, 장선(長線) 방향에서는 $1.5[m]$ 이하로 할 것
② 띠장 간격은 $2.0[m]$ 이하로 할 것
③ 비계기둥의 제일 윗부분으로부터 $31[m]$ 되는 지점 밑부분의 비계기둥은 3개의 강관으로 묶어 세울 것
④ 비계기둥 간의 적재하중은 $400[kg]$을 초과하지 않도록 할 것

> [해설] 비계기둥의 제일 윗부분으로부터 $31[m]$ 되는 지점 밑부분의 비계기둥은 2개의 강관으로 묶어 세워야 한다.

6회 출제

03 「산업안전보건법령」에서 규정하는 철골작업을 중지하여야 하는 기후조건에 해당하지 않는 것은?

① 풍속이 초당 $10[m]$ 이상인 경우
② 강우량이 시간당 $1[mm]$ 이상인 경우
③ 강설량이 시간당 $1[cm]$ 이상인 경우
④ 기온이 영하 $5[℃]$ 이하인 경우

> [해설] 철골작업 중지를 위한 기후조건에 기온과 관련한 기준은 없다.

04 사면보호공법 중 구조물에 의한 보호공법에 해당되지 않는 것은? (4회 출제)

① 블럭공
② **식생구멍공**
③ 돌쌓기공
④ 현장타설 콘크리트 격자공

해설 식생구멍공은 구조물에 의한 보호공법이 아닌 수목 등을 활용한 식생공법에 해당된다.

05 장비가 위치한 지면보다 낮은 장소를 굴착하는 데 적합한 장비는? (4회 출제)

① 트럭크레인
② 파워셔블
③ **백호우**
④ 진폴

해설 백호우
- 기계가 설치된 지면보다 낮은 장소를 굴착하는 데 적합하다.
- 단단한 토질이 굴착 및 수중굴착도 가능하다.
- 굴착된 구멍이나 도랑의 굴착면의 마무리가 비교적 깨끗하고 정확하여 배관작업 등에 편리하다.

06 콘크리트 타설 시 안전수칙으로 옳지 않은 것은? (8회 출제)

① 타설순서는 계획에 의하여 실시하여야 한다.
② **진동기는 최대한 많이 사용하여야 한다.**
③ 콘크리트를 치는 도중에는 거푸집, 지보공 등의 이상유무를 확인하여야 한다.
④ 손수레로 콘크리트를 운반할 때에는 손수레를 타설하는 위치까지 천천히 운반하여 거푸집에 충격을 주지 아니하도록 타설하여야 한다.

해설 진동기는 적절히 사용되어야 하며, 지나친 진동은 거푸집 붕괴의 원인이 될 수 있으므로 주의하여야 한다.

07 「산업안전보건법령」에 따른 양중기의 종류에 해당하지 않는 것은? (7회 출제)

① **고소작업차**
② 이동식 크레인
③ 승강기
④ 리프트(Lift)

해설 양중기의 종류
- 크레인[호이스트(Hoist) 포함]
- 이동식 크레인
- 리프트(이삿짐운반용: 적재하중이 0.1톤 이상인 것)
- 곤돌라
- 승강기

08 연약지반의 이상현상 중 하나인 히빙(heaving)현상에 대한 안전대책이 아닌 것은? (5회 출제)

① 흙막이벽의 관입 깊이를 깊게 한다.
② 굴착면에 토사 등으로 하중을 가한다.
③ 흙막이 배면의 표토를 제거하여 토압을 경감시킨다.
④ **주변 수위를 높인다.**

해설 주변 수위를 높이는 것은 히빙의 예방대책과는 관련이 없다.

09 추락방지용 방망 중 그물코의 크기가 5[cm]인 매듭방망 신품의 인장강도는 최소 몇 [kg] 이상이어야 하는가? (8회 출제)

① 60
② **110**
③ 150
④ 200

해설 그물코 5[cm], 신품 매듭방망의 인장강도는 110[kg] 이상이어야 한다.

6회 출제

10 근로자의 추락 등의 위험을 방지하기 위한 안전난간의 설치기준으로 옳지 않은 것은?

① 상부 난간대와 중간 난간대는 난간 길이 전체에 걸쳐 바닥면 등과 평행을 유지할 것
② 발끝막이판은 바닥면 등으로부터 20[cm] 이상의 높이를 유지할 것
③ 난간대는 지름 2.7[cm] 이상의 금속제 파이프나 그 이상의 강도가 있는 재료일 것
④ 안전난간은 구조적으로 가장 취약한 지점에서 가장 취약한 방향으로 작용하는 100[kg] 이상의 하중에 견딜 수 있는 튼튼한 구조일 것

해설 안전난간의 발끝막이판은 바닥면 등으로부터 10[cm] 이상의 높이를 유지하여야 한다.

3회 출제

11 굴착공사에 있어서 비탈면 붕괴를 방지하기 위하여 실시하는 대책으로 옳지 않은 것은?

① 지표수의 침투를 막기 위해 표면배수공을 한다.
② 지하수위를 내리기 위해 수평배수공을 설치한다.
③ 비탈면 하단을 성토한다.
④ 비탈면 상부에 토사를 적재한다.

해설 비탈면 상부에 토사 적재 시 비탈면 붕괴의 위험이 있다.

10회 출제

12 지반의 종류가 다음과 같을 때 굴착면의 기울기 기준으로 옳은 것은?

연암 및 풍화암

① 1 : 1.8   ② 1 : 1.0
③ 1 : 0.8   ④ 1 : 0.5

해설 굴착면의 기울기 기준

지반의 종류	굴착면의 기울기
모래	1 : 1.8
연암 및 풍화암	1 : 1.0
경암	1 : 0.5
그 밖의 흙	1 : 1.2

13회 출제

13 다음 중 유해위험방지계획서 제출대상 공사가 아닌 것은?

① 지상높이가 30[m]인 건축물 건설공사
② 최대 지간길이가 50[m]인 다리건설공사
③ 터널 건설공사
④ 깊이가 11[m]인 굴착공사

해설 지상높이가 31[m] 이상인 건축물의 건설공사가 유해위험방지계획서 제출대상이다.

4회 출제

14 비계의 높이가 2[m] 이상인 작업장소에 설치하는 작업발판의 설치기준으로 옳지 않은 것은?(단, 달비계, 달대비계 및 말비계는 제외한다.)

① 작업발판의 폭은 40[cm] 이상으로 한다.
② 작업발판의 재료는 뒤집히거나 떨어지지 않도록 하나 이상의 지지물에 연결하거나 고정시킨다.
③ 발판재료 간의 틈은 3[cm] 이하로 한다.
④ 작업발판의 지지물은 하중에 의하여 파괴될 우려가 없는 것을 사용한다.

해설 작업발판 재료는 뒤집히거나 떨어지지 않도록 둘 이상의 지지물에 연결하거나 고정시킨다.

6회 출제

15 부두·안벽 등 하역작업을 하는 장소에서 부두 또는 안벽의 선을 따라 통로를 설치하는 경우에는 폭을 최소 얼마 이상으로 해야 하는가?

① 70[cm]   ② 80[cm]
③ 90[cm]   ④ 100[cm]

해설 부두·안벽 등 하역작업을 하는 장소에서 부두 또는 안벽의 선을 따라 통로를 설치하는 경우에는 폭을 90[cm] 이상으로 하여야 한다.

10회 출제
16 가설통로를 설치하는 경우 준수하여야 할 기준으로 옳지 않은 것은?

① 경사는 30° 이하로 할 것
② 경사가 15°를 초과하는 경우에는 미끄러지지 아니하는 구조로 할 것
③ 수직갱에 가설된 통로의 길이가 15[m] 이상인 때에는 15[m] 이내마다 계단참을 설치할 것
④ 건설공사에 사용하는 높이 8[m] 이상의 비계다리에는 7[m] 이내마다 계단참을 설치할 것

해설 수직갱에 가설된 통로의 길이가 15[m] 이상인 경우에는 10[m] 이내마다 계단참을 설치한다.

7회 출제
17 건설현장에 달비계를 설치하여 작업 시 곤돌라형 달비계에 사용 가능한 와이어로프로 볼 수 있는 것은?

① 이음매가 있는 것
② 와이어로프의 한 꼬임에서 끊어진 소선의 수가 5[%]인 것
③ 지름의 감소가 공칭지름의 10[%]인 것
④ 열과 전기충격에 의해 손상된 것

해설 달비계 와이어로프의 사용금지 사항
- 이음매가 있는 것
- 와이어로프의 한 꼬임(Strand)에서 끊어진 소선의 수가 10[%] 이상인 것
- 지름의 감소가 공칭지름의 7[%]를 초과하는 것
- 꼬인 것
- 심하게 변형되거나 부식된 것
- 열과 전기충격에 의해 손상된 것

4회 출제
18 「산업안전보건법령」에 따른 작업발판 일체형 거푸집에 해당되지 않는 것은?

① 갱 폼(Gang Form)
② 슬립 폼(Slip Form)
③ 유로 폼(Euro Form)
④ 클라이밍 폼(Climbing Form)

해설 작업발판 일체형 거푸집의 종류
- 갱 폼(Gang Form)
- 슬립 폼(Slip Form)
- 클라이밍 폼(Climbing Form)
- 터널 라이닝 폼(Tunnel Lining Form)

15회 출제
19 건설현장에서 설치하는 사다리식 통로의 설치기준으로 옳지 않은 것은?

① 발판과 벽과의 사이는 15[cm] 이상의 간격을 유지할 것
② 발판의 간격은 일정하게 할 것
③ 사다리의 상단은 걸쳐 놓은 지점으로부터 60[cm] 이상 올라가도록 할 것
④ 사다리식 통로의 길이가 10[m] 이상인 경우에는 3[m] 이내마다 계단참을 설치할 것

해설 사다리식 통로의 길이가 10[m] 이상인 경우에는 5[m] 이내마다 계단참을 설치하여야 한다.

3회 출제
20 공정률이 65[%]인 건설현장의 경우 공사 진척에 따른 산업안전보건관리비의 최소 사용기준으로 옳은 것은?(단, 공정률은 기성공정률을 기준으로 한다.)

① 40[%] 이상
② 50[%] 이상
③ 60[%] 이상
④ 70[%] 이상

해설 공사진척에 따른 산업안전보건관리비 사용기준

공정률[%]	50 이상 70 미만	70 이상 90 미만	90 이상
사용기준[%]	50 이상	70 이상	90 이상